Fachkenntnisse Werkzeugmechaniker

Lernfelder 5 bis 14

von
Reiner Haffer
Robert Hönmann
Matthias Lambrich
Bruno Weihrauch

2., überarbeitete Auflage

Registrieren Sie sich auf www.ht-digital.de und geben Sie dort den Code zur Freischaltung ein:

VHT-7MZ6-25KD-B2Y2

Verlag Handwerk und Technik – Hamburg

Die technischen und grafischen Zeichnungen wurden nach Vorlagen ausgeführt von Dipl.-Ing. Manfred Appel, A&I-Planungsgruppe, 23570 Lübeck, www.newVISION-design.de
und Artbox Grafik & Satz GmbH, 28203 Bremen

Die Normblattangaben werden wiedergegeben mit Erlaubnis des DIN Deutsches Institut für Normung e. V. Maßgebend für das Anwenden der Norm ist deren Fassung mit dem neuesten Ausgabedatum, die bei der Beuth GmbH, Burggrafenstraße 6, 10787 Berlin, erhältlich ist.

ISBN 978-3-582-10007-8   Best.-Nr. 3026

Das Werk und seine Teile sind urheberrechtlich geschützt. Jede Nutzung in anderen als den gesetzlich oder durch bundesweite Vereinbarungen zugelassenen Fällen bedarf der vorherigen schriftlichen Einwilligung des Verlages.
Die Verweise auf Internetadressen und -dateien beziehen sich auf deren Zustand und Inhalt zum Zeitpunkt der Drucklegung des Werks. Der Verlag übernimmt keinerlei Gewähr und Haftung für deren Aktualität oder Inhalt noch für den Inhalt von mit ihnen verlinkten weiteren Internetseiten.

Verlag Handwerk und Technik GmbH
Lademannbogen 135, 22339 Hamburg; Postfach 63 05 00, 22331 Hamburg – 2019
E-Mail: info@handwerk-technik.de – Internet: www.handwerk-technik.de

Umschlagmotive
1 – Dipl.-Ing. Manfred Appel, A & I-Planungsgruppe, Lübeck
2 – Reiner Haffer, Dautphetal
3 – Porsche Werkzeugbau GmbH, Schwarzenberg
4 – Reiner Haffer, Dautphetal
Layout, Satz und Lithos: CMS – Cross Media Solutions GmbH, 97082 Würzburg
Druck und Bindung: Mohn-Media, 33311 Gütersloh

Vorwort

Das vorliegende Buch wendet sich an **Werkzeugmechaniker** und **Werkzeugmechanikerinnen** sowie **Feinwerkmechaniker und Feinwerkmechanikerinnen** mit dem Schwerpunkt Werkzeugbau im zweiten, dritten und vierten Ausbildungsjahr und beinhaltet daher die Lernfelder fünf bis vierzehn. Es setzt die Konzeption von „Grundkenntnisse industrielle Metallberufe nach Lernfeldern" HT3010 fort. Neben der beruflichen Erstausbildung eignet es sich auch für die Fort- und Weiterbildung im Bereich des Werkzeugbaus.

Das Buch ist **nach Lernfeldern gegliedert**. Diese umfassen integrativ technologische, mathematische und zeichnerische bzw. kommunikative Informationen, die es den Schülern ermöglichen, Entscheidungszusammenhänge nachzuvollziehen, Querbezüge zu erkennen und begründete Entscheidungen zu treffen. Aus diesem Grunde sind die fachlichen Zusammenhänge – meist ausgehend von praktischen Beispielen bzw. Lernsituationen – schrittweise entwickelt und anschaulich dargestellt. Dabei ist es gelungen, die **Fachsystematik** nicht zu vernachlässigen, sodass das Nachschlagen und somit das Bearbeiten der jeweiligen Lernsituation gut möglich ist. Am Ende der Kapitel stehen Übungsaufgaben, häufig mit Projektvorschlägen, die als **Lernsituationen für einen Lernfeld orientierten Unterricht** dienen können.

Es ist das Anliegen von Autoren und Verlag, Schülern und Lehrern ein Unterrichts- und Nachschlagewerk zu bieten, das als Leitmedium für einen Lernfeldunterricht dient. Durch die Projektaufgaben bzw. Lernsituationen sowie die immer wieder begründeten Entscheidungen eignet sich das Buch besonders als fachliche Basis für das **selbstverantwortliche bzw. selbstorganisierte** Lernen der Schüler und Schülerinnen. Dieses Buch thematisiert, aufbauend auf den Grundkenntnissen, alle Inhalte, die für die **Abschlussprüfung Teil 1** gefordert werden. Darüber hinaus beinhaltet es alle relevanten Themen für die **Abschlussprüfung Teil 2**.

Ergänzend zu den Vorgaben des Rahmenlehrplans sind im **Lernfeld 6** schon die **Grundlagen zu der Schneid- und Umformtechnik, der Formentechnik und dem Vorrichtungs- und Lehrenbau** dargestellt. Damit wollen wir der Situation gerecht werden, dass die Auszubildenden schon zeitig in den Betrieben mit den Werkzeugen und Vorrichtungen konfrontiert werden, die später das Lernfeld 11 vertieft darstellt.

Moderne Zerspanungstechniken wie z. B. Hochleistungsfräsen (**HPS**), Hochgeschwindigkeitsfräsen (**HPS**) und die Bearbeitung gehärteter Werkzeugstähle sowie das **Erodieren** werden praxisnah an Beispielen des Werkzeugbaus im **Lernfeld 9** dargestellt. Ebenso sind die Verfahren der Feinbearbeitung wie z. B. das Polieren und Tuschieren sowie das Strukturieren und Beschichten von Oberflächen in diesem Lernfeld zu finden.

Lernfeld 10 stellt die Komponenten der rechnergestützten Fertigung vor. Im **CAD** wird der Prozess von der Produkt- bis zur Werkzeugkonstruktion schrittweise anhand eines Beispiels exemplarisch dargestellt. Die Herstellung einer formgebenden Werkzeugkontur wird im **CAM** von der Planung bis zur Zerspanung und der optischen 3D-Messung vorgestellt. Ein weiterer Schwerpunkt dieses Lernfeldes ist die **generative Fertigung** von Produkten und Werkzeugbauteilen.

Lernfeld 11 stellt in den drei Einsatzgebieten des Werkzeugsbaus,

- der Schneid- und Umformtechnik,
- der Formentechnik und
- dem Vorrichtungs- und Lehrenbau

die Funktionsweisen der unterschiedlichen Werkzeuge, Vorrichtungen und Lehren sowie deren Baugruppen und Einzelteilen anhand von Praxisbeispielen detailliert vor.

Lernfeld 12 schildert die **Bemusterung** und die **Instandhaltung** der Werkzeuge sowie das dazugehörige Qualitätsmanagement. Im Lernfeld 13 wird die Fertigung eines Werkzeuges mithilfe des **Projektmanagements** geplant und durchgeführt. Lernfeld 14 macht die Überlegungen und Entscheidungen transparent, die beim **Ändern eines Werkzeugs** durchzuführen sind.

Das **Farb-Leitsystem** mit den verschiedenfarbigen Darstellungen auf der oberen äußeren Ecke der Seite ermöglicht eine rasche Orientierung innerhalb des Buches. Zahlreiche Querverweise am unteren Seitenrand teilen mit, wo im Buch weitere Informationen zu den dargestellten Themen zu finden sind.

Das **technische Englisch** wird im Buch in mehrfacher Hinsicht umgesetzt:

- Gängige oder wichtige Fachbegriffe sind im deutschen Text integriert *(blaue kursive Schrift)*.
- An geeigneten Stellen sind Fachinhalte in englischer Sprache dargestellt.
- Am Ende des Buches befindet sich eine englisch-deutsche Vokabelliste.

Zu diesem Buch steht Downloadmaterial zur Verfügung, welches Zusatzinformationen zu den Lernfeldern beinhaltet. Das können Simulationen, Videos, Auszüge aus Betriebsanleitungen und vieles andere mehr sein. Im Buch sind die Themen mit dem Download-Symbol und dem Dateinamen versehen, zu denen im Download Zusatzinformationen vorhanden sind.

Für Anregungen und kritische Hinweise sei im Voraus herzlich gedankt.

Autoren und Verlag

Bildquellen

ABB Stotz-Kontakt GmbH, Heidelberg: S. 646.1; ABUS Kransysteme GmbH, Gummersbach: S. 205.1a; Alesa AG, CH-Seengen: S. 49.2; 50.3b; Alex Neher AG, CH-Ebnat-Kappel: S. 457.1, 2; ALPEN-MAYKESTAG GmbH, A-Puch: S. 7.2i; 8.1a, c, d; AMF Andreas Maier GmbH & Co.KG, Fellbach: S. 55.4; 56.1-6; 476.1b, 2b; 556.1, 3, 5, 7; 557.a, c, e; 558.3, 4; 559.1-5; 561.1a, c, 2; 562.1; 563.1; ARBURG GmbH + Co KG, Loßburg: S. 421.2, 3; 501.3; 502.1, 2; 503.1; Aulbach Automation GmbH abk Pressenbau, Mömlingen: S. 363.4; AutoForm Engineering GmbH, CH-Wilen b. Wollerau: S. 457.4; Bahr GmbH & Co. KG, Oberkirch-Nußbach: S. 100.3; 570.5; 571.1, 2; BAREMO GmbH, CH-Romanshorn: S. 184.4; BASF SE, Ludwigshafen: S. 484.2; BENZ GmbH Werkzeugsysteme, Haslach: S. 53.1a-c; Berkenhoff GmbH, Heuchelheim: S. 351.4; 353.1; Blum-Novotest GmbH Fertigungs-Messtechnik, Grünkraut: S. 265.2; Böhm Feinmechanik und Elektrotechnik Betriebsgesellschaft mbH, Seesen: S. 560.3; Bonshin Sourcing & Engineering Co., LTD., CHN-Qingdao: S. 506.2, 3; BORBET GmbH, Hallenberg-Hesborn: S. 199.1a; Bosch Rexroth AG, Schweinfurt: S. 215.5; 216.1; Brose Fahrzeugteile GmbH & Co. Kommanditgesellschaft, Coburg: S. 456.3; Bruderer AG, CH-Frasnacht: S. 442.1; Bühler AG, CH-Uzwil: S. 504.2; BWF Thermoforms - tkt Technische Kunststoff-Teile GmbH, Geretsried: S. 458.3; CERATIZIT Austria GmbH, A-Reutte: S. 7.2c; 8.2a-c; Clean-Lasersysteme GmbH, Herzogenrath: S. 602.4a, b; 603.1; Cleantower Optisystem 4000, Elsenfeld: S. 603.4; 604.1; Cold Jet Deutschland GmbH, Weinsheim: S. 602.2, 3; CustomPartNet Inc., Olney: S. 458.4; Daimler AG, Mercedes-Benz Sindelfingen, Dr. Johannes Wied: S. 368.2; 369.2; DANLY Deutschland GmbH, Dauchingen: S. 436.1; DEMGEN Werkzeugbau GmbH, Schwerte: S. 454.2-4; 455.1; DESCAM 3D Technologies GmbH, Oberhaching: S. 416.1, 2; DMG MORI Global Marketing GmbH, München: S. 207.2, 3; 209.2, 3; 213.4; 220.3; 230.1; 245.1; 251.1; 253.2a, b; 254.1; 375.2b, 3, 4; 376.a-e; 403.1c, f, i, l, o, r; 425.1-3; DR. JOHANNES HEIDENHAIN GmbH, Trauneut: S. 218.2, 4; 219.1-3; 220.1, 2; 333.1a, b; E. Ramseier Werkzeugnormalien AG, CH Wangen: S. 436.3; Elb-Schliff Werkzeugmaschinen GmbH aba Grinding Technologies GmbH, Aschaffenburg: S. 65.2; ElringKlinger AG, Dettingen/Ems: S. 323.1, 2; EMCO Maier Ges.m.b.H., Hallein/ Österreich: S. 33.1a; 214.1; ENGEL AUSTRIA GmbH, A-Schwertberg: S. 128.2; 129.3; 130.1; ERLAS, Erlanger Lasertechnik GmbH, Erlangen: S. 557.2; EROWA Ltd., CH-Bueron: S. 342.2; EWIKON Heißkanalsysteme GmbH, Frankenberg: S. 297.2; 481.3; 482.2-4; Andreas Eysert, Hochschule Mittweida, Sachsen: S. 189.3; Festo AG & Co. KG, Esslingen-Berkheim: S. 274.1; FIBRO GmbH Geschäftsbereich Normalien, Hassmersheim: S. 429.1a, b; 430.1, 2a; 435.3, 4; 436.2; 440.1a-c; 444.3; 445.5; 450.1; FISA Ultraschall GmbH, Kandel: S. 603.2, 3; FKM Sintertechnik GmbH, Biedenkopf: S. 422.4; 423.1, 2; FLP Microfinishing GmbH, Zörbig: S. 372.4, 5; FORKARDT DEUTSCHLAND GMBH, Reutlingen-Mittelstadt: S. 32.3a, c, 4; 33.1b; Fraunhofer-Institut für Lasertechnik ILT, Aachen: S. 367.2; Gehring Technologies GmbH, Ostfildern: S. 370.1; GOM GmbH, Braunschweig: S. 417.2; GPA GeS. für PlasmaApplikation mbH, Leverkusen: S. 377.1a; GTD Graphit Technologie GmbH, Langgöns: S. 340.3; GÜNTHER Heisskanaltechnik GmbH, Frankenberg: S. 482.1; Habermaaß GmbH, Bad Rodach: S. 287.1; Härterei Tandler GmbH & Co. KG, Bremen: S. 191.2; Reiner Haffer, Dautphetal: S. 1.1, 3; 19.1; 59.1; 64.1; 79.2; 89.2; 91.1; 92.3; 93.1, 2 4; 94.1-5; 100.1; 101.1f; 114.3a, 4; 118.1; 129.1; 131.1; 142.2-7; 143.1-12; 144.1-3, 5-7; 146.1b, c; 151.2-8; 153.1; 197.1; 230.3; 241.2-4; 242.1-4; 243.1-4; 244.2, 4; 246.1-9; 252.1, 4; 263.1; 264.1, 2; 266.1; 267.1-15; 323.3; 340.1, 2, 4, 5; 342.1, 3, 4; 343.2, 3; 344.1; 345.1-3; 346.4, 5; 347.3; 350.3; 354.2; 355.3; 357.3; 360.2; 362.1, 2; 363.1, 2, 3a; 364.1, 2, 3, 5; 365.2-4; 366.1, 2; 370.2, 3; 374.1, 3; 376.1; 383.1-3; 385.1, 2; 386.2; 389.1; 391.3; 392.1-4; 393.1-4; 394.1-3; 395.2, 3; 396.1-5; 398.5; 399.2; 400.1; 406.2, 3; 408.1-3; 409.1-3; 410.1, 3; 411; 412.1-3; 413.1-4; 414; 417.1a; 417.1, 3, 4; 418.1, 3a; 420.1-4; 422.2; 424.2, 3; 428.2, 3; 494.1a; 498.1; 499.2; 500.1a, b; 509.4; 510.1; 511.4, 5; 517.3; 520.2, 3; 521.1; 536.3; 537.3, 4; 541.1-3; 577.1, 2; 579.1-5; 580.1-4; 581.3a-c; 583.1a-c, 2a, b; 585.2, 3; 604.2; 605.1, 3, 4; 606.1-8; 607.1-4; 608.1, 4, 5; 609.1-4; 610.1-3; 612.1-3; 613.1-3; 617.1; 618.1; 622.1; 634.2; 637.2a, b; 643.1; HAHN+KOLB Werkzeuge GmbH, Ludwigsburg: S. 45.1a-d; 49.3a-d; 56.5; Haimer GmbH, Igenhausen S. 273.1; hapema GmbH, Engelsbrand: S. 449.1; HASCO Hasenclever GmbH + Co KG, Lüdenscheid: S. 474.2; 487.1-5; 488.1, 2; 495.1; 496.2; Hedin Lagan AB WERKZEUGHANDLING: S. 602.1; HEINRICH KIPP WERK KG, Sulz am Neckar: S. 148.2a; 149.4a, b; 150.2, 3; 151.1; 152.3; 405.5; 548.4; 551.3a, b; 552.2; Gerhard Heinzmann, Esslingen am Neckar: S. 43.3; Helmerding hiw Maschinen GmbH, Bad Oeynhausen: S. 446.1; Helmut Diebold GmbH & Co. Goldring Werkzeugfabrik, Jumgingen: S. 54.1; Hermle AG, Gosheim: S. 214.2; HILBA Antriebstechnik AG, CH-Villmergen: S. 168.4; HILLEBRAND GmbH Stanz- und Drahtbiegeteile - Galvanik, Kaufbeuren: S. 431.2; Hilma-Römheld GmbH, Hilchenbach: S. 431.3; 560.1b; Hirschvogel Holding GmbH, Denklingen: S. 531.3; Hochschule Düsseldorf, Düsseldorf: S. 182.3; Dipl.-Ing.-Päd. Andreas Höfler, Ötisheim: S. 191.3; Robert Hönmann, Ulm: S. 282.1b; 284.1; 297.1; 311.2c, d; 318.3b; 646.3a, b; Hoffmann GmbH Qualitätswerkzeuge, Munich: S. 50.3a; HOLGER CLASEN GmbH & Co. KG, Hamburg: S. 66.5b; Hommel GmbH, Köln: S. 66.1, 2; Honeywell KCL, Eichenzell: S. 205.1f; HSB Normalien GmbH, Schwaigern: S. 100.6; 155.2, 3; Ideal Standard GmbH: S. 511.1; igus® GmbH, Köln: S. 158.1a; Inter-Union Technohandel GmbH, Landau/Pfalz: S. 200.2; JENOPTIK Industrial Metrology Germany GmbH, Villingen-Schwenningen: S. 80.3; 84.2; 87.2, 3; 90.3; JENOPTIK Optical Systems GmbH: S. 500.2; joke Technology GmbH, Bergisch-Gladbach: S. 323.4; 366.3a, b; 367.1a, b; 373.1, 2; JULIUS LANGHAGEL e.K., Hamburg: S. 114.1; K N I P E X – W e r k C. Gustav Putsch KG, Wuppertal: S. 501.2b; Karl H. Arnold Maschinenfabrik GmbH & Co.KG, Ravensburg: S. 368.1; 381.1; Klingseisen Technologie GmbH, Aldingen: S. 407.2; Konrad Stuber GmbH, Murr: S. 62.2; KraussMaffei Technologies GmbH, München: S. 516.2; 517.1; KRUG Werkzeugmaschinen Inh. Jan Krug, Steinbach: S. 599.1; 600.1; 601.1; KSM Castings Group GmbH, Hildesheim: S. 199.1b; KTR Systems GmbH, Rheine: S. 172.3a, b; Kunzmann Maschinenbau GmbH, Remchingen: S. 42.1; KZPT, Kalisz Polen: S. 201.1; Matthias Lambrich, Braubach: S. 117.3; 181.1a-c; 428.1; 438.1; 440.2; 449.2; 455.4-6; 605.2; Lapmaster Wolters GmbH, Rendsburg: S. 373.4; LASCO Umformtechnik GmbH, Coburg: S. 530.1; Liebherr-Verzahntechnik GmbH, Kempten: S. 11.5; Volker Lindner, Haltern: S. 181.3a-c; Dietmar Lober, Ennepetal: S. 190.3; LUX Erodiertechnik GmbH, Weil der Stadt – Münklingen: S. 431.1; m&h Inprocess Messtechnik GmbH, Waldburg: S. 266.3; Mahr GmbH, Esslingen: S. 79.1; 82.2, 3a, 3b, 4; 83.1a; MARPOSS Monitoring Solutions GmbH, Egesdorf: S. 446.4; 593.1a-e, 2a-d, 3, 4; 594.2-5; MATRIX GmbH

Bildquellen

Spannsysteme & Produktionsautomatisierung, Ostfildern: S. 552.3; 553.1; **Metabowerke GmbH**, Nürtingen: S. 97.5; **Meusburger Georg GmbH & Co KG**, A-Wolfurt: S. 101.1e, h, i; 135.3; 155.4; 156.1-3; 432.1; 458.7; 459.1a, b; 489.1; 492.2; 498.2-4; **Meyer, Jens**, Bremen www.autoschrauber.de: S. 616.1; **MHT Mold & Hotrunner Technology AG**, Hochheim/Main: S. 377.1b; **MIERUCH & HOFMANN GmbH**, Limbach-Oberfrohna: S. 435.2; **Mitsubishi Electric Europe B.V.** Niederlassung Deutschland, Ratingen: S. 337.1a; 341.2; 349.1, 2, 4; 350.4; 356.2, 3; 359.4; **Mitutoyo Deutschland GmbH**, Neuss: S. 372.1; **MMS - Modular Molding Systems GmbH**, A- Berndorf: S. 460.2; **Modellbau Hermann, Hermann GmbH**, Siegen: S. 571.3; 572.1; **moreplast GmbH**, Sembach, Kunststoffprofile.de: S. 514.2; **Motorgeräte Fritzsch GmbH**, Schwarzenberg: S. 206.1a; **norelem Normelemente KG**, Markgröningen: S. 152.1, 2; 153.4; **NVG Normteilvertriebsgesellschaft mbH**, Bad Oeynhausen: S. 654.2; **oelheld GmbH**, Stuttgart: S. 337.3; 348.4; **Oerlikon Balzers Coating Germany GmbH**, Bingen (Beschichtung der Kerne): S. 377.1b; **OKAPIA KG Michael Grzimek & Co.**, Frankfurt a.M.: S. 13.1; **OPEN MIND Technologies AG**, Wessling: S. 324.1; 404.2, 3; 405.1-3; **OPS-INGERSOLL Funkenerosion GmbH**, Burbach: S. 343.1; **Optimized Plastics**, Bad Soden: S. 483.1, 2; **Otto Bihler Maschinenfabrik GmbH & Co. KG**, Halblech: S. 459.2; **Otto Suhner GmbH**, Bad Säckingen: S. 66.4; **OVERBECK GMBH**, Herborn: S. 64.2; **Benjamin Pessl**, A-Graz: S. 176.4; **Siegfried Pietrass**, Eislingen: S. 545.1a; **Pikkerton**, Berlin: S. 280.3; **PROXXON S.A.**, L-Wecker: S. 30.1; **Rapidprototyping Könke** www.rapidprototyping.de: S. 422.1; **RCT Reichelt Chemietechnik GmbH + Co.**, Heidelberg: S. 158.1b; **RENISHAW GmbH**, Pliezhausen: S. 265.3; **RHS Maschinen- u. Anlagenbau GmbH**, Ahaus: S. 434.2; **Robert Bosch GmbH**, Stuttgart: S. 1.2; 66.5a; 274.2; **Röhm GmbH**, Sontheim, Brenz: S. 31.1-3; 32.1; 55.3; **Sandvik Tooling Deutschland GmbH** Geschäftsbereich Coromant, Düsseldorf: S. 1.4c; 4.3; 5.2b; 7.2a, 2b, 2e, 2f, 2g, 2h, 2k; 9.1a, b, 2a, 3; 10.1, 2; 25.1b; 325.3; 330.1; 333.2, 3; 378.1b, c; **Sauter-Feinmechanik GmbH**, Metzingen: S. 230.4; **SCHMIDT Technology GmbH**, ST. Georgen: S. 286.2; **Schneider Electric Operations Consulting GmbH**, Ratingen: S. 281.2; **SCHROEDER + BAUER GmbH + Co. KG**, Neulingen: S. 595.1; **Schuler AG**, Göppingen: S. 107.1; 291.1; 446.2; 462.1; **SCHUNK GmbH & Co. KG**, Lauffen/Neckar: S. 54.2, 3; 406.4; 560.1a; **SECO TOOLS GMBH**, Erkrath: S. 7.2d; 34.1; **Seidel Handlingsysteme GmbH**, Willich: S. 602.1; **SEW-EURODRIVE GmbH & Co KG**, Bruchsal www.sew-eurodrive.de: S. 100.4; **SF Technik Deutschland KG**, Altendiez: S. 655.1; **SICK Vertriebs-GmbH**, Düsseldorf: S. 462.2; 574.1; **Siemens AG**, München: S. 216.3; **ŠKODA AUTO a.s.**, tř. CZE-Mladá Boleslav: S. 462.3; **sk-werkzeugbau GmbH**, Extertal: S. 360.1; **SMS group GmbH**, Düsseldorf: S. 523.4; 525.1, 2; **Sodick Deutschland GmbH**, Düsseldorf: S. 360.3; **Spies Lasertechnik**, Breidenbach: S. 608.2, 3; **Springer GmbH**, Stuhr: S. 446.3; **STD Schmiedetechnik Dessau GmbH**, Dessau-Roßlau: S. 529.1; **Stemke Cooling Systems GmbH**, Geringswalde: S. 488.3; **Stock.adobe.com**: S. 11.3©Kacmy; 43.2©xiaoliangge; 207.1©Ingo Bartussek; 375.2a©eclypse78; 501.2a©kosmos111; **STRACK NORMA GmbH & Co. KG**, Lüdenscheid: S. 499.1; **Sumitomo Drive Technologies**, www.sumitomodrive.com: S. 168.3; **TESA Technology Deutschland GmbH**, Ingersheim: S. 80.5; 81.1, 2; 82.1; 83.3; 84.1; 92.1; 99.2, 3, 5, 6b; **Thorsten Broer** Rüst- und Schmiedetechnik e.K., Schwelm: S. 540.1; **TOX® PRESSOTECHNIK GmbH & Co. KG**, Weingarten: S. 459.3-6; 460.3-5; 461.3; **TRUMPF GmbH + Co. KG**, Ditzingen: S. 116.2a, b; 612.4; 613.4, 5; **Tyrolit - Schleifmittelwerke Swarovski K.G**, Schwaz/ Austria: S. 60.1a-d; **UVEX SAFETY GROUP GmbH & Co. KG**, Fürth: S. 200.1; **VESTER Elektronik GmbH**, Straubenhardt: S. 441.4; 595.1; **Vohtec Qualitätssicherung GmbH**, Aalen: S. 185.1; **Walter AG**, Tübingen: S. 9.2b; 13.2; 45.1e; 330.2a, b; 330.3a; 331.2-4; 332.2, 4; **Walter Blombach GmbH**, Remscheid: S. 51.3; **Bruno Weihrauch**, Limburg-Dietkirchen: S. 100.2; 106.2, 3; 112.4-6; 113.1-3; 121.1; 122.1, 2; 125.1; 182.4; 183.2a, b; 184.2; 463.1, 3; **WEILER Werkzeugmaschinen GmbH**, Emskirchen: S. 23.1; 24.2-4; 159.4; 163.1; **Werkzeug- und Formenbau Spill**, Bischofswerda: S. 439.3a, b; **Wiedemann GmbH**, Ingelfingen: S. 496.1; **Wieland-Werke AG**, Ulm: S. 158.1c; **Achim Wiemann**, Warstein: S. 82.5; 92.2; **Wilhelm Böllhoff GmbH & Co. KG**, Bielefeld: S. 461.4; **Wilke Werkzeugbau GmbH & Co KG**, Wuppertal: S. 541.5; **WITTENSTEIN SE**, Igersheim: S. 168.2; **Wittmann Battenfeld GmbH**, A-Kottingbrunn: S. 500.4; 501.1; **WNT Deutschland GmbH**, Kempten: S. 8.1b; **WTZ Roßlau gGmbH**, Roßlau: S. 191.5; **WVL Werkzeug- und Vorrichtungsbau Lichtenstein GmbH**, St. Egidien: S. 562.2; **ZDH-ZERT GmbH**, Bonn: S. 592.1; **K. Zipf & Sohn GmbH & Co. KG**, Mühlacker: S. 458.5; **ZwickRoell GmbH & Co. KG**, Ulm: S. 100.5; 175.1a, b; 176.1; 177.1; 178.1;

Für die besonders tatkräftige Unterstützung bei der Erstellung dieses Buches sei folgenden Firmen herzlich gedankt:

ALEIT GmbH, Steffenberg Niedereisenhausen	KON-FORM Werkzeuge GmbH, Hatzfeld-Reddighausen
ANDREAS MAIER GmbH & Co. KG, Fellbach	KRÄMER+GREBE GmbH & Co. KG, Biedenkopf-Wallau
Bahr GmbH & Co. KG, Oberkirch-Nußbach	Krüger Erodiertechnik GmbH & Co. KG, Biedenkopf
Elkamet Kunststofftechnik GmbH, Biedenkopf	KRUG Kunststofftechnik GmbH, Breidenbach
FEBU Horst Fey e.K., Burbach-Würgendorf	KRUG Formenbau GmbH, Breidenbach
Georg Fischer DEKA GmbH, Dautphetal-Mornshausen	Bernd Manthei Zerspanungstechnik & Formenbau GmbH & Co. KG, Dautphetal
FKM Sintertechnik GmbH, Biedenkopf	Meusburger Georg GmbH & Co KG, Wolfurt
HASCO Hasenclever GmbH + Co KG, Lüdenscheid	3D-High-Tec Poschmann GmbH, Schalksmühle
Heck+Becker GmbH & Co. KG, Dautphetal	Roller + Schneider GmbH & Co. KG, Biedenkopf-Breidenstein
Hermann GmbH, Siegen	ROTH WERKE GmbH, Dautphetal
HETEC GmbH, Breidenbach	G. Schürfeld GmbH, Halver
Johnson Controls Lahnwerk GmbH & Co. KG, Dautphetal	THEIS FEINWERKTECHNIK GmbH, Breidenbach-Wolzhausen
Jürgen Kiefer GmbH & Co KG, Biedenkopf-Breidenstein	WEFA Singen GmbH, Singen

Inhalt

5 Formgebung von Bauelementen durch spanende Fertigung ... 1

1 Einflussgrößen beim maschinellen Zerspanen mit geometrisch bestimmter Schneide ... 2
1.1 Technologische Daten und deren Auswirkungen ... 2
1.1.1 Bewegungen und Geschwindigkeiten ... 2
1.1.2 Winkel an der Werkzeugschneide ... 3
1.1.3 Spanarten und Spanformen ... 3
1.1.4 Schrupp- und Schlichtbearbeitung ... 5
1.1.5 Schneidenradius ... 6
1.1.6 Verschleiß, Standzeit, Aufbauschneide ... 6
1.2 Schneidstoffe und Wendeschneidplatten ... 7
1.2.1 Schnellarbeitsstahl (HSS) ... 8
1.2.2 Hartmetalle ... 8
1.2.3 Beschichtete Schneidstoffe ... 9
1.2.4 Schneidkeramik ... 9
1.2.5 Wendeschneidplatten ... 10
1.3 Kühlschmierstoffe ... 11
1.3.1 Aufgaben der Kühlschmierstoffe ... 11
1.3.2 Kühlschmierstoffarten ... 12
1.3.3 Umgang mit Kühlschmierstoffen ... 12
1.3.4 Alternativen zur konventionellen Kühlschmierung ... 13

2 Drehen ... 14
2.1 Drehverfahren ... 14
2.2 Arbeitsauftrag ... 15
2.2.1 Analyse der Einzelteilzeichnung ... 16
2.2.2 Arbeitsplanung ... 22
2.3 Drehmaschinen ... 23
2.3.1 Stütz- und Trageinheit (Maschinenbett) ... 23
2.3.2 Spindelstock mit Hauptgetriebe und Arbeitsspindel ... 23
2.3.3 Vorschubgetriebe mit Leit- und Zugspindel ... 24
2.3.4 Werkzeugschlitten ... 24
2.3.5 Reitstock ... 24
2.4 Drehwerkzeuge und deren Auswahl ... 25
2.4.1 Ecken-, Einstell- und Neigunswinkel ... 25
2.4.2 Werkzeugauswahl und technologische Daten ... 26
2.5 Spannmittel ... 28
2.5.1 Kräfte an Werkzeug und Werkstück ... 28
2.5.2 Leistungsbedarf ... 29
2.5.3 Backenfutter ... 30
2.5.4 Spannen zwischen den Spitzen ... 31
2.5.5 Spanndorn und Spannzange ... 32
2.5.6 Setzstock (Lünette) ... 33
2.6 Spezielle Drehverfahren ... 33
2.6.1 Kegeldrehen ... 33
2.6.2 Gewindedrehen ... 34

3 Fräsen ... 39
3.1 Fräsverfahren ... 39
3.2 Arbeitsauftrag ... 40
3.2.1 Analyse der Einzelteilzeichnung ... 40
3.2.2 Arbeitsplanung ... 41
3.3 Fräsmaschinen ... 42
3.4 Fräsverfahren im Vergleich ... 42
3.4.1 Stirn-Planfräsen und Umfangs-Planfräsen ... 42
3.4.2 Gleichlauf- und Gegenlauffräsen ... 43
3.5 Werkzeugauswahl und Werkzeugeinsatz ... 45
3.5.1 Planfräsen ... 45
3.5.2 Stirn-Umfangsfräsen ... 49
3.5.3 Nutenfräsen ... 50
3.5.4 Teilen ... 51
3.5.5 Hochgeschwindigkeitsfräsen ... 53
3.6 Spannen von Werkzeug und Werkstück ... 53
3.6.1 Spannen der Werkzeuge ... 53
3.6.2 Spannen der Werkstücke ... 55

4 Schleifen ... 58
4 Schleifen ... 58
4.1 Schleifkörper ... 59
4.2 Abrichten ... 62
4.3 Auswuchten ... 63
4.4 Sicherheit und Unfallverhütung ... 63
4.5 Schleifverfahren und Schleifmaschinen ... 64

5 Kosten im Betrieb ... 67
5.1 Kostenarten und Zeiten in der Fertigung ... 67
5.2 Betriebsmittelhauptnutzungszeit ... 67
5.3 Kostenberechnung ... 71
5.3.1 Lohnkosten ... 71
5.3.2 Materialkosten ... 71
5.3.3 Verwaltungs- und Vertriebsgemeinkosten ... 72
5.3.4 Zuschlagskalkulation ... 72
5.3.5 Maschinenstundensatz ... 73

6	**Prüftechnik**	75
6.1	Passungen und Passungssysteme	75
6.1.1	Passungsarten	75
6.1.2	Passungssysteme	76
6.2	Prüfen von Bauteilen	77
6.2.1	Zeitpunkt des Prüfens und Prüfumfang	77
6.2.2	Prüfen am Fertigteil	78
6.3	Prüfen von Längen	78
6.3.1	Mechanische Messgeräte	78
6.3.2	Pneumatische Längenmessung	80
6.3.3	Elektronische Längenmessung	81
6.4	Prüfen von Gewinden	81
6.5	Optische Form- und Längenprüfung	83
6.6	Prüfen von Oberflächen	84
6.6.1	Oberflächen	84
6.6.2	Oberflächenqualität	84
6.6.3	Gestaltabweichungen	85
6.6.4	Oberflächenqualitäten und Fertigungsverfahren	87
6.6.5	Prüfen von Oberflächen	89
6.6.6	Zusammenhang zwischen Maßtoleranz und Oberflächenbeschaffenheit	91
6.7	Messen mit der Koordinatenmessmaschine	92
6.7.1	Messen von Form- und Lagetoleranzen	93
7	**Cutting by chipping with machines**	96
7.1	Safety rules	96
7.2	Turning	96
7.3	Milling	97
7.4	Grinding	97
7.5	Testing of lengths	99

Herstellen technischer Teilsysteme des Werkzeugbaus 100

1	**Systeme und Teilsysteme des Werkzeugbaus**	101
1.1	Systeme und Teilsysteme der Schneid- und Umformtechnik	102
1.1.1	Schneidwerkzeug	102
1.1.2	Biegewerkzeug	114
1.1.3	Tiefziehwerkzeug	121
1.2	Systeme und Teilsysteme der Formentechnik	126
1.2.1	Bereitstellen und Aufbereiten des Produktwerkstoffs für das Spritzgießen	129
1.2.2	Schließen und Zuhalten der Dauerform	130
1.2.3	Füllen des Formhohlraums	132
1.2.4	Erstarren des Spritzgussteils in der Form	134
1.2.5	Öffnen der Form	136
1.2.6	Entformen des Produkts	139
1.2.7	Herstellen von Baugruppen der Spritzgießform	141
1.3	Systeme und Teilsysteme des Vorrichtungs- und Lehrenbaus	146
1.3.1	Vorrichtungen	146
1.3.2	Lehren	152
2	**Maschinenelemente und Baugruppen**	155
2.1	Führungen an Werkzeugen	155
2.1.1	Gleitführungen	155
2.1.2	Wälzlagerführungen	156
2.2	Lager	157
2.2.1	Gleitlager	157
2.2.2	Wälzlager	158
2.3	Elemente und Baugruppen zur Drehmomentübertragung	159
2.3.1	Drehmoment und Drehmomentübertragung	159
2.3.2	Riementriebe	160
2.3.3	Zahnradgetriebe	163
2.3.4	Welle-Nabe-Verbindungen	170
3	**Werkstofftechnik**	175
3.1	Werkstoffprüfung	175
3.1.1	Mechanische Prüfverfahren	175
3.1.2	Technologische Prüfverfahren	182
3.1.3	Zerstörungsfreie Prüfverfahren	183
3.2	Werkzeugwerkstoffe	186
3.2.1	Stähle	186
3.2.2	Hartmetalle für Schneid-, Tiefzieh- und Presswerkzeuge	196
3.2.3	Nichteisenmetalle	197
3.3	Produktwerkstoffe	198
3.3.1	Bleche und Bänder (Flacherzeugnisse)	198
3.3.2	Kunststoffe	199
4	**Manufacturing of technical subsystems in tool making**	204
4.1	Tools for primary forming / Systems and subsystems of mould engineering	204
4.2	Tools for cutting and forming	206
4.3	Elements and sub-assemblies for transmission of torque	206

7 Fertigen auf numerisch gesteuerten Werkzeugmaschinen — 207

1 Aufbau von CNC-Maschinen — 208
- 1.1 Koordinatensysteme — 208
- 1.1.1 Koordinatensysteme an Werkzeugmaschinen — 209
- 1.1.2 Bewegungsdefinitionen — 209
- 1.2 Bezugspunkte im Arbeitsraum der CNC-Maschine — 210
- 1.2.1 Maschinennullpunkt — 210
- 1.2.2 Referenzpunkt — 210
- 1.2.3 Werkstücknullpunkt — 210
- 1.2.4 Werkzeugeinstellpunkt — 210
- 1.3 Konturpunkte an Werkstücken — 211
- 1.3.1 Drehteile — 211
- 1.3.2 Frästeile — 211
- 1.4 Steuerungsarten — 212
- 1.4.1 Punktsteuerungen — 212
- 1.4.2 Streckensteuerungen — 212
- 1.4.3 Bahnsteuerungen — 212
- 1.5 Baueinheiten — 213
- 1.5.1 Hauptantrieb — 213
- 1.5.2 Vorschubantriebe — 215
- 1.5.3 Lage- und Geschwindigkeitsregelkreis — 216
- 1.5.4 Wegmesssysteme — 218
- 1.5.5 Anpasssteuerung — 220
- 1.5.6 Anzeige- und Wiederholgenauigkeit — 220

2 Aufbau von CNC-Programmen — 222
- 2.1 Geometrische Informationen (Wegbedingungen) — 223
- 2.1.1 Absolute und inkrementale Maßangabe — 224
- 2.1.2 Polarkoordinaten — 225
- 2.1.3 CNC-gerechte Einzelteilbemaßung — 225
- 2.2 Technologische Informationen — 226
- 2.3 Zusatzinformationen — 227

3 CNC-Drehen — 228
- 3.1 Arbeitsplanung — 228
- 3.2 Manuelles Programmieren — 230
- 3.2.1 Nullpunktverschiebung — 230
- 3.2.2 Werkzeugwechsel — 230
- 3.2.3 Drehrichtungen der Arbeitsspindel — 231
- 3.2.4 Eilgang und Vorschubbewegung auf einer Geraden — 232
- 3.2.5 Vorschubbewegungen auf Kreisbögen — 233
- 3.2.6 Schneidenradienkompensation — 235
- 3.2.7 Werkzeugbahnkorrektur — 236
- 3.2.8 Bearbeitungszyklen — 236
- 3.2.9 Konturzugprogrammierung — 239
- 3.2.10 Unterprogrammtechnik — 240
- 3.3 Werkstattorientierte Programmierung — 241
- 3.4 Programmüberprüfung — 242
- 3.5 Einrichten der Maschine — 243
- 3.5.1 Einrichten und Vermessen der Werkzeuge — 243
- 3.5.2 Einrichten der Spannmittel — 245
- 3.6 Zerspanen und Prüfen — 246
- 3.7 Optimierung — 246

4 CNC-Fräsen — 249
- 4 CNC-Fräsen — 249
- 4.1 Arbeitsplanung — 250
- 4.2 Manuelle Programmierung — 252
- 4.2.1 Werkstücknullpunkt und Bearbeitungsebene — 252
- 4.2.2 Automatischer Werkzeugwechsel — 253
- 4.2.3 Fräsermittelpunkt-Programmierung — 254
- 4.2.4 Bearbeitungszyklen — 254
- 4.2.5 Programmteilwiederholung — 258
- 4.2.6 Konturprogrammierung — 260
- 4.3 Einrichten der Maschine — 263
- 4.3.1 Spannen des Werkstücks — 263
- 4.3.2 Festlegen des Werkstücknullpunkts — 263
- 4.3.3 Messen der Werkzeuge — 264
- 4.3.4 Einsetzen der Werkzeuge in das Werkzeugmagazin — 265
- 4.3.5 Simulation des Zerspanungsprozesses — 266
- 4.4 Zerspanen, Prüfen und Optimieren — 266

5 Manufacturing on computer numerically controlled machine tools — 271
- 5.1 CNC machines — 271
- 5.2 CNC programs — 271
- 5.3 CNC turning — 272
- 5.4 CNC milling — 272
- 5.5 Setting up a machine tool — 273

8 Planen und Inbetriebnehmen steuerungstechnischer Systeme 274

1 Elektropneumatik 275
1.1 Führungs- und Haltegliedsteuerungen 275
1.1.1 Elektrische Kontaktsteuerung 276
1.1.2 Relais 276
1.1.3 Anschlussbezeichnungen an Relais 277
1.1.4 Schaltgliedertabelle 277
1.1.5 Verknüpfung von Signalen 278
1.1.6 Speichern von Signalen – Selbsthaltung 279
1.1.7 Funktionsplan 280
1.1.8 Sicherheitshinweise 280
1.2 Ablaufsteuerungen 281
1.2.1 Zeitgeführte Ablaufsteuerung 282
1.2.2 Prozessgeführte Ablaufsteuerung 283
1.2.3 Sicherheitshinweise 286
1.3 Planung und Dokumentation elektropneumatischer Steuerungen 287
1.3.1 Funktionsdiagramme 287
1.3.2 Störungen an Ablaufsteuerungen 290
1.3.3 GRAFCET 292
1.3.4 Programmiermöglichkeiten einer SPS 294
1.4 Betriebsarten 294
1.5 Not-Aus-Einrichtung 295
1.5.1 Sofortiges Einfahren der Zylinder 295
1.5.2 Stillsetzen und Entlüften der Zylinder 295
1.5.3 Stillsetzen und Festsetzen der Zylinder 295
1.6 Sensoren 295
1.6.1 Anschluss und Schaltverhalten von Sensoren 296
1.6.2 Wirkprinzipien und Verwendungszwecke von Sensoren 297
1.6.3 Kenngrößen, Montage und Inbetriebnahme von Sensoren 298

2 Hydraulik 300
2.1 Einsatzgebiete der Hydraulik 300
2.2 Hydraulische Grundlagen 302
2.2.1 Druck und Druckübersetzung 302
2.2.2 Kraftübersetzung 303
2.2.3 Volumenstrom und Strömungsgeschwindigkeit 304
2.2.4 Strömungsverhalten 304
2.2.5 Viskosität von Hydraulikölen 305
2.3 Hydraulikpumpen 306
2.4 Hydraulikzylinder 309
2.5 Steuerung des hydraulischen Energieflusses 310
2.5.1 Hydraulische Grundsteuerungen 310
2.6 Leitungen und Verbindungen 316

3 Pneumatics and Hydraulics 320

9 Herstellen von formgebenden Werkzeugoberflächen 323

1 Hochleistungs- und Hochgeschwindigkeitsfräsen 324
1.1 Hochleistungsfräsen (HPC[1]) 324
1.2 Hochgeschwindigkeitsfräsen (HSC[1]) 327

2 Bearbeiten gehärteter Werkzeugstähle 329
2.1 Präzisions-Hartfräsen 329
2.1.1 Schneidstoff und Schneidengeometrie 330
2.1.2 Stabilität und Rundlauf des Werkzeugs und der Werkzeugaufnahme 330
2.1.3 Werkstückvorbereitung 330
2.1.4 Schnittdaten für das Schlichten und die Restbearbeitung 331
2.1.5 Stabilität und Präzision der Werkzeugmaschine 332
2.1.6 Anforderungen an das CAM-System 332
2.2 Präzisions-Hartdrehen 333
2.2.1 Schneidstoff und Schneidplattengeometrie 333
2.2.2 Stabilität der Werkzeug- und Wendeschneidplattenaufnahmen 334
2.2.3 Stabilität des Werkstücks 335
2.2.4 Stabilität der Spannmittel 335
2.2.5 Stabilität und Präzision der Werkzeugmaschine 335

3 Funkenerodieren 336
3.1 Grundlagen 336
3.1.1 Physikalisches Prinzip 336
3.1.2 Dielektrikum 337
3.2 Senk- und Planetärerodieren 338
3.2.1 Elektrodenkonstruktion, -werkstoffe und -herstellung 340
3.2.2 Einrichten der Senkerodiermaschine 342

3.2.3	Regelung und Überwachungsmechanismen an der CNC-Senkerodiermaschine	344		6	Manufacturing of formgiving tool surfaces	378
3.2.4	Planetärerodieren in beliebiger Richtung	345		6.1	High-performance cutting (HPC)	378
3.2.5	Abtrag und Elektrodenverschleiß	346		6.1.1	High-performance and high-speed milling	378
3.2.6	Spülmethoden	347		6.1.2	Machining of hardened tool steels	379
3.2.7	Randschichtbeeinflussung	348		6.2	Electrical Discharge Machining (EDM)	379
3.3	Drahterodieren	349		6.3	Fine machining	380
3.3.1	Fertigungsauftrag	350		6.4	Work with words	382
3.3.2	Spannen des Werkstücks und Festlegen des Werkstückkoordinatensystems	350		**10**	**Fertigen von Bauelementen in der rechnergestützten Fertigung**	**383**
3.3.3	Drahtauswahl und -vorspannung	351		1	Rechnereinsatz und digitale Daten im Lebenszyklus eines Produkts	384
3.3.4	Technologische Informationen	353		1.1	Produktlebenszyklus	384
3.3.5	Planung der Drahtschnitte	354		1.2	Rechnergestützte Anwendungen während der Produktentstehung	385
3.3.6	Aufbau des CNC-Programms	355		1.2.1	CAD	385
3.3.7	Sicherung des Ausfallteils	357		1.2.2	CAE	386
3.3.8	Trennschnitte	357		1.2.3	CAP	386
3.3.9	Konturfehler – Ursachen und Vermeidung	358		1.2.4	CAM	387
3.3.10	Konische Bauteile schneiden	359		1.2.5	CAQ	387
3.4	Bohrerodieren	359		1.3	Produktdatenmanagement (PDM)	388
3.5	Arbeitssicherheit und Umweltschutz	360		1.4	Produkt Lifecycle Management (PLM)	388
4	**Feinbearbeitung**	**362**		**2**	**CAD-Datensätze erstellen**	**389**
4.1	Tuschieren	362		2.1	CAD-Modelle im Werkzeugbau	390
4.1.1	Tuschieren eines Schiebers	362		2.1.1	Volumenmodell	390
4.1.2	Tuschieren der Formhälften auf der Tuschierpresse	363		2.1.2	Flächenmodell	390
4.1.3	Tuschieren der Schieberverriegelungen	364		2.1.3	Hybridmodell	390
4.2	Polieren	365		2.2	Modellieren eines Spritzgussteils	391
4.2.1	Strichpolieren	365		2.2.1	Skizzen erstellen	391
4.2.2	Hochglanzpolieren	366		2.2.2	Extrudieren	391
4.2.3	Laserpolieren	367		2.2.3	Aushöhlen	392
4.3	Festklopfen	368		2.2.4	Rippen erzeugen	392
4.4	Honen	369		2.2.5	Konstruktionsverlauf dokumentieren	392
4.4.1	Langhubhonen	369		2.2.6	Dome konstruieren	393
4.4.2	Kurzhubhonen	371		2.2.7	Flächen extrudieren	393
4.5	Läppen	372		2.2.8	Körper trimmen	393
4.6	Feinschleifen	373		2.2.9	Formschrägen anbringen	393
4.7	Oberflächenstrukturieren	374		2.2.10	Übergangsradien gestalten	394
4.7.1	Ätzen	374		2.3	Zeichnung ableiten	394
4.7.2	Laserstrukturieren	375		2.4	Ableiten der Formplatten aus dem Spritzgussteil	395
5	**Beschichten**	**376**				
5.1	Hartverchromen	376				
5.2	PVD- und CVD-Verfahren	377				

2.4.1	Körper skalieren	395
2.4.2	Flächen von Körpern ableiten	395
2.4.3	Verlinken von Konstruktionselementen	396
2.4.4	Baugruppen erstellen	396
2.5	Körper mit Freiformflächen modellieren	397
2.5.1	Splines konstruieren	397
2.5.2	Kurvennetz konstruieren und Freiformfläche modellieren	398
2.5.3	Körper aus Flächen ableiten	398
2.5.4	Freiformflächen prüfen	398
2.6	CAD-Daten austauschen	399
3	**CAM**	**399**
3.1	5-Achs-Fräsmaschinen	400
3.1.1	5-Achs-Fräsen mit angestellten Werkzeugen im Positionierbetrieb	402
3.1.2	5-Achs-Fräsen im Simultanbetrieb	404
3.2	Spannsysteme für das 5-Achs-Fräsen	405
3.2.1	Schraubstock	405
3.2.2	5-Achs-Spanner	405
3.2.3	Nullpunktspannsysteme	406
3.3	Werkzeugverwaltung	407
3.4	Erstellen von CNC-Programmen mithilfe von CAM-Systemen	408
3.4.1	Arbeitsplanung	408
3.4.2	CAM-Programmierung für das 3-Achs-Fräsen	408
3.4.3	Postprozessor	410
3.4.4	Fertigungsunterlagen	410
3.4.5	CAM-Programmierung für das 5-Achs-Fräsen	411
3.4.6	Simulationen	415
4	**Optische 3D-Messtechnik**	**416**
4.1	Laserscannen	416
4.2	Streifenprojektionsverfahren	416
5	**Generative Fertigung**	**418**
5.1	Einteilung der generativen Fertigung	419
5.1.1	Rapid Prototyping	419
5.1.2	Rapid Manufacturing	419
5.1.3	Rapid Tooling	419
5.2	Generative Fertigungsverfahren	419
5.2.1	Extrusionsverfahren	419
5.2.2	Ballistikverfahren	420
5.2.3	Stereolithographie	421
5.2.4	Selektives Lasersintern von Kunststoffteilen	422
5.2.5	Selektives Laserschmelzen von Metallteilen für den Werkzeugbau	423
5.2.6	Hybridverfahren	424
6	**Computer aided production**	**426**
6.1	Computer aided design (CAD)	426
6.2	Fused layer modelling	427
6.3	Working with words	427

11 Herstellen der technischen Systeme des Werkzeugbaus 428

1	**Stanz- und Umformtechnik**	**429**
1.1	Systeme zum Verbinden des Werkzeugs mit der Werkzeugmaschine	429
1.1.1	Spannsysteme	429
1.1.2	Spannplatten/-leisten oder Kopfplatte/Grundplatte	432
1.2	Systeme zum Halten und Stützen	432
1.2.1	Druckplatte	432
1.2.2	Stempelhalteplatte	433
1.3	Systeme zum Abstreifen	433
1.4	Systeme zur Führung	434
1.4.1	Werkzeugführungen	434
1.4.2	Stempelführung	437
1.4.3	Werkstückführung/Streifenführung	438
1.5	Positionierung des Werkstücks	440
1.5.1	Interne Systeme	440
1.5.2	Externe Systeme	441
1.6	Begrenzung des Hubs	443
1.7	Systeme zum Speichern von Energie	443
1.7.1	Auswahl und Funktion von Federn	443
1.7.2	Arten von Federn	444
1.8	Systeme für den Materialfluss	446
1.8.1	Systeme zum Zuführen von Werkstoffen	446
1.8.2	Systeme zum Entfernen des Abfalls und des Werkstücks	446
1.9	Hauptsysteme zur Herstellung des Werkstücks/aktive Bauteile	447
1.9.1	Trennen	447
1.9.2	Feinschneiden	453
1.9.3	Biegen	454

1.9.4	Tiefziehen	456		3	**Vorrichtungen und Lehren**	547
1.9.5	Prägen (Eindrücken)	458		3.1	Vorrichtungen	547
1.9.6	Fügen	459		3.1.1	Vorrichtungsarten	547
1.10	Auslegen und Herstellen von Werkzeugen in der Stanz- und Umformtechnik	462		3.1.2	Positioniersystem	548
				3.1.3	Spannsystem	555
1.10.1	Arten und Auswahl von Werkzeugen	462		3.1.4	Stützelemente	560
1.10.2	Festlegung der Arbeitsreihenfolge	464		3.1.5	Vorrichtungsbaukasten	561
1.10.3	Festlegung der Lage der Schnittteile im Streifen oder in der Platine (Ausnutzungsgrad des Streifens und Vorschub)	465		3.2	Lehren	565
				3.2.1	Prüflehren	566
				3.2.2	Messaufnahmen	571
1.10.4	Auslegung des Werkzeugs	467		**4**	**Manufacturing of technical systems in tool design and construction**	**575**
1.11	Arten und Funktionen von Umformmaschinen	467				
2	**Formentechnik**	**471**		4.1	Construction plastics	575
2.1	Spritzgießwerkzeuge	471		4.2	Design of pressure die cast parts	575
2.1.1	Formgebungssysteme	471		4.3	Hot runner versus cold runner systems	576
2.1.2	Führungs- und Zentriersysteme	475		4.4	Work with words	576
2.1.3	Angusssysteme	476				
2.1.4	Temperiersysteme	484		**12**	**Inbetriebnehmen und Instandhalten von technischen Systemen des Werkzeugbaus**	**577**
2.1.5	Entformungssysteme	489				
2.1.6	Sonderwerkzeuge	499		**1**	**Inbetriebnehmen von technischen Systemen des Werkzeugbaus**	**578**
2.2	Druckgießwerkzeuge	504				
2.2.1	Druckgießprozess	504		1.1	Anforderungen an Produkt, Werkzeug und Prozess	578
2.2.2	Druckgießverfahren	506				
2.2.3	Werkzeugaufbau	507		1.1.1	Produktanforderungen	578
2.3	Kokillengießwerkzeuge	511		1.1.2	Werkzeuganforderungen	578
2.3.1	Handkokille für Schwerkraftgießen	511		1.1.3	Prozessanforderungen	578
2.3.2	Maschinenkokille für Schwerkraftgießen	512		1.2	Bemusterung einer Druckgießform	578
2.3.3	Kippkokillen- und Niederdruck-Kokillengießen	513		1.2.1	Optische Überprüfung	579
2.3.4	Schleudergießen	514		1.2.2	Rüsten der Druckgießmaschine und Prozessoptimierung	579
2.4	Extrusionswerkzeuge	514				
2.4.1	Extrusionsprozess	514		1.2.3	Geometrische Überprüfung des Druckgussteils	580
2.4.2	Voll- und Profilstäbe	514		1.2.4	Porositätsprüfung des Druckgussteils	580
2.4.3	Rohre und Hohlprofile	516		1.2.5	Abnahmeprotokoll	583
2.5	Blasformwerkzeuge	518				
2.5.1	Blasformprozesse	518		**2**	**Qualitätsmanagement**	**587**
2.5.2	Werkzeugaufbau	519		2.1	Qualitätsbegriff	587
2.6	Presswerkzeuge für Metall- und Keramikpulver	521		2.1.1	Produktqualität	587
2.6.1	Fertigungsstufen für Sinterteile	521		2.1.2	Toleranz und Qualität	588
2.6.2	Werkzeugaufbau	522		2.1.3	Qualitätsregelkarte	589
2.7	Werkzeuge für die Massivumformung	529		2.1.4	Dienstleistungsqualität	590
2.7.1	Werkzeuge zum Gesenkformen	529		2.1.5	Qualitätsmanagement (QM)	590
2.7.2	Werkzeuge zum Strangpressen	541		2.2	Prozessüberwachung	592
2.7.3	Werkzeuge zum Fließpressen	544		2.2.1	Ziele der Prozessüberwachung	592

2.2.2	Sensortypen	592
2.2.3	Erkennbare Fehler/Vorgänge	593
2.2.4	Hüllkurvenprinzip	593
2.2.5	Anwendungsbeispiele	594
3	**Instandhalten von technischen Systemen des Werkzeugbaus**	**596**
3.1	Instandhaltungsstrategien	596
3.1.1	Störungsbedingte Instandhaltung	596
3.1.2	Intervallabhänige Instandhaltung	597
3.1.3	Zustandsorientierte Instandhaltung	597
3.2	Wartung und Inspektion	598
3.2.1	Schmierung	598
3.2.2	Korrosionsschutz	598
3.2.3	Inspektionsplan und Werkzeuglebenslauf	598
3.2.4	Inspektions- und Wartungstätigkeiten	601
3.3	Instandsetzung	605
3.3.1	Führungen	605
3.3.2	Schneid- und Umformwerkzeuge instandsetzen	605
3.3.3	Urformwerkzeuge instandsetzen	607
3.3.4	Gesenkformwerkzeuge instandsetzen	609
3.3.5	Schweißen von Werkzeugbauteilen	611
3.4	Verbesserung	614
3.4.1	Werkzeugverbesserungen	614
3.4.2	Prozessverbesserungen	614
4	**Starting-up and maintaining a technical system in tool manufacturing**	**615**
4.1	Quality assurance	615
4.2	Overhauling and maintenance	616

13 Planen und Realisieren technischer Systeme des Werkzeugbaus 617

1	**Projektdefinition**	**618**
1.1	Lastenheft	618
1.2	Projektstart beim Auftragnehmer	619
1.3	Kundengespräch	619
1.4	Pflichtenheft	620
2	**Projektorganisation und -planung**	**623**
2.1	Personal- und Konfliktmanagement	623
2.1.1	Projektteam	623
2.1.2	Teamuhr	623
2.1.3	Konflikte und deren Bewältigung	624
2.2	Sachmittelmanagement	627
2.2.1	Projektstrukturplan	627
2.2.2	Projektablaufplan	630
2.2.3	Ressourcen- und Kostenplanung	630
3	**Projektdurchführung**	**632**
3.1	Übernahme und Erledigung der Arbeitspakete	632
3.2	Projektüberwachung und -steuerung	635
3.3	Qualitätsmanagement	636
4	**Projektabschluss**	**636**
4.1	Endabnahme	636
4.1.1	Abnahme durch den Hersteller	636
4.1.2	Abnahme durch den Kunden	637
4.1.3	Installation beim Kunden	637
4.1.4	Dokumentationen	638
4.2	Projektbewertung	639
4.2.1	Ergebnisbewertung	639
4.2.2	Prozessbewertung	640
5	**Planning and realizing a technical system**	**641**
5.1	Project management	641
5.2	Work with words	642

14 Ändern und Anpassen technischer Systeme des Werkzeugbaus 643

1	**Ändern und Anpassen eines technischen Systems**	**644**
1.1	Änderungen	644
1.1.1	Wissensmanagement	644
1.2	Planung einer Änderung bzw. Anpassung	645
1.2.1	Beschreibung des Systems	646
1.2.2	Analyse der bisherigen Lösung	647
1.2.3	Wirtschaftliche Begründung	648
1.3	Durchführung der Änderung bzw. Anpassung	648
1.3.1	Berechnung der Prozessparameter	648
1.3.2	Vorgaben laut Werkzeug-Pflichten-Heft	653
1.3.3	Auslegung der Normalien	653
1.3.4	Werkzeugkonstruktion	655
1.3.5	Änderungsentwurf	656
1.3.6	Erstellung des Datensatzes	656
1.3.7	Kostenaufstellung	656

	2	**Modifying and adapting of a technical system**	659
	2.1	Manual instruction of a punching tool for aluminum fixtures	659
	2.2	Work with words	660

Englisch-deutsche Vokabelliste 661

Sachwortverzeichnis 680

Lernfeld 5: Formgebung von Bauelementen durch spanende Fertigung

In den Lernfeldern 1 und 2 haben Sie grundlegende Kenntnisse zur Fertigung von Bauelementen mit handgeführten Werkzeugen oder mit Maschinen erworben.
Darauf aufbauend befassen Sie sich in diesem Lernfeld damit, unter Berücksichtigung des Arbeits- und Umweltschutzes Bauelemente des Werkzeugbaus aus verschiedenen Werkstoffen auf Werkzeugmaschinen herzustellen. Zur Feinbearbeitung der Werkstücke lernen Sie dabei als neues Fertigungsverfahren das Schleifen kennen.
Grundlage Ihres Arbeitsauftrags wird in den meisten Fällen eine Fertigungszeichnung sein. Dieser entnehmen Sie die Informationen, die Sie benötigen, um die erforderlichen Fertigungsverfahren und Fertigungsschritte festzulegen. Sie erstellen Arbeitspläne, wählen geeignete Spannmittel aus und richten die Maschine ein. Schließlich entwickeln Sie Prüfpläne und wählen die geeigneten Prüfmittel aus. Bei all diesen Tätigkeiten beachten Sie die Wirtschaftlichkeit Ihrer Entscheidungen.

Rohteil
- Werkstoff
- Abmessungen

Anforderungen
- Fertigteil
  – Formen
  – Maßtoleranzen
  – Oberflächenqualitäten
  – Form- und Lagetoleranzen
- Kostengünstige Fertigung
- Arbeitssicherheit
- Umweltschutz

Fertigteil
- Formen
- Maßtoleranzen
- Oberflächenqualitäten
- Form- und Lagetoleranzen

Informationsfluss

Stofffluss → **Zerspanungsprozess** → Stofffluss

Späne
- Möglichst kurze Fließspäne

Mechanische Energie → Energiefluss →  → Energiefluss → **Wärmeenergie**

Informationsfluss

Einflussmöglichkeiten der Fachkraft durch Wahl von

technologischen Daten:	Werkzeug:	Werkzeugmaschine:	Spannmittel:	Kühlschmiermittel:
■ Schnittgeschwindigkeit ■ Vorschub ■ Schnitttiefe	■ Schneidengeometrie ■ Schneidstoff	■ Typ ■ Genauigkeit ■ Antriebsleistung	■ Werkstück ■ Werkzeug	■ Kühlung ■ Schmierung ■ Trockenbearbeitung ■ Minimalschmierung

1 Einflussgrößen beim maschinellen Zerspanen mit geometrisch bestimmter Schneide

Mithilfe von Werkzeugmaschinen wird aus einem Rohteil ein funktionsfähiges Fertigteil *(finished part)* hergestellt. Dabei ist es die Aufgabe der Fachkraft, den Zerspanungsprozess *(machining operation)* entsprechend zu gestalten. Um begründete Entscheidungen treffen zu können, muss sie die Auswirkungen kennen, die durch das Verändern der Prozesskenngrößen entstehen.

1.1 Technologische Daten und deren Auswirkungen

1.1.1 Bewegungen und Geschwindigkeiten

Meistens sind drei Bewegungen zur Zerspanung erforderlich:
- Schnittbewegung *(cutting motion)*
- Vorschubbewegung *(feed motion)* und
- Zustellbewegung *(in-feed motion)* (Bilder 1 und 2)

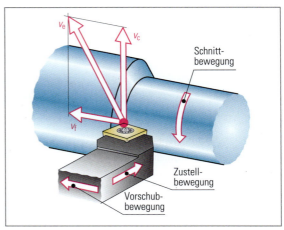

1 Bewegungen beim Drehen

Schnittgeschwindigkeit

Die Wahl der Schnittgeschwindigkeit *(cutting speed)* v_c richtet sich vorrangig nach
- dem **Werkstoff des Werkzeugs** (Schneidstoff): je härter, desto höher v_c
- dem **Werkstoff des Werkstücks**: je härter, desto niedriger v_c
- der **Art der Zerspanung**: bei Grobbearbeitung ist v_c niedriger als bei Feinbearbeitung
- der **Kühlschmierung**: mit Kühlschmierung kann v_c höher als ohne gewählt werden

Optimale Schnittgeschwindigkeiten können Tabellen der Schneidstoffhersteller oder dem Tabellenbuch entnommen werden.
Aufgrund der Formel für die Schnittgeschwindigkeit v_c kann die erforderliche **Umdrehungsfrequenz** n bestimmt werden.

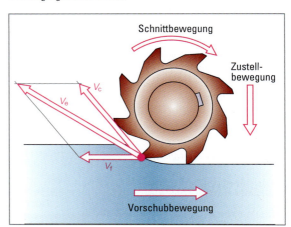

2 Bewegungen beim Fräsen

$$v_c = d \cdot \pi \cdot n$$

$$n = \frac{v_c}{d \cdot \pi}$$

v_c: Schnittgeschwindigkeit
d: Durchmesser
n: Umdrehungsfrequenz

Vorschub und Vorschubgeschwindigkeit

Der **Vorschub je Umdrehung** f *(feed per revolution)* bzw. **je Zahn** f_z *(feed per tooth)* ist in erster Linie abhängig von
- der **gewünschten Oberflächenqualität** *(surface quality)*: je kleiner der Vorschub, desto besser die Oberflächenqualität (Bilder 3 und 4)
- der **Art der Zerspanung**: bei Grobbearbeitung *(rough working)* wird der Vorschub größer gewählt. Dadurch nimmt die Vorschubgeschwindigkeit zu und die Fertigungszeit ab
- dem **Werkstoff des Werkstücks** *(material of workpiece)*: je härter, desto niedriger f bzw. f_z
- dem **Werkstoff des Schneidstoffs** *(cutting material)*: je härter, desto höher f bzw. f_z

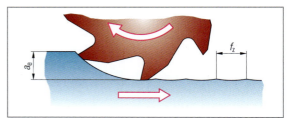

3 Vorschub f_z je Zahn und Arbeitseingriff a_e beim Fräsen

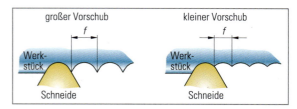

4 Vorschub und Oberflächenqualität

Übungen zur Berechnung von Schnittgeschwindigkeit und Umdrehungsfrequenz finden Sie auf den Seiten 36 und 37.

1.1 Technologische Daten und deren Auswirkungen

Schneidstoffhersteller empfehlen erprobte Vorschübe in Tabellen.
Die **Vorschubgeschwindigkeit** v_f *(feed rate)* ist der pro Minute zurückgelegte Weg. Sie ist mit folgenden Formeln zu berechnen.

- Beim **Drehen**:

$$v_f = f \cdot n$$

- Beim **Fräsen**:

$$v_f = f_z \cdot z \cdot n$$

v_f: Vorschubgeschwindigkeit
f: Vorschub je Umdrehung
f_z: Vorschub je Zahn
n: Umdrehungsfrequenz

Die **Wirkgeschwindigkeit** v_e (Bilder 1 und 2 auf Seite 2) ist die resultierende Geschwindigkeit aus **Schnittgeschwindigkeit** v_c und **Vorschubgeschwindigkeit** v_f. Meist ist das Verhältnis von Schnittgeschwindigkeit zu Vorschubgeschwindigkeit sehr groß, dann gilt $v_e \approx v_c$.

Zustellbewegungen

Zustellbewegungen *(infeed motions)* legen beim Drehen die **Schnitttiefe** a_p *(cutting depth)* und beim Fräsen den **Arbeitseingriff** a_e fest (Bilder 1 und 2 und Seite 2 Bild 3). Beide bestimmen die Dicke der zu zerspanenden Schicht.

Überlegen Sie!

1. Welche Auswirkungen entstehen, wenn nur Schnitt- und Zustellbewegung beim Spanen vorhanden sind?
2. Von welchen Faktoren hängt die Wahl der Schnittgeschwindigkeit ab?
3. Wie groß ist die Vorschubgeschwindigkeit beim Fräsen, wenn der Fräser mit 6 Zähnen eine Umdrehungsfrequenz von 2500/min besitzt und ein Vorschub je Zahn von 0,08 mm gewählt wird?

1.1.2 Winkel an der Werkzeugschneide

Die **Zerspankraft** *(cutting force)* (Bild 3) bewirkt gemeinsam mit der Schnittbewegung, dass die Werkzeugschneide in das Werkstück eindringt und einen Span abtrennt.
Die Schneidengeometrie der Werkzeugschneide *(cutting edge)* beeinflusst den Zerspanungsprozess maßgeblich:

MERKE

- Mit steigendem **Keilwinkel** *(wedge angle)* β nimmt die Stabilität der Werkzeugschneide *(cutting edge)* zu: Je härter der Werkstoff des Werkstücks, desto größer ist β zu wählen.
- Der **Freiwinkel** *(clearance angle)* α vermindert die Reibung zwischen der Freifläche des Werkzeugs und dem Werkstück. Mit steigendem Freiwinkel α verbessert sich die Qualität der Werkstückoberfläche und vermindert sich die Wärmeaufnahme des Werkzeugs. Dabei nimmt jedoch gleichzeitig der Keilwinkel β ab.
- Der **Spanwinkel** *(rake angle)* γ wirkt sich auf die Spanbildung aus. Mit zunehmendem Spanwinkel γ wird die erforderliche Zerspankraft kleiner.
- $\alpha + \beta + \gamma = 90°$

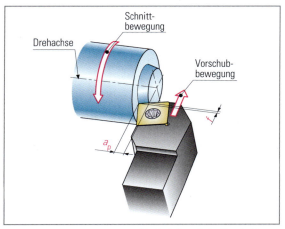

1 Vorschub f je Umdrehung und Schnitttiefe a_p beim Plandrehen

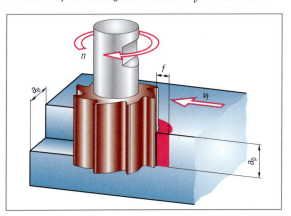

2 Schnitttiefe a_p und Arbeitseingriff a_e beim Fräsen

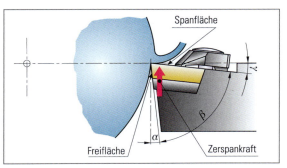

3 Zerspanungsvorgang

1.1.3 Spanarten und Spanformen

Selbst bei gleichem zu zerspanendem Werkstoff können durch Verändern der Prozesskenngrößen unterschiedliche Spanarten entstehen (Seite 4 Bild 1).

MERKE

Aufgrund der Spanentstehung werden drei typische Spanarten unterschieden: Reißspan *(tear chip)*, Scherspan *(shear chip)* und Fließspan *(continuous chip)*.

Übungen zur Berechnung von Vorschub und Vorschubgeschwindigkeit finden Sie auf den Seiten 36 und 37.

1.1 Technologische Daten und deren Auswirkungen

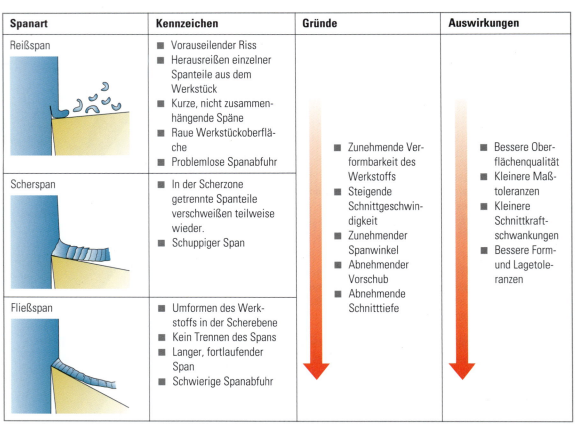

Spanart	Kennzeichen	Gründe	Auswirkungen
Reißspan	■ Vorauseilender Riss ■ Herausreißen einzelner Spanteile aus dem Werkstück ■ Kurze, nicht zusammenhängende Späne ■ Raue Werkstückoberfläche ■ Problemlose Spanabfuhr	■ Zunehmende Verformbarkeit des Werkstoffs ■ Steigende Schnittgeschwindigkeit ■ Zunehmender Spanwinkel ■ Abnehmender Vorschub ■ Abnehmende Schnitttiefe	■ Bessere Oberflächenqualität ■ Kleinere Maßtoleranzen ■ Kleinere Schnittkraftschwankungen ■ Bessere Form- und Lagetoleranzen
Scherspan	■ In der Scherzone getrennte Spanteile verschweißen teilweise wieder. ■ Schuppiger Span		
Fließspan	■ Umformen des Werkstoffs in der Scherebene ■ Kein Trennen des Spans ■ Langer, fortlaufender Span ■ Schwierige Spanabfuhr		

1 Spanarten

2 Erwünschte Spanformen

Die Einstellwerte und die Schneidengeometrie beeinflussen die Spanform.

Erwünscht sind kurze Spanformen *(shapes of chips)* (Bild 2), die gut von der Werkzeugschneide abgeführt werden können und nicht sperrig sind.

Optimal ist ein Span, der die Vorteile der Fließspanbildung besitzt und gleichzeitig in kurzen Stücken vorliegt. Da durch die Fließspanbildung normalerweise eine lange, unerwünschte Spanform entsteht, muss der Span noch gebrochen werden. Den **Spanbruch** übernehmen **Spanformer** *(chip curler)* bzw.

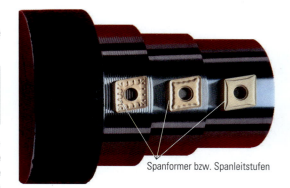

3 Spanformer bzw. Spanleitstufen bei Wendeschneidplatten

1.1 Technologische Daten und deren Auswirkungen

Spanleitstufen *(deflection shoulder)*, die sich auf der Spanfläche befinden (Seite 4 Bild 3). In **Spanbruchdiagrammen** (Bild 1) geben die Schneidstoffhersteller den Bereich an, in dem der Spanbruch sichergestellt ist. Innerhalb des dargestellten Bereichs entsteht eine günstige Spanform.

Für die verschiedenen Bearbeitungsarten (Schruppen/Schlichten) bieten die Schneidstoffhersteller unterschiedliche Schneidengeometrien an (Bild 3 auf Seite 4 und Bild 2).

Die Schneidengeometrie richtet sich nach
- der Bearbeitungsart und
- dem zu bearbeitenden Werkstoff

Mit entsprechend gestalteter Schneidengeometrie und den richtigen Einstellwerten werden optimale kommaförmige oder kurze wendelförmige Späne erzeugt.

Überlegen Sie!
1. Begründen Sie, weshalb bestimmte Spanformen erwünscht sind.
2. Beschreiben Sie die Aufgaben von Spanformern.

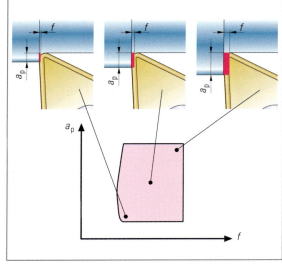

1 Spanbruchdiagramm

1.1.4 Schrupp- und Schlichtbearbeitung

Die Zerspanung vom Rohteil zum Fertigteil beinhaltet meist zwei unterschiedliche Bearbeitungsaufgaben:
- Schruppen *(roughing)* und
- Schlichten *(smoothing)*

Ziel des Schruppens ist es, das gewünschte Spanvolumen in möglichst kurzer Zeit abzunehmen.

Als **Einstellwerte** werden gewählt:
- große Schnitttiefe a_p bzw. großer Arbeitseingriff a_e
- großer Vorschub je Umdrehung f bzw. großer Vorschub je Zahn f_z
- geringere Schnittgeschwindigkeit v_c

Die Werkzeugschneide erfordert eine stabile Schneidengeometrie.

Die Anforderungen an die Maßtoleranz, die Oberflächenqualität und die Form- und Lagetoleranzen sind beim Schruppen äußerst gering, da für das Schlichten noch eine Zugabe (Aufmaß) auf dem Werkstück verbleibt.

Ziel des Schlichtens ist es, die geforderten Maßtoleranzen, Oberflächenqualitäten und Form- und Lagetoleranzen zu erzielen.

Als **Einstellwerte** werden gewählt:
- kleine Schnitttiefe a_p bzw. kleiner Arbeitseingriff a_e
- kleiner Vorschub je Umdrehung f bzw. kleiner Vorschub je Zahn f_z
- höhere Schnittgeschwindigkeit v_c

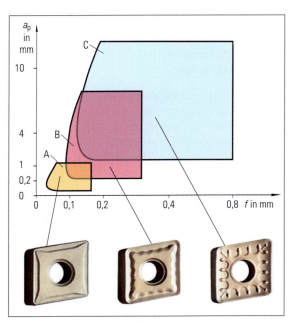

2 Spanbruchdiagramm (Beispiel) von Schlichtbearbeitung (A) über Schruppbearbeitung (B) bis schwere Schruppbearbeitung (C)

Überlegen Sie!
1. Welche Ziele werden beim Schruppen und welche beim Schlichten verfolgt?
2. Wie müssen die Einstellwerte gewählt werden, um besonders gute Oberflächenqualitäten zu erreichen?

1.1.5 Schneidenradius

Eine Werkzeugschneide ohne Schneidenradius *(edge radius)* würde sehr schnell verschleißen. Deshalb sind die Schneidenecken abgerundet.

Beim **Schruppen** werden Schneidenradien möglichst groß gewählt, wodurch eine stabile Schneidkante erreicht wird. Beim Schruppdrehen liegen sie oft zwischen 1,2 mm und 1,6 mm, wobei der **Vorschub** f oft bei der **Hälfte des Schneidenradius** liegt.

Beim Schlichten hat der Schneidenradius maßgeblichen Einfluss auf die Oberflächenqualität (Bild 1):

> **MERKE**
> Je größer der Schneidenradius, desto besser die Oberflächenqualität.

Beim Schlichten können die erreichbare **Rautiefe** *(maximum roughness depth)* R_t (vgl. Kap. 6.6.3) bzw. der erforderliche Vorschub f angenähert nach folgenden Formeln bestimmt werden (Bild 1):

$$R_t = \frac{f^2 \cdot 1000}{8 \cdot R} \qquad f = \sqrt{\frac{R_t \cdot 8 \cdot R}{1000}}$$

R_t: Rautiefe in µm
f: Vorschub in mm
R: Schneidenradius in mm

Beim **Schlichtdrehen** liegt der Vorschub oft bei einem **Drittel des Schneidenradius**.

> **Überlegen Sie!**
> 1. Welche Rautiefe wird bei einem Vorschub von 0,25 mm bei einem Schneidenradius von 0,8 mm erreicht?
> 2. Welcher Vorschub ist einzustellen, wenn eine Rautiefe von 6,3 µm bei einem Schneidenradius von 1,2 mm erzielt werden soll?

1.1.6 Verschleiß, Standzeit, Aufbauschneide

Während der Span bei der Spanabnahme über die Spanfläche gleitet, kommt auch die Freifläche mit dem Werkstück in Kontakt (Bild 2). An beiden Stellen entsteht Reibung, die zur Abnutzung der Schneide, d. h. zum Verschleiß *(abrasion wear)* führt. Wird der Verschleiß zu groß, kann das Werkzeug seine Aufgabe nicht mehr erfüllen. Zwei wichtige Verschleißarten sind in Bild 3 dargestellt.

Beim **Schlichten** gilt eine Schneide als verschlissen, wenn die geforderte Oberflächengüte nicht mehr erreicht wird. Dabei ist der **Freiflächenverschleiß** *(flank wear)* oft die entscheidende Größe. Wenn die Verschleißbreite ein bestimmtes Maß (z. B. 0,2 mm) erreicht hat, ist das Werkzeug zu wechseln.

Beim **Schruppen** muss das Werkzeug z. B. dann gewechselt werden, wenn der Span nicht mehr richtig bricht. Übermäßiger **Kolkverschleiß** *(crater wear)* führt zur Schwächung der Schneidkante, sodass die Gefahr des Schneidenbruchs entsteht.

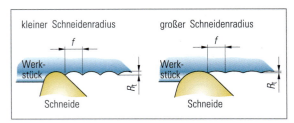

1 Schneidenradius und Oberflächenqualität

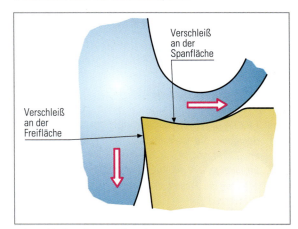

2 Verschleiß an Frei- und Spanfläche

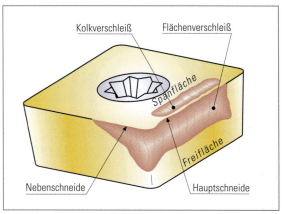

3 Freiflächenverschleiß und Kolkverschleiß an der Spanfläche

> **MERKE**
> Die Zeit, die eine Schneide ununterbrochen im Einsatz ist, heißt Standzeit.

Oft liegt den Angaben für die optimalen Einstellwerte eine Standzeit *(cutting life)* von 15 Minuten zugrunde. Die Vergrößerung der Schnittgeschwindigkeit um 10 % senkt z. B. die Standzeit von 15 auf ca. 10 Minuten. Eine Senkung auf 70 % der angegebenen Schnittgeschwindigkeit erhöht z. B. die Standzeit auf 60 Minuten. Es ist meist wirtschaftlicher, die Schnittgeschwindigkeit bei abnehmender Standzeit zu steigern, weil damit Fertigungszeiten sinken.

1.2 Schneidstoffe und Wendeschneidplatten

Beim Zerspanen von weichen und zähen Werkstoffen verschweißen Spanteilchen auf der Spanfläche. Es entsteht eine **Aufbauschneide** *(built-up edge)*. Einerseits wird dadurch die Schneidengeometrie verändert, andererseits wird die Qualität der Werkstücksoberfläche schlechter, wenn abgebrochene Teile der Aufbauschneide an ihr hängen bleiben.

Die Gefahr der Aufbauschneidenbildung ist bei kleiner Schnittgeschwindigkeit und geringen bzw. negativen Spanwinkeln am größten.

> **MERKE**
> Durch Vergrößern der Schnittgeschwindigkeit und die Wahl eines positiven Spanwinkels kann die Aufbauschneide verhindert werden.

Überlegen Sie!
1. Wie wirkt sich ein zu großer Freiflächenverschleiß aus?
2. An welcher Fläche des Schneidkeils entsteht Kolkverschleiß?
3. Informieren Sie sich über die Standzeiten, die Ihr Betrieb wählt.
4. Wie kann das Entstehen von Aufbauschneiden verhindert werden?

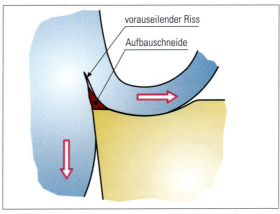

1 Aufbauschneide

1.2 Schneidstoffe und Wendeschneidplatten

Als **Schneidstoff** *(cutting material)* wird der Werkstoff des Schneidkeils bezeichnet. Er ist während seines Einsatzes hohen mechanischen und thermischen Belastungen ausgesetzt. Damit Schneidstoffe diesen Belastungen standhalten, sollten sie über folgende Eigenschaften verfügen:

- **große Härte** *(hardness)*: Widerstand gegen das Eindringen eines andern Körpers
- **hohe Warmhärte** *(hot hardness)*: bei höheren Temperaturen Härte behalten
- **große Druckfestigkeit** *(compression strength)*: dem Druck des auftreffenden Spans standhalten
- **entsprechende Zähigkeit** *(toughness)*: Stöße auffangen ohne zu reißen
- **ausreichende Biegefestigkeit** *(bending strength)*: Biegespannungen an der Schneide aushalten
- **hohe Verschleißfestigkeit** *(wear resistance)*: möglichst geringer Verschleiß durch Reibung
- **gute Temperaturwechselbeständigkeit** *(thermal shock resistance)*: wechselnden Temperaturen standhalten

In der Praxis wird eine Vielzahl von Schneidstoffen eingesetzt, wobei jedoch die Mehrzahl der Werkzeugschneiden aus hochlegiertem Werkzeugstahl und Hartmetall bestehen (Bild 2).

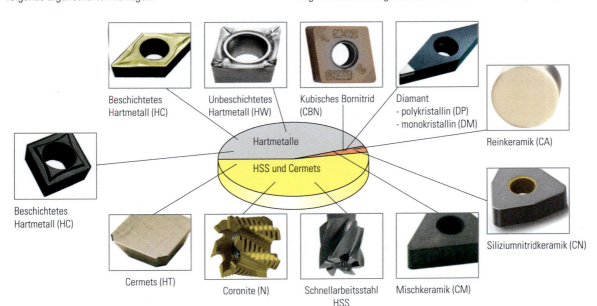

2 Schneidstoffe und ihre Einsatzhäufigkeit

1.2 Schneidstoffe und Wendeschneidplatten

Die Eigenschaften der Schneidstoffe sind sehr unterschiedlich, sodass es nicht einen Schneidstoff gibt, der für alle Fälle geeignet ist. Abhängig von der jeweiligen Zerspanungsaufgabe ist der bestmögliche Schneidstoff auszuwählen.

1.2.1 Schnellarbeitsstahl (HSS)

Schnellarbeitsstahl (legierter Werkzeugstahl) *(high-speed steel)* ist im Vergleich zu anderen Schneidstoffen sehr zäh und damit unempfindlich gegen Stöße und Schwankungen der Zerspankraft. Er besitzt eine hohe Biege- und Kantenfestigkeit. HSS wird daher für Zerspanungsaufgaben gewählt, bei denen scharfe Schneiden und/oder große Spanwinkel wichtig sind und die Warmhärte (ca. 600 °C) eine untergeordnete Rolle spielt. Gewindeschneidwerkzeuge, Spiralbohrer, Senker, Reibahlen, Profilfräser (Bild 1), die z. B. aufgrund ihrer Form den Einsatz von Wendeschneidplatten nur schwer ermöglichen, werden aus HSS hergestellt.

Aluminium und thermoplastische Kunststoffe, bei denen große Spanwinkel zum Einsatz kommen, werden ebenfalls mit hochlegiertem Werkzeugstahl bearbeitet. HSS-Schneidstoffe lassen sich gut nachschleifen und sind relativ preisgünstig.

1 Werkzeuge aus hochlegiertem Werkzeugstahl (HSS)

1.2.2 Hartmetalle

Hartmetalle werden durch Sintern von Metallpulvern hergestellt. Aus Hartmetall *(cemented carbide)* sind z. B. Wendeschneidplatten und Teile von Werkzeugen hergestellt (Bild 2).

MERKE
Hartmetalle bestehen aus verschiedenen sehr harten Metallkarbiden und meist Kobalt als Bindemittel.

Die wichtigsten Karbide (Metall-Kohlenstoff-Verbindungen) sind Wolframkarbid (WC), Titankarbid (TiC), Tantalkarbid (TaC) und Niobkarbid (NbC).

Überlegen Sie!
1. Welche Eigenschaften hat ein Hartmetall, das über einen sehr hohen Karbidanteil verfügt (Bild 3)?
2. Für welche Zerspanungsbedingungen wird ein Hartmetall gewählt, das einen hohen Bindemittelanteil besitzt?

2 Unbeschichtete Schneidplatte und Werkzeuge aus Hartmetall

P **für Stahl:**
Alle Sorten von Stahl und Stahlguss, ausgenommen nichtrostender Stahl mit austenitischem Gefüge.

M **für nichtrostenden Stahl**
Nichtrostender austenitischer und austenitisch-ferritischer Stahl und Stahlguss.

K **für Gusseisen**
Gusseisen mit Lamellengraphit, Gusseisen mit Kugelgraphit, Temperguss.

N **für Nichteisenmetalle:**
Aluminium und andere Nichteisenmetalle, Nichtmetallwerkstoffe.

S **für Speziallegierungen und Titan:**
Hochwarmfeste Speziallegierungen auf der Basis von Eisen, Nickel und Kobalt, Titan und Titanlegierungen.

H **für harte Werkstoffe:**
Gehärteter Stahl, gehärtete Gusseisenwerkstoffe, Gusseisen für Kokillenguss.

Die Hartmetalle sind gegenüber HSS verschleißfester und besitzen eine höhere **Warmhärte** (ca. 900 °C). Dadurch können die Schnittgeschwindigkeiten auf das Fünf- bis Zehnfache gegenüber HSS gesteigert werden.

Hartmetalle sind nach DIN ISO 513:2014-05 in sechs Hauptanwendungsgruppen (siehe Tabellenbuch) eingeteilt, die sich auf verschiedene Zerspanungswerkstoffe beziehen:

Cermets
Der Name kommt von CERamic und METall, also harte keramische Stoffe in einem metallischen Binder (Seite 9 Bild 1).

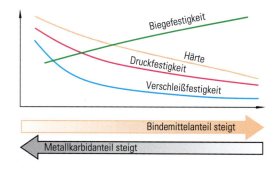

3 Einfluss der Hartmetallmischung auf ausgewählte Eigenschaften

1.2 Schneidstoffe und Wendeschneidplatten

MERKE
Cermets sind Hartmetalle, die statt Wolframkarbiden Titankarbide bzw. -nitride besitzen.

Hohe Verschleißfestigkeit, Warmhärte und chemische Stabilität, gutes Reibverhalten und eine geringe Neigung zur Aufbauschneidenbildung zeichnen Cermets *(cermets, ceramic metals)* aus. Es können scharfkantige Schneiden mit positiven Spanwinkeln hergestellt werden. Daher eignet sich dieser Schneidstoff besonders zum Schlichten von Stahl und Gusseisen beim Drehen und Fräsen. Zum Schruppen sind Cermets nicht geeignet, weil Zähigkeit und Biegefestigkeit zu gering sind.

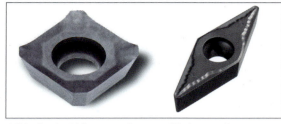

1 Wendeschneidplatten zum Fräsen und Drehen aus Cermet

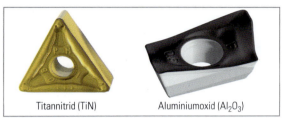

Titannitrid (TiN)   Aluminiumoxid (Al_2O_3)

2 Beschichtete Schneidstoffe

Überlegen Sie!
1. Welche Hartmetallsorte wählen Sie beim
   - schweren Schruppdrehen von 34 CrMo 4
   - Schlichten von gehärtetem Stahl
   - Schruppen von hochwarmfestem Stahl?
2. Nennen Sie einen Zerspanungsfall, bei dem Cermets wirtschaftlich eingesetzt werden und begründen Sie Ihre Entscheidung.

1.2.3 Beschichtete Schneidstoffe

Beschichtete Schneidstoffe *(coated cutting materials)* wurden entwickelt, um die gegenläufigen Eigenschaften – hohe Zähigkeit und hohe Verschleißfestigkeit – miteinander zu kombinieren. Durch die Beschichtung *(coating)* (ca. 2…12 μm) der Hartmetalle und hochlegierten Werkzeugstähle wird die Härte und Verschleißfestigkeit der Schneidstoffoberfläche erhöht. Gleichzeitig sinkt die Reibung auf Span- und Freifläche.

MERKE
Schneidstoffe werden mit verschleißfestem Titankarbid (TiC), Titannitrid (TiN), Aluminiumoxid (Al_2O_3) und Titankarbonitrid (TiCN) beschichtet (Bild 2).

Durch das Auftragen von einer oder mehreren verschiedenen Beschichtungen kann die Schnittgeschwindigkeit auf das Drei- bis Vierfache gesteigert werden. Die damit verbundenen kürzeren Fertigungszeiten und die höheren Standzeiten rechtfertigen den Einsatz der teureren beschichteten Schneidstoffe.
Um die Beschichtung gleichmäßig aufdampfen zu können, ist eine **Rundung der Schneidkante erforderlich**. Der Radius am Keilwinkel hat bei den meisten Zerspanungsaufgaben keine negativen Auswirkungen. Lediglich beim Bearbeiten mit sehr kleinen Vorschüben und für weiche Werkstoffe ist er ungünstig.

1.2.4 Schneidkeramik

Keramikschneidwerkstoffe sind noch härter, warmhärter (ca. 1200 °C) und verschleißfester als Hartmetalle. Daher können sehr hohe Schnittgeschwindigkeiten gewählt werden. Schneidkeramik *(cutting ceramics)* reagiert nicht mit dem Werkstoff des Werkstücks.

MERKE
Reine Keramikschneidstoffe (Bild 3) bestehen aus Aluminiumoxiden (Al_2O_3) oder Siliziumnitriden (Si_3N_4).

Siliziumnitridkeramik   Oxidkeramik kalt gepresst   Oxidkeramik warm gepresst

3 Wendeschneidplatten aus Schneidkeramik

Oxidkeramik (Al_2O_3) *(oxide ceramics)*
Wegen der sehr geringen Zähigkeit und Biegefestigkeit ist der Schneidstoff sehr stoßempfindlich, wodurch die Gefahr des Kantenbruchs sehr groß ist. Beim Zerspanen wird nicht gekühlt, weil Schneidkeramik sehr empfindlich gegenüber Temperaturschwankungen ist. Der Anwendungsschwerpunkt liegt beim Drehen (Schruppen und Schlichten) von Grauguss, Einsatz- und Vergütungsstählen im ununterbrochenen Schnitt.

Überlegen Sie!
1. Welche entscheidenden Vorteile besitzen beschichtete Schneidstoffe gegenüber unbeschichteten?
2. Aus welchen Gründen sind die beschichteten Schneiden nicht scharfkantig?

Siliziumnitridkeramik (Si₃N₄) *(nitride ceramics)*

Im Vergleich zu Oxidkeramik ist der Schneidstoff zäher und unempfindlicher gegenüber Temperaturschwankungen. Es kann mit Kühlschmierstoff gearbeitet werden. Siliziumnitridkeramik eignet sich zum Drehen und Fräsen von Grauguss auch bei unterbrochenen Schnitten und zur Hochgeschwindigkeitsbearbeitung von Grauguss. Allerdings ist der Schneidstoff teurer als Oxidkeramik.

Überlegen Sie!

Beschreiben Sie zwei Vorteile und einen Nachteil von Siliziumnitrid- gegenüber Oxidkeramik.

Kubisches Bornitrid (CBN) *(cubic boron nitride)*

Die Warmhärte von CBN (Bild 1) liegt bei ca. 2000 °C. Es ist relativ spröde, allerdings härter und zäher als Keramik. CBN ist ein vergleichsweise teurer Schneidstoff, der zur Bearbeitung von gehärtetem Stahl, HSS und hochwarmfesten Legierungen eingesetzt wird. Unter optimalen Bedingungen können beim Drehen ohne Kühlschmiermittel Oberflächenqualitäten von $R_a = 0{,}3\ \mu m$ bei sehr engen Toleranzen erreicht werden.

1 Wendeschneidplatte aus CBN

MERKE

Kubisches Bornitrid ist ein besonders harter Schneidstoff, dessen Härte nur noch von Diamant übertroffen wird.

Polykristalliner Diamant PD (auch PKD genannt) *(polycrystalline synthetic diamond)*

Feine Diamantkristalle sintern bei hohen Temperaturen und Drücken zu kleinen polykristallinen Diamantschneiden. Diese PKD-Schneiden werden in Hartmetallwendeschneidplatten eingebettet (Bild 2).

MERKE

Aufgrund der enormen Härte ist die Standzeit von polykristallinem Diamant bis zu hundertmal höher als die von Hartmetall. Wegen seiner großen Sprödigkeit verlangt polykristalliner Diamant nach stabilen Schnittbedingungen und hohen Schnittgeschwindigkeiten (bis zu 5000 m/min).

Allerdings kann polykristalliner Diamant nicht zur Zerpanung von Eisenmetallen genutzt werden, weil er mit ihnen chemisch reagiert. Haupteinsatzgebiete des teuren Schneidstoffs sind die Bearbeitung von AlSi-Legierungen, bei denen es auf besondere Oberflächenqualität und enge Toleranzen ankommt.

Monokristalliner Diamant MD (auch MKD genannt) *(monocrystalline synthetic diamond)*

Der monokristalline Diamant ist das härteste bekannte Mineral. Hartmetallplatten nehmen Naturdiamanten oder monokristalli-

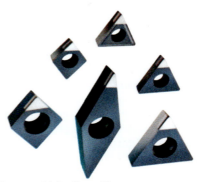

2 Schneiden aus polykristallinem Diamant

ne Kunstdiamanten auf. Die Homogenität und die extreme Härte erlauben die Herstellung von scharfen Schneiden, deren Radius kleiner als 1 µm ist. Damit lassen sich beim Glanzdrehen und -fräsen spiegelnde Oberflächen von Nichteisenmetallen und Kunststoffen herstellen.

MERKE

Monokristalliner Diamant ist härter, verschleißfester und spröder als polykristalliner Diamant. Bei der Feinbearbeitung lassen sich damit engste Toleranzen einhalten.

1.2.5 Wendeschneidplatten

Wendeschneidplatten *(indexable inserts)* werden auf den Drehmeißel und Fräser geschraubt oder geklemmt (Bild 3). Sie müssen so sicher gespannt sein, dass sie sowohl den Zerspankräften als auch den Fliehkräften bei rotierenden Werkzeugen standhalten, ohne sich auf dem Grundkörper zu verschieben. In der Praxis werden die verschiedensten Befestigungssysteme eingesetzt. Die exakte Positionierung der Wendeschneidplatte auf dem Werkzeug hängt auch von ihrer Befestigungsart ab.

Eine Wendeschneidplatte besitzt mehrere Schneiden. Wenn eine Schneide verschlissen ist, wird die Platte gedreht oder gewendet. Je kürzer die Zeit zum Wechseln der Platte ist, desto geringer sind die Maschinenstillstandszeiten, wodurch sich die Wirtschaftlichkeit erhöht.

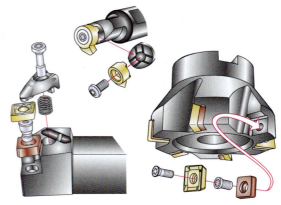

3 Beispiele für die Befestigung von Wendeschneidplatten

1.3 Kühlschmierstoffe

Die Wendeschneidplatten sind nach ihrer Grundform, dem Freiwinkel, der Toleranzklasse, dem Spanformer, der Befestigungsart, der Plattengröße und -dicke, der Schneidenausbildung und dem Schneidstoff genormt (siehe Tabellenbuch).

Wendeschneidplatten mit einem Freiwinkel von 0° werden als **Negativplatten** bezeichnet. Sie müssen so auf dem Halter gespannt werden, dass ein Freiwinkel entsteht, was dann zu einem negativen Spanwinkel führt.

Bild 1 beschreibt den Einfluss des Eckenwinkels (vgl. Seite 25) von Wendeschneidplatten auf den Zerspanungsprozess.

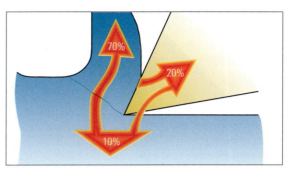

2 Wärmeübertragung beim Schlichten von Stahl

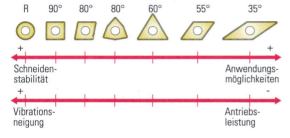

1 Einfluss des Eckenwinkels von Wendeschneidplatten

Überlegen Sie!

Erklären und skizzieren Sie die Bezeichnung der folgenden Wendeschneidplatte CNMM 12 04 12-P10 mithilfe des Tabellenbuchs.

1.3 Kühlschmierstoffe

1.3.1 Aufgaben der Kühlschmierstoffe

Beim Zerspanen wird mechanische Energie durch das Trennen und Verformen des Spanes in Wärmeenergie umgewandelt. Die Wärme verteilt sich zu rund 70 % auf die Späne, 20 % auf das Werkzeug und der Rest auf das Werkstück (Bild 2).

Kühlschmierstoffe *(cooling lubricants)* transportieren Wärmeenergie von der Wirkstelle (Bild 3). Die **Kühlung** *(cooling)* soll verhindern, dass die Warmhärte des Schneidstoffs überschritten wird. Das Kühlen des Werkstückes erhöht die Bearbeitungsgenauigkeit und verhindert Gefügeveränderungen.

Die Reibung (Bild 4), die zwischen Span und Werkzeug sowie zwischen Werkstück und Werkzeug entsteht, kann durch **Schmierung** *(lubrication)* vermindert werden.

Ob die Schmier- oder Kühlwirkung im Vordergrund steht, hängt von der jeweiligen Zerspanungsart ab. Bei niedrigen Schnittgeschwindigkeiten sind die entstehenden Temperaturen relativ gering. Deshalb ist hier besonders die **Schmierwirkung** gefragt. Gute Schmierung erleichtert das Erzielen hoher Oberflächenqualitäten (Bild 5). **Die Kühlwirkung** ist besonders wichtig, wenn die Schnittgeschwindigkeiten hoch und die Warmhärten der Schneidstoffe relativ niedrig sind (HSS und unbeschichtetes Hartmetall).

In den Fällen, in denen der **Spantransport** *(chip conveying)* von der Wirkstelle problematisch ist, muss er vom Kühlschmiermit-

3 Kühlschmierung bei der spanenden Bearbeitung

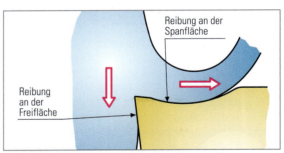

4 Reibung an Span- und Freifläche

5 Schmierung beim Abwälzfräsen von Zahnrädern

tel übernommen werden. Ein Beispiel dafür ist das Bohren von tiefen Löchern. Dabei erfolgt die Kühlschmierung durch das Werkzeug (Bild 1). Beim Schleifen werden die Späne bei großer Kühlmittelmenge weggeschwemmt.

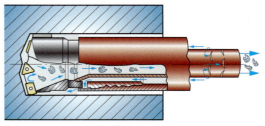

1 Spantransport beim Tieflochbohren

> **MERKE**
> Kühlschmierstoffe sollen
> - die Wärme von der Wirkstelle transportieren (kühlen),
> - die Reibung auf Span- und Freifläche vermindern (schmieren),
> - den Werkzeugverschleiß reduzieren (schmieren),
> - die Oberflächenqualität des Werkstücks verbessern (schmieren),
> - ein höheres Spanvolumen pro Minute beim Schruppen ermöglichen (kühlen und schmieren),
> - die Späne von der Wirkstelle entfernen (transportieren).

1.3.2 Kühlschmierstoffarten

Eine Einteilung der Kühlschmierstoffe zeigt folgende Übersicht:

Wassermischbare Kühlschmierstoffe

Bei den wassermischbaren Kühlschmierstoffen *(water miscible cooling lubricants)* handelt es sich um Konzentrate, die mit Wasser gemischt werden. Dabei kann der Wasseranteil bis zu 98 % betragen. Die Konzentrate haben die Aufgabe, die Schmier- und Benetzungsfähigkeit der Mischung zu verbessern und die Korrosion zu verhindern. Der hohe Wasseranteil garantiert eine gute Kühlwirkung. Die wassermischbaren Kühlschmierstoffe werden bei Zerspanungsaufgaben eingesetzt, bei denen die Kühlung wichtiger als die Schmierung ist.

Emulgierbare Kühlschmierstoffe sind die gebräuchlichste Form der wassermischbaren Kühlschmierstoffe. Eine Emulsion ist eine Mischung von Flüssigkeiten, die ineinander nicht löslich sind. Dabei ermöglichen Emulgatoren die Bildung von Öltröpfchen, die im Wasser schweben.

Wasserlösliche Kühlschmierstoffe bestehen im Wesentlichen aus in Wasser gelösten Chemikalien. Sie enthalten kein Mineralöl und werden hauptsächlich beim Schleifen verwendet, weil hier die Kühleigenschaft des Kühlmittels vorrangig ist.

Nichtwassermischbare Kühlschmierstoffe

Nichtwassermischbare Kühlschmierstoffe *(water immiscible cooling lubricants)* sind Mineralöle, die entsprechende Zusätze zur Verbesserung der Schmierfähigkeit, des Korrosionsschutzes, der Alterungsbeständigkeit und des Schaumverhaltens beinhalten. Sie werden als gebrauchsfähige Produkte angeliefert (Seite 11 Bild 5). Im Vergleich zu den wassermischbaren Kühlschmierstoffen zeichnen sich diese „Schneidöle" durch besseres **Schmierverhalten** und Druckaufnahmefähigkeit aus.

> **MERKE**
> Wassermischbare Kühlschmiermittel haben eine wesentlich größere Wärmeleitfähigkeit und Wärmekapazität als nichtwassermischbare Kühlschmierstoffe, aber eine geringere Schmierfähigkeit.

Bei der Auswahl und Wartung der Kühlschmierstoffe sind in jedem Fall die Angaben und Empfehlungen des Herstellers zu beachten.

> **MERKE**
> Ständige Wartung des Kühlschmierstoffs gewährleistet seine lange Nutzungszeit. Die innerbetriebliche Wiederaufbereitung des Kühlschmierstoffes reduziert Kosten.

> **Überlegen Sie!**
> 1. Was sind die Gründe, die für das Kühlen bei der Zerspanung sprechen?
> 2. Vergleichen Sie die Wärmeleitfähigkeit und -kapazität von Wasser und Maschinenöl (Tabellenbuch) und bewerten Sie diese im Hinblick auf die verschiedenen Kühlschmiermittel.
> 3. Welchen Einfluss hat die Schmierung auf Werkzeug und Werkstück beim Zerspanen?
> 4. Wählen Sie mithilfe Ihres Tabellenbuches Kühlschmierstoffe für folgende Zerspanungsaufgaben:
>   a) Bohren von Aluminiumlegierungen
>   b) Gewindeschneiden von schwer zerspanbarem Stahl

1.3.3 Umgang mit Kühlschmierstoffen

Kühlschmierstoffe bergen Gefahren für Haut (Seite 13 Bild 1) und Atemwege. Über ein Drittel aller anerkannten Haut-Berufskrankheiten entstehen durch Kühlschmierstoffe. **Ursachen** dafür sind u. a.:

- Zusätze in den Kühlschmierstoffen können hautreizend sein
- Kühlschmierstoff ist von Mikroorganismen (Bakterien und Pilze) befallen
- sehr häufiger Hautkontakt mit dem Kühlschmierstoff

Übungen

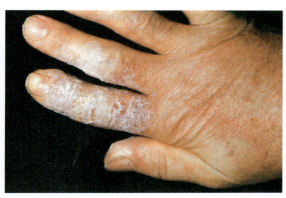

1 Hautekzem

- fehlender oder ungenügender Hautschutz
- Mikroverletzungen der Haut
- ungenügende Hautpflege und -reinigung vor und nach Kühlschmiermittelkontakt

1.3.4 Alternativen zur konventionellen Kühlschmierung

Bei der spanenden Serienfertigung betragen die Kosten für die Kühlschmierstoffe bis zum Vierfachen der Werkzeugkosten. Kühlschmierstoffe müssen als Sonderabfall entsorgt werden. Um die Kosten zu dämpfen, den Umweltschutz zu fördern und den Mitarbeiter *(colleague)* weniger zu gefährden, können folgende Maßnahmen ergriffen werden:

- Geeignete Düsen sprühen bei der **Minimalmengen-Kühlschmierung** *(minimum quantity of coolant lubrication)* das Kühlschmiermittel direkt auf Span- und Freifläche. Die Schmierwirkung ist dabei auch mit sehr geringen Mengen gewährleistet. Die Kühlwirkung ist nicht erforderlich, wenn der Schneidstoff den auftretenden Temperaturen standhält.
- Bei der **Trockenbearbeitung** *(dry machining)* erfolgt das Zerspanen ohne Kühlschmierung. Das ist bei sehr verschleißfesten Schneidstoffen wie z. B. Oxidkeramik und CBN und selbstschmierenden Werkstückwerkstoffen wie z. B. Gusseisen möglich.

2 Trockenbearbeitung

ÜBUNGEN

1. Von welchen Größen hängt die Schnittgeschwindigkeit beim Drehen ab (je ... desto)?
2. Welche Einflussgrößen bestimmen die Wahl des Vorschubs beim Drehen?
3. Welche Spanformen sind beim Drehen erwünscht und durch welche Maßnahmen werden sie erreicht?
4. Stellen Sie die Ziele des Schruppens und Schlichtens gegenüber und geben sie an, durch welche Parameter die Ziele erreicht werden.
5. Warum werden Werkzeugschneiden mit einem Schneidenradius versehen?
6. Beschreiben Sie zwei Verschleißarten und ihre Auswirkungen.
7. Erläutern Sie den Begriff „Standzeit" und geben Sie dafür gebräuchliche Zeiten an.
8. Beschreiben Sie Anforderungen, die an Schneidstoffe gestellt werden.
9. Stellen Sie Vor- und Nachteile von HSS und Hartmetall vergleichend gegenüber.
10. Unterscheiden Sie die sechs Hauptgruppen der Hartmetalle.
11. Nennen Sie Einsatzbereiche für Cermets.
12. Warum werden Schneidstoffe beschichtet?
13. Welche Vorteile besitzt Schneidkeramik gegenüber Hartmetallen?
14. Nennen Sie je einen Vor- und Nachteil von Siliziumnitridkeramik gegenüber Oxidkeramik.
15. Wo liegt die Warmhärte von kubischem Bornitrid und wozu wird dieser Schneidstoff eingesetzt?
16. Welche Vorteile hat polykristalliner Diamant und welche Werkstoffe werden damit hauptsächlich bearbeitet?
17. Erstellen Sie eine Mindmap zu Schneidstoffen, die die Eigenschaften der einzelnen darstellt.
18. Warum ist der Einsatz von Wendeschneidplatten wirtschaftlich?
19. Erkunden Sie in Ihrem Betrieb unterschiedliche Spannsysteme für Wendeschneidplatten und dokumentieren Sie diese, um sie den Mitschülern präsentieren zu können.
20. Erstellen Sie eine Mindmap zu Kühlschmiermitteln mit den Hauptästen „Aufgaben", „Arten" und „Umgang".
21. Zeigen Sie Alternativen zur Kühlschmierung auf und stellen Sie deren Vorteile heraus.

2 Drehen

2.1 Drehverfahren

Die Einteilung der Drehverfahren *(turning methods)* erfolgt nach
- der Art der Fläche
- der Bewegung des Zerspanvorganges und
- der Werkzeugform

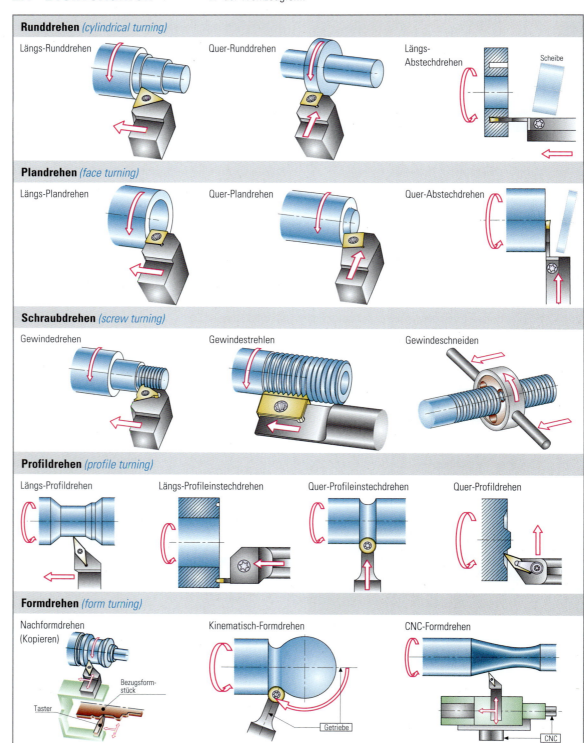

2.2 Arbeitsauftrag

Aus einem Rohling von ⌀ 35 × 105 ist die Führungssäule aus 20MnCr5 herzustellen.

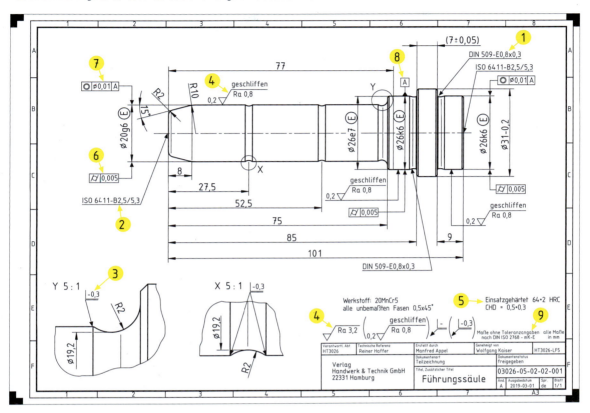

1 Führungssäule

2 Führungssäule

Die Führungssäule zentriert sich in einer Führungsbuchse. Vier solcher Führungen (Bild 3) führen z. B. bei einer Spritzgießform[1] die beiden Formhälften beim Öffnen und Schließen der Form.

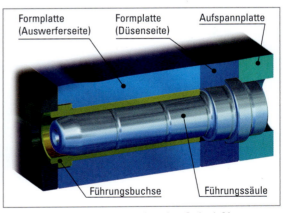

3 Führungssäule und Führungsbuchse einer Spritzgießform

[1] siehe Lernfeld 6 Seite 127

2.2.1 Analyse der Einzelteilzeichnung

Bevor die Fachkraft mit der Herstellung der Führungssäule beginnt, muss sie die Einzelteilzeichnung genau analysieren. Neben der geometrischen Form des Bauteils, den Maß- und Toleranzangaben enthält die Zeichnung weitere Informationen, die als Symbole, Textangaben oder deren Kombinationen vorliegen. Diese Zusatzinformationen weisen hin auf
- genormte Formelemente
- Oberflächenbeschaffenheiten
- Form- und Lagetoleranzen

Genormte Formelemente
Die Formen und Abmessungen der Formelemente können den Normen bzw. dem Tabellenbuch entnommen werden.

- **Freistiche** ① *(undercuts)*

  Die Führungssäule weist zwei Freistiche an den Absätzen auf. Die Freistiche ermöglichen, dass die düsenseitige Formplatte und die Aufspannplatte (Seite 15 Bild 3) einwandfrei an den Stirnflächen anliegen. Weiterhin reduzieren sie die **Kerbwirkung**, die an einem scharfkantigen Absatz entstehen würde. Freistiche sind nach DIN 509 genormt. Ihre Größe richtet sich nach der Größe der Wellen- oder Bohrungsdurchmesser und der Beanspruchung des Bauteils.
  Meist werden Freistiche nach Form E oder F eingesetzt (Bild 1).

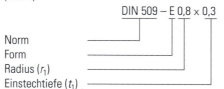

DIN 509 – E 0,8 × 0,3
Norm
Form
Radius (r_1)
Einstechtiefe (t_1)

Freistiche können vereinfacht oder vollständig dargestellt sein (Bild 2).

Überlegen Sie!
1. Skizzieren Sie einen Freistich der Führungssäule im Maßstab 5 : 1 und legen Sie alle Maße dafür fest.
2. Ermitteln Sie die Art der Beanspruchung, die den Maßen der Freistiche an der Führungssäule zugrunde liegen.
3. Welche der beiden Freistichformen E oder F lässt sich einfacher herstellen?

- **Gewindefreistiche** *(screw thread undercuts)*

  Gewindefreistiche ermöglichen beim Gewindeschneiden auf der Drehmaschine den Auslauf des Drehmeißels. Freistiche für Außen- und Innengewinde sind nach DIN 76 genormt (Bild 3). Die Abmessungen sind der Norm bzw. dem Tabellenbuch zu entnehmen.

  DIN 76 – B
  Norm
  Form (Außengewinde, kurze Form)

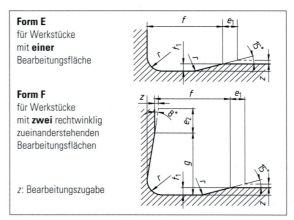

Form E für Werkstücke mit **einer** Bearbeitungsfläche

Form F für Werkstücke mit **zwei** rechtwinklig zueinanderstehenden Bearbeitungsflächen

z: Bearbeitungszugabe

1 Freistichformen

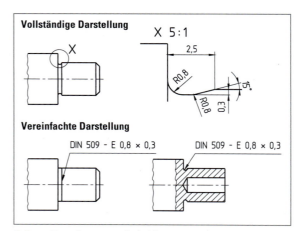

Vollständige Darstellung

Vereinfachte Darstellung

DIN 509 - E 0,8 × 0,3   DIN 509 - E 0,8 × 0,3

2 Darstellungsformen von Freistichen

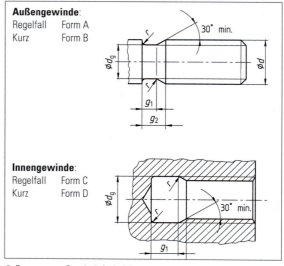

Außengewinde:
Regelfall Form A
Kurz   Form B

Innengewinde:
Regelfall Form C
Kurz   Form D

3 Formen von Gewindefreistichen

2.2 Arbeitsauftrag

Gewindefreistiche können ebenfalls vollständig oder vereinfacht dargestellt werden (Bild 1).

1 Darstellungsformen von Gewindefreistichen

■ Zentrierbohrungen *(centre bores)*

Zentrierbohrungen sind erforderlich, wenn Drehteile mit der Reitstockspitze gegengelagert (Kap. 2.3.5) oder zwischen den Spitzen gespannt (Kap. 2.5.4) werden. Beim Spannen zwischen den Spitzen definieren die Zentrierbohrungen die Lage der Drehachse.
Die Größe der jeweiligen Zentrierbohrung ist abhängig von
- den Zerspanungskräften
- dem Werkstückgewicht und
- dem Werkstückdurchmesser

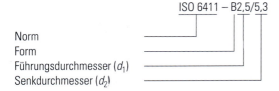

ISO 6411 – B2,5/5,3
Norm
Form
Führungsdurchmesser (d_1)
Senkdurchmesser (d_2)

Die Zentrierungen werden vereinfacht nach ISO 6411 (Bild 3) oder ausführlich nach DIN 332-1 (Bild 2) dargestellt.
Die Zentrierbohrung nach ISO 6411 gibt nicht nur die Geometrie und Maße der Zentrierbohrung an, sondern legt durch ein zusätzliches Symbol noch fest, ob sie am Fertigteil bleiben darf, nicht bleiben darf oder bleiben muss (Bild 3).
Für die Herstellung ist die Tiefe t der Zentrierbohrung wichtig, weil über sie der Senkdurchmesser d_2 definiert wird.

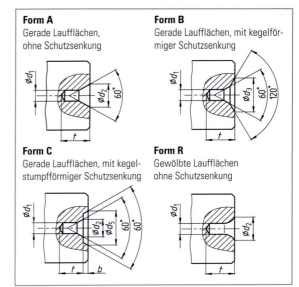

2 Ausführliche Darstellung und Formen von Zentrierbohrungen

Überlegen Sie!

1. Skizzieren Sie eine Zentrierbohrung der Führungssäule im Maßstab 5 : 1 und legen Sie alle Maße dafür fest.
2. Welche Vorteile hat nach Ihrer Meinung die Form B gegenüber der Form A?
3. Entscheiden Sie, wie die fertige Führungssäule im Hinblick auf die Zentrierbohrungen aussehen wird.

Zentrierung darf bleiben
ISO 6411-A2/4,25
Die Zentrierung darf auch dann bleiben, wenn der Hinweis ganz fehlt.

Zentrierung darf nicht bleiben
ISO 6411-A2/4,25
Die Art der Zentrierung ist freigestellt, wenn in der Zeichnung das Symbol ohne Normangabe ist.

Zentrierung muss bleiben
ISO 6411-A2/4,25

3 Vereinfachte Darstellung von Zentrierbohrungen

Weiter Informationen zum Thema „Zentrierbohrung" finden Sie auf Seite 31.

2.2 Arbeitsauftrag

■ **Werkstückkanten** *(work piece edges)* ❸
Bei der Herstellung von Werkstücken entstehen Werkstückkanten, die auf Grund ihrer Funktion unterschiedliche Ausführungsformen haben dürfen (Bilder 1 und 2). Oft sollen die Werkstücke gratfrei sein, damit
- die Montage erleichtert,
- die Verletzungsgefahr verringert,
- Werkstücke genauer gespannt und
- Messfehler vermieden werden.

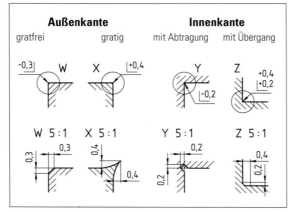

1 Ausführungen von Werkstückkanten

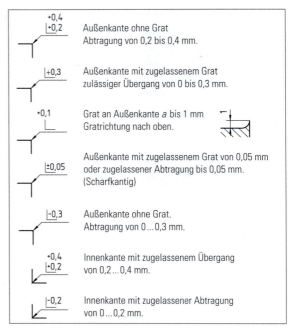

2 Beispiele von Kantenangaben nach ISO 13715

Überlegen Sie!
1. Wie sind die meisten Außenkanten der Führungssäule auszuführen?
2. Warum sind mehrere Außenkanten der Führungssäule besonders groß gekennzeichnet?

■ **Oberflächenbeschaffenheit** *(surface finish)*
Oberflächensymbole *(surface symbols)* und
-messwerte ❼
In der Teilzeichnung der Führungssäule ist u.a. die in Bild 3 dargestellte Angabe für die Oberflächenbeschaffenheit zu finden. Mithilfe des Bildes 4 kann das Symbol aufgeschlüsselt werden,

3 Oberflächenangabe

wobei noch die Frage zu klären ist, was sich hinter der Angabe Ra 0,8 verbirgt.
Mit Oberflächenmessgeräten (Kap. 6.6.5.2) können verschiedene Messgrößen ermittelt werden. Der **Mittenrauwert Ra** *(centre-line average surface)* und die **gemittelte Rautiefe Rz** *(average peak to valley height)* sind die gebräuchlichsten Angaben in Teilzeichnungen.

Für die verschiedenen Fertigungsverfahren gibt es Oberflächenvergleichsmuster (Seite 19 Bild 1). Durch den Vergleich der gefertigten Oberfläche mit dem Muster können sowohl die Rautiefe als auch der Mittenrauwert am Werkstück (siehe Kap. 6.6.3) abgeschätzt werden.

Grafisches Symbol				Angabe zusätzlicher Anforderungen
Materialabtrag unzulässig	jedes Fertigungsverfahren zulässig	Materialabtrag gefordert	gleiche Oberflächenbeschaffenheit auf allen Oberflächen des Werkstücks	a Einzelanforderung, z. B. Rz-Wert als obere Grenze b Einzelanforderung, z. B. Rz-Wert als untere Grenze c Fertigungsverfahren *(manufacturing process)*, z. B. gefräst d Oberflächenrillen e Bearbeitungszugabe in mm

4 Oberflächensymbole nach DIN EN ISO 1302

2.2 Arbeitsauftrag

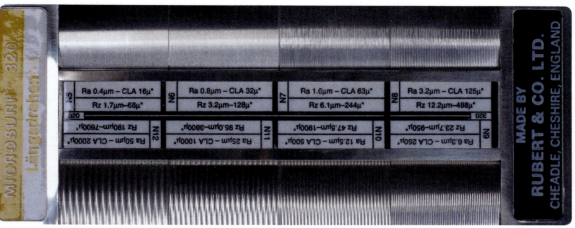

1 Oberflächenvergleichsmuster für Längsrunddrehen

Überlegen Sie!

1. Interpretieren Sie mithilfe des Tabellenbuches die nebenstehende Angabe aus der Teilzeichnung der Führungssäule.
2. Informieren Sie sich im Tabellenbuch über weitere Details zu Oberflächenangaben.
3. Ermitteln Sie mithilfe Ihres Tabellenbuchs, welche Ra- bzw. Rz-Werte mit dem Längsrunddrehen und Rundschleifen erreichbar sind.

■ Härteangaben *(designation of hardness)*

Die Führungssäule wird laut Zeichnung 0,5 mm tief auf 61 + 2 HRC einsatzgehärtet (vgl. Lernfeld 6 Kap 3.2.1.1.1). Die Härteangaben sind nach DIN ISO 15787 genormt[1] (Bild 2).

- Die Eintragung der Wärmebehandlung erfolgt zweckmäßigerweise in der Nähe des Schriftfeldes.
- Die Messstelle wird – falls erforderlich – durch ein Symbol gekennzeichnet.
- Allen Härtewerten ist eine größtmögliche funktionsbezogene Plus-Toleranz zuzuordnen.

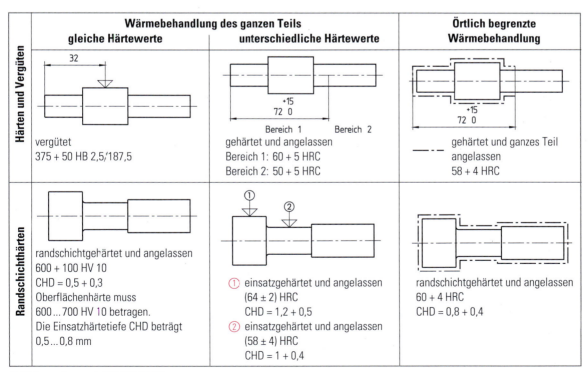

2 Härteangaben nach DIN ISO 15787

---

[1] Weitere Einzelheiten können der Norm oder dem Tabellenbuch entnommen werden.

- Wärmebehandlungsbilder (vereinfachte und verkleinerte Darstellung des Bauteils) stehen in der Nähe des Schriftfeldes.

Bereiche, die wärmebehandelt werden müssen

Bereiche, die wärmebehandelt werden dürfen

Bereiche, die nicht oder, wenn Angaben vorhanden, vollständig wärmebehandelt werden

Damit die gekennzeichneten Bereiche der Führungssäule nach dem Drehen und Einsatzhärten geschliffen werden können, ist beim Drehen ein Aufmaß von 0,2 mm einzuhalten.

Form- und Lagetoleranzen[1]
Damit die Führungssäule sicher ihre Funktion erfüllt, ist es erforderlich,
- Werkstückformen (z. B. die Rundheit der Lagersitze) und
- Lagen von Werkstückformen zueinander (z. B. Koaxialität der beiden Lagersitze)

zu tolerieren.

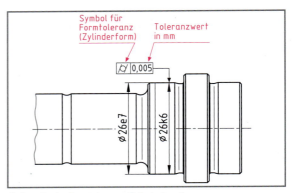

1 Angabe der Formtoleranz „Zylinderform"

der gewährleistet, muss die Rundheit jedes Führungszylinders eng toleriert sein.

Überlegen Sie!
Informieren Sie sich im Tabellenbuch über die verschiedenen Formtoleranzen und überlegen Sie, welche Auswirkungen es für die Führungsqualität hätte, wenn in Bild 1 statt der Zylinderform die Rundheit angegeben wäre.

- **Formtoleranzen** *(tolerances of form)*

MERKE
Formtoleranzen (Bilder 1 und 2) begrenzen die zulässige Abweichung eines Werkstückelements von seiner geometrischen Idealform.

In einem **zweiteiligen Toleranzrahmen** sind die Toleranzen festgelegt (Bild 1).
Damit die Führungssäule eine möglichst genaue Positionierung von Formplatten und Aufspannplatte (Seite 15 Bild 3) zueinan-

- **Lagetoleranzen** *(tolerances of position)*

MERKE
Lagetoleranzen (Bild 2 und Seite 21 Bild 1) begrenzen die zulässige Abweichung zweier oder mehrerer Werkstückelemente von einer idealen Lage zueinander.

In **dreiteiligen Toleranzrahmen** sind meist die Lagetoleranzen definiert (Seite 21 Bild 1). Da sich Lagetoleranzen auf andere Werkstückelemente beziehen, ist dieser Bezug im dritten Feld angegeben.

Symbol Eigenschaft	Zeichnungseintragung	Toleranzzone	Erklärung
Ebenheit	⌭ 0,05	t = 0,05	Die Ist-Fläche muss zwischen zwei parallelen Ebenen im Abstand t = 0,05 mm liegen.
Rundheit (Kreisform)	○ 0,15	t = 0,15	Der Ist-Umfang jedes Querschnitts muss zwischen den konzentrischen Kreisen mit dem Abstand t = 0,15 mm liegen.
Zylinderform	⌭ 0,1	t = 0,1	Die Ist-Zylindermantelfläche muss zwischen zwei koaxialen Zylindern mit dem Abstand t = 0,1 mm liegen.

2 Beispiele von Formtoleranzen nach DIN EN ISO 1101

---

[1] Informationen zum Prüfen von Form- und Lagetoleranzen finden Sie im Kap. 6.6.1.

2.2 Arbeitsauftrag

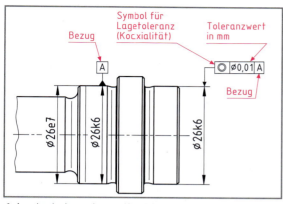

1 Angabe der Lagetoleranz „Koaxialität"

Bezugselement

Das Bezugselement *(datum element)*, auf das sich die Lagetoleranz bezieht, ist durch einen Großbuchstaben in einem Bezugsrahmen, der mit einem Dreieck verbunden ist, gekennzeichnet (Bilder 1 und 3). Das Bezugselement kann eine Fläche oder Achse sein (Bild 2). Es bezieht sich auf die Achse, wenn es in der Verlängerung der Maßlinie steht, ansonsten auf eine Fläche oder Linie.

2 Definition der Bezugselemente

Allgemeintoleranzen für Form und Lage

Für Maße, die nicht mit besonderen Form- oder Lagetoleranzen versehen sind, gelten die Allgemeintoleranzen für Form und Lage nach DIN ISO 2768. Ähnlich wie bei den Längentoleranzen, wo die Toleranzklassen fein (f), mittel (m), grob (c) und sehr grob (v) vorliegen, gibt es hier die Toleranzklassen H, K und L. Für die ⌀19,2 der Führungssäule beträgt der Rundlauf für die Toleranzklasse K 0,2 mm (Bild 4).

Toleranzklasse	Lauftoleranzen
H	0,1
K	0,2
L	0,5

4 Allgemeintoleranzen für Lauf

Das E in der Angabe weist auf die **Hüllbedingung** (Hülle: *envelope*) hin (Bild 5). Die Hülle des Wellenabschnittes darf nicht größer als sein Höchstmaß sein. Die Hülle der Bohrung darf nicht kleiner als ihr Mindestmaß sein.

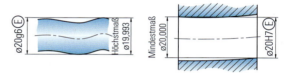

5 Hüllbedingung E bei Welle und Bohrung

Überlegen Sie!

1. Informieren Sie sich im Tabellenbuch über die verschiedenen Lagetoleranzen und Bezugselementangaben.
2. Welches Bezugselement gilt für alle Lagetoleranzen der Führungssäule?
3. Stellen Sie in einer Mindmap die möglichen Gründe für die Wahl der Lagetoleranzen und des Bezugsobjekts dar.

Symbol Eigenschaft	Zeichnungseintragung	Toleranzzone	Erklärung
Kreisförmige Lauftoleranz – radial (Rundlauf)	⌁ 0,01 A	Ist-Umfang, Messebene, Bezugsachse	Bei Drehung um die Bezugsachse A darf die Rundlaufabweichung in jeder achssenkrechten Messebene die Toleranz $t = 0,01$ mm nicht überschreiten.
Kreisförmige Lauftoleranz – axial (Planlauf)	⌁ 0,02 A	Bezugsachse, $t = 0,02$, Messebene	Bei einer Umdrehung um die Bezugsachse A darf bei beliebigem r die Planlaufabweichung nicht größer als $t = 0,02$ mm sein.
Koaxialität	⌀ 0,02	mögliche Ist-Achse, $t = 0,02$, Bezugsachse	Die Ist-Achse des großen Durchmessers muss in einem Zylinder vom Durchmesser $t = 0,02$ mm liegen. Der Toleranzzylinder liegt koaxial zur Bezugsachse.

3 Beispiele von Lagetoleranzen nach DIN EN ISO 1101

Weitere Informationen zu Form- und Lagetoleranzen finden Sie auf Seite 93.

2.2.2 Arbeitsplanung

Die Angaben auf der Teilzeichnung führen zu folgender **Grobplanung** für die Führungssäule (Seite 15 Bild 1):
- Zentrieren und Drehen
- Härten der Oberflächen
- Schleifen der Führungszylinder mit den Durchmessern ⌀20 mm und ⌀26 mm

Vor dem **Drehen** der Führungssäule ist eine entsprechende Arbeitsplanung *(work scheduling)* (siehe unten) vorzunehmen.

- Querplandrehen der Stirnfläche

- Einstiche und Freistiche durch Einstechen

- Zentrieren der Stirnfläche

- Nach dem Umspannen Querplandrehen der zweiten Stirnfläche

- Schruppen durch Längsrunddrehen

- Zentrieren der zweiten Stirnfläche für das spätere Rundschleifen (siehe Kap. 4.5)

- Schruppen des Kegels

- Schruppen der Kontur durch Längsrunddrehen

- Schlichten der Kontur

- Schlichten der Kontur und Freistich durch Einstechen

2.3 Drehmaschinen

Drehmaschinen *(lathes, turning machines)* (Bild 1) dienen zur Herstellung von rotationssymmetrischen Werkstücken wie z. B. der Führungssäule. Sie bestehen aus einzelnen Baugruppen.

2.3.1 Stütz- und Trageinheit (Maschinenbett)

Das Maschinenbett *(machine bed)* nimmt als Stütz- und Trageinheit den Spindelstock, den Werkzeugschlitten und den Reitstock auf. Der Elektromotor und die Antriebe für Schnitt- und Vorschubbewegungen sind entweder im Maschinenbett untergebracht oder daran befestigt. Zur präzisen Führung und Positionierung von Werkzeugschlitten und Reitstock besitzt das Maschinenbett Führungsbahnen *(slideway)*.

> **MERKE**
> Die Qualität der Führungen ist sehr wichtig für die Arbeitsgenauigkeit der Drehmaschine. Schlechte Führungen können zu Schwingungen (Rattern) führen. Außerdem treten Formfehler beim Drehteil auf.

2.3.2 Spindelstock mit Hauptgetriebe und Arbeitsspindel

Bei konventionellen Drehmaschinen ist das **Hauptgetriebe** *(headstock gearing)* meist im Spindelstock *(headstock)* untergebracht. Es ist ein Schaltgetriebe, das die unterschiedlichen Umdrehungsfrequenzen und Drehmomente an die Arbeitsspindel abgibt.

Die **Arbeitsspindel** *(work spindle)* erfüllt eine Doppelfunktion:
- Als **Trageinheit** *(support unit)* nimmt sie die Spannvorrichtung für das Werkstück auf.
- Als **Antriebselement** *(drive unit)* leitet sie die Energie für den Zerspanungsprozess an die Wirkstelle von Werkstück und Werkzeug.

> **MERKE**
> Die genaue und möglichst spielfreie Lagerung der Arbeitsspindel ist für die erreichbaren Maß-, Form- und Lagetoleranzen sowie die Oberflächenqualität des Werkstücks sehr wichtig.

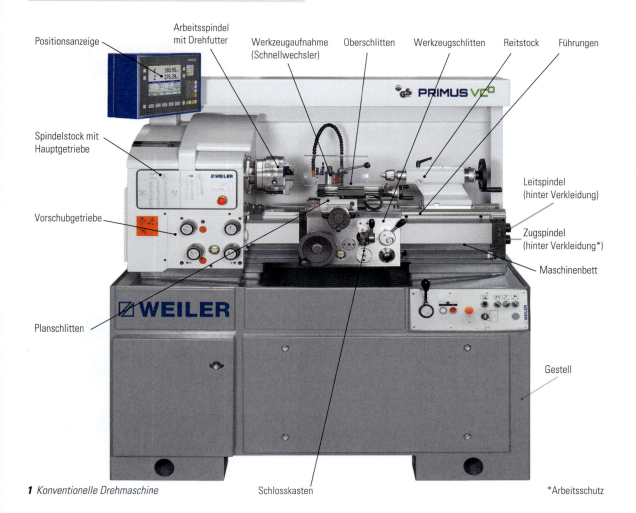

1 Konventionelle Drehmaschine   *Arbeitsschutz

2.3.3 Vorschubgetriebe mit Leit- und Zugspindel

An der konventionellen Drehmaschine wird nicht nur die Schnittbewegung vom Hauptgetriebe abgeleitet, sondern auch die Vorschubbewegung des Werkzeugschlittens (Bilder 1 und 2). Beim Drehen wird der Vorschub in Millimeter pro Umdrehung angegeben.

> **MERKE**
> Wenn sich die Umdrehungsfrequenz der Arbeitsspindel ändert, verändert sich im gleichen Maß die Vorschubgeschwindigkeit. Der Vorschub je Umdrehung bleibt gleich (vgl. Kapitel 1.1.1).

1 Schnitt- und Vorschubbewegung an konventionellen Drehmaschinen

2 Spindelstock mit Hauptgetriebe und Arbeitsspindel

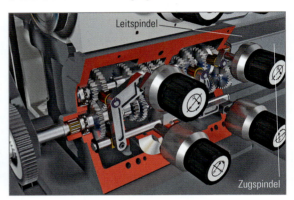

3 Vorschubgetriebe

Die Vorschubbewegung wird vom Hauptantrieb zum **Vorschubgetriebe** *(feed train)* (Bild 3) geleitet. Es ermöglicht das Ändern des Vorschubs oder das Einstellen verschiedener Gewindesteigungen.
Die **Zugspindel** *(feed rod)* überträgt beim Längsrund- und Querplandrehen die Vorschubbewegung vom Vorschubgetriebe zum Werkzeugschlitten.
Die **Leitspindel** *(lead screw)* kommt beim Gewindedrehen zum Einsatz.

2.3.4 Werkzeugschlitten

Im Werkzeugschlitten ist das **Schlosskastengetriebe** *(lock box gear drive)* untergebracht.
Planschlitten *(cross slide)* und **Oberschlitten** *(top slide)* besitzen nachstellbare Schwalbenschwanzführungen. Beide werden über Gewindespindeln bewegt. Der Oberschlitten ist um 360° schwenkbar. Dadurch ermöglicht er z. B. auch das Kegeldrehen.
Viele konventionelle Werkzeugmaschinen besitzen elektronische Wegmesssysteme. Das Ablesen der digitalen Anzeigen ist sicherer als das der Rundskalen.
Die Werkzeughalter sind meist als Schnellwechsler ausgeführt.

2.3.5 Reitstock

Der Reitstock *(tailstock)* (Bild 4) übernimmt unterschiedlichste Aufgaben:
- Beim Drehen langer Werkstücke nimmt er eine Zentrierspitze auf, die das Werkstück auf der zweiten Stirnseite zentriert und abstützt.
- Die Pinole des Reitstocks nimmt Werkzeuge (z. B. Bohrer, Senker, Gewindebohrer usw.) für die stirnseitige Bearbeitung des Drehteils auf.

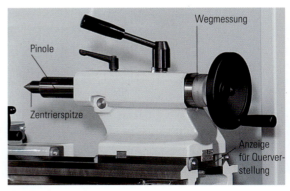

4 Reitstock

> **Überlegen Sie!**
> Vergleichen Sie die Aufgaben von Zug- und Leitspindel.

2.4 Drehwerkzeuge und deren Auswahl

Das Drehwerkzeug *(lathe tool)* in Bild 1 besitzt zwei Schneiden: die **Hauptschneide** *(major cutting edge)*, die in Vorschubrichtung zeigt, und die **Nebenschneide** *(minor cutting edge)*. Die Hauptschneide trennt im Wesentlichen den Span vom Werkstück.

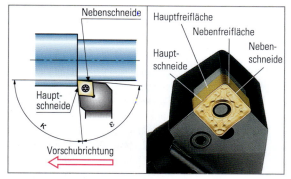

1 Haupt- und Nebenschneide, Ecken- und Einstellwinkel

2.4.1 Ecken-, Einstell- und Neigunswinkel

Haupt- und Nebenschneide bilden den **Eckenwinkel** ε *(included angle)*. Je größer der Eckenwinkel, desto stabiler ist die Werkzeugspitze und umso geringer ist die Gefahr des Werkzeugbruchs.

> **MERKE**
> Große Eckenwinkel kommen beim Schruppen zum Einsatz.

Hauptschneide und Werkstückachse begrenzen den **Einstellwinkel** κ *(tool cutting edge angle)* (Bild 2). Bei einem Einstellwinkel von 90° entspricht die **Spanungsbreite** b *(undeformed chip width)* der Schnitttiefe a_p. Mit abnehmendem Einstellwinkel vergrößert sich die Spanungsbreite b bei gleicher Schnitttiefe a_p. Dadurch verlängert sich die im Eingriff stehende Hauptschneide. Gleichzeitig verteilt sich die zum Zerspanen erforderliche Schnittkraft auf die längere Hauptschneide, wodurch sich deren Verschleiß vermindert.

Bei einem Einstellwinkel von 90° entspricht die **Spanungsdicke** h *(chip thickness)* dem Vorschub f. Die Spanungsdicke h verringert sich mit abnehmendem Einstellwinkel κ. Dadurch wird bei zu geringem Vorschub f der Bereich des kontrollierten Spanbruchs verlassen (siehe Kapitel 1.1.3) und es kommt zu unerwünschten Spanformen.

Die Hauptschneide und die horizontale Ebene grenzen den **Neigungswinkel** λ *(inclination angle)* ein (Bild 3). Er ist positiv, wenn die Hauptschneide zur Spitze hin ansteigt. Das ist nur möglich, wenn die Wendeschneidplatten über einen entsprechend großen Freiwinkel verfügen (Bild 4).

Bei negativem Neigungswinkel erfolgt der Anschnitt nicht mit der Schneidenspitze. Dadurch wird diese entlastet und die Bruchgefahr ist geringer. Beim Schlichten ist ein positiver Neigungswinkel von Vorteil, weil der Span nicht über die bearbeitete Fläche kratzt.

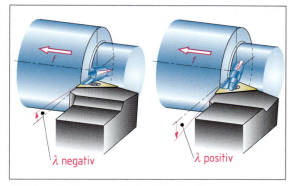

3 Einfluss des Neigungswinkels auf den Spanfluss
Bei λ positiv wird der Span vom Werkstück weg gelenkt.
Bei λ negativ wird der Span zum Werkstück hin gelenkt.

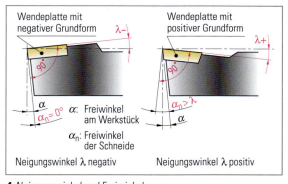

4 Neigungswinkel und Freiwinkel

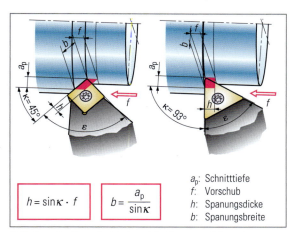

$h = \sin\kappa \cdot f \qquad b = \dfrac{a_p}{\sin\kappa}$

- a_p: Schnitttiefe
- f: Vorschub
- h: Spanungsdicke
- b: Spanungsbreite

2 Einfluss des Einstellwinkels auf die Spanungsdicke und Spanungsbreite

2.4 Drehwerkzeuge und deren Auswahl

Überlegen Sie!

1. Unter welchen Bedingungen wird beim gleichen Drehmeißel die Hauptschneide zur Nebenschneide und umgekehrt?
2. Vergleichen Sie die Ecken- und Einstellwinkel beim Querplanen einer Stirnfläche mit denen beim Profildrehen eines Freistiches der Form E.

Beim Drehen gibt es für die Außen- und Innenbearbeitung *(internal machining)* unterschiedliche Werkzeuge (Bilder 1 und 2).

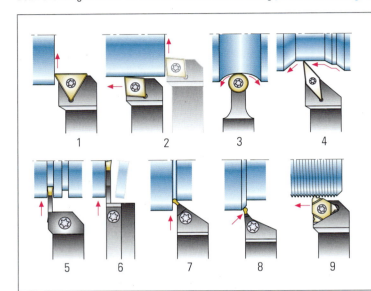

1: Werkzeug zum Querplandrehen
2: Werkzeug zum Längsrund- und Querplandrehen
3 und 4: Werkzeug zum Profildrehen
5: Werkzeug zum Einstechdrehen
6: Werkzeug zum Abstechdrehen
7 und 8: Werkzeug zum Formdrehen
9: Werkzeug zum Gewindedrehen

1 Ausgewählte Werkzeuge zum Außendrehen

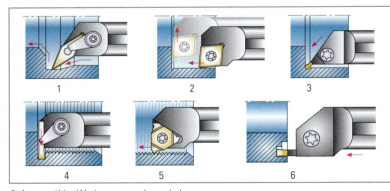

1: Werkzeug zum Profildrehen
2: Werkzeug zum Längsrund- und Querplandrehen
3: Werkzeug zum Formdrehen
4: Werkzeug zum Nutendrehen
5: Werkzeug zum Gewindedrehen
6: Werkzeug zum Einstechen

2 Ausgewählte Werkzeuge zum Innendrehen

2.4.2 Werkzeugauswahl und technologische Daten

Für das Schruppen beim Längsrund- und Querplandrehen wird gewählt:
- Ein Klemmhalter *(indexable insert holder)* mit Kniehebel, weil dieser die erforderliche Stabilität für das Schruppen gewährleistet.
- Wendeschneidplattenform C ist mit einem Eckenwinkel von 80° stabil und bei einem Einstellwinkel von 95° lassen sich rechtwinklige Absätze drehen. Die Schneidplatte ist so auf dem Halter befestigt, dass ein Freiwinkel von 7° vorliegt. Der Eckenradius von 1,2 mm eignet sich gut zum Schruppen.

- Als Schneidstoff wird P20 mit TiN-Beschichtung gewählt.
- Die Schneidenlänge der Schneidplatte beträgt 12 mm.
- Bei einer Schnitttiefe von maximal 5 mm und einem Vorschub von 0,6 mm ist der Spanbruch sichergestellt.
- Die Schnittgeschwindigkeit wird mit 250 m/min festgelegt.

2.4 Drehwerkzeuge und deren Auswahl

Überlegen Sie!
1. Von wem und wie können Sie weitere Informationen zur Werkzeugwahl erhalten?
2. Legen Sie für das Schlichten der Führungssäule das Werkzeug und die technologischen Daten fest.

Festlegen der Drehwerkzeuge

1. Klemmsystem wählen

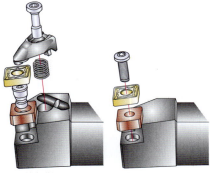

Hebelklemmung   Schraubenklemmung

- Die **Hebelklemmung** *(lever clamping)* drückt die Schneidplatte sicher und fest in die Ecke. Es ist eine sehr stabile Spannung, die eine Schneidplatte mit großem Eckenwinkel voraussetzt. Diese oder eine ähnliche Art, z. B. über Spannfinger, ist nach Möglichkeit zu bevorzugen.
- Die **Schraubenklemmung** *(screw clamping)* wird bei kleineren Schneidplatten und beim Schlichten gewählt.

2. Haltertyp und Plattenform festlegen

Der **Haltertyp** wird zusammen mit der Plattenform gewählt. Die **Plattenform** kann nach nebenstehender Tabelle bestimmt werden.
Der Haltertyp hängt ab von:
- dem Drehverfahren (z. B. Längsrunddrehen, Einwärts- und Auswärtsdrehen),
- der Stabilität des Werkzeugs und
- seiner vielseitigen Verwendung.

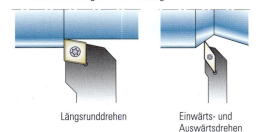

Längsrunddrehen   Einwärts- und Auswärtsdrehen

3. Wendeschneidplattensorte und -geometrie bestimmen
- Der zu bearbeitende Werkstoff bestimmt z. B. bei Hartmetallen die Wahl der Schneidstoffsorte P, M, K, N, S oder H (vgl. Kap. 1.2.2).

Einflussfaktoren bei der Wahl der Wendeplattenformen	R	90°	80°	80°	60°	55°	35°
Schruppen (Stabilität)	●	●	●	●	●		
Leichtes Schruppen/ Vorschlichten (Anzahl Schneiden)		●	●	●	●	●	
Schlichten (Anzahl Schneiden)			●	●	●	●	●
Längs- u. Plandrehen (Vorschubrichtung)				●	●	●	●
Profildrehen (Zugänglichkeit)				●	●	●	●
Flexibilität der Bearbeitung	●			●	●	●	●
Begrenzte Antriebsleistung				●	●	●	
Weniger Neigung zu Vibrationen					●	●	
Harter Werkstoff	●	●					
Bearbeitung mit unterbrochenem Schnitt	●	●	●	●	●		
Großer Einstellwinkel			●	–	●	●	●
Kleiner Einstellwinkel	●	●			●		

● Alternative   ● Empfehlung

- Das jeweilige Bearbeitungsverfahren wie z. B. Schruppen oder Schlichten legt im Zusammenhang mit dem zu bearbeitenden Werkstoff die Schneidengeometrie und den Schneidenradius fest. Hierbei muss ein kontrollierter Spanbruch und Verschleiß gewährleistet sein.

Hartmetall Hauptgruppen						Eigenschaften und Schnittdaten
P01	M01	K01	N01	S01	H01	Zähigkeit / Verschleißfestigkeit / Vorschub / Schnittgeschwindigkeit
P10	M10	K10	N10	S10	H10	
P20	M20	K20	N20	S20	H20	
P30	M30	K30	N30	S30	H30	
P40	M40	K40				
P50						

4. Wendeschneidplattengröße festlegen
- Die Größe der Wendeschneidplatte richtet sich nach der größtmöglichen Schnitttiefe a_p.

5. Wahl der Schnittdaten
v_c, f, a_p

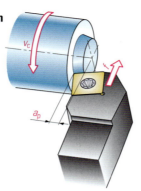

Die Schnittdaten (vgl. Kap. 1.1) richten sich nach
- dem Werkstoff des Werkstücks
- dem Schneidstoff und der Geometrie der Wendeschneidplatte
- der Standzeit
- der Werkzeugmaschine (z. B. Leistung, Steifigkeit und Genauigkeit)
- den Schnittbedingungen (z. B. unterbrochener Schnitt)
- den Bearbeitungsverfahren (Schruppen, Schlichten)

2.5 Spannmittel

2.5.1 Kräfte an Werkzeug und Werkstück

Die beim Drehen entstehende **Zerspankraft** F *(cutting force)* muss sowohl vom Werkzeug als auch vom Werkstück aufgenommen werden (Bild 1). Sie setzt sich aus den drei Einzelkräften
- Schnittkraft F_c
- Vorschubkraft F_f und
- Passivkraft F_p zusammen.

Schnittkraft
Die Schnittkraft F_c *(cutting force)* wird im Wesentlichen vom Spanungsquerschnitt A (Bild 2) und dem Werkstoff des Werkstücks beeinflusst.

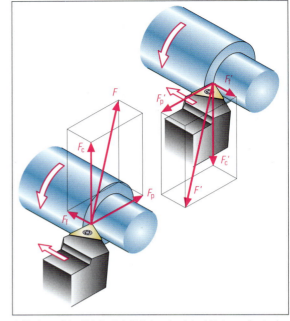

1 Kräfte auf das Werkstück (links) und auf das Werkzeug (rechts)

$$A = f \cdot a_p$$
$$A = b \cdot h$$

A: Spanungsquerschnitt in mm²
f: Vorschub in mm
a_p: Schnitttiefe in mm
b: Spanungsbreite in mm
h: Spanungshöhe in mm

Die **spezifische Schnittkraft** k_c *(specific cutting force)* ist die Kraft, die je Quadratmillimeter des Spanungsquerschnittes benötigt wird. Sie wird vom Werkstoff des Werkstücks und der Spanungsdicke bestimmt (siehe Tabellenbuch).

$$F_c = A \cdot k_c$$

F_c: Zerspankraft in N
A: Spanungsquerschnitt in mm²
k_c: Spezifische Schnittkraft in N/mm²

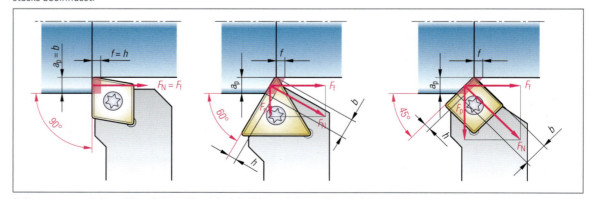

2 Spanungsquerschnitt und Vorschub- und Passivkraft in Abhängigkeit vom Einstellwinkel κ

2.5 Spannmittel

MERKE
Je größer der Spanungsquerschnitt und die Festigkeit des Werkstoffs, desto größer wird die erforderliche Schnittkraft.

Die Schnittkraft versucht, das Werkstück im Spannmittel zu verdrehen. Sie bestimmt daher maßgeblich die erforderliche Spannkraft. Da sie beim Schruppen besonders groß ist, muss auch unter diesen Bedingungen das Werkstück sicher gespannt sein.

Die Schnittkraft beansprucht den Drehmeißel auf Biegung. Damit der Meißel sich durch die Biegespannung möglichst wenig verformt, wird er so kurz wie möglich eingespannt. Dadurch werden gleichzeitig die Vibrationen, die bei schwankenden Schnittkräften auftreten, klein gehalten.

Vorschubkraft
Die Vorschubkraft F_f *(feed force)* wirkt in Vorschubrichtung. Sie ist meist wesentlich kleiner als die Schnittkraft. Da viele Drehwerkzeuge in Vorschubrichtung kraftschlüssig befestigt sind, müssen sie fest gespannt sein, damit die Vorschubkraft sie nicht aus der Halterung drückt.

Passivkraft
Die Passivkraft F_p *(passive force)* vergrößert sich bei sonst gleichen Bedingungen mit abnehmendem Einstellwinkel κ (Bild 1). Sie versucht beim Längsrunddrehen das Werkstück aus der Mitte zu verdrängen. Beim Drehen von langen dünnen Werkstücken ist die Gefahr besonders groß, dass Vibrationen und Formfehler auftreten. Daher sollen beim Schlichten Einstellwinkel über 90° und zusätzliche Spannmitteln (siehe Kapitel 2.5.6) verwendet werden.

Überlegen Sie!
1. Welche Auswirkungen hat die Schnittkraft auf das Spannen von Werkstück und Werkzeug?
2. Warum ist besonders beim Schlichten die Passivkraft zu beachten?

2.5.2 Leistungsbedarf

$$P = F \cdot v$$

P: Leistung in W
F: Kraft in N
v: Geschwindigkeit in m/s

Beim Drehen ist die Schnittkraft F_c deutlich größer als die Vorschubkraft F_f und die Schnittgeschwindigkeit beträgt mehr als das Hundertfache der Vorschubgeschwindigkeit. Dadurch wird die Vorschubleistung so gering, dass sie zu vernachlässigen ist. Somit ist die Schnittleistung die entscheidende Größe bei der Ermittlung des Leistungsbedarfs *(power demand)*.

$$P_c = F_c \cdot v_c$$

P_c: Schnittleistung in W
F_c: Schnittkraft in N
v_c: Schnittgeschwindigkeit in m/s

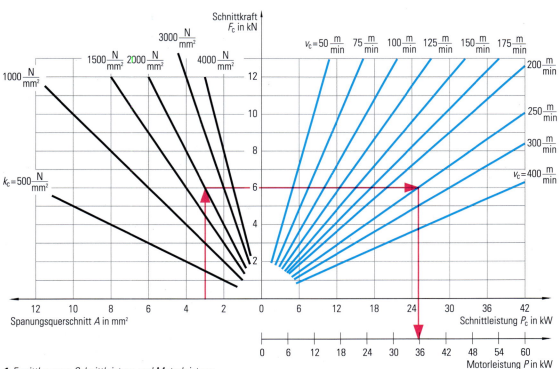

1 Ermittlung von Schnittleistung und Motorleistung

Unter Berücksichtigung des Wirkungsgrads η *(efficiency)* ergibt sich die Motorleistung P_M *(motor power)* der Drehmaschine:

$$P_M = \frac{P_c}{\eta}$$

$$P_M = \frac{F_c \cdot v_c}{\eta}$$

P_M: Motorleistung in W
P_c: Schnittleistung in W
F_c: Schnittkraft in N
v_c: Schnittgeschwindigkeit in m/s
η: Wirkungsgrad < 1

Beim Schruppen muss die Drehmaschine die größte Leistung zur Verfügung stellen.

Neben der im Folgenden dargestellten Berechnung können die Motorleistung und die Schnittleistung auch mithilfe des Diagramms von Seite 29 Bild 1 bestimmt werden.

Beispielrechnungen

Welche Motorleistung wird beim Schruppen der Führungssäule (a_p = 5 mm, f = 0,6 mm, v_c = 250 m/min, k_c ≈ 2000 N/mm², η = 0,7) benötigt?

$F_c = A \cdot k_c$
$F_c = a_p \cdot f \cdot k_c$
$F_c = 5\text{ mm} \cdot 0{,}6\text{ mm} \cdot 2000\,\frac{N}{mm^2}$
$\underline{F_c = 6000\text{ N}}$

$P_c = F_c \cdot v_c$
$P_c = \dfrac{6000\text{ N} \cdot 250\text{ m} \cdot 1\text{ min}}{\text{min} \cdot 60\text{ s}}$
$\underline{P_c = 25000\text{ W}}$

$P_M = \dfrac{P_c}{\eta}$
$P_M = \dfrac{25000\text{ W}}{0{,}7}$
$\underline{P_M = 35{,}7\text{ kW}}$

2.5.3 Backenfutter

Bei den handbetätigten Spannfuttern gibt es zwei Ausführungsarten: **Planspiralfutter** *(plane spiral chuck)* und **Keilstangenfutter** *(vee rod chuck)*. Die wichtigsten Merkmale sind auf Seite 31 Bild 1 aufgeführt.
Zu einem Spannfutter gehören harte und meist mehrere weiche Spannbackensätze.

Überlegen Sie!

Stellen Sie für die folgenden Faktoren mit „je … desto …" dar, wie sie sich auf den Leistungsbedarf beim Drehen auswirken:
a) Vorschub
b) Schnitttiefe
c) Werkstoff des Werkstücks
d) Schnittgeschwindigkeit und
e) Wirkungsgrad der Maschine

Harte Backen	Weiche Backen
■ sind verschleißfest und besitzen verzahnte Spannflächen	■ können in Durchmesser und Tiefe an das Werkstück angepasst werden
■ eignen sich für große Spannkräfte	■ beschädigen die Oberfläche nicht
■ beschädigen die Oberfläche	■ besitzen eine hohe Wiederholspanngenauigkeit

Das **Dreibackenfutter** *(three-jawed chuck)* spannt Werkstücke und gleichmäßige vieleckige Profile, die durch drei teilbar sind. Das Backenfutter mit Hartbacken ist meist das geeignete Spannmittel beim Schruppen, während weiche Backen oft beim Schlichten eingesetzt werden.

Vierbackenfutter *(four-jawed chuck)* dienen zum Spannen von z. B. Vier- oder Achtkantprofilen.

Die **Planscheibe** *(faceplate)* (Bild 1) dient zum Spannen unregelmäßig geformter Werkstücke. Bei ungleichen Massenverteilungen ist das Auswuchten mit Ausgleichsmassen erforderlich.

Unfallverhütung
- Werkstück und Werkzeug fest einspannen.
- Schlüssel vor dem Einschalten der Umdrehungsfrequenz aus dem Backenfutter entfernen.
- Bei Dreharbeiten eng anliegende Kleidung tragen.
- Bei langen Haaren Haarnetz oder Mütze tragen.

1 Spannen auf der Planscheibe

2.5 Spannmittel

Planspirale	Keilstange
Die Verschiebung der Backen erfolgt über	
eine **Spirale**	**schräge Keilstangen**

■ Kürzere Bauweise möglich ■ Kleinere Massen ■ Geringere Beanspruchung der Hauptspindel ■ Kostengünstiger	■ Größere Anlagefläche zwischen Backen und Keilstange ■ Höhere Rundlaufgenauigkeit ■ Größere Spannkraft ■ Bessere Dauer- und Wiederholgenauigkeit ■ Schnellerer Backenwechsel

2.5.4 Spannen zwischen den Spitzen

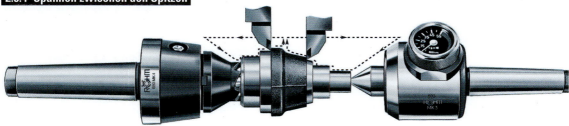

1 Spannen mit dem Stirnseitenmitnehmer

Beim Spannen mit dem **Stirnseitenmitnehmer** *(frontal area catch)* (Bild 1) wird das Drehmoment mit keilförmigen Mitnehmern an der Stirnseite übertragen. Das Werkstück wird radial und axial von Zentrierspitzen geführt. Die Zentrierspitzen sitzen in **Zentrierbohrungen** *(centre bores)* (vgl. Seite 17), die vorher am Rohteil angebracht werden.
Form und Oberflächenqualität der Zentrierbohrung müssen der Zentrierspitze angepasst sein. Die Qualität der Zentrierbohrungen beeinflusst maßgeblich die zu erreichenden Form- und Lagetoleranzen des Drehteils. Bei der Herstellung der Zentrierbohrungen sind folgende Regeln zu beachten:
■ scharfes Werkzeug
■ hohe Umdrehungsfrequenz
■ niedriger Vorschub und
■ reichliche Kühlschmierung

Informationen zur zeichnerischen Darstellung und zu den verschiedenen Formen von Zentrierbohrungen finden Sie auf Seite 17.

Zum Spannen ist lediglich der Reitstock zu betätigen, wodurch die Spannzeiten niedrig bleiben. Die Spannkraft ist allerdings begrenzt, außerdem bleiben an der Stirnseite des Drehteils Spannmarken zurück. Diese Art der Werkstückspannung ermöglicht gegenüber den anderen Spannungen das Außendrehen über die gesamte Werkstücklänge.

In der Reitstockaufnahme befindet sich meist eine mitlaufende **Körnerspitze** (Bild 1). Um die Längenänderung des Drehteils durch Erwärmung auszugleichen, ist die Körnerspitze oft in Grenzen axial verschiebbar. Häufig übernehmen Tellerfedern diese Funktion.

Mit dieser Spannmethode sind bei fachgerechter Arbeitsweise sehr kleine Rundlauftoleranzen (0,01 mm im Dauerbetrieb) zu erreichen (Bild 2).

1 Mitlaufende Körnerspitze

2.5.5 Spanndorn und Spannzange

Werkstücke mit Bohrungen werden auf einem **Spanndorn** *(mandrel)* (Bild 3) gespannt, wenn die Mantelflächen von Außenzylindern und Bohrung in engen Toleranzen koaxial sein müssen (z. B. Seite 21, Bild 1). Über Innenkegel wird der Spanndorn gespreizt, damit die Reibkraft zwischen Dorn und Bohrungswandung die Drehmomentübertragung gewährleistet. Der Spanndorn wird meist zwischen den Spitzen gespannt.

Mit der **Spannzange** *(collet chuck)* (Bild 4) werden blanke, bearbeitete runde oder dünnwandige Teile genau und fest gespannt.

Spanndorn und Spannzange besitzen kleine Schwungmassen und sind daher für hohe Umdrehungsfrequenzen geeignet. Bei beiden verteilt sich die Spannkraft gleichmäßig am Umfang, was zu hohen Rundlaufgenauigkeiten führt (Bild 2).

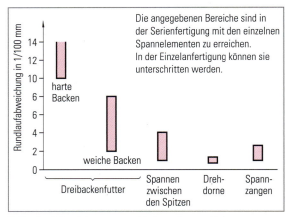

2 Rundlaufabweichungen verschiedener Spannmittel

a) kraftbetätigt

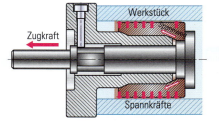

b) handbetätigt

3 Spanndorn

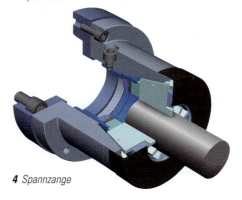

4 Spannzange

Überlegen Sie!

1. Welches Backenfutter würden Sie beim Schlichten bevorzugen?
2. Was sind die Gründe dafür, dass beim Schlichten oft weiche Backen eingesetzt werden?
3. Welche Vor- und Nachteile bringt das Spannen zwischen den Spitzen?
4. Unter welchen Bedingungen setzen Sie einen Stirnseitenmitnehmer ein?
5. Stellen Sie ein Beispiel dar, bei dem Sie einen Spanndorn einsetzen.
6. Wann und aus welchen Gründen entscheiden Sie sich für den Einsatz eines Setzstocks?

2.5.6 Setzstock (Lünette)

Setzstöcke *(rests)* (Bild 1) dienen zum Abstützen langer Drehteile. **Feststehende Setzstöcke** *(steady rests)* werden auf dem Maschinenbett festgeklemmt. Drei Rollbacken, die sich hydraulisch oder pneumatisch auf unterschiedliche Werkstückdurchmesser einstellen lassen, führen das Werkstück. **Mitlaufende Setzstöcke** *(follower rests)* sind auf dem Werkzeugschlitten befestigt und stützen das Werkstück in unmittelbarer Nähe der Wirkstelle ab.

1 Setzstöcke (Lünetten)

2.6 Spezielle Drehverfahren

2.6.1 Kegeldrehen

An der konventionellen Drehmaschine werden Kegel *(taper)* vorrangig durch Schwenken des Oberschlittens hergestellt (Bild 2). Es sind beliebige Kegelwinkel herzustellen und der Vorschub erfolgt meist von Hand, wodurch die erreichbare Oberflächenqualität begrenzt ist.
Beim Schruppen der Führungssäule wird der Oberschlitten um den halben Kegelwinkel, den **Einstellwinkel** $\alpha/2$ *(tool cutting edge angle)* geschwenkt. Die Genauigkeit der Gradeinteilung ist dabei ausreichend. Beim Schlichten ist eine genauere Einstellung mithilfe eines Lehrdorns (Bild 2) möglich.
Wenn der Zeichnung weder der **Kegelwinkel** α *(taper angle)* noch der Einstellwinkel $\alpha/2$ zu entnehmen sind, muss er berechnet werden (Bild 3).
Bei Passkegeln ist oft die **Kegelverjüngung** C *(taper ratio)* angegeben. Kegelverjüngung 1 : 4 bedeutet, dass der Durchmesser des Kegels auf 4 mm Länge um 1 mm abnimmt. Der Zusammenhang von Einstellwinkel und Kegelverjüngung ist im Bild 4 dargestellt.

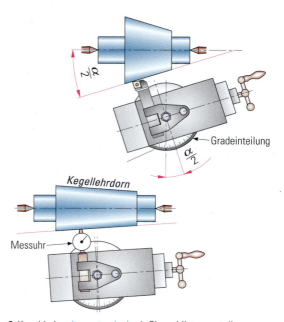

2 Kegeldrehen *(taper turning)* mit Oberschlittenverstellung

Beispielrechnungen

$$\tan\frac{\alpha}{2} = \frac{D-d}{2 \cdot l}$$

$\frac{\alpha}{2}$: Einstellwinkel
D: großer Durchmesser
d: kleiner Durchmesser
L: Kegellänge

$\tan\frac{\alpha}{2} = \frac{\text{Gegenkathete } G}{\text{Ankathete } A}$

$G = \frac{D-d}{2}$

$A = l$

$\tan\frac{\alpha}{2} = \frac{60\text{ mm} - 40\text{ mm}}{2 \cdot 80\text{ m}}$

$\tan\frac{\alpha}{2} = 0{,}125$

$\frac{\alpha}{2} = 7{,}125° = 7°7'30''$

3 Berechnung des Einstellwinkels

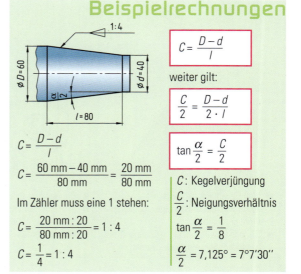

Beispielrechnungen

$$C = \frac{D-d}{l}$$

weiter gilt:

$$\frac{C}{2} = \frac{D-d}{2 \cdot l}$$

$$\tan\frac{\alpha}{2} = \frac{C}{2}$$

$C = \frac{D-d}{l}$

$C = \frac{60\text{ mm} - 40\text{ mm}}{80\text{ mm}} = \frac{20\text{ mm}}{80\text{ mm}}$

Im Zähler muss eine 1 stehen:

$C = \frac{20\text{ mm} : 20}{80\text{ mm} : 20} = 1 : 4$

$C = \frac{1}{4} = 1 : 4$

C: Kegelverjüngung
$\frac{C}{2}$: Neigungsverhältnis

$\tan\frac{\alpha}{2} = \frac{1}{8}$

$\frac{\alpha}{2} = 7{,}125° = 7°7'30''$

4 Einstellwinkel und Kegelverjüngung

Übungsaufgaben zu Berechnungen beim Kegeldrehen finden Sie auf den Seiten 37 und 38.

2.6 Spezielle Drehverfahren

2.6.2 Gewindedrehen

An vielen Drehteilen sind Gewinde vorhanden, die meist in mehreren Schnitten hergestellt werden (Bild 1). Obwohl die meisten heute an CNC-Drehmaschinen erstellt werden (siehe Lernfeld 7), sind im Folgenden auch die Besonderheiten beim Gewindedrehen auf konventionellen Drehmaschinen dargestellt.

- Zum Gewindedrehen *(thread cutting)* werden fast ausschließlich Wendeschneidplatten eingesetzt, wobei drei Typen zur Auswahl stehen (Bild 3).
- Der Gewindedrehmeißel *(threading tool)* muss genau auf Mitte und rechtwinklig zur Drehachse stehen, ansonsten kommt es zu Profilverzerrungen.

- Die Schnitttiefe je Schnitt beträgt ca. 0,1 bis 0,15 mm. Sie nimmt mit tieferem Eindringen ab, damit die Schneidenbelastung nicht zu groß wird. Im Wesentlichen gibt es zwei Zustellungsverfahren (Bild 2).

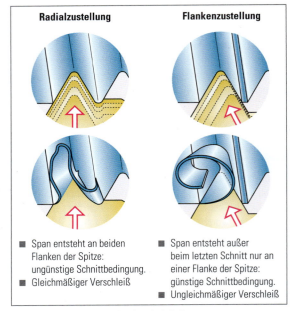

Radialzustellung
- Span entsteht an beiden Flanken der Spitze: ungünstige Schnittbedingung.
- Gleichmäßiger Verschleiß.

Flankenzustellung
- Span entsteht außer beim letzten Schnitt nur an einer Flanke der Spitze: günstige Schnittbedingung.
- Ungleichmäßiger Verschleiß

1 Gewindedrehen *(thread turning)*

2 Zustellmöglichkeiten beim Gewindedrehen

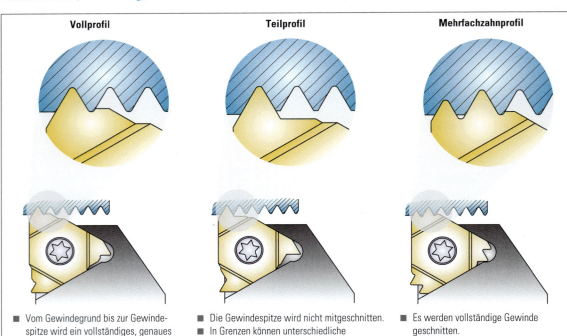

Vollprofil
- Vom Gewindegrund bis zur Gewindespitze wird ein vollständiges, genaues Profil geschnitten.
- Für jede Gewindesteigung ist eine besondere Schneidplatte erforderlich.

Teilprofil
- Die Gewindespitze wird nicht mitgeschnitten.
- In Grenzen können unterschiedliche Steigungen mit der gleichen Schneidplatte erstellt werden.

Mehrfachzahnprofil
- Es werden vollständige Gewinde geschnitten.
- Weniger Schnitte bei größeren An- und Überläufen möglich.

3 Wendeschneidplatten zum Gewindedrehen

Übungen

- Bei konventionellen Drehmaschinen kommt die **Leitspindel** *(lead screw)* als Vorschubantrieb zum Einsatz und es ist die geforderte Gewindesteigung am Vorschubgetriebe einzustellen. Bei CNC-Drehmaschinen ist die Gewindesteigung zu programmieren.
- Bei konventionellen Drehmaschinen muss der Bediener am Ende des Gewindes das Werkzeug bei gleichzeitiger Änderung der Spindeldrehrichtung zurückziehen. Das ist nur bei geringen Umdrehungsfrequenzen möglich, d. h., es sind nur kleine Schnittgeschwindigkeiten möglich. Bei CNC-Drehmaschinen ist eine Umkehr der Drehrichtung nicht erforderlich. Die Bewegungen werden automatisiert bei konstanter Umdrehungsfrequenz mit höheren Schnittgeschwindigkeiten durchgeführt.

Überlegen Sie!
1. In welchen Punkten unterscheidet sich Gewindedrehen an konventionellen von dem an CNC-Drehmaschinen?
2. Begründen Sie, warum der Drehmeißel auf Mitte und rechtwinklig zur Drehachse stehen muss.

ÜBUNGEN

Zeichnungsanalyse

1. Der folgende Ausschnitt ist auf einer Teilzeichnung zu finden:

   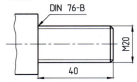

   a) Erklären Sie die Zeichnungsangabe DIN 76-B.
   b) Unterscheiden Sie die Formen A und B.
   c) Welche Größe bestimmt maßgeblich die einzelnen Maße für den Gewindefreistich?

2. Die Zeichnung eines Drehteils enthält folgende Angabe:

   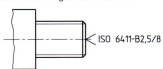

   a) Erklären Sie die Zeichnungsangabe und skizzieren Sie die Einzelheit im Maßstab 5 : 1.
   b) Wie tief ist zu bohren?

3. Auf das Wellenende sollen ein Zahnrad von 55 mm Breite, ein Sicherungsring DIN 471 – 30 × 1,5 und eine Passfeder DIN 6885 – A8 × 7 × 40 montiert werden.

   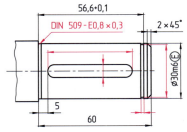

   a) Skizzieren Sie das Wellenende und tragen Sie die fehlenden Maße ein.
   b) Skizzieren Sie den Freistich im Maßstab 10 : 1 als Detail.
   c) Skizzieren Sie den Zusammenbau der Einzelteile im Schnitt.

4. Die Führungsbuchse enthält zwei Lagetoleranzen.

   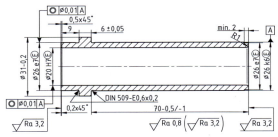

   a) Welches ist das Bezugselement?
   b) Erklären Sie die geforderten Eigenschaften
   c) Entscheiden Sie, in welcher Reihenfolge die Bohrbuchse gedreht wird und geben Sie die dazu erforderlichen Spannmittel an.

Drehen

1. Welche Auswirkungen haben die Führungen einer Werkzeugmaschine auf das Werkstück und was können Sie dazu beitragen, dass die Führungsqualität hoch bleibt?
2. Nennen Sie zwei Funktionen, die die Arbeitsspindel einer Drehmaschine erfüllt.
3. Unterscheiden Sie Zug- und Leitspindel.
4. Welche Aufgaben kann der Reitstock erfüllen?
5. Beschreiben Sie je einen Vor- und Nachteil, den große Eckenwinkel gegenüber kleinen besitzen.
6. Wie verändern sich die Spanungsdicke h und die Spanungsbreite b bei gleichbleibendem Vorschub f, wenn der Einstellwinkel von 90° auf 60° abnimmt? Formulieren Sie eine Beziehung „Je ... desto".
7. Legen Sie für das Drehen der Getriebewelle aus 34CrMo4 (siehe nächste Seite) die Arbeitsschritte und die Werkzeuge fest.
8. Unter welchen Bedingungen sind im Dreibackenfutter weiche Backen harten vorzuziehen?
9. Legen Sie die Spannmittel für das Drehen der Getriebewelle von Übung 7 fest.

zu Übung 7 von Seite 35

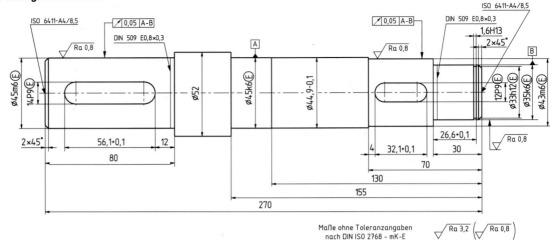

Maße ohne Toleranzangaben nach DIN ISO 2768 - mK-E

10. Unterscheiden Sie Spanndorn und Spannzange.

11. Welche Probleme können beim Drehen von langen Wellen auftreten und wie können sie gelöst werden?

12. Ein Drehteil aus Vergütungsstahl (25CrMo4) wird mit einer Hartmetallschneide von ⌀60 auf ⌀52 bei einem Vorschub von 0,6 mm abgedreht.
    a) Welche Schnittgeschwindigkeit ist zu wählen?
    b) Wie groß wird die Umdrehungsfrequenz?

13. Ein Bolzen aus C60 wird mit einer beschichteten Hartmetallschneidplatte von ⌀62 auf ⌀60 abgedreht. Dabei ist der Vorschub 0,25 mm und die Umdrehungsfrequenz 3000/min. Ist die Umdrehungsfrequenz richtig eingestellt?

14. Wie verändert sich die Schnittgeschwindigkeit, wenn mit konstanter Umdrehungsfrequenz von 1000/min eine Welle von 50 mm auf 10 mm Durchmesser querplangedreht wird?

15. Wie müsste sich die Umdrehungsfrequenz an einer CNC-Drehmaschine ändern, wenn bei den gleichen Bedingungen wie in Übung 14 mit einer konstanten Schnittgeschwindigkeit von 150 m/min gespant werden soll?

16. Das dargestellte Wellenende soll mit einer Schnittgeschwindigkeit von 240 m/min durch Längsrunddrehen geschlichtet werden. Welche Umdrehungsfrequenzen sind bei den beiden Durchmessern zu wählen?

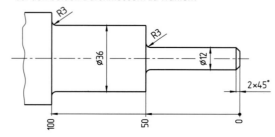

17. Wie groß würde theoretisch die Umdrehungsfrequenz an einer CNC Drehmaschine bei 0 mm Durchmesser (Abstechen), wenn mit konstanter Schnittgeschwindigkeit gearbeitet wird?

18. Erstellen Sie mit einer Tabellenkalkulation ein Programm, mit dem Sie Schnittgeschwindigkeit und Umdrehungsfrequenz bestimmen können.

19. Mit einem Bohrer von 12 mm Durchmesser soll auf einer CNC-Drehmaschine bei einem Vorschub von 0,2 mm eine Schnittgeschwindigkeit von 20 m/min erzielt werden. Welche Vorschubgeschwindigkeit in mm/min ist zu programmieren?

20. Beim Drehen wird mit einer Vorschubgeschwindigkeit von 200 mm/min gearbeitet. Wie groß ist der Vorschub je Umdrehung, wenn mit einer Umdrehungsfrequenz von 800/min gedreht wird?

21. Eine Welle von 40 mm Durchmesser wird auf 30 mm Durchmesser längsrundgedreht. Welche Vorschubgeschwindigkeit ist nötig, damit bei einer Schnittgeschwindigkeit von 150 m/min ein Vorschub von 0,5 mm erzielt wird?

22. Wie groß muss die Antriebsleistung einer Drehmaschine sein, wenn ihr Wirkungsgrad 0,75 ist, die Schnittgeschwindigkeit 200 m/min beträgt und die spezifische Schnittkraft 2500 N/mm² bei einem Spanungsquerschnitt von 5 mm² groß ist?

23. Eine Welle aus C60 wird von ⌀60 auf ⌀52 geschruppt. Der Vorschub beträgt 0,4 mm, die Schnittgeschwindigkeit 240 m/min und der Einstellwinkel 90°.
    a) Welche Umdrehungsfrequenz ist zu wählen?
    b) Wie groß sind die Schnitttiefe und die Spanungsdicke?

Übungen

c) Welcher Spanungsquerschnitt ergibt sich?
d) Welche Schnittleistung ist erforderlich?
e) Wie groß muss die Antriebsleistung des Motors bei einem Wirkungsgrad von 0,75 sein?

24. An einer Drehmaschine steht eine Antriebsleistung von 40 kW zur Verfügung. Es soll eine Schnittgeschwindigkeit von 200 m/min bei $f = 1$ mm und $a_p = 10$ mm eingehalten werden. Die spezifische Schnittkraft beträgt 2000 N/mm² und der Wirkungsgrad der Maschine ist 0,7. Sind diese Schnittbedingungen zu realisieren?

25. Eine Trommel aus 34CrMo4 mit 550 mm Durchmesser wird mit einer Umdrehungsfrequenz von 50/min längsrundgedreht. Bei einer Spanungsdicke von 0,8 mm und einer Spanungsbreite von 10 mm beträgt die spezifische Schnittkraft 1733 N/mm².
a) Wie groß ist der Spanungsquerschnitt?
b) Welche Schnittleistung wird gebraucht?
c) Welche Leistung muss der Antriebsmotor abgeben, wenn die Werkzeugmaschine einen Wirkungsgrad von 76 % hat?

26. Welche Antriebsleistung muss ein Bohrwerk bei einem Wirkungsgrad von 0,72 haben, wenn maximal mit einem Bohrer von 40 mm Durchmesser bei einer Umdrehungsfrequenz von 800/min mit einer spezifischen Schnittkraft von 2000 N/mm² und einem Vorschub von 0,3 mm gearbeitet wird?

27. Erstellen Sie mit einer Tabellenkalkulation ein Programm zur Berechnung der Schnittleistung beim Drehen und Bohren.

28. Ein Kegel hat eine Kegelverjüngung von 1 : 40. Wie groß ist seine Neigung?

29. Ein genormter Kegelstift hat ein Kegelverhältnis von 1 : 50.
a) Wie groß ist der große Durchmesser für einen Kegelstift mit den Maßen 8 × 60?
b) Wie groß ist der Einstellwinkel?

30. Wie groß sind die fehlenden Werte?

	a)	b)	c)	d)	e)	f)	g)	h)	i)	j)
C	1:10	?	?	?	1:50	?	?	?	?	1:0,7
C/2	?	?	1:80	?	?	?	?	?	1:100	?
D in mm	?	?	100	60	85	80	150	?	55	115
d in mm	30	0	?	?	62,5	60	120	22,5	?	0
L in mm	200	50	200	80	?	120	?	65	220	?
α/2 in °	?	45	?	5,71	?	?	2,86	30	?	?

31. Morsekegel haben eine Kegelverjüngung von ca. 1 : 20. Wie groß ist beim Morsekegel 3 der große Durchmesser und der Einstellwinkel, wenn der kleine Durchmesser 19,8 mm und die Kegellänge 81 mm beträgt? Vergleichen Sie die ausgerechneten Werte mit denen des Tabellenbuches.

32. Steilkegel besitzen eine Kegelverjüngung von 7 : 24.
a) Wie groß ist der kleine Durchmesser, wenn der große Durchmesser 44,45 mm bei einer Kegellänge von 64,4 mm beträgt?
b) Welcher Einstellwinkel wird bei der Fertigung benötigt?

33. Erstellen Sie mit einer Tabellenkalkulation ein Programm zur Berechnung von Kegelverjüngung, Kegelneigung, Einstellwinkel, großem und kleinem Kegeldurchmesser.

Projektaufgabe Ritzelwelle (Zeichnung Seite 38 oben)

1. Erstellen Sie die Grobplanung für das Drehen der Ritzelwelle, wobei das Rohteil ⌀60 × 200 groß ist.

2. Legen Sie die erforderlichen Schneidstoffe, Wendeschneidplatten und Werkzeughalter fest.

3. Bestimmen Sie die Spannwerkzeuge für die verschiedenen Arbeitsschritte.

4. Legen Sie die Schnittgeschwindigkeiten, Vorschübe und Schnitttiefen fest.

5. Welche maximale Antriebsleistung muss die Drehmaschine unter Berücksichtigung der von Ihnen gewählten Prozessparameter bei einem Wirkungsgrad von 70 % zur Verfügung stellen?

Projektaufgabe Lagerdeckel (Zeichnung Seite 38 unten)

1. Erstellen Sie die Grobplanung für das Drehen und Bohren des Lagerdeckels, der bis auf die Senkbohrungen vorgegossen ist und eine Bearbeitungszugabe von 3 mm auf allen anderen Flächen besitzt.

2. Legen Sie die erforderlichen Schneidstoffe, Wendeschneidplatten, Werkzeughalter und Bohrwerkzeuge fest.

3. Bestimmen Sie die Spannwerkzeuge für die verschiedenen Arbeitsschritte.

4. Legen Sie die Schnittgeschwindigkeiten, Vorschübe, Umdrehungsfrequenzen und Schnitttiefen fest.

5. Wird Kühlmittel benötigt?

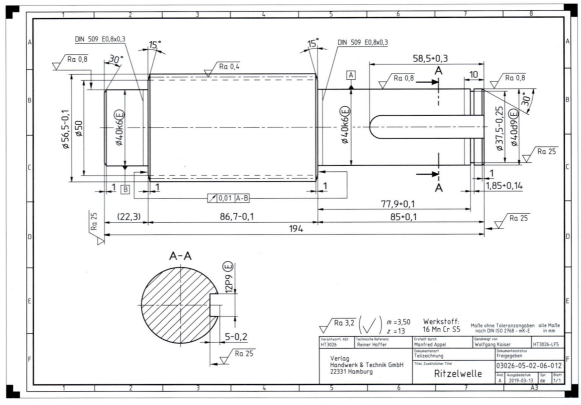

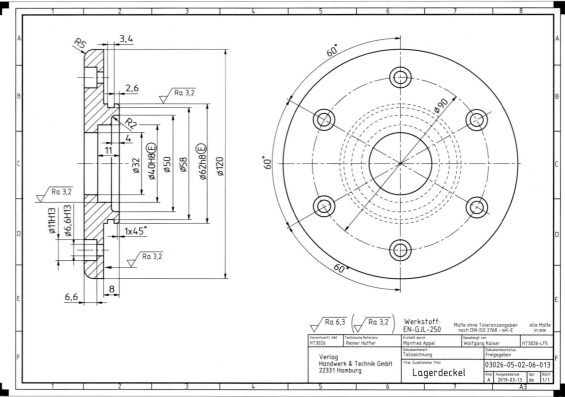

3 Fräsen

3.1 Fräsverfahren

Die Einteilung der Fräsverfahren *(milling methods)* erfolgt nach
- der Art der Fläche
- der Bewegung beim Zerspanvorgang und
- der Werkzeugform

Überlegen Sie!
Ordnen Sie den Pfeilen bei den dargestellten Fräsverfahren die Begriffe „Schnittbewegung", „geradlinige Vorschubbewegung" und „kreisförmige Vorschubbewegung" zu (vgl. Seite 2).

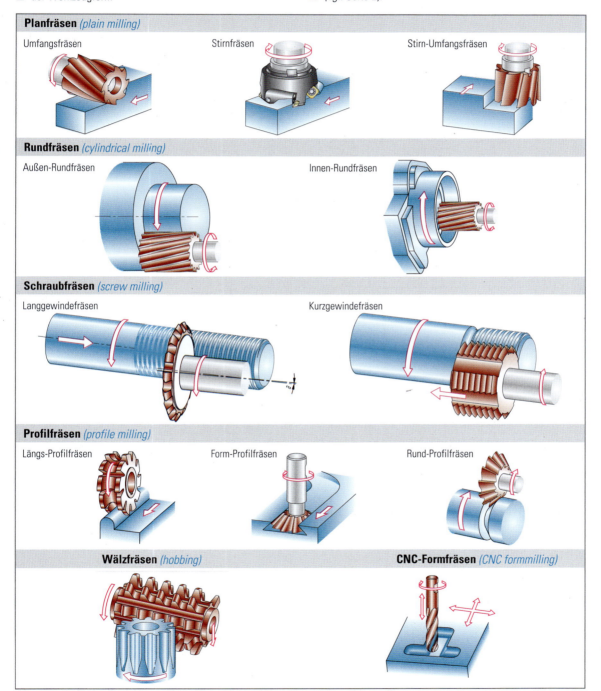

3.2 Arbeitsauftrag

Aus Rohlingen von je 120 mm × 80 mm × 102 mm sind zwei Lagerteile aus 16MnCr5 (Bild 1) zu fertigen.

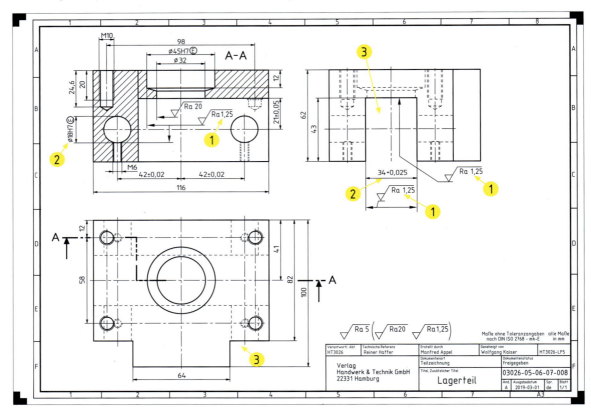

1 Lagerteil

Das Lager (Bild 1) ist Bestandteil einer Vorrichtung (Bild 2). Sie richtet einen gegossenen rohen Motorblock aus, um Anschlagflächen für die weitere spanende Bearbeitung zu fräsen. Hierzu fährt die Kolbenstange des Hydraulikzylinders aus. Die Spannhebel bewegen sich dadurch in Richtung der unbearbeiteten Zylinderwandung und richten so den Motorblock aus. Mehrere Spannelemente positionieren den Motorblock eindeutig in der Vorrichtung.

3.2.1 Analyse der Einzelteilzeichnung

Wegen der geforderten Oberflächenqualitäten ❶, den angegebenen Toleranzen ❷ und der Werkstückform ❸ sind eine Schrupp- und Schlichtbearbeitung erforderlich.

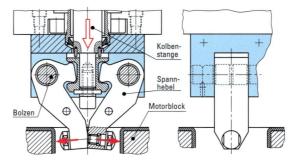

2 Funktion des Lagerteils in der Vorrichtung

3.2 Arbeitsauftrag

Überlegen Sie!

1. Zu welcher Stahlsorte gehört der Werkstoff des Lagerteils?
2. Schlüsseln Sie mithilfe des Tabellenbuchs den Werkstoff für das Lagerteil auf.
3. Beschreiben Sie die Ziele für das Schruppen bzw. Schlichten.
4. Stellen Sie mithilfe des Tabellenbuchs die Einstellwerte für das Schrupp- und Schlichtfräsen vergleichend gegenüber.
5. Die beiden Rohlinge für die Lagerteile werden von einem Stabstahl 120 mm × 80 mm auf eine Länge von 102 mm abgesägt. Daher sind die Schruppzugaben für die Flächen der Außenkontur unterschiedlich groß. Von welchen Außenflächen ist besonders viel Material abzutragen?
6. Welche Schlichtzugaben würden Sie für die zu fräsenden Flächen wählen?
7. Geben Sie für die Maße 116, 34+0,025 und ⌀18H7 die Höchst- und Mindestmaße sowie die Toleranz an.
8. Welche Oberflächenqualität sollen die Außenflächen des Lagerteils haben?
9. Interpretieren Sie die Oberflächenangabe auf dem Zeichenblattbereich C6.

3.2.2 Arbeitsplanung

Die Angaben auf der Teilzeichnung führen zu der dargestellten Grobplanung für die Lagerteile.

- Schruppfräsen der Oberseite

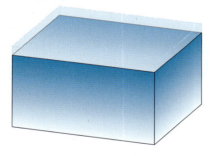

- Schruppfräsen Unterseite und der vier Seitenflächen

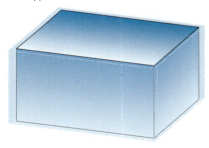

- Schruppfräsen der Ecken

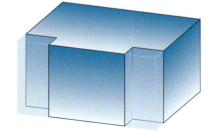

- Schruppfräsen der Nut

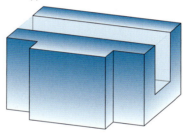

- Schlichtfräsen der Nut
- Schlichtfräsen der Ecken
- Vorbohren der Durchgangslöcher ⌀18H7
- Reiben von ⌀18H7
- Schlichtfräsen der vier Seitenflächen
- Schlichtfräsen der Unterseite
- Zentrieren der Gewindebohrungen auf der Unterseite
- Schlichtfräsen der Oberseite
- Zentrieren der Bohrungen auf der Oberseite
- Restbearbeitung mit der Bohrmaschine

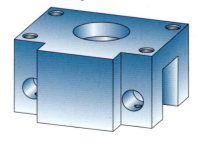

3.3 Fräsmaschinen

Für die Bearbeitung des Lagerteils wird eine Universal-Fräsmaschine *(universal milling macine)* mit digitaler Anzeige gewählt (Bild 1).

Antriebe von Fräsmaschinen

Da Fräser mehrschneidige *(multiple edge)* Werkzeuge sind, hängt die Vorschubgeschwindigkeit v_f beim Fräsen vom Vorschub je Fräserzahn f_z, der Schneidenanzahl z und der Umdrehungsfrequenz des Fräsers n ab (vgl. Kapitel 1.1.1). Wegen der unterschiedlichen Zähnezahlen kann beim Fräsen der Vorschub nicht direkt von der Arbeitsspindel abgenommen werden, wie das bei der Drehmaschine der Fall ist. Daher ist ein besonderer Motorantrieb für die Vorschubbewegung erforderlich (Bild 2).

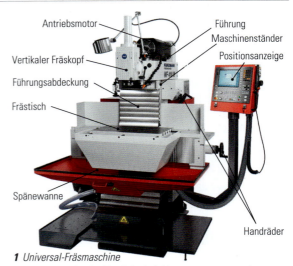

1 Universal-Fräsmaschine
- Horizontal- oder Vertikalspindel können genutzt werden.
- Der Fräskopf mit der Vertikalspindel kann abgenommen oder aus dem Arbeitsbereich geschwenkt werden, sodass die Horizontalspindel freigelegt wird.

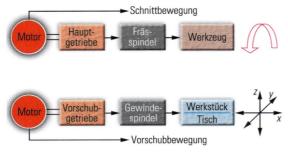

2 Antrieb einer Fräsmaschine

3.4 Fräsverfahren im Vergleich

3.4.1 Stirn-Planfräsen und Umfangs-Planfräsen

Zum **Planfräsen** *(plain milling)* (Schruppen der Oberseite des Lagerteils) sind zwei Verfahren möglich:

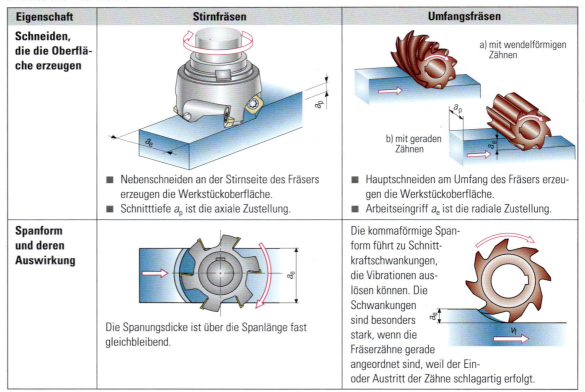

3 Grobplanung für das Fräsen der Lagerteile

3.4 Fräsverfahren im Vergleich

Eigenschaft	Stirnfräsen	Umfangsfräsen
Anzahl der Schneiden im Eingriff	Es sind meist mehrere Schneiden im Eingriff, wodurch die Schnittkraftschwankungen zusätzlich geringer ausfallen.	Wenige Schneiden sind im Eingriff. Die Schnittkraftschwankungen erhöhen sich dadurch. Bei Fräsern mit wendelförmigen Zähnen wird das gemindert, weil dadurch mehrere Zähne zum Einsatz kommen.
Zeitspanungs-volumen	Das pro Zeiteinheit (z. B. in einer Minute) abgetrennte Spanvolumen Q ist größer als beim Umfangsfräsen. $Q = a_p \cdot a_e \cdot v_f$	Das Zeitspanungsvolumen ist in erster Linie wegen der geringeren Vorschubgeschwindigkeiten kleiner als beim Stirnfräsen.
Werkzeug-wechsel	Einfacher Werkzeugwechsel.	Wenn ein Gegenlager für die Arbeitsspindel genutzt wird (Bild 2), ist der Werkzeugwechsel aufwendiger als beim Stirnfräsen.
Fräsweg	Der Fräsweg setzt sich aus der Werkstücklänge sowie dem An- und Überlauf zusammen. Er beeinflusst die Fertigungszeit. Der Anlauf ist etwas größer als der Fräserradius. Beim Schruppen ist der Fräsweg beendet, wenn die gesamte Fläche bearbeitet ist. Beim Schlichten muss der Fräser die Fläche meistens vollständig verlassen haben.	Der Anlauf ist kleiner als der Werkzeugradius, ebenso der Überlauf. Somit ist der Fräsweg beim Umfangsfräsen sowohl beim Schlichten als auch beim Schruppen kleiner als beim Stirnfräsen.

1 Vergleich von Stirn- und Umfangsfräsen

MERKE
Beim Planfräsen (z. B. Oberseite des Lagerteils) ist das Stirnfräsen wegen seiner Vorteile gegenüber dem Umfangsfräsen möglichst zu bevorzugen.

Nicht immer ist das **Stirnfräsen** *(face milling)* wirtschaftlicher als das Umfangsfräsen. Es gibt Bedingungen, wie z. B. das Fräsen von Führungen an Werkzeugmaschinen, wo gleichzeitig mehrere Flächen durch **Umfangsfräsen** *(peripheral/slab milling)* mit einem Satzfräser in kurzer Fertigungszeit bearbeitet werden.

3.4.2 Gleichlauf- und Gegenlauffräsen

Sehr häufig wird das **Stirn-Umfangsfräsen** eingesetzt (Bild 3). In diesen Fällen werden zwei Flächen gleichzeitig bearbeitet. Am Umfang spanen Hauptschneiden und an der Stirn die Nebenschneiden. Immer dann, wenn das Umfangsfräsen eingesetzt wird, stehen dafür zwei Möglichkeiten zur Verfügung: Gleich- und Gegenlauffräsen.

2 Umfangsfräsen mit Satzfräser

3 Stirn-Umfangsfräsen

3.4 Fräsverfahren im Vergleich

Eigenschaft	Gegenlauffräsen (up cut milling)	Gleichlauffräsen (down cut milling)
Schnitt- und Vorschubbewegung	Schnittbewegung des Fräsers und Vorschubbewegung des Werkstücks verlaufen in entgegengesetzten Richtungen.	Schnittbewegung des Fräsers und Vorschubbewegung des Werkstücks verlaufen in gleicher Richtung.
Anschnitt	Die Anschnittbedingungen sind ungünstig, weil die Spanungsdicke zu Beginn kleiner ist als der Schneidenradius. Eine Spanabnahme ist unter diesen Bedingungen schlecht möglich, weil der Werkstoff aufgrund seiner Elastizität ausweicht. An der Freifläche entsteht somit eine große Reibung. Die Folge ist eine hohe Wärmeentwicklung, verbunden mit hohem Verschleiß des Werkzeugs und einer schlechten Oberfläche des Werkstücks.	Die Spanabnahme beginnt mit der größten Spandicke und sofort wird ein Span vom Werkstück getrennt. Das „Anfangsgleiten" über die Arbeitsfläche entfällt, wodurch unter sonst gleichen Bedingungen bessere Oberflächenqualitäten als beim Gegenlauffräsen entstehen. Schlägt der Fräserzahn jedoch auf eine harte und spröde Oberfläche (z. B. Guss- oder Schmiedehaut), kann dies bei sehr starker Belastung zu Schneidenausbrüchen führen. Unter diesen Bedingungen kann es daher günstiger sein, im Gegenlauf zu fräsen.
Richtung der Schnittkraft	Die Schnittkraft F_S drängt das Werkstück in eine Richtung weg vom Maschinentisch nach oben. Besonders dünnwandige Werkstücke können sich dadurch während des Fräsens elastisch nach oben verformen, sodass nach dem Fräsen die geforderte Wandstärke evtl. nicht mehr vorhanden ist.	Die Schnittkraft F_S drückt das Werkstück auf den Maschinentisch, der die auftretenden Kräfte sicher aufnehmen kann.
Spindelspiel	Die horizontale Komponente der Schnittkraft F_{sx} wirkt der Vorschubbewegung v_f entgegen. Dadurch liegen die Flanken der Gewindespindel stets an den gleichen Flanken der Gewindemutter, die am Frästisch befestigt ist.	Die horizontale Komponente der Schnittkraft F_{sx} wirkt in die gleiche Richtung wie Vorschubbewegung v_f. Wird diese Kraft zu groß, wird der Tisch um den Betrag des Gewindespiels verschoben. Das kann zum Rattern und im Extremfall zum Schneidenbruch führen. Gleichlauffräsen ist daher nur bei spielfreiem Vorschubantrieb möglich.

1 Vergleich von Gleich- und Gegenlauffräsen

MERKE
Das **Gleichlauffräsen** *(downcut milling)* ist wegen der besseren Oberflächenqualität dem **Gegenlauffräsen** *(upcut milling)* vorzuziehen, wenn ein spielfreier Vorschubantrieb vorhanden ist. Ausnahmen bilden Werkstücke mit sehr harten, das Werkzeug verschleißenden Oberflächen.

3.5 Werkzeugauswahl und Werkzeugeinsatz

3.5.1 Planfräsen

Zum Planfräsen ebener Flächen (z. B. Seitenflächen des Lagerteils) stehen Walzenstirnfräser *(face milling cutter)* aus HSS und Fräsköpfe mit Wendeschneidplatten zur Auswahl (Bild 1). Aufgrund der Vorteile, die der Fräskopf gegenüber dem Walzenstirnfräser hat, wird die Außenbearbeitung des Lagerteils mit einem Fräskopf vorgenommen, der im Folgenden ausgewählt wird.

3.5.1.1 Fräserauswahl *(choice of cutters)*

Fräser müssen der jeweiligen Aufgabe entsprechend ausgewählt werden. Zu berücksichtigen sind z. B. der Schneidstoff, der Fräserdurchmesser, die Anzahl der Schneiden sowie Frei-, Keil- und Spanwinkel (α, β und γ).

Schneidstoff *(cutting material)*
Als Schneidstoff kommt eine TiNi-beschichtete Hartmetallsorte der Zerspanungshauptgruppe P in Betracht (vgl. Kap. 1.2.2). Bei der Wahl sind der zu zerspanende Werkstoff, sowie die wegen des unterbrochenen Schnitts erforderliche Zähigkeit des Schneidstoffs zu berücksichtigen.

Spanwinkel *(rake angle)*
Große Spanwinkel fördern die Spanbildung und senken die erforderliche Zerspankraft (vgl. Kap. 1.1.2), schwächen allerdings den Keilwinkel. Da beim Fräsen ein unterbrochener Schnitt vorliegt, wird der Schneidkeil an Haupt- und Nebenschneide (Bild 2) schlagartig be- und entlastet. Daher ist eine stabile Schneide erforderlich.

2 Haupt- und Nebenschneide an der Schneidplatte eines Fräsers

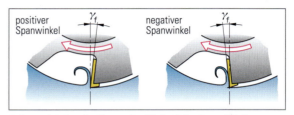

3 Spanwinkel an der Hauptschneide (radialer Spanwinkel)

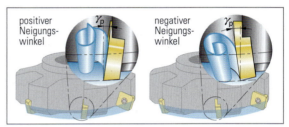

4 Neigungswinkel λ ist der Spanwinkel der Nebenschneide

Die Stabilität der Schneide hängt nicht nur von den Winkeln an der Hauptschneide (Bild 3) und der Form der Schneidenecke (Größe des Schneidenradius) ab. Auch an der Nebenschneide (Bild 4) sind die Winkel von Bedeutung.

Walzenstirnfräser aus HSS	Fräsköpfe mit Wendeschneidplatten
■ Große Spanwinkel und scharfe Schneiden sind möglich. ■ Kleine Zerspankräfte durch kleine Keilwinkel, wodurch die Vibrationen bei dünnwandigen Werkstücken gering bleiben. ■ Schrupp- und Schlichtfräser sind unterschiedlich profiliert, wodurch ein zusätzlicher Spanbruch erzielt wird.	■ Meist wesentlich höheres Zeitspanungsvolumen als bei HSS-Fräsern möglich. ■ Wendeschneidplatten sind austauschbar und relativ preisgünstig. ■ Keine maximalen Durchmesserbegrenzungen. ■ Ein großes Sortiment standardmäßig angebotener Fräsköpfe löst die unterschiedlichsten Fräsprobleme.

1 Vergleich von Walzenstirnfräsern mit Fräsköpfen mit Wendeschneidplatten

> **MERKE**
> Spanwinkel der Hauptschneide γ und Neigungswinkel λ (Spanwinkel der Nebenschneide) beeinflussen die Zerspanung.

Die **stabilste Schneide** stellt sich bei einer **doppelt-negativen** Schneidengeometrie (Bild 1) ein, d. h., wenn beide Spanwinkel negativ sind. Es kommen Negativwendeschneidplatten mit einem Keilwinkel von 90° zum Einsatz, wobei sich die Anzahl der Schneiden durch beidseitige Nutzung verdoppelt. Bei sehr harten Werkstoffen oder verschleißfesten Werkstückoberflächen ist der Einsatz einer doppelt-negativen Schneidengeometrie vorteilhaft.

Die **günstigsten Schnittbedingungen** liegen bei **doppelt-positiver** Schneidengeometrie (Bild 2) vor. Sie ist nach Möglichkeit zu bevorzugen. Dabei ist allerdings der Keilwinkel kleiner und die Schneidenecke weniger stabil. Es entstehen kleinere Schnittkräfte. Die Späne werden gut nach oben abgeführt. Für das Lagerteil aus 16MnCr5 (vgl. Seite 40) ist für die Hartmetallsorte P20 nach Angaben des Schneidstoffherstellers eine doppelt-positive Schneidengeometrie möglich (radialer Spanwinkel $\gamma = 2°$, Neigungswinkel $\lambda = 7°$).

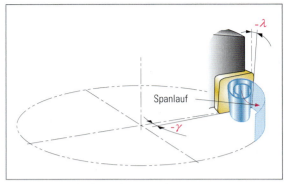

1 Doppelt-negative Schneidengeometrie

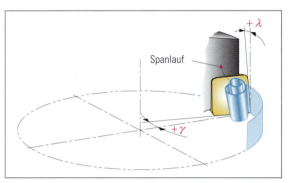

2 Doppelt-positive Schneidengeometrie

Fräskopfdurchmesser *(mill diametre)*
Für die Festlegung des Fräskopfdurchmessers gilt folgende Regel (Bild 3):

$$D \approx 1{,}3 \cdot a_e$$

D: Fräserdurchmesser
a_e: Arbeitseingriff

Hinter dieser Faustregel stehen folgende Überlegungen:
- Bei kleineren Durchmessern (Extremfall: Fräserdurchmesser = Arbeitseingriff) liegen Anschnittbedingungen wie beim Gegenlauffräsen vor. Der damit verbundene „Gleiteffekt" wird durch größere Durchmesser vermieden.
- Größere Fräser bringen für die Zerspanung keine Vorteile, sind nur merklich teurer und das erforderliche Drehmoment ist größer.

Für das Lagerteil, dessen Breite 120 mm beträgt, ergibt sich folgender Fräserdurchmesser:
$D = 1{,}3 \cdot 120$ mm;
$D = 156$ mm
Gewählt wird ein Fräskopf mit 160 mm Durchmesser.

Fräserteilung *(space of milling cutter)*
Leistungsfähige Fräsköpfe benötigen große Spankammern für die Aufnahme und den Transport der Späne. Durch die großen Spanräume vergrößert sich der Abstand von Zahn zu Zahn, d. h., die Zähnezahl nimmt ab.

Eng geteilte Fräser sind im unteren Durchmesserbereich die beste Wahl. Sie genügen den meisten Anforderungen.
Wenn der Fräserdurchmesser größer als ca. 125 mm ist und langspanende Werkstoffe zu bearbeiten sind, entsteht ein größerer Wendelspan. Um diesen abzuführen, ist eine größere Spankammer erforderlich, d. h.; ein **weit geteilter Fräser** ist zu wählen.

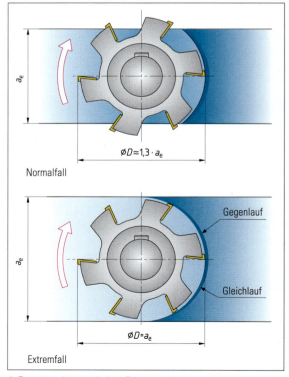

3 Zusammenhang zwischen Fräserdurchmesser und Arbeitseingriff

3.5 Werkzeugauswahl und Werkzeugeinsatz

Extra eng geteilte Fräser sind zu bevorzugen, wenn stabile Werkstücke aus kurzspanenden Werksstoffen auf Maschinen mit hoher Leistung bei großen Vorschubgeschwindigkeiten bearbeitet werden.

Vielfach besitzen Fräsköpfe eine ungleiche Teilung (wie Reibahlen), um die Neigung zur Vibration zu mindern.

Für das Lagerteil wird ein Fräskopf mit weiter Teilung (acht Schneiden) gewählt.

Einstellwinkel *(tool cutting edge angle)*

Für die weitere Festlegung des Fräsers und seiner Schneidplatten ist der Einstellwinkel (Bild 2) wichtig. Gleichzeitig hat er Einfluss auf die radialen und axialen Kräfte, die auf den Fräser wirken.

> **MERKE**
> Eine Verkleinerung des Einstellwinkels κ
> - verlängert die aktive Schneidkante bzw. die Spanungsbreite b und
> - verringert die Spanungsdicke h.
> - Dadurch nimmt die Schneidenbelastung ab und die Standzeit erhöht sich.
> - Die Passivkraft F_p nimmt gegenüber der Vorschubkraft F_f zu.

Ein **Einstellwinkel von 90°** erzeugt wegen der geringen Passivkraft F_p nur einen geringen Druck auf die Werkstückoberfläche.

Beim **Einstellwinkel von 45°** sind die Vorschub- und Passivkraft etwa gleich groß. Die Schneidenecke ist mit 90° sehr stabil.

Runde Platten eignen sich nicht nur zum Zerspanen anspruchsvoller Werkstoffe wie z. B. Titan. Sie werden wegen ihrer stabilen Schneide häufig als Schruppfräser eingesetzt.

Für das Fräsen des Lagerteils wird ein Einstellwinkel von 75° bei einer quadratischen Plattenform (S) gewählt (Bild 1).

Auswahl der Wendeschneidplatte *(indexable insert)*

Die **Plattengröße** *(insert size)* richtet sich nach der maximalen Schnitttiefe. Sie darf höchstens ²/₃ der Schneidkantenlänge betragen. Bei einer Schnitttiefe von 8,5 mm beim Lagerteil wäre zunächst eine Plattengröße von 12,8 mm erforderlich. Durch den Einstellwinkel von 75° vergrößert sich der Wert auf 13,3 mm. Gewählt wird eine Platte mit 15 mm Länge und 4,76 mm Dicke.

> **Überlegen Sie!**
> Bestimmen Sie die normgerechte Bezeichnung (siehe Tabellenbuch) für die gewählte Wendeschneidplatte.

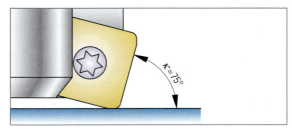

1 Quadratische Plattenform (S) mit $\kappa = 75°$

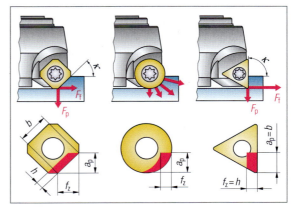

2 Auswirkungen des Einstellwinkels κ

3.5.1.2 Festlegen der Prozessparameter
Schnittgeschwindigkeiten *(cutting speeds)*

Für das Planfräsen des Lagerteils werden vom Schneidstoffhersteller folgende Schnittgeschwindigkeiten vorgeschlagen:

Schruppen: $v_c = 250$ m/min
Schlichten: $v_c = 360$ m/min

> **Überlegen Sie!**
> Welche Umdrehungsfrequenzen sind für die beiden Verfahren für den Fräser mit 160 mm Durchmesser zu wählen (siehe Kap. 1.1.1)?

Vorschübe *(feeds)*

Bei Fräsern mit Wendeschneidplatten soll laut Herstellerangaben der Vorschub pro Zahn f_z zwischen 0,1 mm und 0,4 mm liegen. Wenn bei zu kleinem Vorschub pro Zahn der Span zu dünn wird, entsteht an der leicht gerundeten Keilschneide eine Mischung aus Reiben und Zerspanen mit großer Wärmeentwicklung, wodurch ein extrem hoher Freiflächenverschleiß eintritt.

> **MERKE**
> - Große Härte des Werkstückwerkstoffs und hohe Oberflächenqualität verlangen nach kleinem Vorschub pro Zahn.
> - Bei starkem Werkzeugverschleiß und bei Vibrationsneigungen soll der Vorschub pro Zahn erhöht werden.

Beim Fräsen kommen meistens Wendeschneidplatten mit **Planfasen** (Bild 1) und nicht wie beim Drehen mit einem Schneidenradius zum Einsatz. Der Schneidenradius würde sich an der Werkstückoberfläche abbilden und es entstünden je nach Vorschub Rillen (Bild 2). Mit Hilfe der Planfase (im Beispiel 1,4 mm) und durch die richtige Wahl des Vorschubs je Umdrehung f lassen sich die Rillen beim Schlichten vermeiden (Bild 3).

> **MERKE**
> - Beim Schlichten muss die Nebenschneide der tiefsten Schneidplatte die Werkstückoberfläche erzeugen.
> - Der Vorschub pro Umdrehung muss kleiner als die Planfase gewählt werden, damit eine „Überdeckung" vorliegt.

Für das Schruppen des Lagerteils wird ein Vorschub pro Zahn f_Z von 0,3 mm gewählt. Beim Schlichten beträgt der Vorschub je Zahn 0,125 mm. Der Fräser hat acht Wendeschneidplatten, wodurch sich ein Vorschub pro Umdrehung f von 8 · 0,125 mm = 1 mm ergibt.

In den meisten Fällen ist es günstig, wenn zum Schruppen und Schlichten zwei unterschiedliche Fräser zum Einsatz kommen. Das gilt auch für das Schruppen des Lagerteils. Bei einer größeren Serie wird beim Schruppen ein Einstellwinkel κ von 45° und ein negativer Spanwinkel an der Hauptschneide bevorzugt. Da aber nur zwei Lagerteile zu fertigen sind, wird mit dem gleichen Werkzeug das Schruppen und Schlichten vorgenommen.

Überlegen Sie!

1. Wie groß ist der Vorschub pro Umdrehung beim Schruppen?
2. Bestimmen Sie den Vorschub pro Zahn beim Schlichten.
3. Liegen die Vorschübe pro Zahn in den beschriebenen Grenzen?
4. Berechnen Sie für das Schruppen und Schlichten die Vorschubgeschwindigkeiten v_f in mm/min (siehe Kap. 1.1.1).
5. Welcher Grund spricht beim Schruppen für einen negativen radialen Spanwinkel?

Positionierung des Fräsers

Die Positionierung des Fräsers *(position of milling cutter)* beeinflusst die Laufruhe und die Standzeit des Fräsers.

> **MERKE**
> Bei ausreichend großem Fräser soll die Positionierung leicht außermittig (Bild 4, links) erfolgen.

Das bringt folgende Vorteile:
- Kurze Eingriffsstrecke der Schneidplatte ergibt lange Standzeit.
- Gleich- und Gegenlauf rechts und links des Fräsers stehen nicht im Gleichgewicht. Die Radialkräfte F_r auf den Fräser sind von beiden Seiten im Gegensatz zur mittigen Position unterschiedlich, wodurch keine Vibrationen entstehen.

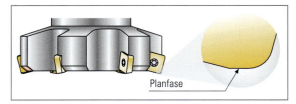

1 Wendeschneidplatte mit Planfase bei $\kappa = 75°$

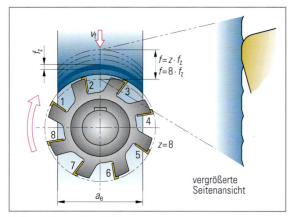

2 Vorschübe und Oberflächen

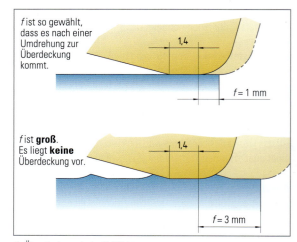

3 Überdeckung beim Schlichten

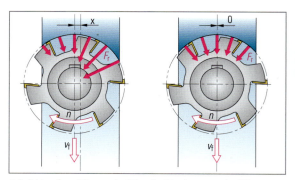

4 Leicht außermittige und mittige Positionierungen des Fräsers beim Planfräsen

3.5.2 Stirn-Umfangsfräsen

Am Lagerteil sind Ecken zu fräsen (Bild 1), dazu wird das Stirn-Umfangsfräsen *(conventional plain milling)* gewählt.

MERKE
Beim Stirn-Umfangsfräsen (Seite 43 Bild 3) entsteht sowohl durch die Hauptschneide (am Umfang) als auch durch die Nebenschneide (an der Stirnseite) eine Werkstückoberfläche.

Walzenstirnfräser mit Schneidplatten (Bild 2) sowie Walzenstirnfräser aus HSS (Bild 3) können zum Eckfräsen genutzt werden.
Für das Schruppfräsen der Ecken am Lagerteil stehen folgende Fräser zur Auswahl:
- HSS-Walzenstirnfräser titannitridbeschichtet, $d = 63$ mm
- Walzenstirnfräser mit Hartmetallschneiden, $d = 50$ mm.

Bevor die Entscheidung für einen der Fräser getroffen wird, sind noch einige Überlegungen für das Eckfräsen mit Schneidplatten anzustellen (Seite 50 Bild 1). Diesem Bild ist zu entnehmen, dass sich der Austrittswinkel von 0° ($a_e = d/2$) äußerst ungünstig auf die Standzeit auswirkt. Die Schneiden treten bei der größten Spanungsdicke aus dem Werkstück. Die schockartige Entlastung der Schneide mindert die Standzeit erheblich. Diese Schnittbedingungen sind zu vermeiden.
Da der Arbeitseingriff für den hartmetallbestückten Walzenstirnfräser bei 50 % des Fräserdurchmessers liegt, wird für das Eckenfräsen der titannitridbeschichtete Walzenstirnfräser aus HSS gewählt.

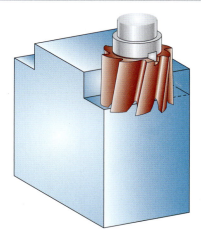

1 Stirn-Umfangsfräsen am Lagerteil

2 Walzenstirnfräser mit Schneidplatten

Schruppfräser:
Durch das Profil an den Hauptschneiden werden die Späne geteilt.

Schrupp-Schlichtfräser:
Durch das Profil an den Hauptschneiden werden die Späne geteilt und die Oberfläche wird geglättet.

Schlichtfräser (eng geteilt):
Geeignet für Werkstoffe mit höherer Festigkeit wie z. B. Stähle.

Schlichtfräser (weit geteilt):
Geeignet für Werkstoffe mit geringerer Festigkeit wie z. B. Aluminium.

3 Walzenstirnfräser aus HSS

Überlegen Sie!

1. Welche Walzenstirnfräserform (Bild 3) wählen Sie für
   a) das Schruppen und
   b) das Schlichten der Ecken am Lagerteil (Bild 1)?
2. Legen Sie die Zähnezahlen, die Vorschübe pro Zahn und die Schnittgeschwindigkeiten mithilfe des Tabellenbuchs oder der Werkzeugherstellerangaben für Schruppen und Schlichten des Lagerteils fest.
3. Berechnen Sie die erforderlichen Umdrehungsfrequenzen für Schruppen und Schlichten (siehe Kap. 1.1.1).
4. Berechnen Sie für das Schruppen und Schlichten die Vorschubgeschwindigkeiten v_f in mm/min.

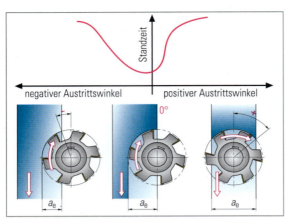

1 Schneidplatteneingriff beim Eckfräsen

3.5.3 Nutenfräsen

Nutenfräsen *(slotting)* ist entweder mit Schaft- oder mit Scheibenfräsern möglich (Bild 2), wobei drei typische Werkzeuge eingesetzt werden können:
- Schaft- oder Langlochfräser aus HSS (Bild 3 oben)
- Schaftfräser mit Hartmetallschneiden (Bild 3 Mitte) oder
- hartmetallbestückte Scheibenfräser (Bild 3 unten)

Bei den Verfahren sind die Prozessparameter sehr unterschiedlich (Seite 51 Bild 1):
Die Zeit, die zum Spanen benötigt wird, ist ein Kriterium zur Beurteilung der Wirtschaftlichkeit der Fräsverfahren (vgl. Kapitel 7).
Die Berechnung der **Hauptnutzungszeit** t_h (vgl. Kap. 5.2) ergibt für die drei Verfahren folgende Ergebnisse:
- Schaftfräser aus HSS: 2,5 min
- Schaftfräser mit Hartmetallschneiden: 1,4 min
- Scheibenfräser 2,3 min

Der **Schaftfräser** *(end mill cutter)* mit Hartmetallschneiden kommt zum Schruppen der Nut zum Einsatz. Dieses Ergebnis sollte nicht verallgemeinert, sondern auf den jeweils vorliegenden Fall abgestimmt werden. Der HSS-Fräser schlichtet jede Nutseite in einem Schnitt, es kommt zu keinen Absätzen wie beim Schruppen.

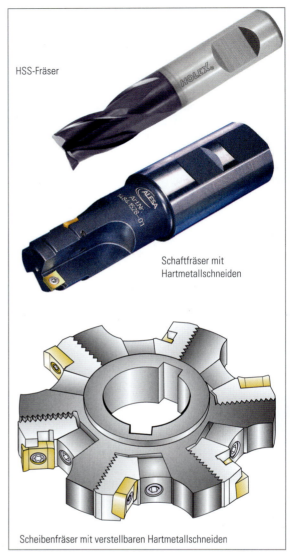

3 Fräser zum Nutenfräsen

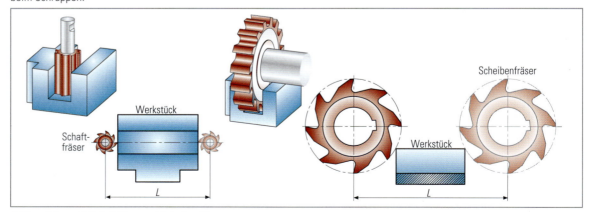

2 Nutenfräsen mit Schaftfräser und Scheibenfräser

3.5 Werkzeugauswahl und Werkzeugeinsatz

Prozessparameter	Schaft- oder Langlochfräser HSS (beschichtet)	Hartmetall	Scheibenfräser
Anzahl der Schnitte	1	4	2
Vorschub je Zahn f_z in mm	0,036	0,2	0,07
Schnittgeschwindigkeit v_c in m/min	25	100	100
Zähnezahl	6	2	12
Durchmesser des Fräsers d in mm	32	32	162
An- und Überlauf in mm	20	20	75
Umdrehungsfrequenz in 1/min	250	100	200

1 Prozessparameter beim Nutenfräsen

Überlegen Sie!
1. Bestimmen Sie die Hauptnutzungszeit für das Schlichten der beiden Nutseiten. Legen Sie dafür die Prozessparameter selbst fest.
2. Entwickeln Sie mithilfe einer Tabellenkalkulation die Berechnungen von Umdrehungsfrequenz, Vorschubgeschwindigkeit und Hauptnutzungszeit.

3.5.4 Teilen

Beim Umfangsfräsen eines Keilwellenprofils[1] mit sechs Keilen (Bild 2) muss gewährleistet sein, dass die Keile gleichen Abstand (gleiche Teilung) besitzen. Bei einer konventionellen Fräsmaschine wird neben dem Formfräser mit der Nutform ein **Teilapparat** *(indexing head)* (Bild 3) benötigt.

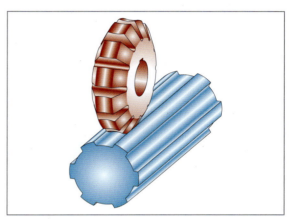

2 Umfangsfräsen eines Keilwellenprofils

MERKE
Mit Teilapparaten werden Werkstücke im Backenfutter oder zwischen den Spitzen sicher gespannt und um den gewünschten Teilungswinkel gedreht.

3.5.4.1 Direktes Teilen *(direct indexing)*
Für einfache Teilungen wird die Teilscheibe mit 24 Bohrungen genutzt. Dabei rastet ein Stift (Pos. 10 in Bild 1 auf Seite 52) in eine der Bohrungen ein, wodurch die Teilspindel (Pos. 2) fixiert wird.

Überlegen Sie!
1. Welche Teilung ergibt sich, wenn jede zweite Bohrung der 24-er Teilscheibe genutzt wird und wie groß ist dabei der Teilungswinkel?
2. Um wie viele Bohrungen muss die Teilscheibe für das Keilwellenprofil mit 6 Keilen weitergedreht werden?
3. Welche Teilungen und Teilungswinkel sind beim direkten Teilen möglich?

3.5.4.2 Indirektes Teilen *(indirect indexing)*
Ein Keilwellenprofil mit 10 Keilen ist nicht mit der 24-er Teilscheibe zu fertigen, weil sich 24 nicht ganzzahlig durch 10 teilen lässt. Deshalb kommt das indirekte Teilen (Seite 52 Bild 1) zum Einsatz. Zwischen Kurbel und Teilspindel leitet ein Schneckengetriebe die Drehbewegung weiter. Die eingängige Schnecke

Auswechselbare Lochscheibe zum indirekten Teilen

Aufnahme für Backenfutter oder Zentrierspitze

3 Teilapparat

treibt das Schneckenrad mit 40 Zähnen an, sodass ein Übersetzungsverhältnis von $i = 40 : 1$ vorliegt. Bei 40 Kurbelumdrehungen dreht sich das Werkstück einmal.
Die Anzahl der Kurbelumdrehungen n_K für die Keilwelle mit 10 Keilen ergibt sich folgendermaßen:
1 Kurbelumdrehung ergibt $1/40$ Umdrehung der Teilspindel = 40-er-Teilung
2 Kurbelumdrehungen entsprechen 20-er-Teilung
4 Kurbelumdrehungen entsprechen 10-er-Teilung

$$n_K = \frac{i}{T}$$

n_K: Umdrehungen der Kurbel
T: Teilung
i: Übersetzungsverhältnis (40 : 1)

$$n_K = \frac{40}{T}$$

[1] siehe Seite 171

3.5 Werkzeugauswahl und Werkzeugeinsatz

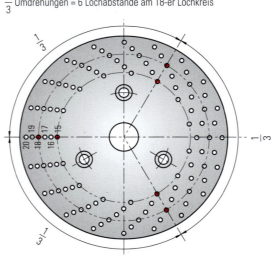

1 Universalteilkopf (vereinfacht dargestellt)
1 Gehäuse, 2 Teilspindel, 3 Schneckenrad mit 40 Zähnen, 4 Schnecke eingängig, 5 Lochscheibe auswechselbar, 6 Kurbel, 7 Indexstift, 8 Schere, 9 Raststift zum Festhalten der Lochscheibe, 10 Indexstift zum direkten Teilen, 11 Teilscheibe zum direkten Teilen, 12 Mitnehmer, 13 Werkstück, 14 Fräser

$\frac{1}{3}$ Umdrehungen = 5 Lochabstände am 15-er Lochkreis

oder

$\frac{1}{3}$ Umdrehungen = 6 Lochabstände am 18-er Lochkreis

Lochscheibe I: 15 – 16 – 17 – 18 – 19 – 20 Löcher
Lochscheibe II: 21 – 23 – 27 – 29 – 31 – 33 Löcher
Lochscheibe III: 37 – 39 – 41 – 43 – 47 – 49 Löcher

2 Lochscheibe (Möglichkeiten für 1/3 Kurbelumdrehungen)

Um z. B. eine 120-er Teilung zu erzielen, ist eine Kurbeldrehung von $\frac{1}{3}$ erforderlich. Zum genauen Einhalten einer Drittelumdrehung können unterschiedliche Lochscheiben (Bild 2) verwendet werden, in deren Löcher der Indexstift der Kurbel einrastet. Um nicht immer die Lochabstände auf der Lochscheibe abzählen zu müssen, wird die Schere so eingestellt, dass sie die Löcher einschließt, die die Drittelumdrehung begrenzen.

Beispielrechnung

Wie groß ist die Kurbelumdrehung für eine Kerbverzahnung mit 56 Kerben und wie viel Lochabstände sind auf welcher Lochscheibe zu wählen?

Gegeben: $T = 56$; $i = 40 : 1$
Gesucht: n_K

$n_K = \dfrac{i}{T} = \dfrac{40}{T} =$

$n_K = \dfrac{40}{56} = \dfrac{5}{7} = \dfrac{5 \geq 3}{7 \geq 3} = \dfrac{15}{21}$

n_K: 15 Lochabstände auf einer 21-er Lochscheibe

Überlegen Sie!
Es ist ein Zahnrad mit 28 Zähnen herzustellen. Wie viele Kurbelumdrehungen sind erforderlich und welche Lochscheibe ist dabei zu wählen?

3.5.5 Hochgeschwindigkeitsfräsen

Beim Hochgeschwindigkeitsfräsen *(High-Speed-Cutting: HSC)* werden je nach bearbeitetem Werkstoff Schnittgeschwindigkeiten zwischen 1000 und 7000 m/min bei Spindelumdrehungsfrequenzen bis zu 100000/min und Vorschüben bis zu 10 m/min umgesetzt. Dies ist durch die Weiterentwicklung von Schneidstoffen und Werkzeugmaschinen möglich geworden. Es werden folgende Ziele angestrebt:
- Reduzierung der Bearbeitungszeit durch hohe Umdrehungsfrequenzen und Vorschübe und damit verbundenem großen Zeitspanungsvolumen.
- Verringerung der Zerspankräfte durch kleine Vorschübe pro Zahn bei hohen Umdrehungsfrequenzen.
- Abnahme der Werkstückerwärmung durch vorrangige Wärmeabfuhr über die Späne sowie Kühlung mittels Druckluft.
- Verbesserung der Werkstückoberflächenqualität beim Schlichten durch die höheren Schnittgeschwindigkeiten und die damit verbundene bessere Spanbildung.

3.6 Spannen von Werkzeug und Werkstück

3.6.1 Spannen der Werkzeuge

MERKE

Die Fräser müssen so gespannt sein, dass
- sehr gute Plan- und Rundlaufgenauigkeit vorliegt,
- hohe Wiederholgenauigkeit in der Positionierung beim Werkzeugwechsel gewährleistet ist,
- gute Biege- und Verdrehsteifigkeit besteht und
- sehr hohe Umdrehungsfrequenzen möglich sind.

Die Verbindung zwischen Fräser und Frässpindel wird meist über einen Kegelschaft hergestellt. Der **Steilkegel** *(steep taper)* (Bild 1) besitzt eine Verjüngung von 7 : 24. Durch den relativ großen Kegelwinkel zentriert er sich beim Werkzeugwechsel gut und ist leicht lösbar. Zur sicheren Drehmomentübertragung besitzt der Steilkegel Nuten, in die die Nutensteine an der Arbeitsspindel greifen, wodurch ein Formschluss gewährleistet ist.

Der **Hohlschaftkegel** *(drilled shank taper)* besitzt einen kleineren Kegelwinkel als der Steilkegel und liegt nach dem Anziehen an der Stirnfläche der Arbeitsspindel an (Bild 2). Dadurch werden eine hohe Steifigkeit und eine hervorragende Wechselgenauigkeit in axialer Richtung erzielt. Der Hohlschaftkegel ist für hohe Umdrehungsfrequenzen (HSC-Fräsen) besonders geeignet, weil sich dabei die Spindel durch die Zentrifugalkraft aufweitet. Dabei könnte ein Steilkegel tiefer in die Spindel eingezogen werden und sich verklemmen. Durch die Plananlage wird das verhindert. Zusätzlich werden die Spannelemente durch die Zentrifugalkraft nach außen gedrückt, was eine Spannkraftverstärkung bewirkt.
Am Steil- bzw. Hohlschaftkegel kann das Werkzeug unterschiedlich gespannt werden:

1 Werkzeugaufnahmen am Steilkegel

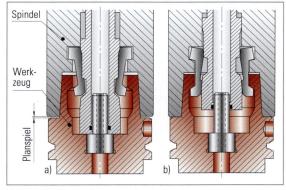

2 Hohlschaftkegel a) vor und b) nach dem Spannen

Überlegen Sie!

Berechnen Sie den Kegelwinkel für einen Steilkegel und einen Morsekegel und erläutern Sie, welche Auswirkungen der Kegelwinkel auf die kraftschlüssige Drehmomentübertragung hat.

- **Aufsteckfräsdorne** *(shell end mill arbors)* (Bild 1a) nehmen z. B. Walzenstirnfräser mit zylindrischen Bohrungen mit Längs- und Quernut auf.
- **Spannzangen** *(collet chucks)* (Bild 1b) werden durch das Anziehen der Überwurfmutter zusammengedrückt. Daher ist es mit einer Spannzange möglich, einen Durchmesserbereich von z. B. 2 mm zu spannen.

- **Zylindrische Aufnahmen** *(cylindrical retainers)* (Seite 53 Bild 1c) sind im Durchmesser sehr eng toleriert. Der Werkzeugschaft, der ebenfalls eng toleriert ist und mit einer Abflachung versehen ist, wird über einen Gewindestift gegen Verdrehen gesichert. Der Rundlauf des Werkzeuges ist besser als bei der Spannzange, weil weniger Bauteile beteiligt sind.
- **Schrumpffutter** *(shrink chucks)* (Bild 1) werden kontrolliert erwärmt, wodurch sich der Innendurchmesser weitet. Nach dem Einsetzen des Werkzeugs kühlt die Werkzeugaufnahme in wenigen Sekunden ab und schrumpft auf den Werkzeugschaft. Die Verbindung garantiert die höchste Rundlaufgenauigkeit, weil keine weiteren Verbindungselemente eingesetzt sind. Ebenso entstehen fast keine Unwuchten, wodurch diese Spannmöglichkeit beim Hochgeschwindigkeitsfräsen vorteilhaft eingesetzt wird.
- **Hydro-Dehnspannfutter** *(hydraulic expansion chuck)* (Bild 2): Mit einem Sechskantschlüssel wird die Spannschraube (1) bis zum Anschlag eingedreht. Der Spannkolben (2) drückt über ein Dichtelement (3) das Öl in die Dehnkammer (4) und bewirkt einen Druckanstieg. Die dünnwandige Dehnbuchse (5) spannt den Werkzeugschaft (6) sicher und mit hoher Rundlaufgenauigkeit.
- **Polygonspannfutter** *(polygonal clamping)* (Bild 3) übertragen das Drehmoment auf das Werkzeug kraftschlüssig. Mithilfe einer Spannvorrichtung wird die innere, polygonförmige Werkzeugaufnahme durch äußere Kräfte elastisch verformt (Seite 55 Bild 1). Dadurch wird die polygonförmige Werkzeugaufnahme rund. Der zylindrische Werkzeugschaft wird eingesetzt und anschließend die äußere Kraft der Spannvorrichtung weggenommen. Da die Werkzeugaufnahme nur elastisch verformt war, federt sie zurück. Der Werkzeugschaft verhindert jedoch das komplette Zurückfedern in die Ursprungsform, sodass er durch den entstehenden Druck sicher gespannt wird. Auf diese Weise lassen sich Schaftdurchmesser von 0,3 mm bis 32 mm präzise bei sehr hoher Rundlauf- und Wiederholgenauigkeit spannen.

MERKE

Bei jedem Spannverfahren ist darauf zu achten, dass die Spannflächen von Werkzeug und Werkzeugaufnahme sowie von Arbeitsspindel und Werkzeugaufnahme sauber und gratfrei sind.

Überlegen Sie!

Vergleichen Sie die Werkzeugspannungen im Hinblick auf die Schlussart und die Rundlaufgenauigkeit.

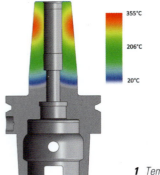

1 Temperaturen am Schrumpffutter

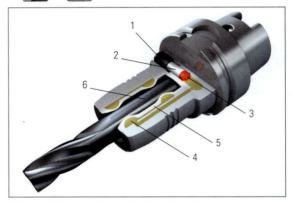

2 Hydro-Dehnspannfutter mit Hohlschaftkegel

3 Polygonspannfutter

3.6 Spannen von Werkzeug und Werkstück

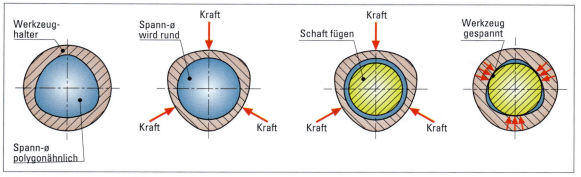

1 Spannen des Werkstücks im Polygonspannfutter

3.6.2 Spannen der Werkstücke

Ist das Werkstück nicht sicher gespannt, wird es im Extremfall aus der Spannvorrichtung gerissen. Schwere Unfälle, Werkzeugbruch und Werkstückbeschädigungen bzw. -bruch können die Folgen sein. Bei unsachgemäßer Spannung *(clamping)* treten Vibrationen und Schwingungen auf, wodurch schlechte Oberflächenqualitäten und erhöhte Belastungen für Werkzeug und Maschine entstehen.

Eine Übersicht weiterer Spannelementen ist auf Seite 56 dargestellt.

> **MERKE**
> Das Spannmittel muss das Werkstück so aufnehmen, dass die Zerspankraft es nicht verschieben kann. Gleichzeitig darf das Werkstück durch die Spannkräfte nicht beschädigt werden.
> Zur sicheren Spannung des Werkstücks ist die Größe und Richtung der auf das Werkstück resultierenden Kraft zu beachten. Diese Kraft sollte möglichst formschlüssig aufgenommen werden (Bild 2).

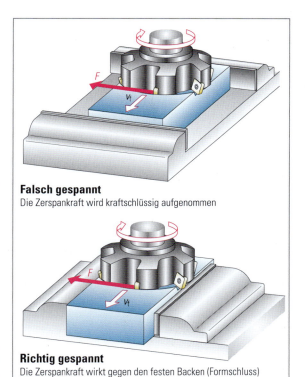

Falsch gespannt
Die Zerspankraft wird kraftschlüssig aufgenommen

Richtig gespannt
Die Zerspankraft wirkt gegen den festen Backen (Formschluss)

2 Falsches und richtiges Spannen des Werkstücks im Maschinenschraubstock

3 Spannen mit Schraubstock

4 Spannen mit Spannpratzen *(clamping shoe)*

3.6 Spannen von Werkzeug und Werkstück

1 Blockspannsystem

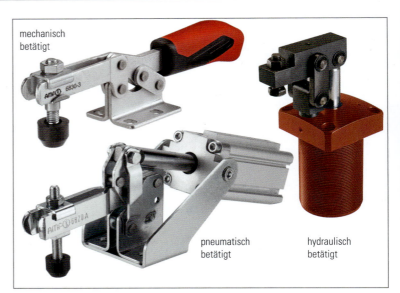

mechanisch betätigt

pneumatisch betätigt

hydraulisch betätigt

2 Kniehebelspanner

Polverlängerung
Magnetplatte

3 Magnetisches Spannsystem

4 Mechanisches Mehrfachspannsystem

5 Flexibles Vorrichtungssystem

6 Vakuumspannsystem

Überlegen Sie!

1. Beschreiben Sie jeweils die Wirkung der einzelnen Spannsysteme.
2. Wofür sind die verschiedenen Spannsysteme geeignet bzw. welche Vorteile besitzen sie?

ÜBUNGEN

1. Stellen Sie in einer Mindmap die Besonderheiten von Stirn- und Umfangsfräsen sowie Gleich- und Gegenlauffräsen dar.

2. Was wird unter einer doppelt-positiven Schneidengeometrie bei einem Fräskopf mit Hartmetallschneiden verstanden und unter welchen Bedingungen kommt sie zum Einsatz?

3. Welche Zerspanungsbedingungen fordern extra eng geteilte Fräser?

4. Wie wirkt sich die Abnahme des Einstellwinkels beim Fräsen auf die Spanungsbreite und -dicke, Schneidenbelastung und Standzeit sowie die Vorschub- und Passivkraft aus?

5. Wonach richtet sich die Größe der zu wählenden Wendeschneidplatte?

6. Welche Vorteile bietet das Hochgeschwindigkeitsfräsen?

7. Stellen Sie Steil- und Hohlschaftkegel vergleichend gegenüber.

8. Beschreiben Sie das Spannen eines Fräsers in einem Schrumpffutter.

9. Informieren Sie sich in Ihrem Betrieb über die verschiedenen Spannmittel zum Fixieren der Werkstücke.

10. Mit einem Walzenfräser aus HSS mit $\varnothing 80$ mm wird C45 gespant. Die Schnittgeschwindigkeit soll 28 m/min betragen. Wie groß muss die Umdrehungsfrequenz sein?

11. Ein Schaftfräser aus Hartmetall mit $\varnothing 20$ mm wird mit einer Umdrehungsfrequenz von 3200/min betrieben. Welche Schnittgeschwindigkeit wird dabei erzielt?

12. Mit einem hartmetallbestückten Messerkopf von 120 mm Durchmesser soll EN-GJL 250 mit 120 m/min Schnittgeschwindigkeit bearbeitet werden. Wie groß ist die erforderliche Umdrehungsfrequenz?

13. Mit einem Schaftfräser von $\varnothing 30$ aus HSS mit 4 Zähnen soll 24CrMo5 mit 0,1 mm Vorschub je Zahn zerspant werden.
    a) Welche Schnittgeschwindigkeit ist zu wählen?
    b) Wie groß muss die Umdrehungsfrequenz sein?
    c) Welche Vorschubgeschwindigkeit ist einzustellen?

14. Auf einer CNC Fräsmaschine wird in eine Platte aus E295 mit einem Scheibenfräser $\varnothing 250$ mm und 30 Hartmetallschneiden eine Nut von 20 mm Breite und 30 mm Tiefe mit einem Vorschub je Zahn von 0,2 mm gefräst. Welche Umdrehungsfrequenz und welche Vorschubgeschwindigkeit sind zu programmieren?

15. Der Werkstoff 24CrMo5 wird mit einem Fräskopf mit $\varnothing 60$ mm und 8 Hartmetallschneiden bei einem Vorschub je Zahn von 0,1 mm plangefräst. Welche Umdrehungsfrequenz und welche Vorschubgeschwindigkeit sind einzustellen?

16. Wie groß ist der Vorschub je Zahn, wenn bei einem Schaftfräser mit 4 Zähnen bei einer Umdrehungsfrequenz von 1600/min mit einer Vorschubgeschwindigkeit von 240 mm/min gespant wird?

17. Beim Planfräsen von C22 mit einem Fräskopf $\varnothing 120$ mm soll eine Schnittgeschwindigkeit von 200 m/min erzielt werden.
    a) Welche Umdrehungsfrequenz ist einzustellen?
    b) Wie groß muss die Vorschubgeschwindigkeit sein, wenn der Fräser 8 Zähne hat und der Vorschub je Zahn 0,3 mm betragen soll?

18. Beim Schlichtfräsen mit einem Messerkopf wird eine Wendeschneidplatte mit 2 mm Planfase eingesetzt. Der Vorschub je Umdrehung soll 80 % der Planfasenlänge betragen. Welche Vorschubgeschwindigkeit ist bei einer Umdrehungsfrequenz von 800/min zu wählen?

19. Erstellen Sie mit einer Tabellenkalkulation ein Programm, mit dem Sie Schnittgeschwindigkeit, Umdrehungsfrequenz und Vorschubgeschwindigkeit bestimmen können.

20. Um wie viele Löcher muss beim direkten Teilen mit einer 24-er Teilscheibe weitergeschaltet werden, um folgende Teilungen zu erhalten a) 12, b) 6, c) 4, d) 3 und e) 24?

21. Welche direkten Teilungen sind mit Teilscheiben von a) 36, b) 42 und c) 60 Löchern möglich?

22. Bei einer Reibahle ist eine unterschiedliche Teilung von 62°, 60° und 58° vorhanden. Um wie viele Löcher muss die Kurbel auf welcher Lochscheibe gedreht werden?

23. Ein Stirnrad mit 42 Zähnen ist mithilfe des Teilverfahrens zu fräsen. Welche Teilscheibe und welcher Teilschritt n_K ist einzusetzen?

24. Welche Lochscheibe und welcher Teilschritt werden benötigt, um eine Kerbverzahnung mit 76 Zähnen zu fertigen?

25. Ein Fräser mit 7 Zähnen wird gefräst. Zu bestimmen sind Lochscheibe und Teilschritt.

26. Wie groß sind die fehlenden Werte für das indirekte Teilen?

	a)	b)	c)	d)	e)	f)	g)	h)	i)	j)
T	7	9	11	13	78	–	?	–	?	–
i	40:1	40:1	60:1	40:1	40:1	40:1	40:1	60:1	60:1	40:1
α in °	?	?	100	?	?	14	12	3	3	27,5
n_K	?	?	?	?	?	?	?	?	?	?

Projektaufgabe Halter

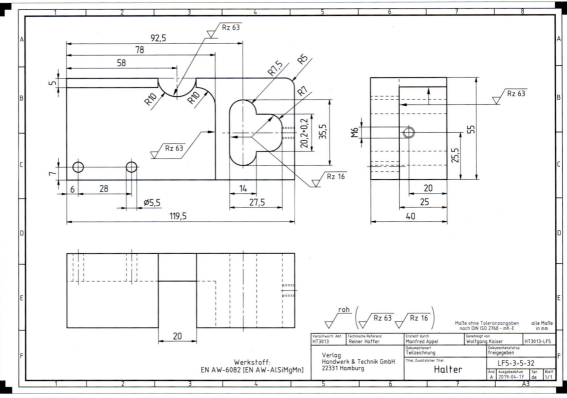

1. Erstellen Sie die Grobplanung für das Fräsen und Bohren des Halters, wobei das Rohteil 125 × 60 × 50 groß ist.
2. Bestimmen Sie die Fräsverfahren.
3. Legen Sie die erforderlichen Werkzeuge und Werkzeughalter fest.
4. Bestimmen Sie die Spannwerkzeuge für die verschiedenen Arbeitsschritte.
5. Welche Schnittgeschwindigkeiten, Umdrehungsfrequenzen und Vorschubgeschwindigkeiten sind für die einzelnen Bearbeitungsschritte zu wählen?

4 Schleifen

Die Niederhalteleiste aus X37CrMo 5-1 (1.2343) (Bild 1) führt mit einer zweiten einen Schieber[1] an einer Druckgießform (Seite 59 Bild 1). Um die genaue Führung zu gewährleisten, müssen die Niederhalteleisten hohe Oberflächenqualitäten ❶ und enge Maß- ❷ sowie Form- ❸ und Lagetoleranzen ❹ besitzen. Aus diesem Grunde wird die Niederhalteplatte auf das Maß 50-0,30/-0,35 geschliffen, bevor sie plasmanitriert[2] wird. Damit erhält sie die benötigte Härte von 1230 HV[3] und die damit verbundene Verschleißfestigkeit.

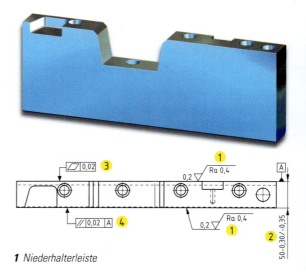

1 Niederhalterleiste

[1] Siehe Lernfeld 11 Kap. 2.1.5.3
[2] Siehe Lernfeld 9, Kapitel 5
[3] Siehe Lernfeld 6 Kap. 3.1.1.1

4.1 Schleifkörper

1 Niederhalterleiste an Druckgießform

> **MERKE**
> Durch Schleifen können sehr gute Oberflächenqualitäten sowie enge Maß-, Form- und Lagetoleranzen erzielt werden.

4.1 Schleifkörper

Beim Schleifen *(grinding)* besteht das rotierende Werkzeug – die **Schleifscheibe** *(grinding wheel)* – aus sehr harten Schleifkörnern *(abrasive grains)*, die von einer Bindung zusammengehalten werden (Bild 2). Die Poren der Schleifscheibe nehmen die Späne auf und transportieren sie von der Wirkstelle weg. Die Schleifkörner spanen meist mit negativen Spanwinkeln, die unterschiedlich groß sind. Die Schnittgeschwindigkeiten sind wesentlich höher als beim Drehen und Fräsen, sie werden im m/s angegeben. Bild 3 beschreibt die Auswahl der Schleifkörper.

> **MERKE**
> Schleifen ist Spanen mit einem vielschneidigen Werkzeug und geometrisch unbestimmten *(geometrically unspecified)* Schneiden.

Schleifmittel *(abrasives)*
Das Schleifmittel ist der Stoff, aus dem das Schleifkorn besteht (Seite 60 Bild 1). Das Schleifmittel muss härter als das zu bearbeitende Werkstück sein.

> **MERKE**
> Die Auswahl der Schleifmittel richtet sich nach dem zu bearbeitenden Werkstoff.

> **Überlegen Sie!**
> Wählen Sie aus der Tabelle Seite 60 Bild 1 das Schleifmittel für die Niederhalteleiste aus X37CrMo 5-1 aus.

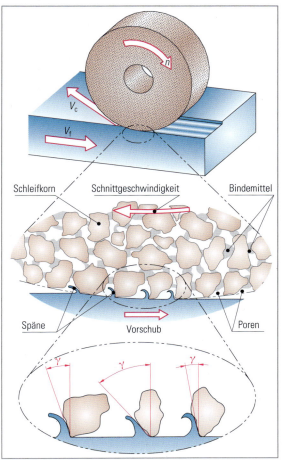

2 Prinzip des Schleifens

Schleifkörperauswahl

- Der zu bearbeitende **Werkstoff** bestimmt das **Schleifmittel** (Tabelle Seite 61 Bild 1)
- Die gewünschte **Oberflächenqualität** bestimmt die **Körnung** (Tabelle Seite 61 Bild 2)
- Die gewünschten **Eigenschaften des Schleifkörpers** bestimmen seine **Bindungsart** (Tabelle Seite 62 Bild 1)
- Das **Schleifverfahren** und der zu bearbeitende **Werkstoff** bestimmen den **Härtegrad** (Tabelle Seite 62 Bild 2)
- Das Schleifverfahren, die Eingriffslänge und die Art des Schleifens (Schruppen/Schlichten) bestimmen das **Gefüge**

3 Schleifkörperauswahl

4.1 Schleifkörper

Schleifmittel		Kenn-buch-stabe	Kornfarbe	Chemische Zusammensetzung	Eigenschaften	Einsatzbereich
Edelkorund		A	weiß, rosa, rot	Al_2O_3	zunehmende Härte und Sprödigkeit, abnehmende Zähigkeit	von Baustählen bis HSS, Titan, Glas
Siliziumcarbid		C	grün, schwarz	SiC		Hartmetall, Keramik, Gusseisen, Nichteisenmetalle
Bornitrid		B	schwarzbraun	44 % B, 56 % N		Präzisionsschleifen von zähharten Werkstoffen wie z. B. HSS
Diamant		D	durchsichtig bis gelb	C		Präzisionsschleifen von harten und spröden Werkstoffen wie z. B. Hartmetall, Glas, Keramik, Gusseisen

1 Schleifmittel

Körnung *(grain sizes)*

Die Körnung ist ein Maßstab für die Größe der Schleifkörner. Die Schleifkörner werden mithilfe von Sieben mit unterschiedlichen Maschenweiten sortiert. Die Korngröße wird mit einer Zahl angegeben wie z. B. 80. Sie gibt die Maschenzahl des Siebes pro Inch an, mit dem die Schleifkörner aussortiert wurden. Die Körnungen reichen von 6 bis 1200 (Bild 2).

Die gewünschte Oberfläche und die Art des Schleifens legen die Körnung des Schleifmittels fest:
- Je größer das Spanvolumen pro Minute, desto gröber die zu wählende Körnung.
- Je besser die geforderte Oberflächenqualität, desto feiner die zu wählende Körnung.

Für das Schleifen der Niederhalterleiste wird Körnung 40 gewählt. Da die Bearbeitungszugaben für das Schleifen 0,1 mm betragen, ist ein Schruppschleifen nicht erforderlich.

Bindung *(bonding material)*

Der Schleifkörper entsteht aus den Schleifkörnern und einem Bindemittel. Diese Bindung soll
- am Korn haften und die Schnitt- und Fliehkräfte aufnehmen,
- nicht zu spröde, manchmal sogar elastisch sein,
- unempfindlich gegenüber Kühlschmiermitteln sein,
- Poren zwischen den Körnern bilden und
- temperaturbeständig sein.

Die jeweilige Bindungsart beeinflusst wesentlich die aufgeführten Eigenschaften des Schleifkörpers (Seite 61 Bild 1).

Überlegen Sie!

Wählen Sie eine Bindungsart für das Schleifen der Niederhalterleiste mithilfe der Tabelle Seite 61 Bild 1 aus.

Körnung	Bezeichnung	Korngröße in mm	Rz in µm	Ra in µm	Einsatzbereich
6... 24	grob	ca. 3 ...0,8	ca. 25 ...6	ca. 6 ...2	Schruppschleifen
30... 60	mittel	ca. 0,8 ...0,25	ca. 6 ...1,6	ca. 2 ...0,4	Vorschleifen
70... 180	fein	ca. 0,25...0,1	ca. 1,6...0,2	ca. 0,4...0,1	Feinschleifen
220...1200	sehr fein	ca. 0,1 ...0,003	ca. 0,2...0,05	ca. 0,1...0,03	Präzisionsschleifen

2 Körnungen und erreichbare Oberflächenqualitäten

4.1 Schleifkörper

Bindungsart	Bezeichnung	Eigenschaften	Anwendungen
Keramik	V	■ formbeständig und porös ■ wasser- und ölbeständig ■ temperaturbeständig ■ schlag- und stoßempfindlich	■ meist verwendete Bindungsart für das maschinelle Schleifen ■ geeignet von Schrupp- bis Feinschleifen unterschiedlichster Werkstoffe
Kunstharz	B	■ dämpfend und wenig porös ■ höhere Festigkeit als bei Keramik ■ geringere Stoßempfindlichkeit	■ geeignet für dünne Schleifscheiben ■ Grob- bis Feinschleifen möglich
Kunstharz faserverstärkt	BF	■ Fasern erzielen höhere Festigkeit und Zähigkeit und erhöhen die Sicherheit	■ Trennscheiben für maschinellen und manuellen Einsatz
Metall	M	■ sehr hohe Festigkeit ■ stoßunempfindlich ■ hohe Standzeit	■ häufige Bindung für Diamant und kubisches Bornitrid ■ Präzisionsschleifen
Gummi	R	■ sehr elastisch ■ wasserfest ■ nicht ölbeständig	■ dünne Scheiben ■ Vorschubscheiben beim spitzenlosen Schleifen

1 Bindungsarten

Härte *(hardness)*

Die Härte der Schleifscheibe bezieht sich nicht auf die Härte der Schleifkörner, sondern sie ist der Widerstand, den die Bindung dem Ausbrechen des Schleifkorns entgegensetzt.

Der **Härtegrad** (Bild 2) des Schleifkörpers ist so zu wählen, dass die Schleifkörner dann ausbrechen, wenn sie stumpf werden und neue scharfe Körner freilegen. Dadurch schärft sich der Schleifkörper selbst. Die Wahl des Härtegrades ist ein Kompromiss zwischen dem „Selbstschärfeffekt" einerseits und dem möglichst geringen Verschleiß des Schleifkörpers andererseits. Der Härtegrad wird durch Großbuchstaben (Bild 2) angegeben. Weil bei harten Werkstoffen die Körner schneller abstumpfen als bei weichen, gilt folgende Regel:

Bei harten Werkstoffen sind weiche Schleifkörper und bei weichen Werkstoffen harte Schleifkörper zu wählen.

Härtegrad	Bezeichnung	Anwendung
A bis D	äußerst weich	z. B. Seiten- und Innenrundschleifen von harten Werkstoffen
E bis G	sehr weich	
H bis K	weich	z. B. Umfangsschleifen von mittelharten Werkstoffen
L vis O	mittel	
P bis S	hart	z. B. Feinschleifen
T bis W	sehr hart	z. B. Außenrundschleifen von weichen Werkstoffen
X bis Z	äußerst hart	

2 Härtegrade von Schleifkörpern

Bei zu hart gewählten Schleifkörpern wird das Korn noch von der Bindung festgehalten, obwohl es schon stumpf ist. Das führt dazu, dass sich die Poren zusetzen und der Schleifkörper „schmiert". Gleichzeitig steigt die Temperatur an der Wirkstelle, wodurch bei wärmebehandelten Werkstücken Gefügeänderungen eintreten können.

Überlegen Sie!

Welche Auswirkungen entstehen durch die Wahl eines zu weichen Schleifkörpers?

Gefüge (Struktur) *(structure)*

Das Gefüge bzw. die Struktur eines Schleifkörpers (Seite 62 Bild 1) wird durch das Verhältnis von Schleifkörnern, Bindung und Poren bestimmt. Die Angabe des Gefüges geschieht über Zahlen (Bild 3). Mit steigender Zahl werden die Poren größer.

1	2	3	4	5	6	7	8	9	10	11	12	13	14
sehr dicht													sehr offen

3 Gefüge

Damit die Poren die Späne aufnehmen und abtransportieren können, soll der Schleifkörper so offen sein, wie es die geforderte Oberflächenqualität zulässt. Offene Gefüge ermöglichen beim Schruppen ein großes Zeitspanungsvolumen. Dichte Gefüge werden z. B. beim Außenrundschleifen mit kleiner Eingriffslänge des Schneidkorns und sehr guten Oberflächenqualitäten gewählt.
Da beim Umfangsplanschleifen der Schieberplatte die Eingriffslänge des Schleifkorns bei großem Schleifscheibendurchmesser relativ groß ist, wird Gefüge 12 gewählt.

Schleifkörperbezeichnung

Zum Schleifen der Niederhalterleiste wird folgende Schleifscheibe gewählt:

Schleifscheibe ISO 603-1 – 1 – 400 × 50 × 127 – A 120 H 12 V – 35 m/s

- Normangabe
- Schleifscheibenform 1 (gerade Schleifscheibe)
- Außendurchmesser
- Schleifscheibenbreite
- Bohrungsdurchmesser
- Schleifmittel (Korund)
- Körnung
- Härtegrad
- Gefüge
- Bindung
- Zulässige Umfangsgeschwindigkeit in m/s

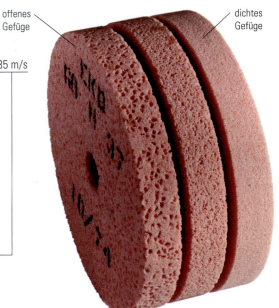

1 Schleifscheiben mit unterschiedlichem Gefüge

4.2 Abrichten

Die Härte der Schleifscheibe soll so gewählt werden, dass die Bindung stumpfe Schleifkörner zum richtigen Zeitpunkt freigibt und dadurch scharfe zum Einsatz kommen. Dieser Idealfall liegt selten vor. Selbst wenn er erreicht ist, kann sich der Schleifkörper ungleichmäßig abnutzen. Aus diesem Grund sind Schleifscheiben vor und während des Schleifprozesses abzurichten. An den Schleifmaschinen sind entsprechende Vorrichtungen mit Abziehwerkzeugen eingebaut, wobei Diamantabrichter (Bild 2) oft diese Aufgabe übernehmen. Diamantabrichter sollen im ziehenden Schnitt arbeiten (Bild 3a), damit der Diamant nicht aus der Fassung gerissen wird. Abrichtrollen aus Stahl dienen an Schleifböcken häufig zum Abrichten (Bild 3b).

> **MERKE**
> Durch das Abrichten *(truing/dressing)* wird der Schleifkörper in die gewünschte Form gebracht und geschärft.

Nach dem Montieren einer neuen Schleifscheibe wird diese als erstes abgerichtet, damit die Scheibe rund läuft. Das geschieht noch vor dem anschließenden Auswuchten.

2 Abrichtdiamanten

3 Abrichten mit Diamant und Abrichtrolle

4.3 Auswuchten

Beim Schleifen wird mit sehr großen Umfangsgeschwindigkeiten und daher auch mit sehr hohen Umdrehungsfrequenzen gearbeitet. Durch eine ungleiche Korn- und Bindemittelverteilung kann die Schleifscheibe eine Unwucht erhalten. Diese Unwucht erzeugt Fliehkräfte, die auf die Schleifspindel und deren Lager einwirken.

MERKE
Die Unwucht führt zu Schwingungen, wodurch die Oberflächenqualität schlechter und die Lebensdauer von Schleifkörper und -maschine herabgesetzt wird.

Um diese negativen Einflüsse zu vermeiden, sind die Schleifscheiben zusammen mit ihren Flanschen *(flangs)* auszuwuchten. Beim **statischen** Auswuchten *(balancing)* wird die Schleifscheibe auf einen Dorn gesteckt und auf eine Ausgleichswaage oder einen Abrollbock (Bild 1) gelegt. Die Ausgleichsmassen sind so anzubringen, dass die Schleifscheibe in jeder Stellung in Ruhe bleibt. Bei sehr hohen Qualitätsansprüchen und bei großen, breiten Scheiben ist **dynamisch** (ähnlich wie bei Autoreifen) auszuwuchten.

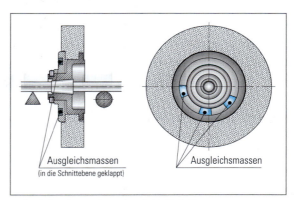

1 Statisches Auswuchten einer Schleifscheibe

4.4 Sicherheit und Unfallverhütung

Beim Schleifen ist die **Unfallgefahr** *(danger of accident)* wegen der hohen Schnittgeschwindigkeiten besonders hoch. Schleifscheiben mit keramischer Bindung sind besonders bruchempfindlich. Bei einem Bruch der Scheibe können die weggeschleuderten Teile tödliche Unfälle verursachen, wenn sie nicht durch Schutzvorrichtungen aufgefangen werden.
Beim Schleifen und beim Aufspannen der Schleifscheibe sind die Unfallverhütungsvorschriften zu beachten:

- Keramisch gebundene Schleifscheiben mit Außendurchmesser größer als 80 mm sind vor dem Aufziehen einer **Klangprobe** zu unterziehen. Dazu wird die Schleifscheibe in der Bohrung gehalten und z. B. mit einem Hartholzstück leicht angeschlagen. Bei einer rissfreien Scheibe ist der entstehende Ton hell und klar.
- Die **Flansche** zum Befestigen der Scheibe (Bild 2) müssen **Mindestgrößen** besitzen: $S \geq 1/3\,D$ bei Verwendung von Schutzhauben, $S \geq 2/3\,D$ ohne Schutzhauben und $S \geq 1/2\,D$ bei konischen Schleifscheiben. Die Flansche müssen gleich groß sein, damit die Scheibe nicht auf Biegung beansprucht wird.
- **Elastische Zwischenlagen** (z. B. aus Gummi oder Filz) sind zwischen Schleifkörper und Flansch anzubringen, damit mögliche Unebenheiten der Schleifscheibe ausgeglichen werden und es punktuell zu keinen zu hohen Anpressdrücken kommt.
- Die Schleifscheibe muss sich **leicht** auf die Spindel schieben lassen, um zusätzliche **Spannungen** in der Scheibe zu vermeiden.

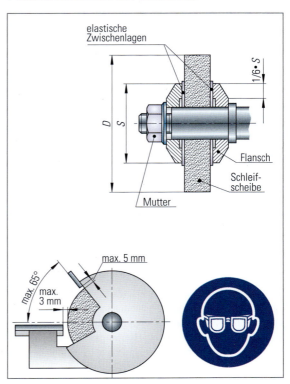

2 Spannen von Schleifscheiben und Auflagen

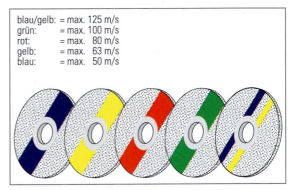

blau/gelb: = max. 125 m/s
grün: = max. 100 m/s
rot: = max. 80 m/s
gelb: = max. 63 m/s
blau: = max. 50 m/s

3 Farbcodierungen der zulässigen Umfangsgeschwindigkeiten

- Die **maximale Umdrehungsfrequenz** darf nicht überschritten werden. Für normale Schleifscheiben sind Umfangsgeschwindigkeiten bis zu 40 m/s üblich. Schleifscheiben, die höhere Umfangsgeschwindigkeiten zulassen, sind durch Farbstreifen gekennzeichnet (Seite 63 Bild 3).
- Bei vorhandener **Unwucht** ist die Scheibe auszuwuchten.
- Nach jeder Aufspannung der Scheibe ist ein **Probelauf** von mindestens fünf Minuten bei der höchstzulässigen Umdrehungsfrequenz durchzuführen.
- Die **Werkstückauflagen** (Seite 63 Bild 2) sind dicht an die Schleifscheibe anzustellen, damit beim Freiformschleifen das Werkstück nicht mitgerissen werden kann. Das Anstellen darf nur bei **stillstehender** Schleifscheibe geschehen.
- Beim Schleifen ist eine **Schutzbrille** zu tragen.

Kühlschmierung *(cooling lubricant)*

Beim Schleifen ist die Gefahr besonders groß, dass die Werkstückoberfläche zu stark erwärmt wird. Ohne Kühlung können Temperaturen über 1000 °C an der Wirkstelle entstehen. Das schnelle Aufheizen und Abkühlen der Randzone kann zu Brandflecken, Spannungsrissen und zu Gefügeveränderungen führen.

Um die Randzonentemperatur gering zu halten, sind
- intensive Kühlschmierung,
- geringe Schnitttiefe,
- möglichst kurze Kontaktlänge,
- offenes Gefüge und
- weiche Schleifscheiben zu wählen.

Bei Verwendung von Schleifölen ist die Kühlung gegenüber Emulsionen zwar geringer, aber die Schmierung besser. Dadurch wird das Entstehen der Reibungswärme vermindert und die Schockwirkung auf die Oberfläche gemildert, wodurch geringere Spannungen im Werkstück entstehen.

Je größer die Wärmeentwicklung, desto mehr Kühlschmierstoff muss zugeführt werden. Bei den hohen Umfangsgeschwindigkeiten wird das Kühlschmiermittel unter hohem Druck zugeführt, wodurch die Poren der Schleifscheibe gereinigt werden.

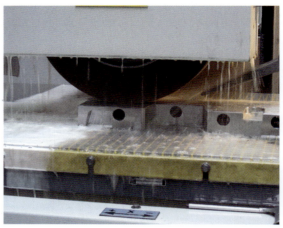

1 Schleifen der Niederhalterleiste

4.5 Schleifverfahren und Schleifmaschinen

In der Industrie sind Außenrundschleifen (ca. 70 %), Planschleifen (ca. 20 %) und Innenrundschleifen (ca. 7 %) die gebräuchlichsten Schleifverfahren. Dabei wird danach unterschieden, ob die Schleifscheibe am Umfang (**Umfangsschleifen**) oder an der Seite (**Seitenschleifen**) spant. Beim Längsschleifen verläuft der Vorschub parallel zur erzeugten Oberfläche, beim **Querschleifen** senkrecht dazu.

Die Schleifmaschinen für das Plan- und Rundschleifen unterscheiden sich in ihrem Aufbau (Bild 2 und Seite 65 Bild 1). Die Schleifmaschinen für das Rundschleifen sind meist zum Innen- und Außenschleifen geeignet.

Planschleifen *(surface grinding)*

Beim Planschleifen nimmt oft ein Magnetspanntisch das Werkstück auf. Beim Seitenschleifen ist die Berührungsfläche (Kontaktzone) wesentlich größer als beim Umfangsschleifen. Das führt zu höherer Wärmeentwicklung und verschlechtert die Spanabfuhr. Aus diesem Grund wird das Umfangsschleifen bei größeren Werkstückflächen bevorzugt. Beim Seitenschleifen treten diese Nachteile weniger auf, wenn es sich um schmale oder von Vertiefungen unterbrochene Flächen handelt.

2 Rundschleifmaschine

4.5 Schleifverfahren und Schleifmaschinen

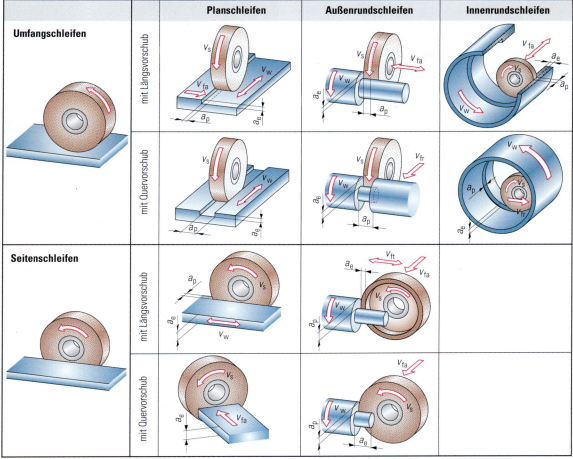

1 Schleifverfahren

2 Planschleifmaschine

Eine Schleifscheibe, die aus einzelnen Segmenten besteht (Bild 2), verbessert den Schleifprozess beim Seitenschleifen ebenfalls.

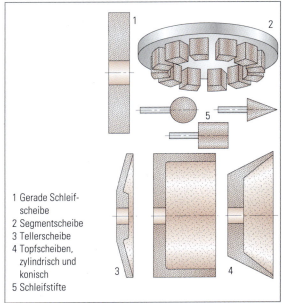

1 Gerade Schleifscheibe
2 Segmentscheibe
3 Tellerscheibe
4 Topfscheiben, zylindrisch und konisch
5 Schleifstifte

3 Schleifkörperformen

4.5 Schleifverfahren und Schleifmaschinen

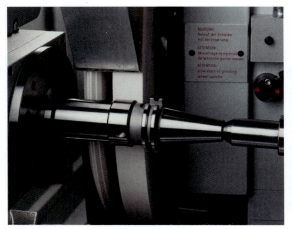

1 Außenrundschleifen

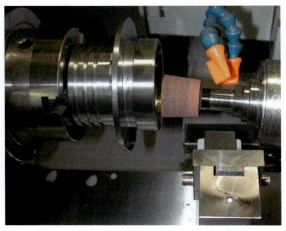

2 Innenrundschleifen

Außenrundschleifen *(external cylindrical grinding)*

Das Werkstück wird beim Außenrundschleifen (Bild 1) meist zwischen den Spitzen gespannt, damit eine enge Rundlauftoleranz gewährleistet ist. Beim Schleifen mit Quervorschub entsteht eine drallfreie Werkstückoberfläche, wie sie z. B. benötigt wird, wenn ein Wellendichtring auf dieser Fläche gleitet. Die Schleifscheibe sollte beim Schleifen mit Längsvorschub mindestes einen Überlauf von 25 % bis 50 % der Schleifscheibenbreite haben, weil sonst am Ende zu wenig abgeschliffen wird.

Innenrundschleifen *(internal cylindrical grinding)*

Beim Innenrundschleifen (Bild 2) sind nicht nur die Werkstückspannmittel sondern auch die Schleifscheiben und deren Aufnahmen den jeweiligen Werkstückabmessungen anzupassen. Die Schleifscheibe ist im Verhältnis zum zu bearbeitenden Durchmesser kleiner, und wird aufgrund ihrer beschränkten Standzeit (lange Kontaktzone) während jedem Schleifzyklus mindestens einmal automatisch abgerichtet. Wegen der geringeren Steifigkeit der Schleifspindel kann es leichter zu Vibrationen kommen als beim Außenrundschleifen.

Spitzenloses Außenrundschleifen *(centreless external cylindrical grinding)*

Beim spitzenlosen Außenrundschleifen (Bild 3) wird das Werkstück nicht in einer Spannvorrichtung befestigt, sondern es liegt lose auf einer harten Unterlage. Eine Regelscheibe stützt das Werkstück ab. Gleichzeitig überträgt sie ihre Umfangsgeschwindigkeit auf das Werkstück, wodurch die Werkstückgeschwindigkeit v_w entsteht. Die axiale Vorschubgeschwindigkeit des Werkstücks v_{fa} wird durch eine geringe Schrägstellung der Regelscheibe erzielt.

Manuelles Schleifen *(manual grinding)*

Im Werkzeugbau werden bei Passarbeiten oft Schleifstifte (Bild 4) eingesetzt. Elektrisch oder pneumatisch betriebene Handwerkzeuge (Bild 5) nehmen die Schleifstifte auf.

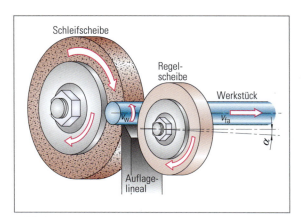

3 Prinzip des spitzenlosen Außenrundschleifens

4 Schleifstifte

a) elektrisch angetrieben

b) pneumatischangetrieben

5 Handgeführte Geradschleifer

5 Kosten im Betrieb

5.1 Kostenarten und Zeiten in der Fertigung

Ziel der Unternehmen ist es, ihre Produkte mit Gewinn *(profit)* zu verkaufen. Der Preis, den das Unternehmen für das Produkt erhält (Reinerlös) ist der **Barverkaufspreis** (netto) *(sales price without VAT)*, der die Selbstkosten und den Gewinn beinhaltet (Bild 1).

Die **Selbstkosten** *(prime costs)* (Bild 2) ergeben sich aus den **Herstellungskosten** *(manufacturing costs)* und den **Verwaltungs-** *(management overhead)* und **Betriebskosten** *(overhead)*, die nicht direkt während der Herstellung des Produkts anfallen.

Die Herstellkosten (Bild 3) enthalten die **Material-** *(material costs)* und die **Fertigungskosten** *(production costs)*. In die **Fertigungseinzelkosten** *(direct production costs)* gehen sowohl die **Lohn-** *(labor costs)* als auch die **Maschinenkosten** *(machine costs)* ein, die ihrerseits auch von der **Auftragszeit** abhängen.

5.2 Betriebsmittelhauptnutzungszeit

Von den Zeiten, die zusammen die **Auftragszeit** (Seite 68 Bild 1) ergeben, sind nur wenige berechenbar. Viele der Zeiten werden vor Ort gemessen oder aufgrund von Erfahrungswerten festgelegt. Zu berechen ist die Betriebsmittelhauptnutzungszeit als ein Teil der **unbeeinflussbaren Tätigkeiten**. Sie hängt von den eingestellten Prozessparametern ab, die bei einer Werkstückbearbeitung mit automatischem Vorschub eingestellt sind. Die Betriebmittelhauptnutzungszeit – auch **Hauptnutzungszeit** t_h *(productive time)* genannt – ist durch Umstellen der Geschwindigkeitsformel zu bestimmen.

$v = \dfrac{s}{t}$

$t = \dfrac{s}{v}$

$t_h = \dfrac{L}{v_f}$

t_h: Hauptnutzungszeit in min
v_f: Vorschubgeschwindigkeit in mm/min
L: Arbeitsweg in mm
i: Anzahl der Schnitte

Bei mehreren Schnitten i:

$$t_h = \dfrac{L \cdot i}{v_f}$$

Beispielhaft sind im Bild 2 auf Seite 68 für Bohren, Längsrunddrehen und Stirnfräsen die Bestimmung von **Arbeitsweg** L und **Vorschubgeschwindigkeit** v_f abgeleitet. Für weitere Verfahren sind sie dem Tabellenbuch zu entnehmen.

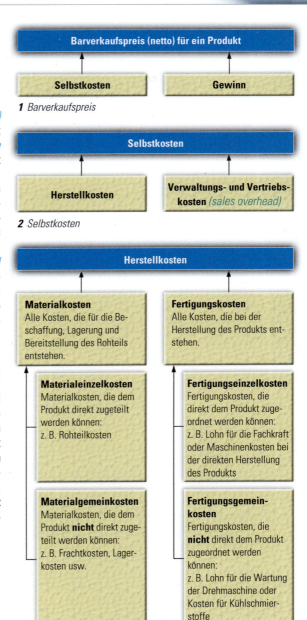

1 Barverkaufspreis

2 Selbstkosten

3 Herstellkosten

5.2 Betriebsmittelhauptnutzungszeit

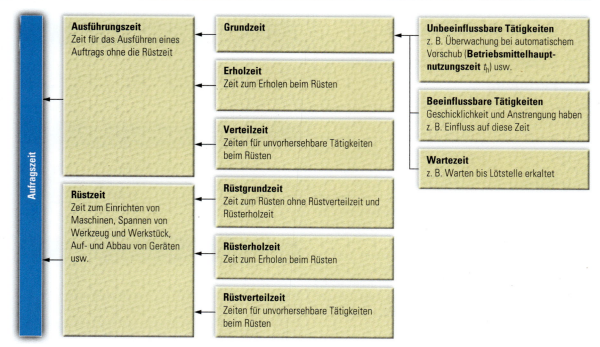

1 Auftragszeit

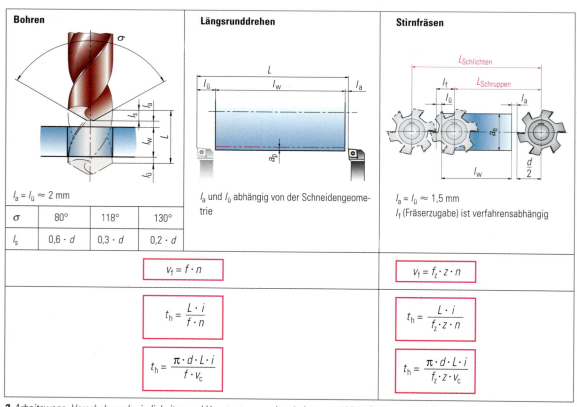

2 Arbeitswege, Vorschubgeschwindigkeiten und Hauptnutzungszeiten bei ausgewählten Fertigungsverfahren

5.2 Betriebsmittelhauptnutzungszeit

Beispiel 1:
Zum Schruppen eines Wellenabsatzes werden vier Schnitte (a_p = 5 mm) benötigt. Die Schnittgeschwindigkeit beträgt 250 m/min, der Vorschub 0,6 mm. Die Drehmaschine arbeitet mit konstanter Schnittgeschwindigkeit. Wie lange dauern die Hauptnutzungszeiten für die einzelnen Schnitte?

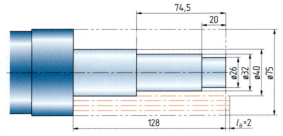

Beispiel 2:
Die Nut im Lagerteil soll mit einem Hartmetallschaftfräser von 32 mm Durchmesser mit zwei Schneiden in 4 Schnitten mit einer Schnittgeschwindigkeit von 100 m/min bei einem Vorschub pro Zahn von 0,1 mm bearbeitet werden. Die Länge des Werkstücks beträgt 116 mm, die Summe aus An- und Überlauf 20 mm. Wie groß ist die Hauptnutzungszeit für das Schruppen der Nut?

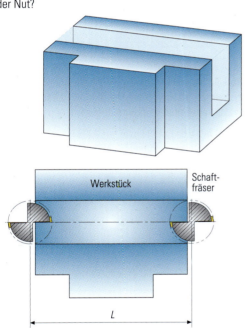

Beispielrechnungen

1. Schnitt

$$t_h = \frac{L}{v_c}$$

$$t_h = \frac{l + l_a}{v_f} \quad v_f = f \cdot n \quad n = \frac{v_c}{d \cdot \pi}$$

$$t_h = \frac{(l + l_a) \cdot d \cdot \pi}{f \cdot v_c} \quad v_f = \frac{f \cdot v_c}{d \cdot \pi}$$

$$t_h = \frac{(128 \text{ mm} + 2 \text{ mm}) \cdot 75 \text{ mm} \cdot \pi \cdot \text{min} \cdot 1 \text{ m}}{0{,}6 \text{ mm} \cdot 250 \text{ m} \cdot 1\,000 \text{ mm}}$$

$t_h = 0{,}204$ min
$t_h = 12{,}3$ s

4. Schnitt

$$t_h = \frac{(128 \text{ mm} + 2 \text{ mm}) \cdot 45 \text{ mm} \cdot \pi \cdot \text{min} \cdot 1 \text{ m}}{0{,}6 \text{ mm} \cdot 250 \text{ m} \cdot 1\,000 \text{ mm}}$$

$t_h = 0{,}122$ min
$t_h = 7{,}4$ s

Überlegen Sie!
Bestimmen Sie die Hauptnutzungszeiten für das Längsrundschruppen der anderen Absätze.

Beispielrechnungen

$$t_h = \frac{L}{v_c}$$

$$t_h = \frac{(l + l_a + l_ü) \cdot i}{v_f} \quad v_f = f_z \cdot z \cdot n \quad n = \frac{v_c}{d \cdot \pi}$$

$$v_f = \frac{f_z \cdot z \cdot v_c}{d \cdot \pi}$$

$$t_h = \frac{(l + l_a + l_ü) \cdot i \cdot d \cdot \pi}{f_z \cdot z \cdot v_c}$$

$$t_h = \frac{(116 \text{ mm} + 20 \text{ mm}) \cdot 4 \cdot 32 \text{ mm} \cdot \pi \cdot \text{min} \cdot 1 \text{ m}}{0{,}1 \text{ mm} \cdot 2 \cdot 100 \text{ m} \cdot 1\,000 \text{ mm}}$$

$t_h = 2{,}73$ min
$t_h = 2$ min 44 s

Überlegen Sie!
Überprüfen Sie die Ergebnisse für die Hauptnutzungszeiten im Kapitel 3.5.3 Nutenfräsen.

ÜBUNGEN

1. Eine 500 mm lange, zwischen den Spitzen gespannte Spindelwelle von 160 mm Durchmesser soll längsrund geschruppt werden. Dabei werden eine Schnittgeschwindigkeit von 300 m/min und ein Vorschub von 0,6 mm gewählt. Wie groß ist dafür die Hauptnutzungszeit, wenn An- und Überlauf jeweils 3 mm betragen?

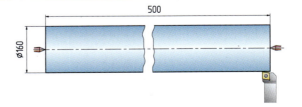

2. Eine Achse wird an der Stirnseite mit einer Umdrehungsfrequenz von 660/min und einem Vorschub von 0,15 mm querplangedreht. Wie lange dauert der Vorgang, wenn ein Anlaufweg von 2 mm und ein Überlaufweg von 1 mm eingehalten werden?

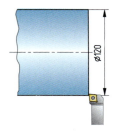

3. Die Stirnseite einer Hohlwelle wird mit konstanter Schnittgeschwindigkeit von 250 m/min bei einem Vorschub von 0,1 mm geschlichtet. Wie lange dauert dies bei einem An- und Überlauf von jeweils 2 mm?

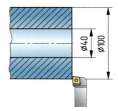

4. Eine Stahlplatte mit 400 mm × 100 mm soll mit einem Messerkopf ⌀160 geschlichtet werden. Der An- und Überlauf beträgt jeweils 5 mm. Als Schnittdaten werden gewählt:
Schnittgeschwindigkeit: 150 m/min
Vorschub je Schneide: 0,25 mm
Schneidenzahl: 8
Wie groß ist die Hauptnutzungszeit für diese Bearbeitung?

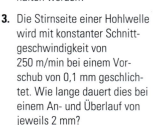

5. Die Kontur der oben rechts dargestellten Tasche wird geschlichtet, wobei eine Vorschubgeschwindigkeit an der Kontur von 400 mm/min vorliegt. Wie lange dauert der Schlichtvorgang?

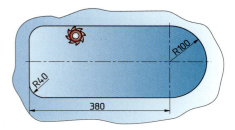

6. Die Führungsleiste wird mit einem hartmetallbestückten Schaftfräser in jeweils einem Schnitt geschruppt und geschlichtet. Dabei sind folgende Parameter eingestellt:

Parameter	Schruppen	Schlichten
Schnittgeschwindigkeit	100 m/min	120 m/min
Vorschub je Schneide	0,15 mm	0,08 mm
Schneidenzahl	8	8

Bestimmen Sie folgende Größen:
a) Umdrehungsfrequenzen
b) Vorschubgeschwindigkeiten
c) Vorschubwege
d) Hauptnutzungszeiten

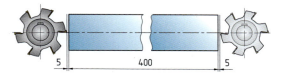

7. Entwickeln Sie mithilfe einer Tabellenkalkulation die Berechnungen für Umdrehungsfrequenzen, Vorschubgeschwindigkeiten und Hauptnutzungszeiten für das Fräsen

8. Die Achse für eine Umlenkrolle aus E295 ist zu fertigen.
a) Erstellen Sie einen Arbeitsplan für die Achse.
b) Legen Sie alle fertigungstechnischen Daten fest.
c) Bestimmen Sie die Bearbeitungswege.
d) Berechnen Sie die Hauptnutzungszeiten zum Drehen, Fräsen und Bohren.

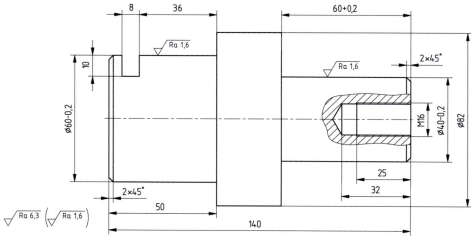

5.3 Kostenberechnung

Zur Kalkulation eines angemessenen Preises für ein Produkt sind alle anfallenden Kosten im Betrieb zu erfassen und auf die gefertigten Produkte zu verteilen.

5.3.1 Lohnkosten

Die Kosten, die direkt bei der Fertigung eines Produktes anfallen, sind die **Fertigungslohnkosten (FLK)**. Sie werden nach folgender Formel berechnet:

$$FLK = T \cdot LK$$

FLK: Fertigungslohnkosten für den Auftrag in €
T: Auftragszeit in h
LK: Lohnkosten in €/h
≈ 170 %... 200 % des Stundenlohns

Beispielrechnung

Für einen Auftrag benötigt eine Fachkraft 35 Stunden. Ihr Stundenlohn beträgt 18,00 €/h. Die Personalzusatzkosten betragen 80 % des Stundenlohns. Wie groß sind die Fertigungslohnkosten?

$$FLK = T \cdot LK$$

$$FLK = \frac{35\,h \cdot 18,00\,€ \cdot 180\,\%}{100\,\% \cdot h}$$

$$FLK = 1.134,00\,€$$

5.3.2 Materialkosten

Die **Materialeinzelkosten (MEK)** lassen sich aus den Angaben in der Stückliste oder den Stückkosten und der Auftragsgröße berechnen.

$$MEK = Masse \cdot \frac{Kosten}{Kilogramm}$$

$$MEK = m \cdot \frac{K}{kg}$$

Beispielrechnung

Bei einem Auftrag sind 200 Spannbolzen aus 46S20 (Bild 1) zu fertigen. Bestimmen Sie die Materialeinzelkosten, wenn der Preis pro kg 1,52 € beträgt.

$$MEK = m \cdot \frac{K}{kg}$$

$$MEK = V \cdot \rho \cdot \frac{K}{kg}$$

$$MEK = \frac{d^2 \cdot \pi}{4} \cdot l \cdot \rho \cdot \frac{K}{kg} \quad \text{für } d \text{ und } l \text{ sind die Rohmaße zu wählen}$$

$$MEK = \frac{2{,}6^2\,cm^2 \cdot \pi}{4} \cdot 9{,}5\,cm \cdot \frac{7{,}85\,g}{cm^3} \cdot \frac{1{,}52\,€}{kg} \cdot \frac{1\,kg}{1000\,g}$$

$$MEK = 0{,}60\,€$$

Stundenlohn (Bruttolohn pro Stunde)
=
Nettolohn + Sozialabgaben + Steuern

+

Personalzusatzkosten
=
gesetzliche Zusatzkosten
(z. B. Sozialversicherungsbeiträge des Arbeitgebers, bezahlte Feiertage, Lohnfortzahlung bei Krankheit)
+
tarifliche und betriebliche Zusatzkosten
(z. B. Urlaub, Vermögensbildung, betriebliche Altersvorsorge)

=

Lohnkosten

Die **Fertigungsgemeinkosten (FGK)** *(production overhead)* beinhalten z. B. Gehälter für Konstrukteure, Meister und innerbetriebliche Transporteure. Dazu zählen ebenso die Kosten für z. B. Transportmittel und Maschinen, die unregelmäßig genutzt werden. Diese Kosten sind meist einem Produkt nicht eindeutig zuzuordnen. Fertigungsgemeinkosten werden deshalb durch prozentuale Zuschläge auf die Fertigungslohnkosten berücksichtigt.

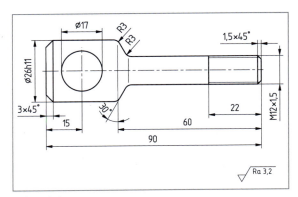

1 Spannbolzen

Materialgemeinkosten (MGK) *(material overhead)* sind z. B. Kosten für Kühlschmiermittel, Reinigungsmittel und Lagerung sowie Löhne und Gehälter für Beschäftigte im Lager. Da sie nicht direkt dem benötigten Material zuzuordnen sind, werden sie als prozentuale Zuschläge auf die Materialeinzelkosten berechnet.

5.3.3 Verwaltungs- und Vertriebsgemeinkosten

Verwaltungs- und Vertriebsgemeinkosten *(SG & A cost)* umfassen z. B. Löhne und Gehälter sowie Kosten für Ausstattung und Material in den Abteilungen Verwaltung und Vertrieb.

5.3.4 Zuschlagskalkulation

Die Zuschlagskalkulation *(overhead calculation)* wird in Industrie, Handel und Handwerk am häufigsten angewandt, um einen Angebotspreis zu bestimmen.
Die Zuschlagssätze ergeben sich aus der Kostensituation des Betriebes. Die Genauigkeit der Kalkulation hängt somit unter anderem auch davon ab, wie sorgfältig von den Fachkräften die Material- und Zeiterfassung durchgeführt wird.

Bezeichnung		Symbol		Wert		Summe
Fertigungslohnkosten		FLK		400,00 €		
Fertigungsgemeinkosten	+	FGK	+	120 % · FLK 480,00 €		
Fertigungskosten			=	FK		880,00 €
Materialeinzelkosten		MEK		200,00 €		
Materialgemeinkosten	+	MGK	+	60 % · MEK 120,00 €		
Materialkosten			=	MK	+	320,00 €
Herstellkosten		HK			=	1.200,00 €
Verwaltungs- und Vertriebsgemeinkosten		VVGK			+	40 % · HK 480,00 €
Selbstkosten		SK			=	1.680,00 €
Gewinn		G			+	15 % · SK 252,00 €
Barverkaufspreis, netto		BVP			=	1.932,00 €

Bewertung der Zuschlagskalkulation

Teure Maschinen und Anlagen (z. B. CNC-Bearbeitungszentren, Beschichtungsanlagen) verursachen besonders hohe Fertigungsgemeinkosten. Bei der Zuschlagskalkulation werden diese dann mit gleichem Prozentsatz auf die Fertigungskosten aller Produkte verrechnet. Das führt dazu, dass Produkte, die nicht auf den teuren Maschinen und Anlagen hergestellt wurden, zu hoch kalkuliert sind. Die Produkte, die auf den teuren Maschinen und Anlagen erstellt wurden, sind demnach zu niedrig kalkuliert.
Um das zu vermeiden, werden die Gemeinkosten an den Stellen ermittelt, an denen sie entstehen. An jeder Kostenstelle z. B. CNC-Bearbeitungszentrum, Beschichtungsanlage usw. werden die Fertigungsgemeinkosten den Lohnkosten gegenübergestellt, sodass der spezifische Fertigungsgemeinkostenzuschlag ermittelt werden kann. Dieser wird dann auch nur auf die Produkte aufgeschlagen, die dort gefertigt wurden.

5.3 Kostenberechnung

5.3.5 Maschinenstundensatz

Beim Einsatz unterschiedlicher Maschinen ist es sinnvoll, die Fertigungsgemeinkosten zu präzisieren. Die Kalkulation wird genauer, wenn die Kosten für die unterschiedlich teuren Maschinen einzeln erfasst werden. Dazu wird der Maschinenstundensatz (MSS) *(machine hourly rate)* berechnet.

$$MSS = \frac{K_A + K_Z + K_I + K_R + K_E}{T_N}$$

- MSS: Maschinenstundensatz in €/h
- K_A: Kalkulatorische Abschreibung im Jahr in € pro Jahr
- K_Z: Kalkulatorische Zinsen im Jahr in € pro Jahr
- K_I: Instandhaltungs- und Wartungskosten im Jahr in € pro Jahr
- K_R: Raumkosten im Jahr in € pro Jahr
- K_E: Energiekosten im Jahr in € pro Jahr
- T_N: Nutzungszeit im Jahr in Stunden pro Jahr

Beispielrechnungen

Aufgrund der guten Auftragslage investiert ein Betrieb in eine CNC-Fräsmaschine zum Preis von 200.000,00 €. Für die Kalkulation ist der Maschinenstundensatz für Ein- und Zweischichtbetrieb zu bestimmen.

Abschreibung K_A *(depreciation)*

$$K_A = \frac{\text{Wiederbeschaffungspreis}}{\text{Nutzungsdauer}}$$

$$K_A = \frac{230.000{,}00\ €}{5\ \text{Jahre}}$$

$$K_A = 46.000{,}00\ \frac{€}{\text{Jahr}}$$

➡ Der Wiederbeschaffungspreis in fünf Jahren wird wegen der zu erwartenden Preissteigerungen um ca. 15 % höher als der Neupreis geschätzt.

Zinsen K_Z

➡ Es ist der bankübliche Zinssatz einzusetzen.

$$K_Z = \frac{\text{Wiederbeschaffungspreis} \cdot \text{Zinssatz}}{2 \cdot 100\,\%}$$

$$K_Z = \frac{230.000{,}00\ € \cdot 6\,\%}{2 \cdot 100\,\%}$$

$$K_Z = 6.900{,}00\ \frac{€}{\text{Jahr}}$$

Instandhaltungkosten K_I *(maintenance costs)*

$$K_I = 7.000{,}00\ \frac{€}{\text{Jahr}}$$

➡ Erfahrungswert oder Herstellerangaben oder prozentuale Wiederbeschaffungskosten.

Raumkosten K_R *(occupancy costs)*

K_R = Flächenbedarf · Monatsmiete pro m²

$$K_R = \frac{20\ m^2 \cdot 6{,}00\ € \cdot 12}{m^2}$$

$$K_R = 1.440{,}00\ \frac{€}{\text{Jahr}}$$

➡ Flächenbedarf für Fräsmaschine multipliziert mit der Monatsmiete pro m² und 12 Monaten.

Energiekosten K_E *(energy costs)*

$$K_E = 3.000{,}00\ \frac{€}{\text{Jahr}}$$

➡ Antriebsleistung, durchschnittliche Leistungsausnutzung, Preis pro Kilowattstunde und jährliche Nutzung bestimmen die Energiekosten.

Nutzungszeit T_N

T_N = 1200 h bei Einschichtbetrieb

T_N = 2000 h bei Zweischichtbetrieb

➡ Anhaltswerte: Abhängig von den jeweiligen Arbeitszeitmodellen und den Störungs-, Instandhaltungs- und Wartungszeiten.

Maschinenstundensatz MSS

$$MSS = \frac{46.000\ € + 6.900\ € + 7.000\ € + 1.440\ € + 3.000\ €}{1\,200\ h}$$

$$MSS = 53{,}61\ \frac{€}{h}\ \text{bei Einschichtbetrieb}$$

$$MSS = \frac{46.000\ € + 6.900\ € + 7.000\ € + 1.440\ € + 3.000\ €}{2\,000\ h}$$

$$MSS = 32{,}17\ \frac{€}{h}\ \text{bei Zweischichtbetrieb}$$

ÜBUNGEN

1. Aus der Lohn- und Materialkarte ergeben sich für die Produktion eines Werkstücks folgende Einzelkosten:
Fertigungslohnkosten   92,00 €
Materialeinzelkosten   28,00 €

Der Betrieb rechnet mit folgenden Zuschlagssätzen:
Fertigungsgemeinkosten   160 %
Materialgemeinkosten   70 %
Verwaltungs- und Vertriebsgemeinkosten   45 %

Berechnen Sie:
a) die Herstellkosten
b) die Selbstkosten
c) den Barverkaufspreis bei 18 % Gewinn

2. Bei der Herstellung eines Werkstücks ergeben sich folgende Einzelkosten:
Fertigungslohnkosten   125,00 €
Materialeinzelkosten   45,00 €

Der Betrieb rechnet mit folgenden Zuschlagssätzen:
Fertigungsgemeinkosten   170 %
Materialgemeinkosten   80 %
Verwaltungs- und Vertriebsgemeinkosten   42 %

Berechnen Sie:
a) die Herstellkosten
b) die Selbstkosten
c) den Barverkaufspreis bei 15 % Gewinn

3. Entwickeln Sie mithilfe einer Tabellenkalkulation ein Berechnungsschema für die Zuschlagskalkulation.

4. Für die Kalkulation des Maschinenstundensatzes einer CNC-Drehmaschine liegen folgende Daten vor:
Preis der Fräsmaschine   200.000,00 €
Nutzungsdauer   6 Jahre

Geschätzte Preissteigerung während der Nutzungszeit   18 %

Zinssatz für Kredit   5 %
Instandhaltungs- und Wartungskosten   8.000,00 €/Jahr
Raumkosten   3.000,00 €/Jahr
Energiekosten   3.500,00 €/Jahr

a) Berechnen Sie den Maschinenstundensatz für Einschichtbetrieb (1600 h).

Bei Zweischichtbetrieb (3000 h) ändern sich folgende Daten:
Nutzungsdauer   4 Jahre

Geschätzte Preissteigerung
Instandhaltungs- und Wartungskosten   12.000,00 €/Jahr

b) Wie hoch sind jetzt die Energiekosten?
c) Bestimmen Sie den Maschinenstundensatz beim Zweischichtbetrieb.
d) Beurteilen Sie die Ergebnisse aus den Sichten von Arbeitnehmer und Arbeitgeber.

5. Entwickeln Sie mithilfe einer Tabellenkalkulation ein Berechnungsschema für die Kalkulation des Maschinenstundensatzes.

6. Für eine Maschine sind folgende Daten bekannt:
Anschaffungspreis   350.000,00 €
Wiederbeschaffungspreis   + 20 %

Nutzungsdauer   6 bzw. 4 Jahre
- bei Einschichtbetrieb   1700 h/Jahr
- bei Zweischichtbetrieb   3200 h/Jahr

kalkulatorischer Zinssatz   6,5 %
Raumbedarf   20 m²
Miete pro m²: 6,00 €
durchschnittlicher Energiebedarf   8 kW
Energiekosten   0,18 €/kWh

Instandhaltungskosten
- bei Einschichtbetrieb   6 % des Anschaffungspreises pro Jahr
- bei Zweischichtbetrieb   9 % des Anschaffungspreises pro Jahr

Berechnen Sie den Maschinenstundensatz für:
a) Einschichtbetrieb und
b) Zweischichtbetrieb

6 Prüftechnik

6.1 Passungen und Passungssysteme

Die Führungssäule (Bild 1) ist in einer Spritzgießform eingebaut. Damit sie ihre Funktion während des Spritzgießens erfüllen und ihre Montage möglichst kostengünstig erfolgen kann, muss sie u. a. folgende Funktionen erfüllen:
- Die Führungssäule muss leicht in der Führungsbuchse verschiebbar sein
- Die Führungssäule soll in der düsenseitigen Formplatte und der Aufspannplatte möglichst spielfrei geführt sein, sich aber leicht montieren lassen

Um diese Funktionen zu gewährleisten, müssen die Toleranzen *(tolerance)* der gefügten Teile entsprechend gewählt werden.

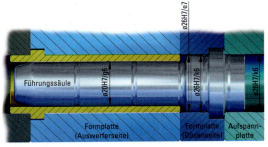

1 Teilschnitt durch die Führung einer Spritzgießform

6.1.1 Passungsarten

Spielpassung *(clearance fit)*
Damit die Führungssäule leicht in der Führungsbuchse verschiebbar ist, muss das Höchstmaß *(maximum limit of size)* der Führungssäule kleiner als das Mindestmaß *(minimum limit of size)* der Buchseninnendurchmesser sein (Bild 2). Die Toleranz der Passung (**Passtoleranz**) liegt zwischen dem Mindest- und Höchstspiel *(minimum and maximum clearance)*.

Bei Spielpassungen liegt zwischen Innen- und Außenteil immer ein Spiel vor.

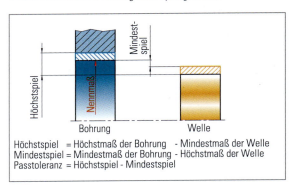

2 Spielpassung

Übermaßpassung *(interference fit)*
Soll z. B. die Führungsbuchse (Bild 1) fest in der Formplatte auf der Auswerferseite sitzen, muss das Mindestmaß des Buchsenaußendurchmessers größer sein als das Höchstmaß der Bohrung (Bild 3). Die Passtoleranz liegt zwischen dem Mindest- und Höchstübermaß.

Bei Übermaßpassungen liegt zwischen Innen- und Außenteil immer ein Übermaß vor.

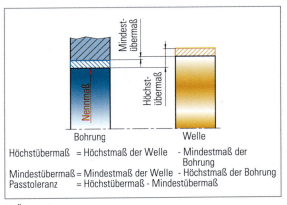

3 Übermaßpassung

Übergangspassung *(transition fit)*
Bei Übergangspassungen kann je nach Lage der Istmaße von Innen- und Außenteil Spiel oder Übermaß entstehen (Bild 4). Die Passtoleranz liegt zwischen dem Höchstübermaß und dem Höchstspiel. Für die Führungssäule ist das bei deren Zentrierung in der düsenseitigen Formplatte und der Aufspannplatte der Fall.

Bei Übergangspassungen kann zwischen Innen- und Außenteil entweder ein Spiel oder ein Übermaß vorliegen.

Im Bild 1 auf Seite 76 sind die Passtoleranzen für verschiedene Passungen dargestellt. Aus fertigungstechnischen und aus funktionalen Gründen wird bei der Herstellung der Bauteile die Toleranzmitte angestrebt. Wenn die Istmaße der Bauteile im

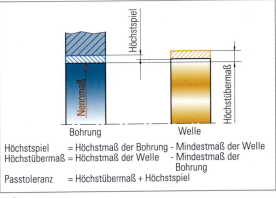

4 Übergangspassung

mittleren Drittel der Maßtoleranz liegen, reduziert sich auch die Passtoleranz auf ein Drittel der theoretischen Passtoleranz (roter Bereich). Somit ist bei der Übergangspassung 40H7/j6 ein Spiel und bei der Übergangspassung 40H7/m6 eher ein geringes Übermaß zu erwarten.

6.1.2 Passungssysteme

Würden in einem Betrieb z. B. für Bohrungen alle zur Verfügung stehenden ISO-Toleranzen genutzt, müsste für jeden Nenndurchmesser eine Vielzahl von unterschiedlichen Reibahlen und Lehren vorhanden sein. Selbst bei einer Begrenzung von ausgewählten ISO-Toleranzen tritt noch ein beträchtlicher Kostenfaktor

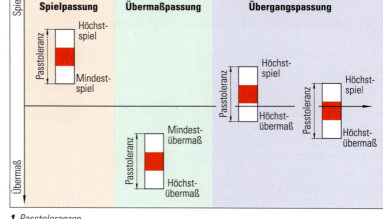

1 Passtoleranzen

für Werk- und Prüfzeuge auf. Durch die Nutzung von Passungssystemen werden die Kosten gesenkt und die Übersichtlichkeit der Passungsarten erhöht.

Einheitsbohrung

- Bei dem System der Einheitsbohrung *(basic hole system)* werden alle Bohrungen bzw. Außenteile mit dem **Toleranzfeld H** *(tolerance zone)* gefertigt (Bild 2).
- Die Toleranzen der Wellen bzw. Innenteile werden aufgrund der Funktion der gefügten Bauteile festgelegt.

> **MERKE**
> Beim System Einheitsbohrung ist das untere Grenzabmaß der Bohrung bzw. des Außenteils immer Null.
> Das Mindestmaß der Bohrung entspricht dem Nennmaß.
> Das obere Grenzabmaß des Außenteils ist immer positiv.

Beim Drehen oder Rundschleifen ist es meist einfacher und kostengünstiger, das Innenteil (z. B Führungsbuchse in Bild 3) mit unterschiedlichen Toleranzen zu versehen als das Außenteil. Deshalb wird das System Einheitsbohrung bevorzugt.

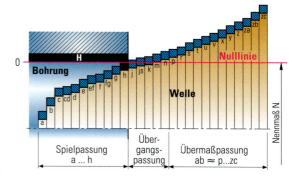

2 System Einheitsbohrung

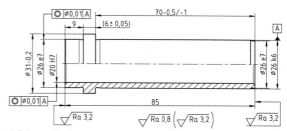

3 Führungsbuchse

> **Überlegen Sie!**
> Viele Kaufteile wie z. B. Zahnräder haben einen Bohrungsdurchmesser mit dem Toleranzfeld H9. Je nach Funktion des Zahnrads ist die Welle zu fertigen.
> 1. Mit welchem Toleranzfeld ist die Welle für ein Zahnrad zu fertigen, wenn eine Übermaßpassung benötigt wird?
> 2. Welches Toleranzfeld muss die Welle erhalten, wenn das Zahnrad auf der Welle leicht verschiebbar sein soll?

Einheitswelle

- Bei dem System der Einheitswelle werden alle Wellen bzw. Innenteile mit dem **Toleranzfeld h** gefertigt (Bild 4).
- Die Toleranzen der Bohrungen bzw. Außenteile werden aufgrund der Funktion der gefügten Bauteile festgelegt.

Ein Beispiel für das System der Einheitswelle sind die Passungen, die beim Einbau von Passfedern zum Tragen kommen. Passfedern werden als Normteile mit dem Toleranzfeld h9 ge-

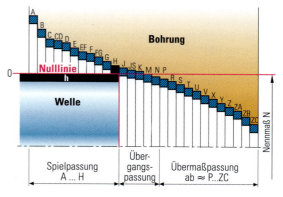

4 System Einheitswelle

liefert. Die angestrebte Passung für Passfeder und -nut richtet sich nach der Funktion der Passfeder.

MERKE
Beim System Einheitswelle ist das obere Grenzabmaß der Welle bzw. des Innenteils immer Null.
Das Höchstmaß der Welle entspricht dem Nennmaß.
Das untere Grenzabmaß des Innenteils ist immer negativ.

Auswahlreihen

In Auswahlreihen beschränken sich die Fertigungsbetriebe auf bestimmte Passungen aus den Systemen „Einheitsbohrung" und „Einheitswelle". Dadurch werden zusätzlich die benötigten Werk- und Prüfzeuge reduziert. Innerhalb dieser Auswahlreihen ist sichergestellt, dass die unterschiedlichen Funktionen an die Passungen abgedeckt sind (siehe Tabellenbuch).

Überlegen Sie!
1. *Informieren Sie sich über die verschiedenen Formen von Passfedern mithilfe Ihres Tabellenbuchs.*
2. *Welches Toleranzfeld muss die Passfedernut bei einem festen Sitz der Passfeder (h9) in der Wellennut haben?*
3. *Mit welchem Toleranzfeld ist die Passfedernut zu versehen, wenn die Passfeder in der Nut verschiebbar sein soll?*

ÜBUNGEN

1. Beschreiben Sie mithilfe von Skizzen mit konkreten Maß- und Toleranzangaben unter Angabe der Grenzabmaße
   - Spielpassung
   - Übermaßpassung
   - Übergangspassung

   und bestimmen Sie Höchst- und Mindestspiel sowie Höchst- und Mindestübermaß.

2. Unterscheiden Sie die Systeme Einheitsbohrung und Einheitswelle.

3. Füllen Sie für die Passungen (40H7/g6, 12H7/m6, 20H8/d9, 12ZC9/h9, 50H8/u8, 36F8/h6, 100H7/s6) die Tabelle nach folgendem Muster aus:

Höchstmaß Welle	Mindestmaß Welle	Höchstmaß Bohrung	Mindestmaß Bohrung	Höchstspiel	Mindestspiel	Höchstübermaß	Mindestübermaß	Passungssystem	Passungsart	Passtoleranz

6.2 Prüfen von Bauteilen

Während der Fertigung eines Produkts wird jeder einzelne Bearbeitungsschritt überwacht und oft auch dokumentiert. Dabei spielt das Messen von physikalischen Größen eine wichtige Rolle. Die Fachkraft, die eine Messung durchführt, muss die **Messwerkzeuge** *(measuring tools)* effizient und fehlerfrei einsetzen, damit die Messwerte exakt und möglichst schnell erfasst werden.

Im Rahmen dieses Kapitels zur Prüftechnik *(testing technology)* wird von den Anforderungen ausgegangen, die sich in der Praxis stellen. Dabei ist zu klären:
- **wann** (zu welchem Zeitpunkt bzw. nach welchem Fertigungsschritt)
- **was** (z. B. Länge, Form, Oberfläche)
- **wie oft** (z. B. jedes zehnte Teil)
- **womit** (Prüfverfahren) zu prüfen ist

6.2.1 Zeitpunkt des Prüfens und Prüfumfang

Auf einen abgeschlossenen Fertigungsschritt folgt oft ein **Prüfvorgang** *(testing operation)*.
- Für die **Serienfertigung** *(serial production)* erstellt die Arbeitsvorbereitung bzw. die Qualitätssicherung einen Prüfplan *(check plan)*, der oft auf den Kundenanforderungen basiert.

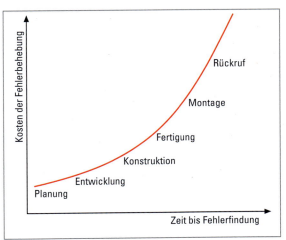

1 Entwicklung der Kosten für die Korrektur eines Fehlers in Anlehnung an die „Zehnerregel" nach Daimler AG.

- Bei der **Einzelfertigung** *(individual manufacturing)* bestimmt meist die Fachkraft während der Fertigung den Prüfzeitpunkt.

Jede Unterbrechung des Fertigungsablaufs erhöht die Fertigungskosten, durch **Zwischenmessungen** *(intermediate measurements)* wird jedoch vermieden, dass Fehler erst bei der **Endkontrolle** *(final inspection)* festgestellt werden. Fehlerhafte Teile würden sonst unnötigerweise weiter bearbeitet. Je eher eine unzulässige Abweichung festgestellt wird, desto weniger Kosten fallen bei deren Korrektur an. Bild 1 auf Seite 77 zeigt diesen Zusammenhang beispielhaft. Wird z. B. während der Planung ein „falscher" Werkstoff gewählt, der im späteren Einsatz zu erheblichen Problemen führt, so sind die Änderungskosten hoch. Fehlervermeidungsstrategien, die bereits in der Planungsphase ansetzen, helfen Kosten zu sparen.

Je früher festgestellt wird, dass ein Werkstück Ausschuss ist, desto geringer sind die Kosten für die Fehlerkorrektur.

Bei Zulieferbetrieben gibt der Auftraggeber vor, wann und wo geprüft werden muss. Die zuliefernden Betriebe sind selbstverständlich an die Vorgaben der Kunden gebunden. Für den **Umfang des Prüfens** gilt Ähnliches.

Bei der Produktion von Massenteilen wie z. B. Spritzguss- oder Schnitt- und Umformteilen genügt meist die **stichprobenhafte Prüfung**. Bei sicherheitsrelevanten oder optisch hochwertigen Bauteilen wird auf Kundenwunsch auch jedes Bauteil geprüft, d. h., es erfolgt eine **100-%-Prüfung**.

Hersteller oder Kunden entscheiden, **wann** und **wie oft** geprüft wird. Grundlage für diese Entscheidung ist eine Kosten-Nutzen-Abschätzung verbunden mit einer Risikoabwägung.

Welche Prüfzeitpunkte kennen Sie aus Ihrem Betrieb?

6.2.2 Prüfen am Fertigteil

Am Beispiel der Führungssäule aus Kap. 2.2 (Seite 15) wird dargestellt, welche Prüfungen während der Fertigung vorgenommen werden.

Aus der Grundstufe ist das **Prüfprotokoll** *(inspection sheet)* (Bild 1) bekannt, das hier wieder zum Einsatz kommen soll.

MERKE

Der Prüfplan legt den Prüfzeitpunkt (**wann**) für alle Prüfstellen (**was**) und die zu verwendenden Werkzeuge (**womit**) fest. Bei der Serienfertigung wird zusätzlich der Prüfumfang (**wie oft**) festgelegt.

6.3 Prüfen von Längen

6.3.1 Mechanische Messgeräte

Für die tolerierten Zylinder ⌀26k6 und ⌀26e7 und ⌀20g6 stehen mehrere Prüfmöglichkeiten zur Auswahl.
Nach DIN EN ISO 286-1[1] ergeben sich für die Toleranzklasse g6 beim ⌀20 mm die Grenzabmaße *(limit size)*
es = -7 µm und ei = -20 µm und eine Toleranz von 13 µm
Grundsätzlich sind das **Lehren** *(gauging)* z. B. mit einer **Grenzrachenlehre** *(external limit gauge)* und das **Messen** *(measuring)* z. B. mit einer **Messschraube** *(micrometer with dial gauge)* (Seite 79 Bild 1) möglich.
Der Vorteil des **Lehrens** besteht darin, dass es sicher und schnell durchzuführen ist. Es lässt aber nur die Aussagen „Gut", „Ausschuss" oder „Nacharbeit" zu. Für die „Nacharbeit" liefert das Lehren jedoch nicht die Information, um welchen Betrag

Firma: HAFRITEC	Bauteil Führungssäule	Grenzmaße			Entscheidung				
Prüfung	Prüfmittel	Mindestmaß	Höchstmaß	Istmaß	Gut	Ausschuss	Nacharbeit	Prüfer	Datum
Teil nach Zeichnung	Sichtkontrolle							Haffer	6.3.2014
⌀26k6 ⌀26e7 ⌀20g6	Messschraube	26,015 25,002 19,980	26,002 25,015 19,993	26,008 25,017 19,987	X X X			Haffer	6.3.2014
Einsatzgehärtet 60+2HRC	Härteprüfgerät Rockwell Cone	60HRC	62HRC	61HRC				Schulz	26.2.2014
geschliffen Ra 0,8 0,2	Tastschnittgerät		Ra 0,8	XXXX				Weihrauch	13.3.2014
⌀ 0,005 ⌀ 0,01 A	Koordinatenmessmaschine			XXXX				Haffer	16.3.2014

1 Prüfplan zur Führungssäule (Ausschnitt)

[1] Siehe Tabellenbuch

6.3 Prüfen von Längen

nachgearbeitet werden muss, um die Toleranzmitte am Werkstück zu erreichen.

Aus diesem Grund wird in der Fertigung zunehmend das Lehren durch das Messen ersetzt. Damit liegen Messwerte vor, die schon rechtzeitig erkennen lassen, ob Maschineneinstellungen geändert werden müssen. Diese Entscheidungen können bereits vor dem Über- oder Unterschreiten zulässiger Grenzwerte gefällt werden.

Beim Einsatz von Messwerkzeugen wird in der Praxis häufig das Prinzip der „Eins-zu-Zehn"-Regel verwandt. Der Skalenwert des Messwerkzeugs sollte ≤ 1/10 der Toleranz betragen. Im vorliegenden Beispiel liegen die Toleranzen bei 13 µm. Folglich sollte die Skalenteilung ≤ 1,3 µm, d. h., bei 1 µm liegen. Eine Messschraube mit digitaler Anzeige (Bild 1) mit einem Ziffernschrittwert von 0,001 mm entspricht dieser Forderung.

Um **Messfehler** *(errors of measurement)* vorzubeugen, sollte – wie beim Lehren auch – mehrmals in verschiedenen Winkellagen gemessen werden (Bild 3).

1 Messschraube mit digitaler Anzeige mit 1/1000 mm Ziffernschrittwert

Überlegen Sie!

1. Beim Wellenabsatz des Lagersitzes ⌀26k6 wurde in 5 Winkellagen gemessen. Dabei wurden folgende Messwerte aufgenommen:
   $d_1 = 26{,}008$ mm; $d_2 = 26{,}009$ mm; $d_3 = 26{,}010$ mm; $d_4 = 26{,}007$ mm; $d_5 = 26{,}006$ mm
   Damit das Werkstück als „Gut" bewertet werden kann, muss jeder Einzelmesswert gut sein!
   a) Bestimmen Sie Maximal- und Minimalwert der Messung.
   b) Bestimmen Sie Mindestmaß G_{uW} und Höchstmaß G_{oW} mithilfe Ihres Tabellenbuchs.
   c) Berechnen Sie den Mittelwert $\bar{x}$ (siehe auch Tabellenbuch).
   d) Zwischen welchen Werten muss der Mittelwert immer liegen?
2. Welcher Zusammenhang sollte zwischen dem Skalen- bzw. Ziffernschrittwert eines Messgeräts und der Maßtoleranz bestehen?

2 Messen der Führungssäule am ⌀26g6

Bei der Fertigung von Einzelteilen oder bei geringen Stückzahlen ist das Messen mit Messschrauben und Feinzeigern *(indicating calliper)* eine kostengünstige Alternative. In der Serien- bzw. Massenfertigung ist es üblich, die Messwerterfassung weiter zu rationalisieren. Dazu eignen sich besonders
- pneumatische und
- elektronische Messwerterfassung

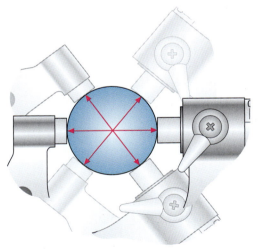

3 Mehrmaliges Messen in unterschiedlichen Winkellagen

6.3.2 Pneumatische Längenmessung

Das pneumatische Messen *(pneumatical measurement)* ist ein berührungsloses *(non-contact)* Messverfahren. Dabei strömt Luft mit einem Überdruck von 1 ... 4 bar in das Gerät zur Messwerterfassung (Bild 1). Je kleiner der Spalt s vor der Düse ist, desto größer ist der gemessene Überdruck.

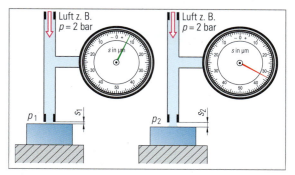

1 Prinzip des pneumatischen Messens

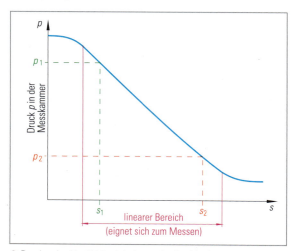

2 Druckverlauf in Abhängigkeit von der Spaltbreite

3 Pneumatische Messdorne für Innenmessungen sowie Messringe für Außenmessungen © Jenoptik

In einem bestimmten Bereich stehen die Veränderungen in einem linearen Verhältnis (Bild 2). Dieser Bereich eignet sich zum Messen. Nachteilig ist, dass der lineare Teil recht klein ist (maximal 0,2 mm).

Für die jeweilige Messaufgabe sind spezielle **Messwertaufnehmer** *(pickup for measuring data)* wie z. B. ein **Messdorn** *(plug gauge)* oder ein **Messring** *(ring gauge)* (Bilder 3 und 4) und eine entsprechende Einstelllehre erforderlich. Beim Werkstück in Bild 5 ist der Innendurchmesser zu prüfen. Auf dem Messdorn befindet sich der Kalibrierring für das Höchstmaß. Nach dem Justieren des Messgeräts kann der Innendurchmesser des Werkstücks erfasst werden. Dazu steckt die Fachkraft das Werkstück auf den Messdorn. Die aus dem Messdorn ausströmende Luft zentriert das Werkstück, sodass die Messwerterfassung schnell und sicher erfolgt. Die Messwerte können als Zahlenwert (Bild 5) oder grafisch (Seite 81 Bild 1) angezeigt werden. Die grafische Anzeige kann farblich darstellen, wie mit dem Bauteil weiter zu verfahren ist (grün $\triangleq$ Gut, gelb $\triangleq$ Nacharbeit, rot $\triangleq$ Ausschuss). Die Istwerte können über entsprechende Schnittstellen zur statistischen Qualitätskontrolle weitergeleitet werden.

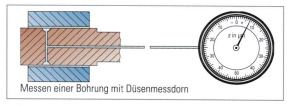

4 Pneumatisches Messen einer Bohrung

5 Pneumatische Messung mit Zahlenwertanzeige

6.4 Prüfen von Gewinden

1 Grafische Anzeige für pneumatisches Messen

Das pneumatische Messen hat mehrere **Vorteile**:

- Es arbeitet berührungslos.
- Die Druckluft reinigt die Messstelle.
- Verformungsempfindliche Teile sind leicht messbar.
- Einsatz in verschmutzten Umgebungen möglich.
- Verformungsempfindliche Teile sind leichter messbar.
- Die Wiederholgenauigkeit (0,2 µm bis 1 µm) ist gut.
- Das Messen sehr kleiner Maße (z. B. Bohrungsdurchmesser ab 2 mm) ist möglich.
- Die Messwertaufnehmer benötigen nur wenig Platz, sie können in geringen Abständen angeordnet werden.
- einfache Handhabung

Nachteilig ist, dass

- für jede Messaufgabe ein entsprechender spezieller Messaufnehmer benötigt wird,
- das Verfahren nur in der Serien- und Massenfertigung wirtschaftlich ist.

6.3.3 Elektronische Längenmessung

Messgeräte, die eine unmittelbare Umwandlung einer Längenänderung in eine elektrische Größe wie z. B. Strom, Spannung oder Widerstand liefern, sind mit **Messwertaufnehmern** bestückt. In den meisten Fällen müssen die aufgenommenen Signale verstärkt werden.
Die Messwertaufnehmer, die auch **Sensoren**[1) *(sensors)* oder Fühler genannt werden, erzeugen die Signale, die in Messwerterfassungsprogrammen weiter verarbeitet werden. Oft eingesetzte Sensoren sind der induktive und der kapazitive Taster. Beide Sensoren erreichen eine hohe Genauigkeit. Die anliegende Spannung wird im Anzeigegerät gewandelt und als Längenänderung ausgegeben (Bild 2).
Je nach Bauform sind Messbereiche von ± 10 µm bis zu ± 500 mm möglich. Für Längen über 500 mm muss auf ein **fotoelektronisches Abtastsystem**[2) zurückgegriffen werden.

> **MERKE**
> Elektronische Messwertaufnehmer stellen elektrische Signale zur unmittelbaren Weiterverarbeitung mit Messwertprogrammen zur Verfügung.

> **Überlegen Sie!**
> 1. Nennen Sie elektronische Messwertaufnehmer.
> 2. Wo werden in Ihrem Betrieb elektronische Messwertaufnehmer eingesetzt?

2 Induktive Messwerterfassung und Anzeige der Längenänderung

6.4 Prüfen von Gewinden

Gewinde werden durch die in Bild 3 dargestellten Größen bestimmt. Dabei durchschneidet der Flankendurchmesser das Gewindeprofil an der Stelle, wo „Profiltal" und „Profilberg" gleich breit sind und der halben Gewindesteigung entsprechen.

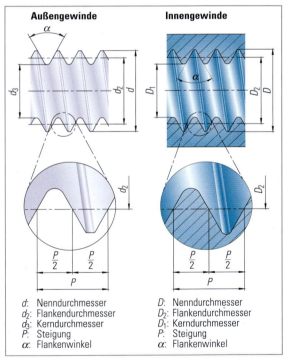

3 Abmessungen an Außen- und Innengewinden

- d: Nenndurchmesser
- d_2: Flankendurchmesser
- d_3: Kerndurchmesser
- P: Steigung
- α: Flankenwinkel

- D: Nenndurchmesser
- D_2: Flankendurchmesser
- D_1: Kerndurchmesser
- P: Steigung
- α: Flankenwinkel

> **Überlegen Sie!**
> Überprüfen Sie mithilfe Ihres Tabellenbuchs, ob der Flankendurchmesser in der Mitte zwischen Nenn- und Kerndurchmesser liegt.

Eine einfache Methode der Gewindeprüfung *(testing of threads)* ist die **Lichtspaltprüfung mit Gewindekämmen** *(light gap testing with thread ridges)* bzw. mit **Gewindeschablonen**

[1) Ausführlichere Informationen zum Thema „Sensoren" finden Sie im Lernfeld 8.
[2) siehe Lernfeld 7, Kap. 1.5.4

(screw pitch gauges) (Bild 1). Mit diesen Lehren können die Steigung, die Gewindetiefe und der Flankenwinkel zusammen geprüft werden. Dabei ist jedoch keine exakte Aussage zu den Gewindegrößen möglich.

Ob sich das Innen- oder Außengewinde *(internal thread/external thread)* verschrauben lässt, kann mit **Gewindelehrdornen** *(thread gauges)* (Bild 2) oder **Gewindelehrringen** *(thread ring gauges)* (Bild 3) festgestellt werden.

Außengewinde können mit **Gutlehrring** *(go screw ring gauge)* und **Ausschusslehrring** *(not go ring gauge)* geprüft werden. Beim Einschrauben der Gutlehrringe verschleißen diese, weshalb Gewindelehren überwiegend bei kurzen Gewinden benutzt werden. Die weniger verschleißanfälligen Grenzrollenlehren oder **Gewindegrenzrachenlehren** *(thread external limit gauges)* werden bei längeren Außengewinden eingesetzt (Bild 4). Statt Prüfbacken sind Rollenpaare im Einsatz, mit denen sowohl Rechts-, als auch Linksgewinde geprüft werden können. Bei der Prüfung mit Gewindegrenzrachenlehren ist zu beachten, dass nur das Eigengewicht der Lehre als Prüfkraft ausreichen muss.

1 Gewindeschablone

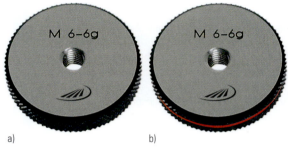

a) b)

3 Gewindelehrringe: a) „Gut" b) „Ausschuss"

2 Gewindelehrdorn

MERKE
Mit Gewindelehrdornen und Gewindelehrringen kann die Verschraubbarkeit eines Gewindes geprüft werden.

Der Flankendurchmesser des Gewindes lässt sich in vielen Fällen mit einer Messschraube ermitteln. **Gewindemessschrauben** *(screw thread micrometers)* besitzen besondere Einsätze (Bild 5), die als Kegel und Kimme bezeichnet werden. Diese sind der jeweiligen Gewindesteigung anzupassen. Nach jedem Austausch der Einsätze wird die Anzeige der Gewindemessschraube mit einem Normal überprüft.

MERKE
Das Kegel-Kimme-Verfahren *(cone notch method)* ist ein wirtschaftliches Messverfahren zur Bestimmung des Flankendurchmessers.

Eine andere Möglichkeit zur Prüfung von Präzisionsgewinden ist die **Dreidrahtmethode** *(three-wire method)*. Auch bei dieser Messmethode wird eine Bügelmessschraube mit speziellen Messeinsätzen versehen. Auf diesen Einsätzen sind Messdrähte bzw. Gewindeprüfstifte befestigt (Seite 83 Bild 1). Der entsprechende Flankendurchmesser kann mithilfe von Tabellen bestimmt oder mit dem Drahtdurchmesser berechnet werden. Die jeweils drei gleich dicken Messdrähte sind der Gewindesteigung und dem Flankenwinkel anzupassen. Nach jedem Wechsel der Einsätze ist das Messwerkzeug neu einzustellen.

4 Gewindegrenzrachenlehre

5 Gewindemessschraube

---

1) Ausführlichere Informationen zum Thema „Sensoren" finden Sie im Lernfeld 6 im Kapitel 2.1 „Bauteile zur Signaleingabe – Sensoren"
2) siehe Lernfeld 8, Kap. 1.5.4

6.5 Optische Form- und Längenprüfung

> **MERKE**
> Das genaueste mechanische Verfahren zum Messen des Flankendurchmessers ist die Dreidrahtmethode.

Überlegen Sie!
1. Nennen Sie drei Verfahren der Gewindeprüfung.
2. Wie wird die Funktion von Gewinden geprüft?

6.5 Optische Form- und Längenprüfung

Für besonders hohe Ansprüche an die Messgenauigkeit muss auf optische Messverfahren zurückgegriffen werden. Gewinde können optisch geprüft werden (Bild 2). Bei der optischen Messung wird das zu prüfende Werkstück oder Werkzeug mit Licht angestrahlt. Um auch kleine Längen genau messen zu können, wird mit Linsen bzw. Linsensystemen eine Vergrößerung erreicht. Der Einsatz von **Messmikroskopen** *(measuring microscopes)* (Bild 3) ermöglicht die Darstellung des Prüfgegenstandes als wirkliches – wenngleich vergrößertes Bild. Dieses Bild wird sichtbar im Okular oder mithilfe einer Kamera auch auf einem Bildschirm. Treffen die Lichtstrahlen von unten auf das Prüfobjekt (**Durchlichtverfahren**) *(transmitted light procedure)*, so entsteht ein **Schattenbild**, das punktweise vermessen werden kann. Der Messtisch kann in x- und y- Richtung verfahren werden (Kreuztisch). Neben dem **Schattenbildverfahren** *(silhouette procedure)* kommt auch das **Achsenschnittverfahren** *(meridional section procedure)* zum Einsatz. Hierbei wird das Prüfobjekt von oben angestrahlt (**Auflichtverfahren**) *(triangulation)*. Gemessen wird mit Messschneiden, die in der Achsenebene z. B. an die Messfläche eines Gewindes angelegt werden (Bild 2).

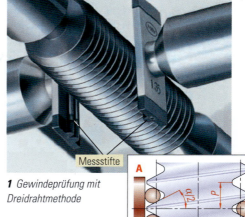

1 Gewindeprüfung mit Dreidrahtmethode

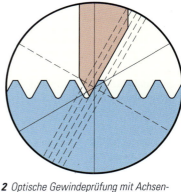

2 Optische Gewindeprüfung mit Achsenschnittverfahren (Auflichtverfahren)

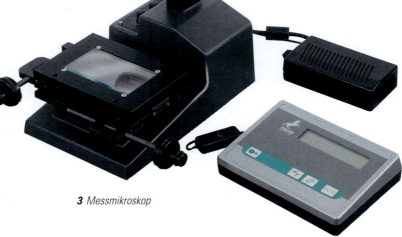

3 Messmikroskop

Profilprojektoren *(profile projectors)* (Bild 1), die auch **Messprojektoren** *(measuring projectors)* genannt werden, funktionieren nach demselben Prinzip. Übliche Vergrößerungen reichen vom 5-Fachen bis zum 100-Fachen der Originalgröße. Das projizierte Bild kann mit der Sollform verglichen werden. Dazu wird eine entsprechend vergrößerte Folie auf die Projektionsfläche gelegt. Wie beim Messmikroskop kann mithilfe des Kreuztischs das Original verschoben und somit vermessen werden.

> **MERKE**
> Mithilfe optischer Verfahren können Prüfstellen vergrößert und mit einem Vergleichsnormal geprüft werden.

6.6 Prüfen von Oberflächen

Die Einzelteilzeichnung der Führungssäule von Seite 15 enthält neben Angaben zu Teillängen, Durchmessern oder Winkeln auch das folgende Symbol *(symbol)*, das u. a. die geforderte Werkstückoberfläche beschreibt.

6.6.1 Oberflächen

In einer technischen Zeichnung wird die Werkstückoberfläche *(surface)* als gerade oder gekrümmte Linie dargestellt. Bei genauerer Betrachtung wird schnell deutlich, wie sehr die tatsächliche **Oberflächenbeschaffenheit** *(surface finish)* von der idealen Oberfläche abweicht. Bild 2 zeigt die elektronenmikroskopische Aufnahme eines gewalzten Stahlblechs, die eher an die Oberfläche eines Meeres erinnert, als an die optisch glatte Blechoberfläche.

6.6.2 Oberflächenqualität

Je nach geforderter Oberflächenqualität *(surface quality)* muss ein Fertigungsverfahren *(manufacturing process)* gewählt werden. Eine geometrisch ideale Oberfläche ist nicht herstellbar. Die Oberflächenqualität bestimmt der Konstrukteur in **Abhängigkeit von der Funktion** eines Bauteils.
Mit zunehmend feinerer Oberfläche steigen die Fertigungskosten *(production costs)* in erheblichem Maße an, wie das Bild 3 verdeutlicht. Im Diagramm werden die Kosten des Bohrens als 100 % angesetzt. Unabhängig vom Kostenaspekt steht jedoch die geforderte Funktion der Oberfläche an erster Stelle, wenn es darum geht, die zulässige „Rauheit" *(roughness)* der Werkstückoberfläche festzulegen. Angaben zur Rauheit werden in die technischen Zeichnungen eingetragen.
Die Tabelle Seite 85 Bild 1 zeigt Beispiele für den Zusammenhang zwischen den jeweiligen Qualitätskriterien und der geforderten Funktion einer Oberfläche.

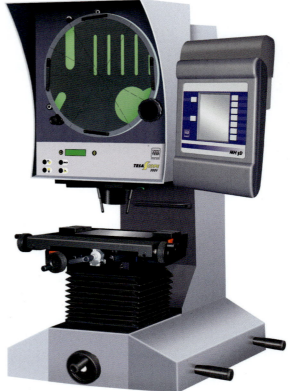

1 Profilprojektor

2 Oberfläche eines gewalzten Stahlblechs

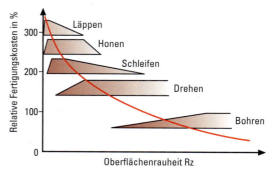

3 Relative Fertigungskosten in Abhängigkeit von der Oberflächenqualität

6.6 Prüfen von Oberflächen

MERKE
Eine optimale Oberfläche ist nicht immer eine möglichst feine, glatte Oberfläche, sondern eine, die den gestellten Anforderungen gerecht wird.

Gewünschte Funktion	Qualitätskriterium
kraftschlüssige Verbindung	große Reibung
Gleitlagerung	geringe Reibung
Sichtfläche/gute Optik	gleichmäßige Lichtreflexion
elektrische und thermische Leitfähigkeit	große Kontaktfläche
Dichtung	große Auflagefläche, geringer Abrieb

1 Zusammenhang zwischen Funktion und Qualitätskriterium von Oberflächen

Überlegen Sie!
1. Eingelagerte Werkstücke sind oft eingeölt. Nennen Sie den Grund für diese Oberflächenbehandlung.
2. Begründen Sie anhand von Beispielen aus Ihrem Betrieb, warum bestimmte Werkstückoberflächen relativ rau sind.

6.6.3 Gestaltabweichungen

Die wirkliche Oberfläche weicht von der gezeichneten geometrischen Oberfläche ab. Diese Gestaltabweichungen *(form deviations)* sind nach der Feinheit in 6 Stufen unterteilt, vom Groben zum Feinen (Tabelle Bild 2).

Alle Gestaltabweichungen kommen nicht getrennt vor, sondern überlagern sich. Die Unterscheidung zwischen **Welligkeit** *(waviness)* und **Rauheit** *(roughness)* ist nicht eindeutig festgelegt. Für den maschinentechnischen Bereich ist die Rauheit eine entscheidende Größe.

Kenngrößen für Gestaltabweichungen
Maximale Rautiefe Rt *(total peak-to-valley height)*

Rt ist der Abstand zwischen der höchsten Spitze und der tiefsten Riefe auf der betrachteten Bezugsstrecke l_m (Bild 3). Beide Werte sind unabhängig voneinander.

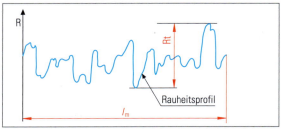

3 Maximale Rautiefe Rt

Gestaltabweichung (als Profilschnitt überhöht dargestellt)	Beispiele für die Entstehungsursache
1. Ordnung: Formabweichung	Fehler in den Führungen der Werkzeugmaschinen, Durchbiegung der Maschine oder des Werkstücks, falsche Einspannung des Werkstücks, Härteverzug, Verschleiß
2. Ordnung: Welligkeit	Außermittige Einspannung, Form- oder Laufabweichungen eines Fräsers, Schwingen der Werkzeugmaschine oder des Werkzeugs
3. Ordnung: Rauheit (Rillen)	Form der Werkzeugschneide, Vorschub oder Schnitttiefe des Werkzeugs
4. Ordnung: Rauheit (Riefen)	Vorgang der Spanbildung (Reißspan, Scherspan, Aufbauschneide), Werkstoffverformung beim Strahlen, Knospenbildung bei galvanischer Behandlung
5. Ordnung: Rauheit (Gefüge) Anmerkung: vereinfacht dargestellt	Kristallisationsvorgänge, Veränderung der Oberfläche durch chemische Einwirkung (z. B. Beizen), Korrosionsvorgänge
6. Ordnung: Gitteraufbau Anmerkung: Gittermodell dargestellt	—

2 Ordnungssystem für Gestaltabweichungen

Gemittelte Rautiefe Rz *(average peak-to valley height)*

Zur Bestimmung der gemittelten Rautiefe Rz wird die Messstrecke in fünf gleiche Teilstücke unterteilt. Für jedes Teilstück wird der Abstand zwischen dem jeweils größten und kleinsten Messwert berechnet (Bild 1).
Anschließend wird der Mittelwert für die Gesamtmessstrecke bestimmt. Die Formel dazu lautet:

$$Rz = \frac{Rz_1 + Rz_2 + Rz_3 + Rz_4 + Rz_5}{5}$$

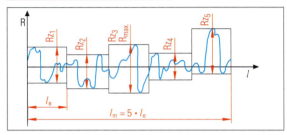

1 Gemittelte Rautiefe Rz

Rz sollte bei Profil-„Ausreißern" (einzelne Extremwerte) nicht hinzugezogen werden, wenn dies zu Störungen im Betrieb führen kann. Problematisch sind Dichtflächen und Bauteile, die dynamisch belastet werden. Tiefe Riefen schwächen das Bauteil. Hohe Spannungen im Kerbgrund können zur Rissbildung bis hin zur Zerstörung des Bauteils führen. Tiefe Kerben führen auch zu Undichtigkeiten.

Glättungstiefe Rp *(smoothing depth)* und gemittelte Glättungstiefe Rp_m *(average smoothing depth)*

Die Bestimmung der **„mittleren Linie"** erfolgt durch die Berechnung der Flächen der Profil-„Berge" und der Profil-„Täler" (Bild 2). Die „mittlere Linie" teilt die Flächenanteile so auf, dass die oberhalb liegenden Anteile – im Bild gelb – gleich den untenliegenden Flächen – im Bild grün – sind. Eine Aussage bezüglich der Profilspitzen und der Profilform lässt sich mithilfe der Glättungstiefe Rp treffen. Rp ist der Wert für den Abstand von der größten Spitzenhöhe bis zur „mittleren Linie".

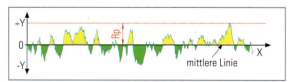

2 Glättungstiefe Rp

Die Aussagekraft wird verbessert, wenn die Messstrecke in fünf gleiche Abschnitte aufgeteilt wird und für jeden Abschnitt eine Glättungstiefe ($Rp_1 … Rp_5$) ermittelt wird (Bild 3). Der Mittelwert dieser Messwerte ergibt die **gemittelte Glättungstiefe** Rp_m. Sie wird mit der folgenden Formel berechnet:

$$Rp_m = \frac{Rp_1 + Rp_2 + Rp_3 + Rp_4 + Rp_5}{5}$$

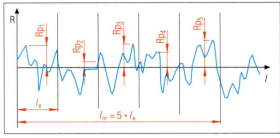

3 Gemittelte Glättungstiefe Rp_m

Häufig wird die Bezeichnung Rp_1, Rp_2, … verkürzt zu p_1, p_2, … („p" steht hier für das englische Wort *peak*: „Bergspitze").
Eine idealisierte Annahme geht davon aus, dass die Profil-„Berge" durch plastische Umformung im Betriebszustand in die Profil-„Täler" umgelagert werden. Folglich ist Rp_m bedeutsam für die Beurteilung von Lager- und Gleitflächen.

Anwendung: Lagerflächen sollten keine Profilspitzen vorweisen, einzelne Riefen sind jedoch erwünscht. Presssitze sollen eine große Berührungsfläche haben, was mit einem rundkämmigen Profil gut gelingt. Eine Aussage über die Profilform macht das Verhältnis Rp_m/Rz. Grob lässt sich sagen, dass für $Rp_m/Rz < 0{,}5$ ein rundkämmiges Profil (Bild 4 unten) vorliegt. Werte für $Rp_m/Rz > 0{,}5$ weisen auf spitze Profilformen hin (Bild 4 oben).

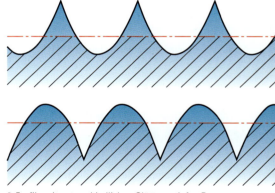

4 Profile mit unterschiedlichen Glättungstiefen Rp

Arithmetischer Mittenrauwert Ra *(average roughness)*

Der Mittenrauwert Ra stellt die mittlere Abweichung des Profils von der „mittleren Linie" dar.

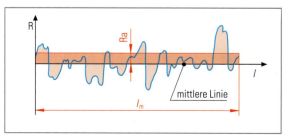

5 Mittenrauwert Ra

6.6 Prüfen von Oberflächen

Zur Bestimmung von Ra wird zuerst die Summe aller Flächen ermittelt. Diese Gesamtfläche wird in eine Rechteckfläche umgewandelt (rote Fläche in Bild 4 auf Seite 86), wobei die Rechteckslänge der Messstrecke l_m und die Rechteckhöhe dem Mittenrauwert Ra entspricht.

Der Wert von Ra macht keine Aussage über die Spitzen oder Riefen. Auch die Profilform ist nicht erkennbar. Das Bild 1 zeigt sehr unterschiedliche Profile mit fast gleichen Ra-Werten.

In der Praxis hat sich die Angabe von Ra-Werten trotzdem bewährt, weil die extremen Profile beim gleichen Bearbeitungsverfahren nicht vorkommen.

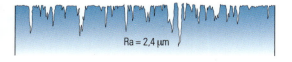
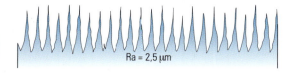
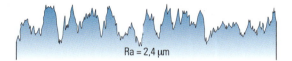

1 Unterschiedliche Profile mit fast gleichen Ra-Werten

M E R K E
Wichtige Oberflächenkennwerte sind die maximale Rautiefe Rt, die Glättungstiefe Rp, der arithmetische Mittenrauwert Ra und die gemittelte Rautiefe Rz.

Überlegen Sie!

1. Bild 4 auf Seite 86 zeigt zwei Profile mit unterschiedlichen Glättungstiefen Rp. Was können Sie über den Ra-Wert aussagen? Begründen Sie.
2. Erläutern Sie den arithmetischen Mittenrauwert Ra.
3. Erläutern Sie die gemittelte Rautiefe Rz.
4. Bei der Messung eines Wellenabsatzes sind folgende Ergebnisse erzielt worden:

Teilmess-strecke	Max.-Wert P in µm	Min.-Wert V in µm	Differenz Z in µm
L_1	23	−13	36
L_2	11	−17	28
L_3	19	3	16
L_4	8	−21	29
L_5	21	6	15

Berechnen Sie die gemittelte Rautiefe Rz.

6.6.4 Oberflächenqualitäten und Fertigungsverfahren

Durch die verschiedenen Fertigungsverfahren entstehen unterschiedliche Oberflächenprofile. Allgemein wird unterschieden in **regelmäßige Profile** *(regular profiles)*, wie sie Bild 2 für das **Drehen** zeigt, und **unregelmäßige Profile** *(irregular profiles)*, wie Bild 3 für das **Gießen** *(casting)* zeigt.

Durch Versuche ist der Zusammenhang zwischen dem Fertigungsverfahren und der erzielbaren Oberflächenqualität bestimmt worden. Die Tabelle auf Seite 88 gibt diesbezüglich einen Überblick aus den Hauptgruppen Urformen, Umformen und Trennen.

Werkstücke, die durch Längsdrehen hergestellt werden, haben gemäß dieser Tabelle einen erreichbaren Mittenrauwert Ra von 0,2…50 µm, gefräste Teile liegen bei 0,4 mm × Ra × 25 µm. Die Größe dieser Spannen (die Werte liegen zwischen geschruppt und feingeschlichtet) macht deutlich, dass in jedem Fall eine Überprüfung der tatsächlichen Rauigkeit erfolgen muss.

Im Rahmen der Optimierung von Anlagen und Fertigungsverfahren ist zu erwarten, dass die erzielbaren Qualitäten eher besser werden. Insofern ist die Tabelle nur als Orientierung zu verstehen.

M E R K E
Bei der Fertigung von Bauteilen ist die geforderte Oberflächenqualität zu gewährleisten. Es ist unwirtschaftlich, bessere Oberflächenqualitäten als gefordert herzustellen.

2 Regelmäßiges Profil (Drehen)

3 Unregelmäßiges Profil (Kokillenguss)

6.6 Prüfen von Oberflächen

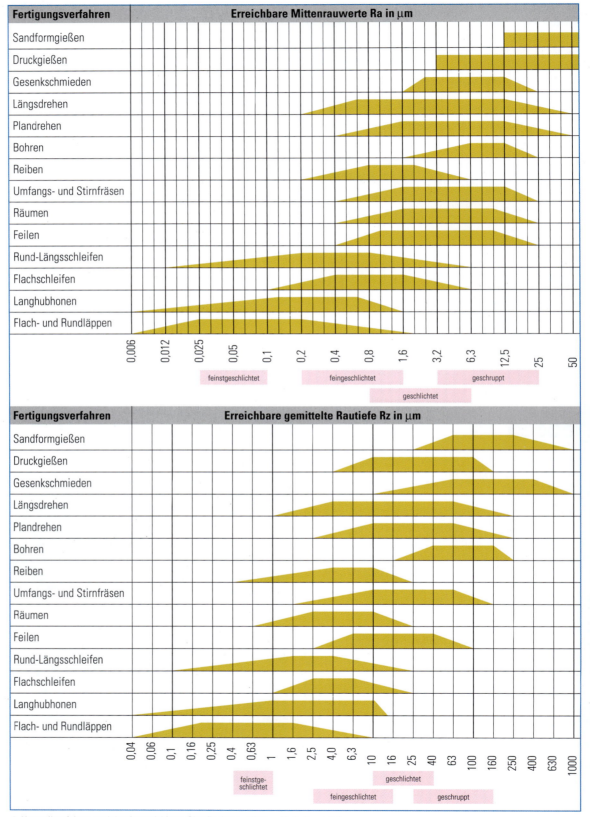

1 Herstellverfahren und damit erreichbare Oberflächenqualitäten (Anhaltswerte)

6.6.5 Prüfen von Oberflächen

6.6.5.1 Subjektives Prüfen *(subjective testing)*

Es gibt viele Möglichkeiten, Oberflächen zu prüfen. Die einfachste Methode ist die **Sichtprüfung** *(visual testing)*. Auf diese Weise sind Risse, Krater, Rillen sowie andere Oberflächenfehler und die Richtung von Riefen und Rillen schnell erkennbar. Das Erkennen von Ausschussstellen durch eine Sichtprüfung kann Folgekosten ersparen. Neben dieser rein visuellen Kontrolle kommen **Oberflächenvergleichsmuster** *(standard test surface)* (Seite 19 Bild 1) zum Einsatz. Zusätzlich zum rein optischen Vergleich zwischen Prüfling und Muster kann der Prüfer beispielsweise mit seinem Fingernagel oder einem Plättchen die Oberflächen abtasten. Zusätzlichen Einfluss auf das Ergebnis haben der Werkstoff, der Rillenabstand und der Oberflächenglanz, der unmittelbar mit den Lichtverhältnissen zusammenhängt. Nachteilig ist, dass jedes Fertigungsverfahren ein eigenes Oberflächenvergleichsmuster erfordert. Trotz der genannten Unwägbarkeiten kommen diese häufig zum Einsatz, weil dadurch die Subjektivität des Prüfenden eingeschränkt wird.

6.6.5.2 Objektives Prüfen *(objective testing)*

Sind besondere Ansprüche an die Werkstückoberfläche gestellt, so reicht eine subjektive Prüfung nicht aus. Übliche Messverfahren zur Bestimmung der Gestaltabweichungen, hauptsächlich der Welligkeit und Rauheit, sind das
- Lichtschnittverfahren und das
- Tastschnittverfahren.

Bezogen auf die Führungssäule ist eine hohe Führungsgenauigkeit langfristig nur bei geringstem Verschleiß zu erzielen. Der Verschleiß an den Gleitflächen ist umso geringer, je besser die Oberflächenqualität der einsatzgehärteten Führungssäule ist. Deshalb muss deren Oberflächenqualität gemessen und mit der geforderten verglichen werden.

Lichtschnittverfahren *(light-section procedure)*

Bei diesem **optischen Verfahren** (Bild 1) wird ein schmaler Lichtstreifen (Laser) unter einem Winkel von 45° zur Werkstückoberfläche projiziert. Das einfallende Licht wird von der Oberfläche des Werkstücks reflektiert. Die Lichtquelle und die Betrachtungsrichtung müssen im rechten Winkel zueinander stehen. Der besondere Vorteil dieses Verfahrens ist die **berührungslose Messung** *(contactless testing)*. Deshalb wird dieses Verfahren häufig bei weichen Werkstücken eingesetzt. Es eignet sich z. B. auch zum Messen von Speicherplatten für Computer, da das Lichtschnittverfahren auf der Oberfläche keine Riefen erzeugt und somit auch nicht zu späteren Funktionsbeeinträchtigungen der Speicherplatten führt. Auch optische Beeinträchtigungen, z. B. bei Aluminium- oder Goldoberflächen, entstehen durch diesen Messvorgang nicht. Messbare Rautiefen mit dem Lichtschnittverfahren liegen zwischen 1 μm und 20 μm.

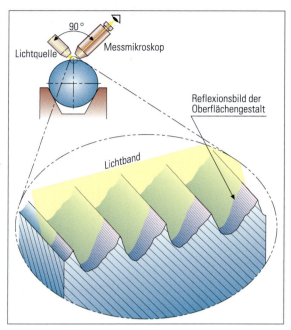

1 Prinzip des Lichtschnittverfahrens

> **MERKE**
> Das Lichtschnittverfahren ist erforderlich, wenn die Oberfläche durch den Messvorgang nicht beschädigt werden darf.

Tastschnittverfahren *(stylus-type testing)*

Wesentlich häufiger, weil kostengünstiger, ist das **mechanische Abtasten der Oberfläche** *(mechanical gauging of a surface)* mit einer Diamantspitze. Gemessen werden die horizontale und die vertikale Bewegung der Tastspitze, die Messstrecke (Vorschubweg) und die Höhenunterschiede der Messstrecke (Hub). Bild 2 zeigt Aufbauten zur Rauheitsmessung an der Führungssäule mit **Oberflächenmessgeräten** *(surface-measuring instrument)*.

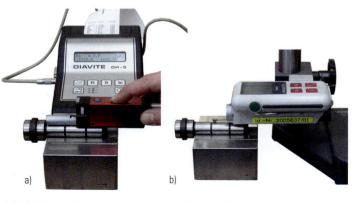

2 Rauheitsmessung an der Führungssäule
a) mit Ausgabe auf einen Streifenschreiber
b) mit digitaler Anzeige

6.6 Prüfen von Oberflächen

Die digitalisierten und verstärkten elektrischen Signale werden von einem Messprogramm erfasst, ausgewertet und die Ergebnisse werden auf einem Display oder einem Bildschirm ausgegeben und bei Bedarf digital gespeichert. Bild 1 zeigt ein **Profildiagramm** *(profile diagram)*, das die Summe aller ertasteten Erhöhungen und Vertiefungen wiedergibt. Das abgebildete Oberflächenprofil entspricht nicht genau der realen Oberfläche,

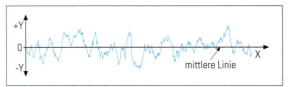

1 Profildiagramm

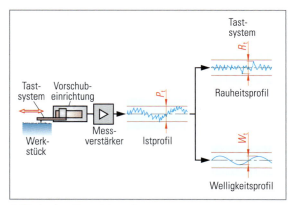

2 Prinzip eines Tastschrittgeräts

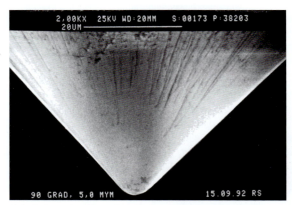

3 Aufnahme einer Tastspitze mit dem Elektronenmikroskop $R = 5\ \mu m$

da die Tastspitze nicht in alle Vertiefungen vordringen kann. Die „mittlere Linie" im Diagramm ist eine vom **Messprogramm** *(measuring programme)* erstellte Linie, die so berechnet ist, dass die Flächenanteile darüber und darunter jeweils gleich sind. Sie ist nicht identisch mit dem Nennmaß *(nominal size)*.
Ein **Oberflächenmesssystem** *(surface measuring system)* (Seite 89 Bild 2) besteht aus dem **Tastsystem** *(stylus-type system)* mit der Tastspitze, einem **Vorschubgerät** *(feed device)*, einem Messverstärker und einer Verrechungseinheit (Computer) mit Speicher und/oder Ausgabeeinheit (Bildschirm, Anzeige, Drucker), wie in Bild 2 schematisch darstellt.
Im Tastsystem befindet sich die **Tastspitze** *(stylus)* (Bild 3), die hochpräzise gelagert ist. Die Vertikalbewegung der Spitze wird in ein elektrisches Signal umgewandelt. Die Standardspitze hat einen Spitzenwinkel von 90° und einen Spitzenradius von 5 μm. Die empfindliche Tastspitze sollte regelmäßig kontrolliert werden.
Gleitkufentastsysteme (Bild 4) erfassen nur die Rauheit. Die Vertikalbewegung der Tastspitze wird gegenüber der Gleitkufe gemessen. Aufgabe des Vorschubapparates ist es, die gleichförmige Bewegung des Tasters zu gewährleisten.
Das verstärkte Analogsignal wird in ein digitales Signal umgewandelt, um es dann mithilfe eines Computers auszuwerten. Neben der Ausgabemöglichkeit auf ein Display oder einen Bildschirm, ist die Ausgabe auf einen Streifenschreiber *(strip chart recorder)* noch häufig zu finden. Für die leichtere Auswertung des Profildiagramms gemäß Bild 1 von Seite 91 ist der Vertikalmaßstab stärker vergrößert (2000-fach) als der Horizontalmaßstab (40-fach).

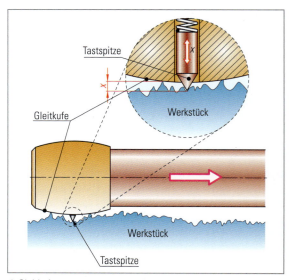

4 Gleitkufentastsystem

Bei einer maßstäblichen Darstellung ohne die Überhöhung des Vertikalmaßstabes sind die Erhöhungen kaum erkennbar.

MERKE
Die Form (Spitzenwinkel) und Größe (Spitzenradius) der Tastspitze bestimmen, wie genau eine Oberfläche abgebildet und damit geprüft werden kann.

6.6 Prüfen von Oberflächen

Überlegen Sie!

1. Welche Funktion hat die Gleitkufe eines Gleitkufentasters?
2. Wie muss ein Tastsystem aufgebaut sein, das die Welligkeit messen soll?

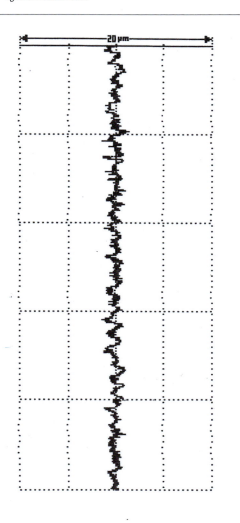

1 Messprotokoll-Profildiagramm mit Ergebnisstreifen (Ausschnitt)

6.6.6 Zusammenhang zwischen Maßtoleranz und Oberflächenbeschaffenheit

Auf den ersten Blick haben Maßtoleranzen *(dimensional tolerances)* und Oberflächenangaben *(specifications for surfaces)* nichts miteinander zu tun. Die Einhaltung der Maßtoleranzen wird mit Lehren oder Messgeräten geprüft. Die Oberflächen werden mithilfe von Oberflächen-Messgeräten geprüft. Bild 2 zeigt die Prüfung eines Bauteils mit einer **Grenzrachenlehre** *(external limit gauge)*. Diese wird über die Werkstückoberfläche, z. B. einer Welle, in unterschiedliche Winkellagen geschoben. Dabei berühren die Prüfflächen nur die äußersten Spitzen des Oberflächenprofils.

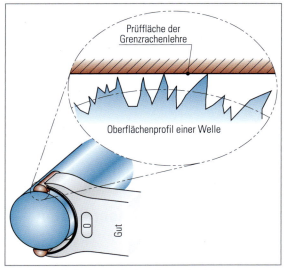

2 Prüfen der Maßtoleranz mit einer Grenzrachenlehre

Die Ausschnittvergrößerung zeigt die Prüffläche und das Oberflächenprofil. Im Beispiel der ISO Toleranz ⌀25h6[1] beträgt die Toleranz 13 μm. Bei der Oberflächenrauigkeit von Rz 6,3 liegt das Oberflächenprofil komplett im tolerierten Bereich:

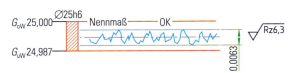

Wird beim selben Toleranzfeld jedoch eine Rauheit von Rz 25 vorgegeben, ragen die **Profilspitzen** oben und unten aus dem **Toleranzfeld** *(tolerance zone)* heraus.

Liegt die „mittlere Linie" des Oberflächenprofils weiter in Richtung der Wellenmitte, so kann auch eine Rauheit von Rz 25 nach der Prüfung mit einer Grenzrachenlehre als „Gut" eingestuft

[1] siehe Kap. 6.1

werden. Hierfür müssen die äußeren Spitzen des Profils sich lediglich unterhalb des Höchstmaßes der Welle G_{oW} befinden. Bei einem stark zerklüfteten Profil wird folglich der Materialanteil im Toleranzbereich sehr klein ausfallen. Die Folge wird ein schneller Verschleiß mit entsprechendem Qualitätsverlust sein.

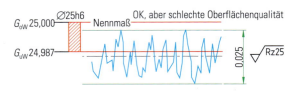

Um eine derartige Problematik auszuschließen, sollen alle gewählten Genauigkeiten aufeinander abgestimmt sein. Zu groß gewählte Vorgaben für die Rauheit können zu Qualitätsverschlechterungen führen, zu feine Oberflächen verteuern die Herstellung, ohne eine Qualitätsverbesserung zu erzielen. Die Rauheit sollte innerhalb der vorgegebenen Toleranz liegen. In der Praxis hat sich ein Verhältnis von gemittelter Rautiefe Rz zu Toleranzfeldgröße von 1 : 3 bis 1 : 2 bewährt.

> **MERKE**
> Oberflächenangaben und Toleranzen müssen aufeinander abgestimmt sein. Die gemittelte Rautiefe Rz soll höchstens halb so groß sein wie die Toleranz.

6.7 Messen mit der Koordinatenmessmaschine

Bei der Messung **komplizierter Werkzeug- und Produktgeometrien** – wie sie im Werkzeugbau oft auftreten – reichen einfache Messgeräte meist nicht mehr aus. Zumal der Kunde oft ein Messprotokoll vom gefertigten Werkzeug fordert. In diesen Fällen werden rechnerunterstützte **Koordinatenmessmaschinen** *(coordinate measuring machine)* (Bild 1) eingesetzt. Sie ähneln in ihrem Aufbau stark einer CNC-Fräsmaschine. Das Werkstück ist auf dem Messtisch fixiert. Die Messeinrichtung ist an einem Portal bzw. einem Ausleger befestigt. Messtaster werden in der Tasteraufnahme befestigt und können in x-, y- und z-Richtung bewegt werden. Auf diese Weise ist es möglich, den Taster entweder manuell an das Werkstück heranzufahren (teach-in-Verfahren) oder mithilfe eines Messprogrammes in kurzer Zeit viele Messpunkte anzufahren und aufzunehmen. Die Auswertung der Messwerte erfolgt beinahe ausnahmslos durch das Messprogramm. Messprogramme werden auf der Grundlage einer CAD-Zeichnung erstellt.

Die Vielfältigkeit der zu prüfenden Geometrien hat auch **Messtaster** *(callipers)* in vielerlei Formen erforderlich gemacht. Einige Beispiele zeigt Bild 2.

Voraussetzung für hochgenaue Messungen ist ein **kalibrierter Taster**. Dazu wird der jeweilige Taster (häufig eine Kugel aus Rubin) mit einem hochgenauen Kugelnormal auf eventuelle Abweichungen hin überprüft (Bild 3). Eine Verrechnung der

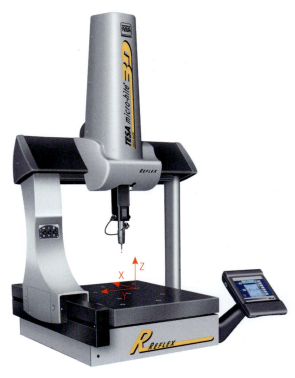

1 Koordinatenmessmaschine

2 Messtaster

3 Justieren des Messtasters

6.7 Messen mit der Koordinatenmessmaschine

festgestellten Abweichungen erfolgt durch das Messprogramm. Analog zum Werkzeugkorrekturspeicher verfügen CNC-Messmaschinen über Korrekturspeicher für Abweichungen. Auch Magazine mit unterschiedlichen Tastern gewinnen zunehmend an Bedeutung.

Grundlage für diese genaue Messwerterfassung ist ein **optoelektronisches Messsystem** *(opto-electronic measuring system)*, mit dem die oft großen Verfahrwege der Messtaster gemessen werden können. In Analogie zu den Wegmesssystemen bei den CNC-Werkzeugmaschinen werden meist **fotoelektronische Maßverkörperungen**[1] *(photo-electronic material measures)* eingesetzt. Die Maßverkörperung ist fest am Messtisch montiert. Die Abtasteinheit ist fest am beweglichen Portal verschraubt. CNC-Koordinatenmessmaschinen haben eine Anzeigegenauigkeit von mindestens 1 μm.

> **MERKE**
>
> Rechnerunterstützte Koordinatenmessmaschinen werden zur Messung vieler eng tolerierter Maße und bei Bauteilen mit komplizierten Werkstückgeometrien eingesetzt.

Überlegen Sie!
1. Mit welchem Normal wird ein Messtaster kalibriert?
2. Wovon hängt die Form des Messtasters ab?
3. Wie viele Punkte müssen zur Bestimmung einer Zylinderachse mindestens angefahren werden?

6.7.1 Messen von Form- und Lagetoleranzen

Am Beispiel der **Führungssäule** (Bild 1 auf Seite 15) wird gezeigt, wie die Zylinderform und die Koaxialität gemessen werden können. Die Führungssäule wird sicher auf der Platte der Messmaschine fixiert (Bild 1). Die Stirnfläche wird angetastet (Bild 2) und anschließend der Nullpunkt für das Werkstück definiert (Bild 3).

Von dem Zylinder ⌀20g6 an der Führungssäule ist folgende **Formtoleranz** *(form tolerance)* gefordert:

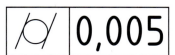

Zur Überprüfung der geforderten **Zylinderform** *(cylindric form)* muss die Führungssäule am Zylindermantel mehrfach abgetastet werden (Bild 4). Aufgrund der gemessenen Punkte (Seite 94 Bild 1) errechnet die Software der Messmaschine den kleinsten Hohlzylinder, der alle angetasteten Messpunkte beinhaltet. Als Messergebnis für die Zylinderform wird die Wandstärke des Hohlzylinders ausgegeben. Im Beispiel sind das 0,003 mm.
Von dem Zylinder ⌀20g6 an der Führungssäule ist auch noch folgende **Lagetoleranz** *(position tolerance)* gefordert:

1 Führungssäule auf der Messmaschine

2 Antasten der Stirnfläche

3 Definition des Werkstücknullpunkts

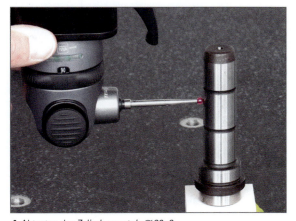

4 Abtasten des Zylindermantels ⌀20g6

[1] siehe Lernfeld 7 Kap. 1.5.4

6.7 Messen mit der Koordinatenmessmaschine

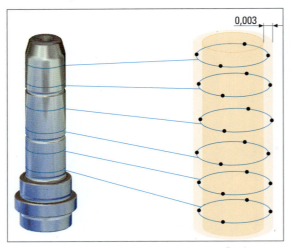

1 Abtasten der Zylindermantelpunkte auf ⌀20g6 zur Bestimmung der Zylinderachse

2 Abtasten des Zylindermantels zur Bestimmung der Zylinderachse

Da das Bezugselement A die Achse des Zylinders mit ⌀26k6 ist, wird zunächst diese Achse durch mehrmaliges Antasten des Zylindermantels bestimmt (Bild 2). Dazu werden mit 12 Messpunkten (1.1 bis 3.4) drei Kreise und deren Mittelpunkte (M1 bis M3) bestimmt. Aufgrund der drei Kreismittelpunkte berechnet die Software der Messmaschine die Lage der Zylinderachse (Bild 3).

Um die Koaxialität der Achse des Zylinders mit ⌀20g6 zum Bezugselement A zu ermitteln, wird dessen Achse auf die gleiche Weise wie beim ⌀26k6 bestimmt (Bilder 4 und 5). Die Software verlängert zur Bestimmung der Koaxialität die Achse bis zum Ende des Bezugselements. Anschließend berechnet sie den minimalen Durchmesser des Zylinders, in dem Bezugselement und verlängerte Achse liegen. Der errechnete Zylinderdurchmesser (im Bild 0,008 mm) gibt die Koaxialität an.

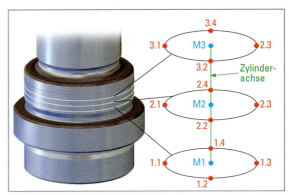

3 Abtasten der Zylindermantelpunkte auf ⌀26k6 zur Bestimmung der Zylinderachse

4 Abtasten der Zylindermantelpunkte auf ⌀20g6

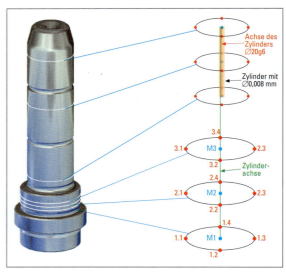

5 Abtasten der Zylindermantelpunkte auf ⌀20g6 zur Bestimmung der Zylinderachse und der Koaxialität

ÜBUNGEN

1. Welche Bedeutung hat die Wahl des Prüfzeitpunkts auf die Wirtschaftlichkeit der Fertigung?
2. Unterscheiden Sie 100 %-Prozent- und Stichprobenprüfung.
3. Welche Informationen enthält ein Prüfplan?
4. Begründen Sie, warum in der Serienfertigung das Messen gegenüber dem Lehren bevorzugt wird.
5. Erläutern Sie die 1 : 10-Regel.
6. Welche Messgenauigkeiten sind mit einer Feinzeiger Messschraube zu gewährleisten? Recherchieren Sie dazu auch im Internet bei entsprechenden Messgeräteherstellern.
7. Mit welchem Messgerät würden Sie den Nutdurchmesser im dargestellten Drehteil ermitteln?

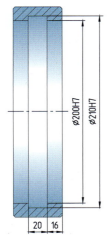

8. Begründen Sie vier Vorteile und zwei Nachteile des pneumatischen Messens und geben Sie an, unter welchen Bedingungen es ein wirtschaftliches Prüfverfahren ist.
9. Erläutern Sie die Funktionsweise und das Anwendungsfeld von Messprojektoren.
10. Unterscheiden Sie das Lehren und Messen von Gewinden und geben Sie zu jedem Verfahren ein Prüfgerät an.
11. Ermitteln Sie für das Profil die maximale Rautiefe R_t und die gemittelte Rautiefe R_z.

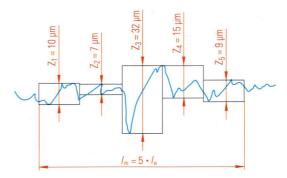

12. Unterscheiden Sie Rautiefe R_t, Glättungstiefe R_p und arithmetischen Mittenrauwert R_a.
13. Was spricht dagegen, Oberflächen besser als gefordert herzustellen?
14. Unterscheiden Sie subjektives und objektives Prüfen von Oberflächen.
15. Welcher Zusammenhang besteht zwischen Maßtoleranz und Oberflächenqualität?
16. Welcher grundlegende Unterschied besteht zwischen Form- und Lagetoleranzen?
17. Beschreiben Sie den Messvorgang mit einer Koordinatenmessmaschine.
18. Wie werden in Ihrem Betrieb Form- und Lagetoleranzen geprüft?

Projektaufgaben

1. Erstellen Sie einen Prüfplan nach dem Muster von Seite 78 für das Lagerteil von Seite 40.
2. Erstellen Sie einen Prüfplan nach dem Muster von Seite 78 für die Kolbenstange.

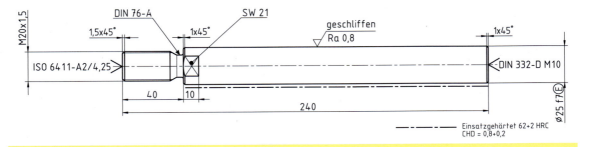

7 Cutting by chipping with machines

7.1 Safety rules

Since all machine tools have powerful motors which supply each machine with enough kinetic energy, the production of work pieces becomes more effective, faster and less exhausting for the skilled worker. However, using a lathe, milling or grinding machine can be very dangerous unless you keep the following basic safety rules in mind:

- Keep machines, all equipment and the surrounding area clean, tidy and in good condition.
- Before starting a machine make sure that you know how it is used correctly and how you can stop it.
- Make sure that all machine guards are in position before starting the machine.
- Check that chucks or cutters rotate in the correct direction before starting cutting operations.
- Check that the work area is clear and everything is properly secured before switching on the machine.
- Replace tools and equipment that are worn or damaged. Never walk away and leave the machine running. Switch off the machine at mains at the end of each day.

Assignments:

1. Use your English – German vocabulary list and translate the introduction and the safety rules.
2. Complete the following sentences by matching the words given in the box. Do not write into your technical book! Write your answers onto a separate piece of paper.

safety goggles, hairnet, slippery patches of oil, safety rules, gloves, safety boots, the mains, loose clothing, emergency exits and escape routes

Example:
a) Watch out for slippery patches of oil on the floor of the workshop.

b) Read all ..... carefully.
c) If you have long hair, don' forget to wear a .....
d) Put on your .... before start grinding.
e) Wear .... when you work with sheets of metal.
f) In case of emergency switch off .....
g) Don't forget to wear your ....
h) Never block ....
i) Do not wear .....

7.2 Turning

On the one hand, it is very important to know the function of a turning machine in order to avoid injuries caused by faulty operation. On the other hand, this knowledge is needed to avoid material defects caused by inaccurate handling.

Assignment:

The picture on page 23 shows a conventional lathe. Copy the table given below onto a separate piece of paper. Fill in the words given in the box.

English terms:
tailstock, machine bed, headstock, working spindle with chuck

location:
right hand end of the machine bed, left hand of the machine, headstock, main body

function:
Provides main frame for support of work piece and tool during machining.
Supports long work pieces during machining and holds drill during drilling or boring operations.
Houses main driving mechanism and gears for rotating the work piece.
Rotates and holds work piece during machining.

example

Begriff	English term	location	function
Maschinenbett	machine bed	main body	Provides main frame for support of work piece and tool during machining.
Reitstock			
Spindelstock			
Arbeitsspindel mit Backenfutter			

7.3 Milling

The following table shows different milling operations. Decide which of the given answers describe the milling operation best.

picture 1	a) end milling b) face milling c) milling with a convex cutter d) slab milling
picture 2	a) slitting b) milling with a T-slot cutter c) down cut milling d) face milling
picture 3	a) end milling b) milling with a T-slot cutter c) up cut milling d) milling with a side and face cutter
picture 4	a) end milling b) hobbing c) slotting d) milling with a side and face cutter

Different milling operations

Take a look at the following table. Then match a milling operation with an adequate explanation. Put down the sentences onto a separate piece of paper.

1. End milling is selected to machine…	a) …covers multi-axis milling of convex and concave shapes in two and three dimensions.
2. Side and face milling uses side and face milling cutters to machine…	b) …common milling operation and can be performed using a wide range of different tools. Cutters with a 45° entering angle are most frequently used, but round insert cutters and square shoulder cutters are also used for certain conditions.
3. General face milling is the most…	c) …shorter, shallower slots, especially closed grooves and pockets, and for milling keyways.
4. Profile milling…	d) …long, deep, open slots in a more efficient manner, and provide the best stability and productivity for this type of milling. They can also be built into a "gang" to machine more than one surface in the same plane at the same time.

Definitions of milling operations

7.4 Grinding

Picture 1 shows a die grinder. This kind of manual power tool is used to grind, sand, hone, polish or machine work pieces made of different materials. With an adequate carbide burr or rotary file one can machine steel, aluminium, copper, plastic and even wood. They are usually pneumatically driven. However, die grinder with electric and flexible shaft drive also exist.

1 Die grinder

Assignment:

Have a look at page 98. The picture shows a page from an original catalogue of grinding products. Below, three different situations (a…c) are described. Decide which carbide burr suits the given situation best. In addition, determine for each situation the operating speed for a carbide burr which has a diameter of 10 mm. Write your answer onto a piece of paper.

Example:
Situation: You want to burr a gear wheel made of PA 66.
→ Decision: According to the page of the catalogue the burr type ALU is the best choice, because it can be used for processing soft materials. According to the catalogue page, the recommended operating speed is 10,000 to 50,000 rpm.

a) You want to finish the edges of a work piece made of X20Cr13.
b) You want to equip your work bench with a new carbide rotary burr for common purposes.
c) You want to grind a work piece made of E 360.

CARBIDE ROTARY BURRS

Carbide burrs or rotary files are made in a variety of shapes and types, and are used for deburring, drilling, milling, and finishing numerous shapes and materials, including aluminium, copper, plastic, stainless steel, iron, castings, and titanium. For use on hand-held pneumatic and electric die grinders.

DIE GRINDER

Matching burr type to application

APPLICATION \ BURR TYPE	ALU	C	D	S
Aluminium	●			
Copper		●	●	●
Fibreglass			●	
Cast iron		●	●	●
Plastic	●	●	●	●
Hard rubber	●	●	●	●
Iron alloys			●	
Stainless steel		●	●	●
Nickel		●	●	●
Titanium			●	●
Zinc alloys	●			
Magnesium	●			

S   Standard tooth formation for general-purpose deburring
D   Diamond tooth for use on hard metals. Produces high surface quality, very small metal shavings and no blockage (double tooth)
C   For general-purpose deburring on high-tensile steel; small shavings, fast and easy (double tooth)
ALU   Aluminium tooth for processing non-metals and soft materials. Quick, easy stock removal.

Recommended operating speeds, by application

	Ø 3 mm	Ø 6 mm	Ø 10 mm	Ø 12 mm	Ø 16 mm
Steel	60,000 - 90,000	45,000 - 60,000	30,000 - 40,000	22,500 - 30,000	18,000 - 24,000
Hardened steel	60,000 - 90,000	30,000 - 45,000	19,000 - 30,000	15,000 - 22,500	12,000 - 18,000
Stainless steel	60,000 - 90,000	30,000 - 45,000	19,000 - 30,000	15,000 - 22,500	12,000 - 18,000
Grey castings	45,000 - 90,000	22,500 - 60,000	15,000 - 40-000	11,000 - 30,000	9,000 - 24,000
Titanium	60,000 - 90,000	30,000 - 45,000	19,000 - 30,000	15,000 - 22,500	12,000 - 18,000
Nickel	60,000 - 90,000	30,000 - 45,000	19,000 - 30,000	15,000 - 22,500	12,000 - 18,000
Copper	45,000 - 90,000	22,500 - 60,000	15,000 - 40-000	11,000 - 30,000	9,000 - 24,000
Aluminium	30,000 - 90,000	15,000 - 70,000	10,000 - 50,000	7,000 - 38,000	6,000 - 30,000
Plastic	30,000 - 90,000	15,000 - 70,000	10,000 - 50,000	7,000 - 38,000	6,000 - 30,000

QUALITY • SAFETY • COST-EFFECTIVENESS

1 *Catalogue page of grinding equipment*

7.5 Testing of lengths

As a skilled worker you have to use different kinds of measuring instruments. Pictures 1 to 6 show different versions of callipers and micrometers. Work with a partner. Look at the given examples and give the readings in English.

Watch out
Saying numbers in English can be confusing, since the comma is used differently as well as the point. Usually, we are in the habit of using the comma separating the full numbers and the decimals (e. g. π = 3,14159). In English, the comma separates thousands, millions, etc. (e. g. Great Britain has got a population of about 62,300,00). In return, the point separates the full numbers and the decimals (e. g. steel has got a density of 7.85 kg/dm^3).

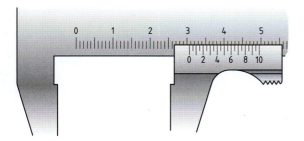

1 Vernier calliper with 1/20 vernier scale

5 Micrometer head

2 Dial calliper

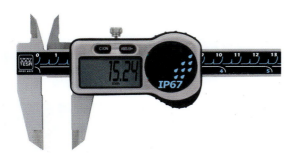

3 Digital calliper

6 Micrometer depth gauge

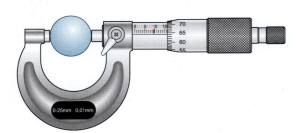

4 Outside micrometer

Lernfeld 6:
Herstellen technischer Teilsysteme des Werkzeugbaus

Der Werkzeugbau umfasst die Herstellung, Inbetriebnahme und Instandhaltung von:

- **Werkzeugen zum Schneiden** *(shearing)* und **Umformen** *(metal forming)* von Werkstücken z. B. aus Blech *(sheet)* oder Kunststoff sowie zum **Massivumformen** *(massive forming)* wie z. B. Schmieden *(forging)*
- **Werkzeugen zum Urformen** *(primary forming)* wie Spritzgießen *(injection moulding)*, Druckgießen *(pressure die casting)*, Kokillengießen *(gravity die casting)*, Schleudergießen *(centrifugal casting)*, Pressen *(pressing)* oder Extrudieren *(extruding)* von Werkstücken
- **Vorrichtungen** *(fixtures, jigs)* und **Lehren** *(gauges)* z. B. zum Positionieren *(positioning)*, Spannen *(clamping)*, Handhaben *(handling)* oder Prüfen *(testing)* von Werkstücken

In den drei Bereichen des Werkzeugbaus müssen unterschiedliche Anforderungen erfüllt werden. Für alle Bereiche gilt aber, dass das zu fertigende Produkt die Funktion, Konstruktion und den Aufbau der Werkzeuge grundlegend bestimmt. Die Produkte können aus sehr unterschiedlichen Werkstoffen bestehen und sich dadurch z. B. in Bezug auf ihre Festigkeit, ihr thermisches Verhalten etc. stark unterscheiden. Weitere Unterschiede liegen z. B. in den zu erreichenden Toleranzen der Produkte vor, sodass im Werkzeugbau nicht nur das eigentliche Werkzeug betrachtet werden darf. Die Umgebung der Werkzeuge mit ihren Führungen *(guidances)* und Zufuhreinrichtungen *(feeding devices)* ist genauso wichtig. In diesem Lernfeld wird deshalb immer ausgehend vom zu fertigenden Produkt sowohl das Werkzeug betrachtet und analysiert als auch seine Umgebung.

Die nebenstehende Tabelle gibt einen Überblick über die Aufgaben und Funktionsprinzipien der unterschiedlichen Werkzeuge.

Ausgehend von der Analyse der Werkzeuge planen Sie in diesem Lernfeld die Herstellung ihrer Teilsysteme. Hierzu analysieren Sie diese nach den **Funktionen Führen**, **Tragen**, **Übertragen** und ermitteln die zugehörigen Kenngrößen und leiten aus der Funktion der Teile und den Werkstoffangaben die notwendigen **Werkstoffeigenschaften** ab. Sie wählen die erforderlichen Prüfverfahren aus, um die vorliegenden mechanischen und technologischen Eigenschaften der Werkstoffe zu ermitteln.

Sie montieren die Einzelteile der Teilsysteme unter Beachtung der Bestimmungen des Arbeitsschutzes. Hierzu wählen Sie die erforderlichen Werkzeuge, Hilfs- und Prüfmittel aus.

1 Systeme und Teilsysteme des Werkzeugbaus

	Schneidwerkzeug	Spritzgießform	Vorrichtung
Produkt			
Werkzeug bzw. Vorrichtung			
Funktionsprinzip	1. Stauchen 2. Scheren 3. Trennen	1. Füllen der Form 2. Entformen des Produkts	1. Positionieren 2. Spannen
	Der Schneidstempel setzt auf das Blech auf. Zunächst biegt es sich elastisch und dann plastisch durch. Beim Eindringen des Stempels in das Blech wird dessen Scherfestigkeit überschritten. Es bilden sich zuerst Risse, die von der Schneidplattenkante ausgehen. Dann folgen weitere Anrisse, die von der Stempelkante in den Werkstoff laufen. Das Werkstück wird schließlich getrennt und es kommt zur Zipfelbildung. Nach dem Trennvorgang fährt der Stempel nach oben. Dabei muss die Abstreifkraft zwischen Blech und Stempel überwunden werden. Das ausgestanzte Werkstück muss sicher ausgestoßen werden. Danach wird der Blechstreifen um ein festgelegtes Maß verschoben und ein neuer Schneidvorgang beginnt.	Vom Artikel bzw. Produkt sollen 10000 Stück hergestellt werden. Dazu dient eine Dauerform aus Stahl mit Hohlräumen (Kavitäten), in die der Kunststoff eingespritzt wird. Dieses Herstellungsverfahren heißt Spritzgießen. Am Beispiel des Spritzgießens werden die Grundlagen der Urformverfahren des Formenbaus erläutert, die auch für andere Urformverfahren gelten. Um das Bauteil durch Urformen herzustellen, muss folgender Prozess durchlaufen werden: ■ Bereitstellen und Aufbereiten des Produktwerkstoffs ■ Schließen und Zuhalten der Dauerform ■ Füllen des Formhohlraums ■ Erstarren des Artikels in der Form ■ Öffnen der Form ■ Entformen des Produkts	Vorrichtungen dienen in der Serienfertigung zur kostengünstigen Herstellung von Produkten. Sie werden z. B. bei spanender Fertigung und der Montage eingesetzt. In allen Fällen dienen sie zum ■ Positionieren und ■ Spannen von Werkstücken. Ergänzende Aufgaben können das ■ Stützen und ■ Führen von Werkstücken sein. Nachdem das Werkstück in seiner Lage über Bestimmelemente vollpositioniert und über Spannelemente sicher fixiert ist, erfolgt seine Bearbeitung. Die dabei auftretenden Kräfte sollen möglichst von den formschlüssigen Bestimmelementen aufgenommen werden.

1.1 Systeme und Teilsysteme der Schneid- und Umformtechnik

Der Vorteil der spanlosen Stanz- und Umformtechnik[1] gegenüber anderen Fertigungsverfahren besteht darin, dass komplizierte Produkte mit hohen Genauigkeiten und in hohen Stückzahlen in kurzer Zeit gefertigt werden können. Die Ausnutzung des Werkstoffes ist dabei wegen des geringen Abfalls sehr gut. Zu den Stanz- und Umformwerkzeugen *(punching and forming tools)* gehören z. B. Schneidwerkzeuge *(cutting tools)* und Biegewerkzeuge *(bending tools)*.

1.1.1 Schneidwerkzeug

Die Hauptaufgabe der Schneidwerkzeuge besteht im Herstellen von Produkten durch **Trennen** *(parting)* aus zugeführtem Band- oder Streifenmaterial. Der Begriff „Stanzen" wird in der Norm nicht aufgeführt, ist aber als Fachbegriff so üblich und verbreitet, dass er hier auch verwendet wird.

Die formgebenden Werkzeuge sind zweiteilig aufgebaut (Bild 1) und werden durch mechanische oder hydraulische Pressen betätigt. Für die **Fertigungsgenauigkeit** sind die **Maß- und Formgenauigkeit** des Werkzeugs und die **Führungsgenauigkeit** enentscheidend.

Das Stanzwerkzeug besteht aus einem Ober- und einem Unterteil. Das **Unterteil** ist fest montiert, das **Oberteil** bewegt sich nach oben und unten. Um eine exakte Führung des Oberteils zu gewährleisten, besitzt es **Führungsbuchsen** *(bushings)*. Diese werden von den Säulen des Unterteils geführt.

Die Kraftübertragung erfolgt auf die obere Spannplatte über die Stempelhalteplatte *(punch holder)* auf die Locher bzw. Stempel *(punch)*.

In einem Schneidwerkzeug müssen außerdem die Auf- und Abwärtsbewegungen des Werkzeugs und der Vorschub des zugeführten Materials genau aufeinander abgestimmt sein, damit es nicht zu Beschädigungen des Werkzeuges oder zu fehlerhaften Werkstücken kommt.

> **MERKE**
> Die Stanz- und Umformtechnik zeichnet sich durch eine hohe Werkstoffausnutzung mit geringem Verschnitt bei meist hohen Stückzahlen aus.

Das hier hergestellte runde Werkstück (Ronde) *(circular blank)* besitzt nur eine einfache Außenkontur. Es kann an einer Presse gefertigt werden, die ohne Automatisierung von einem Mitarbeiter betätigt wird. Das Werkzeug benötigt lediglich einen Anschlag, gegen den der Mitarbeiter das Streifenmaterial schiebt. Seitlich führen **Führungsleisten** *(work guides)* den Streifen. Der Mitarbeiter betätigt die Presse, die Ronde wird ausgeschnitten und das Werkzeug fährt nach oben. Damit der Mitarbeiter den Streifen immer um das gleiche Maß weiterschiebt (Vorschub), wird ein **Anlagestift** (Bild 2) verwendet. Beim Vorschub wird der Streifen angehoben, über den Anlagestift gehoben und bis zur Anschlagfläche weitergeschoben. Anschließend startet der Mitarbeiter einen neuen Schneidvorgang.

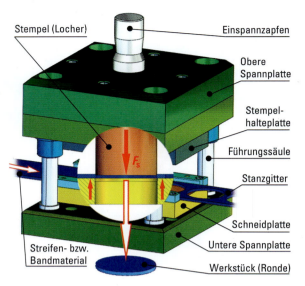

1 Prinzip Schneidwerkzeug

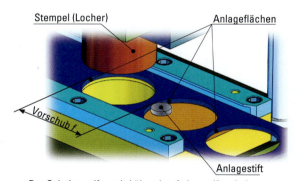

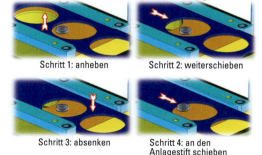

2 Vorschub des Streifens

[1] siehe Lernfeld 11 Kap. 1

1.1 Systeme und Teilsysteme der Schneid- und Umformtechnik

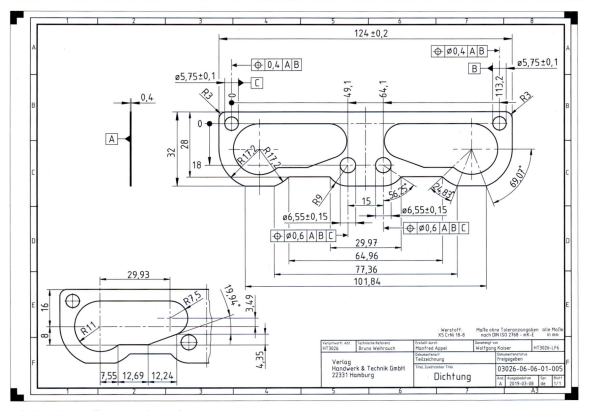

1 *Getriebedichtung (Fertigungszeichnung)*

1.1.1.1 Folgeschneidwerkzeug *(progressive shearing tool)*

Die in den Bildern 1 und 2 dargestellte Getriebedichtung wird in stufenlosen Schleppergetrieben eingebaut, die in der Landtechnik zum Einsatz kommen.

Die Dichtung besitzt zwei Innenkonturen und eine Außenkontur sowie vier Löcher. Beim Auflegen der Dichtung zentrieren sich die Löcher in Passhülsen *(dowel pins)*, die im Getriebe eingepresst sind. Im Gegensatz zur Fertigung der einfachen Ronde (Seite 102 Bild 2) wird die Dichtung in hohen Stückzahlen gefertigt und die Bohrungen sind eng toleriert. Eine manuelle Positionierung des Stanzstreifens scheidet daher aus, die Fertigung muss voll automatisiert erfolgen. Die Automatisierung des Fertigungsprozesses hat unmittelbare Auswirkungen auf die Konstruktion des Werkzeugs, da dieses an der exakten Positionierung des Stanzstreifens beteiligt ist. Das grundlegende Funktionsprinzip bleibt aber gegenüber dem einfachen **Einverfahrenschneidwerkzeug** (Seite 102 Bild 2) unverändert. Es finden aber mehrere Schneidverfahren in einem Werkzeug nacheinander statt. Ein solches Schneidwerkzeug wird deshalb als **Folgeschneidwerkzeug** bezeichnet.

Finden **mehrere** Schneidvorgänge in einem Werkzeug **gleichzeitig** statt, dann handelt es sich um ein **Gesamtschneidwerkzeug**[2] *(combination shearing tool)*. Einen Überblick über die Schneidverfahren zeigt (Bild 3).

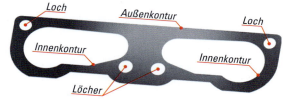

2 *Dichtung aus X5CrNi18-8 für ein Lastschaltgetriebe*

3 *Einteilung der Schneidwerkzeuge*

> **MERKE**
> Werden hohe Stückzahlen benötigt, ist eine automatisierte Fertigung kostengünstiger. Dies rechtfertigt den Aufwand für ein komplexeres Werkzeug.

---

1) siehe Lernfeld 11 Kap. 1

Fertigung der Getriebedichtung

Die in der Stempelhalteplatte (Bild 1) montierten Stempel schneiden im Zusammenspiel mit der Schneidplatte die Löcher, Innenkonturen und die fertige Dichtung (Außenkontur) nacheinander aus. Während der Auf- und Abwärtsbewegung führen Säulen das Werkzeugoberteil in Buchsen. Der Stanzabfall und die fertige Dichtung fallen durch Bohrungen und Durchbrüche *(openings)* in der Schneidplatte herab. Der Vorschubapparat transportiert das Stanzgitter *(punching scrap)* durch das Schneidwerkzeug. Seitlich wird das Bandmaterial durch Führungsleisten geführt, die so gestaltet sind, dass sie auch als Zwangsabstreifer funktionieren. Würde das Bandmaterial während der Vorschubbewegung eben auf der Schneidplatte *(cutting tip)* aufliegen, könnte es durch Verunreinigungen, einen Ölfilm o. ä. an der Schneidplatte haften. Deshalb sind in der Schneidplatte federnd gelagerte Pilzheber eingebaut. Diese drücken das Bandmaterial während der Vorschubbewegung nach oben. Durch die **Führungsleisten** und **Pilzheber** ist sichergestellt, dass das Bandmaterial zuverlässig durch das Werkzeug läuft.

Die Fertigung der Dichtung erfolgt in vier Pressenhüben, zwischen denen das Bandmaterial jeweils um den Vorschub f weitergeschoben wird (Seite 105 Bild 2).

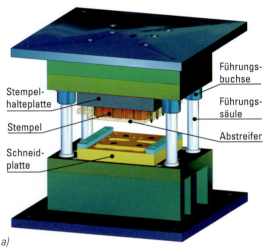

1 Schneidwerkzeug a) gesamt b) aufgeklappt

1. Pressenhub (Bild 2)

Das Werkzeugoberteil fährt herab. Die Stempel 1…4 fertigen die zum späteren Auflegen der Dichtung notwendigen Löcher 1…4. Die Stempel 5 und 6 schneiden Löcher aus, die sich außerhalb der Außenkontur der Dichtung befinden. In diese Löcher tauchen später die Suchstifte ein. Sie dienen in den folgenden Pressenhüben zur exakten Positionierung des Bandmaterials. Die ausgeschnittenen Butzen *(slugs)* fallen durch die Bohrungen 1…6 der Schneidplatte nach unten. Anschließend fährt das Werkzeugoberteil nach oben und das Band wird weitergeschoben.

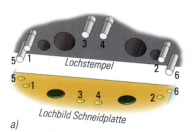
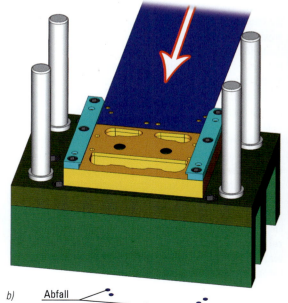

2 1. Pressenhub: a) Werkzeug b) Schneidvorgang

2. Pressenhub (Bild 1)

Der Vorschub des Bandmaterials wird kurz freigegeben (gelüftet) und das Werkzeugoberteil fährt herab. Die Suchstifte gleiten in die Löcher 5 und 6. Sie positionieren und halten das Bandmaterial. Anschließend schneiden die Formstempel 7 und 8 die Innenkonturen der Dichtung aus. Das ausgeschnittene Material fällt durch die Durchbrüche nach unten, das Werkzeugoberteil fährt nach oben und das Band wird weitergeschoben.

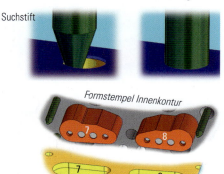
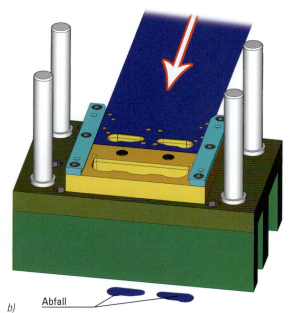

1 2. Pressenhub: a) Werkzeug b) Schneidvorgang

Überlegen Sie!

Im nebenstehenden Bild wird das Stanzgitter für den 1. und 2. Pressenhub gezeigt.
Skizzieren Sie das Stanzgitter für den 3. und 4. Pressenhub.

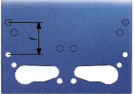

2 Arbeitsfolge und Stanzgitter

3. Pressenhub (Leerhub; Bild 3)

Damit der Stanzabfall und die ausgeschnittene Dichtung sicher und getrennt aufgefangen werden können, befindet sich zwischen den Formstempeln 7/8 und dem Formstempel 9 ein Abstand, in dem keine Schneidplattendurchbrüche vorhanden sind. In diesem Bereich erfolgt kein Schneidvorgang, weshalb der 3. Pressenhub als **Leerhub** bezeichnet wird. Im Leerhub wird das Band lediglich weitergeschoben. Dieser Abstand erleichtert auch die Montage und Fertigung des Werkzeugs.

Da bei diesem Schneidwerkzeug genormte Säulengestelle verwendet werden und auch in der Presse genügend Raum vorhanden ist, lässt sich diese Konstruktion gut realisieren.

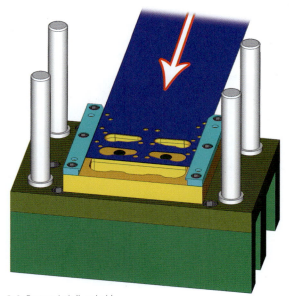

3 3. Pressenhub (Leerhub)

4. Pressenhub (Bild 1)

Der Vorschub des Bandmaterials wird kurz freigegeben (gelüftet) und das Werkzeugoberteil fährt herab. Die Suchstifte gleiten in die Löcher 5 und 6 und positionieren das Bandmaterial. Anschließend schneidet der Formstempel 9 die Außenkontur der Dichtung aus. Das ausgeschnittene Material fällt durch den Durchbruch nach unten und das Werkzeugoberteil fährt nach oben. Die Fertigung **einer** Dichtung ist damit abgeschlossen, das Band wird weitergeschoben und die Fertigung weiterer Dichtungen fortgesetzt.

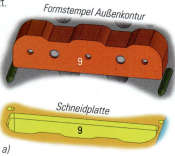
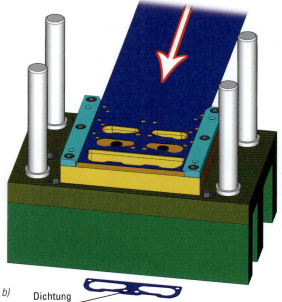

1 4. Pressenhub: a) Werkzeug b) Schneidvorgang

Überlegen Sie!

1. Welchen Einfluss hat der Leerhub auf die Produktivität (productivity) der Fertigung, wenn pro Jahr 100000 Dichtungen gefertigt werden?
2. Welche Vorteile besitzt die beschriebene automatisierte Fertigung gegenüber der Fertigung, wie sie in Bild 2 auf Seite 102 dargestellt ist?

1.1.1.2 Vorschubeinrichtung (feeding device)

Das Blech wird als Bandmaterial in sogenannten **Coils** (Bild 2) geliefert. Bei geringeren Stückzahlen werden gelegentlich auch **Blechstreifen** verwendet. Eine Haspel (reel) nimmt das Coil auf, die drei Spannbacken fahren auseinander und spannen das Coil (Bild 3). Der Vorschubapparat (feeding device) transportiert das Band vom Coil über Rollen in die Presse. Der hier verwendete Walzenvorschub ist mit der Pressensteuerung verknüpft und sorgt für die Einhaltung des eingestellten Vorschubweges. Die im Fertigungsablauf beschriebenen Suchstifte erhöhen dabei die Vorschubgenauigkeit. Während der Vorschubapparat an dem Band zieht, wird das Blechband von den Rollen gehoben. Damit die erforderlichen Vorschubkräfte für den Vorschubapparat nicht zu groß werden, besitzt die Haspel einen Antriebsmotor, der sie dreht und wieder Blechband abwickelt. Dadurch wird die Spannung im Blechband wieder geringer und es sinkt auf die Rollen herab.

Beim Positionieren des Bandes durch die Suchstifte muss, wie beim Fertigungsablauf beschrieben, der Vorschub freigegeben werden. Dieses geschieht durch Anheben einer Vorschubwalze (Seite 107 Bild 2). Der Zeitpunkt und die Zeitdauer des Lüftens sind von entscheidender Bedeutung und müssen genau mit der Pressenbewegung abgestimmt sein. Gelüftet wird, während die konischen Enden der Suchstifte in die Positionierungslöcher tauchen. Wird der Lüftvorgang vorher beendet, verformen die

2 Coils

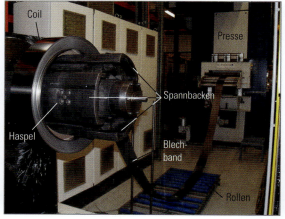

3 Coil auf Haspel

1.1 Systeme und Teilsysteme der Schneid- und Umformtechnik

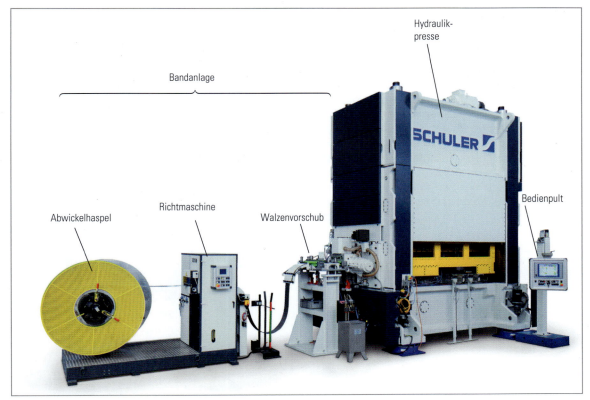

1 Gesamtsystem

Suchstifte die Löcher im Blechband und können beschädigt werden, da eine Positionierung durch den Vorschubapparat verhindert wird.

Um eine fehlerfreie Produktion sicherzustellen, genügt deshalb nicht nur die Betrachtung des Schneidvorgangs, es muss immer das Gesamtsystem (Bild 1) berücksichtigt werden. Bei modernen Pressen ist deshalb der Aufwand an Steuerungs- und Regelungstechnik erheblich.

1.1.1.3 Schneidspalt *(die clearance)*

Die einfachsten Konturen der Getriebedichtung sind kreisrunde Löcher, deren Fertigung hier deshalb genauer betrachtet wird. Der Lochstempel 5 *(piercing punch)* setzt auf das Blech auf. Zunächst biegt sich das Blech elastisch und anschließend plastisch durch (Bild 3).

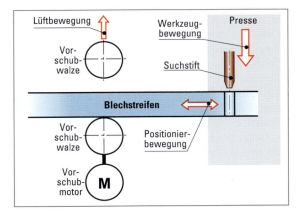

2 Vorschubapparat – Lüften

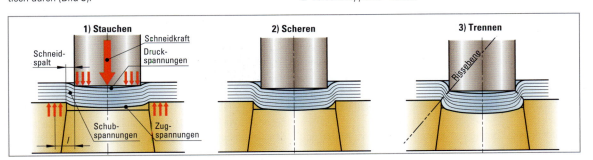

3 Schneidvorgang

Beim Eindringen des Stempels in das Blech wird die **Scherfestigkeit** des Bleches überschritten. Es bilden sich zuerst Risse, die von der Schneidplattenkante ausgehen. Dann folgen weitere Anrisse, die von der Stempelkante in den Werkstoff laufen. Das Werkstück wird schließlich getrennt.

Nach dem Trennvorgang fährt der Stempel nach oben. Dabei muss die **Abstreifkraft** (Reibungskraft) *(stripping force)* zwischen Blech und Stempel überwunden werden (Bild 1). Hier besteht die Gefahr, dass der Stempel das Blechband mit nach oben zieht. Dadurch wird der Produktionsablauf gefährdet. Das Schneidwerkzeug wird deshalb durch einen federnden **Abstreifer** *(stripper plate)* ergänzt (Bild 2). Der Stempel fährt nach dem Schneidvorgang nach oben. Die Druckfedern drücken den Abstreifer nach unten. Dadurch wird das Blechband vom Stempel abgestreift (Bild 3).

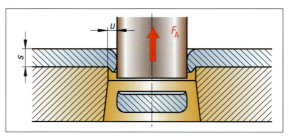

1 *Abstreifkraft*

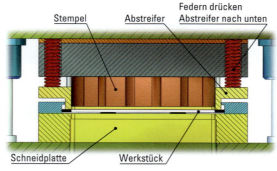

3 *Prinzip Abstreifer*

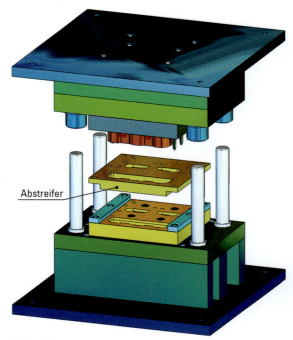

2 *Abstreifer am Werkzeug*

Zwischen der Schneidkante *(cutting edge)* eines Stempels und der entsprechenden Schneidkante der Schneidplatte befindet sich ein **Schneidspalt** u *(die clearance)* (Bild 1). Dieser Spalt ist notwendig, damit die beim Schneidvorgang auftretende Rissbildung ausgehend von der Schneidplatte und vom Stempel gewährleistet ist. Während des Schneidvorganges treten im Werkstoff Druck-, Zug- und Schubspannungen auf. Der Werkstoff wird durch ein Biegemoment um die Schneidplatte gebogen. Dieses Biegemoment ist bei einem großen Schneidspalt höher als bei einem kleinen Schneidspalt. Dadurch werden das Risswachstum begünstigt und die Schneidkraft sowie die Schneidarbeit W verringert (Bild 4). Der Schneidspalt beeinflusst die Spannungsverhältnisse im Werkstoff stark. Wird der Schneidspalt verringert, begünstigt dies den Gleitbruch *(gliding fracture)* durch plastische Verformung gegenüber einem spröden Trennbruch *(cleavage fracture)*. Der Gleitbruch zeigt sich an der Schnittfläche des Werkstückes durch den Glattschnittanteil und der Trennbruch durch die Bruchfläche *(area of fracture)* (Seite 109 Bild 2). Die Schneidspaltbreite hat auch einen großen Einfluss auf die Standzeit eines Werkzeugs.

Unter **Standzeit** *(tool life, regrind life)* versteht man die Zeit, die ein Werkzeug im Einsatz ist, bis es scharfgeschliffen werden muss.

Die **Standmenge** *(pieces per grind)* bezeichnet die Anzahl der Werkstücke, die in dieser Zeit gefertigt werden können.

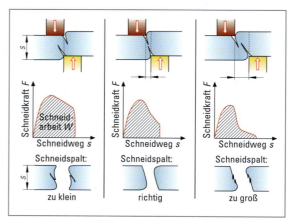

4 *Auswirkungen der Änderung des Schneidspalts*

Besonders wichtig ist, dass die Spaltbreite an allen Stellen des Schnitts völlig gleichmäßig ist. Bei ungleichmäßiger Schneidspaltbreite werden die Stempel weggedrückt, was zu erhöhtem

1.1 Systeme und Teilsysteme der Schneid- und Umformtechnik

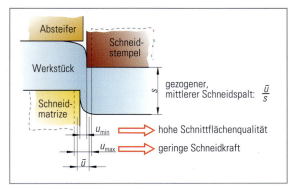

1 Schneidspalt

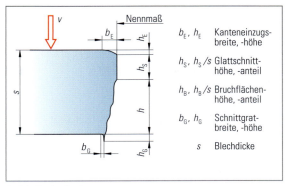

2 Schnittoberfläche

Verschleiß insbesondere der Führungen beiträgt. Die Einhaltung der Spaltbreite stellt daher besondere Anforderungen an die Fertigung der Werkzeuge.

Die Größe des Schneidspalts hängt ab von:
- der Dicke des Werkstoffs
- der Art des Werkstoffs und hier besonders von seiner Scherfestigkeit

Wird der Schneidspalt vergrößert (Bild 1), dann
- verringert sich die Schneidkraft
- verschlechtert sich die Oberflächengüte der Schnittflächen
- erhöht sich die Gratbildung
- erhöht sich die Standzeit
- wird eine geringere Maßgenauigkeit erreicht

Wird der Schneidspalt verringert, dann treten die gegenteiligen Effekte auf.

Den für alle Schneidverhältnisse optimalen Schneidspalt gibt es somit nicht, da sowohl bei der Vergrößerung als auch bei der Verkleinerung der Spaltbreite positive und negative Effekte auftreten. Entscheidend ist deshalb, auf welche Folgen besonderer Wert gelegt wird.

Meist wird der Spalt so ausgelegt, dass die Risse, ausgehend von der Schneidplatte und dem Stempel, aufeinander zu- und nicht aneinander vorbeilaufen. Schneidkraft und -arbeit, Werkzeugverschleiß und die Belastung aller Bauteile sind dann bei ausreichender Maßhaltigkeit und Oberflächengüte am niedrigsten. In der Praxis liegt der Schneidspalt zwischen 5 % und 10 % der Werkstückdicke. Bei der Fertigung der Getriebedichtung wird mit einem Schneidspalt von 0,02 mm gearbeitet.

Bei der Fertigung der Stempel und der Schneidplattendurchbrüche ist zu beachten, dass beim **Lochen** der Stempel das Werkstückmaß bestimmt (Bild 3). Deshalb erhält der Stempel das Sollmaß des Werkstückes. Der Schneidplattendurchbruch wird um das doppelte Maß des Schneidspaltes vergrößert gefertigt. Beim **Ausschneiden** bestimmt der Schneidplattendurchbruch das Werkstückmaß. Deshalb muss der Schneidplattendurchbruch das Sollmaß des Werkstückes besitzen. Der Stempel wird um das doppelte Maß des Schneidspaltes verkleinert gefertigt. Schneidplatten und Stempel verschleißen während der Fertigung. Die Stempeldurchmesser werden dadurch kleiner und die Schneidplattendurchbrüche größer. Damit möglichst viele

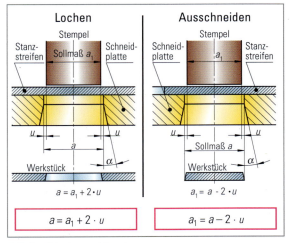

3 Sollmaß Lochen und Ausstanzen

Werkstücke gefertigt werden können, ist es üblich, dass beim **Ausschneiden** die Schneidplatten ein Maß erhalten, das zwischen der Toleranzmitte und dem Mindestmaß des Werkstückes liegt. Beim **Lochen** erhält der Stempel ein Maß, das zwischen der Toleranzmitte und dem Höchstmaß der Lochung liegt. Weitere Empfehlungen können der VDI-Richtlinie 3368 entnommen werden.

> **MERKE**
> Die Größe des Schneidspalts ist für den Schneidvorgang von großer Bedeutung. Für die Einhaltung des richtigen Schneidspaltmaßes ist eine sorgfältige Fertigung und Instandhaltung der Schneidwerkzeuge entscheidend.

Werden die Werkzeuge so gefertigt, dass die gewünschte Schneidspaltbreite eingehalten wird, können insbesondere im Laufe vieler Schneidvorgänge trotzdem Fehler auftreten. Diese können z. B. durch
- unterschiedliche Härten der Schneidkanten
- versetztes oder schiefes Einspannen der Stempel
- Durchfedern des Pressentisches
- Führungsungenauigkeiten

verursacht werden.

> **Überlegen Sie!**
> Die Dichtung hat eine Breite von 124±0,2 mm und zwei Löcher haben den Durchmesser 5,75±0,1 mm.
> Legen Sie das Nennmaß für den Durchbruch in der Schneidplatte und die Lochstempel fest.

1.1.1.4 Gratbildung *(burr formation)*

Beim Scherschneiden tritt im Allgemeinen ein Grat *(burr)* am Werkstück auf (Bild 1), da der Werkstoff zu einem gewissen Anteil plastisch verformt wird und schließlich abreißt. Die Höhe des Grates hängt von der Werkstoffdicke, der Zugfestigkeit und der Bruchdehnung des Werkstoffs ab. Weitere Einflussgrößen sind die Genauigkeit des Werkzeugs, seiner Führung in der Presse und die Größe des Schneidspalts.

Bei einem zu großen Schneidspalt wird der Werkstoff weniger geschnitten als umgeformt und gebrochen. Ein Teil des Werkstoffes wird nach unten gezogen und reißt ab. Es entsteht ein großer und kräftiger **Abreißgrat**.

Ist der Schneidspalt zu klein, treffen sich die Risse, die von der Schneidplatte und dem Stempel ausgehen, nicht. Der Stempel zieht einen Teil des Werkstoffes durch den zu engen Schneidspalt. Dabei wird der Werkstoff plastisch verformt und es entsteht ein hoher und dünner **Ziehgrat**.

Im Laufe der Fertigung tritt an den Stempeln und der Schneidplatte Verschleiß auf. Dadurch werden die Schneidkanten abgerundet. Beim Schneidvorgang biegt sich der Werkstoff um die stumpfen Schneidkanten und es entsteht der sogenannte **Biegegrat**. Die genaue Untersuchung der entstandenen Grate ermöglicht Rückschlüsse auf den Zustand der Werkzeuge.

Lage des Grats

Auf welcher Seite des ausgeschnittenen Werkstücks sich ein Grat befindet, wird durch das Schneidverfahren bestimmt (Bild 2). Bei der Getriebedichtung wird das Werkstück zunächst gelocht. Dabei entsteht ein Grat, der auf der Unterseite der Dichtung liegt, also der Seite, die der Schneidplatte zugewandt ist. Auf der gleichen Seite liegt der Grat, der beim Ausschneiden der Innenkonturen entsteht.

Beim Ausschneiden der gesamten Dichtung liegt der Grat auf der Oberseite der Dichtung, also auf der Seite, die dem Stempel zugewandt ist.

Aus der Lage des Grates lassen sich somit Rückschlüsse auf den Fertigungsablauf ziehen.

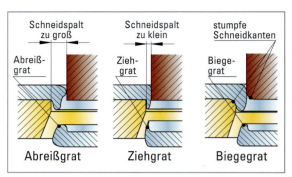

1 Gratbildung

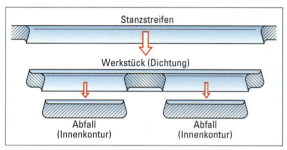

2 Gratlage

1.1.1.5 Schneidkräfte *(cutting forces)*

Für die Gestaltung von Schneidwerkzeugen und für die Auswahl von Pressen sind die beim Ausschneiden und Lochen auftretenden Kräfte von großer Bedeutung.

Die Schneidkräfte hängen ab
- vom Werkstoff des Bandmaterials,
- von der auszuschneidenden Kontur und
- von der Blechdicke.

$$F = A \cdot \tau_{aB}$$

F: Schneidkraft
A: Scherfläche
τ_{aB}: Scherfestigkeit

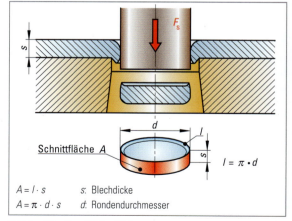

$A = l \cdot s$ s: Blechdicke
$A = \pi \cdot d \cdot s$ d: Rondendurchmesser
$l = \pi \cdot d$

3 Schneidkraft und Scherfläche

Beispielaufgabe

Berechnung der Schneidkraft für den Lochstempel 5:
Durchmesser des Lochstempels: $d = 6$ mm
Blechdicke: $s = 0{,}4$ mm
$\tau_{aB} = 700$ N/mm²

Die Scherfestigkeit τ_{aB} kann dem Tabellenbuch entnommen oder für Stahl näherungsweise aus der Zugfestigkeit R_m berechnet werden. Dabei gilt:
$\tau_{aB} \approx 0{,}8 \cdot R_m$
Für die Zugfestigkeiten R_m werden meist Mindest- und Höchstwerte angegeben. Bei der Berechnung der Scherfestigkeiten τ_{aB} sind stets die Höchstwerte zu verwenden. Dadurch ist gewährleistet, dass die berechneten Schneidkräfte sicher ausreichen, um den Schneidvorgang durchzuführen.

Lösung:
$F = A \cdot \tau_{aB}$

$A = l \cdot s$
$A = \pi \cdot d \cdot s$
$A = \pi \cdot 6 \text{ mm} \cdot 0{,}4 \text{ mm}$
$\underline{A = 7{,}54 \text{ mm}^2}$

$F = 7{,}54 \text{ mm}^2 \cdot 700 \dfrac{\text{N}}{\text{mm}^2}$

$\underline{F = 5278 \text{ N}}$

Überlegen Sie!

Beim ersten Pressenhub werden insgesamt 6 Löcher ausgestanzt. Berechnen Sie die dazu erforderliche Schneidkraft, wenn die Lochstempel folgende Durchmesser haben:

Lochstempelnummer	Durchmesser in mm
1, 2	5,75
3, 4	6,55
5, 6	6,00

Beispielaufgabe

Berechnung der Schneidkraft für die Formlocher 7 und 8 zur Fertigung der Innenkontur:

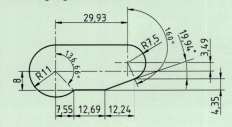

Formlocher vereinfacht dargestellt

Lösung:
$F = A \cdot \tau_{aB}$

$A = l \cdot s$

Berechnung der geraden Kantenlängen:
$l_{1,2,3} = 12{,}69 \text{ mm} + 29{,}93 \text{ mm} + \dfrac{12{,}24 \text{ mm}}{\cos 19{,}94°}$

$\underline{l_{1,2,3} = 55{,}64 \text{ mm}}$

Berechnung der Kreisbogenlängen
$l = \dfrac{\pi \cdot r \cdot \alpha}{180°}$

$l_4 = \dfrac{\pi \cdot 11 \text{ mm} \cdot 223{,}34°}{180°}$

$\underline{l_4 = 42{,}88 \text{ mm}}$

$l_5 = \dfrac{\pi \cdot 7{,}5 \text{ mm} \cdot 160°}{180°}$

$\underline{l_4 = 20{,}93 \text{ mm}}$

Berechnung der Länge l:
$l = 55{,}64 \text{ mm} + 42{,}88 \text{ mm} + 20{,}93 \text{ mm}$

$\underline{l = 119{,}45 \text{ mm}}$

Da zwei Formlocher vorhanden sind, wird die Länge l verdoppelt:
$l_{ges} = 2 \cdot 119{,}45 \text{ mm}$

$\underline{l_{ges} = 238{,}9 \text{ mm}}$

$A = l_{ges} \cdot s$
$A = 238{,}9 \text{ mm} \cdot 0{,}4 \text{ mm}$
$\underline{A = 95{,}56 \text{ mm}^2}$

$F = 95{,}56 \text{ mm}^2 \cdot 700 \dfrac{\text{N}}{\text{mm}^2}$

$\underline{F = 66\,892 \text{ N}}$

1.1.1.6 Beanspruchung von Stempel und Schneidplatte
(load and stress of punch and cutting tip)

Beim Schneidvorgang werden die Stempel *(punch)* und die Schneidplatte *(cutting tip)* auf Flächenpressung und Reibung beansprucht. Deshalb werden sie gehärtet und geschliffen. Dabei ist neben einer ausreichenden aber auch nicht zu hohen Härte wichtig, dass die Bauteile gleichmäßig gehärtet sind, da sonst ungleichmäßiger Verschleiß auftritt (siehe Kap. 1.1.3).

Neben der richtigen Werkstoffwahl und der korrekten Wärmebehandlung spielt aber auch die Konstruktion des Werkzeugs eine entscheidende Rolle. Sind die Stempel in Hinblick auf die Werkstoffdicke und -festigkeit sowie den Stempeldurchmesser zu lang, können sie abknicken (Bild 1).

1 Knickung

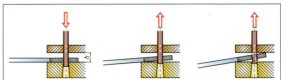

2 Wippbewegung

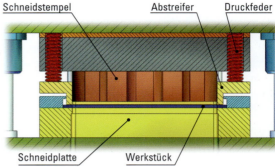

3 Abstreifer presst beim Herabfahren des Werkzeugoberteils das Blechband auf die Schneidplatte

Sind die Stempel richtig bemessen, können sie trotzdem abbrechen, wenn sie z. B. durch Verschleiß nicht mehr richtig geführt werden und auf die Schneidplatte treffen.

Bei der Aufwärtsbewegung streifen die Stempel das Blech ab. Dabei wirkt die Abstreifkraft, denn das ausgeschnittene Loch federt nach dem Ausschneiden elastisch zurück. Die Abstreifkraft beträgt bei Blechen bis zu Dicken von 2 mm ca. 10 % der Schneidkraft, bei dickeren Blechen 30 % und mehr.

Ist die Auflagefläche des Bleches gering bzw. die Führungsleiste zu hoch angebracht, kann es zu Wippbewegungen (Bild 2) während der Stempelhübe kommen. Dadurch wird der Stempel auf Biegung beansprucht und kann ebenfalls abbrechen.

Diese Gefahr wird durch den Abstreifer beseitigt, der im vorliegenden Schneidwerkzeug auch als Niederhalter dient (Bild 3). Beim Herabfahren des Werkzeugoberteils presst der Abstreifer das Blechband auf die Schneidplatte, verhindert so die Wippbewegungen und gewährleistet, dass das dünne Blechband eben auf der Schneidplatte liegt.

1.1.1.7 Montage *(assembly)*

4 Einlegen der Abstreiferfedern in die Stempelhalteplatte. Schneidstempel und Suchstifte sind bereits montiert.

5 Stempelhalteplatte mit eingelegten Federn.

6 Der Abstreifer wurde auf die Federn aufgelegt.

1.1 Systeme und Teilsysteme der Schneid- und Umformtechnik

1 Der Abstreifer wird mit dem oberen Säulengestell verschraubt.

2 Die obere Spannplatte wird mit der Zwischenplatte verschraubt. Die Zwischenplatte ist erforderlich, um die Gesamthöhe des Werkzeugs an die Presse anzupassen. Die Zwischenplatte ist bereits mit dem oberen Säulengestell verschraubt.

3 Fügen von Werkzeugoberteil und -unterteil

ÜBUNGEN

1. Kommen in einem Werkzeug mehrere Stempel zum Einsatz, werden diese häufig unterschiedlich lang ausgeführt. Begründen Sie, warum durch diese Konstruktion geringere Schneidkräfte auftreten.

2. Berechnen Sie die gesamte erforderliche Schneidkraft für den 4. Pressenhub. Beachten Sie, dass dabei sowohl alle Löcher, beide Innenkonturen und die Außenkontur gleichzeitig gefertigt werden sollen. Erforderliche Daten sind der Werkstückzeichnung (Seite 103 Bild 1) und der folgenden Zeichnung zu entnehmen.

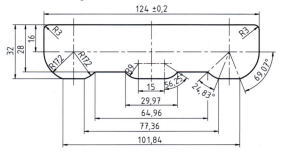

3. Für den Stahl DC01 (1.0330) wird eine Zugfestigkeit von 270…410 N/mm^2 angegeben. Berechnen Sie die Scherfestigkeit und begründen Sie die Wahl der zur Berechnung der Scherfestigkeit zugrunde gelegten Zugfestigkeit?

4. Erläutern Sie die Aufgaben eines Niederhalters/Abstreifers.

5. Begründen Sie, warum Stempel einen gewissen Mindestdurchmesser haben müssen und eine bestimmte Stempellänge nicht überschritten werden darf.

6. Erläutern Sie die Bedeutung des Schneidspalts für den Schneidprozess.

7. Führen Sie Faktoren an, die während des Betriebs Einfluss auf die Größe des Schneidspalts haben.

8. Skizzieren Sie, wo je nach Fertigungsverfahren eine Gratbildung stattfindet.

9. Erläutern Sie, warum beim Arbeiten mit Suchstiften der Vorschubapparat das Bandmaterial kurz freigeben muss.

10. Begründen Sie, warum der Zeitpunkt und die Zeitdauer dieses Lüftens von entscheidender Bedeutung sind.

11. Welche Folgen treten auf, wenn eine Schneidplatte eine ungleichmäßige Härteverteilung an der Schneidkante aufweist?

12. Warum erhält beim Lochen der Stempel das Nennmaß des Werkstücks und beim Ausschneiden der Schneidplattendurchbruch?

13. Stellen Sie dar, warum Stempel so gefertigt werden, dass ihre Abmessungen zwischen der Toleranzmitte und dem Höchstmaß der Lochung liegen.

14. Erklären Sie, warum Schneidplatten so gefertigt werden, dass ihre Abmessungen zwischen der Toleranzmitte und dem Mindestmaß der auszuschneidenden Geometrie liegen.

1.1.2 Biegewerkzeug

Durch das Biegen mit **geradliniger Werkzeugbewegung** werden einfache und komplizierte Bauteile aus Blech (Bild 1) gefertigt. Hauptsächlich werden die Verfahren des **freien Biegens** *(free bending)*, des **Gesenkbiegens** *(die bending)* und des **Rollbiegens** *(curling)* angewandt (Bild 2). Das Biegen geschieht, je nach Größe und Stückzahl der Werkstücke, hauptsächlich mithilfe von **Einverfahrenwerkzeugen** oder **Folgeverbundwerkzeugen** *(follow-up compound tool)* (siehe Lernfeld 11). Der Biegeprozess und der Werkzeugaufbau werden am Beispiel einer Motoraufhängung (Bild 3) erklärt, die mit einem Einverfahrenwerkzeug hergestellt wird.

Der grundsätzliche Aufbau eines Biegewerkzeuges *(bending tool)* (Bild 4) entspricht dem eines Schneidwerkzeuges *(cutting tool)* (siehe Seite 102). Auch das Biegewerkzeug besteht aus einem Unterteil *(base part)*, das fest auf den Pressentisch montiert ist und einem Oberteil *(upper component)*, das mit einem Einspannzapfen *(clamping pivot)* am Stößel *(plunger)* der Presse befestigt ist. Beide Werkzeugarten benötigen eine Führung *(guiding system)*. Beim Schneidwerkzeug auf Seite 102 erfolgt dies durch Führungssäulen, bei diesem Biegewerkzeug durch eine einfache Führung im Werkzeug und die Führung der Presse. Ein solches Führungssystem wird häufig bei Einverfahrenwerkzeugen verwendet, mit denen Bauteile in geringer Stückzahl und mit gröberen Toleranzen gefertigt werden. Ein weiterer Unterschied besteht in der Befestigung der Stempel *(plunger)*. Im Gegensatz zu Schneidstempeln sind Biegestempel meist nicht in eine Halteplatte eingelassen, sondern direkt mit der Spannplatte *(clamping plate)* verschraubt (Bild 4). Die Position der Stempel in der Spannplatte wird durch Stifte gesichert. Um die

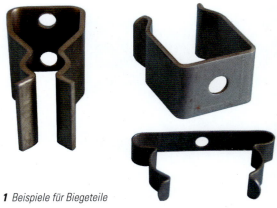

1 Beispiele für Biegeteile

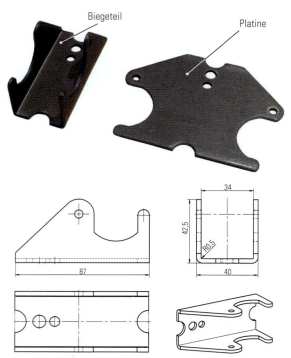

2 Arten der Biegeumformung

3 Platine und Fertigteil des Werkstücks

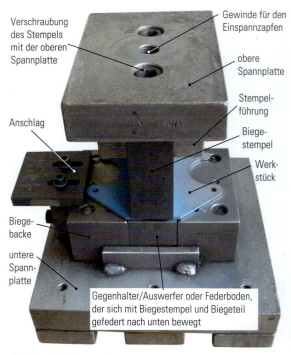

4 Aufbau des Biegewerkzeugs

1.1 Systeme und Teilsysteme der Schneid- und Umformtechnik

Bauteile möglichst einfach aus dem Werkzeug entnehmen zu können, werden Auswerfer *(ejectors)*, Gegenhalter *(backing devices)* oder Federböden (Bild 3) verwendet. Diese verbessern auch die Maßhaltigkeit des Werkstücks. Da Schneid- und Biegewerkzeuge auf den gleichen Werkzeugmaschinen eingesetzt werden, ist auch der Werkzeugaufbau größtenteils identisch. Im Gegensatz zu dem auf Seite 102 gezeigten Schneidwerkzeug erfolgt beim Biegewerkzeug die Zuführung des Werkstücks nicht durch einen automatischen Vorschub *(feed)* mit Streifen- oder Bandmaterial, sondern durch das Einlegen von Hand. Diese Methode wird in der Schneid- und Umformtechnik bei niedrigen Stückzahlen und kleinen Werkstücken gewählt. Das Werkstück wird eingelegt und durch Anschläge[1] *(stoppers)* positioniert (Bild 1).

1.1.2.1 Grundlegende Verfahren beim Biegen von Blechteilen

Es werden zwei Arten von Biegeverfahren beim Gesenkbiegen unterschieden (Bild 3): Das Biegen ohne und mit **Gegenhalter**. Der Prozess des Biegens ohne Gegenhalter lässt sich in drei

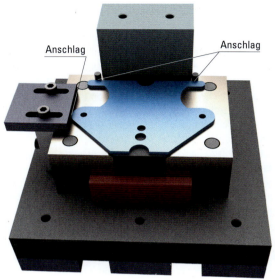

1 Werkstückunterteil mit eingelegtem Zuschnitt

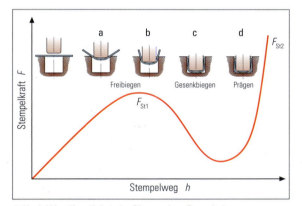

2 Kraft-Weg-Kennlinie beim Biegen ohne Gegenhalter

Schritte unterteilen (Bild 2). Zuerst wird das Werkstück frei gebogen (Bild 2b). Hierbei berühren sich das Werkzeug und das Werkstück nur linienförmig *(linear)*. Im nächsten Schritt kommt es zur Anlage des Werkstücks an das Werkzeug und die Biegekraft *(bending force)* sinkt ab (Bild 2c). Dies ist der Bereich des Gesenkbiegens. Im letzten Schritt, dem Nachdrücken oder Prägen *(embossing)*, wird die endgültige Form des Werkstücks hergestellt (Bild 2d). In Abhängigkeit von der Geometrie des Bauteils können die Prägekräfte *(formative forces)* das 5 ... 10-fache der Biegekraft betragen und in manchen Fällen sogar das 25 ... 30-fache. Mit diesem Verfahren werden V-Biegungen und U-Biegungen an Werkstücken mit gröberen Toleranzen hergestellt.

Wenn engere Toleranzen und höhere Qualitäten gefordert werden, muss mit Gegendruck gearbeitet werden. Dieser wird durch **Auswerfer**, Gegenhalter oder **Federböden** aufgebaut (Seite 114 Bild 4). Der durch diese Bauteile entstehende Gegendruck *(back pressure)* verhindert das Verschieben der Bauteile und reduziert die ungewollte Verformung. So kann das Nachdrücken

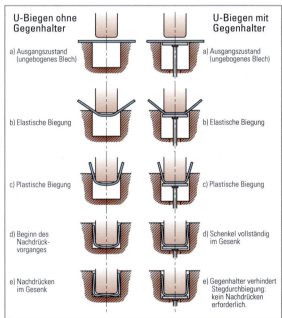

3 Vergleich des Biegens mit und ohne Gegenhalter

bzw. das Prägen überflüssig werden. Dies trägt zu einer Reduzierung der Biegekräfte bei und verringert die Belastung der Presse und des Werkzeugs. In Bild 3 ist ein Vergleich der beiden Verfahren dargestellt.

> **MERKE**
> Beim Biegen kommen Werkzeuge mit und ohne Gegenhalter zum Einsatz. Werden höhere Qualitätsanforderungen an das Werkstück gestellt, werden Werkzeuge mit Gegenhaltern verwendet.

[1] siehe Kap. 1.3.1

1.1.2.2 Biegeprozess/Fertigung des Biegeteiles

Beim Biegen kommt es zu einer **Dehnung** *(elongation)* im äußeren Bereich des Bleches und zu einer **Stauchung** *(compression)* im inneren Bereich. In Bild 1 ist der Spannungsverlauf *(stress flow)* im Werkstück während des Biegevorganges dargestellt. Zu Beginn des Biegeprozesses steigt die Spannung *(tension)* in den Randbereichen des Werkstücks an. Dort hat die Spannung die Streckgrenze *(yield point)* oder die Dehngrenze *(elastic limit)* noch nicht überschritten und das Werkstück verformt sich elastisch (Bild 1a). Überschreitet die Spannung R_e oder $R_{p0,2}$, beginnt der Werkstoff zu fließen *(yield)* und sich zu verfestigen *(work-harden)* (Bild 1b).

Die Spannungen nehmen in Richtung der neutralen Faser *(neutral axis)* ab, sodass im mittleren Bereich eine Zone mit rein elastischer Verformung bleibt.

Um Biegeteile fachgerecht herstellen zu können, müssen zwei Punkte besonders beachtet werden:

- Wird der äußere Bereich des Werkstücks zu stark gedehnt, kommt es zu Rissen *(cracks)*. Um dies zu verhindern, sollte der kleinste zulässige Biegeradius[1] *(minimum allowable bending radius)* nicht unterschritten werden.
- Der elastische Anteil der Verformung führt dazu, dass sich das Bauteil nach der Entlastung teilweise wieder in Richtung der Ausgangskontur zurückformt. Damit der gewünschte Biegewinkel *(bending angle)* erreicht werden kann, muss die Rückfederung *(resilience)* kompensiert werden[2].

Kleinster zulässiger Biegeradius

Bei der Festlegung des Stempelradius *(punch radius)* ist zu berücksichtigen, dass der kleinste zulässige Biegeradius nicht unterschritten werden sollte (Bild 1).

Der kleinste zulässige Biegeradius hängt ab von:

- **Bruchdehnung** des Werkstückes: Je höher die Bruchdehnung *(elongation at fracture)* eines Werkstoffs ist, desto kleiner kann der Biegeradius gewählt werden.
- **Blechdicke**: Je dicker das Blech, desto größer soll der Biegeradius sein. Der Grund hierfür ist, dass mit steigender Blechdicke *(sheet thickness)* die Dehnung in der Randzone bei gleichem Biegeradius größer wird.
- **Zähigkeit** *(ductility)* und **Kaltverformbarkeit** *(cold formability)*: Kleine Biegeradien können nur mit gut umformbaren Werkstoffen erreicht werden, d. h., je größer die Neigung eines Werkstoffs zur Kaltverfestigung ist, desto weniger gut lässt er sich biegen.
- **Biegewinkel**: Der Biegewinkel *(bending angle)* bestimmt die Dehnung in den Außenfasern *(outer fibres)*. Je größer der Biegewinkel werden soll, desto größer ist die Dehnung in der äußeren Randzone *(surface zone)*. Dadurch besteht die Gefahr der **Rissbildung** (Bild 2b). In solchen Fällen soll ein größerer Biegeradius gewählt werden.
- **Lage der Biegekante** *(position of bending edge)* zur Walzrichtung *(direction of grain)* (Bild 3): Parallel zur Walzrichtung ist ein größerer Radius zu wählen als quer zur Walzrichtung.

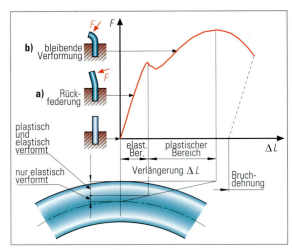

1 Dehnung im Biegestreifen

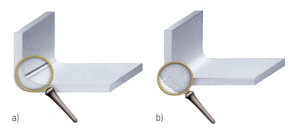

2 Auswirkungen eines zu klein gewählten Biegeradius

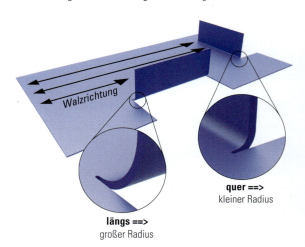

3 Lage der Biegekante

- **Vorherige Arbeitsschritte**: Wird ein Blechstreifen vorher z. B. aus- oder abgeschnitten, können die Schnittflächen *(machined surfaces)* stark verfestigt sein. Die Biegeeigenschaften sind dann über dem Querschnitt *(cross section)* unterschiedlich. Die Verformbarkeit in der verfestigten Zone liegt gewöhnlich unterhalb der des restlichen Werkstoffs. Die ungünstigsten Eigenschaften sind dann maßgebend für den kleinsten zulässigen Biegeradius.

---

[1] siehe „Grundkenntnisse Industrielle Metallberufe 3010" Lernfeld 1 und 2 Kap. 2.1
[2] siehe Lernfeld 11 Kap. 1

1.1 Systeme und Teilsysteme der Schneid- und Umformtechnik

Die Richtwerte für den Biegeradius können aus dem Tabellenbuch entnommen werden.

Sollte der kleinst zulässige Biegeradius unterschritten werden, kann es zu Abdrücken auf der Innenseite des Werkstückes kommen (Seite 116 Bild 2a) oder zu Rissen auf der Außenseite (Seite 116 Bild 2b). Beides ist darauf zurückzuführen, dass die höchst zulässige Dehnung bzw. Stauchung überschritten wurde.

Rückfederung

Die beim Biegen auftretende Rückfederung *(resilience)* muss kompensiert werden, um den gewünschten Biegewinkel zu erreichen. Die Größe der Rückfederung ist abhängig von:

- **Blechdicke**: je dünner das Blech, desto größer ist die Rückfederung.
- **Biegeradius**: je größer der Radius, desto größer ist die Rückfederung.
- **Festigkeit** und **E-Modul** *(modulus of elasticity)* (Bild 1 und 2):

Werden zwei Stahlbleche (1.4301 und DC01) in einer Aufspannung *(clamping)* um den gleichen Winkel gebogen (Bild 1), stellt sich bei beiden zunächst die gleiche Verformung bzw. Dehnung ein (ε_{bieg}). An diesem Punkt wurde die Streckgrenze bei beiden Blechen überschritten und diese wurden plastisch verformt. Da die Dehngrenze $R_{p0,2}$ von 1.4301 höher ist als die Streckgrenze R_e von DC01, ist der elastische Anteil der Verformung bei dem Blech aus 1.4301 höher als bei dem Blech aus DC01 ($\varepsilon_{2\,elastisch} > \varepsilon_{1\,elastisch}$). Deshalb federt das Blech aus 1.4301 mehr zurück als das Blech aus DC01.

Bei Werkstoffen aus unterschiedlichen Materialien spielt neben der Festigkeit auch die Größe des *E*-Modules eine entscheidende Rolle. Im zweiten Versuch wurden wieder zwei Bleche (AlMgSi0,5 und DC01) in einer Aufspannung um den gleichen Winkel gebogen (Bild 2). Dabei stellt sich bei beiden zunächst die gleiche Verformung bzw. Dehnung ein (ε_{bieg}). Da der elastische Anteil der Verformung bei dem Blech aus AlMgSi0,5 höher ist als bei dem Blech aus DC01 ($\varepsilon_{2\,elastisch} > \varepsilon_{1\,elastisch}$), federt das Blech aus Aluminium mehr zurück.

Dies kann man an der unterschiedlichen Rückfederung der Werkstücke in Bild 3 gut erkennen. Alle Proben haben die gleiche Größe und wurden in einem Arbeitsgang auf einer Schwenkbiegemaschine *(swivel bending machine)* um 90° gebogen.

> **MERKE**
>
> Für Werkstoffe mit dem **gleichen** *E*-Modul gilt:
> Je **höher die Festigkeit**, desto größer die Rückfederung.
> Für Werkstoffe mit **verschiedenen** *E*-Modulen gilt:
> Je **kleiner der *E*-Modul**, desto größer die Rückfederung.

Da die Rückfederung nicht verhindert werden kann, müssen in der Fertigung Wege gefunden werden, diese zu kompensieren. Hierzu gibt es drei Möglichkeiten:

- **Einbringen von Druckspannungen** *(compression stresses)*: Dieses Verfahren wird bei dem in Bild 4 auf Seite 114 gezeigten Werkzeug angewandt. Bei dem vorhandenen Werkstück aus dem Werkstoff 1.0332 mit einer Dicke von 3 mm

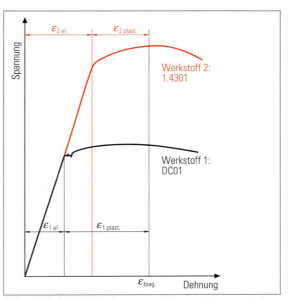

1 Vergleich der Stähle im Spannungs-Dehnungs-Diagramm im belasteten Zustand (schematische Darstellung)

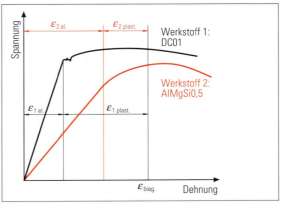

2 Vergleich Stahl und Aluminium im Spannungs-Dehnungs-Diagramm nach Entlastung (schematische Darstellung)

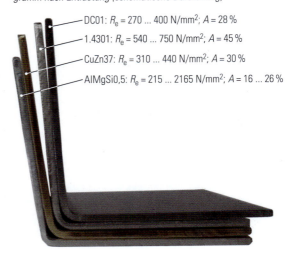

DC01: R_e = 270 ... 400 N/mm²; A = 28 %
1.4301: R_e = 540 ... 750 N/mm²; A = 45 %
CuZn37: R_e = 310 ... 440 N/mm²; A = 30 %
AlMgSi0,5: R_e = 215 ... 2165 N/mm²; A = 16 ... 26 %

3 Rückfederung

und einer Mindestzugfestigkeit von 440 N/mm² hätte der Biegeradius eine Größe von 4 mm haben müssen, wenn die Werte aus der Tabelle für den kleinsten zulässigen Biegeradius entnommen worden wären. Der Radius beträgt aber nur 0,5 mm. Durch dieses extreme Verhältnis vom Stempelradius zur Blechdicke kommt es zu einer vollplastischen Umformung bis zur neutralen Faser. Dies ist nur möglich, da das Material eine hohe Zähigkeit besitzt. Um die Rückfederung durch das Prägen zu kompensieren, sind sehr hohe Kräfte notwendig. Außerdem führt der Prägeprozess in diesem Fall dazu, dass ein Biegewinkel größer als 90° entsteht, was beim Werkzeug zu einem starken Verschleiß führt, wie Bild 1 zeigt.

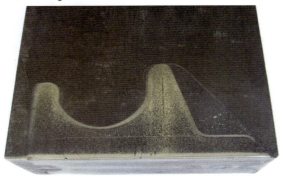

1 Biegestempel mit Verschleißmarken

- **Einbringen von Zugspannungen** *(tensile stresses)*:
Durch das Abstrecken der Biegeschenkel beim Umformen wird im Bauteil die Streckgrenze auch im Bereich der neutralen Faser überschritten. Dazu wird der Biegespalt ca. 0,05 mm kleiner als die Blechdicke gewählt. Somit wird das Blech nicht nur gebogen, sondern auch in die Länge gestreckt. Dies bringt wiederum erhöhten Verschleiß an der rot umkreisten Stelle im Werkzeug (Bild 2) mit sich.

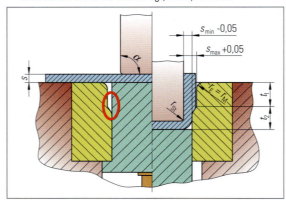

2 Einbringen von Zugspannungen durch das Abstrecken des Biegeschenkels

- **Überbiegen des Werkstücks**:
Beim Überbiegen *(overbending)* des Werkstücks wird das Rückfedern dadurch kompensiert, dass der Werkstoff bis in einen tieferen Bereich hinein plastisch verformt wird, indem er über den geforderten Winkel α hinaus um den Winkel α_1 gebogen wird. Dadurch federt er nur bis zu dem gewünschten Biegewinkel α zurück (Bild 3). Werkzeuge, die die Rückfederung durch Überbiegen kompensieren, sind im Vergleich zu den anderen Möglichkeiten aufwendiger[1]. In der Serienproduktion findet man das Überbiegen häufiger, da man z. B. durch einstellbare Biegebacken schnell auf die Änderungen in der Blechdicke und der Festigkeit des Materials, die von Coil zu Coil schwanken, reagieren kann. Um ein Werkstück überbiegen zu können, müssen der Radius am Biegestempel und der Biegewinkel im Werkzeug angepasst werden. Die hierfür notwendigen Änderungen am Werkzeug können überschlägig mit den Formeln in den nachfolgenden Kapiteln berechnet werden.

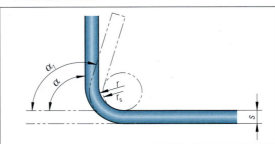

3 Rückfederung beim Biegen

Biegewinkel

Beispielaufgabe

Der Winkel in Bild 1, Seite 119 soll mit dem Werkzeug Bild 2, Seite 119 gefertigt werden. Das Werkzeug soll die Rückfederung durch Überbiegen kompensieren. Dazu müssen der Stempelradius r_s, der Biegewinkel am Biegestempel und am Werkzeug angepasst werden.
Gegeben aus Bild 1, Seite 119: Blechdicke $s = 1{,}5$ mm
Biegeradius $r = 4$ mm
Biegewinkel $\alpha = 90°$

Zur Bestimmung des Rückfederungsfaktors *(spring back factor)* muss zuerst das Verhältnis des Biegeradius zur Blechdicke errechnet werden.

$$\frac{r}{s} = \frac{4\ \text{mm}}{1{,}5\ \text{mm}}$$

$$\frac{r}{s} = 2{,}67$$

Mit diesem Wert und der Werkstoffangabe kann der Rückfederungsfaktor z aus dem Tabellenbuch entnommen werden.
In unserem Fall beträgt $z = 0{,}98$.

$$\alpha_1 = \frac{\alpha}{z}$$

α: Biegewinkel am Werkstück
α_1: Überbiegewinkel am Werkstück (Bild 3)
z: Rückfederungsfaktor

---

1) Aufbau und Funktionsweise dieser Werkzeuge wird in Lernfeld 11 beschrieben.

1.1 Systeme und Teilsysteme der Schneid- und Umformtechnik

1 Biegewinkel

2 Biegewerkzeug

Beispielaufgabe

Berechnung des Winkels α_1 am Werkstück, um den das Werkstück überbogen werden muss:

$$\alpha_1 = \frac{\alpha}{z}$$
$$\alpha_1 = \frac{90°}{0{,}98}$$
$$\underline{\alpha_1 = 91{,}84°}$$

Um diese Überbiegung zu erreichen, muss das Gesenk am Werkzeug entsprechend kleiner als 90° gewählt werden. Deshalb wird der für das Überbiegen notwendige Winkel im Werkzeug wie folgt berechnet:
$180° - \alpha_1 = 180° - 91{,}84°$
$\underline{180° - \alpha_1 = 88{,}16°}$

Stempelradius

Um das Werkstück um den erforderlichen Winkel α_1 zu überbiegen, muss der Stempelradius r_s *(punch radius)* (Bild 2) des Biegestempels entsprechend angepasst werden. Für einfache Bauteile kann der Stempelradius wie folgt berechnet werden:

$$r_s = z \cdot (r + 0{,}5 \cdot s) - 0{,}5 \cdot s$$

- r_s: Stempelradius (Bild 2)
- r: Biegeradius (Bild 1)
- z: Rückfederungsfaktor
- s: Werkstückdicke

Beispielaufgabe

Berechnung des Stempelradius r_s:

$r_s = z \cdot (r + 0{,}5 \cdot s) - 0{,}5 \cdot s$
$r_s = 0{,}98 \cdot (4\ \text{mm} + 0{,}5 \cdot 1{,}5\ \text{mm}) - 0{,}5 \cdot 1{,}5\ \text{mm}$
$\underline{r_s = 3{,}905\ \text{mm}}$

1.1.2.3 Biegespalt

Der Biegespalt *(bending gap)* ist der Abstand zwischen dem Stempel und dem Gesenk. Er sollte mindestens der Blechdicke entsprechen, wenn eine zusätzliche Streckung des Werkstücks verhindert werden soll. Maximal kann er je nach Schenkellänge *(side length)* das 1,05 ... 1,2-Fache der Blechdicke betragen. In dem in Bild 4, Seite 114 gezeigten Werkzeug beträgt der Biegespalt 3,15 mm bei einer Blechstärke von 3 mm (Seite 120 Bild 1). Größer sollte der Biegespalt nicht gewählt werden, da sonst die Winkligkeit *(angularity)* der Schenkel nicht mehr gewährleistet ist. Bei der Festlegung ist die laut Toleranz maximale Blechdicke zu berücksichtigen.

1.1.2.4 Einlaufradius

Der Einlaufradius *(entry radius)* (Seite 120 Bild 1) ist der Radius, an dem das Werkstück beim Biegevorgang entlang gleitet. Er dient dazu, Oberflächenbeschädigungen am Werkstück zu vermeiden. Die Größe des Einlaufradius ist von der Blechdicke abhängig. Je größer die Blechdicke, desto größer soll der Einlaufradius sein. Ab einer Materialdicke von 3 mm können auch Einlauffasen (45°) verwendet werden. Das Gesenk des Beispielwerkzeugs in Bild 4, Seite 114 (siehe schematische Darstellung des Werkzeugs in Bild 1, Seite 120) besitzt einen Einlaufradius von 4 mm.

1.1 Systeme und Teilsysteme der Schneid- und Umformtechnik

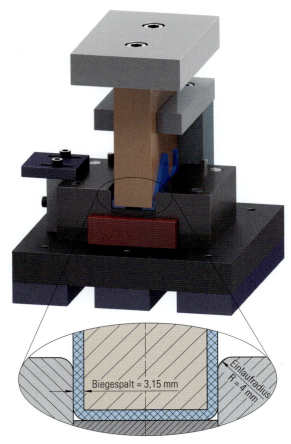

1 Einlaufradius am Biegewerkzeug von Bild 4, Seite 114

Ü B U N G E N

1. Was unterscheidet das Biegen im Werkzeugbau hauptsächlich vom Biegen mit einer Schwenkbiegemaschine?
2. Wofür werden Auswerfer, Gegenhalter oder Federböden in einem Biegewerkzeug verwendet?
3. Das Werkstück soll gefertigt werden. Um den Korrosionsschutz und die Lebensdauer zu erhöhen, muss statt dem Blech aus S235 ein 3 mm starkes Blech aus X5CrNi18-10 verwendet werden. Welche Änderungen sind in der Zeichnung und beim Biegeprozess durchzuführen, um das Werkstück maßhaltig zu fertigen?
4. Wann werden Biegespalte in einem Werkzeug verwendet, die kleiner sind als die Blechdicke?
5. Vervollständigen Sie die nebenstehende Tabelle:

1.1.2.5 Biegekräfte

Die Biegekräfte *(bending forces)* sind im Vergleich zu den Schneidkräften *(cutting forces)* eher geringer. Die Berechnung der erforderlichen Biegekraft erfolgt mit folgenden Formeln:

U-Biegung **ohne** Gegenhalter

$$F_b = 0{,}4 \cdot b \cdot s \cdot R_m$$

U-Biegung **mit** Gegenhalter

$$F_b = 0{,}5 \cdot b \cdot s \cdot R_m$$

F_b: Biegkraft in N
b: Schenkelbreite in mm
s: Werkstückdicke in mm
R_m: Zugfestigkeit in N/mm²

Neben den oben gezeigten Einflussfaktoren, die hauptsächlich die Werkstück-, die Werkzeuggeometrie und die Materialeigenschaften berücksichtigen, gibt es noch weitere Größen, die die Biegekräfte beeinflussen. Diese sind die gleichen, wie im Abschnitt „kleinst zulässiger Biegeradius" und „Rückfederung" schon benannten. In den Formeln sind sie nicht berücksichtigt. Da diese Faktoren mathematisch schwer zu erfassen sind, beruht die Planung und Auslegung der Werkzeuge häufig auf Erfahrungswerten.

Beispielaufgabe

Die benötigten Biegekräfte für das Werkstück von Seite 114, Bild 3 sind für eine Fertigung mit und ohne Gegenhalter zu berechnen. Die zum Prägen benötigte Kraft wird zur Vereinfachung der Rechnung nicht berücksichtigt.

Gegeben: $b = 87$ mm
$s = 3$ mm
Werkstoff DC01 $R_m = 410$ N/mm²

Für eine U-Biegung **ohne** Gegenhalter

$$F_b = 0{,}4 \cdot b \cdot s \cdot R_m$$

$$F_b = 0{,}4 \cdot 87 \text{ mm} \cdot 3 \text{ mm} \cdot 410 \frac{\text{N}}{\text{mm}^2}$$

$$\underline{F_b = 42\,804 \text{ N}}$$

Für eine U-Biegung **mit** Gegenhalter

$$F_b = 0{,}5 \cdot b \cdot s \cdot R_m$$

$$F_b = 0{,}5 \cdot 87 \text{ mm} \cdot 3 \text{ mm} \cdot 410 \frac{\text{N}}{\text{mm}^2}$$

$$\underline{F_b = 53\,505 \text{ N}}$$

Die benötigte Biegekraft mit Gegenhalter ist um ca. 25% höher als ohne Gegenhalter.

Werkstoff	S235	CuZn30	AlCuMg-Leg. ausgehärtet	1.4003
Blechdicke	1,20	■	0,8	7
Biegeradius	5,00	3,8	■	18
Faktor r/s		2,53	8,75	■
Rückfederungsfaktor	0,98	■	0,7	0,97
Stempelradius r_s	4,89	3,66	4,78	■
Biegewinkel α		75	35	104
Biegewinkel α_1	91,84	■	50,00	■

1.1.3 Tiefziehwerkzeug

Die Verschlusskappe aus EN-AW-1050A [Al 99,5] (Bild 1) dient zum Verschließen von hochwertigen Shampooflaschen. Die Fertigung des Deckels durch **Tiefziehen** *(deep drawing)* erfolgt in mehreren Schritten, von denen hier vier dargestellt sind (Bilder 2 bis 5):

Zuerst wird ein runder **Blechzuschnitt** *(sheet metal blanking)* (Ronde) ausgestanzt (Bild 2). Diese **Ronde** *(blank)* wird durch Tiefziehen im **Erstzug** *(first draw)* (Bild 3) zu einem Napf umgeformt. Anschließend wird dieser Napf im **Weiterzug** stärker umgeformt (Bild 4). Über weitere Tiefziehschritte, anschließendes **Rollieren** *(rolling)*, **Beschneiden** *(trimming)* und **Prägen** *(stamping)* wird das Endprodukt (Bild 5) gefertigt.

Das **Tiefziehwerkzeug** *(deep drawing tool)* (Bild 6) besteht aus **Stempel** *(punch)*, **Ziehring** *(die)* und **Niederhalter** *(blank holder)*.

Während der Stempel nach unten fährt, drückt er auf die Bodenfläche des entstehenden Napfes. Das Blech wird dadurch in den **Ziehspalt** *(drawing clearance)* zwischen Stempel und Ziehring gezogen. Ohne einen Niederhalter würde der Napf unerwünschte **Falten** *(wrinkles)* bekommen. Die Ursache für diese Faltenbildung sind die Dreiecksflächen, die übrig bleiben, wenn man sich den Mantel des Napfs aus hochgebogenen Rechtecken vorstellt (Bild 7). Um einen **faltenfreien** *(wrinkle-free)* Napf zu erhalten, muss der scheinbar zu viel vorhandene Werkstoff (graue Dreieckflächen) umgeformt werden. Der Werkstoff muss deshalb im Flansch (Umformzone) in **radialer Richtung** *(radial direction)* verlängert werden. Dieses geschieht durch die **Zugkräfte** *(tensile forces)* F_Z. Gleichzeitig muss der Werkstoff in

1 Verschlusskappe

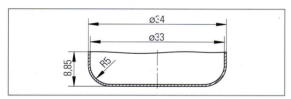

2 Ronde

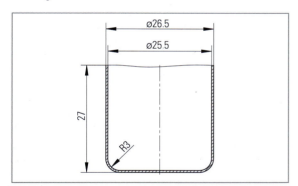

3 Erstzug

4 Weiterzug

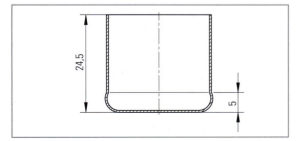

5 Fertigprodukt

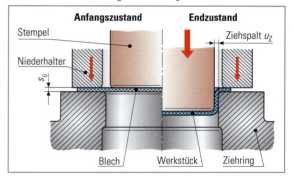

6 Tiefziehschema

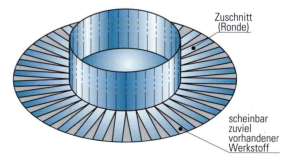

7 Flansch mit Dreiecksflächen

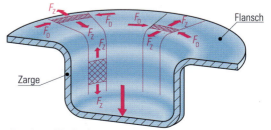

8 Druck- und Zugkräfte

tangentialer Richtung durch die **Druckkräfte** *(compression forces)* F_D gestaucht werden (Seite 121 Bild 8). Beim Tiefziehen handelt es sich somit um eine **Zugdruckumformung** *(tensile compression reshaping)*.

Damit einwandfreie Werkstücke gefertigt werden können, muss die Ronde durch den Niederhalter mit einer bestimmten Kraft auf den Ziehring gepresst werden. Die Niederhaltekraft *(blank holder force)* verteilt sich dabei auf eine kreisringförmige Fläche. Ist die Flächenpressung *(surface pressure)* zu gering, kann es zur **Faltenbildung** im Flansch kommen (Bild 1). Bei zu großer Flächenpressung besteht die Gefahr von **Bodenreißern** *(cup base fractures)* (Bild 2), da das Blech nicht gut in den Ziehspalt gleiten kann und die Zugspannungen so groß werden, dass die Zugfestigkeit *(tensile strength)* des Blechs überschritten wird.

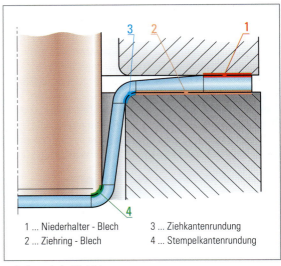

1 ... Niederhalter - Blech 3 ... Ziehkantenrundung
2 ... Ziehring - Blech   4 ... Stempelkantenrundung

3 Reibung beim Tiefziehen

1 Faltenbildung bei zu geringer Niederhalterkraft

2 Bodenreißer bei zu hoher Niederhalterkraft

Während des Tiefziehens treten Reibungskräfte *(friciton forces)* zwischen dem Blech und dem Werkzeug auf (Bild 3). Deshalb müssen alle Flächen, auf denen der Werkstoff gleitet, hohe Oberflächengüten aufweisen. Dieses betrifft besonders die Ziehkantenrundungen, welche deshalb geschliffen und poliert werden. Dabei ist wichtig, dass die Bearbeitungsspuren in **Gleitrichtung** *(slip direction)* verlaufen und vorhandene Querriefen *(transverse grooves)* beseitigt werden. Durch geeignete Schmierstoffe, die auf das Blech bzw. den Ziehring aufgebracht werden, lassen sich die Reibungskräfte verringern. Die erforderlichen Niederhaltekräfte können grob berechnet werden. Die Zusammenhänge, insbesondere in der Zusammenwirkung unterschiedlicher Werkstoffkombinationen und verschiedener Schmierstoffe *(lubricants)*, sind aber sehr komplex. Deshalb ist es üblich, die optimale Niederhaltkraft ausgehend von Erfahrungswerten *(experience values)* durch Fertigungsversuche zu bestimmen.

MERKE
Durch Tiefziehen werden aus Blechzuschnitten, Tafeln oder Folien Hohlkörper durch **Zugdruckumformen** hergestellt. Eine Veränderung der Werkstoffdicke wird dabei nicht beabsichtigt.

1.1.3.1 Fertigungsplanung *(production planning)*

Die Fachkraft für Werkzeugmechanik hat für die Planung der Fertigung wichtige Größen zu ermitteln, damit die geforderten Werkstückmaße eingehalten werden.
Diese Größen sind z. B.:
- die Abmessungen des Blechzuschnitts
- die notwendige Anzahl der Züge
- die Tiefziehverhältnisse *(drawing ratio)*
- die Auswahl einer geeigneten Presse *(press)*
- die Abmessungen von Stempel und Ziehring
- die erforderliche Niederhaltekraft

Dabei wird das Verhältnis des Durchmessers vor dem Tiefziehen d_0, (Rondendurchmesser) zum Durchmesser nach dem Tiefziehen (Stempeldurchmesser) d_1, als **Tiefziehverhältnis** β bezeichnet (Seite 123 Bilder 1 und 2). Um eine kostengünstige Fertigung zu realisieren, ist eine möglichst geringe Anzahl von Zügen anzustreben. Das Tiefziehverhältnis kann aber nicht beliebig groß gewählt werden, da sonst Bodenreißer auftreten. Die Streckziehfähigkeit *(stretch-forming capacity)* eines Werkstoffs kann durch den **Tiefungsversuch nach Erichsen**[1] *(cupping test to Erichsen)* ermittelt werden.

MERKE
Beim Tiefziehen darf die Bodenreißkraft *(cup base fracture force)* nicht überschritten werden.

[1] siehe Kap. 3.1.2.1

1.1 Systeme und Teilsysteme der Schneid- und Umformtechnik

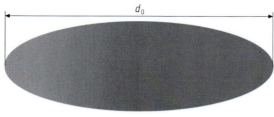

1 Ronde

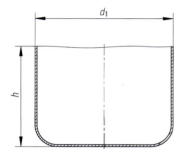

2 Erstzug

$$\text{Tiefziehverhältnis} = \frac{\text{Durchmesser vor dem Ziehen}}{\text{Durchmesser nach dem Ziehen}}$$

Für den Erstzug gilt:

$$\beta_0 = \frac{d_0}{d_1}$$

β: Tiefziehverhältnis
d_0: Durchmesser vor dem Ziehen
d_1: Durchmesser nach dem Ziehen

Blechzuschnitt *(sheet metal blanking)*

Während des Tiefziehens bleibt das Volumen des Werkstücks konstant. Da die Änderung der Blechdicke *(sheet thickness)* sehr gering ist, bleibt auch die Oberfläche A konstant. Für runde Ziehteile kann die Ausgangsronde deshalb näherungsweise wie folgt berechnet werden:

Die Oberfläche der Verschlusskappe setzt sich nach dem Erstzug aus der Bodenfläche und der **Zargenfläche** (Mantelfläche *(skin surface)*) zusammen (Bild 3). Bei der näherungsweisen Berechnung der Gesamtfläche werden die Radien nicht berücksichtigt, da sie kleiner als 10 mm sind.

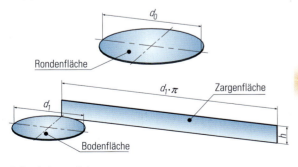

3 Zuschnittsermittlung

Beispielaufgabe

Rondenfläche A_0 = Napfoberfläche A

$$\frac{\pi}{4} \cdot d_0^2 = \frac{\pi}{4} \cdot d_1^2 + d_1 \cdot \pi \cdot h$$

$$d_0^2 = d_1^2 + 4 \cdot d_1 \cdot h$$

$$d_0 = \sqrt{d_1^2 + 4 \cdot d_1 \cdot h}$$

$$d_0 = \sqrt{33^2 \text{ mm} + 4 \cdot 33 \text{ mm} \cdot 18{,}85 \text{ mm}}$$

$$d_0 = 59{,}8 \text{ mm} \approx 60 \text{ mm}$$

Der Rondendurchmesser für das Ziehen verschiedener Werkstücke kann mithilfe von Tabellen (Seite 124 oben) berechnet werden. Bei komplizierteren Bauteilen lässt sich der Rondendurchmesser aus zusammengesetzten Formen berechnen. Steht ein 3D-CAD-System zur Verfügung, kann die Oberfläche des zu ziehenden Produkts einfach bestimmt und daraus der Rondendurchmesser *(blank diameter)* berechnet werden.

MERKE
Beim Tiefziehen wird die Größe der Werkstückoberfläche nahezu nicht verändert. Dies ist die Voraussetzung zur Berechnung des Rohteilzuschnitts.

Anzahl der notwendigen Züge

Während des Tiefziehens tritt im Werkstoff eine **Kaltverfestigung**[1] *(strain hardening)* auf. Dadurch wird das maximal mögliche Tiefziehverhältnis auf den Wert β_{max} begrenzt.
Der Stempeldurchmesser muss so gewählt werden, dass das Tiefziehverhältnis β kleiner ist als das maximal zulässige Tiefziehverhältnis β_{max}. Die Werte für β_{max} werden Tabellenwerken (Seite 124 Bild 1) entnommen. Durch **Zwischenglühen** *(intermediate annealing)* kann das Tiefziehverhältnis erhöht werden, da eine **Rekristallisation**[2] *(recrystallization)* (Gefügeneubildung) auftritt.

Berechnung des vorhandenen Tiefziehverhältnisses:

$$\beta = \frac{60 \text{ mm}}{33 \text{ mm}}$$

$$\beta = 1{,}81$$

Das maximale Tiefziehverhältnis β_{max} beträgt 2,1 (Seite 124 Bild 1). Somit kann der Erstzug durchgeführt werden.

Überlegen Sie!
Um Fertigungskosten zu sparen, soll die Aufteilung der Züge in Erstzug und Zweitzug vermieden werden. Die Ronde soll stattdessen direkt auf den Innendurchmesser 25,5 mm umgeformt werden (Seite 121 Bild 4).
Überprüfen Sie, ob dabei das maximale Tiefziehverhältnis β_{max} überschritten wird.

---
[1] siehe Lernfeld 9 Kap. 4.3
[2] siehe Kap. 3.2.1.1.2

Form	Zuschnittdurchmesser D	Form	Zuschnittdurchmesser D
(zylindrischer Napf, d, h)	$\sqrt{d^2 + 4\,d\cdot h}$	(Napf mit Rand, d_3, d_2, r, h)	$\sqrt{d_1^2 + 2\pi\,d_1\cdot r + 8r^2 + 4\,d_2\cdot h}$ ohne Rand
(Napf mit Rand, d_2, d_1, h)	$\sqrt{d_2^2 + 4\,d_1\cdot h}$		$\sqrt{d_1^2 + 6{,}3\,d_s\cdot r + (d_3^2 - d_2^2) + 4\,d_2\cdot h}$ mit Rand
(konischer Napf, d_2, d_x, h, d_1, a)	$\sqrt{d_1^2 + 4\,d_x\cdot a + 4\,d_2\cdot h}$ $d_x = \dfrac{d_1 + d_2}{2}$	(Halbkugel ohne Rand, d_2, d_1, r)	$\sqrt{2\,d_1^2}$ oder $1{,}414\,d_1$ ohne Rand
		(Halbkugel mit Rand)	$\sqrt{d_2^2 + d_1^2}$ mit Rand
(konischer Napf mit Rand, d_3, d_2, d_x, h, d_1, a)	$\sqrt{d_1^2 + 4\,d_x\cdot a + 4\,d_2\cdot h + (d_3^2 - d_2^2)}$ $d_x = \dfrac{d_1 + d_2}{2}$	(Kugelkalotte, d_2, d_1, r, h)	$\sqrt{2\,d_1^2 + 4\,d_1\cdot h}$ ohne Rand
			$\sqrt{2\,d_1^2 + 4\,d_1\cdot h + (d_2^2 - d_1^2)}$ $= \sqrt{d_1^2 + 4\,d_1\cdot h + d_2^2}$ mit Rand
(konischer Napf niedrig, d_3, d_2, d_x, d_1, a)	$\sqrt{d_1^2 + 4\,d_x\cdot a + (d_3^2 - d_2^2)}$ $d_x = \dfrac{d_1 + d_2}{2}$	(flache Kalotte ohne Rand, d_2, r, h)	$\sqrt{d_1^2 + 4h^2}$ ohne Rand
		(flache Kalotte mit Rand)	$\sqrt{d_2^2 + 4h^2}$ mit Rand
(Kalottenteil, d_3, d_2, d_1, r)	$\sqrt{d_1^2 + 2\pi\cdot r\cdot d_1 + 8r^2}$ ohne Rand	(Kalotte mit Zylinder, d_2, r, h_2, d_1, h_1)	$\sqrt{d_1^2 + 4h_1^2 + 4\,d_1\cdot h_2}$ ohne Rand
	$\sqrt{d_1^2 + 2\pi\cdot r\cdot d_1 + 8r^2 + (d_3^2 - d_2^2)}$ mit Rand		$\sqrt{d_1^2 + 4h_1^2 + 4\,d_1\cdot h_2 + (d_2^2 - d_1^2)}$ $= \sqrt{d_2^2 + 4h_1^2 + 4\,d_1\cdot h_2}$ mit Rand
		(flache Kalotte mit Rand, d_2, r, h_2, d_1, h_1)	$\sqrt{d_2^2 + 4h_1^2 + 4\,d_2\cdot h_2}$

Fläche des Zuschnittes = Fläche des fertigen Ziehteiles; alle Durchmesser sind Innenmaße, Bogenradius < 10 mm

Werkstoff	$\beta_{1\text{max}}$	$\beta_{2\text{max}}$ ohne Zwischenglühen	$\beta_{2\text{max}}$ mit Zwischenglühen	$p_{N\text{max}}$ in N/mm²	Werkstoff	$\beta_{1\text{max}}$	$\beta_{2\text{max}}$ ohne Zwischenglühen	$\beta_{2\text{max}}$ mit Zwischenglühen	$p_{N\text{max}}$ in N/mm²
DC01	1,8	1,2	1,6	2,5	CuZn37 hart	1,9	1,2	1,7	2,4
DC03	1,9	1,25	1,65	2,5	EN AW-10050A-0 [Al99,5] weich	2,1	1,6	1,9	1,2
DC04	2,0	1,3	1,7	2,5	EN AW-10050A-H24 [Al99,5] halbhart	1,9	1,4	1,7	1,2
S185	1,9	1,3	1,7	2,5	EN AW-3103-0 [AlMn1] weich	1,8	1,3	1,7	1,2
S235JR	1,7	—	—	2,5	EN AW-3103-H24 [AlMn1] halbhart	1,6	—	—	1,2
S275JR	1,6	—	—	2,5	EN AW-5754-0 [AlMg3] weich	1,9	1,4	—	1,5
Stahlblech ferritisch	1,7	—	—	2,5	EN AW-5754-H24 [AlMg3] halbhart	1,8	1,3	—	1,5
Stahlblech austenitisch	2,0	1,2	—	2,5	EN AW-6060-0 [AlMgSi0,5] weich	2,0	1,4	1,9	1,5
Kupfer	2,1	1,3	1,9	2,0	EN AW-6060-T4 [AlMgSi0,5] kaltausgeh.	1,9	1,3	1,8	1,5
CuSn-Legierungen	1,5	—	—	—	EN AW-6060-T6 [AlMgSi0,5] warmausgeh.	1,8	1,3	—	1,5
CuAl-Legierungen	1,7	—	—	—	EN AW-2024-0 [AlCuMg1] weich	2,0	1,5	1,8	1,5
CuZn37 weich	2,1	1,4	2,0	2,0	EN AW-2024-T4 [AlCuMg1] kaltausgeh.	1,7	1,3	1,5	1,5

1 Grenzwerte für die Tiefziehverhältnisse β_{max} und Flächenpressung p_N im Niederhalter

Größe des Ziehspalts *(drawing clearance)*

Während des Ziehvorgangs tritt unbeabsichtigt eine Veränderung der Werkstückdicke auf. Im Bereich der Zugspannungen wird das Werkstück gestreckt und dadurch dünner. Im Bereich der Druckspannungen wird das Werkstück gestaucht und dadurch dicker. Diese Dickenänderungen *(changes in thickness)* sind in den meisten Fällen unkritisch. Deshalb wird der **Ziehspalt** u_Z größer als die Werkstückdicke s ausgelegt und nach Erfahrungswerten bestimmt. Wird der Ziehspalt zu groß gewählt, kommt es im Bereich der Zarge zur Faltenbildung (Bild 1). Bei einem zu kleinen Ziehspalt besteht wiederum die Gefahr von Bodenreißern.

Die folgende Faustformel ergibt den Wert für u_Z in mm, wobei der Wert für die Werkstoffdicke s ebenfalls in mm eingesetzt werden muss.

1 Faltenbildung durch zu großen Ziehspalt

$$u_Z = s + c \cdot \sqrt{10 \cdot s}$$

u_Z: Ziehspalt in mm
s: Werkstückdicke in mm
Werkstoffbeiwert (Erfahrungswert):
Stahlblech: $c = 0{,}07$
Aluminiumlegierungen: $c = 0{,}02$
Andere NE-Metalle: $c = 0{,}04$

Für die Verschlusskappe aus EN-AW-1050A [Al 99,5] ergibt sich ein Ziehspalt von:

$$u_Z = s + c \cdot \sqrt{10 \cdot s}$$
$$u_Z = 0{,}5 + 0{,}02 \cdot \sqrt{10 \cdot 0{,}5}$$
$$u_Z \approx 0{,}54 \text{ mm}$$

ÜBUNGEN

1. Begründen Sie, warum der Ziehspalt u_Z beim Tiefziehen etwas größer als die Werkstückdicke s sein muss.
2. Beschreiben Sie die Werkstoffbeanspruchungen, die beim Tiefziehen auftreten.
3. Welche Funktion erfüllt der Niederhalter beim Tiefziehen?
4. Erläutern Sie, warum die Niederhalterkraft entscheidend für die Qualität der Tiefziehteile ist.
5. Viele Tiefziehteile könnten auch durch andere Fertigungsverfahren hergestellt werden. Führen Sie diese an und begründen Sie, welche Vorteile das Tiefziehen besitzt.
6. Begründen Sie, warum das maximale Ziehverhältnis nicht überschritten werden darf.
7. Beim Tiefziehen werden häufig Schmierstoffe eingesetzt. Führen Sie Schmierstoffe an, die in Ihrem Unternehmen eingesetzt werden.
8. Der in Bild 2 dargestellte Deckel aus DC01 soll mit einem Tiefziehwerkzeug gefertigt werden.
   Berechnen Sie den erforderlichen Zuschnittdurchmesser der Ronde.
9. Der in Bild 3 dargestellte Napf soll aus DC04 tiefgezogen werden.
   Bestimmen Sie
   a) den erforderlichen Zuschnittdurchmesser der Ronde.
   b) die erforderliche Anzahl der Züge und die jeweiligen Stempeldurchmesser.
   c) die Größe des Ziehspalts.

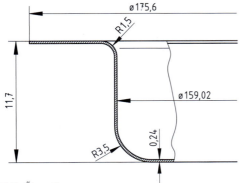

2 Zu Übung 8

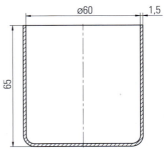

3 Zu Übung 9

1.2 Systeme und Teilsysteme der Formentechnik

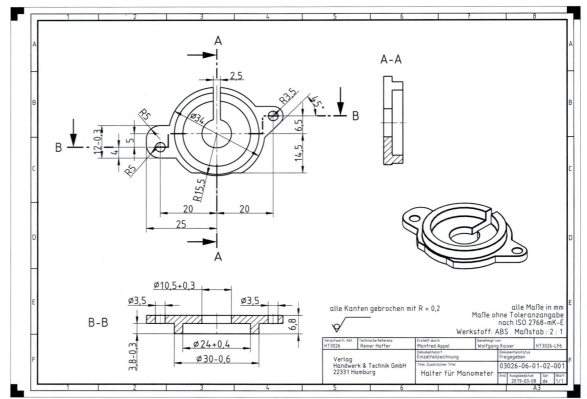

1 Kunststoffteil Halter

Der Halter (Bild 1) nimmt ein Manometer auf. Von dem Halter sollen 10000 Stück hergestellt werden. Dazu dient eine **Dauerform** *(permanent mould)* aus Stahl, in deren **Formhohlraum** *(cavity)* Kunststoff eingespritzt wird (Seite 127 Bild 1). Dieses Herstellungsverfahren heißt **Spritzgießen** *(injection moulding)*. Am Beispiel des Spritzgießens werden die Grundlagen des **Formenbaus** *(mould design and construction)* erläutert, die auch für andere Urformverfahren *(techniques of primary forming)* gelten. In den Lernfeldern 11 bis 14 werden diese Grundlagen ergänzt, vertieft und angewandt.

> **MERKE**
> Das zu fertigende Spritzgussteil *(moulded part)* wird auch als Spritzling, Produkt oder Artikel bezeichnet.
> Andere Begriffe für Formhohlraum sind Kavität *(cavity)* oder Formnest *(mould cavity)*.

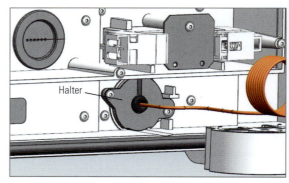

2 Einbausituation des Halters

Um das Bauteil durch Urformen herzustellen, muss der Prozess nach Seite 127 Bild 2 durchlaufen werden.
Für diesen Prozess werden in diesem Kapitel die erforderlichen Teilsysteme und deren Funktionen, Fertigung und Montage grundlegend erläutert.

> **MERKE**
> Beim Spritzgießen entstehen Kunststoffteile, die ohne oder mit geringer Nacharbeit direkt genutzt bzw. in Baugruppen montiert werden können.

Zur Herstellung der Spritzgussteile ist neben der **Spritzgießform** *(injection mould)* (Seite 127 Bild 1 und Seite 128 Bild 1) eine **Spritzgießmaschine** *(injection moulding machine)* (Seite 128 Bild 2) erforderlich.

1.2 Systeme und Teilsysteme der Formentechnik

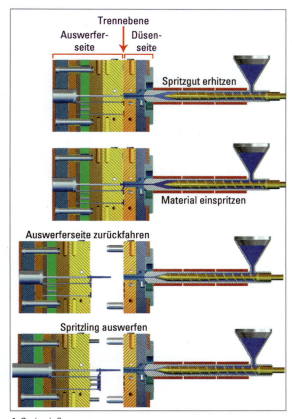

1 Spritzgießprozess

2 Phasen des Spritzgießprozesses

Beim Spritzgießen nimmt die Spritzgießmaschine die geteilte Spritzgießform auf. Vor dem Befestigen positioniert der Zentrierring die gesamte Spritzgießform in der Zentrierung der feststehenden Aufspannplatte *(mounting platen)*. Bei geschlossenem Werkzeug werden die beiden Formhälften auf den Aufspannplatten der Spritzgießmaschine befestigt.

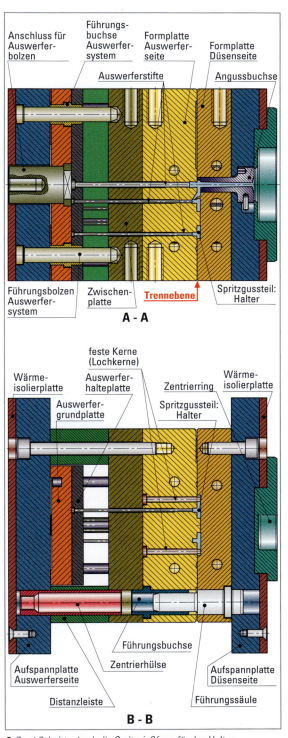

3 Zwei Schnitte durch die Spritzgießform für den Halter

1.2 Systeme und Teilsysteme der Formentechnik

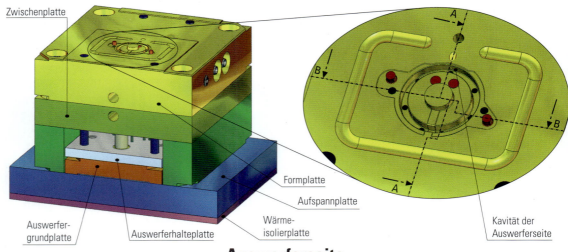

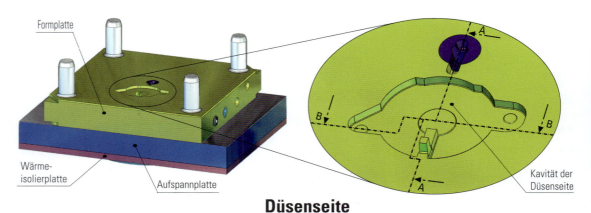

1 Auswerfer- und Düsenseite der Spritzgießform

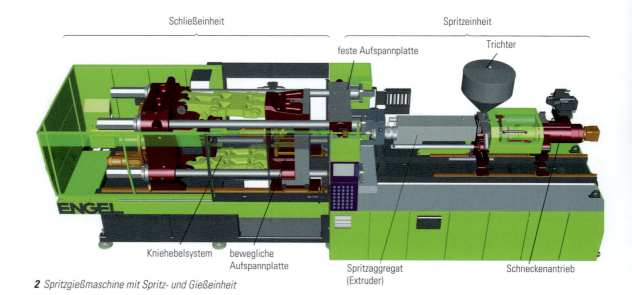

2 Spritzgießmaschine mit Spritz- und Gießeinheit

1.2 Systeme und Teilsysteme der Formentechnik

1.2.1 Bereitstellen und Aufbereiten des Produktwerkstoffs für das Spritzgießen

Ausgangsprodukt für die Herstellung von thermoplastischen Kunststoffen[1] *(thermoplastics)* ist Granulat *(granulate)* (Bild 1), das dem Trichter der Spritzgießmaschine zugeführt wird. Das körnige Granulat muss in leicht verformbare und spritzbare Kunststoffmasse umgewandelt, d. h., **plastifiziert** werden. Diese Aufgabe übernimmt die **Spritzeinheit** *(injection unit)* der Spritzgießmaschine.

1.2.1.1 Plastifizieren

Das Granulat wird von einer rotierenden Schnecke *(screw)* in den Massezylinder gefördert (Bild 2). Der Massezylinder wird über **Heizbänder** *(heating coils)* geregelt[2] erwärmt, sodass an der Zylinderinnenwand eine Wärmeübertragung auf den Kunststoff erfolgt, die zu seiner Plastifizierung beiträgt. Durch das Umwälzen des Kunststoffes in den Schneckengängen entsteht **Reibungswärme** *(frictional heat)*, die die Kunststoffmasse zusätzlich aufheizt. Dabei wird sie durchgeknetet, sodass sich die wärmeren und kühleren Masseteilchen vermischen. Dem Sammelraum wird so eine möglichst gleichmäßig aufgeheizte Kunststoffmasse zugeführt. Die Einspritztemperaturen liegen bei den meisten thermoplastischen Kunststoffen zwischen 200 °C und 350 °C.

1 Kunststoffgranulat als Rohmaterial für das Spritzgießen

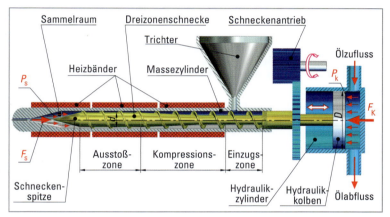

2 Spritzeinheit mit Kraftverhältnissen an der Schnecke

> **MERKE**
>
> Die erforderliche Spritztemperatur *(injection temperature)* hängt vom jeweiligen Kunststoff ab und wird vom Granulathersteller vorgegeben und während des Prozesses optimiert.

1.2.1.2 Druckaufbau und Dosierung

Während die Schnecke den Kunststoff plastifiziert und in den **Sammelraum** *(collection section)* transportiert, muss sie dort auch noch einen **Druck aufbauen**. Das geschieht dadurch, dass sich der kreisringförmige Querschnitt zwischen Zylinderinnenwand und Schneckenkern vom Granulateinlauf bis zum Sammelraum verringert. Eine häufig eingesetzte Schnecke ist die **Dreizonenschnecke** *(three-section screw)* (Bild 2). In der **Einzugszone** *(feed section)* wird das Granulat in die Schnecke eingezogen. Das Gangvolumen, d. h., das Volumen eines Ganges zwischen Zylinderwand und Schneckenkern ist hier am größten. Danach erfolgt in der **Kompressionszone** *(compression section)* bei abnehmendem Gangvolumen die Materialverdichtung. Die **Ausstoßzone** *(metering section)* hat das kleinste Gangvolumen. Sie muss so viel

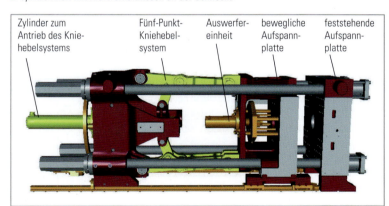

3 Schließeinheit mit Kniehebelsystem

Kunststoffmasse in den Sammelraum fördern, wie für den nächsten Spritzvorgang benötigt wird.
Durch den sich im Sammelraum aufbauenden **Staudruck** *(ram pressure)* entsteht eine Kraft F_S auf die Schneckenspitze (Bild 2). Dieser Kraft wirkt die Hydraulikkolbenkraft F_K entgegen. Der einstellbare Druck im Hydraulikzylinder und die Kolbenfläche bestimmen die Hydraulikkolbenkraft. Wird die Kraft F_S an der Schneckenspitze größer als die Hydraulikkolbenkraft F_K, verschieben sich die Schnecke und der Hydraulikkolben um den

---

[1] siehe Kap. 3.3.2
[2] siehe HT 3010, Lernfeld 3

Dosierweg *(metering stroke)* nach hinten und der Sammelraum vergrößert sich. Der Dosierweg wird so groß gewählt, dass die für das nächste Spritzen erforderliche plastifizierte, heiße Kunststoffmasse zur Verfügung steht.

MERKE
Durch Verändern der Prozessgrößen Temperatur, Staudruck, Umdrehungsfrequenz der Schnecke und Dosierweg wird die Kunststoffmasse für das Einspritzen optimiert.

1.2.2 Schließen und Zuhalten der Dauerform

Bevor die Kunststoffmasse in die Form eingespritzt wird, muss die Form schließen. Kniehebelsysteme *(toggle lever system)* (Seite 129 Bild 3) oder Druckzylinder (Bild 1) bewegen die bewegliche Aufspannplatte, sodass die Form schließt. Neben dem Schließen und Öffnen der Form muss das Schließsystem zusätzlich die Form mit der erforderlichen **Schließkraft** F_{SCH} *(clamping force)* zuhalten. Innerhalb der Form entstehen Druckspannungen *(compressive stresses)*, die die Formplatten zusammenpressen. In Bild 2 sind die Bereiche farblich dargestellt, in denen die Druckspannungen und Flächenpressungen *(contact pressures)* auftreten. Durch das Einspritzen des Kunststoffs baut sich an den Forminnenwandungen ein hoher Druck, der **Werkzeuginnendruck** p_W *(cavity pressure)* auf.

Der Werkzeuginnendruck p_W hängt vorrangig von folgenden Faktoren ab:

- **Viskosität (Zähflüssigkeit)** *(viscosity)* **der Kunststoffmasse:** Je größer die Viskosität der Kunststoffmasse ist, desto höher wird der Werkzeuginnendruck, um den Kunststoff durch die Fließquerschnitte zu pressen.
- **Wanddicke des Kunststoffteils:** Je kleiner die Wanddicke ist, desto größer wird der Füllwiderstand beim Einspritzen, d. h., der Werkzeuginnendruck erhöht sich.
- **Länge des Fließwegs:** Der Fließweg *(flow path)* ist die Strecke, die die Kunststoffmasse vom Verlassen der Einspritzdüse bis zum entferntesten Punkt in der Kavität zurücklegt. Je länger der Fließweg ist, desto mehr Wärme kann die Kunststoffmasse an die Form abgeben, wobei sie zähflüssiger wird. Eine Verlängerung des Fließwegs ist nur mit einer Steigerung des Werkzeuginnendrucks zu erreichen.

Der Einfluss der beschriebenen Faktoren ist für einen thermoplastischen Kunststoff im Bild 3 dargestellt. Aus dem Diagramm

Beispielaufgabe
Welcher Werkzeuginnendruck ist für ein Bauteil aus thermoplastischem Kunststoff zu wählen, dessen Wanddicke 1 mm bei einem Fließweg von 150 mm beträgt?

$$\frac{L}{s} = \frac{150 \text{ mm}}{1 \text{ mm}}$$

$$\frac{L}{s} = \frac{150}{1}$$

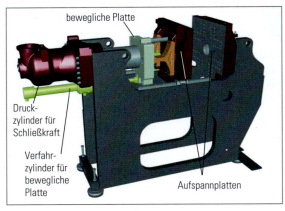

1 Hydraulisch betätigte Schließeinheit

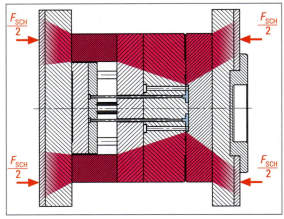

2 Bereiche, in denen Druckspannungen und Flächenpressungen vorkommen

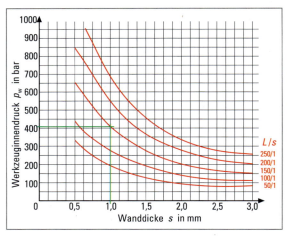

3 Diagramm zur Bestimmung des Werkzeuginnendrucks in Abhängigkeit vom Verhältnis Fließweg zu Wanddicke für einen thermoplastischen Kunststoff

(Bild 3) ergibt sich ein Werkzeuginnendruck von etwa 410 bar. Der Druck soll nur so groß sein, dass die Form sicher gefüllt wird. Zu hohe Werkzeuginnendrücke erfordern unnötig hohe

1.2 Systeme und Teilsysteme der Formentechnik

Schließkräfte, benötigen zu viel Energie und erzeugen zusätzliche Spannungen im Artikel.

Dieser Werkzeuginnendruck treibt das Formwerkzeug auf, wenn die Schließkraft der Spritzgießmaschine das nicht verhindert. Dann können am Bauteil „Schwimmhäute" *(flashes)* entstehen (Bild 1). Die **Werkzeugauftreibkraft** F_A *(tool distension force)* ist umso größer, je höher der Werkzeuginnendruck p_W und die projizierte Fläche A_P von Formteil und Angusssystem in Öffnungsrichtung der Form sind (Bild 2).

$$\boxed{F_A = p_W \cdot A_P}$$

F_A: Werkzeugauftreibkraftkraft
p_W: Werkzeuginnendruck
A_P: projizierte Fläche

1 Links: Artikel mit „Schwimmhäuten" durch zu geringe Schließkraft
Rechts: Artikel ohne „Schwimmhäute" durch ausreichende Schließkraft

Beispielaufgabe

Wie groß ist die Werkzeugauftreibkraft F_A bei der Form für den Halter, wenn der Werkzeuginnendruck 350 bar beträgt?

geg.: $A_P = 960 \text{ mm}^2$; $p_W = 350$ bar
$F_A = p_W \cdot A_P$

$$F_A = \frac{350 \text{ bar} \cdot 960 \text{ mm}^2 \cdot 10 \text{ N} \cdot 1 \text{ cm}^2}{\text{cm}^2 \cdot 1 \text{ bar} \cdot 100 \text{ mm}^2}$$

$F_A = 33{,}6$ kN

MERKE

Die notwendige Schließkraft F_{SCH}, die von der Schließeinheit aufzubringen ist, muss größer als die Auftreibkraft F_A sein. Oft wird mit einem Sicherheitsfaktor von 1,25 gerechnet.

$$\boxed{F_{SCH} \geq 1{,}25 \cdot F_A}$$

F_{SCH}: Schließkraft
F_A: Werkzeugauftreibkraft

Beispielaufgabe

Wie groß muss die erforderliche Schließkraft F_{SCH} mindestens sein?

$F_{SCH} \geq 1{,}25 \cdot F_A$
$F_{SCH} \geq 1{,}25 \cdot 33{,}6$ kN
$\underline{F_{SCH} \geq 42 \text{ kN}}$

Selbst bei ausreichender Schließkraft kann es zu Schwimmhäuten und zu mangelhaften Artikeln kommen, wenn die Formplatten und Zwischenplatte nicht über die erforderlichen Dicken verfügen (Bild 3). Durch den Einspritzdruck und die entstehende Werkzeugauftreibkraft können sich die Platten elastisch verformen.

MERKE

Die Formplatten dürfen sich unter dem Einfluss der Werkzeugauftreibkraft nur so wenig elastisch verformen, dass der Artikel mit den geforderten Toleranzen entsteht.

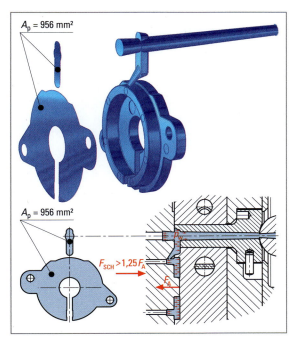

2 Werkzeugauftreibkraft F_A und Schließkraft F_{SCH}

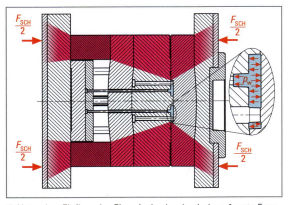

3 Unter dem Einfluss des Einspritzdrucks elastisch verformte Formplatten und Zwischenplatte

1.2.3 Füllen des Formhohlraums

Hat die Schnecke ausreichend Kunststoffmasse in den Sammelraum transportiert und die definierte hintere Endlage erreicht (Seite 129 Bild 2), wird der Druck im Hydraulikzylinder schlagartig erhöht. Dadurch fährt die Schnecke sehr schnell nach vorn und presst die Kunststoffmasse mit dem programmierten Einspritzdruck aus dem Sammelraum in das Werkzeug. Durch die Düse des Extruders[1] *(extruder)*, der aus Schnecke und Massezylinder besteht, wird die Kunststoffmasse über das Angusssystem (Bild 1) in den Formhohlraum gespritzt.

> **MERKE**
> Der erforderliche Einspritzdruck hängt von der Viskosität der Kunststoffmasse, der Wanddicke des Artikels und der Länge des Fließwegs ab.

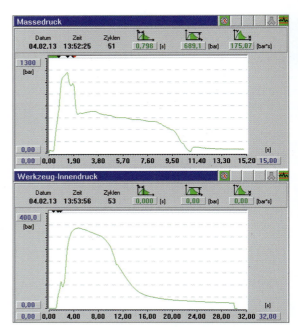

2 Aufzeichnungen des Einspritz- bzw. Massedrucks (oben) und des Werkzeuginnendrucks (unten)

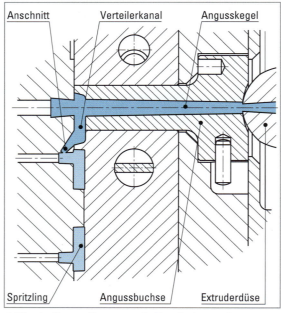

1 Weg der Kunststoffmasse von der Extruderdüse zur Kavität

1.2.3.1 Einspritzdruck *(injection pressure)*

Der Einspritzdruck muss so groß sein, dass die Kavität komplett gefüllt wird. Im Bild 2 sind die Verläufe von Einspritz- und Werkzeuginnendruck für den gleichen Artikel dargestellt. Dabei ist zu erkennen, dass der Einspritzdruck steil ansteigt und nach kurzer Zeit auf den Nachdruck abgesenkt wird[2]. Der Einspritzdruck ist wesentlich höher als der Werkzeuginnendruck. Beim Einrichten der Spritzgießmaschine wird der Einspritzdruck zunächst aufgrund von Datenbanken und Erfahrungen gewählt und dann optimiert.

1.2.3.2 Angusssystem *(runner system)*

Das Angusssystem (Bild 3) besteht oft aus dem Angusskegel *(sprue)*, dem Verteilerkanal *(runner)* und den Angüssen bzw. Anschnitten *(gates)*. Bei der Gestaltung des Angusssystems ist darauf zu achten, dass einerseits sein Füllwiderstand nicht unnötig vergrößert wird und andererseits sein Volumen nicht zu groß wird. Das Angusssystem ist für den Spritzvorgang zunächst Abfall, der bei thermoplastischen Kunststoffen meist wieder recycelt wird. Bei Mehrfachwerkzeugen[3] soll das Angusssystem zusätzlich noch jedes Formnest gleichzeitig füllen.

3 Angusssystem mit Halter

> **MERKE**
> Das Angusssystem soll die Formmasse möglichst auf dem kürzesten Weg, bei möglichst geringem Wärme- und Druckverlust, in die Kavität leiten.

---
[1] Extrusion aus dem Lateinischen: extrudere = hinausstoßen, hinaustreiben
[2] siehe Kapitel 1.2.4.2   [3] siehe Lernfeld 11, Kap. 2.1.6.3

1.2 Systeme und Teilsysteme der Formentechnik

Angusskegel *(sprue)*
Die Form des Angusskegels wird durch die Innenkontur der konischen Angussbuchse (Bild 1) bestimmt. Der konische Angusskegel lässt sich während des späteren Öffnens der Form leicht aus der Angussbuchse entformen. Im Beispiel ist der Querschnitt des Verteilerkanals in die werkzeugseitige Stirnseite der Angussbuchse angearbeitet (Bild 1). Aus diesem Grund ist die Angussbuchse durch einen Stift in einer Nut der Aufspannplatte gegen Verdrehen gesichert.

Verteilerkanal *(runner)*
Die Verteilerkanäle leiten die Kunststoffmasse von der Angussbuchse zu den Anschnitten, die den Übergang zur Kavität bilden. Sie liegen in der Trennebene *(parting surface)*, damit sie einfach zu entformen sind. Durch den Wärmeübergang an die Form erstarrt eine dünne Kunststoffhaut an der Wandung des Verteilerkanals, die auch gleichzeitig wieder wärmeisolierend wirkt. Der Verteilerkanal muss so dimensioniert sein, dass in seinem Inneren eine „plastische Seele" erhalten bleibt, bis der Spritzling vollkommen erstarrt ist.

Der Querschnitt des Verteilerkanals ist zu vergrößern, wenn
- Wanddicke und Volumen des Formteils zunehmen,
- die Viskosität der Kunststoffmasse ansteigt,
- der Fließweg länger wird und
- die Formfüllzeit *(mould fill time)* kürzer werden soll.

Meist wird der Verteilerkanal etwa 1 mm bis 2 mm größer als die Wanddicke des Spritzlings gewählt.
Kreisförmige oder parabelförmige Querschnitte werden im Formenbau bevorzugt (Bild 2).

Anschnitt bzw. Anguss
Der Anschnitt bzw. Anguss verbindet den Verteilerkanal mit dem Formnest. Er hat den kleinsten Querschnitt im gesamten Verteilersystem. An ihn werden verschiedene Forderungen gestellt:
- Der Anschnitt soll möglichst klein sein, damit die schon etwas abgekühlte Formmasse durch Reibungswärme wieder heißer wird, ohne jedoch den Kunststoff zu überhitzen.
- Der Anschnitt muss sich gut entformen lassen.
- Der Anschnitt soll keine störenden Markierungen am Formteil hinterlassen.

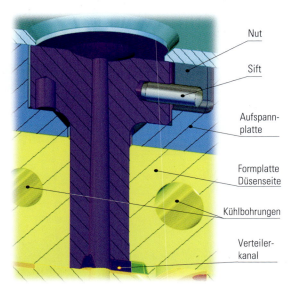

1 Gegen Verdrehen gesicherte Angussbuchse mit eingearbeitetem Verteilerkanal

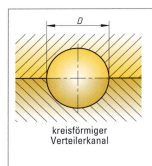

kreisförmiger Verteilerkanal

Vorteile:
- Verhältnis von Querschnitt zu Oberfläche ist am günstigsten.
- Geringste Wärmeableitung wegen kleiner Oberfläche.
- Masse erstarrt im Zentrum zuletzt und begünstigt die Nachdruckwirkung in der „plastischen Seele".

Nachteile:
- In jeder Form muss eine Kanalhälfte hergestellt werden, was die Herstellung verteuert.

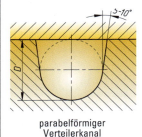

parabelförmiger Verteilerkanal

Vorteile:
- Gute Annäherung an den Rundkanal.
- Einfache Herstellung in nur einer Werkzeughälfte.

Nachteile:
- Wärme- und Druckverluste sowie Volumen und damit Abfall etwas größer als beim Rundkanal.

2 Vergleich von kreisförmigem und parabelförmigem Verteilerkanal

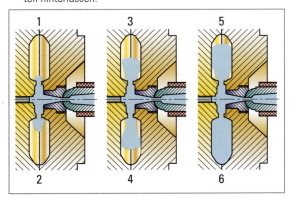

3 Richtige Formfüllung beim Spritzgießen in den Folgen 1 bis 6

Das Füllen der Kavität durch den Anschnitt soll nicht im freien Strahl wie beim Druckgießen[4)] erfolgen. Vielmehr soll die Kunststoffmasse aus dem Anschnitt in das Formnest quellen (Bild 3). Die Kavität wird vom Anguss nach außen gefüllt. Wird das Werkzeug mit zu hoher Geschwindigkeit und zu hohem Druck gefüllt, schießt die Schmelze bis zur gegenüberliegenden Wand.

Der Strang staut und krümmt sich (Bild 1 oben) und behindert den weiteren Quellfluss. Die Oberflächenqualität und die Festigkeit des Spritzgussteils erreichen nicht die Sollwerte. Der Formaufbau, die Gestalt des Spritzgussteils und seine Kunststoffart sowie der Automatisierungsgrad der Fertigung bestimmen maßgeblich die Ausführung des Anschnitts.

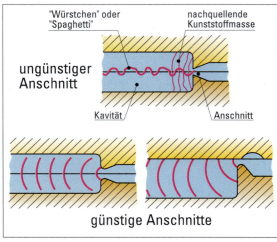

1 Günstige und ungünstige Anschnittgestaltung

1.2.3.3 Entlüften der Form *(venting of cavity)*

Die Luft in der Form muss durch die eingespritzte Kunststoffmasse verdrängt werden, ansonsten verhindert die komprimierte Luft das Füllen der Kavität. Gleichzeitig ist die unter hohem Druck stehende Luft sehr heiß. Dabei sind Temperaturen möglich, die den Kunststoff über den zulässigen Bereich erwärmen. Die Erwärmung kann dazu führen, dass der Kunststoff verkohlt. Dieser unerwünschte Vorgang wird als **Dieseleffekt** *(diesel effect)* bezeichnet und bewirkt am Kunststoffteil Schädigungen, die **Luftbrenner** *(charing)* genannt werden.

Normalerweise entweicht die Luft über die Trennfläche, die nie absolut dicht sein wird. Je länger der Weg ist, den die Luft über die Trennfläche zurücklegen muss, desto schwieriger ist das Entlüften der Kavität. Bei der Form für den Halter befindet sich eine Entlüftungsnut in der Nähe der Kavität (Bild 2), die einen

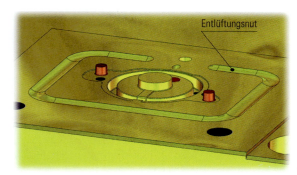

2 Entlüftungsnut in der Nähe der Kavität zur Aufnahme der verdrängten Luft

Teil der verdrängten Luft aufnimmt und damit das Entlüften der Kavität erleichtert. Der feststehende Kern ermöglicht das Entweichen der Luft zwischen den Berührungsflächen von Kern und Formplatte. Weitere Entlüftungsmöglichkeiten sind die geringen Spalte zwischen Auswerfern und Formplatte (Bild 3).

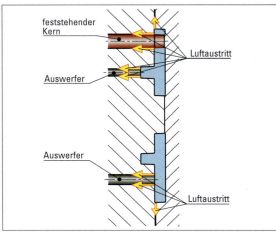

3 Luftaustritt über die Trennebene, Auswerferstifte und feststehende Kerne

1.2.4 Erstarren des Spritzgussteils in der Form

Die Dauer des gesamten Sprizgießprozesses **(Zykluszeit)** hängt maßgeblich davon ab, wie schnell das Spritzgussteil erstarrt. Die Temperaturunterschiede zwischen Einspritzen und Entformen liegen bei thermoplastischen Kunststoffen meist zwischen 100 °C bis 250 °C.

ÜBUNGEN

1. Erstellen Sie eine Mindmap, in der die Faktoren aufgeführt sind, die den Werkzeuginnendruck beim Spritzgießen bestimmen.
2. Beschreiben Sie den Weg, den die Formmasse von der Einspritzdüse bis zur Kavität zurücklegt.
3. Welche Anforderungen werden an den Verteilerkanal gestellt und von welchen Faktoren wird seine Größe bestimmt?
4. Was wird in der Formentechnik unter den Begriffen „Anschnitt" bzw. „Anguss" verstanden und welche Forderungen werden an diese gestellt?

1.2.4.1 Temperieren des Werkzeugs *(tempering of tool)*

Damit die Temperatur der Kunststoffmasse abnimmt, muss Wärme vom Kunststoff an die Form abgegeben werden. Die Wärmeübertragung ist umso intensiver, je größer die Temperaturdifferenz zwischen Kunststoffmasse und Oberfläche des Formnests ist.

1.2 Systeme und Teilsysteme der Formentechnik

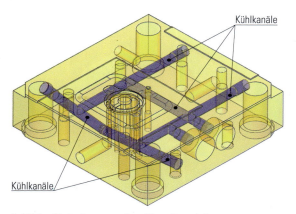

1 Kühlkanäle in der auswerferseitigen Formplatte

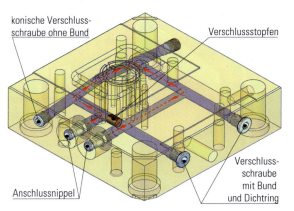

2 Unterschiedliche Verschlussstopfen in Formplatte

Durch die Wärmeübertragung würde die Spritzgießform bei jedem Zyklus weiter aufgeheizt, sofern diese die Wärme nur an die Umgebungsluft abgeben würde. Die so entstehende geringere Temperaturdifferenz zwischen Werkzeug und Kunststoff würde den Wärmeübergang erschweren, wodurch die Zykluszeit und die Herstellungskosten steigen würden.

Um die Zykluszeit und die Qualität es Formteils konstant zu halten, muss die Form auf einer möglichst gleichmäßigen, vom Kunststoffhersteller empfohlenen Temperatur gehalten, d. h. temperiert werden (Bild 4). Dazu besitzt die Form Kühlkanäle *(coolant ducts)* (Bild 1), durch die Wasser oder Öl strömt. Über Kupplungen sind die Kühlkanäle mit dem Temperiergerät verbunden. Vor dem Einrichten des Werkzeugs wird die Form auf die gewünschte Temperatur erwärmt. Im Dauerbetrieb wird sie gekühlt[1)].

Die Kühlkanäle werden in die Formplatten des Werkzeugs gebohrt. Anschlussnippel, Verschlussschrauben und -stopfen (Bild 2) verschließen teilweise die Bohrungen, um einen geschlossenen Kühlkreislauf zu erzielen. Mithilfe von Zugstangen (Bild 3) werden die Verschlussstopfen an beliebigen Positionen der Bohrungen fixiert (Seite 136 Bild 1).

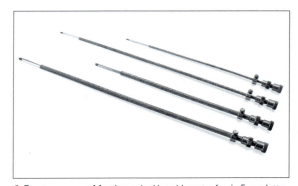

3 Zugstangen zum Montieren der Verschlussstopfen in Formplatte

 MERKE

Die Temperierung *(tempering)* der Spritzgießwerkzeuge sorgt für eine möglichst gleichmäßige Wärmeübertragung vom Spritzling an die Formnestwandungen. Das Temperiermedium (Wasser oder Öl) transportiert die Wärme aus den Formplatten bzw. aus dem Werkzeug.

Thermoplast	Werkzeugtemperatur in °C	Schmelztemperatur in °C	Entformungstemperatur in °C
Apec® HT (PC-HT)	100…150	310…340	150
Bayblend® (PC+ABS)	70…100	240…280	110
Desmopan® (TPU)	20…50	190…245	50…70
Durethan® A (PA 66)	80…100	275…295	110
Durethan® AKV (PA 66, GF)	80…120	280…300	140
Durethan® B (PA 6)	80…100	260…280	100
Durethan® BKV (PA 6, GF)	80…120	270…290	130
Makrolon® (PC)	80…100	280…320	< 140
Makrolon® (PC, GF)	80…130	310…330	< 150
Novodur® ABS Lustran® ABS	80…80	220…260	80…100
Lustran® SAN	50…80	230…260	80…95
Pocan® (PBT)	80…100	260…270	< 140
Pocan® (PBT, GF)			< 150
Triax® (ABS+PA)	80…100	250…270	90…100

4 Einspritz-, Entformungs- und Werkzeugtemperatur thermoplastischer Kunststoffe

[1)] siehe Details in Lernfeld 11, Kap. 2.1.4

Überlegen Sie!
Erstellen Sie eine Mindmap für den Energiefluss der Spritzgießform, in dem Sie die zugeführten und abgeführten Energien benennen.

Alle mit der Kunststoffschmelze in Kontakt kommenden Bauteile der Spritzgießform für den Halter sind aus **Warmarbeitsstahl**[1] *(hot working steel)* (z. B. X37CrMoV 5-1 mit der Werkstoffnummer 1.2343), der sich durch sehr gute Wärmeleitfähigkeit *(heat condictivity)*, gute Warmfestigkeit *(high temperature strength)* und Zerspanbarkeit *(machinability)* auszeichnet. Durch entsprechende Wärmebehandlung *(heat treatment)* kann dieser Stahl eine Härte bis zu 54HRC[2] erreichen. Die restlichen, auf Druck und Flächenpressung beanspruchten Platten und Distanzleisten bestehen aus unlegiertem Kaltarbeitsstahl *(carbon cold working steel)* (z. B. C45U mit der Werkstoffnummer 1.1730).

Überlegen Sie!
Welche Bauteile der Spritzgießform sollten aus Warmarbeitsstahl sein?
Informieren Sie sich über die Eigenschaften der unlegierten Kaltarbeitsstähle und geben Sie Gründe für deren Auswahl bei der Spritzgießform an.

1.2.4.2 Nachdrücken *(dwell pressing)*
Wenn die Kunststoffschmelze im Formhohlraum erstarrt, zieht sie sich beim Übergang vom plastischen zum festen Zustand etwas zusammen. Wenn in dieser Phase keine Kunststoffmasse nachgedrückt wird, bilden sich an Fertigteil außen **Einfallstellen** *(shrink marks)* oder innen am **Lunker** (Hohlräume) *(blow holes)*. Beim Spritzgießen wird deshalb so lange plastifizierter Kunststoff durch die „plastische Seele" des Angusssystems in die Kavität gedrückt, bis der Spritzling erstarrt ist. So lange darf die „plastische Seele" nicht fest werden und der Anschnitt nicht komplett erstarrt bzw. versiegelt sein. Bild 2 zeigt den typischen Druckverlauf.

MERKE
Das Nachdrücken soll Einfallstellen und Lunker am Spritzling verhindern.

1.2.5 Öffnen der Form
Nachdem der Artikel die notwendige Entformungstemperatur und die erforderliche Festigkeit in der Form erreicht hat, öffnet die Spritzgießmaschine die Form. Die auswerferseitige Formplatte *(pattern plate)* bewegt sich von der düsenseitigen Formplatte weg.

1.2.5.1 Führungen *(tie bars)*
Beim Öffnen und Schließen der Form darf die Führung der beiden Formhälften nicht der Spritzgießmaschine überlassen werden. Es könnten sich Führungsungenauigkeiten der Maschine auf die Form und das Spritzgussteil auswirken. Damit es an der

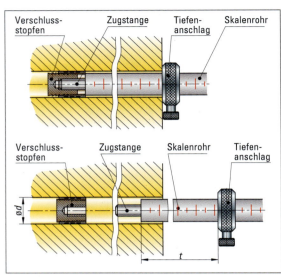

1 Befestigung der Verschlussstopfen im Inneren der Formplatte

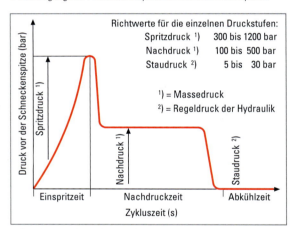

2 Druckverlauf beim Spritzgießen

Trennebene des Werkzeugs und somit auch am Spritzling zu keinem Versatz kommt, besitzt das Werkzeug Führungen. Diese positionieren bei geschlossenem Werkzeug die beiden Formhälften möglichst exakt zueinander (Bild 1).
Bei kleineren Werkzeugen besteht die Führung meist aus jeweils vier Führungssäulen und -buchsen[3]. Diese sind in den Ecken der Formplatten angeordnet. Die beiden Formhälften müssen immer gleich aufeinander sitzen und dürfen nicht um 180° verdreht werden. Deshalb wird bei gleichem Außendurchmesser eine **Führungsbuchse** *(bushing)* und die dazugehörige **Führungssäule** *(tie bar)* mit einem etwas größerem Durchmesser versehen. Führungselemente mit rückwärtigen Zentrierzapfen zentrieren angrenzende Platten des Werkzeugs[4]. Um den Verschleiß der Führungselemente gering zu halten, werden sie mit temperaturbeständigen Gleitmitteln geschmiert. Zur Aufnahme der Schmiermittel und des eventuell entstehenden Abriebs besitzen die Zentriersäulen Schmiernuten.

---
1) siehe Kap. 3.2.1.2   2) siehe Kap. 3.1.1.1   3) siehe Kap. 2.1
4) weitere Führungselemente siehe Kap. 2.1

1.2 Systeme und Teilsysteme der Formentechnik

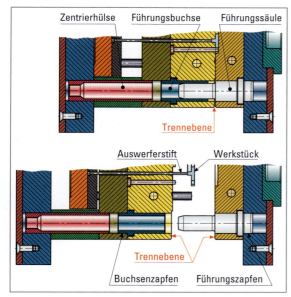

1 Zentrierung bei geschlossener und offener Form

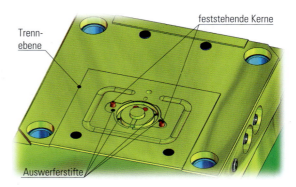

2 Düsenseitige Werkzeugtrennebene

Die Platten und die Führungen werden für die meisten Werkzeuge von Normalienherstellern bezogen. Die Platten besitzen durchgehend gleiche Bohrungen mit entsprechenden Senkungen, die zwei Aufgaben übernehmen:
- Aufnahme der Führungs- und Zentrierelemente[1] sowie
- Bezugs- bzw. Aufnahmepunkte für die Bemaßung und Fertigung

1.2.5.2 Werkzeugtrennebene (mould parting surface)

Der Spritzling soll meist in der auswerferseitigen Formplatte verbleiben, aus der er dann anschließend entformt wird. Um diesen Anforderungen zu entsprechen, ist die Werkzeugtrennebene von der Fachkraft an die „richtige Stelle" zu legen.
Für die Lage der Werkzeugtrennebene bzw. -trennfläche ergeben sich aus dem Spritzgießprozess folgende Anforderungen:
- Die Trennfläche sollte möglichst eben sein, damit ihre Bearbeitung einfach ist.
- Die Trennfläche muss dicht sein, damit am Spritzling keine Markierung (Grat) entsteht.
- Das Formteil muss sich problemlos und ohne Beschädigungen entformen lassen.
- Das Formteil soll nach dem Öffnen der Form in der auswerferseitigen Formplatte verbleiben, damit es die Auswerferstifte entformen können.

In Bild 2 ist die auswerferseitige Trennebene der Form für den Halter dargestellt. Dabei ist zu erkennen, dass die Formplatte bis auf zwei Bereiche um 1 mm abgefräst ist. Die ebene Fläche, in der sich die Kavität befindet, ist die eigentliche Trennfläche. Die schmale, gegenüberliegende Fläche bildet das zweite Auflager für die ebene, düsenseitige Formplatte. Dadurch wird erreicht, dass die Schließkraft nur auf die beiden Flächen drückt.

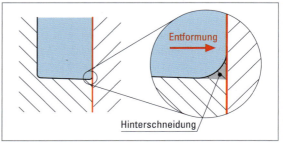

3 Durch **falsche Lage** der Werkzeugtrennebene entsteht eine Hinterschneidung

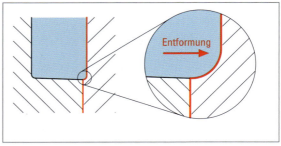

4 Durch **richtige Lage** der Werkzeugtrennebene wird eine Hinterschneidung vermieden

Durch die relativ kleine Trennfläche entsteht eine hohe Flächenpressung zwischen den beiden Formplatten, wodurch eine hohe Dichtigkeit entsteht und die Gratbildung am Formteil verhindert wird.
Liegt die Trennebene für den Halter so, wie in Bild 3 dargestellt, lässt sich der Spritzling nicht ohne Beschädigungen entformen. Es liegt eine **Hinterschneidung** (undercut) im Bereich des Radius vor. Um diese Hinterschneidung zu vermeiden, wird die Trennebene an den Radiusauslauf gelegt (Bild 4).

> **MERKE**
> Hinterschneidungen verhindern, dass sich das Spritzgussteil ohne Beschädigung entformen lässt.

[1] siehe Seite 75, Bild 1

1.2.5.3 Schwindung *(shrinkage)*

Für den Halter ist in den Bildern 1 und Seite 137 Bild 2 zu erkennen, dass die Trennflächen nicht in einer Ebene liegen. Sowohl die feststehenden Kerne als auch der Bereich, der die Innendurchmesser des Halters formt, ragen aus der Haupttrennebene heraus. Durch diese konstruktive Maßnahme wird erreicht, dass der Artikel nach dem Öffnen der Form in der auswerferseitigen Formplatte verbleibt. Verantwortlich dafür ist die Schwindung des Formteils, weil es auf die Kerne aufschrumpft bzw. auf ihnen hängen bleibt.

Jedes Gussteil wird beim Abkühlen von der Erstarrungstemperatur bis zur Raumtemperatur kleiner, es schwindet.

Beim Spritzgießen ist die **Verarbeitungsschwindung** *(moulding shrinkage)* der Unterschied zwischen den Maßen des Werkzeugs L_W bei 23±2 °C und den Maßen des Formteils L_F 16 Stunden nach dessen Herstellung. Die Verarbeitungsschwindung ist vorrangig vom verarbeiteten Kunststoff abhängig (Seite 139 Bild 1). Daneben wirken sich Einspritzdruck, Nachdruck und Form des Artikels auf die Schwindung aus. Je höher sie sind, desto weniger schwindet das Formteil.

Bei den meisten Spritzgussteilen findet im Kunststoff nach der Verarbeitung noch eine **Nachschwindung** *(after-shrinkage)* statt, bis das Formteil seine endgültigen Maße erreicht hat.

Die Gesamtschwindung *GS (total shrinkage)* ist die Summe aus Verarbeitungs- und Nachschwindung. Sie muss bei der Festlegung der Werkzeugmaße berücksichtigt werden.

Die Gesamtschwindung *GS* wird in Prozent, bezogen auf die Werkzeugmaße, angegeben.

$$GS = \frac{L_W - L_F}{L_W} \cdot 100\%$$

GS: Gesamtschwindung
L_W: Werkzeugmaß
L_F: Formmaß

Durch Umstellen der Formel ergibt sich das Werkzeugmaß L_W:

$$L_W = \frac{L_F \cdot 100\%}{100\% - GS}$$

MERKE
Für das Formteil sind sowohl die Außenmaße als auch die **Innenmaße** auf diese Weise zu berechnen, weil das gesamte Teil schwindet und somit auch die Bohrungen und Durchbrüche kleiner werden. Die Form muss in **allen Maßen** größer als das Spritzgussteil sein.

Überlegen Sie!
Bestimmen Sie für den Halter Seite 126 Bild 1 alle Werkzeugmaße.
Erstellen Sie eine Tabellenkalkulation für die Berechnung der Werkzeugmaße.

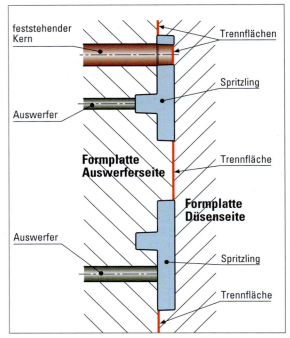

1 Werkzeugtrennflächen liegen nicht in einer Ebene

Beispielaufgabe

Für das Außenmaß ⌀34 und das Innenmaß ⌀24 + 0,4 des Halters (Seite 126 Bild 1) sind die Werkzeugmaße zu bestimmen. Aus S. 139 Bild 1 ergibt sich für ABS eine Gesamtschwindung von 0,5 %.

Außenmaß ⌀34:

$$L_W = \frac{L_F \cdot 100\%}{100\% - GS}$$

$$L_W = \frac{34\text{ mm} \cdot 100\%}{100\% - 0,5}$$

$$\underline{L_W = 34,17\text{ mm}}$$

Innenmaß ⌀24+0,4:
Als Sollmaß wird am Spritzling die Mitte der Toleranz angestrebt, somit 24,2 mm.

$$L_W = \frac{L_F \cdot 100\%}{100\% - GS}$$

$$L_W = \frac{24,2\text{ mm} \cdot 100\%}{100\% - 0,5}$$

$$\underline{L_W = 24,32\text{ mm}}$$

MERKE
Aufgrund der Verarbeitungsschwindung schrumpft der Artikel auf die feststehenden Kerne und die Konturen des Formnestes, die den Innenbereich des Spritzgussteils formen. Dadurch verbleibt der Spritzling in der auswerferseitigen Formplatte.

1.2 Systeme und Teilsysteme der Formentechnik

Chemische Bezeichnung (Kurzzeichen)	Gesamt-schwindung GS in %
Polyamid 66 (PA66)	2,6
H Polyamid 66, 35 % Glasfaser (GF-PA66)	1,1
Polyamid 6 (PA6)	2,1
Polyamid 6, 35 % Glasfaser (GF PA6)	1,1
Polyamid 6, 35 % Gusspolyamid (PA6)	0
Polyamid 610 (PA610)	2,1
Polyformaldehyd (POM); Copolymerisat	3,1
Lineare Polyester (PETB, PBTP)	2,3
Lineare Polyester, 35 % Glasfaser (GF-PBTP)	1,0
Polycarbonat (PC)	0,8
Polycarbonat, 30 % Glasfaser (GF-PC)	0,5
Polyäthylen niedriger Dichte (LDPE)	3,2
Polyäthylen hoher Dichte (HDPE)	3,7
Äthylen-Vinylacetat-Copol. (EVA)	1,2
Polypropylen (PP)	3,8
Polypropylen, 30 % Glasfaser (GF-PP)	1,2
Polyvinylchlorid hart (PVC)	0,8
Polyvinylchlorid weich (20...40 % Weichmacher)	1,0
Polystol (PS)	0,6
Polystol schlagfest (SB)	0,6
Acrylnitril-Styrol-Acrylester-Polymer (ASA)	0,6
Acrylnitril-Butadien-Styrol-Cop. (ABS)	0,5
Polytetrafluoräthylen-Cop. (PCTFE)	4,5
Polymrthylmetacrylat (PMMA)	0,6

1 Gesamtschwindung ausgewählter Kunststoffe

1.2.6 Entformen des Produkts

Das in der Formplatte der Auswerferseite, die auch Kernseite genannt wird, festsitzende Spritzgussteil muss sicher und kontrolliert entformt werden. Das wird
- durch Formschrägen erleichtert und
- durch das Auswerfersystem durchgeführt.

1.2.6.1 Formschrägen *(mold draughts)*

Damit sich das Spritzgussteil leicht von den Wandungen der Kavität trennen lässt, ist es mit Formschrägen in Entformungsrichtung zu versehen. Bild 2 zeigt die Verhältnisse für ein becherförmiges Teil. Der Teil der Form, der die Innenkontur oder Durchbrüche am Gussteil formt, wird als **Kern** *(core)* bezeichnet. Bei zylindrischem Kern (Bild 2a) müssten die Auswerfer den Spritzling über die gesamte Kernlänge verfahren und erst am Ende des Weges wäre das Teil entformt. Dadurch würden sich folgende Nachteile ergeben:
- unnötig lange Auswerferwege,
- schlechte Oberflächenqualität des Spritzlings durch die andauernde Gleitreibung zwischen Kern und Formteil sowie
- unnötiger Abrieb und Verschleiß des Werkzeugs durch die Gleitreibung zwischen den Wandungen des Formnests und des Gussteils.

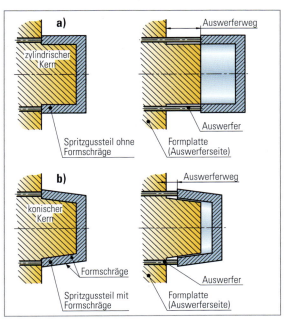

2 Entformung des Spritzgussteils
a) ohne
b) mit Formschrägen

Beim konischen Kern hingegen ist lediglich die Haftreibung zwischen Formteil und Kavität zu überwinden. Schon nach sehr kurzem Auswerferweg ist das Teil entformt (Bild 2b), sodass die genannten Nachteile nicht auftreten.

MERKE

Die Formschräge wird meist in Grad angegeben. Sie richtet sich vorrangig nach dem gewählten Kunststoff, der Entformungshöhe, dem Verwendungszweck, der Form und der Oberfläche des Formteils. Je rauer die Oberfläche, desto größer wird die Formschräge gewählt.

Oft hat der Konstrukteur am Gussteil noch keine Formschrägen festgelegt, sondern lediglich die „Formteil-Nenngestalt". Die Ausformschräge kann gegenüber der Formteil-Nenngestalt (Bild 3) als **Materialzugabe** (plus) oder als **Materialabzug** (minus) erfolgen. Welche Alternative gewählt wird, hängt vom Verwendungszweck des Spritzgussteils ab. Da in die Bohrungen und Innenkonturen des Halters (Seite 126 Bild 1) Schrauben und andere Bauteile montiert werden, dürfen diese Durchmesser

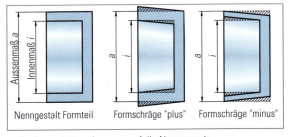

3 Ausformschrägen bezogen auf die Nenngestalt

nicht zu klein werden. Deshalb wird hier Materialabzug, d. h. -2° Formschräge gewählt. Bei dem großen Außendurchmesser von 34 mm erfolgt eine Materialzugabe von +2° Formschräge, um das Teil nicht unnötig zu schwächen.

Damit die Maßdifferenz Δ*l* in Entformungsrichtung nicht zu groß wird, wird mit zunehmender Formhöhe die Formschräge in Grad niedriger zu wählen (Bild 1).

Die Maßdifferenz Δ*l* wird mithilfe der Tangensfunktion berechnet:

$$\Delta l = h \cdot \tan \alpha$$

Δ*l*: Maßdifferenz
h: Formhöhe
α: Formschräge

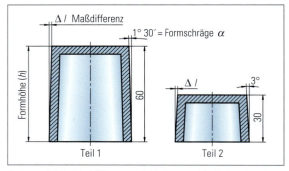

1 Etwa gleiche Maßdifferenzen Δ*l* bei unterschiedlichen Formhöhen

Beispielaufgabe

Wie groß ist das größte Maß der Halterform für den ⌀34 auszuführen?

Geg.: *d* = 34 mm; GS = 0,5 %; α = +2°; *h* = 3 mm
Ges.: d_{max}

$d_{max} = L_W + 2 \cdot \Delta l$
L_W = 34,17 mm (siehe Seite 137)
Δ*l* = *h* · tan α
Δ*l* = 3 mm · tan 2°
Δ*l* = 0,105 mm
d_{max} = 34,17 mm + 2 · 0,105 mm
d_{max} = 34,38 mm

Überlegen Sie!

Bestimmen Sie aufgrund der im vorhergehenden Text angegebenen Informationen die größten Abmessungen am Werkzeug für die Innenkonturen des Halters (Seite 126 Bild 1).

1.2.6.2 Auswerfersystem *(ejection system)*

Zum Entformen des Artikels, der in der auswerferseitigen Formplatte festsitzt (Bild 2), wird das Auswerfersystem (Bild 3 und Seite 127 Bild 3) betätigt. Dazu werden die **Auswerfergrund- und -halteplatte** nach vorne bewegt. Ein **Auswerferbolzen** *(ejection pin)*, der über ein Anschlussstück mit den Platten verbunden ist, leitet die Bewegung ein. Führungsbolzen, die in der Aufspannplatte der beweglichen Formhälfte befestigt sind, nehmen die in den Auswerferplatten montierten Buchsen auf und führen das gesamte Auswerfersystem. Die maximale Auswerferbewegung ist durch die Dicke der **Distanzleisten** *(distance pieces)* begrenzt. Wenn der Artikel vollständig entformt ist (Seite 141 Bild 1), fällt er entweder aufgrund der Schwerkraft nach unten oder wird von einem Handhabungssystem übernommen.

Damit der Artikel beim Entformen nicht beschädigt oder verformt wird, muss die erforderliche Entformkraft über die Auswerferstifte gleichmäßig auf das Spritzgussteil verteilt werden. Daher ist meist eine Vielzahl von Auswerfern[1] erforderlich. Am Spritzgussteil hinterlassen die Auswerfer Markierungen (Seite

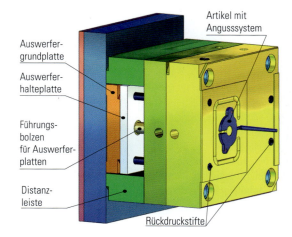

2 Geöffnete Form (auswerferseitige Formhälfte) mit aufgeschrumpftem Artikel

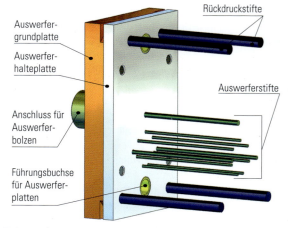

3 Auswerfersystem

141 Bild 2). Deshalb werden sie möglichst dort positioniert, wo sie nicht störend wirken bzw. nach dem Einbau des Artikels verdeckt sind.

Rückdruckstifte *(back pressing pins)* drücken beim Schließen der Form die Auswerferplatten mit ihren Stiften wieder in ihre

[1] siehe Lernfeld 11, Kap. 2.1.5.1

1.2 Systeme und Teilsysteme der Formentechnik

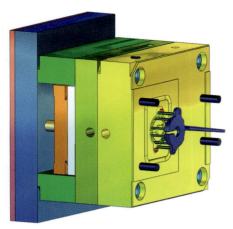

1 Geöffnete Form (auswerferseitige Formhälfte) mit entformtem Artikel und Angusssystem

Ursprungsposition zurück. Dadurch verhindern sie, dass die Auswerferstifte beim Schließen der Form mit der düsenseitigen Formplatte kollidieren.

> **MERKE**
> Das geführte Auswerfersystem gewährleistet eine sichere und kontrollierte Entformung des Artikels.

Bild 3 zeigt abschließend den zeitlichen Verlauf des Spritzgießprozesses für die Schließeinheit, das Werkkzeug und die Spritzeinheit.

1.2.7 Herstellen von Baugruppen der Spritzgießform

Nachdem die Funktionen der verschiedenen Baugruppen in den Grundzügen bekannt sind und die Konstruktion der Form abgeschlossen ist, kann mit der Fertigung begonnen werden. Nach der Lieferung der Normalien (Platten, Führungselemente usw.) wird mit der Zerspanung der Platten begonnen. Im Anschluss an die Zerspanung erfolgt dann die Montage der Baugruppen und Einzelteile.

1.2.7.1 Zerspanung

Die spanenden Verfahren, die für die Bearbeitung der Aufspann-, Auswerfer- Zwischenplatten und Distanzleisten eingesetzt werden, sind in den Lernfeldern 5 und 9 weitgehend dargestellt. Daher wird im Folgenden die Herstellung der auswerferseitigen Formplatte beispielhaft beschrieben. Die blau dargestellten Bohrungen hat der Normalienhersteller mit einer Bearbeitungszugabe *(machining allowance)* versehen, damit der Werkzeughersteller sie nach dem Härten der Formplatte noch nacharbeiten kann.

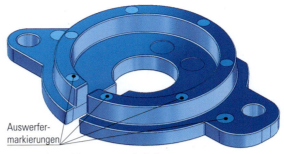

2 Auswerfermarkierungen am Artikel

3 Zeitlicher Verlauf des Spritzgießzyklus

Grobplanung für die Formplatte der Auswerferseite (Bild 1)
Zunächst werden die Bearbeitungen vorgenommen, auf die ein geringfügiger Härteverzug keinen Einfluss hat und damit keine Nachbearbeitung erforderlich ist:

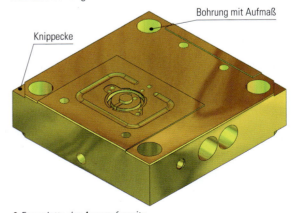

4 Formplatte der Auswerferseite

- Bohrungen für Kühlkanäle fertigen
- Gewindebohrungen für Transportelemente herstellen
- „Knippecken[1]" fräsen

In die noch nicht gehärtete Formplatte werden anschließend die folgenden Bohrungen mit einem Aufmaß, d. h., mit einer Bearbeitungszugabe hergestellt:

- Bohrungen für Rückdruckstifte vorbohren
- Bohrungen für Auswerferstifte vorbohren
- Bohrungen für feststehende Kerne vorbohren

Die folgenden Bereiche werden mit 1 mm Aufmaß bearbeitet:

- Trennebene freifräsen
- Kavität fräsen
- Entlüftungsnut fräsen

Um die Verschleißfestigkeit der Formplatte zu erhöhen, wird sie auf 51HRC **gehärtet**. Nach dem Härten erfolgt die Endbearbeitung der folgenden Bereiche:

- Zentrierungen schlichtfräsen
- Trennebene schlichtfräsen
- Kavität schlichtfräsen
- Entlüftungsnut schlichtfräsen
- Bohrungen für Auswerferstifte und Rückdruckstifte reiben
- Anschnitt senkerodieren[2]
- Kavität und Abschnitt polieren

1.2.7.2 Montage von Spritzgießwerkzeugen

Die Montage von Spritzgießwerkzeugen erfolgt meist nach dem gleichen Prinzip. Am Beispiel der Spritzgießform für den Halter wird im Folgenden die Montage dargestellt. Andere Standardformen können in der gleichen Weise montiert werden.

Überlegen Sie!

Erstellen Sie die Grobplanung für die Zerspanung der düsenseitigen Formplatte (Bild 1).
Ist bei der spanenden Fertigung der Auswerferplatten auch mit Aufmaßen zu arbeiten?

1 Formplatte der Düsenseite

Montage der Auswerferformhälfte (mounting of ejector die)

Bevor die Montage der Einzelteile zu der Baugruppe „Auswerferformhälfte" erfolgt, wurde das Kühlsystem der auswerferseitigen Formplatte mit Verschlussstopfen, Verschlussschrauben und Anschlussnippeln versehen. Weiterhin wurden die Längen für die einzelnen Auswerfer und Rückdruckstifte ermittelt und diese auf die ermittelten Längen gekürzt. Damit die Auswerfer nach der Längenanpassung an die „richtige Stelle" eingesetzt und nicht vertauscht werden, wurden sie und deren Positionen auf der Auswerferhalteplatte gekennzeichnet.

- Formplatte mit Kavitätsseite auf Unterlage setzen
- Feststehende Kerne in Formplatte einsetzen
- Führungsbuchsen in Formplatte einsetzen

- Zwischenplatte auf Formplatte setzen und mithilfe der Führungsbuchse positionieren

- Auswerferhalteplatte auf Zwischenplatte ausrichten

- Führungsbuchsen für Auswerfersystem einbauen
- Auswerfer- und Rückdruckstifte in Auswerferhalteplatte, Zwischenplatte und Formplatte einsetzen

- Anschluss für Auswerferbolzen in Auswerfergrundplatte einfügen

- Auswerferhalteplatte mit Anschluss für Auswerferbolzen auf Auswerferhalteplatte setzen und über Führungsbuchsen ausrichten

[1] In den „Knippecken" können Hebel bei der Demontage der Normalien angreifen, um die Platten voneinander zu trennen.
[2] siehe Lernfeld 9 Kap. 3.2

1.2 Systeme und Teilsysteme der Formentechnik

- Auswerfergrund- und -halteplatte miteinander verschrauben

- Distanzleisten auf der Zwischenplatte positionieren

- Aufspannplatte auf Distanzleisten setzen

- Durch das Einbauen der Zentrierhülsen Aufspannplatte, Distanzleisten und Zwischenplatte zueinander fixieren

- Schrauben zum Verbinden von Aufspannplatte, Distanzleiste, Zwischenplatte und Formplatte einsetzen

- Zylinderschrauben anziehen

- Zentrierstifte für Auswerfersystem einbauen

- Wärmeisolierplatte mit Aufspannplatte verschrauben

- Form wenden, damit Auswerfersystem auf Aufspannplatte steht
- Auswerfer in der Kavität auf Länge überprüfen und gegebenenfalls anpassen

Montage der Düsenformhälfte *(mounting of nozzle die)*
Die Verschlussstopfen und -schrauben sowie Anschlussnippel für Kühlsystem wurden in der düsenseitigen Formplatte montiert.

- Zentriersäulen in Formplatte einsetzen

- Aufspannplatte über Zentrierzapfen der Führungssäulen zur Formplatte positionieren

- Aufspannplatte mit Angussbuchse
- Falls erforderlich, Länge der Angussbuchse anpassen

■ Angussbuchse in Aufspannplatte einsetzen
■ Aufspannplatte mit Formplatte verschrauben

■ Wärmeisolierplatte mit Aufspannplatte verschrauben

■ Zentrierring anschrauben

Abschließend werden auf der **Tuschierpresse** die in Bild 1 rot gekennzeichneten Bereiche durch **Tuschieren**[1] so aufeinander angepasst, dass sie sich flächig berühren, damit am Spritzgussteil keine „Schwimmhäute" entstehen.

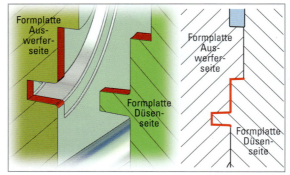

1 Tuschierbereich für den länglichen Durchbruch des Halters

Endmontage der Baugruppen und Transportvorbereitung
Für den Transport und für das Aufspannen des Werkzeugs auf der Spritzgießmaschine müssen die beiden Formhälften gefügt, mit der Transportsicherung versehen und mit einer Ringschraube bestückt werden.

■ Die beiden Formhälften auf Montageplatte setzen

■ Die beiden Formhälften über die Führungen verbinden

■ Transportsicherung anbringen, die die beiden Formhälften zusammenhält
■ Ringschraube für Kranhaken einschrauben

[1] siehe Lernfeld 9 Kap. 4.1

ÜBUNGEN

1. Nennen Sie die Prozessphasen beim Spritzgießen.
2. Wie heißt das Ausgangsprodukt für Formteile aus thermoplastischem Kunststoff und in welcher Form liegt es vor?
3. Aus welchem Grund besitzt eine Spritzgießform einen Zentrierring?
4. Beschreiben Sie, wie die Erwärmung des thermoplastischen Kunststoffes von Raumtemperatur bis Einspritztemperatur erfolgt.
5. Ermitteln Sie die Einspritztemperatur für den Kunststoff ABS.
6. Wozu dient der Sammelraum des Extruders?
7. Von welchen Faktoren hängt die erforderliche Schließkraft beim Spritzgießen ab?
8. Erläutern Sie die Faktoren, die den Werkzeuginnendruck bestimmen.
9. Was wird beim Spritzgießen unter „Schwimmhaut" verstanden und durch welche Ursachen können sie entstehen?
10. Wozu dient die Zwischenplatte bei einer Spritzgießform?
11. Wie verhalten sich Einspritzdruck und Werkzeuginnendruck zueinander?
12. Beschreiben Sie die Elemente des Angusssystems und deren Aufgaben.
13. Erklären Sie mithilfe von „je ... desto" die Faktoren, die den Querschnitt des Verteilerkanals bestimmen.
14. Beschreiben Sie, wie der Kunststoff vom Anguss in die Kavität einströmen soll.
15. Welche Auswirkungen können entstehen, wenn die Luft beim Spritzgießen nicht schnell genug aus der Kavität entweichen kann?
16. Auf welchen Wegen kann die Luft beim Spritzgießen aus der Kavität entweichen?
17. Nennen und beschreiben Sie Gründe, warum Spritzgießformen temperiert werden.
18. Wie erfolgt die Temperierung der Spritzgießform?
19. Wozu dienen Verschlussstopfen in den Formplatten und wie werden sie montiert?
20. Wo werden bei der Spritzgießform Wärmeisolierplatten montiert und welche Funktion übernehmen diese?
21. Durch welche Maßnahme können bei einem Kunststoffteil Einfallstellen bzw. Lunker verhindert werden?
22. Was wird unter dem Begriff „plastische Seele" verstanden und wozu dient sie?
23. An Spritzgusswerkzeugen sind verschiedene Führungs- und Zentrierelemente vorhanden. Nennen Sie sechs Beispiele und beschreiben Sie deren Funktionen.
24. Warum hat meist eine der vier Führungssäulen einen größeren Durchmesser als die anderen?
25. Skizzieren Sie zwei Möglichkeiten für Hinterschneidungen an Spritzgussteilen.
26. Beschreiben Sie Anforderungen, die an Werkzeugtrennflächen gestellt werden.
27. Was wird im Formenbau unter „Schwindung" verstanden?
28. Wodurch wird die Schwindung des Kunststoffteils hauptsächlich bestimmt?
29. Bestimmen Sie für einen Artikel aus PA6 mit dem Außendurchmesser 220 mm und einem Innendurchmesser von 160 mm die beiden Werkzeugmaße.
30. Durch welche Maßnahme verbleibt das Formteil in der auswerferseitigen Formplatte?
31. Aus welchen Gründen wird der Artikel mit Formschrägen versehen?
32. Unterscheiden Sie die Formschrägen „plus" und „minus".
33. Ein Becher von 90 mm Höhe erhält eine Formschräge von 5°. Wie groß ist der kleine Durchmesser, wenn der große 65 mm beträgt?
34. Erstellen Sie eine Tabellenkalkulation zur Berechnung der Maßdifferenz Δl (siehe Seite 140 Bild 1) in Abhängigkeit von der Formschräge und der Formhöhe.
35. Wozu dient das Auswerfersystem eines Spritzgießwerkzeugs?
36. Aus welchen Elementen besteht das Auswerfersystem und welche Funktionen haben dessen Einzelteile?
37. Durch welche Bauteile werden Zwischen- und Formplatte zueinander genau positioniert?
38. Aus welchem Grunde sind die Auswerferstifte und deren Positionen auf der Auswerferhalteplatte gekennzeichnet?
39. Welche Bauteile fixieren die Auswerfergrund- und die Auswerferhalteplatte?
40. Welche Führungselemente positionieren Aufspannplatte, Distanzleisten und Zwischenplatte zueinander?
41. Woraus besteht die Transportsicherung bei einer Spritzgießform und wann wird diese beim Einbau in die Spritzgießmaschine gelöst?

1.3 Systeme und Teilsysteme des Vorrichtungs- und Lehrenbaus

1.3.1 Vorrichtungen

In unregelmäßigen Zeitabständen sind von dem Winkelhebel (Bild 1a und b) aus 16MnCr5 jeweils 10 bis 50 Stück herzustellen. Die Rohlinge *(blanks)* (Bild 1c) wurden aus einer beidseitig geschliffenen Stahlplatte mittels Wasserstrahlschneiden hergestellt. Die Rohlingskontur besitzt umlaufend ein Aufmaß von 1 mm, das durch Fräsen entfernt werden muss, um die geforderte Maßhaltigkeit und Oberflächenqualität des Fertigteils zu erzielen.

Es sind folgende Arbeitsschritte zur Bearbeitung des Winkelhebels durchzuführen:
- Bohrungen ⌀4,5H7, ⌀4H7, ⌀2H7 bohren und fräsen
- Kontur fräsen
- Kernloch für M2,5 bohren und Gewinde schneiden

Da die Winkelhebel nicht einfach gespannt und bearbeitet werden können, wird eine Vorrichtung benötigt. Die Vorrichtung muss das Werkstück
- positionieren *(position)*
- spannen *(clamp)* und
- stützen *(support)*.

> **MERKE**
>
> Vorrichtungen *(fixtures)* dienen in der Serienfertigung zur kostengünstigen Herstellung von Produkten. Sie werden z. B. bei spanender Fertigung und Montage eingesetzt. Ihre Aufgaben sind das **Positionieren**, **Spannen**, **Stützen** und gegebenenfalls auch **Führen** von Werkstücken.

Nicht alle Bearbeitungsschritte sind in nur einer Aufspannung *(clamping)* des Rohlings möglich. In der **ersten Aufspannung** werden ein Teil der Kontur (Bild 2), die Bohrungen und die Gewindebohrung hergestellt. In der **zweiten Aufspannung** wird die restliche Kontur des Winkelhebels gefräst.

2 Bearbeitungskonturen der ersten Aufspannung

1.3.1.1 Positionieren *(positioning/location)*

Die Winkelhebel müssen während der Serienfertigung wiederholgenau in der Vorrichtung positioniert werden, damit die Zerspanung erfolgen kann, ohne dass ihre Lage jeweils neu erfasst werden muss.

Ein Körper (Bild 3) kann sich im Raum auf drei Linearachsen (X, Y und Z) und drei Rotationsachsen[1] *(rotational axes)* (A, B und C) frei bewegen. Er besitzt sechs Freiheitsgrade *(degrees of freedom)*. Die zu entwickelnde Vorrichtung für die erste Aufspannung des Winkelhebels muss die Freiheitsgrade so einschränken, dass seine Lage eindeutig bestimmt ist.

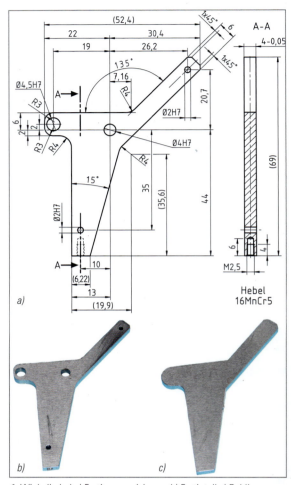

1 Winkelhebel a) Fertigungszeichnung b) Fertigteil c) Rohling

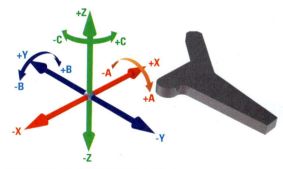

3 Freiheitsgrade des Werkstücks im Raum

1.3.1.1.1 Halbpositionierung *(improper positioning)*

Liegt der Winkelhebel mit seiner größten Bezugsfläche auf einer Grundplatte (Seite 147 Bild 1), sind ihm die Freiheitsgrade der Rotationsachsen A und B und die Linearachse in -Z-Richtung entzogen. Die Grundplatte ist das **Bestimmelement** für die X-Y-Ebene. Ist eine Ebene bestimmt, wird das **Halbpositionie-**

---

[1] siehe Lernfeld 7 Kap. 1.1

1.3 Systeme und Teilsysteme des Vorrichtungs- und Lehrenbaus

rung oder **Halbbestimmung** des Werkstücks genannt. Würde der Winkelhebel mit seiner Bezugsfläche auf drei Auflagepunkten *(points of support)* liegen, wäre die X-Y-Ebene eindeutig bestimmt.

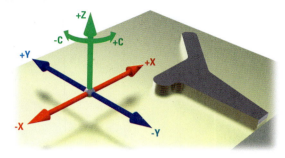

1 Halbpositionierung des Werkstücks auf Grundplatte (X-Y-Ebene)

1.3.1.1.2 Positionierung *(positioning)*

Um weitere Freiheitsgrade einzuschränken bzw. eine weitere Ebene festzulegen, schlägt der Winkelhebel (Bild 2) mit seiner senkrechten, linken Bezugsfläche gegen zwei gehärtete Zylinderstifte *(cylindrical pins)* an. Damit ist das Werkstück in einer zusätzlichen Ebene (Y-Z-Ebene) festgelegt. Die Positionierung ist umso genauer, je größer der Abstand der Zylinderstifte ist. Die Zylinderstifte **(Bestimmelemente)** sind so anzuordnen, dass die geplante Konturbearbeitung möglich ist. Im Vorrichtungsbau wird die Lagebestimmung des Werkstücks in zwei Ebenen als **Positionierung** oder **Bestimmung** bezeichnet.

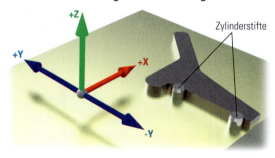

2 Positionierung des Werkstücks in der X-Y-und der Y-Z-Ebene

1.3.1.1.3 Vollpositionierung *(complete positioning)*

Durch **einen** dritten, gehärteten Zylinderstift (Bild 3), an den die obere, waagrechte Bezugsfläche des Winkelhebels anschlägt, wird die dritte Ebene (Z-X-Ebene) festgelegt. Er ist so anzubringen, dass der Winkelhebel nicht über die Grundplatte hinausragt und gleichzeitig die Gewindebohrung M2,5 noch problemlos herzustellen ist. Durch die Lagebestimmung des Werkstücks in drei Ebenen wurde eine **Vollpositionierung** oder eine **Vollbestimmung** erreicht. Das Werkstück kann sich lediglich noch in den drei Linearachsen (+X, -Y und +Z) verschieben, was jedoch durch entsprechendes Festspannen des Werkstücks zu verhindern ist.

1.3.1.1.4 Überpositionierung *(over positioning)*

Zur Lagebestimmung der Z-X-Ebene des Winkelhebels (Bild 4) könnten sowohl der Zylinderstift 3 als auch der Zylinderstift 4 genutzt werden. Das Maß des Werkstücks zwischen den beiden Zylinderstiften wird nie genau dem Abstand der Bestimmelemente entsprechen. Deshalb kann die Z-X-Ebene entweder an der Berührungsfläche des Winkelhebels mit dem Zylinderstift 3 oder mit dem Zylinderstift 4 liegen. Sind in einer Achsrichtung zwei Lagen einer Ebene möglich, ist das eine **Überpositionierung** oder **Überbestimmung** *(over determination)*.

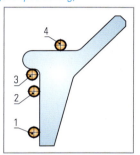

4 Überpositionierung des Werkstücks in der Z-X-Ebene

> **MERKE**
>
> Ein Werkstück ist in seiner Lage **vollpositioniert**, wenn seine drei Ebenen eindeutig festliegen. Die formschlüssigen Bestimmelemente sollen möglichst die bei der Bearbeitung auftretenden Kräfte aufnehmen[1].
>
> Die **3 : 2 : 1-Regel** besagt, dass die erste Ebene durch drei Bestimmelemente festgelegt ist. Für die zweite Ebene werden noch zwei Bestimmelemente und für die dritte Ebene wird noch ein Bestimmelement benötigt.

1.3.1.1.5 Bestimmelemente

Auflageflächen, Stifte, Anschläge, Bolzen und Prismen gehören u. a. zu den Bestimmelementen des Vorrichtungsbaus. Sie sind fast alle gehärtet bzw. oberflächengehärtet, damit sie möglichst wenig verschleißen.

Auflagen *(rests)*

Bei dem Winkelhebel, dessen Auflagefläche klein ist, kann die Grundplatte der Vorrichtung eine ebene Fläche sein. Größere Werkstücke liegen meist auf zwei Leisten auf, damit bei eventuellen geringen Unebenheiten des Werkstücks keine Überbestimmung vorliegt. Größere Auflageflächen sind oft mit Rillen *(grooves)* versehen (Seite 148 Bild 1), in die sich Schmutz einlagern kann, damit eine möglichst ebene Auflage gewährleistet wird. Unebene Flächen, wie sie z. B. bei nicht bearbeiteten Gussteilen vorliegen, werden durch drei punktuelle Auflagen bestimmt. Eine Ebene, die durch drei Punkte verläuft, ist eindeu-

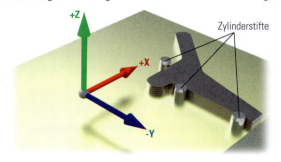

3 Positionierung des Werkstücks in der X-Y-und der Y-Z-Ebene

[1] siehe auch Seite 55 Bild 2

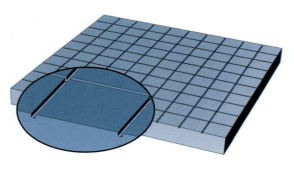

1 Anlagefläche mit Schmutzrillen

tig definiert[1]. **Auflagebolzen** *(thrust bolts)* (Bild 2), bei denen sich die Auflageflächen pendelnd der Werkstückkontur anpassen, sorgen für relativ große Auflageflächen.

Stifte *(pins)*
Bei der Berührung der gehärteten Zylinderstifte mit dem Werkstück (Bild 3) liegt eine linienförmige Berührung vor. Sollen an der Kontaktstelle größere Kräfte übertragen werden, kann das durch die entstehende hohe Flächenpressung *(surface pressure)* zu Markierungen am Werkstück führen. Bei abgeflachten Zylinderstiften besteht diese Gefahr wegen der geringeren Flächenpressung weniger.

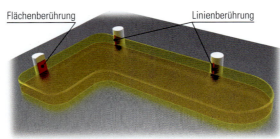

3 Linien- und Flächenberührung bei Stiften

Anschläge *(stops)*
Anschlagleisten *(rectangular blocks)* (Bild 4) werden zur Positionierung von bearbeiteten ebenen Bezugsflächen genutzt. Sie können wegen ihrer größeren Kontaktflächen wesentlich größere Kräfte als Stifte übertragen.

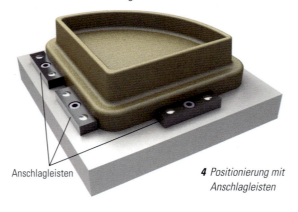

4 Positionierung mit Anschlagleisten

2 Gussteil auf unbearbeiteter Fläche auf Auflagebolzen gelagert

Prismen *(prism)*
Zylindrische Bauteile können in Prismen (Bild 5) vollbestimmt werden. Allerdings verlagert sich die Zylinderachse mit abnehmendem Zylinderdurchmesser nach unten.

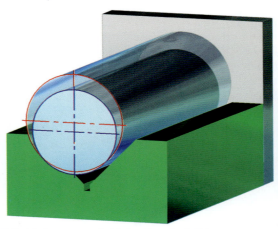

5 Positionierung von zylindrischen Bauteilen in Prismen

> **MERKE**
> Unterschiedliche Positionierelemente werden von **Normalienherstellern** einbaufertig angeboten. Ihre Verwendung beschleunigt die Herstellung individueller Vorrichtungen.

1.3.1.2 Spannen
Nach der Vollpositionierung des Winkelhebels müssen entsprechende Spannelemente *(clamping devices)* verhindern, dass er sich durch die während der Bearbeitung auftretenden Kräfte verschiebt. Dies geschieht beim Spannen meist kraftschlüssig *(non-positive)*.

1.3.1.2.1 Anforderungen
Bei der Auswahl und Anordnung der Spannelemente sind folgende Punkte zu beachten:
- Die Spannelemente sind so anzuordnen, dass sie den Fertigungsprozess nicht stören.

[1] Die Erfahrung zeigt, dass ein Schemel mit drei Beinen nicht „wackelt", d. h., sicher steht.

1.3 Systeme und Teilsysteme des Vorrichtungs- und Lehrenbaus

- Die Spannelemente sollen das Positionieren und Entnehmen des Werkstücks möglichst wenig behindern.
- Die entstehenden Spannkräfte müssen auf den Fertigungsprozess abgestimmt sein. Zu kleine Spannkräfte ermöglichen Werkstückverlagerungen, zu große können das Werkstück beschädigen.
- Die Spannkräfte dürfen das Werkstück nicht von den Bestimmelementen weg bewegen.
- Die Spannelemente dürfen sich bei den auftretenden Bearbeitungskräften und Vibrationen nicht von selbst lösen.
- Das Spannen und Entspannen sollte möglichst einfach und schnell erfolgen.

2 Mit zwei Spannhebeln gespannter und bearbeiteter Winkelhebel

1.3.1.2.2 Manuelles Spannen

Aufgrund der relativ geringen Stückzahl, die in einer Serie gefertigt werden, wird das manuelle dem maschinellen Spannen (Bild 1) vorgezogen.

Erzeugen der Spannkraft

- **manuell**
  - Spannhebel
  - Spannhaken
  - Spannkeile
  - Spannexzenter
- **maschinell**
  - mechanisch
  - pneumatisch
  - hydraulisch
  - elektrisch

1 Beispiele zur Erzeugung von Spannkräften[1]

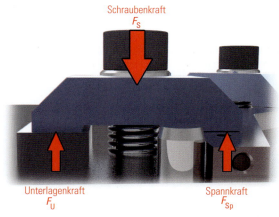

3 Kräfte an Spannhebel, Unterlage und Werkstück (Schraubenkraft F_S, Unterlagenkraft F_U, Spannkraft F_{Sp})

Spannhebel *(bridge clamp)*

Eine einfache und preiswerte Lösung ist die Verwendung von Spannhebeln (Bild 2), bei denen die Spannkraft durch das Anziehen der Spannschraube erfolgt. Die beiden Spannhebel drücken einerseits auf das Werkstück und andererseits auf die Unterlagen (Bild 3). Die Spannkräfte pressen das Werkstück auf die stabile Grundplatte. Sie verhindern auch unter dem Einfluss der Bearbeitungskräfte das Verschieben des Werkstücks.

Überlegen Sie!

Durch welche konstruktive Maßnahme kann erreicht werden, dass auf das Werkstück eine größere Kraft wirkt als auf die Unterlage[2]?

Die Berührungsflächen *(contact areas)* von Spannelementen und Werkstücken müssen eben aufeinander liegen und groß genug sein, damit die Flächenpressung[3] nicht zu groß wird. Ansonsten besteht die Gefahr, dass das Werkstück beschädigt wird.
Unter dem Spannhebel ist eine Druckfeder angeordnet. Beim Anziehen der Schraube wird die Druckfeder vorgespannt. Sie speichert mechanische Energie. Beim Lösen der Schraube gibt die Feder die gespeicherte Energie ab, indem sie den Spannhebel anhebt. Dadurch lässt sich das Werkstück leicht aus der Vorrichtung entnehmen und das nächste leicht einlegen und positionieren.

Spannhaken *(hok clamps)*

Schneller lässt sich der Winkelhebel mit Spannhaken spannen (Bild 4). Der Spannhaken zentriert sich in einer mit H7 geriebenen Senkbohrung. Eine Spannschraube zieht den Spannhaken nach unten gegen das Werkstück und spannt eine Druckfeder.

4 Spannen mit Spannhaken

---

[1] siehe Lernfeld 5 Kap. 3.6.2   [2] siehe Bild 3   [3] siehe Flächenpressung, Seite 171

Überlegen Sie!

1. Begründen Sie die Aussage, dass sich das Werkstück mit Spannhaken schneller fixieren lässt.
2. Vergleichen Sie bei Verwendung von a) Spannhebel und b) Spannhaken die Spannkräfte auf das Werkstück, wenn die gleiche Schraubenkraft wirkt.
3. Beschreiben Sie Nachteile, die der Spannhaken gegenüber dem Spannhebel hat.

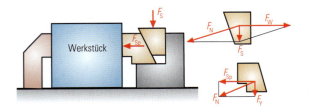

1 Spannkeilprinzip

Spannkeile *(wedge clamps)*
Das Spannkeilprinzip (Bild 1) beruht darauf, dass die eingeleitete Kraft F_S in zwei Kräfte F_N und F_W zerlegt wird, die senkrecht auf die Keilflächen wirken. Bei den Spannkeilen ist der Keilwinkel so zu wählen, dass die entstehende Spannkraft F_{Sp} merklich größer als die eingeleitete Kraft wird[1].

Keilspanner *(taper clamps)* (Bild 2) eignen sich für Mehrfachaufspannungen. Ihr einseitiger Verschiebeweg liegt je nach Größe liegt oft nur zwischen 1,5 und 3 mm.

Rundspannelemente *(cylindrical washer element)* (Bild 3) dienen zum Fixieren von zylindrischen Bauteilen.

Überlegen Sie!

1. Beschreiben Sie mit …je …desto, wie sich beim Keilspanner die Größe des Keilwinkels auf die Spannkraft und den Verschiebeweg auswirkt.
2. Erläutern Sie die Funktionsweise der Rundspannelemente.

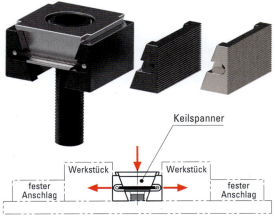

2 Keilspanner

Spannexzenter *(cam clamps)*
Bei einem Exzenter (Bild 4) liegt die Drehachse des Zylinders nicht auf seiner Zylinderachse, sondern davon entfernt. Das Maß für die Außermittigkeit ist die **Exzentrizität** E *(eccentricity)*. Wirkt über die Handkraft F_H am Hebel ein Moment auf den Exzenter, entsteht an der Berührungsfläche von Exzenter und Werkstück die Spannkraft F_S.

Überlegen Sie!

Wie wirkt sich die Größe der Exzentrizität E auf den Spannweg und die Spannkraft aus?

Wenn die Exzentrizität zu groß ist, besteht die Gefahr, dass sich der Exzenter selbstständig unter dem Einfluss von Kräften und Vibrationen löst. Damit dies nicht geschieht, sollte das Verhältnis von Zylinderdurchmesser D zur Exzentrizität E nicht kleiner als 20 : 1 sein. Unter diesen Bedingungen besteht **Selbsthemmung** *(self-retention)*, d. h., ein eigenständiges Lösen ist verhindert. Bei dem Exzenterspanner mit Spannhebel (Seite 151 Bild 1) beträgt die Spannkraft F_S bis zum Zwanzigfachen der Handkraft F_H.

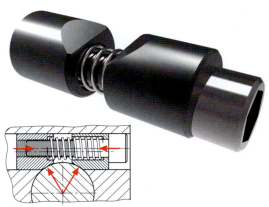

3 Rundspannelemente

MERKE
Manuelle Spannelemente werden meist in der Kleinserienfertigung eingesetzt, während in der Großserienfertigung die maschinellen Spannelemente[2] wirtschaftlich sind.

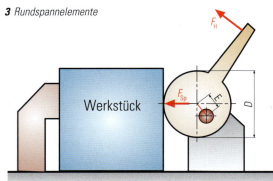

4 Spannexzenterprinzip

[1] siehe Kräftezerlegung in Grundkenntnisse [2] siehe Lernfeld 11 Kap. 3.1.3

1.3 Systeme und Teilsysteme des Vorrichtungs- und Lehrenbaus

Überlegen Sie!

1. Beschreiben Sie die Bewegungen der Bauteile, die beim Spannen des Exzenterspanners (Bild 1) durch die Handkraft F_H erfolgen.
2. Welche Funktion hat die Feder beim Exzenterspanner mit Spannhebel?
3. In dem Spannhebel des Exzenterspanners ist ein Langloch vorhanden. Welche Vorteile besitzt es in dieser Anwendung gegenüber einer Bohrung?
4. Informieren Sie sich bei Normalienherstellern über deren Angebot vom Bestimm- und Spannelementen.

In den folgenden Bildern sind die beiden Spannsituationen des Winkelhebels in der Vorrichtung und ausgewählte Bearbeitungssituationen dargestellt.

Überlegen Sie!

1. Ist der Winkelhebel in der zweiten Aufspannung vollpositioniert?
2. Wenn ja, begründen Sie Ihre Aussage.

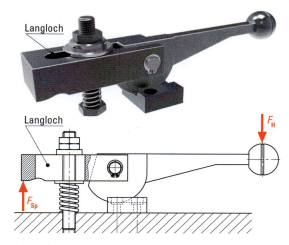

1 Exzenterspanner mit Spannhebel

■ Erste Spannung

■ Vorrichtung mit gespanntem Rohling im Maschinenschraubstock fixiert

■ Vorbohren für ⌀2H7

■ Bohren des Kernlochs für M2,5

■ Konturfräsen bei der ersten Spannung

■ Zweite Spannung für das restliche Konturfräsen

■ Konturfräsen bei der zweiten Aufspannung

1.3.1.3 Stützen *(supports)*

Wenn sich Werkstücke durch Gewichts- oder Bearbeitungskräfte über den tolerierten Bereich verformen oder vibrieren würden, sind sie durch entsprechende Elemente abzustützen (Bild 2). Nach dem Vollpositionieren und Spannen erfolgt das Stützen. Beim manuellen Stützen wird das Stützelement meist mit leichtem Druck an das Werkstück geschraubt und abschließend gesichert. Normalienhersteller bieten für die verschiedenen Einbausituationen entsprechende Stützelemente (Bilder 1 und 3) an.

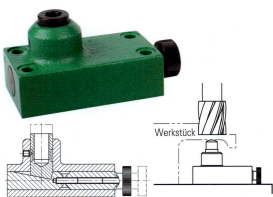

2 Rechtwinkliges Stützelement

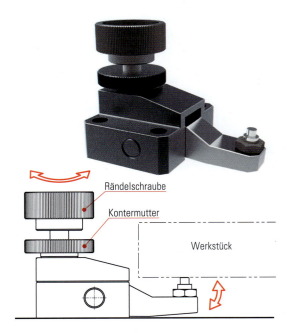

3 Stützelement mit Hebelmechanismus

Überlegen Sie!

1. Begründen Sie, warum das Stützen nicht vor dem Positionieren erfolgen darf.
2. Im Bild 1 sind drei Sechskante zu sehen. Wozu dienen sie?
3. Suchen Sie im Internet drei weitere Stützelemente und erklären Sie deren Funktion und beispielhaften Einsatz.

Die beschriebene Vorrichtung wurde ausschließlich für den Winkelhebel geplant, hergestellt und eingesetzt. Sie ist eine individuelle Vorrichtung. Demgegenüber stehen **Baukastenvorrichtungen** oder **flexible Vorrichtungssysteme** (Bild 4), die aus einfachen Grundelementen zusammengesetzt sind. Nach dem Gebrauch werden diese wieder demontiert. Sie sind besonders wirtschaftlich in der Fertigung von Einzelteilen und Kleinserien.

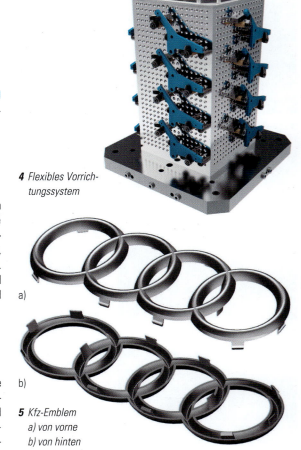

4 Flexibles Vorrichtungssystem

5 Kfz-Emblem
a) von vorne
b) von hinten

1.3.2 Lehren

1.3.2.1 Aufgaben

Der Spritzgießhersteller muss gewährleisten, dass die Länge des Kfz-Emblems (Bild 5) innerhalb einer vorgeschriebenen Toleranz liegt, damit es passgenau im Kühlergrill (Seite 153 Bild 1) geklipst werden kann. Da das Emblem eine gekrümmte Auflagefläche und dünne Wandstärken hat, lässt es sich nicht ein-

1.3 Systeme und Teilsysteme des Vorrichtungs- und Lehrenbaus

fach z. B. mit einem Messschieber überprüfen. Deshalb wird eine Lehre in Auftrag gegeben, die vom Lehrenbauerbauer herzustellen ist.

> **MERKE**
> Lehren dienen zum Überprüfen von Bauteilen. Dabei wird festgestellt, ob z. B. Maße, Formen und Positionen inner- oder außerhalb der zulässigen Toleranzen liegen.

1.3.2.2 Aufbau und Funktion
Vor dem Lehren ist das zu prüfende Teil zu positionieren und zu spannen.

Positionieren
Oft positionieren die gleichen Bestimmelemente, wie sie von den Vorrichtungen bekannt sind, das zu prüfende Bauteil. Die Bezugsfläche (Bild 2), auf der das Emblem gleichmäßig aufliegt, hat die gleiche Krümmung wie der Kühlergrill, in den es eingebaut wird. Sie positioniert das Emblem in X-Richtung. Damit die Klipse die Auflage des Emblems nicht stören, ist die Bezugsfläche an den entsprechenden Stellen auszusparen.
Die Anschlagleisten sorgen für die Positionierung in der Y- und Z-Richtung.

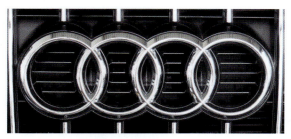

1 Kfz-Emblem im Kühlergrill eingebaut

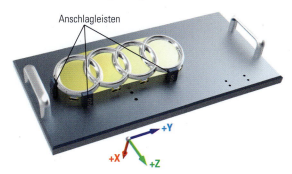

2 Bestimmelemente für das Kfz-Emblem

> **Überlegen Sie!**
> 1. Ist das Emblem damit vollpositioniert oder überpositioniert?
> 2. Warum wurden statt den Anschlagleisten keine Zylinderstifte gewählt?

Spannen
Drei gummigepufferte Schnellspanner (Bild 3) halten das Emblem in der Positionierung und drücken es möglichst gleichmäßig auf seine Auflagefläche ohne es zu beschädigen. Sie erzeugen über Hebelwirkungen bei relativ geringer Handkraft eine große Spannkraft (Bild 4). Durch die verstellbare Andruckspindel und den Gummipuffer lässt sich die Spannkraft F_S feinfühlig einstellen.

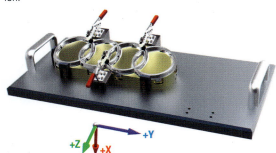

3 Schnellspanner halten das Kfz-Emblem in der Positionierung

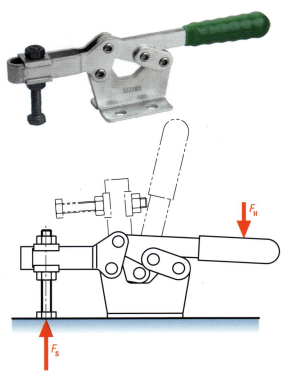

4 Funktion des Schnellspanners

Lehren
Ob die Länge des Emblems innerhalb der geforderten Toleranz liegt, kann mit einer Flachlehre *(flat gauge)* geprüft werden, die über eine Gut- und Ausschussseite *(go/no go side of gauge)* verfügt (Seite 154 Bild 2). Dazu wird ein Distanzstück in definiertem Abstand zur gegenüber liegenden Anschlagleiste in der Y-Achse montiert. Das Emblem ist nicht zu kurz, wenn die dickere Seite der Flachlehre (Gutseite) nicht in den Spalt zwischen Dis-

tanzstück und Emblem passt. Es ist zu lang, wenn die rot gekennzeichnete dünnere Seite (Ausschussseite) in den Spalt passt.

Eine andere Möglichkeit des Prüfens besteht in der Verwendung einer **Messuhr** *(dial gauge)* (Bild 1). Dazu wird die Messuhr auf

1 *Prüfen mithilfe einer Messuhr*

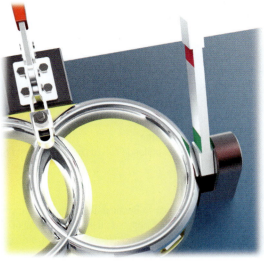

2 *Lehren mithilfe von Distanzstück und Flachlehre*

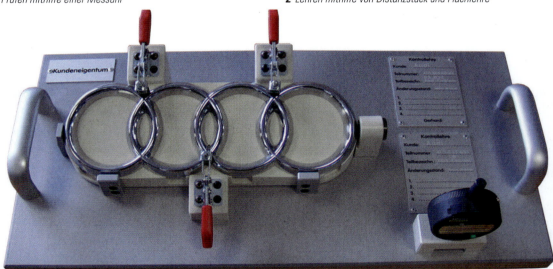

3 *Beschriftete Lehre mit Messuhr*

die Toleranzmitte justiert. Aufgrund des Zeigerausschlags der Messuhr entscheidet der Prüfer, ob das Maß innerhalb oder außerhalb der Toleranz liegt. Diese Lösung wurde gegenüber der Verwendung einer Flachlehre vorgezogen, weil das Prüfen einerseits schneller geht, da lediglich die Messuhr mit dem Anschlag gegen das Distanzstück zu drücken ist. Andererseits kann aufgrund des Zeigerausschlags auch auf die Abweichung von der Toleranzmitte geschlossen werden. Da die Richtung der Abweichung bekannt ist, können die Prozessparameter beim Spritzgießen entsprechend verändert werden, um wieder Produkte zu produzieren, die nahe an der Toleranzmitte liegen. Bild 3 zeigt die Lehre, wie sie der Spritzgießer einsetzt.

ÜBUNGEN

1. Beschreiben Sie die Aufgaben von Lehren.
2. Welche Grundfunktionen muss eine Lehre erfüllen?
3. Stellen Sie den wesentlichen Unterschied zwischen Lehren und Vorrichtungen dar.

2 Maschinenelemente und Baugruppen

2.1 Führungen an Werkzeugen

Führungen *(guidances)* gewährleisten z. B. an Schneid-, Um- und Urformwerkzeugen das Bewegen und genaue Positionieren *(precise positioning)* der Werkzeugkomponenten. Wichtige Anforderungen an sie sind:

- **Genaue Lagebestimmung**: Die geführten Teile dürfen auch unter Krafteinwirkung nicht kippen *(tilt)*, verkanten *(cant)* oder sich verformen *(deform)*.
- **Geringer Verschleiß** *(low abrasion)*: Auch bei gleitender Bewegung darf nur wenig Verschleiß auftreten.
- **Hohe Steifigkeit** *(high rigidity)*: Die elastische Verformung soll unter dem Einfluss der aufgenommenen Kräfte möglichst gering sein.
- **Kleine Kräfte zum Bewegen**: Die Reibung[1] zwischen den bewegten Teilen soll möglichst gering sein.

Die beweglichen Werkzeughälften führen meist geradlinige (translatorische) Hub- oder Schließ- und Öffnungsbewegungen durch. Die dazu erforderlichen Führungen können aufgrund der vorliegenden Reibverhältnisse unterteilt werden in

- Gleitführungen *(guide slide bearings)* und
- Wälzführungen *(rolling guides)*.

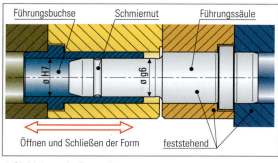

1 *Gleitführung im Formenbau*

2.1.1 Gleitführungen

In der Formentechnik erfolgt das Positionieren und Führen der beiden Formhälften mithilfe von Führungssäulen und -buchsen *(tie bars and bushings)*. Es sind Gleitführungen (Bild 1), die meist aus Einsatzstählen[2] *(case-hardened steels)* bestehen. Eine enge Spielpassung (H7/g6) *(clearance fit)* gewährleistet eine gute Positioniergenauigkeit. Um die Reibung gering zu halten, besitzen die aufeinander gleitenden Flächen eine hohe Qualität (Ra 1,6 µm). Damit möglichst geringer bzw. kein Verschleiß eintritt, sind die Oberflächen einsatzgehärtet (HRC 60).

Die Gefahr des „Fressens"[3] *(fretting)*, die besonders bei zwei aufeinander gleitenden, gehärteten Flächen besteht, wird durch eine gute Schmierung *(lubrication)* verhindert. Deshalb besitzen die Führungssäulen Schmiernuten *(lubrication grooves)*, die Fett *(lubrication grease)* aufnehmen und es während der Bewegung abgeben können.

Führungsbuchsen aus Cu-Sn-Zn-Pb-Legierungen (Rotguss) (Bild 2) besitzen gute **Notlaufeigenschaften** *(emergency operation features)*, d. h., sie funktionieren auch bei zeitweise nicht vorhandener Schmierung. Führungsbuchsen aus Cu-Sn-Legierungen (Bronze) mit **Festschmierstoffdepots** *(solid lubricant depots)* (Bild 3) ermöglichen Anwendungen, bei denen Öle und Fette unerwünscht oder wartungsfreier *(maintenance-free)* Betrieb gefordert sind. Sie nehmen große Querkräfte *(shear forces)* auf und reduzieren Reibung und Verschleiß.

Schieber an Werkzeugen der Formentechnik werden meist auf gehärteten und geschliffenen Stahlleisten geführt (Lernfeld 9, Kap. 4.1.1), die während des Betriebes entsprechend zu schmieren sind. Gleitleisten mit Fettstoffdepots (Bild 4) sind wartungsfrei. Durch die Schmierung reduziert sich die Reibzahl μ *(coefficient of friction)* und damit auch der Verschleiß.

2 *Führungsbuchsen aus Rotguss*

3 *Führungsbuchsen aus Bronze mit Festschmierstoffdepots*

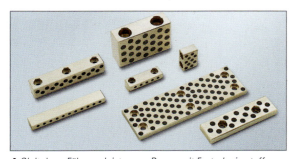

4 *Gleit- bzw. Führungsleisten aus Bronze mit Festschmierstoffdepots*

---

[1] siehe Grundkenntnisse Industrielle Metallberufe Lernfeld 4 Kapitel 1.3   [2] siehe Kap. 3.2.1.2
[3] Fressen bedeutet ein wiederholtes lokales Verschweißen und Losreißen aufeinander gleitender Teile wegen mangelhafter Schmierung.

Beispielaufgabe

Welche Kraft F_S wird zum gleichförmigen Bewegen des Schiebers benötigt, der eine Masse von 650 kg hat, wenn die Reibzahl 0,06 beträgt?

$F_S = F_R$
$F_R = F_N \cdot \mu$
$F_N = m \cdot g$
$F_N = \dfrac{650 \text{ kg} \cdot 9{,}81 \text{ m} \cdot 1 \text{ N} \cdot \text{s}^2}{\text{s}^2 \cdot 1 \text{ kg} \cdot \text{m}}$

$F_N = 6376{,}5 \text{ N}$
$F_R = 6376{,}5 \text{ N} \cdot 0{,}06$
$F_R = 382{,}6 \text{ N}$
$F_S = 382{,}6 \text{ N}$

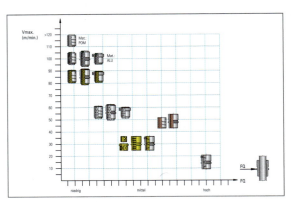

2 Auswahl der Rundführung

2.1.2 Wälzlagerführungen

In der Schneid- und Umformtechnik *(cutting and forming technology)* (Bild 1) aber auch bei Auswerferplattenführungen in der Formentechnik kommen Wälzführungen zum Einsatz. Die Normalienhersteller *(standards manufacturer)* bieten die Führungen so an, dass die verschiedenen Führungssäulen mit unterschiedlichen Buchsen zu kombinieren sind (Bild 3). Vor allem bei größeren Gleitgeschwindigkeiten v und geringeren Querkräften F_Q eignen sich die Wälzführungen besonders (Bild 2).

Die **Vorteile** von Wälzführungen sind:
- niedriger Reibbeiwert bzw. -faktor bei rollender Reibung, sodass nur geringe Verschiebekräfte erforderlich sind
- kein Ruckgleiten (stick-slip-Effekt)
- Spielfreiheit durch Vorspannung der Wälzführungen
- wenig Verschleiß
- geringer Schmiermittelaufwand
- **Nachteilig** sind die geringen Querkräfte *(shear forces)*, die die Wälzführungen übertragen können und der höhere Preis.

MERKE
Die Genauigkeit der Werkzeugführungen ist ausschlaggebend für die Qualität der herzustellenden Bauteile.

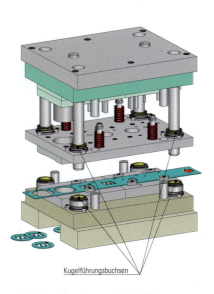

1 Schneidwerkzeug mit Wälzführungen

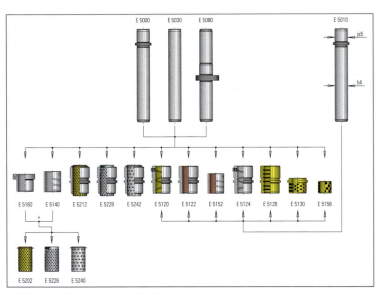

3 Wälz- und Gleitführungskombinationen

2.2 Lager

Lager führen Achsen und Wellen, ermöglichen Drehbewegungen, nehmen deren Kräfte auf und übertragen diese z. B. auf Gehäuse.

> **MERKE**
> **Radiallager** *(radial bearings)* nehmen Kräfte in radialer Richtung (senkrecht zur Rotationsachse) auf.
> **Axiallager** *(axial bearings)* übertragen die Kräfte in axialer Richtung (Richtung der Rotationsachse).

2.2.1 Gleitlager

Gleitlager *(plain bearings)* gibt es aus verschiedenen Werkstoffen und in unterschiedlichen Bauformen (Bild 1), um die an sie gestellten Anforderungen zu erfüllen. Damit die Gleitflächen wenig verschleißen, muss die Reibung zwischen den Laufflächen möglichst gering sein. Das wird durch entsprechende Gleitlagerwerkstoffe *(friciton-resistant material)* und Schmierung erreicht.

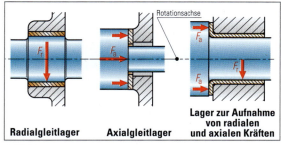

1 Gleitlager

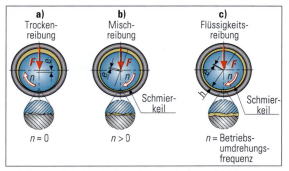

2 Reibzustände bei hydrodynamisch geschmierten Gleitlagern

Hydrodynamische Schmierung

Die hydrodynamische Schmierung *(hydrodynamic lubrication)* liegt vor, wenn keine direkte Berührung von Welle und Lager besteht. Dazu muss die Bewegung (Dynamik) zwischen den Gleitflächen schnell genug erfolgen. Beim Anlaufen der Welle werden drei Reibungszustände unterschieden:

- **Trockenreibung** *(dry friction)* (Bild 2a) liegt vor, wenn sich im Ruhezustand Welle und Gleitlager berühren. Zwischen beiden ist kein Schmierfilm *(lubricating film)* vorhanden. Die Wellenachse liegt unterhalb der Lagerachse (Abstand e). Beim Anlauf aus dem Ruhezustand liegen die größte Reibung und damit auch der größte Verschleiß vor.
- **Mischreibung** *(mixed friction)* (Bild 2b) entsteht mit zunehmender Umdrehungsfrequenz der Welle. An der sich drehenden Welle haftet Öl, das durch die Drehung mitgenommen wird. Durch die Verengung des Spalts (Schmierkeil *(wedge shaped oil)*) baut sich im Öl ein Druck auf. Dieser hebt die Welle an, sodass sich die Wellenachse in Richtung der Lagermitte bewegt. Die direkte Berührung von Welle und Gleitlager sowie der Verschleiß nehmen immer mehr ab.
- **Flüssigkeitsreibung** *(fluid friction)* (Bild 2c) ist dann erreicht, wenn bei entsprechend hoher Umdrehungsfrequenz *(rotational speed)* ein tragfähiger *(bearing)* Schmierfilm die Welle vom Gleitlager trennt. Dann berühren sich Welle und Lagerschale nicht mehr (Abstand h) und es entsteht kein Verschleiß an Welle oder Lager. Gleitlager müssen so ausgelegt werden, dass sie bei der Betriebsumdrehungsfrequenz sicher den Zustand der Flüssigkeitsreibung, d. h. der hydrodynamischen Schmierung, erreicht haben.

Das Erreichen der Flüssigkeitsreibung ist wesentlich abhängig von folgenden Faktoren:

- **Größere Umfangsgeschwindigkeit und höhere Viskosität** (Zähflüssigkeit) *(viscosity)* des Schmiermittels **erleichtern** das Entstehen der Flüssigkeitsreibung.

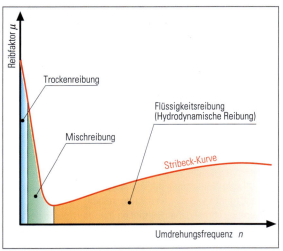

3 Stribeck-Kurve[1]

- **Größere Lagerkräfte** *(bearing reactions)* **erschweren** das Entstehen der Flüssigkeitsreibung.

Die **Stribeck-Kurve** (Bild 3) zeigt die Abhängigkeit des Reibfaktors μ von der Umdrehungsfrequenz n.

Lagerwerkstoffe *(bearing materials)*

Die Wellen *(shafts)* bestehen normalerweise aus Stahl, weil dieser über hohe Festigkeit und Härte bei einem relativ günstigen Preis verfügt. Die Wellenoberflächen sind meist geschliffen (z. B. Ra 0,6 μm) und entsprechend hart (z. B. > 50 HRC), damit ihr Verschleiß möglichst gering ist.

---

[1] Benannt nach Richard Hermann Stribeck, 7. Juli 1861 bis 29. März 1950, deutscher Maschinenbau-Ingenieur

Die **Gleitlager** *(plain bearings)* (Bild 1) müssen über gute **Notlaufeigenschaften** *(emergency operation features)* verfügen. Lagerwerkstoffe, die diese Ansprüche erfüllen, sind vorrangig Sintermetalle *(sintered metals)*, Cu-Sn-Legierungen, Kunststoffe und Gusseisen. Der Grafit im Gusseisen wirkt selbstschmierend *(self-lubricating)*.

Den Gleitlagervorteilen stehen entsprechende Nachteile gegenüber:

Vorteile	Nachteile
■ geringer radialer Platzbedarf	■ meist hohe Reibung beim Anlauf
■ einfacher Einbau	■ Lagerspiel ist erforderlich
■ schwingungsdämpfend *(vibration-reducing)*	■ Gefahr des Fressens bei mangelnder Schmierung
■ geräuscharm *(low-noise)*	■ empfindlich gegen Verkanten
■ stoßunempfindlich *(insusceptible to shock)*	
■ teilbar *(seperable)*	
■ kostengünstig *(cost-efficient)*	

1 Gleitlager aus verschiedenen Werkstoffen und in unterschiedlichen Formen

2.2.2 Wälzlager

Die Reibung ist bei **Wälzlagern** *(rolling bearings)* wesentlich kleiner als bei vergleichbaren Gleitlagern. Durch die geringe Rollreibung ($\mu_R \approx 0{,}005$) ist der Wirkungsgrad *(efficiency factor)* der Wälzlager hoch und es entsteht eine deutlich geringere Erwärmung als bei Gleitlagern.

Am Beispiel des Rillenkugellagers *(deep groove ball bearing)* ist der prinzipielle Aufbau eines Wälzlagers im Bild 2 zu erkennen.

- **Innen- und Außenring** *(inner and outer ring)* stellen die Verbindung zu Welle und Gehäuse her.
- **Gehärtete Wälzkörper** *(hardened rolling elements)* rollen in den gehärteten Laufflächen von Innen- und Außenring ab. Die Form der Wälzkörper (Bild 3) bestimmt oft die Wälzlagerbezeichnung: Kugellager, Zylinderrollenlager usw.
- Der **Käfig** *(cage)* führt die Wälzkörper und hält sie auf Abstand, damit sie nicht aneinander reiben.
- Eventuell vorhandene Dichtungen *(packings)* verhindern das Austreten des Schmiermittels und das Eindringen von Schmutz.

Bei **Kugellagern** *(ball bearings)* liegen punktförmige Berührungsflächen zwischen den Wälzkörpern und den Laufflächen vor (Bild 4 links), über die die Kraftübertragung erfolgt. Bei den **Rollenlagern** *(roller bearings)* (Bild 4 rechts) sind es linienförmige Berührungsflächen. Deshalb werden Rollenlager dort eingesetzt, wo sehr große Kräfte zu übertragen sind.

MERKE

Radialwälzlager *(radial rolling bearings)* nehmen vorrangig Kräfte in radialer Richtung auf (Seite 159 Bild 1a).
Axialwälzlager *(axial rolling bearings)* übertragen in erster Linie Kräfte in axialer Richtung (Seite 159 Bild 1b).

2 Einzelteile eines Wälzlagers

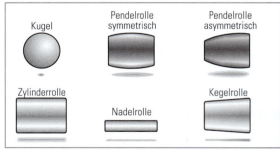

3 Wälzkörperformen und Berührungsflächen zwischen Wälzkörper und Innen- bzw. Außenring

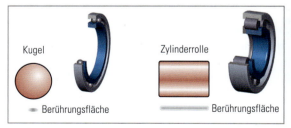

4 Kugel- und Rollenlager

Die meisten Wälzlager können sowohl in radialer als auch in axialer Richtung Kräfte übertragen. Im Bild 2 auf Seite 159 geben die Pfeilgrößen an, wie sich die übertragbaren radialen und axialen Kräfte zueinander verhalten.

2.3 Elemente und Baugruppen zur Drehmomentübertragung

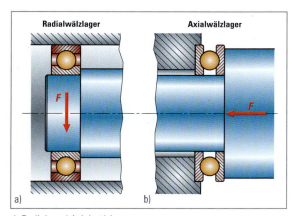

1 Radial- und Axialwälzlager

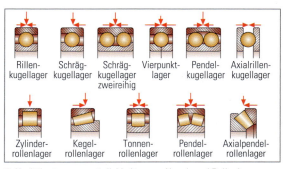

2 Kraftübertragungsmöglichkeiten von Kugel- und Rollenlagern

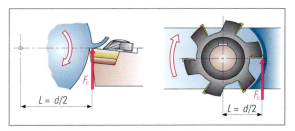

3 Benötigte Drehmomente beim Drehen und Fräsen

2.3.1 Drehmoment und Drehmomentübertragung

Sowohl beim Drehen als auch beim Fräsen (Bild 3) wirkt die Schnittkraft F_c an einem Hebelarm *(lever arm)* l. Das Produkt aus Kraft und Hebelarm heißt **Drehmoment** *(static torque)*.

$$\text{Drehmoment} = \text{Kraft} \cdot \text{Hebelarm}$$
$$M = F \cdot l$$

M: Drehmoment
F: Kraft
l: Hebelarm

Beispielaufgabe

Welches Drehmoment ist erforderlich, wenn beim Drehen eine Schnittkraft von 6000 N an einem Wirkdurchmesser *(effective diameter)* von a) 50 mm und b) 100 mm angreift?

$$M = F \cdot l$$
$$M = \frac{F \cdot d}{2}$$

a) $M = \dfrac{6000 \text{ N} \cdot 50 \text{ mm} \cdot 1 \text{ m}}{2 \cdot 1000 \text{ mm}}$

$M = 150 \text{ Nm}$

b) $M = \dfrac{6000 \text{ N} \cdot 100 \text{ mm} \cdot 1 \text{ m}}{2 \cdot 1000 \text{ mm}}$

$M = 300 \text{ Nm}$

Beim Schruppen entstehen oft große Schnittkräfte. Wirken diese beim Drehen an großen Drehteildurchmessern oder beim Fräsen an großen Fräserdurchmessern, werden die erforderlichen Drehmomente hoch.

MERKE
Werkzeugmaschinen müssen das benötigte Drehmoment zur Zerspanung bereitstellen, um eine wirtschaftliche Fertigung zu gewährleisten. Das von der Maschine bereitgestellte Drehmoment darf beim Zerspanen nicht erreicht werden.

Das Drehmoment wird vom Antriebsmotor zur Wirkstelle geleitet. Beim Drehen geschieht das dadurch, dass der **Antriebsmotor** *(drive motor)* bei einer bestimmten Umdrehungsfrequenz ein Drehmoment abgibt. Ein **Riementrieb** *(belt drive)* (Bilder 4 und 5) überträgt das Drehmoment vom Motor zum Eingang des **Zahnradgetriebes** *(gear drive)* oder direkt vom regelbaren Motor auf die Antriebsspindel. Innerhalb des Schaltgetriebes wird das Drehmoment über **Wellen**, **Verbindungselemente** *(fas-*

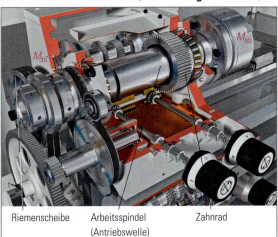

4 Drehmomentübertragung am Beispiel einer Drehmaschine

5 Blockschaltbild zur Drehmoment- und Energieübertragung beim Drehen

teners) und **Zahnräder** *(gear wheels)* zur Arbeitsspindel übertragen. Diese leitet das Drehmoment an das Drehfutter weiter, in dem das Drehteil eingespannt ist. Mit der Drehmomentübertragung *(torque transmission)* ist fast immer eine Drehmomentwandlung *(change of torque)* verbunden (siehe Kap. 2.3.2.1).

2.3.2 Riementriebe

An Werkzeugmaschinen können verschiedene Arten von Riementrieben *(belt drives)* zum Einsatz kommen. Elastische Riemen übertragen Drehmomente und Umdrehungsfrequenzen von einer Welle auf die andere. Beide Wellen haben die gleiche Drehrichtung *(direction of rotation)* (Bild 1).
Riementriebe können
- größere Achsabstände *(center distances)* überwinden und
- stoßartige Belastungen *(impulsive loads)* sowie Schwingungen *(vibrations)* dämpfen.

2.3.2.1 Flachriementrieb *(flat belt drive)*

Die Reibkraft F_R *(friction force)* zwischen Riemenscheibe *(pulley)* und Riemen *(belt)* ist die Grundlage für die Übertragung von Umdrehungsfrequenzen und Drehmomenten von Riemenscheibe auf Riemen und umgekehrt (Bild 1).
Die Riemenscheibe 1 treibt den Riemen an, der die Drehenergie an die Riemenscheibe 2 überträgt. Die übertragbare Reibkraft $F_R = F_N \cdot \mu$ vergrößert sich mit
- Vergrößerung der Normalkraft F_N bzw. der Vorspannung *(initial tension)* des Riementriebs
- Verbesserung der Reibverhältnisse bzw. Zunahme der Reibzahl μ
- Vergrößerung des Umschlingungswinkels *(angle of contact)* α

Unterschiedliche Werkstoffe werden den Anforderungen von Reib- *(friction)*, Deck- *(cover)* und Zugschicht *(traction layer)* gerecht (Bild 2). Flachriemen sind
- dünn und flexibel und benötigen deshalb nur geringe Verformungsenergie,
- sehr schwingungsdämpfend *(vibration-reducing)*,
- für sehr hohe Riemengeschwindigkeiten und
- für große Achsabstände geeignet.

Übersetzungsverhältnis *(gear/transmission ratio)*
Der Riemen (Bild 3) legt den Weg s mit der Geschwindigkeit v zurück. Die Riemenscheibe 1 legt am Umfang den gleichen Weg s_1 mit der gleichen Geschwindigkeit v_1 zurück. Gleiches gilt für die Riemenscheibe 2. Daher gilt:

$$v_1 = v_2$$
$$d_1 \cdot \pi \cdot n_1 = d_2 \cdot \pi \cdot n_2$$
$$\frac{n_1}{n_2} = \frac{d_2 \cdot \pi}{d_1 \cdot \pi}$$

$$\boxed{\frac{n_1}{n_2} = \frac{d_2}{d_1}}$$

MERKE
Die Umdrehungsfrequenzen verhalten sich umgekehrt proportional zu den Durchmessern der Riemenscheiben.

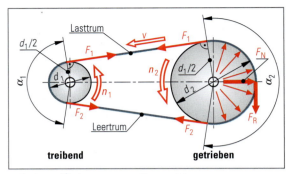

1 Kräfte und Drehmomente am Riementrieb

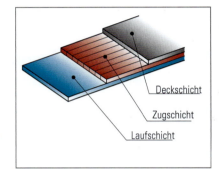

2 Riementriebe an Werkzeugmaschinen

Deckschicht
Zugschicht
Laufschicht

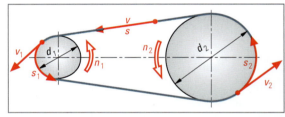

3 Umdrehungsfrequenzen und Geschwindigkeiten am Riementrieb

Durch die höheren Spannungen im **Zugtrum** *(loaded side of belt)* gegenüber dem **Leertrum** *(loose side of belt)* entsteht ein geringfügiges Gleiten des Riemens auf den Riemenscheiben (**Schlupf** *(slip)*). Um den Verschleiß des Riemens gering zu halten, müssen die Berührungsflächen *(contact ares)* an der Riemenscheibe möglichst glatt sein. Der entstehende Schlupf kann jedoch bei den Berechnungen meist vernachlässigt werden.
Als **Übersetzungsverhältnis i** wird das Verhältnis von Antriebsdrehzahl n_1 zu Abtriebsdrehzahl n_2 *(input/output number of revolutions)* bezeichnet. Bei Übersetzungen erfolgt die Nummerierung der Riemenscheiben und Drehzahlen immer in Richtung des Energieflusses *(energy flow)*, d. h. vom Antrieb zum Abtrieb. Daher erhalten die treibenden Scheiben meist ungerade und die getriebenen meist gerade Indizes. Für die Antriebsscheibe gilt: d_1, n_1, für die Abtriebsscheibe gilt: d_2, n_2.

$$\boxed{i = \frac{n_1}{n_2}}$$
$$\boxed{i = \frac{d_2}{d_1}}$$

$i > 1$: Übersetzung ins **Langsame**
$i < 1$: Übersetzung ins **Schnelle**

2.3 Elemente und Baugruppen zur Drehmomentübertragung

Drehmomente

Im Stillstand sind die Zugtrumkraft F_1 und die Leertrumkraft F_2, die auf die Riemenscheibe wirken, gleich groß. Es gilt:
$F_1 = F_2$
Während des Betriebes nimmt F_1 zu und F_2 ab. Es gilt:
$F_1 > F_2$
Als Umfangskraft *(tagential force)* wirkt an jeder Scheibe die resultierende Kraft $F_1 - F_2$. Damit ergeben sich folgende Drehmomente:

an Scheibe 1: an Scheibe 2:

$$M_1 = (F_1 - F_2) \cdot \frac{d_1}{2} \qquad M_2 = (F_1 - F_2) \cdot \frac{d_2}{2}$$

$$\frac{M_1}{M_2} = \frac{(F_1 - F_2) \cdot \frac{d_1}{2}}{(F_1 - F_2) \cdot \frac{d_2}{2}}$$

$$\boxed{\frac{M_1}{M_2} = \frac{d_1}{d_2}}$$

MERKE
Die Drehmomente verhalten sich proportional zu den Durchmessern der Riemenscheiben.

$$\boxed{i = \frac{n_1}{n_2} = \frac{M_2}{M_1}}$$

MERKE
Die Drehmomente verhalten sich umgekehrt proportional zu den Umdrehungsfrequenzen.

Beispielaufgabe

Die Umdrehungsfrequenz der Antriebsriemenscheibe von Seite 160 Bild 1 beträgt 1450/min, sie hat einen Durchmesser von 160 mm und ein Drehmoment von 32 N·m. Die Abtriebsscheibe hat einen Durchmesser von 240 mm. Bestimmen Sie das Übersetzungsverhältnis.
Wie groß sind am Abtrieb die Umdrehungsfrequenz und das Drehmoment.

$i = \dfrac{d_2}{d_1}$ $\quad \dfrac{n_1}{n_2} = \dfrac{d_2}{d_1}$ $\quad i = \dfrac{M_2}{M_1}$

$i = \dfrac{240\ \text{mm}}{160\ \text{mm}}$ $\quad n_2 = \dfrac{n_1 \cdot d_1}{d_2}$ $\quad M_2 = i \cdot M_1$

$\underline{\underline{i = 1{,}5 : 1}}$ $\quad n_2 = \dfrac{1450 \cdot 160\ \text{mm}}{\text{min} \cdot 240\ \text{mm}}$ $\quad M_2 = 1{,}5 \cdot 32\ \text{N·m}$

$\underline{\underline{M_2 = 48\ \text{N·m}}}$

$\underline{\underline{n_2 = 967/\text{min}}}$

Leistung und Drehmoment *(power and torque)*
Der Riementrieb überträgt nicht nur Drehmomente sondern auch eine Leistung vom Antrieb auf den Abtrieb.
Leistung *(power)* P ist der Quotient aus Arbeit W und Zeit t.

$$\boxed{P = \frac{W}{t}}$$
P: Leistung
W: Arbeit
t: Zeit

Arbeit *(work)* W ist als Produkt aus Kraft F und Weg s.

$$\boxed{W = F \cdot s}$$
W: Arbeit
F: Kraft
s: Weg

$$P = \frac{F \cdot s}{t}$$

Die **Geschwindigkeit** *(speed)* v ist der Quotient aus Weg s und Zeit t.

$$\boxed{P = F \cdot v} \qquad \text{(Momentanleistung)}$$

Bei der **kreisförmigen Bewegung** *(circular motion)* ist die **Umfangsgeschwindigkeit** *(cir-cumferential speed)* v:

$$\boxed{v = d \cdot \pi \cdot n}$$

Somit ergibt sich für die Leistungsübertragung an der Riemenscheibe (Bild 1) mit einer resultierenden Umfangskraft F_u:

$P = F_u \cdot d \cdot \pi \cdot n$

$P = 2 \cdot F_u \dfrac{d}{2} \cdot \pi \cdot n \qquad M = F_u \cdot \dfrac{d}{2}$

$$\boxed{P = 2 \cdot M \cdot \pi \cdot n}$$

$$\boxed{M = \frac{P}{2 \cdot \pi \cdot n}}$$

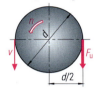

1 Leistung und Drehmoment

MERKE
Je kleiner die Umdrehungsfrequenz, desto größer wird bei konstanter Leistung das zu übertragende Drehmoment.

Beispielrechnung

Die Antriebsscheibe eines Riementriebs mit 120 mm Durchmesser wird von einem Motor mit 2 kW Antriebsleistung bei 1450/min angetrieben. Die Riemenscheibe am Abtrieb hat 200 mm Durchmesser. Welche Drehmomente wirken am An- und Abtrieb?

$M_1 = \dfrac{P}{2 \cdot \pi \cdot n}$

$M_1 = \dfrac{2\ \text{kW} \cdot \text{min}}{2 \cdot \pi \cdot 1450} \cdot \dfrac{1000\ \text{W}}{1\ \text{kW}} \cdot \dfrac{60\ \text{s}}{1\ \text{min}} \cdot \dfrac{1\ \text{N·m}}{1\ \text{W·s}}$

$\underline{\underline{M_1 = 13{,}2\ \text{N·m}}}$

$i = \dfrac{d_2}{d_1}$

$i = \dfrac{200\ \text{mm}}{120\ \text{mm}}$

$\underline{\underline{i = 1{,}67 : 1}}$

$M_2 = i \cdot M_1$

$M_2 = 1{,}67 \cdot 13{,}2\ \text{N·m}$

$\underline{\underline{M_2 = 22\ \text{N·m}}}$

2.3.2.2 Keilriementrieb *(V-belt drive)*

An Werkzeugmaschinen übertragen meist Keilriemen *(V-belts)* das Motordrehmoment auf eine Getriebewelle oder Arbeitsspindel. Sie unterscheiden sich vom Flachriemen durch ihren trapezförmigen (keilförmigen) Querschnitt (Bild 1).

Beim Keilriemen ist die übertragbare Umfangskraft ebenfalls von der vorhandenen Reibkraft und somit auch von der Normalkraft zwischen Riemen und Riemenscheibe *(pulley)* abhängig. Der Keilriemen ist auf das Riemenscheibenprofil *(profile of pulley)* abgestimmt und darf nicht auf dessen Grund aufliegen. Die von der Vorspannkraft abhängige Kraft F wird in zwei Normalkräfte $F_N/2$ zerlegt, die senkrecht zu den Berührungsflächen wirken. Die auf diese Weise entstehende gesamte Normalkraft $F_N = 2 \cdot F_N/2$ ist wesentlich größer als die Vorspannkraft F.

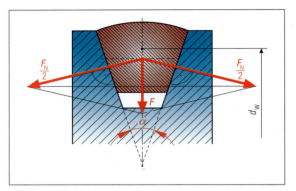

1 Kräfte am Keilriemen

> **Überlegen Sie!**
> 1. Vollenden Sie den Satz: „Die Normalkraft wird umso größer, je …"
> 2. Entwickeln Sie einen mathematischen Zusammenhang zwischen F_N, F und α.

Die **Vorteile** der Keil- gegenüber den Flachriementrieben sind:
- größere Reibkräfte bei geringerer Vorspannung *(low inital tension)*
- geringerer Schlupf *(low slip)*
- kleinere Umschlingungswinkel *(small angle of contact)*, wodurch größere Übersetzungen möglich sind
- Zwangsführung durch Keilform

Nachteilig gegenüber dem Flachriemen sind:
- geringere Riemengeschwindigkeiten
- geringerer Wirkungsgrad *(efficiency factor)*
- höhere Erwärmung wegen größerer Verformung und Reibung

Für die Ermittlung der **Drehmomente** *(static torques)*, Umdrehungsfrequenzen *(rational speeds)* und der übertragbaren Leistung *(power)* gelten die gleichen Gesetzmäßigkeiten wie beim Flachriementrieb. Bei der Berechnung muss lediglich der Wirkdurchmesser *(effective diameter)* d_W (Bild 1) berücksichtigt werden, der Herstellerangaben zu entnehmen ist.

> **MERKE**
> Flachriemen und Keilriemen wirken reib- bzw. kraftschlüssig.

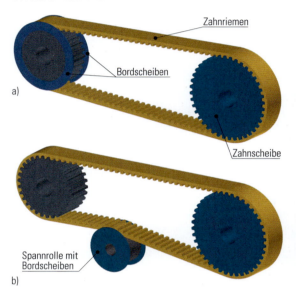

2 Zahnriementrieb a) ohne und b) mit Spannrolle

2.3.2.3 Zahnriementrieb *(synchronous belt drive)*

Beim Zahnriementrieb (Bild 2) greift der mit Zähnen versehene elastische Riemen in die entsprechenden Lücken der Zahnscheiben. Der Riemen kann nicht durchrutschen, somit entsteht kein Schlupf. Zahnriemen müssen gegen seitliches Ablaufen geführt werden. Die Führung erfolgt in der Regel durch Bordscheiben. Diese können entweder auf einer Zahnriemenscheibe oder auf der Spannrolle befestigt sein.

Zahnriemen *(synchronous belts)* sind aus verschiedenen Werkstoffen aufgebaut (Bild 3), damit sie hohe Kräfte bei großen Geschwindigkeiten möglichst verschleißfrei übertragen.

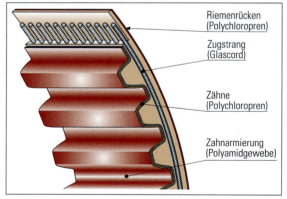

3 Beispiel für den Aufbau eines Zahnriemens

> **MERKE**
> Der Zahnriemen überträgt das Drehmoment formschlüssig *(positive locking)* und hält das Übersetzungsverhältnis exakt ein.

2.3 Elemente und Baugruppen zur Drehmomentübertragung

Wegen der Formschlüssigkeit benötigt der Zahnriementrieb nur eine geringe Vorspannung, wodurch die Lagerbelastung ebenfalls niedriger ist als bei vergleichbaren kraftschlüssigen Riementrieben.

Zur Bestimmung des Übersetzungsverhältnisses werden die Wirkdurchmesser der Zahnscheiben[1] oder deren Zähnezahlen[2] genutzt.

> **Überlegen Sie!**
> Informieren Sie sich in Ihrem Ausbildungsbetrieb mithilfe von Herstellerunterlagen, wo und warum an Werkzeugmaschinen Zahnriementriebe eingesetzt sind.

2.3.3 Zahnradgetriebe

1 Vorschubgetriebe einer Drehmaschine

Zahnradgetriebe *(gear drives)* wie z. B. das Vorschubgetriebe *(feed gear)* (Bild 1) einer Drehmaschine können folgende Aufgaben übernehmen[3]:
- Wandeln der Umdrehungsfrequenz
- Verändern der Drehrichtung und
- Wandeln des Drehmomentes

Bei Zahnradgetrieben greifen die Zähne der beiden Zahnräder ineinander, sie kämmen *(cog/mesh)* (Bild 2). Dadurch werden die Umdrehungsfrequenzen und die Drehmomente formschlüssig *(positive locking)* und somit schlupffrei *(non-slip)* übertragen. Die beiden Zahnräder drehen entgegengesetzt. Die Zähne übertragen Stöße und Schwingungen ungedämpft von der Antriebs- auf die Abtriebswelle.

2.3.3.1 Zahnradmaße *(dimensions for gear wheels)*

Das Bild 3 stellt die wesentlichen Abmessungen am Zahnrad dar.

Auf dem **Teilkreisdurchmesser** *(pitch diameter)* d erfolgt rechnerisch die Kraftübertragung der im Eingriff befindlichen

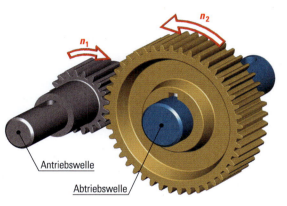

2 Zahnradtrieb

Zähne. Auf ihn sind auch die errechneten Geschwindigkeiten bezogen.

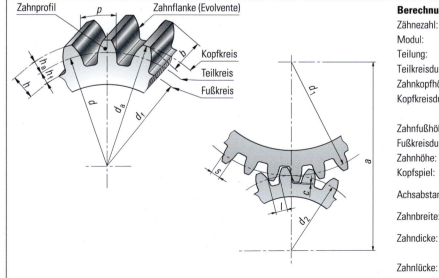

Berechnungen:

Zähnezahl:	z
Modul:	m
Teilung:	$p = \pi \cdot m$
Teilkreisdurchmesser:	$d = z \cdot m$
Zahnkopfhöhe:	$h_a = m$
Kopfkreisdurchmesser:	$d_a = d + 2 \cdot m$
	$d_a = m \cdot (z+2)$
Zahnfußhöhe:	$h_f = m + c$
Fußkreisdurchmesser:	$d_f = d - 2 \cdot (m+c)$
Zahnhöhe:	$h = h_a + h_f$
Kopfspiel:	$c = (0{,}1 \ldots 0{,}3) \cdot m$
Achsabstand:	$a = \dfrac{d_1}{2} + \dfrac{d_2}{2}$
Zahnbreite:	$b = (6 \ldots 30) \cdot m$
Zahndicke:	$s = \dfrac{p}{2}$
Zahnlücke:	$l = \dfrac{p}{2}$

3 Zahnradbestimmungsgrößen

Jedes **Zahnrad** *(gear wheel/cog)* besitzt eine ganzzahlige Anzahl von Zähnen z. Diese unterteilen den Umfang des **Teilkreises** in die gleiche Anzahl von Bogenteilen, in die Teilung *(circular pitch)* p. Somit gilt für den Teilkreisumfang:

$$U = d \cdot \pi$$
$$U = z \cdot p$$
$$d \cdot \pi = z \cdot p$$
$$\frac{d}{z} = \frac{p}{\pi} = m$$

Das Verhältnis von $d : z$ bzw. $p : \pi$ ist als **Modul** *(module)* m definiert. Damit ist der Modul eine Größe, in der π nicht mehr zahlenmäßig enthalten ist ($m = d/z$). Module für Zahnräder sind genormt:

Auszug aus Modulreihe 1:

| m in mm: | ...; 0,8; 0,9; 1; 1,25; 1,5; 2; 2,5; 3; 4; 5; ... |

MERKE
Je größer der Modul, desto größer sind die Zahnteilung und das Zahnprofil *(tooth profile)*. Sie verändern sich proportional mit dem Modul. Zahnräder können nur miteinander kämmen, wenn deren Module gleich groß sind.

Beispielrechnung

Für ein Zahnrad, das 32 Zähne mit einem Modul von 3 mm besitzt, sind die für die Zerspanung erforderlichen Maße d, d_a, d_f und p zu bestimmen, wenn das Zahnspiel $c = 0,2 \cdot m$ beträgt.

$d = m \cdot z$	$d_a = m \cdot (z+2)$	$p = m \cdot \pi$
$d = 3 \text{ mm} \cdot 32$	$d_a = 3 \text{ mm} (32+2)$	$p = 3 \text{ mm} \cdot \pi$
$\underline{d = 96 \text{ mm}}$	$\underline{d_a = 102 \text{ mm}}$	$\underline{p = 9,424 \text{ mm}}$

$d_f = d - 2 \cdot (m + c)$
$d_f = 96 \text{ mm} - 2 \cdot (3 \text{ mm} + 0,2 \cdot 3 \text{ mm})$
$\underline{d_f = 88,8 \text{ mm}}$

2.3.3.2 Übersetzungsverhältnis *(gear transmission ratio)*
Einfache Übersetzung

Die Teilkreisdurchmesser der beiden Zahnräder (Bild 1) besitzen die gleiche Umfangsgeschwindigkeit $v_1 = v_2$:

$$v_1 = v_2$$
$$d_1 \cdot \pi \cdot n_1 = d_2 \cdot \pi \cdot n_2$$
$$d_1 \cdot n_1 = d_2 \cdot n_2$$
$$\frac{n_1}{n_2} = \frac{d_2}{d_1}$$

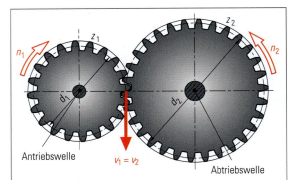

Die Nummerierung der Indizes erfolgt in Richtung des Energieflusses, d. h., vom Antrieb zum Abtrieb. Daher erhalten die **treibenden** Räder meist **ungerade** und die **getriebenen** Räder **gerade** Indizes.
Für das Antriebsrad gilt: d_1, n_1, z_1
Für das Abtriebsrad gilt: d_2, n_2, z_2

1 Einfache Übersetzung

Das Verhältnis von **Antriebs**umdrehungsfrequenz n_1 zu **Abtriebs**umdrehungsfrequenz n_2 ist das **Übersetzungsverhältnis** i:

$$i = \frac{n_1}{n_2} \qquad i = \frac{d_2}{d_1}$$

Da beim Zahnrad $d = m \cdot z$ ist, ergibt sich:

$$i = \frac{m \cdot z_2}{m \cdot z_1}$$

$$i = \frac{z_2}{z_1}$$

Beispielrechnung

Mit einer einfachen Zahnradübersetzung soll die Umdrehungsfrequenz vom 1250/min auf 850/min gewandelt werden. Welche Zähnezahl muss das Abtriebsrad erhalten, wenn das Antriebsrad 17 Zähne besitzt?

$$i = \frac{n_1}{n_2} = \frac{z_2}{z_1}$$

$$\frac{n_1}{n_2} = \frac{z_2}{z_1}$$

$$z_2 = \frac{1250 \cdot 17 \cdot \text{min}}{\text{min} \cdot 850}$$

$$\underline{z_2 = 25}$$

Mehrfache Übersetzung

Oft sind mehrere Teilübersetzungen (z. B. i_1 und i_2) erforderlich (Seite 165 Bilder 1 und 2), um eine große Gesamtübersetzung i zu realisieren. Die Gesamtübersetzung i ist das Verhältnis von Anfangsumdrehungsfrequenz n_A zu Endumdrehungsfrequenz n_E:

2.3 Elemente und Baugruppen zur Drehmomentübertragung

$$i = \frac{n_A}{n_E}$$

$$i_1 = \frac{n_1}{n_2} \qquad n_2 = \frac{n_1}{i_1}$$

$$i_2 = \frac{n_3}{n_4} \qquad n_3 = i_2 \cdot n_4$$

Die beiden Zahnräder auf der Zwischenwelle haben die gleiche Umdrehungsfrequenz:

$$n_2 = n_3$$
$$\frac{n_1}{i_1} = i_2 \cdot n_4$$
$$\frac{n_1}{n_2} = i_1 \cdot i_2$$

$$i = i_1 \cdot i_2$$

$$i = \frac{z_2 \cdot z_4}{z_1 \cdot z_3}$$

$$i = \frac{d_2 \cdot d_4}{d_1 \cdot d_3}$$

1 Mehrfache Zahnradübersetzung

MERKE
Bei mehrstufigen *(multi-state)* Übersetzungen ist die Gesamtübersetzung das Produkt aus den Teilübersetzungen.

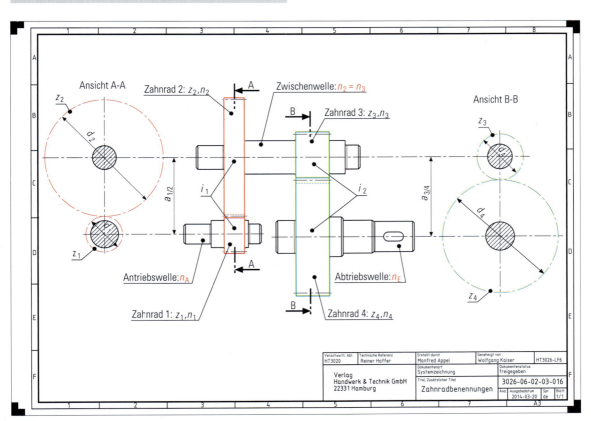

2 Benennungen bei mehrfacher Zahnradübersetzung

Beispielrechnung

Mit einer doppelten Zahnradübersetzung soll die Umdrehungsfrequenz vom 1450/min auf 400/min gewandelt werden.

a) Welche Zähnezahl muss das dritte Zahnrad haben, wenn $z_1 = 20$, $z_2 = 50$ und $z_4 = 29$ betragen?
b) Welche Außendurchmesser müssen die Zahnräder erhalten, wenn der Modul für die erste Übersetzung 2 mm und der Modul für die zweite Übersetzung 3 mm beträgt?
c) Wie groß sind die beiden Achsabstände?

a) $\dfrac{n_A}{n_E} = \dfrac{z_2 \cdot z_4}{z_1 \cdot z_3}$

$z_3 = \dfrac{z_2 \cdot z_4 \cdot n_E}{z_1 \cdot n_A}$

$z_3 = \dfrac{50 \cdot 29 \cdot 400 \cdot \text{min}}{20 \cdot 1450 \cdot \text{min}}$

$\underline{\underline{z_3 = 20}}$

$d_{a3} = m_{3/4} \cdot (z_1 + 2)$
$d_{a3} = 3\,\text{mm} \cdot (20 + 2)$
$\underline{\underline{d_{a3} = 66\,\text{mm}}}$

$d_{a4} = 3\,\text{mm} \cdot (29 + 2)$
$\underline{\underline{d_{a4} = 93\,\text{mm}}}$

b) $d_a = m \cdot (z + 2)$

$d_{a1} = m_{1/2} \cdot (z_1 + 2)$
$d_{a1} = 2\,\text{mm} \cdot (20 + 2)$
$\underline{\underline{d_{a1} = 44\,\text{mm}}}$

$d_{a2} = 2\,\text{mm} \cdot (50 + 2)$
$\underline{\underline{d_{a2} = 104\,\text{mm}}}$

c) $a_{1/2} = \dfrac{d_1 + d_2}{2}$

$a_{1/2} = m_{1/2} \cdot \dfrac{z_1 + z_2}{2}$

$a_{1/2} = 2\,\text{mm} \cdot \dfrac{20 + 50}{2}$

$\underline{\underline{a_{1/2} = 70\,\text{mm}}}$

$a_{3/4} = 3\,\text{mm} \cdot \dfrac{20 + 29}{2}$

$\underline{\underline{a_{3/4} = 73{,}5\,\text{mm}}}$

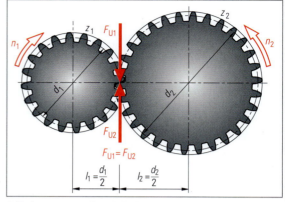

1 Drehmomentwandlung beim Zahnradtrieb

MERKE

Die Drehmomente verhalten sich proportional zu den Zähnezahlen und umgekehrt proportional zu den Umdrehungsfrequenzen der Zahnräder.

Beispielrechnung

Bei einer dreifachen Zahnradübersetzung ($i_1 = 2:1$, $i_2 = 1{,}5:1$ und $i_3 = 1{,}6:1$) liegt ein Eingangsdrehmoment von 50 Nm vor. Welche Drehmomente wirken an den zwei Zwischenwellen und der Abgangswelle?

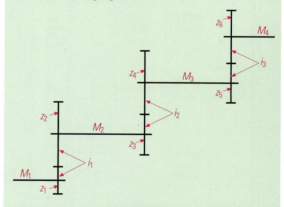

Symbolische Darstellung einer dreifachen Zahnradübersetzung

$M_2 = M_1 \cdot i$ $M_3 = M_1 \cdot i_1 \cdot i_2$ $M_4 = M_1 \cdot i_1 \cdot i_2 \cdot i_3$
$M_2 = 50\,\text{N}\cdot\text{m} \cdot 2$ $M_3 = 50\,\text{N}\cdot\text{m} \cdot 2 \cdot 1{,}5$ $M_4 = 50\,\text{N}\cdot\text{m} \cdot 2 \cdot 1{,}5 \cdot 1{,}6$
$\underline{\underline{M_2 = 100\,\text{N}\cdot\text{m}}}$ $\underline{\underline{M_3 = 150\,\text{N}\cdot\text{m}}}$ $\underline{\underline{M_4 = 240\,\text{N}\cdot\text{m}}}$

2.3.3.3 Drehmomentwandlung *(change of torque)*

Beim Zahnradtrieb (Bild 1) findet immer eine Wandlung des Drehmomentes statt, sofern das Übersetzungsverhältnis nicht 1 ist ($i \neq 1$).

Bei konstanten Umdrehungsfrequenzen sind die Umfangskräfte an beiden Zahnrädern gleich groß ($F_{U1} = F_{U2} = F_U$). Damit ergeben sich für die beiden Zahnräder folgende Drehmomente:

Zahnrad 1:

$M_1 = F_{U1} \cdot l_1$

$M_1 = \dfrac{F_U \cdot d_1}{2}$

$F_U = \dfrac{2 \cdot M_1}{d_1}$

Zahnrad 2:

$M_2 = F_{U2} \cdot l_2$

$M_2 = \dfrac{F_U \cdot d_2}{2}$

$F_U = \dfrac{2 \cdot M_2}{d_2}$

$\dfrac{M_1}{d_1} = \dfrac{M_2}{d_2}$

$\dfrac{M_2}{M_1} = \dfrac{d_2}{d_1} = i = \dfrac{z_2}{z_1} = \dfrac{n_1}{n_2}$

$\boxed{M_2 = M_1 \cdot i}$

2.3.3.4 Zahnradformen
Gerad- und Schrägverzahnung *(helical gearing)*

Zahnräder können sowohl **geradverzahnt** *(straight cut)* (Seite 165 Bild 1) als auch **schrägverzahnt** *(helical cut)* sein (Seite 167 Bild 1). Die schrägverzahnten Zahnräder besitzen gegenüber den geradverzahnten folgende **Vorteile**:

2.3 Elemente und Baugruppen zur Drehmomentübertragung

1 Normalkraft, axiale Kraft und Umfangskraft am schrägverzahnten Stirnrad

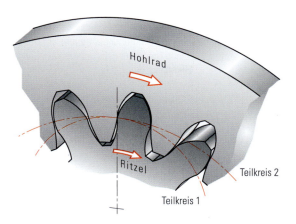

2 Innenverzahnung mit Hohlrad, Außenverzahnung mit Ritzel

- bessere Laufruhe *(quiet running)* und geringere Geräuschentwicklung, weil mehrere Zähne gleichzeitig im Eingriff sind und jeder Zahn allmählich eingreift
- deshalb sind größere Umfangskräfte und höhere Umdrehungsfrequenzen möglich

Nachteilig sind
- die entstehenden Axialkräfte und
- die höheren Fertigungskosten *(high manufacturing costs)*

Außen- und Innenverzahnung *(external teeth and internal gearing)*
Am **Hohlrad** *(center gear)* (Bild 2) sind die Zähne innen angebracht. Der Achsabstand vom innenverzahnten Hohlrad und außenverzahnten Ritzel *(pinion gear)* ist kleiner als bei vergleichbaren Außenverzahnungen. Es sind mehr Zähne im Eingriff, wodurch größere Drehmomente übertragbar sind. Hohlrad und Ritzel besitzen die gleiche Drehrichtung.

2.3.3.5 Getriebearten *(kinds of gears)*
Die Lage der Zahnradachsen und die gewünschten Funktionen bestimmen die jeweilige Getriebeart (Bild 3).

Stirnradgetriebe *(spur gears)*

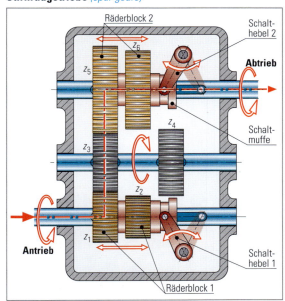

4 Schieberadgetriebe

Stirnräder	Zahnrad und Zahnstange	Kegelräder	Schnecke und Schneckenrad
Achsen liegen parallel	Achsen liegen parallel	Achsen schneiden sich	Achsen kreuzen sich
Verschiedene Drehrichtungen von Antriebs- und Abtriebsrad	Wandlung der Drehbewegung in eine geradlinige und umgekehrt	Achsen können sich unter beliebigen Winkeln schneiden	Sehr große Übersetzungen ins Langsame möglich

3 Getriebearten (Überblick)

Schieberäder (Seite 167 Bild 4) bewirken z. B. durch verschiedene Schaltstellungen unterschiedliche Übersetzungen. Auf diese Weise entstehen bei gleicher Umdrehungsfrequenz am Getriebeeingang unterschiedliche Umdrehungsfrequenzen am Getriebeausgang.

Überlegen Sie!
1. Wie viele Abtriebsumdrehungsfrequenzen sind mit dem Getriebe auf Seite 167 in Bild 4 schaltbar?
2. Geben Sie bei den Schaltstellungen der beiden Schalthebel die an der Drehmomentübertragung beteiligten Zahnräder an.

Planetengetriebe (epicyclic gears)
Die Wandlung von Drehmoment und Umdrehungsfrequenz erfolgt beim Planetengetriebe (Bild 1) durch
- das zentrale, außenverzahnte **Sonnenrad** (sun gear)
- den **Planetenträger** (planet carrier) mit den außenverzahnten **Planetenrädern** (planet gears) und
- das innenverzahnte **Hohlrad** (ring gear)

Wird z. B. das Sonnenrad bei feststehendem Hohlrad angetrieben, dreht der Planetenradträger mit verminderter Umdrehungsfrequenz. Die Drehrichtung ist die gleiche wie beim Sonnenrad. Planetengetriebe haben eine Platz sparende Bauart. Da An- und Abtrieb auf einer Achse liegen, reduziert sich der Lagerungsaufwand.

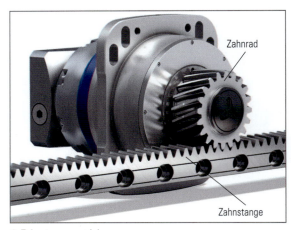

2 Zahnstangengetriebe

Kegelradgetriebe (bevel gears)
Bei Kegelradgetrieben (Bild 3) schneiden sich die Achsen von An- und Abtrieb meist unter 90°. Es können aber auch beliebige Achswinkel verwirklicht werden.

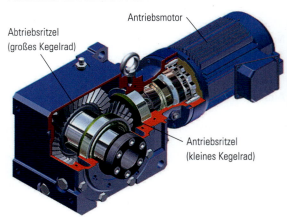

3 Kegelradgetriebe

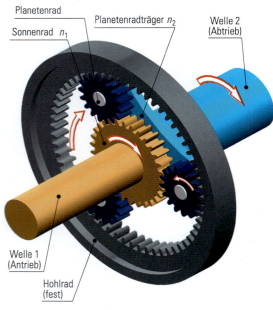

1 Funktionsweise des Planetengetriebes

Zahnstangengetriebe (rack and pinion gears)
Zahnstangengetriebe (Bild 2) wandeln die Drehbewegung des Zahnrades in eine Längsbewegung der Zahnstange (gear rack) und umgekehrt.

Schneckengetriebe (worm gears)
Beim Schneckengetriebe (Bild 4) treibt die Schnecke (worm) das Schneckenrad (worm wheel) an. Die Achsen von beiden liegen in verschiedenen Ebenen, sie kreuzen sich. Es sind große Übersetzungen ins Langsame auf kleinem Raum möglich. So beträgt z. B. bei einer eingängi-

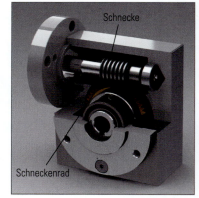

4 Schneckengetriebe

2.3 Elemente und Baugruppen zur Drehmomentübertragung

gen Schnecke *(single-start worm)* und einem Schneckenrad mit 40 Zähnen das Übersetzungsverhältnis 40:1. Die Gleitreibung *(sliding friction)* ist wesentlich größer als bei den anderen Getrieben und der Wirkungsgrad daher kleiner.

2.3.3.6 Auflagerkräfte *(reaction force)*

Die auf die Getriebewelle *(gear shaft)* (Bild 1) wirkenden Kräfte müssen von deren Lager aufgenommen werden. Die Berechnung der Lagerkräfte erfolgt schrittweise:

Vereinfachung des Systems

Das System wird auf eine einfache Darstellung mit dem Festlager A *(locating bearing)* und dem Loslager B *(floating bearing)* sowie den angreifenden Kräften reduziert, um es übersichtlicher zu gestalten (Bild 2).

Freimachen des Systems *(freeing of system)*

Die auf die Welle wirkenden Kräfte und Hebelarme werden analysiert (Bild 3). Die Welle wird von den Lagern gelöst **(freigemacht)** und die dort wirkenden Lagerkräfte F_{Ax}, F_{Ay} und F_B werden eingetragen.

Drehpunkt in das Festlager legen

Der Drehpunkt *(center of rotation)* wird zunächst in das Festlager F_A gelegt (Bild 4), die wirksamen Hebelarme *(lever arms)* werden – auf den Drehpunkt bezogen – in die Skizze eingetragen. Die gesuchte Kraft F_B wird in der erwarteten Richtung festgelegt.

Anwenden der Momentengleichung

Summe der linksdrehenden *(left-turning)* Momente um A	=	Summe der rechtsdrehenden *(right-turning)* Momente um A
$\sum \overset{\frown}{M}_A$	=	$\sum \overset{\frown}{M}_A$

Beispielrechnung

$$\sum \overset{\frown}{M} = \sum \overset{\frown}{M}$$

$$F_2 \cdot l_2 = F_1 \cdot l_1 + F_B \cdot l_B$$

$$F_B = \frac{F_2 \cdot l_2 - F_1 \cdot l_1}{l_B}$$

$$F_B = \frac{5000 \text{ N} \cdot 85 \text{ mm} - 2000 \text{ N} \cdot 25 \text{ mm}}{125 \text{ mm}}$$

$$\underline{\underline{F_B = 3125 \text{ N}}}$$

Drehpunkt in das Loslager legen

Der Drehpunkt wird in das Loslager F_B gelegt (S. 170 Bild 1) und die wirksamen Hebelarme – auf den Drehpunkt bezogen – werden in die Skizze eingetragen. Die gesuchte Kraft F_A wird in der erwarteten Richtung festgelegt. Da an dem Hebel lediglich senkrechte Kräfte wirken, kann die Lagerkraft F_A nur radial wirken, es

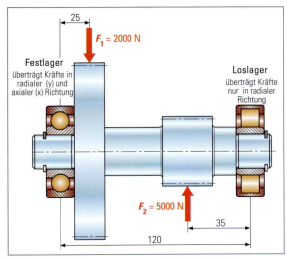

1 Wellenlagerung

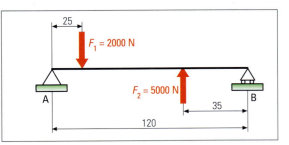

2 Vereinfachte Darstellung der Wellenlagerung

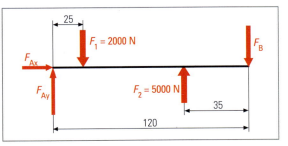

3 Freigemachte Welle

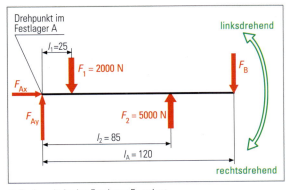

4 Drehpunkt in das Festlager F_A gelegt

entfällt die Komponente F_{Ax}. Gleichzeitig ist der wirksame Hebelarm der Kraft F_{Ax} für den gewählten Drehpunkt gleich Null.

Beispielrechnung

$$\sum \widehat{M_B} = \sum \widehat{M_B}$$
$$F_{Ay} \cdot l_{Ay} + F_2 \cdot l_2 = F_1 \cdot l_1$$
$$F_{Ay} = \frac{F_1 \cdot l_1 - F_2 \cdot l_2}{l_{Ay}}$$
$$F_{Ay} = \frac{2000 \text{ N} \cdot 95 \text{ mm} - 5000 \text{ N} \cdot 35 \text{ mm}}{120 \text{ mm}}$$
$$\underline{F_{Ay} = 125 \text{ N}}$$

Wurde z. B. F_{Ay} senkrecht nach unten angenommen, wird das Ergebnis negativ.
Ein negatives Ergebnis weist darauf hin, dass die Kraftrichtung falsch angenommen wurde.

Überprüfen der berechneten Lagerkräfte
Das System ist im Gleichgewicht, wenn folgende Bedingung gilt:

Beispielrechnung

Summe der Kräfte ↑ = Summe der Kräfte ↓
$$F_{Ay} + F_2 = F_1 + F_B$$
$$125 \text{ N} + 5000 \text{ N} = 2000 \text{ N} + 3125 \text{ N}$$
$$\underline{5125 \text{ N} = 5125 \text{ N}}$$

Mithilfe dieser Probe lässt sich überprüfen, ob die Lagerkräfte richtig bestimmt wurden.

2.3.4 Welle-Nabe-Verbindungen

Damit die Drehmomentübertragung z. B. von einer Welle auf ein Zahnrad (Bild 2) erfolgt, ist eine Verbindung zwischen Welle (Innenteil) und Zahnrad (Außenteil = Nabe *(hub)*) nötig. Diese Verbindungen muss auf jeden Fall das Verdrehen *(twist)* der Nabe auf der Welle verhindern. Je nach gewünschter Funktion muss die Nabe noch in axialer Richtung
- feststehend *(fixed)* oder
- verschiebbar *(slidable)* sein

Welle-Nabe-Verbindungen *(shaft-hub joints)* funktionieren
- formschlüssig *(positive locking)* oder
- kraftschlüssig *(force fit)*

2.3.4.1 Formschlüssige Welle-Nabe-Verbindungen
Passfederverbindung *(key joint)*
Die Passfeder (Bild 3) berührt mit ihren Flanken *(flanks)* sowohl die Wellen- als auch die Nabennut. In radialer Richtung hat sie in der Nabennut Spiel. Die Passfeder erfährt an den Flanken eine Flächenpressung[1] *(bearing pressure)* (Bild 4). Gleichzeitig wird sie auf Abscherung[2] *(shearing)* beansprucht. Die Größe

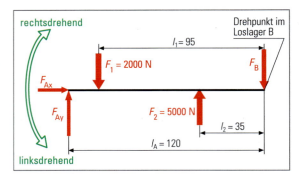

1 Drehpunkt in das Loslager F_B gelegt

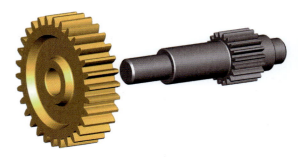

2 Verbindung von Welle und Zahnrad

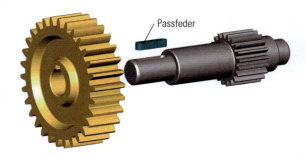

3 Passfeder als Verbindungselement

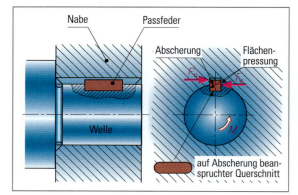

4 Passfederverbindung

des Passfederquerschnitts *(cross section of key)* richtet sich nach dem Wellendurchmesser.

[1] siehe Kapitel 2.3.4.2   [2] Siehe Kapitel 1.1.1.5

2.3 Elemente und Baugruppen zur Drehmomentübertragung

Wenn sich die Nabe nicht auf der Welle verschieben darf, muss sie in axialer Richtung gesichert werden. Soll hingegen die Nabe auf der Welle verschiebbar sein, muss sowohl zwischen Welle und Nabe als auch zwischen Passfeder und Nabennut ein Spiel vorhanden sein.

> **Überlegen Sie!**
>
> Eine Keilriemenscheibe soll an einem Wellenende von 50 mm Durchmesser mittels einer Passfeder so verbunden werden, dass sie sowohl radial als auch axial nicht verschiebbar ist.
> 1. Legen Sie mithilfe Ihres Tabellenbuches den Passfederquerschnitt fest.
> 2. Skizzieren Sie die Passfederverbindung von Keilriemenscheibe und Welle im Schnitt.
> 3. Legen Sie die Toleranzen für die Passfedernuten in Welle und Nabe fest.
> 4. Bestimmen Sie die Oberflächenangaben für Welle, Bohrung und Nuten.
> 5. Beschreiben Sie die Herstellung von Wellen- und Nabennut.

Keilwellenverbindung *(spline shaft joint)*

Bei der Keilwellenverbindung (Bild 1) verteilt sich das zu übertragende Drehmoment auf mehrere „Passfedern" am Umfang. Sie wird eingesetzt, wenn
- große Drehmomente zu übertragen sind,
- hohe Rundlaufgenauigkeit gefordert ist,
- wechselnder Drehsinn vorliegt,
- gute axiale Verschiebbarkeit verlangt wird oder
- möglichst geringe Unwuchten *(inbalances)* entstehen dürfen.

Nachteilig sind die aufwändige und teure Herstellung der Keilwelle und des Keilwellenprofils in der Nabe.

> **Überlegen Sie!**
>
> 1. Informieren Sie sich mithilfe des Tabellenbuches über die Profile von Keilwelle *(spline shaft)* und Keilwellenprofil in der Nabe.
> 2. Ermitteln Sie auch mithilfe des Internets Fertigungsverfahren, mit denen die Keilwelle und das Keilwellenprofil in der Nabe hergestellt werden können.

2.3.4.2 Flächenpressung[1]

Beim Übertragen des Drehmoments (Bild 2) von $M_t = 100$ Nm ergibt sich bei einem Wellendurchmesser von 40 mm eine Umfangskraft F_u von 5 kN.

> **Überlegen Sie!**
>
> Überprüfen Sie, ob das Ergebnis für die Umfangskraft F_u richtig berechnet wurde.

Die Umfangskraft F_u verteilt sich auf die Berührungsfläche von Passfeder und Nabennut, sodass sich die Flächenpressung *(contact pressure)* p ergibt:

1 Keilwellenverbindung

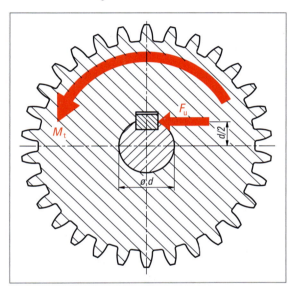

2 Drehmoment und Umfangskraft

$$\text{Flächenpressung} = \frac{\text{Kraft}}{\text{Fläche}}$$

$$p = \frac{F}{A}$$

Die Passfeder DIN 6885-A12 × 8 × 50 überträgt das Drehmoment. Damit ergibt sich eine Berührungsfläche A von:

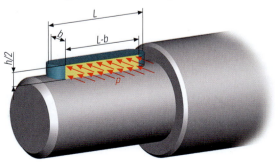

[1] siehe Grundstufenband Lernfeld übergreifende Inhalte Kapitel 4.11.1

$$A = \frac{h}{2} \cdot (l - b)$$

$$A = \frac{8 \text{ mm}}{2} \cdot (50 \text{ mm} - 12 \text{ mm})$$

$$A = 152 \text{ mm}^2$$

Die auf die Berührungsfläche wirkende Kraft F entspricht der Umfangskraft F_u. Somit lässt sich die Flächenpressung p bestimmen:

$$p = \frac{5000 \text{ N}}{152 \text{ mm}^2}$$

$$p = 32,9 \text{ N}$$

> **MERKE**
> Die Flächenpressung p steigt mit zunehmender Kraft F und abnehmender Fläche A.

2.3.4.3 Kraftschlüssige Welle-Nabe-Verbindungen
(force fit shaft-hub joints)

Pressverbindungen *(press fit joints)*
Pressverbindungen entstehen dadurch, dass eine größere Welle mit einer kleineren Nabe gefügt wird.
Bei einer **Längspressverbindung** *(longitudinal compression joint)* (Bild 1) wirken die Fügekräfte in Achs- bzw. Längsrichtung der Verbindung. Die Welle wird beim Einpressen elastisch gestaucht und die Nabe elastisch gedehnt. Nach dem Fügen (möglichst mit Presse) sorgen die vorhanden Normalkräfte F_N für die erforderliche Haftreibung.
Bei **Querpressverbindungen** *(transverse compression joints)* (Bild 2) wird die Nabe erwärmt oder/und die Welle unterkühlt. Durch die Wärmedehnung vergrößert sich beim Erwärmen der Nabe deren Innendurchmesser. Der Wellendurchmesser verkleinert sich beim Abkühlen der Welle. Für das Fügen ist keine Kraft in Längsrichtung erforderlich, denn es kann der größere Nabendurchmesser mit Spiel über den kleineren Wellendurchmesser geschoben werden.
Eine **Schrumpfverbindung** *(shrink joint)* entsteht nach dem Fügen durch das Schrumpfen der Nabe auf die Welle, eine

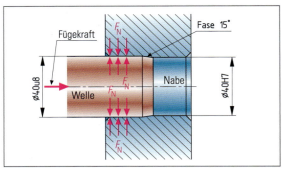

1 Längspressverbindung

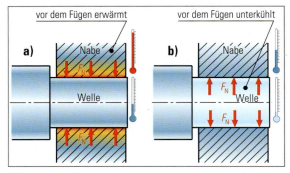

2 Querpressverbindungen
a) Schrumpfverbindung b) Dehnverbindung

Dehnverbindung *(expanding joint)* durch das Dehnen der Welle in der Nabe.
Die beim Schrumpfen bzw. Dehnen entstehenden Querkräfte, die diesen Pressverbindungen den Namen geben, sorgen für die notwendige Haftreibung zwischen Welle und Nabe.

Spannelementverbindungen *(clamping joints)*
Spannelementverbindungen gibt es in den verschiedensten Ausführungen. Ein Beispiel dafür sind Spannsätze (Bild 3). Beim Anziehen der Zylinderschrauben wirken die axialen Kräfte F_A und F_A' auf den vorderen und hinteren Druckring (Seite 173 Bild 1). Der Abstand zwischen beiden nimmt ab. Dadurch wird der

Zylinderschraube — vorderer Druckring — Innenring geschlitzt — Außenring geschlitzt — hinterer Druckring

3 Spannsatz und seine Einzelteile

2.3 Elemente und Baugruppen zur Drehmomentübertragung

Außenring geweitet und der Innenring gestaucht. Es entstehen die Normalkräfte F_N und F_N' zwischen Außenring und Nabe sowie zwischen Innenring und Welle. Mit zunehmenden Normalkräften steigen auch die Reibkräfte zwischen Welle und Innenring sowie Nabe und Außenring und damit das übertragbare Drehmoment.

Spannelementverbindungen bieten folgende Vorteile:
- Zylinderformen von Nabe und Welle lassen sich einfach und kostengünstig herstellen
- Wellen- und Nabendurchmesser dürfen im Vergleich mit den anderen Welle-Nabe-Verbindungen mit größeren Toleranzen gefertigt werden
- Die Nabe ist nicht nur gegen Verdrehung, sondern auch gegen axiales Verschieben gesichert

Kraftschlüssige Welle-Nabe-Verbindungen übertragen Drehmomente durch elastisches Verformen oder Verspannen der Bauteile.

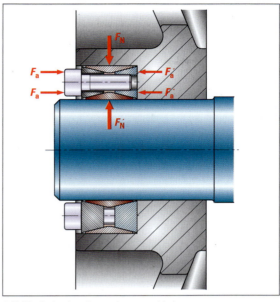

1 Wirkprinzip einer Spannelementverbindung

2.3.4.4. Wärmedehnung *(thermal expansion)*

Vor dem Fügen einer Schrumpfverbindung ⌀40H7/s6 ist die Stahlnabe zu erwärmen (Seite 172 Bild 2a). Selbst unter ungünstigsten Toleranzverhältnissen von Welle und Nabe soll beim Fügen von Nabe und Welle ein Spiel von 0,05 mm vorhanden sein. Auf welche Temperatur muss die Nabe unter den gegebenen Bedingungen erwärmt werden?

$$\Delta l = l_0 \cdot \Delta t \cdot \alpha$$

Δl: Längenzunahme
l_0: Ausgangslänge
Δt: Temperaturdifferenz
α: Längenausdehnungskoeffizient

MERKE

Die Längenzunahme *(elongation)* Δl durch Wärmedehnung steigt mit der Ausgangslänge l_0 des Bauteils, der Temperaturdifferenz *(temperature difference)* Δt und dem Längenausdehnungskoeffizienten *(coefficient of linear expansion)* α des Werkstoffs.

Beispielrechnung

Für die Stahlnabe ergeben sich folgende Werte:

$l_0 = 40$ mm — Es reicht aus, als Ausgangslänge das Nennmaß 40 mm anzunehmen. Das mittlere Fertigungsmaß von 39,92 mm wirkt sich auf das Ergebnis nur sehr wenig aus.

$\Delta l = 0,109$ mm — Es ist die Summe aus dem Höchstübermaß (0,059 mm) und dem Fügespiel (0,05 mm)

$\alpha = 0,00001/K$ — Diese Zahl bedeutet, dass pro Meter und Kelvin eine Längenzunahme von 0,00001 m bzw. 0,01 mm erfolgt:

$$\Delta t = \frac{\Delta l}{l_0 \cdot \alpha}$$

$$\Delta t = \frac{0,109 \text{ mm} \cdot K}{40 \text{ mm} \cdot 0,00001}$$

$$\Delta t = 272,5 \text{ K}$$

$t_2 = t_1 + \Delta t$
$t_2 = 20°C + 272,5$ K
$t_2 = 293$ °C

ÜBUNGEN

1. Nennen und begründen Sie drei Anforderungen, die an Führungen von Schneid-, Umform- und Urformwerkzeugen gestellt werden.
2. Aus welchen Gründen sind bei Führungsbuchsen und Gleitleisten Festschmierstoffdepots eingebaut?
3. Welche Reibkraft ist erforderlich, um einen Stahlschieber von 500 × 600 × 400 mm auf zwei waagrechten Gleitleisten zu bewegen, wenn die Reibzahl 0,08 beträgt?
4. Zeigen Sie zwei Vorteile und einen Nachteil von Wälzführungen gegenüber Gleitführungen auf.

Übungen

5. Stellen Sie die Vor- und Nachteile von Gleitlagern gegenüber.

6. Skizzieren Sie jeweils ein radiales und ein axiales Wälzlager.

7. Begründen Sie, aus welchem Grund Rollenlager gegenüber Kugellagern bevorzugt werden.

8. Beschreiben Sie mit je … desto, wie sich Normalkraft, Reibzahl und Umschlingungswinkel auf die übertragbare Reibkraft beim Flachriementrieb auswirken.

9. Bei einem Flachriementrieb hat die Antriebsscheibe einen Durchmesser von 60 mm und die Abtriebsscheibe von 150 mm.
   a) An welcher Scheibe wirkt das größere Drehmoment?
   b) Wie groß ist das Übersetzungsverhältnis?

10. Bei einem Riementrieb liegen folgende Bedingungen vor: Antriebsscheibendurchmesser 100 mm, Abtriebsscheibendurchmesser 220 mm, Antriebsdrehmoment 50 N · m, Antriebsumdrehungsfrequenz 2880/min.
    a) Wie groß ist das Übersetzungsverhältnis?
    b) Wie groß sind am Abtrieb die Umdrehungsfrequenz, das Drehmoment, die Riemengeschwindigkeit und die Leistung?

11. Welche Vor- und Nachteile haben Keilriemen gegenüber Flachriemen?

12. Vergleichen Sie Keil- und Zahnriemen hinsichtlich des entstehenden Schlupfs und der erforderlichen Vorspannkraft.

13. Bestimmen Sie die für die Fertigung notwendigen Maße für ein Zahnrad mit 36 Zähnen und Modul 2,5 mm.

14. Bei einem einfachen Zahnradtrieb hat das treibende Rad 20 Zähne und einen Modul von 2 mm. Der Achsabstand beträgt 80 mm. Bestimmen Sie die Zähnezahl des getriebenen Rads und das Übersetzungsverhältnis.

15. Eine doppelte Zahnradübersetzung hat ein Gesamtübersetzungsverhältnis von 6 : 1. Die erste Teilübersetzung ist 2 : 1.
    Skizieren Sie die Übersetzung und bestimmen Sie die fehlenden Zähnezahlen sowie alle für die Fertigung erforderlichen Zahnradabmessungen, wenn $z_1 = 20$, $m_1 = 2$ mm, $z_4 = 48$ und $m_4 = 3$ mm betragen.

16. Bestimmen Sie für die zweite und dritte Welle aus der vorhergehenden Aufgabe die Drehmomente, wenn die erste Welle eine Leistung von 8 kW bei einer Umdrehungsfrequenz von 2880/min überträgt.

17. Stellen Sie die Eigenschaften von gerad- und schrägverzahnten Zahnrädern vergleichend gegenüber.

18. Aus welchen Gründen werden
    a) Zahnstangen-,
    b) Schnecken- und
    c) Kegelradgetriebe
    eingesetzt?

19. Welche Vor- und Nachteile hat eine Keilwellenverbindung gegenüber einer Passfederverbindung?

20. Welches Drehmoment kann eine Passfeder DIN 6885 A18 × 11 × 80 bei einer Welle von 60 mm Durchmesser übertragen, wenn die zulässige Flächenpressung 50 N/mm² beträgt?

21. Welche Länge muss eine Passfeder DIN 6885 A10 × 8 besitzen, die auf eine Welle mit 36 mm Durchmesser ein Drehmoment von 162 N · m übertragen soll, wobei eine Flächenpressung von 45 N/mm² nicht überschritten werden darf?

22. Stellen Sie Längspress- und Querpressverbindungen vergleichend gegenüber.

23. Ein Wälzlager, dessen Innenring von ⌀50 mm ein Übermaß von 30 µm gegenüber der Welle aufweist, soll so erwärmt werden, dass beim Fügen ein Spiel von 50 µm vorliegt. Auf welche Temperatur muss das Wälzlager erwärmt werden?

24. Zeigen Sie die Vorteile von Spannelementverbindungen auf.

25. Der Stahlschieber einer Druckgussform erwärmt sich auf 250 °C. Auf welches Maß verändert sich die Breite des Schiebers, die bei Bezugstemperatur 350 mm betrug?

26. Der Kern einer Spritzgießform vergrößert sich bei einer Erwärmung von 20 °C auf 180 °C von 120,968 mm auf 121,278 mm. Wie groß ist der Längenausdehnungskoeffizient?

3 Werkstofftechnik

3.1 Werkstoffprüfung

Die im Werkzeugbau verwendeten Werkstoffe werden häufig hohen Beanspruchungen ausgesetzt. Sie müssen deshalb unter anderem eine entsprechende **Härte** *(hardness)* und **Festigkeit** *(strength)* besitzen. Die Werkstoffe, aus denen die mit den Werkzeugen hergestellten Produkte bestehen, müssen ebenfalls bestimmte Anforderungen wie z. B. **plastische Verformbarkeit** *(plastic deformability)* erfüllen. Für die Fachkraft im Werkzeugbau ist es deshalb erforderlich, Werkstoffeigenschaften *(material properties)* prüfen und beurteilen zu können.

3.1.1 Mechanische Prüfverfahren

3.1.1.1 Härteprüfverfahren

> **MERKE**
> Die Härte eines Werkstoffs ist der Widerstand, den er dem Eindringen eines Körpers entgegensetzt.

Das sachgerechte Härten der im Werkzeugbau verwendeten Stähle[1] setzt hohe Fachkenntnisse und langjährige Erfahrungen voraus. Die zu härtenden Bauteile werden deshalb häufig an Härtereien *(hardening shops)* geschickt, die als externe Partner die notwendigen Wärmebehandlungen *(heat treatments)* vornehmen. Anschließend wird in der Qualitätssicherung des Werkzeugbaus die Härte geprüft. Die benötigte Härte muss objektiv geprüft werden, damit die Funktion des Werkzeugs sichergestellt ist.

Die meisten Härteprüfverfahren arbeiten deshalb mit Prüfkörpern, die mit einer festgelegten Kraft in den Werkstoff gedrückt werden. Diese Prüfverfahren werden häufig an **Universalprüfgeräten** durchgeführt, die verschiedene **Härteprüfungen** *(hardness testing)* ermöglichen (Bild 1).

Härteprüfung nach Rockwell

Damit das Stanzwerkzeug[2] eine hohe Standzeit besitzt, bestehen der Schneidstempel und die Schneidplatte aus **gehärtetem Kaltarbeitsstahl** *(cold-work steel)*. Im Werkzeugbau wird aufgrund der sicheren und einfacher Handhabung häufig das Prüfverfahren nach Rockwell verwendet. Gemessen wird die **Eindringtiefe** *(indentation depth)* eines **Prüfkörpers** *(indenter)* bei einer bestimmten **Prüfkraft** *(major load)*.

Beim Prüfverfahren nach Rockwell[3] (Bild 2) wird für harte Werkstoffe (z. B. gehärteter Stahl) ein **Diamantkegel** *(diamond cone)* (HRC)[4] und für weichere Werkstoffe (z. B. Nichteisenmetalle und Kunststoffe) eine Hartmetallkugel *(carbide ball)* (HRB)[5] verwendet.

Der Diamantkegel wird üblicherweise mit einer Vorkraft *(minor load)* F_0 von 98 N in den Werkstoff gedrückt (I). Diese darf dabei nicht länger als drei Sekunden einwirken. Anschließend wird die Zusatzkraft *(additional load)* F_1 von 1373 N hinzugeschaltet (II).

1 Universalprüfgeräte

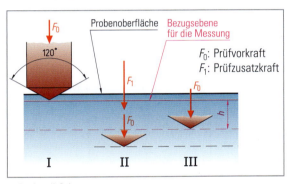

2 Rockwell-Schema

Die Gesamtkraft beträgt somit 1471 N. Nach einer Einwirkdauer *(dwell time)* von 10…15 s wird die Zusatzkraft entfernt. Der Diamantkegel wird durch die Elastizität *(elasticity)* des Werkstoffs etwas hochgedrückt (III). Je tiefer der Kegel im Werkstoff verbleibt, desto weicher ist der Werkstoff. Gemessen wird deshalb die bleibende Eindringtiefe h des Diamantkegels.

$$\text{Rockwellhärte} = 100 - \frac{h}{0{,}002}$$

Die Werkstoffprobe muss gegenüber anderen Prüfverfahren lediglich eine glatte und ebene Oberfläche besitzen, da der Diamantkegel durch die Vorkraft in den Werkstoff eindringt.

Bedeutung der Härteangabe nach Rockwell:

62HRC   62: Härtewert ohne Einheit
                HRC: Prüfverfahren nach Rockwell, Prüfkörper Diamantkegel

> **MERKE**
> Das Prüfverfahren nach Rockwell erfordert eine glatte und ebene Oberfläche, die frei von Zunder *(scale)* und Schmierstoffen ist[6]. Es kann schnell durchgeführt und das Ablesen des Härtewerts gut automatisiert werden.

---

[1] siehe Kap. 3.2.1.2   [2] siehe Kap. 1.1.1.1   [3] DIN EN ISO 6508-1   [4] C: Cone   [5] B: Ball
[6] Eine Ausnahme bilden reaktive Stoffe, an denen der Prüfkörper haften kann (z. B. Titan). Hier wird Kerosin als Schmiermittel verwendet. Der Gebrauch des Schmiermittels muss im Prüfbericht angegeben werden.

Härteprüfung nach Vickers

Das Härteprüfverfahren nach Vickers eignet sich für die Härteprüfung bei weichen und harten Werkstoffen. Es ist deshalb für die Prüfung bei Eisenmetallen, Nichteisenmetallen und Kunststoffen verwendbar. Durch den kleinen Eindruck ist es auch für die Bestimmung des Härteverlaufs (z. B. der Einhärtetiefe) sowie für Gefügeuntersuchungen und das Prüfen von Folien einsetzbar.

Das Prüfverfahren nach Vickers[1] (Bild 1) verwendet als Prüfkörper eine Diamantpyramide *(diamond pyramid)*. Diese wird mit einer einstellbaren **Prüfkraft** *(test load)* in den Werkstoff gepresst. Nach 10...15 s wird die Pyramide entlastet und die **Diagonalen** d_1 und d_2 des Eindrucks werden gemessen (Bild 2). Wird eine andere Einwirkdauer gewählt, muss sie beim Härtewert angegeben werden. Die Vickershärte HV wird aus der angewandten Prüfkraft und dem Mittelwert der Eindruckdiagonalen *(diagonal indentation)* d bestimmt. Sie steht somit für das **Verhältnis von Prüfkraft zur Pyramideneindruckfläche**. Sind die Eindruckdiagonalen sehr unterschiedlich lang, ist dies ein Hinweis auf eine unterschiedliche Festigkeit des Werkstoffs in verschiedenen Belastungsrichtungen. Dieses tritt z. B. bei gewalzten Blechen auf, die in Walzrichtung *(direction of grain)* eine höhere Festigkeit und Härte als quer zur Walzrichtung besitzen. Werden solche Bleche tiefgezogen, tritt am Tiefziehteil eine Zipfelbildung auf. Die Oberflächen der Werkstoffproben müssen vor der Vickersprüfung geschliffen sein, damit das Prüfergebnis nicht durch eine zu große Oberflächenrauigkeit verfälscht wird.

$$HV = 0{,}189 \frac{F}{d^2} \qquad d = \frac{d_1 + d_2}{2}$$

1 Vickersprüfung

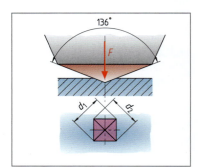

2 Vickers-Schema

Bedeutung der Härteangabe nach Vickers:

250 HV 100/30
- 250: Härtewert ohne Einheit
- HV: Prüfverfahren nach Vickers
- 100: Prüfkraft 981 N (100 kp · 9,81 N/kp)[2]
- 30: Einwirkdauer 30 s

> **MERKE**
> Beim Prüfverfahren nach Vickers müssen die Probenoberflächen geschliffen und frei von Schmierstoffen sein. Gegenüber dem Rockwellverfahren kann die Vickersprüfung auch Hinweise auf das Verformungsverhalten *(deformability behaviour)* des Werkstoffs in unterschiedlichen Belastungsrichtungen liefern.

Härteprüfung nach Brinell

Das Härteprüfverfahren nach Brinell eignet sich für die Härteprüfung bei Werkstoffen, die weicher sind, als gehärteter Stahl. Es ist deshalb auch für die Prüfung bei Nichteisenmetallen *(non-ferrous metals)*, Kunststoffen und z. B. Holz geeignet.
Beim Prüfverfahren nach Brinell[3] (Bilder 3 und 4) wird eine Hartmetallkugel mit einer einstellbaren Prüfkraft in das geschliffene

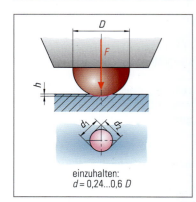

3 Brinell-Schema

4 Brinelleindruck

---

[1] DIN EN ISO 6507-1
[3] DIN EN ISO 6506-1
[2] kp steht für die veraltete Einheit der Kraft „Kilopond". 1 kp ≙ 9,81 N

Prüfstück gedrückt. Aus der **Prüfkraft** und der **Oberfläche** des bleibenden Eindrucks erhält man die Brinellhärte HBW. Der Härtewert nach Brinell steht somit für das **Verhältnis von Prüfkraft zur Kugeleindruckfläche** (Kalotte). Genormt sind die Kugeldurchmesser D = 1 mm, 2,5 mm, 5 mm und 10 mm. Die Prüfkraft richtet sich nach dem Werkstoff und der Kugelgröße, denn ein aussagekräftiges Ergebnis erhält man nur, wenn $d = 0{,}24 \cdot D \ldots 0{,}6 \cdot D$ ist.

Aus der Prüfkraft und dem Kugeldurchmesser ergibt sich der Beanspruchungsgrad *(degree of loading)*, welcher nach Norm zu wählen ist.

Für Stahl beträgt der Beanspruchungsgrad 30 N/mm².

Beanspruchungsgrad: $0{,}102 \cdot \dfrac{F}{D^2}$

Brinellhärte: $0{,}102 \cdot \dfrac{2 \cdot F}{\pi \cdot D^2 \cdot \left(1 - \sqrt{1 - \dfrac{d^2}{D^2}}\right)}$

Bedeutung der Härteangabe nach Brinell:

600 HBW 1/30/20
- 600: Härtewert ohne Einheit
- HBW: Prüfverfahren mit Hartmetallkugel nach Brinell
- 1: Kugeldurchmesser
- 30: Prüfkraft 294 N (30 kp · 9,81 N/kp)
- 20: Einwirkdauer 20 s

Überlegen Sie!

Wurde bei dieser Härteprüfung eines Bauteils aus Stahl der vorgeschriebene Beanspruchungsgrad eingehalten?

MERKE

Beim Prüfverfahren nach Brinell müssen die Probenoberflächen geschliffen *(polished)* und frei von Schmierstoffen sein. Es sollte immer eine möglichst große Kugel verwendet werden, da sich dann die Eindrücke besser ausmessen lassen und sich die unterschiedliche Härte einzelner Kristallite nicht bemerkbar macht. Bei der Härteprüfung von Gusseisen muss der Kugeldurchmesser mindestens 2,5 mm betragen.

Überlegen Sie!

Wie werden die Prüfergebnisse der Härteprüfungen verfälscht, wenn
- der Abstand mehrerer Prüfeindrücke zu gering ist?
- die Probendicke zu gering ist?

Mobile Härteprüfung *(mobile hardness test)*

Die bisher beschriebenen Härteprüfverfahren haben den Nachteil, dass sie zu den zerstörenden Prüfverfahren gehören, da die Werkstückoberfläche, wenn auch teilweise geringfügig, beschädigt wird. Soll die Härte von großen Werkstücken geprüft werden, müssen außerdem Proben entnommen und in den Prüfraum gebracht werden. Die mobile Härteprüfung ermöglicht das **zerstörungsfreie Prüfen der Härte vor Ort**. Das Prüfgerät (Bild 1) lässt sich leicht transportieren, zeigt den Härtewert direkt an und ermöglicht häufig das digitale Speichern der gemessenen Härtewerte.

1 Mobile Härteprüfung

Funktionsprinzip:
Der Prüfkörper gleicht der bei der Vickersprüfung verwendeten Diamantpyramide. Er wird ohne nennenswerte Kraft auf das Prüfstück aufgesetzt und anschließend in hochfrequente Schwingungen versetzt. Gemessen wird, wie stark die Schwingungen durch den zu prüfenden Werkstoff gedämpft werden. Dabei gilt: Je geringer die Dämpfung, desto höher die Härte (Bild 2).

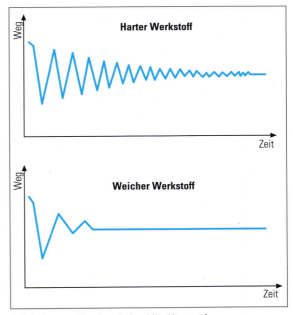

2 Schwingungsdämpfung bei mobiler Härteprüfung

1 Zugversuch

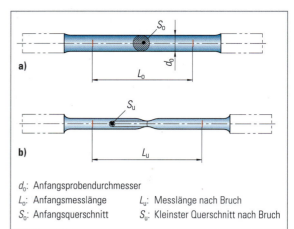

d_0: Anfangsprobendurchmesser
L_0: Anfangsmesslänge L_u: Messlänge nach Bruch
S_0: Anfangsquerschnitt S_u: Kleinster Querschnitt nach Bruch

2 Probenabmessungen für Zugversuch

3.1.1.2 Zugversuch *(tensile test)*

Beim Zugversuch (DIN EN ISO 6892-1) (Bild 1) werden **Festigkeitswerte** *(mechanical strength properties)* ermittelt, die für die Auslegung von Werkzeugen und Produkten wichtig sind. Diese sind z. B. die **Streckgrenze** *(elastic/yield strength)*, die **Zugfestigkeit** *(tensile strength)*, die **Bruchdehnung** *(elongation at fracture)* und der **Elastizitätsmodul** *(modul of elasticity)*.

Versuchsverlauf:
Eine genormte Werkstoffprobe (Proportionalstab *(standard specimen)*) (Bild 2) wird in eine Zugvorrichtung gespannt und bei Raumtemperatur mit einer steigenden Kraft belastet. Die Dehngeschwindigkeit soll dabei konstant sein. Die Kraft und die Verlängerung *(extension)* der Probe werden gemessen und aufgezeichnet. Um werkstoffspezifische Versuchsergebnisse zu erhalten, die somit unabhängig vom Probenquerschnitt und der Probenlänge sind, muss die herrschende Kraft auf die Querschnittsfläche und die Verlängerung auf die Ausgangslänge bezogen werden. Dieses geschieht durch die Berechnung der **Spannung** *(tension)* σ (Sigma) und der **Dehnung** *(extension)* ε (Epsilon).
Die in der Probe herrschende **Spannung** σ bzw. R in N/mm² wird berechnet, indem die **Zugkraft** F durch den **Ausgangsquerschnitt** *(cross-sectional area)* S_0 der unbelasteten Probe dividiert wird.

$$R = \frac{F}{S_0} \quad \text{bzw.} \quad \sigma = \frac{F}{S_0}$$

Die **Dehnung** ε des Proportionalstabs wird berechnet, indem die **Längenänderung** ΔL durch die **Ausgangslänge** *(initial gauge length)* L_0 der unbelasteten Probe dividiert wird:

$$\varepsilon = \frac{\Delta L}{L_0} \cdot 100\,\% \qquad \Delta L = L - L_0$$

Rechnergestützte Prüfmaschinen erstellen automatisch ein Prüfprotokoll *(test report)*, das die aus der Kraft und dem Probenquerschnitt resultierenden Spannungen und Dehnungen der Probe ausweist.

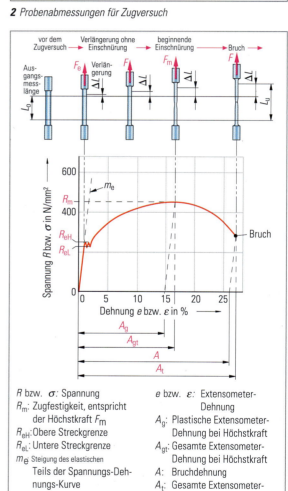

R bzw. σ: Spannung
R_m: Zugfestigkeit, entspricht der Höchstkraft F_m
R_{eH}: Obere Streckgrenze
R_{eL}: Untere Streckgrenze
m_e: Steigung des elastischen Teils der Spannungs-Dehnungs-Kurve
e bzw. ε: Extensometer-Dehnung
A_g: Plastische Extensometer-Dehnung bei Höchstkraft
A_{gt}: Gesamte Extensometer-Dehnung bei Höchstkraft
A: Bruchdehnung
A_t: Gesamte Extensometer-Dehnung beim Bruch

3 Spannungs-Dehnungsdiagramm, wichtige Begriffe

3.1 Werkstoffprüfung

Das Spannungs-Dehnungs-Diagramm *(tension-extension diagram)* (Seite 178 Bild 3):
Mit zunehmender Kraft steigt auch die Spannung im Probestab an. Der Stab dehnt sich im gleichen Maß, wie die Spannung steigt. In diesem Bereich verformt sich der Probestab elastisch. Im Diagramm ist dieser Bereich als Gerade mit konstanter Steigung, der Hookeschen Geraden *(Hooke's line)* zu erkennen. Die Steigung der Geraden entspricht der Steifigkeit des Werkstoffs, dem Elastizitätsmodul E in N/mm².

> **MERKE**
> Je größer der Elastizitätsmodul ist, desto kleiner ist die elastische Verformung eines Werkstoffs bei gleicher Spannung.

Die unterschiedlichen Steigungen der Hookeschen Geraden verschiedener Werkstoffe sind in der vergrößerten Darstellung (Bild 1 rechts) zu sehen. Der E-Modul von Stahl ist weitgehend unabhängig von seiner Festigkeit und vorgenommenen Wärmebehandlungen.

Beispiele:

Werkstoff	E-Modul in N/mm²
Stahl	210000
Aluminium	72000
Grauguss	110000

Beispielrechnung

Auf zwei Rundstäbe (Bild 2) mit dem Durchmesser $d = 10$ mm aus Stahl und Aluminium wirkt die gleiche Kraft $F = 10000$ N. Die Spannungen sind in beiden Stäben gleich:

$$\sigma = \frac{F}{S} = \frac{F \cdot 4}{\pi \cdot d^2}$$

$$\sigma = \frac{10000 \text{ N} \cdot 4}{\pi \cdot 100 \text{ mm}^2} = 127{,}3 \frac{\text{N}}{\text{mm}^2}$$

Die elastischen Dehnungen der Stäbe sind aber unterschiedlich:

$$\varepsilon_{\text{Stahl}} = \frac{\sigma}{E_{\text{Stahl}}} \cdot 100\% \qquad \varepsilon_{\text{Aluminium}} = \frac{\sigma}{E_{\text{Aluminium}}} \cdot 100\%$$

$$\varepsilon_{\text{Stahl}} = \frac{127{,}3 \text{ N mm}^2}{210000 \text{ N mm}^2} \cdot 100\% \qquad \varepsilon_{\text{Aluminium}} = \frac{127{,}3 \text{ N mm}^2}{72000 \text{ N mm}^2} \cdot 100\%$$

$$\varepsilon_{\text{Stahl}} = 0{,}06\% \qquad \varepsilon_{\text{Aluminium}} = 0{,}18\%$$

Überlegen Sie!

1. Um wie viele Millimeter dehnen sich beide Stäbe, wenn sie unbelastet 1 m lang sind?
2. Welchen Durchmesser müsste der Aluminiumstab haben, damit seine elastische Dehnung auch nur 0,06 % beträgt?
3. Besitzt der dickere Aluminiumstab jetzt noch eine geringere Masse als der Stahlstab?

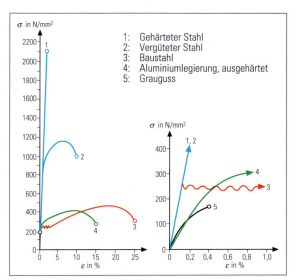

1 Spannungs-Dehnungsdiagramme verschiedener Metalle

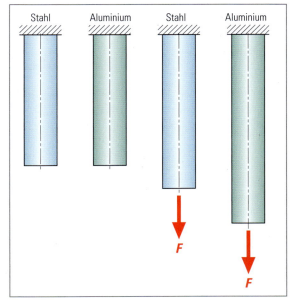

2 Vergleich der elastischen Verformung von Aluminium und Stahl

Wird die Spannung im Probestab weiter erhöht, erreicht sie bei kohlenstoffarmen Baustählen (z. B. S235JR) die Streckgrenze R_e. Der Probestab verlängert sich, ohne dass die Kraft bzw. die Spannung weiter ansteigt. Damit ist die elastische Verformung beendet und die plastische Verformung beginnt. Die im Werkzeugbau üblichen Vergütungsstähle, Kalt- und Warmarbeitsstähle besitzen keine ausgeprägte Streckgrenze. Bei ihnen ersetzt man die Streckgrenze durch die $R_{p0,2}$-**Dehngrenze** (Seite 180 Bild 1). Das ist die Spannung, bei der im Zugversuch eine bleibende Dehnung von 0,2 % nach der Entlastung zurückbleibt. Sie wird ermittelt, indem eine Parallele zur Hookeschen Geraden durch 0,2 % Dehnung gezogen wird. Dort, wo diese Gerade den Graph des Spannungs-Dehnungs-Diagramms schneidet, liegt die $R_{p0,2}$-Dehngrenze.

> **MERKE**
> Bei Werkzeugbauteilen, die sich im Betrieb nicht plastisch verformen dürfen, darf die Streckgrenze bzw. die $R_{p0,2}$-Dehngrenze nicht erreicht werden. Bei Tiefziehblechen und Biegeteilen muss sie bei der Fertigung überschritten werden.

Nachdem die plastische Verformung begonnen hat, steigt die Spannung unter der Zunahme der Zugkraft weiter an, bis der Höchstwert, die Zugfestigkeit R_m erreicht wird (Seite 178 Bild 3). Anschließend fällt die Spannung im Spannungs-Dehnungs-Diagramm ab, da der Probestab stark einschnürt und sich seine Querschnittsfläche entsprechend verringert. Schließlich bricht der Probestab und zieht sich um seine elastische Verformung zusammen. Die Länge L_U nach dem Bruch, bezogen auf die Länge L_0 wird als **Bruchdehnung** A bezeichnet und als Prozentwert angegeben. Je höher die Bruchdehnung ist, desto zäher ist der Werkstoff.

$$A = \frac{L_U - L_0}{L_0} \cdot 100\%$$

A: Bruchdehnung
L_U: Länge des Probestabs nach dem Bruch
L_0: Ausgangslänge des unbelasteten Probestabs

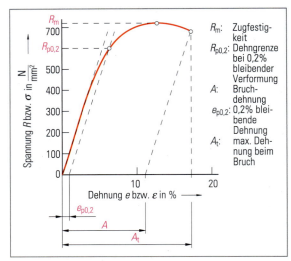

1 $R_{p0,2}$-Dehngrenze

> **MERKE**
> Je höher die Bruchdehnung ist, desto zäher ist der Werkstoff.

Aus der Zugfestigkeit R_m des Stahls kann näherungsweise die für den Werkzeugbau wichtige **Scherfestigkeit** τ_{aB} für unlegierte Stähle ermittelt werden.

$$\tau_{AB} \approx 0{,}8 \cdot R_m$$

τ_{aB}: Scherfestigkeit
R_m: Zugfestigkeit

> **Überlegen Sie!**
> Wird im Spannungs-Dehnungs-Diagramm nach der Einschnürung der Probe die tatsächlich im Probestab herrschende Spannung dargestellt?

3.1.1.3 Kerbschlagbiegeversuch
(notch-impact bending test)

Viele Bauteile von Werkzeugen wie z. B. Stempel, Matrizen, Auswerfer und Schieber sind **schlagartigen** *(sudden)* Belastungen ausgesetzt. Werkstoffe verhalten sich bei schlagartigen Belastungen völlig anders als bei statischen oder langsam ansteigenden Belastungen und neigen deshalb verstärkt zu einem **Sprödbruch** *(brittle fracture)*. Zusätzlich besitzen die Bauteile oft Absätze oder Nuten, die als Kerbe *(indent)* wirken und die Sprödbruchgefahr erhöhen. Mit dem Kerschlagbiegeversuch (DIN EN ISO 148-1 für Metalle bzw. DIN EN ISO 179-1 für Kunststoffe) (Bild 2) wird die Neigung zu einem Sprödbruch untersucht und mit Messwerten belegt.

Eine gekerbte Probe wird auf zwei Auflager und gegen Widerlager gelegt. Sie wird vom Hammer *(pendulum)* des Pendelschlagwerks mit einem Schlag entweder durchschlagen oder, wenn sie sehr zäh ist, in der Mitte geknickt und durch die Widerlager gezogen. Die dafür aufgewandte Energie (Kerbschlagenergie K *(impact energy)*) wird von einem Schleppzeiger *(drag*

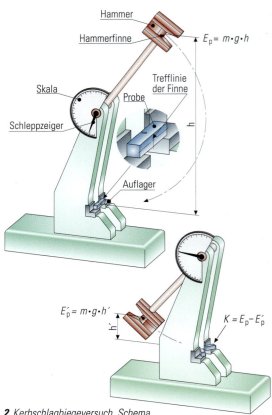

2 Kerbschlagbiegeversuch, Schema

indicator) auf einer Skala angezeigt. Die Kerbschlagenergie ergibt sich aus dem Produkt der Gewichtskraft der Hammermasse und deren Höhe vor und nach dem Durchtrennen der Probe.

$$K = m \cdot g \cdot (h - h')$$

K: Kerbschlagenergie
m: Hammermasse
g: Erdbeschleunigung 9,81 m/s²
h: Höhe zu Versuchsbeginn
h': Höhe nach der Durchtrennung

3.1 Werkstoffprüfung

C45 gehärtet, Raumtemperatur

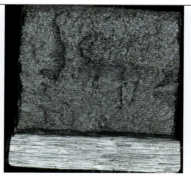
C45 vergütet, Raumtemperatur

C45 normalgeglüht, 100 °C

1 Kerbschlagproben, Bruchbilder

Alternativ zur dieser Art der Auswertung kann diese auch digital erfolgen. Die aufgewandte Kerbschlagenergie wird auf einem Display abgelesen und kann auch an Rechner übertragen werden.

> **MERKE**
>
> Je höher die Kerbschlagenergie, desto zäher ist der Werkstoff. Neben der gemessenen Kerbschlagenergie gibt auch das Aussehen der Bruchflächen *(fractured surfaces)* (Bild 1) Aufschluss über einen spröden Trennbruch *(cleavage fracture)* und einen zähen Verformungsbruch *(ductile fracture)*. Beim Sprödbuch tritt im Gegensatz zu einem Verformungsbruch keine, oder nur eine geringe plastische Verformung auf.

Bei unlegierten Stählen nimmt die Festigkeit mit steigendem Kohlenstoffgehalt zu, die Kerbschlagenergie sinkt (Bild 2).
C15: R_m = 390 N/mm², K = 110 J
C45: R_m = 710 N/mm², K = 42 J
Wird der C45 gehärtet, ist eine Kerbschlagenergie kaum messbar.
Neben dem Kohlenstoffgehalt hat auch der Lieferzustand des Stahls Einfluss auf die Kerbschlagenergie. So hat kaltgezogener Stahl zwar eine höhere Festigkeit, aber eine geringere Zähigkeit *(ductility)* als normalgeglühter Stahl.
C15 kaltgezogen: R_m = 550 N/mm², K = 25 J
C15 normalgeglüht: R_m = 390 N/mm², K = 110 J
Werden Bauteile im Betrieb niedrigen Temperaturen ausgesetzt, kann die Gefahr zu einem Sprödbruch je nach verwendetem Werkstoff stark ansteigen. Wird normalgeglühter C15 z. B. auf -50 °C abgekühlt, sinkt die Kerbschlagenergie auf 6 J gegenüber 110 J bei 20 °C.
Niedrige Temperaturen wirken sich auf die Stähle je nach Anlieferungszustand (vergütet, normalgeglüht, gehärtet...) unterschiedlich stark aus. Auch die Gitterstruktur sowie vorhandene Legierungselemente beeinflussen dieses Verhalten. Wird der Kerbschlagbiegeversuch mit **einem** Werkstoff bei **unterschiedlichen** Temperaturen durchgeführt, ergeben sich entsprechende Diagramme (Bild 3).
Insbesondere für Baustähle ist die Kerbschlagenergie als Maß für die Zähigkeit von großer Bedeutung, da z. B. Schweißkonstruktionen auch bei niedrigen Temperaturen nicht versspröden

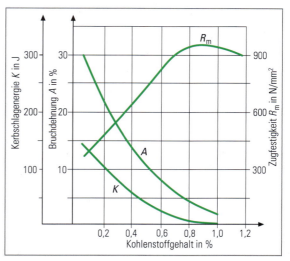

2 Kohlenstoffgehalt und Kerbschlagenergie

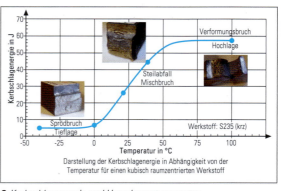

3 Kerbschlagenergie und Umgebungstemperatur

dürfen. Aus diesem Grund ist die Kerbschlagenergie, die bei einer bestimmten Temperatur gemessen wird, Bestandteil der normgerechten Bezeichnung der Baustähle *(structural steels)*.

> **Überlegen Sie!**
>
> Geben Sie die vollständige normgerechte Bezeichnung für den Baustahl an, dessen Kerbschlagverhalten in Bild 3 dargestellt ist. Die Prüftemperatur beträgt 20 °C.

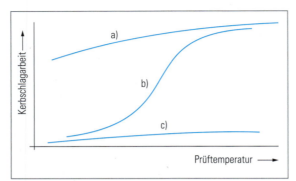

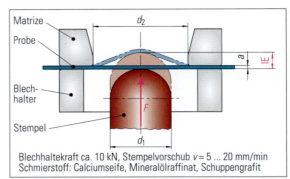

1 Kerbschlagenergie-Temperaturkurven
a) Al, Cu, Ni, austenitischer Stahl (kfz-Gitter)
b) Stahl (krz-Gitter)
c) Glas, Keramik, hochfeste Stähle

2 Tiefungsversuch nach Erichsen, Schema

Wird der Kerbschlagbiegeversuch mit unterschiedlichen Werkstoffen bei verschiedenen Temperaturen durchgeführt (Bild 1), dann zeigt sich, dass der Einfluss der Temperatur auf die Kerbschlagenergie sehr unterschiedlich ist. Insbesondere Metalle mit kubisch-flächenzentriertem Kristallaufbau bleiben auch bei niedrigen Temperaturen zäh, die Kerbschlagenergie ist entsprechend hoch. Die harten Werkstoffe Glas und Keramik sowie gehärteter Stahl verhalten sich auch bei höheren Prüftemperaturen spröde und erfordern nur geringe Kerbschlagenergien.

3.1.2 Technologische Prüfverfahren

Mit technologischen Prüfverfahren kann eine Auskunft über das Verhalten der Werkstoffe bei bestimmten Fertigungsverfahren und beim Gebrauch gemacht werden. Dabei stehen nicht unbedingt vergleichbare Zahlenwerte im Vordergrund, vielmehr sollen die Prüfverfahren die durch äußere Belastungen verursachten Beanspruchungen im Werkstoff nachbilden, denen er bei der Fertigung oder im Betrieb ausgesetzt ist.

3.1.2.1 Tiefungsversuch *(cupping test)*

Mit dem Tiefungsversuch nach Erichsen (DIN EN ISO 20482) kann die **Streckziehfähigkeit** *(stretch-forming capacity)* von Blechen und Bändern ermittelt werden.

Das beidseitig eingefettete Blech wird zwischen einem Niederhalter *(holding down clamp)* und einer Matrize mit einer Kraft von 10 kN gespannt (Bilder 2 und 3). Ein eingefetteter polierter Stempel *(punch)* ($R_a \leq 0{,}4\ \mu m$) mit einem Durchmesser von 20 mm wird in das Blech gedrückt. Niederhalter, Matrize und Stempel müssen eine Härte von mindestens 750HV30 besitzen. Der Stempel wird so tief gedrückt, bis der erste durchgehende Riss im Blech oder Band auftritt (Bild 4). Der Riss wird im Allgemeinen von einem Abfall der vom Probekörper ertragenen Kraft und manchmal auch von einem wahrnehmbaren Geräusch begleitet. Die bis zum Riss erreichte Tiefe wird auf 0,1 mm genau abgelesen. Der Zahlenwert wird als **Erichsen-Tiefung IE** bezeichnet. Anhand von Vergleichskurven (Seite 183 Bild 1) kann dann die Streckziehfähigkeit des Blechs beurteilt werden. Das

3 Tiefungsversuch nach Erichsen

4 Näpfchen

3.1 Werkstoffprüfung

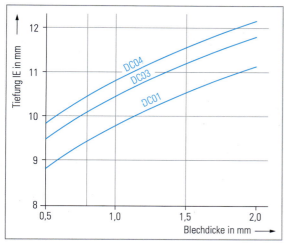

1 Erichsen-Tiefziehbleche

2 a) Ringförmiger und b) radialer Riss

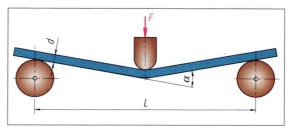

3 Biegeversuch, Schema

Aussehen der Blechoberfläche und des Anrisses geben ebenfalls Aufschluss über die Streckziehfähigkeit des Werkstoffs. Ein radialer Riss steht für eine geringe Streckziehfähigkeit, ein ringförmiger Riss für eine gute Streckziehfähigkeit (Bild 2). Eine raue Oberfläche lässt auf ein grobkörniges Gefüge und eine glatte Oberfläche auf ein feinkörniges Gefüge schließen. Feinkörnige Gefüge eignen sich wesentlich besser zum Tiefziehen, als grobkörnige Gefüge.

3.1.2.2 Biegeversuch *(bending test)*
Beim Biege- oder Faltversuch (Bild 3) werden unverformte entgratete Blechstreifen gefaltet, bis sich außen ein Anriss bildet. Gemessen wird der Biegewinkel *(bending angle)* α an der entlasteten Probe.

3.1.3 Zerstörungsfreie Prüfverfahren

Sollen überprüfte, fehlerfreie Bauteile weiter verwendet werden, darf ihre Funktion nicht durch das Prüfverfahren beeinträchtigt werden. Insbesondere in der vorbeugenden Instandhaltung bieten sich deshalb zerstörungsfreie Prüfverfahren *(non-destructive testings)* an. Diese haben auch den Vorteil, dass eine Prüfung ohne vorherige Probenentnahme erfolgen kann.

> **MERKE**
>
> Bei zerstörungsfreien Prüfverfahren werden einzelne Werkstücke auf Fehler untersucht. Es werden dabei keine Werkstoffkennwerte ermittelt.

3.1.3.1 Duchstrahlungsprüfung *(radiographic test)*
Bringt man ein Werkstück in den Strahl einer Röntgenröhre (Bild 4) oder den Strahl eines radioaktiven Materials, dann wird die Intensität der Strahlung je nach Werkstückdicke und Material verringert. Befinden sich im Werkstück Fehler wie Schlackeneinschlüsse, Lunker oder Gasblasen, dann wird die Strahlung weniger verringert und der Fehler (die Ungänze) ist zu erkennen.

Durchstrahlungsprüfungen dürfen nur unter besonderen Sicherheitsvorkehrungen von besonders geschultem Personal durchgeführt werden.

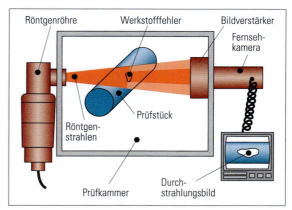

4 Prüfung mit Röntgenstrahlen, Schema

3.1.3.2 Ultraschallprüfung *(ultrasonic test)*
Das Prinzip der Ultraschallprüfung beruht auf der Tatsache, dass insbesondere feste Stoffe Schallwellen gut weiterleiten. Dabei wird die Welle nicht nur an den Begrenzungsflächen eines Werkstücks reflektiert, sondern auch an inneren Fehlstellen *(defects)* (Materialtrennungen, Einschlüssen, u.s.w.).
Beim **Reflexionsverfahren** *(reflection method)* (Seite 184 Bild 1) wird der Ultraschall vom Prüfkopf ausgesandt. Dieser wird mit einer Flüssigkeit an das Werkstück „gekoppelt". Die Schallwellen laufen in das Werkstück hinein und werden von der Rückwand reflektiert. Der Prüfkopf *(probe insert)* hat nun auf Empfang umgeschaltet und wandelt die ankommende Schallwelle in ein elektrisches Signal um, das auf einem Bildschirm

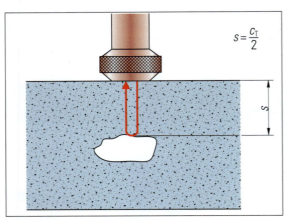

1 Ultraschall-Reflexionsverfahren, Schema

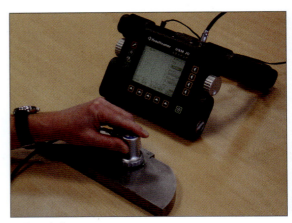

2 Ultraschallmessung

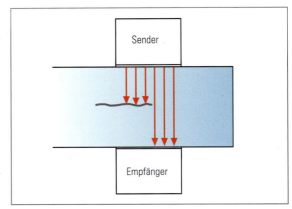

3 Ultraschallprüfung mit Durchschallung, Schema

4 Farbeindringverfahren

sichtbar gemacht wird (Bild 2). Befindet sich ein Riss im Werkstück, ist der Schallweg kürzer und das entsprechende Signal erscheint früher auf dem Bildschirm. Zur Prüfung z. B. von Schweißnähten werden häufig getrennte Sender *(sender)* und Empfänger *(receiver)* verwendet (Bild 3), die z. B. auch in Form von Winkelschallköpfen zur Verfügung stehen.

> **MERKE**
>
> Mit der Ultraschallprüfung können im Gegensatz zum Durchstrahlungsverfahren auch Fehler wie schmale Risse in Blechen entdeckt werden, die nur das Material unterbrechen, ohne die Wandstärke merklich zu verringern. Das Prüfen mit Ultraschall ist nicht gesundheitsgefährdend *(injurious to health)*, da die eingesetzten Energien geringer als beim Durchstrahlen sind.

3.1.3.3 Rissprüfung *(cracking test)* nach dem Farbeindringverfahren *(dye penetrant examination)*

Risse in Werkstücken können durch Wärmespannungen z. B. beim Schweißen, Härten oder Schleifen auftreten. Solche Risse gehen deshalb meist von der Werkstückoberfläche nach innen. Das zu prüfende Bauteil wird gereinigt und dann mit einer Farblösung *(dye solution)* besprüht, die eine besonders geringe Oberflächenspannung besitzt. Durch diese kann die Flüssigkeit leicht in die Risse eindringen. Die überschüssige Farbe wird entfernt und das Werkstück mit in Spiritus gelöster Schlammkreide *(paris white)* (Entwickler) besprüht oder bestrichen. Die Farbe wird nun durch die Kreide aus den Rissen herausgesaugt und auf der Oberfläche zeichnen sich nach wenigen Minuten farbige Striche ab (Bild 4). Um ein Prüfprotokoll zu erhalten drückt man transparentes Klebeband auf die Rissstelle. Bei der Verwendung von fluoreszierenden *(fluorescent)* Farben, ist kein Entwickler notwendig, da die in den Rissen verbliebene Farbe unter dem Licht einer UV-Lampe *(ultraviolet lamp)* aufleuchtet.

3.1.3.4 Rissprüfung nach dem magnetischen Streuflussverfahren *(magnetic leakage fluxtest)*

Risse oder nichtmetallische Einschlüsse in ferromagnetischen Werkstoffen (Eisen, Nickel, Kobalt) werden sichtbar, wenn ein Magnetfeld *(magnetic field)* angelegt wird. Die Fehlerstellen unterbrechen das magnetische Kraftfeld. Diese Unterbrechungen werden durch ein aufgebrachtes Magnetpulver *(ferromagnetic powder)* (Eisenoxid) in Leichtbenzin, Petroleum oder Öl überbrückt. Dabei wird das Pulver stark magnetisiert und sammelt sich an den Fehlerstellen an. Unter der Beleuchtung durch eine UV-Lampe werden die Puveransammlungen deutlich, da das Magnetpulver einen entsprechenden Leuchtstoff besitzt (Bild 1). Die Risse werden nur dann erkennbar, wenn sie senkrecht zu den magnetischen Feldlinien laufen. Querrisse erfordern deshalb eine Magnetisierung in Längsrichtung und Längsrisse eine Magnetisierung quer zum Werkstück.

1 Streuflussverfahren

MERKE
Mit dem magnetischen Streuflussverfahren kann die Position und Größe eines Risses, aber nicht seine Tiefe festgestellt werden.

ÜBUNGEN

1. Nennen Sie zwei Härteprüfverfahren und erläutern Sie diese.
   Stellen Sie auch jeweils Vor- bzw. Nachteile und typische Einsatzgebiete dar.

2. Bei einer Vickersprüfung wird eine mittlere Eindruckdiagonale von 0,31 mm bei einer Prüfkraft von 490 N gemessen. Bestimmen Sie die Vickershärte.

3. Erläutern Sie folgende Härteangaben:
   475 HBW 1/30/20, 640 HV 30/20, 62 HRC

4. Bei einer durchgeführten Vickersprüfung an einem gewalzten Blech sind die beiden Eindruckdiagonalen sehr unterschiedlich lang. Begründen Sie diesen Sachverhalt. Welche Aussagen können über die Eignung für das Tiefziehen dieses Bleches getroffen werden?

5. Auf welchem Grundprinzip beruht die mobile Härteprüfung und welche Vorteile besitzt sie gegenüber der Härteprüfung auf einer Universalprüfmaschine?

6. Ermitteln Sie aus den gegebenen Kraft- und Verlängerungswerten die Spannungen bzw. Dehnungen. Stellen Sie das Spannungs-Dehnungsdiagramm dar. Bestimmen Sie die Streckgrenze, die Zugfestigkeit und die Bruchdehnung.
   Die Probenlänge beträgt $L_0 = 80$ mm, der Probendurchmesser $d_0 = 8$ mm.

7. Erklären Sie den Unterschied zwischen Kraft und Spannung sowie Verlängerung und Dehnung.

8. Was sagt der *E*-Modul über einen Werkstoff aus?

9. In welchem Verhältnis stehen bei einem Baustahl die Zugfestigkeit R_m und die Scherfestigkeit τ_{aB}?

10. Bei einem Zugversuch wird eine bleibende Verlängerung von 24 mm gemessen. Berechnen Sie die Bruchdehnung, wenn die Länge der unbelasteten Probe 80 mm betrug.

11. Beschreiben Sie den Kerbschlagbiegeversuch (mit Skizze). Welcher Werkstoffkennwert wird bei diesem Versuch ermittelt?
    Welche Ergebnisse erwarten Sie für diesen Kennwert bei einem Baustahl und einem gehärteten C45?

12. Welchen Einfluss hat der Kohlenstoffgehalt bei einem unlegierten Stahl auf die Zugfestigkeit, die Bruchdehnung und die Kerbschlagarbeit?

13. Beschreiben Sie die Vorteile zerstörungsfreier Prüfverfahren.

14. Welche Vorteile besitzt die Prüfung mit Ultraschall gegenüber der Prüfung mit Röntgenstrahlung?

15. Begründen Sie, warum bei der Prüfung mit dem magnetischen Streuflussverfahren nicht die Tiefe eines Risses festgestellt werden kann.

Kraft F in kN	2	4	7	12	13,5	11,8	12,7	15	16,2	17,7	18,3	16	11
Verlängerung L/10 mm	7	11	20	30	35	45	55	80	100	140	180	240	290	305
Spannung R bzw. σ in N/mm²														
Dehnung e bzw. ε in %														

3.2 Werkzeugwerkstoffe

3.2.1 Stähle

Werkzeuge und Vorrichtungen bestehen überwiegend aus Eisenwerkstoffen, da diese eine hohe Festigkeit und Härte besitzen. Dabei nehmen die Stähle *(steels)* eine besonders wichtige Position ein.

Das **wichtigste Legierungselement** *(alloying element)* aller Eisenwerkstoffe ist der **Kohlenstoff**. Stahl enthält maximal 2,06 % Kohlenstoff und ist im Gegensatz zu Gusseisen *(castiron)* meist warm umformbar *(formable)* (schmiedbar).

Einfluss des Kohlenstoffs auf unlegierte Stähle

Mit zunehmendem Kohlenstoffgehalt steigt die Festigkeit des Stahls, bis sie ab ca. 0,8 % Kohlenstoffgehalt etwas abnimmt. Die plastische Verformbarkeit (Dehnbarkeit) sinkt mit zunehmendem Kohlenstoffgehalt (Seite 181 Bild 2).

Härtbar sind Stähle ab einem Kohlenstoffgehalt von etwa 0,3 %. Liegt der Kohlenstoffgehalt über etwa 0,25 %, sind Stähle ohne besondere Vorkehrungen **nicht schweißbar** *(weldable)*, da der Abbau der Wärmespannungen eine hohe Dehnbarkeit voraussetzt, die diese Stähle nicht aufweisen. Außerdem kann eine rasche Abkühlung in der Schweißzone zu Härterissen *(hardening cracks)* führen.

3.2.1.1 Wärmebehandlungen
3.2.1.1.1 Härteverfahren
Härten durch Martensitbildung

Für die Herstellung von Lochstempeln und Presswerkzeugen, die im Betrieb keinen höheren Temperaturen ausgesetzt werden, kann der Kaltarbeitsstahl 1.1545 (C105U) verwendet werden. Der Stahllieferant gibt die durchzuführende Wärmebehandlung in Form eines Diagramms (Bild 1) vor. Die diesem zugrunde liegenden Vorgänge im Stahl werden im Folgenden erläutert.

■ **Gefüge des Kaltarbeitsstahls bei Raumtemperatur**

Der Kaltarbeitsstahl ist im Anlieferungszustand zu weich, um für Werkzeuge verwendet zu werden, deshalb soll eine gezielte Wärmebehandlung (Härten) erfolgen. Die Grundlage für die Wärmebehandlungen des Stahls ist, dass der Kohlenstoff zusammen mit Eisen unterschiedliche Gefüge bilden kann. Die Art des Gefüges hängt von der Temperatur und dem Kohlenstoffgehalt ab. Dargestellt wird dieses im **Eisen-Kohlenstoff-Diagramm** (EKD) *(iron-carbonphase diagram)* (EKD)[1], welches deshalb eine Grundlage für die Durchführung von Wärmebehandlungen (Härten *(hardening)*, Anlassen *(tempering)*, Vergüten *(quenching and tempering)* etc.) ist. In den technisch relevanten Fällen kann Eisen in zwei Gitterstrukturen *(lattice structures)* auftreten. Diese sind das **kubisch-raumzentrierte (krz)** *(body-centredcubic (BBC))* Gitter α-**Eisen (Ferrit)** und das **kubisch-flächenzentrierte (kfz)** *(face-centredcubic (FCC))* γ-**Eisen (Austenit)**. Beide Gitterformen können Kohlenstoffatome aufnehmen und werden dann als Einlagerungsmischkristalle *(interstitial solid solution)* bezeichnet (Bild 2). Wichtig ist, dass

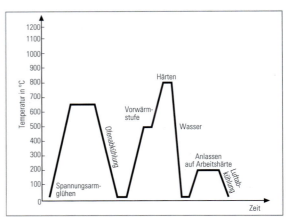

1 Wärmebehandlungsvorgaben C105U

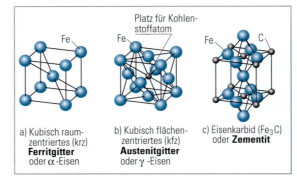

a) Kubisch raumzentriertes (krz) **Ferritgitter** oder α-Eisen

b) Kubisch flächenzentriertes (kfz) **Austenitgitter** oder γ-Eisen

c) Eisenkarbid (Fe_3C) oder **Zementit**

2 Raumzellen Stahl

γ-Eisen mit 2,06 % wesentlich mehr Kohlenstoff aufnehmen kann, als α-Eisen mit weniger als 0,1 %.

Da technisch genutzter Stahl bis maximal 2,06 % Kohlenstoff enthält, genügt es häufig, nur diesen Teilbereich des Eisen-Kohlenstoff-Diagramms zu betrachten (Seite 187 Bild 1).

Das Gefüge (Bild 3) des auf Raumtemperatur abgekühlten Kaltarbeitsstahls 1.1545 (C105U) mit 1,05 % Kohlenstoff besteht aus **Perlit** *(pearlite)* und **Zementit** *(cementite/ironcarbid)*. Zementit ist eine chemische Verbindung aus Eisen und Kohlenstoff

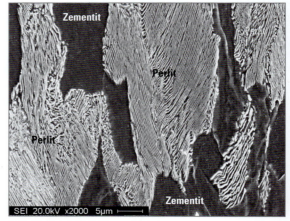

3 Stahl mit 1,05 % Kohlenstoffgehalt

[1] siehe Tabellenbuch

3.2 Werkzeugwerkstoffe

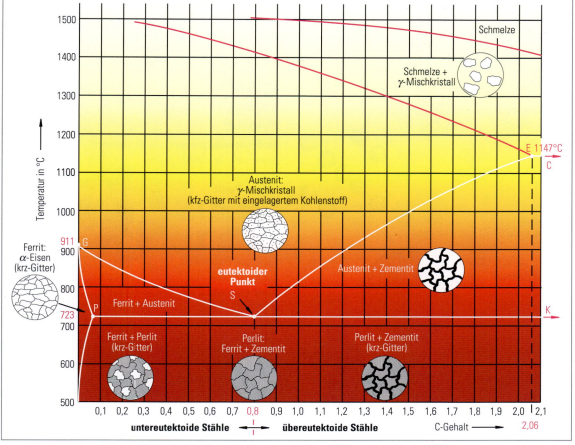

1 Ausschnitt des Eisen-Kohlenstoff-Diagramms

(Fe₃C). Er besitzt eine hohe Härte (bis ca. 1100HV) und ist spröde. Perlit besteht aus dem weichen kohlenstoffarmen Ferrit, mit eingebettetem streifenförmigem Zementit (Seite 186 Bild 3). Wird dieses Gefüge geätzt und geschliffen, dann schimmert es unter einem Mikroskop betrachtet wie Perlmutt. Daher stammt die Bezeichnung Perlit.
Der Punkt S (Bild 1) bei 0,8 % Kohlenstoffgehalt und 723 °C wird als eutektoider *(eutectoid)* Punkt bezeichnet. Das Gefüge besteht nur aus Perlit.

> **MERKE**
> Perlit besteht aus feinen Schichten von Ferrit *(ferrite)* und Zementit. Der harte Zementit und der weiche Ferrit ergänzen sich zu einem gut verformbaren aber festen Gefüge. Stähle mit mehr als 0,8 % Kohlenstoff bezeichnet man als überperlitisch (übereutektoid *(hyper-eutectoid)*). Stähle mit weniger als 0,8 % Kohlenstoff bezeichnet man als unterperlitisch (untereutektoid *(hypo-eutectoid)*).

Einen Überblick über die Gefüge unlegierter Stähle bei Raumtemperatur zeigt Bild 1 auf Seite 188.

■ Vorwärmstufe und Gefügeumwandlung

Das Erwärmen des zu härtenden Werkstücks erfolgt gleichmäßig, damit auch bei sehr großen Querschnittsunterschieden keine großen Temperaturunterschiede auftreten. Damit kein Wärmestau auftritt, muss die Aufwärmgeschwindigkeit auf die Wärmeleitfähigkeit abgestimmt werden.
Das stufenweise Erwärmen (Seite 186 Bild 1) gewährleistet, dass genügend Zeit vorhanden ist und die Wärme sich gleichmäßig im Werkstück ausbreiten kann. Dadurch ist eine gleichmäßige Temperaturverteilung gewährleistet.
Nach dem Halten der Temperatur auf der Vorwärmstufe wird der Stahl C105U auf 780 … 800 °C erwärmt. Oberhalb der GSK-Linie (Bild 1) wird aus Perlt Austenit. Dabei klappt das Gitter in eine kubisch-flächenzentrierte Struktur um und nimmt den Kohlenstoff auf. Der Korngrenzenzementit bleibt teilweise erhalten. Damit der gesamte Querschnitt die Härtetemperatur erreicht, muss diese über einen gewissen Zeitraum gehalten werden. Bei dieser hohen Temperatur bewegen sich die Atome im Stahl schnell. Die Kohlenstoffatome können sich dadurch gleichmäßig im Stahl verteilen. Diesen Prozess bezeichnet man als Diffusion[1].

---
[1] Diffusion führt mit der Zeit zur vollständigen Durchmischung zweier oder mehrerer Stoffe durch die gleichmäßige Verteilung der beteiligten Teilchen.

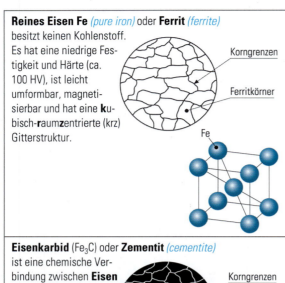
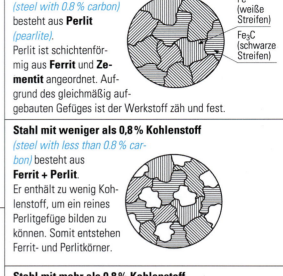

1 Übersicht der Stahlgefüge bei Raumtemperatur

In dem vorliegenden kubisch-flächenzentrierten Austenitgefüge können die Kohlenstoffatome leicht aufgenommen werden, da genügend Platz vorhanden ist (Seite 186 Bild 2b).

■ Abschrecken *(quenching)*

Beim langsamen Abkühlen können die Kohlenstoffatome aus den Austenit-Mischkristallen diffundieren und bilden Lamellen aus Zementit mit 6,67 % Kohlenstoff. Der harte Zementit liegt streifenförmig im weichen Ferrit. Dieses Gefüge wird als Perlit bezeichnet.

Wird der Stahl hingegen rasch abgekühlt (abgeschreckt), können die Kohlenstoffatome die Austenit-Mischkristalle *(austenite soilid solutions)* nicht verlassen, da bei den schnell erreichten niedrigen Temperaturen kaum Diffusion stattfindet.
Die erforderliche Abschreckgeschwindigkeit sinkt mit zunehmendem Kohlenstoffgehalt (Bild 2) und evtl. vorhandenen Legierungselementen. Damit keine zu hohe oder zu geringe Abkühlgeschwindigkeit erreicht wird, müssen entsprechende Abschreckmedien verwendet werden (Seite 189 Bild 1).
Die Umwandlung des Gefüges (Umklappvorgang) findet nun „ohne Rücksicht" auf den für Ferrit zu hohen Kohlenstoffgehalt statt. Es bildet sich ein verzerrtes und verspanntes Gefüge, wel-

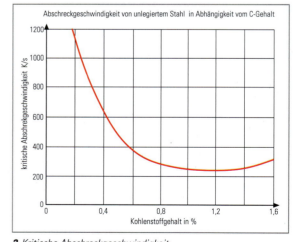

2 Kritische Abschreckgeschwindigkeit

ches **Martensit** *(martensite)* genannt wird (Seite 189 Bilder 2 und 3). Martensit ist sehr hart (64HRC) und spröde. Bei Stählen mit einem Kohlenstoffgehalt über 0,8 % liegt nach dem Abschrecken neben dem Martensit noch Zementit vor. Dadurch besitzen

3.2 Werkzeugwerkstoffe

Abschreckmittel	Erreichbare Abkühlgeschwindigkeit in K/s
Eiswasser	500
Wasser 20 °C	450
Öl	200
Druckluft	35
Luft	5

1 Erreichbare Abschreckgeschwindigkeiten

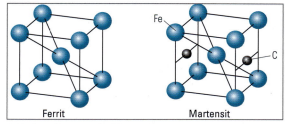

2 Ferrit und tetragonaler Martensit

diese Stähle eine besonders hohe Verschleißfestigkeit. Für einen Einsatz bei Werkzeugen kann der Stahl in diesem Zustand jedoch nicht verwendet werden, da die Gefahr eines Werkzeugbruchs bei schlagartiger Beanspruchung zu hoch ist.

■ **Einhärtetiefe** *(hardening depth)*
Beim Abschrecken nimmt vom Rand zum Kern hin die Abkühlungsgeschwindigkeit ab (Bild 4) und liegt schließlich unter der erforderlichen (kritischen) Abkühlungsgeschwindigkeit des Stahls, sodass hier kein Martensit entsteht. Reine Kohlenstoffstähle (d. h. unlegierte Stähle) härten nur bis zu einer Materialstärke von etwa 10 mm ganz durch.
Die Einhärtetiefe lässt sich durch Zusatz von Legierungselementen erhöhen, welche durch Behinderung der Diffusion des Kohlenstoffs im Austenit die kritische Abkühlungsgeschwindigkeit erniedrigen. Das sind vor allem W, Ni, Si, Cr, Mo und Mn; von ihnen werden Mn, Cr und Ni am häufigsten angewendet. Durch derartige Legierungszusätze kann sogar mit Luft als Abschreckmittel eine vollkommene Durchhärtung erreicht werden. Bei Verzicht auf vollkommene Durchhärtung kann ein milderes Abschreckmittel *(quenching media)* verwendet werden. Dadurch sinkt die Gefahr des Verzuges und der Entstehung von Härterissen.

Anlassen *(tempering)* **und Vergüten** *(quenching and tempering)*
Aus dem Wärmebehandlungsdiagramm (Seite 186 Bild 1) kann entnommen werden, dass nach dem Abschrecken des Stahls ein erneutes Erwärmen auf ca. 200 °C vorgeschrieben ist.
Bei dieser Temperatur können sich Spannungsspitzen im Werkstück abbauen, da die das Gitter besonders stark verspannenden Kohlenstoffatome in günstigere Gitterplätze diffundieren. Dadurch werden die Zähigkeit erhöht, die Festigkeit gesenkt und die Rissgefahr verringert.
Da Spannungsrisse *(tension cracks)* auch auftreten können, bevor das Werkstück belastet wird, muss das **Anlassen** unmittelbar nach dem Härten erfolgen.
Bei Stählen mit einem niedrigeren Kohlenstoffgehalt zwischen 0,3 % und 0,6 %, die neben einer hohen Festigkeit auch eine relativ hohe Zähigkeit besitzen müssen, wird das Anlassen bei höheren Temperaturen (550 °C ... 700 °C) durchgeführt. Die Kombination aus Härten und Anlassen bei höheren Temperaturen bezeichnet man als **Vergüten** (Seite 190 Bild 1).
Beim Vergüten muss die Temperatur so gewählt werden, dass bei einem vertretbaren Verlust an Härte und Festigkeit die gewünschte Zähigkeit des Stahls erreicht wird (Seite 190 Bild 2).

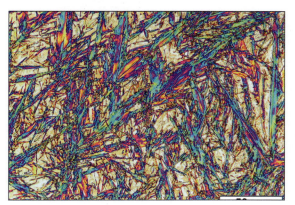

3 Martensitgefüge

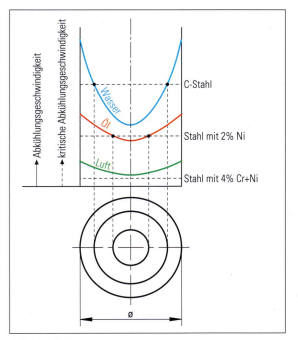

4 Einhärtetiefen

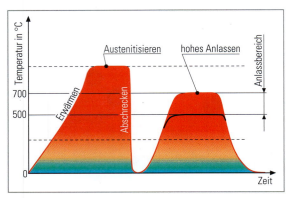

1 Temperaturverlauf beim Vergüten

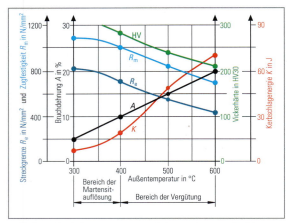

2 Einfluss der Anlasstemperatur auf einen gehärteten C45U

Härtefehler
Werden die Angaben des Stahllieferanten nicht genau eingehalten, kommt es zu Härtefehlern, die die Eigenschaften des Stahles negativ beeinflussen.

■ Zu geringe Abkühlgeschwindigkeit
Oberhalb von 723 °C sind die Kohlenstoffatome in den Austenit-Mischkristallen gelöst (Seite 187 Bild 1). Neben den Austenit-Mischkristallen liegt noch Zementit vor. Da bei langsamer Abkühlung genügend Zeit zur Verfügung steht, verlassen die Kohlenstoffatome bei 723 °C die Austenit-Mischkristalle durch Diffusion und bilden Lamellen aus Zementit mit 6,67 % Kohlenstoff. Die kohlenstoffarmen Bereiche klappen dann in Ferrit um, der kaum Kohlenstoff aufnehmen kann. Der harte Zementit liegt streifenförmig im weichen Ferrit und bildet mit diesem zusammen Perlit. An den Korngrenzen *(grain boundaries)* liegt ebenfalls Zementit vor. Der Stahl wurde nicht gehärtet.

■ Zu hohe Abkühlgeschwindigkeit
Wird eine zu hohe Abkühlgeschwindigkeit gewählt, erreicht man zwar die Bildung von Martensit und eine entsprechende Härte, es tritt jedoch starker Verzug des Werkstücks auf. Durch die Spannungen im Werkstück ist auch die Gefahr von Härterissen sehr hoch.

■ Überhitzen
Überhitzen bedeutet, dass der Stahl auf eine zu hohe Härtetemperatur erwärmt wird.
Würde man den Kaltarbeitsstahl 1.1545 (C105U) z. B. auf 900 °C erwärmen, dann würde das Gefüge nur noch aus Austenit-Mischkristallen bestehen, da sich der bei der vorgeschriebenen Härtetemperatur vorhandene Zementit vollständig aufgelöst hat (Seite 187 Bild 1). In den Austenit-Mischkristallen ist somit der gesamte Kohlenstoff (hier 1,05 %) vorhanden. Je höher dieser Anteil ist, desto stabiler sind die Austenit-Mischkristalle. Wird der Stahl nun abgeschreckt, wandeln sich nicht alle Austenit-Mischkristalle in Martensit um, sondern liegen als weicher, sogenannter **Restaustenit** *(residual austenite)* bei Raumtemperatur vor. Dadurch wird nur eine ungenügende Härte erreicht. Außerdem würde beim Glühen bei zu hohen Temperaturen sehr grobkörniger Austenit vorliegen, aus dem grobkörniger und damit sehr bruchanfälliger Martensit entsteht.

■ Überzeiten
Überzeiten bedeutet, dass der Stahl zu lange auf der Härtetemperatur gehalten wird. Dieses führt ebenfalls zur Grobkornbildung.

Randschichthärten
Bei Bauteilen, die eine hohe Verschleißfestigkeit aufweisen müssen und gleichzeitig auf Biegung bzw. Torsion beansprucht werden (Spannpratzen, Zahnräder, Wellen etc.), wird häufig nur die Oberfläche gehärtet. Durch den nicht gehärteten und dadurch relativ zähen Bauteilkern wird die Bruchgefahr verringert (Bild 3).

3 Gehärtete Randschicht einer Lagerschale

Flamm- und Induktionshärten
Beim Flamm- und Induktionshärten wird nur die zu härtende Randschicht auf Härtetemperatur gebracht und anschließend abgeschreckt. Die Härtetiefe wird beim **Flammhärten** durch die Vorschubgeschwindigkeit des Gasbrenners mit Wasserbrause bestimmt (Seite 191 Bild 1). Je geringer die Vorschubgeschwindigkeit ist, desto tiefer wird der Werkstoff erwärmt und umso dicker ist die gehärtete Schicht. Beim **Induktionshärten** wird das zu härtende Bauteil in das Magnetfeld einer wechselstromdurchflossenen Spule gebracht (Seite 191 Bild 2). Das Magnetfeld ruft in der Bauteilrandschicht einen Stromfluss hervor und bringt diese dadurch auf Härtetemperatur. Die Einhärtetiefe kann durch die Frequenz des Wechselstroms sehr genau beeinflusst werden (Skin-Effekt). Das Abschrecken erfolgt durch eine

3.2 Werkzeugwerkstoffe

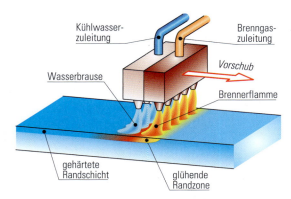

1 Flammhärten

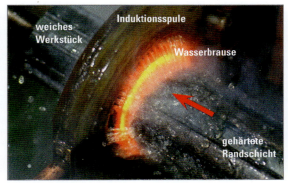

2 Induktionshärten

mitlaufende Wasserbrause. Da die Wärme durch Wärmeleitung in das Bauteil eindringt, wird die Härtetiefe auch durch die Vorschubgeschwindigkeit bestimmt.

Laserstrahlhärten

Beim Laserstrahlhärten (Bild 3) wird ein kleiner Bauteilbereich durch den Laserstrahl auf Härtetemperatur gebracht. Die eingebrachte Wärme wird dadurch, dass das restliche Bauteil kühl ist, so rasch abgeleitet, dass eine Martensitbildung eintritt. Ein Abschreckmittel ist deshalb nicht erforderlich.

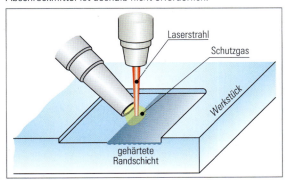

3 Laserstrahlhärten

■ Einsatzhärten

Für das Einsatzhärten (Bild 4) werden nicht härtbare Stähle mit einem Kohlenstoffgehalt bis zu 0,2 % verwendet. Sie werden in einem kohlenstoffabgebenden Mittel (fest, flüssig oder gasförmig) einige Stunden bei 850 °C-930 °C geglüht. Bei diesen Temperaturen diffundieren Kohlenstoffatome in die Randschicht des Bauteils. Durch den erhöhten Kohlenstoffgehalt von ca. 0,8 % wird das anschließende Härten und Anlassen ermöglicht. Entscheidend für ein erfolgreiches Einsatzhärten ist, dass die für den jeweiligen Stahl vorgeschriebene Temperatur exakt eingehalten wird. Bei einer zu geringen Temperatur ist die Diffusionsgeschwindigkeit der Kohlenstoffatome so niedrig, dass sie zwar in den Stahl eindringen, aber nicht weiter wandern. Es entsteht eine sehr dünne zementitreiche Zone mit einem Kohlenstoffgehalt über 2 %. Bei zu hoher Einsetztemperatur wandert der Kohlenstoff rasch in das Werkstückinnere und der Kohlenstoffgehalt in der Randzone ist zu gering (unterperlitische Randzone).

4 Einsatzhärten

Nitrieren

Beim Randschichthärten durch Nitrieren oder Aufsticken (Bild 5) werden Nitrierstähle bei 500 °C ... 600 °C in stickstoffabgebenden Mitteln geglüht. Bei diesen Temperaturen wandert Stickstoff in das Bauteil und bildet chemische Verbindungen mit dem Eisen und vorhandenen Legierungselementen (Eisen- und Sondernitride). Diese Verbindungen sind die Ursache für die Härtesteigerung. Die stickstoffhaltige Schicht besteht aus zwei Zonen. Die äußere sehr dünne Zone besteht aus groben Nitridnadeln und ist sehr spröde. Die eigentliche Härteschicht liegt

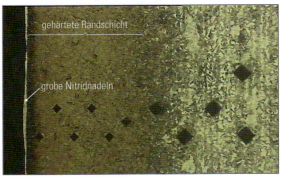

5 Nitrieroberfläche mit Vickerseindrücken

etwas darunter und weist aufgrund der feiner verteilten Nitridnadeln eine sehr hohe Härte auf. Eine Gefügeumwandlung wie beim Härten durch Martensitbildung findet nicht statt, dadurch tritt kaum Härteverzug auf. Die Nitrierschicht ist korrosionsbeständig, sehr verschleißfest und bis ca. 500 °C anlassbeständig. Da die Schicht dünner als beim Einsatzhärten ist (Bild 1), darf nach dem Nitrieren nur noch poliert werden, da die Schicht sonst abgetragen würde. Bei zu hohen Flächenpressungen besteht zudem die Gefahr, dass die Nitrierschicht abplatzt.

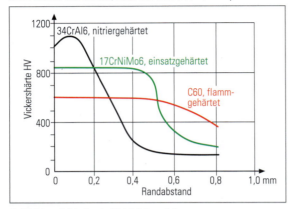

1 Härtevergleich Randschichthärteverfahren

Carbonitrieren
Beim Carbonitrieren wird das Werkstück bei etwa 700 °C an der Oberfläche mit Kohlenstoff und Stickstoff angereichert. Anschließend wird es aus dieser Temperatur z. B. mit Öl abgeschreckt und gehärtet. Die relativ niedrige Abschrecktemperatur und -geschwindigkeit wird durch den Stickstoff bedingt. Dadurch und durch die fehlende Umwandlung des Werkstückinneren tritt geringerer Verzug auf.

3.2.1.1.2 Glühverfahren
Glühen ist das Erwärmen eines Werkstücks auf eine bestimmte Temperatur, das Halten dieser Temperatur mit anschließendem, in der Regel langsamem Abkühlen (Bild 2). Da bei den Glühtemperaturen alle chemischen Reaktionen schneller ablaufen als bei Raumtemperatur, besteht besonders für die Randschichten z. B. die Gefahr des Verzunderns, der Entkohlung etc.
Die Glühtemperaturen sind abhängig vom Kohlenstoffgehalt des Stahls und können durch Legierungselemente stark verschoben werden. Für legierte Stähle sind deshalb die Herstellerangaben genau zu beachten. Einen Überblick über die Glühverfahren bei unlegierten Stählen bietet Bild 3.

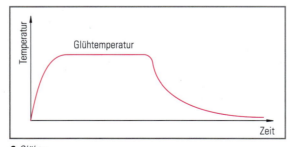

2 Glühen

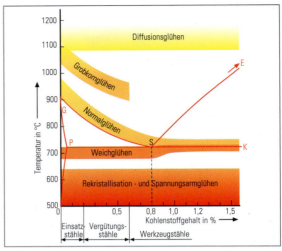

3 Übersicht Glühverfahren

Spannungsarmglühen
Je nach Anlieferungszustand der Halbzeuge können im Stahl innere Spannungen vorliegen. So wird z. B. beim Walzen die Randschicht des Werkstoffs verfestigt und es liegen Druckspannungen vor. Beim Entfernen dieser Randschicht z. B. durch Fräsen, führen diese Spannungen zu Verzug des Werkstücks. Auch die Bearbeitung selbst kann zu Spannungen im Werkstück führen.
Bei umfangreichen Zerspanungsarbeiten (Grobzerspanung) wird der Stahl z. B. örtlich erhitzt und es treten plastische Verformungen auf. Die dadurch entstehenden Spannungen im Werkstoff sind besonders bei unsymmetrischen Werkzeugen wie z. B. Formhälften von Druckgusswerkzeugen sehr störend. Beim Härten können sie nämlich zu unzulässig hohem Verzug *(warpage)* oder zu Rissen *(cracks)* führen. Beim Spannungsarmglühen (Bild 3 und Seite 186 Bild 1) *(stress relief annealing)* werden deshalb diese Spannungen vor dem Härten und der anschließenden Feinbearbeitung verringert.
Der Stahl wird auf 600 ... 650 °C erwärmt und ein bis zwei Stunden auf dieser Temperatur gehalten.
In diesem Temperaturbereich sinkt die Streckgrenze auf etwa 20 ... 40 N/mm². Die im Werkstück vorhandenen Spannungen werden deshalb durch plastische Verformungen auf diesen Betrag abgebaut. Dabei tritt ein gewisser Verzug auf, der bei der Feinbearbeitung beseitigt wird. Wichtig ist, dass das gesamte Werkstück die vorgeschriebene Temperatur erreicht und dann so langsam abgekühlt wird, dass im Werkstück keine großen Temperaturunterschiede auftreten. Das Spannungsarmglühen und das Abkühlen erfolgt deshalb in einem Ofen. Um die Bildung einer Zunderschicht durch eine Reaktion mit dem Luftsauerstoff sowie eine Entkohlung zu vermeiden, wird beim Spannungsarm-

3.2 Werkzeugwerkstoffe

glühen ein Schutzgas verwendet. Alternativ dazu kann das Spannungsarmglühen auch in einem Vakuum stattfinden.
Durch Spannungsarmglühen lassen sich auch Eigenspannungen z. B. in Druckgießformen vermindern und deren Lebensdauer erhöhen. Beim Gießen auftretende Temperaturschwankungen führen an der Formoberfläche wiederholt zu thermischen Dehnungen, durch die sich Spannungen im Oberflächenbereich aufbauen können. Meistens handelt es sich hierbei um Zugspannungen, wodurch sich Brandrisse bilden. Deshalb empfiehlt sich ein Spannungsarmglühen im Anschluss an die Einfahrperiode und dann nach 1000 ... 2000 bzw. nach 5000 ... 10000 Schuss. Anschließend ist dieser Vorgang meist nach jeweils 10000 ... 20000 Schuss zu wiederholen, solange die Druckgießform nur eine geringe Brandrissbildung aufweist.

Rekristallisationsglühen
Bei Kaltumformungen z. B. durch Tiefziehen, Biegen und Walzen, wird das Gefüge verzerrt. Dadurch verfestigt sich der Werkstoff und seine Umformbarkeit nimmt ab. Durch Rekristallisationsglühen bildet sich ein neues Gefüge (Bild 1). Dieses besitzt ähnliche Eigenschaften wie vor der Kaltumformung. Beim Rekristallisationsglühen bleibt die Gitterstruktur erhalten, es bilden sich aber neue Körner. Die Glühtemperatur hängt vom Werkstoff und dem Umformgrad ab. Bei Stahlblechen liegt sie zwischen 550 und 650 °C. Bei geringen Umformgraden besteht die Gefahr der Grobkornbildung. Diese kann durch Normalglühen beseitigt werden.

1 Rekristallisationsglühen

Normalglühen
Durch Warmformgebung wie z. B. Schmieden entsteht häufig ein grobes und ungleichmäßiges Gefüge. Dadurch werden die Festigkeit und die Zähigkeit verringert. Durch Normalglühen wird ein feinkörniges Gefüge erzeugt, wodurch sich diese Werte erhöhen. Dieses Gefüge ist auch sehr gut für weitere Wärmebehandlungen wie Härten und Vergüten geeignet.

> **MERKE**
> Beim Normalglühen entsteht ein neues, feinkörniges Gefüge. Dieses wird durch eine doppelte Gitterumwandlung erreicht. Durch Glühen ca. 30 °C über der G-S-K-Linie werden Ferrit und Perlit in Austenit umgewandelt. Beim Abkühlen bilden sich wieder Ferrit und Perlit bzw. Zementit und Perlit.

Weichglühen
Ohne Wärmebehandlung liegt im Stahlgefüge streifenförmiger Perlit (Seite 186 Bild 3) vor. Insbesondere bei Zerspanungsprozessen muss die Schneide die harten Zementitlamellen durchtrennen, was zu einem hohen Werkzeugverschleiß führt. Beim Weichglühen werden deshalb die Zementitstreifen in Zementitkugeln umgewandelt. Dadurch werden die Zerspanbarkeit und auch die Kaltumformbarkeit verbessert. Perlitische und unterperlitische Stähle werden etwas unterhalb der P-S-K-Linie geglüht. Bei überperlitischen und legierten Stählen dauert die Umwandlung sehr lange. Sie kann verkürzt werden, indem man die S-K-Linie mehrmals geringfügig über- und unterschreitet (Pendelglühen).

Grobkornglühen
Normal- und weichgeglühte untereutektoide Stähle sind sehr zäh. Bei der Zerspanung besteht deshalb die Gefahr einer Aufbauschneidenbildung. Ein grobkörniges Gefüge ist spröder als ein feinkörniges und lässt sich deshalb leichter Zerspanen. Das Grobkornglühen findet etwa 150 °C über der G-S-Linie statt. Dabei bildet sich grobkörniger Austenit, der sich beim Abkühlen in ein grobkörniges Ferrit-Perlit-Gefüge umwandelt. Falls nach der Zerspanung wieder ein feinkörniges Gefüge erwünscht ist, kann dieses durch Normalglühen erreicht werden. Bei Einsatz- und Vergütungsstählen wird das grobkörnige Gefüge durch Einsetzen bzw. Vergüten wieder feinkörniger.

Diffusionsglühen
Durch Diffusionsglühen lassen sich z. B. Legierungselemente gleichmäßiger im Stahl verteilen, da die Atome bei hohen Temperaturen sehr beweglich sind. Es erfolgt bei Temperaturen zwischen 1100 und 1300 °C über mehrere Stunden.

3.2.1.2 Einteilung der Stähle und Normbezeichnung
Die gröbste Einteilung der Stähle liefert DIN EN 10020. Sie unterteilt die Stähle in **Hauptgüteklassen** (Seite 194 Bild 1).
Als **unlegiert** *(unalloyed)* wird ein Stahl bezeichnet, wenn kein Legierungselement einen in der Norm festgelegten Prozentsatz überschreitet. Für das Legierungselement Mangan beträgt dieser Grenzwert *(limit value)* z. B. 1,65 %. Unlegierte und legierte Qualitätsstähle sind Stahlsorten, für die bestimmte Anforderungen, wie zum Beispiel an die Zähigkeit, Korngröße und/oder Umformbarkeit bestehen. Die **Qualitätsstähle** sind im Allgemeinen nicht für Wärmebehandlungen wie z. B. das Härten vorgesehen. Die Bezeichnung „**Edelstahl**" sagt nichts über die Korrosionsbeständigkeit *(resistance to corrosion)*, sondern vielmehr etwas über den Reinheitsgrad z. B. über den Gehalt an schädlichen Eisenbegleitern wie z. B. Phosphor und Schwefel aus.

Häufig werden die Stähle auch nach ihrer Verwendung oder vorzunehmenden Wärmebehandlungen *(heat treatments)* eingeteilt. Diese Einteilung ist praxisgerecht, unterliegt aber keiner Normung (Seite 194 Bild 2).
Eine genaue Kennzeichnung ermöglichen die **Kurznamen** nach DIN EN 10027-1[1]. Die Kurznamen z. B. S235JR und 42CrMo4 geben direkt Aufschluss über den Verwendungszweck *(purpose of use)* des Stahls, seine Kennwerte und seine chemische Zusammensetzung *(chemical composition)*. Die Kurznamen sind aber in EDV-Systemen schwierig zu handhaben.

Unlegierte Stähle

Qualitätsstähle
- Wärmebehandlung möglich
- Allgemein festgelegte Zähigkeit, Korngröße, Umformbarkeit
- Keine Anforderungen an den Reinheitsgrad

Edelstähle
- Insbesondere bezüglich nichtmineralischer Einschlüsse festgelegter Reinheitsgrad
- Meistens für Vergüten oder Oberflächenhärten vorgesehen
- Eng eingeschränkte Werte bezüglich Streckgrenze und Härte
- Festgelegte Kerbschlagenergie im vergüteten Zustand

Legierte Stähle

Qualitätsstähle
- Nicht für eine Wärmebehandlung bestimmt
- Festgelegte Zähigkeit, Korngröße, Umformbarkeit
- festgelegte Streckgrenzen und Kerbschlagenergien

Edelstähle
- Genau eingestellte chemische Zusammensetzung
- Durch besondere Herstell- und Prüfbedingungen sichergestellte Eigenschaften
- Wärmebehandlungen sind vorgesehen
- besondere physikalische Eigenschaften wie Ausdehnungskoeffizient, elektrischer Widerstand

1 Stahl-Hauptgüteklassen

Im Werkzeugbau ist deshalb üblich, nicht die Kurznamen, sondern das abstraktere **Nummernsystem** nach DIN EN 10027-2 zu verwenden.

Stähle
- Baustähle
- Automatenstähle
- Einsatzstähle
- Vergütungsstähle
- Kaltarbeitsstähle
- Warmarbeitsstähle
- Schnellarbeitsstähle

2 Einteilung der Stähle nach Verwendung und Behandlung

Beispiele:

Werkstoffnummer	Hauptgüteklasse	Verwendung	Kurzname	Chemische Zusammensetzung/ mechanische Eigenschaften
1.1545	Unlegierter Edelstahl *(unalloyed high-grade steel)*	Kaltarbeitsstahl (Lochstempel, Dorne)	C105U	ca. 1,05 % Kohlenstoff, ca. 0,2 % Silizium, ca. 0,25 % Mangan, ca. 0,03 % Phosphor, ca. 0,03 % Schwefel
1.2605	Legierter Edelstahl *(alloyed)*	Warmarbeitsstahl *(hot-work steel)* (Pressmatrizen, Pressstempel)	X35CrWMoV5	ca. 0,35 % Kohlenstoff, ca. 5 % Chrom, ca. 1,4 % Molybdän, ca. 1,35 % Vanadium, ca. 0,35 % Nickel
1.7131	Legierter Edelstahl	Einsatzstahl *(case hardened steel)* (Zahnräder, Getriebewellen)	16MnCr5	ca. 0,16 % Kohlenstoff, ca. 1,25 % Mangan, ca. 0,95 % Chrom, ca. 0,4 % Silizium
1.0760	Unlegierter Qualitätsstahl	Automatenstahl *(machining steel)* (Stifte, Bolzen)	38SMn28	ca. 0,38 % Kohlenstoff, ca. 0,28 % Schwefel, ca. 1,35 % Mangan
1.0050	Unlegierter Qualitätsstahl	Maschinenbaustahl (Stempelhalteplatten)	E295	Mindeststreckgrenze 295 N/mm^2
EN-JS 1030		Kugelgraphitguss (Niederhalter, Unterteile, Abstreifer, Konsolen)	EN-GJS-400-15	Mindestzugfestigkeit 400 N/mm^2 Bruchdehnung 15 %
EN-JL 1040		Gusseisen mit Lamellengraphit (Säulengestelle)	EN-GJL-250	Mindestzugfestigkeit 250 N/mm^2
1.0446		Stahlguss (höher belastete Niederhalter und Abstreifer)	GE240+N	Mindeststreckgrenze 240 N/mm^2, Normalgeglüht

Die Anteile der Legierungselemente unterliegen einer gewissen Streuung, deshalb sind sie hier als Zirkawerte angegeben.

Unlegierte Kaltarbeitsstähle

Die unlegierten Kaltarbeitsstähle *(unalloyed cold-work steels)* enthalten neben 0,3 % ... 1,5 % Kohlenstoff noch Mangan und Silicium, um die Einhärtetiefe *(hardening depth)* zu erhöhen. Sie sind relativ preiswert, gut schmiedbar und unproblematisch zu härten. Durch die erforderliche rasche Abkühlung beim Härten treten aber große Spannungen *(strains)* in den Werkstücken auf. Werkzeuge aus unlegiertem Kaltarbeitsstahl besitzen besonders glatte Schneiden *(edges)*, sind aber nur wenig anlassbeständig *(resistant to anealing)*. Bereits ab einer Temperatur von ca. 250 °C verlieren sie deutlich an Härte. Werden sie im geeigneten Bereich verwendet, ist ihre Härte und Schneidhaltigkeit *(edge-holding property)* nicht geringer als die von legierten Stählen. Verwendet werden unlegierte Kaltarbeitsstähle z. B. für Druckplatten von Stanzwerkzeugen sowie für Formplatten *(plates)*, Zentrierflansche *(centring flanges)* und Auswerfer *(ejectors)* von Spritzgießwerkzeugen.

3.2 Werkzeugwerkstoffe

Legierte Kaltarbeitsstähle

Sollen Kaltarbeitsstähle eine höhere Härte, Verschleiß- und Anlassbeständigkeit (Warmhärte) besitzen, werden sie legiert. Sie enthalten meist die Legierungselemente Chrom, Molybdän, Vanadium und Wolfram, welche mit Kohlenstoff harte Carbide *(carbides)* bilden. Der Kohlenstoffgehalt liegt zwischen 0,5 % bis 2,1 %. Legierte Kaltarbeitsstähle *(alloyed cold-work steels)* werden in Öl oder Luft gehärtet. Durch dieses mildere Abschrecken tritt ein geringerer Verzug *(warpage)* als beim schroffen Abschrecken der unlegierten Kaltarbeitsstähle in Wasser auf. Beim Erwärmen muss die durch die Legierungselemente *(alloying elements)* verminderte Wärmeleitfähigkeit berücksichtigt werden. Je höher der Stahl legiert ist, desto geringer muss die Erwärmungsgeschwindigkeit sein. Legierte Kaltarbeitsstähle sind teurer als unlegierte und schwieriger zu bearbeiten. Verwendet werden legierte Kaltarbeitsstähle z. B. für Schneidstempel und Schneidplatten von Stanzwerkzeugen *(punching tools)* sowie für Formplatten, Formeinsätze *(mould inserts)*, Schieber und Kerne *(cores)* von Spritzgießwerkzeugen.

Warmarbeitsstähle

Der Kaltarbeitsstahl 1.1545 (C105U) verliert bei einer Erwärmung auf etwa 250 °C bereits deutlich an Härte und Festigkeit. Die Ursache dafür ist, dass Kohlenstoffatome aus dem Martensit diffundieren. Für die Verwendung in Spritz- oder Druckgießwerkzeugen sind unlegierte Kaltarbeitsstähle deshalb nicht geeignet. Bei Warmarbeitsstählen *(hot-work steels)* wird durch geeignete Legierungselemente diese Diffusion *(diffusion)* verhindert.
Als Warmarbeitsstähle bezeichnet man im Allgemeinen Werkzeugstähle *(tool steels)*, die bei ihrem Einsatz eine über 200 °C liegende **Dauertemperatur** *(long-term temperature)* annehmen können. Zu diesen Temperaturen kommen während des Fertigungsprozesses (z. B. Druckgießen) Temperaturspitzen hinzu. Durch die Berührung der Werkzeuge mit den heißen Werkstoffen während der Formgebung werden die Warmarbeitsstähle deshalb zusätzlich zu den allgemein bei Werkzeugstählen auftretenden mechanischen Beanspruchungen *(mechanical loads)* noch thermisch beansprucht.
Werkzeuge mit tiefen Gravuren *(engravings)*, schroffen Querschnittsübergängen *(cross-sectional variations)* und scharfen Kanten sind bei wechselnden Temperaturen besonders rissempfindlich. Um eine Rissbildung *(crack growth)* zu vermeiden, müssen Warmarbeitsstähle auch eine hohe Warmzähigkeit *(hot thoughness)* aufweisen. Verwendet werden Warmarbeitsstähle z. B. für die formgebenden Konturen von Druckgießwerkzeugen und Kokillen *(lasting moulds)* sowie für Formplatten, Formeinsätze, Schieber und Kerne von Spritzgießwerkzeugen bei höheren Anforderungen.

Einsatzstähle

Einsatzstähle *(case hardened steels)* wie z. B. 1.713 (16 MnCr5+A) werden weichgeglüht *(soft-annealed)* geliefert. Nach der spanenden Bearbeitung werden sie einsatzgehärtet *(case-hardened)*. Durch ihre hohe Randschichthärte *(surface hardness)* (bis 62HRC) und die durch den zähen *(ductile)* Kernbereich große Schlagbiegefestigkeit *(impact resistance)*, sind sie z. B. für die Fertigung von Gleitplatten und Führungssäulen *(guide columns)* geeignet.

Nitrierstähle

Nitrierstähle *(nitriding steels)* wie z. B. 1.8550 (34CrAlNi) besitzen nach dem Nitrieren *(nitriding)* durch die Bildung von Sondernitriden mit Chrom und Aluminium eine sehr harte Randschicht *(surface layer)* (700 ... 1200 HV). Durch ihre hervorragenden Gleit- und Laufeigenschaften sowie ihre hohe Warmfestigkeit *(high temperature stability)* sind sie z. B. für Auswerferhülsen bei Spritzgießwerkzeugen und Extruderteile wie Schnecken *(screws)* geeignet. Da beim Nitrieren kein Verzug auftritt, können die Bauteile vorher fertig bearbeitet werden.

Korrosionsbeständige Stähle

Korrosionsbeständige Stähle *(non-corroding steels)* werden häufig im Formenbau *(mould making)* eingesetzt, da einige Kunststoffe (z. B. PVC) korrosiv sind. Weitere Korrosionsgefahr *(risk of corrosion)* besteht durch Kühl- und Schwitzwasser *(condensate)* in den Formen. Ihre Korrosionsbeständigkeit erhalten diese Stähle durch einen Chromanteil von mindestens 12 %.
Verwendet werden diese Stähle bei

- Spritzgießverfahren
- Pressformverfahren
- Strangpressverfahren
- Blasformverfahren
- Extrudierverfahren

Da diese Verfahren für die Verarbeitung von Kunststoffen sehr unterschiedlich sind, kann das Anforderungsprofil für Werkzeuge aus Formenstahl sehr verschieden sein. Deshalb sind unterschiedliche Stahlqualitäten notwendig, um ein qualitativ hochwertiges Kunststoffprodukt zu erzielen.
Neben der Korrosionsbeständigkeit sollten die Stähle folgende Eigenschaften besitzen:

- Polierbarkeit *(polishability)*
- Gleichmäßigkeit in Härte und Gefügestruktur
- Verschleißbeständigkeit
- Temperaturbeständigkeit
- Zerspanbarkeit
- Zähigkeit und Härte
- Wärmeleitfähigkeit
- Narbätzbarkeit *(texturing properties)*
- reproduzierbare Wärmebehandlung
- hoher Verschleißwiderstand *(resistance to wear)*
- hohe Druckfestigkeit *(compression strength)*
- gute Reparaturschweißbarkeit *(repair weldability)*

Diese Anforderungen sind teilweise widersprüchlich, deshalb gibt es keinen Stahl, der sie alle erfüllen kann.
Beispielhaft werden deshalb zwei typische Formenstähle näher betrachtet.

■ **Korrosionsbeständiger Stahl für Spritzgießformen:**
1.2892 (X5CrNiCuNb15-5)

Dieser Stahl besitzt durch einen Chromanteil von 15 % eine sehr hohe Korrosionsbeständigkeit. Durch den geringen Kohlenstoffgehalt von 0,05 % ist er gut schweißbar. Die Zerspanbarkeit ist mäßig. Nach dem Ausscheidungshärten *(age hardening)* auf maximal 42 HRC kann der Stahl sehr gut poliert werden. Typische Einsatzbereiche dieses Stahls sind Scheinwerferformen in der Automobilindustrie und Formen für Brillengläser.

■ **Korrosionsbeständiger Stahl für Strangpressmatrizen** *(extrusion dies)*: 1.2316 (X38CrMo16)

Dieser Stahl besitzt durch einen Chromanteil von 16 % eine sehr hohe Korrosionsbeständigkeit.
Durch den Kohlenstoffgehalt von 0,38 % ist seine Schweißbarkeit mäßig. Der Stahl ist im Vergleich zu dem Stahl 1.2892 gut zerspanbar und mäßig polierbar. Nach dem Martensithärten kann der Stahl eine Härte von maximal 49 HRC besitzen. Typische Einsatzbereiche dieses Stahls sind Formeinsätze, Breitschlitzdüsen, Profilmatrizen und Kalibrierwerkzeuge *(sizing tool)*.

Automatenstähle

Automatenstähle *(maching steels)* enthalten das Legierungselement Schwefel, häufig auch Blei bzw. Mangan. Insbesondere durch Schwefel zeigen diese Stähle bei höheren Temperaturen ein sprödes Verhalten **Warmbrüchigkeit** *(hot shortness)*. Dadurch lassen sich Automatenstähle mit hohen Schnittgeschwindigkeiten und kurz brechenden Spänen zerspanen. Da die mechanischen Eigenschaften durch die Legierungselemente negativ beeinflusst werden, sind Automatenstähle nur für gering beanspruchte Bauteile wie z. B. Gewindestifte, Spannhebel und Griffe vorwiegend im Vorrichtungsbau *(fixture construction)* geeignet.

Baustähle

Baustähle *(structural steels)* sind relativ preiswert und durch ihren geringen Kohlenstoffgehalt *(carbon content)* gut zu bearbeiten. So ist z. B. der Baustahl 1.0577 (S355J2+N) mit einem Kohlenstoffgehalt unter 0,22 % gut zerspanbar und gut schweißbar. Beim Brennschneiden *(torch cutting)* ist die Aufhärtegefahr gering. Er wird vielseitig verwendet, wenn keine besonderen Festigkeitsanforderungen vorhanden sind. Typische Einsatzgebiete sind z. B. Stempelhalteplatten sowie Spann- bzw. Kopfplatten bei Stanzwerkzeugen.

Vergütungsstähle

Vergütungsstähle *(quenched and tempered steels)* können unlegiert wie z. B. 1.1191 (C45E) oder legiert wie z. B. 1.7227 (42CrMoS4) sein. Sie werden üblicherweise in vergütetem Zustand geliefert. Vergütungsstähle sind nur bedingt schweißgeeignet. Insbesondere legierte Vergütungsstähle können gut randschichtgehärtet *(edge-zone hardened)* werden, was auch durch Nitrieren erfolgen kann. Dadurch sind sie für höher beanspruchte Bauteile wie Druckbolzen oder Abstreiferplatten, die auch auf Biegung beansprucht werden, geeignet.

Stahlguss

Stahlguss *(cast steel)* ist in Formen gegossener Stahl. Stahlguss ist gegenüber Gusseisen wesentlich teurer, da seine Herstellung aufwändiger ist. Dieses Fertigungsverfahren wird deshalb nur dann verwendet, wenn komplizierte Werkstücke hergestellt werden, an die besondere mechanische Anforderungen gestellt werden. Die Gießtemperaturen liegen deutlich höher als bei Gusseisen und die Schwindung ist größer. Da prinzipiell jeder Stahl in Formen gegossen werden kann, wird hier speziell der Werkzeugstahlguss *(tool steel cast)* betrachtet. Der Stahlguss G59CrMoV18-5 besitzt keine entsprechende Werkstoffnummer, da diese nicht für Gusswerkstoffe genormt sind. Als Halbzeug würde er die Werkstoffnummer 1.2358 besitzen. Der Stahl wird vergütet geliefert und kann z. B. durch Induktion oder Laserstrahlen randschichtgehärtet werden. Er ist nitrierbar und kann eine Randschichthärte von 58 3HRC erreichen. Durch seine Zähigkeit ist der Stahlguss schweißbar. Er besitzt eine gute Verschleißfestigkeit und wird z. B. für Formstempel und Schieber eingesetzt.

Gusseisen

Gusseisen *(cast iron)* wird im Werkzeugbau überwiegend in Form von lamellarem Grauguss *(lammelar grey cast iron)* oder Kugelgrafitguss *(spheroidal graphite iron)* (Sphäroguss) verwendet. Diese Werkstoffe besitzen unterschiedliche Eigenschaften, was durch die unterschiedlichen Gefüge bedingt ist. Im Grauguss liegt der Grafit in Form von Lamellen und im Kugelgrafitguss in Form von kleinen Kugeln vor.
Gusseisen mit **Lamellengrafit** wie z. B. EN-JL1040 (EN-GJL-250) ist spröde und besitzt eine Bruchdehnung von ca. 0,5 %. Es ist sehr gut zerspanbar, schwingungsdämpfend und randschichthärtbar. Der Grafit hat gewisse Schmiereigenschaften.
Bei normaler Beanspruchung ist dieser Werkstoff deshalb für Werkzeugober- und unterteile sowie Konsolen geeignet.
Kugelgrafitguss wie z. B. EN-JS1050 (EN-GJS-500-2) ist ebenfalls sehr gut zerspanbar, besitzt aber mit einer Bruchdehnung von 7 % eine höhere Zähigkeit. Deshalb wird dieser Werkstoff für stoßartig beanspruchte Bauteile wie z. B. Niederhalter und Abstreifer verwendet, bei denen eine höhere Rissgefahr besteht. Er ist auch wärmebehandelbar.

3.2.2 Hartmetalle für Schneid-, Tiefzieh- und Presswerkzeuge

Werkzeuge aus Hartmetall[1] *(hard metal/carbide metal)* werden in der Stanz- und Umformtechnik üblicherweise in der Großserienfertigung eingesetzt, da hier eine sehr hohe Beständigkeit gegen abrasive, adhäsive oder/und oberflächenzerrüttende Beanspruchung notwendig ist. Neben dieser Beständigkeit weisen Hartmetallwerkzeuge *(carbide-tipped tools)* auch eine sehr hohe mechanische Belastbarkeit, insbesondere Druckfestigkeit auf. Dadurch ist es möglich, hohe Stückzahlen (Standmengen, Standzeiten), eine gleichbleibende Qualität der Produkte und eine **wirtschaftliche** Fertigung zu erreichen.

---

[1] siehe Seite 449 Bild 2

3.2 Werkzeugwerkstoffe

Neben diesen wirtschaftlichen Gründen können aber auch rein fertigungstechnische Gründe den Einsatz von Hartmetallwerkzeugen erfordern:
- Sehr hohe Maßhaltigkeit der Produkte
- Sehr hohe Umformgrade *(deformation degrees)*
- Bearbeitung zäher Werkstoffe mit Aufschweißneigung (z. B. austenitische Stähle)

Die Hartmetalle bestehen aus Karbiden (z. B. Wolfram- und Titankarbid) und einem Bindemittel *(binding agent)* (z. B. Kobalt). Ihre Fertigung erfolgt durch Sintern[1] und anschließende Feinbearbeitung. Für den Einsatz als Werkzeug ist zu beachten, dass die zähesten und weichsten Hartmetalle etwa die Zähigkeiten und Härtegrade der härtesten Stähle aufweisen. Mit zunehmender Härte und gleichzeitig abnehmender Zähigkeit werden die Hartmetalle empfindlicher gegenüber Biegebeanspruchungen, bis sie etwa im Bereich von Schneidkeramik liegen. Die **Druckfestigkeit** ist die herausragende Eigenschaft der Hartmetalle und kann bis zu 7000 N/mm² betragen. Gegenüber Stahl hat Hartmetall etwa den dreifach höheren E-Modul *(E-modulus)*. Dadurch sind die elastischen Verformungen der Werkzeuge wesentlich geringer.

1 Teil einer Blasform aus Aluminium

3.2.3 Nichteisenmetalle

3.2.3.1 Aluminiumlegierungen

Aluminiumlegierungen *(aluminium alloys)* werden aufgrund ihrer hohen Wärmeleitfähigkeit überwiegend im Formenbau wie z. B. beim Blasformen (Bild 1) eingesetzt. Durch die rasche Wärmeabfuhr kann hier die Zykluszeit stark reduziert werden. In der Stanz- und Umformtechnik kann die Verwendung von Aluminiumlegierungen interessant sein, wenn z. B. Werkstücke mit geringen Blechdicken gefertigt werden sollen. Die geringere Dichte von Aluminium erleichtert das Handling der Werkzeuge. Da Aluminiumlegierungen mit höheren Zerspanungswerten als Stähle gefertigt werden können und geringerer Werkzeugverschleiß auftritt, ist die Fertigung von Werkzeugen kostengünstiger und schneller. Aluminiumlegierungen sind durch ihre Oxidschicht *(oxide coating)* korrosionsbeständig, besitzen aber gegenüber Stählen eine geringere Verschleiß- und Abriebbeständigkeit. Durch Beschichtungen wie z. B. Hartverchromung *(hard chrome plating)* kann diese erhöht werden.

3.2.3.2 Kupferlegierungen

Zur Fertigung z. B. anspruchsvoller Werkzeuge des Formenbaus mit komplexen Geometrien werden häufig Formen verwendet, die aus mehreren Werkstoffen bestehen. Der Grundkörper wird aus Werkzeugstahl gefertigt und die Spritzdüsen, Kavitäten, Kühlspitzen und Kühlpinolen aus Kupfer-Berylliumlegierungen[2] *(copper beryllium alloys)*. Diese Legierungen besitzen eine sehr gute Wärmeleitfähigkeit, was kurze Zykluszeiten ermöglicht. Der Nachteil dieser Legierungen ist, dass ihr thermischer Ausdehnungskoeffizient *(coefficient of expansion)* wesentlich höher ist als der von Stahl. Da diese Formen großen Temperaturunterschieden ausgesetzt sind, können dadurch Spannungsrisse in der Form auftreten. Alternativ zu Kupfer-Beryllium-Legierungen kann z. B. eine Eisen-Kobalt-Nickel-Legierung verwendet werden, die annähernd den gleichen Ausdehnungskoeffizienten wie Werkzeugstahl besitzt.

3.2.3.3 Zinn- und Zinklegierungen

Werkzeuge und Formen aus Zinn- bzw. Zinklegierungen *(tin and zinc alloys)* werden häufig für Nullserien *(inital batches)* und Probespritzungen oder zur Fertigung sehr geringer Stückzahlen verwendet.

ÜBUNGEN

1. Ein Stahl mit 0,6 % Kohlenstoffgehalt soll gehärtet werden.
   a) Nennen Sie eine Temperatur, auf die der Stahl erwärmt werden muss und begründen Sie dies.
   b) Erläutern Sie die Vorgänge im Gefüge beim anschließenden Abschrecken des Stahls. Welches Gefüge liegt nach dem Abschrecken vor?
   c) Was geschieht im Gefüge, wenn der Stahl aus der Härtetemperatur langsam abgekühlt wird und welches Gefüge liegt dann bei Raumtemperatur vor?

2. Je nach der chemischen Zusammensetzung eines Stahles müssen entsprechende Abschreckmedien gewählt werden. Stellen Sie unter Verwendung einer Skizze die Begriffe „Einhärtetiefe" und „Abkühlgeschwindigkeit" dar.

3. Erläutern Sie, durch welche Maßnahme die kritische Abkühlungsgeschwindigkeit verringert und ein milderes Abschreckmittel gewählt werden kann.

4. Nach dem Härten eines Stahles wird dieser erneut erwärmt. Benennen Sie dieses Wärmebehandlungsverfahren und geben Sie Gründe für dieses Vorgehen an.

5. Nennen Sie Fehler, die beim Härten auftreten können und ihre Folgen.

6. Stellen Sie die Randschichthärteverfahren durch Flamm- und Induktionshärten vergleichend gegenüber.

---

[1] siehe Lernfeld 11 Kap. 2.6
[2] siehe Lernfeld 9 Kap. 3 und Lernfeld 11 Kap. 2.3

7. Der Stahl 1.0503 soll einsatzgehärtet werden. Nehmen Sie Stellung zu diesem Vorhaben.

8. Beschreiben Sie das Randschichthärten durch Nitrieren und führen Sie Vorteile dieses Verfahrens gegenüber dem Härten durch Martensitbildung an.

9. Erläutern Sie die Glühverfahren Spannungsarmglühen und Rekristallisationsglühen in Bezug auf ihre technologische Wirkung und Funktion.

10. Entschlüsseln Sie folgende Stähle anhand ihrer Werkstoffnummern: 1.1555, 1.2824, 1.2581, 1.4116, 1.0727, 1.7139, 1.8515. Geben Sie jeweils die entsprechende Kurzbezeichnung, die Hauptgüteklasse und die chemische Zusammensetzung an.

11. Erläutern Sie den Unterschied zwischen lamellarem Grauguss und Kugelgrafitguss. Nennen Sie typische Einsatzgebiete dieser Gusseisenwerkstoffe.

12. Im Werkzeugbau kommen zunehmend Hartmetalle zum Einsatz. Nennen Sie Gründe für diese Entwicklung.

13. Bei Blaswerkzeugen werden häufig Aluminiumlegierungen verwendet. Welche Gründe sprechen für den Einsatz dieser Werkstoffe?

14. Im Formenbau werden Kupfer-Beryllium-Legierungen z. B. für Kavitäten verwendet. Welche Vor- und Nachteile hat die Kombination dieser Legierungen mit Grundkörpern aus Werkzeugstahl?

3.3 Produktwerkstoffe

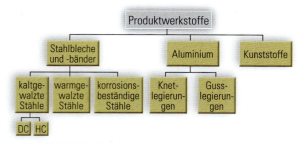

3.3.1 Bleche und Bänder (Flacherzeugnisse)

3.3.1.1 Stahlbänder und -bleche
Kalt gewalzte Stähle

Kalt gewalzte *(cold-rolled)* Stähle besitzen gegenüber warm gewalzten *(hot-rolled)* Stählen (Warmband) eine bessere Oberflächengüte, engere Toleranzen und geringere Dicken. Sie werden sehr vielfältig eingesetzt wie z. B. in der Automobilindustrie, Emaillierindustrie, Rohr- und Profilindustrie, Fassindustrie oder Bauindustrie und für den Sanitärbedarf.

■ **Weiche Stähle zum Kaltumformen** *(cold forming)*
Diese Bleche werden für Tiefziehteile z. B. im Kfz-Bau sowie Maschinen- und Gerätebau verwendet. Sie haben den größten Anteil im Bereich der kaltgewalzten Flacherzeugnisse.
Die Bleche sind nach ihrer Streckgrenze bzw. ihrer $R_{p0,2}$-Dehngrenze eingeteilt und werden durch die Buchstaben DC gekennzeichnet. Die folgende Ziffer reicht von 1 ... 7. Eine höhere Ziffer steht für eine geringere Streckgrenze ($R_{p0,2}$-Dehngrenze) und eine höhere Bruchdehnung.
Beispiele:
DC01 (1.0330), R_e = 280 N/mm², A = 28 %: Einfache Tiefziehteile z. B. in der Hausgeräteindustrie (Gehäuse, Dosen etc.)
DC07 (1.0898), R_e = 150 N/mm², A = 44 %: Sehr komplexe Tiefziehteile z. B. in der Automobilindustrie (Tür-Innenbleche, Radhäuser etc.)

■ **Höherfeste Stähle zum Kaltumformen**
Diese Bleche werden für Tiefziehteile verwendet, bei denen höhere Streckgrenzen und Dauerfestigkeiten erforderlich sind. Die Bleche sind nach ihrer Streckgrenze bzw. ihrer $R_{p0,2}$-Dehngrenze eingeteilt und werden durch die Buchstaben HC gekennzeichnet. Die folgende Ziffer gibt die Streck- bzw. $R_{p0,2}$-Dehngrenze an. Bei einigen Blechen ist eine Erhöhung der Streckgrenze nach dem Tiefziehen durch eine Wärmebehandlung *(heat treatment)* möglich.

Beispiele:
HC300 (1.0448), R_e = 300 ... 360 N/mm², A = 26 %: Kfz-Außenteile wie Kotflügel
HC420 (1.0556), R_e = 420 ... 520 N/mm², A = 17 %: Verstärkungselemente z. B. im Kfz-Bereich
Zusatzangaben bei den Kurzzeichen können sich z. B. auf die Oberflächengüte, Wärmebehandlungsmöglichkeiten etc. beziehen.

Warmgewalzte Stähle

Stähle werden warm gewalzt, da bei den höheren Temperaturen geringere Kräfte zur Umformung notwendig sind. Dadurch können auch Stähle mit hohen Festigkeiten verarbeitet werden. Die Nachteile gegenüber den kalt gewalzten Produkten sind eine schlechtere Oberflächengüte, größere Toleranzen und eine evtl. vorhandene Zunderschicht.
Warmgewalzte Bleche und Bänder sind üblicherweise erst ab einer Blechstärke von 3 mm lieferbar. Das Produktspektrum reicht von Baustählen über Einsatz- und Vergütungsstähle bis zu korrosionsbeständigen Stählen und martensitischen Stählen *(martensitic steels)* mit Zugfestigkeiten über 1400 N/mm².
Die Eigenschaften und Verwendungszwecke entsprechen den in Kapitel 3.2.1.2 aufgeführten Angaben.

Korrosionsbeständige Stähle
Die am häufigsten für Produkte verwendeten korrosionsbeständigen Stähle sind **austenitische** Chrom-Nickel-Stähle *(austenitic chrome nickel steels)* wie z. B. 1.4301 (X5CrNi18-10). Sie

3.3 Produktwerkstoffe

werden wegen ihrer guten Korrosionsbeständigkeit und ihrer guten Tiefziehfähigkeit z. B. für Tiefziehteile in der Lebensmittelindustrie verwendet. Durch Schleifen, Polieren oder Bürsten lassen sich attraktive Oberflächen erzeugen. Der Stahl wird deshalb auch für dekorative Zwecke und Kücheneinrichtungen verwendet. Austenitische Chrom-Nickel-Stähle sind nicht ferromagnetisch und gut schweißbar. Sie besitzen auch bei sehr tiefen Temperaturen eine hohe Zähigkeit. Weitere korrosionsbeständige Stähle sind **ferritische** Stähle *(ferritic steels)*, die noch korrosionsbeständiger, aber nicht so zäh sind. Sie werden z. B. für Auspuffanlagen verwendet werden. Die höheren Festigkeitswerte der ferritischen Stähle und die Zähigkeit der austenitischen Stähle werden in austenitisch-ferritischen Stählen *(austenitic ferritic steels)* (Duplex-Stähle *(duplex steels)*) kombiniert. **Martensitische** korrosionsbeständige Stähle sind korrosionsbeständige Vergütungsstähle und besitzen eine hohe Härte und Festigkeit. Sie werden z. B. für Schneidwerkzeuge, Turbinen und chirurgische Instrumente verwendet.

3.3.1.2 Aluminium
3.3.1.2.1 Aluminiumlegierungen/Einteilung

Reinaluminium findet aufgrund seiner geringen Festigkeit kaum eine **technische** Anwendung. Es wird aufgrund seiner hohen Dehnbarkeit z. B. für die Herstellung von Folien und Tuben verwendet. Durch verschiedene Legierungselemente kann die Festigkeit erhöht werden, ohne dass die Bruchdehnung oder die Korrosionsbeständigkeit zu stark abnehmen. Durch die Legierungselemente wird beeinflusst, wie gut der Werkstoff umformbar bzw. gießbar ist. Aluminiumlegierungen werden deshalb in **Knetlegierungen** *(wrought alloys)* und **Gusslegierungen** *(casting alloys)* unterteilt. Eine weitere Unterteilung basiert auf der Möglichkeit, Aluminiumlegierungen auszuhärten. Es wird deshalb zwischen **aushärtbaren** und **nicht aushärtbaren** Legierungen *(precipitation hardening alloys/non precipitation hardening alloys)* unterschieden.

Aluminium-Knetlegierungen

Aluminium-Knetlegierungen *(aluminium wrought alloys)* werden wegen ihrer **guten Umformbarkeit** z. B. zur Herstellung von Strangpressteilen und Schmiedeteilen verwendet (Bild 1a). Beim Kaltumformen steigt die Festigkeit der Knetlegierungen und ihre Dehnbarkeit sinkt. Soll eine hohe Endfestigkeit erreicht werden, muss das Verformungsvermögen des Werkstoffs möglichst weitgehend ausgenutzt werden. Dieses kann auch durch die Wahl des Anlieferungszustandes bzw. durch Zwischenglühen *(interstage annealing)* erreicht werden.

1 *Schmiede- und Gussteil aus Aluminium*

Typisch für Aluminium-Knetlegierungen ist, dass der Gehalt an Legierungselementen (bis auf Zink) unter 7 % liegt. Bei der Zerspanung bilden Knetlegierungen meist lange **Fließspäne** und neigen zur **Aufbauschneidenbildung** *(formation of built-up edge)*.

Werkstoffbeispiel: EN AW-5005 [EN AW-AlMg1],
$R_m = 100 \ldots 140$ N/mm^2, $A = 6 \ldots 18$ %, Herstellung von Fensterprofilen im Strangpressverfahren

Aluminium-Gusslegierungen

Aluminium-Gusslegierungen *(aluminium casting alloys)* enthalten fast immer Silicium, da dieses die Gießbarkeit erhöht. Sie werden zur Herstellung von Bauteilen mit komplizierten Geometrien (Bild 1b) in der Serienfertigung verwendet. Die häufigsten Verfahren sind das Druck- und Kokillengießen.

Werkstoffbeispiel: EN AC-42000 [EN AC-AlSi7Mg],
$R_m = 180 \ldots 220$ N/mm^2, $A = 1 \ldots 2$ %, Herstellung von Motorgehäusen und Zylinderköpfen

Aushärten von Aluminiumlegierungen

Die Festigkeit von Aluminiumlegierungen wie z. B. von EN AW-AlCuMg1 lässt sich durch Wärmebehandlungen stark erhöhen. Dabei findet zunächst ein Lösungsglühen statt, damit das Gefüge gleichmäßig aus Mischkristallen von Aluminium und z. B. Kupfer besteht. Anschließend wird der Werkstoff abgeschreckt. Durch gleichmäßige Verteilung des Kupfers in den Mischkristallen ist der Werkstoff relativ weich und gut verformbar. Durch anschließendes Auslagern, welches bei Raumtemperatur (**Kaltauslagern**) oder bei 120 ... 180 °C (**Warmauslagern**) geschieht, erhöht sich die Festigkeit auf etwa 410 N/mm^2. Die Ursache für diese Festigkeitssteigerung *(increase in strength)* ist die Bildung von Aluminium-Kupferkristallen bzw. Ansammlung von Kupferatomen, die eine Verformung erschweren.

Werkstoffbeispiel: EN AW-7022 [EN AW-AlCu4SiMg],
$R_m = 490$ N/mm^2, $A = 5$ %

3.3.2 Kunststoffe

Kunststoffe *(plastics)* bestehen aus langen Molekülketten *(molecular chains)* (Makro- oder Fadenmolekülen), die sich aus vielen Einzelbausteinen (Monomere) zusammensetzen. Der Hauptbestandteil der Monomere *(monomers)* ist Kohlenstoff. Die wichtigsten Rohstoffe zur Gewinnung von Kunststoffen sind deshalb Erdöl und Erdgas, da sie aus Kohlenwasserstoffverbindungen *(hydrocarbons)* bestehen.

Obwohl der grundsätzliche Aufbau aus Makromolekülen *(polymers)* für alle Kunststoffe zutrifft, unterscheiden sich die einzelnen Kunststoffarten bezüglich ihrer technologischen und physikalischen Eigenschaften erheblich voneinander. Die Hauptursache für diese Unterschiede ist der unterschiedliche Vernetzungsgrad *(degree of cross-linking)* zwischen den Makromolekülen.

3.3 Produktwerkstoffe

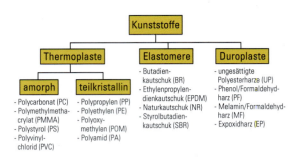

```
                    Kunststoffe
        ┌───────────────┼───────────────┐
   Thermoplaste      Elastomere      Duroplaste
    ┌──────┴──────┐   - Butadien-      - ungesättigte
  amorph    teilkristallin  kautschuk (BR)   Polyesterharze (UP)
                          - Ethylenpropylen- - Phenol/Formaldehyd-
  - Polycarbonat (PC)  - Polypropylen (PP) dienkautschuk (EPDM) harz (PF)
  - Polymethyltha-   - Polyethylen (PE) - Naturkautschuk (NR) - Melamin/Formaldehyd-
    crylat (PMMA)    - Polyoxy-        - Styrolbutadien-     harz (MF)
  - Polystyrol (PS)    methylen (POM)    kautschuk (SBR)   - Expoxidharz (EP)
  - Polyvinyl-       - Polyamid (PA)
    chlorid (PVC)
```

3.3.2.1 Einteilung und Aufbaustrukturen
Thermoplaste
Besteht ein Kunststoff aus Makromolekülen, die nur durch zwischenmolekulare Kräfte und nicht durch Verbindungen und Vernetzungen zusammengehalten werden, dann werden diese Kräfte durch Erwärmung geschwächt.
Der Kunststoff lässt sich durch thermische Einwirkung verflüssigen und so plastisch verformen. Nochmaliges Erwärmen ermöglicht dann jeweils eine erneute Verformung. Sie werden deshalb als **Thermoplast** *(thermoplastic)* bezeichnet. Thermoplaste sind aus diesem Grund schweißbar und gut für ein Recycling geeignet.
Besitzt ein Thermoplast viele Verzweigungen bzw. lange Seitenketten (Bild 3a), dann kann durch diesen unregelmäßigen (amorphen) Aufbau keine geordnete Struktur entstehen. Solche **amorphen** *(amorphous)* **Thermoplaste** sind häufig glasklar und werden deshalb oft als synthetische oder organische Gläser bezeichnet. Beispiel: Schutzbrillen, Duschabtrennungen oder Lampengehäuse aus Polymethylmethacrylat (Acrylglas, Plexiglas) (Bild 1).
Besitzen die Makromoleküle kaum Verzweigungen bzw. nur kurze und wenige Seitenketten (Bild 3b), dann können sich teilweise geordnete (kristalline) Strukturen bilden. Solche Thermoplaste werden deshalb als **teilkristalline** *(semi-crystalline)* **Thermoplaste** bezeichnet. Da das Licht an den Grenzen zwischen den amorphen und kristallinen Bereichen gestreut wird, sind die teilkristallinen Thermoplaste nicht glasklar *(crystal clear)*, sondern trübe *(pulp)* und milchig *(milky)*. Beispiel: Einkaufstüten aus Polyethylen.

Elastomere
Liegen bei einem Kunststoff weitmaschige Makromoleküle vor, die an relativ wenigen Stellen durch Querverbindungen miteinander vernetzt sind (Bild 3c), dann zeigt der Kunststoff ein elastisches Verhalten. Die Ursache ist, dass die Vernetzungsstellen durch die vorliegenden Atombindungen nur eine geringe Bewegung der Molekülketten zueinander ermöglichen. Eine plastische Verformung durch Erwärmung ist bei einem Elastomer *(elastomer)* durch die Atombindungen *(atomic bonds)* nicht möglich. Bei starker Erwärmung werden die Atombindungen gelöst,

1 Schutzbrille, Gläser aus amorphem Thermoplast

2 Fahrradsattel aus Elastomer

Thermoplaste		Elastomere	Duroplaste
amorph viele Verzweigungen und / oder lange Seitenketten	**teilkristallin** keine Verzweigungen oder wenige mit kurzen Seitenketten	schwach vernetzte Fadenmoleküle	stark vernetzte Fadenmoleküle
a)	b) *kristalliner Bereich*	c) ● Vernetzungsstelle, hier werden die Moleküle durch eine Atombindung zusammengehalten	d)

3 Übersicht Kunststoffe

eine erneute Verbindung durch Absenken der Temperatur ist aber nicht möglich. In die weitmaschigen *(wide-meshed)* Strukturen der Elastomere können Moleküle einwandern, dies wird als **Quellen** bezeichnet. Das Quellen kann z. B. bei der Fertigung zur Volumenvergrößerung mit Wasserdampf absichtlich vorgenommen werden. Bei Dichtungen kann das Quellen unbeabsichtigt z. B. durch Lösungsmittel geschehen und die Dichtwirkung stark beeinträchtigen.
Beispiele: Schuhsohlen und Inlinerrollen, Fahrradsättel, Autoreifen aus Butadienkautschuk *(butadiene rubber)* und Dichtungen aus Ethylenpropyldienkautschuk (Seite 200 Bild 2).

Duroplaste

Duroplaste *(thermosetting plastics)* besitzen einen ähnlichen Aufbau wie die Elastomere, ihre Makromoleküle sind aber wesentlich stärker miteinander vernetzt (Seite 200 Bild 3d). Dadurch besitzen sie eine relativ hohe Härte, sind nicht quellbar, aber recht spröde. Sie sind durch Erwärmung nicht plastisch verformbar. Duroplaste erhalten einmalig in einer Form ihre endgültige Gestalt. Eine erneute Gestaltänderung durch Erwärmen ist nicht möglich. Duroplaste sind somit nach der Vernetzung in der Form nur noch spanabhebend zu bearbeiten. Dadurch sind sie für ein Recycling schlecht geeignet.
Beispiele: Elektronikgehäuse, Kochlöffel aus Melamin/Formaldehydharz, Steckdosen aus Phenol/Formaldehydharz, Helme (Bild 1).

1 Feuerwehrhelm aus Duroplast

3.3.2.2 Physikalische und technologische Eigenschaften

Die Vielzahl der Kunststoffe unterscheidet sich erheblich in ihren Eigenschaften. Zusätzlich lassen sich diese Eigenschaften z. B. durch **Füllstoffe** *(filler materials)* stark beeinflussen. Allen Kunststoffen sind aber einige Eigenschaften gemein, die sie insbesondere von den Metallen unterscheiden.

■ **Geringe Dichte**
Kunststoffe besitzen meist eine geringere Dichte *(density)* als Metalle oder keramische Werkstoffe. So beträgt die Dichte von Polyäthylen *(polyethylene)* nur ca. 1/3 der Dichte von Aluminium. Deshalb werden Kunststoffe als Leichtbauwerkstoffe *(light-weight construction materials)* z. B. im Automobil- und Flugzeugbau eingesetzt.

■ **Niedrige Verarbeitungstemperatur**
Im Vergleich zu Metallen genügen geringere Temperaturen zum Umformen bzw. Urformen. Die Verarbeitung ist einfacher und es wird weniger Energie benötigt. Dadurch können auch komplexe Bauteile kostengünstiger gefertigt werden. Die niedrigen Temperaturen ermöglichen die Einarbeitung von Farbstoffen, Verstärkungsstoffen (z. B. Glas- und Kohlefasern), Treibmitteln (z. B. Wasserdampf für Schaumstoffe) und Füllstoffen (z. B. Weichmacher *(plasticiser)*, Ruß *(soot)*).

■ **Geringe thermische und elektrische Leitfähigkeit**
Kunststoffe eignen sich als elektrische und thermische Isolatoren *(electrical and thermal insulator)*, da sie im Gegensatz zu den Metallen kaum freie Elektronen besitzen. Werden Schaumstoffe verwendet, erhöht sich die thermische Isolationswirkung durch die eingeschlossene Luft erheblich. Bei der Fertigung kann die geringe thermische Leitfähigkeit *(conductivity)* aber problematisch sein, da die Wärme schlecht in das Werkstoffinnere eindringt und die Kunststoffe auch nur langsam abkühlen (Zykluszeiten).
Die thermische Leitfähigkeit kann durch Schaumbildung *(frothing)*, z. B. durch Wasserzugabe, noch deutlich verringert werden. Solche Schäume (EPP expandiertes Polypropylen, PUR Polyurethanschäume *(polyurethane foam)*) besitzen auch eine hohe Zähigkeit, weshalb sie in Fahrzeugen z. B. als Stoßfänger eingesetzt werden.

■ **Chemische Beständigkeit** *(chemical resistance)*
Im Vergleich zu Metallen sind Kunststoffe meist wesentlich korrosionsbeständiger. Die meisten Kunststoffe sind wasserbeständig und viele auch beständig gegen Säuren und Laugen. Diese Beständigkeit besitzt aber auch den Nachteil, dass Kunststoffe in der Natur kaum abgebaut werden können. Mit organischen Stoffen wie Öl, Benzin und Alkohol sind Kunststoffe im Gegensatz zu Metallen häufig lösbar.

■ **Durchlässigkeit (Diffusionsoffenheit)**
Die geringe Dichte der Kunststoffe wird durch den relativ großen Abstand der Makromoleküle verursacht. Dadurch können Atome und Moleküle durch viele Kunststoffe „wandern" (diffundieren). So sind Kunststoffe nicht aromadicht, weshalb Lebensmittelverpackungen aus Kunststoffen häufig eine Beschichtung aus Metall besitzen (z. B. Milch- und Kaffeeverpackungen). Für bestimmte Anwendungen kann diese Durchlässigkeit *(permeability)* genutzt werden (Membranen zur Entsalzung etc.).

■ **Recyclingfähigkeit** *(recyclability)*
Viele Kunststoffe können nach ihrer Verwendung wiederverwertet werden (z. B. Thermoplaste). Häufig ist der recycelte Kunststoff aber im Gegensatz zu recycelten Metallen von einer geringeren Qualität. Ist eine wirtschaftliche Wiederverwertung nicht

möglich (z. B. Duroplaste), können Kunststoffe energetisch recycelt, d. h. verbrannt werden. Die Verbrennung ist aber aufgrund der freigesetzten giftigen Stoffe technisch aufwendig (Filtersysteme, spezielle Verbrennungstechnologien).

3.3.2.3 Formänderungsverhalten

Das Formänderungsverhalten eines Kunststoffes wird durch die bei unterschiedlichen Temperaturen auftretenden Bruchdehnungen und Zugfestigkeiten[1] beschrieben. Da die Temperatur einen sehr starken Einfluss auf das Verhalten der Kunststoffe hat, sind wichtige Temperaturbereiche (Zustandsbereiche) besonders gekennzeichnet.

Diese sind:
- der Gebrauchsbereich *(range of use)*
- der Erweichungstemperaturbereich
- der Fließtemperaturbereich
- der Kristallitschmelztemperaturbereich
- der Zersetzungstemperaturbereich.

Amorphe Thermoplaste *(armophous thermoplastics)*
Bei Raumtemperatur sind diese Kunststoffe relativ hart und fest (Bild 1). Bei zunehmender Temperatur bewegen sich die Makromoleküle stärker. Die Festigkeit des Thermoplasts sinkt, seine Bruchdehnung und Zähigkeit steigen. Bis zum Erreichen der **Glasübergangstemperatur** T_G *(glass transition temperature)* befindet sich der Kunststoff noch im Gebrauchsbereich. Die bei zunehmender Temperatur steigende Zähigkeit kann in bestimmten Einsatzgebieten sogar erwünscht sein, solange eine ausreichende Festigkeit vorliegt oder diese von untergeordneter Bedeutung ist. Wird die Glasübergangs- oder Erweichungstemperatur *(softening temperature)* überschritten, sind die molekularen Kräfte so gering, dass die Makromoleküle unter Krafteinwirkung aufeinander abgleiten können. Die Festigkeit sinkt stark ab, während die Bruchdehnung sprunghaft ansteigt. In diesem thermoelastischen Zustand kann der Kunststoff z. B. durch Biegen umgeformt werden.

Bei weiterer Temperaturerhöhung findet ein kontinuierlicher Übergang in den **Fließtemperaturbereich** T_F *(flow temperature range)* statt. Die Bindungskräfte werden fast aufgehoben und eine Zugfestigkeit ist praktisch nicht mehr gegeben. Die Bruchdehnung sinkt ebenfalls stark ab, da keine nennenswerten Zugkräfte mehr aufgebracht werden können. Die Urformverfahren wie z. B. Spritzgießen finden in diesem thermoplastischen Bereich statt.

Findet eine weitere Temperaturerhöhung statt, dann brechen die Molekülketten und der Kunststoff wird schließlich zersetzt.

Teilkristalline Thermoplaste
Die Bindungskräfte in den kristallinen Bereichen sind höher als die in den amorphen. Dadurch ist der Kunststoff unterhalb der Glasübergangstemperatur T_G hart und spröde (Bild 2). Die Sprödigkeit ist so hoch, dass teilkristalline Thermoplaste *(semicrystalline thermoplastics)* unterhalb von T_G wegen ihrer Bruchanfälligkeit nicht eingesetzt werden können. Die Glasübergangstemperatur der amorphen Bereiche liegt aber so niedrig, dass diese Temperatur in den meisten Fällen nicht unterschritten wird (bei PE < -80 °C). Nach Überschreiten der Glasübergangstemperatur nimmt die Beweglichkeit der amorphen Bereiche zu. Der Kunststoff befindet sich jetzt im Gebrauchsbereich und besitzt neben seiner Festigkeit auch eine gewisse Zähigkeit, welche durch die steigende Bruchdehnung gekennzeichnet ist. Durch die, neben den weichen amorphen Bereichen vorliegenden kristallinen Bereiche, ist der Gebrauchsbereich wesentlich ausgedehnter als bei amorphen Thermoplasten.

Beispiel Gasleitungsrohre aus PE-HD von -70 °C ... 100 °C.

Oberhalb des Gebrauchsbereichs beginnen die Kristallite zu schmelzen (**Kristallitschmelztemperaturbereich** T_K) und eine Festigkeit der amorphen Bereiche ist praktisch nicht mehr gegeben. Die Zugfestigkeit sinkt sehr stark ab, während die Bruchdehnung erheblich zunimmt. In diesem im Vergleich zu den amorphen Thermoplasten sehr schmalen Temperaturbereich ist eine Warmumformung möglich.

Bei weiterer Temperaturerhöhung sinken die molekularen Bindungskräfte in den kristallinen Bereichen und der Kunststoff wird thermoplastisch. Alle Urformprozesse wie z. B Extrudieren finden in diesem thermoplastischen Bereich statt. Beispiel: Gasleitungsrohre aus PE-HD von 180 °C ... 220 °C.

Findet eine weitere Temperaturerhöhung statt, dann brechen die Molekülketten und der Kunststoff wird schließlich zersetzt.

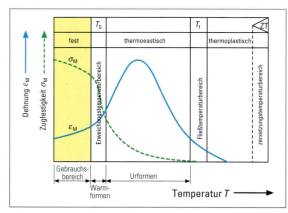

1 Formänderungsverhalten amorpher Thermoplaste

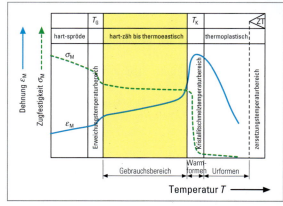

2 Formänderungsverhalten teilkristalliner Thermoplaste

---
[1] siehe Kap. 3.1.1.2

3.3 Produktwerkstoffe

> **MERKE**
> Amorphe Thermoplaste werden unterhalb der Glasübergangstemperatur eingesetzt, teilkristalline Thermoplaste werden oberhalb der Glasübergangstemperatur eingesetzt..

Eine Übersicht über Einsatztemperaturen und Eigenschaften von Thermoplasten zeigt Bild 1.

Elastomere

Unterhalb der Glasübergangstemperatur (ca. -80 °C) sind Elastomere *(elastomers)* durch die vorhandene Sprödigkeit *(brittleness)* nicht einsetzbar, was durch die geringe Bruchdehnung gekennzeichnet ist (Bild 2).
Im Gebrauchsbereich ist die Zugfestigkeit zwar geringer, dafür zeigt der Werkstoff aber das erwünschte hochelastische Verhalten. Die bei Elastomeren vorliegenden Vernetzungsstellen verhindern auch bei weiterer Temperaturerhöhung ein Abgleiten der Molekülketten. Dadurch ist eine plastische Verformung nicht möglich. An den Gebrauchsbereich schließt sich deshalb unmittelbar der Zersetzungsbereich an. Elastomere vernetzen bei ihrer Herstellung chemisch, deshalb existiert kein Urformbereich.

Duroplaste

Durch die zahlreichen Vernetzungsstellen zwischen den Makromolekülen sind Duroplaste *(thermosetting plastics)* bis zur Zersetzungstemperatur *(decomposition temperature)* im harten und spröden Glaszustand. Für die meisten Duroplaste ist dieser Zustandsbereich identisch mit dem Gebrauchsbereich (Bild 3). Bei Temperaturerhöhung steigt die Bruchdehnung und somit die Zähigkeit etwas an, die Festigkeit bleibt aber auch bei höheren

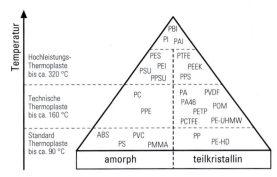

Eigenschaften	amorph	teilkristallin
Molekülstruktur	ungeordnet, grosse monomere Bausteine, teilweise verzweigte Molekülketten	teilweise geordnet, kleine monomere Bausteine, lineare Molekülketten
Aussehen / Farbe	glasklar / transparent	milchig trüb / opak
Mechanisches Verhalten	spröde	zäh-hart
Dynamisches Verhalten	mässig	gut
Dämpfung	hoch	gering
Abrieb	höher	geringer
Gleitverhalten	mässig	gut
Chemische Beständigkeit	geringer	gut bis sehr gut
Spannungsrissbildung	hoch	gering
Erweichungsbereich (Temperatur)	hoch	tief
Schwindung	gering	höher
Fliessfähigkeit	mässig	gut

1 Einsatztemperaturen und Eigenschaften von Thermoplasten

Temperaturen erhalten. Wie bei den Elastomeren existiert kein thermoplastischer Urformbereich und auf den Gebrauchsbereich folgt der Zersetzungstemperaturbereich.

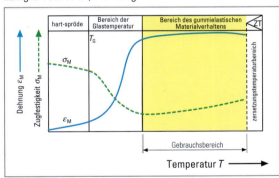

2 Formänderungsverhalten von Elastomeren

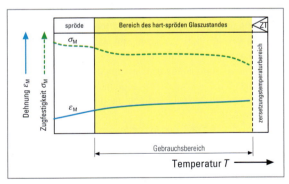

3 Formänderungsverhalten von Duroplasten

ÜBUNGEN

1. Entschlüsseln Sie folgende Werkstoffe: 1.0312, 1.0444, EN AW-AlMg3, EN AW-7020, EN AC-21000. Geben Sie jeweils die entsprechende Bruchdehnung und den Streckgrenzen- sowie Zugfestigkeitsbereich an.

2. Thermoplaste sind wesentlich besser für ein Recycling geeignet als Elastomere und Duroplaste. Erläutern Sie diese Eigenschaft mit der jeweils vorliegenden Aufbaustruktur.

3. Bei amorphen Thermoplasten liegt der Gebrauchsbereich unter der Glasübergangstemperatur und bei teilkristallinen Thermoplasten darüber. Was verursacht diesen Unterschied?

4. Elastomere und Duroplaste besitzen gegenüber Thermoplasten keinen Urformbereich. Begründen Sie dies mit dem unterschiedlichen Vernetzungsverhalten der Kunststoffe.

4 Manufacturing of technical subsystems in tool making

4.1 Tools for primary forming / Systems and subsystems of mould engineering

Injection moulding
The following text summarizes and explains why it is very important to control the temperature of an injection mould. Furthermore, it identifies methods and options of controlling the temperature of such a mould.

> **Assignment:**
>
> Read the text. Then put down in German the knowledge about cooling of injection moulds into your files. Use your English-German vocabulary list, if necessary.

Cooling of injection moulds
Why has the temperature to be controlled?
It is important to control the mould temperature since it has a significant impact on…
- the moulding cycle
- the dimensional accuracy of the moulded parts
- the warping of moulded parts.

If the temperature of the mould is too low (cool), the runner and gate will solidify before the plasticised material could completely fill up the cavity. In contrast, if the temperature of the mould is too high (hot), the plasticised material will take much more time to solidify. This does directly affect the moulding cycle time. If some areas of the moulded part solidify a lot faster than the other areas, the result might be warped or deformed moulded parts. In addition the dimensional accuracy cannot be satisfied.

What are common methods to control the mould temperature? In general, there are three media to temper an injection mould. Mainly, the method depends on the temperature range that the mould will be set for production.
- water is used to temper the mould in a range from 40 to 90 °C
- oil is used for a range from 80 to 120 °C
- heater cartridges are used for a temperature of 120 °C and over.

How and where should one apply the mould temperature control?
The purpose is to control the temperature of the cavity and core. Therefore, keep the cooling line (water hole) close and evenly placed around the moulded part. Picture 1 shows the ideal placement of coolant ducts. Keep in mind that this is only a general rule, because the structure of the mould, its manufac-

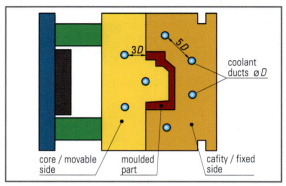

1 Coolant ducts in injection mould

turability, and the ease of maintenance are to be considered simultaneously.

Moving loads
In engineering industry it happens quite often, that heavy and cumbersome objects have to be moved. For example, an injection mould has to be loaded onto a vehicle and moved from the workshop to the production hall. These movements of heavy loads involve careful planning and the anticipation of potential hazards.
As a general rule, loads lifted manually should not exceed 20 kg. If loads exceed 20 kg mechanical lifting equipment has to be used. However, even lifting loads less than 20 kg can cause pain and damage your health. Always remember, that lifting loads incorrectly is one of the major causes of back trouble. The risk of personal injury and damage to equipment can be reduced by taking simple precautions before the lifting or handling operation begins.

> **Assignment:**
>
> 1. List arguments why it is worth discussing the topic.
> 2. Make a list of heavy objects which you have to move regularly in your workshop. Divide them into two groups (>20 kg and <20 kg).
> 3. Read the clues about lifting loads manually or with mechanical lifting equipment shown in picture 1 on page 205. Then draw two fishbone diagrams onto an extra piece of paper as shown below (picture2).

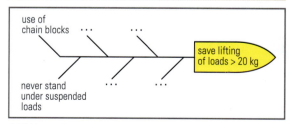

2 Fishbone diagram

4.1 Tools for primary forming / Systems and subsystems of mould engineering

Using mechanical lifting equipment

Do use mechanical lifting equipment with heavy loads such as

power lifting equipment

mechanical chain block (geared)

lever block

Never stand under suspended loads

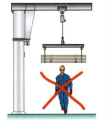

Do not swing the load

Manual lifting of loads

Wear gloves when the load has sharp edges

Do not bend down with straightened legs

Put your legs hip with apart and one foot slightly ahead of the other

Hold the load to be lifted close to your body

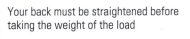

Your back must be straightened before taking the weight of the load

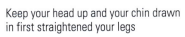

Keep your head up and your chin drawn in first straightened your legs

Then raise the upper part of your body

When carrying the load, keep you're your body upright and the load close to your body

1 Moving loads

4.2 Tools for cutting and forming

Presenting your company

Your division manager told you to prepare a short presentation about the profile of your company. He gave you a memo with some basic points.

Name of company: **Strong Steel Ltd.**

Equipment and machinery:
Punch presses...
- a range in capacity from 150 – 300 tons
- speed range between 1 and 90 hits per minute
- bed size up to 36" x 48" as well as a part size up to 36" x 48"
- punch metals up to 0.25"
- achieve a punching accuracy with very tight toler-ances

Commonly punched materials include:
- Aluminum (All Alloys)
- Brass
- Cold Rolled Steel
- Copper
- Galvanized Steel
- High Strength, Low Alloy, Steel
- Hot Rolled Steel
- Steel (All Alloys)
- Titanium
- Zinc

Assignment:
Prepare and give a presentation on your company's profile. Use your vocabulary list, if necessary. Try to make use of your own words.

4.3 Elements and sub-assemblies for transmission of torque

Failure analysis of a V-belt drive

Before you can tell whether a V-belt drive is not performing correctly, it helps to know the basic characteristics of a V-belt drive. When properly installed and tensioned correctly, a V-belt drive will work quite efficiently and quiet. An effectiveness of about 93 % – 97 % is common. This level of efficiency is kept constant as long as the belt is properly tensioned and the other components of the V-belt drive are well maintained. Usually, the frequency of belt replacement depends on its speed, load, and of course the hours of operation. However, the replacement interval can vary widely. Under normal circumstances a V-belt on a well maintained drive can operate up to 3 – 5 years. When a V-belt has reached the end of its life, it will break or pull apart. If it fails in this manner after years of trouble free service, it has to be considered as a normal failure.

In rough conditions, the life of a V-belt might be much shorter. Troubles arise when the belt drive is under-designed, subject to extreme or cyclical shock loading, or contaminated by oil or abrasion from metal parts being part of the belt drive. Another reason might be, that the belt may have experienced damages to its tensile cords. If the belt is failing more often than expected, one or even more of the listed items cause abnormal wear.

Assignments:

1. Answer the following questions. Write down your answers on an extra piece of paper.
   a) Give at least two positive characteristics of a well maintained V-belt drive.
   b) How long will a V-belt usually last under normal operation circumstances?
   c) How will a V-belt indicate that it can no longer carry the load it was designed for?
   d) List at least four reasons for an early and abnormal wear of a V-belt.
2. Fill the gaps with the given fractions. Use your vocabulary list if necessary. Do not write into your book. Put down the results into your files.
   rmal l ar l nd l jor l ween l
   Misalignment bet____ belt a__ sheave is a ma___ cause of abno____ V-belt we__.
3. The content of the table in picture 1 is in disorder. Match the descriptions to the adequate pictures and the adequate remedies.

Description	Picture	Description
A) Worn sheaves may reduce belt live by as much as 50 %.		a) Use belt tension charts that show the amount of tension that will allow a belt to deliver maximum horsepower.
B) Totally enclosed belt guards trap heat. As a result belt life is cut.		b) Align V-belt drive properly with the help of a gauge or belt alignment tool.
C) Misalignment between belt and sheave is major cause of abnormal V-belt wear.		c) Use a sheave gauge and check sheaves for wear.
D) Improper belt tension		d) Vent guards on the sides and near the top so heat can escape.

1 Failure analysis of V-belt drives

Lernfeld 7:
Fertigen auf numerisch gesteuerten Werkzeugmaschinen

Sie erstellen Prüfpläne, wählen Prüfmittel aus und bewerten die Prüfergebnisse. Auf dieser Grundlage optimieren Sie den Fertigungsprozess, indem Sie die Einflüsse der Fertigungsparameter auf Maße, Oberflächengüte und Produktivität berücksichtigen. Bei all diesen Tätigkeiten beachten Sie die Bestimmungen des Arbeitsschutzes an CNC-Maschinen.

Durch Ihre Bereitschaft zu lebenslangem Lernen und sich auf neue Technologien mit neuen Arbeitsbedingungen einzustellen, leisten Sie einen entscheidenden Beitrag zur Sicherung Ihres Arbeitsplatzes.

Computer haben in gleicher Weise unser Privatleben wie unsere **Berufswelt** durchdrungen und verändert. Auch in der modernen Fertigung werden die Bauteile häufig auf computergestützten **CNC-Werkzeugmaschinen** *(CNC machine tools)* gefertigt. Zu Ihren zukünftigen Aufgaben als Werkzeugmechaniker gehört in vielen Fällen die Fertigung von Einzelteilen des Werkzeug- und Vorrichtungsbaus auf CNC-Werkzeugmaschinen.

CNC ist die Abkürzung für „**C**omputerized **N**umerical **C**ontrol" (Computer unterstützt numerisch gesteuert). Eine CNC-Maschine wird also „durch Zahlen" (numerisch) mithilfe eines Computers gesteuert. Dieser führt mit den eingegebenen Daten Berechnungen durch und steuert die Maschine. Die Bearbeitung an CNC-Maschinen erfolgt mit den **gleichen Fertigungsverfahren**, die Sie bisher in den Lernfeldern 2 und 5 kennengelernt haben. Lediglich die Art der **Maschinensteuerung** ist anders. Sie erfolgt durch das Zusammenspiel von Computer und Software (Steuerung = Hardware + Software).

Dies hat entscheidende Auswirkungen auf Ihre Tätigkeit. Ihr handwerkliches Geschick, das bei der Fertigung auf konventionellen Werkzeugmaschinen nach wie vor gefordert wird, tritt in den Hintergrund. Stattdessen verlagert sich Ihr Aufgabenschwerpunkt hin zum **Planen**, **Überwachen** und zur **Fehleranalyse**.

Ein CNC-Programm enthält die vollständige Fertigung des Einzelteils mit allen Geometrie- und Fertigungsdaten *(production data)*. Dies bedeutet, dass vor der eigentlichen Fertigung auf der Maschine die gesamte Fertigung mit allen Einzelheiten **vorab gedanklich** vollzogen werden muss.

Aus Skizzen und Einzelteilzeichnungen entnehmen Sie die erforderlichen Informationen für die CNC-Fertigung.

Sie ermitteln die technologischen und geometrischen Daten für die Bearbeitung und erstellen Arbeits- und Werkzeugpläne. Ferner planen Sie die Einspannung der Werkstücke und Werkzeuge und richten die Werkzeugmaschine ein. Auch durch grafische Programmierverfahren entwickeln Sie **CNC-Programme** und überprüfen sie durch Simulationen bzw. durch einen realen Probelauf.

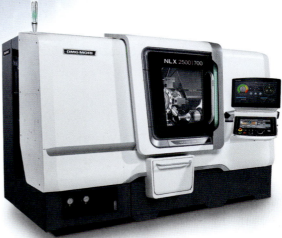

CNC-Drehmaschine *(CNC lathe)*

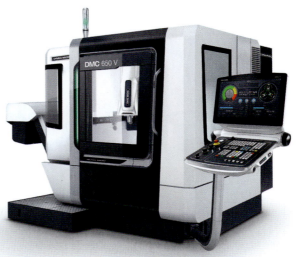

CNC-Fräsmaschine *(CNC milling machine)*

1 Aufbau von CNC-Maschinen

Äußere Zeichen von CNC-Maschinen sind der **Bildschirm** *(monitor, screen)* für die Programm- bzw. Simulationsanzeige und die **Tastatur** *(keyboard)* für die Programmeingabe bzw. -änderung (siehe Seite 207). Über entsprechende Schnittstellen *(interfaces)* und Netzwerke ist das automatische Ein- und Auslesen von Programmen und Daten möglich.

1.1 Koordinatensysteme

Um der CNC-Maschine die **Werkzeugbewegungen** in Form von Zahlen (numerische Steuerung) mitteilen zu können, sind Koordinatenangaben erforderlich. Die **Koordinatenachsen** *(coordinate axis)* an CNC-Maschinen sind genormt[1]. Jeder Punkt im Raum ist durch seine Koordinaten in **X-**, **Y-** und **Z-Richtung** (kartesische Koordinaten) bestimmt (Bild 1).

MERKE
Das rechtshändige rechtwinklige Koordinatensystem *(coordinate system)* (Bild 2) mit den Achsen *(axis)* X, Y und Z bildet die Grundlage für die Achsendefinitionen.

Damit sind die Lagen der Achsen zueinander festgelegt. Die Finger zeigen in die positiven Richtungen der Achsen X, Y und Z. Die **Drehbewegungen** *(rotations)* A, B und C verlaufen um die X-, Y- und Z-Achse (Bild 3). Ihre positiven Richtungen können mithilfe der Rechten-Hand-Regel *(right-hand rule, corkscrew rule)* (Bild 4) bestimmt werden:

MERKE
Wenn der Daumen der rechten Hand in die positive Achsrichtung deutet, geben die anderen Finger die positive Richtung der Drehbewegung um die betrachtete Achse an.

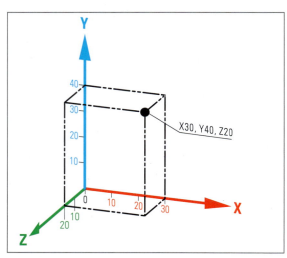

1 Koordinaten eines Punkts im Raum

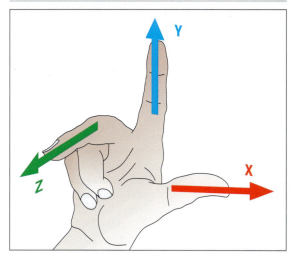

2 Rechtshändiges rechtwinkliges Koordinatensystem

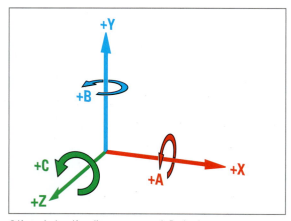

3 Kartesisches Koordinatensystem mit Drehachsen

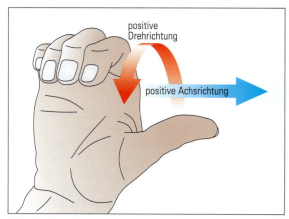

4 Rechte-Hand-Regel zur Bestimmung der positiven Drehrichtung

[1] DIN 66217

1.1 Koordinatensysteme

1.1.1 Koordinatensysteme an Werkzeugmaschinen

Die Zuordnung der Achsen für die Werkzeugmaschinen orientiert sich an deren Hauptführungsbahnen.

Z-Achse: Sie fällt mit der **Arbeitsspindel** *(main spindle)* zusammen. Damit ist zunächst nur ihre Lage, aber noch nicht ihre Richtung festgelegt. Die **positive Richtung** verläuft **vom Werkstück zum Werkzeug** (Bild 1).

X-Achse: Sie ist die **Hauptachse** *(principle axis)* **in der Positionierebene** *(positioning plane)*. Sie liegt parallel zur Werkstück-Aufspannfläche. Die **positive Richtung** verläuft **vom Werkstück zum Werkzeug** (Bild 1).

Y-Achse: Ihre Lage und Richtung ergibt sich nach dem Festlegen der Z- und X-Achse zwangsläufig aus dem rechtshändigen rechtwinkligen Koordinatensystem.

Für eine CNC-Drehmaschine, die in zwei Achsen verfahren kann, liegen die Achsen ebenso eindeutig fest (Bild 2) wie für die Fräsmaschine mit senkrechter Arbeitsspindel (Bild 3).

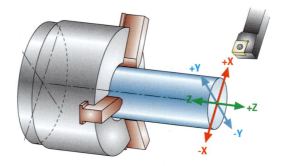

1 Achsen an der CNC-Drehmaschine mit dem Werkzeug hinter der Drehmitte

1.1.2 Bewegungsdefinitionen

> **MERKE**
> Bei der Programmierung von CNC-Maschinen wird prinzipiell davon ausgegangen, dass sich das Werkzeug gegenüber dem Werkstück relativ bewegt.

Das ist bei den Werkzeugmaschinen nicht immer der Fall. Bei Fräsmaschinen mit senkrechter Arbeitsspindel (Bild 3) führt z. B. der Frästisch meist die Arbeitsbewegung in der X-Achse durch. Die Bewegung des Tischs und damit die des Werkstücks wird in der X-Achse mit X' bezeichnet. In Bild 4 ist zu erkennen, dass eine Werkstückbewegung in X'-Richtung zum gleichen Ergebnis führt, wie eine Werkzeugbewegung in X-Richtung. Deshalb kann immer so programmiert werden, als ob das Werkzeug gegenüber dem Werkstück verfahren würde.

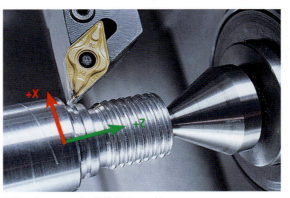

2 Koordinaten an der CNC-Drehmaschine

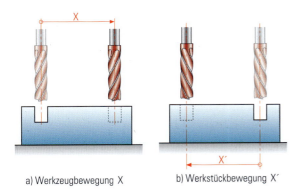

a) Werkzeugbewegung X   b) Werkstückbewegung X'

4 Bewegungen von Werkzeug und Werkstück

3 Koordinaten an einer CNC-Fräsmaschine mit senkrechter Arbeitsspindel

1.2 Bezugspunkte im Arbeitsraum der CNC-Maschine

Um die Lage des Werkstücks und die jeweilige Position des Werkzeugs im Koordinatensystem der CNC-Maschine bestimmen zu können, müssen entsprechend definierte Punkte[1)] an der Maschine bzw. in deren Arbeitsraum vorhanden sein. In Abhängigkeit von diesen Punkten kann dann z. B. die Werkzeugposition bestimmt und kontrolliert werden.

1.2.1 Maschinennullpunkt

Der Maschinennullpunkt *(machine zero point)* wird vom Hersteller der Maschine festgelegt. Von ihm aus wird die Maschine vermessen und überprüft. Er ist der Ursprung des Maschinenkoordinatensystems und kann vom Anwender nicht verändert werden. Bei Drehmaschinen liegt er meist auf der Mitte und an der Vorderseite der Arbeitsspindel, wo das Drehbackenfutter befestigt ist (Bild 1).

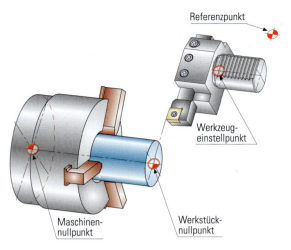

1 Nullpunkte an einer CNC-Drehmaschine

1.2.2 Referenzpunkt

Der Referenzpunkt *(reference point)* dient dazu, die Lage des Werkzeugs im Maschinenkoordinatensystem zu bestimmen. Das kann nach dem Anschalten der Maschine oder nach einer Kollision erforderlich sein. Oft kann der Maschinennullpunkt *(machine zero point)* vom Werkzeug nicht angefahren werden. Daher ist es vorteilhaft, einen anderen Punkt (den Referenzpunkt) festzulegen, der von der Steuerung direkt anzufahren ist. Die Lage des Referenzpunkts ist auf den Wegmesssystemen (vgl. Kap. 1.5.4) fixiert. Da die Steuerung die Entfernung des Referenzpunktes vom Maschinennullpunkt gespeichert hat, kennt sie nach dem Anfahren des Referenzpunktes die Achspositionen im Maschinenkoordinatensystem.

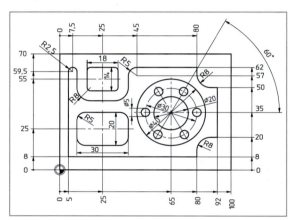

2 Frästeil mit Werkstücknullpunkt

1.2.3 Werkstücknullpunkt

Der Werkstücknullpunkt *(workpiece zero reference point)* ist vom Programmierer frei wählbar und wird an eine sinnvolle Stelle gelegt, von der aus z. B. das gesamte Werkstück bemaßt ist (Bild 2) oder die sich aus fertigungstechnischen Gründen anbietet. Beim Drehen wird er meist an die Stirnfläche gelegt (Bild 3), weil sich die Maße in der Zeichnung auf diese Fläche beziehen. Die Stirnfläche wird beim Drehen meist zuerst geplant, sodass dadurch eine Bezugsfläche entsteht. Ein weiterer Vorteil liegt darin, dass der Programmierer bei negativen Z-Werten erkennt, dass er sich im Werkstückbereich befindet. Dadurch besteht erhöhte Kollisionsgefahr. Wird das Minuszeichen bei der Programmierung versehentlich vergessen, fährt das Werkzeug vom Werkstück weg.

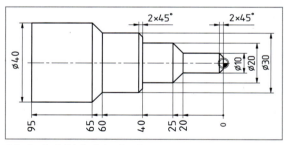

3 Drehteil mit Werkstücknullpunkt

> **MERKE**
> Die Fachkraft legt beim Einrichten der Maschine die Lage des Werkstücknullpunktes fest, der den Ursprung des Koordinatensystems bildet.

1.2.4 Werkzeugeinstellpunkt

Bei Drehwerkzeugen (Seite 211 Bild 1) sind die Werkzeuglängen in X- und Z-Achse, ausgehend vom Werkzeugeinstellpunkt *(tool adjusting point)*, zu messen. Bei eingesetztem Werkzeug liegt der Werkzeugeinstellpunkt auf der Revolverstirnseite in der Mitte der Werkzeugaufnahme.
Bei Fräsern (Seite 211 Bild 2) werden die Fräserlänge und der Fräserradius, ausgehend vom Werkzeugeinstellpunkt, meist

[1)] DIN ISO 2806

1.3 Konturpunkte an Werkstücken

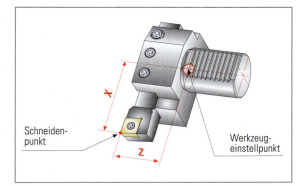

1 Werkzeugeinstellpunkt am Drehmeißel

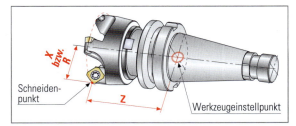

2 Werkzeugeinstellpunkt (tool adjusting point) am Fräser

außerhalb der Maschine gemessen. Nach dem Werkzeugwechsel liegt der Werkzeugeinstellpunkt des Fräsers auf der Stirnflächenmitte der Arbeitsspindel.

MERKE
Die Fachkraft überträgt beim Einrichten der Maschine die gemessenen Werkzeuglängen in den Werkzeugkorrekturspeicher (tool offset memory) der Steuerung.

1.3 Konturpunkte an Werkstücken

Die Arbeitsbewegungen der Werkzeuge an CNC-Maschinen werden bei der Programmierung der Verfahrwege festgelegt. Vor bzw. während der Programmierung ist es daher erforderlich, die Konturpunkte (contour points) in Abhängigkeit vom Werkstücknullpunkt zu bestimmen.

1.3.1 Drehteile

An CNC-Drehmaschinen mit einer Antriebsspindel und einem Werkzeugrevolver kann das Werkzeug in der Z- und X-Achse verfahren. Die Bearbeitung geschieht somit lediglich in der Z-X-Ebene. In der X-Achse erfolgt die Eingabe der Werte **durchmesserbezogen**, d. h., es wird der Durchmesser und nicht der Radius als X-Wert definiert.

MERKE
Beim Drehen ist der Durchmesser der Koordinatenwert für die X-Achse.

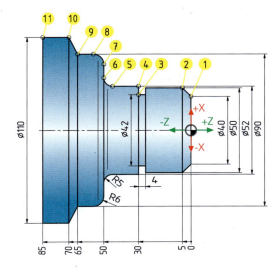

3 Anschlussbolzen mit Konturpunkten

Die Punkte 1 bis 3 des Anschlussbolzens (Bild 3) sind durch folgende Koordinaten bestimmt:

Punkt	X-Koordinate	Z-Koordinate
1	40	0
2	50	−5
3	42	−30
4	…	…

Überlegen Sie!
Übertragen Sie die Tabelle in Ihr Heft und ergänzen Sie diese um die Punkte 4 bis 11.

1.3.2 Frästeile

An CNC-Fräsmaschinen kann das Werkzeug mindestens in der X-, Y- und Z-Achse positioniert werden. Die Konturpunkte liegen somit nicht nur in einer Ebene – wie beim Drehen – sondern sind im Raum definiert.
Die Punkte 1 bis 3 der Abdeckplatte (Seite 212 Bild 1) sind durch folgende Koordinaten bestimmt:

Punkt	Koordinaten		
	X	Y	Z
1	68	38	−6
2	−68	38	−6
3	60	0	0
4	…	…	…

Überlegen Sie!
Übertragen Sie die Tabelle in Ihr Heft und ergänzen Sie diese um die Punkte 4 bis 10.

1 Abdeckplatte mit Konturpunkten

1.4 Steuerungsarten

Aufgrund der soft- und hardwaremäßigen Ausstattung der CNC-Steuerungen sind verschiedene Steuerungsarten *(types of controls)* zu unterscheiden.

1.4.1 Punktsteuerungen

Punktsteuerungen *(point-to-point controls)* sind die ältesten Steuerungen (Bild 2). Das Werkzeug wird im **Eilgang** in einer Achse auf die Zielposition gebracht, bevor die andere angesteuert wird ①. Oder es werden beide Achsen solange gleichzeitig verfahren (unter 45°), bis die erste den programmierten Wert erreicht hat ②. Die zweite Achse fährt dann weiter achsparallel bis zum Zielpunkt. Nach dem Positionieren erfolgt die Bearbeitung (z. B. Bohren) in einer anderen Achse.

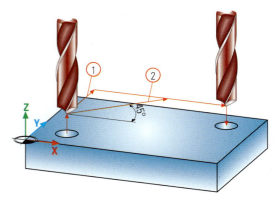

2 Verfahrbewegungen bei der Punktsteuerung

1.4.2 Streckensteuerungen

Streckensteuerungen *(straight line controls)* (Bild 3) sind die Nachfolger der Punktsteuerungen. Sie können die Werkzeugabmessungen berücksichtigen, d. h., sie haben einen Korrekturrechner. Mit Streckensteuerungen kann eine achsparallele Bearbeitung durchgeführt werden. Es können zylindrische Teile gedreht und rechteckige Werkstücke gefräst werden.

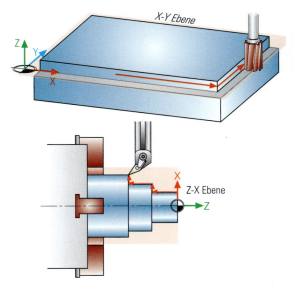

3 Verfahrbewegungen bei Streckensteuerungen

1.4.3 Bahnsteuerungen

2D-Bahnsteuerungen *(continuous path controls)* (Seite 213 Bild 1) können innerhalb einer Ebene (2 Achsen) beliebige Schrägen und Kreisbögen (Bahnen) bearbeiten. Das D steht dabei für Dimensionen bzw. Achsen, die gleichzeitig ansteuerbar sind. Bei vielen Fräsmaschinen kann eine Bahnbearbeitung wahlweise immer nur in einer Ebene (X-Y-, Z-X- oder Y-Z-Ebene) erfolgen. Wegen der freien Wahl der Ebene für die Bahnbearbeitung wird von **2½D-Bahnsteuerung** (Seite 213 Bild 2) gesprochen. Mit einer **3D-Bahnsteuerung** (Seite 213 Bild 3) können bei Fräsmaschinen beliebige Konturen und Freiformflächen erzeugt werden. Dabei müssen die Bewegungen in allen Achsen aufeinander abgestimmt bzw. angesteuert werden.
Sind neben den Achsen X, Y und Z noch weitere Bewegungen gleichzeitig ansteuerbar (z. B. Drehbewegung um die Y-Achse = B-Achse und Drehbewegung um die Z-Achse = C-Achse) dann wird von **4D-** bzw. **5D-Steuerungen** (Seite 213 Bild 4) gesprochen.

> **Überlegen Sie!**
> Welche Achsbewegungen kann eine 6D-Steuerung durchführen?

1.5 Baueinheiten

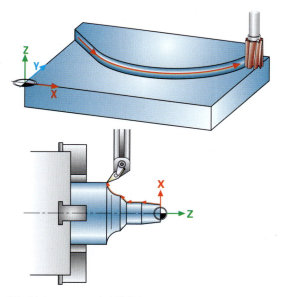

1 Verfahrbewegungen bei 2D-Bahnsteuerungen

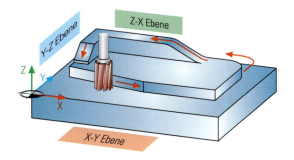

2 Verfahrbewegungen bei 2½D-Bahnsteuerungen

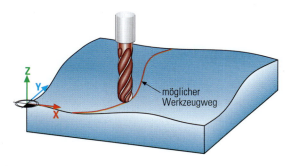

3 Verfahrbewegungen bei 3D-Bahnsteuerungen

1.5 Baueinheiten

Im Gegensatz zu konventionellen Werkzeugmaschinen besitzen CNC-Maschinen meist einen Motor für den Hauptantrieb und je einen Motor für jeden Vorschubantrieb *(feed drive)*.

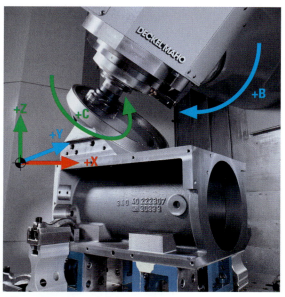

4 Bewegungen einer 5D-Bahnsteuerung

1.5.1 Hauptantrieb

Der Hauptantrieb *(main drive)* soll
- die zur Zerspanung erforderliche Leistung zur Verfügung stellen
- stufenlos regelbar sein (z. B. beim Drehen mit konstanter Schnittgeschwindigkeit)
- schnell zu beschleunigen und zu bremsen sein (z. B. beim Werkzeugwechsel).

1.5.1.1 Elektromechanischer Antrieb

Der elektromechanische Antrieb *(electromechanical drive)* besteht aus Motor, Riementrieb und/oder Getriebe sowie der Antriebsspindel (Seite 215 Bild 1). Er bietet den Vorteil, dass der Motor thermisch von der Spindel und dem Bearbeitungsraum entkoppelt ist. Der Riementrieb begrenzt jedoch die Umdrehungsfrequenz, die Steifigkeit und das Beschleunigungsverhalten des Antriebs und damit auch die Produktivität der Werkzeugmaschine.

1.5.1.2 Direktantrieb *(gearless drive)*

- Bei der **Hauptspindel mit angebautem Motor** wird das Drehmoment vom Rotor des Motors **direkt** auf die Hauptspindel übertragen (Seite 215 Bild 2). Der Antrieb wird dadurch sehr steif und ermöglicht kurze Beschleunigungs- und Bremszeiten.
- Bei der **Motorspindel** *(motor spindle)* (Seite 215 Bild 3) ist die Hauptspindel im Antriebsmotor integriert. Durch den direkten Einbau der Hauptspindel ist meist eine Flüssigkeitskühlung des Motors erforderlich. Diese Ausführungsform des Hauptspindelantriebs entwickelt sich immer mehr zum Standard im modernen Werkzeugmaschinenbau.

1.5 Baueinheiten

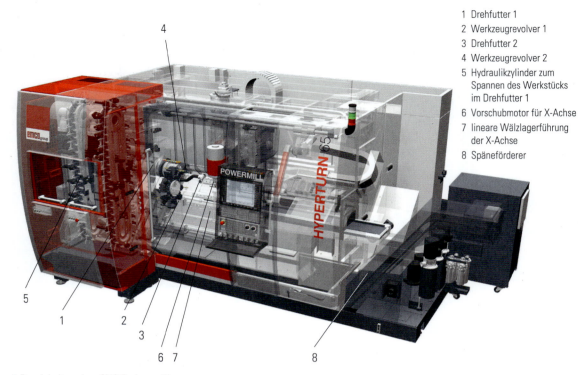

1. Drehfutter 1
2. Werkzeugrevolver 1
3. Drehfutter 2
4. Werkzeugrevolver 2
5. Hydraulikzylinder zum Spannen des Werkstücks im Drehfutter 1
6. Vorschubmotor für X-Achse
7. lineare Wälzlagerführung der X-Achse
8. Späneförderer

1 Baueinheiten einer CNC-Drehmaschine

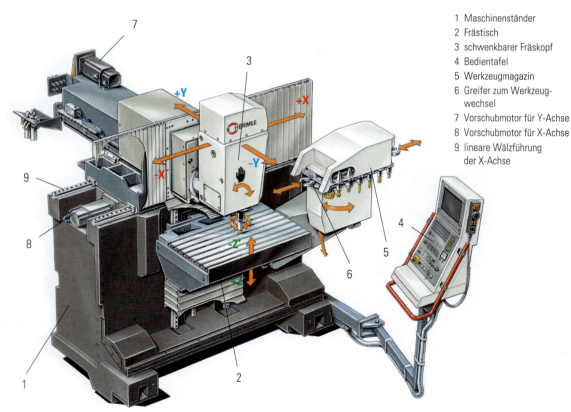

1. Maschinenständer
2. Frästisch
3. schwenkbarer Fräskopf
4. Bedientafel
5. Werkzeugmagazin
6. Greifer zum Werkzeugwechsel
7. Vorschubmotor für Y-Achse
8. Vorschubmotor für X-Achse
9. lineare Wälzführung der X-Achse

2 Baueinheiten einer CNC-Fräsmaschine

1.5 Baueinheiten

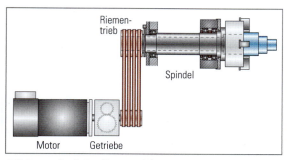

1 Elektromechanischer Hauptantrieb

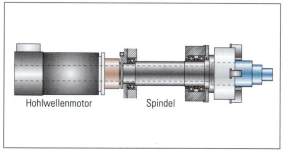

2 Direktantrieb: Hauptspindel mit angebautem Hohlwellenmotor

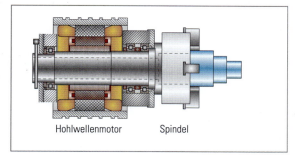

3 Direktantrieb: Motorspindel

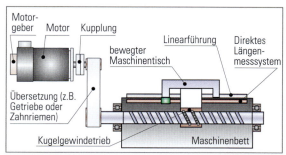

4 Schematische Darstellung eines elektromechanischen Vorschubantriebs

Da ein Direktantrieb auf eine Umdrehungsfrequenz- und Drehmomentwandlung durch Riementrieb und/oder Getriebe verzichtet, muss der Antriebsmotor folgende Anforderungen erfüllen:
- großer Umdrehungsfrequenzbereich
- großer Bereich mit konstanter Leistung
- hohes Drehmoment bei geringen Umdrehungsfrequenzen und
- hohe maximale Umdrehungsfrequenz

Drehstrom-Asynchronmotoren *(three-phase induction motors)* werden diesen Anforderungen weitgehend gerecht.

1.5.2 Vorschubantriebe

Die Vorschubantriebe *(feed drives)* stellen die für die Bearbeitung benötigten weiteren Bewegungen zur Verfügung. Sie bestehen im Wesentlichen aus
- Antriebsregler
- Motor
- Achsmechanik (Schlitten, Führungen, Spindel) und
- Wegmesssystem

1.5.2.1 Elektromechanische Antriebe

Die mechanische Energie wird meist vom Motor über eine Kupplung und einen Zahnriementrieb auf einen Kugelgewindetrieb *(ball screw)* geleitet. Der wandelt die drehende in eine geradlinige Bewegung des geführten Schlittens um (Bild 4).
Für den Vorschubmotor an CNC-Maschinen hat sich der Begriff **Servomotor** *(servo motor)* durchgesetzt. Es kommen fast ausschließlich frequenzgesteuerte Drehstrommotoren *(frequency regulated three-phase motors)* zum Einsatz, weil sie über folgende Vorteile verfügen:
- großer Umdrehungsfrequenzbereich
- hohe Drehmomente
- Wartungsfreiheit
- gutes Beschleunigungsvermögen
- gute Kühlmöglichkeiten

Um eine genaue und schnelle Positionierung des Schlittens zu erreichen, muss er möglichst spielfrei und reibungsarm gelagert sein. **Lineare Wälzlagerführungen** *(linear rolling bearing guideways)* (Bild 5) erfüllen diese Anforderungen weitgehend und werden daher bevorzugt eingesetzt. Gleitführungen *(guide slide bearings)* werden wegen der Gleitreibung[1] und dem damit verbundenen Verschleiß möglichst vermieden.
Ebenso soll die Umwandlung der kreisförmigen in eine geradlinige Bewegung möglichst spielfrei und reibungsarm sein. We-

5 Lineare Wälzlagerführung

[1] siehe „Grundkenntnisse Industrielle Metallberufe 3010" im Lernfeld 4 Kap. 1.3.2

gen der Gleitreibung und ihres Spiels sind Trapezgewindetriebe *(trapezoidal screw drives)*, wie sie bei konventionellen Werkzeugmaschinen eingesetzt werden, ungeeignet.

In **Kugelgewindetrieben** *(ball screws)* (Bild 1) herrscht überwiegend Rollreibung zwischen den Spindeln, Kugeln und Muttern. Dadurch reduziert sich die Reibung im Vergleich zum Trapezgewinde auf einen Bruchteil. Damit verbunden sind
- kein Stick-Slip-Effekt (Übergang von Haft- in Gleitreibung),
- geringe Erwärmung und geringer Verschleiß,
- höhere Umdrehungsfrequenzen,
- längere Lebensdauer und
- gleichbleibende Genauigkeit.

Kugelgewindetriebe werden spielfrei und vorgespannt angeboten.

Der **elektromechanische Antrieb** hat folgende Vorteile:
- Übertragung großer Vorschubkräfte
- geringe Abwärme
- niedrige Motorkosten

1.5.2.2 Direktantrieb

Beim Direktantrieb *(gearless drive)* mit Linearmotor ist keine Spindel nötig (Bild 2). Die geradlinige Bewegung erfolgt unmittelbar durch den **Linearmotor** *(linear motor)* ohne zwischengeschaltete Antriebselemente (Bild 3). Der Schlitten wird geführt und – wie bei der Magnetschwebebahn – elektrisch angetrieben.

Der Direktantrieb hat gegenüber dem elektromechanischen folgende Vorteile:
- geringere bewegte Massen
- kein Verschleiß an den Antriebselementen
- höhere Verfahrgeschwindigkeiten
- unbeschränkter Verfahrweg durch Aneinanderreihung von Einzelelementen
- höhere Beschleunigungen
- Umkehrspiele *(backlashs)* (toter Gang) und Federwirkungen mechanischer Übertragungsglieder entfallen

In Bild 4 ist die Abhängigkeit der Beschleunigungen von den bewegten Massen für elektromechanische Antriebe und den Direktantrieb dargestellt.

1.5.3 Lage- und Geschwindigkeitsregelkreis

Die CNC-Steuerung entnimmt den Sollwert, d. h. die Zielposition (z. B. 200 mm) dem CNC-Programm (Seite 217 Bild 1). Der **Regler** *(controller)* stellt dem Sollwert den Istwert (z. B. 300 mm) gegenüber. Die Differenz aus Sollwert und Istwert (200 mm – 300 mm) ist die **Regeldifferenz** *(system deviation)* (–100 mm). Ihr Vorzeichen bestimmt die Bewegungsrichtung des Werkzeugschlittens. Im Beispiel verläuft sie in negativer Richtung, also in Richtung des Drehfutters. Der Regler steuert den **Motor** *(motor)* an. Dieser treibt die Spindel an, die den Werkzeugschlitten in die gewünschte Richtung bewegt. Während der Schlittenbewegung wird über ein **Wegmesssystem** *(position measuring system)* ständig der Istwert erfasst und dem Regler zugeführt, der laufend die Regeldifferenz ermittelt.

1 Kugelgewindetrieb

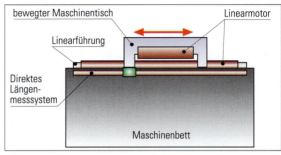

2 Schematische Darstellung eines direkten Vorschubantriebs

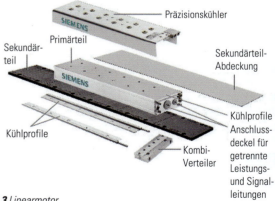

3 Linearmotor

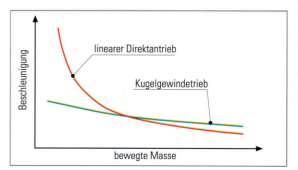

4 Beschleunigungen bei elektromechanischem Antrieb und bei Direktantrieb

1.5 Baueinheiten

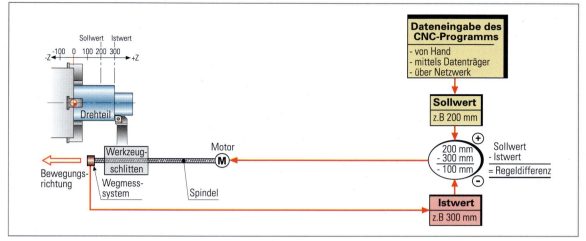

1 Lageregelkreis für den Werkzeugschlitten einer CNC-Drehmaschine

So lange Soll- und Istwert noch nicht gleich sind, wird der Werkzeugschlitten in die gewünschte Richtung weiter bewegt. Es handelt sich also nicht um eine numerisch „gesteuerte", sondern um eine numerisch „geregelte" Werkzeugmaschine, weil der Wirkungsablauf in einem geschlossenen Kreis, dem **Regelkreis** *(closed loop)*, stattfindet (siehe Grundstufe). Trotzdem wird der Begriff „numerisch gesteuert" weiter verwendet, weil er sich in Praxis und Literatur durchgesetzt hat.

Wenn die Regeldifferenz gleich Null ist, können Werkzeug und Werkzeugschlitten wegen ihrer Trägheit nicht schlagartig anhalten. Damit der Sollwert d. h. die Zielposition nicht überfahren wird, ist in den **Lageregelkreis** *(position closed loop)* ein **Geschwindigkeitsregelkreis** *(speed closed loop)* eingelagert (Bild 2).

> **MERKE**
> Der Geschwindigkeitsregelkreis muss ab einer gewissen Regeldifferenz die Vorschubgeschwindigkeit so verringern, dass der Zielpunkt mit der Vorschubgeschwindigkeit Null angefahren wird.

Dazu muss der Geschwindigkeitsregelkreis die Regeldifferenz kennen, die ihm vom Lageregler übermittelt wird. In Bild 3 ist die Funktion dargestellt, nach der der Geschwindigkeitsregler die Vorschubgeschwindigkeit anpasst. Je größer der Winkel α ist, desto schneller muss abgebremst werden und desto stabiler müssen die Maschinenkonstruktionen sein.

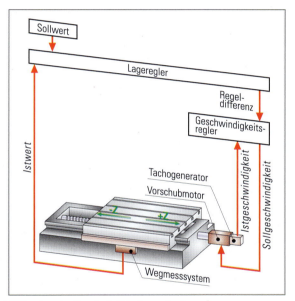

2 Eingelagerter Geschwindigkeitsregelkreis

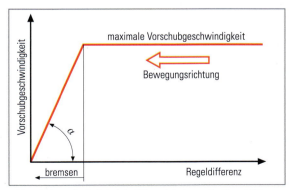

3 Vorschubgeschwindigkeit in Abhängigkeit von der Regeldifferenz

1.5.4 Wegmesssysteme

Jede Achse einer CNC-Maschine benötigt ein eigenes Wegmesssystem, das dem jeweiligen Lageregler die Istposition des Schlittens meldet.

> **MERKE**
> Bei der **direkten Wegmessung** wird der zurückgelegte Weg direkt gemessen (Bilder 1 und 2).
> Die **indirekte Wegmessung** schließt vom Drehwinkel unter Berücksichtigung der Spindelsteigung auf den zurückgelegten Weg (Bilder 3 und 4).

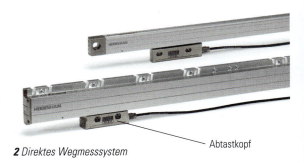

2 Direktes Wegmesssystem

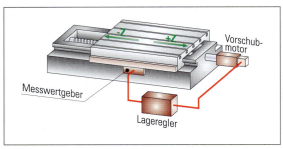

1 Direkte Wegmessung (direct position measuring system)

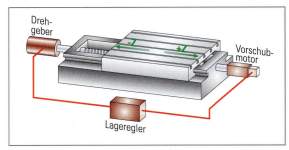

3 Indirekte Wegmessung (indirect position measuring system)

Bei den meisten Werkzeugmaschinen erfolgt die Wegmessung fotoelektronisch *(optoelectronic)* (Seite 219 Bild 1). Dabei bewegt sich ein Glasmaßstab *(precision glass scale)* durch einen Abtastkopf *(sensing head)*. Eine Lichtquelle sendet Strahlen durch die Abtastplatte und den Glasmaßstab mit Strichteilung. Die Striche bzw. die Lücken besitzen meist einen Breite von 10 oder 20 µm. Die Fotoelemente empfangen die Lichtstrahlen. Die **fotoelektronische Verstärkung** sorgt dafür, dass das Wegmesssystem digitale Impulse an den Lageregler sendet. Der Lageregler addiert die einzelnen Impulse unter Berücksichtigung der Verfahrrichtung. Je nach Ausführung des Systems lassen sich Messschritte von 1 µm bis 0,1 µm erfassen. Ein einzelner Zählimpuls wird als **Inkrement** (Zuwachs) bezeichnet, das Messverfahren dementsprechend als **inkrementale Wegmessung**.
Nach dem Einschalten der Maschine liegt bei inkrementalen Messsystemen meist keine Information über die Istposition des Schlittens vor. Dann muss der Referenzpunkt des Wegmesssystems (vgl. Kap. 3.5) angefahren werden. Das untere Fotoelement in Bild 1 auf Seite 219 erfasst die Lage des Referenzpunkts auf dem Glasgittermaßstab.

4 Indirektes Wegmesssystem

1.5 Baueinheiten

Bei inkrementalen Längenmesssystemen mit **abstands-codierten Referenzmarken** (Bild 2) steht der absolute Positionswert nach nur max. 20 mm Verfahrstrecke zur Verfügung, d. h. mit dem Überfahren von zwei Referenzmarken. Die Teilung des Maßstabs besteht aus der normalen Strichteilung und einer dazu parallel verlaufenden Referenzmarkenspur. Der Abstand zwischen den Referenzmarken ist nicht konstant, sondern unterschiedlich. Durch Auszählen der Messschritte von einer zur nächsten Referenzmarke kann die absolute Position bestimmt werden.

Die **indirekte inkrementale Wegmessung** *(incremental position measuring system)* wird mit Drehgebern durchgeführt (Seite 218 Bild 4). Die Messwerterfassung geschieht wie bei der direkten Wegmessung (Bild 3). Der Messschritt wird jedoch nicht in Millimeter, sondern in Grad angegeben. Messschritte bis zu 0,0005° können problemlos erreicht werden.

Im Gegensatz zur direkten Wegmessung beeinflussen **Steigungsfehler** *(pitch error)* der Spindel sowie Spiel zwischen Spindel und Mutter das Messergebnis bei der indirekten Wegmessung **nachteilig**.

Vorteilhaft ist, dass Drehgeber im Gegensatz zu den direkten Wegmesssystemen platzsparend und an geschützten Stellen (z. B. innerhalb des Antriebsmotors) anzubringen sind. Für die indirekten Wegmesssysteme spielt die Länge des Verfahrwegs keine Rolle. Während bei großen Verfahrstrecken direkte Wegmesssysteme vergleichsweise **teuer** sind.

Die **absoluten Wegmesssysteme** geben ihre Informationen nicht in Form von digitalen Impulsen aus, sondern als absoluten Zahlenwert. Daher ist es z. B. nach einer Kollision nicht erforderlich, den Referenzpunkt anzufahren. Das Wegmesssystem meldet auch nach einer Kollision oder einem Stromausfall, wo der Schlitten im Maschinenkoordinatensystem steht. Dazu reicht allerdings nicht eine Strichteilung auf dem Glasmaßstab aus, sondern es sind mehrere nötig. Die Bilder 1 und 2 auf Seite 220 stellen die Prinzipien für eine indirekte absolute bzw. eine direkte absolute Wegmessung *(absolute position measuring system)* dar. Die absoluten Wegmesssysteme sind aufwändiger und entsprechend teurer als die inkrementalen.

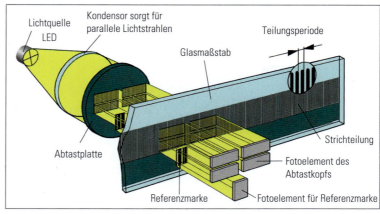

1 Prinzip der fotoelektronischen (direkten, inkrementalen) Wegmessung

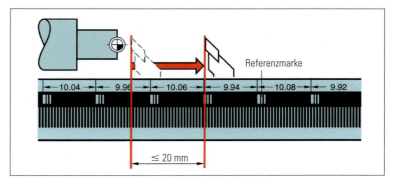

2 Direktes inkrementales Wegmesssystem mit abstandscodierten Referenzmarken

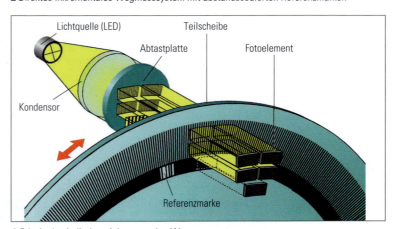

3 Prinzip des indirekten inkrementalen Wegmesssystems

1.5 Baueinheiten

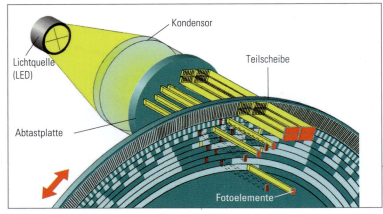

1 Prinzip eines indirekten absoluten Wegmesssystems

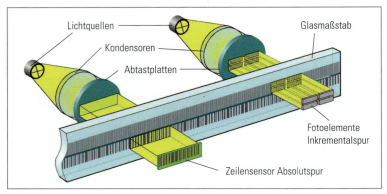

2 Prinzip eines direkten absoluten Wegmesssystems

1.5.5 Anpasssteuerung

Die Anpasssteuerung *(adaptive control)* (SPS[1]) gehört nicht mehr zur eigentlichen CNC-Steuerung, ist jedoch mit ihr verbunden, und es findet ein ständiger Datenaustausch zwischen beiden statt (Seite 221 Bild 1).

Fräsmaschinen spanen meist nur, wenn die Maschinenverkleidung geschlossen ist. Daher erhält die Anpasssteuerung von Sensoren die Information, ob die Verkleidung geschlossen ist. Diese Information gibt sie an die CNC-Steuerung weiter. Nur wenn die Verkleidung geschlossen ist, erhält der Hauptspindelantrieb die Freigabe, sich zu drehen. Ist dies nicht der Fall, gibt die Steuerung eine entsprechende Fehlermeldung auf dem Bildschirm aus. Diese Meldung kann im Klartext (z. B. Arbeitsspindel steht) oder verschlüsselt (z. B. Error 234) ausgegeben werden. Im zweiten Fall muss der Maschinenbediener mithilfe der Bedienungsanleitung den Fehler entschlüsseln.

Erfolgt im Programm der Befehl, das Kühlmittel anzuschalten, gibt die Steuerung diese Information an die Anpasssteuerung weiter. Diese schaltet dann die Pumpe für die Kühlmittelzufuhr ein.

> **MERKE**
> Anpasssteuerungen erfassen einerseits Betriebszustände mithilfe von Sensoren und geben diese an die CNC-Steuerung weiter. Andererseits erhalten sie Informationen von der CNC-Steuerung und leiten Schaltfunktionen ein.

1.5.6 Anzeige- und Wiederholgenauigkeit

Obwohl bei fast allen Werkzeugmaschinen die Anzeigegenauigkeit *(indication accuracy)* 0,001 mm oder genauer beträgt, heißt das nicht, dass das Istmaß des Werkstücks auf 0,001 mm identisch mit dem programmierten Wert ist. Die Gründe für Maßabweichungen liegen nicht in der Steuerung, sondern in der Maschinenkonstruktion.

Das vorhandene **Spiel** *(clearance)* in Lager und Führungen bewirkt, dass das Werkzeug durch die Schnittkräfte in eine andere als die programmierte Lage gedrückt wird (Bild 3). Auch bei den hochwertigsten CNC-Maschinen muss ein gewisses Spiel in den Lagern und Führungen vorhanden sein. Sonst werden die Reibungskräfte und der dadurch entstehende Verschleiß zu groß und es stellen sich nach kurzer Zeit größere Ungenauigkeiten ein.

Wenn metallische Bauteile oder Werkzeuge beansprucht werden, **verformen** sie sich **elastisch**. Durch die Schnittkraft verformen sich z. B. Fräser und Spindel, was zu Maßabweichungen führt. Die Verformungen sind umso größer, je größer die Zerspankräfte sind und je weiter die Spindel ausgefahren ist.

Durch die **Wärmedehnung** *(thermal expansion)* der Maschinenbauteile und des Werkstücks kann es zu weiteren Ungenauigkeiten kommen.

3 Auswirkungen von Führungsspiel, Wärmedehnung und elastischer Verformung auf die Maßhaltigkeit des Werkstücks

---

[1] speicherprogrammierbare Steuerung (siehe auch Lernfeld 8, S. 274 f.)

1.5 Baueinheiten

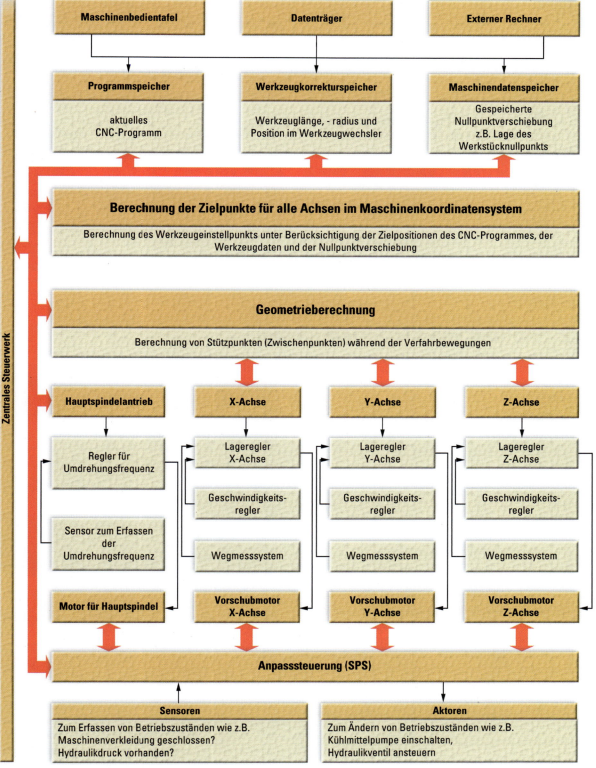

1 Funktionsweise einer CNC-Fräsmaschine

ÜBUNGEN

1. Skizzieren Sie perspektivisch ein Koordinatensystem mit den Achsen X, Y und Z sowie den Drehachsen A, B und C.
2. Wodurch wird die Z-Achse an CNC-Maschinen bestimmt und wie verläuft sie?
3. Unterscheiden Sie Y-Richtung und Y'-Richtung.
4. Warum wird bei der Programmierung immer davon ausgegangen, dass sich das Werkzeug gegenüber dem Werkstück bewegt?
5. Erstellen Sie eine Mindmap zu den Bezugspunkten an CNC-Werkzeugmaschinen.
6. Unterscheiden Sie 2½D-Bahnsteuerung und 3D-Bahnsteuerung.
7. Nennen Sie die Baueinheiten in Energieflussrichtung für einen elektromechanischen Hauptantrieb.
8. Skizzieren Sie ein Blockschaltbild für einen Vorschubantrieb.
9. Nennen Sie Vorteile eines Kugelgewindetriebs gegenüber einem Trapezgewinde.
10. Welche Vorteile hat ein Linearmotor gegenüber einem elektromechanischen Vorschubantrieb?
11. Unterscheiden Sie Lage- und Geschwindigkeitsregelkreis.
12. Stellen Sie direkte und indirekte Wegmessung vergleichend gegenüber.
13. Welche Vor- und Nachteile hat ein absolutes Wegmesssystem gegenüber einem inkrementalen?
14. Welche Aufgaben übernimmt die Anpasssteuerung bei einer CNC-Maschine?
15. Unterscheiden Sie Anzeige- und Wiederholgenauigkeit.

2 Aufbau von CNC-Programmen

Die gesamte Bearbeitung eines Werkstücks wird bei der Erstellung eines CNC-Programms *(CNC-programme)* in Einzelschritte zerlegt.

MERKE
Das CNC-Programm muss alle Informationen beinhalten, die für die Bearbeitung des Werkstücks notwendig sind.

Dazu gehören **geometrische** und **technologische** Informationen sowie **Zusatzinformationen** (Schaltbefehle). Bei der Bearbeitung des Werkstücks werden die Sätze in ihrer Reihenfolge aus dem Programmspeicher gelesen und abgearbeitet, d. h. in Bewegungen umgesetzt.

Die **geometrischen Informationen** *(geometrical information)* beschreiben die Art der Werkzeugbewegungen. Dazu gehören z. B. Eilgang- bzw. Vorschubbewegung oder ob sich das Werkzeug geradlinig bzw. bogenförmig bewegt.

Die **technologischen Informationen** *(technological information)* geben z. B. Auskunft über den Vorschub und die Schnittgeschwindigkeit bzw. die Umdrehungsfrequenz.

Zu den **Zusatzinformationen** *(additional information)* (Schaltfunktionen) zählen z. B. Drehrichtung der Arbeitsspindel, das im Einsatz befindliche Werkzeug, Werkzeugwechsel, Kühlmittel ein/aus und Programmende.

Ein CNC-Programm[1] ist aus einzelnen **Programmsätzen** *(programme blocks)* aufgebaut (Bild 1).
Ein **Satz** besteht aus einem oder mehreren **Wörtern**:

N50 G0 Z50 F300 S3000 M3
— Wort

```
N10 G90
N20 G17
N30 G54
N40 T1 M6
N50 G0 Z50 F300 S3000 M3
N60 G0 X30 Y30
N70 G0 Z2
N80 G1 Z-20 M8
N90 G1 Y170
N100 G1 X370
N110 G1 Y30
N120 G1 X30
N130 G0 Z50
N140 M30
```

1 Aus Sätzen aufgebautes CNC-Programm

Das einzelne **Wort** setzt sich aus einem Adressbuchstaben *(adress letter)* und einer Ziffernfolge zusammen:

Z50
— Ziffernfolge
— Adressbuchstabe

Die Satznummer bzw. das N-Wort (englisch: *number*) wie z. B. N50 dient zur Kennzeichnung der einzelnen Sätze. Die Steuerung arbeitet die Sätze in ihrer Reihenfolge ab. Es handelt sich somit bei der Satznummer lediglich um eine **programmtechnische Information**, die nicht bei allen Steuerungen erforderlich ist.

[1] DIN 66025

2.1 Geometrische Informationen (Wegbedingungen)

Wegbedingung	Bedeutung	Grafische Darstellung
G0[1]	**Punktsteuerungsverhalten** *(positioning at rapid rate)*: Das Werkzeug bewegt sich mit Eilganggeschwindigkeit zum programmierten Punkt.	
G1	**Geradeninterpolation** *(linear interpolation)*: Die Zielposition wird auf einer Geraden mit dem programmierten Vorschub angefahren.	
G2	**Kreisinterpolation im Uhrzeigersinn** *(circle interpolation clockwise)*: Das Werkzeug bewegt sich mit programmiertem Vorschub im Uhrzeigersinn auf einer Kreisbahn zum Ziel.	
G3	**Kreisinterpolation im Gegenuhrzeigersinn** *(circle interpolation counterclockwise)*: Das Werkzeug bewegt sich mit programmiertem Vorschub im Gegenuhrzeigersinn auf einer Kreisbahn zum Ziel.	
G90	**Absolute Maßangabe** *(absolute positioning)*: Es wird programmiert, **auf** welche Zielkoordinaten das Werkzeug in Abhängigkeit vom Werkstücknullpunkt *(workpiece zero point)* verfährt.	
G91	**Inkrementale Maßangabe** *(incremental positioning)*: Es wird programmiert, **um** welche Koordinatenbeträge das Werkzeug in Abhängigkeit vom derzeitigen Startpunkt verfährt.	

1 Wichtige G-Funktionen bzw. Wegbedingungen

---

[1] Nach DIN 66025-2: 1988-09 werden die Wegbedingungen G0 bis G9 mit G00 bis G09 bezeichnet.

2.1 Geometrische Informationen (Wegbedingungen)

Geometrische Informationen (Wegbedingungen) teilen der Steuerung mit, wie sie die Relativbewegung von Werkzeug und Werkstück (z. B. Verfahrweg als Gerade oder Kreisbogen) auszuführen hat. Die Koordinaten geben jeweils den Zielpunkt des Bearbeitungsschrittes an.

MERKE

Die Wegbedingungen *(preparatory functions)* bzw. G-Wörter legen – zusammen mit den Wörtern für die Koordinaten – den geometrischen Teil des Programms fest (Bild 1 und Seite 222 Bild 1).

Wegbedingung	Bedeutung
G4	Verweilzeit, zeitlich vorbestimmt
G17	Ebenenauswahl (X-Y-Ebene)
G18	Ebenenauswahl (Z-X-Ebene)
G19	Ebenenauswahl (Y-Z-Ebene)
G33	Gewindeschneiden, Steigung konst.
G40	Aufheben der Werkzeugkorrektur
G41	Werkzeugbahnkorrektur, links
G42	Werkzeugbahnkorrektur, rechts
G43	Werkzeugkorrektur, positiv
G44	Werkzeugkorrektur, negativ
G53	Aufheben der (Nullpunkt)verschiebung
G54…59	(Nullpunkt)verschiebung 1…6
G80	Aufheben des Arbeitszyklus
G81…89	Arbeitszyklus 1…9
G94	Vorschubgeschwindigkeit in mm/min
G95	Vorschub in mm pro Umdrehung
G96	konstante Schnittgeschwindigkeit
G97	Umdrehungsfrequenz in 1/min

1 Weitere G-Funktionen bzw. Wegbedingungen

2.1.1 Absolute und inkrementale Maßangabe

Bevor die Beschreibung der Werkzeugwege erfolgt, muss im Programm definiert sein, worauf sich die im Programm stehenden Koordinaten (z. B. X30 Y30) beziehen.
Es gibt prinzipiell zwei Möglichkeiten der Maßangabe:
- Absolute Maßangabe *(absolute measurement)* (G90)
- Inkrementale Maßangabe *(incremental measurement)* (G91)

MERKE

Durch die Eingabe von G90 wird festgelegt, dass es sich bei den folgenden Koordinatenwerten um absolute Maßangaben handelt, die sich auf den Werkstücknullpunkt beziehen.

MERKE

Durch die Eingabe von G91 wird bestimmt, dass es sich bei den folgenden Koordinatenwerten um inkrementale Maßangaben handelt, die sich jeweils auf die derzeitige Werkzeugposition *(position of tool)* beziehen.

Bei der **absoluten Maßangabe** werden die Zielkoordinaten eingegeben, auf die sich das Werkzeug in Bezug auf den Werkstücknullpunkt bewegt (Bilder 2a und 3a). Bislang wurden alle Konturpunkte in dieser Art bestimmt (Seite 222 Bild 1 und Kapitel 1.3.1).

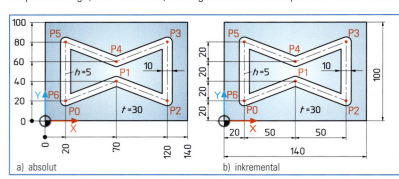

Punkt	Maßangabe	
	G90	G91
1	X70 Y40	X50 Y20
2	X120 Y20	X50 Y-20
3	X120 Y80	X0 Y60
4	X70 Y60	X-50 Y-20
5	X20 Y80	X-50 Y20
6	X20 Y20	X0 Y-60

a) absolut b) inkremental

2 Absolute Programmierung (G90) und inkrementale Programmierung (G91) eines Frästeils

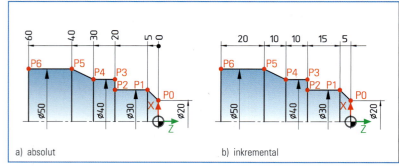

Punkt	Maßangabe	
	G90	G91
1	X30 Z-5	X5 Z-5
2	X30 Z-20	X0 Z-15
3	X40 Z-20	X5 Z0
4	X40 Z-30	X0 Z-10
5	X50 Z-40	X5 Z-10
6	X50 Z-60	X0 Z-20

a) absolut b) inkremental

3 Absolute Programmierung (G90) und inkrementale Programmierung (G91) eines Drehteils

2.1 Geometrische Informationen (Wegbedingungen)

Bei der **inkrementalen**[1] **Maßangabe** wird programmiert, um welchen Betrag das Werkzeug von der aktuellen Position aus verfahren muss, damit es den Zielpunkt erreicht (Seite 224 Bilder 2b und 3b).

Die Werkstücke verdeutlichen für das **Fräsen** (Seite 224 Bild 2) und **Drehen** (Seite 224 Bild 3) die Unterschiede von absoluter und inkrementaler Maßangabe. Dabei wird davon ausgegangen, dass der Fräser bzw. der Drehmeißel zu Beginn der Betrachtung jeweils auf dem Punkt P0 steht und dann schrittweise jeder Punkt bis P6 angefahren wird.

Die Beispiele zeigen, dass die inkrementale Maßangabe gegenüber der absoluten einige Nachteile hat:

- Während bei der absoluten Programmierung aufgrund der Koordinatenwerte (z. B. P5 beim Fräsen: X20 Y80) sofort die programmierte Position ersichtlich ist, ist das bei der inkrementalen (X-50 Y20) nicht der Fall. Um die Werkzeugposition zu bestimmen, muss ein Programm mit inkrementaler Maßangabe von vorne bis zu dem Programmsatz *(programme block)* durchgegangen werden, in dem die Koordinatenangabe erfolgt.
- Bei der inkrementalen oder Kettenmaßangabe setzen sich Fehler und Ungenauigkeiten durch die gesamte Bearbeitung fort.

Die inkrementale Maßangabe wird bei Unterprogrammen (vgl. Kap. 3.2.10), Programmteilwiederholungen und Parameterdefinitionen bevorzugt.

Die meisten CNC-Werkzeugmaschinen gehen nach dem Einschalten davon aus, dass eine absolute Maßangabe erfolgt.

2.1.2 Polarkoordinaten

Bislang wurden die Punkte an den Werkstücken durch **kartesische Koordinaten** *(cartesian coordinates)* (X,Y und Z) angegeben. Ausgehend von einem Punkt (Pol) sind Punkte auch durch die Angabe von **Winkel** *(angle)* und **Radius** *(radius)* bestimmt. Diese Koordinaten heißen **Polarkoordinaten** *(polar coordinates)*. In der X-Y-Ebene verläuft der positive Winkel φ von der X-Achse entgegen dem Uhrzeigersinn (Bild 1). In der Z-X-Ebene verläuft er von der Z-Achse entgegen dem Uhrzeigersinn.

2.1.3 CNC-gerechte Einzelteilbemaßung

Eine Einzelteilzeichnung soll alle Maße enthalten, die bei der Programmierung des Einzelteils erforderlich sind. Dabei können drei unterschiedliche Bemaßungsarten[2] zum Einsatz kommen.

Absolute Bemaßung *(absolute dimensioning)*
Ausgehend von einem **Koordinatenursprung**, dem **Werkstücknullpunkt**, wird jeder benötigte Werkstückpunkt bemaßt (Bild 2). Diese Art der Bemaßung erfordert relativ viel Platz.

Die **steigende Bemaßung** *(continuous dimensioning)* der Koordinaten (Bild 3) ist sehr platzsparend und übersichtlich und daher für die meisten Bauteile, die auf CNC-Maschinen hergestellt werden, besonders zu empfehlen.

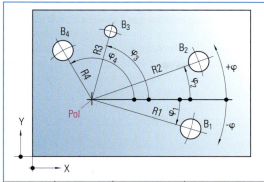

Pos.	Radius R	Winkel φ	Durchmesser
1	50	–17°	10
2	55	20°	10
3	35	75°	6
4	28	120°	10

1 Polarkoordinaten

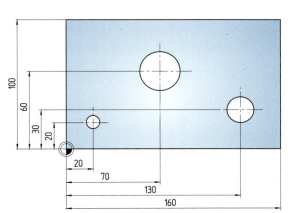

2 Absolute Bemaßung

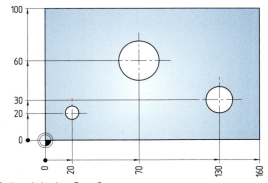

3 Steigend absolute Bemaßung

[1] Inkrement: Zuwachs [2] DIN 406-11

Für die Bemaßung von vielen Bohrungen an Werkstücken eignet sich die **Bemaßung mithilfe von Tabellen** (Bild 1). Die Positionsnummer des Koordinatenpunkts besteht aus zwei Nummern, die durch einen Punkt getrennt sind. Die erste Nummer kennzeichnet den jeweiligen Koordinatenursprung, die zweite ist die Zählnummer des Punkts. Die Angabe 2.4 entspricht der vierten Position des zweiten Koordinatensystems.

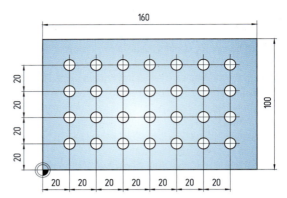

2 Inkrementale Bemaßung (Kettenbemaßung)

2.2 Technologische Informationen

Beim Drehen und Fräsen sind Vorschub bzw. Vorschubgeschwindigkeit und Schnittgeschwindigkeit bzw. Umdrehungsfrequenz ebenso zu programmieren wie das jeweilige Werkzeug.

Der **Vorschub** *(feed)* bzw. die **Vorschubgeschwindigkeit** *(feed speed)* wird hinter dem **Adressbuchstaben F** (feed) definiert. Beim Drehen wird der Vorschub meist in Millimeter pro Umdrehung angegeben, sodass F0.3 einen Vorschub von 0,3 mm pro Umdrehung bedeutet. Beim Fräsen wird die Vorschubgeschwindigkeit in mm/min programmiert, d. h. F300 entspricht einer Vorschubgeschwindigkeit von 300 mm/min. Mit den Wegbedingungen **G94** bzw. **G95** wird beim Drehen angegeben, ob die Vorschubgeschwindigkeit v_f (in mm/min) oder der Vorschub (f in mm) anzugeben ist.

Die **Umdrehungsfrequenz** *(rotational freqency)* bzw. die **Schnittgeschwindigkeit** wird mit dem **S-Wort** *(spindle speed)* angegeben. S4500 bedeutet beim Fräsen, dass die Arbeitsspindel mit einer Umdrehungsfrequenz von 4500/min arbeitet. CNC-Drehmaschinen ermöglichen es, mit konstanter Schnittgeschwindigkeit zu spanen. Wenn die Wegbedingung **G96** programmiert wurde, wird mit der Angabe S300 eine konstante Schnittgeschwindigkeit von 300 m/min erzielt. Nach Angabe von **G97** ist wieder die Umdrehungsfrequenz anzugeben, sodass dann S300 eine Umdrehungsfrequenz von 300/min bewirkt.

Die Werte für Schnittgeschwindigkeit, Vorschub und Vorschub pro Zahn stellen die Werkzeug- und Schneidstoffhersteller für ihre Produkte in **Datenbanken** zur Verfügung. Auf diese kann der Anwender über das Internet zugreifen.

Die **Werkzeuge** *(tools)* werden mit dem **T-Wort** aufgerufen. Mit T3 wird somit das Werkzeug eingewechselt, das der Bediener als drittes Werkzeug definiert hat.

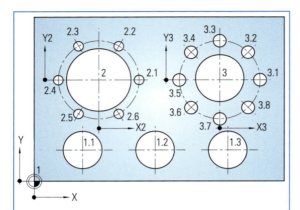

Pos.	Koordinaten				Durch-messer
	X-Achse	Y-Achse	Radius	Winkel	
1	0	0			
1.1	30	20			24H7
1.2	75	20			24H7
1.3	120	20			24H7
2	40	65			40H7
2.1	25	0	25	0	6
2.2	12,5	21,651	25	60	6
2.3	−12,5	21,651	25	120	6
2.4	−25	0	25	180	6
2.5	−12,5	−21,651	25	240	6
2.6	12,5	−21,651	25	300	6
3	115	65			30H7
3.1	25	0	25	0	8
3.2	17,678	17,678	25	45	8
3.3	0	25	25	90	8
3.4	−17,678	17,678	25	135	8
3.5	−25	0	25	180	8
3.6	−17,678	−17,678	25	225	8
3.7	0	−25	25	270	8
3.8	17,678	−17,678	25	315	8

1 Absolute Bemaßung mithilfe von Tabellen

Inkrementale Bemaßung *(incremental dimensioning)*
Jedes Maß gibt auf der gemeinsamen Maßlinie einen Zuwachs. Der Endpunkt des vorherigen Maßes ist der Bezugspunkt des folgenden Maßes. Die Bemaßung erfolgt als Maßkette (Bild 2). Deshalb heißt sie auch **Zuwachs-** oder **Kettenbemaßung** *(chain dimensioning)*.

2.3 Zusatzinformationen

Bedingt durch die verschiedensten CNC-Maschinen für Drehen, Fräsen, Schleifen usw. gibt es eine Fülle von **maschinenspezifischen Zusatzfunktionen** *(additional options)*, die meistens bestimmte Schaltfunktionen ausführen. Sie werden mithilfe des **M-Worts** *(machine function)* bestimmt. Bild 1 stellt einen Auszug aus der Norm[1] dar, der für viele Maschinenarten Gültigkeit besitzt.

MERKE

Bei der Programmierung der in der Praxis vorhandenen Maschine ist unbedingt die Betriebs- bzw. Programmieranleitung der betreffenden Steuerung heranzuziehen.

Zusatzfunktion	Bedeutung
M0	Programmierter Halt
M1	Wahlweiser Halt
M3	Spindel im Uhrzeigersinn
M4	Spindel im Gegenuhrzeigersinn
M6	Werkzeugwechsel
M7	Kühl(schmier)mittel Nr. 2 EIN
M8	Kühl(schmier)mittel Nr. 1 EIN
M9	Kühl(schmier)mittel AUS
M30	Programmende mit Rücksetzen

1 *Ausgewählte M-Funktionen*

Überlegen Sie!
Schlüsseln Sie die einzelnen Sätze des CNC-Programms auf Seite 222 auf.

ÜBUNGEN

1. Unterscheiden Sie geometrische, technologische und Zusatzinformationen in CNC-Programmen.
2. Erläutern Sie, wie ein Programmsatz in einem CNC-Programm aufgebaut ist.
3. Stellen Sie absolute und inkrementale Maßangabe in CNC-Programmen gegenüber.
4. Wie kann der Punkt X30, Y40 über Polarkoordinaten angegeben werden?
5. Für die beiden Werkstücke sind die Verfahrwege vom Punkt P0 ausgehend bis zum Punkt P10 bzw. P11 absolut und inkremental zu bestimmen.

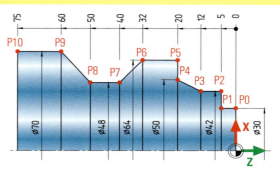

6. Für das Frästeil sind die Mittelpunkte der Bohrungen über Polarkoordinaten zu bestimmen und deren Durchmesser in einer Tabelle anzugeben.

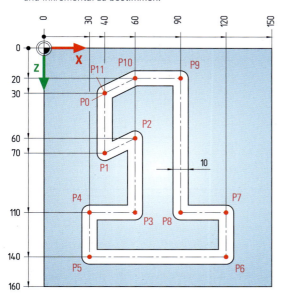

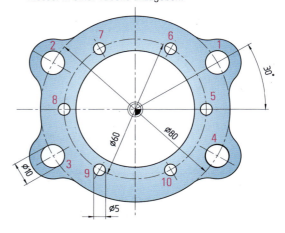

7. Mit welchen G-Funktionen werden:
   a) Vorschub in mm,
   b) Vorschubgeschwindigkeit in mm/min,
   c) konstante Schnittgeschwindigkeit,
   d) konstante Umdrehungsfrequenz definiert?

[1] DIN 66025

3 CNC-Drehen

Bei der Schiebereinheit[1] einer Druckgießform (Bild 1) verbindet der Kupplungszapfen den Schieber mit dem Hydraulikzylinder. Für die vier Schiebereinheiten der Druckgießform sind 4 Kupplungszapfen aus 40CrMnMoS 8-6 herzustellen (Bild 2). Für die Bearbeitung steht eine CNC-Drehmaschine *(CNC-lathe)* zur Verfügung.

Bei der CNC-Fertigung *(CNC-manufacturing)* ist der gesamte Fertigungsablauf zu planen und zu programmieren, bevor Werkzeuge und Maschine eingerichtet werden. Erst danach erfolgt die Zerspanung des Werkstücks.

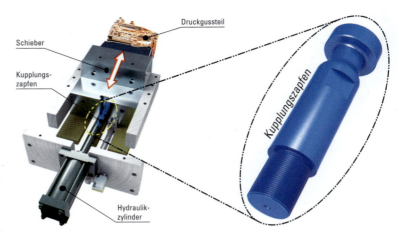

1 Schiebereinheit einer Druckgießform mit Hydraulikzylinder und Kupplungszapfen

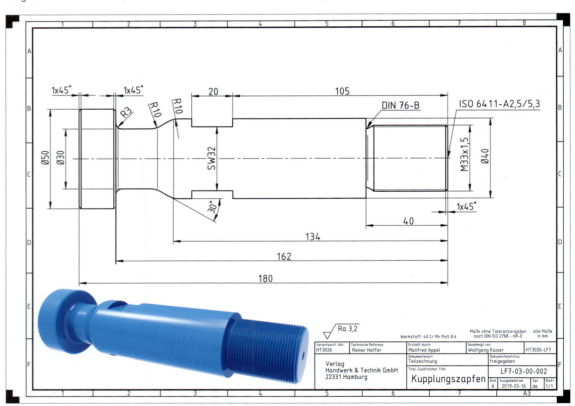

2 Teilzeichnung des Kupplungszapfens

3.1 Arbeitsplanung

Das Ausgangsmaterial für die vier Kupplungszapfen ist eine Stange von 52 mm Durchmesser und 800 mm Länge. Aufgrund der Zeichnung, der Funktion des Kupplungszapfens und des Ausgangsmaterials werden folgende Arbeitsschritte und Drehwerkzeuge gewählt (Seite 229).

Die Programmierung von CNC-Drehmaschinen kann auf unterschiedliche Weise erfolgen:
- manuell
- Werkstatt orientiert oder
- CAD-CAM[2]

[1] siehe hydraulisch betätigte Schieber in Lernfeld 11, Kap. 2.1.5.3
[2] siehe Lernfeld 10 Kap. 3.4

3.1 Arbeitsplanung

1. Aufspannung: Spannmittel: Dreibackenfutter mit harten Backen

Werkzeuge	Bearbeitungsschritte
T1 R0,8 $\kappa = 95°$ $\varepsilon = 80°$ P25	Querplandrehen der Stirnfläche $v_c = 220$ m/min $f = 0{,}3$ mm
T2 $d_1 = 2{,}5$ mm Form A	Zentrieren der Stirnfläche $n = 1000$/min $f = 0{,}1$ mm
	Zentrierspitze positionieren
T3 R0,8 $\kappa = 95°$ $\varepsilon = 55°$ P25	Schruppen der Kontur mit 0,5 mm Aufmaß im Durchmesser, 0,2 mm Aufmaß in axialer Richtung $v_c = 200$ m/min $f = 0{,}4$ mm $a_p = 4$ mm
T4 R0,4 $\kappa = 95°$ $\varepsilon = 35°$ P15	Schlichten der Kontur $v_c = 220$ m/min $f = 0{,}15$ mm
T5 P25	Gewindedrehen $n = 500$/min $f = 1{,}5$ mm
T6 $b = 4$ mm Typ L P25	Fasen und Abstechen $v_c = 160$ m/min $f = 0{,}1$ mm

3.2 Manuelles Programmieren

Bei der manuellen Programmierung *(manual programming)* gibt die Fachkraft die einzelnen Programmsätze *(programme blocks)* an der Maschine in die Steuerung ein. Fast alle CNC-Drehmaschinen sind als Schrägbettmaschinen *(inclined-bed machines)* ausgeführt (Bild 1). Bei dieser Maschinenkonzeption sind u. a. der Arbeitsraum für den Maschinenbediener gut zugänglich und die Spanabfuhr unproblematisch. Die Werkzeuge für die Außenbearbeitung liegen hinter der Drehmitte. Der Rohling wird im Dreibackenfutter *(three jaw chuck)* mit harten Backen gespannt. Er soll mindestens 190 mm über die Vorderkante der Backen in den Arbeitsraum hinein ragen. Dadurch ist es möglich, das Drehteil von der Stange abzustechen.

1 Arbeitsraum einer Schrägbettdrehmaschine

3.2.1 Nullpunktverschiebung

Der Werkstücknullpunkt *(workpiece zero point)* liegt an der Stirnseite des fertigen Werkstücks, weil sich darauf fast alle Maße des Kupplungszapfens beziehen. Bei den Drehmaschinen liegt der Maschinennullpunkt *(machine zero point)* meist auf der Spindelachse an der Anschlagfläche für das Drehfutter (Bild 2). Ausgehend vom Maschinennullpunkt ist die Lage des Werkstücknullpunkts zu definieren. Meist wird mit einer absoluten Nullpunktverschiebung *(absolute zero offset)* (z. B. G54) der Werkstücknullpunkt auf die Stirnfläche des Dreibackenfutters verschoben. Diese Nullpunktverschiebung ist beim Anschalten der Maschine aktiviert. Nach dem Einspannen des Rohlings misst die Fachkraft die Entfernung von der Stirnfläche des Rohlings bis zum Dreibackenfutter (Bild 3). Zum Querplandrehen lässt sie ein Aufmaß von 1 mm auf dem Rohling, sodass sie z. B. statt der gemessenen 241 mm eine zusätzliche Nullpunktverschiebung von 240 mm eingibt. Im CNC-Programm wird die zusätzliche Nullpunktverschiebung (G59) dann aktiviert, sodass sich der Werkstücknullpunkt an die vordere Stirnseite des fertigen Drehteils verschiebt.

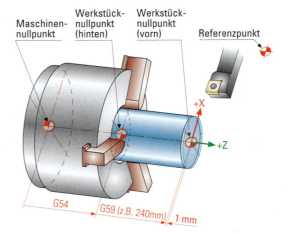

2 Nullpunkte und Nullpunktverschiebung beim Drehen

```
%                  (%-Zeichen markiert den Programmanfang)
N10 G59 ZA240      (Nullpunktverschiebung)
```

Zur besseren Lesbarkeit und Übersichtlichkeit werden CNC-Programme *(CNC programs)* mit Kommentaren *(comments)* versehen.

> **MERKE**
> Kommentare werden in CNC-Programmen in Klammern gesetzt und von der Steuerung während der Bearbeitung überlesen[1].

3 Messung zur Festlegung des Werkstücknullpunkts

3.2.2 Werkzeugwechsel

Der Werkzeugrevolver (Bild 4) *(turret)* schwenkt das jeweilige Werkzeug in die Arbeitsposition. Dabei besteht die Gefahr, dass beim Drehen des Revolvers dessen Werkzeuge mit dem eingespannten Werkstück kollidieren.

4 Werkzeugrevolver (Sternrevolver)

---

[1] Bei der PAL-Steuerung kennzeichnet das Semikolon (;) den Kommentarbeginn

3.2 Manuelles Programmieren

Bevor das erste Werkzeug in Arbeitsposition schwenkt, ist der Kollisionsbereich zu verlassen. Deshalb wird zunächst der Werkzeugwechselpunkt (G14) *(tool change position)* angefahren.

`N20 G14` (Anfahren des Werkzeugwechselpunkts)

Beim CNC-Drehen kann der Vorschub in mm pro Umdrehung *(feed rate per revolution)* und die Vorschubgeschwindigkeit *(feed rate per minute)* in mm/min angegeben werden (siehe Lernfeld 5 Kap. 1.1).

MERKE
G94: Vorschubgeschwindigkeit in mm/min
G95: Vorschub in mm

`N30 G95` (Vorschub in mm/Umdrehung)

Beim CNC-Drehen ist es möglich, mit konstanter Schnittgeschwindigkeit *(constant cutting speed)* zu spanen und somit annähernd gleichbleibende Schnittbedingungen zu erzielen. Das gilt z. B. beim Planquer-, Längsrund- und Konturdrehen, während z. B. beim Bohren und Gewindedrehen mit konstanter Umdrehungsfrequenz *(constant spindle speed)* gespant wird.

MERKE
G96: konstante Schnittgeschwindigkeit
G97: konstante Umdrehungsfrequenz

`N40 G96 S200` (konstante Schnittgeschwindigkeit)
- $v_c = 200$ m/min
- konstante Schnittgeschwindigkeit

Wenn sich beim Plandrehen mit konstanter Schnittgeschwindigkeit der Drehmeißel auf die Drehmitte zubewegt, wird die Drehzahl auf die maximale Umdrehungsfrequenz der Arbeitsspindel steigen. Das kann je nach Drehfutter zu so hohen Zentrifugalkräften an den Drehbacken führen, dass die Spannung des Werkstücks nicht mehr gewährleistet ist. Damit dies nicht geschieht, wird mit einer Drehzahlbegrenzung *(speed limit)* gearbeitet.

`N50 G92 S4000`
- max. Spindeldrehzahl: 4000/min
- Drehzahlbegrenzung

MERKE
G92: Drehzahlbegrenzung

Das Einwechseln des Werkzeugs T1 geschieht mit folgendem CNC-Satz, der noch weitere Informationen enthält:

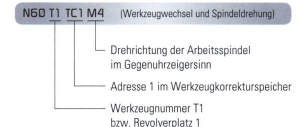

`N60 T1 TC1 M4` (Werkzeugwechsel und Spindeldrehung)
- Drehrichtung der Arbeitsspindel im Gegenuhrzeigersinn
- Adresse 1 im Werkzeugkorrekturspeicher
- Werkzeugnummer T1 bzw. Revolverplatz 1

Die Information T1 bewirkt, dass das Werkzeug an der Revolverposition 1 eingewechselt wird. TC1 ist eine Adresse im Werkzeugkorrekturspeicher *(tool offset memory)*. Dort stehen die Werkzeugkorrekturwerte in X- und Z-Richtung (Seite 244 Bild 4) für das eingewechselte Werkzeug. Die Werkzeugkorrekturwerte werden beim Einrichten der Maschine ermittelt (Kapitel 3.5.1) und für das Werkzeug T1 in die Speicheradresse 1 *(memory address)* eingetragen.

MERKE
Beim Drehen erfolgt der Werkzeugaufruf durch Angabe der Revolverposition und der Werkzeugkorrekturadresse.

3.2.3 Drehrichtungen der Arbeitsspindel

Um einen Span abzunehmen, muss eine Schnittbewegung erfolgen, d. h., die Arbeitsspindel *(working spindle)* muss sich drehen. Dazu gibt es zwei Möglichkeiten:

MERKE
M3: Arbeitsspindel im Uhrzeigersinn
M4: Arbeitsspindel im Gegenuhrzeigersinn

Die Arbeitsspindel dreht sich im Uhrzeigersinn[1], wenn sich eine rechtsgängige Schraube bei Spindeldrehung in das Werkstück hineindrehen würde. Für das Drehen bedeutet dies, dass bei Blickrichtung vom Drehfutter auf das Werkstück (Bild 1) Uhrzeiger- oder Gegenuhrzeigersinn direkt zugeordnet werden können.

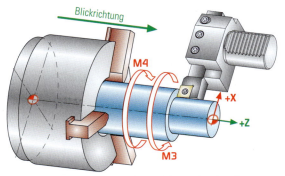

1 Spindeldrehung im Uhrzeigersinn und Gegenuhrzeigersinn

Überlegen Sie!
Welche Drehrichtung (direction of rotation) muss die Antriebsspindel beim Herstellen einer Zentrierbohrung haben?

[1] DIN 66025-2

3.2.4 Eilgang und Vorschubbewegung auf einer Geraden

Um eine saubere Stirnfläche und eine Bezugsfläche für die axialen Maße des Werkstücks zu erreichen, wird am Anfang querplan gedreht. Auf der Stirnfläche steht dafür eine Bearbeitungszugabe von 1 mm zur Verfügung (Seite 230 Bild 2). Im folgenden Satz verfährt das Werkzeug im **Eilgang** *(rapid rate)* auf den **Durchmesser** von ⌀55 mm (**X55**) und in axialer Richtung zur fertigen Stirnfläche (**Z0**) des Drehteils.

`N70 G0 X55 Z0` (Eilgangbewegung)

MERKE

G0: Das Werkzeug bewegt sich durch gleichzeitiges Verfahren der programmierten Achsen mit maximaler Geschwindigkeit (Eilgang) vom Start- zum Zielpunkt.

Das Querplandrehen geschieht durch eine Vorschubbewegung auf einer Geraden:

`N80 G1 X-1.6 F0.3 M8` (Vorschubbewegung auf einer Geraden)
- Kühlmittel EIN
- Vorschub pro Umdrehung: 0,3 mm

MERKE

G1: Das Werkzeug bewegt sich vom Startpunkt mit dem **programmierten** Vorschub bzw. der Vorschubgeschwindigkeit *(feed rate)* auf einer Geraden (Bild 1) zum Zielpunkt (**Geradeninterpolation** *(linear interpolation)*).

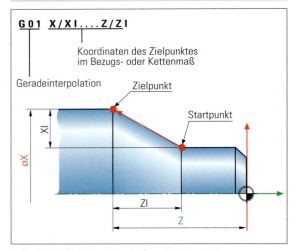

1 Einfachste Eingabeart für die Geradeninterpolation

Der Zielpunkt liegt beim Querplandrehen auf X-1.6. Das bedeutet, dass der Drehmeißel mit seiner theoretischen Spitze über die Drehmitte hinaus auf einen Durchmesser von 1,6 mm fährt (Bild 2). Das ist nötig, weil die Werkzeugschneide *(tool cutting edge)* einen Radius von 0,8 mm hat. Würde das Werkzeug nur auf X0, d. h. auf Drehmitte bewegt, bliebe ein **Butzen** *(slug)* auf der Stirnfläche des Drehteils stehen.

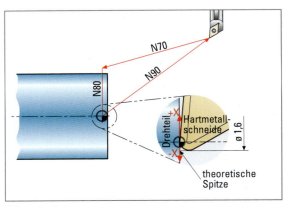

2 Querplandrehen

MERKE

Beim Querplandrehen muss die Werkzeugschneide um den Betrag des Schneidenradius über die Drehmitte verfahren, damit kein Butzen an der Planfläche verbleibt.

Bei einem Schneidenradius von 0,8 mm entspricht das einem Durchmesser von ⌀1,6 mm. Das negative Vorzeichen ergibt sich aus der Lage im Koordinatensystem. An dieser Stelle wird deutlich, wie wichtig bei der Programmierung die Kenntnis der Werkzeuge und deren Geometrie ist.

Überlegen Sie!

Analysieren Sie die nächsten Programmsätze, die das Herstellen der Zentrierbohrung an der Stirnfläche des Kupplungszapfens beschreiben.

```
N90 G14
N100 T2 TC1
N110 G97 S1000 F0.1 M3
N120 G0 X0 Z2
N130 G1 Z-5.4
N140 G0 Z10
N150 G14
```

Bevor das Drehteil weiter bearbeitet wird, ist der Reitstock *(tailstock)* mit eingefahrener Pinole zu positionieren und die Pinole *(mandrel)* mit der Zentrierspitze in die Zentrierbohrung vorzufahren.

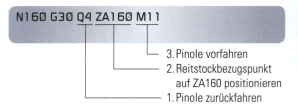

`N160 G30 Q4 ZA160 M11`
- 3. Pinole vorfahren
- 2. Reitstockbezugspunkt auf ZA160 positionieren
- 1. Pinole zurückfahren

3.2 Manuelles Programmieren

Der Drehmeißel für das Schruppen und die technologischen Informationen sind in den nächsten beiden Programmsätzen definiert:

```
N170 T3 TC1
N180 G96 S200 F0.4 M4
```

Das Schruppen der Kontur kann auf unterschiedliche Weise programmiert werden. Eine Möglichkeit besteht darin, dass die Steuerung die Bewegungen zum Schruppen berechnet. Dazu muss der Steuerung die Fertigkontur mitgeteilt werden. Für das Schruppen muss die Fachkraft zusätzlich Schnittgeschwindigkeit, Vorschub und Zustellung sowie die Aufmaße in X- und Z-Richtung festlegen.

3.2.5 Vorschubbewegungen auf Kreisbögen

Bis auf das Gewinde *(thread)* und die Kreisbögen *(circular arcs)* (Bild 1) besteht die Fertigteilkontur des Kupplungszapfens aus Geraden, die mit G1 zu programmieren sind.
Für die Bearbeitung von Kreisbögen stehen zwei Wegbedingungen zur Verfügung:

> **MERKE**
>
> **G2**: Das Werkzeug bewegt sich im Uhrzeigersinn mit dem programmierten Vorschub auf einer Kreisbahn auf den angegebenen Zielpunkt (**Kreisinterpolation im Uhrzeigersinn** *(clockwise circular interpolation)*).

> **MERKE**
>
> **G3**: Das Werkzeug bewegt sich im Gegenuhrzeigersinn mit dem programmierten Vorschub auf einer Kreisbahn auf den angegebenen Zielpunkt (**Kreisinterpolation im Gegenuhrzeigersinn** *(counterclockwise circular interpolation)*).

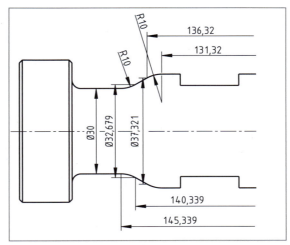

1 Kreisbögen am Kupplungszapfen

Dabei muss die Blickrichtung entgegengesetzt zu der Achse erfolgen, die senkrecht auf der Ebene steht (Bild 2). Bei Schrägbettdrehmaschinen verläuft die positive Y-Achse, die auf der Z-X-Ebene steht, der Blickrichtung des Anwenders entgegen.

> **MERKE**
>
> Bei Schrägbettmaschinen blickt der Anwender in die „richtige" Richtung, um Uhrzeiger- bzw. Gegenuhrzeigersinn zuzuordnen.

Bei der Kreisbewegung werden wie bei G0 und G1 die Koordinaten des Zielpunktes hinter der Wegbedingung G2 bzw. G3 angegeben (Seite 234 Bild 1a und b). Bei den beiden Darstellungen ist jedoch zu erkennen, dass bei gleichen Startpunkten (X40, Z-25) und gleichen Zielpunkten (X70, Z-40) sowie gleichen Wegbedingungen (G2 bzw. G3) unterschiedliche Kreisbögen entstehen können. Allein durch diese Angaben sind somit die Kreisbögen **nicht eindeutig bestimmt**.

> **MERKE**
>
> Ein Kreisbogen ist eindeutig durch Richtung, Start-, Ziel und Mittelpunkt bestimmt.

Die CNC-Steuerung benötigt somit noch die Lage des Kreismittelpunkts. Dazu dienen die **Hilfsparameter I, J** und **K**.

> **MERKE**
>
> Mit I, J und K werden die Abstände vom Kreismittelpunkt zum Startpunkt des Kreisbogens definiert.
> **I** ist der vorzeichenbehaftete Abstand in der **X-Achse**.
> **J** ist der vorzeichenbehaftete Abstand in der **Y-Achse**.
> **K** ist der vorzeichenbehaftete Abstand in der **Z-Achse**.

Für das Drehen in der **Z-X-Ebene** werden somit lediglich die Hilfsparameter **I** und **K** benötigt.
Bei G2 in Bild 2a auf Seite 234 ist K0 programmiert, weil der Abstand in der Z-Richtung vom Anfangs- zum Mittelpunkt des Kreises Null ist. I15 ist positiv, da die Richtung vom Anfangs- zum Mittelpunkt mit der positiven X-Achse übereinstimmt.

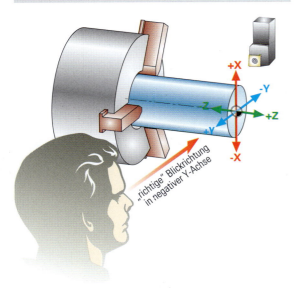

2 Blickrichtung entgegengesetzt der Y-Achse

„Uhrzeigersinn" bzw. „Gegenuhrzeigersinn" bezieht sich auf die Relativbewegung des Werkzeugs gegenüber dem Werkstück.

3.2 Manuelles Programmieren

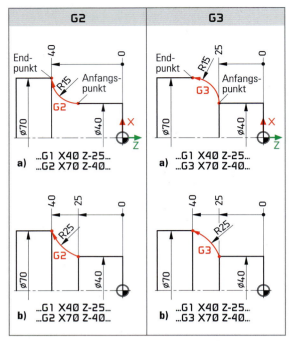

1 Das Werkzeug ist hinter der Drehmitte. Trotz gleicher Anfangs- und Endbedingungen sind bei G2 und G3 beliebig viele Kreisbögen möglich wie z. B. bei a) R15 und b) R25

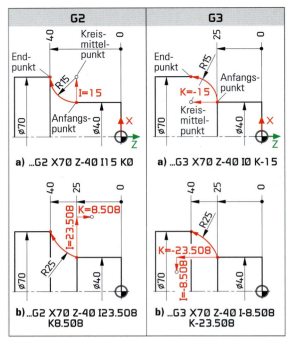

2 Interpolationsparameter I und K zur Bestimmung des Kreismittelpunkts

Bei G3 in Bild 2a ist der Abstand vom Anfangs- zum Mittelpunkt in X-Richtung Null. Daher wird I0 programmiert. K-15 weist darauf hin, dass die Richtung vom Anfangs- zum Mittelpunkt in negativer Z-Richtung verläuft.

Bei den beiden Beispielen in Bild 2b ist kein Hilfsparameter Null.

Überlegen Sie!

1. Übertragen Sie die Beispiele in Ihr Heft und schreiben Sie wie im Beispiel a) den CNC-Satz dazu.

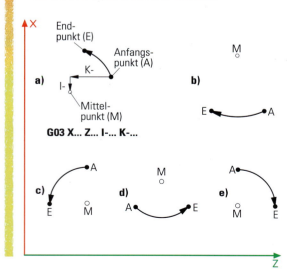

2. Schreiben Sie das CNC-Programm für die Fertigkontur des Bolzens aus C45, wobei Sie davon ausgehen, dass die Stirnfläche geplant ist.

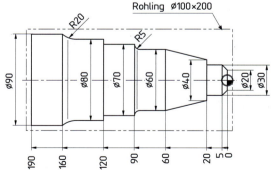

3.2 Manuelles Programmieren

Überlegen Sie!

3. Schreiben Sie das folgende CNC-Unterprogramm[1] L101 für die Fertigkontur des Kupplungszapfens in Ihr Heft und ergänzen Sie die markierten Bereiche.

```
N500 L101                          (Unterprogramm zur
                                    Konturbeschreibung)
N510 G0 XA29 ZA2                   (Positionierung vor der
                                    Gewindefase)
N520 G42                           (Werkzeugbahnkorrek-
                                    tur rechts der Kontur[2])
N530 G1 X■ Z-1.5                   (Ende der Gewindefase)
N540 G1 Z-35                       (Anfang des Gewinde-
                                    freistichs)
N550 G85 Z-40 X33 H1 I1.15 K3.8 RN0.8
                                   (Zyklus für Gewindefrei-
                                    stich[3])
N560 G1 X■                         (Ø40)
N570 G1 Z-■                        (Anfang des Kreisbo-
                                    gens R10)
N580 G3 X37.321 Z-136.32 I■        (Kreisbogen R10)
N590 G1 X■ Z-140.339               (Gerade unter 30°)
N600 G2 X30 Z-145.339 I■ K-5       (Kreisbogen R10)
N610 G1 Z-■                        (Gerade Ø30)
N620 G2 X■ Z-162 I3 K■             (Kreisbogen R3)
N630 G1 X48                        (■)
N640 G1 X■ Z-163                   (Fase 1 × 45°)
N650 G1 Z-185                      (Ø45)
N660 G1 X56                        (■)
N670 G40                           (Aufheben der Werk-
                                    zeugbahnkorrektur[4])
N680 M17                           (Unterprogrammende)
```

3.2.6 Schneidenradienkompensation

Werkzeugschneiden (Bild 1) besitzen einen Schneidenradius *(cutting edge radius)* und keine Schneidenspitze (P0). Dadurch wird die Schneide stabiler, ihr Verschleiß geringer und die Oberflächenqualität des Werkstücks besser (siehe Lernfeld 5 Kapitel 1.1.5).

Der Schneidenradius führt bei Kreisbögen und Kegeln *(taper)* zu Verfälschungen (Bild 2) gegenüber der theoretischen Schneidenspitze. Beim Längsrund- und Querplandrehen entstehen keine Konturfehler. Diese entstehen ebenfalls nicht, wenn der Mittelpunkt des Schneidenradius auf einer Konturparallelen (Äquidistanten) verfährt, deren Abstand dem Schneidenradius entspricht (Bild 3).

MERKE

Die CNC-Steuerung berechnet die **Äquidistante** in Abhängigkeit vom Schneidenradius und der Lage der Werkzeugschneide.

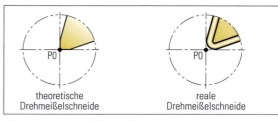

1 Theoretische und wirkliche Werkzeugschneide

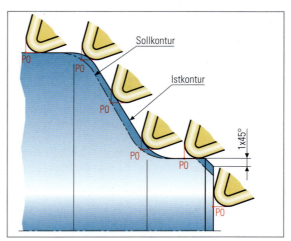

2 Konturverzerrung durch Schneidenradius

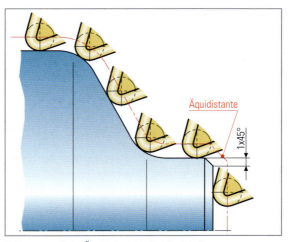

3 Konturparallele (Äquidistante) in Abhängigkeit vom Schneidenradius

Die Fachkraft muss deshalb beim Einrichten der Werkzeuge den Schneidenradius und die Lage der Schneide in den Werkzeugkorrekturspeicher eingeben. Kennzahlen von 1 bis 9 (Seite 236 Bild 1) definieren die Lage der gedachten Schneidenspitze (P0) zum Schneidenradiusmittelpunkt (S).

Überlegen Sie!

Welche Kennzahl ist für die Lage der Werkzeugschneide im Bild 3 in den Werkzeugkorrekturspeicher einzugeben?

---

[1] siehe Kap. 3.2.10   [2] siehe Kap. 3.2.6 und 3.2.7   [3] siehe Kap. 3.2.8   [4] siehe Kap. 3.2.6 und 3.2.7

1 Kennzahlen für die Lage der Schneidenspitze P0

3.2.7 Werkzeugbahnkorrektur

Um festzulegen, ob sich das Werkzeug **links** oder **rechts** der programmierten Kontur bewegt, muss sich der Programmierer gedanklich mit der Werkzeugschneide bewegen, wobei er seinen Blick in Vorschubrichtung der Schneide lenkt. Die folgenden Wegbedingungen bestimmen die Lage des Werkzeugs zur Kontur:

> **MERKE**
>
> **G41**: Das Werkzeug bewegt sich **links** von der Kontur (Bild 2).
> **G42**: Das Werkzeug bewegt sich **rechts** von der Kontur (Bild 3).

Für den Kupplungszapfen wird die Werkzeugbahnkorrektur *(correction of tool path)* im Satz N520 aktiviert.
Nach der Schlichtbearbeitung wird die Werkzeugbahnkorrektur wieder aufgehoben. Dazu steht eine besondere Wegbedingung bzw. G-Funktion *(G-code)* zur Verfügung:

> **MERKE**
>
> **G40**: Aufheben der Werkzeugbahnkorrektur.

Nach diesem Befehl berechnet die Steuerung keine Äquidistante mehr, sondern bezieht ihre Verfahrwege wieder auf die theoretische Werkzeugspitze. Bei dem Kupplungszapfen geschieht das im Satz N670.

3.2.8 Bearbeitungszyklen

Neben den beschriebenen Wegbedingungen besitzen die CNC-Steuerungen Bearbeitungszyklen *(machining cycles)*, die die Programmierung wesentlich erleichtern und verkürzen.

> **MERKE**
>
> Bearbeitungszyklen fassen mehrere Verfahrbewegungen in einem Programmsatz zusammen.

Die Zyklen sind bei den verschiedenen Steuerungen unterschiedlich zu programmieren. Daher müssen die erforderlichen Adressen der jeweiligen Programmieranleitung entnommen werden.

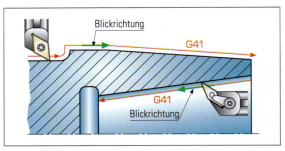

2 G41: Werkzeug links der Kontur

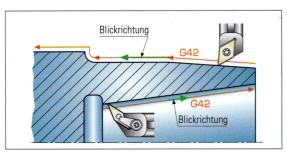

3 G42: Werkzeug rechts der Kontur

Zum Schruppen stehen z. B. Längs-, Plan- und Konturschruppzyklen zur Verfügung (Bild 4). Es wird die Fertigteilkontur für das Schruppen programmiert. Für das Schlichten legt die Fachkraft im Schruppzyklus Aufmaße in X- und Z-Richtung oder parallel zur Kontur fest. Bild 1 auf Seite 237 stellt ein Beispiel für den Aufbau eines Konturschruppzyklus dar.
Bei dem Kupplungszapfen wird nach dem Querplandrehen das Werkzeug auf die Startposition für den Zyklus positioniert (Seite 237 oben).

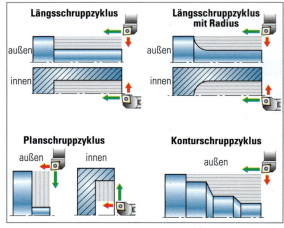

4 Schruppzyklen

Aus dem Beispiel gehen die Vorteile von Zyklen hervor:
- Einfache Programmierung, da viele Werkzeugbewegungen mit einem Satz programmiert werden können
- Schnelle Programmierung
- Kürzeres, übersichtlicheres Programm
- Einfache Fehlersuche

3.2 Manuelles Programmieren

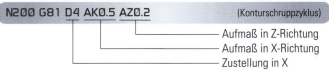
(Startposition für Konturschruppzyklus)

Im nächsten Satz ist der Konturschruppzyklus programmiert:

(Konturschruppzyklus)
— Aufmaß in Z-Richtung
— Aufmaß in X-Richtung
— Zustellung in X

`N210 G22 L101`   (Konturbeschreibung)
— Bezeichnung des Unterprogramms
— Unterprogrammaufruf

`N220 G80`   (Ende Konturzyklus)

Mit diesen Werten ist die Berechung der einzelnen Verfahrwege möglich. Die verschiedenen Steuerungen ordnen die Informationen unterschiedlichen Adressen zu, die den spezifischen Programmieranleitungen zu entnehmen sind. Im Bild 1 auf Seite 238 sind zwei Beispiele dargestellt.

MERKE

Gewinde werden mit konstanter Umdrehungsfrequenz *(constant spindle speed)* geschnitten (G97), anderenfalls treten Steigungsfehler auf.

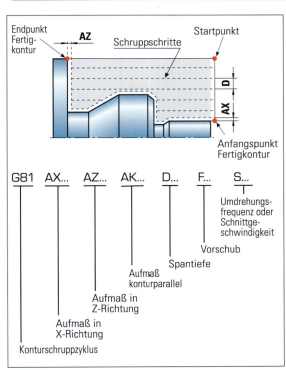

1 Beispiel für den Aufbau eines Konturschruppzyklus

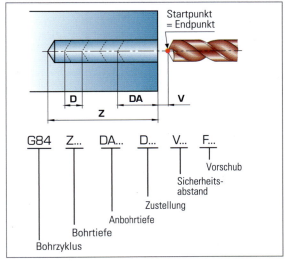

2 Beispiele für einen Bohrzyklus

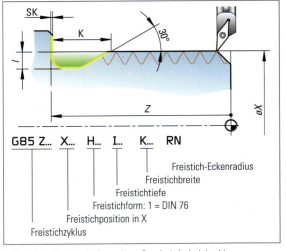

3 Beispiele für den Aufbau eines Gewindefreistichzyklus

Neben **Bohrzyklen** *(drilling cycles)* (Bild 2) und Zyklen für **Freistiche** *(relief grooves)* (Bild 3) sind beim Drehen **Gewindeschneidzyklen** *(thread cutting cycles)* von besonderer Bedeutung.

Um den gesamten Ablauf für das Gewindeschneiden in einem Satz zu programmieren, benötigt die Steuerung mindestens folgende Daten:

- Anfangspunkt des Gewindes
- Endpunkt des Gewindes
- Gewindesteigung *(pitch)*
- Gewindetiefe *(thread depth)*
- Schnitttiefe bzw. Anzahl der Schnitte

3.2 Manuelles Programmieren

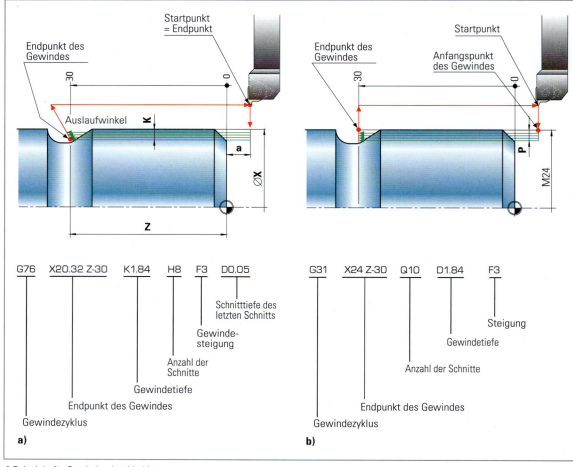

1 Beispiele für Gewindeschneidzyklen

Beim Gewindeschneiden *(thread cutting)* entspricht der Vorschub pro Umdrehung der Steigung des Gewindes. Somit ergibt sich eine hohe Vorschubgeschwindigkeit. So beträgt z. B. bei einer Umdrehungsfrequenz von 500/min und einem Vorschub von 1,5 mm die Vorschubgeschwindigkeit
v_f = 500/min · 1,5 mm = 750 mm/min.
Zum Beschleunigen auf diese große Vorschubgeschwindigkeit benötigt die Steuerung einen relativ großen Anlaufweg. Deshalb muss der Anlaufweg a (Bild 1a) beim Gewindeschneidzyklus weit genug vom Gewindeanfang entfernt liegen.

MERKE
Der Anlaufweg soll beim Gewindeschneiden etwa zwei bis drei Mal größer als die Gewindesteigung sein.

Bei Außengewinden gibt es zum Schneiden von Rechts- und Linksgewinde unterschiedliche Möglichkeiten (Seite 239 Bild 1). Um mit einem Werkzeug, das hinter der Drehmitte steht, ein **Rechtsgewinde** *(right-hand thread)* zu schneiden, muss sich die Arbeitsspindel im **Uhrzeigersinn** *(clockwise)* (M3) drehen. Bei Schrägbettmaschinen, bei denen das Werkzeug hinter der Drehmitte steht, ist das nur möglich, wenn die Spanfläche des Gewindedrehmeißels nach unten zeigt (Bild 2).

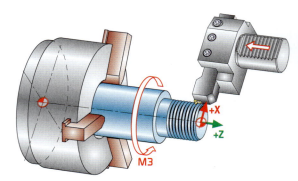

2 Drehrichtung und Drehmeißelspannung beim Gewindeschneiden

Überlegen Sie!
Übertragen Sie die Verhältnisse aus Bild 1 auf Seite 239 auf das Schneiden von Innengewinden.

3.2 Manuelles Programmieren

Das Programm für das Gewinde M33 × 1,5 des Kupplungszapfens kann wie folgt aussehen:

```
N270 G14                           (Anfahren des Werkzeugwechselpunkts)
N280 T5 TC1                        (Einwechseln des Gewindedrehmeißels)
N290 G97 S500 F1.5 M3              (konstante Drehzahl)
N300 G0 X33 Z3                     (Startposition für Gewindedrehzyklus)
N310 G31 Z-39 X33 F2 D0.920 Q10 H12 (Gewindedrehzyklus)
N320 G14                           (Anfahren des Werkzeugwechselpunkts)
N330 G30 Q4 ZA200 M10              (Pinole lösen, zurückfahren, Reitstock zurück)
```

Mithilfe des Abstechmeißels (T6) wird die letzte Fase am Kopf des Kupplungszapfens hergestellt und das Drehteil abgestochen. Dazu dient das folgende Programm:

Überlegen Sie!

Schreiben Sie den Teil des CNC-Programms in Ihr Heft und kommentieren Sie jeden Programmsatz.

```
N340 G14
N350 T6 TC1
N360 G96 S160 F0.1 M4
N370 G0 X60 Z-180
N380 G0 X52
N390 G1 X46
N400 G0 X52
N410 G0 Z-178
N420 G1 X48 Z-180
N430 G1 X4
N440 G0 X52
N450 G14
N460 M30                           (Programmende)
```

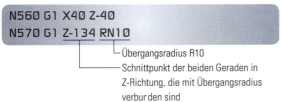

1 Möglichkeiten des Außengewindeschneidens für Rechts- und Linksgewinde

3.2.9 Konturzugprogrammierung

Mithilfe der Konturzugprogrammierung *(geometric contour programming)* ist es u. a. nicht nötig, Übergangspunkte zu bestimmen, die sich durch Fasen oder Übergangsradien ergeben. Die Berechnung der nicht definierten Punkte übernimmt die Steuerung, der die notwendigen Informationen im CNC-Programm mitzuteilen sind. Im Folgenden wird das anhand der Übergangsradien und Fasen am Kupplungszapfen (Bild 2) dargestellt. Dazu wird die Geradeninterpolation in der erweiterten Form (Seite 240 Bild 1) genutzt. Die Programmierung der Kontur[1] ist entsprechend zu korrigieren:

```
N560 G1 X40 Z-40
N570 G1 Z-134 RN10
```
- Übergangsradius R10
- Schnittpunkt der beiden Geraden in Z-Richtung, die mit Übergangsradius verbunden sind

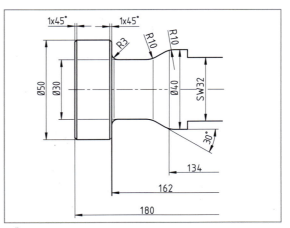

2 Übergangsradien und Fasen am Kupplungszapfen

[1] siehe Seite 235

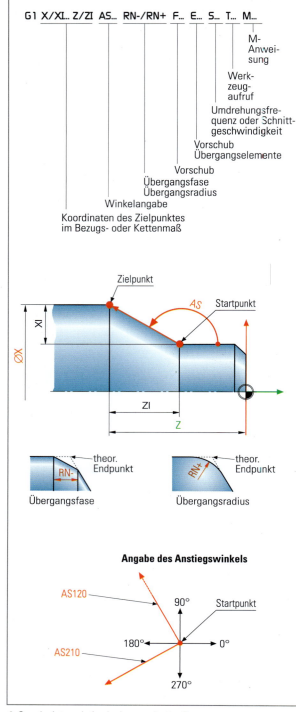

1 Geradeninterpolation in der erweiterten Form

Überlegen Sie!

Schreiben Sie den Teil des CNC-Programms in Ihr Heft und kommentieren Sie jeden Programmsatz mithilfe von Bild 1.

```
N580 G1 X30 AS210 RN10
N590 G1 Z-162 RN3
N600 G1 X50 RN-1
N610 G1 Z-185
N620 G1 X56
```

In ähnlicher Weise können an den verschiedenen Steuerungen nicht nur die Übergänge von zwei Geraden, sondern auch die von zwei Kreisbögen programmiert werden.

MERKE
Die Konturzugprogrammierung erleichtert die Programmierung von Konturen und Übergangselementen. Die Steuerung bestimmt die erforderlichen Konturpunkte und die entsprechenden Hilfsparameter selbstständig aufgrund der erfolgten Eingaben.

3.2.10 Unterprogrammtechnik

Sowohl für den Konturschruppzyklus als auch für das Schlichten des Kupplungszapfens wird die Kontur des Fertigteils benötigt. Um die Kontur nicht zweimal beschreiben zu müssen, ist es sinnvoll, diese in einem Unterprogramm *(subroutine)* zu beschreiben.

Im Folgenden wird das beispielhaft für das Schruppen und Schlichten der Kontur des Kupplungszapfens dargestellt. Im Hauptprogramm wird deshalb nicht die Kontur beschrieben, sondern jeweils das entsprechende Unterprogramm aufgerufen (Seite 241 Bild 1). Der Aufruf des Unterprogramms erfolgt im Beispiel mit der G-Funktion G22 unter Angabe des Unterprogrammnamens (L101). Obwohl bei den verschiedenen Steuerungen die Unterprogramme unterschiedlich aufgerufen werden, ist das Prinzip jedoch immer das gleiche.

MERKE
Unterprogramme werden mehrfach aus Hauptprogrammen aufgerufen. Der Unterprogrammaufruf erfolgt mit G22.

3.3 Werkstattorientierte Programmierung

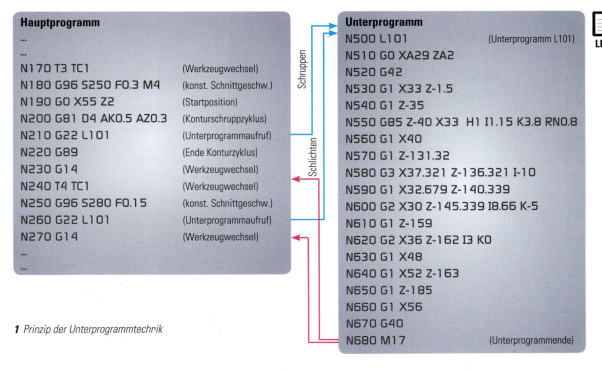

```
Hauptprogramm
...
...
N170 T3 TC1              (Werkzeugwechsel)
N180 G96 S250 F0.3 M4    (konst. Schnittgeschw.)
N190 G0 X55 Z2           (Startposition)
N200 G81 D4 AK0.5 AZ0.3  (Konturschruppzyklus)
N210 G22 L101            (Unterprogrammaufruf)
N220 G89                 (Ende Konturzyklus)
N230 G14                 (Werkzeugwechsel)
N240 T4 TC1              (Werkzeugwechsel)
N250 G96 S280 F0.15      (konst. Schnittgeschw.)
N260 G22 L101            (Unterprogrammaufruf)
N270 G14                 (Werkzeugwechsel)
...
...
```

```
Unterprogramm
N500 L101                              (Unterprogramm L101)
N510 G0 XA29 ZA2
N520 G42
N530 G1 X33 Z-1.5
N540 G1 Z-35
N550 G85 Z-40 X33  H1 I1.15 K3.8 RN0.8
N560 G1 X40
N570 G1 Z-131.32
N580 G3 X37.321 Z-136.321 I-10
N590 G1 X32.679 Z-140.339
N600 G2 X30 Z-145.339 I8.66 K-5
N610 G1 Z-159
N620 G2 X36 Z-162 I3 K0
N630 G1 X48
N640 G1 X52 Z-163
N650 G1 Z-185
N660 G1 X56
N670 G40
N680 M17                               (Unterprogrammende)
```

Schruppen · Schlichten

1 Prinzip der Unterprogrammtechnik

3.3 Werkstattorientierte Programmierung

Bei der werkstattorientierten Programmierung **(WOP)** *(workshop orientated programming)* erzeugt die Fachkraft das CNC-Programm mittels grafisch-interaktiver Eingabe. In Form von grafischen Objekten steht das Arbeitsumfeld zur Verfügung. Hierzu zählen die grafische Darstellung von Rohteil *(blank)*, Fertigteil *(finished part)*, Spannsituation des Werkstücks, Maschinenraum und Werkzeugen.

Die Geometrien des Werkstücks werden über Abfragen als Rohteil- und Fertigteilbeschreibung eingegeben. Das Fertigteil wird zunächst aus den Grobgeometrieelementen Gerade und Kreisbogen aufgebaut. Um die 30°-Schräge des Kupplungszapfens (Bild 2) zu erzeugen, werden deren Parameter zuvor eingegeben (Bild 3). Das Ergebnis jeder einzelnen Eingabe wird unmittelbar grafisch dargestellt. Der entscheidende Vorteil ist, dass die Eingabe nicht in Satzform, sondern mittels grafischer Unterstützung im direkten Dialog mit der Maschine erfolgt.
Wenn die Grobgeometrie des Drehteils (Bild 4) definiert ist, können die Feingeometrieelemente wie Fasen, Rundungen, Freistiche, Gewinde usw. eingefügt werden. Dazu ist das ent-

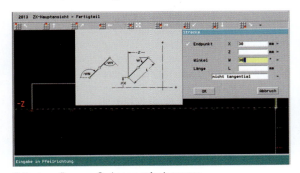

2 Konturaufbau aus Grobgeometrieelementen

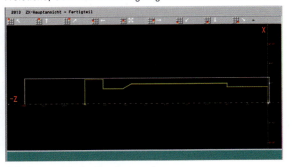

3 Konturaufbau aus Grobgeometrieelementen

4 Grobgeometrie des Kupplungszapfens

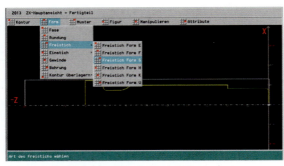

1 Auswahl der Freistichart (Gewindefreistich)

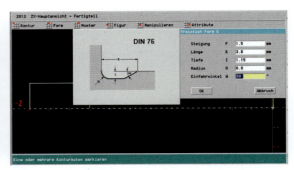

2 Eingabe der Freistichdaten

sprechende Feingeometrieelement auszuwählen (Bild 1), seine Maße festzulegen (Bild 2) und seine Position zu bestimmen. Nachdem die komplette Kontur beschrieben ist (Bild 3), wird die Spannung des Werkstücks bestimmt und grafisch dargestellt (Bild 4). Die Schnittbegrenzung – im Bild durch einen roten Stich dargestellt – legt fest, wie weit die Drehwerkzeuge in Richtung Drehfutter verfahren dürfen.

Nach der interaktiven, grafischen Definition des Fertigteils legt die Fachkraft die Reihenfolge fest, in der die Bearbeitung der einzelnen, schon definierten Konturen erfolgen soll. Den einzelnen Bearbeitungsschritten (z. B. Schruppen, Schlichten, Gewindedrehen, Bohren) werden die **technologischen Daten** *(technological data)* zugeordnet. Datenbanken unterstützen die Fachkraft bei deren Auswahl. Sie berücksichtigen dabei unter anderem den Werkstoff des Werkstücks, den Schneidstoff *(cutting material)*, die Schneidengeometrie *(cutting edge geometry)* und die gewünschte Oberflächenqualität. Aus den geometrischen und technologischen Eingabedaten erstellt die Steuerung den gesamten Bearbeitungsablauf. Mithilfe einer grafischen Simulation[1] wird die gesamte Bearbeitung überprüft, um z. B. Kollisionen *(collision)* während der Zerspanung zu vermeiden.

> **MERKE**
>
> Die Werkstückbeschreibung ist von der übrigen Programmierung getrennt. Dadurch ist es auch leicht möglich, eine Geometrie-Übertragung aus verfügbaren CAD-Daten[2] vorzunehmen.

Vorteile der werkstattorientierten Programmierung:
- Grafisch-interaktive Programmierung ohne das Schreiben von CNC-Sätzen
- Programmierung der Werkstückgeometrie und nicht der Werkzeugwege
- Getrennte Programmierung von Geometrie und Technologie, d. h., die Geometriebeschreibung erfolgt bearbeitungsunabhängig
- Möglichkeiten der Übernahme von Geometriedaten aus einem CAD-System
- Grafisch-dynamische Simulation des gesamten Bearbeitungsprozesses
- Auf Anhieb fehlerfreie Programme erzeugen, sodass kein Probelauf mit Korrektureingriffen erforderlich ist
- Ein- und Ausgabe von Daten, auch der Quellprogramme, Grafiken, Arbeitspläne etc.

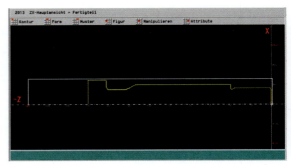

3 Konturbeschreibung mit Fasen, Rundungen, Freistichen und Gewinde

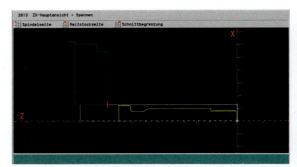

4 Spannsituation, Rohteil, Fertigteil und Schnittbegrenzung

3.4 Programmüberprüfung

Die Überprüfung der Programme *(testing of programmes)* erfolgt bei allen Programmierarten über grafische Simulationen. Dabei wird der gesamte Arbeitsablauf Schritt für Schritt dynamisch dargestellt. Die entstehenden Grafiken reichen von der Anzeige der Verfahrwege (Seite 243 Bild 1) bis hin zur dreidimensionalen Darstellung von Werkstück, Werkzeug und Spannmittel (Seite 243 Bild 2). Nach erfolgter Simulation können die programmierten Maße des Werkstücks in der Grafik überprüft werden (Seite 243 Bild 3). Bei der Simulation werden Programmierfehler, die zu Geometriefehlern führen, aufgedeckt. Die Simulationsgrafik dient wesentlich dazu, die Sicherheit bei der CNC-Fertigung zu erhöhen. Kollisionen zwischen Werkzeug und Werkstück bzw. zwischen Werkzeug und Spannmittel *(clamping accessories)* sind leicht zu erkennen und lassen sich korrigieren, bevor es „kracht".

---

[1] siehe Kapitel 3.4   [2] siehe Lernfeld 10, Kap. 3.4

3.5 Einrichten der Maschine

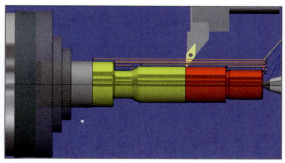

1 Simulation der Verfahrwege

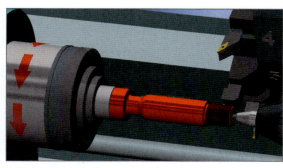

2 Dreidimensionale Simulationsgrafik

Die Ausschussquote lässt sich durch die CNC-Simulation deutlich reduzieren.

3.5 Einrichten der Maschine

Nach dem Einschalten der Maschine und dem Anfahren des Referenzpunkts *(reference point)* ist die Steuerung darüber informiert, an welcher Stelle das Werkzeug (genauer: der Werkzeugeinstellpunkt) im Maschinenkoordinatensystem steht.

3.5.1 Einrichten und Vermessen der Werkzeuge

CNC-Drehmaschinen besitzen Werkzeugrevolver *(turrets)* (Bild 4), in denen eine Anzahl von Werkzeugen (ca. 12 bis 20) gespannt werden können. Durch das Schwenken des Revolvers wird die im Programm bestimmte Revolverposition in Arbeitsstellung gebracht. Deshalb ist es für die Fachkraft äußerst wichtig, dass sie den Revolver in der im Programm vorgeschriebenen Weise mit Werkzeugen bestückt. Eine Verwechslung bei der Zuordnung der Werkzeuge auf die Revolverplätze führt meist zu Kollisionen. Wenn im CNC-Programm ein neues Werkzeug aufgerufen wird, nimmt der Werkzeugrevolver den Werkzeugwechsel automatisch vor. Die Werkzeugwechselzeit reduziert sich auf ein Minimum, wodurch die Fertigungszeiten und -kosten minimiert werden.

Werkzeuge müssen an die im Programm vorgesehenen Revolverplätze eingesetzt werden.

Die Werkzeuge besitzen unterschiedliche Abmessungen (Seite 244 Bild 1). Die Entfernungen der Schneiden in X- und Z-Richtung vom **Werkzeugeinstellpunkt** *(tool reference point)* sind verschieden. Deshalb steht nach einem Werkzeugwechsel die eingewechselte Werkzeugschneide an einer anderen Position als die vorhergehende.
Damit alle Werkzeugschneiden an die programmierten Positionen verfahren, muss der Maschinenbediener für alle Werkzeuge die Werkzeugkorrekturwerte in X- und Z-Richtung in den **Werkzeugkorrekturspeicher** eingeben. Zur Ermittlung der Korrekturwerte stehen meist drei Möglichkeiten zur Verfügung:

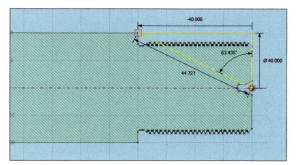

3 Messen des simulierten Werkstücks

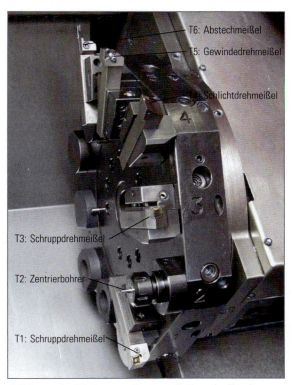

4 Belegung des Werkzeugrevolvers zum Fertigen des Kupplungszapfens

- Messen im Arbeitsraum der Maschine
- Messen mit dem Werkzeugvoreinstellgerät
- Ermittlung durch Probeschnitt und „Ankratzen"

Messen im Arbeitsraum der Maschine (internes Messen)
Zum Messen *(measuring)* wird ein Mikroskop im Arbeitsraum montiert (Bild 2). Anschließend werden die Korrekturwerte wie folgt ermittelt:
- Die Werkzeuge sind im Revolver eingesetzt.
- Das zu messende Werkzeug wird in Arbeitsposition geschwenkt.
- Das Positionieren der Schneidenspitze in das Fadenkreuz des Mikroskops (Bild 3) geschieht über Bedientasten bzw. das Handrad.
- Auf Tastendruck des Bedieners werden die Korrekturwerte in X- und Z-Richtung an die gewünschte Korrekturspeicherstelle übernommen. Für das Werkzeug T1 ist das im Bild 4 die Speicherstelle 01[1)].
- Zusätzlich muss die Fachkraft noch die Lage der Werkzeugschneide eingeben. Für das dargestellte Werkzeug T1 geschieht das mit Eingabe der 3.

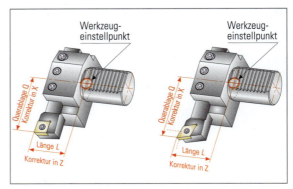

1 Werkzeugkorrekturwerte in Abhängigkeit vom Werkzeugeinstellpunkt

3 Werkzeugschneide im Fadenkreuz

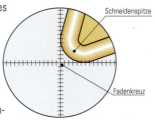

4 Werkzeugkorrekturspeicher

Längenkorrektur in X	Längenkorrektur in Z	Schneidenradius R	Lage der Schneidenspitze
[Wkz-Daten] #I: Ink. #A: Abs.			
⟨X⟩	⟨Z⟩	⟨Nose-R⟩	⟨P⟩
# 1 115.919	46.956	0.800	3
2 102.839	48.506	0.000	3
3 119.869	42.036	0.000	3
4 0.000	0.000	0.000	0
5 0.000	0.000	0.000	0
6 0.000	0.000	0.000	0
7 0.000	0.000	0.000	0
8 0.000	0.000	0.000	0
9 0.000	0.000	0.000	0
10 0.000	0.000	0.000	0
11 0.000	0.000	0.000	0
12 0.000	0.000	0.000	0
13 0.000	0.000	0.000	0
14 0.000	0.000	0.000	0
15 0.000	0.000	0.000	0

2 Messmikroskop zur Ermittlung der Werkzeugkorrekturen

Messen mit dem Werkzeugvoreinstellgerät *(tool presetter)* **(externes Messen)**
Die Werkzeuge werden in die gleiche Aufnahme gesetzt, die auch an der Werkzeugmaschine vorhanden ist. Über eine Optik wird die Werkzeugspitze justiert und das Voreinstellgerät (Seite 245 Bild 1) zeigt die Korrekturwerte an. Diese werden auf Aufkleber gedruckt und an das Werkzeug geheftet. Dann gibt der Maschinenbediener beim Einrichten der Werkzeuge die Korrekturwerte in den Werkzeugkorrekturspeicher von Hand ein. Eine andere Möglichkeit besteht darin, die Daten online oder mittels Datenträger direkt in den Werkzeugkorrekturspeicher zu übertragen. Dabei entfällt die Eingabe der Daten per Hand, wodurch sich die Fehlerhäufigkeit und die Eingabezeit reduzieren.

[1)] siehe Kapitel 3.2.2

3.5 Einrichten der Maschine

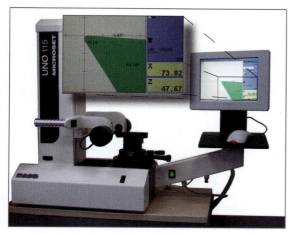

1 Werkzeugvoreinstellung

Ermittlung durch Probeschnitt und „Ankratzen"

Im Handbetrieb wurde ein Zapfen an den Rohling mit einem Drehmeißel längsrundgedreht (Bild 2), für den noch keine Werkzeugkorrekturwerte vorhanden sind. Auf dem Bildschirm der Maschine wird dabei der Durchmesser mit X173.226 angezeigt. Am Zapfen wird ein Durchmesser von 38,238 mm gemessen.
Der **Korrekturwert des Drehmeißels in X-Richtung** (67,494 mm) berechnet sich auf folgende Weise:

$$\text{Werkzeugkorrektur in X-Richtung} = \frac{\varnothing \text{ Anzeige} - \varnothing \text{ Zapfen}}{2}$$

$$\text{Werkzeugkorrektur in X-Richtung} = \frac{173{,}226 \text{ mm} - 38{,}238 \text{ mm}}{2}$$

Beim Querplandrehen des Zapfens (Bild 3) zeigt der Bildschirm Z212.461 an. Nach dem Anhalten der Spindel wird das Werkzeug aus dem Revolver entfernt. Anschließend verfährt der Maschinenbediener die Stirnfläche des Revolvers äußerst vorsichtig in Richtung der Zapfenstirnfläche (Bild 4). Wenn kein dünner Papierstreifen mehr dazwischen Zapfen- und Revolverstirnfläche geht, wird der Wert der Z-Achse erneut abgelesen.
Der **Korrekturwert des Drehmeißels in Z-Richtung** (46,874 mm) berechnet sich dann auf folgende Weise:

$$\text{Werkzeugkorrektur in Z-Richtung} = Z - \text{Anzeige mit Werkzeug} - \text{Anzeige ohne Werkzeug}$$

$$\text{Werkzeugkorrektur in Z-Richtung} = 212{,}461 \text{ mm} - 165{,}587 \text{ mm}$$

3.5.2 Einrichten der Spannmittel

CNC-Drehmaschinen besitzen meist hydraulische Spannfutter *(hydraulic chucks)*. Durch Hand- oder Fußbetätigung von Sensoren fahren die Backen des Futters auf oder zu. Der Hydraulikdruck und damit die Spannkraft der Backen werden auf die Betriebsverhältnisse angepasst. Der Kupplungszapfen wird mit gehärteten Backen so gespannt, dass er 190 mm über die Spannbacken in den Arbeitsraum ragt. Nach dem Planen der Stirnfläche und dem Herstellen der Zentrierbohrung fährt der

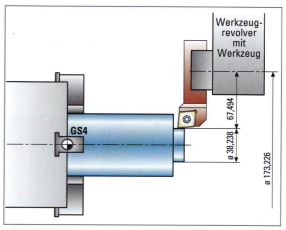

2 Längsrunddrehen eines Zapfens im Handbetrieb

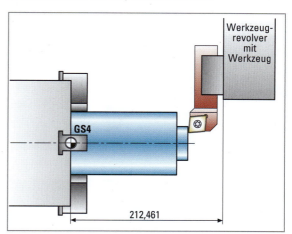

3 Querplandrehen eines Zapfens im Handbetrieb

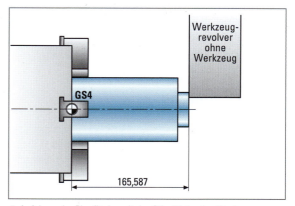

4 Anfahren der Planfläche mit der Stirnfläche des Werkzeugrevolvers

Reitstock mit der Zentrierspitze vor. Die Zentrierspitze dient als zweite Fixierung des Drehteils (Seite 246 Bild 3) und nimmt vorrangig die radialen Zerspankräfte *(cutting force)* auf.

3.6 Zerspanen und Prüfen

Nach dem Einrichten der Maschine wird das CNC-Programm aktiviert und gestartet. Beim Zerspanen *(machining)* des ersten Werkstücks (Bilder 1 bis 9) wird oft mit reduzierten Vorschüben gearbeitet.

Während und nach der Bearbeitung wird das Werkstück geprüft. Neben den Maßen und den Oberflächenqualitäten ist auch die Funktion des Gewindes zu überprüfen[1]. Das geschieht bei dem Kupplungszapfen im Arbeitsraum der Maschine mit einer Gewindelehre *(thread gauge)* (Bild 7).

1 *Querplandrehen der Stirnfläche*

2 *Zentrieren der Stirnfläche*

3 *Vorfahren von Reitstock und Zentrierspitze*

4 *Schruppen der Kontur*

5 *Schlichten der Kontur*

6 *Gewindedrehen*

7 *Gewindeprüfen mit dem Gewindelehrring*

8 *Abstechen*

9 *Fertig gedrehter Kupplungszapfen*

3.7 Optimierung

Für die **Serienfertigung** *(series manufacturing)* muss meist der Fertigungsprozess optimiert werden (Seite 247 Bild 1). Dabei geht es in erster Linie um die Verkürzung der Fertigungszeit *(manufacturing time)* bei gleichzeitiger Einhaltung der Produktqualität:

- Programmoptimierungen reduzieren die Verfahrbewegungen und damit die Fertigungszeiten.
- Die Schneidstoffe sind zu optimieren, damit die Schnittgeschwindigkeiten erhöht werden können.
- Wenn es die Oberflächenqualität erlaubt, sind die Vorschübe zu erhöhen.
- Die Zustellungen werden erhöht, wenn es die Zerspanbedingungen erlauben und die Maschine über die notwendige Antriebsleistung verfügt.
- Zur Verringerung der Verfahrwege wird der Werkzeugwechselpunkt nur so weit vom Werkstück weg verlegt, dass keine Kollisionsgefahr besteht.

[1] siehe Lernfeld 5 Kap. 6.4

3.7 Optimierung

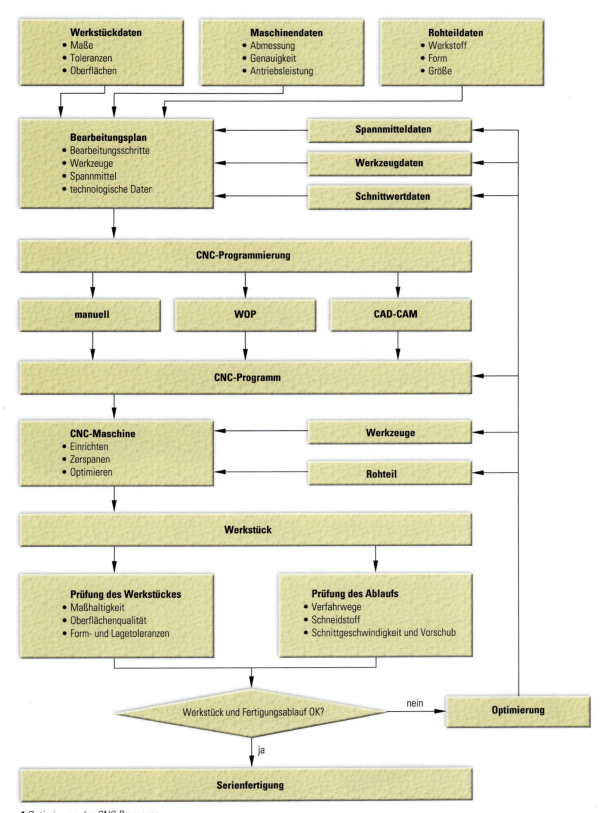

1 Optimierung des CNC-Prozesses

ÜBUNGEN

1. Wohin wird der Werkstücknullpunkt bei Drehteilen meist verschoben?
2. Erläutern Sie die Angabe „N100 T606 M4"
3. Nennen Sie für das Drehen auf einer Schrägbettmaschine jeweils eine Bearbeitung, bei dem sich die Arbeitsspindel im Uhrzeigersinn bzw. im Gegenuhrzeigersinn drehen muss.
4. Wann wird G0 bzw. G1 beim Drehen gewählt?
5. Skizzieren Sie ein einfaches Drehteil mit Kreisbögen und ordnen sie die Kreisbögen G2 und G3 zu.
6. Wozu dienen beim Drehen die Interpolationsparameter I und K?
7. Bei welchen Konturen muss beim Drehen mit einer Schneidenradiuskompensation gearbeitet werden?
8. Welche Werkzeuginformationen sind für die Schneidenradiuskompensation erforderlich?
9. Mit welchen G-Funktionen wird beim Drehen die Werkzeugbahnkorrektur ein- bzw. ausgeschaltet?
10. Was wird in der CNC-Technik unter Bearbeitungszyklen verstanden?
11. Welche Vorteile bietet die Verwendung von Zyklen?
12. Erkundigen Sie sich in Ihrem Betrieb bzw. in Ihrer Berufsschule, über welche Zyklen die Drehmaschinen verfügen.
13. Wie erfolgt bei der WOP die Erstellung der CNC-Programme?
14. Durch welche Maßnahmen können CNC-Programme überprüft werden, ohne dass die Zerspanung erfolgt?
15. Beschreiben Sie stichpunktartig das Einrichten und Vermessen der Drehwerkzeuge.
16. Durch welche Maßnahmen können CNC-Programme für die Serienfertigung optimiert werden?
17. Der Bolzen aus 10S20 ist aus einem Rohling $\varnothing 45 \times 90$ zu fertigen.

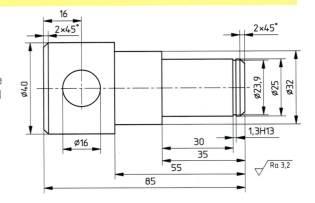

a) Stellen Sie den Arbeitsplan auf, wobei Sie die Werkzeuge, die technologischen Daten und die Spannmittel festlegen.
b) Schreiben Sie die CNC-Programme für die erste und zweite Aufspannung.

18. Für die Fertigung eines Führungsbolzens aus 42CrMo4 steht ein Rohling von $\varnothing 45 \times 99$ zur Verfügung.

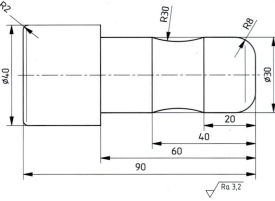

a) Stellen Sie den Arbeitsplan auf, wobei Sie die Werkzeuge, die technologischen Daten und die Spannmittel festlegen.
b) Schreiben Sie die CNC-Programme für die erste und zweite Aufspannung.

19. Der Verschlusskegel aus EN AW-2024 [AlCu4Mg1] wird von der Stange mit ⌀42 mm hergestellt.
    a) Stellen Sie den Arbeitsplan auf, wobei Sie die Werkzeuge, die technologischen Daten und die Spannmittel festlegen.
    b) Schreiben Sie das CNC-Programm, wobei Sie ein Unterprogramm für den Gewindefreistich erstellen, das im Hauptprogramm aufgerufen wird. Die Maße für das Unterprogramm sind dem Detailausschnitt zu entnehmen.

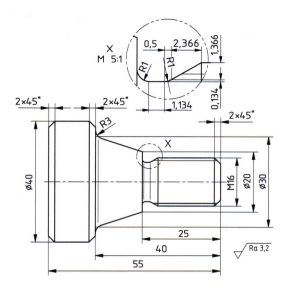

4 CNC-Fräsen

Im Bild 1 oben ist ein Einsatz für eine Druckgussform dargestellt. Das Fräsen des Einsatzes soll auf einer 5-Achs-Fräsmaschine[1] *(5-axis milling machine)* in einer Werkstückspannung erfolgen. Da dafür das Spannen in einem Schraubstock nicht geeignet ist, wird eine Vorrichtung *(fixture)* benötigt, die das zu fräsende Werkstück sicher positioniert und spannt. Die Positionierung *(positioning)* des Werkstücks auf der Vorrichtung (Bild 1) geschieht mit zwei Stahlzylindern, die sich in den Kreistaschen *(circular pockets)* von Vorrichtung und Einsatz zentrieren. Dabei ist jeweils eine Passung von H7/h6 vorgesehen. Die Positionen der Kreistaschen sind durch die Lage der Kühlbohrungen im Einsatz vorgegeben. Zylinderschrauben spannen das Werkstück sicher auf der Vorrichtung. Die Positionen der Senkbohrungen in der Vorrichtung sind durch die Gewindebohrungen im Einsatz bestimmt, die zur Befestigung des Einsatzes in der Druckgussform dienen.

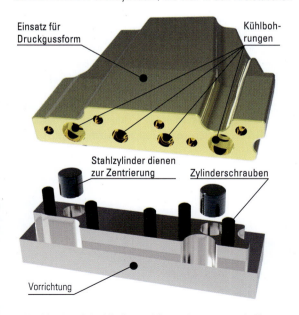

1 Vorrichtung mit Positionier- und Spannelementen sowie Einsatz

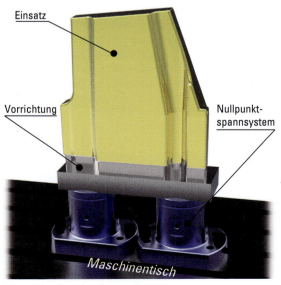

2 Spannsituation mit gefrästem Einsatz

[1] siehe Lernfeld 10, Kap. 3.1

1 Spannvorrichtung

Nullpunktspannsysteme[1] *(zero-point clamping systems)* verbinden die Vorrichtung sicher mit dem Tisch der Fräsmaschine *(milling table)* (Seite 249 Bild 2). Die Spannbolzen der Nullpunktspannsysteme zentrieren sich in den Kreistaschen auf der Rückseite der Vorrichtung und werden mit einer Zylinderschraube festgespannt. Wegen der exakten Zentrierung sind die Durchmesser der Kreistaschen mit H7 auszuführen. Somit ist das Werkstück mithilfe der Spannvorrichtung und der Nullpunktspannsysteme eindeutig im Arbeitsraum der Fräsmaschine fixiert und von allen zu bearbeitenden Seiten zugänglich

Bevor der Einsatz für die Druckgussform gefräst werden kann, ist die Vorrichtung (Bild 1) herzustellen. Aus der Zeichnung geht hervor, dass die Mantelflächen der beiden Kreistaschen für die Aufnahme der Stahlzylinder mit ⌀24H7 eng toleriert und mit einer Oberflächenqualität von Ra 0,8 herzustellen sind. Das Gleiche gilt für die Kreistaschen mit ⌀24H7 an der Rückseite der Vorrichtung, die die Spannbolzen der Nullpunktspannsysteme aufnehmen. Für die restlichen Oberflächen ist eine Oberflächenqualität von Ra 3,2 gefordert. Die Positionen der vier Kreistaschen sind mit ±0,003 toleriert. Alle anderen Maße müssen nur den Allgemeintoleranzen nach DIN ISO 2768-m genügen.

> **MERKE**
> Die umfassende Analyse der Einzelteilzeichnung ist Grundlage für die Fertigungsplanung *(manufacturing planning)*.

4.1 Arbeitsplanung

Die Bearbeitung der Vorrichtung erfolgt auf einer CNC-Fräsmaschine *(CNC milling machine)* mit Vertikalspindel (Seite 251 Bild 1), die einen automatischen Werkzeugwechsler besitzt. Die maximale Umdrehungsfrequenz der Spindel beträgt 10000/min. Der Rohling für die Vorrichtung besteht aus einem Quader mit den Maßen 245 × 75 × 55, bei dem bereits die Außenkontur mit den gewünschten Maßen (240 × 70) und Oberflächenqualitäten gefertigt sind (Bild 2).

Bei der **ersten Aufspannung**, die im Schraubstock erfolgt, wird zunächst die Grundfläche der Vorrichtung gefräst, bevor die Senk-, Gewindebohrungen und Taschen gefertigt werden. In der

2 Vorbereiteter Rohling für Vorrichtung

[1] siehe Lernfeld 10, Kapitel 3.2.3

4.1 Arbeitsplanung

1 CNC-Fräsmaschine mit Vertikalspindel

zweiten Aufspannung – ebenfalls im Schraubstock – werden die Höhe und die Kontur auf der Oberseite der Vorrichtung gefräst. Die erforderlichen Bearbeitungsschritte für die beiden Aufspannungen werden in sinnvolle Reihenfolgen gebracht. Für die erste Aufspannung entsteht folgender **Bearbeitungs- und Werkzeugplan** *(machining and tool plan)* (Bild 2).

Die Werkzeuge für die Bearbeitung sind im Bild 1 auf Seite 252 dargestellt. Schnittgeschwindigkeit v_c und Vorschub pro Zahn f_z *(feed per tooth)* sind aus den Tabellen der Werkzeughersteller entnommen. Umdrehungsfrequenz n und Vorschubgeschwindigkeit v_f wurden nach der Berechnung gerundet in den Bearbeitungsplan eingetragen.

> **MERKE**
> Die Werkzeugnummer *(tool number)* (z. B. T1) gibt an, mit welcher Nummer das Werkzeug im CNC-Programm aufgerufen wird.

Nr.	Bearbeitungsschritt	Werkzeug	v_c in m/min	n in min-1	f_z in mm	v_f in mm/min	T-Nr.
1	Planen auf 52,5 mm Dicke	Messerkopf ⌀63, z = 5	180	910	0,155	2000	1
2	Kernlochbohren für M10	VHM-Bohrer ⌀8,5	40	1500	0,04	120	2
3	Bohren der Durchgangsbohrungen	VHM-Bohrer ⌀13,5	40	950	0,06	110	3
4	Fräsen der Senkungen	VMH-Fräser ⌀16, z = 4	100	2000	0,1	800	4
5	Schruppen der Taschen	VMH-Fräser ⌀16, z = 4	100	2000	0,1	800	4
6	Schlichten der Taschen	VMH-Fräser ⌀20, z = 4	100	1600	0,1	640	5
7	Gewindebohren M10	VHM-Gewindebohrer M10	20	600		900	6

2 Bearbeitungs- und Werkzeugplan für die erste Aufspannung

4.2 Manuelle Programmierung

1 Werkzeuge für die erste Aufspannung

Da das Werkstück eine einfache äußere Form hat, kann es im hydraulischen Schraubstock gespannt werden. Bild 2 zeigt die Situation für die erste Aufspannung der Vorrichtung. Der Werkstücknullpunkt wird an die untere rechte Werkstückecke gelegt, weil von hier die Bemaßung der Rückseite ausgeht (Bild 3). Hierzu wurde die Unteransicht der Zeichnung von Seite 250 Bild 1 um die Z-Achse um 180° gedreht.

2 Erste Aufspannung für die Rückseitenbearbeitung der Vorrichtung

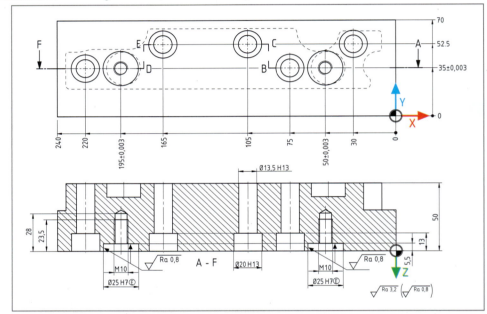

3 Darstellung und Bemaßung für die Rückseitenbearbeitung der Vorrichtung aufgrund des vorbereiteten Rohlings

4.2 Manuelle Programmierung

LF7_04

Bei der manuellen Programmierung gibt die Fachkraft das Programm an der Fräsmaschine direkt ein. Dabei wird sie bei der Eingabe grafisch unterstützt und im Dialog geführt (Bild 4).

4.2.1 Werkstücknullpunkt und Bearbeitungsebene

Die ersten Programmsätze können folgendermaßen aussehen:

```
%200704     (Programmanfang und Nummer)
N10 G90     (Absolute Maßangabe)
N20 G54     (Aufruf der gespeicherten WNP-Verschiebung)
```

MERKE
Mit **G54** wird der Werkstücknullpunkt aufgerufen.

4 Eingabedialog mit grafischer Unterstützung

4.2 Manuelle Programmierung

Die Position des Werkstücknullpunkts ermittelt der Maschinenbediener beim Einrichten der Maschine und gibt sie in den Nullpunktspeicher *(zero point memory)* ein[1]. Unter G54 sind dann die Koordinaten des Werkstücknullpunkts im Maschinenkoordinatensystem *(machine coordinate system)* definiert. Bei 2½-D CNC-Fräsmaschinen kann die Bearbeitung in verschiedenen Ebenen erfolgen[2]. Deshalb ist die **Bearbeitungsebene** *(machining plane)* zu definieren, in der die Bahnsteuerung *(continuous path control)* erfolgen soll (Bild 1). Das Werkzeug steht dann senkrecht zu der gewählten Ebene. Es gibt drei Ebenen, die über G-Funktionen aktiviert werden:

G-Funktion	Bearbeitungsebene	Werkzeugachse
G17	X-Y-Ebene	Z-Achse
G18	Z-X-Ebene	Y-Achse
G19	Y-Z-Ebene	X-Achse

`N30 G17`   (Wahl der X-Y-Ebene)

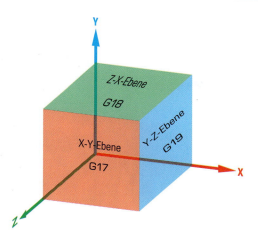

1 Ebenen beim Fräsen

4.2.2 Automatischer Werkzeugwechsel

Mit dem Programmsatz N40 wird das Werkzeug automatisch eingewechselt.

`N40 T1 M6`   (T1: Messerkopf ⌀63 eingewechselt)

Mit einem Doppelgreifer wird in einem Zug das „alte" Werkzeug aus der Spindel entnommen und durch ein „neues" ersetzt. Vor dem Wechsel bewegt das Werkzeugmagazin das neue Werkzeug an die Wechselstation. Im Bild 2 sind unter anderem das Werkzeugmagazin und der Doppelgreifer zu erkennen. Das Prinzip des Werkzeugwechsels dokumentiert Bild 3. Werkzeugmagazine gibt es in unterschiedlichen Ausführungen. Tellermagazine (Bild 2) und Kettenwerkzeugmagazine (Seite 254 Bild 1) sind Beispiele dafür.

2 Vertikalfräsmaschine ohne Verkleidung mit Doppelgreifer

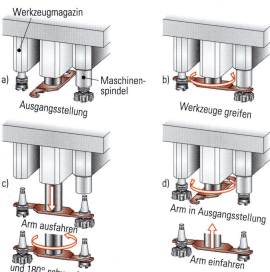

3 Werkzeugwechsel mit Doppelgreifer

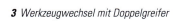

[1] siehe Kap. 4.3.2   [2] siehe Kap. 1.4.3

1 Kettenwerkzeugmagazin

4.2.3 Fräsermittelpunkt-Programmierung

Bei einfachen Fräsarbeiten sowie beim Bohren, Reiben und Gewindeschneiden wird die **Fräsermittelpunktsbahn** *(milling cutter centre path)* programmiert. Die folgenden Sätze dienen zum Planfräsen (Bearbeitungsschritt 1) der Vorrichtung, womit die Bearbeitungszugabe *(machining allowance)* von 2,5 mm entfernt wird:

```
N50 G0 Z50 F700 S910 M3    (Sicherheitsabstand, technologische
                            Daten, Spindel im Uhrzeigersinn)
N60 X25 Y17
N70 Z0
N80 G1 X-265
N90 G0 Y53
N100 G1 X25
N110 G0 Z50                 (Sicherheitsabstand)
```

Überlegen Sie!

1. Ordnen Sie in Ihrem Heft die Nummern der Verfahrwege im Bild den Satznummern im obigen CNC-Programm zu.
2. Schreiben Sie die CNC-Sätze N80 bis N130 unter der Voraussetzung, dass folgender Satz eingeschoben wurde: N75 G91.

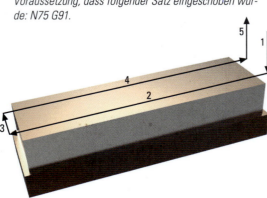

Im Satz N50 ist G0 (Eilgang) programmiert. In den beiden folgenden Sätzen ist kein G-Wort vorhanden. Auch für folgende Sätze gilt G0 solange, bis eine neue G-Funktion wie z. B. G1 im Satz N80 die alte aufhebt.

MERKE

G-Funktionen wie z. B. G0, G1, G2 und G3, müssen nicht in jedem Satz erneut angegeben werden. Sie sind **modal** wirksam.

4.2.4 Bearbeitungszyklen

Für die bei Frästeilen oft auftretenden Formelemente wie z. B. Kreis- und Rechtecktaschen, Nuten usw. stellen die CNC-Steuerungen dem Anwender Zyklen zur Verfügung.

MERKE

Bearbeitungszyklen *(processing cycles)* beschreiben zu fräsende Formelemente in einem CNC-Satz.

Der Satzaufbau ist bei den verschiedenen Steuerungen unterschiedlich. Die Vorgaben des Steuerungsherstellers sind zu beachten[1].

4.2.4.1 Bohrzyklen und Bohrbilder

Im nächsten Bearbeitungsschritt sind die beiden Kernlochbohrungen für M10 herzustellen. Für das Bohren bieten die Steuerungen unterschiedliche Bohrzyklen *(drilling cycles)* an. Die Funktionsweise des **einfachen Bohrzyklus (G81)** ist in Bild 1 auf Seite 255 dargestellt. Die Werte hinter den Adressbuchstaben können teilweise absolut (z. B. Z bzw. ZA) oder inkremental (z. B. ZI) angegeben werden. Der einfache Bohrzyklus wird z. B. eingesetzt, wenn mit dem NC-Anbohrer (Bild 2) eine Bohrung vorzentriert wird. Das ist bei den Durchgangs- und Gewindekernlochbohrungen der Vorrichtung nicht nötig, weil deren Positionen ausreichend genau mit den Bohrern aus Vollhartmetall (VHM) *(cemented carbide)* zu fertigen sind.

Da die Bohrtiefe von ca. 31 mm für das Gewindekernloch im Verhältnis zum Durchmesser (⌀8,5 mm) groß und der Werkstoff nicht leicht zu zerspanen ist, wird die Spanabfuhr schwieriger. Daher wird nicht der einfache Bohrzyklus, sondern der **Bohrzyklus zum Entspanen (G83)** gewählt. Hierbei wird die Vorschubbewegung nach Erreichen der Zwischenbohrtiefe unterbrochen und das

2 NC-Anbohrer

---

[1] Die Programmierung orientiert sich an der PAL-Steuerung, die Elemente der verschiedenen Steuerungen beinhaltet.

4.2 Manuelle Programmierung

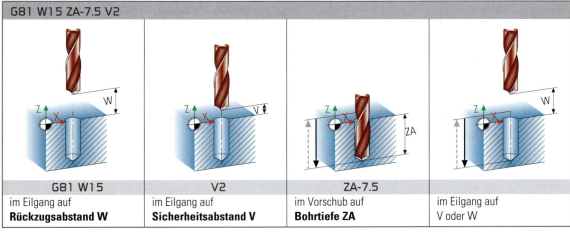

1 Ablauf des einfachen Bohrzyklus G81

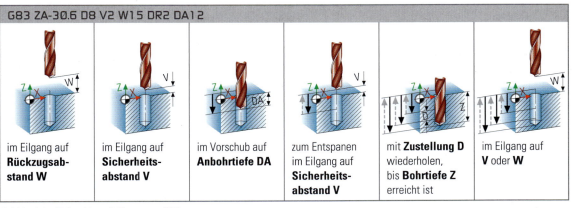

2 Ablauf des Bohrzyklus mit Entspanen G83

Werkzeug zum Entspanen vollständig aus der Bohrung zurückgezogen. Vor dem weiteren Bohren wird im Eilgang bis kurz vor die erreichte Bohrtiefe zugestellt. Das geschieht so lange, bis die programmierte Bohrtiefe erreicht wird (Bild 2).

```
N120 T2 M6              (T2: VHM-Bohrer ⌀8,5 einwechseln)
N130 G0 Z50 F120 S1500 M3 M8
                        (Sicherheitsabstand, Kühlmittel ein)
N140 G83 ZA-30.6 D6 V2 W15 DA12
                        (Bohrzyklus mit Entspanen)
```

M E R K E
Mit der **Zyklusdefinition** *(definition of cycle)* ist festgelegt, welche Maße das Formelement hat und wie seine Zerspanung erfolgt.

Da mit dem Bohrzyklus lediglich der Ablauf und die Bohrtiefe definiert sind, ist die Position der Bohrung noch zu bestimmen. Mit dem **Zyklusaufruf G79** wird die Bohrposition definiert, wobei unter der Z-Adresse die Lage der Fläche festzulegen ist, in die gebohrt wird.

```
N150 G79 X-50 Y35 Z0            (Zyklusaufruf)
N160 G79 X-195                  (Zyklusaufruf)
N170 G0 Z50                     (Sicherheitsabstand)
```

M E R K E
Mit dem **Zyklusaufruf** *(cycle call)* wird festgelegt, wo das Formelement liegt.

Mit den folgenden Programmzeilen, die einen Fehler enthalten, werden die Durchgangsbohrungen (⌀13,5 H13) programmiert

```
N180 T3 M6              (T3: VHM-Bohrer ⌀13,5 einwechseln)
N190 G0 Z50 S950 F110 M3 M8
N200 G83 ZA-58 D8 V2 W15 DA15
N210 G79 X-30 Y52.5 Z0
N220 G79 X-75 Y35
N230 G79 X-105 Y52.5
N240 G79 X-165
N250 G79 X-210 Y35
N260 G0 Z50 M9
```

4.2 Manuelle Programmierung

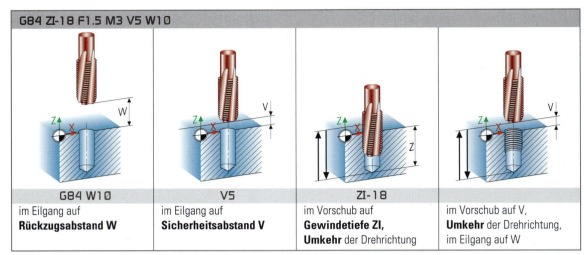

1 Ablauf des Gewindebohrzyklus G84

Überlegen Sie!

1. Analysieren Sie den letzten Programmabschnitt und finden Sie den Programmierfehler.
2. Bestimmen Sie, wie oft bei den Bohrungen entspant wird.
3. Aus welchem Grund wird beim Bohren von allen Löchern mit Kühlmittel gearbeitet?

Überlegen Sie!

1. Aus welchem Grunde ist im Satz N410 die Gewindetiefe mit ZI-18 programmiert?
2. Worauf bezieht sich im Satz N420 die Angabe Z-5.5?
3. Wofür steht im Satz N450 das Wort M30 und welche Auswirkungen hat es?

Für das Gewindebohren – das allerdings nach dem Fräsen der Kreistaschen ⌀25H7 erfolgt – steht der **Gewindebohrzyklus (G84)** *(tapping cycle)* zur Verfügung (Bild 1). Je nach Steuerung ist entweder die Steigung des Gewindes oder die Vorschubgeschwindigkeit zu programmieren. Im Beispiel wird die Gewindesteigung eingegeben, sodass sich die Steuerung die Vorschubgeschwindigkeit berechnet. Ansonsten muss die Fachkraft die Vorschubgeschwindigkeit bestimmen:

$$v_f = n \cdot P$$

$$v_f = \frac{600 \cdot 1{,}5 \text{ mm}}{\text{min}}$$

$$v_f = 900 \frac{\text{mm}}{\text{min}}$$

v_f: Vorschubgeschwindigkeit
n: Umdrehungsfrequenz
P: Gewindesteigung

Rechts- bzw. Linksgewinde wird mit M3 bzw. M4 festgelegt. Beim Erreichen der Gewindetiefe wird die Drehrichtung umgekehrt und der Gewindebohrer aus dem Gewinde herausgedreht. Die beiden M10-Gewinde der Vorrichtung werden im letzten Bearbeitungsschritt der ersten Aufspannung mit folgenden Sätzen programmiert:

```
N390 T6 M6     (T6: VHM-Gewindebohrer M10 einwechseln)
N400 G0 Z50 S600 M8
N410 G84 ZI-18 F1.5 M3 V5 W10
N420 G79 X-50 Y35 Z-5.5
N430 G79 X-195
N440 G0 Z200
N450 M30
```

Sind Bohrungen, Taschen oder Nuten auf einem Loch- oder Teilkreis herzustellen, können diese mit dem Zyklusaufruf für **Loch- und Teilkreise** (G77) positioniert werden. Die dazu benötigten Adressen sind dem Bild 2 zu entnehmen. Mit den Adressen IA, JA und ZA ist der Ursprung des Polarkoordinatensystems in X-, Y- und Z-Richtung definiert. Der Loch- bzw. Teilkreisradius wird mit R, der Anfangswinkel mit AN oder der Endwinkel mit AP, der Winkelabstand mit AI und die Anzahl der Bohrungen mit O bestimmt. Mit der Adresse AR kann zusätzlich die Orientierung von Nuten oder Rechtecktaschen definiert werden.

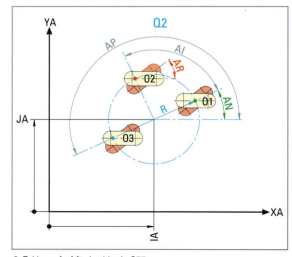

2 Zyklusaufruf für Lochkreis G77

4.2 Manuelle Programmierung

> **MERKE**
> **Bearbeitungszyklen** beschreiben, wie die Formelemente aussehen und deren Bearbeitung erfolgt.
> **Zyklusaufrufe** bestimmen, wo die Positionen der Formelemente liegen.

Die Steuerungen stellen neben den beschriebenen Zyklen noch weitere für das Reiben, Gewindefräsen usw. zur Verfügung. Ebenso gibt es Zyklenaufrufe für z. B. Bohrungen auf einer Linie oder in einer Matrix (Bild 1).

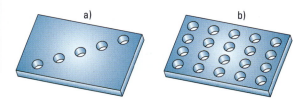

1 Bohrungen a) auf Linie und b) auf Matrix

> **Überlegen Sie!**
> 1. Welche Informationen benötigt die Steuerung bei einem Zyklusaufruf für ein Bohrbild auf einer Linie (Bild 1a)?
> 2. Entwickeln Sie einen Zyklusaufruf für eine Matrix (Bild 1b).

4.2.4.2 Fräszyklen

Die Senkungen ⌀20H13, 13 mm tief und die Zentrierungen ⌀25H7, 5,5 mm tief der Vorrichtung werden auf einfache Weise mit Kreistaschenfräszyklen programmiert.

Die verschiedenen Steuerungen definieren den Kreistaschenfräszyklus mit unterschiedlichen G-Funktionen und Adressbuchstaben. Die vorliegende Steuerung legt mit G73 den **Kreistaschenfräszyklus** fest. Alle Steuerungen fordern mindestens Taschenradius (R) *(pocket radius)*, Taschentiefe (Z) *(pocket depth)*, Sicherheitsabstand (V) *(clearance distance)* und Tiefe (D) *(depth)* des einzelnen Schnitts (Bild 2). Die Fachkraft gibt die erforderlichen Werte dialoggeführt in eine Eingabemaske ein (Bild 3). So kann beispielsweise festgelegt werden, auf welche Art der Fräser in das Material eintaucht oder ob im Gleich- oder Gegenlauf gefräst wird. Für die Senkungen ⌀20H13, 13 mm tief wird mit den unten stehenden Sätzen das Werkzeug eingewechselt und der Kreistaschenfräszyklus definiert.

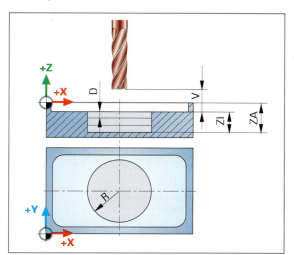

2 Mindesteingaben beim Kreistaschenfräszyklus

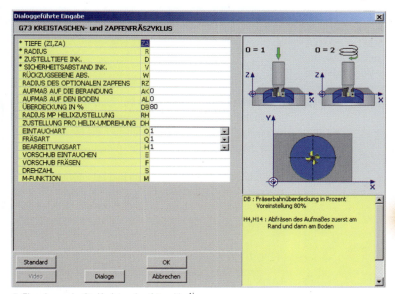

3 Eingabemaske für Kreistaschenfräszyklus[1]

```
N270 T4 M6                    (T4: VHM-Schaftfräser einwechseln)
N280 G0 Z50 F800 S2000 M3
N290 G73 ZA-13 R10 D0.7 V2 DH0.7 H14
                              (Kreistaschenfräszyklus definieren)
```

> **Überlegen Sie!**
> Nennen Sie die Bedeutung der einzelnen Wörter des Kreistaschenfräszyklus im Satz N290.

Die Fräszyklen werden auf die gleiche Weise wie die Bohrzyklen aufgerufen (z. B. mit G79 und G77).

Rechtecktaschen- und **Nutenfräszyklus** sind zwei weitere Fräszyklen, die alle CNC-Steuerungen anbieten. Im Bild 1 auf Seite 258 sind zwei Rechtecktaschenfräszyklen von verschiedenen Steuerun-

[1] SL-Automatisierungstechnik

gen gegenübergestellt. Obwohl unterschiedliche Adressen die Taschenabmessungen definieren, ist das Gemeinsame der Zyklendefinitionen zu erkennen.

> **MERKE**
> Der grundsätzliche Aufbau von Fräszyklen ist ähnlich. Die Hersteller verwenden für ähnliche Zyklen unterschiedliche Adressbuchstaben.

Überlegen Sie!
1. Schreiben Sie für die beiden Rechtecktaschenfräszyklen in Bild 1 einen CNC-Satz für eine Rechtecktasche mit 100 mm Breite, 80 mm Höhe, 20 mm Tiefe und einem Taschenradius von 20 mm, bei dem die einzelne Schnitttiefe 10 mm betragen soll.
2. Welche Informationen benötigt ein Nutenfräszyklus, mit dem waagrechte und senkrechte Nuten gefräst werden können?
3. Entwickeln Sie einen Vorschlag für den Aufbau eines Nutenfräszyklus.

4.2.5 Programmteilwiederholung

Mithilfe der **Programmteilwiederholung G23** *(partial repeat of programme)* ist es möglich, bestimmte schon vorhandene Programmteile zu wiederholen. Bei der Vorrichtung befinden sich z. B. die fünf Positionen für die Bohrungen ⌀13,5H13 und die Senkungen ⌀20H13 genau an den gleichen Stellen. Es müssen daher für die Kreistaschenfräszyklen die gleichen Zyklusaufrufe wie für die Bohrzyklen erfolgen. Im Satz N300 ist die erste und letzte Programmzeilennummer der Programmteilwiederholung angegeben. Es besteht meist auch die Möglichkeit, die Anzahl der Wiederholungen zu definieren. Nach der Programmteilwiederholung wird der Satz nach dem Aufruf mit G23 (N310) abgearbeitet.

```
(Bohren der Durchgangsbohrungen d = 13,5 mm)
N180 T3 M6
N190 G0 Z50 S950 F110 M3 M8
N200 G83 ZA-56 D8 V2 W15 DA15
N210 G79 X-30 Y52.5 Z0
N220 G79 X-75 Y35
N230 G79 X-105 Y52.5
N240 G79 X-165
N250 G79 X-220 Y35
N260 G0 Z50 M9
(Fräsen der Senkungen, VHM-Fräser d = 16 mm, z = 4)
N270 T4 M6
N280 G0 Z50 F800 S2000 M3
N290 G73 ZA-13 R10 D0.7 V2 DH0.7 H14
N300 G23 N210 N250
N310…
```

> **MERKE**
> Mithilfe der Programmteilwiederholung werden Bereiche des Hauptprogramms wiederholt.

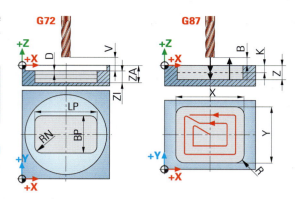

1 Rechtecktaschenfräszyklen von zwei verschiedenen Steuerungen

Mit den folgenden Programmsätzen werden die Zentrierungen 25H7, 5,5 mm tief geschruppt und geschlichtet.

```
(Schruppen der Taschen ⌀25H7, VHM-Fräser d = 16 mm, z = 4)
N310 G73 ZA-5.5 R12.5 D0.7 V2 AK0.1 AL0.1 O2
N320 G23 N150 N160
N330 G0 Z50
(Schlichten der Taschen ⌀25H7, VHM-Fräser d = 16 mm, z = 4)
N340 T5 M6
N350 G0 Z50 F640 S1600 M3
N360 G73 ZA-5.5 R12.505 D5.5 V2 O2
N370 G23 N150 N160
N380 G0 Z50
```

Überlegen Sie!
1. Was bewirkt der Satz N320?
2. Begründen Sie, warum im Satz N360 die Adresse R12.505 programmiert wurde.

In der **zweiten Aufspannung** der Vorrichtung sind deren Höhe und Kontur sowie die beiden Kreistaschen zu fräsen. In der Zeichnung (Seite 259 Bild 1) sind lediglich die Maße enthalten, die für die Bearbeitung in der zweiten Aufspannung erforderlich sind.
Der Arbeitsplan ist auf Seite 259 im Bild 2 dargestellt.
Im ersten Arbeitsschritt wird die Vorrichtung auf die Höhe von 50 mm gefräst. Dazu werden folgende Programmsätze benötigt:

```
N10 G90
N20 G54
N30 G17
(Hauptprogramm: Schlichten der Oberfläche Z0;
Messerkopf d = 63 mm, R6, z = 4)
N40 T1 M6
N50 G0 Z50 F700 S910 M3
N60 X-25 Y17
N70 Z0
N80 G1 X265
N90 G0 Y53
N100 G1 X-25
N110 G0 Z50
```

4.2 Manuelle Programmierung

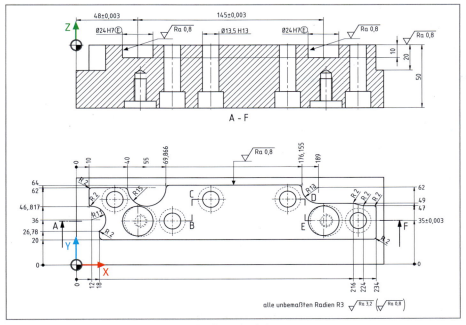

1 Darstellung und Bemaßung der Vorrichtung für die zweite Aufspannung

Nr.	Bearbeitungsschritt	Werkzeug	v_c in m/min	n in min⁻¹	f_z in mm	v_f in mm/min	T-Nr.
1	Planen auf 50 mm Dicke	Messerkopf ⌀63, $z = 5$	180	910	0,155	700	1
2	Vorschruppen der Kontur	Messerkopf ⌀35, $z = 5$	180	1650	0,15	1200	7
3	Schruppen der Kontur	VMH-Fräser ⌀16, $z = 4$	100	2000	0,1	800	4
4	Schruppen der Taschen	VMH-Fräser ⌀16, $z = 4$	100	2000	0,1	800	4
5	Schlichten des Bodens und der Kontur	VMH-Fräser ⌀20, $z = 4$	100	1600	0,1	640	5
6	Schlichten der Taschen	VMH-Fräser ⌀20, $z = 4$	100	1600	0,1	640	5

2 Bearbeitungs- und Werkzeugplan für die erste Aufspannung

Überlegen Sie!
Interpretieren Sie die Programmsätze von N10 bis N110.

4.2.6 Konturprogrammierung

Die Arbeitsschritte 2 bis 5 erfolgen mithilfe der Konturprogrammierung *(contour programming)*. Dabei ist es nicht erforderlich, dass die Fachkraft die Fräsermittelpunktsbahn (Äquidistante) *(milling cutter centre path)* berechnet. Diese Aufgabe übernimmt die Steuerung. Dazu benötigt sie jedoch noch folgende Informationen:
- die zu fräsende Kontur
- den Radius des Fräsers
- die Information, ob das Werkzeug links oder rechts der Kontur steht
- wie die Kontur an- und abgefahren wird
- Anfang und Ende der Konturprogrammierung

Diese Informationen erhält die Steuerung auf folgende Weise:
- Das CNC-Programm beschreibt die zu fräsende Kontur.
- Der Maschinenbediener gibt den Fräserradius beim Einrichten der Maschine in den Werkzeugkorrekturspeicher ein.
- Links oder rechts der Kontur wird durch G-Funktionen definiert.

MERKE

G41: links der Kontur.
G42: rechts der Kontur.

Bleibt noch zu klären, ob der Fräser links oder rechts der Kontur steht. Dazu muss sich der Programmierer gedanklich mit dem Fräser bewegen und in Vorschubrichtung blicken (Bilder 1).

Mit G41 bzw. G42 wird auch die Entscheidung für das Fräsverfahren getroffen:

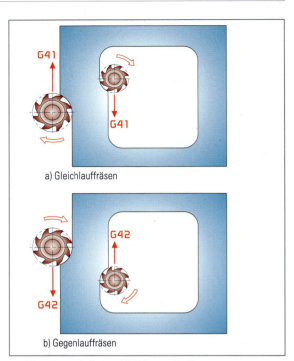

1 a) G41: Fräser befindet sich links von der Kontur
b) G42: Fräser befindet sich rechts von der Kontur

MERKE

G41: Gleichlauffräsen[1]
G42: Gegenlauffräsen

Das An- und Abfahren der Kontur wird ebenfalls durch G-Funktionen (Bilder 2 und 3) gesteuert:

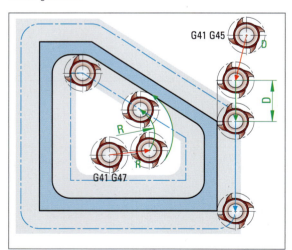

2 Tangentiales Anfahren der Kontur
G45: linear (auf einer Geraden)
G47: im ¼-Kreis

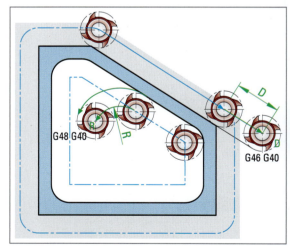

3 Tangentiales Abfahren der Kontur
G46: linear (auf einer Geraden)
G48: im ¼-Kreis

[1] siehe Lernfeld 5 Kap. 3.4.2

4.2 Manuelle Programmierung

G45: Lineares tangentiales Anfahren an eine Kontur
G47: Tangentiales Anfahren an eine Kontur im ¼-Kreis
G46: Lineares tangentiales Abfahren von der Kontur
G48: Tangentiales Abfahren von einer Kontur im ¼-Kreis

Im Werkzeugbau ist es besonders wichtig, dass keine Beschädigungen der Konturen durch rechtwinkliges Anfahren (Bild 1) entstehen. Denn beim rechtwinkligen Anfahren der Kontur steht eine CNC-Achse beim Erreicher des Zielpunkts für einen kurzen Moment still, bevor die Kontur-bearbeitung erfolgt. Das führt dazu, dass der Fräser freischneidet und die Kontur beschädigt. Aus diesem Grunde ist möglichst tangential an- und abzufahren. Der Anfang der Konturprogrammierung wird mit G41 bzw. G42 bestimmt, das Ende mit G40.

G40: Ende der Konturprogrammierung.

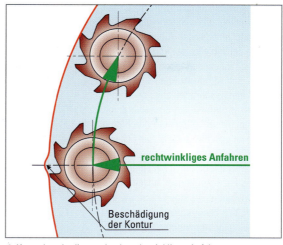

1 Konturbeschädigung durch rechtwinkliges Anfahren

Für das Vorschruppen der Vorrichtungskontur wird eine aus Geraden bestehende Hüllkontur (Bild 2 als Unterprogramm L201) programmiert.

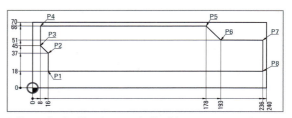

2 Kontur für das Vorschruppen der Vorrichtung

```
(Unterprogramm: Vorschruppkontur)
N500 L201                    (Unterprogrammbezeichnung)
N510 G0 X-20 Y-20            (Sicherheitsabstand)
N520 G0 ZI-2                 (Inkrementale Zustellung in Z)
N530 G41 G45 D20 X16 Y18     (Start der Konturbeschreibung, links der Kontur, tangentia-
                              les, lineares Anfahren mit 20 mm Anfahrweg auf P1)
N540 G1 Y37                  (P2)
N550 G1 X8 Y45               (P3)
N560 G1 Y66                  (P4)
N570 G1 X178                 (P5)
N580 G1 X193 Y51             (P6)
N590 G1 X236                 (P7)
N600 G1 Y18                  (P8)
N610 G1 X16                  (P1)
N620 G46 G40 D20             (Ende der Konturbeschreibung, tangentiales, lineares
                              Abfahren mit 20 mm Abfahrweg)
N630 M17                     (Unterprogrammende)
```

Das Unterprogramm (L201) wird aus dem folgenden Hauptprogramm im Satz N160 zehnmal (H10) aufgerufen. Das ist jedoch nur möglich, wenn der Fräser vorher (N150) auf Z0 positioniert wird. Dann hätte der Fräser nach 10 Wiederholungen bei einer Zustellung von a_p = 2 mm eine Frästiefe von 20 mm erreicht.

```
(Hauptprogramm: Vorschruppen der Kontur;
Messerkopf d = 35 mm, R5, z = 5)
N120 T7 M6
N130 G0 Z50 F1200 S1650 M3 TC2
N140 G0 X-20
N150 G0 Z0
N160 G22 L201 H10      (Unterprogramm L201
                        10 mal aufrufen)
N170 G0 Z50
```

4.2.6.1 Aufmaßprogrammierung
(programming with allowance)

In den nächsten beiden Arbeitsschritten wird die Fertigkontur der Vorrichtung zunächst mit einem seitlichen Aufmaß von 0,2 mm und einem Aufmaß am Boden von 0,3 mm geschruppt. Dies geschieht mit einer stufenweisen Zustellung von a_p = 5 mm. Abschließend werden Boden und Kontur geschlichtet. Für das Schruppen und Schlichten der Kontur soll das gleiche Unterprogramm (L202) dienen, in dem die Fertigteilkontur beschrieben wird. Deshalb muss das Schruppwerkzeug im Werkzeugkorrekturspeicher[1] größer eingegeben werden, als es wirklich ist (Bild 1). Der Werkzeugradius muss um den Betrag des seitlichen Aufmaßes vergrößert eingegeben werden. Im Korrekturspeicher muss die Werkzeuglänge um das gewünschte Aufmaß am Boden vergrößert werden.

Es ist möglich, zu einem Werkzeug unterschiedliche Abmessungen einzugeben. Dazu stehen für das gleiche Werkzeug mehrere Korrekturwertregister zur Verfügung, die z. B. mit TC1 bis TC5 bezeichnet werden. Bei einem Werkzeugaufruf ohne Nennung des Korrekturwertregisters greift die Steuerung auf das Register TC1 zu, in dem meist die tatsächlichen Werkzeugmaße abgespeichert sind. In unserem Falle wird im Satz N190 der Korrekturspeicher TC2 für T4 aufgerufen, in dem der Radius um 0,2 mm und die Länge um 0,3 mm gegenüber den tatsächlichen Werkzeugabmessungen vergrößert sind. Auch im Satz N130 wurde für das Werkzeug T7 zum Vorschruppen im Korrekturwertregister TC2 die Werkzeuglänge um 0,3 mm vergrößert, damit auf dem Boden ein Aufmaß von 0,3 mm bleibt.

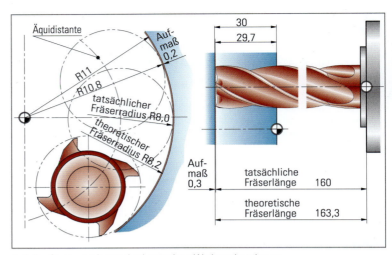

1 Aufmaßprogrammierung durch geänderte Werkzeugkorrekturen

```
(Hauptprogramm: Schruppen der Kontur; VHM-Fräser ⌀16 mm, z = 4)
N180 T4 M6
N190 G0 Z50 F800 S2000 M3 TC2
N200 G0 X-20 Y-20
N210 G0 Z0
N220 G22 L202 H4
```

Überlegen Sie!
1. Begründen Sie, warum im Satz N220 die Adresse H4 steht.
2. Mit dem gleichen Fräser sollen die beiden Kreistaschen geschruppt werden, sodass ein seitliches Aufmaß von 0,2 mm und eins am Boden von 0,3 mm entstehen soll. Schreiben Sie dazu die erforderlichen Programmsätze des Hauptprogramms.

4.2.6.2 Übergangsradien und Fasen

Neben der standardmäßigen Programmierung von Kreisbögen[2], ist es bei vielen Steuerungen möglich, Übergangsradien und -fasen *(transition radii/transition chamfers)* einfach zu programmieren (Bild 2). Es wird z. B. der theoretische Schnittpunkt (P1 bzw. P2) der beiden Geraden programmiert. Durch ein zusätzliches Wort wird im gleichen Programmsatz der Radius (z. B. RN20) oder die Fase (z. B. RN-15) bestimmt. Die Steuerung errechnet sich die fehlenden Übergangspunkte bzw. Mittelpunkte und legt auf diese Weise die Verfahrwege fest.

Oft sind folgende Kombinationen von Übergangsradien und -fasen möglich:

- Grade – Fase – Gerade
- Grade – Radius – Gerade
- Radius – Fase - Radius
- Radius – Radius - Radius
- Grade – Fase – Radius
- Grade – Radius – Radius

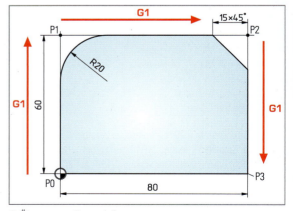

2 Übergangsradius und -fase

---

[1] siehe Kap. 3.5.1   [2] siehe Kap. 2.1

4.3 Einrichten der Maschine

Im dargestellten Unterprogramm, das die Fertigkontur der Vorrichtung beschreibt, sind einige der genannten Kombinationen genutzt.

```
(Unterprogramm: Fertigkontur)
N690 L202
N700 G0 X-16 Y-16
N710 G0 ZI-5
N720 G41 G47 R12 X18 Y23
N730 G1 Y26.78 RN2
N740 G3 X10 Y46.817 IA12 JA36 RN3
N750 G1 Y62 RN2
N760 G1 X40 RN3
N770 G3 X69.866 Y64 IA55 JA62 RN3
N780 G1 X176.155 RN3
N790 G3 X189 Y49 IA189 JA62
N800 G1 X216 RN12
N810 G1 X224 Y47 RN12
N820 G1 X234 RN2
N830 G1 Y20 RN2
N840 G1 X21
N850 G2 X18 Y23 I0 J3
N860 G48 G40 R12
N870 M17
```

Überlegen Sie!

1. Wie erfolgt im Unterprogramm L202 das An- und Abfahren der Kontur?
2. Erklären Sie im Satz N740 die Adressen IA12 JA36.
3. Wozu dient im Satz N800 die Adresse RN12?
4. Erläutern Sie im Satz N850 die Adressen I0 und J3.

Zum Abschluss wird der Boden und die Kontur sowie die Kreistasche ⌀24H7 mit folgenden Programmsätzen geschlichtet:

```
(Schlichten des Bodens und der Kontur;
VMH-Fräser ⌀20 mm, z = 4)
N270 T5 M6
N280 G0 Z50 F640 S1600 M3
N290 G0 X-20 Y-20
N300 G0 Z-18
N310 G22 L201
N320 G0 Z-15
N330 G22 L202 N720 N870
N340 G0 Z50
(Schlichten der Kreistasche ⌀24H7)
N350 G73 ZA-10 R12.005 D10 V2 W4 O2
N360 G23 N240 N250
N370 G0 Z200
N380 M30
```

Überlegen Sie!

1. Warum werden im Hauptprogramm die zwei Unterprogramme L201 und L202 aufgerufen?
2. Begründen Sie, weshalb im Satz N300 die Positionierung auf Z-28 erfolgt.
3. Schreiben Sie die Programmsätze, die in den Programmzeilen N240 und N250 stehen.

4.3 Einrichten der Maschine

Bevor die Zerspanung erfolgen kann, ist die Maschine einzurichten. Dazu zählen
- Spannen des Werkstücks
- Festlegen des Werkstücknullpunkts
- Messen der Werkzeuge
- Einsetzen der Werkzeuge in das Werkzeugmagazin

4.3.1 Spannen des Werkstücks

Für das Spannen des Werkstücks *(clamping of work pieces)* gibt es oft verschiedene Alternativen (siehe Lernfeld 5 Kap. 3.6.2). Quaderförmige Werkstücke wie die Vorrichtung lassen sich schnell und sicher mit einem hydraulischen Maschinenschraubstock spannen (Bild 1).

1 Spannen des Werkstücks im hydraulischen Schraubstock

- Hochdruckspindeln *(high pressure spindles)* übertragen hohe Spannkräfte, die kontrolliert einzustellen sind.
- Spannbacken *(chuck jaws)* können den Anforderungen entsprechend ausgewählt und gewechselt werden.

Die Vorrichtung wird im Schraubstock *(vice)* auf Distanzstücken *(spacers)* mit der erforderlichen Spannkraft gespannt.

4.3.2 Festlegen des Werkstücknullpunkts

Der Werkstücknullpunkt, der bei der Vorrichtung in der ersten Aufspannung rechts unten liegen soll, muss vom Maschinenbediener an diese Stelle gelegt werden. Dazu spannt er den **3D-Taster** *(3D probe/sensor)* in die Arbeitsspindel und verfährt

4.3 Einrichten der Maschine

1 Erfassen der Werkstückoberfläche in der Z-Achse

2 Festlegen des Werkstücknullpunkts auf der Y-Achse

ihn feinfühlig in Z-Richtung gegen die Werkstückoberfläche, bis die Nullstellung am 3D-Taster erreicht ist (Bild 1). Auf dem Bildschirm wird der aktuelle Z-Wert mit z. B. 168,753 mm angezeigt. Da der Rohling aber noch 2,5 mm Aufmaß an der Oberseite hat, liegt der Werkstücknullpunkt in der Z-Achse (ZW) auf 166,253 mm (Bild 3).

Beim Antasten in X- und Y-Richtung ist die Nullstellung am 3D-Taster erreicht, wenn um den Radius der Tastkugel feinfühlig weiter gegen die Werkstückfläche verfahren wird (Bild 2). Dadurch steht die Spindelmitte genau über der Werkstückkante. An der Anzeige wird bei der Nullstellung z. B. in der Y-Achse 352,632 mm abgelesen. Beim Antasten der rechten Seite zeigt die X-Achse 518,378 mm an.

In den **Werkstücknullpunktspeicher** sind unter der Adresse **G54** folgende Werte einzugeben: X518.378, Y352.632 und Z166.253. Dieser Werkstücknullpunkt wird am Anfang des CNC-Programms aktiviert, sodass sich ab diesem Zeitpunkt alle Koordinatenangaben im Programm auf den definierten Werkstücknullpunkt beziehen.

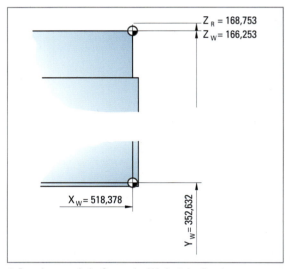

3 Berechnungen beim Setzen des Werkstücknullpunkts

4.3.3 Messen der Werkzeuge

Bei **Bohrern, Gewindebohrern und Reibahlen** sind die Werkzeuglängen in den Werkzeugkorrekturspeicher einzugeben. Die Steuerung verrechnet nach dem Einwechseln des neuen Werkzeugs dessen Länge in der Zustellrichtung. Da für diese Werkzeuge immer der Werkzeugmittelpunkt programmiert wird, ist deren Radieneingabe nicht erforderlich.

Bei **Fräsern** ist neben der Werkzeuglänge auch der Werkzeugradius in den Werkzeugkorrekturspeicher einzugeben (Bild 4). Nur dann ist es möglich, eine Konturprogrammierung (siehe Kap. 4.2.6) für dieses Werkzeug durchzuführen.

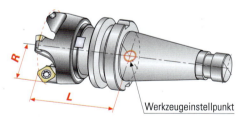

4 Werkzeugkorrekturwerte für Fräser

Externes Messen *(external measuring)*
Mithilfe eines Werkzeugvoreinstellgeräts (Seite 245 Bild 1) werden die Werkzeugkorrekturwerte außerhalb der Fräsmaschine ermittelt (siehe Kap. 3.5.1). Die Werkzeuge für die Vorrichtung wurden extern gemessen.

Internes Messen *(internal measuring)*
Bei der internen Werkzeugmessung gibt es verschiedene Möglichkeiten:
- Ankratzen und Probeschnitt
- Messtaster
- Lasermessung

4.3 Einrichten der Maschine

Ankratzen *(scratching)* **und Probeschnitt**
Stehen keine Hilfsmittel zum Messen der Werkzeuge zur Verfügung, kann bei laufendem Fräser durch Ankratzen der Werkstückoberfläche die Werkzeuglänge ermittelt werden. Ist der Koordinatenwert der Werkstückoberfläche bekannt (z. B. Z0) und am Bildschirm steht Z102,367, so beträgt die Werkzeuglänge 102,367 mm. Die Fachkraft gibt diese Länge in den Korrekturspeicher ein.
Bei nachgeschliffenen Fräsern wird der Werkzeugdurchmesser zunächst manuell ermittelt (19,6 mm). Der daraus abgeleitete Radius wird z. B. um 0,1 mm vergrößert (9,9 mm) in den Werkzeugkorrekturspeicher eingegeben. Nach dem Fräsen der Kontur, deren Breite z. B. 100 mm sein soll (Bild 1), muss eine Korrektur des Werkzeugradius vorgenommen werden. Statt der geforderten 100 mm beträgt das tatsächliche Maß 100,246 mm. Es liegt also ein einseitiges Aufmaß von 0,123 mm vor. Um diesen Betrag ist der Radius im Werkzeugspeicher zu reduzieren. Daher gibt die Fachkraft den tatsächlichen Radius von 9,777 mm ein.

Messtaster *(measuring sensor)*
Der Messtaster ist fest im Maschinenraum montiert (Bild 2). Über einen Messzyklus, der vom Maschinenbediener ausgelöst wird, verfährt die Maschine das Werkzeug zum Messtaster. Beim Antasten des Fräsers wird dessen Länge automatisch erfasst und in den Korrekturspeicher eingetragen.

Lasermessung *(laser measuring)*
Ebenfalls im Arbeitsraum der Maschine ist die Lasermesseinrichtung fest eingebaut. Der Fräser wird mithilfe eines Messzyklus in den Laserstrahl hineingefahren (Bild 3). Fräserlänge und -radius werden automatisch ermittelt und in den Werkzeugkorrekturspeicher übernommen. Die Lasermessung wird auch zur Werkzeugbruch- und zur Werkzeugverschleißüberwachung *(tool wear monitoring)* genutzt.

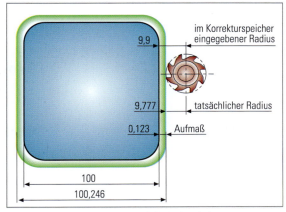

1 Ermittlung des Fräserradius nach Konturbearbeitung

2 Messtaster im Maschinenraum

3 Werkzeugmessung mit Laser während der Bearbeitung

4.3.4 Einsetzen der Werkzeuge in das Werkzeugmagazin

Werkzeuge müssen an einen Platz im Werkzeugmagazin gesetzt werden. Bei einer **festen Platzcodierung** *(permanent position coding)* muss das Werkzeug auch nach dem Wechsel wieder an den gleichen Magazinplatz zurückgesetzt werden. Das führt zwangsweise zu längeren Wechselzeiten und senkt dadurch die Produktivität der Werkzeugmaschine.
Bei der **variablen Platzcodierung** *(variable position coding)* wird bei einem Werkzeugwechsel das alte Werkzeug an die Position des neuen im Magazin gesetzt. Somit muss die CNC-Steuerung die Verwaltung der Werkzeuge im Magazin übernehmen. Sie ordnet somit das Werkzeug einem Magazinplatz zu, der sich nach jedem Werkzeugwechsel ändern kann. Die variable Platzcodierung ist bei den heutigen CNC-Fräsmaschinen Standard.
Wenn die Fachkraft das Werkzeug **manuell** in das Magazin setzt (Seite 266 Bild 1), muss sie neben der Werkzeugnummer (z. B. T2) nicht nur Fräserradius und -länge sondern auch den Magazinplatz (z. B. P3) mitteilen. Wenn das Werkzeug vom

Maschinenbediener zuerst in die Spindel eingesetzt wird und der Werkzeugwechsler es von dort in das Magazin transportiert, übernimmt die Steuerung auch die erste Platzzuordnung.

1 Einsetzen des Werkzeugs in das Werkzeugmagazin von Hand

4.3.5 Simulation des Zerspanungsprozesses

Vor der eigentlichen Zerspanung *(chipping)* wird der gesamte Prozess simuliert (Bild 2). Das ist bei modernen Steuerungen parallel zur Bearbeitung eines anderen Werkstücks möglich. Auf diese Weise können Programmfehler leicht gefunden und beseitigt werden.

2 Simulation des Zerspanungsprozesses

4.4 Zerspanen, Prüfen und Optimieren

Die Zerspanung der Vorrichtung ist auf der folgenden Seite dargestellt.

Die Fachkraft reduziert bei der Zerspanung des ersten Werkstücks einer Serie meist die Eilganggeschwindigkeiten. Sie achtet nach Werkzeugwechseln darauf, ob das Werkzeug den programmierten Sicherheitsabstand einhält. Denn wenn ihr bei der Eingabe der Werkzeuglängen ein Fehler unterlaufen ist, kann sie noch eingreifen, bevor es zu einer Kollision kommt.

Während der Zerspanung muss die Fachkraft die Schnittbedingungen *(cutting conditions)* im Blick haben und eventuell Vorschubgeschwindigkeit und Umdrehungsfrequenz von Hand anpassen. Nach dem ersten Werkstück wird sie die optimierten technologischen Daten in das Programm eingeben und für die nächsten Serienteile nutzen.

Sollten die Maße des Werkstücks nicht innerhalb der geforderten Toleranzen liegen, muss der Maschinenbediener die Werkzeugkorrekturwerte ändern.

Wenn die geforderten Oberflächenqualitäten nicht erzielt werden, sind die technologischen Daten im Programm zu ändern oder es ist ein anderes Werkzeug einzusetzen.

Da bei der Vorrichtung nur wenige Maße eng toleriert sind, beschränkt sich die Fachkraft während der Fertigung auf die Prüfung *(inspection)* folgender Maße:

Zeichnungs-angabe	Abmaße	Prüfgerät
⌀25H7	0/+0,021	Innenmessschraube oder Grenzlehrdorn
⌀24H7	0/+0,021	Innenmessschraube oder Grenzlehrdorn
48±0,003	-0,003/+0,003	Messschraube mit Digitalanzeige
145,5±0,003	-0,003/+0,003	Messschieber mit Digitalanzeige

Die Oberflächen mit Ra 0,8 werden mithilfe eines Oberflächenvergleichsmusters überprüft[1].

Mit einem Messtaster (Bild 3), der in die Arbeitsspindel eingewechselt wird, könnte das Werkstück noch während der Aufspannung gemessen werden. So kann z. B. die Kreistasche ⌀24 H7 auf Maßhaltigkeit geprüft werden. Dazu wird im Programm ein Messzyklus programmiert. Aufgrund der durchgeführten Messung entscheidet die Steuerung, ob das Maß in der Toleranz liegt und welche weiteren Aktionen durchzuführen sind:

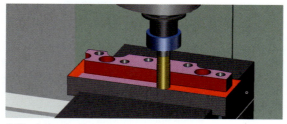

3 Messtaster

- Liegt das Maß innerhalb der Toleranz, wird das Programm fortgesetzt.
- Ist noch ein Aufmaß vorhanden, wird der Fräserradius automatisch im Werkzeugkorrekturspeicher entsprechend verkleinert. Über eine Wiederholfunktion wird dann das Schlichten der Kontur nochmals aufgerufen.
- Ist ein Untermaß vorhanden, wird das Programm beendet, weil das Teil Ausschuss ist und jede weitere Bearbeitung zu unnötigen Kosten führt.

[1] siehe Seite 19 Bild 1

4.4 Zerspanen, Prüfen und Optimieren

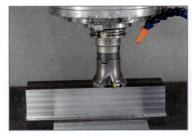

1. Aufspannung:
1 Planen mit Messerkopf

2 Bohren ⌀8,5 H13

3 Bohren ⌀13,5 H13

4 Fräsen der Senkung ⌀20 H13

5 Schruppen der Zentrierung ⌀25 H7

6 Schlichten der Zentrierung ⌀25 H7

7 Gewindebohren M10

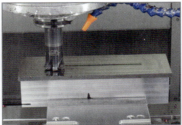

2. Aufspannung:
8 Planen mit Messerkopf

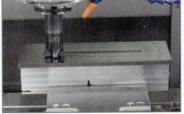

9 Vorschruppen der Kontur

10 Schruppen der Kontur

11 Schruppen der Kreistaschen ⌀24 H7

12 Schlichten der Kontur

13 Schlichten der Kreistaschen ⌀24 H7

14 Fertige Vorrichtung Vorderseite

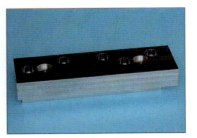

15 Fertige Vorrichtung Rückseite

ÜBUNGEN

1. Unter welchen Bedingungen ist G18 bei einer 2½D-Steuerung zu wählen?
2. Für welche Werkzeuge wird bei Fräsmaschinen der Fräsermittelpunkt programmiert?
3. Unterscheiden Sie Zyklusdefinition und Zyklusaufruf.
4. Was wird unter dem Begriff „Konturprogrammierung" verstanden?
5. Welche Informationen benötigt die CNC-Steuerung für die Konturprogrammierung?
6. Erklären Sie die folgenden G-Funktionen: G41, G42 und G40.
7. Welche Wegfunktion führt a) zum Gleichlauf- und b) zum Gegenlauffräsen?
8. Programmieren Sie für die Abdeckung aus 34CrMo4 (Bild unten) die Außen- und die Innenkontur
   a) im Gegenlauf
   b) im Gleichlauf
9. Nennen Sie drei Möglichkeiten, wie beim Programmieren für das Schruppen ein Aufmaß erzielt werden kann.
10. Skizzieren Sie eine Innenfräskontur und geben Sie an, wie Sie die Kontur beim Schlichten anfahren, damit keine Beschädigungen an der Kontur entstehen.
11. Bestimmen Sie die Vorschubgeschwindigkeit für das Gewindebohren von M10 bei einer Umdrehungsfrequenz von 300/min.
12. Wann ist es sinnvoll, Unterprogramme einzusetzen?
13. Beschreiben Sie das Festlegen des Werkstücknullpunkts an einem selbst gewählten Beispiel.
14. Nennen und beschreiben Sie zwei Möglichkeiten, wie Werkzeuge gemessen werden.
15. Wie kann das Werkstück innerhalb der Werkzeugmaschine gemessen werden?
16. Programmieren Sie das Werkstück aus S235JR (Seite 269) mit einem Fräser von ⌀30 mm.
17. a) Erstellen Sie für das Frästeil aus 42Cr4 (Seite 269) den Bearbeitungsplan.
    b) Erstellen Sie das CNC-Programm für das Frästeil.
18. a) Erstellen Sie für das Frästeil aus EN AW-3103 [AlMn1] (Seite 269) den Bearbeitungsplan.
    b) Erstellen Sie das CNC-Programm.

zu Übung 8

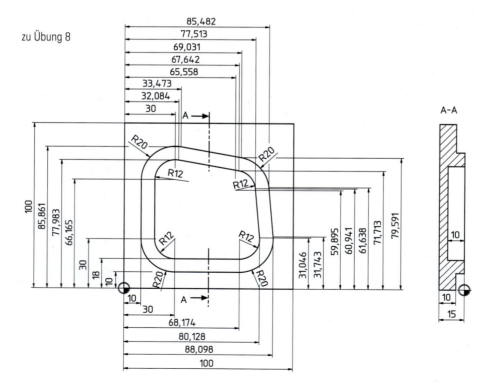

Übungen

zu Übung 16

zu Übung 17

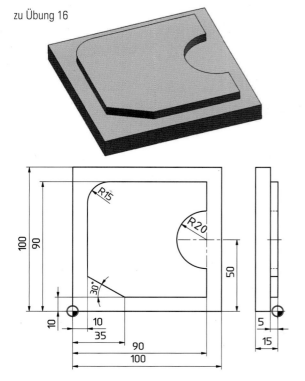
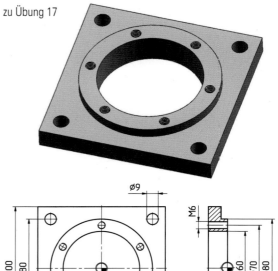
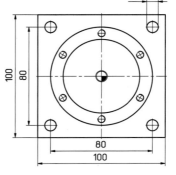
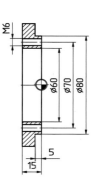

zu Übung 18

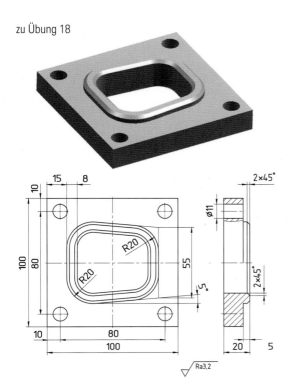

Projektaufgabe

a) Erstellen Sie für den Stifthalter aus EN AW-3004 [AlMn1Mg1] den Bearbeitungsplan.
b) Legen Sie die beiden Aufspannungen fest.
c) Erstellen Sie das CNC-Programm.

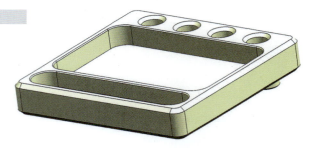

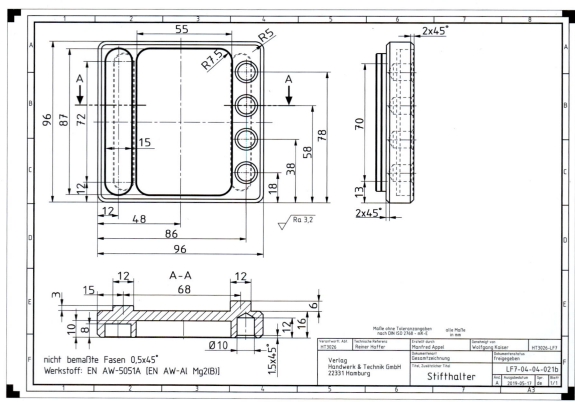

5 Manufacturing on computer numerically controlled machine tools

5.1 CNC machines

Picture 1 shows the floor plan of your workshop. Your foreman just told you to show around an apprentice that comes from a foreign subsidiary and is doing a hands-on training in your workshop. Use your vocabulary list and prepare some English sentences.

Example:
Next to the emergency exit and just beside the doors to the storage for the semi-finished products you can find the shelf with all our fixtures.

1 Floor plan of a workshop

5.2 CNC programs

Measuring cycles

Usually, several steps are required to setup a CNC milling machine, before the real machining process can be started. Two steps that are usually required are:
- to align the work piece parallel to the machine axes and
- to determine the zero point.

These steps take some time and do not take the possible accuracy and precision of the CNC machine into account. In addition, they are a potential source for errors. To increase productivity and reduce costs some CNC machines use so called measuring cycles. Using a measuring cycle on a CNC milling machine means, that a calibrated probe makes contact with a clamped work piece while using a suitable measuring strategy. The measured values are recorded in the memory of the CNC milling machine. The control of the machine is responsible for the approach to the measuring points and the evaluation of the measured values. Afterwards, the control automatically calculates the position of the work piece and the work offset from these values.

Assignment:

a) For further information about measuring cycles watch the movie AUTOMATIC MEASURING CYCLES, which you can find on the accompanying DVD of your technical book.
b) Then copy the following sentences into your files and complete them.
c) Subsequently, sum up the new information in German.

Example

1. Achieve faster and <u>easier</u> part <u>production</u> using the <u>automatical measuring cycles</u> features of the control.

2. This option enables you to _____ tools with maximum _____ .

3. Using automatical measuring cycles you can quickly _____ the tool _____ off sets.

4. In addition, you can quickly check a tool for _____ or _____ .

5. And you can use measuring cycles to rapidly check and verify a _____ in _____ .

LF7_10

5.3 CNC turning

Example

G-codes are part of a language that is used to tell numerical controlled machine tools what to make and how to make it. In milling, these G-codes, for example, describe the path which the cutting tool is intended to move. In turning however, the tool does usually not rotate. Here, the work piece rotates and the lathe tool moves along the x and/or z axes. Since the diameter of turned work pieces is easy to control, the dimensions of the transverse axis are based on the diameter. So, the skilled worker can directly compare the actual dimensions with the dimensions given on the technical drawing. When using a CNC lathe for the first time, it might be confusing, that the control of the machine sometimes uses absolute coordinates values yet with another G-code incremental values.

> **Assignment:**
> 1. Translate the text G-code into German.
> 2. Use your technical reference book to find out the G-codes for the descriptions given in picture 1.

Description of G-code
a) Values concerning the dimensions entered in the program or machine use the work piece zero point as reference.
b) Values concerning the dimensions entered in the program or machine use the relative difference to the current position.
c) To ensure that the selected cutting speed remains constant for each work piece diameter, this G-code command is used to adapt the associated speed.
d) For drilling, for example, a constant spindle speed is required. Therefore this G-code must be used in the CNC programme.
e) This G-code command determines the feed, which is obtained from a technical reference book, a tool manufacturer's document or from experience.
f) Sometimes the control of a CNC-machine will theoretically increase the spindle speed to infinity. With this G-code the programme sets a speed limitation.

1 G-codes and appropriate descriptions

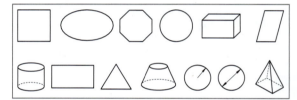

2 Shapes and forms

5.4 CNC milling

When describing the form and contours of a work piece, you need to know at least the basic shapes and figures. Sketch a table into your files. Match the corresponding terms, shapes and German meanings.

English terms: *triangle, pyramid, square, triangular, hexagonal, cube, circle, ellipse, radius, diameter, cylinder, rectangular, rhombus, rectangle, cylindrical, elliptical, squarish, round, hexagon, frustum of a cone*

Example

English term	Shape	German meaning
square/squarish	☐	Quadrat/quadratisch

5.5 Setting up a machine tool

Picture 1 shows an universal 3D sensor. The text below is taken from a web page of a manufacturer for measuring instruments. Read the text. Then answer the questions and do the exercises. Use complete sentences and put them down onto a separate piece of paper.

Questions on the text:

1. Find out what is the full meaning of EDM.
2. Describe how the 3D sensor is put into use.
3. Why is this measuring tool called 3D sensor and not only sensor?
4. Put down at least four advantages of the 3D sensor that are mentioned in the text.
5. How does the manufacturer trie to achieve a maximum of measuring precision?

The Universal 3D-Sensor is a very precise and versatile measuring instrument for milling and EDM machines (insulated probe). It is an instrument that no shop can do without. The 3D-Sensor is clamped into a tool holder and inserted into a milling spindle. Once clamped into the machine spindle, the run-out (T.I.R) is fully adjustable to zero. Then, you are able to find exact positioning of the spindle axis on the edges of the work piece. This allows for zeros to be set and the length to be measured quickly and easily. You may approach in any direction (X-, Y-, Z-axis – hence the name "3D-Sensor"). When the dial gage shows zero, the spindle axis is exactly on the work piece edge. Only the Haimer 3D-Sensor allows for the edge to be found on the first attempt. No calculating of the probe's ball diameter is necessary – just zero it out! Problems with mathematics or calculations are eliminated, allowing for fewer operator errors. Our 3D-Sensor is quick and easy, reducing the non productive time, increasing the productivity and accuracy of the operator.

Short and long probes are available. The sensor probes may be changed without any tool. No re-calibration of the unit is needed after change of the probe. Simply bring the needle to zero, and that is your edge with any probe. The accuracy is such that you are able to inspect your parts right on the machine. Find the centre of your bore, find your edge and inspect parts – it is all possible with the Haimer 3D-Sensor. The unit has a large overrun distance in connection with the fully tested preset breaking points giving the sensor long life. All Universal 3D-Sensors are individually tested and adjusted when being assembled in order to achieve a maximum of measuring precision.

1 Universal 3D sensor/probe

Lernfeld 8: Planen und Inbetriebnehmen steuerungstechnischer Systeme

In den Lernfeldern 3 und 4 haben Sie bereits grundlegende Kenntnisse der Automatisierungstechnik erworben. Dabei haben Sie sich auf einfache Steuerungsaufgaben mit **Führungs-** bzw. **Haltegliedsteuerungen** beschränkt. Bei diesen Steuerungen löst der Mensch durch sein Eingreifen den jeweils nächsten Arbeitsschritt aus.

Auf diesen Kenntnissen bauen Sie auf und lernen in diesem Lernfeld **Ablaufsteuerungen** kennen. Bei diesen laufen die einzelnen Arbeitszyklen **selbstständig** ab.

Aus dem modernen Werkzeug- und Vorrichtungsbau sind Steuerungen der verschiedensten Art nicht mehr wegzudenken. Viele Prozesse in der Schneid- und Umformtechnik wie auch in der Gießereitechnik laufen vollautomatisiert ab. Die von Ihnen erstellten Werkzeuge sind häufig eingebunden in komplexe Steuerungssysteme. Diese Steuerungssysteme können entweder als verbindungsprogrammierte oder speicherprogrammierte Steuerungen (VPS und SPS) ausgeführt sein. Bei der VPS hängt der Ablauf von der Verdrahtung bzw. Verschlauchung ab. Speicherprogrammierte Steuerungen sind hingegen frei programmierbar. Speicherprogrammierte Steuerungen kommen meist dann zum Einsatz, wenn die Anzahl der Ein- und Ausgänge einer Steuerung genügend groß ist. In diesem Fall ist der Einsatz einer SPS kostengünstiger. Betroffen sind hiervon z. B. Vorschubeinrichtungen, Schließeinheiten, Auswerfersysteme, Schieber usw. Diese Teilsysteme können in einer komplexen Anlage auch mit einer dezentralen Peripherie verbunden sein. In diesem Fall stehen die einzelnen Teilsysteme über Bussystem in Verbindung und werden durch ein übergeordnetes Automatisierungsgerät (SPS) koordiniert. Diese Aspekte sind bei der Planung und Herstellung der Werkzeuge zu berücksichtigen. Dabei ist es auch Ihre Aufgabe, solche Komponenten zu verdrahten bzw. zu verschlauchen und an die Steuereinheiten anzuschließen. Diese müssen im Falle einer SPS auch mit entsprechenden Programmen versehen werden. Sie bauen die entsprechenden Schaltungen auf und nehmen das steuerungstechnische System in Betrieb. Hierbei beachten Sie die Bestimmungen des Arbeits- und Umweltschutzes. Im Team entwickeln Sie Strategien zur Fehlersuche und optimieren die steuerungstechnischen Lösungen.

1.1 Führungs- und Haltegliedsteuerungen

1 Elektropneumatik

Für die Steuerungen *(control systems)* in der Pneumatik *(pneumatics)*, Elektropneumatik *(electro-pneumatics)* und bei speicherprogrammierten Steuerungen (SPS) gilt das Prinzip der Signal-**E**ingabe *(signal input)*, Signal-**V**erarbeitung *(signal processing)* und Signal-**A**usgabe *(signal output)* – kurz **EVA-Prinzip** *(Input Processing Output – IPO)*.
Einer der Hauptunterschiede der beiden Gerätetechniken liegt in der Art ihrer Signale *(signals)*. Bild 1 zeigt eine Gegenüberstellung der Signalarten beider Gerätetechniken.
Aufgrund der verschiedenartigen Signale, verwenden die unterschiedlichen Steuerungen auch verschiedene Bauteile. In elektropneumatischen Steuerungen werden elektrische bzw. elektronische Bauteile zur Signalverarbeitung genutzt. Bei beiden Gerätetechniken stellt das Arbeitsmedium Druckluft die erforderliche Energie für die Aktoren *(actuators)* bereit[1].

	Pneumatische Steuerung	Elektropneumatische Steuerung/SPS
Ausgabe	pneumatisch	pneumatisch
Verarbeitung	pneumatisch	elektrisch
Eingabe	pneumatisch	elektrisch

1 EVA-Prinzip bei pneumatischen und elektropneumatischen Steuerungen

1.1 Führungs- und Haltegliedsteuerungen

Die Vorschubeinheit einer Paneelsäge wird durch einen doppelt wirkenden *(double-acting)* Pneumatikzylinder *(pneumatic cylinder)* bewegt. Eine einfache elektropneumatische Steuerung soll es dem Bediener ermöglichen, den Werkzeugschlitten auf Knopfdruck auszufahren und nach Loslassen des Knopfes sofort wieder einzufahren. Das **Technologieschema** *(technology pattern)* verdeutlicht den Aufbau der Maschine (Bild 2). Die **Zuordnungsliste**[2] zeigt die Signalgeber *(signal generators)*, Aktoren und die logische Zuordnung der Signalzustände *(signal states)* (Bild 3). Der abgebildete **Pneumatikplan** *(pneumatic plan)* stellt den pneumatischen Leistungsteil der Steuerung dar. Der **Stromlaufplan** *(circuit diagram)* mit **Schaltgliedertabelle** *(contact table)* stellt den elektrischen Signalteil der Führungssteuerung des doppelt wirkenden Vorschubzylinders dar (Bild 4).

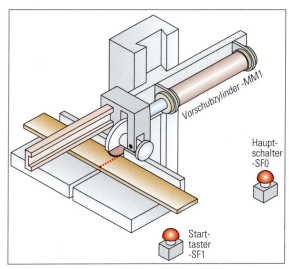

2 Technologieschema einer Paneelsäge

Gerät	Signal	Beschreibung
-SF1: Hand-Tastschalter, Schließer	E1	E1 = 1: -SF1 wird von Hand betätigt
-SF0: Hand-Stellschalter, Schließer	E2	E2 = 1: -SF0 wird von Hand betätigt, eingerastet
-MM1: Vorschubzylinder	A1	A1 = 1: Vorschubzylinder -MM1 fährt aus

3 Zuordnungsliste Paneelsäge

Funktionsbeschreibung

Das 5/2-Wegeventil *(directional control valve)* -QM1 wird elektrisch angesteuert und ist federrückgestellt *(spring-returned)*. -SF0 ist der Hauptschalter der Steuerung und besitzt eine Raste. Starttaster -SF1 ist als Schließer *(normally open contact – NO contact)* ausgelegt und dient der Signaleingabe durch den Bediener. Der Stromlaufplan zeigt, dass der Taster *(push-button)* -SF1 das Relais -KF1 mit Spannung versorgt. Betätigt der Bediener den Taster -SF1, zieht das Relais *(relay)* -KF1 an und betätigt den Schließer in Strompfad 3. Die Magnetspule *(solenoid coil)* -MB1 des Wegeventils bekommt ein Signal und -QM1 schaltet um. Der Zylinder -MM1 wird mit Druckluft *(compressed air)* versorgt und fährt aus. Lässt der Bediener -SF1 los, fällt -KF1 ab und öffnet den Schließerkontakt in Strompfad 3. Die Feder des Wegeventils schaltet das Ventil -QM1 wieder in Grundstellung. Der Vorschubzylinder -MM1 der Paneelsäge fährt ein.

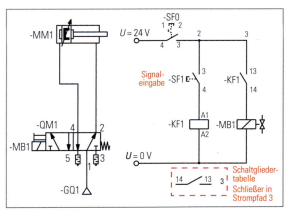

4 Paneelsäge – Pneumatikplan, Stromlaufplan und Schaltgliedertabelle einer Steuerung für einen doppelt wirkenden Zylinder mit einstellbarer Endlagendämpfung und einem Hauptschalter

---

[1] siehe Kap. „Automatisierungstechnik" – Grundstufenband
[2] Bei Verwendung einer SPS zur Lösung der Aufgabe zeigt die Zuordnungsliste auch den Datentyp der einzelnen Signale. Diese Deklaration des Datentyps ist vor der Erstellung des eigentlichen Programms nach DIN EN 61131-3 zwingend.

1.1 Führungs- und Haltegliedsteuerungen

> **MERKE**
>
> Soweit Störgrößen keine Abweichungen hervorrufen, besteht bei einer **Führungssteuerung** zwischen der Führungsgröße (z. B. Eingangssignal ausgelöst durch Bediener) und Ausgangsgröße (z. B. Bewegung eines Zylinders) ein eindeutiger Zusammenhang. Die Ausgangsgröße geht auf ihren Anfangswert zurück (Zylinder fährt ein), wenn die Führungsgröße nicht mehr existiert (Bediener gibt das Signalglied frei).

Dagegen bleibt nach Zurücknahme der Führungsgröße bei einer **Haltegliedsteuerung** *(memory control)* der erreichte Wert der Ausgangsgröße erhalten (Zylinder bleibt ausgefahren). Das Halteglied braucht ein weiteres Signal, um den Ursprungszustand wieder einzunehmen.

1.1.1 Elektrische Kontaktsteuerung

Die elektropneumatische Steuerung der Panelsäge umfasst im Wesentlichen die in Bild 1 dargestellten Funktionsblöcke *(function blocks)*.
Die Übertragung und Verarbeitung der elektrischen Signale im Steuerteil *(control section)* erfolgt dabei im Allgemeinen durch eine elektrische Kontaktsteuerung *(contact control)* oder eine kontaktlose *(contactlesss)* elektronische Steuerung. Bestandteile eines solchen Steuerteils können in elektropneumatischen Steuerungen beispielsweise folgende Bauteile sein:

- hand- bzw. mechanisch betätigte Taster (federrückgestellt) oder Stellschalter (mit Raststellung) *(detented switch)*; Beispiel: Hand-Tastschalter -SF1 in Bild 4 auf Seite 275
- Sensoren *(sensors)* (mit und ohne mechanische Schaltkontakte)[1]
- elektromagnetische Relais *(electromagnetic relays)*; Beispiel: Relais -KF1 in Bild 4 auf Seite 275
- elektromagnetische Schütze.

In Stromlaufplänen werden diese Bauelemente durch genormte Symbole dargestellt (vgl. Tabellenbuch).
Die Weitergabe der Signale des **Steuerteils** *(control section)* an den **Leistungsteil** *(power section)* einer elektropneumatischen Steuerung geschieht mittels einseitig *(one-sided)* oder zweiseitig *(double sided)* elektrisch betätigter Wegeventile. Die Wegeventile steuern den Luftstrom zu den Aktoren und stellen so die Schnittstelle *(interface)* zwischen dem elektrischen Steuerteil und dem pneumatischen Leistungsteil dar. In der Steuerung für die Panelsäge erfolgt die Signalausgabe und -anpassung durch das einseitig elektrisch betätigte 5/2-Wegeventil -QM1 (siehe Seite 275 Bild 4). Ein elektrischer Impuls *(impulse)* an der Magnetspule -MB1 bewirkt hier eine Änderung der Schaltstellung des Wegeventils -QM1. Dadurch wird die Druckluft umgeleitet und der Zylinder -MM1 fährt aus. Ohne elektrischen Impuls an der Magnetspule -MB1 schaltet das Wegeventil wieder in Grundstellung *(inital position)* und der Vorschubzylinder -MM1 fährt ein.

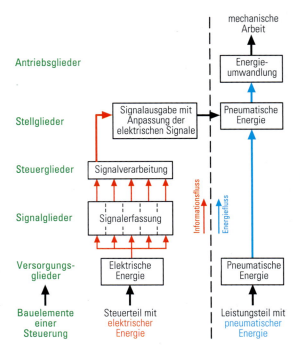

1 Trennung von elektrischem Steuerteil und pneumatischem Leistungsteil einer elektropneumatischen Steuerung

1.1.2 Relais

Bild 4 auf Seite 275 zeigt, dass bei der Panelsäge die Signalerfassung in dieser elektropneumatischen Steuerung durch den Signalgeber -SF1 (Taster) erfolgt. Die Signalverarbeitung erfolgt anschließend durch das **Relais** -KF1.
Ein Relais ist ein elektromagnetisch *(electromagnetic)* betätigter Schalter (Seite 277 Bilder 1 und 2). Es hat mehrere **Kontaktpaare** *(pairs of contacts)*, die über den **Klappanker** *(armature)* und die **Schaltzunge** *(switching reed)* durch die **Magnetspule** betätigt werden. Für die einfache elektropneumatische Steuerung der Panelsäge wird nur das erste Kontaktpaar des Relais (Schließer) benötigt.

Funktionsbeschreibung

1. Die an den Anschlüssen A1 und A2 des Elektromagneten angelegte Spannung erzeugt ein elektromagnetisches Feld in der Spule des Elektromagneten.
2. Die dabei auf den beweglichen Klappanker wirkende Kraft zieht den Klappanker zum Spulenkern hin. Das heißt, das Relais zieht an (Seite 277 Bild 2).
3. Der Klappanker wirkt über die Schaltzunge gleichzeitig auf die Kontaktpaare des Relais. Öffnet ein Kontaktpaar bei Betätigung des Relais, wird dieses Kontaktpaar als **Öffner** *(NC contact)* bezeichnet. Schließt sich das Kontaktpaar bei Betätigung, wird es als **Schließer** *(NO contact)* bezeich-

---

[1] siehe Kap. 1.6 Sensoren

1.1 Führungs- und Haltegliedsteuerungen

1 Elektromagnetisches Relais mit Schließer, Öffner und Wechsler – unbetätigt

2 Elektromagnetisches Relais mit Schließer, Öffner und Wechsler – betätigt

net. Ein Kontaktpaar, das als **Wechsler** *(single pole double throw)* bezeichnet wird, ist eine Kombination aus Öffner und Schließer (Bild 2).

4. Wird der Stromfluss durch die Spule unterbrochen, fällt das Relais ab. Das heißt, eine Rückstellfeder *(return spring)* zieht den Klappanker in die Ausgangsstellung.
5. Gleichzeitig schalten die Kontakte des Relais in die Grundstellung zurück (Bild 1).

Die Verwendung von elektrischen Kontaktsteuerungen mit Relais hat vielerlei Vorteile:

- Eine **Signalvervielfachung** *(signal multiplication)* ist mit einem Relais, das mehrere Kontaktpaare besitzt, problemlos möglich (siehe Bild 2).
- Bei höheren Leistungsanforderungen im Hauptstromkreis, sind der Steuerstromkreis und Hauptstromkreis des Relais zu trennen. In diesem Fall fließt im Steuerstromkreis nur ein relativ kleiner Strom (Leistungsaufnahme z. B. 1 W). Auf Seite des Leistungsteils, können dagegen Verbraucher *(loads)* mit größeren Leistungen (z. B. 80 W) angeschlossen werden.
- Eine logische Verknüpfung der Signale ist möglich (siehe Kap. 1.1.5 Verknüpfung von Signalen).
- Eine Verzögerung der Signale ist möglich[1].

Relais schalten nur, wenn an den Spulenanschlüssen eine entsprechende Spannung anliegt. Dies ist beispielsweise der Fall, wenn in einer Steuerung die **Selbsthaltung**[2] *(self-latching loop)* aktiv ist. Während dieser Zeit fließt permanent ein Steuerstrom *(control current)* durch die Magnetspule des Relais. Dieser kann auf Dauer, also bei länger aktivierter Selbsthaltung, zu einer unzulässigen Erwärmung des Relais führen.
Im Gegensatz zu Relais können **Schütze** *(electric contactors)* höhere Ströme schalten.

1.1.3 Anschlussbezeichnungen an Relais

Die Anschlüsse zur Stromversorgung eines Relais werden mit A1 und A2 bezeichnet, die Anschlüsse der Kontakte dagegen nur mit Ziffern. Dabei ergibt sich die erste Ziffer aus der Durchnummerierung der **Kontaktpaare**. Die zweite Ziffer stellt die **Funktion** *(function)* des Kontaktpaares dar (Bild 3). Für die Steuerung der Paneelsäge wird beispielsweise nur das erste Kontaktpaar (Schließer) mit der Bezeichnung 13–14 benötigt.

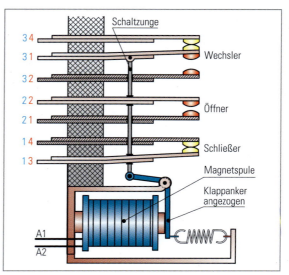

3 Anschlussbezeichnungen an Relais

1.1.4 Schaltgliedertabelle

Zur besseren Lesbarkeit eines Stromlaufplans werden alle belegten Kontakte eines Relais in einer Schaltgliedertabelle unterhalb des Strompfades *(current path)*, in dem sich die Magnetspule befindet, eingetragen (vgl. Bild 4 auf Seite 275).
Die Schaltgliedertabelle zeigt, in welchen Strompfaden die Kontaktpaare des jeweiligen Relais zu finden sind.
Aus der Schaltgliedertabelle in Bild 4 auf Seite 275 ist abzulesen, dass bei der Steuerung der Paneelsäge nur ein Kontaktpaar des Relais -KF1 genutzt wird. Dieses Kontaktpaar (13–14) ist in Strompfad 3 als Schließer zu finden.

---

[1] siehe Kap. 1.2.1 Zeitgeführte Ablaufsteuerung
[2] siehe Kap. 1.1.6 Speichern von Signalen – Selbsthaltung

1.1 Führungs- und Haltegliedsteuerungen

> **MERKE**
>
> Eine Schaltgliedertabelle zeigt, in welchen Strompfaden eines Stromlaufplans die Symbole für Schließer, Öffner oder Wechsler des Relais zu finden sind. Der Stromlaufplan zeigt hierbei die Kontakte in Grundstellung, also nicht betätigt.

Es kann vorkommen, dass z. B. Endlagenschalter in Stromlaufplänen in betätigter *(active)* Stellung gezeichnet werden. So wird ein Schließer, der als Endlagenschalter durch einen Zylinder in der Grundstellung betätigt wird, wie ein Öffner gezeichnet. Ein **Doppelpfeil** kennzeichnet einen solchen betätigten Schließer (Bild 1).

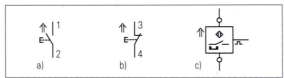

*1 Darstellung betätigter Signalglieder in Stromlaufplänen
 a) Öffner, b) Schließer, c) Sensoren)*

1.1.5 Verknüpfung von Signalen

Die einfache Steuerung der Panelsäge erfüllt den gewünschten Zweck. Der Bediener entscheidet selbstständig, ob und wann der Vorschubzylinder den Werkzeugschlitten vor- bzw. zurückfährt. Eine Änderung im Betriebsablauf führt nun dazu, dass die Steuerung abgeändert werden muss. Die Panelsäge soll von zwei räumlich getrennten Standorten zu bedienen sein. Die Parallelschaltung von Taster -SF1 und -SF2 realisiert die dazu nötige logische Grundfunktion *(basic logic function)*. Eine sogenannte ODER-Verknüpfung *(OR operation)* ermöglicht es dem Bediener, den Vorschubzylinder entsprechend zu bedienen. Eine Steuerung, bei der Signale logisch verknüpft sind, wird **kombinatorische (Verknüpfungs-) Steuerung** *(combinational control)* genannt. Betätigt der Bediener der Maschine die Taster -SF1 **oder** -SF2, löst dies eine Zustandsänderung *(change in status)* des Aktors -MM1 aus (Vorschubzylinder fährt aus). Die zugehörige Zuordnungsliste *(declaration list)* wird um einen Signalgeber erweitert (Bild 2). Den zugehörigen Funktionsplan *(function chart)* und die Funktionstabelle *(function table)* stellt Bild 3 dar. Die zugehörigen Schaltpläne für die modifizierte Steuerung zeigt Bild 4.

Beispiel:
An einer Extrudiermaschine *(extruder)* erfolgt die Zuführung des Granulats *(granulate)* über einen Lochschieber (Bild 5). Der Lochschieber sitzt unterhalb des Granulatbehälters und wird durch einen doppelt wirkenden Pneumatikzylinder mit Endlagendämpfung *(end position cushioning)* geöffnet und geschlossen. Als Stellglied *(final control element)* dient ein 5/2-Wegeventil mit Federrückstellung. In Grundstellung der Anlage hält das Wegeventil den Zylinder des Lochschiebers in seiner hinteren Endlage. Der Granulatbehälter ist geschlossen. Eine Zuführung des Granulats darf nur unter bestimmten Voraussetzungen erfolgen:

Gerät	Signal	Beschreibung
-SF1: Hand-Tastschalter, Schließer	E1	E1 = 1: -SF1 wird von Hand betätigt
-SF2: Hand-Tastschalter, Schließer	E2	E2 = 1: -SF2 wird von Hand betätigt
-SF0: Hand-Stellschalter, Schließer	E3	E3 = 1: -SF0 wird von Hand betätigt, eingerastet
-MM1: Vorschubzylinder	A1	A1 = 1: Vorschubzylinder fährt aus

2 Zuordnungsliste der Paneelsäge mit zwei Starttasten

E2	E1	A1
0	0	0
0	1	1
1	0	1
1	1	1

3 Funktionsplan und Funktionstabelle der Paneelsäge – ODER-Funktion

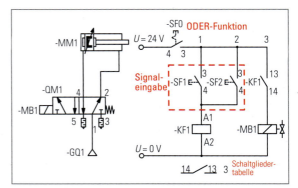

4 Verknüpfungssteuerung eines doppelt wirkenden Zylinders – zwei Starttaster mit ODER-Verknüpfung

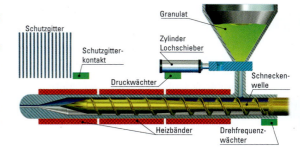

5 Technologieschema mit Lochschieber und Granulatbehälter einer Extrudermaschine

- wenn ausreichend Druck vorhanden ist UND
- wenn das Schutzgitter *(guard grid)* der Maschine geschlossen ist UND
- wenn der Drehfrequenzwächter die Solldrehzahl der Schneckenwelle *(screw)* meldet.

Für die Dokumentation der Anlage soll eine Zuordnungsliste, ein pneumatischer Schaltplan und ein Stromlaufplan mit Schaltgliedertabelle erstellt werden. Zur ersten Vereinfachung werden

1.1 Führungs- und Haltegliedsteuerungen

Gerät	Signal	Beschreibung
-SF1: Hand-Tastschalter, Pneumatikdruck	E1	E1 = 1: -SF1 wird betätigt (Mindestdruck vorhanden)
-SF2: Hand-Tastschalter, Shutzgitter	E2	E2 = 1: -SF2 wird betätigt (Schutzgitter geschlossen)
-SF3: Hand-Tastschalter, Drehfrequenz	E3	E3 = 1: -SF3 wird betätigt (Sollwert der Drehfrequenz Schneckenwelle erreicht)
-MM1: Pneumatikzylinder Lochschieber	A1	A1 = 1: Pneumatikzylinder -MM1 fährt aus

1 Zuordnungsliste der Extrudermaschione

im Stromlaufplan die Bauteile zur Überwachung des Pneumatikdrucks, des Schutzgitters und der Drehfrequenz durch Tastschalter (-SF1, -SF2, -SF3) umgesetzt.

Lösung:
Der Lochschieber führt dann Granulat zu, wenn -SF1 UND -SF2 UND -SF3 geschlossen sind. Es handelt sich bei dieser Verknüpfungssteuerung also um eine Reihenschaltung der drei Signalglieder -SF1, -SF2 und -SF3 bzw. eine UND-Verknüpfung der drei Signaleingänge.
Die Zuordnungsiiste für die Verknüpfungssteuerung des Lochschiebers stellt Bild 1 dar. Den Pneumatikplan, den Stromlaufplan und die Schaltgliedertabelle zeigt Bild 2.

1.1.6 Speichern von Signalen – Selbsthaltung

In einer Spannvorrichtung *(clamping device)* (Bild 3) für Werkstücke soll eine elektropneumatische Steuerung einen doppelt wirkenden Zylinder -MM1 durch kurzes Drücken eines Tastschalters -SF2 ausfahren. Der Zylinder soll nach Erreichen der vorderen Endlage stehen bleiben. Erst nach Betätigung des Tastschalters -SF1 soll die Kolbenstange *(piston rod)* des Spannzylinders wieder einfahren. Bild 4 zeigt die Schaltpläne und Bild 1 auf Seite 280 zeigt die zugehörige Zuordnungsliste.

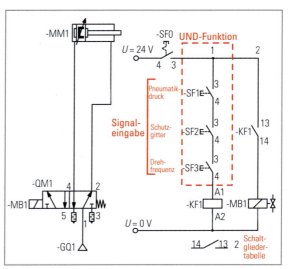

2 Pneumatikplan und Stromlaufplan der Extrudermaschine

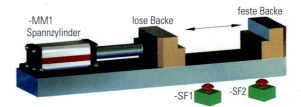

3 Technologieschema der Spannvorrichtung

Auch wenn der Bediener den Tastschalter -SF2 los lässt, muss das Werkstück gespannt bleiben. Dazu muss der Betätigungsmagnet -MB1 des Wegeventils -QM1 erregt bleiben. Die **Selbsthaltung** *(self-latching loop)* übernimmt dabei die **Speicherung** des Ausgangssignals von -SF2.

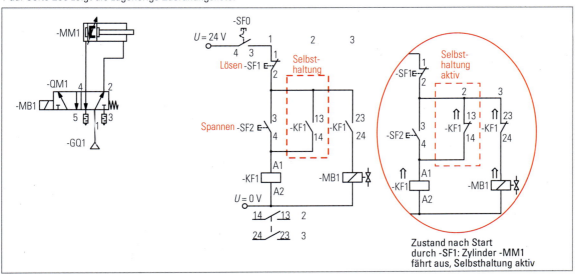

4 Selbsthaltung der Spannvorrichtung – in Lupe Selbsthaltung aktiv

Gerät	Signal	Beschreibung
-SF0: Hand-Stellschalter, Hauptschalter	E1	E1 = 1: -SF0 wird betätigt (Anlage ein)
-SF1: Hand-Tastschalter, Öffner-Lösen	E2	E2 = 1: -SF1 unbetätigt
-SF2: Hand-Tastschalter, Schließer-Spannen	E3	E3 = 1: -SF2 wird betätigt
-MM1: Pneumatikzylinder	A1	A1 = 1: -MM1 fährt aus Spannen

1 Zuordnungsliste der Spannvorrichtung

Funktionsbeschreibung (Spannen)

1. Betätigt der Maschinenführer *(machine operator)* kurzzeitig den Tastschalter -SF2, fließt Strom in Strompfad 1 durch die Spule des Relais -KF1 und das Relais zieht an.
2. Die Kontaktpaare in Strompfad 2 und 3 schließen (Seite 279 Bild 4 – Lupe).
3. In Strompfad 3 ist der Stromkreis zur Spule -MB1 des 5/2-Wegeventils -QM1 geschlossen.
4. Das Wegeventil -QM1 schaltet und die Kolbenstange des Zylinders -MM1 beginnt auszufahren.
5. Auch wenn der Bediener -SF2 los lässt, bleibt das Relais -KF1 angezogen. Strompfad 2 versorgt es weiterhin mit Spannung. Der Tastschalter -SF2 ist so überbrückt und das Relais hält sich selbst. Die Selbsthaltung speichert so das Startsignal von -SF2. *(Selbsthaltung)*
6. Die Kolbenstange fährt bis zur vorderen Endlage aus, auch wenn der Maschinenführer den Starttaster -SF2 los lässt, bevor die Endlage erreicht wurde. Das Werkstück ist gespannt.

Um die Speicherung des Signals von -SF2 zu löschen und die Selbsthaltung von Relais -KF1 aufzuheben, muss der Strompfad 1 unterbrochen werden.

Funktionsbeschreibung (Lösen)

7. Der Bediener betätigt den Tastschalter -SF1.
8. Das Relais -KF1 fällt ab, da keine Spannung mehr anliegt.
9. Alle Schließer des Relais -KF1 befinden sich in Grundstellung, das heißt sie sind geöffnet. Die Selbsthaltung von Relais -KF1 in Strompfad 2 ist aufgehoben.
10. Da auch das Kontaktpaar 23–24 in Strompfad 3 geöffnet ist, wird der Stromkreis der Spule -MB1 des Magnetventils -QM1 unterbrochen.
11. Das federrückgestellte 5/2-Wegeventil -QM1 schaltet in die Grundstellung. Die Kolbenstange des Zylinders -MM1 beginnt einzufahren und gibt das Werkstück frei.

1.1.7 Funktionsplan

Funktionspläne *(function charts)* stellen Steuerungen vereinfacht dar. Die Steuerungsaufgabe wird in Funktionsplänen ausschließlich durch Logiksymbole *(logic symbols)* dargestellt. Dies geschieht unabhängig von der Verdrahtung *(wiring)* und den verwendeten Bauteilen, wie Sensoren, Tastern oder Schaltern. Für die Schaltung des Lochschiebers der Extrudiermaschine (Bild 5 auf Seite 278) ist aus dem Funktionsplan (Bild 2) ersichtlich,

dass bei den vorliegenden drei Eingängen (E1, E2, E3) der Magnet -MB1 des Wegeventils -QM1 anzieht. Dabei bilden die drei Eingänge E1, E2 und E3 die Signalgeber -SF1, -SF2 und -SF3 ab. Daraufhin öffnet der Pneumatikzylinder -MM1 den Lochschieber und das Granulat kann der Maschine zugeführt werden. Bei der Programmierung einer SPS unter Verwendung der grafischen Funktionsbausteinsprache (FBS), wird zunächst der zu automatisierende Prozess analysiert und auf logische Grundfunktionen zurückgeführt und in einem Funktionsplan (FUP) dargestellt. Dabei werden binäre Verknüpfungen durch die Verschaltung von UND- und ODER-Funktionen realisiert und mit Speicherboxen abgeschlossen.

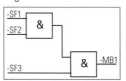

2 Funktionsplan der Extrudermaschine mit UND-Verknüpfung der Signalglieder

1.1.8 Sicherheitshinweise

Die in der Elektropneumatik verwendeten Bauteile *(components, devices)* werden mit unterschiedlichen Spannungen *(voltages)* betrieben. Werkzeugmechanikerinnen und Werkzeugmechaniker dürfen dabei nur elektrische Bauteile anschließen, wechseln oder warten, die für eine **Funktions-Kleinspannung** *(extra-low voltage)* von maximal 50 Volt Wechselspannung *(alternating voltage)* oder 120 Volt Gleichspannung *(direct voltage)* ausgelegt sind. Arbeiten an Anlagen und Bauteilen, bei denen die Funktionsspannung bei mehr als 50 Volt Wechselspannung oder 120 Volt Gleichspannung liegen, dürfen von ihnen nicht durchgeführt werden. Es dürfen auch keine Geräte oder Schaltschränke geöffnet werden, die Spannungen über 50 Volt Wechselspannung führen. Ebenfalls dürfen keine entsprechenden Verdrahtungen oder Messungen an Geräten mit Spannungen über 50 Volt Wechselspannung und 120 Volt Gleichspannung durchgeführt werden. Entsprechende Arbeiten dürfen **ausschließlich Elektrofachkräfte** durchführen[1].

Die elektrischen Verbindungen dürfen nur im spannungslosen *(dead voltage)* Zustand (Netzteil ausgeschaltet) hergestellt werden. Vor dem Einschalten des Netzteils *(power supply)* müssen alle elektrischen Leitungen *(electical cords)* nochmals überprüft werden, um Kurzschlüsse *(short circuits)* zu vermeiden.

Beim Abschalten der Spulen *(coils)* elektromagnetischer Relais werden hohe Induktionsspannungen *(induced voltages)* erzeugt.

3 Verschleiß durch Kontaktabbrand

---

[1] Für die Arbeiten an elektrischen Anlagen und Betriebsmitteln gilt die Unfallverhütungsvorschrift Elektrische Anlagen und Betriebsmittel (BGV A3) der gewerblichen Berufsgenossenschaft. Die BGV A3 wird durch einschlägige Unfallverhütungsvorschriften ergänzt, welche u.a. die Randbedingungen für das Arbeiten an unter Spannung stehenden Teilen erläutern.

1.2 Ablaufsteuerungen

Dadurch entsteht für den Bediener eine zusätzliche Gefahr. Zudem kann es an den Schaltkontakten zu erhöhtem Verschleiß kommen. Bei Verwendung von Gleichspannung ist die Gefahr der Funkenbildung *(sparking)* und der damit verbundene Verschleiß *(wear and tear)* der Schaltkontakte stärker (Seite 280 Bild 3). Eine entsprechende Schutzbeschaltung (Parallelschaltung eines RC-Glieds zum Schaltkontakt) kann diese Gefahr verringern.

Es ist stets vor Inbetriebnahme *(inital operation)* der Anlage darauf zu achten, dass alle Druckluftleitungen und Druckluftkomponenten sachgemäß angeschlossen sind. Verbindungsleitungen, die unter Druck abspringen, können erheblich Unfälle und Verletzungen verursachen.

ÜBUNG

Eine Aushebevorrichtung (Bild 1) einer Formpresse zur Herstellung von Kunststoffabdeckungen für die Automobilindustrie soll nach längerer Zeit wieder in Betrieb genommen werden. Sie stellen fest, dass die elektrischen Leitungen der Steuerung zum Teil abgerissen und unvollständig sind. Auch die Unterlagen, die die Funktion der Anlage dokumentieren, sind nicht auffindbar. Jedoch sind die einzelnen Bauteile der Steuerung, wie das Relais mit Anschlussbezeichnungen (Bild 2), das 3/2-Wegeventil, der Starttaster und der Pneumatikzylinder noch vorhanden. Aufbereitete Druckluft sowie eine Versorgungsspannung *(supply voltage)* von 24 V Gleichspannung sind am Montageplatz vorhanden.

Die Aushebevorrichtung soll folgende Funktion erfüllen: Nach Beendigung des Umformvorgangs soll die Aushebevorrichtung die Abdeckung aus der Form heben. Dazu muss der Maschinenführer einen Taster -SF1 betätigen. Anschließend fährt ein einfach wirkender Zylinder aus und hebt das Formteil von unten aus der Form. Lässt der Maschinenbediener den Taster -SF1 wieder los, soll der Kolben des Aushebers durch Federrückstellung in seine hintere Endlage zurückfahren.

a) Prüfen Sie zunächst, ob Sie die Arbeiten am elektrischen Steuerteil ausführen dürfen und begründen Sie ihre Entscheidung.
b) Erstellen Sie die zur Dokumentation nötigen Unterlagen, wie z. B. einen Stromlaufplan, eine Zuordnungsliste, eine Funktionstabelle, einen Pneumatikplan und eine Geräteliste. Achten Sie bei der Erstellung des Stromlaufplans auf eine vollständige Kennzeichnung der Schalt- und Kontaktpaare passend zum vorhandenen Relais.

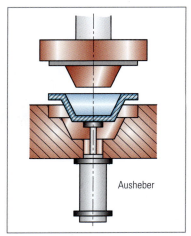

1 Technologieschema einer Aushebevorrichtung

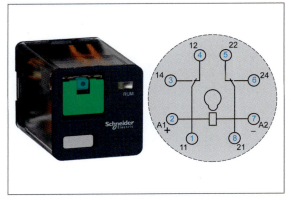

2 Anschlussbezeichnungen des Relais der Aushebevorrichtung

1.2 Ablaufsteuerungen

Ablaufsteuerungen *(sequence controls)* können entweder **zeitgeführt** *(time controlled)*, **prozessgeführt** *(process controlled)* oder als Mischformen der beiden genannten Varianten ausgelegt werden.
Alle drei Steuerungsarten können **selbstständig** *(automatic)* **ablaufende Arbeitszyklen** realisieren. Der Bediener nimmt bei Ablaufsteuerungen im Vergleich zu Führungs- und Haltegliedsteuerungen nur noch bedingt Einfluss auf die Zustandsänderungen der Aktoren (z. B. Ein- bzw. Ausfahren des Zylinders).

1.2.1 Zeitgeführte Ablaufsteuerung

An die Kolbenstange eines doppelt wirkenden pneumatischen Zylinders einer Verpackungsmaschine *(packaging machine)* für Spielzeugfiguren ist eine Heizplatte *(heating plate)* montiert. Diese soll Kunststoffverpackungen aus Thermoplast verschweißen (Bild 1). Betätigt der Maschinenbediener einen Tastschalter -SF1 *(switch)*, soll die Kolbenstange mit der Heizplatte ausfahren. Der Schweißvorgang soll je nach Art der Verpackung eine einstellbare *(adjustable)* Zeit von 2...6 Sekunden dauern. Anschließend soll die Kolbenstange des Zylinders wieder selbstständig in die Grundstellung fahren.

Die Verwendung einer Führungs- oder Haltegliedsteuerung scheidet aus zweierlei Gründen aus:

- Der Bediener müsste bei einer solchen Steuerung den Taster *(push button)* während des Schweißvorgangs permanent halten. Dies ist ergonomisch *(ergonomic)* ungünstig und führt zu einer unnötigen Belastung und frühzeitigen Ermüdung des Bedieners.
- Der Bediener muss den Zeitraum von beispielsweise 5 Sekunden messen, um die Qualität der Verschweißung zu gewährleisten.

Der pneumatische Leistungsteil der Anlage entspricht der Grundschaltung *(basic cicuit)* eines doppelt wirkenden Zylinders (Bild 2).

Die Steuerungsaufgabe lässt sich durch eine **zeitgeführte Ablaufsteuerung mit Selbsthaltung** lösen. Dabei speichert die Selbsthaltung im Steuerteil (Bild 2) das Startsignal von -SF1 auch, wenn der Bediener den Starttaster loslässt (vgl. Kapitel 1.1.6 Speichern von Signalen – Selbsthaltung). So wird gewährleistet, dass der Zylinder mit der Heizplatte die vordere Endlage *(advanced end position)* zuverlässig erreicht. Die Steuerung schaltet nach einer vorgegebenen Zeit (hier 5 Sekunden) das Stellglied -QM1 wieder in Grundstellung. Eine vollständige Verschweißung der Thermoplastverpackung ist nach dieser Zeit gewährleistet.

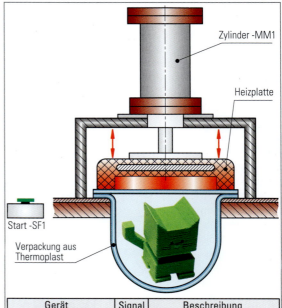

Gerät	Signal	Beschreibung
-SF1: Hand-Tastschalter, Schließer	E1	E1 = 1: -SF1 wird von Hand betätigt
Zylinder -MM1 mit Heizplatte	A1	A1 = 1: Zylinder -MM1 fährt aus

1 Technologieschema und Zuordnungsliste der Verpackungsmaschine

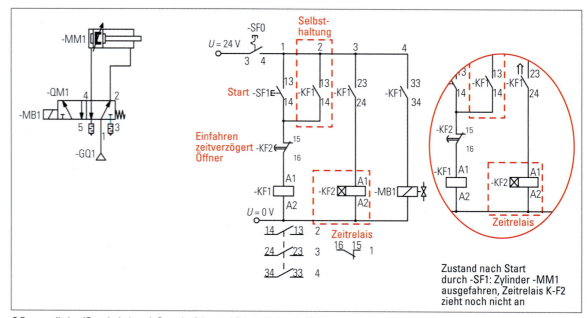

2 Pneumatikplan (Grundschaltung), Stromlaufplan und Schaltgliedertabelle Verpackungsmaschine – zeitgeführte Ablaufsteuerung mit Selbsthaltung in Grundstellung und nach Startsignal (Lupe)

1.2 Ablaufsteuerungen

Der Bediener leitet also nicht selbst das Einfahren der Kolbenstange ein. Diese Aufgabe übernimmt das im Stromlaufplan dargestellte Relais -KF2 in Strompfad 3. Das Relais -KF2 wird als **anzugs-** oder auch **ansprechverzögertes Zeitrelais** *(response-delayed)* bezeichnet.

Wird ein solches Relais mit Spannung versorgt und die Magnetspule von einem Strom durchflossen, erfolgt die Betätigung der Kontaktpaare erst nach einer gewissen **Verzögerungszeit** $t_{Verzögerung}$. Das Relais zieht bzw. spricht also erst zeitversetzt an.

Funktionsbeschreibung (Verschweißen – zeitgesteuert)

Die Lupe in Bild 2 auf Seite 282 zeigt einen Teil der Steuerung nachdem der Bediener den Starttaster -SF1 bereits wieder losgelassen und der Zylinder -MM1 die vordere Endlage gerade erreicht hat. Die Strompfade 2-4 sind geschlossen. Die Selbsthaltung in Strompfad 2 hält die Spannungsversorgung von Zeitrelais -KF2 (über Relais -KF1) und der Magnetspule -MB1 (Strompfad 4) aufrecht.

Nachdem die Zeit (hier 5 Sekunden) verstrichen ist, öffnet das Relais -KF2 das Kontaktpaar 15-16 in Strompfad 1 **zeitversetzt** *(delayed)* zum Schließen des Kontaktpaars 23-24 in Strompfad 3. Die entsprechende Zeitdifferenz entspricht der in der Aufgabenstellung vorgegebenen Dauer der Verschweißung (5 Sekunden). Sie ist an dem Zeitrelais -KF2 einstellbar. Schließlich fällt die Selbsthaltung in Strompfad 2 ab und die Strompfade 3 und 4 öffnen. -MB1 ist spannungsfrei und der Zylinder -MM1 beginnt einzufahren.

Die normgerechte Darstellung von ansprech- und abfallverzögerten *(with switch-off delay)* Relais in Stromlaufplänen zeigt Bild 1.

Rückfall- oder **abfallverzögerte Relais** verhalten sich umgekehrt wie anzugs- oder ansprechverzögerte Relais, d. h., sie schalten verzögert um die Zeit $t_{Verzögerung}$ zurück in die Grundstellung, ziehen dafür aber verzögerungsfrei *(instantaneous)* an. Das Verhalten eines ansprech- oder anzugverzögerten Relais zeigt Bild 2. Das Schaltverhalten eines abfallverzögerten Zeitrelais ist in Bild 3 dargestellt.

> **MERKE**
> Die ausschließliche Führungsgröße *(reference variable)* für eine rein zeitgesteuerte Ablaufsteuerung ist die Zeit. Dabei verwendete Bauteile im Steuerteil einer elektropneumatisch gesteuerten Maschine sind anzugs- und/oder abfallverzögerte Zeitrelais.

1.2.2 Prozessgeführte Ablaufsteuerung

Aufgabenstellung

Eine halbautomatische *(semi-automatic)* Vorrichtung presst Gewindeeinsätze aus Aluminium in Kunststoffteile ein (Seite 284 Bild 1). Die Kunststoffteile wurden zuvor durch Ultraschall *(ultrasonic sound)* teilweise plastifiziert, um das spanlose Einpressen zu ermöglichen.

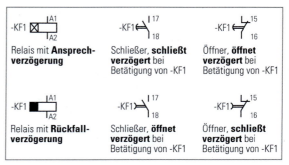

1 Normgerechte Darstellung von Zeitrelais in Stromlaufplänen

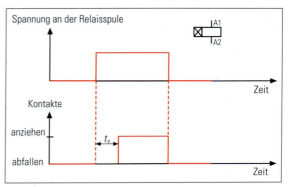

2 Schaltverhalten eines ansprech- oder anzugsverzögertem Zeitrelais

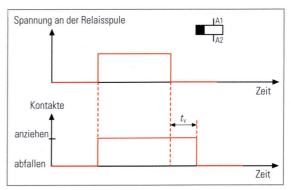

3 Schaltverhalten eines abfallverzögerten Zeitrelais

Der Steuerteil dieser Einpressvorrichtung löst die einzelnen Schritte nicht zeitgesteuert, sondern prozessgesteuert aus. Die sequentielle Abarbeitung der Bewegungsvorgänge des Aktors vollzieht sich hier nur, wenn der jeweils vorhergehende Schritt in der Schrittkette *(sequencer)* auch zu Ende ausgeführt wurde. Dabei kann prinzipiell jeder Bewegungsvorgang unterschiedlich lange dauern. Das heißt, eine feste Zeitkonstante wie bei einer zeitgeführten Steuerung existiert nicht.

Der in der Vorrichtung verwendete doppelt wirkende Zylinder soll auf Tastendruck ausfahren. Nach dem Erreichen der vorderen Endlage *(advanced end position)* und Einpressen des Ge-

1 Halbautomatische Vorrichtung zum Einpressen von metallischen Gewindeeinsätzen aus Aluminium in Spritzgussteile aus Thermoplast

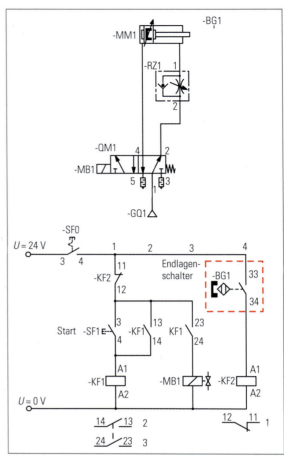

2 Pneumatikplan, Stromlaufplan mit Schaltgliedertabelle der Einpressvorrichtung mit Endlagenschalter -BG1

Gerät	Signal	Beschreibung
-SF0: Hand-Schalter, Schließer (Hauptschalter)	E1	E1 = 1: -SF0 wird von Hand geschlossen
-SF1: Hand-Tastschalter, Schließer (Ausfahren)	E2	E2 = 1: -SF1 wird von Hand betätigt
-MM1: Zylinder mit Pressstößel	A1	A1 = 1: Zylinder -MM1 fährt aus
-BG1: Endlagenschalter	E3	E3 = 1: -MM1 ausgefahren

3 Zuordnungsliste der Einpressvorrichtung

windeeinsatzes, soll der Pressstößel im nächsten Schritt wieder selbstständig einfahren.
Bild 2 zeigt den Pneumatikplan und Stromlaufplan der halbautomatischen Vorrichtung.
Der Stromlaufplan zeigt auch die vereinfachte *(simplified)* grafische Darstellung eines **Endlagenschalters**[1]. Die vereinfachte Darstellung sagt jedoch nichts über die Betätigungsart *(actuation type)* des Schalters aus. Soll die Betätigungsart dargestellt werden, sind die Symbole nach DIN EN 60617-2 und DIN EN 60617-7 zu verwenden.
Bild 3 zeigt die Zuordnungsliste, die auch den Endlagenschalter beinhaltet.

Funktionsbeschreibung (Einpressen – prozessgesteuert)

1. In Bild 1 auf Seite 285 ist der Zustand der Steuerung kurz nach dem Startvorgang dargestellt. -SF1 ist vom Bediener nicht mehr betätigt, die Selbsthaltung von Relais -KF1 schon aktiv. Die Magnetspule -MB1 des Stellglieds ist mit Strom versorgt. Die Kolbenstange des Einpresszylinders -MM1 fährt aus.

2. Bild 2 auf Seite 285 zeigt die Steuerung in dem Moment, in dem der Gewindeeinsatz vollständig eingepresst ist und der ausgefahrene Zylinder den Endlagenschalter -BG1 betätigt. Relais -KF2 erhält Spannung. Der Öffner von Relais -KF2 in Strompfad 1 betätigt und hebt so die Selbsthaltung von Relais -KF1 in Strompfad 2 auf.

Prozessumkehr

Überlegen Sie!

Wie verhält sich die Steuerung, nachdem die Selbsthaltung von Relais -KF1 in Strompfad 2 aufgehoben ist?

Die **Weiterschaltbedingung** *(step creterion)* nach Einpressen des Gewindeeinsatzes ist durch die Position der Kolbenstange (Ausgefahren bis -BG1 betätigt wird) definiert. Die Zeit spielt im Gegensatz zur Problemstellung in Kap. 1.2.1 (zeitgeführte Ablaufsteuerung) also keine Rolle mehr.

---

[1] Die vereinfachte Darstellung eines Endlagenschalters erfolgt mit einem auf der Spitze stehenden Dreieck. Dieses wird direkt an den Endlagenschalter gezeichnet.

1.2 Ablaufsteuerungen

MERKE

Wird bei einer prozessgeführten Steuerung ein einmal ausgelöster Schritt, z. B. ein Bewegungsablauf eines Zylinders, nicht bis zum Ende ausgeführt, stoppt die prozessgeführte Ablaufsteuerung an dieser Stelle. Dieses Verhalten von prozessgesteuerten Ablaufsteuerungen kann bei einer Fertigungsmaschine Teil eines Sicherheitskonzeptes *(safety concept)* sein.

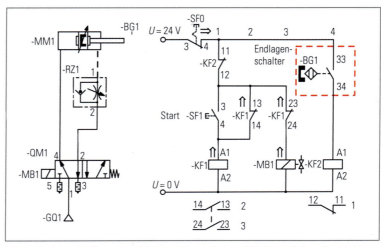

1 Stromlaufplan der Einpressvorrichtung – Hauptschalter -SF0 eingeschalten, Starttaster -SF1 losgelassen, Relais -KF1 angezogen – Einpresszylinder -MM1 fährt aus

Kommt es bei einer Ablaufsteuerung zu einer Störung *(malfuntion)* des Ablaufes, ist es oft schwierig, den Steuerungsablauf wieder aufzunehmen. Meist wird bei Ablaufsteuerungen die Anlage bei einem Störfall zunächst „leer gefahren" (oft im Einzelschrittbetrieb *(single-step mode)*, da ein Weiterschalten steuerungsbedingt oft einfacher ist als ein Rückschalten. Erst danach ist ein eindeutiger Neuanfang möglich.

Um eine Ablaufsteuerung zu planen, umzusetzen und fehlerfrei *(error-free)* ablaufen zu lassen, ist, wie auch bei den Führungs- und Haltegliedsteuerungen, eine systematische Entwicklung und Dokumentation unabdingbar. Die dabei erstellten Unterlagen sind bei laufendem Betrieb der Anlage von großer Bedeutung für die Instandhaltung *(machine maintenance)* der Anlage. Kommt es zu Störungen im Ablauf der Steuerung, können mit den entsprechenden Unterlagen Störungsursachen *(causes of malfunction)* und Fehler *(errors)* schnell und zielgerichtet eingegrenzt und behoben werden.

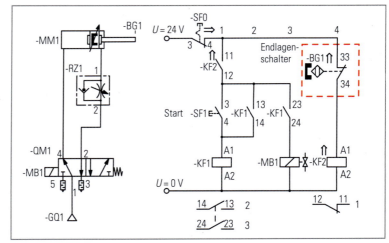

2 Stromlaufplan der Einpressvorrichtung – Einpresszylinder -MM1 erreicht vordere Endlage und betätigt -BG1 (Gewindeeinsatz eingepresst), Relais -KF2 erhält Strom und zieht an

MERKE

Ablaufsteuerungen sind im Vergleich zu Führungs- bzw. Haltegliedsteuerungen meist komplexer. Sie haben oft zwei oder mehr Aktoren. Der Ablauf der Schrittkette ist nur gewährleistet, wenn keine unvorhersehbaren Störungen auftreten. Tritt eine Störung auf, führt diese bei prozessgeführten Steuerungen schneller zur Unterbrechung des Ablaufs und somit zum Stillstand der zugehörigen Maschine.

ÜBUNGEN

1. Erläutern Sie das EVA-Prinzip am Beispiel der Einpressvorrichtung für Gewindeeinsätze aus Aluminium.

2. In der betrieblichen Praxis werden Maschinen prozess- oder zeitabhängig gesteuert. Nennen Sie Beispiele aus ihrer Berufswelt, bei denen eine solche Steuerung zum Einsatz kommt.

3. Nennen Sie Beispiele für Führungs- und Haltegliedsteuerungen aus ihrer Berufspraxis.

4. Erläutern Sie den Aufbau eines Funktionsplans.

5. Durch welche Verknüpfung zweier Signale werden in einer elektropneumatischen Steuerung die folgenden Startbedingungen realisiert?
   a) Der Maschinenführer muss beide Starttaster (-SF1, -SF2) betätigen.

b) Der Maschinenführer hat die Wahl zwischen Starttaster -SF1 und -SF2 um die Maschine zu starten.
c) Der Maschinenführer muss mit dem Fuß den Taster -SF1 und entweder Handtaster -SF1 oder Handtaster -SF2 betätigen.

6. Nennen Sie die Aufgaben, die ein Relais in elektropneumatischen Steuerungen erfüllt.

7. Wie heißt das elektromechanische Bauteil, das für eine zeitgeführte Steuerung nötig ist? Erklären Sie dessen Funktion und skizzieren Sie das Symbol für die Darstellung des Bauteils in Stromlaufplänen.

8. Wodurch kann es an Relais in elektropneumatischen Steuerungen zu Verschleiß kommen? Wie kann diesem entgegengewirkt werden?

9. Erläutern Sie die Anschlussbezeichnungen der Relais in Bild 1.

10. Zu welchem Zweck werden Endlagenschalter in elektropneumatischen Steuerungen eingebaut? Wie werden sie in Stromlaufplänen dargestellt?

11. Ab welchen Spannungen dürfen ausschließlich Elektrofachkräfte Verdrahtungen oder Messungen an elektrischen Geräten vornehmen?

12. Wozu dient die Selbsthaltung in elektropneumatischen Steuerungen?

13. Erklären Sie, wie eine Selbsthalteschaltung aufgebaut ist und funktioniert.

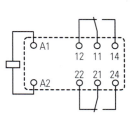
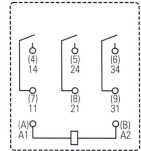
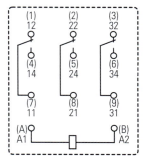
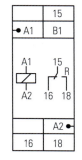

1 Anschlussbezeichnungen von Relais

1.2.3 Sicherheitshinweise

Bei der auf Seite 284 in Bild 1 gezeigten Vorrichtung zum Einpressen von Gewindeeinsätzen aus Aluminium in Kunststoffteile sind die Kräfte der Presse aufgrund der erwärmten und somit weichen Kunststoffteile gering. Eine direkte Verletzungsgefahr besteht für den Maschinenbediener nicht.

Bei größeren mechanischen Pressen ist, je nach Sicherheitskategorie der Maschine, jedoch oft eine **Zweihandbedienung** *(two-hand safety circuit)* vorgeschrieben. Eine solche Sicherheitsschaltung soll Maschinenführer vor Verletzungen schützen. Die Gefahr von schweren Verletzungen *(serious injuries)* besteht beispielsweise bei der in Bild 2 gezeigten pneumatischen Presse zum Umformen, Fügen und Montieren. Die Presskraft *(press capacity)* beträgt hier 1,6 ...60 kN. Bei den Arbeitsabläufen an einer solchen Maschine ist ein wiederholtes Zuführen *(feeding)*, Bestücken *(charging)* und/oder Entnehmen *(removing)* von Hand im Gefahrenbereich *(danger zone)* nötig. In diesem Fall ist eine Zweihandbedienung nach DIN EN 574 vom Typ III vorgeschrieben.

Industrielle, typengeprüfte *(type-tested)* Module zeichnen sich durch folgende Merkmale aus:

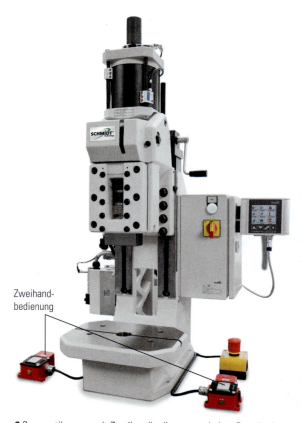

2 Pneumatikpresse mit Zweihandbedienung und einer Presskraft von 1,6 bis 60 kN

1.3 Planung und Dokumentation elektropneumatischer Steuerungen

- Die Maschinensteuerung muss zwei Signalglieder (Start), welche die gleichzeitige Betätigung durch 2 Hände erfordern, beinhalten (auf Seite 286 in Bild 2 rechts und links).
- Der Bediener muss beide Signalglieder innerhalb von 0,5 Sekunden betätigen.
- Liegen zwischen der Betätigung des ersten Signalgliedes und des zweiten Signalgliedes mehr als 0,5 Sekunden, darf die Anlage nicht starten.
- Eine dauernde Betätigung beider Signalglieder durch den Bediener während des gefährlichen Zustandes (hier das Ausfahren – Pressen – Einfahren des Zylinders) ist notwendig.
- Lässt der Bediener nur eines der beiden Signalglieder im gefahrbringenden Zustand los, muss dies den Betrieb beenden.
- Der Bediener muss zunächst beide Signalglieder loslassen, um einen neuen Arbeitszyklus *(operation cycle)* zu starten.
- Die Bedienelemente *(manual conrol elements)* müssen in einem bestimmten Abstand zueinander und vertieft montiert sein.

1 Manuelles Bedrucken von Kunststoffteilen

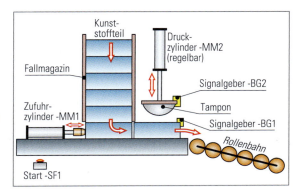

2 Technologieschema der Tampondruckmaschine

Überlegen Sie!
Ist die Steuerung der Zweihandbedienung der pneumatischen Presse in Bild 2 auf Seite 286 prozess- oder zeitgeführt?
Begründen Sie Ihre Antwort.

1.3 Planung und Dokumentation elektropneumatischer Steuerungen

1.3.1 Funktionsdiagramme

Aufgabenstellung
Eine Tampondruckmaschine bedruckt Kunststoffteile, die von Hand in die Maschine eingelegt werden, mit einem Farbmuster (Bild 1). Eine Teilautomatisierung des Druckvorgangs soll die Produktivität *(productivity)* des Fertigungsprozesses steigern. Das Technologieschema zeigt die geplante Anlage (Bild 2).

Funktionsbeschreibung (Bedrucken)
Der Bediener löst den Startvorgang mit dem Tastschalter -SF1 aus. Der doppelt wirkende Zylinder -MM1 ist in seiner Ausfahrgeschwindigkeit regelbar *(controllable)*. Er schiebt ein Kunststoffteil von der Vorhalteinrichtung *(charging unit)* in die Stempelposition (Arbeitsposition). Der Signalgeber -BG1 fragt ab, ob sich ein Kunststoffteil in Arbeitsposition *(operation position)* befindet. Daraufhin stempelt ein weiterer doppelt wirkender Zylinder-MM2 mit dem Farbtampon das Kunststoffteil. -MM2 betätigt in seiner vorderen Endlage den Endlagenschalter -BG2. Anschließend fahren beide Zylinder -MM1 und -MM2 zeitgleich wieder ein. Ein neuer

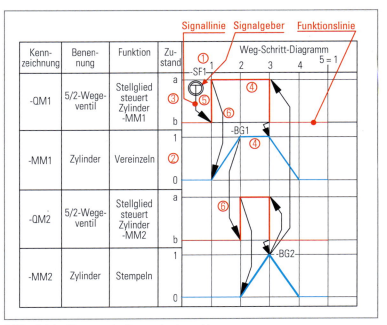

3 Weg-Schritt-Diagramm der Tampondruckmaschine

Arbeitszyklus beginnt. Zylinder -MM1 schiebt ein neues Teil in Arbeitsposition und damit das gestempelte Kunststoffteil auf die Rollenbahn *(roll conveyer)*.

Um eine solche Steuerungsaufgabe zielgerichtet lösen zu können, ist es hilfreich, ein **Funktionsdiagramm** *(function diagram)* zu erstellen. Es dient auch der Dokumentation der Steuerung und kann bei der Fehlersuche[1] sehr dienlich sein. Funktionsdiagramme stellen den Bewegungsablauf *(motion sequence)* der Aktoren und die Schritte der Steuerkette grafisch dar. Eine der wichtigsten Darstellungsformen der Funktionsdiagramme ist das **Weg-Schritt-Diagramm** *(displacement-step diagramm)*. Es stellt die Aktoren von Ablaufsteuerungen zusammen mit den zugehörigen Stellgliedern dar. Seine Darstellungsform ist jedoch nicht genormt. Bild 3 auf Seite 287 zeigt das Weg-Schritt-Diagramm der Tampondruckmaschine.

Der strukturelle Aufbau eines Funktionsdiagramms kann folgende Elemente beinhalten:

- Die Schritte eines Arbeitszyklus werden waagerecht aufgetragen und durchnummeriert (① in Bild 3 auf Seite 287).
- Die Zustände der Aktoren (aus- bzw. eingefahren) sind auf den senkrechten Achsen abgebildet (② in Bild 3 auf Seite 287).
- Auf diesen senkrechten Achsen sind auch die Schaltstellungen (a bzw. b) der Stellglieder abgebildet (③ in Bild 3 auf Seite 287).
- Die Funktionslinien *(function lines)* beschreiben die Bewegungsabläufe der Aktoren und Schaltstellungen der Ventile (④ in Bild 3 auf Seite 287).
- Die Signalgeber werden durch Schaltzeichen für Signalglieder (vgl. Bild 2) dargestellt (⑤ in Bild 3 auf Seite 287).
- Die Signallinien *(signal lines)* beginnen an den Signalgebern *(signal generators)* und enden an den durch das Signal beeinflussten Bauelementen (⑥ in Bild 3 auf Seite 287). Sie können Signalverknüpfungen bzw. Signalverzweigungen (vgl. Bild 1) enthalten.
- Bei zeitgeführten Ablaufsteuerungen kann das Diagramm zusätzlich eine Zeitachse zeigen.

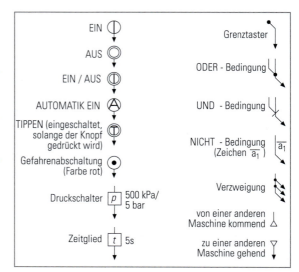

1 *Schaltzeichen für Signalglieder in Funktionsdiagrammen*

MERKE

Die grafische Beschreibung der Steuerfunktionen durch ein Funktionsdiagramm ist im Vergleich zu einer Beschreibung in Textform eindeutiger und sehr übersichtlich. Funktionsdiagramme dienen der Planung, Montage und Instandhaltung von Steuerungen. Sie sind bei der Fehlersuche sehr hilfreich. Je nach Darstellung unterscheidet man die Funktionsdiagramme nach

- **Weg-Schritt-Diagrammen** *(displacement-step diagramms)*
- **Weg-Zeit-Diagrammen** *(displacement-time diagramms)*
- **Zustandsdiagrammen** *(status diagrams)* (enthalten weitere Signalglieder).

Bild 2 zeigt den Pneumatik- und Stromlaufplan der Tampondruckmaschine

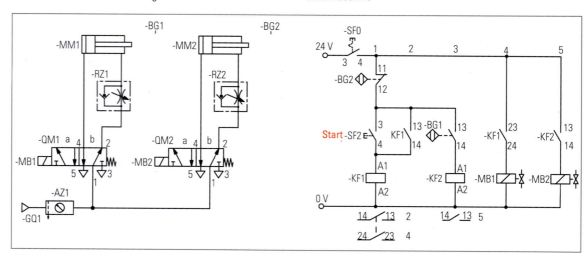

2 *Pneumatik- und Stromlaufplan der Tampondruckmaschine*

---

[1] Eine speicherprogrammierte Steuerung kann im Falle einer Störung unter Verwendung entsprechender Kommunikationsmodule über das Internet gewartet werden. Eine Fehlerdiagnose ist mit entsprechenden Funktionen zudem schneller und effizienter als bei einer VPS durchzuführen.

Steuerungsplanung mit Funktionsdiagrammen

Allgemein gilt, dass die Entwicklung einer komplexen Steuerung immer systematisch erfolgen sollte. Die entwickelte Schaltung sollte abschließend mit einer Simulationssoftware getestet werden. Eine rein intuitive Lösung, die zudem vor der eigentlichen Installation nicht getestet wird, kann unnötige Kosten verursachen. Diese entstehen beispielsweise durch eine langwierige Fehlersuche an einer bereits installierten Steuerung oder eine unnötig hohe Anzahl an Signalgliedern. Ein hilfreiches Mittel für eine systematische Lösung ist die Verwendung eines Funktionsdiagramms.

Beispiel:

Die Steuerung einer Biegevorrichtung *(bending fixture)* (Bild 1) mit zwei Zylindern soll prozessgeführt ablaufen. Zum Einsatz kommen magnetbetätigte 5/2-Wegeventile und doppelt wirkende Zylinder, deren Ausfahrgeschwindigkeiten einstellbar sind. Bild 2 zeigt den zugehörigen Pneumatikplan.

Aus dem Weg-Schritt-Diagramm der Biegevorrichtung (Bild 3) geht hervor, dass in Schritt 2 der Zylinder -MM1 die vordere Endlage erreicht und den Endlagenschalter -BG2 betätigt (Anbiegen und Halten des Werkstücks).

Die bei -BG2 beginnende Signallinie endet auf der Funktionslinie von Zylinder -MM2. Das heißt, das Signal von -BG2 bewirkt, dass Zylinder -MM2 ausfährt und das Werkstück fertig biegt. Während Zylinder -MM2 ausfährt (Schritt 2 → Schritt 3 im Weg-Schritt-Diagramm) bleibt Zylinder -MM1 in der vorderen Endlage (Halten des Werkstücks) und betätigt weiterhin BG2. In Schritt 3 im Weg-Schritt-Diagramm befinden sich beide Zylinder in vorderer Endlage (Werkstück gespannt und fertig gebogen). Entsprechend werden die Endlagenschalter -BG2 (von Zylinder -MM1) und -BG4 (von Zylinder -MM2) zeitgleich betätigt. -BG4 zeigt, wie -BG2 auch, mit seiner Signallinie ebenfalls auf die Funktionslinie von Zylinder -MM2. Der Zylinder -MM2 soll nach Weg-Schritt-Diagramm in Schritt 3 durch das Signal -BG2 ausfahren und durch das Signal von -BG4 einfahren. Dieser Widerspruch wird in der Steuerungstechnik als **Signalüberschneidung** *(overlapping signals)* bezeichnet.

> **MERKE**
>
> Eine Signalüberschneidung führt in einer Ablaufsteuerung dazu, dass sie bei diesem Schritt (hier Schritt 3) zum Stehen kommt. Der Ablauf der Schrittkette wird unterbrochen und die Maschine erfüllt nicht mehr ihre Funktion (hier Zylinder -MM2 fährt nicht mehr ein). Eine Signalüberschneidung kann in einem Weg-Schritt-Diagramm erkannt werden. Durch eine **Signalabschaltung** *(signal switch-off)* kann dies vermieden werden.

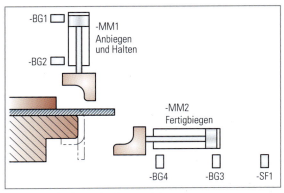

1 Technologieschema der Biegevorrichtung

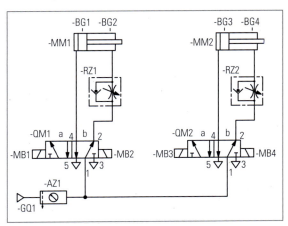

2 Pneumatikplan der Biegevorrichtung nach Analyse der Rahmenbedingungen

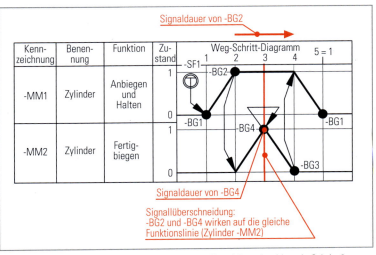

3 Weg-Schritt-Diagramm der Biegevorrichtung mit Signalüberschneidung in Schritt 3 – Zylinder -MM2 erhält zeitgleich das Signal zum Ein- und Ausfahren

Den Stromlaufplan der Biegevorrichtung, der durch Signalabschaltung eine Signalüberschneidung vermeidet, zeigt Bild 2. Eine schrittweise Entwicklung des Stromlaufplans finden Sie auf der beiliegenden DVD.

LF8_02

Überlegen Sie!

Die Steuerung der Biegevorrichtung wurde systematisch entwickelt und anschließend an der pneumatischen Biegevorrichtung installiert. Nach einigen Betriebsstunden bleibt die Biegevorrichtung während des Biegevorgangs stehen.

a) *Bild 2 zeigt den Stromlaufplan zum Zeitpunkt des Stillstands. Beschreiben Sie, in welcher Stellung sich die Zylinder -MM1 und -MM2 befinden und welche Signalgeber (-SF, -BG) betätigt sind.*

b) *Geben Sie Gründe an, die zum Stillstand der Biegevorrichtung führen könnten.*

Der in Bild 1 gezeigte Stromlaufplan ermöglicht die Umsetzung des Weg-Schritt-Diagramms aus Bild 3 von Seite 289 unter Verwendung der vorgegebenen Bauteile. Überlegungen zur Vermeidung von Signalüberschneidungen (vgl. Abschnitt Steuerungsplanung mit Funktionsdiagrammen) bei der Steuerung der Biegevorrichtung sind nötig, da hier beidseitig magnetbetätigte Wegeventile (vgl. Seite 289 Bild 2) verwendet werden. Diese **Impulsventile** *(double solenoid valves)* schalten durch kurze Stromimpulse an den Magnetspulen zwischen den verschiedenen Schaltstellungen hin und her. Ein Impulsventil hält seine jeweilige Schaltstellung bei, ohne dass die jeweilige Magnetspule permanent mit Strom versorgt wird. Durch die Haftreibung zwischen den Dichtungen auf dem Ventilkolben und dem Ventilgehäuse oder durch Permanentmagnete im Ventilgehäuse kann ein Impulsventil ein Steuersignal speichern (Bild 3).

Für die Steuerung der Biegevorrichtung ist somit nur das Relais -KF1 mit Selbsthaltung in Strompfad 2 nötig. Weitere Relais mit Selbsthaltung für die Speicherung von Signalen (vgl. Kap. 1.1.6 Speichern von Signalen – Selbsthaltung) sind nicht nötig.

1.3.2 Störungen an Ablaufsteuerungen

Bild 1 auf Seite 291 zeigt eine Hydraulikpresse. Befindet sich ein Werkstück im Arbeitsraum, ist die Schutzeinrichtung geschlossen. Betätigt der Maschinenführer den Signalgeber -SF1, öffnet sich die Schutzeinrichtung und er kann die Maschine neu bestücken bzw. das fertige Werkstück entnehmen.

In Bild 3 ist die elektropneumatische Steuerung der Schutzeinrichtung dargestellt. Als Stellglied -QM1 wird ein 5/3-Wegeventil mit beidseitiger elektromagnetischer Betätigung (Impulsventil) eingesetzt. Kommt es mit geöffneter Schutzeinrichtung zu einem Stromausfall *(power blackout)*, bleibt die Schaltstellung des Impulsventils -QM1 erhalten. Da üblicherweise Druckspeicher *(air pressure reservoirs)* in industriellen Anlagen Druck-

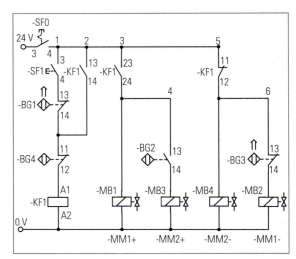

1 *Stromlaufplan der Biegevorrichtung ohne Signalüberschneidung*

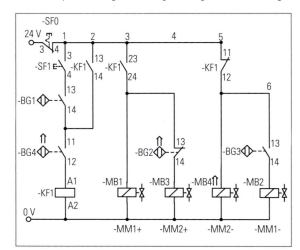

2 *Stromlaufplan der Biegevorrichtung bei Stillstand*

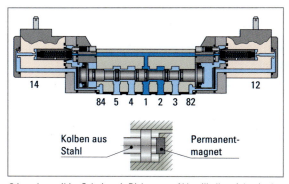

3 *Impulsventil im Schnitt mit Dichtung auf Ventilkolben (oben) oder Permanentmagnet (unten) zur Sicherung der Schaltstellung und Speicherung des Impulses*

1.3 Planung und Dokumentation elektropneumatischer Steuerungen

luft immer vorhalten, ist eine Versorgung der Anlage auch bei Stromausfall eine Zeit lang gewährleistet. Dies bedeutet, dass der Zylinder -MM1 weiterhin ausgefahren und damit die Schutzeinrichtung geöffnet bleibt.

Wird anstatt des elektromagnetisch betätigten Impulsventils -QM1 ein einseitig elektromagnetisch betätigtes Wegeventile mit Federrückstellung *(spring return)* verwendet, muss der Stromlaufplan geändert werden. Bild 3 zeigt den geänderten Stromlaufplan. Hier erfolgt die Signalspeicherung ausschließlich durch elektrische Selbsthaltung in Strompfad 2.

Aus dem Stromlaufplan in Bild 3 ist zu erkennen, dass diese Steuerung nur mit einer Selbsthaltung in Strompfad 2 die Schutzeinrichtung offen halten kann. Fällt bei dieser Variante der Steuerung während des Betriebs der Anlage der Strom aus, wird die Selbsthaltung aufgehoben und das Signal somit sofort gelöscht. Die Feder des monostabilen Wegeventils -QM1 schaltet dieses wieder in die Grundstellung. Daher fährt der Zylinder -MM1 ebenfalls sofort in Grundstellung und die Schutzeinrichtung schließt sich ungewollt.

MERKE

Es hängt immer von den gestellten Anforderungen und Randbedingungen einer Steuerungsaufgabe ab, ob Impulsventile oder federrückgestellte Wegeventile zur Realisierung der Steuerung verwendet werden.

1 Hydraulikpresse

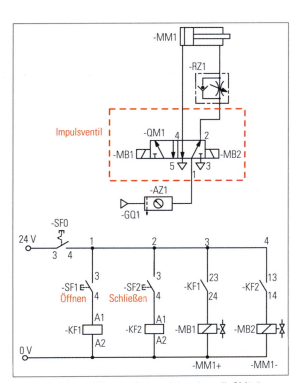

2 Stromlaufplan und Pneumatikplan mit Impulsventil -QM1 der Schutzeinrichtung

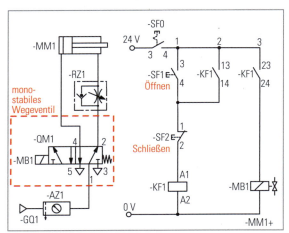

3 Stromlaufplan und Pneumatikplan mit monostabilem Wegeventil der Schutzeinrichtung

Die Steuerung für die Schutzeinrichtung ist also mit beidseitig elektromagnetisch betätigtem Wegeventile auszuführen, da dieses Impulsventil seine Schaltstellung auch bei Stromausfall beibehält.

Die Planung einer Steuerung mit federrückgestellten Magnetventilen verläuft ähnlich wie im Abschnitt „Steuerungsplanung mit Funktionsdiagrammen" auf der DVD beschrieben.

1.3.3 GRAFCET

GRAFCET[1] (DIN EN 60848) dient der Planung und der Dokumentation von Ablaufsteuerungen. Ein Grafcet zeigt den schrittweisen Ablauf *(step-by-step process)* einer Steuerung unabhängig von der Art der in der Steuerung verwendeten Bauteile.

Aufbau
Ein Grafcet zeigt im Wesentlichen
- die sequenziellen Abläufe einer Steuerung (Bild 1),
- die innerhalb dieser Struktur auszuführenden Aktionen mit den zugehörigen Weiterschaltbedingungen *(step creterions)*, die zusammen den abgebildeten Steuerprozess *(control process)* ausmachen (Bild 1).

> **MERKE**
>
> Ein Grafcet-Plan zeigt den strukturellen Ablauf einer Steuerung. Dabei sind immer die folgenden Merkmale zu berücksichtigen:
> - Die Leserichtung eines Grafcet-Plans ist von oben nach unten.
> - Die Abläufe in einer Steuerung werden in einzelne **Schritte** und **Übergangsbedingungen (Transitionen)** *(transition conditions)* zerlegt, die sich abwechseln.
> - Immer nur ein Schritt *(step)* ist aktiv.
> - An jeden Schritt können beliebig viele **Aktionen** *(actions)* geknüpft sein.
> - Die Abläufe können verzweigt und anschließend wieder zusammengeführt werden.

Grafische Elemente und Inhalte
Schritte *(steps)*

Der Gesamtablauf einer Steuerkette ist in einzelne **Schritte** zerlegt. Ein Quadrat und eine alphanumerische Kennzeichnung bilden einen Schritt ab. Der **Startschritt** *(start element)* einer Schrittkette stellt den betriebsbereiten Zustand der Steuerung dar. Ein doppeltes Quadrat zu Beginn der Darstellung kennzeichnet diesen Startschritt. Die einzelnen Schritte werden mit einer Linie *(line)* verbunden. Die Zustände eines Schritts können mittels einer Schrittvariablen (boolesche Variable) abgefragt und dargestellt werden. Ein aktiver Schritt kann im Grafcet mit einem Punkt unterhalb der alphanumerischen Kennzeichnung markiert sein (Bild 2).

Steuerungen laufen üblicherweise zyklisch *(cyclic)* ab und stellen daher eine Schleife *(loop)* dar. In einem Grafcet-Plan wird eine zyklisch ablaufende Steuerung durch eine Verbindungslinie *(connecting line)* zwischen der letzten Übergangsbedingung und dem Startschritt dargestellt. Diese Linie erhält einen nach oben gerichteten Pfeil, da sie gegen die eigentliche Leserichtung des Grafcet-Plans gerichtet ist (Bild 1).

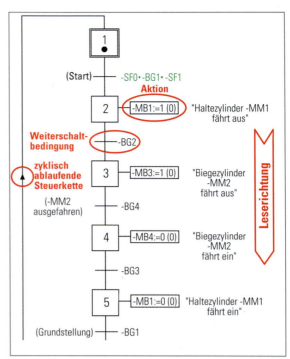

1 GRAFCET-Plan der Biegevorrichtung aus Bild 1 von Seite 289

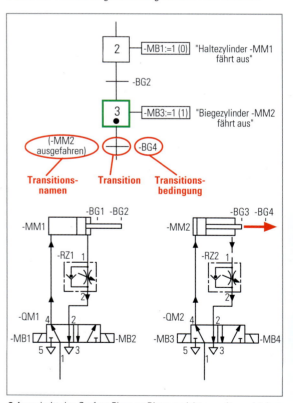

2 Ausschnitt des Grafcet-Plans zu Biegevorrichtung mit zugehöriger Stellung der Pneumatikzylinder; Übergangsbedingung -BG2:=1 erfüllt, Schritt 3 daher aktiv (Punkt), Zylinder -MM2 beginnt auszufahren

[1] GRAphe Fonctionnel de Commande Etape Transition

Transitionen und Transitionsbedingungen

Senkrecht zur Verbindungslinie zweier Schritte stellt ein waagerechter Strich (Transition) dar, dass das Weiterschalten zum nächsten Schritt an eine Bedingung geknüpft ist. Diese Bedingung wird **Transitionsbedingung** genannt und rechts neben die Transition geschrieben. Die Transitionsbedingung ist ein logischer Ausdruck und kann den Wert 1 (TRUE) oder 0 (FALSE) annehmen. Die Steuerkette schaltet auf den folgenden Schritt weiter, wenn diese Transitionsbedingung eintritt (TRUE). Zur Verdeutlichung können Transitionen Namen tragen. Diese stehen in Klammern links neben der Transition (Seite 292 Bild 1). Die Darstellung der Transitionsbedingung erfolgt durch die in Bild 1 dargestellten Ausdrücke. In der Praxis sind aber auch die Beschreibungen in Textform oder mithilfe von Symbolen üblich. Bild 1 stellt einen GRAFCET-Plan einer Steuerung dar, in der eine Zeitfunktion verwendet wird. In der Transitionsbedingung trennt ein Schrägstrich die Zeit und den Zustand des aktiven Schritts, dargestellt durch eine Schrittvariable. 5 Sekunden nachdem Schritt 2 aktiviert wurde, nimmt die Transitionsbedingung den Wert TRUE ein und schaltet zum nächsten Schritt. Schritt 3 ist aktiviert, Schritt 2 deaktiviert.

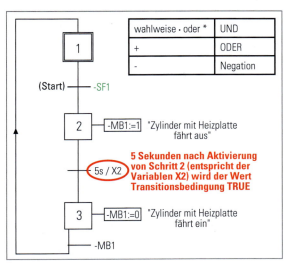

1 GRAFCET mit Zeitfunktion der Schweißvorrichtung für thermoplastische Kunststoffverpackungen aus Bild 1 Seite 282
5 Sekunden nach Aktivierung von Schritt 2, schaltet Schritt 3, da die Transitionsbedingung nach dieser Zeit den Wert TRUE einnimmt; die Kolbenstange mit der montierten Heizplatte fährt ein

> **MERKE**
>
> Transitionen und Schritte müssen sich in einem GRAFCET-Plan immer abwechseln. Die Transitionsbedingung stellt die Weiterschaltbedingung zwischen zwei Schritten dar. Die Transition hat entweder den Wert TRUE (Transitionsbedingung erfüllt) oder FALSE (Transitionsbedingung **nicht** erfüllt).

Aktionen

Wenn die Transitionsbedingung erfüllt ist, erfolgt der nächste Schritt in der Schrittkette. Damit wird die zugehörige Aktion ausgelöst. Die Beschreibung einer solchen Aktion kann in **Textform**, **Befehlsform** oder durch **Variablen** *(variables)* erfolgen. Sie erhält einen rechteckigen Rahmen in gleicher Höhe wie der zugehörige Schritt (Bild 2).
Kommentare können einen GRAFCET-Plan ergänzen. Sie werden in Anführungszeichen gesetzt und können das Verständnis eines Grafcet-Plans steigern.

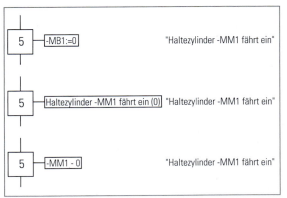

2 Beschreibung der Aktion zu Schritt 5 in Textform, Befehlsform und durch Variable; solange Schritt 5 aktiviert ist fährt Zylinder -MM1 ein

> **MERKE**
>
> Die Beschreibung der Aktion bezieht sich bei
> - elektropneumatischen Steuerungen auf die Magnetspule des Wegeventils, das die Luft zum Aktor steuert (z. B. -MB1:=0),
> - pneumatischen Steuerungen auf die Kennzeichnung des Ventils mit Anschlussbezeichnung,
> - technikneutraler Beschreibung der Aktion auf die Bauteilkennzeichnung des Aktors (z. B. Haltezylinder -MM1 fährt ein) (Bild 3).

Einem Schritt können mehrere Aktionen zugeordnet sein. Ein solcher Schritt kann auf unterschiedliche Weise dargestellt werden. Die Darstellungsreihenfolge der einzelnen Aktionen stellt dabei jedoch keine zeitliche Reihenfolge im Ablauf der jeweiligen Aktionen dar (Bild 3).

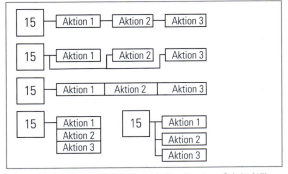

3 Verschiedene Darstellungsmöglichkeiten für einen Schritt (15) mit mehreren gleichzeitig ausgeführten Aktionen 1...3

1.3.4 Programmiermöglichkeiten einer SPS

Neben der grafischen Beschreibung einer Ablaufsteuerung mittels GRAFCET, werden bei der Programmierung einer Ablaufsteuerung in mithilfe einer SPS weitere grafische Verfahren verwendet. Dazu zählen die Programmierung mit Kontaktplan (KOP) und Funktionsbausteinsprache (FBS). Eine rein textuelle Programmierung kann mittels Strukturiertem Text (ST) oder der Anweisungsliste (AWL) erfolgen.
Das Grundkonzept zur Realisierung einer Automatisierungslösung mittels einer SPS zeigt Bild 1.

> **MERKE**
>
> Bei der Programmierung einer SPS muss der Stand der SPS-Programmiernorm DIN EN 61131-3 berücksichtigt werden. Dies führt dazu, dass die Programme rationeller erstellt und herstellerunabhängiger sind. Die dabei entstehenden Programme sind wiederverwendbar. Dadurch wird vermieden, dass die Kosten für die Programmierung bei zunehmender Komplexität der Automatisierungsaufgaben unverhältnismäßig hoch werden.

1 Grundkonzept zur Realisierung einer Automatisierungslösung mittels einer SPS

1.4 Betriebsarten

In der Regel kann ein Maschinenführer eine Maschine über verschiedene Bedienelemente auf einem Bedienfeld *(control panel)* steuern.
Dieses Bedienfeld befindet sich in unmittelbarer Nähe der Maschine. Die dort vom Maschinenführer eingegebenen Signale verarbeiten die Steuerung der Anlage meist dezentral, z. B. in einem Schaltschrank *(control cabinet)*. Neben einem Hauptschalter *(master switch)* (meist mit Schlüsselfunktion) und einem NOT-AUS-Schalter befindet sich auf dem Bedienfeld oft ein Wahlschalter für den Automatikbetrieb und manuellen Betrieb.
In der Betriebsart *(operation mode)* „**Manuell**" *(manual)* kann jeder Aktor einzeln und schrittweise *(step by step)* angesteuert werden. Ist diese Betriebsart aktiv, muss die Funktion des **Startknopfs** *(start button)* und die Betriebsart „**Automatik**" außer Kraft gesetzt sein. In der Betriebsart Automatik läuft ein ganzer Arbeitszyklus der Maschinensteuerung einmal (**Einzelzyklus** *(single cycle)*) oder mehrmals hintereinander (**Dauerzyklus** *(continuous cycle)*) ab. Ist der Dauerzyklus aktiv, startet die Steuerung nach dem ersten Durchlauf automatisch nochmals. Dieses Verhalten der Anlage wiederholt sich, bis der Maschinenführer die Betriebsart „Dauerzyklus" mit dem **Stoppknopf** *(stop button)* oder **Haltknopf** aufhebt. Die Maschine läuft in diesem Fall noch bis zum Programmende weiter und verharrt dann in Grundstellung.

Beispiel: An einem Rundschalttisch (Bild 2) bohrt eine Maschine Löcher in Aluminiumteile. Diese Maschine ist mit einer elektropneumatischen Steuerung und den Betriebsarten „Automatik-Einzelzyklus" und „Dauerzyklus" ausgestattet.
Im Falle einer Ablaufstörung oder wenn unmittelbare Gefahr für Maschine oder Bediener droht, muss der Maschinenführer die Anlage jederzeit mit dem NOT-AUS-Schalter *(emergency-stop button)* außer Betrieb setzen können. Wird eine solche Not-Aus-Situation wieder aufgehoben, läuft das Programm in der Regel an dem Punkt wieder an, an dem es bei Betätigung der Not-Aus-Einrichtung stehen geblieben ist. Dies kann unter Umständen zu gefährlichen Situationen und Unfällen führen, da oft nicht mehr bekannt ist, an welchem Schritt die Ablaufsteuerung unterbrochen wurde. Mit der Betriebsart „Richten" *(set)* müssen Steuerungen, von denen bei Wiederaufnahme des Betriebs nach einer Not-Aus-Situation Gefahren ausgehen, aus jeder Stellung wieder in Grundstellung gebracht werden können. Die Betriebsart „Richten" darf nur in der Betriebsart „Manuell" anwählbar sein.

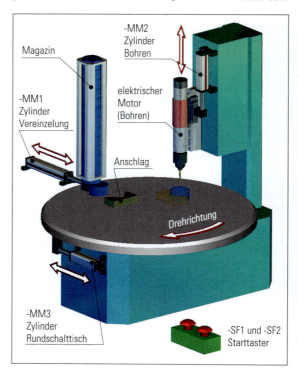

2 Elektropneumatischer Rundschalttisch mit Vereinzelung und Bohreinrichtung

1.5 Not-Aus-Einrichtung

Wenn von einer Maschine Gefahren für Personen oder Sachen ausgehen können, muss zur Vermeidung dieser Gefahren eine Not-Aus-Einrichtung *(emergency stop equipment)* gefährliche Teile der Maschine oder die ganze Maschine durch einen einzigen Befehl so schnell wie möglich stillsetzen *(controlled stop)*[1]. Für die Pneumatikpresse in Bild 2 auf Seite 286 ist eine solche Not-Aus-Einrichtung zwingend, da die Kräfte erhebliche Personen- bzw. Sachschäden *(damage to persons and property)* verursachen können.

Dabei ist zu beachten, dass im Gefahrenfall Menschen diese Not-Aus-Einrichtung betätigen. Dabei können sie nicht immer eindeutig unterscheiden, welche Teile einer Maschine unverzüglich still zu setzen sind und welche Aktoren ihre Arbeitsbewegungen umkehren *(reverse)* oder noch bis zu Ende ausführen sollen. Diese Unterscheidung muss die Not-Aus-Einrichtung der Steuerung übernehmen.

1.5.1 Sofortiges Einfahren der Zylinder

Bei der Biegevorrichtung in Bild 1 auf Seite 289 besteht die Gefahr darin, dass der Bediener durch Zylinder -MM1 und -MM2 Quetschungen *(bruises)* erleiden könnte. Im Gefahrenfall muss die Not-Aus-Einrichtung die Steuerung dieser Maschine dazu zwingen, beide Zylinder sofort wieder einzufahren.

1.5.2 Stillsetzen und Entlüften der Zylinder

Diese Art der Not-Aus-Einrichtung wird beispielsweise verwendet, wenn Bauteile aus einem Schüttmagazin *(bulk magazine)* vereinzelt werden und die Gefahr besteht, dass sich dabei ein Bauteil verkantet. Mit einer Not-Aus-Entrichtung nach Kap. 1.5.1 würde ein Zylinder das verkantete Bauteil beim Einfahren eventuell beschädigen oder selbst Schaden erleiden.

Soll die Not-Aus-Einrichtung den Zylinder im Gefahrenfall sofort stillsetzen, ohne ihn in Grundstellung zurück zu fahren, sind zwei verschiedene Steuerungen denkbar. Im ersten Fall des sofortigen Stillsetzens wird der Zylinder zusätzlich entlüftet *(vent)*.

1.5.3 Stillsetzen und Festsetzen der Zylinder

Der zweite Fall des sofortigen Stillsetzens bewirkt z. B. bei einer Hebeanlage (Bild 1), dass der Zylinder -MM1 (Heben) zusätzlich in der zu diesem Zeitpunkt eingenommenen Stellung festgesetzt wird. Somit kann der Zylinder bei aktivierter Not-Aus-Einrichtung nicht absinken[2] und stellt so keine Gefahrenquelle mehr dar.

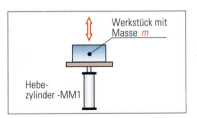

1 Hebevorrichtung für Werkstücke mit doppelt wirkendem Pneumatikzylinder

1.6 Sensoren

Die in Bild 2 gezeigte Vorrichtung dient zum Honen *(honing)* von Werkstücken.

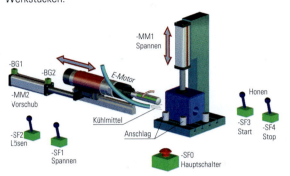

2 Vorrichtung zum Honen von Werkstücken

Zylinder -MM1 spannt das Werkstück. Dazu muss der Bediener die Anlage mit dem Tastschalter -SF0 in einen betriebsbereiten *(ready-to-operate)* Zustand versetzen und mit -SF1 das eingelegte Werkstück spannen. Erst wenn das Werkstück gespannt ist, kann der Bediener den Honvorgang mit Taster -SF3 starten. Der Vorschubzylinder -MM2 fährt wiederkehrend aus und ein. Die zyklische Umkehr des Zylinders -MM2 wird durch die Signale der Sensoren *(sensors)* -BG1 und -BG2 gesteuert. Der Spannvorgang darf während des Honens durch -SF2 nicht gelöst werden (Unfallgefahr). Ist der Honvorgang beendet, muss der Maschinenbediener den Vorgang mit Taster -SF4 stoppen. Daraufhin fährt der Vorschubzylinder -MM2 in seine hintere Endlage. Erst dann kann durch -SF2 das Werkstück gelöst werden.

Die in dieser Steuerung verwendeten Signalgeber *(signal generators)* -BG1 und -BG2 für die wiederkehrende Ein- und Ausfahrbewegung des Vorschubzylinders -MM2 sind **Magnetschalter**. Bei entsprechender Stellung der Kolbenstange des Pneumatikzylinders -MM2 (aus- bzw. eingefahren) werden die Sensoren vom Kolben des Pneumatikzylinders berührungslos betätigt.

> **MERKE**
>
> **Sensoren** werden auch als **Näherungsschalter** *(proximity switches)* bezeichnet. Sie bestehen in der Regel aus zwei **Komponenten**: Die erste Komponente registriert (detektiert) eine Änderung einer Messgröße (Weg, Druck, Abstand eines Objekts, Temperatur etc.), die zweite setzt diese Änderung in ein elektrisches Ausgangssignal des Sensors um (Signalumwandlung). Die erzeugten Signale können entweder analog, digital oder binär sein. Sensoren fungieren in elektropneumatischen Steuerungen somit als Signalglieder (vgl. Seite 276 Bild 1) und übermitteln Positionen *(positions)*, Endlagen *(end positions)*, Füllstände *(filling levels)*, Drücke *(pressures)* oder Temperaturen *(temperatures)* etc.

---

[1] Einschlägige Normen und Richtlinien regeln eindeutig, welche Sicherheitsaspekte für Steuerungen von Maschinen gelten: DIN EN ISO 13849 Sicherheitsbezogene Teile von Steuerungen; DIN EN 60204-1 Elektrische Ausrüstung von Maschinen u.a.
[2] bei Verwendung eines entsperrbaren Rückschlagventils

1.6 Sensoren

Als Endlagenschalter verwendet, zeichnen sich Sensoren gegenüber mechanisch betätigten Grenztastern durch folgende Merkmale aus:
- Sie arbeiten berührungslos und beeinflussen die Bewegung des Gegenstandes somit nicht.
- Sie besitzen kurze Ansprech- und Schaltzeiten *(response times)*.
- Sie zeichnen sich durch hohe Schaltfrequenzen *(switching frequencies)* und Betriebssicherheit *(operation reliability)* aus.
- Sie unterliegen einem geringen Verschleiß.
- Eine häufige Nachjustierung entfällt.

Näherungsschalter werden aber nicht nur zur Überwachung von Werkstück- oder Zylinderbewegungen genutzt. Bei CNC-Maschinen melden Näherungsschalter Signale an die Anpasssteuerung[1] der Maschine. Die dabei verwendeten Sensoren erfassen verschiedene Betriebsparameter *(operation parameters)* und Zustände der Maschine wie z. B. den Hydraulikdruck oder den Zustand der Maschinenverkleidung (offen bzw. geschlossen) und melden diese an die Anpasssteuerung.

1.6.1 Anschluss und Schaltverhalten von Sensoren

Die Versorgungsspannung *(supply voltage)* von Näherungsschaltern liegt meist zwischen 0 und 24 Volt Gleichspannung. Werden Sensoren in Steuerungen eingebaut, so ist stets auf die richtige Auswahl und den richtigen Anschluss *(correct selection and connection)* des Sensors zu achten. Bild 1 erläutert die zeichnerische Darstellung eines Sensors.

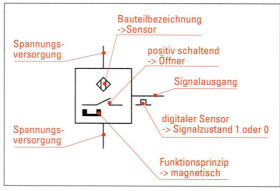

1 Symbol für Magnetschalter nach DIN EN 60617-7

Im Folgenden ist eine Zusammenstellung der Anschluss- und Schaltvarianten von Sensoren dargestellt.

Sensoren mit Zweidrahttechnik
Sie besitzen zwei Anschlussleitungen und werden in Reihe mit der Last betrieben.

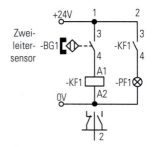

Sensoren mit Dreidrahttechnik
Sie besitzen drei Anschlussleitungen; jeweils eine für die positive (BN)[2] und negative (BU) Spannungsversorgung und eine für den Signalausgang (BK).

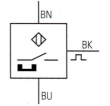

Positiv schaltende Sensoren
Positiv schaltende digitale Sensoren schließen einen Kontakt, wenn sie einen Gegenstand oder Pneumatikzylinder detektieren (Signalzustand 1). Das Symbol für einen solchen Sensor zeigt dementsprechend einen Schließer.

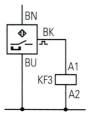

Negativ schaltende Sensoren
Ein negativ schaltender digitaler Sensor hingegen zeigt in seinem Schaltzeichen einen Öffner. Das heißt, diese Art der Sensoren geben solange ein Signal ab, bis sie einen Gegenstand oder Pneumatikzylinder detektieren und schalten das Signal dann ab (Signalzustand 0).

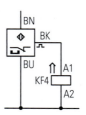

PNP Sensoren
Näherungschalter mit PNP-Ausgang legen beim Schaltvorgang den Ausgang auf das positive Potential

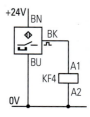

NPN Sensoren
Näherungschalter mit NPN-Ausgang legen beim Schaltvorgang den Ausgang auf das negative Potential.

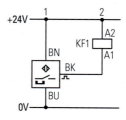

---

[1] siehe Lernfeld 7 Kap. 1.5.5
[2] BN (engl. **b**row**n**): braun; BU (engl. **b**l**u**e): blau; BK (engl. **b**lac**k**): schwarz

1.6.2 Wirkprinzipien und Verwendungszwecke von Sensoren

Im Folgenden werden die Wirkprinzipien und die Verwendungszwecke *(principles and applications)* der häufigsten Sensoren im Werkzeugbau beschrieben.

Induktiver Sensor

Der induktive Sensor erzeugt ein **Magnetfeld**, das an der Stirnseite des Sensors austritt. Er schaltet, wenn ein **metallischer Gegenstand** dieses Magnetfeld stört.
Induktive Sensoren reagieren auf **elektrisch leitfähige Stoffe** (z. B. Messing, Aluminium, Stahl).

Der **Schaltabstand** hängt ab von
- der Größe der Spule, die das Magnetfeld des Sensors erzeugt.
- dem Material, das detektiert wird.

Üblich sind Schaltabstände von 1...60 mm.
Objekte aus Messing, Kupfer und Aluminium erfordern ca. den halben Schaltabstand im Vergleich zu Objekten aus Stahl. Späne können unbeabsichtigte Schaltvorgänge auslösen.

Kapazitiver Sensor

Der kapazitive Sensor bildet an seiner Stirnseite ein **elektrisches Streufeld** aus. Er schaltet, wenn ein Objekt oder Medium in das Streufeld gelangt und dieses stört.
Kapazitive Sensoren reagieren auf Objekte oder Medien aus Kunststoff, Metall, Wasser, Kühlschmierstoffe, Holz etc.

Der Schaltabstand
- hängt vom Material und den geometrischen Abmaßen des Körpers ab.
- kann oft durch ein Potentiometer angepasst werden.

Üblich sind Schaltabstände von 1...50 mm
Der Schaltabstand von unterschiedlichen Metallen ist ähnlich, der von anderen Materialien muss um gegebene Faktoren reduziert werden:

Metall, Wasser	1,0
Glas, Papier	0,3 ... 0,5
Kunststoff	0,3 ... 0,6
Holz	0,2 ... 0,7

Magnetischer Sensor

Der magnetische Sensor besteht aus zwei Kontaktzungen in einem schutzgasgefüllten Glasröhrchen. Er schaltet, wenn ein Permanentmagnet in die Nähe der Schaltzungen gelangt.
Magnetische Sensoren reagieren auf Permanentmagnete, die z. B. in Form eines Ringmagneten in pneumatischen Zylindern eingebaut sind.

Der Schaltabstand beträgt bei seitlicher Annäherung des Magneten bis 16 mm.
Aufgrund des Wirkprinzips dürfen magnetische Sensoren nicht in Umgebungen mit starken Magnetfeldern (z. B. Widerstandsschweißmaschinen, Transformatoren, Elektromotoren) verwendet werden.

1 *Magnetischer Sensor*

Temperatursensor

Der Temperatursensor (Thermofühler) nutzt den Effekt der Änderung des elektrischen Widerstandes unter Temperatureinwirkung oder den thermoelektrischen Effekt aus. Dabei kann er in der Messtechnik ein analoges oder binäres (Schaltschwelle) Ausgangssignal erzeugen. Temperatursensoren haben oft geringe Abmaße (Frontdurchmesser bis zu 1 mm klein) und Masse. Sie sprechen daher sehr schnell an und werden üblicherweise beim Spritzgießen eingesetzt.

2 *Spritzgussform mit Heißkanal-Verteilersystem*

In der Formentechnik haben die Thermofühler oft direkten Kontakt mit dem Spritzgussteil (Seite 297 Bild 1). Der direkte Kontakt ist wichtig, da der Werkzeuginnendruck (siehe Drucksensor) und die Temperatur der Formteiloberfläche mit den produzierten Formteilqualitäten eng in Zusammenhang stehen. Die vom Fühler aufgenommenen Prozessdaten können so eine wichtige Hilfe bei der Analyse der Produktqualität von Spritzgussteilen sein. Thermofühler finden auch Anwendung bei beheizten Angusssystem (Heißkanalsystem bei Verarbeitung von thermoplastischen Kunststoffen).

Optischer Sensor

Der optische Sensor besteht aus einem **Lichtsender** (LED oder Laser) und einem **Lichtempfänger** (Fotodiode). Er schaltet, wenn ein Objekt Helligkeitsänderungen zwischen Sender und Empfänger hervorruft.

Optische Sensoren reagieren auf lichtundurchlässige Materialien und sind bei hochtransparenten Objekten kritisch.

Schaltabstände:

Laser-Einweg-Lichtschranke (Typ t) bis 100 m

Laser-Reflexions-Lichtschranke (Typ R) bis 30 m

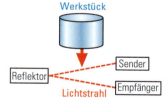

Laser-Reflexions-Lichttaster (Typ D) bis 300 m (bei guter Reflexion durch Objekt)

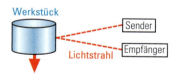

Drucksensor

Drucksensoren gibt es in drei verschiedenen Bauweisen:

a) **mechanischer** Druckschalter mit **binärem Ausgangssignal**

b) **elektronischer** Druckschalter mit **binärem Ausgangssignal**

c) **elektronischer** Drucksensor mit **analogem Ausgangssignal**

Der Druck am Sensor führt dazu, dass
a) ein federbelasteter Kolben einen elektrischen Kontakt bei entsprechendem Druck mechanisch öffnet bzw. schließt
b) eine Membran mit aufgebrachten piezoresistiven[1] oder Metalldünnfilm[2] Sensoren ein elektronisches Signal erzeugt
c) wie b) jedoch analoges Ausgangssignal

In der Messtechnik der Formentechnik werden die Drucksensoren mit analogem Ausgang oft zur Erfassung des Werkzeuginnendrucks verwendet. Einbauort kann an der Düse der Maschine, im Kanalsystem oder direkt in der Kavität liegen. Die Signale werden dabei an eine Auswerteinheit geschickt, die aus den Daten z. B. Werkzeuginnendruckkurven erstellt (vgl. Lernfeld 6 Kap. 1.2.3.1).

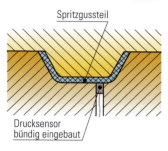

1.6.3 Kenngrößen, Montage und Inbetriebnahme von Sensoren

Induktive Sensoren kontrollieren in automatisierten Anlagen oft die Lage und Bewegung von Mechanismen und Bauteilen. Aufgrund ihres kompakten Aufbaus, des vergleichsweise einfachen Einbaus und ihrer Zuverlässigkeit werden sie sehr häufig verwendet. Die im Folgenden genannten Kenngrößen *(parameters)*, Einbaurichtlinien *(installation instructions)* und Maßnahmen bei der Inbetriebnahme gelten in ähnlicher Weise für die übrigen Sensoren aus Kap. 1.6.2.

1.6.3.1 Kenngrößen

Der Abstand zwischen dem leitenden Objekt und dem induktiven Sensor, bei dem das Ausgangssignal gewollt wechselt, wird **Bemessungsschaltabstand** S_n *(rated operating distance)* genannt (Bild 1).

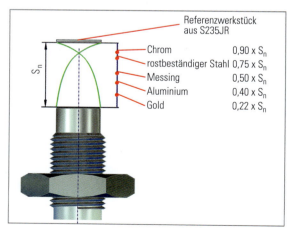

1 Korrekturkoeffizienten zur Bestimmung der Wirkzone induktiver Sensoren

---

[1] Sie nutzen den Effekt, dass bestimmte Quarze mechanische in elektrische Energie wandeln können. Sie bilden in Europa den Quasi-Standard
[2] Sie funktionieren nach dem Prinzip der Dehnmesstechnik (DMS). Sie beherrschen den amerikanischen Markt.
[3] Dabei wird eine quadratische Stahlplatte (S235JR) mit Kantenlänge = Sensordurchmesser und einer Dicke von 1 mm verwendet.

Dieser Wert wird nach DIN EN 60947-5-2 (VDE 0660-208) festgelegt und in den technischen Datenblättern des Sensors aufgeführt. Er hängt vornehmlich vom Spulendurchmesser D *(diameter of coil)* und den Eigenschaften des Spulenkerns *(coil core)* des Sensors ab (Bild 1).

> **MERKE**
>
> In der Praxis gilt für den Wert der Nominalwirkungszone S_n, je kleiner der Sensor ist, desto kleiner ist die Nominalwirkungszone S_n.

Muss bei einer Steuerung die Unsicherheit in Bezug auf den **Wirkabstand** eines induktiven Sensors vollständig eliminiert werden, muss der **gesicherte Schaltabstand** S_a *(assured operating distance)* des Sensors beachtet werden.

> **MERKE**
>
> Innerhalb dieses gesicherten Schaltabstands S_a schaltet der induktive Sensor auch bei Spannungs- und/oder Temperaturschwankungen zuverlässig.

Nichteisenmetalle beeinflussen das Wechselfeld eines induktiven Näherungsschalters weniger stark als beispielsweise Werkstücke aus Stahl. Daraus folgt, dass der benötigte Schaltabstand für Werkstücke aus Nichteisenmetall geringer gewählt werden muss als für Werkstücke aus Stahl. Die technischen Unterlagen eines Sensors zeigen neben dem Wert für die Nominalwirkungszone S_n nach DIN EN 60947-5-2 (VDE 0660-208) auch **Korrekturkoeffizienten** *(correction coefficients)* für gängige Werkstoffe. Diese dienen zur Bestimmung der **Wirkzone** *(active zone)* des Sensors in Abhängigkeit von dem zu erfassenden Werkstoff (vgl. Bild Seite 298 Bild 1).

1.6.3.2 Montage *(installation)*

Die Empfindlichkeit eines induktiven Näherungsschalters hängt von seiner Konstruktion ab. Dabei sind zwei Grundkonstruktionen der zylindrischen Sensoren üblich (Bild 2):

- **verdeckt** *(covert)* – hierbei befinden sich die Spule und der Spulenkern des Sensors in einer Hülse, die stirnseitig die Grenze des Sensors bildet. Diese Sensoren werden bündig mit der Trägerplatte montiert.
- **nicht verdeckt** *(uncovered)* – die beiden Bauteile befinden sich unter einer Kunststoffkappe. Diese Sensoren müssen um das entsprechende Maß aus dem Datenblatt über die Trägerplatte hinaus ragen, da es sonst zu Fehlfunktionen kommen kann.

Der Typ der nicht verdeckten Sensoren reagiert üblicherweise empfindlicher auf metallische Objekte. Hingegen haben induktive Sensoren in verdeckter Bauweise eine größere Wirkzone. Der um den Sensor nötige freie Raum, in dem sich nur das zu erfassende Objekt befinden darf, hängt ebenfalls vom Spulendurchmesser D ab (Bild 2).
Für unverdeckt konstruierte Sensoren gilt, dass der freie Raum auch den seitlichen Bereich des Sensors mit einschließt.
Ein verdeckt konstruierter Sensor reagiert zudem nur auf Objek-

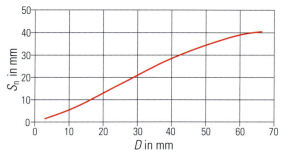

1 Spulendurchmesser der Nominalwirkungszone S_n in Abhängigkeit von Spulendurchmesser D – induktive Sensoren

te, die sich vor dem Sensor befinden. Daher können diese Sensoren auch problemlos in Metallelementen befestigt werden.
Um eine gegenseitige Beeinflussung *(interference)* zweier verdeckter Sensoren zu vermeiden, sollte der Abstand zwischen ihnen bei der Montage größer als der doppelte Spulendurchmesser D sein.
Ein nicht verdeckter zylindrischer Sensor reagiert auch auf Objekte, die sich seitlich des Sensors befinden. Daher müssen solche Sensoren bei der Montage etwas herausragen. Der Minimalabstand solcher nicht verdeckter Näherungsschalter muss mindestens dem dreifachen Spulendurchmesser D entsprechen, um eine gegenseitige Beeinflussung auszuschließen.

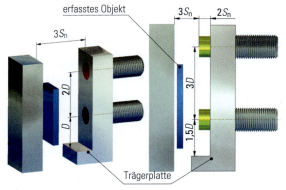

2 Verdeckt (links) und unverdeckte Bauweise (rechts) von induktiven Sensoren; D: Spulendurchmesser

1.6.3.3 Inbetriebnahme

Bei der Inbetriebnahme *(inital operation)* der Steuerung werden die Sensoren auf folgende Faktoren hin überprüft:
- Einbau *(installation)* und Befestigung *(mounting)* laut Herstellerangaben *(manufacturer's data)*.
- Elektrischer Anschluss laut Herstellerangaben.
- Schaltverhalten *(switching characteristic)* mit verschiedenen Werkstückproben.
- Gegebenenfalls Maßnahmen zur Feinjustierung *(vernier adjustment)* oder Kalibrierung *(calibration)* bei kapazitiven Sensoren.

- Einfluss von Störgrößen *(disturbance values)* wie z. B. Magnetfelder bei induktiven Sensoren, Streulicht *(scattered light)* bei optischen Sensoren, Kühlschmiermittel- und Zerspanungsrückstände bei induktiven und kapazitiven Sensoren.

Die fachgerechte Auswahl, Montage und Inbetriebnahme von Sensoren ist für die spätere fehlerfreie Funktion der Steuerung unabdingbar.

ÜBUNGEN

1. Worin unterscheiden sich Zweidraht- und Dreidrahtsensoren?
2. Worin unterscheiden sich positiv schaltende und PNP Sensoren?
3. Aus welchem Material besteht das Referenzwerkstück zur Bestimmung des Bemessungsschaltabstands S_n bei induktiven Sensoren?
4. In wie weit hängt die Empfindlichkeit eines induktiven Sensors von seiner Konstruktion ab?
5. Welcher Typ von Sensor darf nicht im näheren Umfeld von Magnetfeldern eingesetzt werden? Begründen Sie ihre Antwort.
6. Welche Sensoren werden in Spritzgussformen bündig in die Kavität eingebaut?
7. Bei der Entwicklung einer elektropneumatischen Steuerung stehen monostabile bzw. bistabile Wegeventile als Stellglieder für Pneumatikzylinder zur Auswahl. Begründen Sie, unter welchen Umständen monostabile und unter welchen Umständen bistabile Wegeventile eingesetzt werden.
8. Wie erfolgt bei monostabilen bzw. bistabilen Wegeventilen die Speicherung eines Signalzustands?
9. Benennen und beschreiben Sie drei mögliche NOT-AUS-Einrichtungen. Geben Sie jeweils ein Beispiel je NOT-AUS-Einrichtung aus Ihrem Betrieb.

2 Hydraulik

2.1 Einsatzgebiete der Hydraulik

Hydraulische Anlagen *(hydraulic equipment)* und Systeme nutzen als Fluid zur Energieübertragung **Hydrauliköl** *(hydraulic oil)*. Neben der Energieübertragung *(energy transfer)* hat das Hydrauliköl hier auch die Aufgabe, einen **Schmier- und Korrosionsschutz** *(lubrication and corrosion prevention)* innerhalb der Anlage sicher zu stellen. Ein hydraulisches System *(hydraulic system)* besteht grundlegend aus einer mechanisch angetriebenen Hydraulikpumpe *(hydraulic pump)*, Ventilen *(valves)*, einem Filter *(filter)*, einem geschlossenen Leitungssystem *(piping)* und mindestens einem Hydroverbraucher (Hydraulikzylinder *(hydraulic cylinder)* oder Hydraulikmotor *(hydraulic motor)*) (Seite 301 Bild 1). Ein solches hydraulisches System beinhaltet in der Regel alle Funktionsblöcke aus Bild 1 von Seite 276. Der Energiefluss im Leistungsteil beginnt hierbei an der Hydraulikpumpe, die durch Umwandlung mechanischer Energie Druckenergie erzeugt. Der Energiefluss wird mittels Schläuchen und Rohren zu Ventilen geleitet und von diesen gesteuert. Anschließend leiten Schläuche und Rohre das Fluid zum Hydroverbraucher weiter. Dieser wandelt die im Ölstrom *(oil flow)* enthaltene Energie *(energy)* in mechanische Energie um.

In hydraulischen Systemen[1] *(hydraulical systems)* überträgt Hydrauliköl Druckenergie, um die Funktionseinheiten von Anlagen und Arbeitsmaschinen anzutreiben. Die Energie, die das Hydrauliköl überträgt, ist bei einem solchen System um ein Vielfaches größer als die bei pneumatischen Systemen.

Hydraulische Systeme finden z. B. Anwendung bei:
- der Stanz- und Umformtechnik,
- Spritzgieß- und Druckgießmaschinen (Bild 1),
- der Antriebstechnik zur Umwandlung von hydraulischer Energie in mechanische Kräfte und Wege und
- im Vorrichtungsbau.

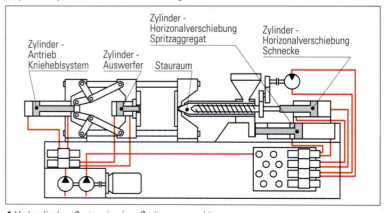

1 Hydraulisches System in einer Spritzgussmaschine

---

[1] Bei hydrostatischen Systemen ist die Druckenergie im Vergleich zur knetischen Energie höher, in hydrodynamischen Systemen dagegen, übersteigt die kinetische Energie die Druckenergie um ein Vielfaches (z. B. Flüssigkeitskupplung)

2.1 Einsatzgebiete der Hydraulik

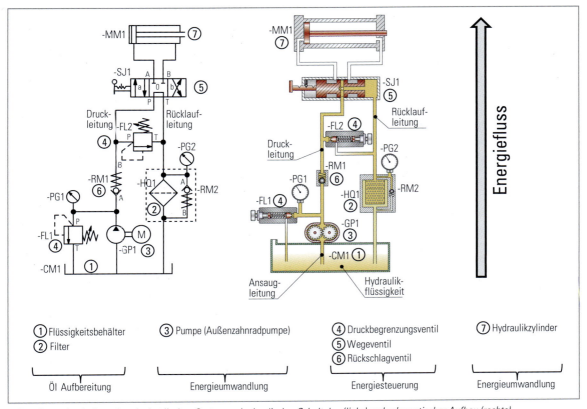

1 Grundlegender Aufbau eines hydraulischen Systems – hydraulischer Schaltplan (links) und schematischer Aufbau (rechts)

Merkmal	Pneumatische Systeme	Ölhydraulische Systeme
Fluid	Komprimierbare Druckluft; unempfindlich gegenüber Temperaturschwankungen, offener Kreislauf (keine Rückführung der Druckluft nötig), schmutzunempfindlicher	Annähernd nicht komprimierbares Hydrauliköl; Volumenänderung bei entsprechenden Temperaturschwankungen; geschlossener Kreislauf, schmutzempfindlicher
Druckbereich	i.d.R. 6 bar	Bis 4000 bar; Verletzungsgefahr erheblich
Kraftbereich/Geschwindigkeit	Bei doppelt wirkendem Rundzylinder mit 40 mm Kolbendurchmesser z. B. 750 N (ausfahrend); höhere Kolbengeschwindigkeiten möglich	Bei Hochdruckzylindern mit 40 mm Kolbendurchmesser z. B. 4000 kN; niedrigere Kolbengeschwindigkeiten
Verbindungen der Komponenten	Zuleitung : Schlauch oder Rohr Rückleitung: entfällt	Zuleitung : Schlauch oder Rohr Rückleitung: Schlauch oder Rohr
Umweltverträglichkeit	Keine Gefährdung bei Verwendung von ölfreier Druckluft	Austritt von Lecköl; bei Verwendung biologisch schnell abbaubarer Hydrauliköle unbedenklich, Brandgefahr
Stellglied für doppelt wirkenden Zylinder	Meist 5/2-Wegeventil	Meist 4/3-Wegeventil mit freiem Umlauf in Mittelstellung
Bewegung der Antriebseinheit	Linear, rotatorisch, ungleichförmig	Linear, rotatorisch, gleichförmig, stufenlos regelbar
Bildzeichen in Schaltplänen	Art des Druckmittels dargestellt als nicht gefülltes Dreieck: △	Art des Druckmittels dargestellt als gefülltes Dreieck: ▲

2 Vergleich von pneumatischen und ölhydraulischen Systemen

Im Vergleich zu pneumatischen Systemen können hydraulische Antriebe u. a. höhere Kräfte erzeugen. Um beispielsweise mit Stanz- und Umformwerkzeugen die geforderten hohen Schnittkräfte zu erreichen, werden diese Werkzeuge mithilfe von hydraulischen Pressen[1] *(hydraulic presses)* betätigt. Auch beim Spritz- und Druckgießen werden mittels hydraulischer Systeme hohe Kräfte erzeugt (z. B. Kolbenkraft auf die Dreizonenschnecke in der Spritzeinheit[2] oder Zuhaltekraft F_{Zu} einer Schließeinheit für Dauerformen[3]).

Der grundlegende Aufbau eines pneumatischen/elektropneumatischen und hydraulischen Systems ist sehr ähnlich. Bild 2 auf Seite 301 zeigt die pneumatische und hydraulische Gerätetechnik im Vergleich.

Überlegen Sie!

Entscheiden Sie aufgrund der in Bild 2 auf Seite 301 aufgeführten Unterscheidungsmerkmale, welches fluidische System für die folgenden Anwendungsgebiete geeigneter ist. Begründen Sie ihre Entscheidung.
- *Fahr-, Schwenk- und Hebevorrichtungen an mobilen Baumaschinen*
- *Verpackungsanlage für Arzneimittel bzw. Lebensmittel*
- *Pressen zum Tiefziehen von Blechteilen*
- *Vereinzeln von Kunststoffverpackungen*

2.2 Hydraulische Grundlagen

Die physikalischen Gesetzmäßigkeiten der beiden Energieübertragungsmedien Druckluft und Hydrauliköl sind sehr unterschiedlich und werden im Folgenden erläutert.

2.2.1 Druck und Druckübersetzung

Da sich Hydrauliköl in hydraulischen Systemen, im Gegensatz zu Luft in pneumatischen Systemen, nur geringfügig komprimieren *(compress)* lässt (vgl. Bild 2 auf Seite 301), ist eine Speicherung der Energie in einem Druckbehälter bei hydraulischen Systemen nur bedingt möglich. Somit kann bei hydraulischen Systemen das Fluid auch nicht in großen Mengen aus einem solchen Druckenergiespeicher *(pressure energy reservoir)* entnommen werden. Die Hydraulikpumpe eines hydraulischen Systems muss daher die benötigte Menge an Hydrauliköl, je nach Bedarf, in das Leitungssystem der Anlage hineinpumpen. Diese von der Pumpe eingespeiste Menge an Hydrauliköl strömt solange drucklos *(pressure less)* durch das angeschlossene Leitungssystem, bis sie auf einen Widerstand trifft. Dieser Widerstand kann in Form einer Engstelle (Drossel), durch Reibung innerhalb des Hydrauliköls oder beispielsweise durch einen mit einer Last beaufschlagten Hydraulikzylinder (Lastwiderstand) vorliegen. Das nachströmende Öl aus der Hydraulikpumpe lässt den Druck dann ansteigen, bis der Widerstand (z. B. Hydraulikzylinder mit Last) überwunden ist.

MERKE
Beim Anheben von Lasten oder bei Pressvorgängen muss zum Schutz der Anlage und zur Kontrolle immer ein Manometer *(manometer/gauge)* verwendet werden, damit unzulässig hohe Drücke vermieden werden.

Die eindeutige Angabe eines Drucks in einem belasteten hydraulischen System wird entweder durch einen entsprechenden Index sichergestellt oder muss aus dem Kontext bestimmt werden. Bild 1 stellt die Beziehungen der einzelnen Drücke grafisch dar.

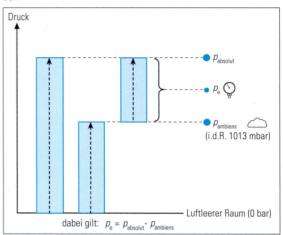

1 Zusammenhang von Absolutdruck, Überdruck und Umgebungsdruck

Eine Angabe des **Absolutdrucks** p_{abs} *(absolute pressure)* bezieht sich immer auf den luftleeren Raum ($p = 0$ bar). Der örtliche **Atmosphärendruck** p_{amb} *(atmospheric pressure)* gibt den örtlichen Umgebungsdruck *(ambient pressure)* an. Er kann schwanken und wird oft mit $p_{atm} = 1013$ mbar bei 15 °C als Standardatmosphäre in technischen Systemen verwendet. Die Differenz aus dem Absolutdruck p_{abs} und dem Umgebungsdruck p_{amb} wird als **atmosphärische Druckdifferenz** *(atmospheric pressure difference)* oder **Überdruck** p_e *(high pressure)* bezeichnet. Ist die Differenz positiv, herrscht ein positiver Überdruck, ist sie negativ, herrscht ein negativer Überdruck. Die Bezeichnung Unterdruck *(low pressure)* für einen negativen Überdruck wird nicht mehr verwendet.

MERKE
Der Überdruck p_e, den ein Manometer eines pneumatischen bzw. hydraulischen Systems anzeigt, ist größer oder gleich Null. In der Vakuumtechnik kann der Überdruck auch negativ sein.

$p_e = p_{abs} - p_{amb}$

Die Angabe des Drucks erfolgt in technischen Systemen in bar, Pascal oder N/m².

1 bar = 1000 mbar = 10^5 Pascal = 10 N/cm² (vgl. Tabellenbuch)

---

[1] vgl. Beispielaufgabe S. 111 – Systeme und Teilsysteme der Schneid- und Umformtechnik
[2] vgl. Bild 2 Seite 129 Spritzeinheit mit Kraftverhältnissen an der Schnecke – Systeme und Teilsysteme der Formentechnik
[3] vgl. Beispielaufgabe S. 131 – Systeme und Teilsysteme der Formentechnik

2.2 Hydraulische Grundlagen

Für technische Bauteile gelten folgende Begrifflichkeiten:
- **zulässiger Maximaldruck** *(maximum pressure)*: Druck, dem ein Bauteil maximal ausgesetzt werden darf, ohne Schaden zu nehmen; er wird in hydraulischen Systemen am Druckbegrenzungsventil in Nähe der Hydraulikpumpe bei maximalem Volumenstrom eingestellt,
- **Eingangsdruck** *(inlet pressure)* und **Ausgangsdruck** *(outlet pressure)*: Druck am Eingang bzw. Ausgang eines Bauteils,
- **Differenzdruck** Δp *(pressure difference)*: Druckdifferenz zwischen Eingangs- und Ausgangsdruck am technischen Bauteil.

Der Druck in einer hydraulischen Anlage steigt, wenn das geschlossene System *(closed system)* mit einer äußeren Kraft beaufschlagt wird. Wird beispielsweise ein Hydraulikzylinder mit einer Kraft F belastet, steigt der Druck im geschlossenen System überall um den gleichen Wert. Der Druckanstieg ist von der meist kreisrunden **Kolbenfläche** A *(piston area)* und der aufgebrachten **Kraft** F *(force)* abhängig.

$$p_e = \frac{F}{A}$$

p_e: Überdruck
F: einwirkende Kraft
A: Kolbenfläche

Die in Bild 1 gezeigte Vorrichtung dient dazu, Hydraulikzylinder auf Dichtheit zu prüfen.

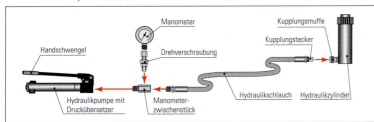

1 Vorrichtung zum Prüfen instandgesetzter Hydraulikzylinder

Die Zylinder werden dabei nicht mit ihrem jeweiligen Betriebsdruck *(operating pressure)* geprüft, sondern aus Sicherheitsgründen, mit dem 1,5-fachen Betriebsdruck beaufschlagt. So wird beispielsweise ein Hydraulikzylinder mit einem Nennbetriebsdruck von 200 bar mit 300 bar auf Dichtheit geprüft.
Die bei dieser Vorrichtung verwendete Hydraulikhandpumpe *(hydraulic hand pump)* ist für einen maximalen Betriebsdruck von 180 bar ausgelegt. Um den geforderten Prüfdruck zu erreichen, wird ein **Druckübersetzer** *(pressure booster)* eingesetzt. Er besteht aus 2 verschieden großen Kolben, die über eine gemeinsame Kolbenstange *(piston rod)* verbunden sind (Bild 2).

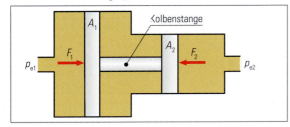

2 Druckübersetzer

Der Eingangsdruck p_{e1} erzeugt am linken Kolben mit der Kolbenfläche A_1 des Druckübersetzers die Kraft F_1. Übertragen über die Kolbenstange wird am rechten Kolben daraus F_2, wobei $F_1 = F_2$ gilt. Der rechte Kolben mit der Kolbenfläche A_2 erzeugt in der rechten Hälfte des Druckübersetzers den Druck p_{e2}.

🅜🅔🅡🅚🅔

Ein Druckübersetzer wandelt den Eingangsdruck p_{e1} in einen höheren Ausgangsdruck p_{e2} um.

Dabei gelten folgende Beziehungen:
$$F_1 = F_2$$
$$p_{e1} \cdot A_1 = p_{e2} \cdot A_2$$

$$\frac{p_{e1}}{p_{e2}} = \frac{A_2}{A_1}$$

p_e: Überdruck
F: Kolbenstangenkraft
A: Kolbenfläche

2.2.2 Kraftübersetzung

Bei den Betrachtungen zur Kraftübersetzung *(power gear ratio)* mittels hydraulischer Systeme bleibt der Druck, den die Gewichtskraft des Hydraulikkolbens aufgrund der Schwerkraft *(force of gravity)* erzeugt, in der Regel unberücksichtigt. Zudem wird davon ausgegangen, dass die Kolben der Hydraulikzylinder reibungsfrei *(frictionless)* und leckfrei *(leakless)* arbeiten und das Hydrauliköl nicht komprimiert wird ($V_1 = V_2$). Bild 3 stellt das Funktionsprinzip der Kraftübersetzung *(power gear ratio)* dar.

Das durch den Kolben 1 mit der Fläche A_1 verdrängte Volumen V_1 führt zur Verschiebung s_2 des Kolbens 2 mit der Fläche A_2:
$$V_1 = V_2$$
$$A_1 \cdot s_1 = A_2 \cdot s_2$$

$$\frac{s_1}{s_2} = \frac{A_2}{A_1} \quad (1)$$

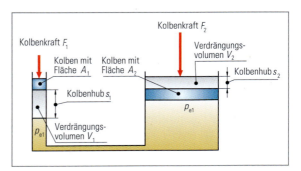

3 Prinzip der hydraulischen Kraftübersetzung

Der dabei von Kolben 1 erzeugte Druck p_{e1} entspricht dem Systemdruck und ist im System überall gleich groß:

$p_{e1} = p_{e2}$

$\dfrac{F_1}{A_1} = \dfrac{F_2}{A_2}$

$\boxed{\dfrac{A_2}{A_1} = \dfrac{F_2}{F_1}}$ (2)

Aus Gleichung (1) und Gleichung (2) ergibt sich der Zusammenhang:

$\boxed{\dfrac{s_1}{s_2} = \dfrac{A_2}{A_1} = \dfrac{F_2}{F_1}}$

p_e: Überdruck
F: Kolbenstangenkraft
A: Kolbenfläche
s: Kolbenhub
V: verdrängtes Volumen

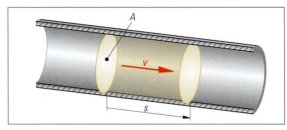

1 Volumenstrom und Strömungsgeschwindigkeit in hydraulischen Systemen

2.2.3 Volumenstrom und Strömungsgeschwindigkeit

Die Hubwirkung des in Bild 3 auf Seite 303 dargestellten Systems ist durch den maximalen Weg s_1 des Druckkolbens mit der Kolbenfläche A_1 begrenzt. Soll der Hubkolben mit der Kolbenfläche A_2 des Systems einen größeren Weg s_2 zurücklegen, muss der Druckkolben den Weg s_1 mehrmals zurücklegen. Alternativ kann eine Hydraulikpumpe einen kontinuierlichen Volumenstrom *(delivery)* erzeugen.

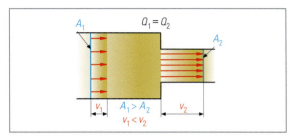

2 Volumenstrom konstant, Strömungsgeschwindigkeit abhängig vom Leitungsquerschnitt

2.2.4 Strömungsverhalten

Hydrauliköl bewegt sich mit der Strömungsgeschwindigkeit v in Abhängigkeit der Schaltstellungen der Ventile durch das Leitungssystem einer hydraulischen Anlage. Wird dabei eine bestimmte **kritische Strömungsgeschwindigkeit** v_{krit} *(critical flow speed)* überschritten, erfolgt eine starke Verwirbelung des Fluids in den Leitungen (Bild 3 rechts).
Ein Teil der Flüssigkeitsteilchen strömt nicht mehr entlang der Leitungsachse, sondern quer dazu. Bei einer solchen **turbulenten**[3] **Strömung** *(turbulent flow)* entstehen große Druckverluste *(decreases in pressure)*. Die dabei verlorene Druckenergie steht den Hydraulikzylindern nicht mehr zur Verfügung. Bei kleineren Strömungsgeschwindigkeiten ergibt sich eine **laminare**[4] **Strömung** *(laminar flow)* des Fluids (Bild 3 links). Die Flüssigkeitsteilchen haben bei laminaren Strömungen die gleiche Richtung, ihre Geschwindigkeit fällt gegen die Rohrwandung hin auf null ab.

MERKE

Der Volumenstrom Q[1] eines hydraulischen Systems ist das Volumen V an Hydraulikflüssigkeit, das je Zeiteinheit Δt durch einen Leitungsquerschnitt A strömt (Bild 1).
Der Volumenstrom ist unabhängig vom Leitungsquerschnitt innerhalb eines Leitungsstrangs an allen Stellen des hydraulischen Systems gleich groß. Die dabei erreichte Strömungsgeschwindigkeit v *(flow speed)* des Fluids ist abhängig vom durchströmten Leitungsquerschnitt A *(pipe cross section)*. Sinkt der Leitungsquerschnitt A bei konstantem Volumenstrom Q, dann steigt an der entsprechenden Stelle die Strömungsgeschwindigkeit v (Bild 2).

Die folgenden Gleichungen stellen die allgemein gültigen Zusammenhänge mathematisch dar[2]:

$Q = \dfrac{V}{\Delta t}$

$Q = \dfrac{A \cdot s}{\Delta t}$

$\boxed{Q = A \cdot v}$

Q: Volumenstrom
V: Volumen
Δt: Zeitdifferenz
A: Leitungsquerschnitt
s: zurückgelegter Weg
v: Strömungsgeschwindigkeit

Der theoretische Volumenstrom Q_t ist eine der wichtigsten Kenngrößen bei der Auswahl einer Hydraulikpumpe (vgl. Kap. 2.3).

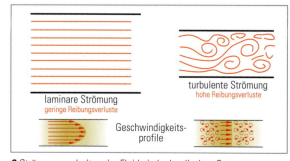

3 Strömungsverhalten der Fluide in hydraulischen Systemen

---

[1] Der Volumenstrom wird nach Norm mit q_v oder $\dot V$ (gesprochen V Punkt) bezeichnet. In der Fachsprache hat sich jedoch der Buchstabe Q für die Kennzeichnung des Volumenstroms eingebürgert.
[2] Strömt ein hydraulisches Fluid mit den Strömungsgeschwindigkeiten v_1, v_2, v_3 durch unterschiedlich große Querschnittsfläche A_1, A_2, A_3, so gilt entsprechend der Kontinuitätsgleichung $A_1 \cdot v_1 = A_2 \cdot v_2 = A_3 \cdot v_3 =$ konstant $= Q_1 = Q_2 = Q_3$.
[3] lat: unruhig   [4] lat: Schicht

2.2 Hydraulische Grundlagen

MERKE
Sind die Strömungsgeschwindigkeiten der Hydraulikflüssigkeit in einem hydraulischen System zu groß, kommt es zu turbulenten Strömungsverhältnissen. Dabei wird Druckenergie in Wärme umgewandelt. Turbulente Strömungen müssen daher vermieden werden. Um turbulente Strömungen zu vermeiden und Reibungsverluste gering zu halten, sollten Strömungsgeschwindigkeiten in Druckleitungen nicht über 5 m/s liegen.

2.2.5 Viskosität von Hydraulikölen

Die **kinematische Viskosität** *(kinematic viscosity)* von Hydraulikölen ist ein Maß für die **Zähigkeit** *(ductility)* des Öls. Je dünnflüssiger ein Hydrauliköl ist, desto geringer ist seine Viskosität[1]. Die Viskosität ist demnach eine Stoffgröße, die die durch innere Reibung der Ölteilchen erschwerte Verschiebbarkeit bemisst. Je schwerer sich die Teilchen gegeneinander verschieben lassen, desto höher ist die Viskosität eines Hydrauliköls. Die Viskosität ändert sich in Abhängigkeit von der Temperatur und dem Druck im hydraulischen System.

MERKE
Die kinematische Viskosität eines Hydrauliköls ist ein Maß für dessen Zähflüssigkeit. Bei steigender Temperatur sinkt die Viskosität. Bei steigendem Druck steigt die Viskosität. Diese Abhängigkeiten werden in sogenannten V-T-Verhalten-Diagrammen (Viskosität-Temperatur-Verhalten-Diagrammen (kurz: V-T-Verhalten) dargestellt und sind ölspezifisch.

Beim Umgang mit Hydraulikölen sind folgende umwelt- und sicherheitsrelevante Aspekte zu beachten:
- fachgerechte Entsorgung von Hydrauliköl unter Berücksichtigung der Nachweispflicht
- Haut- und Augenkontakt stets vermeiden
- regelmäßig Prüfung des Hydrauliköls nach Herstellerangaben
- Höhe des Füllstands regelmäßig nach Herstellerangaben kontrollieren

ÜBUNGEN

1. Ein Hydraulikzylinder einer Schließeinheit einer Dauerform soll eine Zuhaltekraft F_{Zu} von 120 kN aufbringen und hat einen Kolbendurchmesser d_K = 15 cm.
   a) Wie hoch steigt der Druck p_e im hydraulischen System (in bar)?
   b) Wie hoch ist der Absolutdruck p_{abs} bei einem Umgebungsdruck von 1 bar?
   c) Welchen der beiden Drücke zeigt ein Manometer, das in der Nähe des Hydraulikzylinders montiert wurde an?

2. Das Rückschlagventil -RV2 am Filter -HQ1 in der Rücklaufleitung in Bild 1 auf Seite 301 soll öffnen, wenn der Filter verschmutzt ist und sich daher ein Systemdruck von 25 bar aufbaut. Wie groß muss die Federkraft der Feder im Rückschlagventil bei einem Leitungsquerschnitt d_K = 25 mm sein?

3. Der Betriebsdruck eines Hydraulikzylinders beträgt 300 bar. Dieser Zylinder soll mit der in Bild 1 auf Seite 303 gezeigten Vorrichtung und den oben genannten Kennwerten abgedrückt werden. Der dabei eingesetzte Druckübersetzer hat einen Kolbendurchmesser d_1 = 200 mm und d_2 = 125 mm. Bestimmen Sie den Prüfdruck $p_{prüf}$ und den Eingangsdruck p_{e1} des Druckübersetzers.

4. Die Bauteile einer hydraulischen Hubvorrichtung haben folgende Abmessungen:
   Druckkolben 1 (vgl. Bild 3 auf Seite 303 links) mit d_1 = 35 mm, F_1 = 250 N und maximalem Weg s_1 = 40 mm; Hubzylinder (vgl. Bild 3 auf Seite 303 rechts) mit d_2 = 250 mm, zu hebender Last F_2 = 12755 N. Wie viele Hübe n muss der Druckkolben ausführen, um die Last um 55 mm anzuheben? Wie hoch ist der Druck im System?

5. Eine hydraulische Presse soll Bauteile mit einer Kraft von F_2 = 80 kN fügen. Der Druckkolben der Presse hat einen Durchmesser von d_1 = 30 mm und wird mit einer Kraft von F_1 = 280 N belastet. Der Druckkolben legt beim Fügen einen Weg von s_1 = 100 mm zurück. Bestimmen Sie rechnerisch den Systemdruck, den das Barometer anzeigt und den vom Presskolben mit d_2 = 507 mm zurückgelegten Weg s_2.

6. Der Spannzylinder einer Vorrichtung soll mit einer Geschwindigkeit von 5 m/min ausfahren. Die Spannkraft soll 20 kN betragen. Das Druckbegrenzungsventil der Anlage ist auf 90 bar eingestellt.
   a) Bestimmen Sie den erforderlichen Kolbendurchmesser d_K des Spannzylinders in mm.
   b) Welchen Volumenstrom Q in l/min muss die Pumpe erzeugen, um die Ausfahrgeschwindigkeit zu erreichen?
   c) Wie lang dauert das Spannen und Lösen, wenn der Spannzylinder einen Weg von 20 mm je Hub zurücklegen muss?

---
[1] In der Hydraulik finden besonders die dynamische und kinematische Viskosität Beachtung. Sie tragen das Formelzeichen η bzw. ν und die Einheiten Pa · s oder N · s/m² bzw. mm²/s. Die früher verwendete Einheit cSt (sprich: „Zentistokes") ist teilweise noch in Gebrauch.

2.3 Hydraulikpumpen

Hydraulikpumpen *(hydraulic pumps)* werden meist durch Elektromotoren angetrieben und haben die Aufgabe, einen Volumenstrom *(delivery)* und Druck zu erzeugen. Dazu wandeln sie die zugeführte elektrische bzw. mechanische Energie zum großen Teil in hydraulische Energie um (primärseitige Umwandlung). Die am Druckanschluss *(pressure connection)* der Pumpe zur Verfügung stehende hydraulische Energie steht dann für den Antrieb von Hydraulikzylindern bzw. -motoren zur Verfügung. Dort wird die Druckenergie wiederum in mechanische Energie umgewandelt (sekundärseitige Umwandlung). Die im Arbeitsumfeld der Werzeugmechanikerinnen und -mechaniker angewandten hydraulischen Systeme erfordern meist kleinere Volumenströme (meist unter 300l/min), jedoch hohe Drücke (bis zu 400 bar). Alle Hydraulikpumpen arbeiten nach dem **Verdrängungsprinzip** *(displacement principle)*.

Hydraulische **Konstantpumpen** *(fixed pumps)* haben ein konstantes Verdrängungsvolumen V_i, **Verstellpumpen** *(variable displacement pumps)* hingegen haben ein veränderbares Verdrängungsvolumen V_i pro Umdrehung. Mechanische, hydraulische oder elektrische Verstelleinrichtungen können an Verstellpumpen den Druck und den Förderstrom regeln, um beispielsweise die Kolbengeschwindigkeit *(piston speed)* eines Hydraulikzylinders gezielt zu beeinflussen. Bild 1 zeigt die normgerechten Schaltzeichen für Konstant- und Verstellpumpen.

Neben der Einteilung der Hydropumpen nach konstantem bzw. verstellbarem Verdrängungsvolumen, lassen sich Hydropumpen auch nach ihrer Funktionsweise in **Zahnradpumpen** *(gear pumps)*, **Flügelzellenpumpen** *(cell pumps)*, **Kolbenpumpen** *(piston pumps)* und **Schraubenspindelpumpen** *(jack screw pumps)* einteilen.

Eine Übersicht der gängigen Verdrängerpumpen zeigt Bild 2. Bild 3 zeigt den hydraulischen Schaltplan einer Vorrichtung zum Aufwickeln von Blechbändern nach einer Stanzmaschine. Das Stellglied für den Hydraulikmotor ist ein hebelbetätigtes, 4/3 federzentriertes Wegeventil. Dieses Ventil wird durch Federkraft in der Mittelstellung (Halteposition) gehalten. Die Drehrichtung des Hydraulikmotors hängt von der Schaltstellung (links oder rechts) des Wegeventils ab. Befindet sich das Wegeventil in Mittelstellung, verhindert die Sperrwirkung des Ventils eine Drehbewegung des Motors. In dieser Stellung fördert die Hydraulikpumpe mit konstantem Verdrängungsvolumen den Ölstrom nahezu verlustlos über das Wegeventil zum Tank zurück. Bei Verwendung eines 4/2 Wegeventils als Stellglied für den Hydraulikmotor müsste eine Rückführung des Ölstroms über das zur Begrenzung des Maximaldrucks eingebaute Druckbegrenzungsventil erfolgen. Dies würde zu einer unnötigen Erwärmung des Hydrauliköls führen, da die Druckenergie des Hydrauliköls durch Drosselung im Druckbegrenzungsventil in Wärme übergeführt werden würde.

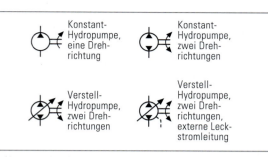

1 Normgerechte Schaltzeichen für Konstant- und Verstellpumpen

2 Übersicht Hydraulikpumpen
a) und b) nach dem Umlaufverdrängungsprinzip
c) Pumpenkennwerte sind Richtwerte

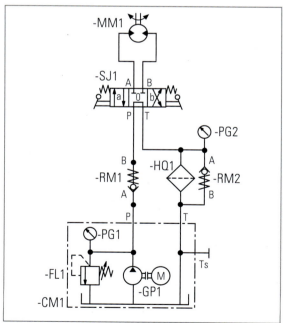

3 Hydraulischer Schaltplan für Vorrichtung zum Aufwickeln von Blechstreifen

2.3 Hydraulikpumpen

> **MERKE**
> Bei der Verwendung von Konstantpumpen muss darauf geachtet werden, dass bei Arbeitspausen des Hydroverbrauchers der von der Pumpe erzeugte konstante Volumenstrom über ein 4/3 Wegeventil annähernd drucklos über einen Filter zurück zum Tank geführt wird. Bei Verstellpumpen kann der Volumenstrom in Arbeitspausen durch Herabsetzen des Verdrängungsvolumens V_i reduziert werden. Zudem lassen sich mit geregelten Verstellpumpen (Regelpumpen) die Geschwindigkeiten von Hydroverbrauchern gezielt beeinflussen.

Zahnradpumpen (gear pumps)

Zahnradpumpen sind die in hydraulischen Systemen am häufigsten eingebauten Konstantpumpen, die nach dem Umlaufverdrängungsprinzip arbeiten. Sie besitzen

- einen einfachen Aufbau
- eine hohe Betriebssicherheit
- einen hohen Wirkungsgrad
- und sind kostengünstig in der Herstellung.

Die Zahnräder einer **Außenzahnradpumpe** *(external gear pump)* (Bild 1) fördern bei der Inbetriebnahme zunächst Luft von der **Saugseite** *(intake side)* zur **Druckseite** *(pressure side)*, wodurch auf der Saugseite ein negativer Überdruck[1] entsteht. Die dadurch erzeugte Druckdifferenz verursacht ein Aufsteigen der Hydraulikflüssigkeit aus dem Tank in die Außenzahnradpumpe. Daraufhin transportiert die Pumpe Hydraulikflüssigkeit in den Zahnlücken der Zahnräder über die Außenseite der Zahnräder von der Saug- zur Druckseite. Auf der Druckseite der Pumpe wird die Hydraulikflüssigkeit aus der Pumpe gedrückt, da die Zahnräder kämmen *(mesh)* und die darin befindliche Hydraulikflüssigkeit pulsierend herausgedrängt wird (Verdrängungsprinzip).

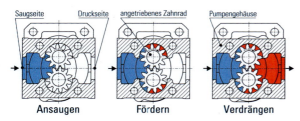

1 Außenzahnradpumpe bei Inbetriebnahme

Theoretischer Volumenstrom Q_i und Pumpenkennlinien (pump characteristic diagrams)

Der theoretische Volumenstrom Q_i, den eine Hydraulikpumpe[2] in einem hydraulischen System erzeugt, lässt sich berechnen aus:

- dem **Verdrängungsvolumen** V_i[3] *(displacement)* (auch Hubvolumen genannt), d. h., das Ölvolumen, das je Umdrehung der Pumpe von dieser gefördert wird. Diese für eine Hydropumpe bedeutende Kenngröße wird meist in cm³ angegeben,
- der **Drehzahl** n *(drive speed)* der Pumpenantriebswelle.

$$Q_i = V_i \cdot n$$

Q_i: theoretischer Volumenstrom
V_i: Verdrängungsvolumen
n: Umdrehungen der Pumpe

Die Hydraulikpumpe eines hydraulischen Systems wandelt dabei meist elektrische Leistung in hydraulische Leistung um. Die **theoretische hydraulische Leistung** P_i *(hydraulic power)* eines geschlossenen Hydrauliksystems berechnet sich dabei aus dem **Druck** p_e und dem erzielten **Volumenstrom** Q_i:

$$P_i = p_e \cdot Q_i$$

P_i: theoretische hydraulische Leistung
p_e: Überdruck
Q_i: theoretischer Volumenstrom

Aufgrund der aus technischen Gründen unvermeidlichen Spalte bei Zahnradpumpen, strömt ein Teil des von der Saugseite zur Druckseite geförderten Hydrauliköls zurück zur Saugseite. Mit zunehmendem Systemdruck steigen auch diese inneren **Leckageverluste** Q_s *(leakage losses)* innerhalb einer Zahnradpumpe. Neben diesen Leckageverlusten können auch Füllungsverluste den Volumenstrom vermindern. Unter Berücksichtigung aller Verluste, ergibt sich der effektive Volumenstrom Q_e, der am Druckanschluss der Pumpe austritt. Die Summe aller volumetrischen Verluste Q_s gehen zusammen mit dem theoretischen Volumenstrom Q_i in die Berechnung des volumetrischen Wirkungsgrad η_V ein. Der effektive Volumenstrom Q_e bestimmt sich dann aus $Q_e = Q_i \cdot \eta_V$. Bild 2 zeigt den qualitativen Zusammenhang zwischen effektivem und theoretischem Volumenstrom in Abhängigkeit von dem Systemdruck p_e.

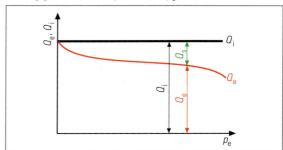

2 Qualitativer Zusammenhang von effektivem Volumenstrom Q_e, theoretischem Volumenstrom Q_i und Systemdruck p_e

Die Bilder 1 und 2 auf Seite 308 zeigen die Kennlinienfelder *(families of characteristics)* einer Außenzahnradpumpe.
Die Kennlinienfelder sind für die Auswahl und Wartung von Hydraulikpumpen von großer Bedeutung. Sie werden verwendet, um:

- bei gegebenen Betriebsbedingungen und Anforderungen eine entsprechende Pumpe auszuwählen (Q-n-Diagramm Seite 308 Bild 1),
- durch Messung des Volumenstroms einer Pumpe und des Systemdrucks und dem anschließenden Vergleich mit der pumpenspezifischen Kennlinien, einen Rückschluss auf deren Verschleiß zu ziehen (Q-n-Diagramm Seite 308 Bild 1),
- einen geeigneten Antriebsmotor für die gewählte Hydraulikpumpe auszuwählen (P-M-n-Diagramm Seite 308 Bild 2).

---

[1] Umgangssprachlich auch „Unterdruck".   [2] Bei Hydraulikpumpen wird neben dem Begriff des Volumenstroms auch der Begriff Förderstrom verwendet.
[3] Das Verdrängungsvolumen V_i einer Hydraulikpumpe kann aufgrund der Fertigungstoleranzen von dem aus der Pumpengeometrie bestimmbaren geometrischen Verdrängungsvolumen V_g abweichen. Für die meisten Betrachtungen gilt mit ausreichender Genauigkeit $V_i \mathrel{\hat=} V_g$.

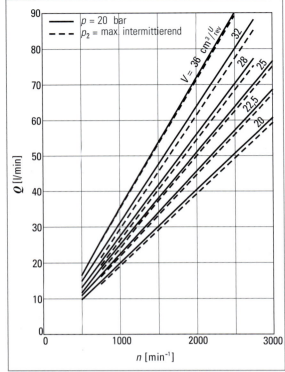

1 Kennlinienfeld für den Volumenstrom in Abhängigkeit von der Antriebsdrehzahl der Außenzahnradpumpe der Firma Bosch Rexroth AG des Typs AZPN-020 bis 036 (gemessen bei $v = 35$ mm²/s und einer Öltemperatur $\vartheta = 50$ °C)

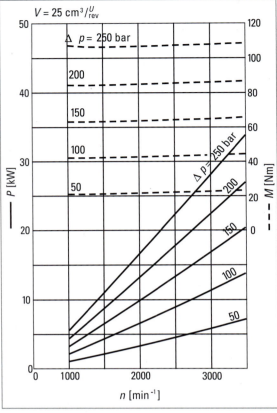

2 Kennlinienfeld für die Antriebsleistung P und das Antriebsmoment M in Abhängigkeit von der Antriebsdrehzahl n und dem Systemdruck p der Außenzahnradpumpe der Firma Bosch Rexroth AG des Typs AZPN-025 (gemessen bei $v = 35$ mm²/s und einer Öltemperatur $\vartheta = 50$ °C)

MERKE

Pumpenkennlinien *(pump characteristic diagrams)* zeigen u. a. die Volumenströme Q, Antriebsmomente M, den Wirkungsgrad η_V und Antriebsleistungen P von Hydraulikpumpen und deren Geräuschemissionen in Abhängigkeit vom Systemdruck p und der Pumpenantriebsdrehzahl n. Diese Abhängigkeiten sind kennzeichnend für alle Hydraulikpumpen und werden unter spezifischen Bedingungen (Viskosität und Temperatur des Hydrauliköls) ermittelt.

Neben den in den Kennlinien einer Pumpe dargestellten Größen, richtet sich die Auswahl einer Pumpe auch nach dem Preis und der Empfindlichkeit gegen Verschmutzungen.

ÜBUNGEN

1. Eine Außenzahnradpumpe hat ein Verdrängungsvolumen von $V_i = 28$ cm³ je Umdrehung. Der elektrische Antriebsmotor der Pumpe hat eine Umdrehungsfrequenz von $n = 2000$/min. Berechnen Sie den annähernd konstanten Volumenstrom Q_i bei einem Systemdruck von 20 bar?

2. Wie groß ist nach Bild 1 der effektive Volumenstrom Q_e der Pumpe bei einem Systemdruck von 20 bar?

3. Flügelzellenpumpen haben den Vorteil, dass sie im Vergleich zu Zahnradpumpen laufruhiger sind. Sie sind jedoch etwas schmutzanfälliger und nicht so preisgünstig wie Zahnradpumpen. Sie erzeugen Drücke von 100 bis 160 bar.
Recherchieren Sie im Internet die Funktionsprinzipien einer Flügelzellenpumpe mit konstantem Fördervolumen und einer Radialkolbenpumpe. Notieren Sie sich die wichtigsten Stichworte. Erklären Sie anschließend einem ihrer Mitschüler oder Mitschülerin die Funktionsweise einer Flügelzellenpumpe in eigenen Worten. Sie können zur Erklärung nebenstehendes Bild nutzen.

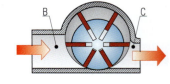

2.4 Hydraulikzylinder

4. Nachfolgendes Bild zeigt eine Flügelzellenpumpe, bei der der Förderstrom einstellbar ist und die einen direktgesteuerten Druckregler besitzt.

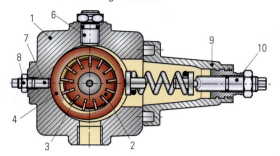

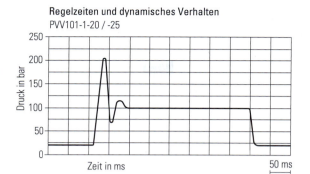

Regelzeitverhalten und Antriebsleistung der Flügelzellenpumpe mit einstellbarem Verdrängungsvolumen und direkt gesteuertem Druckregler, Baugröße 1, maximales Fördervolumen 25 l/min

a) Auf welchen Druck regelt der Druckregler den Systemdruck nach Erreichen des maximalen Systemdrucks nach nebenstehendem Diagramm ein?
b) Wie lange dauert dieser Vorgang?
c) Versuchen Sie die folgenden Begriffe den Positionsnummern zuzuordnen: Gehäuse, Flügel, Rotor, Stator, Volumeneinstellschraube, Druckregler, Druckeinstellschraube.

2.4 Hydraulikzylinder

Die von der hydraulischen Pumpe bereitgestellte hydraulische Energie wandeln die hydraulischen Verbraucher wieder in mechanische Energie um (sekundärseitige Umwandlung). Die in hydraulischen Systemen am häufigsten verwendeten Arbeitselemente sind der Hydraulikzylinder *(hydraulic cylinder)*, auch Linearmotor genannt, der Hydraulikmotor *(hydrostatic motor)* und der Schwenkmotor *(limited angle rotary actuator)*. Die beiden letzteren kommen für Schwenkbewegungen und zur Fortbewegung in der Mobilhydraulik zum Einsatz.

Der Hydraulikzylinder hat
- die Aufgabe, Kräfte in Achsrichtung zu erzeugen – die Leistungsdichte ist dabei sehr groß.
- aufgrund sehr elastischer Kolbendichtungen *(piston seals)*, einen sehr hohen volumetrischen Wirkungsgrad η_V,
- aufgrund der Reibwirkung zwischen den Dichtungen und der Innenwand des Zylinderrohrs einen reduzierten Gesamtwirkungsgrad η_t.

Die Nenndruckbereiche, Anschlüsse *(fluid ports)* und Baumaße der Hydraulikzylinder sind genormt, nicht genormte Zylinder sind ebenfalls im Einsatz. Wie auch bei Pneumatikzylindern, gibt es bei Hydraulikzylindern einfach wirkende und doppelt wirkende Zylinder (Bild 1).

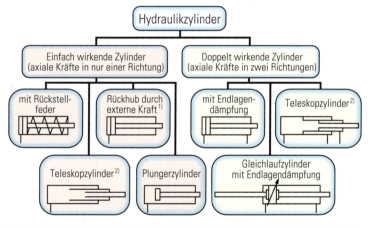

[1] Anstelle eines einfachwirkenden Zylinders, kann auch ein doppelt wirkender Zylinder verwendet werden. Dazu muss auf kolbenstangiger Seite ein Luftfilter in den Zylinderanschluss geschraubt werden, um den Eintritt von Staubpartikeln zu verhindern.
[2] Aufgrund der verschiedenen Durchmesser innerhalb eines Teleskopzylinders, kommt es bei konstanter Kolbenstangenkraft und konstantem Förderstrom zu Sprüngen im Druck und Geschwindigkeitsverlauf beim Ausfahren eines solchen Zylinders. Dies kann auch wünschenswert sein, wenn ein Teleskopzylinder z. B. in Kipp- oder Schüttvorrichtungen eingebaut wird. Technisch sind jedoch auch Teleskop-Gleichlaufzylinder möglich, bei denen alle Stufen gleichzeitig ein- bzw. ausfahren und so Stöße vermieden werden.

1 *Übersicht der Hydraulikzylinder mit Schaltsymbolen*

Bei doppelt wirkenden Hydraulikzylindern mit einer Kolbenstange, sind aufgrund der verschieden wirksamen Kolbenflächen die Kräfte und Kolbengeschwindigkeiten verschieden groß (Bild 1 auf Seite 310). Ein solcher Zylinder wird daher auch als **Differentialzylinder** *(double-action cylinder)* bezeichnet. Bei doppeltwirkenden Zylindern mit zwei Kolbenstangen (**Gleichlaufzylinder**) hebt sich dieser Effekt auf.

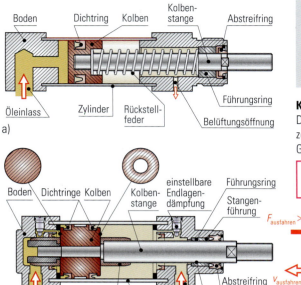

a)

b)

1 a) Einfach wirkender und
b) doppelt wirkender Hydraulikzylinder im Schnitt (Differentialzylinder)

MERKE
Verschmutzungen und Lufteinschlüsse in Hydraulikzylindern müssen unbedingt vermieden werden, da diese die Dichtungen zerstören können. Hydraulikzylinder müssen daher vor Inbetriebnahme entlüftet *(de-air)* und geeignete Filter gegen Verunreinigungen des Hydrauliköls verwendet werden.

Kolbengeschwindigkeit *(piston speed)*
Der effektive Volumenstrom Q_e, den die Hydraulikpumpe erzeugt, bewirkt eine Bewegung des Hydraulikkolbens mit der Geschwindigkeit v.

$$v = \frac{Q_e}{A}$$

v: Kolbengeschwindigkeit
Q_e: effektiver Volumenstrom
A: Kolbenquerschnittsfläche

Bei Spannvorrichtungen und an Werkzeugmaschinen werden oft doppelt wirkende Zylinder verwendet. Strömt dabei das Hydrauliköl auf der Kolbenstangenseite ein, fährt der Kolben schneller ein als er ausfährt, da die Kolbenquerschnittsfläche A um das Maß der Kolbenstange kleiner ist.

$F_{ausfahren} > F_{einfahren}$

$v_{ausfahren} < v_{einfahren}$

MERKE
Im Gegensatz zu Pneumatikzylindern, erlauben Hydraulikzylinder, zusammen mit entsprechenden Ventilen, die Einhaltung von gleich bleibenden Geschwindigkeiten und deren stufenlose Veränderung (vgl. Kap. 2.5.1.4). Dabei gilt: Je größer die Kolbenfläche A und/oder je kleiner die effektive Volumenstrom Q_e, desto kleiner ist die Kolbengeschwindigkeit v.

ÜBUNGEN

1. Wie groß sind die Kolbengeschwindigkeit $v_{ausfahren}$ und Rücklaufgeschwindigkeit $v_{einfahren}$ in m/min, wenn in einem hydraulischen System Q_e = 40 l/min, $d_{Kolbendurchmesser}$ = 52 mm und $d_{Kolbenstange}$ = 30 mm betragen?

2. Bei einem konstantem Volumenstrom Q_e = 35 l/min soll eine Kolbenausfahrgeschwindigkeit von 5 m/min erreicht werden. Wie groß muss der Kolbendurchmesser d_K des Differentialzylinders sein?

3. Um turbulente Strömungsverhältnisse zu vermeiden und Reibungsverluste gering zu halten, soll die Durchflussgeschwindigkeit in einer Schlauchleitung 3 m/s nicht überschreiten. Eine Zahnradpumpe fördert 35 Liter Öl pro Minute. Wie groß wird die Strömungsgeschwindigkeit im Schlauch, wenn dieser einen Innendurchmesser von 16 mm hat?

2.5 Steuerung des hydraulischen Energieflusses

Zwischen der primärseitigen Umwandlung durch die Hydraulikpumpe und der sekundärseitigen Umwandlung durch z. B. den Hydraulikzylinder, beeinflussen Ventile die hydraulische Energie und Leistung in ihrer Größe und Wirkrichtung.
Dabei kommen verschiedene Ventile zum Einsatz. Bild 1 auf Seite 311 zeigt eine Gegenüberstellung der gebräuchlichen Ventiltypen.

2.5.1 Hydraulische Grundsteuerungen

Die Funktionen und Aufgaben der in hydraulischen Anlagen verwendeten Ventile und Bauteile, sollen die folgenden Grundsteuerungen veranschaulichen.

2.5.1.1 Leistungsbereitstellung
Da die Schaltungen zur primärseitigen Umwandlung der mechanischen Energie in hydraulische Energie bei den meisten Anlagen sehr ähnlich sind, werden die für diesen Zweck im An-

2.5 Steuerung des hydraulischen Energieflusses

Ventiltyp	Wegeventile *(directional control valves)*	Druckventile *(pressure control valves)*	Stromventile *(flow control valves)*	Sperrventile *(non-return valves)*
Aufgabe	Wegeventile dienen in der Hydraulik dazu, die Richtung des Volumenstroms Q_i zu steuern. Sie können bei entsprechender Ausführung den Volumenstrom auch ganz sperren (vgl. Seite 314 Bild 3).	Druckventile dienen in hydraulischen Anlagen zur Druckbegrenzung (vgl. Kap. 2.5.1.1) oder Druckminderung (wenn p_e = konstant gefordert ist).	Stromventile dienen dazu, den Volumenstrom in einer hydraulischen Anlage zu beeinflussen. So lassen sich z. B. hydraulische Antriebsglieder in ihrer Geschwindigkeit steuern.	Sperrventile haben die Aufgabe, den Volumenstrom in einer Richtung durch zu leiten und in der umgekehrten Richtung zu sperren.
Ausführung/Funktion	Sie haben meist mehr als 3 Anschlüsse und sind meist als Kolbenschieberventil ausgeführt. Daher sind sie konstruktivbedingt niemals ganz dicht (vgl. Grundschaltung Richtungssteuerung). Sie sind meist vorgesteuert.	Druckventile sind Sitzventile *(seat valves)*. Daher können sie vollständig schließen und sind dann vollkommen dicht. Ein Druckbegrenzungsventil (kurz DBV) *(pressure relief valve)* muss in jeder hydraulischen Anlage eingebaut sein, um den Maximaldruck p_{max} zu begrenzen (vgl. Kap. 2.5.1.1).	Stromventile sind ebenfalls Sitzventile. Sehr häufig kommen Drosselventile und Stromregelventile zur lastabhängigen bzw. lastunabhängigen Geschwindigkeitssteuerung der Arbeitsglieder zum Einsatz (vgl. Grundschaltung Eilgang-Vorschub-Steuerung).	Das (entsperrbare) Rückschlagventil *(piloted check valve)* (ERV) ist in der Hydraulik das am häufigste verwendete Sperrventil (vgl. Kap. 2.5.1.2).

1 Übersicht Ventile in hydraulischen Anlagen

triebsaggregat zusammengefassten Bauteile in der folgenden Grundschaltung (Bild 2) näher erläutert:
- Konstant-Hydraulikpumpe ①
- Elektromotor ②
- Druckbegrenzungsventil (DBV) ③
- Rückschlagventil ④
- Filter ⑤
- Druckmesseinrichtung – Manometer *(pressure gauge)* ⑥
- Temperaturmesseinrichtung (optional) ⑦
- Messung Volumenstrom Q_i (optional) ⑧
- Prüfanschlüsse für Druck an Saugseite der Pumpe ⑨
- Drückflüssigkeitsbehälter ⑩

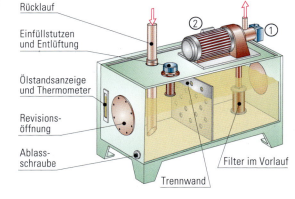
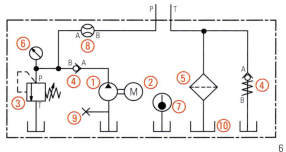

2 Leistungsbereitstellung in hydraulischen Anlagen schematisch (links) und real mit zwei Pumpen (rechts unten) und im Schnitt (rechts oben)

Das **Druckbegrenzungsventil** (kurz DBV) *(pressure relief valve)* ist ein Druckventil und schützt die Bauteile des hydraulischen Systems vor unzulässig hohen Drücken und Überlast und ist somit eines der wichtigsten Bauteile eines hydraulischen Systems. Das direkt gesteuerte Druckbegrenzungsventil ist immer als Sitzventil *(seat valve)* ausgeführt, da es permanent mit Druck beaufschlagt wird und daher absolut dicht sein muss. Es wird in Nähe der Pumpe und parallel zu dieser eingebaut. Es sollte zudem gegen unbefugtes Verstellen gesichert sein. In Ruhestellung drückt eine vorgespannte Druckfeder ein Dichtelement auf den Anschluss P und verhindert, dass Hydrauliköl zu Anschluss T und zurück zum Tank fließen kann (Bild 1 links). Übersteigt der Druck an Anschluss P den voreingestellten Offenhaltedruck, wird das Dichtelement von seinem Sitz angehoben und das Hydrauliköl fließt zurück zum Tank. Der Offenhaltedruck wird von der auf das Dichtelement wirkenden Ventilfeder bestimmt.

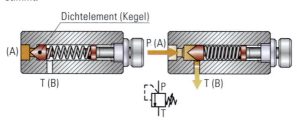

1 Direktgesteuertes Druckbegrenzungsventil (DBV) geschlossen (links), geöffnet bei Überschreiten des voreingestellten Offenhaltedrucks (rechts), Symbol (unten)

MERKE

Der maximal zulässige Systemdruck $p_{e\,max}$ muss stets bei maximalem Volumenstrom $Q_{i\,max}$ eingestellt werden, da der Druckanstieg zwischen Öffnungsbeginn und -ende des Druckbegrenzungsventils zu überhöhten Systemdrücken führen kann. Daher werden direkt gesteuerte Druckbegrenzungsventile meist nur für kleine Nenngrößen eingesetzt.

Das **Rückschlagventil** *(check valve)* ist ein Sperrventil, das die Aufgabe hat, den Volumenstrom in einer Durchflussrichtung zuverlässig abzusperren. Es ist als Sitzventil mit gehärtetem, geschliffenem und geläpptem Ventilsitz konstruiert. Das Dichtelement ist entweder eine Kugel oder ein Kegel. Um das Ventil in jeder beliebigen Lage einbauen zu können und damit es in Ruhestellung geschlossen ist, wird das Dichtelement durch eine Feder in den Ventilsitz *(valve seating)* gedrückt (Bild 2). Zusammen mit einem 4/3-Wegeventil in Kolbenschieberbauweise, werden oft entsperrbare Rückschlagventile (kurz ERV) *(piloted check valves)* verwendet, um das Absacken eines Hydraulikzylinders bei 0-Mittelstellung des Wegventils zu vermeiden[1]. Wird eine Bewegung des Antriebsgliedes gewünscht, wird das entsprechende Rückschlagventil über einen zusätzlichen Anschluss X entsperrt, indem ein Kolben das Dichtelement gegen den Systemdruck aus dem Ventilsitz drückt. Der Volumenstrom kann dann in Richtung der vormaligen Sperrrichtung das Sperrventil frei passieren, bis der Druck an Anschluss X wieder abfällt.

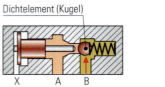

2 Entsperrbares Rückschlagventil in Ruhestellung gesperrt. Über den Anschluss X kann das Dichtelement über den beweglichen Kolben aus dem Sitz gehoben werden.

Der **Filter** *(filter)* hat die Aufgabe, Verunreinigungen des Hydrauliköls herauszufiltern und so Schäden an der Anlage durch Verunreinigungen zu vermeiden. Solche Verunreinigungen können auf folgende Art und Weise entstehen:
- Rückstände im System, die bei der Montage der Komponenten und des Leitungssystems nicht entfernt wurden
- Abrieb, der durch den natürlichen Verschleiß der Bauteile entsteht.
- Fremdpartikel (z. B. Schleifstaub), die aus der Umwelt ins Innere des hydraulischen Systems gelangt sind.

Der Filter wird am häufigsten in den Rücklauf (Bild 2, Seite 311) – ausgelegt auf den maximal zu erwartenden Volumenstrom der Anlage – als Rücklauffilter *(return line filter)* eingebaut. Bei unmittelbarer Montage an der Pumpe (Bild 3) wird der Filter entweder hinter dem Pumpenausgang in einem auf Nenndruck der Anlage ausgelegten Gehäuse eingebaut (Hochdruckfilter *(high pressure filter)*). Oder er wird vor dem Pumpeneingang als grobmaschiger (> 100 µm, um Kavitationsschäden an der Pumpe zu vermeiden) Saugfilter *(suction filter)* in Kombination mit einem Rücklauffilter eingebaut. Bei allen drei Varianten liegt der Einbauort des Filters im Hauptstrom. Das heißt, die Filter werden vom ganzen, meist periodisch pulsierenden Volumenstrom durchflossen[2].

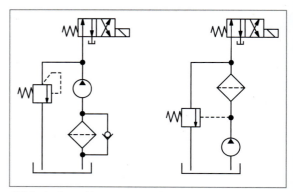

3 Einbauvarianten Hauptstromfilter; Saugfilter (links), Hochdruckfilter (rechts)

Bild 2 von Seite 311 zeigt, dass parallel zum Filter ein federbelastetes Rückschlagventil in das Antriebsaggregat eingebaut

---

[1] vgl. Kap. 2.5.1.2
[2] In größeren Anlagen werden Filter auch in einem Teilstrom *(partial flow filtration)* oder Nebenstrom mit separater Filterpumpe *(bypass filtration)* eingebaut.

2.5 Steuerung des hydraulischen Energieflusses

ist. Dieses Ventil hat die Funktion eines Bypassventils und öffnet, wenn der Strömungswiderstand *(flow resistance)* des Filters aufgrund von Verschmutzungen zu groß wird. So werden unzulässig hohe Drücke im hydraulischen System aufgrund zugesetzter Filter vermieden. Der am Filter durch den Strömungswiderstand verursachte Druckabfall kann zur Überwachung des Verschmutzungsgrades des Filters gemessen und genutzt werden.

MERKE

Filter sind in hydraulischen Anlagen unabdingbar, um die Störanfälligkeit und den Verschleiß der Bauteile durch Verunreinigungen zu minimieren und so die Zuverlässigkeit der Anlage zu steigern. Die Kombination und der Einbauort sind abhängig von den Anforderungen an das Hydrauliköl. Die Filterfeinheit liegt meist zwischen 10 µm und 60 µm.

Die **Druckmesseinrichtung** *(pressure instrumentation)* dient der Kontrolle des Systemdrucks. Dies ist beispielsweise bei der Einstellung des maximalen Systemdrucks mit maximalem Volumenstrom über das Druckbegrenzungsventil nötig. Oft hat die Druckmesseinrichtung einen zusätzlichen Prüfanschluss, an dem ein Prüfmanometer angeschlossen werden kann. In der Regel zeigt ein Manometer *(pressure gauge)* den momentanen Systemdruck bei Betrieb der Anlage an dieser Stelle an. Die in hydraulischen Anlagen zum Einsatz kommenden Manometer arbeiten fast ausschließlich indirekt über federnde Messglieder. Diese Auslenkungen der Messglieder werden dabei mechanisch auf einen Zeiger *(pointer)* übertragen (Bild 1).

MERKE

Manometer zeigen stets den Systemüberdruck p_e gegenüber dem Umgebungsdruck p_{amb} an. Manometergehäuse sind oft mit Glycerin gefüllt, um die Ablesegenauigkeit zu steigern. Die hohe Viskosität des Glycerins dämpft dabei Vibrationen und bei hydraulischen Systemen mit hohen dynamischen Wechselbelastungen die Bewegungen der Mechanik innerhalb des Manometers und steigert somit die Trägheit des Zeigers.

Die **Temperatur- und Volumenstrommesseinrichtungen** *(temperature instrumentation)* sind optional und haben die Aufgaben, zwei wichtige Betriebsparameter der Anlage zu messen und anzuzeigen. Die Temperatur hat starken Einfluss auf die Viskosität des Hydrauliköls (vgl. Kap. 2.2.5). Oft wird die Temperatur des Hydrauliköls im Tank gemessen. Diese Messmethode ergibt jedoch nur einen Anhaltspunkt für die Temperatur des rückströmenden Öls. An anderen Stellen des hydraulischen Kreislaufs, z. B. an Drosselstellen, können sehr viel höhere Temperaturen entstehen. Messfühler, die beispielsweise die Temperatur des Hydrauliköls an einer Drosselstelle messen sollen, müssen druckfest ausgeführt sein. Messeinrichtungen für den Volumenstrom sind aus Kostengründen meist nicht permanent in jeder Anlage fest eingebaut. Im Falle einer Wartung oder Fehlersuche können sie an fest eingebaute Messblöcke ange-

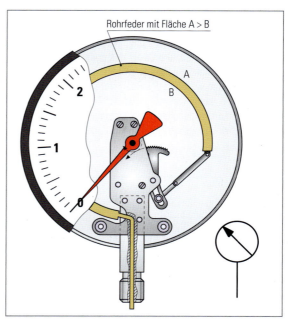

1 Manometer mit indirekter Druckmessung über Rohrfeder. Die Hydraulikflüssigkeit strömt durch eine Drossel, die Druckspitzen und damit Schäden von der Rohrfeder fern hält. Der Druck steigt innerhalb der Rohrfeder überall gleichmäßig an und bewirkt eine Ausdehnung der Feder aufgrund der verschieden großen Flächen A und B. Diese Bewegung überträgt und übersetzt ein Zahnradpaar auf den Zeiger der Anzeige

schlossen werden. Durch das Messen des Volumenstroms in Abhängigkeit des Systemdrucks kann beispielsweise der Grad des Verschleißes einer Hydraulikpumpe ermittelt werden.

MERKE

Die Betriebstemperatur von ölhydraulischen Anlagen wird gemessen, um die Betriebssicherheit der Anlage zu gewährleisten. Von Fall zu Fall kann es nötig sein, die Verlustwärme, die nicht z. B. über die Flächen des Tanks abgestrahlt werden kann, mithilfe eines Ölkühlers abzuführen. Die Größe und Ausführung des Ölkühlers wird dabei durch den zulässigen Temperaturanstieg der Hydraulikflüssigkeit und den dadurch verursachten Druckverlust bestimmt.

Unter bestimmten Bedingungen kann es sinnvoll sein, ein hydraulisches System um einen **Hydrospeicher** *(hydraulic accumulator)* zu ergänzen. Die Aufgabe eines Hydrospeichers ist es dann, die hydraulische Energie, die die Pumpe bereitstellt, aufzunehmen, eine Zeit lang zu speichern und im Bedarfsfall wieder abzugeben. Die Verwendung eines Speichers ist sinnvoll, wenn
- kurzzeitig große Volumenströme nötig sind und dennoch kostengünstigere Pumpen und Antriebsmotoren für kleinere Volumenströme verwendet werden sollen,
- ein durch ein hydraulisches System aufgebauter Druck über längere Zeit konstant gehalten werden soll, ohne dass die Pumpe konstant fördert,

- eine Volumenänderung des Hydrauliköls, ausgelöst durch Druck- oder Temperaturschwankungen, auszugleichen ist.

Bild 1 zeigt eine Spannvorrichtung, bei der der Druck und damit die Spannkraft über die Dauer des gesamten Spann- und Arbeitszyklus konstant gehalten werden muss. Gibt das hydraulische System während des Spannvorgangs Wärme an die Umgebung ab, kommt es aufgrund der Temperaturabnahme des Hydrauliköls auch zu einer Volumenabnahme des Öls. Der Hydrospeicher verhindert in diesem Fall, dass die Spannkraft abnimmt.

dafür ist, dass Lecköl am Kolbenschieber des 4/3 Wegeventils vorbeiströmt und der Druck im Hydroverbraucher langsam abnimmt. Bild 2 zeigt eine abgeänderte Schaltung mit einem entsperrbaren Rückschlagventil (ERV) -RM3. Hier kann das Öl nicht aus dem Kolbenraum des Zylinders -MM1 durch das Wegeventil -SJ1 entweichen. Eine Änderung der Kolbenstangenstellung unter Last wird so vermieden.

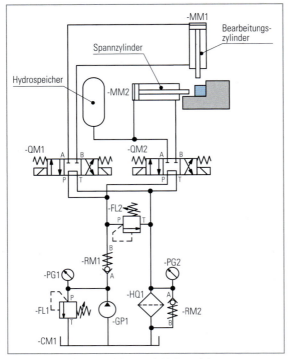

1 Hydraulische Spannvorrichtung mit Hydrospeicher

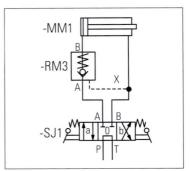

2 Richtungssteuerung von Antriebsgliedern unter Verwendung eins 4/3 Wegeventils -SJ1 mit 0-Mittelstellung und entsperrbarem Rückschlagventil -RM3

Die Verwendung von 4/3 Wegeventilen mit unterschiedlichen Mittelstellungen hat jeweils ein anderes Verhalten der Steuerung und damit des Hydroverbrauchers zur Folge. Bild 3 zeigt eine Übersicht der gängigen Varianten.

2.5.1.2 Richtungssteuerung *(directional control)*

Ein doppelt wirkender Zylinder oder ein Hydromotor kann mit einer Steuerung wie in Bild 3 von Seite 306 in seiner Bewegungsrichtung umgekehrt werden. Das Druckbegrenzungsventil -FL1 öffnet, wenn der Hydroverbraucher -MM1 seine Endlage erreicht oder die vom Hydroverbraucher bewegte Last zu groß wird.

Die Verwendung des 4/3 Wegeventils -SJ1 mit Umlaufmittelstellung (0-Mittelstellung) bewirkt, dass die Hydraulikflüssigkeit in dieser Stellung des Ventils, nahezu drucklos in den Tank zurück fließt. Die Verwendung eines 4/2 Wegeventils, würde bei Erreichen des maximalen Systemdrucks dazu führen, dass das Druckbegrenzungsventil -FL1 öffnet und die im Hydrauliköl gespeicherte Druckenergie durch Drosselung an -FL1 abgebaut wird.

Der Hydromotor -MM1 bleibt stehen, sobald das 4/3 Wegeventil -SJ1 die 0-Stellung einnimmt. Wirkt auf den Hydroverbraucher von außen eine Last, so verändert er seine Position. Grund

Symbol	Beschreibung	Verwendung
	Sperr-Mittelstellung: Bewegung des Hydroverbrauchers unter Last aufgrund von Lecköl möglich	In Verbindung mit ERV festsetzen des Hydroverbrauchers möglich
	Schwimm-Mittelstellung	Stillsetzen und freies Verschieben, z. B. von Hand möglich
	Differential-Mittelstellung: Das vom ausfahrend Kolben verdrängte Ölvolumen wird der Druckseite des Zylinders zusätzlich zugeführt ($v = Q_e + Q_{Rück} \cdot A$)	Eilgang-Vorschub bei Werkzeugmaschinen
	Freigang-Mittelstellung: Hydroverbraucher lässt sich von Hand bewegen. Die vom Antriebsglie verdrängte Flüssigkeit strömt zurück zum Tank	

3 Übersicht gängiger 4/3 Wegeventile mit Mittelstellung

2.5 Steuerung des hydraulischen Energieflusses

> **MERKE**
> Wegeventile in hydraulischen Steuerungen beeinflussen die Richtung des Volumenstroms. Sie dienen daher u.a. der Richtungssteuerung von Hydroverbrauchern.

2.5.1.3 Eilgang-Vorschub-Steuerung *(fast motion feed control)*

Eine Lösung zur Eilgangsteuerung zeigt die Steuerung in Bild 1. Die Steuerung ist über das Druckbegrenzungsventil -FL1 abgesichert. Der Zylinder -MM1 ist in Grundstellung der Anlage eingefahren. Schaltet das Wegeventil -SJ1 in Schaltstellung a, fährt der Hydraulikzylinder im Eilgang aus, da der Rücklauf über das 2/2 Wegeventil -BG1 ungedrosselt stattfinden kann. Sobald der Eilgang beendet ist und die Wegstrecke für den gesteuerten Vorschub beginnt, schaltet das Ventil -BG1 in Schaltstellung b. Der Rücklauf ist gedrosselt und die gewünschte Vorschubgeschwindigkeit an -RN2 einstellbar. Bei Verwendung einer Konstantpumpe, muss jedoch eine Aufteilung des Volumenstroms erfolgen, da der von ihr produzierte Volumenstrom nur durch Änderung der Pumpendrehzahl möglich ist. Die nötige Aufteilung des Volumenstroms findet in der Eilgang-Vorschub-Steuerung mithilfe des 3-Wege-Stromventils -RN1 statt. Die Schaltstellung b des handbetätigten Stellgliedes -SJ1 ermöglicht den schnellen Rücklauf des Zylinders.

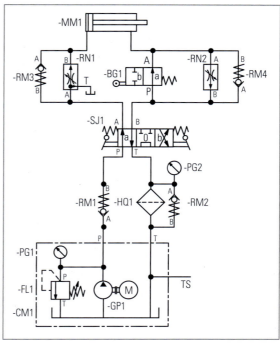

1 Eilgang-Vorschub-Steuerung mit einstellbarer Vorschubgeschwindigkeit an -RN2

2.5.1.4 Geschwindigkeitssteuerung *(speed control)*

Das Bild 2 zeigt zwei Steuerungen, bei denen die Geschwindigkeit des Gleichlaufzylinders ebenfalls steuerbar ist. In Schaltung a) erfolgt die Steuerung der Ausfahrgeschwindigkeit durch die Verwendung eines Drosselrückschlagventil -RZ1 im Zulauf. In Schaltung b) erfolgt die Steuerung der Ausfahrgeschwindigkeit durch -RZ2 im Ablauf. Das Ventil -RZ1 ermöglicht die Steuerung der Einfahrgeschwindigkeit.

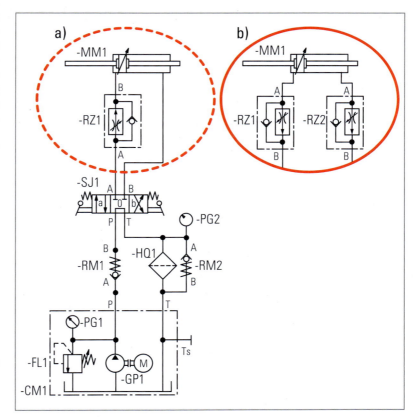

2 Geschwindigkeitsregelung eines Antriebsgliedes; zulaufseitige Steuerung der Ausfahrgeschwindigkeit (a) und Steuerung der Ein- und Ausfahrgeschwindigkeit (b)

> **MERKE**
>
> Bei Geschwindigkeitssteuerungen unter Verwendung von Drosselrückschlagventilen muss immer eine Aufteilung des Volumenstroms erfolgen. Diese Aufteilung kann auch durch das Druckbegrenzungsventil erfolgen, das bei Erreichen von $p_{e\,max}$ öffnet. Dabei wird jedoch die Lastabhängigkeit beider Steuerungen deutlich. Bei zunehmender Last an der Kolbenstange öffnet das Druckbegrenzungsventil weiter. Der Volumenstrom in Richtung Zylinder nimmt weiter ab. Die Verfahrgeschwindigkeit der Kolbenstange sinkt.

2.6 Leitungen und Verbindungen

Genormte[1] **Rohrleitungen** *(tubings)* aus nahtlos-kaltgezogenen Präzisionsstahlrohren *(precision steel tubings)* und **Hydraulikschläuche** *(hydraulic hoses)* verbinden die einzelnen Bestandteile eines hydraulischen Systems zu einem geschlossenen System. Sie müssen möglichst gerade bzw. mit großen Biegeradien verlegt werden, um Druckverluste *(pressure losses)* gering zu halten. Der mit einem Bauteil verbundene Druckabfall wird meist grafisch dargestellt (Bild 1).

Die Durchmesser der Leitungen sollen so groß gewählt werden, dass die folgenden Grenzen für die Strömungsgeschwindigkeiten *(flow velocities)* in Leitungen nicht überschritten werden:

- Saugleitungen 0,5 ... 1,5 m/s
- Druckleitungen 1,5 ... 7 m/s
- Rücklaufleitungen 2 ... 4 m/s.

Eine sehr häufig verwendete Form der Verbindung von Rohrleitungen und Verschraubung von Rohrleitungen mit feststehenden Gerätekomponenten ist die **Schneidringverbindung** *(cutting ring connector)* (Bild 2). Sie ist genormt[2] und auch bei den in hydraulischen Anlagen vorherrschenden hohen Drücken absolut flüssigkeitsdicht *(liquid-tight)* und mehrmals lösbar. Die Verschraubungen werden in drei Baureihen angeboten:

- sehr leicht (Abkürzung: LL; bis ca. 100 bar; für Rohrdurchmesser 8 ...16 mm; mit einkantigem Schneidring),
- leicht (L; bis ca. 350 bar; für Rohrdurchmesser 12 ... 52 mm; mit zweikantigem Schneidring) und
- schwer (S; bis ca. 600 bar; für Rohrdurchmesser 14 ... 52 mm; mit zweikantigem Schneidring)

Mit den verschiedenen Ausführungsvarianten, wie z. B. der Winkel- *(elbow)*, T- *(tee)*, Kreuz- *(cross)*, Schwenk- *(swivel)*, Einschraubverschraubung *(socket fitting)* etc. lassen sich die gängigen Verbindungen ausführen. Einschraubverschraubungen werden mit verschiedenen Gewinden[3] angeboten. So ist sichergestellt, dass die Leitungsverbindungen an eine Vielzahl von Maschinenkomponenten angeschlossen werden können. Herrschen im Betrieb der Anlage starke Druckstöße, Schwingungen oder Vibrationen, kommen Einsätze mit Schweißkegel zum Einsatz.

Die Bestandteile einer Schneidringverschraubung sind: Gehäuse mit Klemmkonus ①, Überwurfmutter *(cap nut)* mit metrischem Gewinde ②, Schneidring *(cutting ring)* (ein- oder zweischneidig) ③ und Rohrleitung ④. Durch das Anziehen der Überwurfmutter, die innen konisch zuläuft, wird der Schneidring zusammengedrückt. Die keilförmige Schneidringinnenseite schneidet sich in die Wandung des Stahlrohrs und bildet einen dichten Formschluss.

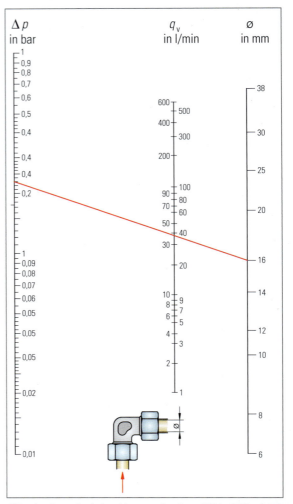

1 Druckverluste durch Anschlussverschraubung 90° in Abhängigkeit des Volumenstroms und des Leitungsdurchmessers

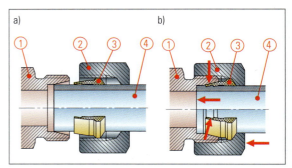

2 Schneidringverbindung
a) lose b) fest

---

[1] DIN EN 10305-1 Präzisionsstahlrohre, DIN EN 853 und 854 Gummischlauch und Schlauchleitungen [2] DIN EN ISO 8434 bzw. DIN 2353; weitere Verbindungstypen sind die O-Ring-, Bördel- und Dichtkegelverschraubung. [3] Neben metrischen Gewinden sind für Einschraubverschraubungen auch British standard pipe-Gewinde, Unified thread standard-Gewinde und National pipe thread-Gewinde üblich. Die verschiedenen Ausführungen sind mit und ohne O-Ring, Elastomer Dichtung, Dichtkante, kegligem Einschraubgewinde oder 24°-Dichtkegel erhältlich.

2.6 Leitungen und Verbindungen

Um eine langlebige und dichte Verschraubung zu erzielen, sind bei der Herstellung einer Schneidringverbindung folgende Arbeits- und Montageregeln zu beachten:

Rohrvorbereitung (vgl. auch Bild 1a)
- ① Das Ende des rechtwinklig abgesägten Stahlrohrs[1] muss innen und außen leicht entgratet[2] werden ②, um scharfe Rohrkanten und Engstellen im Leitungsverlauf zu vermeiden. Diese können zu einer Änderung der Strömungsgeschwindigkeit führen.
- Die Späne müssen sorgfältig entfernt, die Rohre gegebenenfalls ausgeblasen oder ausgespült werden. Späne können die Funktion des hydraulischen Systems beeinträchtigen.
- ③ Mindestlängen für gerade Rohrenden bei Leitungsbögen und minimale gerade Rohrlängen sind nach Herstellerangaben zu beachten.

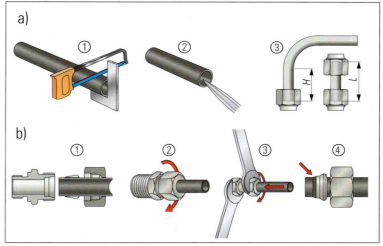

1 a) Rohrvorbereitung bei Herstellung einer Schneidringverschraubung
b) fachgerechte Montage der Schneidringverbindung

Montage (vgl. auch Bild 1b)
- Bei werkseitig nicht vorgeölten Verschraubungen sind die Gewinde des Konusses und der Überwurfmutter einzuölen.
- ① Überwurfmutter und Schneidring lagerichtig über das vorbereitete Rohrende schieben
- ② Überwurfmutter bis zur fühlbaren Anlage aufschrauben
- Leitungsrohr gegen den Anschlag im Klemmkonus drücken! Die Überwurfmutter um ca. 1 ½ Umdrehungen mit dem Schraubenschlüssel anziehen. Die Schraubverbindung und das Rohr dürfen sich beim Anziehen nicht verdrehen. Spannungen im Rohrsystem werden durch Gegenhalten vermieden ③.
- ④ Verschraubung erneut lösen. Der sichtbar aufgeworfene Bund am Leitungsrohr muss den Raum vor der Stirnfläche des Schneidrings auffüllen. Der Schneidring darf sich auf dem Rohrleitungsende drehen, aber nicht axial verschiebbar sein.
- Um ein Ausreißen des Leitungsrohrs oder Überdrehen des Gewindes der Überwurfmutter bzw. des Klemmkonusses zu vermeiden, müssen die vom Hersteller vorgeschriebenen Anzugsdrehmomente bei der Endmontage eingehalten werden.

Bild 2 zeigt eine 37°-Bördelverschraubung *(37°-flanging fitting)*. Diese Verschraubung besteht aus: Verschraubungsstutzen ①, Druckring ②, Überwurfmutter ③ und Rohrleitung ④. Die Vorteile der 37°-Bördelverschraubung gegenüber der Schneidringverbindung sind:

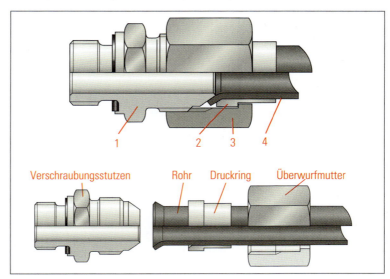

2 Bördelverschraubung

- Durch Austausch des Druckrings ist die gleiche Verschraubung für verschiedene Rohrdurchmesser verwendbar. Dies führt zu Kostensenkung und Lagerabbau.
- Bei der Montage wird das gebördelte Ende der Rohrleitung zwischen dem Verschraubungsstutzen und dem Druckring eingeklemmt und festgehalten. Der Druckring zentriert und stützt das Leitungsrohr zusätzlich. Das Leitungsrohr ist so gegen Vibrationen gesichert und verdreht sich bei der Montage nicht. Spannungen im Rohrsystem werden vermieden.
- Durch Anziehen der Überwurfmutter entsteht eine metallische Dichtung zwischen der 37°-Rohrbördelung und der 37°-Dichtschräge des Verschraubungsstutzens. Diese Dichtung ist temperaturunempfindlich und bis zu Nenndrücken von 350 bar absolut dicht.
- Bei der Montage ist ein deutlicher Montageanschlag spürbar. Zusammen mit der zuvor beschriebenen Klemmwirkung

[1] i.d.R. sind Abweichungen von 0,5° zulässig
[2] i.d.R. sind Anfasungen von 0,2 x 45° ausreichend

der Verschraubung ergibt sich eine sehr hohe Sicherheit gegen das Ausreißen des Leitungsrohrs.
- Da keine Umformungen am Umfang des Leitungsrohrs erfolgen, ergeben sich geringere Anzugsdrehmomente.

Hydraulikschläuche *(hydraulic hoses)* dienen zur Verbindung von beweglichen Systemkomponenten. Sie kommen auch dann zur Anwendung, wenn die Systemkomponenten häufig gelöst bzw. gewechselt werden. Hydraulikschläuche sind flexible, rohrförmige Halbzeuge, die aus einer oder mehreren Schichten (Elastomer oder Thermoplast) und Einlagen (Textil- oder Stahldrahteinlagen) oder als gewellte metallische Schläuche aufgebaut sind (Bild 1).

Die **Schlaucharmaturen** *(hose fittings)* sind die Anschluss- und Verbindungselemente zwischen Schläuchen und anderen Baugruppen der Anlage.

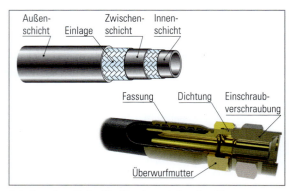

1 Aufbau eines Hydraulikschlauchs und einer Anschlussarmatur

> **MERKE**
> Impulsspitzen, zu kleine Biegeradien und Torsionsbeanspruchungen können Hydraulikschläuche beschädigen und sind daher zu vermeiden. Die aus ölfesten Kunststoffen hergestellten Hydraulikschläuche unterbinden auch die Ausbreitung von störendem Körperschall *(impact sound)*.

Einbaubeispiele für Hydraulikschläuche zeigt Bild 2.

Aufgrund von Druckimpulsen, Verschleiß und Alterung müssen Schlauchleitungen in angemessenen Abständen ausgewechselt werden. Die mögliche Verwendungsdauer von Schlauchleitungen hängt in besonderem Maße von den Einsatz- und Umweltbedingungen ab[1]. In Abhängigkeit von dem Gefahrenpotenzial, das sich u. a. nach dem maximalen Betriebsdruck und der Nennweite richtet, werden Schlauchleitungen in die Kategorien I bis III eingestuft und müssen mit einer EG-Konformitätserklärung und einem CE-Zeichen in Verkehr gebracht werden. In Kombination mit Schlauchleitungen stellen die **Schnellverschlusskupplungen** *(quick connecting couplings)*

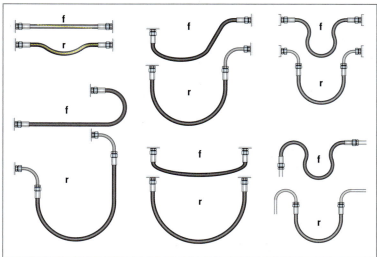

2 Einbaubeispiele für Hydraulikschlauchleitungen: f = falsch; r = richtig

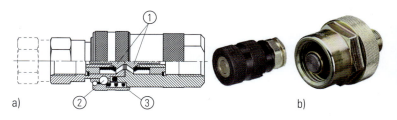

3 a) Schnellverschlusskupplung im Schnitt: ① Dichtkegel; ② Rastkugel; ③ Hülse; Stecker
b) Schnellschraubkupplung (Stecker)

eine Möglichkeit dar, einzelne Systembestandteile der Anlage in drucklosem Zustand werkzeuglos und schnell zu wechseln. Sie bestehen aus der Kupplung und dem Nippel (Bild 3a). Beim Lösen einer Schnelltrennkupplung kann Restöl austreten. Konstruktiv bedingt kommt es an Schnelltrennkupplungen im Betrieb der Anlage zu Druckverlusten *(pressure drops)*. Es besteht auch die Gefahr, dass beim Kupplungsvorgang Luft eingeschlossen wird, die sich im hydraulischen System verbreiten kann.

Die **Schraubverschlusskupplungen** *(quick screw couplings)* erlauben das Kuppeln mit Steckern und Muffen unter Druck. Oft sind beide Hälften jeweils mit einem Rückschlagventil ausgestattet (Bild 3b).

Das Entlüften des Hydrauliksystems erfolgt über geeignete Anschlüsse, die möglichst an der höchsten Stelle zu platzieren sind (Seite 319 Bild 1).

Bei Hydraulikzylindern gibt es oftmals Entlüftungsschrauben. Diese werden zum Entlüften maximal eine halbe Umdrehung geöffnet bzw. die boden- und stangenseitige Verschraubung leicht gelöst. Anschließend wird die Anlage mit Leerlaufdruck betrieben. Die Entlüftungsschauben werden erst wieder geschlossen,

---

[1] BGR 237 legt für normalbeanspruchte Hydraulik-Schlauchleitungen einen Richtwert für die Verwendungsdauer von 6 Jahren fest.

2.6 Leitungen und Verbindungen

wenn das austretende Öl blasenfrei ist (Bild 1 rechts). Anschließend wird das hydraulische System ausschließlich im Niederdruckbereich bewegt. Dieser Vorgang muss einige Male wiederholt werden, um ein vollständiges luft- bzw. gasfreies Hydrauliksystem zu erzielen. Am Ende muss darauf geachtet werden, dass alle Entlüftungsschrauben bzw. Verschraubungen wieder druckdicht verschlossen sind.

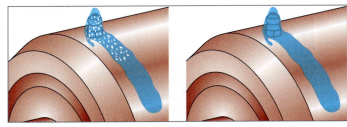

1 Entlüften eines Hydraulikzylinders (links: Luftblasen entweichen; rechts: luftblasenfreier Austritt von Hydraulikflüssigkeit)

ÜBUNGEN

1. Ein Pumpenhersteller gibt für seine Hydraulikzahnradpumpen folgende Betriebshinweise. Erläutern Sie die Gründe, die zu jedem einzelnen Hinweis führen.
   - Hydrauliköle des Typs HL und HLP können problemlos verwendet werden. Schwerentflammbare Hydraulikflüssigkeiten der Klasse HFC und HFD erfordern besondere Pumpenausführungen.
   - Der negative Überdruck an der Saugseite der Pumpe darf 250 mbar nicht unterschreiten.
   - Die Filterfeinheit in der Saugleitung darf 60 µm nicht unterschreiten.
   - Wird die Hydraulikpumpe durch einen Riemen angetrieben, muss eine Pumpenausführung gewählt werden, bei der die Pumpenwelle mit einem Rillenkugellager gelagert ist.
   - Die Betriebstemperatur der Hydraulikflüssigkeit darf 85 °C nicht überschreiten, die Viskosität 30 mm²/s nicht unterschreiten.
   - Der Betriebsdruck der Pumpenbaureihe beträgt 150 bar, der kurzzeitige Höchstdruck 190 bar.

2. a) Welche Leistung ist für den Elektromotor, der die Hydraulikpumpe für den Hydraulikzylinder in der Spritzgießmaschine in Bild 3 auf Seite 129 antreibt, nötig? Der Hydraulikzylinder muss zum Einspritzen der plastifizierten Kunststoffmasse eine Kraft von 40 kN aufbringen und die Schnecke in 0,8 Sekunden um 80 mm verschieben. Der Wirkungsgrad des Hydraulikzylinders beträgt 0,9. Die übrigen Verluste werden vernachlässigt.

   b) Welcher Spritzdruck p_s steht zur Verfügung, wenn der Durchmesser des Hydraulikkolbens d_k = 180 mm, der Durchmesser der Schnecke $d_{Schnecke}$ = 30 mm, der Systemdruck p_e = 75 bar und der mechanische Wirkungsgrad η_{mech} = 0,4 beträgt?

   c) Auf Seite 129 (Bild 3) und Seite 130 (Bild 1) sind jeweils zwei verschiedene Schließeinheiten dargestellt. Beide werden mithilfe eines Hydraulikzylinders betätigt. Welcher der beiden Hydraulikzylinder hat bei gleicher Zuhaltekraft F_{Zu} und gleichem Systemdruck p_e den größeren Kolbendurchmesser? Begründen Sie ihre Antwort.

3. Bei einem konstanten Volumenstrom Q_e = 35 l/min soll eine Kolbenausfahrgeschwindigkeit von 5 m/min erreicht werden. Wie groß muss der Kolbendurchmesser d_K des Differenzialzylinders sein?

4. Mithilfe einer hydraulischen Montagevorrichtung werden zwei Bauteile kraftschlüssig gefügt. Berechnen Sie die Einpresszeit (vordere Endlage des doppelt wirkenden Zylinders) und Einpresskraft, wenn folgende Daten bekannt sind:
   - doppelt wirkender Hydraulikzylinder mit Kolbendurchmesser d_K = 45 mm, maximalem Hub s_{max} = 200 mm und einem Kolbenstangendurchmesser d_{St} = 20 mm;
   - effektiver Volumenstrom der Pumpe Q_e = 6 l/min, Systemdruck p_e = 55 bar und einem Gegendruck auf Kolbenringseite von p_{Gegen} = 6 bar.

3 Pneumatics and Hydraulics

Assignment:

Read the following text carefully and try to summarize it in German. If necessary, have a look at your English-German vocabulary list.

Pneumatic systems carry out different jobs

Pneumatics and electro pneumatics play very important roles as technologies when it comes to the performance of mechanical work. Nowadays, even automation solutions are realized by using pneumatic and electro-pneumatic systems. In both technologies compressed air is used to transport energy from one place to another. Finally, in most systems at least one pneumatic cylinder has the function to perform one of the following jobs:

- any kind of material handling such as: *clamping, positioning, shifting, moving, turning or fixing*
- different machining and working operations such as: *drilling, milling, sawing, forming, finishing, turning, cutting.*

Properties and characteristics of compressed air

Assignment:

Picture 1 shows some distinguishing characteristics of compressed air which is used in pneumatic systems. Draw an empty table with two columns into your files. Label the two columns with "advantages of compressed air" and "disadvantages of compressed air". Then match the sentences shown in picture 1 to the correct column.

The exhaust air is very loud. Therefore silencers has to be used in pneumatic systems.

Compressed air can be easily transported in pipes, even over long distances.

Air is available almost everywhere in unlimited quantities.

Compressed air does not offer any risk of explosion and fire.

Compressed air is only economical up to a certain force requirement.

It is difficult to achieve constant piston speeds with compressed air.

Pneumatic components can be loaded to the point of stopping and are therefore overload save.

Compressed air can be stored in reservoirs and can be removed when needed.

Compressed air can flow very fast. This can result in very high working speeds.

Compressed air is relatively insensitive to temperature fluctuations.

Compressed air requires a good preparation using filters and air driers.

---

1 Properties and characteristics of compressed air

Signal flow in pneumatic systems

Pneumatic and electro-pneumatic systems consist of an interconnection of different groups of elements and components. These groups form a path for the signal flow.

Assignment:

Copy the flow chart shown in picture 2 into your files. Then fill in the following terms in the correct order.
Signal output, Signal processing, Signal input, Command execution

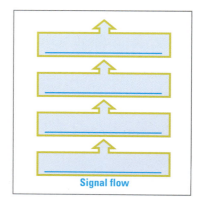

2 Signal flow in pneumatic systems

3 Pneumatics and Hydraulics

Displacement-step diagram

To solve a given problem and to develop a circuit diagram a displacement-step diagram is very helpful. Picture 1 shows a displacement-step diagram of a sorting machine.

Assignment:

The following statements describe the function of the electro-pneumatic control. Match up the blue numbers shown in the displacement-step diagram with the correct statements. Do not write into your book!

Example: Cylinders -MM1 and -MM2 are retracted in their initial position → __⑤__

a) Limit switch -BG1 and proximity switch -BG3 are actuated when cylinder -MM1 and cylinder -MM2 are in their initial position. →
b) If pushbutton -SF1 is activated by the machine operator and limit switch -BG1 is actuated, cylinder -MM1 moves to the front position →
c) Limit switch -BG2 is actuated and cylinder -MM2 starts to move out. →
d) Limit switch -BG4 is actuated when the front end-position is reached. →
e) Cylinder -MM2 moves in and proximity switch -BG3 is actuated when the cylinder reaches the rear end-position. →
f) Finally, cylinder -MM1 is retracted. →

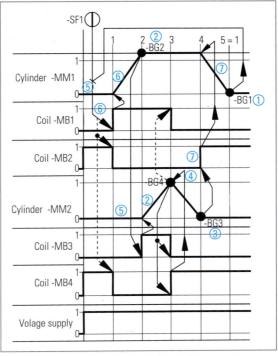

1 Displacement-step diagram of a sorting machine

Data sheets

Picture 2 shows a catalogue page of a manufacturer of pneumatic components. Answer the following questions in German. If necessary, have a look at your English-German vocabulary list.

AIR CYLINDER SERIES CA1

✔ Auto switch sensing optional
✔ Bore sizes Ø40, 50, 63, 80, 100
✔ Non-rotating piston rod & double rod types available
✔ Ultra low friction, maximum 5%
✔ Long life, high efficiency
✔ Hard anodized barrel
✔ Locking/finelock head available (Series CLA)
✔ High impact resistant anodized barrel *For calculation of side loading consult your SMC Sales Office.

MADE IN CANADA   MADE IN USA

TECHNICAL SPECIFICATIONS

Type (Bore sizes Ø40, 50, 63)	Standard	Double Rod	Non Rotating Piston Rod	
Fluid	Air	Air	Air	
Lubrication	Non-lube	Non-lube	Non-lube	
Proof pressure	1.5 MPa	1.5 MPa	1.5 MPa	(213 PSI)
Max. operating pressure	0.99 MPa	0.99 MPa	0.99 MPa	(141 PSI)
Min. operating pressure	0.05 MPa	0.08 MPa	0.05 MPa	(7 PSI)
Ambient & fluid temperature	5–60 °C	5–60 °C	5–60 °C	(40–140°F)
Piston speed	50–500 mm/s	50–500 mm/s	50–500 mm/s	(2–20 in/s)
Stroke tolerance	–250 +1.4 251–1.000 +1.8 1.001–1.500 +1.4	–250 +1.4 251–750 +1.8	–250 +1.4 Ø40: 251–500 +1.8 Ø50, Ø63: 251–600 +1.4	
Mounting	Basic, foot, flange, single & double clevis center trunnion	Basic, foot, front flange, center trunnion	Basic, foot, front flange, rear flange, single clevis, rear trunnion	
Non-rotating accuracy	n/a	n/a	0.50 °	
Allowable rotational torque	n/a	n/a	4.5 kgf/cm	

SYMBOLS

Double acting

2 Data sheet of a linear actuator series CA 1

Assignment:

1. According to the catalogue, what are the advantages of the pneumatic cylinders series CA1?
2. Which are the three basic construction variants the manufacturer offers?
3. Does the pneumatic system needs a maintenance unit which comprises an oiler?

Power supply unit

Picture 1 shows the power supply unit of a hydraulic system. Match up the numbers in the picture with the names of the circuit symbols and the single descriptions of the different components. Put down your solution as a combination of one number and two letters into your files.

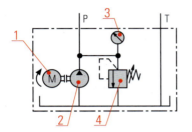

1 Hydraulic power pack

Number in picture	Name of component		description of function
1	A	hydraulic pump	a	Indicates prevailing pressure with a specified tolerance
2	B	electric motor	b	Adjustable pressure-relief valve without oil return port. The valve begins to open when an adjustable pressure level is reached.
3	C	pressure-relief valve	c	Drive for hydro pump with single direction of rotation.
4	D	pressure gauge	d	Pump with constant delivery rate. The volumetric flow rate is dictated by motor speed and displacement volume per revolution.

Hydraulic pumps

Picture 2 compares the characteristic curves of two hydraulic pumps. Line 1 shows a new pump. Line 2 shows the characteristic curve of a used one.

Assignment:

a) Try to explain to one of your class mates which pump parameter is shown in the diagram. Try to tell him, why the two curves look different.
b) Calculate the degree of volumetric efficiency η for the new and the used pump. Take the required values from the relevant pump curve. Write the calculation into your files.

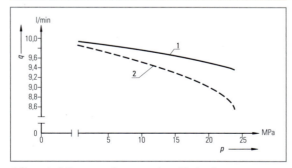

2 Characteristic curves of a new and used hydraulic pump

Hydraulic cylinder

Assignment:

a) Try to give a definition for the component shown in picture 3. Use the following fragments to form two complete sentences.

hydraulic energy / the single-acting / mechanical energy / converts / hydraulic cylinder / into. in a straight line / and is thus known / it generates / motion / as a linear motor.

b) Match the terms given below and the numbers given in the picture. Do not write into your book, please.

___ wiper, ___ de-air screw, ___ cylinder barrel, ___ piston rod, ___ piston rod seal, ___ piston rod guide, ___ cylinder bottom

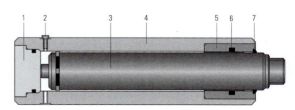

3 Cutaway view of a single-acting hydraulic cylinder

Lernfeld 9:
Herstellen von formgebenden Werkzeugoberflächen

Die Oberflächen formgebender Werkzeuge sind oft sehr kompliziert gestaltet, erfordern nicht selten sehr enge Maß- und Formtoleranzen sowie eine hohe Oberflächengüte.

Mit den Ihnen bisher bekannten Fertigungsverfahren sind diese Anforderungen oft nicht kostengünstig oder nur sehr schwer zu erfüllen.

Bei der im oberen linken Bild zu sehenden Form müssen große Spanmengen abgetragen werden. Dies wäre mit herkömmlicher Fräsbearbeitung sehr zeitaufwändig und damit sehr kostenintensiv. Ferner enthält diese Form zahlreiche sog. Freiformflächen, die nur mit besonderen Fräsverfahren gefertigt werden können. Da viele dieser Werkzeugoberflächen im Einsatz hohen Beanspruchungen ausgesetzt sind, müssen sie gehärtet sein. Um die Kosten zu senken, ist daher in zunehmendem Maße die spanende Bearbeitung gehärteter Stähle erforderlich. Oberflächen wie die Vertiefungen im oberen rechten Bild können durch Fräsen nur sehr schwer hergestellt werden. Hier sind besondere Fertigungsverfahren wie das Erodieren erforderlich.

Um die hohen Anforderungen an die Maß- und Formtoleranzen sowie an die Oberflächengüten erfüllen zu können, werden die verschiedensten Verfahren der Feinbearbeitung angewendet.

Selbst bei genauester Fertigung müssen einzelne Komponenten bei der Montage eingepasst und von Hand nachbearbeitet werden, damit das Werkzeug seine Funktion erfüllen kann. Dies geschieht z. B. mit dem Tuschieren.

Besonders glatte Oberflächen werden z. B. mit Honen, Läppen, Feinschleifen oder Polieren hergestellt.

Soll eine besonders große Härte der Oberfläche erreicht werden oder muss sie besonders gute Gleiteigenschaften oder Korrosionsbeständigkeit aufweisen, kommen verschiedene Beschichtungsverfahren zum Einsatz.

Mit Ätzen oder Laserstrukturieren werden besondere Oberflächenstrukturen erreicht.

Je nach Anforderung wählen Sie geeignete Bearbeitungsverfahren aus und diskutieren alternative Lösungsmöglichkeiten auch unter wirtschaftlichem Aspekt. Hierzu entnehmen Sie die technologischen und geometrischen Daten aus den technischen Dokumentationen und erstellen notwendige Arbeitspläne.

Zur Qualitätssicherung wählen Sie je nach Auftrag geeignete Prüfverfahren und Prüfmittel aus und bewerten und dokumentieren die Ergebnisse.

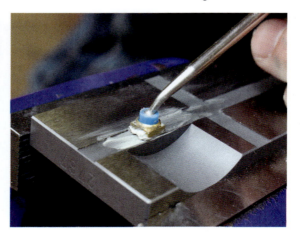

1 Hochleistungs- und Hochgeschwindigkeitsfräsen

Die Werkzeuge in der Schneid- und Umformtechnik sowie in der Formentechnik bestehen meist aus Kalt- bzw. Warmarbeitsstählen *(cold/hot working steels)*. Ausgangsprodukte für die Werkzeuge sind meist Platten oder Blöcke, in denen die formgebenden Werkzeugoberflächen einzuarbeiten sind. Das wichtigste Verfahren zum Erzeugen dieser Werkzeugoberflächen ist das Fräsen. Die Bearbeitung der oft hochfesten Stähle stellt erhöhte Anforderungen an

- Werkzeuge,
- Werkzeugmaschine und
- Erstellung der CNC-Programme.

Beim Fräsen der hochfesten Stähle geht es zunächst darum, möglichst schnell viel Material zu entfernen, bevor dann die formgebende Oberfläche in der geforderten Qualität und Maßhaltigkeit gefertigt wird. Sowohl beim Schruppen *(roughing)* als auch beim Schlichten *(finishing)* werden angepasste Werkzeuge, leistungsfähige Werkzeugmaschinen und entsprechende Prozessparameter eingesetzt. Die folgenden beiden Frässtrategien ermöglichen das Erreichen der angestrebten Ziele:

- Hochleistungsfräsen *(high-performance milling)* für das Schruppen
- Hochgeschwindigkeitsfräsen *(high-speed milling)* für das Schlichten

1 Kernseite einer Druckgussform

1.1 Hochleistungsfräsen (HPC[1])

Die Kernseite einer Druckgussform (Bild 1) wurde durch Hochleistungsfräsen geschruppt. Dabei konnte die Bearbeitungszeit *(machining time)* gegenüber dem konventionellen Fräsen um 50 % reduziert und die Werkzeugstandzeit *(tool cutting life)* um 60 % verlängert werden. Im Folgenden werden die Strategien und Ursachen für diese Verbesserungen durch Hochleistungsfräsen dargestellt.

Mit dem Hochleistungsfräsen wird ein sehr viel größeres Zerspanungsvolumen pro Minute (**Zeitspanungsvolumen** Q) *(material removal rate (MRR))* als beim herkömmlichen Fräsen erzielt.

$$Q = a_p \cdot a_e \cdot v_f$$

Q: Zeitspanungsvolumen
a_p: Schnitttiefe
a_e: Arbeitseingriff
v_f: Vorschubgeschwindigkeit

Um das zu erreichen, wird mit höheren Schnittgeschwindigkeiten *(cutting speeds)*, größeren Vorschüben pro Zahn *(feed per tooth)* und größeren Schnitttiefen *(cutting depths)* gearbeitet. Die hohen Schnittgeschwindigkeiten sind mithilfe von hohen Umdrehungsfrequenzen *(rotational frequencies)* zu realisieren, sofern es die Fräsmaschine ermöglicht. Auch die Schnitttiefe ist durch die Zustellung *(infeeding rate)* einfach zu erhöhen.

Durch die **großen Schnitttiefen** a_p schneiden die Fräserschneiden nicht nur im unteren Bereich, sondern fast auf ihrer gesamten Länge. Dadurch werden die Fräserschneiden am Umfang wesentlich gleichmäßiger belastet. Bei gleichem Zeitspanungsvolumen entstehen gleichzeitig kürzere Fräswege. Deshalb verringert sich der **Verschleiß** *(tool wear)*, wodurch sich die Standzeit des Werkzeugs verlängert.

Der Vorschub pro Zahn *(feed per tooth)* beeinflusst die **Spanungsdicke** *(chip thickness)*, die maßgebliche Bedeutung für den Zerspanungsprozess und dessen Wirtschaftlichkeit hat. Beim Stirnfräsen *(face milling)* verringert sich die Spanungsdicke h mit abnehmendem Einstellwinkel κ *(angle of incidence)* (Seite 325 Bild 1). Dabei gilt folgender Zusammenhang:

$$h = \sin \kappa \cdot f_z$$

$$f_z = \frac{h}{\sin \kappa}$$

h: Spanungsdicke
κ: Einstellwinkel
f_z: Vorschub je Zahn

Beispielaufgabe

Wie groß ist das Zeitspanungsvolumen bei dem folgenden Zerspanungsbeispiel aus dem Formenbau?

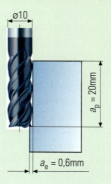

Werkstoff: 1.2344 mit 52HRC
Vollhartmetallfräser mit 6 Zähnen
v_c = 120 m/min
f_z = 0,086 mm
v_f = 1970 mm/min

$$Q = a_p \cdot a_e \cdot v_f$$

$$Q = \frac{20 \text{ mm} \cdot 0{,}6 \text{ mm} \cdot 1970 \text{ mm} \cdot 1 \text{ cm}^3}{\text{min} \cdot 1000 \text{ mm}^3}$$

$$Q = 23{,}7 \frac{\text{cm}^3}{\text{min}}$$

[1] engl: **H**igh **P**erformance **C**utting

1.1 Hochleistungsfräsen

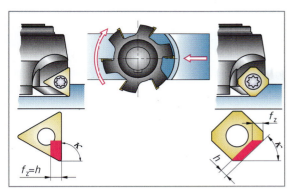

1 Spanungsdicke h und Vorschub pro Zahn f_z beim Umfangsfräsen

Einstellwinkel κ	Vorschub pro Zahn f_z
90°	$1{,}0 \cdot h_{max}$
75°	$1{,}04 \cdot h_{max}$
60°	$1{,}15 \cdot h_{max}$
45°	$1{,}41 \cdot h_{max}$
10°	$5{,}76 \cdot h_{max}$

2 Vorschub pro Zahn f_z in Abhängigkeit vom Einstellwinkel κ

Tabelle Bild 2 stellt die Verhältnisse für ausgewählte Einstellwinkel κ dar.

Beim Stirn-Umfangsfräsen *(face-peripheral milling)* bzw. Eckfräsen *(step milling)* entsteht die maximale Spanungsdicke h_{max}, wenn der Arbeitseingriff a_e mindestens halb so groß ist wie der Fräserdurchmesser d (Bild 4a). Nimmt bei gleicher Vorschubgeschwindigkeit und gleichem Fräserdurchmesser der Arbeitseingriff a_e ab, verringert sich die maximale Spanungsdicke h_{max} (Bild 4b) erheblich.

Beim Fräsen soll die maximale Spanungsdicke h_{max} einen vom Werkzeughersteller vorgegebenen Höchstwert nicht überschreiten, weil sonst die Werkzeugschneide bzw. Schneidplatte überlastet wird. Das kann dann z. B. zu einem Schneidenbruch *(fracture of cutting edge)* führen.

Andererseits darf die maximale Spanungsdicke einen Mindestwert aus folgenden Gründen nicht unterschreiten:

- **Spanbildung** *(chip formation)*
  Fräserschneiden haben einen kleinen Radius, der sich nach kurzer Zeit durch Verschleiß ergibt. Schneidkanten von Hartmetallschneidplatten lassen sich nur beschichten, wenn sie nicht ganz scharfkantig sind, sondern einen kleinen Radius besitzen. Durch die Beschichtung wird der Radius an der Schneidkante um die Dicke der Beschichtung nochmals vergrößert (Bild 3). Der vorhandene Schneidkantenradius erschwert bei kleinen Spanungsdicken die Spanbildung. Am Radius liegt teilweise ein negativer Spanwinkel *(negative rake angle)* vor, der den Span quetscht, sodass Werkstoff unter die Freifläche *(tool flank)* gedrückt wird. Das beeinflusst die Oberflächenqualität *(surface quality)* negativ. Weiterhin entstehen dünne Wirrspäne *(bushy chips)*, die unerwünscht sind[1].

- **Wärmentwicklung** *(generation of heat)*
  Durch die ungünstigen Reibverhältnisse wird nicht das gewünschte Maß an Wärme über die Späne abgeführt. Ein zu großer Teil der Wärme muss von Werkstück und Werkzeug aufgenommen werden. Das führt zu unnötigem Werkzeugverschleiß sowie Erwärmung von Werkstück und Werkzeugmaschine.

- **Vibrationen** *(vibrations)*
  Um Vibrationen beim Fräsen zu verringern, müssen die Fräserschneiden mit ausreichend großen Schnittkräften belastet werden. Das ist bei zu kleinen Spanungsdicken nicht mehr so. Es entstehen Vibrationen, die sich wiederum

3 Radius an der Schneidkante beschichteter Schneidplatten

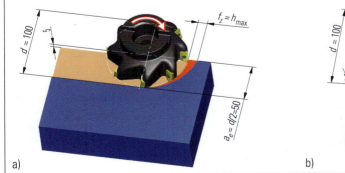
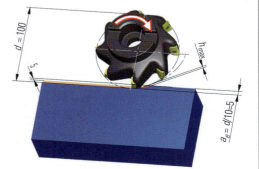

4 Spanungsdicke h und Arbeitseingriff a_e beim Eckfräsen

[1] Siehe Lernfeld 5 Kapitel 1.1.3: Spanarten und Spanformen

negativ auf das Werkstück, die Werkzeugmaschine und die Standzeit des Werkzeugs auswirken.

■ **Wirtschaftlichkeit** *(cost effectiveness)*

Zu dünne Spanungsdicken entstehen bei zu kleinen Vorschubgeschwindigkeiten. Zu kleine Vorschubgeschwindigkeiten führen zu verlängerten Fertigungszeiten. Das ist unwirtschaftlich und vermindert die Konkurrenzfähigkeit des Unternehmens *(competitiveness of a company)*.

Das Hochleistungsfräsen realisiert bei unterschiedlichen Zerspanungsbedingungen die optimale Spanungsdicke für das eingesetzte Werkzeug, indem es die Vorschubgeschwindigkeit beim Fräsen den jeweils gegebenen Verhältnissen anpasst.

Für das **Stirnfräsen** kann die Vorschubgeschwindigkeit folgendermaßen berechnet werden:

$$v_f = f_z \cdot z \cdot n$$

$$v_f = \frac{h_{max}}{\sin \kappa} \cdot z \cdot n$$

- v_f: Vorschubgeschwindigkeit
- h_{max}: maximale Spanungsdicke
- κ: Einstellwinkel
- z: Zähnezahl
- f_z: Vorschub je Zahn
- n: Umdrehungsfrequenz

Beim Eckfräsen wird mithilfe von Korrekturfaktoren f_1 (Bild 1) der korrigierte Vorschub pro Zahn f_z festgelegt, um die Vorschubgeschwindigkeit zu berechnen:

$$v_f = f_z \cdot z \cdot n$$

$$v_f = f_1 \cdot h_{max} \cdot z \cdot n$$

Beispiel

Fräserdurchmesser	$d = 63$ mm
Zähnezahl $z = 5$	
Arbeitseingriff	$a_e = 5$ mm
Schnittgeschwindigkeit	$v_c = 300$ m/min
max. Spanungsdicke	$h_{max} = 0{,}15$ mm

$$v_f = f_1 \cdot h_{max} \cdot z \cdot n$$

$$n = \frac{v_c}{d \cdot \pi}$$

$$n = \frac{300 \text{ mm} \cdot 1000}{\text{min} \cdot 63 \text{ mm} \cdot \pi \cdot 1 \text{m}}$$

$$n = 1515 / \text{min}$$

$$\frac{d}{a_e} = \frac{63 \text{ mm}}{5 \text{ mm}}$$

$$\frac{d}{a_e} = 12{,}6$$

$$f_1 = 1{,}82 \text{ (aus Bild 1)}$$

$$v_f = \frac{1{,}82 \cdot 0{,}15 \text{ mm} \cdot 5 \cdot 1515}{\text{min}}$$

$$\underline{\underline{v_f = 2068 \frac{\text{mm}}{\text{min}}}}$$

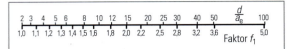

1 Korrekturfaktor f_1 für das Eckfräsen in Abhängigkeit vom Verhältnis d/a_e

Ergebnisbewertung:

Aufgrund der gegebenen Bedingungen ist die Vorschubgeschwindigkeit um 82 %, d. h. von 1136 mm/min auf 2068 mm/min zu erhöhen. Bild 2 stellt die korrigierten Verhältnisse im Vergleich zu Bild 4b von Seite 325 dar.

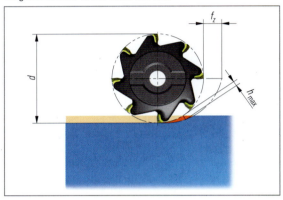

2 Auswirkungen der Erhöhung der Vorschubgeschwindigkeit im Vergleich zu Seite 325 Bild 4b

Das Anpassen der Vorschubgeschwindigkeit erfolgt beim Hochleistungsfräsen meist durch die **CAD-CAM-Software**[1]. Sie analysiert während des gesamten Fräsprozesses die Zerspanungsbedingungen und optimiert diese. Dabei berechnet sie die Verfahrwege und die dazu gehörenden optimalen Vorschubgeschwindigkeiten, die sie dann in das CNC-Programm übernimmt.

MERKE

Beim Hochleistungsfräsen wird der Vorschub pro Zahn bzw. die Vorschubgeschwindigkeit den gegebenen Verhältnissen angepasst[2], um

- die Wirtschaftlichkeit zu erhöhen,
- die Spanbildung zu verbessern,
- die Wärme vorrangig in die Späne zu leiten und
- Vibrationen zu vermeiden.

Messerköpfe *(face mill cutter)*, spezielle Schaftfräser *(end mill cutter)* und Sonderwerkzeuge kommen vorrangig beim Hochleistungsfräsen zum Einsatz. Damit die Fräswerkzeuge die beim Schruppen auftretenden großen Schnittkräfte aufnehmen, sind sie mit stabilen Schneidkanten und vergrößerten Spanräumen *(chip spaces)* versehen (Seite 327 Bild 1). Die großen Spankammern nehmen bei den hohen Schnitt- und schnellen Vorschubgeschwindigkeiten das größere Spanvolumen auf und befördern es sicher aus der Kontaktzone.

---

[1] Siehe Lernfeld 10 Kap. 3
[2] Die Angaben der Schneidstoffhersteller sind zu beachten.

1.2 Hochgeschwindigkeitsfräsen

1 Hochleistungsfräser

Aufgrund der hohen Drehzahlen und der Beschleunigungen ist es erforderlich, steifere und zugleich leichtere sowie **rundlaufgenauere Werkzeuge** einzusetzen. Sie bestehen oft aus Vollhartmetall, das häufig beschichtet *(coated)* ist, um die Verschleißfestigkeit zu erhöhen. Cermets oder kubisches Bornitrid (CBN) sind alternative Schneidstoffe.

Beim Hochleistungsfräsen können die Fräsmaschinen an die Grenzen ihrer Leistungsfähigkeit gelangen. Da sich beim Fräsen die Spanungsdicke während der Zerspanung verändert, ist keine konstante Schnittkraft F_c vorhanden. Deshalb wird bei der **mittleren Schnittleistung** mit der mittleren Schnittkraft gerechnet.

$$P_{cm} = F_{cm} \cdot v_c$$

P_{cm}: Mittlere Schnittleistung in Nm/s = W
F_{cm}: Mittlere Schnittkraft in N
v_c: Schnittgeschwindigkeit in m/s

In der Praxis ist es oft nicht so einfach, die mittlere Schnittkraft F_{cm} zu bestimmen. Mit der folgenden Formel kann die Fachkraft sehr schnell eine Abschätzung der erforderlichen Schnittleistung vornehmen:

$$P_{cm} = \frac{a_p \cdot a_e \cdot v_f \cdot k_c}{60\,000}$$

P_{cm}: Mittlere Schnittleistung in kW
a_p: Schnitttiefe in mm
a_e: Arbeitseingriff in mm
v_f: Vorschubgeschwindigkeit in m/min
k_c: Spezifische Schnittkraft in N/mm² bezogen auf die mittlere Spanungsdicke h_m

Beispielrechnung

Werkstoff:	C45E
Schnitttiefe a_p:	5 mm
Arbeitseingriff a_e:	60 mm
Vorschubgeschwindigkeit v_f:	1,7 m/min
Mittlere Spanungsdicke h_m:	0,5 mm

$$P_{cm} = \frac{a_p \cdot a_e \cdot v_f \cdot k_c}{60\,000}$$

$$P_{cm} = \frac{5\,mm \cdot 60\,mm \cdot 1,7\,m \cdot 2100\,N}{min \cdot mm^2 \cdot 60\,000}$$

$$\underline{\underline{P_{cm} = 18\,kW}}$$

Mit dieser einfachen Rechnung, bei der die Größen in den **vorgeschriebenen** Einheiten einzusetzen sind, lässt sich leicht abschätzen, ob die zur Verfügung stehende Maschinenleistung *(machine capacity)* ausreicht. Wenn dies nicht der Fall ist, bleibt bei den vorliegenden Bedingungen oft nur die Möglichkeit, a_p zu reduzieren.

CAD-CAM-Systeme berücksichtigen bei der Umsetzung des Hochleistungsfräsens auch die Antriebsleistung der jeweils genutzten CNC-Fräsmaschine und optimieren dementsprechend die Schnitttiefen a_p und den Arbeitseingriff a_e.

MERKE

Ziel des Hochleistungsfräsens ist ein großes Zeitspanungsvolumen – erreicht durch hohe Schnittgeschwindigkeiten, Vorschübe und Schnitttiefen sowie speziell für diese Bedingungen entwickelte Werkzeuge. Große Schnitttiefen erhöhen die Standzeit der Werkzeuge.

1.2 Hochgeschwindigkeitsfräsen (HSC[1])

Im Werkzeugbau liegen viele formgebende Oberflächen als Freiformflächen *(free formed surfaces)* vor. Eine Freiformfläche (Bild 2) kann nicht durch Regelgeometrien wie z. B. Quader, Zylinder oder Kegel beschrieben werden. Diese Flächen werden entweder dreiachsig mit Kugelfräsern (3+2-Achsfräsen[2]) oder fünfachsig mit z. B. Torusfräsern (5-Achsfräsen im Simultanbetrieb[3]) hergestellt. Beim 5-Achsfräsen wird dabei der Fräser ständig rechtwinklig an die Flächenkrümmung angepasst. Beim Fräsen mit Kugelfräsern entsteht eine rillenförmige Oberfläche (Bild 3). Die Rillentiefe RT *(depth of groove)* verringert sich mit abnehmendem Zeilenvorschub ZV *(line feed)*.

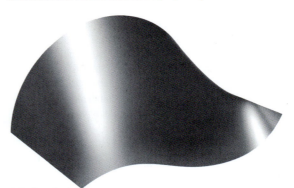

2 Freiformfläche

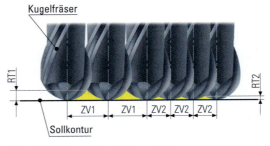

3 Rillentiefe (RT) in Abhängigkeit vom Zeilenvorschub (ZV)

---

[1] engl: High-Speed-Cutting
[2] siehe Lernfeld 10 Kap. 3.1.1
[3] siehe Lernfeld 10 Kap. 3.1.2

1.2 Hochgeschwindigkeitsfräsen

Überlegen Sie!
Welchen Einfluss hat der Durchmesser des Kugelfräsers auf die Rillentiefe?

Um eine extrem kleine Rillentiefe zu erhalten, die keine oder wenig kostenintensive Nacharbeit mehr erfordert, muss der Zeilenvorschub möglichst klein und der Fräserradius möglichst groß sein. Da der maximale Fräserradius von der Kontur begrenzt wird, ist der Zeilenvorschub die bestimmende Größe für die geforderte Oberflächenqualität. Kleine Zeilenvorschübe bedingen lange Fräswege und damit auch Fertigungszeiten, wenn nicht gleichzeitig die Vorschubgeschwindigkeiten erheblich gesteigert werden. Das ist mit dem **Hochgeschwindigkeitsfräsen** möglich.

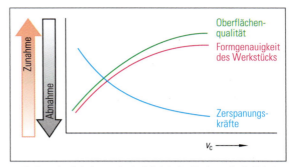

2 Einfluss der Schnittgeschwindigkeit beim Hochgeschwindigkeitsfräsen

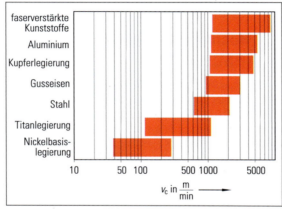

1 Schnittgeschwindigkeiten beim Hochgeschwindigkeitsfräsen

Das Hochgeschwindigkeitsfräsen wird im Werkzeugbau vorrangig zum Vorschlichten und Schlichten[1] angewandt. Dabei werden je nach bearbeitetem Werkstoff meist Schnittgeschwindigkeiten zwischen 1000 und 7000 m/min (Bild 1) bei Spindelumdrehungsfrequenzen bis zu 100000/min und Vorschubgeschwindigkeiten bis zu 30 m/min umgesetzt. Dies ist durch die Weiterentwicklung von Schneidstoffen und Werkzeugmaschinen möglich geworden. Dabei werden folgende Ziele angestrebt:

- Verringerung der Zerspankräfte (Bild 2) durch kleine Vorschübe pro Zahn und kleine Schnitttiefen bei sehr hohen Umdrehungsfrequenzen.
- Verbesserung der Oberflächenqualität beim Schlichten durch die höheren Schnittgeschwindigkeiten und die damit verbundene bessere Spanbildung.

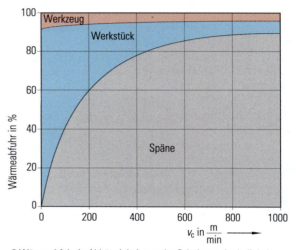

3 Wärmeabfuhr in Abhängigkeit von der Schnittgeschwindigkeit

- Verkürzung der Bearbeitungszeit.
- Abnahme der Werkstückerwärmung (Bild 3) durch vorrangige Wärmeabfuhr über die Späne sowie Kühlung mittels Druckluft.

MERKE
Ziel des Hochgeschwindigkeitsfräsens ist eine wirtschaftliche Bearbeitung formgebender Oberflächen mit hoher Qualität und Formgenauigkeit *(accuracy of shape)*, um deren Nacharbeit *(subsequent machining)* zu vermeiden bzw. auf ein Minimum zu reduzieren.

ÜBUNGEN

1. Nennen Sie das Ziel des Hochleistungsfräsens und geben Sie an, durch welche Maßnahmen es erreicht wird.
2. Welchen Einfluss hat die Schnitttiefe a_p beim Hochleistungsfräsen auf die Standzeit des Werkzeugs?
3. Wie wirkt sich der Einstellwinkel κ beim Stirnfräsen auf die Spanungsdicke aus?
4. Welchen Einfluss hat ein unterschiedlicher Arbeitseingriff a_e bei konstantem Vorschub pro Zahn beim Eckfräsen auf die Spanungsdicke?
5. Welche Vorschubgeschwindigkeit ist beim Eckfräsen mit einem Vollhartmetallfräser von 16 mm Durchmesser und 6 Zähnen bei einem Arbeitseingriff von 1 mm und einer Schnittgeschwindigkeit von 120 m/min zu wählen, wenn

[1] Siehe Kapitel 2.1: Anforderungen an das Umfeld des Hochgeschwindigkeitsfräsen

2.1 Präzisions-Hartfräsen

eine maximale Spanungsdicke von 0,12 mm erreicht werden soll?

6. Wie ist es möglich, dass CAD-CAM-Systeme CNC-Programme erstellen, die bei der Zerspanung optimale Spanungsdicken bei z. B. unterschiedlichen Arbeitseingriffen erzeugen?

7. Über welche Besonderheiten verfügen Schaftfräser aus Hartmetall für das HPC-Fräsen?

8. Eine Druckgussform aus X37CrMoV5-1 wird mit einem Hartmetall bestückten Eckfräser von 63 mm Durchmesser bearbeitet. Wie groß ist die erforderliche Schnittleistung bei einer Schnittgeschwindigkeit von 200 m/min, wenn die spezifische Schnittkraft 2600 N/mm², die Vorschubgeschwindigkeit 800 mm/min, die Zustelltiefe 10 mm betragen und der Arbeitseingriff dem Fräserdurchmesser entspricht?

9. Beschreiben Sie, wie sich der Durchmesser des Kugelfräsers und der Zeilenvorschub auf die Rillentiefe von Freiformflächen auswirken.

10. Wie unterscheiden sich die Ziele von Hochgeschwindigkeits- und Hochleistungsfräsen?

11. Wie unterscheiden sich die Zerspanungsparameter bei Hochgeschwindigkeits- und Hochleistungsfräsen?

12. Welchen Einfluss hat die Schnittgeschwindigkeit beim Hochgeschwindigkeitsfräsen auf die Oberflächenqualität, die Formgenauigkeit und die Schnittkraft?

13. Treffen Sie eine Aussage im Hinblick auf die Wärmeabfuhr beim Hochgeschwindigkeitsfräsen in Abhängigkeit von der Schnittgeschwindigkeit.

2 Bearbeiten gehärteter Werkzeugstähle

Die formgebenden Oberflächen der Werkzeuge zum Ur- und Umformen sowie zum Schneiden sollen verschleißfest sein, um mit ihnen möglichst viele Bauteile herstellen zu können. Die hohe **Verschleißfestigkeit** *(wear resistance)* wird meist durch entsprechende Härte der Stahloberflächen erreicht. Das **Härten** *(hardening)* der Stähle kann vor oder nach der Schruppbearbeitung erfolgen.

Beim Schruppen vor dem Härten kann mit größeren Schnittdaten gearbeitet werden, was zunächst kürzere Fertigungszeiten bedeutet. Allerdings muss das mit möglichst konstantem Aufmaß geschruppte Bauteil von der Fräsmaschine abgespannt und zur Härterei transportiert werden, wo das Härten geschieht. Anschließend erfolgt der Rücktransport zum Werkzeugbauer, wo das Bauteil wieder auf die Fräsmaschine gespannt wird, bevor das Schlichten der gehärteten, formgebenden Oberflächen erfolgt. Durch die Transporte und das Härten zwischen dem Schruppen und Schlichten erhöht sich die **Durchlaufzeit** *(processing time)* für das Werkzeugteil.

Geschieht das Härten des Bauteils vor dem Schruppen, muss es nur einmal aufgespannt werden und die zusätzlichen Transporte entfallen. Allerdings ist nicht nur beim Schlichten, sondern auch beim Schruppen der gehärtete Werkzeugstahl zu bearbeiten. Durch die leistungsfähigen Fräser und die entsprechenden Fräsmaschinen wird dieser Weg zunehmend beschritten.

Unabhängig davon, ob im Werkzeugbau das Schruppen vor oder nach dem Härten geschieht, müssen gehärtete Stähle durch Fräsen oder Drehen so bearbeitet werden, dass die Nacharbeit an den formgebenden Oberflächen möglichst gering wird.

MERKE
Die Feinbearbeitung von Werkstücken aus gehärteten Stählen mit einer Härte von etwa 55 bis 68 HRC ist nicht nur dem Schleifen vorbehalten. Präzisions-Hartfräsen *(precision hard milling)* und -Hartdrehen *(precision hard turning)* sind wirtschaftliche Alternativen.

2.1 Präzisions-Hartfräsen

Um z. B. mit Schmiedegesenken (Bild 1) große Stückzahlen von Bauteilen umformen zu können, müssen die Gesenke *(forging dies)* möglichst verschleißfest *(wear resistant)* und hart sein. Immer häufiger werden sie aus gehärteten Stählen hergestellt, deren Konturen durch Hartfräsen hergestellt werden.

1 Hälfte eines Schmiedegesenks zur Herstellung von Kegelrädern

Die Ziele des Präzisions-Hartfräsens sind
- hohe Qualität der Oberflächen (Rz × 1 μm bzw. Ra × 0,2 μm), sodass deren Nacharbeit nicht mehr erforderlich ist,
- präzise Maßhaltigkeit *(dimensional accuracy)* (< 0,02 mm),
- absatzfreie Übergänge der Konturbereiche.

Die folgenden Faktoren haben Einfluss auf das Erreichen der Ziele:

2.1 Präzisions-Hartfräsen

2.1.1 Schneidstoff und Schneidengeometrie

Da die Formen oft kleine radienförmige Übergänge besitzen, können Fräser mit CBN-Wendeschneidplatten *(carbide inserts)* (Bild 1) meist nur zum Schruppen genutzt werden (HPC-Fräsen), da ihre Durchmesser für das Schlichten zu groß sind.

> **MERKE**
> Gehärtete Stähle im Werkzeugbau werden vorrangig mit beschichteten Fräsern aus Hartmetall (Bild 2) geschlichtet (HSC-Fräsen).

1 Kugelschaftfräser mit Wendeschneidplatten

Sehr feine Korngrößen *(grain sizes)* der Metallcarbide sorgen für die erforderliche Kantenstabilität und erhöhen die Zähigkeit *(toughness)* des Schneidstoffs. Mit sinkendem Kobaltanteil als Bindemittel steigert sich die Härte des Fräsers. Die Beschichtung aus TiAlN erschwert den Wärmeübergang in den Fräser und erhöht seine Verschleißfestigkeit und damit die Standzeit. Es findet fast immer eine Trockenbearbeitung statt, bei der eine **Kühlung mit Druckluft** erfolgt.

Zur Stabilisierung der Schneide liegt meist eine negative Schneidengeometrie (γ zwischen 0° und -20°) vor. Durch mehrere Schneiden mit kleinen Spanräumen entsteht ein größerer Seelendurchmesser, der dem gesamten Werkzeug mehr Stabilität verleiht. Enge Toleranzen des Schafts (z. B. h5) und der Radien gewährleisten eine genaue Positionierung des Fräsers im Arbeitsraum.

Durch zusätzliche Übergangsradien an der Stirnseite der Torusfräser (Bild 3) ist es möglich, dass bei doppeltem Vorschub pro Zahn die Spandicke dünner wird als bei Fräsern ohne Übergangsradius. Dadurch verringern sich die Schneidenbelastung und die Bearbeitungszeit.

2 Beschichtete Vollhartmetallfräser

2.1.2 Stabilität und Rundlauf des Werkzeugs und der Werkzeugaufnahme

Der **Rundlauffehler** *(concentric run-out error)* des gespannten Fräsers sollte nicht größer als 3 µm sein. Schrumpffutter *(shrinking toolholder)* und Hydro-Dehnspannfutter *(hydraulic expansion chuck)* mit Hohlschaftkegel[1] *(hollow shank taper)* erfüllen diese Anforderungen. Das Auswuchten *(balancing)* der Werkzeuge verbessert die Oberflächenqualität und vermindert den Werkzeugverschleiß.

Die Länge, die das Werkzeug aus der Aufnahme ragt, ist den jeweiligen Bearbeitungsbedingungen anzupassen. Je länger das Werkzeug herausragt, desto mehr kann es sich elastisch verformen. Das wirkt sich nicht nur auf die Maßhaltigkeit, sondern auch auf die Oberflächenqualität negativ aus.

> **MERKE**
> Werkzeuge sind so kurz wie möglich einzuspannen.

2.1.3 Werkstückvorbereitung

Das Werkstück muss im Arbeitsraum der CNC-Maschine sicher positioniert und gespannt sein. Zur Durchführung der Feinbearbeitung *(fine finishing)* ist ein konstantes Aufmaß *(constant material allowance)* erforderlich. Dadurch entstehen nur geringe Schnittkraftschwankungen *(cutting force fluctuations)*, die eine Voraussetzung für die geforderte Maßhaltigkeit und Oberflächenqualität sind.

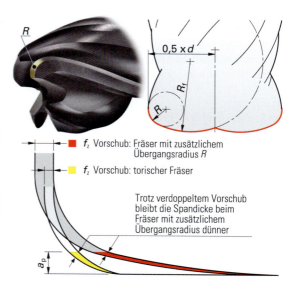

3 Torusfräser mit zusätzlichem Radius an der Stirnseite

Das konstante Aufmaß ist nur schrittweise zu erreichen. Am Beispiel der Gesenkhälfte für das Kegelrad, die eine Härte von 61HRC hat und bei der eine Oberflächenqualität von Rz = 1 µm gefordert ist, werden im Folgenden die Schritte dargestellt:

---

[1] siehe Lernfeld 5 Kap. 3.6.1

Schruppen

Ausgehend vom Rohteil (Bild 1) wird beim Schruppen (Bild 2) mit möglichst großem Fräserdurchmesser gearbeitet. Das Ziel des Schruppens – ein möglichst großes Zeitspanungsvolumen – wird beim Hartfräsen bzw. HPC-Fräsen durch

1 Rohteil der Gesenkhälfte für Kegelräder

- ausschließliches Gleichlauffräsen mit
- großen Schnitttiefen a_p
- kleinen Arbeitseingriffen a_e (Bild 3)
- und relativ großen Vorschüben pro Zahn f_z

erreicht[1]).

Bei der Gesenkhälfte wird in zwei Schritten mit zwei Werkzeugen geschruppt. Im ersten Durchgang sind die Schnitttiefen und die Arbeitseingriffe größer. Beim zweiten Mal sind die verbleibenden Stufen wesentlich kleiner.

Vorschlichten

Das Vorschlichten hat die Aufgabe, ein gleichmäßiges und geringes Aufmaß für das Schlichten zu erzielen. Die Gesenkhälfte wird mit einem Kugelfräser von ⌀2 mm bearbeitet. Die Schnittdaten betragen:

a_e = 0,1 mm…0,4 mm, a_p = 0,2 mm, v_c = 90 m/min und n = 15000/min, v_f = 700 mm/min.

Beim Vorschlichten werden gegenüber dem Schruppen

- Schnitttiefen a_p, Arbeitseingriffe a_e und Vorschübe pro Zahn f_z verkleinert und
- die Schnittgeschwindigkeiten gesteigert.

Für die Feinbearbeitung muss das Werkstück ein gleichmäßiges Aufmaß – oft kleiner als 0,1 mm – erhalten.

2.1.4 Schnittdaten für das Schlichten und die Restbearbeitung

Da die Übergangsradien bei dem Gesenk sehr klein sind, wird ein Kugelfräser mit 2 mm Durchmesser zum Schlichten gewählt (Bild 4). Bei Kugel- und Torusfräsern entspricht der größte wirksame Radius meistens nicht dem Fräserradius (Seite 332 Bild 2). Deshalb ist für die Bestimmung der Umdrehungsfrequenz nicht der Fräserdurchmesser sondern der wirksame Durchmesser zu berücksichtigen.

Beim **Schlichten** sind

- Schnitttiefen a_p, Arbeitseingriffe a_e und Vorschübe pro Zahn f_z am kleinsten und
- die Schnittgeschwindigkeiten v_c am größten[2]).

Torusfräser: ⌀6 mm, 6 Schneiden, Radius 0,5 mm
a_p = 0,25 mm; a_e = 3,5 mm bis 6 mm; v_c = 70 m/min; n = 3700/min; v_f = 680 mm/min
Torusfräser: ⌀4 mm, 4 Schneiden, Radius 0,4 mm
a_p = 0,13 mm; a_e = 0,25 mm bis 3 mm; v_c = 70 m/min; n = 5600/min; v_f = 1150 mm/min

2 Schruppen der Gesenkhälfte

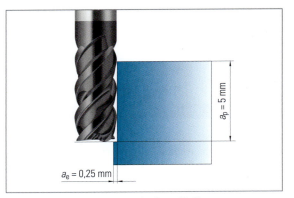

3 Schnittdaten beim Schruppen der Gesenkhälfte

Kugelfräser: ⌀2 mm, 2 Schneiden, Radius 1 mm
a_p = 0,1 mm; a_e = 0,05 mm; v_c = 125 m/min; n = 30000/min; v_f = 1200 mm/min

4 Schlichten der Gesenkhälfte

[1]) siehe auch Kap. 1.1   [1]) siehe Hochgeschwindigkeitsfräsen Kap. 1.2

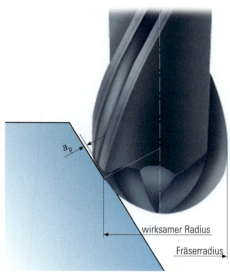

1 Wirksamer Radius beim Kugelfräser

2 Schaftfräser für Restbearbeitung

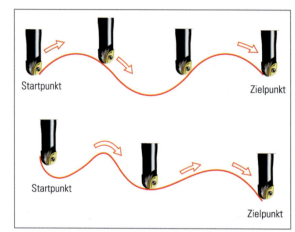

3 Beispiele für Splines

Bei der **Restbearbeitung** sind meist nur noch radienförmige Übergänge fertig zu schlichten, die mit dem normalen Schlichtwerkzeug nicht herzustellen sind. Das übernehmen Fräser mit noch kleineren Durchmessern und Eckenradien. So gibt es beispielsweise Schaftfräser von 0,6 mm Durchmesser d_1 mit einem Eckenradius R von 0,06 mm (Bild 2).
Die gesamte Bearbeitungszeit für die Schmiedegesenkhälfte beträgt 20 Stunden und 10 Minuten.

2.1.5 Stabilität und Präzision der Werkzeugmaschine

Die zum Hartfräsen genutzten CNC-Fräsmaschinen verfügen meist über fünf gesteuerte Achsen[1] mit hohen **Beschleunigungswerten** *(acceleration values)*. Sehr gute **Maschinensteifigkeiten** *(machine rigidity)* und **präzise Führungen** sind erforderlich, damit es zu keinen unzulässigen Verformungen, Schwingungen oder Vibrationen kommt, die sich negativ auf das Werkstück auswirken. Zusätzlich müssen die CNC-Fräsmaschinen sehr hohe Drehzahlen (z. B. 30000/min) zur Verfügung stellen. Gleichzeitig sind Anfangs- und Endpunkt für einen NC-Satz meist nicht weit voneinander entfernt. Bei den hohen Vorschubgeschwindigkeiten müssen die Steuerungen deshalb viele Sätze *(program blocks)* vorauslesen und über Satzverarbeitungszeiten verfügen, die kleiner als 1 ms sind. Die Interpolation von Splines ist wünschenswert. Splines sind Kurven (Bild 3), die durch mathematische Funktionen höheren Grades beschrieben werden.

2.1.6 Anforderungen an das CAM-System

Zur Generierung der CNC-Sätze ist ein leistungsfähiges CAM-System erforderlich, das aufgrund vorhandener CAD-Daten die CNC-Programme erzeugt. Beim Hartfräsen besteht durch die höheren Schnittkräfte die Gefahr, dass das Werkzeug schnell

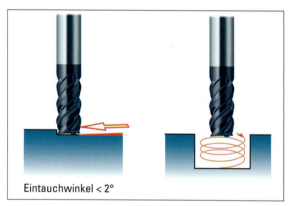

4 Eintauchen bei der Hartbearbeitung

verschleißt oder bricht. Deshalb hat das CAM-System u. a. folgende Anforderungen zu erfüllen:
- reine Gleichlaufbearbeitung *(down cut machining)* ermöglichen
- konstantes Zerspanungsvolumen gewährleisten
- Schnittunterbrechungen *(interrupted cut)* vermeiden
- unterschiedliche Frässtrategien anbieten
- weiches Ein- und Ausfahren (Bild 4) ermöglichen
- weiche Bahnverbindungen wie z. B. Trochoidbearbeitung von Konturen gestatten (Seite 333 Bild 1)
- Maschine und Arbeitsraum simulieren und Kollisionsbetrachtungen durchführen

[1] siehe Lernfeld 10 Kap. 3.1

2.2 Präzisions-Hartdrehen

> **MERKE**
> Präzisions-Hartfräsen ist eine Feinbearbeitung und stellt erhöhte Anforderungen an Werkzeuge, Fräsmaschine und deren Steuerung sowie das eingesetzte CAD-CAM-System.

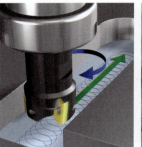

1 Die Trochoidbearbeitung von Nuten erfolgt im Gleichlauf bei möglichst gleichen Schnittbedingungen

2.2 Präzisions-Hartdrehen

Rotationssymmetrische Bauteile, von deren Oberflächen hohe Härte und Oberflächenqualität gefordert werden, wie das z. B. bei Kernen, Schiebern oder Führungen im Werkzeugbau der Fall ist, können mit Präzisions-Hartdrehen *(precision hard turning)* hergestellt werden.

Das Präzisions-Hartdrehen gehört zu den Feinbearbeitungsverfahren, womit
- Oberflächenqualitäten von $R_z < 1{,}5$ μm bzw. $R_a < 0{,}2$ μm,
- ISO-Toleranzgrade bis IT3 und
- Form- und Lagetoleranzen bis 0,5 μm zu erreichen sind.

Gegenüber dem Schleifen hat das Hartdrehen (Bild 2) folgende Vorteile:
- Es lassen sich komplexe Konturen drehen, die beim Schleifen oft Formschleifscheiben erfordern. Dadurch sinken die Werkzeugkosten erheblich.
- Mehrere Bearbeitungen lassen sich in der gleichen Einspannung durchführen. Dadurch lassen sich kleine Lagetoleranzen *(orientation and location tolerances)* verwirklichen. Gleichzeitig verkürzen sich die Rüst- *(machine set-up times)*, Bearbeitungs- und Durchlaufzeiten, wodurch Zeiteinsparungen bis zu 80 % möglich sind.
- Hartdrehen ist in vielen Fällen ein trockenes und umweltfreundliches Verfahren, bei dem die Entsorgung von Schleifschlamm *(abrasive slurry)* und Kühlschmiermittel entfällt.

> **MERKE**
> Hartdrehen ist ein Feinbearbeitungsverfahren, das mit dem Schleifen konkurriert.

Beim Präzisions-Hartdrehen werden Oberflächen fertiggedreht, die vorher oft randschichtgehärtet[1] wurden. Um die Härte der Oberflächen auch nach der Zerspanung noch zu gewährleisten und um günstige Schnittverhältnisse zu erreichen, wird nur

2 Hartdrehen

noch eine dünne Schicht durch Hartdrehen abgetragen. Daher sind die Schnitttiefen meist kleiner als 0,3 mm. Entscheidend für das Hartdrehergebnis und die Prozessoptimierung sind die folgenden Faktoren:

2.2.1 Schneidstoff und Schneidplattengeometrie

Als **Schneidstoff** *(cutting material)* wird kubisches Bornitrid (CBN) mit keramischem Binder am häufigsten für Hartdrehprozesse benutzt (Bild 3). Wegen seiner hohen Warmhärte und Verschleißfestigkeit sowie seiner chemischen Neutralität

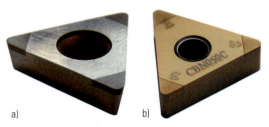

3 CBN-Schneidplatten a) unbeschichtet und b) beschichtet

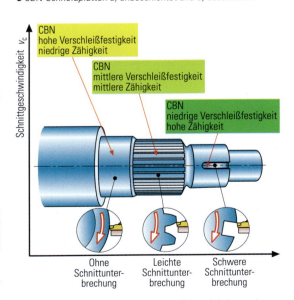

4 Auswahl von CBN-Schneidplatten in Abhängigkeit von den Schnittbedingungen

[1] siehe Seite 190 ff.

gegenüber den Stählen ist es besonders gut geeignet. Die Schneidstoffhersteller bieten es in verschiedenen Graden und Güteklassen an. Die Auswahl erfolgt aufgrund des zu bearbeitenden Werkstoffs, dessen Härte und den vorliegenden Schnittbedingungen (Seite 333 Bild 4) in Abstimmung mit dem Schneidstoffhersteller. Oft werden vor Ort Schneidstoffe verschiedener Hersteller am gleichen Werkstück getestet, bevor eine endgültige Entscheidung für einen Schneidstoff getroffen wird.

Die Zerspanung der harten Oberfläche erfordert eine besonders stabile Schneide, deren Spitze möglichst verschleißfest ist und nicht ausbricht. **Negativplatten mit entsprechenden Fasen** (Bild 1) erfüllen diese Aufgaben am besten, wobei die Verrundung der Schneidkante für zusätzliche Stabilität der Schneide sorgt.

Werkzeuge mit größeren Schneidenradien liefern bessere Oberflächenqualitäten als solche mit kleinen Radien. Diese **spezielle Schneidengeometrie** (Bild 2) – oft auch als **Wiper-Geometrie** bezeichnet – hat neben dem normalen Schneidenradius r_ε einen weiteren Übergangsradius R_W. Dieser zweite Radius bewirkt bei gleichem Vorschub, dass sich die Oberflächenqualität wesentlich verbessert. Soll die Oberflächenqualität beibehalten werden, kann der Vorschub verdoppelt (z. B. 0,3 mm) und die Fertigungszeit wesentlich verkürzt werden.

Das Präzisions-Hartdrehen erfolgt bei hohen Schnittgeschwindigkeiten (bis ca. 250 m/min), sodass die Späne oft **glühen**, wodurch sie an Festigkeit verlieren. Dadurch gleiten sie besser über die Spanfläche und der Verschleiß an der Spanfläche wird gemindert. Da Kühlschmierstoffe sich auf diesen Prozess negativ auswirken, wird **trocken gespant**. Durch die hohen Schnittgeschwindigkeiten wird die entstehende Wärme vorrangig über den Span abgeführt. Es ist darauf zu achten, dass möglichst wenig Wärme in die Werkstückoberfläche dringt, damit keine Gefügeänderungen wie z. B. „weiße Schicht"[1)] entstehen, die die Härte mindern.

2.2.2 Stabilität der Werkzeug- und Wendeschneidplattenaufnahmen

Wenn die Einspannlänge l eines Drehmeißels bei gleich großer Schnittkraft F verdoppelt wird, steigt seine Durchbiegung δ um das Achtfache (Bild 3). Die Durchbiegung ist somit proportional zu l^3. Das macht deutlich, dass die Einspannlänge so kurz wie möglich zu wählen ist. Außerdem sind Werkzeugschäfte mit möglichst großem Querschnitt bzw. Durchmesser d zu verwenden (Bild 4), damit das Durchbiegen und Verdrehen auf ein Minimum reduziert wird.

Zusätzlich zu der starken Werkzeughalter-Spannung erfordert das Hartdrehen auch eine stabile Schneidplattenspannung. Ein

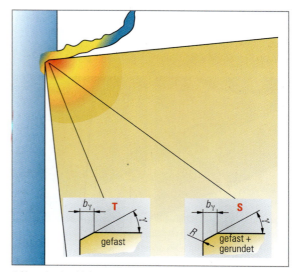

1 Negativschneidplatte

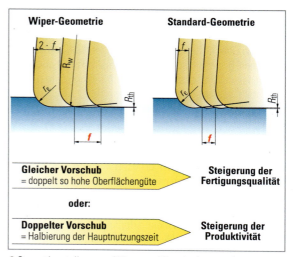

2 Gegenüberstellung von Wiper- und Standardgeometrie

3 Elastische Durchbiegung am Drehmeißel

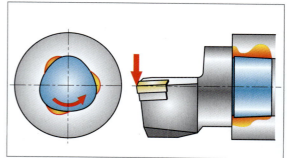

4 Spannungsverlauf

[1)] siehe Kap. 3.2.7

2.2 Präzisions-Hartdrehen

Beispiel dafür zeigt Bild 1, bei dem die Schneidplatte gegen drei Flächen des Halters gepresst wird.

2.2.3 Stabilität des Werkstücks

Durch die gehärteten Bauteile und die negativen Spanwinkel entstehen große **Passivkräfte**[1] *(passive forces)*, die einerseits vom Werkstück aber auch von den Spannmitteln aufzunehmen sind. Für den Hartdrehprozess ungeeignet sind Werkstücke, die aufgrund mangelnder Eigenstabilität den Schnittkräften nicht standhalten. Die Stabilität des Werkstückes ist beim Hartdrehen meist gewährleistet, wenn das Längen-Durchmesser-Verhältnis 2 : 1 ohne Reitstockverwendung bzw. 4 : 1 mit Reitstockverwendung nicht überschreitet.

Eine präzise Bearbeitung des Werkstücks im ungehärteten Zustand bzw. **Weichbearbeitung**, die an die Anforderungen des Hartdrehens angepasst ist, ist die Voraussetzung für eine funktionierende Hartbearbeitung. Bei der Weichbearbeitung sind folgende Aspekte zu beachten:

- hohe Maßgenauigkeit und gleichmäßige Bearbeitungszugabe für das Hartdrehen
- Gratfreiheit
- angefaste Bohrungen
- möglichst keine scharfkantigen Übergänge

2.2.4 Stabilität der Spannmittel

Das Spannmittel muss das Drehmoment übertragen und das Werkstück zentrisch aufnehmen, ohne es unzulässig zu verformen. Dünnwandige Werkstücke erfordern größte Sorgfalt beim Spannen. Herkömmliche Dreibackenfutter können die Rundheit des Werkstücks gefährden, weil die Spannkräfte punktuell angreifen (Bild 2a). Breite Spannbacken verteilen Spannkräfte auf größere Flächen, wodurch eine höhere Formgenauigkeit entsteht (Bild 2b).

2.2.5 Stabilität und Präzision der Werkzeugmaschine

Durch hohe Maschinensteifigkeit und -stabilität werden die Kräfte und Drehmomente sicher aufgenommen, ohne dass es

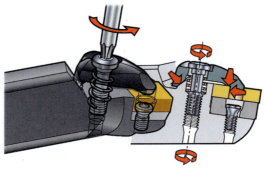

1 Schneidplattenspannung und Sicherung gegen drei Flächen

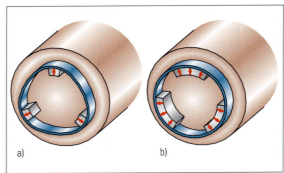

2 a) Falsches und b) richtiges Spannen dünnwandiger Werkstücke

zu unzulässigen Verformungen, Schwingungen oder Vibrationen kommt, die sich negativ auf das Werkstück auswirken. Der **Spindelrundlauf** *(concentric run-out of spindle)*, die Führung und die Positionierung der Schlitten sowie die Schwingungsdämpfung *(vibration absorption)* des Maschinenbettes müssen höchsten Ansprüchen genügen.

> **MERKE**
>
> Je höher die Stabilität des gesamten Bearbeitungssystems, desto besser können die gewünschten Toleranzen und Oberflächen erreicht werden.

ÜBUNGEN

1. In welchem Härtebereich liegen die Stähle, die durch Präzisions-Hartdrehen und -Hartfräsen bearbeitet werden?
2. Nennen Sie Ziele, die durch das Präzisions-Hartfräsen erreicht werden.
3. Durch welche Maßnahmen wird die Stabilität des eingespannten Fräsers und seiner Schneide erhöht?
4. Beschreiben Sie Maßnahmen, durch die die Rundlauffehler minimiert werden.
5. Warum ist ein konstantes Aufmaß so wichtig für das Präzisions-Hartfräsen?
6. Nennen Sie Anforderungen, die eine Werkzeugmaschine für das Hartfräsen erfüllen muss.
7. Über welche Eigenschaften soll ein CAM-System bei der Erzeugung der CNC-Programme verfügen?
8. Nennen Sie Vorteile des Hartdrehens gegenüber dem Schleifen.
9. Begründen Sie, warum beim Hartdrehen oft Negativplatten aus CBN eingesetzt werden.
10. Skizzieren Sie eine Schneidengeometrie, durch die die Oberflächenqualität wesentlich verbessert wird.

[1] siehe Lernfeld 5 Kap. 2.5.1

3 Funkenerodieren

Die stufenförmigen und konischen Senkungen in dem Formeinsatz (Bild 1) lassen sich durch Fräsen schlecht herstellen, weil die relativ scharfen Kanten manuell nachgearbeitet werden müssten. Mithilfe der Funkenerosion *(Electrical Discharge Machining: EDM)* ist es möglich, die konischen Senkungen *(conical countersinks)* scharfkantig abzutragen.

> **MERKE**
>
> Durch Funkenerodieren werden komplizierte Senkungen und Durchbrüche in elektrisch leitende Werkstoffe wirtschaftlich hergestellt, wobei die Härte und die Zerspanbarkeit *(machinability)* des Materials unbedeutend sind.

- Beim **Senk- und Planetärerodieren** *(die-sink/planetary electrical dscharge machining)* (Bild 2a) ist eine Elektrode erforderlich, die das Gegenstück zur Senkung darstellt.
- Beim **Drahterodieren** *(wire-cut electrical discharge machining)* der Senkelektrode (Bild 2b) wird ein endloser Draht als Elektrode genutzt.

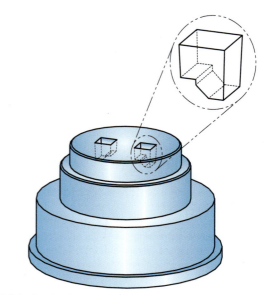

1 Scharfkantige Senkungen in Formeinsatz

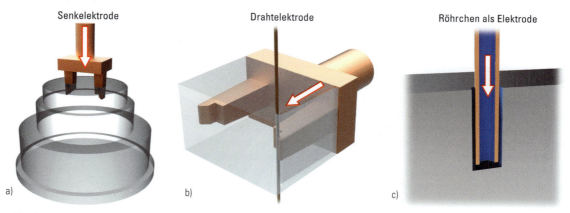

2 Erodierverfahren: a) Senkerodieren, b) Drahterodieren, c) Bohrerodieren

- Beim **Bohrerodieren** *(drilling electrical discharge machining)* (Bild 2c) dient ein Röhrchen als Elektrode.

3.1 Grundlagen

3.1.1 Physikalisches Prinzip

Funkenerodieren nutzt elektrische Energie zum Abtragen des Werkstoffs. Der Generator der Funkenerosionsmaschine (Seite 337 Bild 1) stellt eine **pulsierende Gleichspannung** (Seite 337 Bild 2) zur Verfügung. Bei dem ebenfalls **pulsierenden Gleichstrom** entstehen **Funken** *(sparks)* im Spalt zwischen Elektrode und Werkstück. Während des Stromflusses entstehen Temperaturen bis 10000 °C. Material wird vorrangig vom Werkstück aber auch von der Elektrode abgetragen, es verdampft. Es bildet sich aufgrund der Materialverdampfung im Dielektrikum *(dielectric)* eine Gasblase, deren Druck sehr stark ansteigt. Nach dem Unterbrechen der Spannung führt das plötzliche Absinken der Gasblasentemperatur zu deren Zusammenbruch. Dadurch wird das geschmolzene Material aus den Oberflächen herausgeschleudert. Es entstehen Krater *(craters)* an den Oberflächen. Die Zeit der Spannungsunterbrechung wird zum Abtransport der kleinen festen Partikel genutzt. Die folgenden elektrischen Kenngrößen beeinflussen den Erodierprozess:

- Die **Zündspannung** *(sparking voltage)* ist die höchste auftretende Spannung. Sie tritt auf, bevor der Strom fließt.
- Die **Entladespannung** *(discharge voltage)* tritt nach dem Zünden während der Entladung auf, d. h., wenn der Strom fließt.
- Der **Entladestrom** *(discharge current)* fließt während der Entladung.
- Die **Impulsdauer** *(pulse duration)* legt die Zeit fest, in der der Spannungsimpuls wirkt.
- Die **Zündverzögerungszeit** *(ignition delay time)* ist die Zeit vom Beginn des Spannungsimpulses bis zum Zünden, d. h. bis zum Stromanstieg.

3.1 Grundlagen

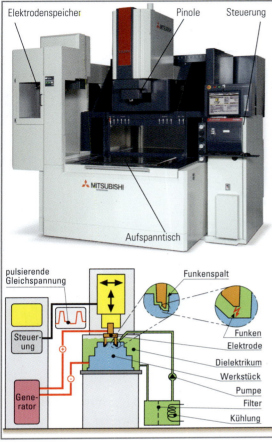

1 Funkenerosionsmaschine für das Senkerodieren
Unten: Prinzipieller Aufbau

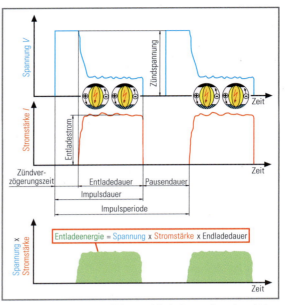

2 Spannung, Stromstärke, Zeiten und Entladeenergie während einer Funkenentladung

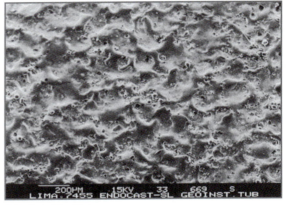

3 Erodierte Oberfläche

- Die **Entladedauer** *(discharge time)* ist die Zeit des Stromflusses (der Entladung).
- Die **Pausenzeit** bzw. **-dauer** *(idle time)* liegt zwischen zwei Spannungsimpulsen.
- Die **Impulsperiode** *(impulse period)* ist die Zeit vom Einschalten eines Spannungsimpulses bis zum Einschalten des nächsten. Sie umfasst Impulsdauer und Pausenzeit.
- Die **Entladeenergie** *(discharge energy)* gibt die Größe der während einer Entladung umgesetzten Energie im Funkenspalt *(spark gap)* an. Sie hat bestimmenden Einfluss auf die Vorgänge im Funkenspalt.

Beim Auftreffen der Funken auf das Werkstück werden Werkstoffpartikel abgetragen bzw. erodiert. Da ein Impuls nicht nur einen Funken sondern sehr viele erzeugt, entsteht die für das Erodieren typische muldenförmige, narbige *(pitted)* Oberfläche (Bild 3).

Zur Beurteilung des Bearbeitungsergebnisses werden folgende technologische Kenngrößen genutzt[1]:

- Die **Abtragsrate** V_W *(removal rate)* ist das pro Zeiteinheit abgetragene Werkstückvolumen, es wird auch als **Abtrag** bezeichnet.
- Die **Verschleißrate** V_E *(rate of wear)* ist das pro Zeiteinheit an der Elektrode abgetragene Volumen, es wird auch als Elektrodenverschleiß oder **Abbrand** bezeichnet.
- Der **relative Verschleiß** ϑ *(relative wear)* ist das Verhältnis von Verschleißrate zu Abtragsrate in Prozent.

$$\vartheta = \frac{V_E}{V_W}$$

ϑ: Relativer Verschleiß
V_E: Verschleißrate
V_W: Abtragsrate

3.1.2 Dielektrikum

Die für den Funken benötigte Spannung lässt sich nur aufbauen, wenn der Spalt zwischen Elektrode und Werkstück mit einer isolierenden (dielektrischen) Flüssigkeit – dem Dielektrikum – gefüllt ist. Die zweite Aufgabe des Dielektrikums ist das

[1] siehe VDI 3400

Wegspülen der abgetragenen Werkstoffpartikel. Sie dürfen nicht in der Erodierzone bleiben, weil dadurch die Leitfähigkeit vergrößert wird und es z. B. zur Entstehung eines Lichtbogens kommen kann. Deshalb muss das Dielektrikum kontinuierlich durch den Spalt gepumpt und anschließend gefiltert werden. Das Kühlen von Werkstück und Elektrode ist die dritte Aufgabe des Dielektrikums. Am Werkstück entstehen beim Funkenübergang Temperaturen bis zu 10000 °C. Um eine Überhitzung zu vermeiden, ist eine Kühlung unerlässlich. Die vierte Aufgabe des Dielektrikums ist die Begrenzung des Entladekanals, damit die nächste Entladung an einer anderen Stelle erfolgt und somit ein gleichmäßiger Abtrag stattfindet.

> **MERKE**
> Als Dielektrika werden
> - entionisiertes Wasser und
> - Kohlenwasserstoffverbindungen (Öle) genutzt

Entionisiertes Wasser ist gegenüber Ölen dünnflüssiger und somit für engere Funkenspalte geeignet ebenso ist die Kühlwirkung besser. Das dickflüssigere Öl transportiert die Werkstoffpartikel besser von der Wirkstelle.
Dielektrika und Erodierschlämme sind wassergefährdende **Gefahrstoffe** *(dangerous substances)*. Deshalb sind bei deren Lagerung, Umgang, Einsatz und Entsorgung die geltenden gesetzlichen Regelungen und Richtlinien zu beachten.

3.2 Senk- und Planetärerodieren

Zum Senkerodieren *(die-sink EDM)* werden Elektroden benötigt, die mindestens um den Betrag des Funkenspalts kleiner als die Senkung sind. Der Funkenspalt kann an Seiten- und Stirnflächen unterschiedlich sein (Bild 1).
Durch die Eingabe von
- geforderter Oberflächenqualität des Werkstücks,
- Werkstückwerkstoff,
- Elektrodenwerkstoff und
- Größe der Elektrodenstirnfläche

ergibt sich die Größe des Funkenspaltes.

> **MERKE**
> Der Funkenspalt liegt beim Senkerodieren meist zwischen 0,02 mm und 0,2 mm. Beim Schruppen entstehen die größeren und beim Schlichten die kleineren Funkenspalte.

Während sich beim reinen **Senkerodieren** *(die-sink EDM)* die Elektrode nur in einer geradlinigen Bewegung in das Werkstück bewegt, wird beim **Planetärerodieren** *(planetary EDM)* (Bild 2) die geradlinige Bewegung in der Z-Achse durch Translationsbewegungen in der X-Y-Ebene überlagert. Die räumliche Bewegung beim Planetärerodieren verbessert die Arbeitsbedingungen und die Arbeitsergebnisse. Besonders vorteilhaft ist die Möglichkeit, Schruppen und Schlichten mit derselben Werkzeugelektrode durchzuführen. Das Schlichten erfolgt gegenüber dem Schruppen mit geringerer Entladeenergie, sodass

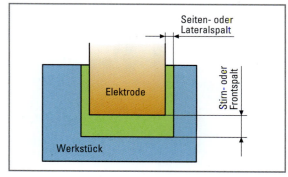

1 Seiten- und Stirnfunkenspalt beim Senkerodieren

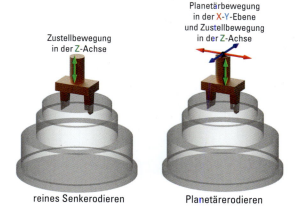

2 Vergleich von Senk- und Planetärerodieren

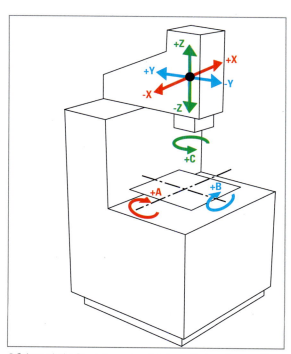

3 Schematische Darstellung einer 6-Achsen-Senkerodiermaschine

3.2 Senk- und Planetärerodieren

1 a) Kreisendes, halbkugelförmiges Planetärsenken
b) Sternförmiges und quadratisches Planetär-Aufweiten
c) Kegeliges Planetärsenken

die Spaltweite zwischen Werkzeugelektrode und Werkstück kleiner ist. Dies ist beim reinen Senkerodieren nur durch Austausch der Werkzeugelektrode möglich. Beim Planetärerodieren kann es durch die Translationsbewegung mit einer Elektrode erreicht werden. Zusätzlich verbessern sich die Spülbedingungen durch die Translationsbewegungen.

Moderne Senkerodiermaschinen besitzen die Möglichkeit zum Planetärerodieren. Dazu benötigen sie mehrere CNC-gesteuerte Achsen (Seite 338 Bild 3). Planetär-Senken und Planetär-Aufweiten (Bild 1) gibt es in den unterschiedlichsten Formen. Verschiedene Auslenkmöglichkeiten (Auslenkorbits) stehen für das Planetärerodieren zur Verfügung (Bild 2). Sie ermöglichen es, mit relativ einfachen Elektroden schwierigere Konturen herzustellen (Bild 3). Die Erodiermaschinenhersteller haben in den Steuerungen sehr viele Erfahrungswerte hinterlegt, sodass die Programmierung der Konturen und Prozesse auf relativ einfache Weise im Dialog an der Maschine oder am Programmierplatz erfolgt.

Durch die **Auslenkbewegungen** *(deflection movements)* beim Planetärerodieren muss die Elektrode allseitig um den Betrag des Funkenspaltes und des Auslenkmaßes gegenüber dem Fertigmaß des Werkstücks verkleinert werden (Bild 4).

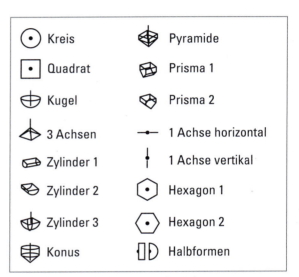

- Kreis
- Quadrat
- Kugel
- 3 Achsen
- Zylinder 1
- Zylinder 2
- Zylinder 3
- Konus
- Pyramide
- Prisma 1
- Prisma 2
- 1 Achse horizontal
- 1 Achse vertikal
- Hexagon 1
- Hexagon 2
- Halbformen

2 Auswahl von Auslenkmöglichkeiten (Orbits)

MERKE
Beim Planetärerodieren setzt sich das Elektrodenuntermaß aus der Summe von Auslenkmaß und Funkenspalt zusammen.

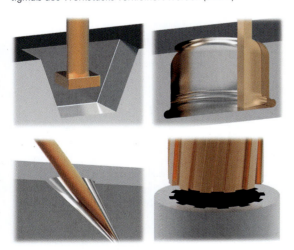

3 Möglichkeiten des Planetärerodierens mit einfachen Elektroden

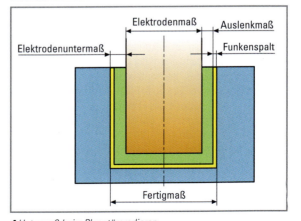

4 Untermaß beim Planetärerodieren

3.2.1 Elektrodenkonstruktion, -werkstoffe und -herstellung

Die formgebenden Werkzeugoberflächen der Formplatte (Bild 1) einer Spritzgießform wurden durch HSC-Fräsen hergestellt. Es fehlen jedoch noch die Konturen für die dünnen Rippen des Spritzgussteils (Bild 2), die durch Planetärerodieren herzustellen sind.

Da bei der Formplatte immer nur die Rippenbereiche zu erodieren sind, wird nicht eine Gesamtelektrode konstruiert, wie das z. B. bei der Elektrode für die Druckgussform einer Autofelge (Bild 3) der Fall ist. Stattdessen werden Einzelelektroden für die jeweiligen Bereiche (Bild 4) geplant. Durch diese Maßnahme

1 Gefräste Formplatte einer Spritzgießform ohne Rippen, aufgespannt auf dem Tisch einer Senkerodiermaschine

Schlichtelektrode

Autofelge

3 Im Druckguss hergestellte Autofelge und Schlichtelektrode für das Planetärerodieren

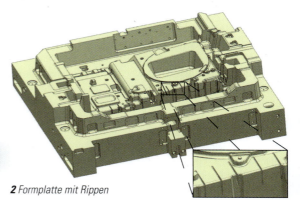

2 Formplatte mit Rippen

wird nicht nur Elektrodenwerkstoff eingespart, sondern es sind beim Erodierprozess auch geringere Elektrodenmassen zu bewegen und es entstehen günstigere Spülbedingungen.

Mithilfe der vorhandenen CAD-Daten[1] der Formplatte sind die Elektrodengrößen und -positionen festzulegen. Anschließend werden die formgebenden Elektrodenkonturen im CAD-System abgeleitet. Für jeden Rippenbereich werden jeweils eine Schrupp- und eine Schlichtelektrode benötigt. Exemplarisch wird im Folgenden das Erodieren von einem Bereich mit fünf Rippen betrachtet (Bild 5).

Bei der Elektrodenplanung ist deren Untermaß *(undersize)* für das Planetärerodieren festzulegen, wobei dieses nicht nur von den oben beschriebenen Faktoren abhängt, sondern es sind auch die Wandstärken der Elektrodenrippen zu berücksichtigen. Wenn z. B. eine Rippenwandstärke von 1 mm im Werkstück gefordert wird, sollte das Untermaß keine 0,4 mm betragen, weil dann die Rippe an der Elektrode nur noch 0,2 mm dick würde. Diese Rippendicke wäre für das Planetärerodieren zu dünn, weil die Bruchgefahr sehr groß ist. Bei einer Rippendicke von 10 mm kann das Untermaß durchaus 0,5 mm betragen, ohne dass die Rippenstabilität gefährdet ist. Aufgrund von Erfahrungen legt die Fachkraft das Untermaß der Elektrode fest. Für entsprechend stabile Elektrodenwandstärken wird z. B. für das Schruppen ein Untermaß von 0,5 mm und für das Schlichten ein Untermaß von 0,3 mm gewählt. Für die betrachteten Elektroden mit Rippen, die Fertigmaße von 2 mm erodieren sollen, werden für die

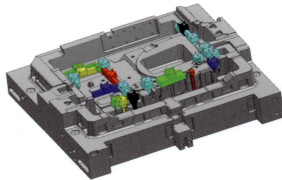

4 Geplante Einzelelektroden für die Formplatte

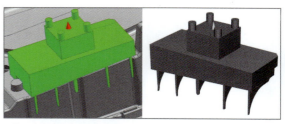

5 Einzelelektrode für fünf formgebende Rippen

Bei der Planung und Konstruktion der Elektrode wird die Größe des Untermaßes der Elektrode festgelegt.

---

[1] siehe Lernfeld 10 Kap. 2

3.2 Senk- und Planetärerodieren

Elektroden-werkstoff	Werkstück-werkstoff	Eigenschaften und Besonderheiten	Preis	Dichte in kg/dm³	Anwendung
Graphit	Stahl Buntmetalle Titan	■ sehr geringer Verschleiß ■ sehr hoher Materialabtrag ■ sehr geringe Wärmedehnung ■ leicht und schnell zu bearbeiten ■ keine inneren Spannungen, die zu Verzug der Elektrode führen können	+	ca. 2,3	Schruppen mit grobkörnigen und Schlichten mit feinkörnigen Sorten
Elektrolyt-kupfer	Stahl	■ geringer Verschleiß ■ hoher Materialabtrag ■ große Wärmedehnung ■ sehr dünne Stege oder schlanke Zylinder können sich durch innere Spannungen verziehen	−	ca. 8,9	Poliererodieren
Wolfram-Kupfer-Legierung	Hartmetall	■ erste Wahl bei der Bearbeitung von Hartmetall	++	ca. 14...17	Schruppen und Schlichten

1 Elektrodenwerkstoffe und ihre Eigenschaften

Schruppelektrode 0,3 mm und für die Schlichtelektrode 0,2 mm Untermaß festgelegt.

Für das spätere Positionieren der Elektroden beim Erodieren ist höchste Genauigkeit erforderlich, weil sehr genaue Werkstücke zu fertigen sind. Von der ersten Bearbeitungsstufe der Elektroden bis zu deren Aufnahme in der Senkerodiermaschine muss ihre exakte Positionierung gewährleistet sein. Diese Aufgabe übernehmen **Elektrodenhalter** *(electrode mounts)*, die nachher die Verbindung zwischen den Elektroden und dem **Schnellspannfutter** *(keyless chuck)* der Senkerodiermaschine bilden. Bei der Konstruktion werden schon die Elektrodenhalter mit eingeplant. Wenn der Elektrodenhalter mit Elektrode im Schnellspannfutter sitzt, liegt der Halternullpunkt mittig auf der Stirnfläche des Spannfutters. Im CAD-System liegt dieser an der Spitze des dargestellten Kegels (Seite 340 Bild 5). Dieser Kegel ist am realen Elektrodenhalter nicht vorhanden, seine Spitze lässt sich aber im CAD-System sehr leicht identifizieren. Wenn alle Elektroden konstruiert sind, liegen alle Elektrodenhalternullpunkte im Werkstückkoordinatensystem fest. Sie sind die Zielpunkte für das spätere Senkerodieren.

Die Elektrodenkonstruktion definiert die Zielpunkte für das Senkerodieren.

Graphit, Elektrolytkupfer und Wolfram-Kupfer-Legierungen dienen vorrangig als **Elektrodenwerkstoffe** *(electrode materials)* (Bild 1).

Die Wahl des Elektrodenwerkstoffs hängt ab von
■ dem Werkstoff des Werkstücks,
■ dem Verschleißverhalten,
■ dem Materialabtrag,
■ der Elektrodengröße, -form und masse,
■ der Elektrodenherstellung,
■ der gewünschten Qualität und
■ den Kosten.

Für die Elektroden zum Erodieren der Rippenbereiche in der Formplatte wird Graphit *(graphite)* gewählt.

Die **Elektrodenherstellung** erfolgt meist durch Spanen, Drahterodieren[1] (Bild 2) sowie Ur- und Umformen. Oft werden sie durch HSC-Fräsen hergestellt. Die exakte Fertigung der Elektroden ist die Voraussetzung für ein präzise herzustellendes Werkstück. Auf 5-Achs-Fräsmaschinen[2] werden bei Kupfer- bzw. Graphitelektroden mit sehr kleinen, beschichteten bzw. diamantbeschichteten Vollhartmetall- oder PKD-Fräsern[3] filigrane Konturen bei hohen Oberflächenqualitäten erzielt. Gegenüber Graphit ist Kupfer schlechter zerspanbar. Mit Kupferelektroden lassen sich beim Erodieren jedoch noch bessere Oberflächen herstellen als mit Graphitelektroden. Die sehr gute Zerspanbarkeit von Graphit, verbunden mit seiner hohen Festigkeit und Formstabilität, ermöglicht kurze Elektrodenfertigungszeiten. Dabei entstehen keine Grate und manuelle Nacharbeiten entfallen. Durch die geringen Schnittkräfte lassen sich z. B. äußerst dünne, nadelförmige Graphitelektroden herstellen. Nachteilig beim Fräsen der Graphitelektroden ist der entstehende, gesundheits-

2 Drahterodierte Kupfer- und Graphitelektroden

[1] siehe Kap. 3.3   [2] siehe Lernfeld 10 Kap. 3.1   [3] siehe Lernfeld 5 Kap. 1.2.4

1 Graphitrohling mit verschraubtem Adapter

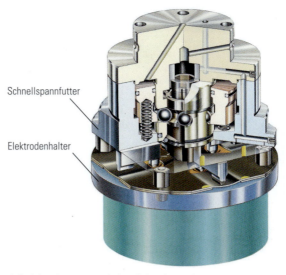

2 Funktion des pneumatischen Schnellspannfutters

Schnellspannfutter

Elektrodenhalter

schädliche Graphitstaub, der durch eine in der Fräsmaschine integrierte Feinststaubabsauganlage zu entfernen ist.

Vor dem Fräsen wird der Graphitrohling für den Bereich der fünf Rippen mit dem Elektrodenhalter verschraubt und verstiftet (Bild 1). Meist entscheidet sich ein Werkzeugbauunternehmen wegen der Einheitlichkeit für eines der auf dem Markt angebotenen Haltersysteme. Die Fräsmaschine besitzt zur Aufnahme des Elektrodenhalters bzw. der Elektrode das gleiche Schnellspannfutter (Bild 2) wie die Pinole an der Erodiermaschine. Das dargestellte pneumatische Schnellspannfutter positioniert und spannt den Elektrodenhalter präzise und schnell. Der Werkstücknullpunkt für das Fräsen der Elektrode ist identisch mit dem Elektrodenhalternullpunkt. Die CNC-Programme zum Fräsen der Elektroden werden mit einem CAD-CAM-System[1] erzeugt, wobei die Untermaße für Schrupp- und Schlichtelektrode zu berücksichtigen sind. Die Bilder 3 und 4 dokumentieren das HSC-Fräsen der Schlichtelektrode vom Schruppen über das Vorschlichten bis zum Schlichten.

3.2.2 Einrichten der Senkerodiermaschine

Nachdem das Werkstück auf dem Tisch der Senkerodiermaschine (Seite 343 Bild 1) gespannt und der Werkstücknullpunkt definiert wurde[2], werden die Elektroden für die Rippenbereiche der Formplatte in das Elektrodenmagazin eingesetzt (Seite 343 Bild 2). Für jeden herzustellenden Rippenbereich werden die Bearbeitungsbedingungen des Erodierprozesses im Dialog (Seite 343 Bild 3) eingegeben.

3 Schlichten der vorgeschruppten Graphitelektrode mit im Schnellspannfutter fixiertem Elektrodenhalter

4 Restbearbeitung der Übergangsradien bei angestellter Graphitelektrode

[1] siehe Lernfeld 10 Kap. 3.4   [2] siehe Lernfeld 7 Kap. 1.2.3

3.2 Senk- und Planetärerodieren

1 Senkerodiermaschine

- Pinole
- Aufnahme für Schnellspannfutter
- Maschinentisch
- Elektrodenmagazin

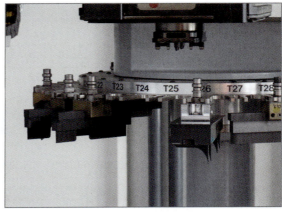

2 Bestücktes Elektrodenmagazin
(T26 ist die betrachtete Schlichtelektrode)

3 Eingabe der Bearbeitungsbedingungen für Schrupp- und Schlichtelektrode

MERKE

Die folgenden Eingaben sind Grundlagen für die automatische Bestimmung der Prozessparameter:
- Werkstoff des Werkstücks
- Werkstoff der Elektrode
- Elektrodengeometrie
- gewünschte Oberflächenqualität sowie Werkstücktoleranz
- Elektrodenuntermaße
- Erodiertiefe
- Stirnfläche der Elektrode
- Art der Spülung
- maximal zulässiger Elektrodenverschleiß

Funkenerodieren

3.2 Senk- und Planetärerodieren

Technologie Ergebnis										
Elektroden Typen										
	Unterma	Reg 15	Reg 14	Reg 13	Reg 12	Reg 11	Reg 10	Reg 9	Reg 8	Reg 7
Vdi	xx	43	39	37	35	34	32	30	29	27
Abtrag	xx	100,0	100,0	75,0	50,0	20,0	12,0	8,0	5,0	1,5
Verschleiß	xx	0,05	0,20	0,40	0,80	1,50	2,00	3,00	12,00	25,00
Frnt. Um.	xx	0,448	0,298	0,223	0,163	0,123	0,088	0,061	0,037	0,025
Lat. Um.	xx	0,299	0,279	0,203	0,144	0,104	0,069	0,042	0,025	0,015
1	0,300	<<<<<<	=======	=======	=======	>>>>>>>				
2	0,200				<<<<<<	=======	=======	=======	=======	>>>>>>>

Schruppen — Schlichten

1 Automatisch generierte Bearbeitungsstufen (15 bis 7) für die Schrupp- und Schlichtelektrode

★ Überlegen Sie!
Welche der aufgeführten Punkte sind nicht in den beiden Dialogfenstern auf Seite 343 in Bild 3 erfasst?

Aufgrund der eingegebenen Daten entsteht ein **Unterprogramm** für den Bereich der fünf Rippen. Es enthält für die beiden Elektroden verschiedene Bearbeitungsstufen. In Bild 1 ist zu erkennen, dass die Schruppelektrode (1) die Bearbeitungsstufen 15 bis 11 erodiert. Die Schlichtelektrode (2) erodiert die Bearbeitungsstufen 12 bis 7. Da diese ein kleineres Untermaß besitzt, werden die Bearbeitungsstufen 12 und 11 nochmals von der Schlichtelektrode abgearbeitet. Für die Bearbeitungsstufen werden in der obersten Zeile der Tabelle die zu erreichenden Oberflächenklassen nach VDI 3400[1] angegeben.

★ Überlegen Sie!
Welchen arithmetischen Mittenrauwert erhält die Rippenkontur nach der letzten Bearbeitungsstufe (siehe auch Seite 347 Bild 3)?

Für die verschiedenen Bearbeitungsstufen werden von der Steuerung auch die Generatordaten wie beispielsweise Entladestrom, Impuls- und Pausendauer usw. automatisch definiert. Das ist nur möglich, weil die Steuerung auf Datenbanken zurückgreift, in denen sehr viele Erfahrungswerte hinterlegt sind. Ein Paket, das alle benötigten Generatoreinstellungen für eine Bearbeitungsstufe enthält, wird als **E-Pack** bezeichnet und mit einer bestimmten Nummer gekennzeichnet. Beim Erodieren einer Bearbeitungsstufe werden dann über den Aufruf der E-Pack-Nummer die definierten Generatordaten aufgerufen. Von Bearbeitungsstufe 15 ... 7 verringern sich dann z. B. aufgrund veränderter Generatordaten die Rautiefe, der Abtrag und der laterale Funkenspalt (Bild 1), während der Verschleiß zunimmt.

MERKE
In der Erodiertechnik enthält ein bestimmtes E-Pack alle Generatordaten, die auf eine definierte Bearbeitungsaufgabe abgestimmt sind.

Nach dem Schließen der Wanne wird diese mit Dielektrikum geflutet. Das **Hauptprogramm** ruft die Unterprogramme und die dazu gehörenden Elektroden mit ihren Start- und Zielpunkten auf. Auf diese Weise werden alle Rippenbereiche der Formplatte automatisch erodiert. Das ist jedoch nur möglich, weil die Steuerung den Prozess überwacht und korrigierend eingreift.

3.2.3 Regelung und Überwachungsmechanismen an der CNC-Senkerodiermaschine

Die Senkerodiermaschinen verfügen über CNC-Steuerungen[2], die drei bis sieben Achsen gleichzeitig ansteuern (Seite 343 Bild 1). Sie überwachen den Erodierprozess kontinuierlich und optimieren ihn. Die Steuerung bzw. der **Lage- und Geschwindigkeitsregelkreis** *(position and speed control circuit)* (Bild 2) bewegt die Achsen bzw. die Elektrode vom Start- zum Zielpunkt. Dabei ist eine **Spaltweitenregelung** *(electrode-to-workpiece spacing controller)* integriert, die dafür sorgt, dass der Arbeitsspalt optimal eingehalten wird. Bei zu kleinem Funkenspalt käme es zu Kurzschlüssen, bei zu großem, offenem Spalt zum Leerlauf.

Der Erodierprozess wird so über den **Generator** geregelt, dass die Prozessparameter wie z. B. Entladestrom, Impuls- und die

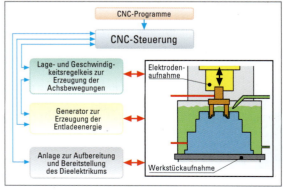

2 Funktionsschema einer Senkerodiermaschine

[1] siehe Kap. 3.2.5   [2] siehe Lernfeld 7 Kap. 1.5

3.2 Senk- und Planetärerodieren

Pausendauer ein Optimum erreichen. Während des Prozesses werden fortlaufend die Erodierbedingungen bei den Auslenkbewegungen gespeichert und analysiert. Bei jeder Auslenkung erfolgt dann Schritt für Schritt die Optimierung der Planetärerosion. Kavitäten werden dadurch exakt und schnell bei möglichst geringem Elektrodenverschleiß realisiert. Bei modernen Erodiermaschinen wird z. B. die elektrische Spannung im Funkenspalt erfasst und das Gesamtsystem (Antriebe und Generator) fortwährend so geregelt, dass möglichst optimale Erodierbedingungen und -ergebnisse entstehen.

Die **Filteranlage** *(filter system)* stellt ständig das Dielektrikum für den Erodierprozess bereit. Sie übernimmt folgende Aufgaben:
- Reinigen des mit Werkstoffpartikeln verschmutzten Dielektrikums mithilfe von Filtern
- Kühlen des Dielektrikums mittels Wärmetauscher

Bei einer **Bewegungs- oder Intervallspülung**[1] unterbricht die CNC-Steuerung den Erodierprozess, fährt die Elektrode kurzzeitig zurück und anschließend wieder in Arbeitsposition. Bei großen Elektrodenstirnflächen geschieht das Zurückziehen der Elektrode mit kontrollierter Beschleunigung, damit der entstehende Unterdruck zwischen Dielektrikum und Elektrode nicht zu

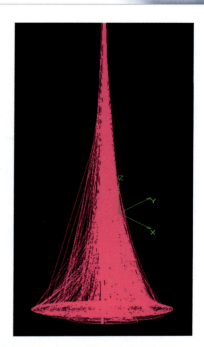

1 Bewegungen beim Planetärerodieren

2 Schlichtelektrode am Zielpunkt mit teilweise abgelassenem Dielektrikum

3 Erodierte Rippen in der Formplatte mit auf den Startpunkt zurückgezogener Graphitelektrode

große Kräfte erzeugt und die Elektrode aus ihrem Halter reißt. Bei kleinen und tiefen Einsenkungen besteht diese Gefahr nicht. Deshalb werden dabei die Elektroden während der Rückzugsbewegungen stärker beschleunigt und umgekehrt beim Wiedereintritt abgebremst. Dies senkt die Fertigungszeit und schafft gute Spülbedingungen sowie Erodierergebnisse.

Beim Einwechseln der Elektrode mit fünf Rippen ist die Wanne mit Dielektrikum gefüllt. Die Steuerung positioniert die Elektrode auf den Startpunkt innerhalb des Dielektrikums in entsprechendem Abstand oberhalb der Formplatte. Die Elektrode fährt zügig in Richtung Zielpunkt zum Werkstück. Sobald der Funkenspalt die richtige Größe hat, beginnt der Erodierprozess. Zuerst ist die Planetärbewegung in der X-Y-Ebene gering (Bild 1) und nimmt mit der Senktiefe zu. Sie erreicht kurz vor dem Zielpunkt ihr Maximum. Bild 2 zeigt die Elektrode am Zielpunkt bei weitgehend abgelassenem Dielektrikum. Die in die Formplatte erodierten Rippen (Bild 3) entsprechen in Größe, Form und Oberflächenqualität den Anforderungen.

3.2.4 Planetärerodieren in beliebiger Richtung

In den Formeinsatz (Seite 346 Bild 1) sind vier Tunnelangüsse mit Stauboden zu erodieren.

Im CAD-System werden Start- und Zielpunkt der Elektrode beschrieben (Seite 346 Bild 2), wobei genau darauf zu achten ist, dass die Elektrode am Zielpunkt mit ihrer Stirnfläche nur teilweise aus dem Formeinsatz ragt (Seite 346 Bild 3), wodurch der Stauboden des Angusses entsteht.

In der schon beschriebenen Weise geschieht das Schreiben der Unter- und Hauptprogramme. Das Erodieren erfolgt dann auf

[1] siehe Kap. 3.2.5

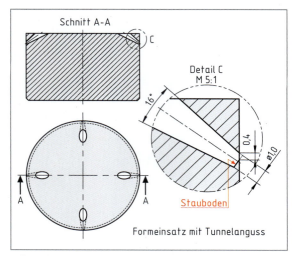

1 Formeinsatz mit Tunnelangüssen

einer Schrägen im Raum mit entsprechenden Planetärbewegungen. Bild 4 dokumentiert den Start- und Zielpunkt der kegligen Elektrode auf der Erodiermaschine.

Mit einem Draht (Bild 5), dessen Durchmesser der Größe des Angusses entspricht (⌀0,4 mm) wird überprüft, ob der Anguss die gewünschte Größe hat.

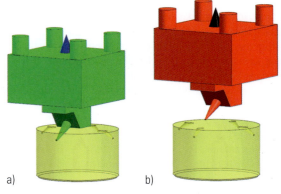

2 Elektrode: a) Zielposition b) Startposition

3 Tunnelanguss mit Stauboden

4 Elektrode: a) Startposition b) Zielposition

5 Prüfdraht im Tunnelanguss

3.2.5 Abtrag und Elektrodenverschleiß

Entladestrom, Impuls- und Pausendauer und sind die wichtigsten Einflussgrößen beim Erodieren. Ihre Auswirkungen auf den Abtrag, Elektrodenverschleiß und Rautiefe der Werkstückoberfläche sind in Bild 6 und auf Seite 347 in den Bildern 1 und 2 dargestellt.

Überlegen Sie!

Wie wird aufgrund der Bilder 6 bis Seite 347 Bild 2 die Steuerung der Prozessparameter Entladestrom, Impuls- und Pausendauer für das Schruppen festlegen?

Das **Schruppen** hat einen möglichst hohen Materialabtrag pro Minute zum Ziel, wobei die Oberflächenqualität sowie die Maß- und Formgenauigkeit von untergeordneter Bedeutung sind. Die Pausenzeit darf allerdings ein Minimum nicht unterschreiten, das zum Wegspülen der Werkstoffpartikel erforderlich ist. Das Senkerodieren nutzt vorrangig Öle als Dielektrikum, weil

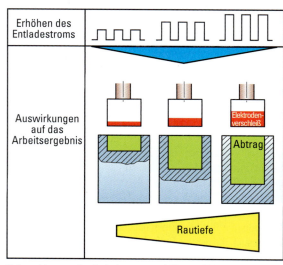

6 Auswirkungen des Entladestroms auf Abtrag, Elektrodenverschleiß und Rautiefe der erodierten Oberfläche

3.2 Senk- und Planetärerodieren

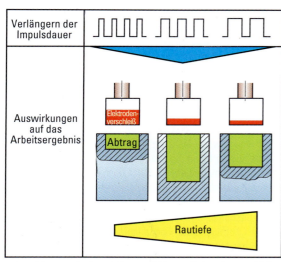

1 Auswirkungen der Impulsdauer auf Abtrag, Elektrodenverschleiß und Rautiefe der erodierten Oberfläche

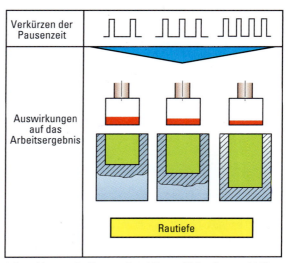

2 Auswirkungen der Pausenzeit auf Abtrag, Elektrodenverschleiß und Rautiefe der erodierten Oberfläche

dadurch keine Korrosionsgefahr besteht. Gleichzeitig dringt das gegenüber Wasser zähflüssigere Öl noch gut in den relativ großen Spalt zwischen Elektrode und Werkstück. Das Untermaß der Elektrode ist beim Schruppen am größten (z. B. 0,5 mm), damit noch eine Bearbeitungszugabe für das Schlichten bleibt.

> **MERKE**
> Der **Materialabtrag** am Werkstück steigt beim Senkerodieren mit
> - höherer Stromstärke,
> - längerer Impulsdauer und
> - abnehmender Pausenzeit.
>
> Gleichzeitig nimmt dabei die Oberflächenqualität ab.

Beim **Schlichten** stehen die Oberflächenqualität und die Maßhaltigkeit im Vordergrund. Das Untermaß ist nur ca. halb so groß wie beim Schruppen. Für die Beurteilung der Oberflächenqualität stehen speziell für das Erodieren Oberflächenvergleichsmuster *(surface comparison sample)* zur Verfügung (Bild 3). Die Vergleichsmuster enthalten Auswahlklassen, denen eine entsprechende Oberflächenqualität zugeordnet ist.

> **MERKE**
> Die **Oberflächenqualität** verbessert sich beim Senkerodieren mit
> - niedrigerer Stromstärke und
> - kürzerer Impulsdauer.

3.2.6 Spülmethoden

Die beim Funkenerosionsprozess entstehenden Abtragspartikel muss das Dielektrikum aus dem Arbeitsspalt spülen. Wenn diese Spülung nicht gut ist, können die Partikel eine Brücke zwischen der Elektrode und dem Werkstück bilden. Dies führt zu Kurzschlüssen *(short circuits)*, es entstehen Lichtbögen, die große Krater in Werkstück und Elektrode einbrennen können. Verschiedene Spülmethoden werden angewandt:

- Die **offene Spülung** *(flushing)* (Bild 4) wird am häufigsten angewandt. Sie wird eingesetzt, wenn keine zusätzlichen Spülbohrungen im Werkstück oder in der Elektrode angebracht werden können.

3 Oberflächenvergleichsmuster nach VDI 3400 für das Erodieren

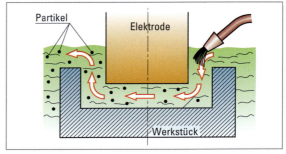

4 Offene Spülung

- Die **Druckspülung** *(jet flushing)* (Seite 348 Bild 1) ist neben der offenen Spülung die wichtigste Spülmethode. Bei ihr wird das Dielektrikum durch eine oder mehrere Bohrungen in Elektrode oder Werkstück direkt dem Arbeitsspalt zugeführt. Dabei bleiben Butzen stehen, die durch einen weiteren Arbeitsgang zu entfernen sind.

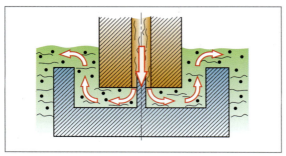

1 Druckspülung durch Elektrode

- Bei der **Saugspülung** *(vacuum flushing)* (Bild 2) wird das Dielektrikum durch Bohrungen in Werkstück oder Elektrode aus dem Arbeitsspalt abgesaugt. Dadurch werden die Abtragspartikel direkt aus dem Arbeitsspalt abgesaugt und es kommt nicht zu einer unerwünschten Erosion im Seitenspalt. Deshalb ist sie die erste Wahl bei der Endbearbeitung paralleler Seitenwände.

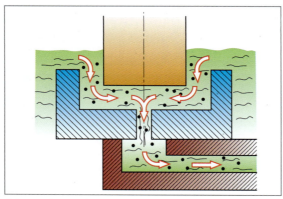

2 Saugspülung durch Werkstück

- Die **Bewegungs- bzw. Intervallspülung** *(flushing by electrode movement)* (Bild 3) pumpt durch das Abheben und Wiedereinsenken der Elektrode ständig frisches Dielektrikum in den Arbeitsspalt. Dabei wird der Erodiervorgang kurzzeitig unterbrochen. Sie eignet sich besonders bei engen und tiefen Einsenkungen[1] und kann mit anderen Spülmethoden kombiniert werden.

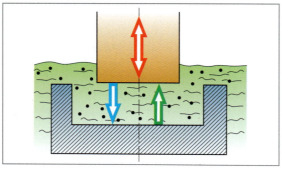

3 Bewegungs- bzw. Intervallspülung

3.2.7 Randschichtbeeinflussung

Die Funkenerosion beeinflusst die formgebende Werkzeugoberfläche ganz anders als die spanenden Bearbeitungsverfahren. Die auf die Oberfläche auftreffenden elektrischen Funken erhitzen die äußerste Schicht des Werkzeugstahls so hoch (ca. 10000 °C), dass der Werkstoff verdampft, wobei kraterförmige Mulden entstehen (siehe Seite 337 Bild 3). An der Oberfläche haften zusätzlich äußerst kleine Abtragspartikel.

Bis in eine gewisse Tiefe der Oberfläche werden dadurch das Gefüge, die Härte, der Spannungszustand und der Kohlenstoffgehalt des Stahls beeinflusst. Bild 4 zeigt einen Schnitt durch eine funkenerosiv geschruppte Oberfläche mit den verschiedenen Gefügeänderungen, die eine solche Randzone kennzeichnen. Durch die hohen Temperatureinwirkungen kann beim funkenerosiven Abtragen eine sogenannte „**weiße Schicht**" entstehen. Es handelt sich dabei um wieder erstarrte Schmelze, die je nach Abtragungsleistung (Entladeenergie) beim Schruppen zwischen 15 µm und 30 µm dick sein kann. Durch Aufnahme von Kohlenstoff, der aus dem Abbrand von Graphitelektroden oder

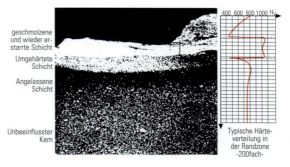

4 Schnitt durch eine senkerodierte geschruppte Oberfläche mit Gefügeänderungen. Werkstoff: X100CrMoV5-1, gehärtet auf 57 HRC

der Zersetzung des Dielektrikums vorliegen kann, versprödet die weiße Schicht zusätzlich. Damit ist oft eine Verminderung der Korrosionsbeständigkeit und Verschleißfestigkeit verbunden. In der **umgehärteten Schicht** entstanden Temperaturen, die die ursprüngliche Härtetemperatur des Stahls überstiegen. Es entsteht ein spröder Martensit[2]. In der **angelassenen Schicht** wird die Härtetemperatur nicht erreicht, sondern es findet ein unkontrolliertes Anlassen des Stahls statt. Unter der angelassenen Schicht befindet sich der **unbeeinflusste** Kern.

> **MERKE**
> Beim funkenerosiven Schruppen finden unterschiedliche Wärmebehandlungen des Werkzeugstahls statt.

Die weiße Schicht kann weder geätzt, nitriert noch beschichtet werden. Für den Werkzeugbau bedeutet das, dass sie entweder nicht entstehen darf oder entfernt werden muss. Die Verfahrensentwicklung beim Erodieren hat dazu geführt, dass weiße Schichten beim Schlichten gegen Null gehen bzw. nur eine geringe Nacharbeit erforderlich ist.

---

1) siehe auch Kap. 3.2.3 2) siehe Lernfeld 6 Kap. 3.2.1.1.1

3.3 Drahterodieren

Bei einer optimal durchgeführten funkenerosiven Bearbeitung, die aus Schrupp- und Schlichtstufen besteht, werden die beim Schruppen entstehenden Oberflächenbeschädigungen weitgehend entfernt. Eine gewisse Gefügebeeinflussung durch Wärmebehandlung bleibt jedoch bestehen. Sie hat aber in den meisten Fällen keinen Einfluss auf die formgebende Werkzeugoberfläche. Es kann sogar sein, dass die umgehärtete Schicht aufgrund ihrer großen Härte die Verschleißfestigkeit der Werkzeugoberfläche verbessert.

3.3 Drahterodieren

Beim Drahterodieren *(wire-cut EDM: WEDM)* (**Drahtschneiden**) dient endloser Draht als Elektrode (Bild 1). In Drahterodiermaschinen *(wire-cut EDM machines)* (Bild 2) wird der Erodierdraht von Rollen abgewickelt und zur oberen Drahtführung geleitet. Von hier verläuft er vorgespannt zur unteren Drahtführung (Bild 4). Zwischen den Drahtführungen befindet sich das zu erodierende Werkstück.

Da der Funkenspalt relativ klein ist (<0,01 mm), dient **entionisiertes Wasser**[1] *(de-ionised water)* mit niedriger Viskosität als Dielektrikum. Durch seine Dünnflüssigkeit ist gewährleistet, dass es den Arbeitsspalt komplett ausfüllt. Andererseits korrodieren Stähle sehr leicht bei längeren Erodierzeiten unter dem Einfluss des entionisierten Wassers. Die abgetragenen Werkstoffpartikel verunreinigen nicht nur das Dielektrikum, sondern steigern auch seine elektrische Leitfähigkeit. Daher reicht das Filtern des Wassers nicht aus, sondern es ist im Gegensatz zum Senkerodieren noch eine Deionisierung *(deionisation)* des Dielektrikums erforderlich. Dabei wird der Leitwert des Wassers auf den gewünschten Wert geregelt.

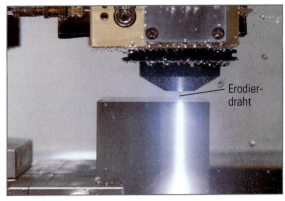

1 Drahterodieren

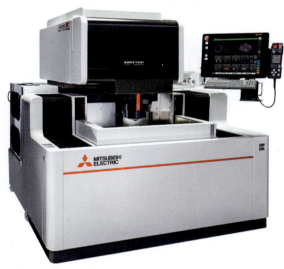

2 Drahterodiermaschine

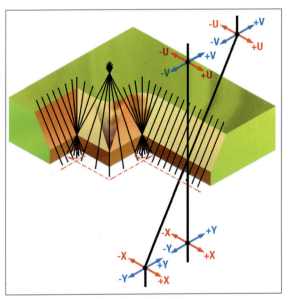

3 Drahtschneiden von konischen Werkstücken

Für das Drahterodieren konischer Werkstücke (Bild 3) ist es erforderlich, dass die obere Drahtführung andere Bahnen abfährt als die untere. Somit sind neben X- und Y-Achse für die

4 Innenraum der Drahterodiermaschine (ohne Dielektrikum) mit eingezeichneten Achsen

---

[1] elektrisch nicht leitendes Wasser, frei von Ionen, Salzen und Mineralien

untere Drahtführung (Seite 349 Bild 4) die parallelen Achsen U und W für die obere Drahtführung gemeinsam mit der Z-Achse erforderlich.

3.3.1 Fertigungsauftrag

Mit dem Schneid- und Umformwerkzeug (Bild 1) werden 0,2 mm dicke, geprägte Aluminiumfolien in einem Zug zuerst umgeformt und anschließend geschnitten. Der Schneidstempel und die Matrize des Werkzeuges sollen durch Drahterodieren bzw. -schneiden hergestellt werden. Dabei ist zwischen beiden ein Schneidspalt von 0,01 mm und eine Rautiefe von Ra 1,0 µm zu erzielen.

Die Rohlinge für Stempel und Matrize (Bild 2a) bestehen aus X153CrMoV12. Stempel und Matrize sind bis auf das Drahterodieren weitgehend fertig bearbeitet. Ihre Oberfläche wurde im Bereich der späteren Schneidkanten durch Laserhärten ca. 30 mm breit und 1,2 mm tief auf 63 HRC wärmebehandelt. Im Bild 3 ist der oberflächengehärtete Bereich als braune Spur zu erkennen. Die nach dem Drahterodieren entstehenden Schneidkanten besitzen dann die gewünschte Härte und Verschleißfestigkeit.

1 a) Stempel und b) Matritze des Feinschneidwerkzeugs

3 Gespanntes Werkstück zum Drahterodieren des Stempels

2 a) Ausgangswerkstück vor dem Drahterodieren
b) Stempel als Innen- bzw. Ausfallteil, Außenteil als Verschnitt

3.3.2 Spannen des Werkstücks und Festlegen des Werkstückkoordinatensystems

Der Rohling für den Schneidstempel wird nicht auf einem Tisch, sondern auf einem Aufspannrahmen positioniert und gespannt. Das Werkstück muss auf mindestens drei Punkten aufliegen, um eine genaue Positionierung in der X-Y-Ebene zu erreichen. Deshalb wird es diagonal auf den **Aufspannrahmen** gesetzt (Bild 3). Da der Draht das Werkstück während der Bearbeitung nicht berührt, wirken keine bemerkenswerten Kräfte auf das Werkstück. Deshalb ist es nur mit drei kleinen Spannelementen auf dem Aufspannrahmen gespannt. Kleinere Werkstücke (Bild 4) lassen sich mit speziellen Spannvorrichtungen schnell und sicher spannen.

Werkstückkoordinatensystem und -nullpunkt werden mithilfe des gespannten Erodierdrahtes festgelegt. Dazu bietet die Steuerung **Messzyklen** an. Im betrachteten Fall ist für den Schneidstempel zunächst die Richtung der X-Achse festzulegen. Der Maschinenbediener positioniert den Draht auf die Ausgangsposition für den ersten Messpunkt bzw. Messzyklus

4 Spannvorrichtung zum Drahterodieren kleinerer Werkstücke

in der Nähe der Bezugsfläche für die X-Achse (Seite 355 Bild 1). Der Steuerung teilt er mit, dass er die X-Achse des Werkstückkoordinatensystems definieren will und programmiert den Abstand der beiden Messpositionen. Danach verfährt die Steuerung den Draht in der Y-Achse so lange (1), bis dieser Kontakt zum Werkstück besitzt. Damit ist der erste Messpunkt

3.3 Drahterodieren

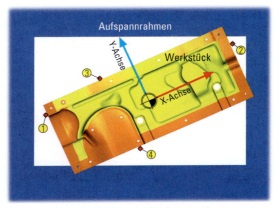

1 Messzyklus zur Achsrotation *2 Messzyklus zur Bestimmung des Werkstücknullpunkts*

bestimmt. Die Steuerung verfährt den Draht zurück auf den Ausgangspunkt (2) und anschließend um den programmierten Betrag in der X-Achse (3). Danach bewegt die Steuerung den Draht so lange in Y-Richtung (4), bis er das Werkstück berührt. Der zweite Messpunkt ist bestimmt. Damit bestimmt die Steuerung den Winkel, unter dem die X-Achse des Werkstückkoordinatensystems verläuft. Um diesen Winkel wird die X-Achse des Werkstückkoordinatensystems gedreht, sodass sie parallel zur Werkstückbezugsfläche liegt. Der Messzyklus wird durch die Abfahrbewegung (5) beendet. Da die Y-Achse des Werkstückkoordinatensystems rechtwinklig zur X-Achse liegt, steht deren Richtung auch fest. Lediglich der Ursprung des Werkstückkoordinatensystems, d. h. der Werkstücknullpunkt, liegt noch nicht fest.

Der Werkstücknullpunkt soll in der X-Y-Ebene auf der Werkstückmitte liegen (Bild 2). Dazu werden jeweils die beiden gegenüberliegenden Werkstückflächen (1) bis (4) angefahren. Die Steuerung ermittelt aufgrund der durchgeführten Messpunkte die Lage des Werkstücknullpunkts. Somit ist es möglich, die Programmierung des Drahtschnitts vorzunehmen, ohne die Schräglage des Werkstücks berücksichtigen zu müssen.

3.3.3 Drahtauswahl und -vorspannung

Um eine hohe Schneidleistung zu erzielen, muss die **elektrische Leitfähigkeit** der Erodierdrähte möglichst hoch sein. Die **Schneidrate** *(cutting rate)* ist ein Maß für die Schneidleistung und gibt die pro Zeiteinheit erodierte Fläche in mm^2/min an (Bild 3). Mit steigenden Schneidleistungen erhöhen sich die Vorschubgeschwindigkeiten *(feed rates)* des Drahtes und es sinken die Bearbeitungszeiten. Die Drähte bestehen meist aus CuZn-Legierungen und können zusätzlich noch mit Zink oder Silber beschichtet sein (Bild 4). Gegenüber den preiswerteren, unbeschichteten Erodierdrähten *(uncoated eroding wires)* sind mit den beschichteten höhere Schnittleistungen und bessere Oberflächen zu erzielen (Seite 352 Bild 1).

Der Drahtdurchmesser liegt oft zwischen 0,02 und 0,3 mm. Die entstehende Schneidspaltbreite s (Seite 352 Bild 2) ergibt sich aus der Summe von Drahtdurchmesser d und zwei Funkenspal-

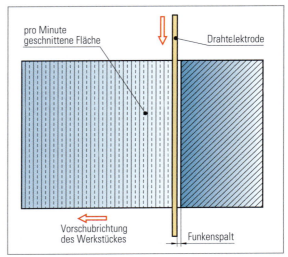

3 Schneidrate

4 Spulen mit Erodierdrähten

ten f. An den Außenkanten ist der minimale Eckenradius R durch den Drahtradius plus Funkenspalt f festgelegt, er beträgt somit die Hälfte der Schneidspaltbreite.

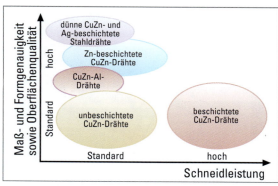

1 Auswahl der Drahtsorten in Abhängigkeit von der Schneidleistung, Maß- und Formhaltigkeit sowie Oberflächenbeschaffenheit der geschnittenen Fläche

Neben dem Erodiermaschinentyp, dem Drahtwerkstoff, den Konturradien und der Oberflächenqualität der erodierten Flächen bestimmt die Höhe des zu schneidenden Werkstücks maßgeblich den Drahtdurchmesser. Ein dünnerer Draht erlaubt nur geringe Vorspannung und Stromstärke. Daher können dünne Drähte oft nicht für die Bearbeitung dicker Werkstücke verwendet werden. Jedem Drahtdurchmesser lässt sich so ein zulässiger Werkstückdickenbereich zuordnen (Bild 3).

> **MERKE**
> Mit zunehmender Schnitthöhe bzw. der Werkstückdicke müssen die Drahtdurchmesser vergrößert werden.

Der Erodierdraht muss neben der guten elektrischen Leitfähigkeit eine hohe Zugfestigkeit besitzen, um möglichst große Vorspannkräfte aushalten zu können. Dies steigert die Maß- und Formgenauigkeit der Werkstücke. Bei CuZn-Elektrodendrähten beträgt die Zugfestigkeit etwa 1000 N/mm². Während der Bearbeitung darf die Spannung des Drahtes nur bei ca. 30 bis 40 % der Zugfestigkeit liegen, damit die Bruchgefahr gering bleibt. Auf diesen Zusammenhängen aufbauend, geben die Erodiermaschinenhersteller die **Vorspannkräfte** für die unterschiedlichen Drahtwerkstoffe und -durchmesser vor (Tab. Bild 4). Dünne, beschichtete Stahldrähte kombinieren die hohe Zugfestigkeit des Stahls mit der guten elektrischen Leitfähigkeit der Beschichtung.

Wird die Zugkraft zu gering eingestellt, kann dies zu Kurzschlüssen, einer Vergrößerung der Schneidspaltbreite, einer Verrin-

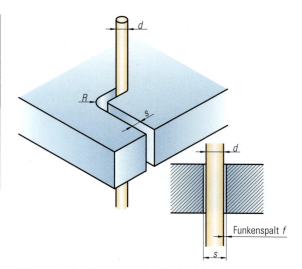

2 Schneidspalt s, Funkenspalt f und Außenradius R beim Drahterodieren

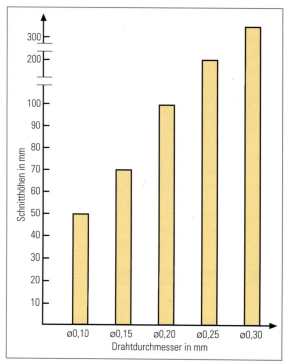

3 Drahtdurchmesser von CuZn-Legierungen in Abhängigkeit von der Schnitthöhe

gerung der Bearbeitungsgeschwindigkeit oder einer Abnahme der Bearbeitungsgenauigkeit führen. Bei einer Erhöhung der Zugkraft über den Standardwert hinaus, nimmt zwar die Wahrscheinlichkeit für einen Drahtbruch zu, aber gleichzeitig nimmt auch die Genauigkeit bei der Geraden- und Kantenbearbeitung zu.

Drahtdurchmesser in mm	Drahtvorspannkraft während der Bearbeitung in N
0,30	21 … 22
0,25	15 … 19
0,20	9,5 … 13
0,15	7 … 7,5
0,10	3,5 … 4
0,07	1,7 … 2,2
0,05	1,7 … 2,2

4 Drahtvorspannkräfte für CuZn-Erodierdrähte

3.3 Drahterodieren

> **MERKE**
> Die einzustellende Drahtvorspannkraft nimmt proportional mit dem Drahtquerschnitt zu.

Die Spulen mit den Erodierdrähten sind so zu lagern, dass sie nicht verschmutzt oder beschädigt werden. Angebrochene Spulen sind sicher und beschädigungsfrei anzubinden (Bild 1).
Für das Drahterodieren des Stempels, dessen Höhe 80 mm beträgt und dessen Übergangsradien relativ groß sind, wird ein Erodierdraht von 0,3 mm Durchmesser gewählt.

3.3.4 Technologische Informationen

Maßhaltige Werkstücke mit präzisen Flächen und hohen Oberflächenqualitäten lassen sich nicht mit **einem** Schnitt *(cut)* erodieren. Meist sind mehrere Schnitte erforderlich. Nach dem Voll- bzw. Hauptschnitt *(main cut)* erfolgen meist noch mehrere Nachschnitte *(trim cuts)* (Bild 2). Für den Vollschnitt (s. u.), bei dem aus wirtschaftlichen Gründen eine hohe Schneidrate gefordert ist, wird ein beschichteter CuZn-Draht gewählt. Für die Nachschnitte kommt der kostengünstigere unbeschichtete CuZn-Draht zum Einsatz.
Aus Tabellen oder Datenbanken der Erodiermaschinenhersteller werden für das Schneiden des Stempels technologische Daten, Anzahl der Schnitte und Aufmaße (Offsets) abgelesen. Dabei ist folgendermaßen vorzugehen:

So wird bei angebrochenen Spulen das Drahtende richtig abgebunden:

Abbindungsmöglichkeit 1

Ankleben auf dem Rand des Spulenflansches.

Abbindungsmöglichkeit 2

Bilden einer Schlaufe in Spulrichtung mit anschließendem Umlegen des Drahtes um die Spule und Durchziehen des Drahtendes durch die Schlaufe in Spulrichtung.

Unbedingt zu vermeiden:

Aufkleben auf die Wicklung.

Bildung von Schlaufen in Spulrichtung.

1 Umgang mit angebrochenen Erodierdrahtspulen

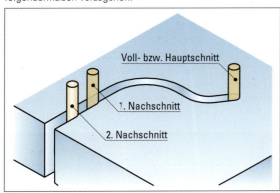

2 Voll- und Nachschnitte beim Drahterodieren

- Es wird die Tabelle (Bild 3) ausgewählt, in der die Bedingungen für das Drahtschneiden des Stempels vorliegen: Werkstückwerkstoff: Stahl, Drahtdurchmesser: 0,30 mm Drahtwerkstoff: CuZn, Höhe des Werkstücks: 80 mm.
- In der untersten Zeile der Tabelle die zu erzielende Oberflächenqualität (Ra 1,0 µm) auswählen.
- Von dort senkrecht nach oben bis in die oberste Zeile (Schneidprozess) gehen, um die Anzahl der Nachschnitte (3) bei einem Voll- bzw. Hauptschnitt zu bestimmen.
- In der zweiten Zeile der Tabelle für jeden Schnitt die jeweilige Nummer des E-Pack bestimmen: Hauptschnitt: E3081, 1. Nachschnitt: E3082, 2. Nachschnitt: E3083, 3. Nachschnitt: E3084. Durch den Aufruf des E-Pack werden im CNC-Programm die technologischen Daten (z. B. Generatordaten, Drahtspannkraft, Drahtgeschwindigkeit usw.) aktiviert.

Wire Dia. and Type	Material Type	Material Thickness	Process		
ø0,30 CuZn	STEEL	80 mm	Standard		
Cutting Process	Start Up	Rough Cut	Skim 1	Skim 2	Skim 3	Skim 4
E-pack - Number Eno	962	3081	3082	3083	3084	3085

Offset Value(s)					
Rough Cut	-------	221	-------	-------	-------	-------
Rough & 1 Skim	-------	236	156	-------	-------	-------
Rough & 2 Skims	-------	256	176	160	-------	-------
Rough & 3 Skims	-------	263	183	167	157	-------
Rough & 4 Skims	-------	266	186	170	160	157
Rough & 5 Skims	-------					
Rough & 6 Skims	-------					
Stepping Increment	-------	-------	80	16	10	3

Results					
Feedrate Cutting FC		2,2~2,7	14,0~14,9	9,3~10,3	10,0~11,3	10,0~11,3
Average Voltage Gap VG		39~43	112~118	112~117	110~117	110~117
Average Linear Feedrate ALF		147,3	125,9	103,6	89,2	78,3
Surface Finish µm Rm		19,5~20,5	14,2~14,8	11,7~12,3	6,7~7,3	4,7~5,3
Ra		2,9~3,4	2,0~2,3	1,5~1,8	0,8~1,1	0,6~0,9

3 Tabelle zur Bestimmung von Generatordaten, Schnittanzahl und Offset in Abhängigkeit von Drahtsurchmesser, Werkstoffpaarung, angestrebter Oberflächenqualität und Spülbedingungen

- Das Aufmaß (Offset) für jeden Schnitt ablesen: Hauptschnitt: 263 µm, 1. Nachschnitt: 183 µm, 2. Nachschnitt: 167 µm, 3. Nachschnitt: 157 µm (Bild 1). Im CNC-Programm wird die Sollkontur programmiert und über das im Programm definierte Aufmaß berechnet die Steuerung die Bahn für den Drahtmittelpunkt.

MERKE

Werkstückwerkstoff, Drahtdurchmesser und -werkstoff, Höhe des Werkstücks und gewünschte Qualität der zu erodierenden Fläche bestimmen die technologischen Daten, die Anzahl der Schnitte und das für jeden Schnitt erforderliche Aufmaß bzw. Offset.

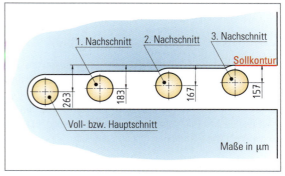

1 Aufmaße bzw. Offsets für Haupt- und Nachschnitte

3.3.5 Planung der Drahtschnitte

Im Gegensatz zum Senkerodieren, bei dem die Werkstückgeometrie weitgehend über die Elektrode definiert ist, wird beim Drahterodieren die zu schneidende Kontur über G-Funktionen *(G-codes)* beschrieben, wie sie aus der CNC-Technik[1] bekannt sind.

Der Stempel wird nicht von außen angeschnitten, damit die im Werkstück eventuell vorhandenen Spannungen während des Schnittes nicht zu einer unkontrollierten Verformung des Bauteils führen. Deshalb wird von einer Startlochbohrung (Bild 2) aus mit dem Drahtschnitt begonnen. Die Startlochbohrung von ⌀2 mm wurde durch Bohrerodieren[2] in einem Abstand von 6 mm von der Stempelkontur hergestellt, um kurze Erodierwege bis zur Kontur, verbunden mit geringen Fertigungszeiten zu erreichen.

Würde der Stempel mit einem Schnitt ausgeschnitten, könnte er durch das verbleibende Außenteil nach unten auf die Drahtführung fallen. Dieses Teil wird als Ausfallteil *(drop out piece)* bezeichnet. Damit dies nicht geschieht, bleibt das Ausfallteil, d. h. der Stempel zunächst mit dem Außenteil verbunden. Im Bild 2 ist der Stempel gelb, das Außenteil grau, der Drahtschnitt rot und die Haltestege (die Verbindung zum Außenteil) sind blau dargestellt. Da drei Haltestege von jeweils 5 mm Länge erforderlich sind, um das Ausfallteil sicher im Außenteil zu halten, werden auch drei Startlochbohrungen benötigt, die in der Nähe der Haltestege liegen. Ihre Positionen sind dem Bild zu entnehmen. Von jeder der drei Startlochbohrungen erfolgt das Anschneiden einer Teilkontur des Stempels.

Durch das Drahterodieren können sich mögliche Spannungen im Werkstück abbauen und Verformungen des Stempels entstehen. Da das Schneidspiel zwischen Stempel und Matrize nur 0,01 mm betragen soll, ist es wichtig, dass das verbleibende Aufmaß nach dem Voll- bzw. Hauptschnitt ausreicht, um die Verformungen auszugleichen. Deshalb wird die gesamte Stempelkontur, ohne die drei Haltestege zunächst mit dem Hauptschnitt erodiert. Anschließend wird mit jedem der drei folgenden Nachschnitte die gleiche Kontur erodiert, wobei die Aufmaße (Offsets) so lange abnehmen, bis die Sollkontur erreicht ist.

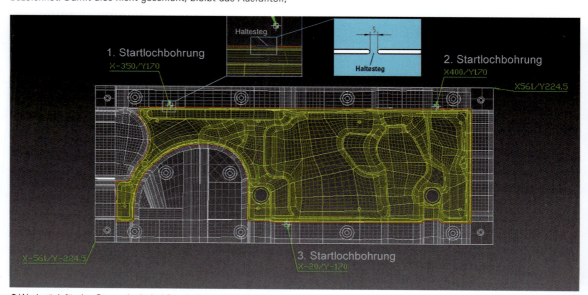

2 Werkstück für den Stempel mit drei Startbohrungen und Haltestegen

---

[1] siehe Lernfeld 7   [2] siehe Kap. 3.4

3.3.6 Aufbau des CNC-Programms

Im Folgenden wird für den ersten Teilschnitt, der in der Startlochbohrung 1 beginnt und am zweiten Haltesteg endet, die Programmierung bzw. der Aufbau von Haupt und Unterprogrammen *(subroutine)* dargestellt. Im Hauptprogramm *(main programme)* werden zunächst technologische Daten eingegeben, die für die gesamte Stempelkontur (drei Teilschnitte gelten):

```
%
N10                       (Hauptprogramm für Stempel)
N20 G90                   (absolute Maßangabe)
N30 Z1=0 Z2=0 Z5=80       (Maße halten auf Z1,
                          Vorschub halten auf Z2,
                          Werkstückhöhe Z5)
```

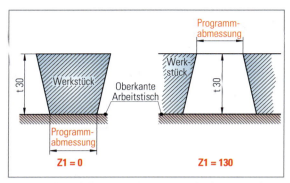

1 Höhe, auf der die Programmabmessungen eingehalten werden

Da auch konische Werkstücke drahterodiert werden können, wird unter der Adresse Z1 angegeben, auf welcher Werkstückhöhe die programmierten Maße erzielt werden sollen (Bild 1). Da es sich bei dem Stempel um einen senkrechten Schnitt handelt, sollen die Maße auf der Oberfläche des Aufspannrahmens eingehalten werden, d. h., Z1 = 0. Mit Z2 = 0 wird programmiert, dass die Vorschubgeschwindigkeit auf der Höhe des Arbeitstisches einzuhalten ist (Bild 2). Die Werkstückhöhe von 80 mm wird mit Z5 = 0 definiert.

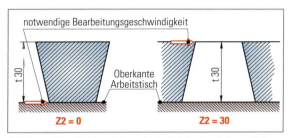

2 Höhe, auf der die Vorschubgeschwindigkeit eingehalten wird

```
N40 H1=0.263     (Aufmaß für Voll- bzw. Hauptschnitt)
N50 H2=0.183     (Aufmaß für 1. Nachschnitt)
N60 H3=0.167     (Aufmaß für 2. Nachschnitt)
N70 H4=0.157     (Aufmaß für 3. Nachschnitt)
N80 E3081 F2.5 H1 (Für Vollschnitt Einstellungen
                  von E-Pack 3081 sowie
                  Vorschubgeschwindigkeit und
                  Aufmaß definieren)
N100 G22 L100    (Aufruf des Unterprogramms
                  L100)
```

```
L100             (UP: Vollschnitt des ersten
                  Konturabschnitts)
N1000 G0 X-350 Y170 (Positionierung über der
                     Startlochbohrung)
N1010 M20        (Draht einfädeln)
```

Unter der Adresse H1 bis H4 werden die aus der Tabelle (Seite 353 Bild 3) ermittelten Aufmaße programmiert, auf die im späteren Programm zurückgegriffen wird. Im Satz N80 wird das E-Pack mit der Nummer 3081 aktiviert, eine Vorschubgeschwindigkeit von 2,5 mm/min programmiert und mit H1 das oben im Programm festgelegte Aufmaß (0,263 mm) für den Vollschnitt aufgerufen. Mit G22 wird das Unterprogramm L100 aufgerufen, das die notwendigen Informationen für den ersten Konturabschnitt enthält.

Das Einfädeln des Drahtes (Bild 3) geschieht mithilfe des Dielektrikums. Dazu wird ein Hochdruckstrahl *(high-pressure jet)* von der oberen Drahtführung durch die Startlochbohrung des Werkstücks in die untere Drahtführung gespritzt. Der Hochdruckstrahl wirkt wie ein Führungsrohr, das den Draht der unteren Führung zuführt, von dort wird er von Spannrollen weitertransportiert.

3.3.6.1 Drahteinfädeln *(wire threading)*

Im Unterprogramm L100 für den Hauptschnitt des ersten Konturabschnitts wird die obere Drahtführung oberhalb der ersten Startlochbohrung im Satz N1000 positioniert. M20 bewirkt, dass der Draht automatisch in die Startlochbohrung und die untere Drahtführung eingefädelt und über Spannrollen *(tensioning pulleys)* transportiert und vorgespannt wird.

3 Automatisches Drahteinfädeln mithilfe des Dielektrikums

Ein trockenes Einfädeln ist durch Glühen und Strecken des Drahtes möglich, wodurch eine stabile und gerade Drahtspitze entsteht. Sie ermöglicht ebenfalls ein sicheres Einfädeln, was für einen vollautomatischen Betrieb der Drahterodiermaschine unerlässlich ist.

3.3.6.2 Spülen

Bevor mit dem Erodieren begonnen wird, muss das Dielektrikum zur Verfügung gestellt werden. Daher wird zuerst der Tank mit Dielektrikum gefüllt, sodass das gesamte Werkstück im entionisierten Wasser steht. Das geschieht mit M30.

```
N1020 M78    (Tank mit Dielektrikum füllen)
N1030 M80    (Spülung für Dielektrikum ein)
```

Damit die abgetragenen Werkstoffpartikel möglichst schnell und vollständig aus dem Schneidspalt gespült werden, ist eine Spülung erforderlich. Die wirksamste Spülung ist die zweiseitige Koaxialspülung (Bild 1). Von oberhalb und unterhalb des Werkstücks wird das Dielektrikum über Spüldüsen, durch die der Erodierdraht verläuft, der Wirkstelle zugeführt. Dadurch ist es möglich, dass die erodierten Werkstückpartikel aus dem Funkenspalt hinter dem Draht durch den Schneidspalt auf den Wannenboden transportiert werden. Dabei ist es wichtig, den Abstand zwischen Spüldüsen und Werksstückoberflächen möglichst gering (z. B. 0,1 ... 0,2 mm) zu halten. Ist die zweiseitige koaxiale Spülung nicht möglich, weil eine Werkstückoberfläche zu uneben ist, sollte die einseitige genutzt werden. Bei dem Drahtschneiden des unebenen Stempels, können die Spüldüsen nicht dicht an der Werkstückoberfläche positioniert werden. Sie stehen in einem gewissen Abstand zu den Oberflächen und ihre Wirksamkeit ist begrenzt.

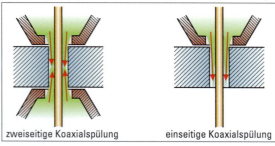

1 Koaxialspülungen

3.3.6.3 Adaptive Vorschubsteuerung *(adaptive feed controller)*

```
N1040 M82    (Drahtvorschub ein)
N1050 M84    (Start des Generators)
N1060 M90    (adaptive Vorschubsteuerung ein)
```

Nachdem der Draht abgspult und der Erodierprozess gestartet ist, wird mit M90 die adaptive Vorschubsteuerung eingeschaltet. Dadurch werden mithilfe von Regelkreisen Prozessparameter während des Erodierprozesses erfasst und die Generatordaten fortlaufend dahingehend optimiert, dass eine möglichst hohe Vorschubgeschwindigkeit erzielt wird. Das gilt besonders, wenn sich die Werkstückhöhen und Querschnitte (Bild 2) beim Drahterodieren verändern. Ohne diese Regelkreise für Generator- und Vorschubeinstellungen würden sich im Schnitt Absatzmarkierungen und Maßabweichungen (Bild 3) ergeben.

2 Drahterodieren unterschiedlicher Werkstückhöhen und -querschnitte

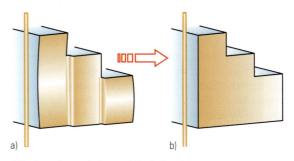

3 Drahterodieren a) ohne und b) mit Regelprozessen

3.3.6.4 Konturbeschreibung *(contour description)*

```
N1070 G41 G01 Y164.5    (Anfahren an die Kontur:
                         G01 links der Kontur)
N1080 G01 X395          (Konturschnitt)
N1090 G40 G01 Y165.5    (Abfahren von der Kontur)
N1100 M21               (Draht abschneiden)
N1110 G23               (UP-Ende und Rücksprung
                         in Hauptprogramm)
```

Im Bild 4 ist der Verlauf des Drahtschnitts für den ersten einfachen Konturabschnitt dargestellt. Nach diesem Schnitt werden die beiden verbleibenden Vollschnitte, von den Startlochbohrungen 2 und 3 ausgehend, auf die gleiche Weise programmiert und durchgeführt. Die Konturen für das Drahterodieren werden meist aus CAD-Daten abgeleitet.

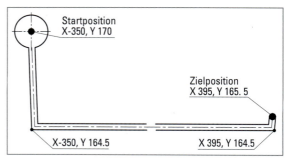

4 Drahtschnitt für den ersten Konturabschnitt

3.3 Drahterodieren

Im Hauptprogramm werden die Unterprogramme für den zweiten (L200) und dritten (L300) Konturabschnitt aufgerufen.

```
N110 G22 L200    (Aufruf des Unterprogramms L200)
N120 G22 L300    (Aufruf des Unterprogramms L300)
```

Für den ersten Nachschnitt müssen die technologischen Daten definiert werden, bevor die drei Unterprogramme für die drei Konturabschnitte aufgerufen werden.

```
N130 E3082 F14 H2  (Für Nachschnitt 1 Einstellungen
                    von E-Pack 3082 sowie Vor-
                    schubgeschwindigkeit und Auf-
                    maß definieren)
N140 G22 L100      (Aufruf des Unterprogramms
                    L100)
N150 G22 L200      (Aufruf des Unterprogramms
                    L200)
N160 G22 L300      (Aufruf des Unterprogramms
                    L300)
```

Bis zum Ende des Hauptprogramms werden in der gleichen Weise der zweite und dritte Nachschnitt programmiert. Damit ist die Stempelkontur bis auf die drei Haltestege fertig drahtgeschnitten.

3.3.7 Sicherung des Ausfallteils

Im letzten Arbeitsschritt beim Drahterodieren des Stempels müssen die Haltestege des Ausfallteils zum Außenteil entfernt werden. Bevor das geschehen kann, muss das Ausfallteil gesichert werden *(securing of drop out piece)*. Dazu stehen prinzipiell mehrere Möglichkeiten zur Verfügung:

- Magnete können kleinere Ausfallteile vor dem Trennen der Haltestege sichern (Bild 1). Dazu werden sie in ausreichender Anzahl auf dem Schneidspalt positioniert.

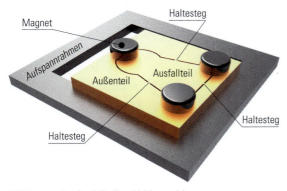

1 Sicherung des Ausfallteils mithilfe von Magneten

- Klebstoff an verschiedenen Stellen des Schneidspalts angebracht, kann die gleiche Aufgabe übernehmen. Allerdings ist das Entfernen des Klebstoffes oft nicht ganz einfach.
- Gekröpfte Haltearme (Bild 2), die am Aufspannrahmen befestigt sind und unter Ausfallteil und Außenteil greifen, verhindern, dass das Ausfallteil nach dem Entfernen der Haltestege nach unten fällt.

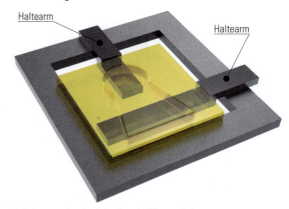

2 Sicherung des Ausfallteils mithilfe von Haltearmen

- Bei größeren Bauteilen sichern ein oder zwei Spannhebel (Bild 3) bei den Trennschnitten das Ausfallteil gegenüber dem Außenteil. Der Kranhaken greift in die Ringschraube am Spannhebel und transportiert das Ausfallteil, d. h. den Stempel, sicher aus der Drahterodiermaschine.

3 Sicherung des Ausfallteils mithilfe eines Spannhebels mit Ringschraube

3.3.8 Trennschnitte

Trennschnitte *(separating cuts)* dienen zum Entfernen der Haltestege. Dabei wird in der gleichen Weise vorgegangen, wie das bei den drei Konturschnitten geschah. Mit dem Hauptschnitt, der wieder mit dem entsprechenden E-Pack und Aufmaß zu programmieren ist, werden alle drei Haltestege entfernt. Abschließend sind die Bereiche der Haltestege mit den Nachschnitten 1 bis 3 und den dazugehörenden Parametern zu erodieren. Der Spannhebel hält währenddessen den Stempel in der richtigen Position. So ist ein Verschieben während der Bearbeitung, bei der fast keine Bearbeitungskräfte auf das Werkstück wirken, nicht möglich.

3.3.9 Konturfehler – Ursachen und Vermeidung

- Vibrationen des Drahts können z. B. durch Stöße im Drahtantrieb, unsymmetrische Spülung oder durch elektromagnetische Entladungskräfte (Bild 1) während des Erodierprozesses entstehen. Diese beeinflussen das Arbeitsergebnis (Bild 2). Die Erhöhung der Drahtvorspannkraft reduziert oft diesen Effekt. Zusätzlich verfügen leistungsfähige Drahtschneidmaschinen über entsprechende Regelungsmechanismen, die beispielsweise den Einfluss der Entladungskräfte kompensieren.

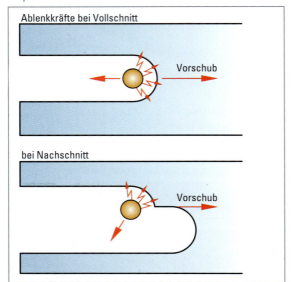

1 Elektromagnetische Entladungskräfte beim Voll- und Nachschnitt

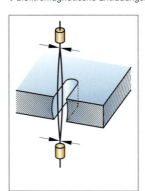

2 Drahtvibrationen und -schwingungen beeinflussen das Arbeitsergebnis

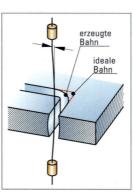

3 Bahnfehler bei Richtungsänderungen

- Bei Richtungsänderungen können die Abstoßkräfte zu Abweichungen von der programmierten Bahn führen (Bild 3). Die Bahnabweichungen *(path deviations)* lassen sich reduzieren, wenn der Abstand der beiden Drahtführungen möglichst gering und die Drahtspannkraft möglichst hoch gewählt werden. Die Steuerungen verfügen über Abstoß- und Geschwindigkeits-Regeleinrichtungen, die durch Analyse der abzutragenden Volumina (Bild 4) in den Nachschnitten sehr hohe Bahngenauigkeiten erzielen.

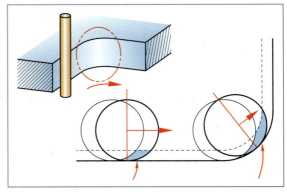

4 Abtragsvolumina an unterschiedlichen Stellen beim Nachschneiden

- Beim senkrechten Anschneiden einer zu schlichtenden Kontur im Nachschnitt kann eine Markierung *(mark)* entstehen, weil der Drahtvorschub beim Erreichen der Endkontur einen Moment stillsteht und dadurch zu viel Material von der Kontur abgenommen wird (Bild 5a). Durch das An- und Abfahren im Kreisbogen können solche Markierungen verhindert werden (Bild 5b).

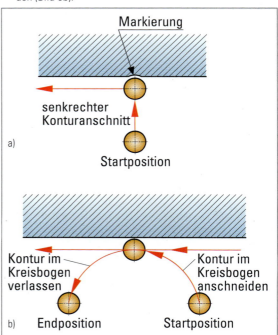

5 a) falsches und b) richtiges Anschneiden beim Nachschneiden sehr präziser Konturen

- Sollen scharfe Ecken entstehen und der Drahtvorschub bei der Richtungsänderung auch nicht auf Null sinken, kann die Ecke mit einer Schleife *(loop)* (Seite 359 Bild 1) geschnitten werden. Dabei wird der Schleifendurchmesser nicht größer

3.4 Bohrerodieren

als der Drahtdurchmesser sein, damit an dieser Stelle kein Ausfallteil entsteht.

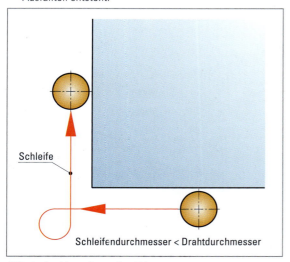

1 Nachschneiden sehr präziser Ecken

3.3.10 Konische Bauteile schneiden

Komplizierte konische Schnitte sind durch die unabhängig voneinander arbeitende obere und untere Drahtführung ausführbar. Konische Bauteile mit **konstanter Formschräge** *(constant draught)* (Bild 2a) können direkt an der Drahterodiermaschine programmiert werden. Dazu benötigt die CNC-Steuerung zum Beschreiben der Bauteilgeometrie wie beim rechtwinkligen Schnitt die Beschreibung der oberen Kontur mithilfe von G-Funktionen und zusätzlich
- die Höhe des Werkstücks sowie
- die Größe der Formschräge.

Aus den eingegebenen Daten generiert die Steuerung die Bewegungen der unteren Drahtführung in X- und Y-Achse und die der oberen Drahtführung in U- und V-Achse[1].

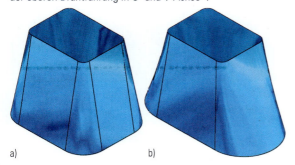

2 a) Konisches Bauteil mit konstanter Formschräge
b) Konisches Bauteil mit komplexen Übergängen

Bei konischen Bauteilen mit **komplexeren Übergängen** *(complex transitions)* (Bild 2b) erfolgt die Programmierung mithilfe von CAM-Systemen. Dazu wird die obere und untere Kontur identifiziert (Bild 3). Die Bauteilhöhe liegt im CAM-System vor. Weiterhin ist festzulegen, welche Bereiche der oberen und unteren Kontur gemeinsam geschnitten werden. Das wird über die Verbindungsgeraden bestimmt. Die Verbindungsgeraden 1 und 2 legen z. B. fest, dass die Fläche zwischen den zwei Verbindungsgeraden so geschnitten wird. Dabei entsteht von der oberen Kontur der Bereich „Radius, Gerade und Radius" und von der unteren Kontur der 180°-Kreisbogen. Das CAM-System generiert aufgrund dieser Eingaben das CNC-Programm für das Bauteil, das vier Achsen gleichzeitig ansteuert.

3 Obere und untere Kontur des drahterodierten Bauteils mit Verbindungsgeraden

3.4 Bohrerodieren

Durch Bohrerodieren *(drilling electrical discharge machining)* können in alle elektrisch leitenden Werkstoffe, unabhängig von ihrer Härte und Festigkeit, Löcher hergestellt werden. Die Startlochbohrungen, von denen aus beim Drahtschneiden oft die Bearbeitung gestartet wird, werden auf Startlocherodiermaschinen (Bild 4) hergestellt. Das Verfahren ist ein abgewandeltes Senkerodieren, meist mit einem CuZn- oder Cu-Röhrchen (Seite 360 Bild 1) als Elektrode. Durch die Kanäle der sich drehenden Ein- oder Mehrkanal-Elektroden wird das entionisierte Wasser

4 Startlocherodiermaschine

[1] siehe Seite 349 Bilder 3 und 4

1 Röhrchen als Elektroden zum Bohrerodieren

unter hohem Druck gepumpt (Bild 2). Damit wird auch bei kleinen und tiefen Bohrungen eine ausreichende Spülung erreicht. Die Fachkraft gibt im Dialog die folgenden Daten ein:
- Werkstoff des Bauteils
- Röhrchendurchmesser *(small tube diameter)*
- Röhrchenwerkstoff *(small tube material)*

Aufgrund dieser Eingaben generiert die CNC-Steuerung mithilfe von Datenbanken die Generatorparameter sowie die Vorschubgeschwindigkeit und Umdrehungsfrequenz der Elektrode. Die noch fehlenden Bohrpositionen bestimmt der Maschinenbediener durch die Eingabe ihrer Werkstückkoordinaten.

Das Bohrerodieren wird auch zur Herstellung kleiner und kleinster Bohrungen angewandt. Mikrobearbeitung von Werkzeugen, Maschinenteilen, chirurgischen Nadeln oder Implantaten sind nur durch das Bohrerodieren möglich geworden. Mit einer 1 mm dicken Elektrode können z. B. Vorschubgeschwindigkeiten zwischen 15 mm/min (Hartmetall) und 200 mm/min (Aluminium) erreicht werden. Bohrungen in Einspritzdüsen für Diesel- und Benzinmotoren mit Elektroden von 0,10 bis 6,0 mm sind ohne Gratbildung und Eintrittsdeformation möglich. Startlöcher für das Drahterodieren von Innenkonturen sowie Kühlbohrungen in Turbinenschaufeln (Bild 3) werden ohne merkliche Beeinflussung des Materials eingebracht.

3.5 Arbeitssicherheit und Umweltschutz

Für Senk- und Drahterodiermaschinen gilt, dass Träger von Herzschrittmachern *(heart pacemakers)* oder sonstigen elektronischen Implantaten fern gehalten werden müssen (Bild 4). Folgende Punkte sind speziell bei **Senkerodiermaschinen** zu beachten:
- Beim Senkerodieren werden als **Dielektrikum meist synthetische Kohlenwasserstoffe** *(synthetic hydrocarbons)* verwendet, die als Gefahrstoffe eingestuft sind, sodass bei Lagerung, Umgang und Einsatz die geltenden gesetzlichen Regelungen und Richtlinien beachtet werden müssen.
- Bei der Auswahl des Dielektrikums sollen dessen Hautverträglichkeit *(skin friendliness)*, geringe Rauch- und Geruchsentwicklung *(smoke and odour emission)* berücksichtigt wer-

2 Bohrerodieren (Startlochbohren) bei einem Formeinsatz

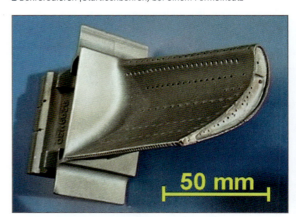

3 Turbinenschaufeln mit durch Bohrerodieren hergestellten Kühlbohrungen und Elektroden

4 Verbot für Personen mit Herzschrittmacher

den. Der Hautkontakt mit dem Dielektrikum ist durch Tragen geeigneter Schutzhandschuhe *(safety gloves)* zu vermieden. Das gilt auch beim Berühren von Werkstücken, an denen Dielektrikum haftet.

- Senkerodiermaschinen müssen über Brandschutzeinrichtungen und wegen der entstehenden Dämpfe über Absaug- und Filtereinrichtungen verfügen. Wichtig ist daher, dass die Bearbeitungsstelle ausreichend hoch mit Dielektrikum bedeckt ist, sodass die Dämpfe im Dielektrikum auskondensieren können. Die VDI 3402 fordert eine Überdeckung von mindestens 40 mm.
- Der ölhaltige Erodierschlamm ist fachgerecht zu entsorgen. Insbesondere Hartmetallschlämme weisen einen hohen Materialwert auf und sollten daher nach Möglichkeit getrennt erfasst und an Recyclingbetriebe bzw. Hartmetallhersteller abgegeben werden.
- Leicht erreichbare CO_2-Handfeuerlöscher müssen bereitgehalten werden. Wasserfeuerlöscher sind ungeeignet.
- Sollen Senkerodiermaschinen unbeobachtet (z. B. nachts) betrieben werden, ist an der Maschine eine automatische Brandüberwachungseinrichtung *(fire monitoring facility)* mit automatischer Brandlöscheinrichtung unbedingt notwendig.

Speziell bei **Drahterodiermaschinen** ist folgendes zu beachten:

- Beim Drahterodieren ist die Aufbereitung des Wassers aufwändiger als beim Senkerodieren, da an die Wasserqualität hohe Anforderungen bezüglich Leitfähigkeit und Partikelfreiheit gestellt werden. Zum einen müssen die abgetragenen Metallpartikel herausgefiltert, zum anderen die in Lösung gegangenen Metallionen aus dem Kreislaufwasser entfernt werden. Das Kreislaufwasser ist auch bei guter Pflege schwermetallhaltig *(containing heavy metal)* und kann nicht ohne Behandlung in die Kanalisation eingeleitet werden.
- Unter Spannung stehende, am Erodierprozess beteiligte Maschinenteile und auch der Erodierdraht selbst müssen gegen unbeabsichtigtes Erreichen abgedeckt sein. Dies gilt sowohl für die Drahttransportmechanik als auch für die entsprechenden Auffangbehältnisse für den verbrauchten Erodierdraht.

ÜBUNGEN

1. Begründen Sie, warum beim Erodieren eine muldenförmige, narbige Oberfläche entsteht.
2. Unterscheiden Sie beim Erodieren Abtrags- und Verschleißrate und beschreiben Sie, was unter relativem Verschleiß verstanden wird.
3. Nennen Sie vier Aufgaben, die das Dielektrikum beim Erodieren hat.
4. Welche zwei Hilfsstoffe werden vorrangig als Dielektrika eingesetzt?
5. Wie groß sind meist die Funkenspalte beim Senkerodieren?
6. Beschreiben Sie das Prinzip des Planetärerodierens.
7. Wie groß ist die einseitige Auslenkbewegung beim Senkerodieren, wenn das einseitige Untermaß der Senkelektrode 0,4 mm und der Funkenspalt 0,08 mm betragen?
8. Unter welchen Bedingungen scheint es Ihnen sinnvoll, keine Gesamtelektrode sondern Einzelelektroden einzusetzen?
9. Nennen Sie zwei Fertigungsverfahren, mit denen Senkelektroden hergestellt werden.
10. Es sind jeweils eine Senkelektrode a) mit sehr dünnen Rippen und b) mit sehr hoher Oberflächenqualität herzustellen. Begründen Sie die Elektrodenwerkstoffauswahl.
11. Welche Anforderungen sind an einen Elektrodenhalter zu stellen?
12. Nennen Sie Ausgangsgrößen, die Einfluss auf die automatische Bestimmung der Prozessparameter haben.
13. Beim Erodieren wird ein E-Pack definiert. Was wird darunter verstanden?
14. Welche Funktion übernimmt beim Senkerodieren die Spaltweitenregelung?
15. Beschreiben Sie zwei Aufgaben, die die Filteranlage einer Senkerodiermaschine erfüllt.
16. Wie sind die Prozessparameter Stromstärke, Impulsdauer und Pausenzeit zu wählen, um a) einen großen Materialabtrag oder b) eine gute Oberflächenqualität des Werkstücks zu erzielen?
17. Beim Erodieren kann eine „weiße Schicht" entstehen. Beschreiben Sie deren Entstehung und Eigenschaften.
18. Warum wird beim Drahterodieren als Dielektrikum entionisiertes Wasser Ölen vorgezogen?
19. Über welche gesteuerten Achsen verfügt eine Drahterodiermaschine mindestens?
20. Eine Drahterodiermaschine verfügt im Gegensatz zu einer Senkerodiermaschine über einen Aufspannrahmen und keinen Aufspanntisch. Welcher Grund spricht für diese Ausführung?
21. Welche Funktionen haben Messzyklen an der Drahterodiermaschine?

22. Beschreiben Sie, was unter dem Begriff „Schneidrate" zu verstehen ist.
23. Wählen Sie einen Erodierdraht zum Schlichten einer Kontur von 40 mm Höhe mit 0,1 mm Innenradien, bei der höchste Form-, Maßhaltigkeit und Oberflächenqualität erzielt werden soll.
24. Beschreiben Sie das Prinzip für die Bestimmung der E-Packs und Offsets beim Drahtschneiden.
25. Wann sind Haltestege beim Drahtschneiden einzuplanen und welche Funktion übernehmen sie?
26. Wann sind Startlochbohrungen erforderlich und wo sind sie anzubringen?
27. Im CNC-Programm ist für den jeweiligen Schnitt das Offset einzugeben. Worauf bezieht sich diese Angabe?
28. Nennen Sie zwei Möglichkeiten, wie der Draht automatisch eingefädelt wird.
29. Wodurch erreicht die zweiseitige Koaxialspülung die beste Spülwirkung?
30. Welche Auswirkungen hat eine adaptive Vorschubsteuerung beim Drahtschneiden veränderlicher Querschnitte?
31. Durch welche Maßnahmen kann das Ausfallteil beim Trennschnitt gesichert werden?
32. Welche Informationen benötigt die CNC-Steuerung zur Geometriebeschreibung von konischen Bauteilen mit konstanter Formschräge?
33. Warum besteht die Elektrode beim Bohrerodieren aus einem Röhrchen?
34. Begründen Sie, warum die Bearbeitungsstelle mit mindestens 40 mm Dielektrikum bedeckt sein soll.

4 Feinbearbeitung

4.1 Tuschieren

Im Bild 1 ist die Kernseite eines Druckgießwerkzeugs mit vier Schiebern[1] dargestellt. Die Schieber entformen außen am Druckgussteil die Bereiche mit Hinterschneidungen *(undercuts)*. Nach dem Öffnen der Druckgießform und vor dem Entformen des Gussteils ziehen Hydraulikzylinder die Schieber in die hintere Endlage. Im dargestellten Bild befinden sich die Schieber weder in der vorderen noch in der hinteren Endlage, sondern wurden manuell in Mittelpositionen verschoben. Die blau dargestellten Trennflächen *(parting line surfaces)* müssen am Werkzeug dicht schließen, damit das unter hohem Druck stehende Gießmetall nicht zwischen sie eindringen kann. Nur wenn diese Bedingung eingehalten wird, entstehen gratfreie *(burr-free)* Druckgussteile und die Funktionsfähigkeit *(operability)* der Dauerform wird nicht beeinträchtigt.

Um eine hohe Dichtigkeit und einen großen Traganteil *(ratio of bearing contact area to total area)* der berührenden Flächen zu erreichen, müssen diese bei der Montage – trotz genauer Vorarbeit – noch aneinander angepasst werden. Das geschieht manuell durch **Tuschieren** *(die spotting)* und Schleifen *(grinding)* mit dem Handschleifer *(grinding pencil)*.

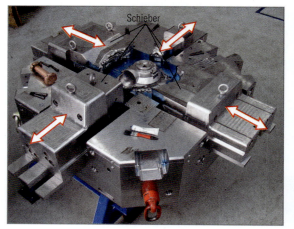

1 Auswerfer- bzw. Kernseite des Druckgießwerkzeugs mit vier Schiebern

4.1.1 Tuschieren eines Schiebers

Bevor das Anpassen des Schiebers an die Trennflächen von Formeinsatz und den beiden angrenzenden Schiebern (Bild 2) erfolgen kann, müssen die Führungs- und Gleitleisten passend geschliffen und montiert sein. Die Gleitleisten positionieren den Schieber in der Höhe, während die Führungsleiste den Schieber in Bewegungsrichtung vorzentriert. Dabei liegt eine Spielpas-

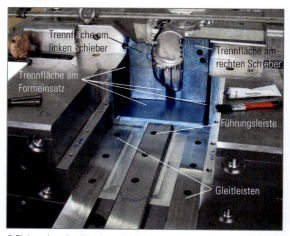

2 Einbausituation für einen Schieber

[1] siehe Lernfeld 11 Kap. 2.1.5.3

4.1 Tuschieren

1 Schieber drückt in vorderer Endlage gegen die beteiligten Trennflächen

2 Abtragen der Druckstellen mit dem Handschleifgerät

sung (oft H7/g6) zwischen Schiebernut und Führungsleiste vor. Zum Tuschieren des Schiebers trägt die Fachkraft mit dem Pinsel die **Tuschierpaste** *(spotting paste)* dünn auf die **fertig bearbeiteten Trennflächen** des Formeinsatzes und der beteiligten Schieber auf. Anschließend wird der Schieber auf den Gleit- und Führungsleisten gegen die mit Tuschierpaste versehenen Trennflächen geschoben bzw. gedrückt (Bild 1). Auf den Stellen des Schiebers, die die Trennflächen berühren, haftet die Tuschierpaste.

Mit elektrisch oder pneumatisch angetriebenen Handschleifgeräten *(grinding pencils)* werden die Druckstellen abgetragen (Bild 2). Das Tuschieren und Abtragen der Druckstellen wird so lange wiederholt, bis die Trennflächen dicht aufeinanderliegen und ein einheitliches Tragbild *(contact pattern)* auf allen Trennflächen des Schiebers vorliegt. Der Prozess benötigt oft mehrere Stunden. Er wird dadurch erschwert, dass sich der Schieber in der Formplatte über Flächen mit z. B. 3° zentriert (Bild 3), die dann am Schieber auch noch nachzuarbeiten sind.

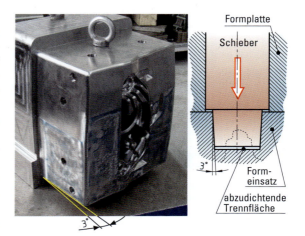

3 Schieber und Schieberzentrierung mit auf dem Schieber haftender Tuschierpaste

> **MERKE**
> Trennflächen beweglicher Schieber müssen bei Urformwerkzeugen dicht sein. Deshalb werden sie mithilfe von Tuschieren angepasst.

4.1.2 Tuschieren der Formhälften auf der Tuschierpresse

Während das Anpassen der Schieber noch ohne größere Hilfsmittel erfolgen kann, geschieht das Tuschieren der beiden Formhälften auf der **Tuschierpresse** *(die spotting press)* (Bild 4). Damit die Fachkraft die manuelle Bearbeitung der tuschierten Oberflächen in möglichst angenehmer Haltung durchführen kann, verfügen die Tuschierpressen über ausfahrbare und schwenkbare Tuschierplatten. Spannpratzen befestigen die Kernseite auf der unteren und die Düsenseite auf der oberen Tuschierplatte (Seite 364 Bild 1). Die tiefer liegenden Trennflächen der Düsenseite werden mit Tuschierpaste versehen, um die er-

4 Tuschierpresse

1 Tuschierpresse mit aufgespanntem Druckgießwerkzeug

2 Bearbeiten der tuschierten Flächen mit a) Schleifstift und b) Schleifscheibe

haben Trennflächen an den Schiebern leichter anzupassen zu können. Die Fachkraft passt die Trennflächen zunächst mit Schleifstiften *(mounted wheels)* und abschließend mit Schleifscheiben (Bild 2) an. Nach jedem Schleifen erfolgt ein erneutes Tuschieren. Dieser Prozess wird so lange wiederholt, bis die Trennflächen ein gleichmäßiges Tragbild aufweisen (Bild 3).

> **MERKE**
> Beim Tuschieren auf der Tuschierpresse werden alle Trennflächen zwischen den beiden Formhälften und den Schiebern so lange angepasst, bis sie gleichmäßig abdichten.

4.1.3 Tuschieren der Schieberverriegelungen

Auf einen Schieber wirkt beim Druckgießen eine Gießkraft *(casting force)*, die den Schieber von den Trennflächen wegdrücken will. Das darf nicht geschehen, weil die Form und Maße des Druckgussteils nicht innerhalb der geforderten Toleranz liegen würden. Damit dies nicht geschieht, wird der Schieber verriegelt (Bild 4). Dazu dienen gehärtete Druckplatten in der düsenseitigen Formplatte. Die letzten Tuschierarbeiten bestehen darin, dass die Druckplatten für jeden einzelnen Schieber anzupassen sind. Dazu wird die mit einem Aufmaß versehene Druckplatte in die Formplatte montiert und anschließend die Form zusammengefahren (Bild 5). Aus dem nun zwischen den zwei Formplatten verbleibenden Spalt s lässt sich das noch vorhandene Schleifaufmaß t *(grinding stock allowance)* berechnen (Seite 365 Bild 1). Nach dem Schleifen aller Druckplatten erfolgt deren Montage in die düsenseitige Formhälfte mit abschließender Kontrolle durch Tuschieren.

> **MERKE**
> Beim Anpassen der Trennflächen einer Druck- oder Spritzgussform erfolgt das Tuschieren in folgenden Schritten:
> - Anpassen aller Schieber an die kernseitige Formplatte.
> - Anpassen aller verbleibenden Trennflächen an die düsenseitige Formplatte auf der Tuschierpresse.
> - Anpassen der Druckplatten für die Schieberverriegelungen auf der Tuschierpresse.

3 Trennflächen mit gefordertem Traganteil

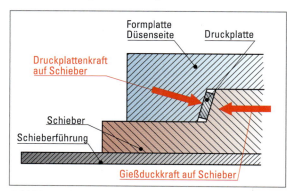

4 Schieberverriegelung mithilfe einer Druckplatte

5 Spalt s zwischen den beiden Formhälften

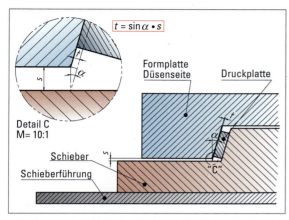

1 Bestimmen des Schleifaufmaßes t beim Tuschieren einer Druckplatte

4.2 Polieren

Bei Werkzeugen zum Urformen bestimmt der Verwendungszweck des herzustellenden Produkts die Qualität der formgebenden Oberflächen. Während es z. B. bei Druckgießwerkzeugen meist ausreicht, die Formnester durch **Strichpolitur** *(draw polishing)* zu glätten, ist beim Spritzgießen von transparenten Kunststoffen meist eine **Hochglanzpolitur** *(mirror finish)* erforderlich.

4.2.1 Strichpolieren

Die formgebende Oberfläche des Schiebers einer Druckgießform (Bild 2) soll eine 220er Strichpolitur in Entformungsrichtung erhalten. Das heißt, dass die endgültige Oberfläche mit einem Schmirgelleinen *(abrasive/emery cloth)* von 220er Körnung gleichmäßig in Entformungsrichtung zu polieren ist. Dadurch wird einerseits die Oberfläche des Druckgussteils bestimmt. Andererseits wird das Entformen des Teils erleichtert, weil es nicht durch quer zur Entformungsrichtung vorhandene „Schleifriefen" *(ghost line)* behindert wird. In besonderen Fällen soll die Strichpolitur mithelfen, das Druckgussteil auf der Auswerfer- bzw. Kernseite zu halten. Dann wird sie quer zur Entformungsrichtung angebracht.

Die geforderte Stichpolitur wird mit folgenden Schritten erreicht:

2 Manuelles Strichpolieren mit dem Schmirgelstein

- Zuerst wird die durch Fräsen erzeugte Kontur gereinigt und an den Auslaufkanten entgratet. Sollten noch unstetige Konturübergänge vorhanden sein, sind diese mit Riffel- oder Konturfeilen *(riffler or contour rasps)* bzw. Schabern *(scrapers)* zu glätten.
- Anschließend erfolgt die Strichpolitur mit Schmirgelsteinen *(polishing stones)* (Bild 2) oder mit konturangepassten Holz- oder Kunststoffstäben (Bild 3) oder -klötzen, über die Schmirgelleinen geklebt ist. Die maschinelle Unterstützung durch Schleifgeräte (Bild 4) erleichtert das Polieren. Meist wird mit einer 80er Körnung der Schleifmittel begonnen, wobei die Qualität der maschinell bearbeiteten Fläche die Ausgangskörung maßgeblich bestimmt. Die Fachkraft schleift mit dieser Körnung die einzelnen Konturbereiche jeweils in einer Richtung, bis keine Frässpuren mehr zu sehen sind.

3 Manuelles Strichpolieren mithilfe eines Kunststoffstabs mit aufgeklebtem Schmirgelleinen

4 Strichpolieren mit maschineller Unterstützung

- Bevor die Bearbeitung mit der nächsten Körnung (z. B. 120er) geschieht, sind Werkstück, Kleidung, Hände, Haare und Arbeitsplatz gründlich zu reinigen. Dadurch wird verhindert, dass ein Schleifkorn der vorhergehenden Körnung bei der folgenden Politur die Oberfläche „verkratzt". Die Politur mit der neuen Körnung erfolgt ca. 90° versetzt zu der vorhergehenden. Es ist so lange zu polieren, bis keine Schleifspuren der alten Körnung mehr zu sehen sind.

In unserem Beispiel folgen noch zwei Strichpolituren mit jeweils 180er und 220er Körnung. Vor diesen ist das Reinigen noch gründlicher durchzuführen, weil entstehende Kratzer nur mit noch größerem Aufwand zu beseitigen sind. Damit die letzte Strichpolitur auch in Entformungsrichtung vorliegt, muss die Fachkraft vor der ersten Politur planen, wie viele unterschiedliche Körnungen genutzt werden. Wenn es wie in unserem Beispiel vier verschiedene Körnungen sind, muss die erste quer zur Entformungsrichtung erfolgen, damit durch den Wechsel der Richtungen die letzte in Entformungsrichtung vorliegt.

> **MERKE**
> Durch Strichpolitur wird eine einheitliche Ausrichtung der auf der Kontur verbleibenden Riefen *(scores)* erreicht. Die meist manuell durchgeführte Politur erfolgt schritt- und kreuzweise bei Abnahme der Schleifmittelkorngröße.

4.2.2 Hochglanzpolieren

Um das transparente Grillbesteck (Bild 1) spritzgießen zu können, müssen die Kavitäten für Messer, Gabel und Löffel in der Spritzgießform (Bild 2) hochglanzpoliert sein.

Bevor mit der eigentlichen Hochglanzpolitur begonnen wird, ist zunächst die Strichpolitur in der bekannten Weise mit immer feineren Körnungen kreuzweise durchzuführen. Wenn mindestens eine 600er bis 800er Strichpolitur vorliegt, wird das Schmirgelleinen durch Polierfilze *(polishing felts)* (Bild 3) ersetzt, die es in unterschiedlichen Härtegraden gibt. Auf diese wird das Poliermittel aufgetragen, damit es sich in die Oberfläche des Polierfilzes einlagert. Das Poliermittel besteht aus feinsten Schleifkörnern *(abrasive grains)* mit einer Größe von 90 µm bis 0,1 µm. Vorrangig wird bei gehärteten Stahlwerkzeugen Diamant *(diamant)* als Schleif- bzw. Poliermittel eingesetzt, aber auch Siliziumcarbid *(silicon carbide)* und Bornitrid *(boron nitride)* sind möglich. Die Poliermittel sind in ein Trägermedium *(carrier medium)* eingebettet, das aus Paste, Gel oder Flüssigkeit besteht (Seite 367 Bild 1).

Das Hochglanzpolieren startet oft mit der gröbsten Diamantkorngröße und dem härtesten Polierfilz. Wenn von der vorhergehenden Strichpolitur keine Bearbeitungsspuren mehr zu sehen sind, endet die Politur mit dieser Körnung. Danach sind der Arbeitsplatz gründlich zu reinigen und die Polierfilze zu erneuern. Das Ganze wird mit feiner werdendem Poliermittel und weicher werdendem Polierwerkzeug wiederholt, bis der gewünschte Hochglanz des Formnestes erreicht ist.

Beim Hochglanzpolieren wird
- mit hartem Polierwerkzeug und gröbstem Poliermittel begonnen,
- zu einem weicheren Polierwerkzeug mit dem gleichem Poliermittel übergegangen,
- anschließend ein Polierwerkzeug mittlerer Härte und mittelgrobe Poliermittel eingesetzt,
- ein weiches Polierwerkzeug, mit dem gleichen Poliermittel genommen,
- abschließend mit einem weichen Polierwerkzeug und feinstem Poliermittel gearbeitet.

Beim Polieren besteht die Gefahr, dass die Formnestkanten „rundpoliert" werden. Damit dies nicht geschieht, werden die Formnester oft etwas tiefer hergestellt, sodass noch ein Aufmaß auf der Trennfläche besteht. Nach dem Polieren wird dann die Trennfläche nachgefräst, damit eine unbeschädigte Kante

1 Transparentes Grillbesteck aus Kunststoff

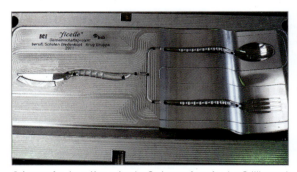

2 Auswerfer- bzw. Kernseite der Spritzgussform für das Grillbesteck

3 Polierfilze als Träger für Polierpasten

4.2 Polieren

a)

b)

1 a) Polierpastenriegel, b) Diamantpasten

entsteht. Eine andere Möglichkeit das „Rundpolieren" der Formnestkanten zu verhindern, ist die Verwendung einer Blechschablone, die die Kontur des Formnestes abbildet. Die Schablone wird vor dem Polieren auf die Trennfläche gespannt und schützt damit die Formnestkante.

> **MERKE**
> - Beim Hochglanzpolieren wird mit der gröbsten Polierpaste begonnen. Beim Wechsel der Körnung ist der Arbeitsplatz zu reinigen und es sind neue Polierfilze zu verwenden.
> - Beim Polieren ist eine geeignete Staubmaske und Schutzbrille zu tragen.

Werkstoffqualität

Damit das fachmännisch durchgeführte Polieren auch zur gewünschten Oberflächenqualität führt, ist eine entsprechende Werkstoffqualität erforderlich. Dabei ist die Polierbarkeit des Stahles abhängig von
- chemischer Zusammensetzung
- Gefügeaufbau,
- Reinheitsgrad
- Homogenität

Die Stähle X38CrMo5-1 (1.2343), 54NiCrMoV6 (1.2711), X19NiCrMo4 (1.2764), 26MnCrNiMo6-5-4 (1.2738) und X45NiCrMo16 (1.2767) sind beispielsweise für das Hochglanzpolieren geeignet. Es sind die Angaben der Stahlhersteller zu beachten.

4.2.3 Laserpolieren

Bei komplexen Freiformflächen *(free formed surfaces)* (Bild 2) ist das manuelle Hochglanzpolieren sehr zeitaufwändig und von den Fähigkeiten der Fachkraft abhängig. Laserpolieren *(laser polishing)* ist eine automatisierte Alternative. Während manuell meist mehr als zehn Minuten für das Polieren von 1 cm² formgebender Oberfläche erforderlich sind, benötigt das Laserpolieren lediglich eine Minute. Im Gegensatz zum manuellen Polieren kann das Laserpolieren zu einer zusätzlichen Oberflächenhärtung führen. Laserpolierte Spritzgieß- und Prägewerkzeuge zeigen vergleichbare Standzeiten *(tool life)* wie manuell polierte.

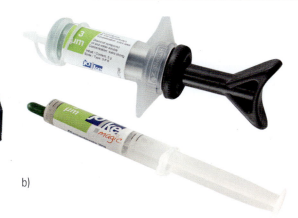

2 Metallische Dauerform für die Glasherstellung mit laserpolierter Kontur

Vor dem Laserpolieren sollten die meist gefrästen oder erodierten *(eroded)* Werkzeugoberflächen Rauigkeiten *(roughnesses)* von Ra 0,4 µm ... Ra 10 µm aufweisen. Beim Laserpolieren (Bild 3) schmilzt ein Laserstrahl die Randschicht *(outer layer)* vom 20 µm bis 100 µm des Werkstücks an. Anschließend glättet die Oberflächenspannung *(surface tension)* der Schmelze *(cast)* bei deren Erstarrung die Werkzeugoberfläche. Dadurch entstehen Hochglanzoberflächen.

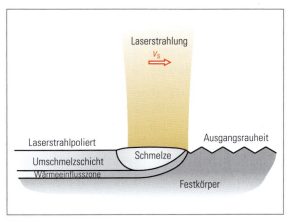

3 Funktionsprinzip des Laserpolierens

Das Laserpolieren erfolgt auf einer 5-Achsen-Portalmaschine *(five-axes portal machine)* (Bild 1), die das Werkstück aufnimmt und langsame Vorschubbewegungen ausführt. Ein hochdynamischer 3-Achsen-Laserscanner *(three-axes laserscanner)* ermöglicht die erforderlichen Prozessgeschwindigkeiten von bis zu 1 m/s. Das Schutzgas *(protective gas)* in der abgeschirmten Prozesskammer der Werkzeugmaschine verhindert die Korrosion der Schmelze. Die Bewegungen des Laserstrahls werden mithilfe eines CAD-CAM-Systems[1] generiert, wobei zusätzlich die speziellen Prozessdaten *(process data)* für das Laserpolieren zu definieren sind.

Das Laserpolieren verändert die vorgefertigten Toleranzen *(tolerances)* der Werkzeugoberfläche nicht, weil der Materialausgleich immer nur in dem eng begrenzten Bereich der Schmelze stattfindet. Bei der manuellen Politur besteht dagegen die Gefahr, dass durch ungleichmäßigen Materialabtrag die Formhaltigkeit negativ beeinflusst wird. Demgegenüber ist bei Fräsfehlern das manuelle Polieren vorteilhaft, weil die Fehler erkannt und ausgeglichen werden können. Für das Laserpolieren entstehen hohe Investitions- und Betriebskosten *(investment and operational costs)* für die Werkzeugmaschine und die erforderliche Software.

ÜBUNGEN

1. Begründen Sie, warum Trennflächen bei Urformwerkzeugen mithilfe des Tuschierens anzupassen sind.
2. Sie sollen bei einer Spritzgießform mit einem Schieber das Anpassen der Trennflächen durchführen. Beschreiben Sie stichpunktartig den Fertigungsablauf.
3. Erläutern Sie das Prinzip des Strichpolierens.
4. Ein Formnest soll eine Strichpolitur in Entformungsrichtung erhalten, wobei fünf verschiedene Körnungen zum Polieren genutzt werden. Begründen Sie, in welcher Richtung die erste Politur erfolgen muss.
5. Was ist zwischen den Strichpolituren beim Wechsel der Körnungen zu reinigen und warum ist dies so wichtig?
6. Mit welchen Werkzeugen und Hilfsmitteln wird hochglanzpoliert?
7. Beschreiben Sie, wie der Härtegrad des Polierwerkzeugs und die Körnung des Poliermittels während des Polierprozesses anzupassen sind.
8. Nennen Sie zwei Maßnahmen, durch die das „Rundpolieren" von Kanten an der Trennfläche verhindert werden kann.
9. Zeigen Sie jeweils zwei Vor- und Nachteile des Laserpolierens gegenüber dem manuellen Polieren auf.

1 Werkzeugmaschine für das Laserpolieren

4.3 Festklopfen

Bei Umformwerkzeugen (Bild 2) und insbesondere bei Tiefziehwerkzeugen[2] *(deep-drawing tools)* findet eine Gleitbewegung des zu verformenden Blechs *(sheet metal)* auf den formgebenden Werkzeugkonturen statt. Durch die entstehende Reibung kann das Werkzeug verschleißen. Raue Oberflächen bedingen höhere Umformkräfte *(forming forces)*, die zu größeren Spannungen *(stresses)* im Blech führen. Dadurch können im Werkstück Einschnürungen *(neckings)* und Risse *(fractures)* entstehen. Damit der Werkzeugverschleiß möglichst gering und das Blech beim Umformen nicht zu hohen Spannungen ausgesetzt wird, sollte die Werkzeugoberfläche möglichst fest und glatt sein.

2 Stempelseite eines Umformwerkzeugs

Das Festklopfen bzw. **Kaltschmieden** *(cold forging)* (Seite 369 Bild 1) ist ein maschinelles Verfahren zum
- Glätten und
- Verfestigen

von formgebenden Werkzeugoberflächen der Umformwerkzeuge.
Mit einer Frequenz *(frequency)* von über 200/s hämmert eine pneumatisch oder elektrisch angetriebene Hartmetallkugel auf die feingeschlichteten Werkzeugoberflächen. Währenddessen bewegt eine Werkzeugmaschine oder ein Roboter das Schlagwerkzeug *(striking tool)* auf einer vorher programmierten Bahn, sodass eine Spur von vielen, dicht aneinandergereihten kleinen Abdrücken *(indentations)* entsteht (Seite 369 Bild 2). Die Programmierung der Bahnen erfolgt wie bei einem Kugelfräser

---

[1] siehe Lernfeld 10 Kap. 3.4   [2] siehe Lernfeld 6 Kap. 1.2.3

4.4 Honen

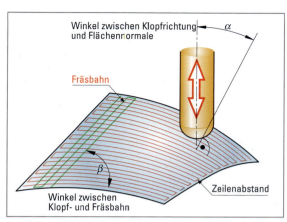

1 Funktionsprinzip des Festklopfens

2 Schlagwerkzeug im Einsatz

mithilfe eines CAD-CAM-Systems. Kugeldurchmesser, Schlagkraft, Schlagfrequenz sowie Bahnvorschub beeinflussen das Arbeitsergebnis und sind unter den jeweiligen Bedingungen zu optimieren.

Durch das Festklopfen erfolgt eine **Kaltverfestigung** *(strain hardening)* der plastisch verformten Randschicht. Dadurch nehmen die Festigkeit und Härte der 1 ... 2 mm dicken Randschicht um ca. 30 % zu. Das ersetzt teilweise eine Wärmebehandlung des Werkzeugs. Gleichzeitig nimmt die Rauheit der Oberfläche um bis zu 90 % ab, sodass ein arithmetischer Mittenrauwert $Ra \times 0{,}5\ \mu m$ zu erreichen ist. Somit kann das Festklopfen das zeitintensive manuelle Polieren der Werkzeugoberfläche ersetzen.

Durch Festklopfen bearbeitete Oberflächen sind eine gute Grundlage für eine anschließende Beschichtung[1] *(coating)*. Sie stützen die härtere Beschichtung besser ab als weichere Untergründe. Das verringert die Gefahr, dass die Beschichtungen abplatzen oder ausbrechen.

Festklopfen ist ein maschinelles Kaltumformverfahren zur Oberflächenverbesserung und Härtesteigerung der Randschicht.

4.4 Honen

4.4.1 Langhubhonen

Im Bild 3 ist eine Auswerferhülse als Einzelteil und in der Einbausituation dargestellt. Auswerferhülsen führen die Auswerfer im konturnahen Bereich des Spritzlings. Um geringe Reibung und Spiel zwischen Auswerfer und Auswerferhülse bei hoher Positioniergenauigkeit zu erzielen, muss die Auswerferhülse eine geringe Rautiefe, eine präzise Zylinderform und Koaxialität aufweisen. Das Langhubhonen *(long-stroke honing)* eignet sich für die Innenbearbeitung der Auswerferhülse.

Das Honen *(honing)* wird mit einer **Honahle** *(honing tool/mandrel)* (Bild 4 und Seite 370 Bild 1) durchgeführt. Dieses Werk-

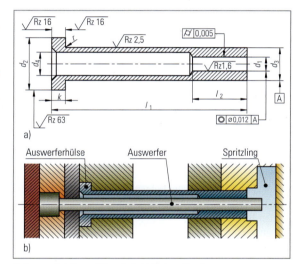

3 Auswerferhülse a) Einzelteil, b) Einbausituation

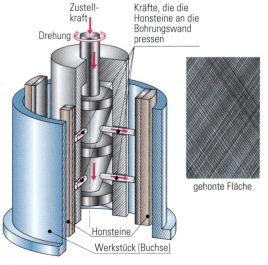

4 Langhubhonen

[1] siehe Kap. 5

zeug besitzt mehrere **Honsteine** *(honing stones)* aus Schleifkörpern, die am Umfang des Werkzeugs angeordnet sind und feine Späne abtragen. Auf der Honmaschine *(honing machine)* (Bild 2) ist die Auswerferhülse beweglich gelagert, damit sie sich der Achse der Hohnahle anpassen kann.

Bei der Bearbeitung führt die Honahle gleichzeitig eine Dreh- und eine Hubbewegung *(rotary and stroke motion)* aus. Die Geschwindigkeiten sind gegenüber dem Schleifen niedrig:
Umfangsgeschwindigkeit: 20 m/min ... 60 m/min
Axialgeschwindigkeit: 12 m/min ... 25 m/min
Durch die Überlagerung der beiden Bewegungen entstehen die für das Honen typischen **kreuzförmigen Bearbeitungsriefen** *(crosswise machining scores)* (Bild 3).

> **MERKE**
> Mit zunehmender Schnittgeschwindigkeit vergrößert sich bei sonst gleichbleibenden Bedingungen das pro Zeiteinheit zerspante Volumen (Zeitspanungsvolumen).

Während der Bearbeitung drücken die Honsteine von innen an die Bohrungswand. Dadurch werden lediglich die Bearbeitungsspitzen des vorhergehenden Verfahrens abgetragen. Die Bearbeitungszugaben *(machining allowances)* sind deshalb entsprechend klein: 0,05 mm bis 0,07 mm.

Beim Honen sind Oberflächengüten von $R_z < 1\ \mu m$ möglich. Es entstehen sehr gute Gleitflächen, da viele „Tragflächen" vorhanden sind (Bild 4). Die gewünschte Zylinderform der Gleitfläche wird erreicht. Durch lange Honsteine wird die Zylinderform verbessert, breite Honsteine erhöhen die Rundheit *(roundness)*. Um die Randbereiche einer Bohrung richtig bearbeiten zu können, benötigt die Honahle einen Überlauf *(overrun)* von etwa 1/3 der Honsteinlänge.

Die abgetragenen feinen Späne zwischen Honstein und Bohrungswand müssen entfernt werden. Das reichlich zugegebene Honöl *(honing oil)* hat vorrangig die Aufgabe, diese wegzuspülen. Deshalb muss das Honöl dünnflüssig und in hohem Maße spülfähig sein, um die Honsteine scharf und die Poren sauber zu halten.

> **MERKE**
> Mit dem Langhubhonen werden
> - hohe Oberflächenqualitäten mit gekreuzten Bearbeitungsriefen,
> - kleine Maßtoleranzen und
> - enge Rundheits- und Zylinderformtoleranzen erzielt (Seite 371 Bild 1).

1 Honahle

2 Horizontale Honmaschine

3 Freigelegte gehonte Fläche der Auswerferhülse mit kreuzförmigen Bearbeitungsriefen

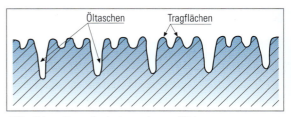

4 Idealisierte Darstellung einer gehonten Fläche

4.4 Honen

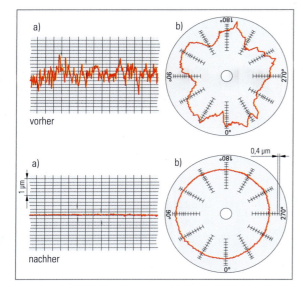

1 Oberflächengüte a) und Rundheit b) vor und nach der Bearbeitung

Hinweis:
Bei den Zahlen in b) handelt es sich um Winkelangaben.
Es wird die Rautiefe in Abhängigkeit vom Drehwinkel angegeben.

4.4.2 Kurzhubhonen

4.4.2.1 Kurzhubhonen zwischen den Spitzen
(short-stroke honing between centres)

Beim Kurzhubhonen *(short-stroke honing)*, das häufig auch **Superfinish** genannt wird, (Bild 2) ist ein relativ kurzer Honstein im Einsatz, der der Werkstückform angepasst ist. Das Werkzeug führt neben der axialen Vorschubbewegung eine Schwingbewegung aus. Die Hublänge der Schwingbewegung liegt zwischen 1 und 6 mm bei 500 bis 3000 Doppelhüben pro Minute. Die Umfangsgeschwindigkeit des Werkstücks liegt meist unter 15 m/min.

4.4.2.2 Spitzenloses Kurzhubhonen

Beim spitzenlosen Kurzhubhonen (Bild 3) werden die Werkstücke auf Tragwalzen *(bearer drums)* abgestützt, sodass eine zusätzliche Zentrierung nicht erforderlich ist.

MERKE

Mit dem Kurzhubhonen sind
- sehr hohe Oberflächenqualitäten (Rz bis 0,1 μm),
- erhebliche Verbesserungen der Rundheit
- aber keine nennenswerten Verbesserungen der Zylinderform möglich.

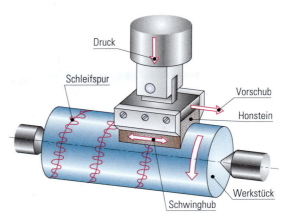

2 Kurzhubhonen mit Honsteinen

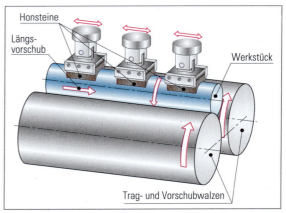

3 Spitzenloses Kurzhubhonen

ÜBUNGEN

1. Welche Vorteile bietet das Festklopfen gegenüber dem Polieren?
2. Welche Voraussetzungen müssen vorliegen, damit in Ihrem Betrieb das Festklopfen realisiert werden kann?
3. Nennen Sie Werkstückeigenschaften, die durch Langhubhonen erreicht werden.
4. Beschreiben Sie die Bewegungsvorgänge beim Langhubhonen.
5. Warum entsteht beim Honen keine Randzonenbeeinflussung?
6. Wie wirken sich lange bzw. breite Honsteine auf die Zylinderform und Rundheit der Bohrung aus?
7. Beschreiben Sie die Aufgaben des Honöls.
8. Erklären Sie die Bewegungsvorgänge beim Kurzhubhonen.
9. Nennen Sie mindestens drei Ziele, die durch das Kurzhubhonen erreicht werden.

4.5 Läppen

Die beiden Flächen des Endmaßes (Bild 1), die das Maß 50 mm verkörpern, müssen äußerst enge Maßtoleranzen bei höchsten Oberflächenqualitäten (Rz < 0,1 μm) und eine sehr gute Parallelität *(parallelism)*

1 Endmaß

besitzen. Die letzte Bearbeitung der Flächen erfolgt deshalb durch Läppen *(lapping)*.

Dazu wird auf einer Läppscheibe *(lapping disc)* das Läppmittel *(lapping fluid)* dünn aufgetragen, das aus einer Flüssigkeit oder Paste sowie feinsten Läppkörnern besteht. Darauf wird das Werkstück mit leichtem Druck und geringer Geschwindigkeit bewegt (Bild 2). Die Bewegung zwischen Läppscheibe und Werkstück bewirkt einerseits, dass die Läppkörner teilweise eine **Rollbewegung** ausführen. Dadurch entstehen im Werkstück Mikrorisse, aufgrund derer kleine Werkstoffpartikel ausbrechen und somit zu einem Materialabtrag führen. Andererseits tragen die zeitweise in der Läppscheibe **verankerten Läppkörner** feinste Späne ab.

Die **Läppflüssigkeit**, die die Läppkörner aufnimmt, verhindert einerseits die direkte Berührung von Werkstück und Läppscheibe. Andererseits sorgt sie für eine gleichmäßige Verteilung des Läppkorns auf der Läppscheibe und gewährleistet dessen Beweglichkeit im Spalt zwischen Scheiben- und Werkstückoberfläche.

Läppen ist ein spanendes Fertigungsverfahren mit losen Schleifkörnern, das
- sehr gute Oberflächenqualitäten,
- höchste Maßgenauigkeit und
- hervorragende Formtoleranzen erzielt.

Zum **Planläppen** *(flat lapping)* werden Einscheibenläppmaschinen *(single wheel lapping machines)* (Bilder 3 und 4) genutzt. Die Läppscheibe dreht sich bei gleichzeitiger Rotation der Abrichtringe. Läppkäfige halten die Werkstücke auf Abstand. Auf diese Weise führen die Werkstücke ungleichmäßige Bewegungen auf der Läppscheibe durch. Eine Druckplatte, die über den Werkstücken liegt, sorgt für den nötigen Anpressdruck zwischen Werkstück und Läppscheibe.

Zum **Planparallelläppen** *(parallel lapping)* von z. B. Endmaßen werden die Werkstücke auf der Einscheibenläppmaschine gewendet und mit einer sehr ebenen Druckplatte beschwert.

Die **Zweischeibenläppmaschine** *(double wheel lapping machines)* (Bild 5) ermöglicht das Planparallelläppen ebenso wie das **Rundläppen** *(cylindrical lapping)* zylindrischer Werkstücke. Dabei liegen die Werkstücke in Läppkäfigen, die über Stift- oder Zahnkränze angetrieben, Drehbewegungen durchführen. Die Werkstücke befinden sich zwischen zwei gegenläufigen Läpp-

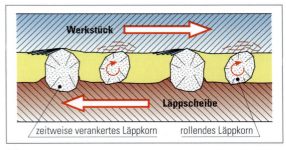

2 Läppvorgang

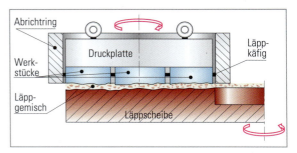

3 Planläppen auf einer Einscheibenläppmaschine

4 Einscheibenläppmaschine mit Abrichtringen und Druckplatten

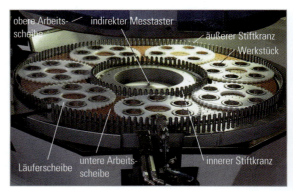

5 Planparallelläppen auf einer Zweischeibenläppmaschine

scheiben. Das Läppmittel wird kontinuierlich zwischen Werkstück und Läppscheiben zugeführt.

4.6 Feinschleifen

Das **manuelle Läppen** dient zum Glätten formgebender Werkzeugoberflächen. Die Läppkörper (Bild 1) bestehen aus dreieckigen bzw. quadratischen Plättchen und Ringen aus meist Cu-Zn-Legierungen (Messing). Sie sind für kleinere Flächen, Kanten und Ecken (Dreiecke) geeignet. Die Läppbewegung (Seite 323 Bild unten rechts) erfolgt durch Kugelschubstangen (Bild 2), die durch Handfeilmaschinen angetrieben werden. Je weicher der Läppkörper ist, desto mehr dringen die Läppkörner in die Werkzeugoberfläche ein und umso geringer wird die Rautiefe der geläppten Fläche.

1 Läppkörper zum manuellen Läppen

2 Kugelschubstange zum manuellen Läppen

4.6 Feinschleifen

Von dem Kugellagerringpaar (Bild 3) ist eine Ebenheit von 3 µm, eine Parallelität von 3 µm bei einer Rautiefe Ra < 0,6 µm und einer Maßtoleranz von 4 µm gefordert. Mit dem Feinschleifen *(fine grinding)* sind diese Anforderungen problemlos zu erreichen.

Der Maschinenaufbau und die Bewegungsverhältnisse sind beim Feinschleifen und Läppen auf der Zweischeibenläppmaschine gleich. Im Gegensatz zum Läppen wird jedoch nicht mit losen sondern mit gebundenen Schleifkörnern *(bonded abrasive grains)* gespant (Bild 4). Untere und obere Scheibe sind entweder mit Schleifsegmenten oder -pellets belegt (Bild 5). Die abgetragenen Späne und die ausgebrochenen Schleifkörner werden von den Spalten zwischen den Segmenten oder Pellets aufgenommen.

Beim Feinschleifen der Kugellagerringe wird bei einer Schleifzugabe von 30 µm in drei Minuten eine Ebenheit und eine Parallelität < 1,5 µm bei einer Rautiefe Ra < 0,25 µm und einer Maßtoleranz von 3 µm erzielt.

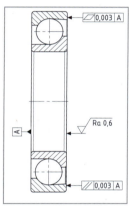

3 Lagetoleranz und Rautiefe am Kugellager

4 Belegung der Feinschleifmaschine (untere Scheibe)

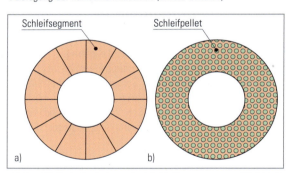

5 Feinschleifscheibe belegt mit a) Schleifsegmenten und b) Schleifpellets

> **MERKE**
>
> In der Feinbearbeitung gewinnt das Feinschleifen gegenüber dem Läppen wegen der **höheren Abtragraten** zunehmend an Bedeutung. Durch das gebundene Schleifkorn lassen sich die **Entsorgungskosten** *(disposal costs)* und der **Reinigungsaufwand** *(cleaning effort)* von Werkstück und Maschine gegenüber dem Läppen deutlich reduzieren.

ÜBUNGEN

1. Nennen Sie die am Läppprozess beteiligten Komponenten.
2. Beschreiben Sie die Aufgaben der Läppflüssigkeit.
3. Beschreiben Sie den prinzipiellen Unterschied zwischen Feinschleifen und Läppen.
4. Welche Vorteile hat das Feinschleifen gegenüber dem Läppen?

4.7 Oberflächenstrukturieren

Strukturierte bzw. genarbte *(grained)* Kunststoffteile (Bild 1) fühlen sich angenehm an, sehen gut aus und werden oft wertvoller als glatte angesehen. Das Aussehen der Oberflächen wird auf die Funktion der Kunststoffteile und an die angrenzenden Bauteile abgestimmt. Leder-, Textil-, Erodier- und technische Strukturen, Holzmaserungen und beliebige Fantasiedesigns sind möglich (Bild 2).

Um diese Strukturen auf den Kunststoffoberflächen zu erreichen, müssen die formgebenden Werkzeugoberflächen (Bild 3) entsprechend strukturiert werden. Die genarbten Oberflächen tragen auch dazu bei, dass z. B. Bindenähte *(joint lines)*, Einfallstellen[1] *(shrink marks)* und andere durch das Spritzgießen entstehende Unregelmäßigkeiten *(imperfections)* an den Oberflächen weniger oder gar nicht sichtbar werden.

4.7.1 Ätzen

Mithilfe geeigneter Ätzmedien (Säuren *(acids)* und Laugen *(bases)*) erfolgt an bestimmten Stellen der Werkzeugoberfläche ein steuerbarer Werkstoffabtrag *(material removal)* bzw. eine Strukturierung. Bevor das eigentliche Ätzen *(cauterisation)* erfolgen kann, sind entsprechende Vorbereitungen zu treffen (Bild 4). Nachdem alle Formflächen gereinigt und entfettet *(degreased)* sind, werden die nicht zu ätzenden Flächen mit feuchtigkeitsdichtem *(moisture-proofed)* Klebeband *(adhesive tape)* bzw. Schutzlack versehen. Eine teilweise säurefeste Fotofolie (Resist), die die spätere Struktur abbildet, wird auf die zu ätzende Werkzeugoberfläche aufgetragen. Im Ätzbad *(etching bath)* löst sich der nicht säurebeständige Teil der Fotofolie auf und die dadurch freigelegte Metalloberfläche wird abgetragen. Nach dem Erreichen der gewünschten Strukturtiefe *(depth of structure)* ist das gesamte Bauteil zu reinigen. Sollen die nicht geätzten Freiflächen die gleiche Rauheit wie die geätzten erhalten, muss sich ein zweiter Ätzvorgang anschließen. Vorher sind jedoch wieder die nicht zu verändernden Flächen mit entsprechenden Schutzschichten zu versehen.

1 Einstiegsleiste für Pkw mit genarbter Oberfläche

2 Strukturbeispiele für genarbte Oberflächen

3 Genarbte Werkzeugoberfläche für Einstiegsleiste für Pkw

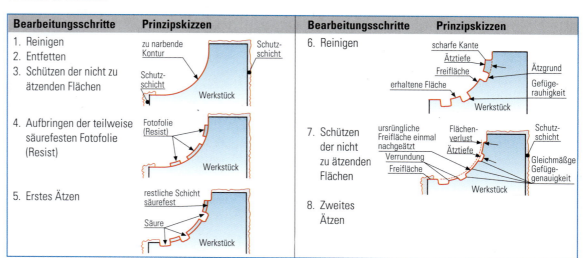

4 Prinzipieller Verlauf beim fotochemischen Ätzen

[1] siehe Lernfeld 11 Kap. 2.1.1.1

4.7 Oberflächenstrukturieren

> **MERKE**
> Durch foto-chemisches *(photochemical)* Ätzen entstehen genarbte Werkzeugoberflächen, die an den Kunststoffteilen strukturierte Oberflächen erzeugen, die deren Aussehen, Funktion und Haptik[1] *(haptic)* verbessern.

Die genarbten Werkzeugoberflächen erschweren den Entformungsprozess des Kunststoffteils (Bild 1). Die vorhandene Formschräge *(mould draught)* bestimmt die Ätztiefe. Je Grad Formschräge lässt sich eine Ätztiefe von etwa 0,02 mm entformen. Sollen Werkzeugoberflächen geätzt werden, muss das schon bei der Werkstoffauswahl berücksichtigt werden. Je feiner und homogener das Stahlgefüge ist, desto gleichmäßiger sind die geätzten Flächen. Stähle bis 5 % Cr-Anteil lassen sich gut ätzen, bis 12 % Cr-Anteil wird das Gefügebild zunehmend rauer. Folgende Stähle werden bei der foto-chemischen Ätztechnik bevorzugt:

Vergütungsstähle: 1.2311, 1.2312, 1.2710, 1.2711, 1.2713, 1.2738
Einsatzstähle: 1.2764, 1.2162
Kaltarbeitsstähle: 1.2767, 1.2842
Warmarbeitsstähle: 1.2343, 1.2344, 1.2316, 1.2601, 1.2678, 1.2080, 1.2083

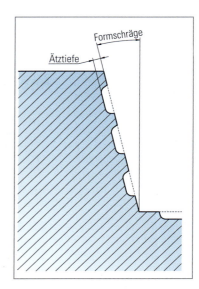

1 Ätztiefe und Formschräge

4.7.2 Laserstrukturieren

Das Laserstrukturieren *(laser structuring)* (Bild 2) geschieht meist auf 5-Achs-Maschinen, die mithilfe eines Laserstrahls die gewünschten Strukturen auf der formgebenden Oberfläche des Werkzeugs erzeugen. Es ist eine wirtschaftliche *(economical)* Möglichkeit zur Herstellung beliebiger Oberflächenstrukturen, filigraner Kavitäten, feinster Gravuren *(engravings)* und Beschriftungen. Neben den Metallwerkzeugen lassen sich auch Hartmetall- und Diamantwerkzeuge bearbeiten.

Gegenüber dem Ätzen kommt das Laserabtragen ganz ohne Chemikalien aus und der Laserstrahl wird direkt über CAD-CAM-Programmdaten geführt. Außerdem sind alle Strukturen digital archiviert und können daher auf anderen Teilen exakt wiedergegeben werden. Die Abtragschichten müssen zwischen 1 μm und 10 μm tief sein, um eine ausreichende Oberflächenqualität zu erzielen. Der Prozess läuft zwar langsamer ab als das Ätzen, ist jedoch vollautomatisiert *(fully automated)*.

Die CAD-CAM-Prozesskette des Laserstrukturierens einer Spritzgießform für einen Handschuhfachdeckel ist rechts und auf der folgenden Seite dargestellt.

> **MERKE**
> Durch Laserstrukturieren ist es mithilfe einer Prozesskette möglich, vollautomatisiert Texturen zu erstellen.

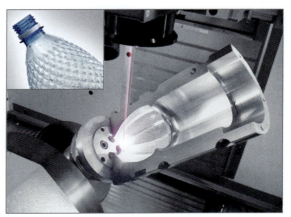

2 Laserstrukturieren einer Blasformhälfte für eine Trinkwasserflasche

- Zunächst wird die gewünschte Oberflächenstruktur (Textur) von Werkzeugoberfläche bzw. Handschuhfachdeckel festgelegt.

- Die CAD-Daten der Formhälfte müssen vorliegen.

---
[1] Haptische Wahrnehmung ist das aktive Erfühlen von Gewicht, Größe, Konturen, Oberflächenbeschaffenheit usw. eines Objekts.

- Mithilfe einer speziellen Software wird die ausgewählte Textur auf das dreidimensionale Modell der zu strukturierenden Oberfläche übertragen.

- Aufgrund der definierten Struktur der formgebenden Werkzeugoberfläche wird ein CNC-Programm für das Laserstrukturieren generiert und durch eine Simulation überprüft.

- Auf der 5-Achs-Maschine erfolgt das Strukturieren der Oberfläche mit dem Laser.

- Der fertig bearbeitete Formeinsatz nach dem Laserstrukturieren.

- Der Handschuhfachdeckel als Kunststoffteil.

ÜBUNGEN

1. Nennen Sie Gründe für das Narben bzw. Strukturieren von Kunststoffteilen.
2. Welche Aufgaben hat der Schutzlack beim foto-chemischen Ätzen?
3. Begründen Sie, warum das Bauteil zwischen der ersten und zweiten Ätzung gereinigt werden muss.
4. Welche Auswirkungen hat die vorhandene Formschräge auf die mögliche Ätztiefe?
5. Legen Sie die maximale Ätztiefe für eine Formschräge von 2,5° fest.
6. Beschreiben Sie die CAD-CAM-Prozesskette beim Laserstrukturieren.
7. Welche Vorteile hat das Laserstrukturieren gegenüber dem Ätzen?

5 Beschichten

Bei den Schneid- und Umformwerkzeugen als auch bei den Urformwerkzeugen besteht ein Fertigungsziel darin, mit den vorhandenen Werkzeugen möglichst viele Bauteile zu produzieren. Damit dies gelingt, werden für das Werkzeug die geeigneten Werkstoffe ausgewählt, meist wärmebehandelt *(heat-treated)* bzw. nitriert *(nitrogenized)* und mit der gewünschten Oberflächenqualität versehen. Durch das Beschichten *(coating)* der formgebenden Werkzeugoberflächen mit einer auf das Verfahren abgestimmten Hartstoffschicht *(layer of hard material)* können sich folgende Vorteile ergeben:

- Erhöhung der Verschleißbeständigkeit *(resistance to wear and tear)*
- Steigerung der Korrosionsbeständigkeit
- Verbesserung der Gleiteigenschaften
- Verbesserung der Entformbarkeit
- Reduzierung von Formbelägen und Aufschweißungen
- Schutz von polierten und strukturierten Werkzeugoberflächen

5.1 Hartverchromen

Die Kavität des gebrauchten Formeinsatzes (Bild 1) wurde hartverchromt. Das Hartverchromen *(hard chrome plating)* ist ein galvanischer *(galvanic)*, d. h. elektrochemischer *(electrochemical)* Prozess, bei dem Chrom direkt ohne Zwischenschichten auf den Grundwerkstoff aufgebracht wird.

1 Hartverchromte Kavität eines gebrauchten Formeinsatzes

Die Hartchromschicht besitzt folgende Eigenschaften:
- hohe Verschleißfestigkeit durch seine Härte von 68 ... 72 HRC
- hohe Temperaturbeständigkeit (Schmelzpunkt 1850 ... 1900 °C)
- gute Korrosionsbeständigkeit
- sehr niedrige Reibungskoeffizienten und dadurch sehr gute Gleiteigenschaften
- große Schichtdicken meist von 20 ... 200 µm (in Sonderfällen bis etwa 1 mm) möglich

- mechanisch nachbearbeitbar
- auch nur teilweise am Bauteil anwendbar

Einer der wichtigsten Vorteile hartverchromter Oberflächen ist die um ein Vielfaches verlängerte Standzeit von verschleißbeanspruchten Bauteilen. Zusätzlich ist es möglich, hochwertige, „verschlissene" Bauteile durch eine Hartverchromung wieder verwendungsfähig zu machen, was eine enorme Kostenreduktion *(cost reduction)* bedeuten kann.

1 Titannitridbeschichtete Oberfläche a) der Matrize eines Schneidwerkzeugs und b) der Kerne für ein Spritzgießwerkzeug

5.2 PVD- und CVD-Verfahren

Die von den beschichteten Schneidstoffen bekannten Hartschichten[1] wie z. B. Titannitrid werden sowohl bei Schneidwerkzeugen als auch bei Spritzgießwerkzeugen eingesetzt (Bild 1). Damit die Hartschichten vom Grundwerkstoff gut abgestützt werden, benötigt dieser auch schon eine entsprechende Härte und Festigkeit, die oft durch Plasmanitrieren[2] *(plasma nitriding)* erreicht wird. Die relativ dünnen Schichten (Bild 2) entstehen durch

- **physikalische Gasphasenabscheidung** *(PVD, Physical Vapour Deposition)* oder
- **chemische Gasphasenabscheidung** *(CVD, Chemical Vapour Deposition)*.

PVD überführt das Beschichtungsmaterial mit physikalischen Verfahren in die Gasphase, das dann auf dem zu beschichtenden Bauteil kondensiert. Die Beschichtungstemperatur liegt zwischen 200 und 500 °C, sodass die Anlasstemperatur *(tempering temperature)* des Grundwerkstoffs oft nicht erreicht wird und keine Maßänderungen eintreten. Bohrungen und Hinterschneidungen *(undercuts)* sind nur eingeschränkt beschichtbar. Die PVD-Schichten haften gut auf dem Grundwerkstoff.

CVD scheidet aufgrund einer chemischen Reaktion Material aus der Gasphase auf ein Bauteil ab. Die Beschichtungstemperatur liegt bei etwa 1000 °C, sodass eine Vakuumnachhärtung des Grundwerkstoffs meist erforderlich ist. Bohrungen und Hinterschneidungen sind komplett beschichtbar und die Haftfestigkeit auf dem Grundwerkstoff ist sehr gut.

Die Hartschichten müssen auf den jeweiligen Bereich des Werkzeugbaus abgestimmt und ausgewählt werden.

In der **Schneidtechnik** stehen folgende Ziele im Vordergrund:

- **Standzeitverbesserung** wird durch die hohe Härte der Beschichtungen von Stempel und Matrize erreicht.
- **Kantenschutz** *(edge protection)* verbessert sich durch die harten Oberflächen.
- **Oberflächenqualität** wird gesteigert, weil sich durch die verringerte Reibung der Anteil der geschnittenen Fläche im Vergleich zur gebrochenen Fläche vergrößert.
- **Abstreifkräfte** *(stripping forces)* verringern sich durch geringere Reibung zwischen Stempel *(punch)* und Blech *(sheet)*.

Schicht	TiN	TiCrN	TiBN	Cr	DLC *(diamond like carbon)*
Bezeichnung	Titannitrid	Titanchromnitrid	Titanboridnitrid	Chromnitrid	Amorpher Kohlenstoff
Farbe	gold	grau	silber-metallisch	silbergrau	schwarz
Schichthärte in HV	2000 … 2400	3000 … 3400	3000 … 5000	2200 … 2800	1500 … 3000
Schichtdicke in µm	4 … 6	4 … 6	2 … 3	3 … 8	1 … 10
Reibzahl µ (trocken auf Stahl)	0,1 … 0,2	0,1 … 0,2	> 0,3	0,3	0,1 … 0,2
Maximale Einsatztemperatur in °C	600	500	700	700	450
Eigenschaften	Niedrige Reibzahl, hohe Haftfähigkeit auf Grundmaterial	Hohe Härte bei niedriger Reibzahl	Sehr hohe Härte bei hoher Temperaturbeständigkeit	Korrosionsschutz bei hoher Temperaturbeständigkeit	Sehr geringe Reibzahl
Einsatzgebiete	Schneiden, Umformen, Spritzgießen	Schneiden, Umformen, Druckgießen, Spritzgießen	Druckgießen, Warmumformung Spritzgießen	Druckgießen, Schneiden, Umformen	Kaltumformung

2 Auswahl von Hartstoffbeschichtungen

Beim **Umformen** werden folgende Effekte angestrebt:
- **Verschleiß** reduziert sich durch die hohe Härte von Stempel und Matrize.
- **Kaltaufschweißungen** reduzieren sich durch die geringe Reibung zwischen Oberfläche und Werkstück.
- **Riefenbildung** an der Werkzeugoberfläche wird durch die hohe Härte und Verschleißfestigkeit der Hartschicht verhindert.
- **Fließverhalten** verbessert sich dank der geringen Reibung zwischen Werkzeugoberfläche und Werkstück und es werden geringere Umformkräfte benötigt.

Die **Formentechnik** strebt folgende Ziele an:
- **Formfüllung** *(mould filling)* erfolgt gleichmäßiger, weil die Schmelze wegen geringer Reibung in der Form und guter Oberflächenqualität länger fließfähig bleibt.
- **Entformungskräfte** vermindern sich, weil die Reibung zwischen Kern und Artikel gering ist.
- **Qualität des Spritzlings** verbessert sich, weil durch bessere Formfüllung und Oberflächen hochwertigere Teile entstehen.
- **Verschleißfestigkeit** nimmt – insbesondere bei abrasiv wirkenden Kunststoffen – durch die hohe Härte der Schicht zu. Gleichzeitig schützt die Schicht gegen Beschädigungen bei Wartungsarbeiten und beim Reinigen.

Ü B U N G E N

1. Welche allgemeinen Ziele werden im Werkzeugbau mit Hartstoffbeschichtungen angestrebt?
2. Begründen Sie, welche Auswirkungen PVD und CVD auf die vorgeschaltete Wärmebehandlung der formgebenden Werkzeugteile haben.
3. Unterscheiden Sie die Schichtdicken beim Hartverchromen gegenüber einer Hartschicht aus TiN.
4. Es soll eine Hartschicht für ein Werkzeug zum Warmumformen gewählt werden. Begründen Sie Ihre Hartschichtwahl.
5. Welche Hartschicht wählen Sie für das Kaltumformen von Aluminiumlegierungen?

6 Manufacturing of form-giving tool surfaces

6.1 High-performance cutting (HPC)

6.1.1 High-performance and high-speed milling

Cutting tool materials

Machining work pieces with high-performance milling or high-speed milling requires certain kind of tools (picture 1). Tools used for these processes are usually made of solid carbide and are often coated. Alternatively, tools are made of boron nitride or cermet.

> **Assignment:**
> Take a look at the pictures and read the text below each picture. Then use your standard book to find the corresponding code letter according to DIN ISO 513 for each cutting material. In addition, put down some of the properties for each cutting material.
> Finally, translate the materials that can be processed with tools made of solid carbide coated with TiCN and those machined with boron nitride into German.

Titanium Carbonitride (TiCN)	Cermet	Boron nitride
A harder, more lubricious coating offering better performance in ■ steels over HRC 40 ■ aluminum alloys ■ titanium alloys ■ low carbon steel ■ alloyed steels	Cermet insert for milling applications in various steel types in which a high surface finish is required.	CBN cutting tool materials offer best performances in ■ hardened steels > 48 HRC ■ cast irons ■ powdered metals

1 Cutting tool materials for HPC

6.2 Electrical Discharge Machining (EDM)

6.1.2 Machining of hardened tool steels

In order to machine hardened tool steels with coated solid carbide tools, you have to look-up some process values and parameters. Sometimes you even have to calculate some of the values.

Assignment:

Complete the following table (picture 1) with the help of your standard book. Afterwards, form complete English sentences which describe what you have done. Use some of the following phrases:

In addition, then, afterwards, next, thus, first, secondly, finally, last but not least.

Example:
First of all, I try to find the table for the process of hard turning with solid carbide tools in my standard book.

Process	Given parameter	Cutting speed v_c in m/min	Number of revolutions in 1/min	Working engagement a_e or cutting depth a_p in mm	Feed per tooth f_z or feed f in mm/min
You want to machine a work piece with precision hard milling	■ Diameter of end mill cutter 10 mm ■ Surface hardness of blank material 40 HRC				
You want to machine a work piece with precision hard turning	■ External turning of a bolt with diameter 50 mm ■ Surface hardness of bolt 55 HRC				

Do not write into your text book. Copy the table into your files.

1 Determination of process parameters for precision hard milling and turning

6.2 Electrical Discharge Machining (EDM)

EDM introduction

Assignment:

Read the English text about EDM. Afterwards, find out which of the German sentences below fit to which English sentence in the text. Notice that the order of the German sentences is mixed. Write the German sentences in the correct order into your exercise book.

Electrical discharge machining (EDM) is one of the most extensively used non-conventional material removal processes. Its unique feature of using thermal energy to machine electrically conductive parts regardless of hardness has been its distinctive advantage. EDM is used to manufacture mould, die, automotive, aerospace and surgical components. In addition, EDM does not make direct contact between the electrode and the work piece, thus eliminating mechanical stresses, chatter and vibration problems during machining. Today, electrodes as small as 0.1mm can be used for EDM. Therefore, small holes can be 'drilled' into curved surfaces at steep angles without drill 'wander'[1]).

A Dadurch können auch in gekrümmte Flächen unter steilen Winkeln Bohrungen gefertigt werden, ohne dass der Bohrer verläuft.

B Rattern, mechanische Spannungen und Vibration werden während der Bearbeitung vermieden, da die Elektrode das Werkstück während der Bearbeitung nicht berührt.

C Heutzutage werden beim Funkenerodieren Elektroden mit einem Durchmesser bis zu 0,1 mm benutzt.

D Die einzigartige Eigenschaft, thermische Energie zu nutzen um elektrisch leitende Materialen von beliebiger Härte zu bearbeiten ist der entscheidende Vorteil des Funkenerodierens.

E Mittels Funkenerosion können Teile für den Formenbau, Gesenke und Komponenten der Fahrzeug-, Luftfahrt- und Medizintechnik hergestellt werden.

F Funkenerodieren ist eines der häufigsten nicht-konventionellen Verfahren, um Material abzutragen.

---

1) adopted from: S. Kalpajian, S.R. Schmid, Material removal processes: abrasive, chemical, electrical and high-energy beam, in: Manufacturing Processes for Engineering Materials, Prentice Hall, New Jersey, 2003, p.541.

Die-sink and wire-cut EDM

Assignment:

Match the text given below (A...D) to the corresponding pictures ①...④. Then translate the text and the labelling in the pictures into German. Put down the results into your exercise book.

A The total width of the machined opening consists of the electrode diameter, plus two times the spark length.
B Die-sinker EDM machines produce sparks that occur between the electrode end and the work piece.
C Wire-cut EDM machines produce sparks that occur between the electrode-side surface and the work piece.
D Die-sink EDM machines can machine the work piece in three dimensions. Therefore, this machining process can be used to produce three-dimensional shapes and work pieces.

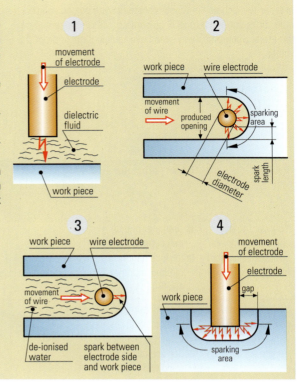

6.3 Fine machining

Die spotting

Picture 1 shows the advertisement of a company that produces tools and accessories for mold makers
Read the English text about EDM. Afterwards, find out which of the German sentences below fit to which English sentence in the text.

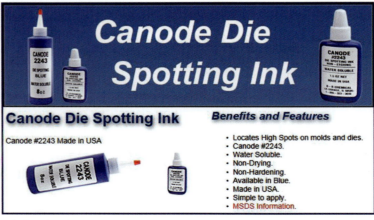

1 Online advertisement

Assignments:

1. Describe in your own words the purpose of die spotting ink.
2. Translate into German the 7 items of list shown on the right hand side of the ad.

MACHINE TOOL FOR LASER POLISHING

Initial Situation and Process

State of the art for polishing in tool and mold making is manual polishing. For economical as well as time-related reasons there is a high demand for automated polishing techniques for complex shaped 3D surfaces. Therefore Maschinenfabrik Arnold, S&F Systemtechnik and Fraunhofer ILT developed a machine tool for laser polishing of metallic parts.

Polishing with laser radiation is based on remelting a thin surface layer of the workpiece and the subsequent smoothing of the surface roughness due to surface tension. The innovation of laser polishing results from the fundamentally different active principle (remelting) compared to conventional grinding and polishing (abrasion).

The Machine

The machine tool is based on a five-axis portal machine for positioning the work pieces and performing slow feed motions. This axis system is combined with a high dynamic three-axis laser scanner to achieve the needed process speeds of up to 1 m/s.

Due to the machine kinematics with 5+3 axes, special demands are made upon the CAM-NC data chain. Fraunhofer ILT is developing a solution which allows the operator to continue working with his known CAM system he already uses for milling also for the tool path generation for laser polishing.

Technical Data (Basic Version)

- Travel range: X: 500 mm; Y: 800 mm; Z: 400 mm; A: ± 95°; C: 360° endless
- Work piece weight max. 100 kg
- Diameter of machine table 450 mm, max. work piece height 350 mm
- Control unit: Siemens Sinumerik 840 D
- Laser: Rofin fiber laser FL x50 with 500 W (cw)
- 3-axis-laserscanner (v up to 10 m/s, a up to 1000 m/s²)
- Utilization of one inert gas
- Machine dimensions 2350 x 3515 x 2400 mm³ plus laser and cooler

Options

- Measuring probe for work piece alignment
- Higher laser power (750 W or 1000 W)
- Multi-Inert-Gas-Version
- Versions for larger or smaller work pieces
- CAM-NC-Software

Process Testing

The machine tool is at your disposal for process testing at the Fraunhofer Institute for Laser Technology ILT in Aachen.

Contact

Fraunhofer-Institut für Lasertechnik ILT
Dr. Edgar Willenborg, Phone +49 241 8906-213
edgar.willenborg@ilt.fraunhofer.de

Maschinenfabrik Arnold
Thomas Arnold, Phone +49 751 36169-0
thomas.arnold@arnold-rv.de

1 Laser polishing machine

Technical English

Laser polishing

Picture 1 on page 381 shows the flyer of a manufacturer for solution-oriented machinery. Amongst others, they produce and develop complex laser systems including the required automation components. The flyer shows a machine tool for laser polishing of metallic parts.

Assignments:

Answer the following questions. Put down the answers into your files.

Example:
Question: What is the state of the art for polishing in tool and mold making?
Answer: State of the art for polishing in tool and mold making is manual polishing.

1. For which reasons does the market ask for automated polishing techniques?
2. Upon which two principles is the polishing with laser radiation based?
3. Which is the principle of conventional polishing?
4. Upon what kind of machinery is the automated laser polishing machine based?
5. What is the maximum process speed of the laser scanner in this kind of machinery?
6. Does the operator of the laser polishing machine has to purchase a new CAM system?
7. What is the maximum weight of work piece that this type of machine can handle?
8. How many sizes of the laser polishing machine does the manufacturer offer?

6.4 Work with words

1. Write the full meaning of the following abbreviations into your files?
   a) HPC
   b) WEDM
   c) HSC
   d) EDM
   e) MRR
   f) CNC

2. Complete the list with processing parameters.
   Cutting speed v_c – cutting depth a_p – …..

3. In each group there is a word which does not fit into it. Which one is the odd man? Find a general term for this group. Do not write into your book!
   example: *solid carbide, boron nitride, synthetic hydrocarbon, cermet* → *cutting tool materials*
   a) Precision hard milling, electrical discharge machining, high-speed milling, grinding → _____
   b) E-pack, electrode, planetary EDM, precision hard turning → _____
   c) Clearance angle, rake angle, angle of incidence, wedge angle → _____
   d) Surface quality, depth of grooves, vibration, maximum roughness depth → _____

4. Ask your teacher to print and copy the following crossword puzzle (picture 1). Complete the crossword puzzle.

1 Crossword puzzle

horizontal:
1) physical variable that is measured in C°
2) the "tool" used in EDM
3) opposite of hollow
4) something that is needed to clean the dielectric fluid in EDM machines
5) a machining process in which the tool rotates and the work piece stands still
6) in EDM it "jumps" from the electrode to the work piece or vice versa
7) something that your are covered with from head to toe
8) you need it to run a turning machine
9) opposite of smooth

vertical: a job in which you manufacture tools

Lernfeld 10:
Fertigen von Bauelementen in der rechnergestützten Fertigung

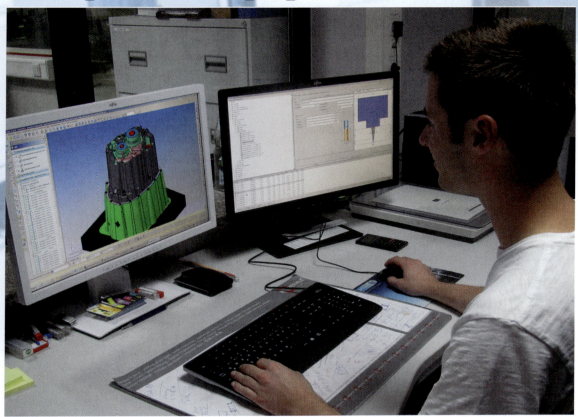

In diesem Lernfeld bereiten Sie auftragsbezogen einen rechnergestützten Fertigungsprozess vor und berücksichtigen dabei die Anforderungen und Möglichkeiten eines CAD-CAM-Systems. Sie knüpfen dabei an Ihre bisher erworbenen Kenntnisse an – insbesondere an die im Lernfeld 7 behandelte CNC-Programmierung.

Sie erstellen CAD-Datensätze für Werkstücke mit komplexen Geometrien und generieren hieraus die CNC-Programme für die Fertigung. Hierzu nutzen Sie grafische Programmier- und CAD-CAM-Systeme.
Mithilfe geeigneter Verfahren wie z. B. der Optischen 3D-Messtechnik prüfen Sie die gefertigten Bauelemente und optimieren den Herstellungsprozess nach Gesichtspunkten der Wirtschaftlichkeit und Produktqualität.
Neu in diesem Lernfeld lernen Sie generative Fertigungsverfahren – ebenfalls rechnergestützt – kennen, bei denen die Bauteile nicht durch Spanen sondern durch schichtweises Hinzufügen von Material hergestellt werden.

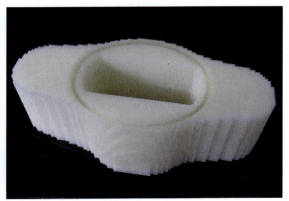

1 Rechnereinsatz und digitale Daten im Lebenszyklus eines Produkts

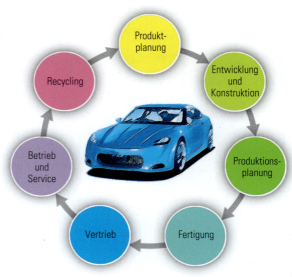

1 Lebenszyklus eines Kraftfahrzeugs

Jedes Produkt besitzt einen Lebenszyklus *(life cycle)*, der mit dessen Planung beginnt und Entsorgung *(disposal)* endet, die möglichst mit einer Wiederverwendung der Rohstoffe *(recycling)* verbunden sein soll. Im Bild 1 sind die verschiedenen Phasen im Lebenszyklus eines Kraftfahrzeuges dargestellt.

In allen Phasen des Lebenszyklus entstehen digitale Informationen *(digital information)*, die zu verwalten sind und auf die ein gezielter Zugriff zu gewährleisten ist. Daher ist der Einsatz von Informations- und Kommunikationstechnik *(information and communication technology, abbr.: CT)* für Unternehmen ein unverzichtbares Hilfsmittel, um am Markt bestehen zu können. Steigendes Innovationstempo und fortlaufende Maßnahmen zur Steigerung der Produktivität fordern die Unternehmen zur Verbesserung ihrer Prozesse, zur weiteren Automatisierung ihrer Fertigung und zur weltweiten Kommunikation heraus.

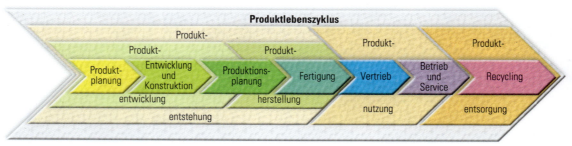

2 Produktentstehung, -nutzung- und -entsorgung

1.1 Produktlebenszyklus

Die Phase der **Produktentstehung** *(product creation)* (Bild 2) beinhaltet Planung und Herstellung des Produkts. Während der Produktnutzung *(product utilization)* sind der Vertrieb, der Service (Inbetriebnahme und Wartung) des Produktherstellers, aber natürlich auch der **Produktnutzer** *(product user)* eingebunden. Die Produktentsorgung *(disposal of product)* kann vom Produktnutzer gemeinsam mit dem Produkthersteller vorgenommen werden.

Die Fachkraft für Werkzeugmechanik kann in allen Phasen des Produktlebenszyklus *(product life cycle)* mitwirken. Vorrangig ist sie in der Fertigung tätig. Aber auch bei der Entwicklung und Konstruktion der Werkzeuge wirkt sie mit. Sie ist bei der Inbetriebnahme des Werkzeugs

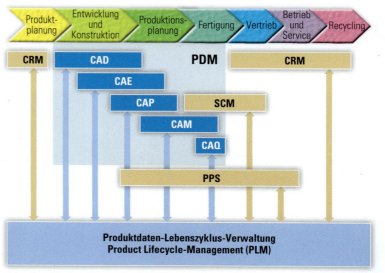

3 Product Lifecycle Management (PLM)

1.2 Rechnergestützte Anwendungen während der Produktentstehung

eingebunden und nimmt auch Wartungen während der Werkzeugnutzung beim Kunden vor. Hauptsächlich ist die Fachkraft für Werkzeugmechanik an der Entstehung des Werkzeugs bzw. der Vorrichtung beteiligt. Dieser Bereich darf aber nicht losgelöst vom Gesamtprozess gesehen werden. Denn auf ihn bauen Vertrieb, Nutzung und Service des Produkts auf.

Während aller Phasen des Produktlebenszyklus werden Computer mit unterschiedlichsten Anwenderprogrammen *(applications)* genutzt, wobei die Anwender digitale Daten erstellen (Seite 384 Bild 3). Ein **Datenmanagementsystem** ermöglicht den Zugriff auf alle anfallenden digitalen Daten.

1.2 Rechnergestützte Anwendungen während der Produktentstehung

Die Daten, die von der Konstruktion bis zur Fertigung anfallen, werden vom **Produktdatenmanagement**[1] *(product data management)* (PDM) verwaltet. Dieser Bereich ist im Bild 3 auf Seite 384 blau hinterlegt. Im Folgenden werden daraus die verschiedenen rechnergestützten Anwendungen vorgestellt.

1.2.1 CAD

Mithilfe von CAD *(computer aided design)* entstehen rechnerunterstützte *(computer-based)* Konstruktionen. Im Werkzeugbau werden mit CAD-Programmen meist dreidimensionale Volumenmodelle *(solids)* erstellt[2]. Bild 1 zeigt die Oberfläche eines CAD-Systems. Das dargestellte Spritzgussteil ist aus mehreren geometrischen Grundkörpern *(base bodies)* aufgebaut, die schrittweise konstruiert und zusammengefügt werden (Bild 2). Dabei definiert der Anwender exakt die einzelnen Formelemente bzw. Objekte in ihren Abmessungen und Positionen. Am Ende der Konstruktion liegen digitale Daten vor, die die Kontur *(contour)* und das Volumen des Bauteils exakt beschreiben. Daraus lassen sich Bauteileigenschaften wie z. B. Oberfläche *(surface)*, Volumen *(volume)*, Masse *(mass)*, Schwerpunkt *(balance point)* berechnen.

2 Schrittweises Modellieren eines Halters mit CAD-System

 MERKE
Die CAD-Daten sind die Basis in einer rechnergestützten Fertigung. Nur wenn sie präzise und auf dem aktuellen Stand sind, ist die spätere Funktion des Produkts gewährleistet.

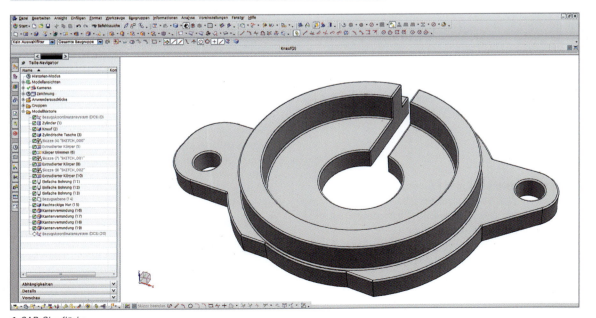

1 CAD-Oberfläche

[1] Siehe Kapitel 1.3
[2] Siehe Kapitel 2

1.2.2 CAE

Computer Aided Engineering ermöglicht eine rechnergestützte Produktentwicklung *(product designing)*. Mit entsprechender Software lassen sich die im CAD entwickelten Produkte auf zahlreiche Eigenschaften untersuchen. Die Finite-Elemente-Methode (FEM) erlaubt es beispielsweise, Blechdicken, die beim Tiefziehen entstehen, vorauszubestimmen (Bild 1). Aufgrund dieser Daten wird der Fertigungsprozess oder – sofern möglich – das Produkt verändert und angepasst.

Weitere rechnergestützte Anwendungen im CAE-Bereich sind z. B.:
- Füllsimulationen von Spritz- und Druckgießwerkzeugen (Bild 2)
- Simulation von Fertigungsprozessen
- Ein- und Ausbauuntersuchungen
- Kollisionsprüfungen *(collision checks)*
- Strömungssimulationen *(flow simulations)*
- Akustikuntersuchungen *(acoustic tests)*
- Schwingungssimulationen *(vibration simulations)*

Alle diese Untersuchungen liefern bei fachgerechter Anwendung brauchbare Ergebnisse, obwohl das Produkt bis zu diesem Zeitpunkt nur digital existiert. Auf dieser Grundlage ist es möglich, die Produkte schon in der Planungsphase zu optimieren.

Später werden die Eigenschaften der realen Produkte geprüft. Weichen sie beachtlich von den vorausberechneten ab, fließt das in die Weiterentwicklung der rechnergestützten Anwendungen ein. Dadurch erfolgt eine ständige Optimierung der Software, wodurch sich deren Vorausberechnungen zunehmend der Realität annähern.

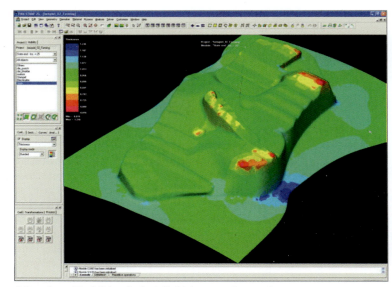

1 Berechnete Blechdicke, die durch Tiefziehen entstehen würde

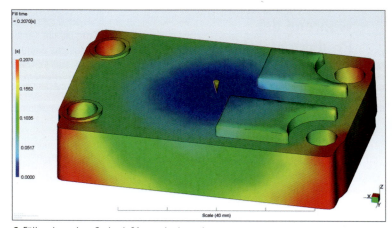

2 Füllanalyse einer Spritzgießform mit einem Anguss

1.2.3 CAP

Mithilfe von **Computer Aided Process Planning** erfolgt eine rechnergestützte Fertigungsprozess-Planung *(computer-based manufacturing process planning)*. Die eingesetzten Programme nutzen die vorhandenen CAD-Daten zur
- Terminplanung *(scheduling)*
- Personalplanung *(human resources planning)* für die Fertigung (z. B. Überstunden)
- Planung der Maschinenbelegung *(machine scheduling)* und deren Optimierung unter verschiedenen Bedingungen (z. B. Durchführung eines Eilauftrags)
- Planung von erforderlichen Fertigungsvorrichtungen und deren Bereitstellung
- Planung des Materialbedarfs *(material requirement)*, der Materialbereitstellung *(material provision)* und des Materialflusses
- Bereitstellung von Norm- und Zukaufteilen

MERKE

Das Ziel von CAP besteht darin, Produktdurchlaufzeiten *(cycle times)* zu minimieren sowie Planungszeiten und -kosten durch die Rechnerunterstützung zu reduzieren.

1.2.4 CAM

Computer Aided Manufacturing bedeutet rechnerunterstützte Fertigung. Dazu gehören vorrangig das Erstellen von CNC-Programmen und die Computersteuerung von Produktionsanlagen sowie der unterstützenden Transport- und Lagersysteme.

Die Fachkraft erstellt mithilfe spezieller CAM-Software[1] die Verfahrbewegungen für Werkzeugmaschinen. Dazu werden die CAD-Daten von Werkstück und Rohteil übernommen. Der Bediener plant die Bearbeitungsschritte *(process steps)* und legt die technologischen Daten fest (Bild 1). Für das Schruppen des Drehteils klickt der Bediener z. B. die erste und letzte Fläche (rot) der zu schruppenden Kontur an und legt das Aufmaß fest.

Aufgrund der vom CAD-System gelieferten Werkstückgeometrie *(part geometry)* und den vom Anwender bestimmten technologischen Daten berechnet die Software die Werkzeugbewegungen, simuliert die Zerspanung (Bild 2) und erstellt die CNC-Programme. Die Fachkräfte richten die CNC-Maschinen ein, überwachen den Zerspanungsprozess und optimieren die CNC-Programme[2].

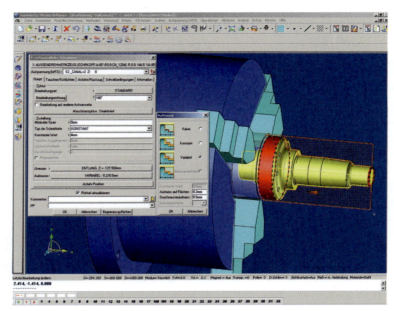

1 Definition von Kontur und Aufmaß zum Schruppen

1.2.5 CAQ

Computer Aided quality assurance steht für „rechnerunterstützte Qualitätssicherung" und ist ein Element des Qualitätsmanagements[3] *(quality management)*.

CAQ-Systeme analysieren, dokumentieren und archivieren qualitätsrelevante *(relevant to quality)* Produkt- und Prozessdaten während der Fertigung. CAQ-Systeme können die gewonnenen Daten statistisch auswerten. Sie ermitteln z. B. die Prozessfähigkeit *(process capability)*

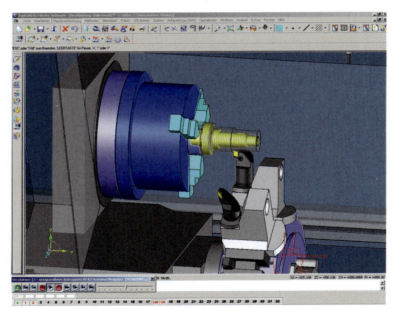

2 Simulation während des Schruppens

von Produktionsprozessen, d. h., sie beurteilen, wie stabil und wie gut reproduzierbar der Produktionsprozess ist.

Die rechnergestützte Analyse, Dokumentation und Archivierung qualitätsrelevanter Daten ist für Unternehmen von sehr hoher Bedeutung. Die Verknüpfung solcher Daten mit der Reklamationsbearbeitung *(handling of complaints)* kann zu einer deutlichen Kostenreduzierung *(reduction of expenses)* und Verbesserung der Produktqualität führen.

---

[1] siehe Kapitel 3 [2] siehe Lernfeld 7 [3] siehe Lernfeld 12 Kap. 2

1.3 Produktdatenmanagement (PDM)

Das Produktdatenmanagement *(product data management)* ermöglicht die datenbankgestützte *(data-base driven)* Verknüpfung aller technischer Daten, die von der Konstruktion bis zur Fertigung eines bestimmten Produkts durch die beschriebenen rechnerunterstützten Verfahren (CAD, CAE, CAP, CAM und CAQ) entstehen (Seite 384 Bild 3).

PDM-Systeme sind Kommunikationssysteme, welche die Daten aus den verschiedenen Bereichen zusammenfassen, aufbereiten und präsentieren. Das ist nur möglich, wenn sie alle Daten, die meist in unterschiedlichen Formaten vorliegen, verknüpfen können. PDM-Systeme sind somit Integrationsplattformen, die alle rechnergestützten Anwendungen von der Konstruktion bis zur Fertigung über Schnittstellen *(interfaces)* zu einem Gesamtsystem verbinden.

Die zuständige Fachkraft muss auf technische Daten wie z. B. Konstruktionszeichnungen *(drawings)*, Datenblätter *(data sheets)*, Stücklisten, CNC-Programme, Prüfprotokolle usw. zugreifen können, die sie in ihrem Bereich benötigt. Dabei muss es möglich sein, den jeweiligen Änderungsstand des Produkts zu berücksichtigen, welcher sich unmittelbar auf die Produktionsprozesse und spätere Reparaturen auswirken kann.

Das Produktdatenmanagement-System verwaltet mithilfe von Datenbanken alle produktbezogenen Daten aus den unterschiedlichen Bereichen der Produktentstehung.

1.4 Produkt Lifecycle Management (PLM)

Wird die Integration der Produktdaten über den Bereich der Fertigung ausgedehnt (Seite 384 Bild 3), handelt es sich um eine **Produktlebenszyklus-Verwaltung** *(produkt lifecycle management (PLM))*. Über die PDM-Funktionen hinaus bieten PLM-Systeme die Verknüpfung von Daten, die vor und nach der Produktherstellung entstehen.

Um alle produktbezogenen Daten über den gesamten Produktlebenszyklus hinweg zu verwalten, werden neben den bislang beschriebenen noch die folgenden rechnergestützten Anwendungen eingesetzt:

Customer Relationship Management (CRM)

CRM bedeutet **Kundenbeziehungsmanagement** bzw. **Kundenpflege** *(customer care)*. Es dient zur konsequenten **Kundenorientierung** *(customer orientaion)* eines Unternehmens. Die Dokumentation und Verwaltung von Kundenbeziehungen und Kundenwünschen ist eine wichtige Grundlage für die Gestaltung längerfristiger Kundenbindungen *(customer loyalities)*. Viele Unternehmen speichern Kundendaten und dokumentieren alle Kundenkontakte in Datenbanken. Dabei sind die Richtlinien des Datenschutzes *(data privacy)* einzuhalten.

Supply Chain Management (SCM)

SCM bedeutet **Lieferkettenmanagement**. Damit sind die Planung und die Koordination aller Aufgaben bei der Lieferantenwahl *(choice of supplier)*, Beschaffung der erforderlichen Produkte und Dienstleistungen sowie deren Transport und Bereitstellung gemeint. Insbesondere enthält es die Koordinierung und Zusammenarbeit der beteiligten Lieferanten, Händler, Logistikdienstleister und Kunden.

Produktionsplanungs- und -steuerungssystem (PPS)

PPS-Systeme unterstützen den Anwender bei der Produktionsplanung *(production scheduling)* und -steuerung *(production control)* und übernehmen die damit verbundene Datenverwaltung. Mithilfe von PPS-Systemen sollen die Durchlaufzeiten verkürzt, die geplanten Termine eingehalten, die Lagerbestände *(stock)* optimiert, sowie die Betriebsmittel wirtschaftlich genutzt werden.

Grundlage der **Produktionsplanung** sind die vorhandenen Kundenaufträge und die Absatzprognosen. Sie erfolgt in drei Schritten:

- Materialbedarfsplanung
- Terminplanung und
- Kapazitätsplanung *(capacity planning)*

Von den Anwendungsprogrammen der rechnergestützten Fertigung nutzen die Werkzeugmechanikerinnen und -mechaniker vorrangig CAD-, CAM- und CAQ-Systeme und sind während der Fertigung laufend in den Prozess der Produktionssteuerung (PPS) mit eingebunden.

Beim Nutzen der Informationstechnik (IT) müssen Sie sich an die **IT-Nutzungsrichtlinien** Ihres Betriebes halten. Denn nur eine hohe **IT-Sicherheit** schützt die Daten, gewährleistet den Betriebsablauf und sichert letztlich auch Ihren Arbeitsplatz.

ÜBUNGEN

1. Beschreiben Sie am Beispiel eines Biegewerkzeugs dessen Lebenszyklus.
2. Welche rechnergestützten Anwendungen können während der Produktplanung eingesetzt werden?
3. Beschreiben Sie die Ziele des Produktdatenmanagements.
4. Welche weiteren Bereiche erfasst das Product Lifecycle Management gegenüber dem Produktdatenmanagement?
5. Erläutern Sie die Begriffe CRM und SCM.
6. Beschreiben Sie die Aufgaben und Funktionen eines Produktionsplanungs- und Steuerungssystems.
7. Wie sind Sie in Ihrem Betrieb in das PPS-System eingebunden?

2 CAD-Datensätze erstellen

In der rechnergestützten Fertigung von Bauteilen und Werkzeugen bildet die **Konstruktion** die **Basis** für alle weiteren Fertigungsschritte. Die Fachkraft konstruiert mithilfe von CAD-Systemen (**C**omputer **A**ided **D**esign) ein virtuelles Modell des zu fertigenden Bauteils. Deshalb wird diese Tätigkeit auch als Modellieren *(modelling)* bezeichnet. Die entstandenen CAD-Daten werden in die Werkzeugkonstruktion übernommen. Wenn sich während der Werkzeugkonstruktion noch Änderungen am zu fertigenden Bauteil ergeben – was im Werkzeugbau keine Seltenheit ist – werden diese automatisch in die Werkzeugkonstruktion übernommen.

1 Spritzgussteil „Sockel"

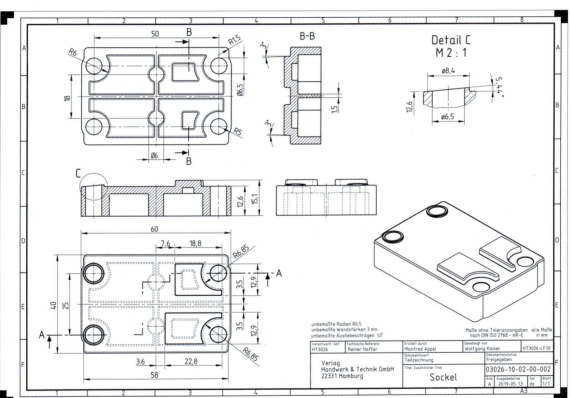

2 Zeichnung des Spritzgussteils „Sockel"

Im Folgenden werden am Beispiel des Spritzgussteils „Sockel" (Bilder 1 und 2) die Strategien für
- das Modellieren des Bauteils,
- die formtechnischen Anpassungen des Bauteils,
- die Zeichnungsableitung *(drawing derivation)* des Bauteils und
- das Ableiten der beiden Formplatten für das Werkzeug

dargestellt.

Der gezeigte Lösungsweg ist ein möglicher, andere können zu dem gleichen Erfolg führen. Es wird Grundsätzliches gezeigt, um die Funktionen der Systeme und die gewählten Strategien darzustellen. Dabei ist nicht beabsichtigt, eine Bedienungsanleitung darzustellen, weil dazu für jedes CAD-System spezielle Anleitungen und Online-Hilfen vorliegen.

2.1 CAD-Modelle im Werkzeugbau

Der Werkzeugbau setzt fast ausschließlich dreidimensionale (3D) CAD-Modelle zur Konstruktion der Bauteile und Werkzeuge ein. Das sind:
- Volumenmodell,
- Flächenmodell und
- Hybridmodell.

2.1.1 Volumenmodell

Das Volumenmodell *(solid)* beschreibt das Bauteil mithilfe einzelner Volumina (Bild 1), die addiert, subtrahiert oder von denen die Schnittmenge gebildet wird (Boolesche Operationen). Ein Schnitt durch das Volumenmodell des Sockels (Bild 2) zeigt die Schnittflächen und die Durchbrüche.

2.1.2 Flächenmodell

Das Flächenmodell *(surface model)* beschreibt das Bauteil mithilfe einzelner Flächen, die in ihrer Summe seine gesamte Oberfläche darstellen. Ein Schnitt durch das Flächenmodell des Sockels (Bild 3) zeigt lediglich die geschnittenen Flächen, zwischen denen nichts, d. h., kein Volumen bzw. „Material" vorhanden ist.

2.1.3 Hybridmodell

Die meisten im Werkzeugbau eingesetzten CAD-Systeme können sowohl Volumina als auch Flächen modellieren. Sie ermöglichen es einerseits, aus Flächen Volumina zu konstruieren, als auch andererseits, aus Volumina Flächen abzuleiten. Das im Weiteren genutzte CAD-System verfügt über diese Möglichkeiten.

Ausgangssituation	Boolesche Operation	Ergebnis
	Addition von Rechtecksäule und Zylinder	
	Subtraktion von Rechtecksäule und Zylinder	
	Schnittmenge von Rechtecksäule und Zylinder	

1 Boolesche Operationen: Addition, Subtraktion und Schnittmengenbildung

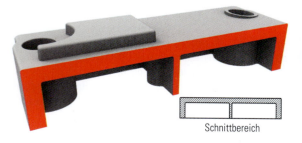

2 Schnitt durch das Volumenmodell des Sockels

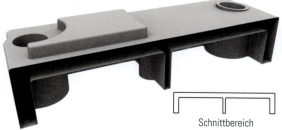

3 Schnitt durch das Flächenmodell des Sockels

2.2 Modellieren eines Spritzgussteils

Spritzgussteile wie z. B. der Sockel sind meist schalenförmige Bauteile (Bilder 1 und 2 auf Seite 389) mit möglichst konstanter Wandstärke, die dann in ihrem Inneren oft noch Rippen *(webs)* und Durchbrüche besitzen. Das Modellieren beginnt mit der groben äußeren Kontur.

2.2.1 Skizzen erstellen

Skizzen sind oft die Grundlage für eine Konturbeschreibung. Sie bilden dann z. B. die Grundfläche für einen prismatischen Körper. Dabei wird mithilfe des Cursors eine „digitale Skizze" erstellt, ohne zunächst die Maße festzulegen. Der Sockel ist in der Draufsicht *(topview)* doppelt symmetrisch, sodass zunächst nur ein Viertel der Draufsicht als Skizze *(sketch)* in Form von Linien, einem Kreisbogen und einem Kreis erstellt wird. Anschließend ist die Skizze zu bemaßen (Bild 1), wodurch die Geometrieelemente die Größe der angegebenen Maße annehmen. Die parametrisierten Bemaßungen *(parameterized dimensiong)* (z. B. p31 = 20,00) lassen sich auch zu einem späteren Zeitpunkt beliebig ändern. Durch Spiegeln um die Y- und X-Achse entsteht die Skizze mit der gesamten Grundfläche des Sockels (Bild 2).

2.2.2 Extrudieren

Durch Extrudieren *(extruding)* von Skizzen entstehen im CAD im einfachsten Fall prismatische Volumina. Durch das Ziehen eines beliebigen Querschnitts um einen definierten Wert in eine Richtung entsteht ein neues Volumen, der Grundkörper des Sockels. Bild 3 zeigt das Extrudieren der Sockelgrundfläche, die ausgewählt ist. Die Richtung der Extrusion verläuft dabei in positiver Z-Richtung. Die Länge der Extrusion ist mit 12,6 mm bestimmt. Das Extrudieren kann auch entlang von Führungen erfolgen (Bild 4). Die CAD-Systeme bieten eine Vielzahl von weiteren Extrusionsmöglichkeiten an.

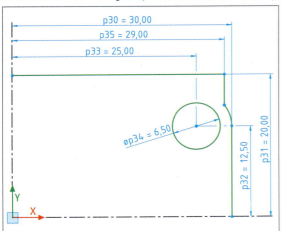

1 Skizze der Viertelkontur der Sockelgrundfläche

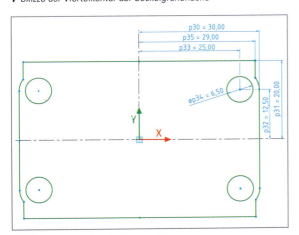

2 Skizze der gesamten Sockelgrundfläche

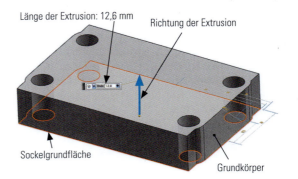

3 Extrudieren der Sockelgrundfläche zu einem Volumen

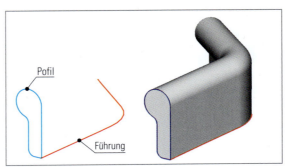

4 Extrudieren entlang einer Führung

Für die beiden Aufsatzkörper werden Skizzen mit den geforderten Konturen erstellt. Die Skizzenlagen werden in Abhängigkeit von den Bezugsebenen festgelegt (Seite 392 Bild 1). Die Bezugsebenen *(reference planes)* wurden vorher als Symmetrieebenen *(symmetry planes)* des Grundkörpers erzeugt. Abschließend erfolgt das Extrudieren der beiden Ebenen, wobei die entstehenden Körper mit dem Grundkörper vereinigt werden (Boolesche *(bolean)* Operation: „Addieren") Bild 2 auf Seite 392 zeigt den Körper nach dem Extrudieren.

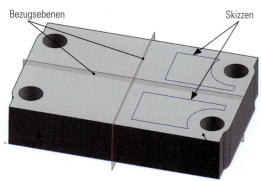

1 Skizzen für die Aufsatzkörper

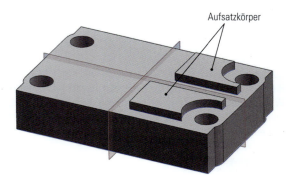

2 Extrudierte Aufsatzkörper

2.2.3 Aushöhlen

Um ein Spritzgussteil mit konstanter Wandstärke[1] *(wall thickness)* zu erzeugen, bieten die CAD-Systeme Befehle an, mit denen das auf einfache Weise möglich ist. Nach der Eingabe der gewünschten Wandstärke wird die Fläche oder werden die Flächen am Körper, die ausgehöhlt werden sollen, identifiziert. Im Beispiel für den Sockel ist eine Wandstärke von 3 mm gefordert. Die zu identifizierende Fläche ist die Grundfläche des Sockels, auf die nach dem Aushöhlen in Bild 3 geblickt wird.

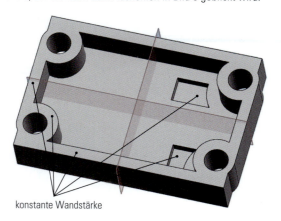

3 Aushöhlen mit konstanter Wandstärke

2.2.4 Rippen erzeugen

Versteifungsrippen *(stiffening ribs)* sind ein Kennzeichen von Spritzgussteilen. Auch der Sockel besitzt zwei Rippen, die beide mittig angeordnet sind. Zu deren Erzeugung wurden in einer Skizze zwei Linien erstellt (Bild 4), die dann bis auf den Grund des Sockels extrudiert werden. Würde nur die Linie extrudiert, entstünde lediglich eine Fläche ohne Wandstärke. Damit die Rippen eine Wandstärke von 1,5 mm erhalten, ist anzugeben, dass die Linien nach jeder Seite um 0,75 mm zu verstärken d. h., mit einem symmetrischen **Offset** von jeweils 0,75 mm zu verse-

hen sind. Die Rippen werden ebenfalls direkt beim Extrudieren mit dem bislang konstruierten Körper vereinigt.

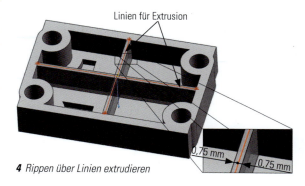

4 Rippen über Linien extrudieren

2.2.5 Konstruktionsverlauf dokumentieren

Die CAD-Systeme dokumentieren die gesamte Entstehungsgeschichte (Bild 5) des 3D-Modells. Die Modellhistorie *(model history)* enthält alle während der Konstruktion durchgeführten Schritte. Die Fachkraft kann in der Modellhistorie, die oft auch als „Feature-Baum" bezeichnet wird, die einzelnen Funktionen kommentieren. Dies hat den Vorteil, dass sie sehr schnell durch Anklicken der Funktion die definierten Parameter ändern und damit das Modell verändern kann.

5 Modellhistorie bzw. „Feature-Baum"

[1] Siehe Lernfeld 11 Kap. 2.1.1.2

2.2.6 Dome konstruieren

Dome (Bild 1) sind Versteifungselemente *(stiffeners)*, die z. B. mit Bohrungen für Verschraubungen versehen sind. Vier nicht freistehende Dome *(domes)* mit Bohrungen sind schon beim Aushöhlen entstanden. Zwei weitere werden zur Abstützung noch benötigt und müssen erstellt werden. Da die beiden Dome symmetrisch angeordnet sind, wird nur einer konstruiert und dieser dann um die entsprechende Bezugsebene gespiegelt. Bei der Konstruktion des Domes ist festzulegen, auf welcher Fläche er zu positionieren ist. Das ist in unserem Fall der Grund der Aushöhlung. Der Durchmesser *(diameter)* des Domes ist einzugeben und seine Höhe wird aus dem bisherigen Körper abgemessen. Sie entspricht der Höhe der Rippen. Sollte die Tiefe der Aushöhlung geändert werden, passt sich die Domhöhe danach entsprechend an. Bild 1 zeigt den Sockel nach dem Spiegeln des Domes.

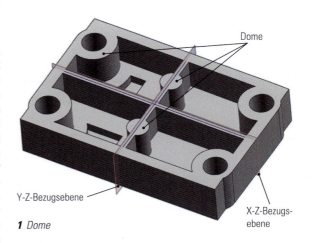

1 Dome

Überlegen Sie!

1. Um welche der beiden Bezugsebenen wurde der zweite Dom gespiegelt?
2. Wie würde das Ergebnis aussehen, wenn um die andere Bezugsebene gespiegelt würde?

2.2.7 Flächen extrudieren

Auf der Oberseite des Sockels sind zwei Dome unter einem Winkel von 5,44° abzuschrägen. Die ausreichend hohen Dome (Bild 2) entstanden durch Extrudieren der oberen Bohrungskanten mit einem einseitigen **Offset** von 0,95 mm[1]. Anschließend wurde eine tangentiale Linie an die beiden Dome konstruiert. Mithilfe dieser Linie werden zwei Flächen unter verschiedenen Winkeln konstruiert (Bild 3). Dafür sind jeweils die Ausgangslinie und der Vektor für die Extrusion anzugeben. Die beiden Flächen werden über die Boolesche Operation „Addition" zu einer gemeinsamen Fläche vereinigt.

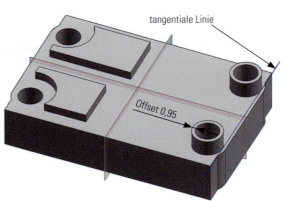

2 Tangentiale Linie für die Flächenextrusion

Überlegen Sie!

Warum wurde ein Offset von 0,95 mm gewählt?

2.2.8 Körper trimmen

Beim Trimmen *(trimming)* wird ein Teil eines Körpers entfernt. Die Grenze, die den zu entfernenden Teil des Körpers bestimmt, ist eine beliebige Fläche. Somit sind beim Trimmen lediglich der zu trimmende Körper und seine Trimmfläche zu bestimmen. Meist muss dann noch entschieden werden, welcher Körperteil beibehalten wird. Bild 4 zeigt den Sockel nach dem Trimmen gegen die vorher erzeugte Gesamtfläche.

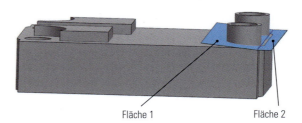

3 Flächen durch Extrusion erzeugen

2.2.9 Formschrägen anbringen

Spritzgussteile benötigen zum Entformen entsprechende Formschrägen *(bevels of mould)*. Sie sind entweder in der Zeichnung des Teils angegeben oder von der Fachkraft zu definieren. Bei

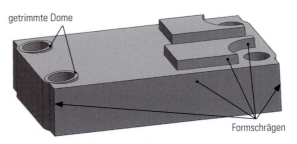

4 Sockel nach dem Trimmen mit Formschrägen

[1] Siehe Seite 389 Bild 2

dem Sockel sind die beiden Aufsatzkörper mit 3° Formschräge bemaßt. Die restlichen Formschrägen sollen 1° betragen. Beim Anbringen der Formschrägen ist der Vektor für die Entformung und die Formschräge in Grad anzugeben. Zusätzlich ist zu entscheiden, ob die Formschräge „plus" oder „minus" auszuführen ist[1]. Bild 4 auf Seite 393 zeigt die Außenkontur des Sockels mit den erforderlichen Formschrägen.

Für das Überprüfen der Entformbarkeit *(demoldability)* stellen die CAD-Systeme entsprechende Analysemöglichkeiten zur Verfügung. Dabei sind lediglich der Körper anzuklicken, seine Entformungsrichtung und die mindestens geforderte Formschräge festzulegen. Farblich (Bild 1) werden die Bereiche dargestellt, die sich problemlos entformen lassen (z. B. grün), keine Formschräge (z. B. blau) oder Hinterschneidungen *(undercuts)* (z. B. rot) aufweisen. Die im Bild 1 zur Veranschaulichung angebrachte Querbohrung dient lediglich dazu, die Hinterschneidung (rot) darzustellen.

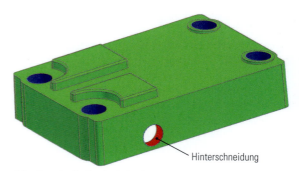

1 Analyse der Entformbarkeit mit zur Veranschaulichung angebrachter Querbohrung

2.2.10 Übergangsradien gestalten

Die bei Spritzgussteilen erforderlichen Übergangsradien *(transition radii)* sind zu modellieren. Dafür sind der Radius und die Kante, die zu runden ist, zu definieren. Es ist am günstigsten, mit den größten Übergangsradien zu beginnen und mit den kleinsten zu enden. Die Bilder 2 und 3 zeigen die Übergangsradien außen und innen am Sockel.

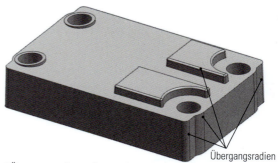

2 Übergangsradien außen am Sockel

2.3 Zeichnung ableiten

Wenn das Bauteil fertig modelliert ist, kann eine Zeichnung mit den erforderlichen Angaben und Schnitten erzeugt werden. So ist es beispielsweise möglich, eine gewünschte Anordnung von **Ansichten** *(views)* mit einem Befehl auf das „Zeichenblatt" einzufügen (Bild 4).

Um **Schnittansichten** *(sectional views)* zu erzeugen, sind die Schnittposition festzulegen und anschließend der vom CAD-System automatisch erzeugte Schnitt auf dem „Zeichenblatt" zu

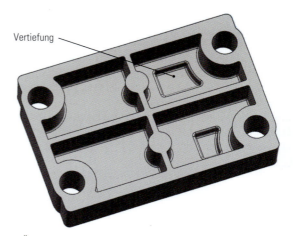

3 Übergangsradien innen am Sockel

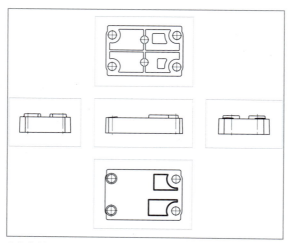

4 Beliebige Ansichten mit einem Befehl einfügen

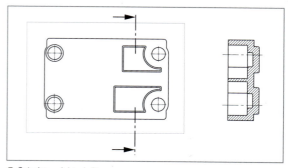

5 Schnittansicht einfügen

[1] siehe Lernfeld 6 Kap. 1.2.6.1

positionieren (Seite 394 Bild 5). Da ein Volumen geschnitten wurde, sind nicht nur die Schnittkanten bekannt, sondern es kann auch automatisch die Schraffur in der gewünschten Weise erzeugt werden, weil das System weiß, wo „Material" vorhanden ist.

Bei der Bemaßung sind lediglich die zu bemaßenden Kanten oder Punkte zu identifizieren und das vom CAD-System ermittelte Maß zu positionieren (Bild 1).

2.4 Ableiten der Formplatten aus dem Spritzgussteil

Von dem modellierten Spritzgussteil, wie es nach dem Entformen vorliegt, werden die beiden Formhälften abgeleitet. Dazu ist jedoch zunächst noch die Schwindung *(shrinkage)* des Artikels zu berücksichtigen.

2.4.1 Körper skalieren

Der Sockelwerkstoff ist Polyamid 66, dessen Gesamtschwindung 2,6 % beträgt. Durch Anwenden der bekannten Formel[1]) wird der Skalierungsfaktor *(scaling factor)* bestimmt:

$$\text{Skalierungsfaktor} = \frac{100\,\%}{100\,\% - \text{Schwindung}}$$

$$\text{Skalierungsfaktor} = \frac{100\,\%}{100\,\% - 2{,}6\,\%}$$

$$\text{Skalierungsfaktor} = 1{,}0267$$

Um diesen Faktor ist das Bauteil zu vergrößern. Mit den neuen Maßen ist das Werkzeug zu konstruieren. Dabei kann die Formel direkt in das Menüfenster (Bild 2) eingegeben werden, sodass eine besondere Berechnung nicht mehr erforderlich ist. Neben dem Faktor ist noch der Punkt zu definieren, von dem aus die Skalierung erfolgt. Das ist in unserem Fall der Ursprung des Werkstückkoordinatensystems *(workpiece coordinate)*, der auf der Mitte der Sockelgrundfläche liegt.

2.4.2 Flächen von Körpern ableiten

Zunächst soll die Formplatte für die Kernseite *(core side of mould)* der Sockelform modelliert werden. Das geschieht durch Trimmen einer entsprechend großen Formplatte gegen eine Fläche, die aus der Teilungsfläche und der formgebenden Werkzeugoberfläche besteht. Dazu ist es erforderlich, zunächst die formgebenden Werkzeugoberflächen vom modellierten Sockel abzuleiten. Dafür bietet das CAD-System einen Befehl an, bei dem lediglich die Bereiche zwischen den Rippen anzuklicken sind. Die im Bild 3 blau dargestellten Bereiche sind die abgeleiteten formgebenden Werkzeugoberflächen.

Zu den abgeleiteten Flächen wird eine ebene Fläche hinzugefügt, die in der Teilungsebene *(mould part line)* liegt und größer als die Formplatte ist. Weil die ebene Fläche die abgeleiteten Flächen abdeckt, wird sie so getrimmt, dass die abgeleiteten,

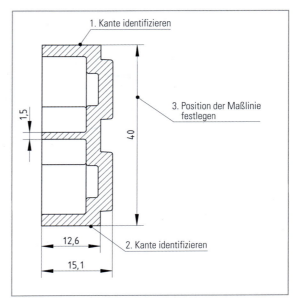

1 Bemaßen des Bauteils

2 Skalieren des Bauteils

3 Vom Volumenmodell abgeleitete formgebende Werkzeugoberflächen (blau)

abgedeckten Flächen sichtbar werden. Bild 1 auf Seite 396 zeigt die Gesamtfläche für die kernseitige Formplatte nach dem Vereinigen der Einzelflächen.

---

[1]) Siehe Lernfeld 6, Kap. 1.2.5.3

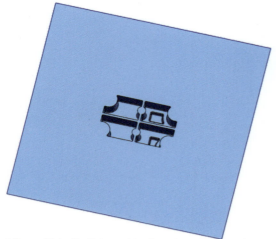

1 Gesamtfläche für die kernseitige Formplatte

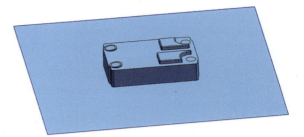

2 Gesamtfläche für die düsenseitige Formplatte

Auf ähnliche Weise wird die Gesamtfläche für die düsenseitige Formplatte (Bild 2) konstruiert, wobei die Flächen für die vier Bohrungen am Sockel noch zu schließen waren.

2.4.3 Verlinken von Konstruktionselementen

Für die Formplatten von Kern- und Düsenseite wird jeweils eine neue Datei erstellt. In die Datei für die kernseitige Formplatte wird die entsprechende Gesamtfläche aus der Sockeldatei verlinkt. Das hat zur Folge, dass sich in der Datei für die Formplatte die verlinkte Gesamtfläche automatisch verändert, wenn sich in der Sockeldatei Veränderungen ergeben wie z. B., dass die Wandstärke der Rippen von 1,5 mm auf 2 mm erhöht wird.
Zu der Gesamtfläche wird die Formplatte in ihrer Ausgangsdicke hinzugefügt (Bild 3), die z. B. als Datensatz von Normalienherstellern bezogen werden kann. Durch Trimmen der Formplatte auf die Gesamtfläche entsteht die kernseitige Formplatte mit der formgebenden Kontur und der Teilungsfläche (Bild 4). Auf die gleiche Weise wird die düsenseitige *(nozzel-sided)* Formplatte (Bild 5) modelliert.

2.4.4 Baugruppen erstellen

In einer Baugruppe *(assembly)* werden alle Einzelteile *(components)* des Werkzeugs zusammengefügt und zueinander positioniert. Bild 1 auf Seite 397 zeigt die Baugruppe für die Kernseite des Spritzwerkzeugs mit dem Spritzgussteil „Sockel". Auch hier gilt, dass sich Veränderungen im Einzelteil auch in der Baugruppe widerspiegeln. Mithilfe von Schnitten (Bild 2 auf Seite 397) lässt sich das „Innere" des Werkzeugs darstellen.

> **MERKE**
> Nachdem im CAD-System für den Artikel die Trennfläche, die Entformungsschrägen und der Skalierungsfaktor für die Schwindung definiert sind, lassen sich aus den vorliegenden Daten die formgebenden Werkzeugoberflächen ableiten.

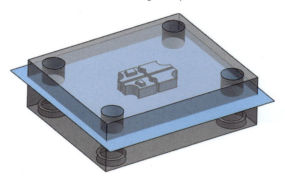

3 Kernseitige Formplatte mit Ausgangsdicke und Gesamtfläche

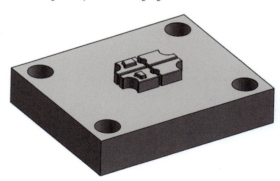

4 Kernseitige Formplatte mit formgebender Kontur und Teilungsfläche

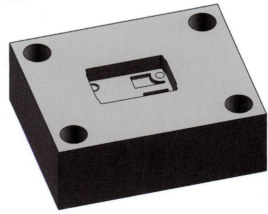

5 Düsenseitige Formplatte mit formgebender Kontur und Teilungsfläche

1 Kernseite des Spritzgießwerkzeugs mit dem Spritzgussteil „Sockel"

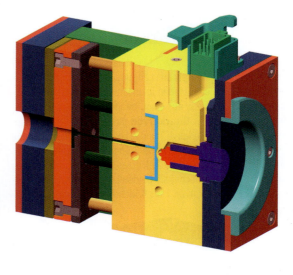

2 Virtueller Schnitt durch das Spritzgießwerkzeug für den Sockel

2.5 Körper mit Freiformflächen modellieren

Die Ondulierdüse (Bild 3), die über eine Schnappverbindung auf dem Fön befestigt wird, besteht aus **Freiformflächen** *(free-formed surfaces)*, deren Konstruktion im Weiteren dargestellt wird. Bislang wurden **Regelflächen** konstruiert, die aus Quadern, Extrusionen, kegelförmigen Körpern, radienförmigen Übergängen usw. entstanden.

2.5.1 Splines konstruieren

Die Grundlage für die Konstruktion der Freiformflächen bilden **Splines**[1] (Bild 4). Der dargestellte Spline geht durch vier Punkte, die einfach zu verändern sind. Durch verschiedene Möglichkeiten lässt sich der Spline so gestalten, dass er möglichst harmonisch verläuft.

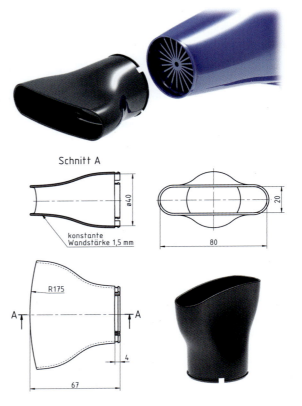

3 Ondulierdüse als Fönaufsatz

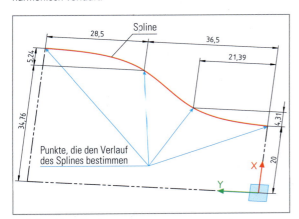

4 Spline dritten Grades

[1] Splines sind Kurven, die meist durch mathematische Funktionen des dritten oder fünften Grades beschrieben werden.

2.5.2 Kurvennetz konstruieren und Freiformfläche modellieren

Bevor das Modellieren der Freiformfläche für die Ondulierdüse erfolgen kann, ist ein Netz aus Leit- und Querkurven zu konstruieren (Bild 1). Dabei bestehen in unserem Fall die beiden **Leitkurven** *(basic curves)* aus Regelgeometrien (Gerade, Kreis, Kreisbogen). Die vier **Querkurven** sind Splines, wobei zwei unterschiedliche (Querkurve 1 und 2) konstruiert und die jeweils gegenüber liegenden (Querkurve 3 und 4) gespiegelt wurden. Um mithilfe des konstruierten Netzes eine Freiformfläche zu modellieren, sind zunächst die beiden Leitkurven zu identifizieren, bevor die Querkurven 1 bis 4 identifiziert werden. Das Er-

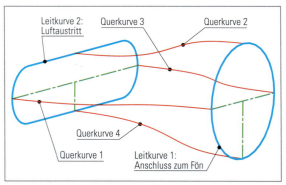

1 Netz aus Leit- und Querkurven

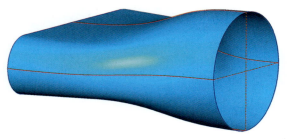

2 Freiformfläche für Ondulierdüse

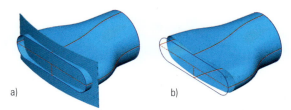

3 a) Freiform- und Regelfläche für Ondulierdüse vor dem Trimmen
b) Freiformfläche nach dem Trimmen

gebnis der Konstruktion ist in Bild 2 dargestellt. Da der Luftaustritt der Ondulierdüse nicht eben sondern radienförmig ist (Seite 397 Bild 3), wird über einen Kreisbogen eine Regelfläche erzeugt, gegen die die Freiformfläche zu trimmen ist (Bild 3).

Freiformflächen entstehen meist auf der Grundlage von Splines.

2.5.3 Körper aus Flächen ableiten

Bei einem Hybridmodell ist es nicht nur möglich, Flächen von Körpern abzuleiten, sondern auch Körper aufgrund von Flächen zu erstellen. Dazu wird die Freiformfläche angeklickt und die Dicke der Wandstärke eingegeben. Bild 4 zeigt den entstandenen Körper, dessen Austrittsöffnung verrundet und der Schnappverschluss *(snap fit)* konstruiert wurde.

4 Ondulierdüse mit gerundeter Austrittsöffnung und Schnappverschluss

2.5.4 Freiformflächen prüfen

Mit der Reflexionsanalyse *(reflection analysis)* (Bild 5) können Freiformflächen optisch beurteilt werden. Dabei sollen die Konturlinien möglichst „sanft", „elegant" und „flüssig" sein. An der Ondulierdüse sollen sie keine scharfen Ecken aufweisen. An den Flächenübergängen sollen die Konturlinien ohne Versatz *(misalignment)* weiterlaufen. Auf diese Weise ist es schon bei der Konstruktion des Bauteils möglich, am Bildschirm die Qualität und das Erscheinen der Fläche am später entstehenden Produkt zu beurteilen.

5 Reflexionsanalyse der Oberfläche der Ondulierdüse

2.6 CAD-Daten austauschen

Die verschiedenen CAD-Systeme speichern die Datensätze jeweils in ihren speziellen Datenformaten ab, sodass nicht nur das Endergebnis aus Volumen, Flächen usw. gespeichert ist, sondern die gesamte Modellhistorie und die damit verbundene Parametrisierung.

Sollen nun die Daten von einem CAD-System in ein anderes übertragen werden, geschieht das meist über systemneutrale Datenformate, die die Systeme aus- und einlesen können (Bild 1). Dabei geht dann die Modellhistorie und die Parametrisierung verloren, d. h., es wird ein „dummes Modell" ausgegeben bzw. eingelesen. Wichtige systemneutrale Austauschformate sind:

- STEP *(standard for the exchange of product model data)*
- IGES *(initial graphics exchange specification)*

1 CAD-Dateienaustausch mit systemneutralen Datenformaten

- VDAFS (Verband der deutschen Automobilindustrie-Flächenschnittstelle)
- STL *(standard triangulation language)*

Die ersten beiden Formate werden auch vorrangig bei der Übergabe von CAD- zu CAM-Systemen eingesetzt, wenn Systeme von unterschiedlichen Softwareherstellern zum Einsatz kommen.

ÜBUNGEN

1. Beschreiben Sie die prinzipiellen Unterschiede zwischen Volumen- und Flächenmodellen bei CAD-Systemen.
2. Wozu dienen Skizzen im CAD?
3. Stellen Sie ein eigenes Beispiel dar, in dem eine Skizze entlang einer Führung extrudiert wird.
4. Warum ist das „Aushöhlen" bei der Konstruktion von Spritzgussteilen ein so wichtiger CAD-Befehl?
5. CAD-Systeme dokumentieren in einem „Feature-Baum" die Modellhistorie. Geben Sie zwei Gründe dafür an.
6. Welche prinzipiellen Schritte sind beim Trimmen eines Körpers auf eine Fläche durchzuführen?
7. Wie wird in einer CAD-Zeichnung eine Bemaßung vorgenommen?
8. Beschreiben Sie, wie die Schwindung eines Spritzgussteils bei der Konstruktion der formgebenden Oberflächen des Spritzgießwerkzeugs berücksichtigt wird.
9. Nennen Sie einen Vorteil, der sich durch das Verlinken von Spritzgussteil und Formplatte ergibt.
10. Stellen Sie die Unterschiede zwischen Regel- und Freiformflächen heraus.
11. Was ist ein Spline und wozu dient er bei der Freiformflächenmodellierung?

3 CAM

Am Beispiel des Schiebers einer Druckgussform (Bild 2) wird im Folgenden dargestellt, wie mithilfe von CAM *(computer aided manufacturing)* die für die Zerspanung notwendigen CNC-Programme entstehen. Die Programmierung erfolgt dabei nicht an der Fräsmaschine, sondern an einem Programmierplatz mit einer speziellen CAM-Software (Seite 400 Bild 1).

Die Informationen über die **Werkstückkontur** *(workpiece contour)* erhält das CAM-System (Seite 400 Bild 2) durch die Übernahme von CAD-Daten (z. B. STEP-Datei). Somit müssen die zu bearbeitenden Flächen von der Fachkraft nicht neu definiert werden. Dadurch wird eine Fehlermöglichkeit ausgeschlossen, die bei den bislang beschriebenen Programmiermethoden[1] vorliegt. Der **Rohling** *(blank)* kann ebenfalls als CAD-Datei übernommen oder bei quaderförmigen Werkstücken einfach im System festgelegt werden.

Bevor mithilfe des CAM-Systems die einzelnen Bearbeitungsschritte festgelegt und die Werkzeugbewegungen erzeugt wer-

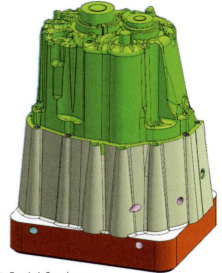

2 Schieber für Druckgießwerkzeug

[1] Siehe Lernfeld 7

den, sind im Folgenden noch die **Werkzeugmaschine**, die erforderlichen **Spannmittel** und die **Frässtrategien** sowie die **Werkzeuge** und die dazugehörigen **technologischen Daten** zu bestimmen.

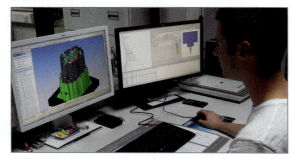

1 CAM-Arbeitsplatz

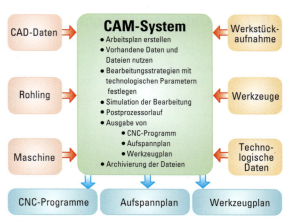

2 Ein- und Ausgabedaten eines CAM-Systems

3.1 5-Achs-Fräsmaschinen

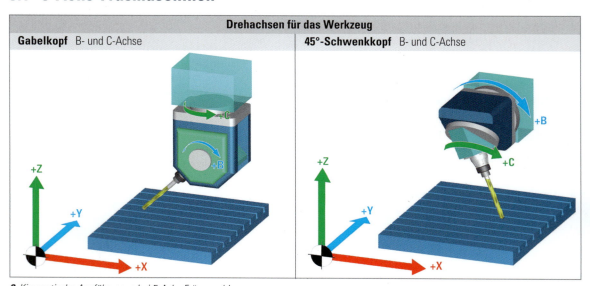

3 Kinematische Ausführungen bei 5-Achs-Fräsmaschinen

Fräsmaschinen mit fünf Achsen ermöglichen eine weitgehende Bearbeitung des Werkstücks in nur einer Aufspannung *(clamping)*. Neben den drei Linearachsen X, Y und Z stehen weitere zwei der möglichen drei Drehachsen *(rotational axes)* A, B und C zur Verfügung. Für die Realisierung der beiden Rundachsen gibt es unterschiedliche Lösungen. Bild 3 und Bild 1 auf Seite 401 stellen gebräuchliche Bauweisen dar.

An einer Fräsmaschine mit Vertikalspindel *(vertical spindle)* und Schwenktisch *(swivel table)* mit den Schwenkachsen *(swivel axes)* B' und C' (Seite 401 Bild 2) ist die Fläche 1 in die Bearbeitungsebene *(machining plane)* zu schwenken. Die Schwenkbewegungen *(swivel motions)* werden im Beispiel vom Werkstück und nicht vom Werkzeug ausgeführt. Deshalb sind die Schwenkachsen mit B' bzw. C' statt mit B und C bezeichnet[1]. Die positiven Schwenkachsen des Werkstücktischs lassen sich mithilfe der Linken-Hand-Regel bestimmen (Bild 4).

Es wäre einfach möglich, die Fläche 1 einzuschwenken, wenn die Schwenkachse A' vorhanden wäre. Da dies aber nicht der Fall ist, übernehmen die Schwenkachsen B' und C' diese Aufga-

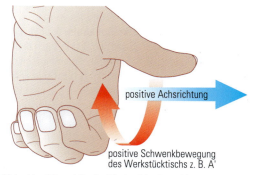

4 Linke-Hand-Regel für die Werkstückschwenkbewegung

[1] Siehe Lernfeld 7 Kap. 1.1.2

3.1 5-Achs-Fräsmaschinen

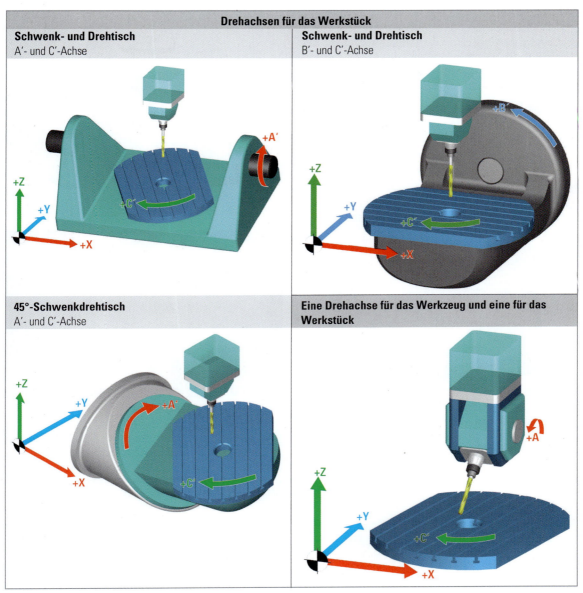

1 Kinematische Ausführungen bei 5-Achs-Fräsmaschinen

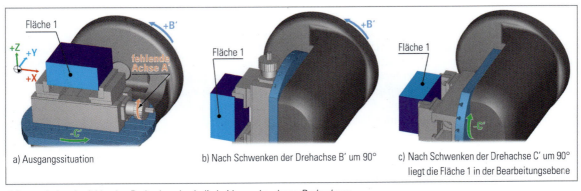

a) Ausgangssituation
b) Nach Schwenken der Drehachse B' um 90°
c) Nach Schwenken der Drehachse C' um 90° liegt die Fläche 1 in der Bearbeitungsebene

2 Interpolation der fehlenden Drehachse durch die beiden vorhandenen Drehachsen

be. Dazu schwenkt die Drehachse B' um +90° (Seite 401 Bild 2b) und die Drehachse C' um -90°. Danach liegt die Fläche 1 in der Bearbeitungsebene, auf der die Werkzeugachse senkrecht steht (Seite 401 Bild 2c). Durch das Schwenken um die beiden vorhandenen Schwenkachsen wird die gleiche Wirkung erzielt als ob um die nicht vorhandene Schwenkachse A' geschwenkt würde.

MERKE
Durch Interpolation der beiden vorhandenen Drehachsen wird die fehlende dritte Drehachse kompensiert.

Überlegen Sie!

1. An der Fräsmaschine mit Vertikalspindel und den Schwenkachsen A' und C' soll die Fläche 2 in die Bearbeitungsebene geschwenkt werden. Wie erfolgt das Einschwenken?

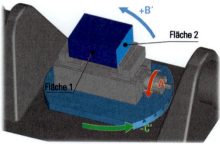

2. Wie erfolgt das Schwenken des Tischs, wenn die Fläche 1 an der Fräsmaschine mit Vertikalspindel und den Schwenkachsen A' und C' eingeschwenkt werden soll?
3. Wie erfolgt das Schwenken des Tischs, wenn die Fläche 2 an der Fräsmaschine mit Vertikalspindel und den Schwenkachsen B' und C' eingeschwenkt werden soll?

Beim 5-Achs-Fräsen *(5-axis milling)* werden die folgenden beiden Strategien unterschieden:
- 5-Achs-Fräsen mit angestellten Werkzeugen im **Positionierbetrieb** *(positioning operation)*
- 5-Achs-Fräsen im **Simultanbetrieb** *(simultaneous operation)*

Beim **5-Achs-Fräsen mit angestellten Werkzeugen im Positionierbetrieb** (Bild 1) werden zunächst die Drehachsen bewegt, ohne dass das Werkzeug im Eingriff ist. Es wird meist so geschwenkt, dass die Werkzeugachse senkrecht zur Bearbeitungsebene steht. Die anschließende Zerspanung in der Schwenkebene erfolgt über die gesteuerten Linearachsen X, Y und Z. Dabei bewegen sich maximal die drei Linearachsen, während die beiden Drehachsen lediglich zum Positionieren der Bearbeitungsebene dienen. Deshalb wird dieses 5-Achs-Fräsen auch mit **3+2-Achs-Fräsen** bezeichnet.

Beim **5-Achs-Fräsen im Simultanbetrieb** (Bild 2) werden Dreh- und Linearachsen gleichzeitig während der Bearbeitung bewegt. Das Werkzeug wird während des Fräsens kontinuierlich zur Fläche ausgerichtet. Auf diese Weise erfolgt bei möglichst optimalen Zerspanungsbedingungen eine wirtschaftliche Bearbeitung komplizierter Flächen. Dazu ist die gleichzeitige Inter-

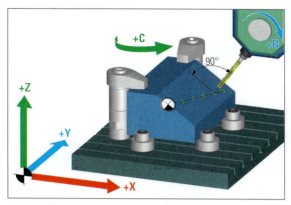

1 5-Achs-Fräsen mit angestelltem Werkzeug im Positionierbetrieb

2 5-Achs-Fräsen im Simultanbetrieb

polation aller Dreh- und Linearachsen erforderlich, was leistungsfähige CNC-Steuerungen voraussetzt.

3.1.1 5-Achs-Fräsen mit angestellten Werkzeugen im Positionierbetrieb

Über 90 % des 5-Achs-Fräsens erfolgt in Deutschland derzeit nach diesem Verfahren. Dadurch entstehen folgende Vorteile:
- keine Vorrichtungen erforderlich (Seite 403 Bild 1a)
- Kosten- und Zeitersparnis
- höhere Genauigkeit am Werkstück
- keine Sonderwerkzeuge *(special tools)* nötig (Seite 403 Bild 1b)
- weniger Werkzeuge
- geringere Werkzeugkosten *(tooling costs)*
- bei gleichem Vorschub f größere Spanungsbreite b und geringere Spanungsdicke h (Seite 403 Bild 1c)
- Reduzierung der Schneidenbelastung
- Steigerung der Vorschubgeschwindigkeit möglich
- Vermeidung von Schnittgeschwindigkeiten $v_c = 0$ (Seite 403 Bild 1d)
- längere Werkzeugstandzeiten *(tool lives)*
- Reduzierung von Werkzeugkosten
- Bearbeitung der Oberfläche in einem Schnitt anstelle kleiner inkrementeller Schnitte (Seite 403 Bild 1e)
- bessere Oberflächenqualitäten

3.1 5-Achs-Fräsmaschinen

1 Vorteile des 5-Achs-Fräsens gegenüber dem 3-Achs-Fräsen

- kürzere Bearbeitungszeiten
- weniger Nacharbeit *(rework)*
- Reduzierung der Werkzeuglänge (Seite 403 Bild 1f)
- geringere Werkzeugbeanspruchung
- bessere Oberflächenqualitäten
- höhere Maßhaltigkeit *(size accuracy)*
- weniger Vibrationsneigung

3.1.2 5-Achs-Fräsen im Simultanbetrieb

Wenn die Werkstückoberfläche nicht in einzelne Bereiche unterteilt werden darf, d. h., durchgängig gefräste Oberflächen mit hoher Qualität gefordert sind, ist eine 5-Achs-Simultanbearbeitung notwendig. Diesem **Vorteil der gleichmäßigen Oberfläche** stehen allerdings auch **Nachteile** gegenüber:
- Die Orientierung der Werkzeugachse muss sich kontinuierlich ändern, wodurch die Gefahr besteht, die Maschine aufgrund der entstehenden Beschleunigungskräfte *(accelerating forces)* stark zu belasten.
- Längere Programmlaufzeiten entstehen, da die Drehachsen kontinuierlich arbeiten müssen.

Beim 5-Achs-Simultanfräsen ist daher darauf zu achten, die Maschinen so wenig wie möglich zu beanspruchen. Deshalb sind extreme Achsbewegungen möglichst zu vermeiden, damit die Maschine auf Dauer nicht überlastet wird. Je nach Werkstückkontur und Frässtrategie ist eine bestimmte Maschinenkinematik *(machine kinematics)* besser oder schlechter für die Fräsaufgabe geeignet.

Für das 5-Achs-Simultanfräsen, bei dem die Fräserachse gegenüber der Z-Achse um einen Winkel geneigt ist (Bild 1), bieten die verschieden CAM-Systeme eine Vielzahl von Frässtrategien an. Im Dialog werden die Anwender bei der Eingabe der Prozessdaten geführt, bevor das CAM-System die Fräsbahnen berechnet und eine Kollisionsprüfung durchführt. Im Folgenden sind beispielhaft einige Frässtrategien aufgeführt.

Ebenenschlichten

Beim Ebenenschlichten (Bild 2) verlaufen die Fräsbahnen hauptsächlich entlang der Kontur in einer Ebene, bevor die nächste Bahn eine Ebene tiefer abgearbeitet wird. Diese Strategie eig-

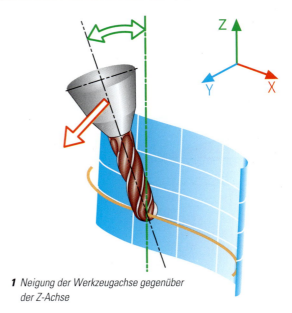

1 Neigung der Werkzeugachse gegenüber der Z-Achse

net sich zur Bearbeitung steiler Flächen mit ruckfreien Übergängen zwischen den Bearbeitungsebenen.

Profilschlichten

Beim Profilschlichten *(profile finishing)* (Bild 3) verlaufen die Fräsbahnen rechtwinklig zu einer Kontur, wobei die Bahnen größtenteils geradlinig oder leicht gekrümmt sind. Diese Strategie eignet sich zur flächenübergreifenden Bearbeitung meist ebener bzw. gering gekrümmter Flächen.

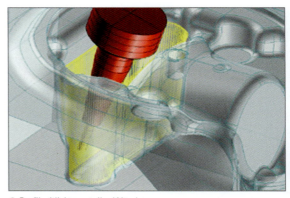

3 Profilschlichten steiler Wände

Äquidistantes Schlichten

Beim äquidistanten Schlichten *(equidistant finishing)* (Seite 405 Bild 1) verlaufen die Fräsbahnen parallel zu den flächenbegrenzenden Konturen. Die Bearbeitung eignet sich für Bodenbereiche in Vertiefungen sowie für flach gekrümmte Flächenverbände.

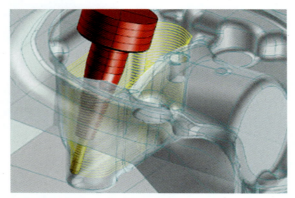

2 Ebenenschlichten steiler Wände

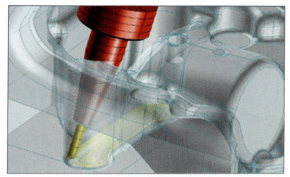

1 Äquidistantes Schlichten von ebenen oder leicht gekrümmten Flächen

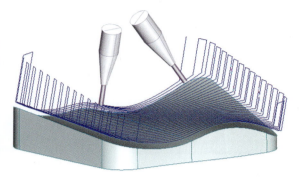

2 Stirnende Bearbeitung

Stirnen

Bei der stirnenden Bearbeitung (Bild 2) wird während des Fräsens die Werkzeugachse senkrecht zum aktuellen Berührungspunkt ausgerichtet. Beim Stirnen mit einem Torusfräser können relativ große Bahnabstände gewählt werden, wodurch sich die Bearbeitungszeit reduziert. Durch die automatische Anpassung des Werkzeug-Anstellwinkels bei konkaven Oberflächen werden hohe Oberflächenqualitäten erzielt. Dabei ist eine Bearbeitung über mehrere Flächen hinweg möglich.

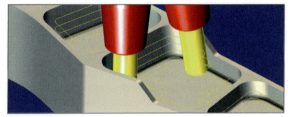

3 Wälzfräsen

Wälzfräsen

Beim Wälzfräsen *(hobbing)* (Bild 3) wird die Werkstückoberfläche mit dem Werkzeugumfang bearbeitet. Große Bahnabstände reduzieren die Bearbeitungszeit und verbessern die Werkstückoberfläche. Dabei wird das Werkzeug mit dem Umfang entlang einer Referenzkurve geführt. Durch mehrfache axiale und seitliche Zustellungen ist das Wälzfräsen auch zum Schruppen geeignet.

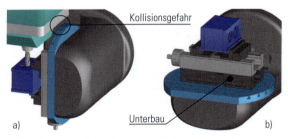

4 Unterbauen des Schraubstocks zur Kollisionsvermeidung

3.2 Spannsysteme für das 5-Achs-Fräsen

Durch das 5-Achs-Fräsen ist es möglich, fünf Seiten eines Werkstücks in nur einer Aufspannung zu bearbeiten. Für das Spannen des Werkstücks stehen verschiedene Möglichkeiten zur Verfügung, die in Abhängigkeit von der Bearbeitungsaufgabe sowie der Werkstückgröße und -form auszuwählen sind.

3.2.1 Schraubstock

Im Schraubstock *(vice)* ist das Werkstück so zu spannen, dass beim Bearbeiten der Werkstückseitenflächen (Bild 4a) der Fräskopf nicht mit dem Frästisch kollidiert. Deshalb muss der Schraubstock oft entsprechend unterbaut werden (Bild 4b).

3.2.2 5-Achs-Spanner

5-Achs-Spanner *(5-axis-clamping fixtures)* (Bild 5) fixieren das Werkstück ebenfalls in dem benötigten Abstand vom Maschinentisch. Damit ist einerseits eine gute Zugänglichkeit gewähr-

5 5-Achs-Spanner

leistet. Andererseits können kurze Werkzeuge eingesetzt werden, die eine möglichst vibrationsarme Zerspanung und gute Oberflächenqualitäten ermöglichen.

Da sich die Spindel des Spanners unmittelbar unter der Werkstückauflage befindet (Bild 1), entstehen günstige Hebelverhältnisse für die Spannkraft. Dadurch erfolgt kein Aufweiten der Spannbacken unter Last und kein Verspannen des Maschinentischs.

3.2.3 Nullpunktspannsysteme

Mit Nullpunktspannsystemen *(quick-change pallet systems)* können gleiche Werkstücke schnell und sicher so gespannt werden, dass ihre Nullpunkte immer an der gleichen Stelle im Maschinenkoordinatensystem liegen. Gleichzeitig ist mit ihnen eine ungestörte Bearbeitung an fünf Seiten des Werkstücks in einer Aufspannung möglich (Bild 2). Das Nullpunktspannsystem im Distanzstück nimmt einen Spannbolzen *(pulling bolt)* auf, der am Werkstück befestig ist (Bild 3). Die Befestigungsstellen müssen so gewählt werden, dass sie einerseits einen möglichst großen Abstand haben und andererseits die spätere Funktion des Bauteils nicht beeinträchtigen. Mithilfe von zwei Distanzstücken mit Nullpunktspannsystemen ist das Werkstück sicher und genau im Arbeitsraum der Maschine positioniert.

Vor dem Einfügen der Spannbolzen wird dem System Druckluft zugeführt. Dadurch bewegen sich der ringförmige Kolben gegen die Federkraft nach unten und gleichzeitig die in einer Nut geführten Spannschieber nach außen (Bild 4). Nach dem Zentrieren der Spannbolzen wird das Druckluftventil geöffnet und die Druckluft entweicht aus dem System. Parallel dazu bewirkt das Federpaket, dass sich die Spannschieber *(cocking slides)* nach innen bewegen, wodurch der Spannbolzen angezogen wird. Die entstehende mechanische Verriegelung ist formschlüssig. Damit wird das an dem Spannbolzen befestigte Werkstück auf die Oberseite des Nullpunktspannsystems gepresst. Ein Spannbolzen kann Anzugskräfte von über 10 kN aufbringen.

Der Bund des gehärteten Spannbolzens ist über eine enge Passung *(fit)* mit dem Werkstück gefügt (Seite 407 Bild 1). Der

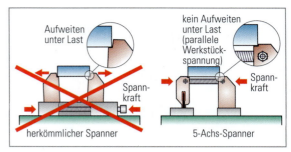

1 Wirkweise des 5-Achs-Spanners

2 Spannen mit Nullpunktspannsystemen bei der 5-Seiten-Bearbeitung

Spannbolzen ist mit einer hochfesten Schraube – entweder von oben oder von unten – am Werkstück befestigt. Durch diese stabile Befestigung kann ein Spannbolzen Querkräfte von über 70 kN aufnehmen. Dadurch ist eine sichere, vibrationsfreie Spannung des Werkstücks auch bei schnellen Schwenk- und Vorschubgeschwindigkeiten sowie bei großen Zerspanungskräften gewährleistet. Beim Spannen gleicher Werkstücke ist

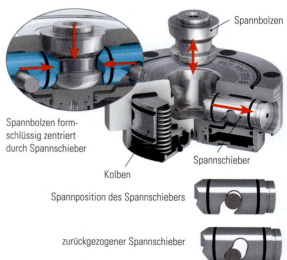

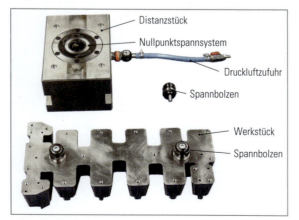

3 Werkstück mit Spannbolzen und Distanzstück mit integriertem Nullpunktspannsystem

4 Nullpunktspannsystem

kein erneutes Ausrichten erforderlich, wodurch sich die Rüstzeiten wesentlich reduzieren. Die Wechselwiederholgenauigkeit beträgt dabei weniger als 5 µm.
Bei der Nutzung von Nullpunktspannsystemen sind folgende Wartungshinweise zu berücksichtigen:
- Die Anlage- bzw. Auflageflächen sauber halten.
- Blanke Stahlteile öfter ölen.
- Verhindern, dass Späne in die Schnittstelle von Spannbolzen und Spannsystem gelangen.
- Verhindern, dass die Schnittstelle mit Kühlschmierstoff vollläuft.

MERKE
Mit Nullpunktspannsystemen lassen sich Werkstücke präzise und schnell auf einen definierten Koordinatenpunkt der Maschine ausrichten und vibrationsrobust spannen.

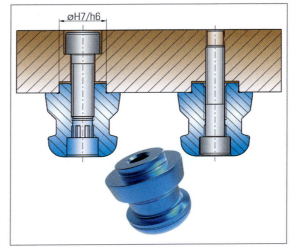

1 Befestigung der Spannbolzen für Nullpunktspannsystem

3.3 Werkzeugverwaltung

Damit die für die Werkstückbearbeitung benötigten Werkzeuge zur richtigen Zeit dem Magazin der Werkzeugmaschine zugeführt werden können, müssen einige Voraussetzungen erfüllt sein:
- Alle Elemente der Werkzeuge müssen in dem Betrieb vorhanden sein.
- Die Werkzeuge müssen zur Verfügung stehen, d. h., nicht an anderer Stelle eingesetzt sein.
- Die Lagerplätze der Werkzeuge müssen bekannt sein.
- Die Werkzeugkorrekturdaten müssen vorliegen.

Ist das nicht der Fall,
- werden Arbeitsabläufe wegen Werkzeugmangels unterbrochen.
- muss der Maschinenbediener einen beachtlichen Teil seiner Arbeitszeit mit der Werkzeugsuche verbringen.
- ist der Werkzeugbestand nicht richtig erfasst, werden die unproduktiven Maschinenstillstandszeiten *(machine downtimes)* zu hoch.

Deshalb ist die Überwachung der Werkzeugmagazine von besonderer Bedeutung. Dazu gehört auch die Überprüfung, ob für die anstehenden Bearbeitungsaufträge die Werkzeuge verfügbar und die erforderlichen Werkzeugdaten vorhanden sind. Das macht deutlich, dass sich die **Werkzeugverwaltung** *(tool management)* nicht nur auf eine Maschine, sondern auf den gesamten Betrieb beziehen muss.
In den Werkzeugbaufirmen halten oft **Werkzeugausgabeautomaten** *(tool issue robots)* rund um die Uhr Werkzeuge bereit (Bild 2). Vor der Werkzeugentnahme muss sich die Fachkraft z. B. mithilfe einer Chipkarte anmelden, die Auftragsnummer *(job number)* eingeben und das benötigte Werkzeug auswählen. Die Werkzeugausgabeautomaten stehen mit der zentralen **Werkzeugdatenbank** *(tool database)* in Verbindung, sodass die Verbindung zum PDM-System gewährleistet ist.

2 Werkzeugausgabeautomat

MERKE
Eine effektive Werkzeugverwaltung *(tool management system)* führt zu:
- Reduktion der Werkzeugvielfalt
- Verringerung des Lagerbestands
- Einsparungen beim Werkzeugverbrauch
- Senkung des Bereitstellungsaufwands
- Steigerung der Maschinennutzung

3.4 Erstellen von CNC-Programmen mithilfe von CAM-Systemen

Im Werkzeugbau liegen die herzustellenden Bauteile mit ihren komplizierten Konturen meist in Form von CAD-Daten vor. Deren Übernahme in das CAM-System ist die Voraussetzung für die Erstellung der erforderlichen CNC-Programme. CAM-Systeme ermöglichen

- die relativ einfache Programmierung komplizierter Werkstückkonturen,
- das HPC- und HSC-Fräsen und
- schnelle und sichere Prozessabläufe.

Die Differenz von Rohling und Fertigteil (Bild 1) gibt das Volumen an, das entfernt werden muss, um den Schieber herzustellen. Dazu sind die einzelnen Bearbeitungsoperationen schrittweise zu definieren, sodass alle erforderlichen Werkzeugbewegungen und technologischen Daten in den zu generierenden CNC-Programmen vorhanden sind.

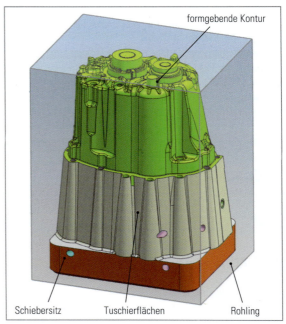

1 Fertigteil und Rohteil für CAM-System

3.4.1 Arbeitsplanung

Bei der CAM-Programmierung wird die Bearbeitungsaufgabe in wenige grobe Arbeitsschritte eingeteilt, die dann während der Programmierung zunehmend verfeinert werden. In Bild 1 auf Seite 409 sind die wesentlichen Fertigungsschritte für den Formeinsatz dargestellt.

Der Rohling für den Schieber besteht aus Warmarbeitsstahl X37CrMoV5-1 (1.2343) und hat die Abmessungen von 280 mm x 345 mm x 461 mm bei einer Masse von ca. 350 kg. Das Bohren, Schruppen des Schiebersitzes und der formgebenden Kontur erfolgt auf einem 3-Achs-Bohr- und Fräszentrum mit horizontaler Spindel und einer Antriebsleistung von 37 kW. Im Folgenden wird zunächst die CAM-Programmierung für das Schruppen der formgebenden Kontur dargestellt, wobei schon die Bohrungen von der Rückseite gefertigt sind und der Schiebersitz geschruppt ist. Hierfür ist die Spannsituation *(clamping situation)* auf dem Werkzeugmaschinentisch in Bild 2 dargestellt.

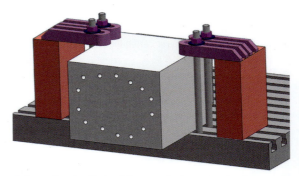

2 Spannsituation für das Schruppen der formgebenden Kontur auf dem Bohr- und Fräszentrum

3.4.2 CAM-Programmierung für das 3-Achs-Fräsen

Durch das Festlegen des Werkstückkoordinatensystems (WKS) ist definiert, dass die Werkzeugzustellung in der Z-Achse erfolgt (Bild 3). In Bezug auf das WKS bestimmt die Fachkraft im Dialog das Rohteil in seinen Abmessungen und damit auch in seiner Lage.

Um zu vermeiden, dass bei der weiteren Fräsbearbeitung kleinere Fräser in die Bohrungen des Schiebers eindringen, werden die Bohrungen in den Fräsflächen durch angepasste Füllflächen *(fill areas)* geschlossen (Seite 409 Bild 2) Damit keine unnötige Werkzeugbewegungen im unteren Schieberbereich entstehen, werden auch hier die Begrenzungsflächen nach außen verlängert (Seite 409 Bild 2).

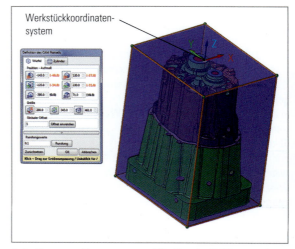

3 Festlegen von Abmessungen und Position des Rohlings sowie des Werkstückkoordinatensystems

1) siehe Lernfeld 7 Kap. 5.1.1.4

3.4 Erstellen von CNC-Programmen mithilfe von CAM-Systemen

Bohren

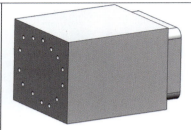
Schruppen des Schiebersitzes

Schruppen der formgebenden Kontur

Wärmebehandlung auf 45 ... 46 HRC

Schleifen der parallelen Auflageflächen

Vorschlichten und Schlichten des Schiebersitzes

Schruppen der Tuschierflächen

Vorschlichten der formgebenden Kontur und der Tuschierflächen

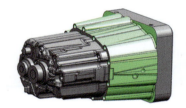
Schlichten der Tuschierflächen

Schlichten der formgebenden Kontur

1 Fertigungsschritte

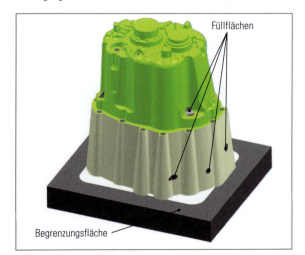
2 Werkstück mit Füll- und Begrenzungsflächen

Schruppen
Zum Schruppen der formgebenden Kontur des Schiebers wird ein Messerkopf mit 80 mm Durchmesser gewählt (Bild 3). Die Abmessungen des Messerkopfs, seine Einspannsituation ein-

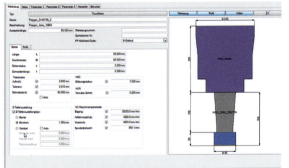
3 Werkzeugdaten

schließlich seines Halters sind definiert und müssen auch bei der Zerspanung genau eingehalten werden. Da nach dem Schruppen der formgebenden Kontur eine Wärmebehandlung des Schiebers erfolgt, wird ein Aufmaß für das spätere Vorschlichten und Schlichten von 3 mm festgelegt. Die technologischen Daten wie z. B. Zustellung (1,25 mm), Umdrehungsfrequenz (550/min) und Vorschub (4500 mm/min) werden aus einer Datenbank entnommen, in der die Erfahrungswerte des Werkzeuges in Abhängigkeit vom Zerspanungswerkstoff hinterlegt sind.

Nachdem Werkstück, Rohling, Werkzeug und die technologischen Daten *(technological data)* festliegen, ist von der Fachkraft noch der Bereich auszuwählen, der bearbeitet, d. h., in unserem Fall geschruppt werden soll. Danach liegen dem CAM-System alle Informationen vor, um automatisch die Werkzeugbewegungen *(tool movements)* zu erzeugen. Im Bild 1 sind im oberen Bereich die gelb dargestellten Werkzeugbewegungen für das Schruppen der formgebenden Kontur des Schiebers zu sehen, während im unteren ein Bereich vergrößert dargestellt ist.

3.4.3 Postprozessor

Die bisher generierten Werkzeugbewegungen liegen in einem „internen Code" des CAM-Systems vor und können so noch nicht als CNC-Programm an eine Fräsmaschine mit einer speziellen CNC-Steuerung übergeben werden. Da im Werkzeugbau meist keine maschinenspezifischen CAM-System genutzt werden, müssen sie mithilfe eines **Postprozessors** *(postprocessor)* (Bild 2) in ein steuerungsspezifisches CNC-Programm übersetzt werden. Für jede Steuerung wird der „interne Code" übersetzt, sodass der Anwender in der gleichen CAM-Umgebung die Werkzeugbewegungen für die unterschiedlichen Werkzeugmaschinen und -steuerungen generieren kann.

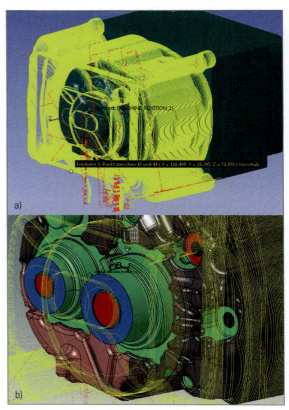

1 Werkzeugbewegungen zum Schruppen der formgebenden Kontur des Schiebers
a) Gesamtbereich
b) Ausschnitt

3.4.4 Fertigungsunterlagen

Neben den CNC-Programm, den verwendeten Werkzeugen mit allen dazugehörenden Informationen (Seite 409 Bild 3) und der Aufspannsituation (Seite 408 Bild 2) erhält der Werkzeugmaschinenbediener die Koordinaten für das Einrichten *(setting up)*

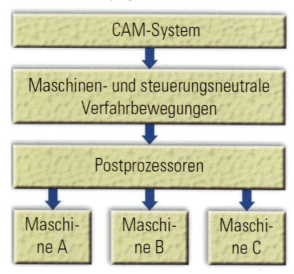

2 Generierung von CNC-Programmen mithilfe von Postprozessoren

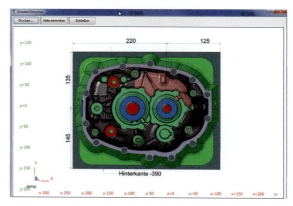

3 Information für den Maschinenbediener zum Festlegen des Werkstücknullpunkts

3.4 Erstellen von CNC-Programmen mithilfe von CAM-Systemen

des Rohlings und das Definieren des Werkstücknullpunktes. Im Bild 3 auf Seite 410 sind die Koordinaten für die untere linke Ecke des Rohlings angegeben. Diese wichtigen Angaben sind vom Maschinenbediener ebenso zu berücksichtigen wie die vorgegebenen Werkzeugdaten. Ansonsten werden die gewünschten Fräsergebnisse nicht erreicht.

> **MERKE**
>
> Zur Generierung der Werkzeugbewegungen in einem CAM-System müssen
> - Fertigteil *(finish part)*,
> - Rohteil sowie
> - Werkzeuge und
> - technologische Daten miteinander verknüpft werden.
>
> Beim Zerspanen sind die Vorgaben bezüglich Rohteil und Werkzeugen exakt einzuhalten.

3.4.5 CAM-Programmierung für das 5-Achs-Fräsen

Nach der Wärmebehandlung *(heat treatment)*, dem Planschleifen der parallelen Flächen und der Schlichtbearbeitung des Schiebersitzes (siehe Seite 409 Bild 1) wird das Werkstück auf einer 5-Achs-Fräsmaschine für die abschließenden Fräsbearbeitungen gespannt (Bild 1). Bei der gewählten Fräsmaschine führt das Werkzeug die Linearbewegungen X, Y und Z aus, während die Schwenkbewegungen[1)] A' und C' das Werkstück bzw. der Werkzeugmaschinentisch *(machine tool table)* vornimmt. Die Befestigung des Werkstücks geschieht mithilfe von Parallelstücken *(parallel pieces)*, die mit Zylinderschrauben *(hexagon socket head cap screws)* an seiner Unterseite verschraubt sind. Dafür werden die Gewindebohrungen genutzt, die der Schiebersitz schon besitzt und die später bei der Montage des Schiebers benötigt werden. Die Parallelstücke sind mit Spanneisen auf dem Werkzeugmaschinentisch befestigt, wobei deren Distanz zum Werkstück so groß ist, dass mit keinen Kollisionen zu rechnen ist.

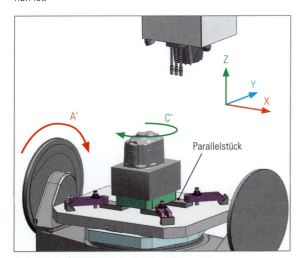

1 Aufspannsituation auf der 5-Achs-Fräsmaschine

Vorschlichten

Zunächst wird der obere Bereich der formgebenden Kontur mit 3-Achs-Fräsen mit einem Aufmaß von 0,15 mm vorgeschlichtet. Schrittweise kommen für das Vorschlichten *(pre-finishing)* folgende Werkzeuge zum Einsatz.

Werkzeug	Technologische Daten	Bahn-abstand
Messerkopf Durchmesser: 35 mm Schneidenradius: 4 mm Schneidenzahl: 5	$n = 2100/\text{min}$ $v_f = 5500\ \text{mm/min}$ $a_p = 0{,}4\ \text{mm}$	20 mm
Messerkopf Durchmesser: 20 mm Schneidenradius: 4 mm Schneidenzahl: 3	$n = 3600/\text{min}$ $v_f = 3600\ \text{mm/min}$ $a_p = 0{,}4\ \text{mm}$	12 mm
Messerkopf Durchmesser: 16 mm Schneidenradius: 4 mm Schneidenzahl: 2	$n = 4200/\text{min}$ $v_f = 3000\ \text{mm/min}$ $a_p = 0{,}35\ \text{mm}$	10 mm
Messerkopf Durchmesser: 10 mm Schneidenradius: 2 mm Schneidenzahl: 2	$n = 4800/\text{min}$ $v_f = 4000\ \text{mm/min}$ $a_p = 0{,}20\ \text{mm}$	5 mm
Torusschruppfräser (Vollhartmetall) Durchmesser: 6 mm Schneidenradius: 0,42 mm Schneidenzahl: 2	$n = 5500/\text{min}$ $v_f = 2500\ \text{mm/min}$ $a_p = 0{,}15\ \text{mm}$	3 mm
Torusschruppfräser (Vollhartmetall) Durchmesser: 4 mm Schneidenradius: 028 mm Schneidenzahl: 3	$n = 6800/\text{min}$ $v_f = 3200\ \text{mm/min}$ $a_p = 0{,}15\ \text{mm}$	2 mm
Torusschruppfräser (Vollhartmetall) Durchmesser: 2 mm Schneidenradius: 0,5 mm Schneidenzahl: 4	$n = 12000/\text{min}$ $v_f = 2000\ \text{mm/min}$ $a_p = 0{,}07\ \text{mm}$	0,75 mm

Wieder gibt die Fachkraft – wie oben beschrieben – im Dialog die Werkzeugdaten und die dazugehörenden Technologiedaten ein und definiert die Flächen, die ohne Anstellung des Werkstücks vorzuschlichten sind. Im Bild 1 auf Seite 412 sind für den

---

[1)] siehe Kap. 3.1

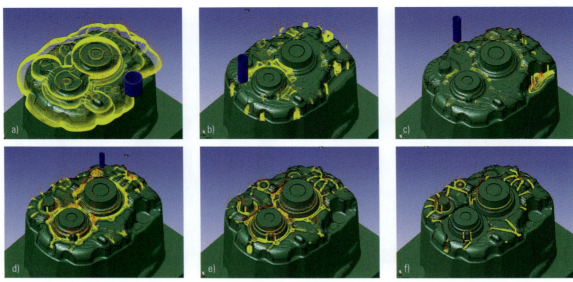

1 Fräsbahnen für verschiedene Werkzeuge für das Vorschlichten ohne Anstellung

gleichen Bereich die generierten Fräsbahnen für verschiedene Fräser zu sehen. Dabei ist zu erkennen, dass die Bearbeitungsbereiche mit kleiner werdendem Werkzeug abnehmen. Die kleineren Werkzeuge fräsen nur noch die schwer zugänglichen Restbereiche mit den kleineren Übergangsradien. Voraussetzung für dieses Vorgehen ist, dass das CAM-System für jeden Bearbeitungsschritt das aktuell verbleibende Werkstückvolumen kennt. Dieses wird abgespeichert und mit dem Sollvolumen verglichen, sodass nur noch die zu zerspanenden Bereiche für das nächst kleinere Werkzeug zu berücksichtigen sind.

5-Achs-Fräsen mit angestellten Werkzeugen im Positionierbetrieb

Die verbleibenden Flächen der formgebenden Kontur und die Tuschierflächen sind noch vorzuschlichten, sodass lediglich noch ein Aufmaß von 0,15 mm für das Schlichten verbleibt. Zum **Vorschlichten** kommen wieder die Werkzeuge von Seite 411 zum Einsatz. Um möglichst optimale Schnittbedingungen zu erreichen[1], sind die Werkzeuge zu den Werkstückoberflächen anzustellen. Bei der gewählten Fräsmaschine erfolgt diese Anstellung durch die Schwenkachsen A' und C'.

Die Fachkraft legt im CAM-System für die erste Anstellung eine Ebene fest, auf der später das Werkzeug senkrecht steht. Damit wird erreicht, dass der Tisch vor der Zerspanung beim Abarbeiten des CNC-Programms um 45° in A' schwenkt (Bild 2). Für den Messerkopf mit 35 mm Durchmesser legt die Fachkraft die Flächen fest, die in dieser Anstellung zu fräsen sind. Es entstehen dabei die im Bild 3 dargestellten Fräsbahnen.

Für die zweite Anstellung muss die Schwenkachse C' um ebenfalls 45° das Werkstück anstellen. Dafür ist bei der CAM-Programmierung eine weitere Ebene zu definieren (Seite 413 Bild 1). Für die Bearbeitung in dieser Anstellung werden das Werkzeug und dessen Technologiedaten von der ersten Anstellung übernommen. Nach der Definition der in der zweiten Anstellung

2 Schwenksituation nach der ersten Anstellung

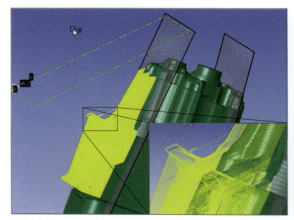

3 Fräsbahnen für den Messerkopf ⌀ 35 der ersten Anstellung

1) siehe Kap. 3.1.1

3.4 Erstellen von CNC-Programmen mithilfe von CAM-Systemen

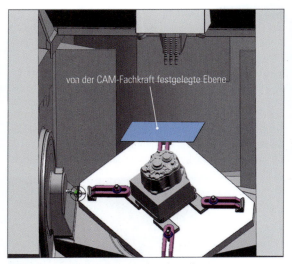

1 Schwenksituation nach der zweiten Anstellung

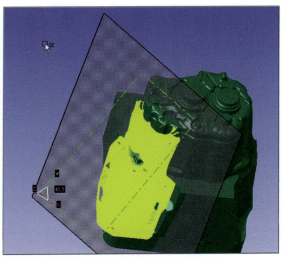

2 Fräsbahnen für den Messerkopf ⌀35 der zweiten Anstellung

zu bearbeitenden Flächen generiert das CAM-System die Werkzeugbewegungen aus Bild 2. Für die weiteren Anstellungen muss die Fachkraft noch 6 weitere Ebenen definieren, damit jeweils das Werkstück um weitere 45° in C' geschwenkt wird. In allen 8 Anstellungen wird mit dem Messerkopf ⌀35 mm die Zerspanung vorgenommen.

Für das nächste Werkzeug, den Messerkopf mit 20 mm Durchmesser, drei Schneiden und 4 mm Schneidenradius *(cutting edge)*, erfolgt in der gleichen Weise die Bearbeitung des Schiebers in den 8 Anstellungen. Dazu wählt die CAM-Fachkraft die schon definierten Ebenen und die dazu gehörenden Bearbeitungsflächen. Für die erste Anstellung legt sie beim ersten Mal die Technologiedaten fest, die für die weiteren übernommen werden. Die Richtung der Fräsbahnen wird für das zweite Werkzeug um ca. 90° zu denen des ersten gedreht.

Alle folgenden Werkzeuge, die im Durchmesser und Schneidenradius immer kleiner werden, fräsen die zu bearbeitenden Flächen in 8 Anstellungen (Bild 3). Am Ende des Vorschlichtens mit dem Torusfräser von 2 mm Durchmesser und 0,5 mm Schneidenradius liegt für das abschließende Schlichten überall an der formgebenden Kontur und den Tuschierflächen ein Aufmaß von 0,15 mm vor.

Schlichten

Mit dem Schlichten *(finishing)* wird das verbleibende Aufmaß sowohl von der formgebenden Kontur als auch von den Tuschierflächen entfernt (Bild 4). Es wird nach dem gleichen Prinzip wie beim Vorschlichten gearbeitet, wobei die in der Übersicht auf Seite 414 aufgeführten Fräser eingesetzt werden.

Für die erste Anstellung sind die Fräsbahnen mit dem Kugelfräser von Durchmesser 6 mm im Bild 1 auf Seite 414 dargestellt. Je kleiner die eingesetzten Werkzeuge werden, desto kleiner sind die verbleibenden Bereiche, die noch ein Aufmaß zum Schlichten besitzen.

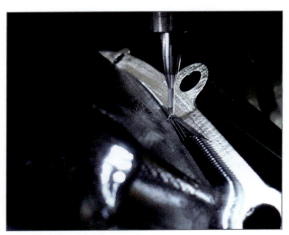

3 Vorschlichten mit Torusfräser ⌀2 und 0,5 mm Schneidenradius

4 Schlichten der Tuschierfläche

Werkzeug	Technologische Daten	Bahn-abstand
Torusschlichtfräser (Vollhartmetall) Durchmesser: 8 mm Schneidenradius: 1 mm Schneidenzahl: 2	n = 5000/min v_f = 1600 mm/min a_p = 0,15 mm	4 mm
Torusschlichtfräser (Vollhartmetall) Durchmesser: 4 mm Schneidenradius: 1 mm Schneidenzahl: 2	n = 8500/min v_f = 1400 mm/min a_p = 0,12 mm	2 mm
Torusschlichtfräser (Vollhartmetall) Durchmesser: 6 mm Schneidenradius: 3 mm Schneidenzahl: 2	n = 9000/min v_f = 1800 mm/min a_p = 0,15 mm	2 mm
Kugelschlichtfräser (Vollhartmetall) Durchmesser: 6 mm Schneidenradius: 3 mm Schneidenzahl: 2	n = 9000/min v_f = 1800 mm/min a_p = 0,15 mm	2 mm
Kugelschlichtfräser (Vollhartmetall) Durchmesser: 4 mm Schneidenradius: 2 mm Schneidenzahl: 2	n = 12500/min v_f = 1600 mm/min a_p = 0,15 mm	2 mm
Kugelschlichtfräser (Vollhartmetall) Durchmesser: 2 mm Schneidenradius: 1 mm Schneidenzahl: 2	n = 16500/min v_f = 1000 mm/min a_p = 0,08 mm	1 mm
Kugelschlichtfräser (Vollhartmetall) Durchmesser: 1,5 mm Schneidenradius: 0,75 mm Schneidenzahl: 2	n = 17500/min v_f = 750 mm/min a_p = 0,05 mm	0,5 mm

Restmaterialbearbeitung

Das CAM-System analysiert die Restmaterialbereiche, die ein größeres Fräswerkzeug nicht bis auf das gewünschte Sollmaß bearbeiten konnte, und zeigt sie an (Bild 2). Die Analyse erfolgt aufgrund der Schneidengeometrien der verwendeten Werkzeuge. Für das kleinere Nachfolgewerkzeug, im Beispiel der Kugelfräser mit 1,5 mm Durchmesser, berechnet es automatisch die erforderlichen Werkzeugwege (Bild 3). Restmaterialbereiche lassen sich mit verschiedenen Strategien bearbeiten. Bei Hohlkehlen (Bild 4) wird z. B. in den flachen Bereichen entlang der Hohlkehle und in steilen Bereichen quer zur Hohlkehle gefräst.

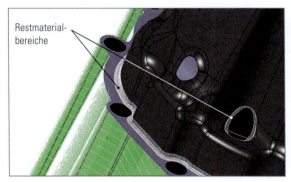

2 Restmaterialbereiche, die vom CAM-System ermittelt wurden

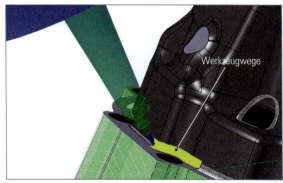

3 Simulation der Restbearbeitung mit Kugelfräser ⌀ 1,5 und 0,75 mm Schneidenradius

1 Fräsbahnen zum Schlichten in der ersten Anstellung mit dem Kugelfräser ⌀ 6

4 Restbearbeitung mit Kugelfräser ⌀ 1,5 und 0,75 mm Schneidenradius

3.4 Erstellen von CNC-Programmen mithilfe von CAM-Systemen

3.4.6 Simulationen

Neben der Darstellung der Werkzeugwege verfügen CAM-Systeme über die Möglichkeit der **Kollisionsprüfung** *(collision check)*. Bei der einfachsten Art wird lediglich überprüft, ob Werkzeug oder Werkzeughalter mit dem Werkstück kollidieren (Seite 414 Bild 3). Die Simulation wird noch aussagekräftiger, wenn das CAM-System die Werkzeugmaschine und die Spannmittel bei der Kollisionsprüfung berücksichtigt[1]. Allerdings werden die Werkzeugbewegungen bei den genannten Simulationen durch den „internen Code" des CAM-Systems überprüft.

Bei der **virtuellen Maschine** *(virtual machine)* ist auf dem Computer nicht nur die Kinematik der speziellen Fräsmaschine mit den Spannmitteln und dem Rohling hinterlegt, sondern auch deren CNC-Steuerung. Es wird das steuerungsspezifische CNC-Programm (G-Code) simuliert. Damit ist gewährleistet, dass alle geometrischen Daten und Zusatzfunktionen von der Simulation so wie an der Werkzeugmaschine abgearbeitet werden. Es ist die teuerste aber auch die sicherste Simulationsart, die sich bei komplizierten Mehrachsbearbeitungen bezahlt macht, weil die Rüstzeiten auf der teuren Werkzeugmaschine reduziert und auf den günstigeren Rechner verlagert werden.

> **MERKE**
>
> Die Fachkraft übernimmt CAD-Daten in das CAM-Systeme, wählt Bearbeitungsstrategien *(machining strategies)*, legt die Werkzeuge mit den Technologiedaten fest, lässt die Werkzeugbewegungen berechnen, simuliert die Zerspanung und erstellt die CNC-Programme sowie alle für die Zerspanung notwendigen Unterlagen.

ÜBUNGEN

1. Warum ist es bei einem CAM-System so wichtig, dass die CAD-Daten auf dem aktuellen Stand sind?
2. Beschreiben Sie vier Vorteile des 5-Achs-Fräsens gegenüber dem 3-Achs-Fräsen.
3. Beschreiben Sie die Ein- und Ausgabedaten für ein CAM-System.
4. Ordnen Sie 5-Achs-Fräsmaschinen aus Ihrem Betrieb den kinematischen Ausführungen des Kapitels 3.1 zu.
5. In der CNC-Technik gibt es eine „Linke-Hand-Regel" und eine „Rechte-Handregel" beschreiben Sie deren jeweilige Bedeutung.
6. Welchen wesentlichen Vorteil hat das 5-Achs-Fräsen im Simultanbetrieb gegenüber dem 5-Achs-Fräsen im Positionierbetrieb?
7. Aus welchen Gründen wird das 5-Achs-Fräsen im Positionierbetrieb meist dem 5-Achs-Fräsen im Simultanbetrieb vorgezogen?
8. Wie erreichen Sie bei einer Fräsmaschine mit Schwenk- und Drehtisch und den Schwenkachsen B' und C' das Schwenken von 90° um die A'-Achse?
9. Welchen wesentlichen Vorteil besitzt ein 5-Achs-Spanner gegenüber einem Schraubstock beim 5-Achs-Fräsen?
10. Beschreiben Sie stichpunktartig das Spannen mit einem Nullpunktspannsystem.
11. Informieren Sie sich in Ihrem Betrieb, wie die Werkzeugverwaltung erfolgt.
12. Welche Probleme können bei einer mangelhaften Werkzeugverwaltung auftreten und welche Konsequenzen kann das für Sie als Arbeitnehmer haben?
13. Wodurch wird bei einem CAM-System die Lage der Arbeitsspindel der Fräsmaschine zum Werkstück definiert?
14. Aus welchen Daten ermittelt das CAM-System das zu zerspanende Volumen?
15. Welche Aufgabe übernimmt der Postprozessor?
16. Welche Fertigungsunterlagen benötigt der CNC-Maschinenbediener aus dem CAM-System?
17. Bei dem Fräsen der formgebenden Werkzeugkonturen werden meist die Operationen „Schruppen, Vorschlichten, Schlichten und Restbearbeitung" durchgeführt. Wie verändern sich dabei die Fräserabmessungen und die Bahnabstände?
18. Durch welche Maßnahme lässt es sich erreichen, dass beim Fräsen mit einem Kugelfräser an keiner Stelle eine Schnittgeschwindigkeit von 0 m/min entsteht?
19. Was wird unter dem Begriff „Restbearbeitung" verstanden und welche Fräserdurchmesser sind dabei zu wählen?
20. Das CAM-System hat für das Vorschlichten einen Torusfräser mit 8 mm Durchmesser, Schneidenradius 0,8 mm, und Werkzeuglänge 60 mm vorgegeben. Welche Auswirkungen entstehen, wenn der eingesetzte Fräser
    a) einen Druchmesser von 10 mm oder
    b) einen Schneidenradius von 1 mm hätte?

---

[1] Siehe Seite 391 Bild 2

4 Optische 3D-Messtechnik

Anspruchsvolle Geometrien können mit taktilen 3D-Messmaschinen *(tactile three-dimensional measuring machine)* nur recht zeitaufwändig geprüft werden[1]. Mithilfe optischer Messtechnik lassen sich diese Geometrien relativ schnell erfassen und mit den Sollwerten vergleichen, die vom CAD-System zur Verfügung gestellt werden.

LF10_08

4.1 Laserscannen

Der handgeführte Laserscanner *(laser scanner)* (Bilder 1 und 2) befindet sich an einem Messarm, der während der Bewegung ständig die absoluten Raumkoordinaten des Scanners ermittelt. Da sich die den Laserstrahl erfassende Kamera (Bild 3) in einem definierten Abstand und Winkel zum Laser befindet, wird der geradlinige Laserstrahl von der Kamera als Linienprofil erfasst. Die Kamera und die dazugehörende Software ermitteln den relativen Abstand der gescannten Oberfläche.

Die Messarm- und Laserdaten ergeben zusammen die Scandaten in einem definierten Koordinatensystem. Bei den Scandaten handelt es sich zunächst um eine Vielzahl von definierten Punkten (Punktewolke *(scatter plot)*), die die Oberfläche beschreiben. Im nächsten Schritt werden mithilfe entsprechender Software aus der Punktewolke Flächen generiert, die mit den Sollflächen zu vergleichen sind (Bild 4).

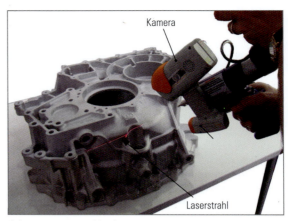

1 Laserscannen von Hand

2 Laserscanner mit Messarm

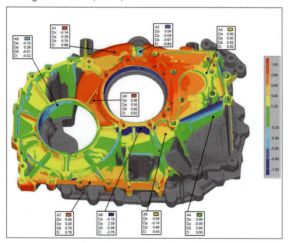

4 Soll-Istwert-Vergleich von CAD- und Messdaten

LF10_09

4.2 Streifenprojektionsverfahren

Um anspruchsvollere Geometrien wie z. B. den Schieber für die Druckgussform hinreichend genau und schnell erfassen zu können, ist die Aufnahme möglichst vieler Objektpunkte mit geringem Abstand zueinander erforderlich. Die entstehende Punktewolke kann im Einzelfall aus mehreren Millionen Punkten bestehen.

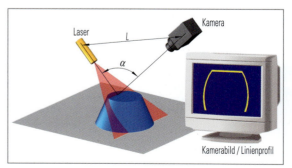

3 Prinzip des Laserscannens

[1] Siehe Lernfeld 5 Kap. 6.7

4.2 Streifenprojektionsverfahren

> **MERKE**
> Das Streifenprojektionsverfahren *(stripe projection method)* gewährleistet eine hohe Genauigkeit der Punktewolke bei geringer Messzeit.

Für die Erfassung der Punktewolke wird zunächst ein Streifenmuster auf das Werkstück – in unserem Fall den Formeinsatz – projiziert (Bild 1) und unter einem bestimmten Winkel mithilfe von zwei Kameras erfasst. Im Gegensatz zum Laserscannen wird pro Aufnahme nicht eine Linie, sondern die gesamte Projektionsfläche aufgezeichnet. Der Projektor und die Kameras bilden eine fest miteinander verbundene und zueinander ausgerichtete Einheit, den 3D-Digitalisierer (Bild 2).

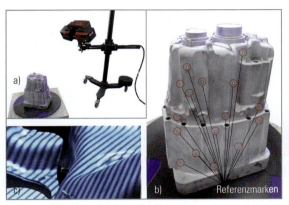

1 a) und b) Streifenprojektion auf gefrästen Formeinsatz mit Referenzmarken
c) Projizierte Streifen auf Bauteiloberfläche

2 3D-Digitalisierer

Ein leistungsfähiger Rechner mit entsprechender Software berechnet innerhalb weniger Sekunden aus den Bildern die 3D-Koordinaten der erfassten Bildpunkte.

Zum Erfassen aller Werkstückflächen sind mehrere Einzelaufnahmen von unterschiedlichen Positionen notwendig. Die dabei jeweils berechneten Punktewolken werden zu einer einzigen Punktewolke zusammengefügt. Dieses erfolgt mithilfe von Referenzmarken (Bild 1b), die auf den Schieber geklebt wurden. Bild 3 zeigt die endgültige Punktewolke für den Schieber bei unterschiedlichen Vergrößerungen.

Im nächsten Schritt erstellt die Software des Messrechners aus der Punktewolke dreieckige Einzelflächen. Dieser Umwandlungsprozess wird **Triangulation** *(triangulation)* oder **Polygonisierung** *(polygonisation)* genannt. Mit zunehmender Objektkrümmung werden dabei die Dreiecksflächen kleiner (Bild 4). Es ist ein Flächenmodell des Werkstücks entstanden.

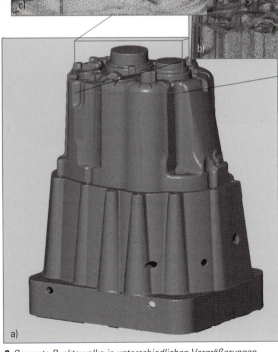

3 Gesamte Punktewolke in unterschiedlichen Vergrößerungen

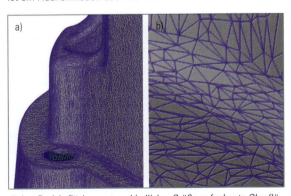

4 Aus Dreiecksflächen unterschiedlicher Größe aufgebaute Oberfläche: a) Konturbereich, b) Vergrößerter Ausschnitt

Abschließend kann das Flächenmodell mit den CAD-Daten verglichen werden. Dazu wird der CAD-Datensatz zum Flächenmodell hinzugeladen und ausgerichtet. Das Auswertungsprogramm bietet umfangreiche Funktionen zur Geometrieprüfung. Farblich wird z. B. dargestellt, ob die Istwerte innerhalb der gewählten Toleranz liegen (Bild 1a). Der Anwender kann auf diese Weise schnell erkennen, ob das Werkstück die gestellten Anforderungen erfüllt. An den vom Anwender festgelegten Stellen gibt die Software in kleinen Boxen den Maßunterschied zwischen Soll- und Istkontur an (Bild 1b).

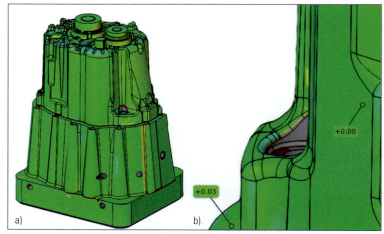

1 Soll-Istwert-Vergleich von CAD- und Messdaten

ÜBUNGEN

1. Begründen Sie Vorteile der optischen Messverfahren gegenüber berührenden.
2. Wie werden die Messdaten beim Laserscannen ermittelt?
3. Was verstehen Sie unter dem Begriff „Punktewolke" und wodurch entsteht sie?
4. Welchen Vorteil hat das Streifenprojektionsverfahren gegenüber dem Laserscannen?
5. Warum sind beim Streifenprojektionsverfahren mehrere Aufnahmen nötig?
6. Wozu dienen beim Streifenprojektionsverfahren die Referenzmarken auf dem Werkstück?
7. Was wird mit der „Triangulation" beim Streifenprojektionsverfahren erreicht?
8. Wie werden die Unterschiede zwischen Soll- und Istwerten bei optischen Messverfahren ermittelt?

5 Generative Fertigung

Im Gegensatz zum Spanen, bei dem das Bauteil durch das Abtragen von Material entsteht, wird bei allen generativen bzw. additiven Fertigungsverfahren *(additive manufacturing)* schichtweise *(in layers)* Material hinzugefügt. Die aufgetragenen Schichten können zunächst flüssig, teigig oder pulverförmig sein, bevor sie in den festen Zustand übergehen.
Die **Prozesskette** *(process chain)* ist für alle generativen Fertigungsverfahren ähnlich (Bild 2):

2 Prozesskette der generativen Fertigungsverfahren

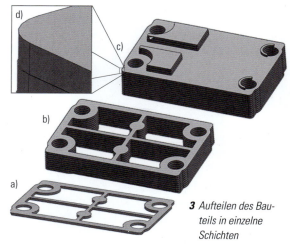

3 Aufteilen des Bauteils in einzelne Schichten

- Das CAD-Modell ist mithilfe des CAD-Systems in das vom generativen Fertigungsverfahren gewünschte Datenformat (meist STL) zu konvertieren.
- Mit einer speziellen Software, erfolgt das Berechnen und Aufteilen des Modells in einzelne Schichten (**Slicen**) (Bild 3).
- Mit dem jeweiligen generativen Verfahren wird das Bauteil schichtweise aufgebaut.

Allen Verfahren ist gemeinsam, dass das entstehende Bauteil stufenförmig *(stepped)* wird (Bild 3d). Die Schichten sind bei den verschiedenen Verfahren unterschiedlich dick bzw. die Stufen unterschiedlich hoch. Die generativen Fertigungsverfahren ermöglichen eine flexible und direkte Herstellung von Bauteilen aufgrund vorhandener CAD-Daten. Zusätzliche Werkzeuge zum Ur- und Umformen der Teile sind nicht nötig.

5.1 Einteilung der generativen Fertigung

Die generativen bzw. additiven Fertigungsverfahren werden im Hinblick auf die herzustellenden Produkte in drei wesentliche Bereiche unterschieden:
- Herstellung von Prototypen und Modellen *(rapid prototyping)*,
- Fertigung von Produkten *(rapid manufacturing)* und
- Herstellung von Werkzeugen und Werkzeugeinsätzen *(direct tooling)*

5.1.1 Rapid Prototyping

Rapid Prototyping bezeichnet das schichtweise Herstellen von Modellen und Prototypen aus dreidimensionalen Konstruktionsdaten. Das Modell muss nicht aus dem gleichen Werkstoff wie das Serienteil sein. Die Prototypen weisen somit auch nicht die Eigenschaften des Serienteils auf und können deshalb meist nicht dessen Funktionen erfüllen. Ziel des Rapid Prototypings ist das schnelle Herstellen von möglichst aussagefähigen Modellen, die z. B. in Geometrie und Haptik dem Serienteil entsprechen, aber nicht die für die serienmäßige Herstellung erforderlichen Konstruktionsmerkmale wie Rippen und Formschrägen besitzen. Ein Beispiel dafür ist der auf einer FLM[1])-Anlage hergestellte Sockel (siehe Seite 420 Bild 4).

5.1.2 Rapid Manufacturing

Rapid Manufacturing bezeichnet die Herstellung von Bauteilen, die die Eigenschaften von End- bzw. Serienprodukten besitzen. Das generativ hergestellte Bauteil ist aus dem gleichen Werkstoff wie das Endprodukt, besitzt die gleiche Konstruktion und kann dessen Funktionen vollständig übernehmen. Generativ hergestellte Produkte können sich am Markt bewähren, wenn die von ihnen geforderten Eigenschaften mit den gewählten Materialien und Prozessen bei akzeptablen Herstellungspreisen erreicht werden. Ein Beispiel dafür ist eine durch Lasersintern hergestellte Handy-Schale (siehe Seite 422 Bild 2).

5.1.3 Rapid Tooling

Rapid Tooling bezeichnet das Herstellen von Werkzeugeinsätzen, Werkzeugen, Lehren *(gauges)* und Formen. Es ist dem Rapid Manufacturing zuzuordnen. Da es aber für den Werkzeugbau zunehmend an Bedeutung gewinnt, ist es hier besonders hervorgehoben. Es wird auch als **Direct Tooling** oder **Direct Rapid Tooling** bezeichnet. Ein Beispiel dafür ist der durch Lasersintern *(laser sintering)* hergestellte Kern mit Kühlkanälen (Seite 424 Bild 2).

5.2 Generative Fertigungsverfahren

Aus der Fülle der existierenden generativen Fertigungsverfahren werden im Folgenden die für den Werkzeugbau wichtigsten und industriell bedeutsamsten vorgestellt.

5.2.1 Extrusionsverfahren

LF10_10

Bei dem **Fused Layer Modeling (FLM)** wird ein Thermoplastdraht erhitzt und plastifiziert. Das teigige Material wird kontinuierlich durch eine oder mehrere Düsen gepresst (Bild 1). Der Bauraum der Anlage wird auf eine Temperatur aufgeheizt, die etwas unterhalb der Schmelztemperatur des Thermoplasts liegt. Das ermöglicht, dass der austretende heiße Strang das darunter liegende Thermoplast anschmilzt und sich mit ihm verbindet. Der Düsenkopf wird so in der X-Y-Ebene angesteuert, dass er eine Bauteilschicht durch nebeneinander abgelegte Stränge erzeugt. Wenn eine Bauteilschicht, deren Dicke je nach Verfahren zwischen ca. 0,1 mm bis 0,3 mm liegt, komplett ist, fährt die Plattform um den Betrag der Schichtdicke in der Z-Achse nach unten und die nächste Schicht kann gefertigt werden.

1 Prinzip des Fused Layer Modeling

Von dem Sockel und der Ondulierdüse[2]) sind jeweils zwei Prototypen zum Testen der Einbausituationen herzustellen. Die Vorbereitung der Daten, die später an die FLM-Anlage gesendet werden, geschieht mit einer speziellen Software. Zunächst werden die STL-Dateien der beiden Produkte geladen, ihre Baulage definiert und in Schichten zerteilt (Seite 420 Bild 1) sowie die Verfahrwege der Extrusionsdüsen berechnet. Bei der Wahl der Baulage ist darauf zu achten, dass einerseits die Bauhöhe maßgeblich die Herstellungszeit bestimmt und andererseits möglichst wenig Stützkonstruktion *(support structure)* erforderlich ist. Die Bauteile werden nicht direkt auf der Plattform erzeugt, sondern eine Stützkonstruktion – in Bild 1 oliv dargestellt – stellt die Verbindung zwischen Plattform und Bauteil her. Mithilfe der Software werden die Bauteile entsprechend der gewünschten Anzahl multipliziert und auf der Bauplattform po-

---

[1]) Fused Layer Modeling; siehe Kap. 5.2.1   [2]) Siehe Kap. 2.5

1 In Schichten aufgeteilte Bauteile mit dargestellten Düsenbewegungen (rot) für a) Sockel, b) Fuß der Ondulierdüse

sitioniert (Bild 2), bevor der Auftrag an die FLM-Anlage übergeben wird, die ihrerseits eine neue Plattform erhalten hat. Bild 3 zeigt den Bauraum der FLM-Anlage nachdem die Stützkostruktionen und die unteren Bereiche der Bauteile erzeugt wurden. Der Düsenkopf ist dabei in die Ausgangsposition gefahren.

Bild 4 zeigt die der FLM-Anlage entnommene Bauplattform mit den erstellten Bauteilen und den Stützkonstruktionen. Die Stützkonstruktionen bestehen aus einem spröderen Werkstoff als das Bauteil. Deshalb lassen sich die Stützen später ohne Beschädigung des Modells leicht manuell entfernen oder in einer besonderen Lauge auflösen.

> **MERKE**
> Beim Fused Layer Modeling (FLM) werden plastifizierte Kunststoffstränge schichtweise zu einem Bauteil verbunden.

Die **Vorteile** des FLM-Verfahrens sind:
- Der Anschaffungspreis der Anlage ist relativ gering.
- Unterschiedliche Thermoplaste können bei einem Teil oder einer Baugruppe verarbeitet werden.
- Die Anlage und die Verarbeitung der Thermoplaste sind „bürotauglich".

Nachteilig sind:
- Die Oberfläche ist, bedingt durch die Schichtdicke und den Düsendurchmesser, relativ rau.
- Die Festigkeit der Bauteile ist in Baurichtung geringer als in der Schichtebene.
- Die Materialkosten sind relativ hoch.

5.2.2 Ballistikverfahren

Dem sogenannten **Freeformer**[1] wird wie beim Spritzgießen Kunststoffgranulat als Ausgangsmaterial zugeführt, wodurch die Materialkosten relativ gering sind. Ein beheizter Plastifizierzylinder[2] *(plasticating cylinder)* führt die plastifizierte Kunststoffschmelze *(plastic melt)* einer Austragseinheit zu. Deren getakteter Düsenverschluss ermöglicht schnelle Öffnungs- und Schließbewegungen und erzeugt so unter Druck kleinste Kunststofftropfen. Aus denen baut sich das Kunststoffteil – Schicht für Schicht – staub- und emissionsfrei in dem beheizten Bauraum auf (Seite 421 Bilder 1 und 2). Auf diese Weise ist es

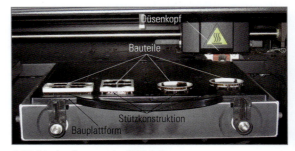

2 Bauteile multipliziert und auf Plattform positioniert

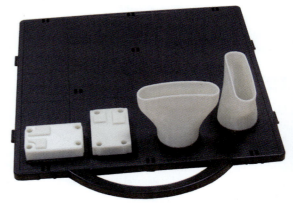

3 Blick in den Bauraum der FDM-Anlage

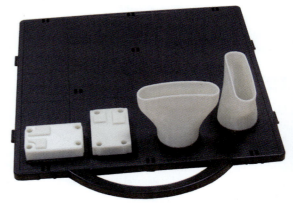

4 Bauplattform mit Bauteilen und Stützkonstruktion

möglich, funktionsfähige Kunststoffteile aufgrund von 3D-CAD-Bauteildaten ohne Spritzgießwerkzeug herzustellen.

---
1) Entwickelt von der Firma ARBURG, 72290 Loßburg 2) Siehe Lernfeld 6 Kap. 1.2.1.1

5.2 Generative Fertigungsverfahren

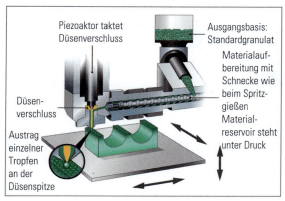

1 Düse baut das Bauteil mithilfe von Kunststofftröpfchen schichtweise auf

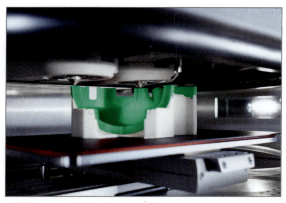

2 Arbeitsraum des Freeformers

Im Gegensatz zum FLM-Prinzip bewegt sich die Düse nicht, sondern bleibt in der vertikalen Position. Um ein Bauteil herzustellen, das aus verschiedenen Kunststoffen besteht, stehen zwei Düsen (Bild 2) zur Verfügung. Damit Bauteile mit Hinterschnitten *(under cuts)* und ohne Stützkonstruktionen herzustellen sind, wird das Bauteil mit bis zu fünf Achsen bewegt. Die Schichtaufteilung, das Ansteuern der Achsbewegungen und das Festlegen der technologischen Daten leistet die in der Anlage integrierte Software. Die Bauteile sind nach ihrer Fertigung ohne Nacharbeit sofort einsatzbereit.

> **MERKE**
> Das Ballistikverfahren fügt plastifizierte Kunststofftröpfchen zu einem Bauteil.

Vorteile des **Verfahrens** sind:
- Es entstehen relativ geringe Materialkosten.
- Funktionsfähige Kunststoffteile aus verschiedenen Materialien lassen sich herstellen.
- Stützkonstruktionen sind meist nicht erforderlich.

Nachteilig ist der relativ hohe Preis der Anlage.

5.2.3 Stereolithographie

Die Stereolithographie *(stereolithography)* (SL) ist das älteste generative Fertigungsverfahren und gleichzeitig das mit der höchsten Detaillierung *(detailing)*, den besten Oberflächen und der höchsten Genauigkeit. Dabei wird ein lichtaushärtender *(photo-hardening)* Kunststoff (Photopolymer) in dünnen Schichten von einem Laser polymerisiert und ausgehärtet (Bild 4).
Die meist extern aufbereiteten Schicht- und Technologiedaten werden an die SL-Anlage übertragen. Zum Prozessbeginn wird die Bauplattform im Harz abgesenkt, sodass sich deren Oberfläche um eine Schichtdicke *(layer thickness)* unterhalb der Harzoberfläche befindet. Eine Wischvorrichtung verteilt das flüssige Harz gleichmäßig auf der Bauplattform. Ein Laserstrahl fährt über ein Spiegel- und Linsensystem über die flüssige Polymerschicht und härtet sie aus. Die Plattform fährt um den Betrag der Schichtdicke, die zwischen 50 μm und 250 μm liegen

3 Dichtungen aus TPE-S

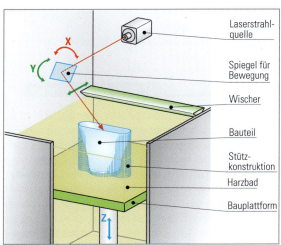

4 Prinzip der Stereolithographie

kann, nach unten. Der Wischer sorgt wieder für eine gleichmäßige Schichtdicke und der Laserstrahl härtet die nächste Schicht aus. Bei Überhängen und Hinterschneidungen werden nadelförmige Stützkonstruktionen automatisch mit erzeugt.
Nach Fertigstellung aller Schichten wird das fertige Bauteil von der Plattform genommen, gewaschen und die Stützkonstruktionen werden entfernt. Da der Laserstrahl keine vollständige

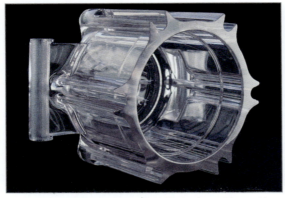

1 Glasklarer Prototyp, hergestellt mithilfe der Stereolithographie

2 Unterschiedliche Handyschalen

Aushärtung (lediglich ca. 95 %) bewirkt hat, erfolgt abschließend die vollständige Aushärtung im UV-Schrank.

Sehr präzise Prototypen, wie sie z. B. die Elektrotechnik, der Maschinenbau oder die Medizintechnik benötigt (Bild 1), werden durch Stereolithographie hergestellt; ebenso Designmodelle von Konsum- und Luxusgütern oder Architekturmodelle.

MERKE

> Bei der Stereolithographie härtet ein Laserstrahl schichtweise flüssigen Kunststoff zu einem Bauteil aus.

Vorteile des Verfahrens sind:
- genauestes aller generativen Fertigungsverfahren
- sehr gute Oberflächenqualitäten

Nachteilig sind:
- relativ geringe mechanische Belastbarkeit
- nur lichtaushärtende Harze verwendbar
- nicht bürotauglich, Schutzmaßnahmen bei der Harzverarbeitung sind zu beachten

5.2.4 Selektives Lasersintern von Kunststoffteilen

Selektives Lasersintern *(selective laser sintering)* (SLS) ist ein wirtschaftliches generatives Fertigungsverfahren z. B. zum Herstellen unterschiedlicher Handyschalen (Bild 2). Ein Laserstrahl verschmilzt dabei schichtweise pulverförmige Partikel aus Kunststoff miteinander, um das gewünschte Produkt herzustellen (Bild 3). Die Korngrößen *(grain sizes)* der Pulver liegen meist zwischen 40 µm und 80 µm. Das Pulver ist im Vorratsbehälter dicht unterhalb seiner Schmelztemperatur vorgewärmt, was den Verschmelzungsprozess begünstigt. In dem mit Schutzgas – meist Stickstoff – versehenen Bauraum schmilzt der Laserstrahl aufgrund der 2D-Schichtinformation die für das Bauteil benötigte Pulverschicht lokal auf (Bild 4). Wegen der Vorwärmung des Pulvers muss der Laser nur noch die restliche Energie zum Schmelzen aufbringen. Durch die geringe Temperaturdifferenz zwischen Pulver und Bauteil bleiben die oberen Bauteilschichten flüssig, während das begrenzende Pulver im festen Aggregatzustand bleibt. Anschließend senkt sich die Bauplattform um eine Schichtdicke nach unten, bevor ein Wischer oder eine Rolle aus dem Vorratsbehälter eine neue Pulverschicht gleich-

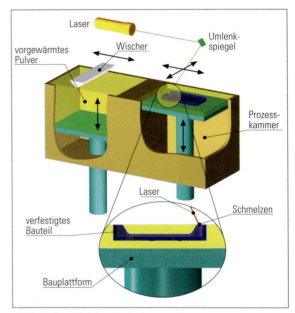

3 Prinzip des Selektiven Lasersinterns

4 Blick in den Bauraum der SLS-Anlage

mäßig aufträgt und der Prozess von neuem beginnt. Mit zunehmender Bauhöhe geben die unteren Bauteilschichten Wärme an das umgebende Pulver ab und verfestigen sich langsam.

Im Gegensatz zu den bislang beschriebenen generativen Verfahren können beim Lasersintern auch Bauteile übereinander im Bauraum, getrennt durch entsprechende Pulverschichten, her-

5.2 Generative Fertigungsverfahren

gestellt werden (Bild 1). Bei dem Verfahren sind keine Stützkonstruktionen erforderlich, da das nicht ausgehärtete Pulver die Stützfunktion bei Überhängen und Hinterschneidungen übernimmt. Nach Abschluss des Bauprozesses und Abkühlen der Bauteile und des Pulvers wird der Behälter mit Pulver und Bauteilen geleert (Bild 2) und die Bauteile vom losen Pulver gereinigt und eventuell nachbehandelt. Große Teile des nicht ausgehärteten Pulvers werden neuen beigemischt und für die nächsten Bauprozesse verwendet.

> **MERKE**
> Beim selektiven Lasersintern (SLS) verflüssigt ein Laserstrahl Kunststoffpulver *(plastic powder)*, das zu einem Bauteil erstarrt.

Vorteile des Verfahrens sind:
- hohe mechanische und thermische Belastbarkeit der Bauteile
- Auswahl unterschiedlicher Kunststoffe
- Herstellung vollfunktionsfähiger Bauteile und -gruppen innerhalb eines Arbeitsschritts
- keine Stützstrukturen erforderlich
- gut mechanisch nachzuarbeiten

Nachteilig sind:
- relativ raue Oberfläche
- geringerer Detaillierungsgrad als bei der Stereolithographie

5.2.5 Selektives Laserschmelzen von Metallteilen für den Werkzeugbau

Beim Selektiven Laserschmelzen *(selective laser melting)* (SLM) wird das Metallpulver *(metal powder)* unter der Lasereinwirkung komplett aufgeschmolzen und erstarrt unmittelbar danach. Die eingesetzten Laser sind so leistungsfähig, dass ein Vorwärmen des Metallpulvers nur in geringem Maße nötig ist. Um eine Oxidation des Metalls zu vermeiden, findet der Prozess unter Schutzgasatmosphäre *(inert atmosphere)* mit Argon oder Stickstoff statt. Die gefertigten Bauteile weisen große Bauteildichten (> 99 %) aus. Dadurch sind die mechanischen Eigenschaften des generativ hergestellten Bauteils weitgehend mit denen des durch Zerspanung hergestellten identisch.

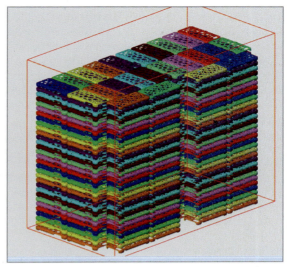

1 Anordnung der Bauteile im rot dargestellten Bauraum der Sinteranlage

2 Auspacken der Handyschalen

Der Einsatz einer Spritzgießform aus dem Warmarbeitsstahl X3NiCoMoTi18-9-5 (1.2709) soll **konturnahe Kühlkanäle** erhalten (Bild 3). Die Temperierung[1] der Kavitäten entscheidet mit über die Qualität des Spritzgussteils und die Zykluszeit *(cycle time)* beim Spritzgießen, und damit letztlich über die Wirtschaftlichkeit der Produktion. Die meist durch Bohren hergestellten Kühlkanäle haben unterschiedliche Abstände zur formgebenden

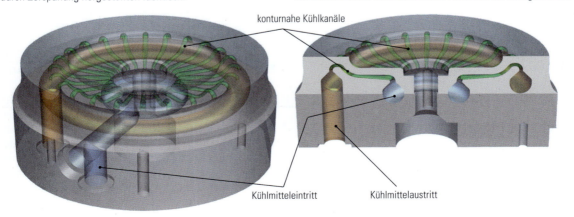

3 Einsatz für Spritzgießform mit konturnahen Kühlkanälen

[1] Siehe Lernfeld 6 Kap. 1.2.4.1

Werkzeugoberfläche, wodurch das Ableiten der Wärmeenergie ungleichmäßig erfolgt und unnötige Spannungen im Spritzling entstehen. Zusätzlich entstehen oft an den Stellen, an denen die Kanäle ihre Richtung ändern, einerseits Verwirbelungen und andererseits „Totzonen", in denen sich rasch Schmutz absetzen kann. Das führt wiederum zu Engstellen oder Staus, wodurch die Kühlwirkung stark gemindert wird. Durch die konturnahe Kühlung konnte die Zykluszeit für das relativ dickwandige Spritzgussteil um über 50 % verringert werden.

Die Herstellung des Formeinsatzes erfolgte in mehreren Schritten.

- Mithilfe der Zerspanung wurde der Grundkörper (Bild 1) mit den Kühlbohrungen hergestellt, wobei ein äußeres Aufmaß von ca 0,5 mm belassen wurde. Dadurch verkürzt sich einerseits die Bauzeit beim Laserschmelzen, andererseits sind die Kosten für den Stahlblock merklich niedriger als für das entsprechend benötigte Pulver.
- Dieser Grundkörper dient als Basis für das Selektive Laserschmelzen. Auf diesen Grundkörper wird das Metallpulver schichtweise mit einer Korngröße von ca. 20 μm aus 1.2709 aufgetragen und aufgeschmolzen.
- Nach der generativen Fertigung erfolgt das Härten des Formeinsatzes.
- Anschließend wird der Formeinsatz spanend nachgearbeitet und abschließend poliert (Bild 2).

Werden die durch Laserschmelzen hergestellten Metallteile nicht auf einem Grundkörper aufgebaut, wird auf der Metallplattform zunächst eine Stützkonstruktion unterhalb des eigentlichen Bauteils erstellt. Weiterhin werden beim Laserschmelzen Stützkonstruktionen (Bild 3) bei Hinterschneidungen angebracht, um dem Verzug entgegenzuwirken, der durch die starke Temperaturdifferenz zwischen dem heißen Bauteil und dem wesentlich kühleren Metallpulver besteht.

> **MERKE**
> Ein leistungsfähiger Laserstrahl schmilzt beim selektiven Laserschmelzen (SLM) das Metallpulver komplett auf, das anschließend zum Bauteil erstarrt.

Vorteile des Verfahrens sind:
- hohe mechanische und thermische Belastbarkeit der Bauteile
- Auswahl verschiedenster Metalle
- gut zu spanen, erodieren, schweißen, polieren, härten und beschichten

Nachteilig sind:
- relativ teure Pulver und SLM-Anlagen
- Oberflächen lassen sich nicht ätzen

5.2.6 Hybridverfahren

Im Bereich der generativen Fertigung gibt es mehrere Hybridverfahren[1] *(hybrid processes)*, die ein generatives mit einem konventionellen Fertigungsverfahren verbinden. Beispielhaft wird im Folgenden die Verbindung von **Laserauftragsschweißen und Fräsen** *(controlled metal build up)* (CMB) dargestellt.

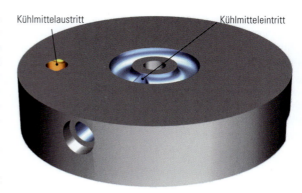

1 *Grundkörper mit Aufmaß für das anschließende Laserschmelzen*

2 *Zur Demonstration polierter und „aufgeschnittener" Formeinsatz mit konturnaher Kühlung*

3 *Durch Laserschmelzen hergestelltes Bauteil mit Stützkonstruktion*

Zunächst wird durch Laserauftragsschweißen das Metallpulver schichtweise auf ein Basismaterial aufgetragen und poren- und rissfrei mit diesem verschmolzen (Seite 425 Bild 1). Dabei geht das Metallpulver eine hochfeste Schweißverbindung mit der Oberfläche ein. Um diesen Prozess zu gewährleisten, nimmt eine 5-Achs-Fräsmaschine die Laserschweißeinrichtung wie ein Werkzeug automatisiert in ihre Spindel auf. Über die fünf Achsen wird das zu fertigende Bauteil in die Schweißposition gebracht und der Schweißprozess kann erfolgen. Dazu besitzt die

---

[1] „Hybrid": gebündelt, gemischt (lat.: hybrida = „Mischling")

5.2 Generative Fertigungsverfahren

Fräsmaschine nicht nur die erforderlichen Anlagen zum Schweißen, sondern auch die entsprechende Steuerung für den Schweißprozess, sodass eine vollautomatische Fertigung erfolgen kann (Bild 2). Die Fräsmaschine ist zu einer Hybridmaschine geworden.

Nach dem Erkalten des Schweißguts *(weld metal)* kann die Zerspanung des generativ hergestellten Bauteils erfolgen (Bild 3). Durch die Kombination von generativen bzw. additiven und spanenden Verfahren lassen sich größere Bauteile herstellen. Mit einer Baurate *(output rate)* von bis zu 3,5 kg pro Stunde ist dieser Prozess um ein Vielfaches schneller als das Selektive Lasersintern. Das Bauteil kann in mehreren Stufen aufgebaut werden, wobei zwischen dem Auftragsschweißen *(built-up welding)*

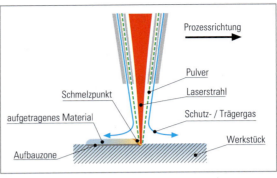

1 Prinzip des Laserauftragsschweißens

2 Laserauftragsschweißen in 5-Achs-Hybridmaschine

3 Zerspanung auf 5-Achs-Hybridmaschine

gefräst werden kann, um auch solche Stellen präzise zu bearbeiten, an die der Fräser nach Fertigstellung nicht hinkäme.

MERKE
Das Hybridverfahren vereint generative und spanende Fertigung in einer Anlage.

Vorteile des Verfahrens sind:
- hohe Bauraten durch Laserauftragsschweißen
- enge Toleranzen und hohe Oberflächenqualitäten durch spanende Bearbeitung
- unterschiedliche Werkstoffe können schichtweise geschweißt werden.

Nachteilig sind die hohen Investitionskosten für die Hybridanlage und die entstehenden Produktionskosten.

ÜBUNGEN

1. Beschreiben Sie die Prozesskette bei der generativen Fertigung.
2. Unterscheiden Sie Rapid Prototyping, Rapid Manufacturing und Rapid Tooling.
3. Welchen Prozess beschreibt das Slicen?
4. Aus welchem Grund ist der Bauraum der FLM-Anlage beheizt und wie hoch ist die dort vorhandene Temperatur?
5. Stellen Sie Vor- und Nachteile des FLM-Verfahrens gegenüber.
6. Wozu wird die 5-Achs-Steuerung bei dem Ballistikverfahren genutzt?
7. Erläutern Sie den Herstellungsprozess des Bauteils bei der Stereolithographie.
8. Begründen Sie, warum beim selektiven Lasersintern keine Stützgeometrie nötig ist.
9. Erklären Sie, warum das Pulver beim Lasersintern vorgewärmt wird.
10. Warum erfolgt das selektive Laserschmelzen in einer Schutzgasatmosphäre und welche Gase werden dazu genutzt?
11. Stellen Sie Vor- und Nachteile des selektiven Laserschmelzens gegenüber.
12. Beschreiben Sie stichpunktartig den Fertigungsprozess bei dem Hybridverfahren aus Laserauftragsschweißen und Fräsen.

6 Computer aided production

6.1 Computer aided design (CAD)

Computer-**a**ided **d**esign (CAD) means to use computer systems to support the creation, analysis and modification of a newly developed and designed product. The computer programs used in CAD increase the productivity of the designer, improve the quality of design and improve communications throughout the company. However, the most important point is that the CAD programs create the database for manufacturing the new product.

Assignment:

The picture below shows a screenshot taken from a common CAD program. Try to match the numbers in the picture with the explanations given below. Do not write into your book! Copy the statements into your files and complete them with the correct numbers.

a) A Menu for view orientation. Clicking one of the symbols changes the current view orientation → ____
b) A kind of library that shows some of the standard parts such as screws, bolts, nuts and washers. Usually, they are needed to design a new product → ____
c) A menu bar that keeps the most common commands such as saving a file, printing, finishing the program, etc. → ____
d) The drawing window in which a new part or product can be designed. → ____
e) A bar that shows the construction history. Often structured similar to a tree. → ____
f) The newly designed product or part. → ____
g) The task bar of the computer on which the CAD program is installed. → ____
h) A menu that shows fundamental geometrical figures. These figures are used to design a new product from scratch.

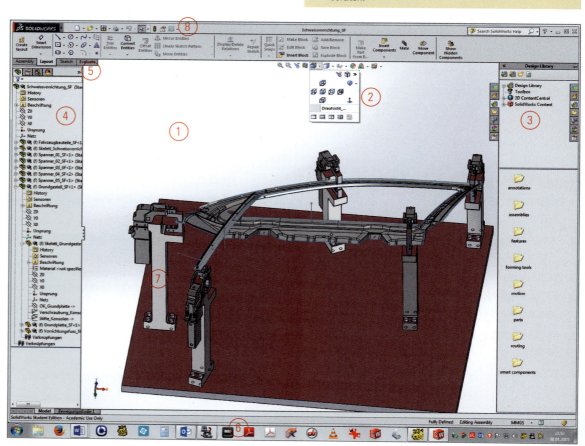

6.2 Fused layer modelling

Your company has bought a new machine for your workshop. The machine heats and melts a wire made of a thermoplastic polymer. By fused layer modeling the company wants to create some prototype tools. Your superior and supervisor told you to unpack and install the new machine. Therefore you've read the manual. Translate the safety instructions shown in the picture below into German.

Warning Symbol	Meaning	Location	Comments
⚠	Hazard (general)	On the name plate on the back of the printer.	Read the instructions in this document before operating the printer.
⚠	Hot surface	On the print head block.	Risk of burns. Do not touch this surface after printing.
⚠	High voltage	Near the UV lamp connector. Near the powersupply enclosures.	Risk of electric shock.
⚠	Ultraviolet radiation	Near the UV lamp.	Risk of injury from ultraviolet radiation.

6.3 Working with words

1. Write the full meaning of the following abbreviations into your files?
   a) CAD b) CAE
   c) CAP d) CAM
   e) CAQ f) PDM
   g) PLM h) CRM
   i) SCM j) PPS

2. Complete the list with geometrical expressions. Find at least 15 expressions.
   rectangle – parallels – symmetric – quadratic – .....

3. In each group there is a word which does not fit into it. Which one is the odd man? Find a general term for this group. Do not write into your book!
   Example: *vice, 5-axis-clamping fixture, machine downtime, quick-change pallet system → clamping devices*
   a) stripe projection method, laser scanning, tactile three-dimensional measuring machine → _____
   b) tool management, selective laser melting, stereolithography, selective laser sintering → _____
   c) customer relationship management, supply chain management, production scheduling, product data management → _____

4. Ask your teacher to print and copy the following crossword puzzle. Complete the crossword puzzle and find the expression for the vertical solution.

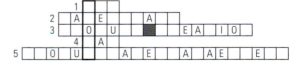

horizontal:
1) Englische Abkürzung für Planung und Koordination aller Aufgaben bei Lieferantenwahl, Beschaffung erforderlicher Produkte und Dienstleistungen, sowie deren Transport und Bereitstellung
2) German expression for "data sheet"
3) Die Phase der Planung und Herstellung eines Produkts
4) Englische Abkürzung für rechnergestütztes Konstruieren
5) German word for "product data management"

vertical solution: English term for „Lagerbestand"

Lernfeld 11:
Herstellen der technischen Systeme des Werkzeugbaus

In Lernfeld 6 haben Sie die grundlegenden Arten von Werkzeugen und deren Funktion und prinzipiellen Aufbau kennengelernt. Darüber hinaus haben Sie sich mit den wichtigsten Teilsystemen dieser Werkzeuge wie z. B. Führungen, Lager usw. vertraut gemacht. Schließlich haben Sie sich in mehreren Lernfeldern mit den Fertigungsverfahren befasst, die Sie zur Herstellung der einzelnen Teilsysteme benötigen. Dies sind neben den Fertigungsverfahren in Lernfeld 5 die CNC-Technik, Rechnergestützte Fertigung, Bearbeitung gehärteter Werkstoffe, Funkenerodieren usw.
Sie besitzen jetzt also alle Kenntnisse dafür, um selbständig die Herstellung der komplexen technischen Systeme des Werkzeugbaus zu planen. Dazu analysieren sie den Aufbau und die Funktion von Werkzeugen der Schneid-, Umform- und Formentechnik sowie von Vorrichtungen und Lehren.
Sie lesen Teil-, Gruppen- und Gesamtzeichnungen, Stücklisten sowie Anordnungspläne und werten sie aus.
Sie untersuchen Teilfunktionen der Werkzeugsysteme und bestimmen die technischen Wirkprinzipien. Sie ermitteln die Einflussfaktoren und deren Auswirkungen auf den Aufbau, die Funktion, Qualität und Kosten der Systeme und der damit erzeugten Produkte auch unter Beachtung des Arbeits- und Umweltschutzes. Sie vergleichen und bewerten die Ergebnisse hinsichtlich der gestellten Anforderungen an Maß- und Formgenauigkeit. Sie berücksichtigen die Eigenschaften von Werkstoffen, wählen geeignete Wärmebehandlungs- und Beschichtungsverfahren aus und berechnen notwendige Kenngrößen und Funktionswerte von Bau- und Maschinenelementen unter Beachtung der Normen.
Sie planen und koordinieren die zeitlichen Abläufe der Fertigung, der Bereitstellung der Einzelteile, die Montage

der Einzelteile zu Teilsystemen und Gesamtsystemen und wählen die erforderlichen Werkzeuge und Hilfsmittel aus. Sie präsentieren die Ergebnisse.
Die Werkzeuge des Massivumformens wie z. B. zum Gesenkschmieden werden im Kapitel 2 Formentechnik und nicht im Kapitel 1 Stanz- und Umformtechnik behandelt, obwohl das Massivumformen ein Umform- und kein Urformverfahren ist.

Der Grund für diese Entscheidung ist, dass diese Werkzeuge in Ihrem Aufbau mit entsprechenden Formschrägen und Entformungssystemen wesentlich mehr den Werkzeugen des Formenbaus als denen der Stanztechnik ähneln.
Auch werden diese entsprechenden Kenntnisse erst im Rahmen der Formentechnik vermittelt.

1 Stanz- und Umformtechnik

In Lernfeld 6 wurde der prinzipielle Aufbau von Werkzeugen aus dem Bereich der Stanz- und Umformtechnik *(punch and forming technology)* dargestellt und die wichtigsten Fertigungsverfahren aus diesem Gebiet wurden erklärt. Dies sind vor allem das **Scherschneiden** *(shearing)*, **Biegen** *(bending)* und **Tiefziehen** *(deep drawing)*. Darüber hinaus kommen häufig die in der folgenden Übersicht aufgeführten Verfahren zum Einsatz. Alle diese Verfahren besitzen viele Gemeinsamkeiten wie z. B. die **lineare Bewegung** der Werkzeuge, **hohe Stückzahlen** und Werkstücke aus den verschiedensten Werkstoffen. Teilweise werden die verschiedenen Fertigungsverfahren zur Herstellung komplizierter Bauteile auch in einem Werkzeug kombiniert. Weiterhin kommen in diesem Bereich die gleichen Werkzeugmaschinen zum Einsatz. Deshalb sind viele Teilsysteme der jeweiligen Werkzeuge identisch. Im folgenden Lernfeld werden die einzelnen Teilsysteme der Werkzeuge und deren Funktionen genauer erklärt. Am Anfang des Kapitels stehen die **Teilsysteme** *(part systems)*, die in allen Werkzeugen zur Anwendung kommen. Später folgen die zu den jeweiligen Fertigungsverfahren *(production techniques)* gehörenden Teilsysteme.

1.1 Systeme zum Verbinden des Werkzeugs mit der Werkzeugmaschine

1.1.1 Spannsysteme

Spannsysteme *(clamping systems)* verbinden das Werkzeug mit der Werkzeugmaschine. Dabei ist darauf zu achten, dass die Verbindung möglichst steif ist und eine genaue Positionierung der beiden Werkzeughälften sicherstellt. Darüber hinaus sollte die Verbindung möglichst kurze **Rüstzeiten** *(machine set-up times)* ermöglichen.

Einspannzapfen *(clamping pivots)* (Bild 1) sind die klassische Verbindungsart zwischen Werkzeugoberteil und der Werkzeugmaschine. Sie sind nach DIN ISO 10242 genormt und werden mit einem Feingewinde in das Oberteil des Werkzeugs geschraubt oder in die Spannplatte eingepresst. Die **Schlüsselflächen** *(spanner flats)* dienen zum Anziehen des Zapfens. Die **Eindrehung** verhindert, dass beim Lösen der Halteschraube das Werkzeugoberteil herunterfällt (Bild 2). Eine weitere Aufgabe der Halteschraube ist die Übertragung der Rückzugskräfte auf den Stößel der Presse. Die Bohrung, in der der Einspannzapfen sitzt, befindet sich in der Mitte der Presse. Das aufwändige Ausrichten der Werkzeuge führt zu langen Rüstzeiten. Einspannzapfen haben daher an Bedeutung verloren. Durch die Verbesserung der Führungen in den Pressen und in den Werkzeugen ist eine genaue Zentrierung durch einen Einspannzapfen nicht mehr notwendig.

1 Stanzwerkzeug mit Einspannzapfen

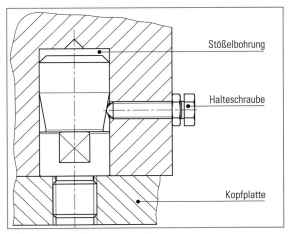

2 Einspannzapfen in montiertem Zustand

Eine Alternative zum Einspannzapfen ist der **Kupplungszapfen** *(wobbler)* (Bild 1). Zur Verbindung mit der Presse ist ein **Aufnahmefutter** *(chuck)* (Bild 2) erforderlich. Durch seine einfache Montage verkürzt sich die Rüstzeit. Der Kupplungszapfen wird hierbei lediglich in die Nut des Aufnahmefutters geschoben (Bild 2 rechts). Ein Nachteil dieser Verbindung ist die schlechtere Führung des Werkzeugs. Deshalb wird der Kupplungszapfen hauptsächlich bei kleinen Werkzeugen mit Führungssäulen eingesetzt. Um ein Kippen des Werkzeugs während des Stanzens durch ungleichmäßige Belastungen zu verhindern, soll sich sowohl die Lage des Einspannzapfens als auch die des Kupplungszapfens im Angriffspunkt der Kräfte der Stempel befinden. Hierzu muss der **Linienschwerpunkt** *(centroid of line)* (Bild 3) der Stempel im Zentrum des Zapfens liegen. Die Lage der Bezugskante sollte außerhalb der Schnittlinien sein. Bei Stempeln mit quadratischer, rechteckiger oder runder Form befindet sich der Linienschwerpunkt im Mittelpunkt des Stempels. Bei einer beliebigen Stempelform wird die Form in Teilschnittlinien zerlegt und das Momentengleichgewicht jeder Linie mit dem Zapfen gebildet.

1 *Kupplungszapfen*

2 *Aufnahmefutter für Kupplungszapfen*

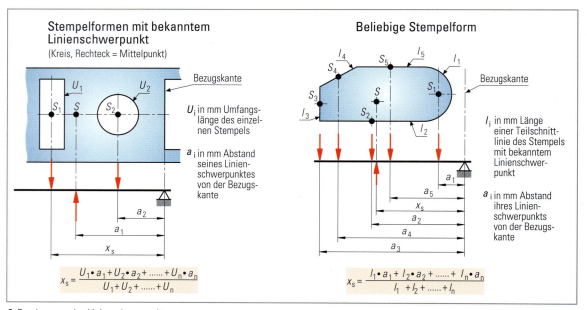

3 *Bestimmung des Linienschwerpunkts*

1.1 Systeme zum Verbinden des Werkzeugs mit der Werkzeugmaschine

Beispielrechnung

Die Lage des Einspannzapfens für den Stempel zum Ausschneiden des Schnittteils ist zu bestimmen.

x_S: Lage des Einspannzapfens in X-Richtung zum Drehpunkt in mm

y_S: Lage des Einspannzapfens in Y-Richtung zum Drehpunkt in mm

l_i: Länge einer Teilschnittlinie des Stempels mit bekanntem Linienschwerpunkt in mm

a: Abstand des Linienschwerpunkts der jeweiligen Linie vom Drehpunkt in mm

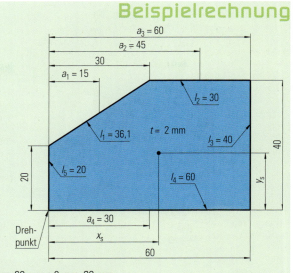

$$x_S = \frac{a_1 \cdot l_1 + a_2 \cdot l_2 + \cdots a_n \cdot l_n}{l_1 + l_2 + \cdots l_n}$$

$$x_S = \frac{15\,\text{mm} \cdot 36{,}1\,\text{mm} + 45\,\text{mm} \cdot 30\,\text{mm} + 60\,\text{mm} \cdot 40\,\text{mm} + 30\,\text{mm} \cdot 60\,\text{mm} + 0\,\text{mm} \cdot 20\,\text{mm}}{36{,}1\,\text{mm} + 30\,\text{mm} + 40\,\text{mm} + 60\,\text{mm} + 20\,\text{mm}}$$

$$x_S = 17{,}64\,\text{mm}$$

Folgeverbundwerkzeuge *(follow-on composite tools)* werden häufig direkt an der Presse befestigt. Hierzu können alle **Spannsysteme** benutzt werden, die z. B. auch bei der Zerspanung zum Einsatz kommen (siehe Lernfeld 5) wie z. B.:

- mechanische Systeme: Spannpratzen (Bild 1); T-Schrauben (Bild 2)
- pneumatische Spannsysteme
- hydraulische Spannsysteme
- elektromechanische Spannsysteme
- magnetische Spannsysteme (Bild 3)

Vorteile dieser Systeme sind die kürzeren Rüstzeiten und die Möglichkeit der flexibleren Nutzung.

 MERKE
Ein wichtiges Ziel bei der Auswahl des Spannsystems ist die Reduzierung der Rüstzeit.

1 Befestigung eines Werkzeugs mit Spannpratze

2 Befestigung eines Werkzeugs mit T-Schrauben

3 Befestigung eines Werkzeugs mit Magnetplatten

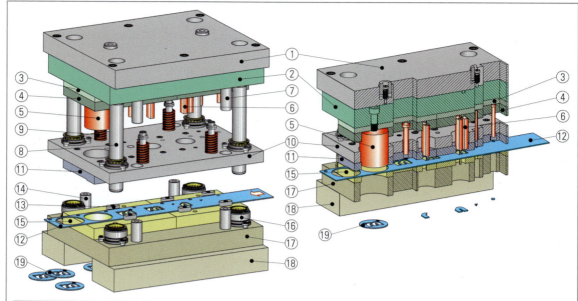

Pos.	Bezeichnung	Pos.	Bezeichnung	Pos.	Bezeichnung	Pos.	Bezeichnung
1	Aufspannplatte	6	Lochstempel	11	Streifendruckplatte	16	Führungshülsen
2	Kopfplatte	7	oberes Anschlagstück	12	Blechstreifen	17	Grundplatte
3	Druckplatte	8	Führungssäule	13	Streifenführung	18	Spannleisten
4	Stempelhalteplatte	9	Federn für Führungsplatte	14	unteres Anschlagstück	19	Werkstück
5	Ausschneidstempel	10	Stempelführungsplatte	15	Schneidplatte		

1 Stanzwerkzeug

1.1.2 Spannplatten/-leisten oder Kopfplatte/Grundplatte

Bild 1 zeigt ein Folgeverbundwerkzeug, das die Fertigungsschritte des Lochens *(punch)*, Prägens *(emboss)* und Ausschneidens *(cut out)* miteinander verbindet. Folgende Arten von Platten werden bei dem diesem Werkzeug verwendet:

- obere Aufspannplatte *(backing plate)* (Pos. 1)
- Kopfplatte *(top plate)* (Pos. 2)
- Grundplatte *(base plate)* (Pos. 17)
- untere Spannplatte/Spannleisten (Pos. 18)

Nicht jedes Werkzeug besteht aus den vier genannten Platten. Welche Platten verwendet werden, hängt vom Spannsystem, der Verwendung von Säulengestellen *(column mounts)* und innerbetrieblichen Vorgaben ab.

Die oben genannten Platten erfüllen folgende Aufgaben:

- Verbindung des Spannsystems mit dem Werkzeug, Pos. 1 und 18
- Abstützung der Stempel beim Schneidvorgang (Aufgabe der Kopfplatte)
- Befestigungselement für die Druckplatte *(pressure plate)* (Pos. 2)
- Befestigungselement für die Stempelhalteplatte (Pos. 3)
- Befestigungselement für die Schneidplatte (Aufgabe der Grundplatte)
- Aufnahme der Durchbrüche *(openings)* zum Abtransport der Werkstücke und des Abfalles (Pos. 15 und 17)

Zur Fertigung der Platten werden Baustähle (z. B. S355) oder unlegierte Werkzeugstähle (z. B. C45U) verwendet. In seltenen Fällen kommen hochfeste Aluminiumlegierungen zum Einsatz. Besitzt das Werkzeug eine eigene Führung wie z. B. ein **Säulengestell**, übernehmen die dort vorhandenen Platten auch die Funktionen der oben genannten Platten des Werkzeugs in Bild 1. Die Gestelle sind entweder aus Gusseisenwerkstoffen (Gusseisen mit Lamellengraphit), Stahl oder in seltenen Fällen aus hochfesten Aluminiumlegierungen.

1.2 Systeme zum Halten und Stützen

1.2.1 Druckplatte

Beim Schneidvorgang stützen sich die Stempel an der Kopfplatte ab. Die Schneidkraft *(cutting force)*, die die Stempel auf die Kopfplatte übertragen, verursacht eine **Flächenpressung** *(contact pressure)* (Seite 433 Bild 1). Ist diese zu hoch, kommt es zu plastischen Verformungen in der Kopfplatte. Die maximale Größe der Flächenpressung, die eine Kopfplatte ohne plastische Verformung erträgt, hängt von der Festigkeit des verwendeten Werkstoffs ab. Um nicht die ganze Kopfplatte aus hochfestem

1.3 Systeme zum Abstreifen

oder gehärtetem Stahl herstellen zu müssen, werden gehärtete Druckplatten (Pos. 3) im Werkzeug eingebaut. Die Druckplatte wird zwischen Stempelhalteplatte und Kopfplatte montiert und besteht aus unlegiertem (z. B. C45U) oder legiertem Kaltarbeitsstahl (z. B. 90MnCrV8).

> **MERKE**
>
> Besteht die Kopfplatte aus ungehärtetem Stahl oder Gusseisen, sollte ab einer Flächenpressung von 250 N/mm² eine Druckplatte verwendet werden. Ist die Kopfplatte aus Aluminium gefertigt, sollte schon bei einer niedrigeren Flächenpressung eine Druckplatte verwendet werden.

1.2.2 Stempelhalteplatte

Die Stempelhalteplatte *(punch holding plate)* (Pos. 4) dient zur Befestigung und Positionierung der **aktiven Elemente** im Werkzeug. Sie wird mit der Kopfplatte verschraubt und nimmt die Schneid-, Biege-, Prägestempel und Suchstifte auf. Für die Befestigung der Stempel und Stifte gibt es verschiedene Möglichkeiten (Bild 2). Die dort gezeigte Befestigung durch einen **angestauchten Rand** kommt meist bei Stempeln zum Einsatz, die als **Normalien** zugekauft werden. **Kegel-** oder **Zylinderköpfe** (Bild 2b) sowie **Schnellwechselstempel** *(quick-change punches)* (Bild 2f) sind ebenfalls häufig als Normalien erhältlich. Stempel werden dann direkt mit der Kopfplatte verschraubt, wenn sie die notwendige Größe für das Gewinde besitzen und speziell für das jeweilige Werkzeug angefertigt worden sind (Bild 2c). Auch Biegestempel *(bending dies)* werden häufig auf diese Weise montiert. Reicht die Größe des Stempels für ein Gewinde nicht aus, kommen **Haltestücke** *(retainer plates)* oder **Haltebleche** *(brackets)* (Bild 2d und e) zum Einsatz.

Bild 2f zeigt einen Stempel mit einem Schnellwechselsystem. Diese Art der Befestigung reduziert die Zeit für Montage oder Demontage des Stempels.

Um den Arbeitsaufwand beim Einpassen von Stempeln mit einer komplizierten Geometrie in die Stempelhalteplatte zu reduzieren, kann der Raum zwischen dem Stempel und der Halteplatte auch mit **Gießharz** *(cast resin)* gefüllt werden (Bild 2g). Treten hohe **Abstreifkräfte** (siehe Seite 108) auf, muss der Stempel gegen das Abziehen gesichert oder eine andere Möglichkeit der Befestigung gewählt werden wie z. B. ein angestauchter Rand oder eine direkte Verschraubung des Stempels mit der Kopf- oder Druckplatte.

Da die Stempelhalteplatte hauptsächlich zum Positionieren dient und nur die Kräfte aufnehmen muss, die beim Zurückziehen der Stempel auftreten, wird sie häufig aus Baustahl (z. B. E295) oder unlegiertem Kaltarbeitsstahl (z. B. C45U) gefertigt.

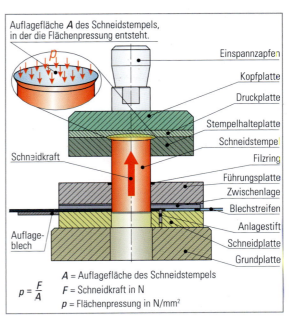

$$p = \frac{F}{A}$$

A = Auflagefläche des Schneidstempels
F = Schneidkraft in N
p = Flächenpressung in N/mm²

1 Berechnung der Flächenpressung der Stempel auf die Kopfplatte

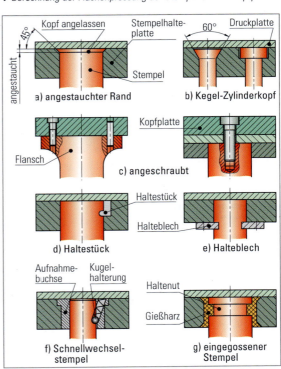

2 Stempelbefestigungen

1.3 Systeme zum Abstreifen

Besonders beim Ausschneiden und Lochen treten **Abstreif-** oder **Rückzugskräfte**[1] auf, die dazu führen, dass das Werkstück oder der Abfall nach dem Hub *(hub)* angehoben werden. Die Größe dieser Kräfte hängt vom Material ab.

Für das genaue Bestimmen dieser Kräfte liegen in den jeweiligen Betrieben Erfahrungswerte vor. Wenn es diese nicht gibt, sollte von den Richtwerten (Seite 434 Bild 1) ausgegangen werden. Die Abstreif- oder Rückzugskräfte beeinflussen vor allem die Auslegung der Federn *(springs)* im System (Kap. 1.7.1).

---

[1] Siehe Lernfeld 6, Seite 108

Die Funktion des Abstreifens wird häufig von folgenden Teilsystemen des Werkzeugs übernommen:
- feste Führungsplatte *(guide plate)* (Bild 3)
- federnde Stempelführungsplatte *(springy punch guide plate)* mit Streifendruckplatte (Pos. 10 und 11 in Bild 1 auf Seite 432)
- Führungsleisten *(guide rails)* mit Haltenasen *(retaining collars)* (Seite 438 Bild 5)

Die Gestaltung des Abstreifers hängt von der gewünschten Ebenheit des Werkstücks oder des Stanzgitters ab. Ist eine gewisse Durchbiegung zulässig, reichen Führungsleisten mit Haltenasen. Sind die Ansprüche an die Ebenheit höher, müssen **vollflächige Abstreifer** *(wipers)* verwendet werden. Diese sind meist feste (Seite 438 Bild 4) oder federnde Führungsplatten (Seite 439 Bild 2).

Nur selten werden in Werkzeugen spezielle Abstreifer verwendet.

Bei einigen Arbeitsschritten muss der Blechstreifen während des Vorschubs angehoben werden. Dies ist zum Beispiel der Fall, wenn **Anlagestifte** zur Positionierung dienen (siehe Seite 102) oder das Werkstück in Richtung der Schneidplatte umgeformt wird. Zum Anheben des Blechstreifens können die auftretenden Abstreifkräfte genutzt werden.

MERKE
Bei zähen Werkstoffen ist die Abstreifkraft höher als bei spröden.

Blechdicke in mm	Abstreifkraft F_{RA} in % der Schneidkraft F_S	
	beim Ausschneiden	beim Lochen
bis 2,0	10 … 15	12 … 18
2,0 … 3,5	12 … 20	20 … 25
über 3,5	15 … 20	25 … 30

1 Richtwerte für die Berechnung der Abstreifkraft

2 Werkzeug ohne Führung

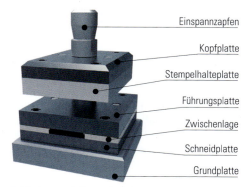

3 Werkzeug mit Plattenführung
(Beschriftung: Einspannzapfen, Kopfplatte, Stempelhalteplatte, Führungsplatte, Zwischenlage, Schneidplatte, Grundplatte)

1.4 Systeme zur Führung

Die Führungen *(guidances)* von Stanz- und Umformwerkzeugen unterliegen anderen Anforderungen als die von Spritzgießwerkzeugen. Das hängt damit zusammen, dass Stanzwerkzeuge mit höheren Geschwindigkeiten (bis zu 2000 Hub pro Minute) zusammenfahren als Spritzgießwerkzeuge.

1.4.1 Werkzeugführungen

Die beiden im Lernfeld 6 dargestellten Werkzeuge zeigen verschiedene Möglichkeiten der Werkzeugführung. Das Folgeschneidwerkzeug *(progressive cutting tool)* (Seite 106) besitzt eine **Säulenführung** *(pillar guide)*, das Biegewerkzeug *(bending tool)* (Seite 114) besitzt eine **Plattenführung**.

1.4.1.1 Werkzeuge ohne Führung

Werkzeuge ohne Führung werden häufig bei der Fertigung von Werkstücken mit großen Toleranzen, geringen Stückzahlen und einfachen Konturen verwendet. Die Führung des Werkzeugs wird von der Werkzeugmaschine übernommen (Bild 2).

1.4.1.2 Werkzeuge mit Führung
Werkzeuge mit Plattenführung

Werkzeuge mit Plattenführung *(platen guidance)* finden Verwendung, wenn mittlere Toleranzen gefordert sind und Stückzahlen von maximal 20000 Teilen pro Jahr gefertigt werden. Neben der Führung durch die Werkzeugmaschine werden die Stempel nur von der Stempelführungsplatte geführt (Bild 3). Da Stempel und Führungsplatte aus Werkzeugstahl bestehen, sind die Gleiteigenschaften im Vergleich zu einer Gleitführung aus Lagerwerkstoffen *(bearing materials)* wie Bronze ungünstiger. Deshalb ist diese Art der Führungen nicht für höhere Hubzahlen geeignet.

Werkzeuge mit Säulenführungen

Säulenführungen haben sich bei den Werkzeugen als Standard durchgesetzt, die für Werkstücke mit **engen Toleranzen**, **großen Stückzahlen** und **hohen Hubzahlen** gebaut werden. Sie werden entweder als vorgefertigtes Gestell oder in Einzelteilen von Normalienherstellern bezogen.

Bei den Säulenführungen kommen Gleit- und Wälzführungen *(guide slide bearings and rolling guides)* zum Einsatz:
Bei beiden Systemen werden Führungssäulen verwendet. Diese bestehen aus unlegierten Vergütungsstählen wie z. B. C45U und sind randschichtgehärtet (zwischen 58 und 60 HRC). Säulen mit einem Durchmesser bis zu 12 mm werden durchgehärtet. Sie

1.4 Systeme zur Führung

können je nach Anwendung in verschiedenen Toleranzklassen bestellt werden. Typisch sind Toleranzen für den Führungsdurchmesser von h3, h4 oder js3 und js4.

Gleitführungen[1] werden dann verwendet, wenn im Werkzeug größere Querkräfte auftreten, rauere Produktionsbedingungen vorliegen oder wenn die Hubfrequenz max. 300/Minute beträgt. Gleitführungen werden als leichte Spielpassung ausgeführt und besitzen ein Mindestspiel, das je nach Durchmesser zwischen 4 µm und 30 µm liegt. Die einfachste Art dieser Führung ist eine Führungsbohrung in der Grund- bzw. Kopfplatte. Bestehen höhere Ansprüche an die Führung, werden gesinterte Buchsen eingesetzt. Um eine Langzeitschmierung zu garantieren, sind die Buchsen mit Öl getränkt. Ist an der Maschine eine Zentralschmierung vorhanden oder kann die Produktion zum Schmieren der Führungen mehrmals täglich unterbrochen werden, können Stahlkörper mit bronzebeschichteter Lauffläche und Wendelschmiernut (Bild 1) verwendet werden. Wirken auf die Führungen stoßartige Belastungen oder ist die Produktionsumgebung schmutzig und staubig, sollten Führungsbuchsen mit einem Bronze-Grundkörper und eingearbeiteten Festschmierstoffnestern (Bild 2) verwendet werden. Durch den eingelagerten Schmierstoff arbeitet diese Art der Führungen wartungsarm.

Wälzführungen[2] werden eingesetzt, wenn in der Produktion neben einer hohen Genauigkeit auch Hubfrequenzen über 300/Minute verlangt. Als Wälzkörper kommen Kugeln *(balls)* (Bild 3) oder Rollen *(rollers)* (Bild 4) zum Einsatz. Damit die Rollen besser an den Führungssäulen anliegen, erhalten sie einen speziellen Anschliff (Bild 5).

Die **Käfige** *(cages)* bestehen aus Kunststoff, Messing oder Aluminium. Im Gegensatz zu den Gleitführungen können von Wälzführungen nur kleinere Querkräfte aufgenommen werden. Dies liegt an der Punkt- bzw. Linienberührung der Wälzkörper. Um die gewünschte Genauigkeit zu erreichen, werden Wälzführungen vorgespannt, d. h. als Übermaßpassung montiert. Das bedeutet für Kugelführungen ein Übermaß zwischen 4 µm und 13 µm und für Rollenführungen zwischen 1,5 µm und 4 µm. Die Wälzkörper

1 Führungsbuchse mit bronzebeschichteter Lauffläche und Wendelschmiernut

2 Werkzeug mit Führungsbuchsen mit einem Bronze-Grundkörper und eingearbeiteten Festschmierstoffnestern

4 Käfig mit Rollen für Säulengestell

3 Säulengestell mit Kugelführungen

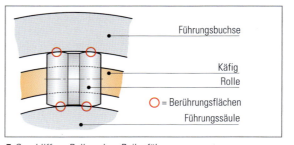

5 Geschliffene Rollen einer Rollenführung

[1] Siehe Seite 155   [2] Siehe Seite 156

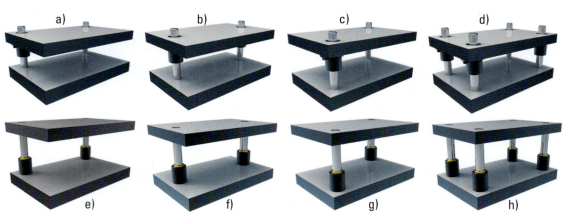

1 Arten von Säulengestellen

liegen auf der einen Seite an der Führungssäule und auf der anderen an einer Buchse an. Die Führungsbuchsen und die Wälzkörper bestehen aus Wälzlagerstahl wie z. B. 100Cr6. Wälzführungen sollten bei der Montage leicht geschmiert werden und sind dann wartungsarm.

> **MERKE**
> Bei Hubfrequenzen bis 300/Minute werden Gleitführungen eingesetzt. Bei höheren Hubfrequenzen sollten Wälzführungen verwendet werden.

Gestelle werden **von Normalienherstellern** bezogen, um die Fertigungszeit und die Kosten zur Herstellung eines Werkzeugs zu reduzieren. In den meisten Fällen bestellt sie der Kunde mit Standardmaßen. Entsprechen diese Gestelle nicht seinen Anforderungen, bieten die Normalienhersteller auch Sonderanfertigungen an.
Die Gestelle werden nach folgenden Kriterien unterschieden:

- **Anzahl der Führungssäulen**
  Da mit der Anzahl der Säulen die Genauigkeit der Führung steigt, werden Gestelle mit zwei Säulen (Bild 1a) ... c) und e) ... g)) für einfache Aufgaben wie z. B. Einverfahrenswerkzeuge verwendet. Darüber hinaus dienen diese Gestelle zur Führung von Gesamtschneidwerkzeugen *(combination cutting tools)*. Gestelle mit zwei hinten stehenden Säulen (Bild 1a) und e)) bieten einen guten Zugriff von vorne. Diese Gestelle werden verwendet, wenn Werkstücke von Hand eingelegt werden.

- **Position der Führungssäulen**
  Um eine sehr genaue Führung zu gewährleisten, wird bei Folgeverbundwerkzeugen häufig ein Gestell mit **einer Führungssäule pro Ecke** ausgewählt. Um bei großen Werkzeugen die Führung noch zu verbessern, werden die einzelnen Segmente der Schneidplatte zusätzlich durch separate Säulen geführt (siehe Bild 3, Seite 439).

- **Anzahl der Platten**
  Die Normalienhersteller bieten die Gestelle mit Kopf- und Grundplatte oder mit integrierter Stempelführungsplatte an (Bild 2).

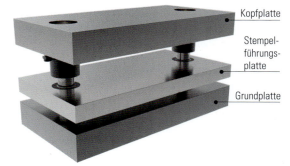

2 Säulengestell mit Stempelführungsplatte

- **Werkstoff der Platten**
  Die Platten können aus Gusseisen wie z. B. EN-GJL-300 (Bild 3), verschiedenen Stähle wie z. B. S355 oder C45 U oder Aluminium wie z. B. AlZnMgCu1,5 bestehen. Es werden auch Gestelle aus kohlefaserverstärktem Kunststoff verwendet. Neben dem geringen Gewicht liegt ihr Vorteil in dem sehr kleinen Wärmeausdehnungskoeffizienten. Dadurch verändern sich die Platten bei **Temperaturschwankungen** *(temperature fluctuations)* kaum.

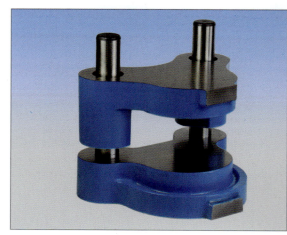

3 Säulengestell mit Platten aus Gusseisen

1.4 Systeme zur Führung

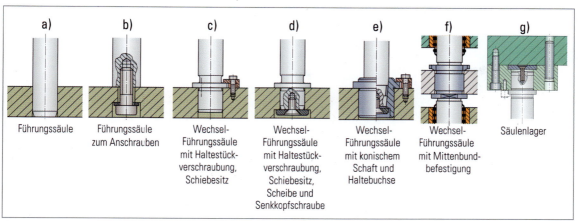

1 Verbindungsarten zwischen Säulen und Gestellen

- **Verbindung der Führungssäulen mit den Platten** (Bild 1)

  Müssen die Säulen selten ausgetauscht werden, können sie einfach in die Platten eingepresst werden (Bild 1a). Müssen die Säulen jedoch häufiger ausgewechselt werden, sollten sie mit der Platte verschraubt sein (Bild 1b ... e). **Wechselführungssäulen** (Bild 1c ... f) sind vorteilhaft, wenn ein schneller Wechsel der Säulen und eine genaue Positionierung gefordert sind. Durch ihre Form lassen sie sich im Vergleich zu Führungssäulen zum Anschrauben (Bild 1b) nach dem Austausch schneller wieder positionieren. Bei Gestellen mit Stempelführungsplatten können die Gleit- oder Wälzführungen in der Kopfplatte und der Grundplatte sitzen. Dann muss die Führungssäule fest mit der Stempelführungsplatte verbunden werden. Dies kann durch eine **Mittenbundbefestigung** (Bild 1f) geschehen. Um den Fertigungsaufwand zu verringern, können vorgefertigte Säulenlager (Bild 1g) verwendet werden.

1.4.2 Stempelführung

1.4.2.1 Werkzeuge ohne Stempelführung

Werkzeuge, bei denen die Führung ausschließlich von der Werkzeugmaschine bzw. durch das Werkzeug erfolgt, kommen häufig beim Biegen (Seite 434 Bild 2) und beim Gesenkschmieden zur Anwendung. Darüber hinaus werden sie beim Stanzen von Werkstücken mit größeren Toleranzen verwendet.

1.4.2.2 Werkzeuge mit einer Führungsplatte

Stempel müssen geführt werden, wenn engere Toleranzen einzuhalten sind oder kleinere Durchbrüche oder Löcher gefertigt werden sollen. Dies kann durch feste oder gefederte (Seite 432 Bild 1) Führungsplatten geschehen. Als Werkstoffe für die Führungsplatten werden die gleichen Werkstoffe wie für die Gestelle verwendet. **Feste Führungsplatten** (Seite 434 Bild 3) sollten bei stabilen Werkstücken verwendet werden.

Gefederte Führungsplatten (Seite 432 Bild 1, Pos. 10) werden eingesetzt, wenn:

- ein Verbiegen des Streifens verhindert werden soll wie z. B., wenn die Blechdicke des Werkstücks ≦ 1 mm beträgt,
- das Werkzeug Biegestufen *(bending stages)* beinhaltet,
- die Ansprüche an die Ebenheit des Werkstücks sehr hoch sind.

Beide Arten von Führungsplatten übernehmen in einem Werkzeug auch die **Funktion des Abstreifers**.

Um die Reibung zwischen den Stempeln und der Führungsplatte zu reduzieren, muss für eine ausreichende **Schmierung** gesorgt werden. Dies kann auf drei verschiedene Arten geschehen:

- Durch **manuelle Schmierung** werden Werkzeuge mit niedrigen Hubzahlen und geringeren Stückzahlen geschmiert. Dazu muss der Produktionsprozess unterbrochen werden.
- Besitzt die Werkzeugmaschine eine **automatische Schmierung**, können die Stempel und die Führungsplatte mit dieser geschmiert werden.
- Um das Abreißen des Schmierfilmes *(lubrication film)* zu verhindern, muss das Schmiermittel gespeichert werden. Hierzu können **ölgetränkte Filzringe** (Bild 2) in die Führungsplatte eingelassen werden. Eine weitere Möglichkeit ist die

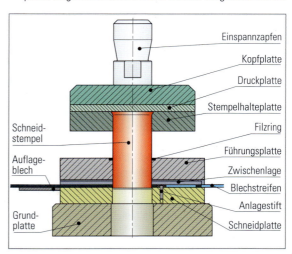

2 Führungsplatte mit ölgetränktem Filzring

1 Geteilte Stempelführungsplatte mit einer Zwischenlage aus Filz

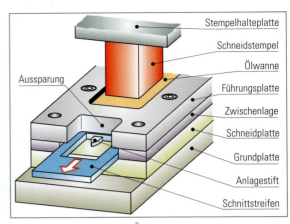

2 Stempelführungsplatte mit Ölwanne

Verwendung von geteilten Stempelführungsplatten mit einer **Zwischenlage aus Filz** (Bild 1) oder es wird eine sogenannte **Ölwanne** (Bild 2) in die Führungsplatte gefräst. Ähnlich wie bei der Stempelhalteplatte kann der Raum zwischen Stempel und Führungsplatte mit **Gießharz** gefüllt werden. Dadurch kann das aufwändige Anpassen des Durchbruchs an den Stempel vermieden werden (Bild 3). Im Gegensatz zur Verwendung bei der Halteplatte wird zwischen Gießharz und Stempel ein **Trennmittel** eingesetzt. Dies hat die Aufgabe, ein Anhaften des Harzes am Stempel zu verhindern und die Reibung zu vermindern. Bei schnelllaufenden Werkzeugen wird eine zusätzliche Schmierung empfohlen.

1.4.3 Werkstückführung/Streifenführung

Als Ausgangsmaterial für die Stanz- und Umformteile werden entweder Streifen von einem **Coil** abgewickelt[1] oder vorgeschnittene Bleche (**Platinen**) verwendet. Platinen können von Hand oder automatisiert zugeführt werden. Die **Werkstückführung** positioniert die Platine im Werkzeug. Dies geschieht mithilfe von Anschlägen. Um die Positionierung zu gewährleisten, müssen die gleichen Bedingungen wie bei allen Anschlägen erfüllt werden.

Wird das Ausgangsmaterial dem Werkzeug als Streifen zugeführt, muss die Werkstückführung oder **Streifenführung** *(strip guide)* so ausgelegt sein, dass der Steifen das Werkzeug ohne Störungen durchlaufen kann (Bild 4). Dies gilt vor allem für das **Abfallgitter** *(scrap web)*, da dieses sich durch die Bearbeitung sehr leicht verbiegen kann. Um ein Verklemmen des Streifens zu verhindern, aber eine möglichst gute Führung zu gewährleisten, sollte der Abstand zwischen den Streifenführungen max. 0,2 mm größer sein als die Streifenbreite.

Streifenführungen werden in feste und federnde Führungen eingeteilt. Um den Verschleiß zu minimieren, bestehen Sie aus gehärtetem Werkzeugstahl. **Zwischenlagen** sind feste Streifenführungen, die zwischen die feste Führungsplatte und die Schneidplatte geschraubt werden (Bild 4). Soll die Streifenführung die Aufgabe des Abstreifers mit übernehmen, wie es bei Werkzeugen ohne Stempelführung der Fall ist, werden **Zwi-**

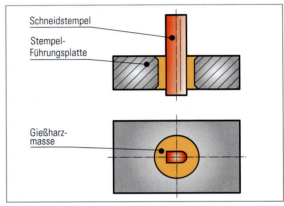

3 Stempelführungsplatte mit Gießharzmasse

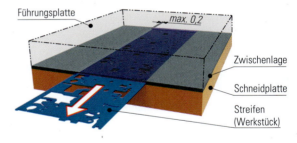

4 Werkzeug mit Zwischenlagen

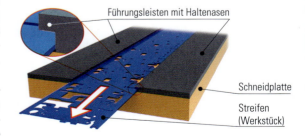

5 Werkzeug mit Führungsleisten und Haltenasen

---

[1] Siehe Lernfeld 6, Kap. 1.1.1.2

1.4 Systeme zur Führung

schenlagen mit Haltenasen (Seite 438 Bild 5) oder **Führungspilze** *(mushroom-type guidances)* (Bild 1) verwendet. Führungen mit Pilzen lassen sich kostengünstig herstellen. Die Führungspilze können eine runde oder eine eckige Form haben. Der Nachteil dieses Systems besteht darin, dass beim Einführen des Streifens noch keine ausreichende Führung besteht.
Enthält das Werkzeug Biege- oder Tiefziehoperationen **nach unten in Richtung der Schneidplatte**, werden **federnde Streifenführungen** (Bild 2) verwendet. Diese heben den Streifen während des Öffnens des Werkzeuges soweit an, dass der umgeformte Teil des Streifens über die Schneidplatte gehoben wird.
Um den Materialeinsatz zu verringern, werden immer mehr Streifen nur noch einseitig oder bei zwei Schnittteilen mittig geführt (Bild 3). Hierzu werden oft federnde Streifenführungen verwendet.

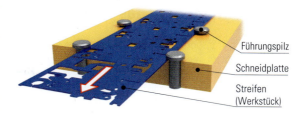

1 Werkzeug mit Führungspilzen

2 Werkzeug mit federnden Führungsleisten

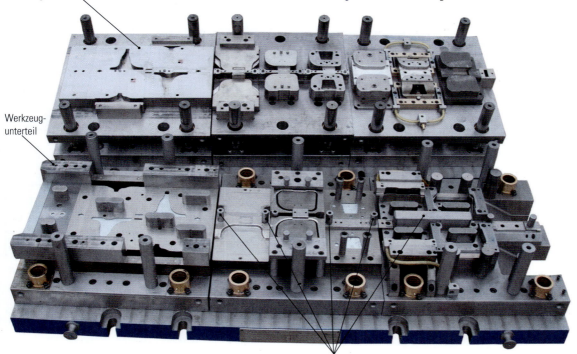

3 Werkzeug mit mittiger Streifenführung

1.5 Positionierung des Werkstücks

Während des Transports des Streifens durch das Werkzeug kann es zu Fehlern in der Lage der Außenform zur Innenform oder der verschiedenen Innenkonturen des Teiles zueinander kommen. Der Grund hierfür kann ein ungenaues Vorschieben des Streifens oder das Spiel in der Streifenführung sein. Um trotzdem die gewünschten Fertigungstoleranzen einzuhalten, werden Systeme zur Positionierung des Werkstücks eingesetzt. Diese sind nur bei **Folge- und Transferwerkzeugen** notwendig. Da es bei Einverfahren- oder Gesamtschneidwerkzeugen keinen Transport des Werkstücks innerhalb des Werkzeugs gibt, treten dort solche Ungenauigkeiten nicht auf. Alle Toleranzen sind bei diesen beiden Werkzeugarten nur von der Werkzeuggeometrie und nicht vom Prozess abhängig.

Um die gewünschten Genauigkeiten zu erreichen, werden interne und externe Systeme zum Positionieren des Streifens verwendet.

1.5.1 Interne Systeme

1.5.1.1 Suchstifte

Suchstifte *(pilot pins)* (Bild 1) sind spitz, mit einem Winkel zwischen 40° und 60°, (Bild 1a) oder parabolisch (Bild 1b) angeschliffene Stempel. Während des Hubs tauchen sie in bereits gestanzte Löcher im Werkstück ein und positionieren dieses im Werkzeug. Die Länge des Suchstifts muss so bemessen sein, dass der zylindrische Teil des Stifts in den Streifen eingetaucht ist, bevor die Schneid- und Biegestempel in den Eingriff kommen. Der Stiftdurchmesser muss zwischen 0,08 mm und 0,1 mm kleiner sein als der Lochdurchmesser. Ist eine genauere Positionierung notwendig, sollte der Stiftdurchmesser 0,02 mm bis 0,04 mm kleiner sein. Die Löcher im Streifen, die zum Positionieren verwendet werden, sind entweder ein Teil der Werkstückgeometrie oder werden zusätzlich in den Streifen gestanzt (Bild 2). Bei dünnen Blechen oder sehr weichen Materialen kann es beim Eintauchen der Suchstifte zu einer Verformung der Löcher kommen. Deshalb ist es besser, zusätzlich gestanzte Löcher zur Positionierung zu verwenden. Die Suchstifte können fest oder federnd gelagert sein.

> **MERKE**
> Häufig ist es günstiger, zur Positionierung des Streifens durch Suchstifte zusätzlich gestanzte Löcher zu verwenden.

1.5.1.2 Anschläge/Einhängestifte

Anschläge begrenzen den Vorschub des Streifens und positionieren so den Streifen im Werkzeug. Als Anschlagflächen werden der Streifenanfang oder bereits gestanzte Löcher verwendet (Seite 441 Bild 1). Beim Einführen des neuen Blechstreifens dient der Einhängestift als Anschlag (Seite 441 Bild 1a). Nach dem ersten Schnitt sorgen die beim Rückhub entstehenden Abstreifkräfte dafür, dass der Streifen beim Vorschub über die

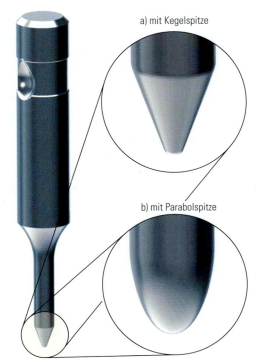

1 Suchstift

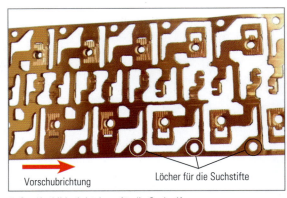

2 Streifenbild mit Löchern für die Suchstifte

Anschläge gehoben wird. Durch diese Bewegung hängt sich das bereits gestanzte Loch in den Einhängestift ein.

Sind keine Löcher vorhanden, werden Anschläge am Streifenrand verwendet. Hierzu reduziert ein Stempel, der **Seitenschneider** *(side cutter)* (Seite 441 Bild 2 1a und 2a), die Blechbreite von der Breite B1 auf die Breite B2. Der dadurch entstandene Absatz B2 schlägt beim nächsten Hub (Seite 441 Bild 2 1b und 2b) an die Anschlagkante an und begrenzt so den Vorschub. Die Länge des Seitenschneiders entspricht dem Vorschub. Durch Verschleiß entsteht zwischen Seitenschneider und Anschlagkante ein Grat (Seite 441 Bild 2 1a). Dieser kann den Vorschub behindern. Durch die Verwendung eines U-förmigen Stempels entsteht der Grat an einer anderen Stelle (Seite 441 Bild 2 2a). Dort behindert er nicht mehr den Vorschub. Seiten-

1.5 Positionierung des Werkstücks

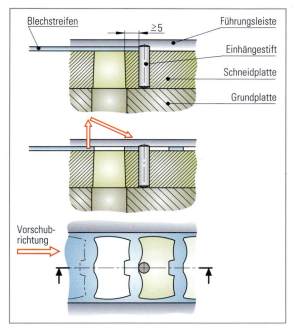

1 Funktionsweise von Anschlägen/Einhängestiften

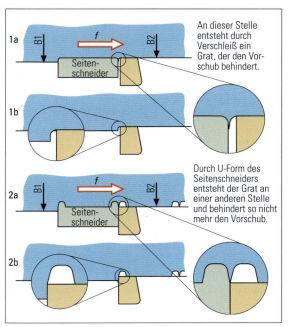

2 Schema eines Seitenschneiders

schneider werden häufig nur noch als Formseitenschneider (Bild 3) eingesetzt. Sie dienen nicht nur der Begrenzung des Vorschubs, sondern vor Allem der Herstellung der gewünschten Außenkontur des Werkstücks.

Um den Verschleiß am Anschlag *(locator)* zu minimieren, sollte die Anschlagkante (Bilder 2 und 3) aus gehärtetem Stahl oder Hartmetall gefertigt sein.

> **MERKE**
> Anschläge/Einhängestifte dienen eher zur Begrenzung des Vorschubes und Suchstifte zur genaueren Positionierung des Werkstücks im Werkzeug.

1.5.2 Externe Systeme

1.5.2.1 Sensoren

Sensoren werden in der Stanz- und Umformtechnik bei Folgeverbundwerkzeugen eingesetzt. Sie dienen zur **Prozessüberwachung**[1], hauptsächlich aber zur **Kontrolle des Vorschubs**. Als Sensoren werden Lichtschranken (Bild 4) verwendet, die mit der Steuerung der Presse verbunden werden. Diese können auch zur Positionierung des Streifens im Werkzeug genutzt werden. Reicht die Genauigkeit der Sensoren nicht aus, müssen zusätzliche Systeme wie z. B. Suchstifte zum Positionieren verwendet werden.

1.5.2.2 Vorschubapparate

Bei Werkzeugen mit einer automatischen Streifenzuführung kommen Systeme zum Einsatz, die den Streifen von einem Coil abwickeln, richten und der Maschine zuführen. Mit dem eigentlichen Vorschubapparat[2] *(power feed)* werden dann die Streifen

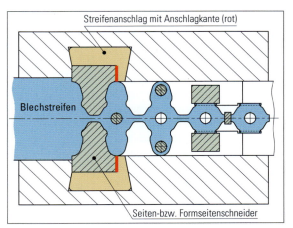

3 Seiten- bzw. Formschneider

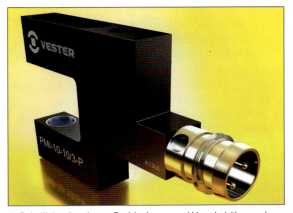

4 Gabellichtschranke zur Positionierung und Vorschubüberwachung

---

1) Siehe Lernfeld 12 Kap. 2.2
2) Siehe Lernfeld 6 Kap. 1.1.1.2

dem Werkzeug im Takt der Maschinen zugeführt. Diese Apparate besitzen je nach Qualität eine Positioniergenauigkeit in Vorschubrichtung von bis zu 0,02 mm. Reicht diese Vorschubgenauigkeit aus, kann auf Anschläge und Suchstifte verzichtet werden. Damit der Streifen aber genau positioniert wird, werden häufig im Werkzeug Suchstifte verwendet. Zudem kann es durch den Stanzprozess zu Verformungen des Streifens und zu Verschiebungen quer zur Vorschubrichtung kommen, was mit den Suchstiften auch ausgeglichen werden kann. Grundsätzlich kann der **Antrieb des Walzen- sowie der Zangenvorschubes** auf zwei unterschiedliche Weisen erfolgen: Entweder kann der Vorschubapparat **mechanisch** mit der Presse verbunden sein und **von dieser angetrieben werden** oder er verfügt über einen **eigenen Antrieb** mit **Servomotor (Servovorschub)**. Hierbei erfolgt die Abstimmung zwischen der Steuerung der Presse und der des Vorschubapparats elektronisch.

Walzenvorschub

Bei Systemen mit Walzenvorschub wird das Band zwischen zwei Walzen geklemmt und durch ihre Drehung bewegt. Bei den **mechanisch angetriebenen** Apparaten werden meist Walzensegmente verwendet, bei denen der Vorschubwinkel 180° beträgt. Beim **Servovorschub** (Bild 1) wird eine Vollwalze verwendet, welche zum Vorschieben programmgesteuert um die Vorschublänge verdreht wird. Die Programmierung ermöglicht eine flexible Anwendung des Servovorschubs mit **automatischem** Umrüsten und Einstellen. Dadurch können jedem Produkt die entsprechenden Prozessparameter wie Vorschub, Streifendicke usw. in einem Programm zugeordnet werden. Beim Rüsten der Presse auf ein anderes Produkt werden diese Parameter in der Steuerung aufgerufen. Die notwendigen Veränderungen in den Einstellungen erfolgen dann automatisch.

Zangenvorschub

Beim Zangenvorschub wird das Band durch Zangen gehalten und geschoben. Die Klemmzange hält das Band in Positi-

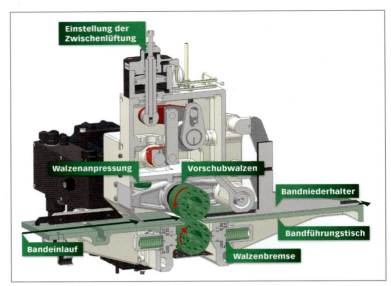

1 Walzenvorschubapparat mit Antrieb durch Servomotor und Programmsteuerung

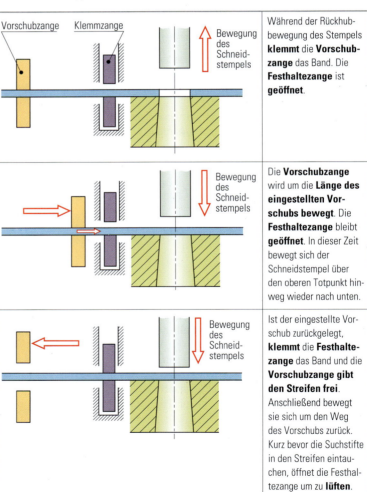

2 Wirkprinzip des Zangenvorschubs

1.7 Systeme zum Speichern von Energie

on bis die Schiebezange das Band klemmt und vorwärts bewegt (Seite 442 Bild 2). Durch die flächige Auflage der Zangen, gegenüber der Linienauflage der Walzen, ist dieses System optimal geeignet für empfindliche Materialien. Zudem können die Zangen für profilierte Materialien einfach angepasst werden. Mit einem Zangenvorschub können auch mehrere Materialien wie z. B. Drähte gleichzeitig vorgeschoben werden.

Die Vorschubapparate besitzen alle den Schritt des Lüftens. Das bedeutet, dass kurz bevor die Suchstifte in das Band eintauchen, der Vorschubapparat aufhört, dieses zu klemmen. Dazu werden die Walzen kurz angehoben oder die Zangen kurz geöffnet. Dies geschieht, damit der Streifen im Werkzeug spannungsfrei positioniert werden kann. Würden die Walzen oder die Zangen nicht angehoben, könnte der Streifen zwischen dem Vorschubapparat und den Suchstiften verklemmt werden.

1.6 Begrenzung des Hubs

Der Hub kann durch die Steuerung der Presse begrenzt werden. Je nach Typ und Fabrikat der Werkzeugmaschine kann die Bewegung des Stößels mit einer Genauigkeit bis zu 0,01 mm eingestellt werden. Ist es nicht möglich, den Hub der Presse in der Steuerung exakt genug einzustellen oder sind größere Genauigkeiten gefordert, können **Anschlagstücke** *(locators)* verwendet werden. Diese können aus Vollmaterial (Seite 432 Bild 1 Pos. 7 und Pos. 14) oder als **Hülse** (Bild 1) gefertigt werden. Zu beachten ist, dass bei der Verwendung von Anschlagstücken die **maximal zulässige Flächenpressung** *(surface pressure)* nicht überschritten werden darf. Dadurch werden plastische Verformungen an den Bauteilen vermieden. Bei Überschreitung tritt starker Verschleiß an den Berührungsflächen auf.
Als Werkstoff für die Anschlagstücke sollte gehärteter Stahl oder Hartmetall verwendet werden.

1.7 Systeme zum Speichern von Energie

1.7.1 Auswahl und Funktion von Federn

Federn haben in der Stanz- und Umformtechnik folgende Aufgaben:
- bewegliche Stempelführungsplatten oder Niederhalter beim Rückhub der Presse wieder in die Ausgangsposition zurückdrücken
- federnde Streifenführung anheben
- Vorspannkraft *(preload force)* erhalten
- Werkstücke oder Abfall entfernen
- Verschleißausgleich vornehmen

Auswahlkriterien für Federn
- Die **Federrate** *(spring rate)* (Bild 2) ist der Kennwert für die **Steifigkeit** *(rigidity)*. Je höher die Federrate, desto mehr Kraft wird benötigt, um die Feder um den gleichen Weg zu

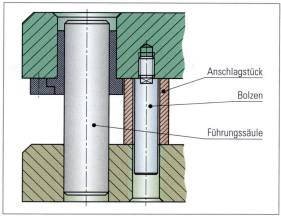

1 Werkzeug mit Anschlagstücken

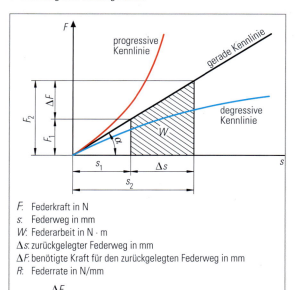

F: Federkraft in N
s: Federweg in mm
W: Federarbeit in N · m
Δs: zurückgelegter Federweg in mm
ΔF: benötigte Kraft für den zurückgelegten Federweg in mm
R: Federrate in N/mm

$$R = \frac{\Delta F}{\Delta s}$$

2 Federkennlinien

verformen. Ist die Federrate über den gesamten Federweg konstant, ist das Verhalten der Feder **linear**. Wird gegen Ende des maximalen Federwegs **mehr Kraft** benötig, um den gleichen Federweg zurückzulegen, ist das Verhalten der Feder **progressiv**. Wird **weniger Kraft** benötigt, ist das Verhalten **degressiv**. **Schraubenfedern** haben meist ein lineares Verhalten. **Elastomerfedern** *(elastomer springs)* haben im Bereich der Druckbelastung ein progressives Verhalten. Im Werkzeugbau finden hauptsächlich progressive oder lineare Federn Verwendung. Um die Auswahl der richtigen Feder zu vereinfachen, stellen die Hersteller Tabellen zur Verfügung. Hieraus können anhand der **notwendigen Federkraft** *(spring force)* und dem **Federweg** *(range of spring)* die entsprechenden Federn ausgewählt werden.

- **Maximaler Hub und maximale Federkraft**: Sollen Federn z. B. bewegliche Stempelführungsplatten beim Rückhub der Presse wieder in die Ausgangsposition zurückdrücken (Seite 432 Bild 1 Pos. 9), muss die Gesamtkraft aller verwendeten Federn größer sein als die Summe der Abstreifkräfte.
- **Lebensdauer:** Um eine möglichst hohe Lebensdauer *(service life)* zu erzielen, müssen zwei Punkte beachtet werden: Erstens müssen Federn **immer vorgespannt** eingebaut werden. Das bedeutet, dass sie auch ohne Betriebslast schon verformt sind. Eine Vorspannung verlängert die Lebensdauer der Feder. Die Vorspannung wird dadurch erreicht, dass die Feder beim Einbau um ca. 5 % des max. Federwegs zusammengedrückt wird. Zweitens sollte nur ein **Teil des maximalen Federweges** ausgenutzt werden. Je kürzer der genutzte Federweg, desto länger die Lebensdauer. Maximal sollte der Federweg 30 % der unbelasteten Federhöhe betragen. Federn dürfen nicht „auf Block" gehen, d. h. bei Schraubendruckfedern, sie dürfen nicht bis zum Anliegen der Windungen aufeinander belastet werden.
- **Geometrische Abmessungen** wie z. B. Federdurchmesser, Federlänge, Federweg.

1.7.2 Arten von Federn

1.7.2.1 Metallfedern

Im Werkzeugbau kommen zwei verschiedene Arten von **Metallfedern** *(metal springs)* zum Einsatz.

Schraubendruckfedern *(coil springs)* nach DIN ISO 10243 (Bild 1) bestehen aus Draht mit einem rechteckigen Querschnitt. Die Schraubenfedern sind laut Norm in vier verschiedene Belastungsklassen eingeteilt. Um Verwechslungen zu vermeiden, sind die einzelnen Klassen farblich gekennzeichnet:

- Grün für leichte Belastung
- Blau für mittlere Belastung
- Rot für starke Belastung
- Gelb für extrastarke Belastung

Darüber hinaus bieten die Normalienhersteller Schraubendruckfedern mit nicht genormten Federraten an. Diese besitzen eine eigene Farbkennzeichnung.

Die farbliche Kennzeichnung erfolgt durch eine Kunststoffbeschichtung, die gleichzeitig als Korrosionsschutz dient. Die Federn sollten bis max. 200 °C eingesetzt werden.

Tellerfedern *(disc springs)* nach DIN 2093 sind aufgrund ihrer Kombinationsmöglichkeiten vielfältig einsetzbar (Bild 2). Durch die Variation der Anzahl der Federn sowie der Einbaurichtung können verschiedene Federwege und Federraten realisiert werden. Tellerfedern werden häufig dort eingesetzt, wo bei kurzen Federwegen große Federkräfte erreicht werden müssen. Sie können bis zu einer Betriebstemperatur von 150 °C eingesetzt werden.

1.7.2.2 Elastomerfedern

Elastomerfedern *(elastomer springs)* werden aus Polyurethan oder Chlor-Butadien-Kautschuk hergestellt. Sie besitzen im

1 Verschiedene Arten von Schraubendruckfedern

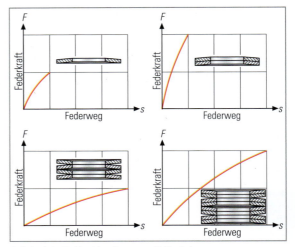

2 Beispiele für Kombinationen von Tellerfedern

3 Elastomerfeder

Bereich des Werkzeugbaus die Form eines Hohlzylinders (Bild 3). Elastomerfedern werden bei mittleren Federwegen und großen Kräften eingesetzt. Es gibt drei Möglichkeiten, verschiedene Federkennlinien zu erreichen:

- Durch Federn mit **verschiedenen Abmessungen**
- Durch Federn mit Kunststoffen **unterschiedlicher Härte** (Seite 445 Bild 1). Bei Elastomeren wird die Härte in der Einheit **Shore** gemessen. Das Verfahren ist vergleichbar mit dem Verfahren der Messung der Härte nach Rockwell. Es wird die Eindringtiefe in das zu prüfende Bauteil gemessen. Zur Prüfung stehen verschiedene Prüfkörper zur Verfügung (Seite 445 Bild 2). Die Shore-Härte A findet für Weichgummi

1.7 Systeme zum Speichern von Energie

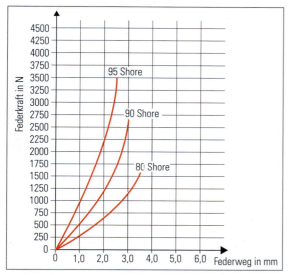

1 Federkennlinien von Elastomerfedern verschiedener Härte

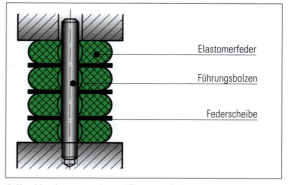

3 Kombination von mehreren Elastomerfedern

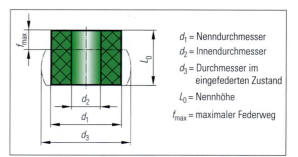

d_1 = Nenndurchmesser
d_2 = Innendurchmesser
d_3 = Durchmesser im eingefederten Zustand
L_0 = Nennhöhe
f_{max} = maximaler Federweg

4 Verformung einer Elastomerfeder beim Einfedern

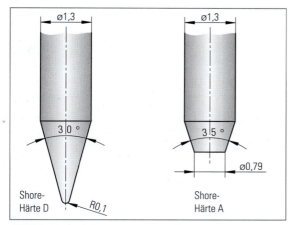

2 Prüfkörper für die Härteprüfung nach Shore

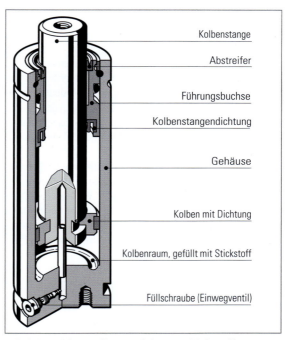

5 Federkennlinien von Elastomerfedern verschiedener Härte

und die Shore-Härte C und D für Elastomere und auch weiche Thermoplaste Anwendung.

- Durch die **Kombination von mehreren Federn** (Bild 3). Das Schichten der Federn mit zwischengelegten Federscheiben ergibt eine Addition der Federwege, die Federkräfte werden jedoch nicht addiert.

Beim Einsatz von Elastomerfedern ist darauf zu achten, dass der Außendurchmesser beim Einfedern stark zunimmt (Bild 4). Hierfür muss der entsprechende Bauraum im Werkzeug vorgesehen werden. Weiterhin erwärmen sich Elastomerfedern bei dynamischen Belastung sehr stark. Da sie nur bis 80 °C eingesetzt werden können, eignen sich Elastomerfedern nicht für schnell laufende Werkzeuge.

1.7.2.3 Gasdruckfedern

Gasdruckfedern *(gas springs)* bestehen aus einem Kolben, der in einem Gehäuse geführt wird (Bild 5). Wird die Kolbenstange auf Druck belastet, taucht der Kolben in den mit Stickstoff gefüllten Kolbenraum ein. Durch das Komprimieren des Gases wird ein Gegendruck und somit die Federkraft aufgebaut. Der Fülldruck einer Gasdruckfeder kann zwischen 20 bar und dem maximalen Druck frei gewählt werden. Der jeweilige maximale Druck ist von der Ausführung der Gasdruckfeder abhängig und kann dem Datenblatt des Herstellers entnommen werden. Durch verschiedene Baugrößen und die Einstellbarkeit des Drucks decken Gasdruckfedern den weitesten Bereich an Federkräften und Federwegen ab. Nachteilig sind die begrenzte Hubgeschwindigkeit und die maximale Einsatztemperatur von 80 °C. Somit sind die Gasdruckfedern nicht für Fertigungsprozesse mit hohen Hubfrequenzen geeignet.

1.8 Systeme für den Materialfluss

1.8.1 Systeme zum Zuführen von Werkstoffen

Die Auswahl des Systems zum Zuführen von Werkstoffen hängt von der zu produzierenden Stückzahl ab. Bei kleinen Stückzahlen kann der Werkstoff von Hand zugeführt werden. Bei größeren Stückzahlen ist eine Automatisierung sinnvoll.

1.8.1.1 Haspelanlagen

Wird das Werkstück aus einem **Coil** gefertigt, kommen Haspelanlagen[1] *(reel facilities)* (Bild 1) zum Einsatz. Sie nehmen das Coil auf und führen es dem Werkzeug zu. Je nach Gewicht des Coils werden Haspelanlagen mit oder ohne eigenen Antrieb verwendet. Ist für den Produktionsprozess ein sehr ebener Streifen notwendig, muss dieser nach dem Abwickeln erst **gerichtet** werden. Hierzu werden zwischen der Haspelanlage und der Presse **Richtmaschinen** *(straightening machines)* installiert.

1.8.1.2 Handhabungsgeräte

Wird bei automatisierten Fertigungsprozessen das Werkstück aus einer **Platine** gefertigt wird, werden Handhabungsgeräte *(handling devices)* eingesetzt. Sollen Einverfahrenswerkzeuge automatisch be- und entladen werden, werden **Industrieroboter** verwendet (Bild 2). Diese können leicht an den geforderten Prozess angepasst werden. Je nach Anforderung handhaben sie von kleinen Bauteilen bis hin zu Blechteilen mit einem Gewicht von 600 kg.

Bei der Automatisierung von Folgewerkzeugen werden **Greifersysteme** *(gripper devices)* verwendet (Bild 3). Die Bewegung dieser Systeme ist mit der Bewegung der Werkzeugmaschine gekoppelt. So ist gewährleistet, dass die Platinen während des Öffnens der Presse von Station zu Station transportiert werden. Beim Schließen der Presse liegen die Platinen dann wieder auf der entsprechenden Station.

1.8.2 Systeme zum Entfernen des Abfalls und des Werkstücks

Werkstücke und Abfall müssen aus dem Werkzeug und der Werkzeugmaschine entfernt werden. Beides muss prozesssicher geschehen, um einen reibungslosen Ablauf der Fertigung zu gewährleisten. Meist fallen die Werkstücke oder die Abfallstücke durch die Durchbrüche in der Schneidplatte nach unten (Seite 432 Bild 1). Dort werden diese über Rutschen zu Containern geleitet oder vollautomatisch über Bänder zur Weiterver-

1 Haspelanlage und Richtmaschine

2 Industrieroboter beim Entnehmen von Material

3 Greifersystem

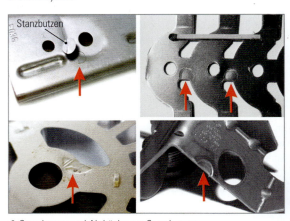

4 Stanzbutzen und Abdrücke von Stanzbutzen

---

[1] Siehe Lernfeld 6 Kap. 1.1.1.2

arbeitung transportiert. Größere Werkstücke oder Abfallstücke werden von Hand oder mithilfe von Handhabungsgeräten entnommen (Seite 446 Bild 2).

Bei der Entfernung des Abfalles bzw. des Werkstücks ist auf Folgendes zu achten:

- Das Werkstück darf nicht beschädigt werden.
- Es dürfen keine Teile des Abfalles, genannt **Stanzbutzen** *(slugs)* (Seite 446 Bild 4), auf das Blech oder in das Werkzeug gelangen.
- Weder das Werkstück noch der Abfall dürfen am Stempel kleben bleiben oder sich in der Schneidplatte verklemmen.

Um das Verkleben am Schneidstempel zu verhindern, können verschiedene Systeme eingesetzt werden (Bilder 1). Gerade bei Stanzprozessen mit kleinen Schnitt- oder Abfallteilen kommt der Auswahl des Schmierstoffs und des Schmiersystems eine besondere Bedeutung zu, da diese Teile eher zum Verkleben neigen.

1.9 Hauptsysteme zur Herstellung des Werkstücks/aktive Bauteile

Die zentralen Bauteile des Werkzeugs sind die aktiven Bauteile, die das Werkstück formen. Für die jeweiligen Fertigungsverfahren kommen in der Stanz- und Umformtechnik folgende Teilsysteme zum Einsatz.

Fertigungsverfahren	Teilsystem
Trennen *(cut-off)*	Schneidstempel und Schneidplatte
Feinschneiden *(fine blank)*	Schneidstempel, Schneidplatte, Gegenhalter und Niederhalter
Biegen *(bend)*	Biegestempel und Gesenk
Tiefziehen/Kragenziehen *(deep draw)*	Ziehstempel und Ziehring
Prägen *(emboss)*	Stempel und Matrize
Fügen *(joint)*	Stempel und Matrize

1.9.1 Trennen

Beim Trennen wird zwischen verschiedenen Verfahren unterschieden. Das beim Bearbeiten von Metallen am häufigsten verwendete Verfahren ist das **Scherschneiden** *(shearing)*. Hierbei wird der Schneidvorgang von zwei Schneidkeilen *(cutting wedges)* (Stempel und Schneidplatte) realisiert, die sich aneinander vorbeibewegen. Ein zweites Verfahren, das zum Trennen von Papier, Stoffen und Lebensmitteln verwendet wird, ist das **Messerschneiden** *(knife edge cutting)* (Seite 448 Bild 1). Dieses Verfahren zeichnet sich dadurch aus, dass eine keilförmige Schneide in den Werkstoff eindringt und ihn dadurch auseinanderdrängt. Im Weiteren wird nur noch das Verfahren des Scherschneidens betrachtet, da dieses sich in der Stanz- und Umformtechnik durchgesetzt hat.

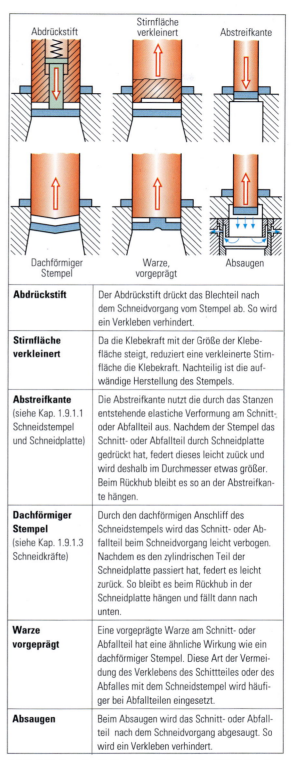

Abdrückstift	Der Abdrückstift drückt das Blechteil nach dem Schneidvorgang vom Stempel ab. So wird ein Verkleben verhindert.
Stirnfläche verkleinert	Da die Klebekraft mit der Größe der Klebefläche steigt, reduziert eine verkleinerte Stirnfläche die Klebekraft. Nachteilig ist die aufwändige Herstellung des Stempels.
Abstreifkante (siehe Kap. 1.9.1.1 Schneidstempel und Schneidplatte)	Die Abstreifkante nutzt die durch das Stanzen entstehende elastische Verformung am Schnitt- oder Abfallteil aus. Nachdem der Stempel das Schnitt- oder Abfallteil durch Schneidplatte gedrückt hat, federt dieses leicht zuück und wird deshalb im Durchmesser etwas größer. Beim Rückhub bleibt es so an der Abstreifkante hängen.
Dachförmiger Stempel (siehe Kap. 1.9.1.3 Schneidkräfte)	Durch den dachförmigen Anschliff des Schneidstempels wird das Schnitt- oder Abfallteil beim Schneidvorgang leicht verbogen. Nachdem es den zylindrischen Teil der Schneidplatte passiert hat, federt es leicht zurück. So bleibt es beim Rückhub in der Schneidplatte hängen und fällt dann nach unten.
Warze vorgeprägt	Eine vorgeprägte Warze am Schnitt- oder Abfallteil hat eine ähnliche Wirkung wie ein dachförmiger Stempel. Diese Art der Vermeidung des Verklebens des Schittteiles oder des Abfalles mit dem Schneidstempel wird häufiger bei Abfallteilen eingesetzt.
Absaugen	Beim Absaugen wird das Schnitt- oder Abfallteil nach dem Schneidvorgang abgesaugt. So wird ein Verkleben verhindert.

1 Möglichkeiten, das Verkleben des Schnitt- oder Abfallteils mit dem Schneidstempel zu verhindern

1.9.1.1 Schneidstempel und Schneidplatte

Beim Trennen kommen in der Stanztechnik verschiedene Verfahren (Bild 2) zum Einsatz. Für jedes dieser Verfahren muss die günstigste Kombination aus Schneidstempel *(cutting punch)* und Schneidplatte *(cutting tip)* ausgewählt werden. Auswahlkriterien für die Schneidstempel und die Schneidplatten sind:

- hohe Standzeit *(tool life)*
- geringe Kosten
- niedrige Schneidkräfte

MERKE
Um Verwechselungen beim Benennen von Teilen des Werkzeugs oder des Werkstücks zu verhindern, gilt:
Alle Begriffe, die das **Werkzeug** betreffen, erhalten die Vorsilbe „**Schneid**".
Alle Begriffe die das **Werkstück** betreffen, erhalten die Vorsilbe „**Schnitt**".

Um den Verschleiß an den Schneidstempeln und Schneidplatten gering zu halten, bedarf es eines verschleißfesten Werkstoffs. Hier kommen folgende Materialien zum Einsatz:

- legierter Werkzeugstahl wie z. B. 1.2210, 1.2516, 1.2842.
- Hochleistungswerkzeugstahl mit 12 % Cr wie z. B. 1.2436, 1.2379.
- Hochleistungsschnellschnittstahl wie z. B. 1.3343.
- pulvermetallurgisch hergestellter Hochleistungsschnellschnittstahl
- Hochleistungsschnellschnittstahl, nitriert

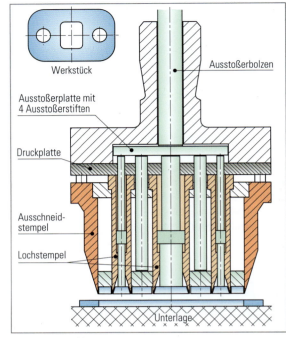

1 Messerschneiden

- Hochleistungswerkzeugteile mit Hartstoffbeschichtung *(hard coating)* CVD-Multischicht TIC-TIN[1)]

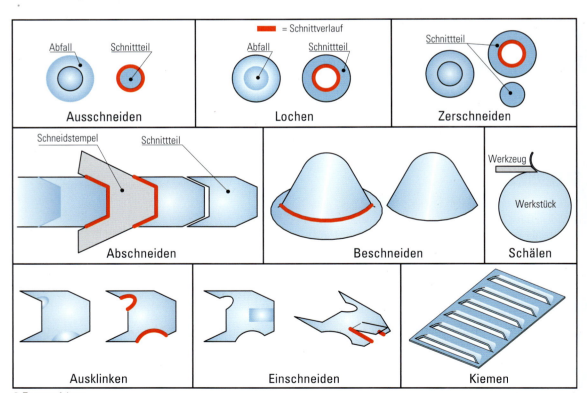

2 Trennverfahren

[1)] Siehe Lernfeld 9, Kap. 5.2

1.9 Hauptsysteme zur Herstellung des Werkstücks/aktive Bauteile

Trägerwerkstoffe:
Schnellarbeitsstähle 1.3207, 1.3343 u. ä.
Kaltarbeitsstähle 1.2379, 1.2436 u. ä.

- Hochleistungswerkzeugteile mit Hartstoffbeschichtung PVD-Titannitrid TIN
Trägerwerkstoffe:
Schnellarbeitsstähle 1.3207, 1.3343 u. ä.
Kaltarbeitsstahl 1.2379
- Hartmetall *(carbide metal)*
- Nitrierter Warmarbeitsstah wie z. B. 1.2344.

Bei der Fertigung der Schneidplatte kommen verschiedene Möglichkeiten in Betracht:

- Die Schneidplatte kann in einem Stück gefertigt werden. Dies geschieht häufig bei kleinen Werkzeugen und bei Gesamtverfahrenswerkzeugen.
- Handelt es sich um ein längeres Werkzeug, wie es bei Folgeverbundwerkzeugen häufig der Fall ist (Bild 1), kann die Schneidplatte in einzelne **Module** aufgeteilt sein. Hierbei ist zu beachten, dass jedes Modul seine eigene Führung haben sollte.
- Als weitere Möglichkeit können Einsätze bzw. Schneidbuchsen *(cutting bushings)* aus Hartmetall eingebaut werden (Bild 2). Dies geschieht, um die Kosten der Herstellung zu reduzieren und die Instandhaltung zu vereinfachen.
- Bei einfachen Konturen, wie z. B. runden oder quadratischen Löchern, können die **Schneidbuchsen** (Seite 450 Bild 1) passend zum Stempel von Normalienherstellern bezogen werden. Werden zylindrische Schneidbuchsen mit unrunden Durchbrüchen verwendet, ist darauf zu achten, dass diese sich während der Produktion nicht verdrehen lassen.
- Müssen zur Fertigung des Bauteils komplizierte Durchbrüche angefertigt werden, kann es sinnvoll sein, die Schneidplatte in **Segmente** aufzuteilen, um so die Fertigung und die Instandhaltung des Werkzeugs zu vereinfachen (Seite 450 Bild 2).

Die Dicke der Schneidplatte hängt ab von ihrer Länge und Breite und den auftretenden Schneidkräften (Seite 450 Bild 3). Außerdem ist ein Mindestabstand der einzelnen Durchbrüche voneinander und zum Rand zu beachten, um die notwendige Dauerfestigkeit *(fatigue limit)* der Schneidplatte zu gewährleisten.

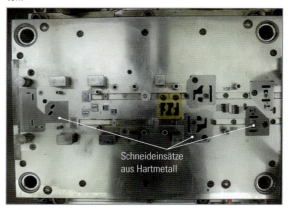

2 Schneidplatte mit Einsätzen aus Hartmetall

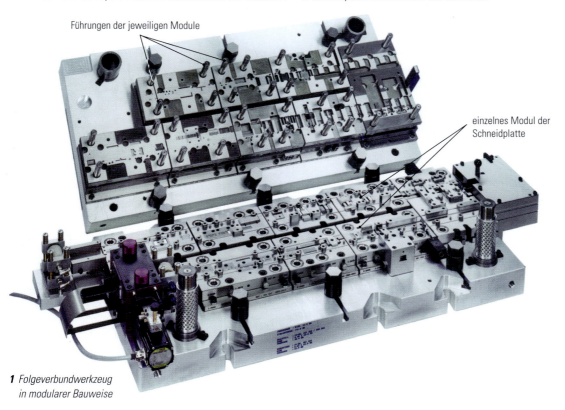

1 Folgeverbundwerkzeug in modularer Bauweise

1 Schneidbuchse mit Verdrehsicherung

MERKE

Je größer die Schneidplatte bzw. je höher die Schneidkräfte, desto dicker muss die Platte sein.

Ein wichtiger Punkt bei der Herstellung der Schneidplatte ist die Gestaltung der Durchbrüche. Vier verschiedene Formen haben sich bewährt.

- Bild 1a auf Seite 451 zeigt einen **konischen Durchbruch mit einem nahezu zylindrischen Ansatz**. Diese Art wird bei komplizierten Umrissen mit hohen Anforderungen an die Genauigkeit verwendet. Die Höhe h des **zylindrischen Ansatzes** hängt ab von der Blechdicke und beträgt zwischen 3 mm und 10 mm. Ebenso ist der Wert für Δ von der Blechdicke abhängig und liegt zwischen 10' und 30'. Für den **konischen Teil** des Durchbruchs (Seite 451 Bild 1a) werden für den Winkel α 3° bis 5° empfohlen.
- Für kleinere Teile mit mittlerer Genauigkeit und einer Blechdicke von bis zu 3 mm kommen häufig **konische Durchbrüche** zum Einsatz (Seite 451 Bild 1b). Problematisch bei dieser Art der Durchbrüche ist, dass sich beim Nachschleifen der Schneidplatte der Schneidspalt *(die clearance)* vergrößert. Um die Platten trotzdem nacharbeiten zu können, werden für den Winkel α in Abhängigkeit von der Blechdicke Werte zwischen 10' und 1° gewählt. Durch diese kleinen Winkel wird der Durchbruch beim Nachschleifen nur geringfügig größer. Dies ermöglicht ein mehrmaliges Nachschleifen, ohne dass die Maße des Bauteils direkt außerhalb der Toleranz liegen.
- **Zylindrische oder prismatische Durchbrüche** (Seite 451 Bild 1c) werden gewählt, wenn große Bauteile gestanzt werden, bei Gesamtschneidwerkzeugen oder beim Verfahren des Feinschneidens. Ein großer Vorteil dieser Art des Durchbruchs ist das **problemlose Nachschleifen**, da sich an der Größe des Schneidspalts nichts ändert. Bei dieser Art der Gestaltung der Durchbrüche kommt es aber vor allem bei kleineren Bauteilen zum Verklemmen des Abfalles bzw. des Werkstücks im Durchbruch.
- Müssen Löcher mit kleinen Durchmessern gestanzt werden und kommen somit dünne Stempel zum Einsatz, müssen die Durchbrüche mit besonderer Sorgfalt gefertigt werden. Da

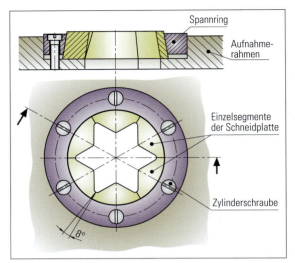

2 Schneidplatte in Segmentbauform

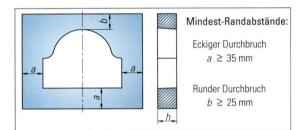

Schneidplatten-abmessung Breite × Länge in mm	Schneidplattendicke h in mm bei Blechdicke s in mm			
	≤ 2	> 2...3,5	> 3,5...5	> 5...10
50 × 50...63 × 80	18	23	27	32
63 × 100...315 × 315	23	27	32	36
63 × 160...80 × 100	27	32	36	40
160 × 160...200 × 250	32	36	40	45
160 × 315...315 × 315	36	40	45	50

3 Abmaße von Schneidplatten und Randabstände

die Abfallstücke häufig zum Verkleben neigen, muss dafür gesorgt werden, dass dies gerade bei dünnen Stempeln nicht geschieht. Hierzu werden die Durchbrüche häufig frei gebohrt (Seite 451 Bild 1d). Hierbei ist darauf zu achten, dass die **Freimachung** nicht zu groß ist, da dies ebenfalls zum Verkanten des Abfalls führen kann.

1.9.1.2 Schneidprozesse quer zur Bewegungsrichtung

In einem **Folgeverbundwerkzeug** ist an einer Arbeitsstufe die gekennzeichnete Kontur des Blechteils (Seite 451 Bild 2) aus Toleranzgründen zu beschneiden. Dazu muss der Schneidstempel quer zur Bewegungsrichtung der Presse verfahren. Mithilfe eines **Keilschiebers**[1] (Seite 451 Bild 3) ist das möglich. Die wesentlichen Elemente des Keilschiebers sind der **Treibkeil** und der **Schieber**. Der Treibkeil ist im betrachteten Fall fest an

---

[1] Keilschieber können von Normalienherstellern bezogen werden.

1.9 Hauptsysteme zur Herstellung des Werkstücks/aktive Bauteile

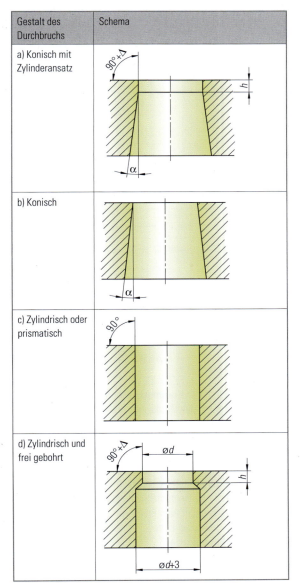

Gestalt des Durchbruchs	Schema
a) Konisch mit Zylinderansatz	90°+Δ, h, α
b) Konisch	α
c) Zylindrisch oder prismatisch	90°
d) Zylindrisch und frei gebohrt	90°+Δ, ød, h, ød+3

1 Arten von Schneidplattendurchbrüchen

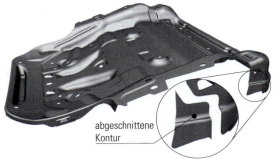

2 Blechteil mit zu beschneidender Kontur

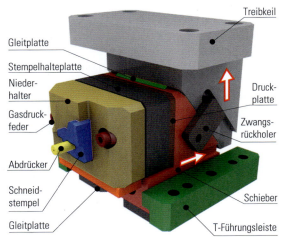

3 Keilschieber in der vorderen Endlage

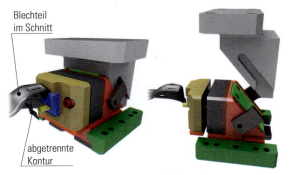

4 links: Keilschieber beschneidet das Werkstück
rechts: Keilschieber in hinterer Endlage

der beweglichen oberen Werkzeughälfte befestigt. T-Führungsleisten und Gleitplatten führen den Schieber auf der unteren Werkzeughälfte.

Beim **Zusammenfahren** der Werkzeughälften gleitet der Treibkeil auf der Gleitplatte des Schiebers und drückt den Schieber in die vordere Endlage. Der mit dem Schieber verbundene **Schneidstempel** beschneidet das Werkstück (Bild 4, links). Dabei wird der Schneidstempel von der **Stempelhalteplatte** gehalten und von der **Druckplatte** abgestützt. Gasdruckfedern drücken den **Niederhalter** gegen das Werkstück, das seinerseits gegen die nicht dargestellte **Matrize** gepresst wird. Der federgelagerte **Abdrücker** drückt nach dem Scherprozess das abgeschnittene Blechteil aus der Scherzone.

Beim **Auseinanderfahren** der Werkzeughälften (Bild 4, rechts) bewegt sich der Treibkeil nach oben. Dabei zieht der **Zwangsrückholer** zunächst den Schieber zurück, bis er sich ausklinkt. Im weiteren Verlauf bewegen Gasdruckfedern den Schieber soweit zurück, bis er gegen den Anschlag fährt und damit seine hintere Endlage erreicht hat. Zusätzlich drücken andere Gasdruckfedern den Niederhalter nach vorne, sodass er weiter vorsteht als der Schneidstempel. In der hinteren Endlage des Schiebers lässt sich das Werkstück aus der Arbeitsstufe entnehmen.

1.9.1.3 Schneidkräfte

Im Lernfeld 6 wurde die Berechnung der Schneidkraft beschrieben. Diese ist hauptsächlich abhängig von:
- dem Werkstoff des Stanzteils,
- der Länge des Schnitts,
- der Werkstoffdicke des Stanzteils.

Im Folgenden werden weitere Einflussfaktoren auf die Schneidkräfte dargestellt.

1. Werkzeugparameter:

Die Graphik (Bild 1) zeigt den Einfluss der Größe des Schneidspalts auf die Schneidkraft. Die erforderliche Schneidkraft steigt bei abnehmender Größe des Schneidspalts. Dieser Zusammenhang spielt aber bei der Festlegung des Schneidspalts eine eher untergeordnete Rolle, da die Größe des Schneidspalts nicht nur Einfluss auf die Schneidkraft, sondern vor allem auf die Gratbildung und somit auf die Qualität des Schnitts hat. Der Schneidspalt wird so gewählt, dass ein möglichst gratfreier Schnitt entsteht.

Die **Form des Anschliffs** *(polished section)* des Schneidstempels bietet eine gute Möglichkeit zur Veränderung der Schneidkraft. Bild 3 zeigt verschiedene Varianten der Stempelgeometrien und deren Einfluss auf die Schneidkraft. Trotz der Reduzierung der Schneidkraft werden die Stempel meist eben geschliffen. Die Gründe sind:
- Ebene Stempel sind einfacher herzustellen.
- Der Verschleiß ist geringer.
- Das Nachschleifen ist einfacher.

Durch den **schrägen Anschliff** des Stempels kommt es zu **Querkräften** F_Q im Werkzeug. Diese müssen durch entsprechende Führungen abgefangen werden. Darüber hinaus können diese Querkräfte zum Verbiegen des Stempels führen. Je nach Größe der Biegung kann es zu einer Berührung zwischen dem Stempel und der Schneidplatte kommen. Dies führt zu einem erhöhten Verschleiß oder im schlimmsten Fall zu einem Crash. Wie Bild 2 zeigt, ist die Verwendung von **abgesetzten Stempeln**, d. h. Stempeln mit unterschiedlichen Längen, eine weitere, sehr günstige Möglichkeit, die Schneidkraft zu verringern. Der Höhenunterschied h sollte zwischen 20 % und 40 % der Blechdicke betragen. Neben der Reduzierung der Schneidkraft ist mit dieser Methode auch eine gleichmäßige Verteilung der Kräfte über das gesamte Werkzeug zu erreichen. Dies verhindert

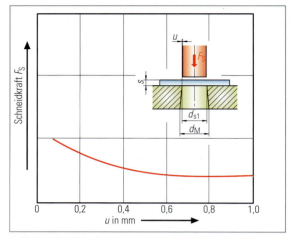

1 Einfluss des Schneidspalts auf die Schneidkraft

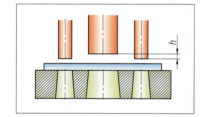

2 Abgesetzte Stempel

das Auftreten größerer **Kippmomente** *(overturning moments)*, somit das Verkanten des Werkzeugs und es verringert den Verschleiß in den Führungen.

Durch den Gebrauch verlieren die Schneidkanten am Stempel und der Schneidplatte ihre Form. Zu Beginn des Einsatzes im Werkzeug sind die Schneidkanten scharfkantig. Mit der Zeit entstehen Radien an den Schneidkanten. Durch diesen Verschleiß am Werkzeug steigt die Schneidkraft. Da die Abnutzung der Schneidkanten nicht vermieden werden kann, ist diese bei der Planung zu berücksichtigen.

2. Werkstückgeometrie:

Bei **offenen Schnitten** kann vor allem bei geradlinigen Schnitten die Schneidkraft um 25 % sinken. Das Abschneiden (Seite 448 Bild 2) erzeugt eine offene Schnittlinie und das Lochen (Seite 448 Bild 2) eine **geschlossene Schnittlinie**.

Art des Anschliffs	ebener Schliff	schräger Stempelschliff		Rille im Stempel	Dachschliff im Stempel
Wert für h	$h = 0$	h = Blechdicke	h = 2 × Blechdicke	h = Blechdicke	h = 2 × Blechdicke
Reduzierung der Schneidkraft in % um ca.	0	50	70	35	65
Als günstig gelten Werte für den Höhenunterschied h von 60% der Blechdicke für spröde Werkstoffe und 90% für zähe Werkstoffe					

3 Einfluss des Stempelanschliffs auf die Schneidkraft

1.9 Hauptsysteme zur Herstellung des Werkstücks/aktive Bauteile

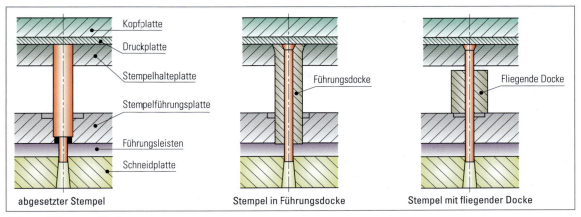

1 Stempelführung und Docke

Ein Einfluss der **Schneidgeschwindigkeit** *(cutting speed)* auf die Schneidkraft wird erst ab einer Geschwindigkeit von 1,5 m/s erkennbar. Neben der Reduzierung der Schneidkraft verändert sich noch der Bruchflächenanteil. Dieser steigt von ca. 60 % bei einem normalen Schnitt auf bis zu 100 % bei Schneidgeschwindigkeiten von 5 m/s und mehr.

1.9.1.4 Knickung *(buckling)*

Beim Stanzen von Bauteilen kommt es zu einer Druckbelastung der Stempel. Diese kann bei langen und dünnen Stempeln zum Abknicken führen (siehe Lernfeld 6 Seite 112). Um dies zu verhindern, werden entweder abgesetzte Stempel eingesetzt oder es werden Docken verwendet (Bild 1).

1.9.2 Feinschneiden

1.9.2.1 Schneidstempel und Schneidplatte

Sind Werkstücke mit geringen Maßtoleranzen (IT 6 bis IT 9) und hohen Oberflächenqualitäten und Formgenauigkeiten verlangt, wird das Feinschneiden eingesetzt. Bei diesem Verfahren (Bild 2) kommen neben dem Stempel und der Schneidplatte auch ein **Niederhalter mit Ringzacke** und ein **Gegenhalter** *(backing device)* bzw. **Gegenstempel** zum Einsatz. Zuerst wird das Werkstück in das Werkzeug eingelegt (a). Anschließend klemmt es das Werkstück zwischen Niederhalter, Schneidplatte, Stempel und Gegenhalter ein (b). Dabei dringt die Ringzacke *(knife-edged ring)* in das Werkstück ein. Durch die von der Ringzacke des Niederhalters eingebrachte Verformung wird zusätzlicher Werkstoff in die Scherzone *(shear plane)* gepresst. Es entstehen Druckspannungen im Scherbereich und dadurch eine im Vergleich zum normalen Stanzen **verbesserte Schnittqualität** (Seite 454 Bild 1). Die vom Niederhalter erzeugten Kräfte bleiben über den gesamten Schneidvorgang fast konstant. Im dritten Schritt dringt der Schneidstempel ein und schneidet das Schnittteil aus (c). Dabei bewegt sich der Gegenhalter nach unten, ohne den Kontakt zum Werkstück zu verlieren. Das verhindert plastische Verformungen im Werkstück. Anschließend fahren der Schneidstempel und der Niederhalter wieder auf (d) und das Schnittteil wird ausgeworfen (e).

Weitere Merkmale des Verfahrens sind die Verwendung **zylindrischer oder prismatischer Durchbrüche** (Seite 451 Bild 1c) in der Schneidplatte und ein Schneidspalt, der ca. 0,5 % der Blechdicke beträgt. Der Nachteil des Verfahrens ist die um ca. 10 % **höhere Schneidkraft** und ein **aufwändigeres Werkzeug**. Außerdem müssen zum Feinschneiden dreifach wirkende Pressen verwendet werden.

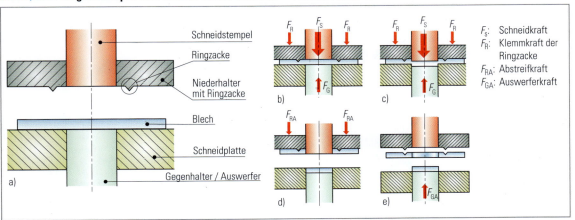

2 Feinschneiden

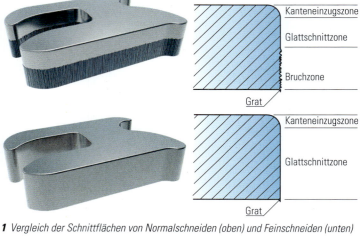

1 Vergleich der Schnittflächen von Normalschneiden (oben) und Feinschneiden (unten)

1.9.3 Biegen

1.9.3.1 Biegestempel und Gesenk

Bei der Konstruktion von Biegestempeln *(bending dies)* und Gesenken kommt es darauf an, das Werkzeug so zu planen, dass kein Nachbiegen der Werkstücke nötig ist und der Verschleiß am Werkzeug so gering wie möglich ist. Da die Blechdicke und die Materialkennwerte wie z. B. die Streckgrenze bzw. Zugfestigkeit und die Bruchdehnung toleranzbehaftet sind und somit Schwankungen von Coil zu Coil unterliegen, ist das maßhaltige Biegen in der Produktion ein schwieriges Verfahren. Um die Maßhaltigkeit zu gewährleisten, kommen daher komplexe Werkzeuge mit **beweglichen Biegebacken** oder **Keilschiebersystemen** zum Einsatz.

Der Einsatz dieser Systeme hat folgende Gründe:
- Das Einbringen von Zug- oder Druckspannung reicht nicht aus, um die Rückfederung zu kompensieren.
- Bei der Herstellung komplexer Werkstücke mit Mehrfachbiegungen ist das Einbringen von Zug- oder Druckspannung nicht möglich, weil z. B. Biegungen größer als 90° vorgenommen werden müssen.
- Durch das Einbringen von Zug- oder Druckspannungen wäre der im Werkzeug auftretende Verschleiß zu groß.

Das im Bild 2 gezeigte Bauteil wird viermal gebogen. Die vierte Biegeoperation ist im Streifen (Bild 3) und im Werkzeug (Bild 4) nicht mehr zu sehen. Sie findet gemeinsam mit dem Abtrennen statt. Durch **bewegliche Biegebacken** *(bending jaws)* (Seite 455 Bild 1) kann das Werkstück übergebogen werden. So können die Rückfederung kompensiert und eine Biegung größer 90° erreicht werden. Beim Schließen des Werkzeuges setzt zuerst eine Kante der Biegebacke auf das Werkstück auf (Seite 455 Bild 2a). Während der weiteren Bewegung schwenkt die Backe und formt das Werkstück um (b). Am unteren Totpunkt *(slack point)* der Presse hat die Biegebacke ihre maximale Drehung zurückgelegt (c). Beim Rückhub der Presse zieht die Rückhubfeder die Biegebacke wieder in die Ausgangslage zurück (Seite 455 Bild 1d).

Ähnlich wie bei Schneidoperationen quer zur Bewegungsrichtung der Presse werden auch beim Biegen **Schieber** verwendet. Der Kontakt (Seite 455 Bild 3)

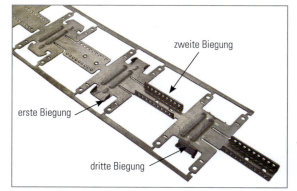

3 Streifenbild zum Stanzteil Bild 2

2 Stanzteil mit Mehrfachbiegung

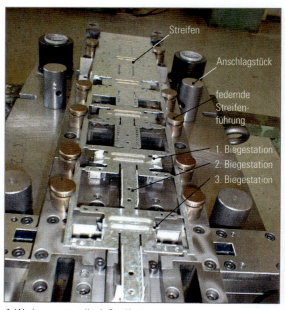

4 Werkzeugunterteil mit Streifen

1.9 Hauptsysteme zur Herstellung des Werkstücks/aktive Bauteile

1 Werkzeugoberteil mit beweglichen Biegebacken

3 Elektrischer Kontakt als Biegeteil

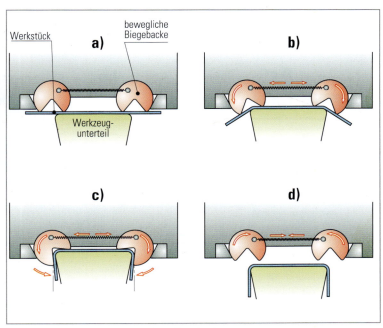

2 Schema des Biegens mit beweglichen Biegebacken

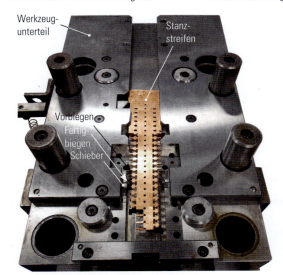

4 Folgeverbundwerkzeug mit Schiebern

5 Ausschnitt aus Bild 4 (Keilschieber linke Seite)

6 Freigelegter Schieber aus dem Werkzeug Bild 4

soll in einem Folgeverbundwerkzeug gefertigt werden (Bild 4). Dabei muss er quer zur Bewegungsrichtung der Presse gebogen werden. Dies geschieht in zwei Schritten. Zuerst wird er mit einem Biegestempel vorgebogen und dann mit einem Schieber fertiggebogen (Bild 5). Der Schieber ist in der Schneidplatte gelagert und wird über ein 45° Fase vom Keiltreiber im Oberteil angetrieben (Bild 6 und Seite 453 Bild 1).
Sollen komplexe Biegeteile mehrfach gebogen werden, ist mit mehreren Schiebern vorzugehen (Seite 456 Bild 2). Dabei muss das Werkstück nicht nur gebogen, sondern auch nach dem Biegen entformt werden. Zum Entformen bewegen sich nach dem Biegen der Form- und der Füllschieber wieder zurück. Dadurch wird das Werkstück freigegeben.

1 Funktionsweise des Keilschiebers

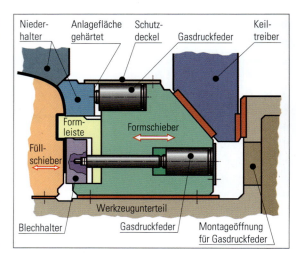

2 Biegeoperation durch Keilschieber

Als Materialien für Biegestempel und Gesenke *(dies)* werden die gleichen wie zum Fertigen von Schneidstempeln und Schneidplatten verwendet.

Bei der Fertigung von Biegeteilen ist es sehr wichtig, den Hub genau einzustellen. Da dieser bei vielen Pressen nicht gut einstellbar ist, muss der Hub durch Vorrichtungen am Werkzeug begrenzt werden. Häufig dienen dazu **Abstandshülsen** oder **Anschlagstücke** (Seite 431 Bild 2).

1.9.4 Tiefziehen

Durch das Tiefziehen können sowohl rotationssymmetrische als auch nichtrotationssymmetrische Tiefziehteile (Bild 3) hergestellt werden.

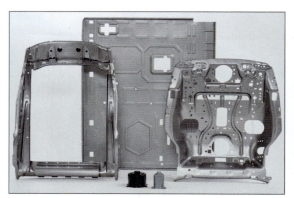

3 Tiefziehteile aus Blech

1.9.4.1 Ziehstempel und Ziehring

Für Ziehstempel und Ziehring werden die schon im Kapitel „Schneidstempel und Schneid- oder Schnittplatte" beschriebenen Werkstoffe verwendet. Darüber hinaus kommen häufig Gusswerkstoffe wie EN-GJS-700-2 und EN-GJS-HB265 zum Einsatz. Beide Sorten sind gut zerspanbar, weisen ein perlitisches Gefüge auf und lassen sich randschichthärten.

1.9.4.2 Stempelkanten- und Ziehringradius

Neben den in Lernfeld 6 gezeigten Einflussfaktoren auf den Tiefziehprozess tragen der **Stempelkanten-** *(punch edge radius)* und der **Ziehringradius** *(draw ring radius)* (Bild 4) zum Gelingen der Fertigung bei. Sind die Verrundungen zu klein gewählt, kann es zu **Bodenreißern** kommen. Sind sie zu groß gewählt, können sich Falten am Bodenrand bilden. Der Radius am Ziehring sollte bei zylindrischen Werkstücken 4 …

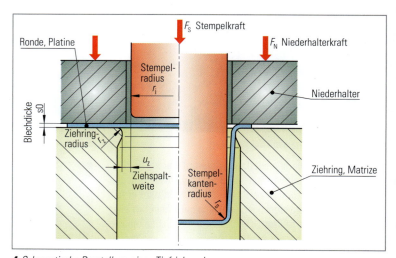

4 Schematische Darstellung eines Tiefziehwerkzeugs

5-mal so groß sein wie die Blechdicke. Beim Fertigzug entspricht der Radius an der Ziehstempelkante dem des Fertigteils. Der notwendige Radius an der Ziehkante hängt von der Geome-

1.9 Hauptsysteme zur Herstellung des Werkstücks/aktive Bauteile

trie des Werkstücks und der Blechdicke ab. Dünne Werkstoffe benötigen größere Verrundungen und dicke Bleche eher kleinere.

1.9.4.3 Tiefziehen von nicht rotationssymmetrischen Werkstücken

Das Verfahren des Herstellens von runden Bauteilen durch Tiefziehen wurde im Lernfeld 6 dargestellt. Im Folgenden werden die Unterschiede zur Fertigung von Tiefziehteilen, die nicht rotationssymmetrisch sind (Bild 1), erklärt. Wie auf Seite 121 in Bild 8 gezeigt wurde, ist das Tiefziehen eine Zugdruckumformung mit einer gleichmäßigen Spannungsverteilung über den Radius. Dies ist bei nichtrotationssymmetrischen Teilen nicht der Fall. Beim Tiefziehen kommt es dadurch zu unterschiedlichen Fließgeschwindigkeiten (Bild 3). Um dies zu verhindern, kann auf vier Wegen Einfluss auf das Fließverhalten des Blechs genommen werden:

Platinenform
Je kleiner die Berührungsfläche zwischen Platine und Werkzeug (Bild 2) ist, desto schneller fließt das Material in den Ziehspalt. So kann durch die Form des in das Werkzeug eingelegten Blechs (Platine) das Fließverhalten verändert werden. Es besteht jedoch die Gefahr, dass bei einer zu kleinen Berührungsfläche zwischen Platine und Werkzeug insbesondere gegen Ende des Ziehvorgangs nicht mehr genügend Restflansch zur Rückhaltung der Platine vorhanden sein kann. Der umgekehrte Fall, die Vergrößerung der Berührungsfläche, führt zu einem erhöhten Materialeinsatz.

Unterschiedliche Menge und Arten des Schmierstoffs
Durch das Aufbringen von Schmierstoffen auf die Platine oder das Werkzeug wird die Reibung zwischen den Reibpartnern beeinflusst. So kann durch die Variation der Menge oder der Art des Schmierstoffs für einen größeren oder kleineren Reibkoeffizienten gesorgt werden. Dies sorgt für unterschiedliche Reibkräfte. Je größer die Reibkraft ist, desto langsamer fließt das Blech in den Ziehspalt.

Sicken oder Wulste
Um bei komplexen Tiefziehteilen wie einer Motorhaube (Bild 4) die Fließgeschwindigkeit des Blechs gut zu steuern, werden **Sicken** *(swages)* und **Nuten** *(grooves)* (Seite 458 Bild 1) in das Werkzeug eingearbeitet. Diese bremsen das Fließen im gesamten Bereich und bewirken eine größere Gleichmäßigkeit des Fließens. Je nachdem, wie stark das Blech geklemmt werden soll, können die Sicken eher rund (Laufsicke Seite 458 Bild 1) oder scharfkantig (Klemm- oder Bremssicke) ausgeführt sein.

Niederhalterkraft
Die Kraft des Niederhalters beeinflusst ebenfalls das Fließverhalten. Je größer die Niederhalterkraft *(blank holder force)*, desto langsamer fließt das Blech in den Ziehspalt. Soll die Größe der Niederhalterkraft lokal unterschiedlich sein, können entweder Pressen mit verschiedenen Niederhaltern, die einzeln

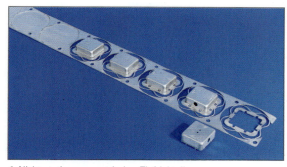

1 Nichtrotationssymmetrisches Tiefziehteil

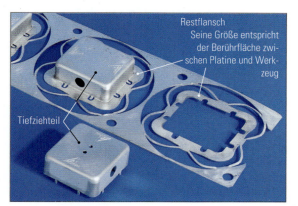

2 Ausgestanztes Tiefziehteil

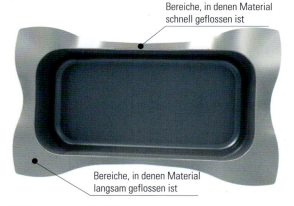

3 Unbeschnittenes Tiefziehteil

4 Motorhaube als Tiefziehteil

1.9 Hauptsysteme zur Herstellung des Werkstücks/aktive Bauteile

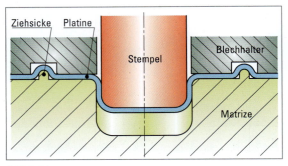

1 Ziehsicke

ansteuert werden können, oder Freimachungen im Niederhalter verwendet werden.

1.9.4.4. Kragenziehen

Das Kragenziehen ist ein Fertigungsverfahren, das auf demselben Prinzip wie das Tiefziehen beruht. Der Unterschied besteht darin, dass beim Kragenziehen der Boden des Werkstücks immer offen ist (Bild 2). Das Kragenziehen wird z. B. dann eingesetzt, wenn in das Bauteil anschließend noch ein Gewinde geformt wird, die Blechdicke aber nicht die benötigte **Mindesteinschraubtiefe** aufweist.

1.9.4.5 Tiefziehen von Kunststoffteilen/Thermoforming

Das Herstellungsverfahren des in Bild 3 gezeigten Kunststoffteiles wird zwar auch als Tiefziehen bezeichnet, der Fertigungsprozess hat aber einen anderen Ablauf. Eine Kunststoff-Folie aus einem thermoplastischen *(thermoplastic)* Kunststoff wird in das Werkzeug eingelegt (Bild 4a). Dann wird das Werkzeug geschlossen und der Kunststoff erwärmt. Anschließend wird an den unteren Teil der Form ein Vakuum angelegt und der Kunststoff legt sich an die Form an (Bild 4b). Nach dem Abkühlen kann das Werkstück entnommen werden.

1.9.5 Prägen (Eindrücken)

Prägen oder Eindrücken ist nach DIN 8583 ein Umformen der Oberfläche eines Werkstücks mit einem Formwerkzeug (z. B. einem Stempel), das häufig mit kleiner Vorschubgeschwindigkeit und hohem Druck (Druckumformen) durchgeführt wird. Durch das Prägen werden meist **Versteifungssicken** (Bild 5), **Rändelungen** *(knurls)* (Bild 6) oder **Beschriftungen** (Bild 7) in das Werkstück eingebracht. Beim Einprägen von Rändelungen oder Beschriftungen sind die formgebenden Teile des Werk-

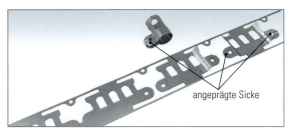

5 Stanzteil mit angeprägter Sicke

2 Bauteil mit Kragen

3 Tiefziehteil aus Kunststoff

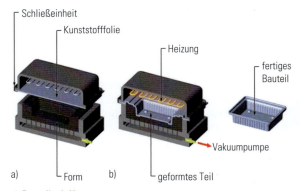

4 Bauteil mit Kragen

6 Stanzteil mit eingeprägter Rändelung

7 Stanzteil mit eingeprägter Rändelung

1.9 Hauptsysteme zur Herstellung des Werkstücks/aktive Bauteile

zeugs häufig nur im Ober- oder Unterteil des Werkzeugs vorhanden (Bild 1).

Prägestempel und Matrize

Als Werkstoffe für **Prägestempel** *(embossing dies)* und Matrizen werden die gleichen Werkstoffe wie für Schneidstempel und Schneidplatten verwendet. Beim Prägen entstehen teilweise sehr hohe Kräfte. Diese können die Schneidkräfte eines vergleichbar großen Werkstücks um das 3 bis 4-Fache übersteigen. Dies ist bei der Konstruktion der Prägestempel und der Werkstoffe für die Stempel zu beachten.

1.9.6 Fügen

Beim Fügen von Bauteilen der Stanz- und Umformtechnik werden meist nur **unlösbare Verbindungen** *(non-detachable joints)* hergestellt. Zum Einsatz kommen meist Kaltumformprozesse wie Niet- oder Clinchverbindungen. Je nach Kundenwunsch werden auch Widerstandsschweiß-, Laserschweiß- oder Lötprozesse (Bild 2) verwendet.
Der Vorteil der **Niet- oder Clinchverbindungen** ist, dass **verschiedene Materialien** miteinander verbunden werden können. Auch können die Werkstücke schon vor dem Fügen beschichtet sein, da die Beschichtung nicht beschädigt wird. Im Gegensatz zum Schweißen oder Löten entstehen auch **keine Gefügeveränderungen** durch thermische Belastung. Nachteilig sind der oft zur Verbindung benötigte Platz, das bei einigen Verfahren zusätzlich benötigte Bauteil und die im Vergleich zu den Löt-, Widerstands- oder Laserschweißverfahren geringere Festigkeit.

1.9.6.1 Fügen durch Kaltumformverbindungen ohne Zusatzwerkstoff

Im allgemeinen Sprachgebrauch wird das Fügen durch Kaltumformverbindungen entweder **Nieten** *(riveting)* oder **Clinchen** *(clinching)* genannt. Die normgerechte Bezeichnung lautet „Clinchen". Mit dem Clinchverfahren werden Bleche unterschiedlicher Dicke oder aus verschiedenen Materialien, auch mit Kleber oder sonstigen Zwischenlagen, in einem **Kaltumformprozess** *(cold forming process)* verbunden. In industriellen Anwendungen wird das Clinchen für Einzelblechdicken von 0,1 mm bis zu einer Gesamtdicke von 12 mm und bis zu 800 N/mm² Zugfestigkeit angewendet. Sollen zwei Werkstücke ohne Zusatzwerkstoff miteinander verbunden werden (Bild 3), wird zuerst die Fügestelle eingesenkt (Bild 4). Im nächsten Schritt (Bild 5) hinterfließt das obere das untere Blech. Im letzten Schritt wird die Verbindung ausgeformt (Bild 6). Dieses Fügeverfahren wird mit speziell geformten Werkzeugen (Seite 460 Bild 1) durchgeführt. Da es ohne die Zuführung von Zusatzwerkstoffen auskommt, wird es häufig in Folgeverbundwerkzeugen verwendet.

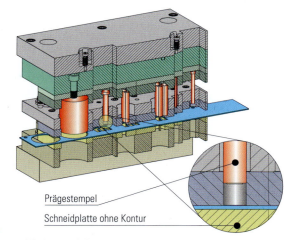

1 Werkzeug mit Prägestempel

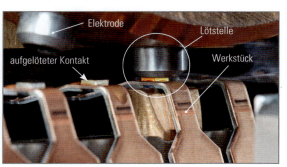

2 Löten im Folgeverbundwerkzeug

3 Durch Clinchen gefügte Blechteile

4 Einsenken des Stempels

5 Hinterfließen des stempelseitigen Blechs

6 Fertige Clinchverbindung

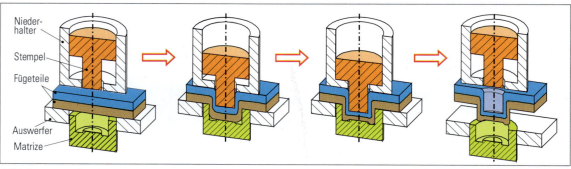

1 Werkzeuge zum Clinchen von Bauteilen

1.9.6.2 Fügen durch Kaltumformverbindungen mit Zusatzwerkstoff

Reichen die Haltekräfte des Fügens ohne Zusatzwerkstoffe nicht aus, müssen der Fügestelle **Zusatzwerkstoffe (Niete)** zugeführt werden (Bild 2). Durch die Verwendung von Nieten entstehen höhere Werkzeugkosten, weil die Niete dem Fertigungsprozess meist automatisch zugeführt werden.
Folgende Niete werden hauptsächlich in der Stanz- und Umformtechnik verwendet:

Clinchniete *(clinch rivet)*
Bei diesem Prozess wird ein **Vollniet** (Bild 3) mit einem Stempel in die zu fügenden Bleche gedrückt. Beide Bleche bleiben komplett erhalten und es entsteht kein Abfall (Bilder 4 und 5). Ein weiterer Vorteil ist die im Vergleich zum Halbhohlstanzniet höhere Belastbarkeit.

Vollstanzniete *(solid cut rivet)*
Verbindungen mit Vollstanznieten (Seite 461 Bild 3) können am höchsten belastet werden. Nachteilig ist der entstehende Abfall (Seite 461 Bilder 1 und 3).

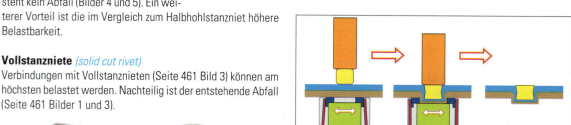

2 Folgeverbundwerkzeug mit automatischer Zuführung von Nieten

3 Clinchen

4 Verfahren des Clinchens

5 Verbindung mit einem Clinchniet

1.9 Hauptsysteme zur Herstellung des Werkstücks/aktive Bauteile

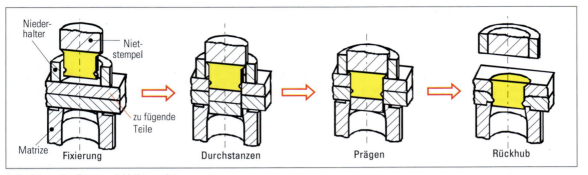

1 Verfahren des Fügens mit Vollstanznieten

2 Vollstanzniet

3 Verbindung zweier Bauteile mit einem Vollstanzniet

4 Halbhohlstanzniete

Halbhohlstanzniete *(hollow punch rivet)*

Die zum Fügen der Werkstücke benötigte Kraft ist bei der Verwendung von Halbhohlstanznieten wesentlich geringer als bei den anderen Verfahren. Der Grund ist die Form des Nietes (Bild 4), der durch seinen dünnen Rand besser in die Werkstücke eindringt (Bild 5). Auch bei diesem Verfahren entsteht kein Abfall.

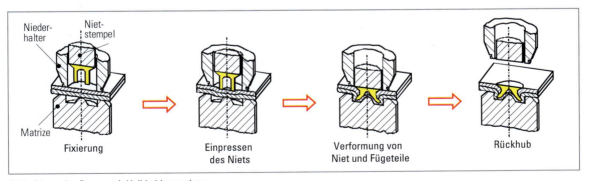

5 Verfahren des Fügens mit Halbhohlstanznieten

1.10 Auslegen und Herstellen von Werkzeugen in der Stanz- und Umformtechnik

1.10.1 Arten und Auswahl von Werkzeugen

In dem folgenden Kapitel wird anhand von zwei Bauteilen gezeigt, wie Werkzeuge in der Stanz- und Umformtechnik ausgewählt werden.

Bevor mit der Auswahl und der Auslegung eines Werkzeugs begonnen wird, muss eine **Machbarkeitsstudie** *(feasibility study)* durchgeführt werden. Mit diesem Verfahren wird die Umsetzbarkeit von Fertigungsprozessen überprüft. Es muss vor allem dann durchgeführt werden, wenn Probleme bei der Fertigung schlecht eingeschätzt werden können oder die Herstellbarkeit insgesamt in Frage gestellt wird. Als zweiter Schritt erfolgt die Erstellung einer **FMEA** (**F**ehler**m**öglichkeits- und -**e**influss**a**nalyse) *(design failure mode and effects analysis)*. Dabei werden zuerst alle möglichen Fehler aufgelistet, die bei der Fertigung auftreten können. Dann erfolgt eine Einschätzung, wie wahrscheinlich der jeweilige Fehler ist. Als nächstes werden für jeden einzelnen Fehler Maßnahmen zur Vermeidung gesucht. Nun müssen für alle Fehler Methoden gefunden werden, um sie zu entdecken. Ist dies alles geschehen, werden die Ergebnisse mit dem Kunden besprochen. Kommen alle Parteien zu dem Schluss, dass das Werkstück sicher produziert werden kann, wird sich auf die Art des Werkzeuges festgelegt.

Im Bereich der Stanz- und Umformtechnik werden vier verschiedene Arten von Werkzeugen eingesetzt:

Einverfahrenwerkzeuge setzen nur **ein Fertigungsverfahren** wie z. B. Tiefziehen in **einer Arbeitsstufe** *(process step)* um. Sie besitzen im Vergleich zu den anderen Werkzeugarten einen einfachen Aufbau. Die Größe der Werkzeuge variiert von kleinen Einfachschneidwerkzeugen bis zu großen Tiefziehwerkzeugen, die bei der Herstellung von Karosserieteilen verwendet werden (Bild 1). Die Zuführung des Materials erfolgt entweder per Hand oder mithilfe von Handhabungsgeräten. Bei der Herstellung von großen Blechteilen, wie z. B. Karosserieteilen, werden mehrere Einverfahrenwerkzeuge häufig in sogenannten **Pressenstraßen** *(press lines)* (Bild 2) zu größeren Einheiten zusammengefasst. Die Übergabe der Werkstücke von Presse zu Presse erfolgt mit Greifersystemen oder Handhabungsgeräten

1 Einverfahren-Tiefziehwerkzeug

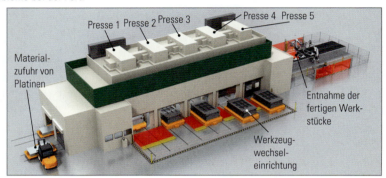

2 Einverfahrenwerkzeuge in einer Pressenstraße

3 Blick in eine Pressenstraße mit Handhabungsgeräten zur Übergabe der Werkstücke von Station zu Station

(Bild 3). Diese Verbindung von Einverfahrenwerkzeugen zu Pressenstraßen ist der Übergang vom Einverfahrenwerkzeug zum **Transferwerkzeug**.

Gesamtschneidwerkzeuge *(combination cutting tools)* werden eingesetzt, wenn bei der Lage zwischen den Innen- und den Außenkonturen sehr kleine Toleranzen gefordert sind. Bei dieser

1.10 Auslegen und Herstellen von Werkzeugen in der Stanz- und Umformtechnik

Art des Werkzeugs wird das komplette Werkstück in einer Arbeitsstufe hergestellt. Dabei können mehrere Fertigungsverfahren wie z. B. Schneiden, Biegen, Prägen und Umformen zum Einsatz kommen. Der Aufbau dieser Werkzeuge ist meist sehr kompliziert. Wird z. B. aus einem Blechstreifen ein Ring zur Aufnahme eines Deckels (Bild 1) tiefgezogen und ausgeschnitten, kommt ein Gesamtschneidwerkzeug (Bild 2) zum Einsatz. Der Prozess läuft wie folgt ab:

1. Vorschieben des Blechstreifens in das Werkzeug.
2. Das Oberteil des Werkzeuges fährt nach unten.
3. Einklemmen des Blechstreifens zwischen dem Abstreifer und dem Schneidring.
4. Das Oberteil fährt weiter nach unten. Dabei werden Außen- und Innenkontur gleichzeitig ausgeschnitten. Die Außenkontur wird durch die Schneidbewegung zwischen der Schneidglocke und dem Schneidring hergestellt. Die Innenkontur entsteht durch die Bewegung zwischen dem oberen und unteren Innenschnitt. Wird das Werkzeug in diesem Moment angehalten, ist ein einfacher Blechring entstanden (Bild 3).
5. Das Werkzeug bewegt sich weiter nach unten. Dabei wird die Kontur des Ringes tiefgezogen. Die konturerzeugenden Bauteile des Werkzeugs sind das Profilteil oben, das Profilteil unten und das Profilteil (Knickstation).
   Um das Werkstück während des Prozesses zu positionieren, wird es an zwei Stellen im Werkzeug geklemmt. Das passiert einmal durch den Faltenhalter im Unterteil des Werkzeugs und die Schneidglocke im Oberteil. Die zweite Stelle an der das Werkstück geklemmt wird, ist zwischen dem Faltenhalter innen im Unterteil des Werkzeuges und dem Profilteil oben im Oberteil. Während das Werkzeug die Kontur des Werkstücks formt, drückt der Durchdrückstempel den Abfall nach unten. Dieser fällt durch die Öffnung im Werkzeug in eine Kiste.
6. Beim Rückhub öffnet sich das Werkzeug. Dabei wird das Werkstück durch den Ausstoßer aus dem Werkzeug entfernt. Der Abstreifer sorgt dafür, dass der Blechstreifen auf dem Schneidring liegen bleibt. Bewegt werden beide Bauteile über Federn im Werkzeug. Die Federn, die den Austoßer bewegen, sind in die Auswerfereinheit integriert. Der Abstreifer wird durch andere Federn bewegt.
7. Das fertige Werkstück wird nach dem Öffnen des Werkzeugs durch Druckluft aus dem Werkzeug entfernt.

Ein Problem bei der Verwendung solcher Werkzeuge ist das aufwändige Auswerfen des Werkstücks und des Abfalles. Dies führt zu längeren Fertigungszeiten. Da mittlerweile auch Folge-

1 Ring zur Aufnahme eines Deckels

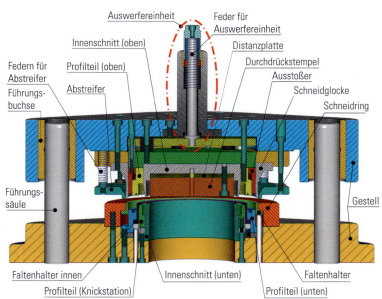

2 Gesamtschneidwerkzeug im Schnitt

3 Zwischenstufe des Rings

verbundwerkzeuge in der Lage sind, Bauteile mit sehr kleinen Toleranzen prozesssicher zu fertigen, findet man Gesamtschneidewerkzeuge heute eher seltener.

Mit **Folgeschneid- oder Folgeverbundwerkzeugen** *(follow-on composite tools)* (Seite 432 Bild 1) lassen sich sehr komplexe Blechteile in hohen Stückzahlen durch Schneiden, Biegen, Prägen und Umformen in mehreren Arbeitsstufen herstellen. Sie besitzen meist einen sehr komplexen Aufbau. Der Vorschub des Werkstücks im Werkzeug erfolgt in einem zusammenhängenden Streifen.

Transferwerkzeuge *(transfer tools)* werden verwendet, wenn eine Anbindung des Werkstücks an einen Streifen nicht mehr sinnvoll ist oder der Verformungsgrad des Werkstücks je Arbeitsstufe zu hoch ist. In ihrem Aufbau sind sie Folgeverbundwerkzeugen ähnlich. Der Unterschied ist, dass der Vorschub des Werkstücks nicht über den zusammenhängenden Streifen geschieht, sondern durch externe Systeme wie Handhabungsgeräte oder Greifersysteme.

Am Beispiel des Rings zur Aufnahme eines Deckels (Seite 463 Bild 1) und des Kontakts für eine Signalleuchte (Seite 455 Bild 3) wird der Prozess der Auswahl eines Werkzeugs dargestellt: Die wichtigsten Kriterien zur Festlegung der Art und die Auslegung eines Werkzeugs sind:

- **Stückzahl**: Der Deckel soll in einer geringen und der Kontakt in einer großen Stückzahl hergestellt werden. Das bedeutet, dass der Deckel entweder in einem oder in mehreren Einverfahrenwerkzeugen oder in einem Gesamtschneidewerkzeug hergestellt werden könnte. Beim Kontakt fällt die Wahl entweder auf ein Folgeverbundwerkzeug oder ein Transferwerkzeug.
- Die **Größe des Werkstücks** ist ausschlaggebend für die Größe des Werkzeugs. Sie hat aber auch einen Einfluss auf den Fertigungsprozess. Werden nur geringe Stückzahlen von großen Werkstücken gefertigt, sollten Handhabungsgeräte zum Materialtransport verwendet werden. So kann eine übermäßige Belastung des Mitarbeiters vermieden werden. Bei großen Stückzahlen ist zu überlegen, ob es sinnvoll ist, den Transport des Werkstücks durch das Werkzeug als Streifen oder Einzelteil zu realisieren. Diese Überlegung führt entweder zur Auswahl eines Folgeverbundwerkzeugs oder eines Transferwerkzeugs. Das Material für beide Teile wird den Werkzeugen als Streifen automatisch zugeführt. Für den Deckel wird ein Blechstreifen (Größe 300 mm × 1500 mm) zugeführt. Der Streifen für den Kontakt wird von einem Coil abgewickelt.
- **Geforderte Toleranzen**: Bei der Fertigung des Deckels müssen sehr kleine Lagetoleranzen zwischen der Außenkontur und dem inneren Loch eingehalten werden. Beim Kontakt werden vom Kunden nur die für die Größe dieses Bauteils gewöhnlichen Toleranzen gefordert. Da die für den Ring zur Aufnahme eines Deckels geforderten Toleranzen bei der Verwendung von mehreren Einverfahrenwerkzeugen nicht prozesssicher gewährleistet werden können, hat man sich hier für ein Gesamtschneidewerkzeug entschieden. Bei der Herstellung des Kontakts in einem Folgeverbundwerkzeug können die geforderten Toleranzen erreicht werden.
- Die **Hubgeschwindigkeit** ist der größte Einflussfaktor für die Auswahl der Führungen und des Schmiersystems des Werkzeugs. Die Fertigung des Deckels findet bei kleineren Hubgeschwindigkeiten statt. Hier kommen Gleitführungen zum Einsatz. Die Schmierung des Werkzeugs könnte auch manuell erfolgen. Der Kontakt wird in höheren Stückzahlen gefertigt. Dies bedeutet auch meist hohe Hubgeschwindigkeiten. Deshalb werden Wälzführungen im Werkzeug (Seite 435 Bild 3) eingesetzt. Auch wird das Werkzeug mit einer automatischen Schmierung versehen.
- Sind, besonders auf der Schnittfläche, kleine **Oberflächenrauigkeiten** gefordert, muss geprüft werden, ob nicht das Verfahren des Feinschneidens zum Einsatz kommen soll.
- **Notwendiger Umformgrad**:
Soll ein Werkstück stark umgeformt werden, ist das nicht immer in einem Schritt möglich. Gründe hierfür können die Überlagerung von verschiedenen Spannungen wie z. B. die Überlagerung von **Zug- und Druckspannung** *(compressive stresses)* beim Tiefziehen sein. Auch die **Reibung**, die beim Umformen zwischen dem Werkstück und dem Werkzeug auftritt, setzt der Umformung Grenzen. Zuletzt ist es auch nicht immer möglich, die für die Umformung notwendige Bewegung im Werkzeug in einer Arbeitsstufe zu realisieren. Dieses Problem tritt z. B. bei 180° Biegungen auf. Bei der Fertigung des Kontakts wird der Kontaktpin vorgebogen.
- Bei der Planung des Werkzeugs werden die **notwendigen Fertigungsverfahren** zur Herstellung des Werkstücks festgelegt. Je mehr verschiedene Fertigungsverfahren in einem Werkzeug umgesetzt werden sollen, desto aufwändiger wird es. Das bedeutet auch, dass es im Normalfall teurer wird.
- **Einsatzzweck**:
Für die Auslegung des Werkzeugs ist es sehr wichtig, ob es sich um ein **Serien-** oder ein **Prototypenwerkzeug** handelt. Prototypenwerkzeuge beinhalten die gleichen Arbeitsstufen und Fertigungsverfahren wie die Serienwerkzeuge, sind aber für wesentlich kleinere Stückzahlen ausgelegt.

1.10.2 Festlegung der Arbeitsreihenfolge

Soll das Werkstück in mehreren Arbeitsstufen gefertigt werden, muss zuerst die Reihenfolge der Arbeitsstufen festgelegt werden. In der Praxis nennt man diese Reihenfolge auch Streifenbild oder Streifenlayout. Bei der Festlegung sollten folgende Punkte beachtet werden:

- Es sollten so wenige Arbeitsstufen wie möglich verwendet werden. Je weniger Arbeitsstufen, desto kürzer das Werkzeug. Dadurch können Kosten eingespart werden. Es sollten aber trotzdem genügend Leerstufen *(blank steps)* vorhanden sein, um z. B. kritische Stempel- bzw. Plattenquerschnitte zu vermeiden (Rissgefahr). Somit wird auch genügend Platz für Werkzeugeinsätze und Federn geschaffen.
- Die Arbeitsstufen sollten so geplant werden, dass sich die Kräfte, die beim Schneiden und Umformen entstehen, gleichmäßig auf das Werkzeug verteilen. Damit wird das Kippen oder das Verkanten des Werkzeugs verhindert.

1.10 Auslegen und Herstellen von Werkzeugen in der Stanz- und Umformtechnik

Durch die gleichmäßige Verteilung der Kräfte werden auch die Führungen gleichmäßiger belastet und es kommt zu einem einheitlichen Verschleiß der Führungen des Werkzeugs. Bei großen Werkzeugen oder Werkzeugen ohne Führung verschleißen auch die Führungen der Presse gleichmäßiger.

- Wenn möglich, sollte folgende grobe Reihenfolge der Fertigungsverfahren eingehalten werden: Zuerst sollten am Streifen die Operationen des Trennens und Prägens durchgeführt werden. In den nächsten Stufen sollten Umformprozesse umgesetzt werden. In den letzten Arbeitsstufen sollte das Werkstück abgetrennt werden.
- Geometrien, deren Position zueinander mit kleinen Toleranzen versehen sind, sollten in einer Arbeitsstufe gefertigt werden. Dadurch hängt die Genauigkeit der Position nur vom Werkzeug ab und nicht von der Genauigkeit des Vorschubs oder Positionierung des Streifens im Werkzeug.
- Löcher, die eng beieinander liegen, sollten in verschiedenen Arbeitsstufen gestanzt werden. Es sollten Mindestabstände (Seite 450 Bild 3) zwischen den Löchern in der Schneidplatte und zum Rand der Schneidplatte eingehalten werden. Liegen die Löcher zu dicht beieinander, kann es zu Rissen oder Brüchen kommen. Zumindest wird die Lebensdauer der Schneidplatte herabgesetzt.
- Soll ein Werkstück gelocht und umgeformt werden, ist die Reihenfolge der Arbeitsschritte zu bedenken. Beim Umformen kann es zu einer Verformung der Löcher kommen. Daher kann es notwendig sein, ein Werkstück erst nach dem Umformen zu lochen, obwohl dies aufwendiger ist.
- Wenn möglich, sollte nach unten gebogen werden. Dies vereinfacht den Aufbau des Werkzeugs.
- Biegekanten sollten parallel zur Vorschubrichtung liegen. So können die notwendigen Freimachungen auf ein Mindestmaß reduziert werden. Dies senkt die Kosten und die Komplexität des Werkzeugs.
- Gerade beim Biegen von Bauteilen, bei denen der kleinstzulässige Biegeradius unterschritten wird, sollte nach der Biegestation eine Leerstation in das Werkzeug eingefügt werden. Diese kann dazu genutzt werden, im Bedarfsfall eine **Kalibrierstation** *(calibration station)* einzubauen.
- Beim Abschneiden, Einscheiden oder Ausklinken mit mehreren Stempeln sollten diese leicht überlappen. Dadurch wird verhindert, dass unnötige Grate am Werkzeug entstehen. So kann die Nacharbeit des Werkstücks auf ein Minimum reduziert werden.
- Die Schneidstempel sollten nicht tiefer als unbedingt nötig in die Schneidplatte eintauchen. Das tiefe Eintauchen kann zu **Mantelflächenverschleiß** *(wear of lateral area)* führen. Das bedeutet, dass der Stempel bei der Nacharbeit auf einer großen Länge abgeschliffen werden muss.
- Dünne Stempel sollten immer mit dem ganzen Stempelquerschnitt ins Werkstück eindringen und nicht nur teilweise. Ein teilweises Eindringen hat eine Biegung zur Folge. Dies könnte zum Bruch des Stempels oder zur Kollision *(collision)* zwischen Stempel und Schneidplatte führen.

Die oben genannten Punkte sind Anhaltspunkte, die nicht unbedingt eingehalten werden müssen. In der Praxis muss manchmal aus Kostengründen, Platzgründen, aus Gründen der Standardisierung oder aufgrund der Leistung der vorhandenen Pressen von diesen Vorgaben abgewichen werden.

1.10.3 Festlegung der Lage der Schnittteile im Streifen oder in der Platine (Ausnutzungsgrad des Streifens und Vorschub)

Beim Trennen von Bauteilen aus Platinen oder Streifen muss darauf geachtet werden, dass der Rest der Platine oder des Streifens stabil genug bleibt. Ist der Rest zu instabil, können folgende Probleme auftreten:

- Der Rest kann mit in den Schneidspalt gezogen werden.
- Bei Werkzeugen mit Streifenvorschub kann sich der Reststreifen verbiegen und den Vorschub behindern.

Um diese Probleme zu vermeiden, müssen bestimmte **Steg- und Randbreiten** (Bild 1) eingehalten werden. Diese sind von der Größe und dem verwendeten Material des Schnittteils abhängig. Werte für die Steg- und Randbreite können dem Tabellenbuch entnommen werden.

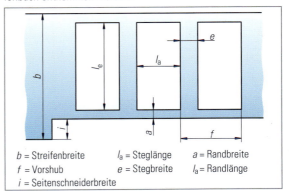

b = Streifenbreite $\quad l_a$ = Steglänge $\quad a$ = Randbreite
f = Vorschub $\quad e$ = Stegbreite $\quad l_a$ = Randlänge
i = Seitenschneiderbreite

1 Streifenbild mit Steg- und Randbreite

Bei der Festlegung der Lage der Schnittteile im Streifen müssen zwei Anforderungen erfüllt werden, die sich oft gegenüberstehen. Einerseits muss versucht werden, so wenig wie möglich Abfall bei der Herstellung eines Werkstücks zu produzieren. Andererseits sollen die Werkzeuge so einfach wie möglich gehalten werden. Damit man verschiedene Möglichkeiten der Positionierung des Schnittteils im Streifen miteinander vergleichen kann, wird der **Ausnutzungsgrad** η bestimmt. Dazu wird der Materialeinsatz mit der Fläche des Schnittteils verglichen. Der Materialeinsatz wird durch die Streifenbreite und den Vorschub bestimmt:

$$b = l_e + 2 \cdot a + i$$

b: Streifenbreite in mm
l_e: Steglänge in mm (Zur Ermittlung der Steg- oder Randbreite wird immer das größere Maß der Steg- oder Randlänge benutzt)
a: Randbreite in mm
i: Seitenschneiderbreite in mm

$$f = l_a + e$$

- f: Vorschub in mm
- l_a: Randlänge in mm
- e: Stegbreite in mm

$$\eta = \frac{Z \cdot A}{f \cdot b} \cdot 100\%$$

- η: Ausnutzungsgrad in %
- Z: Anzahl der Ausschnitte
- A: Fläche des Ausschnittes in mm²
- f: Vorschub in mm
- b: Streifenbreite in mm

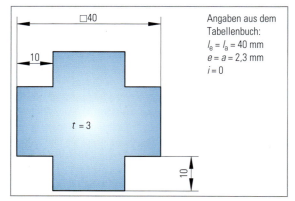

Angaben aus dem Tabellenbuch:
$l_e = l_a = 40$ mm
$e = a = 2{,}3$ mm
$i = 0$

1 Stanzteil

Soll zum Beispiel das Stanzteil (Bild 1) gefertigt werden, kann das Werkstück im Streifen auf verschiedene Arten angeordnet werden. Zum Vergleich des Ausnutzungsgrades werden im Folgenden fünf verschiedene Varianten verglichen (Bilder 2 und 3 sowie Seite 467 Bild 1 bis 3):

	Variante 1	Variante 2	Variante 3	Variante 4	Variante 5
b in mm	44,6	86,9	79,9	88,16	91,75
f in mm	42,3	42,3	44,6	45,67	44,72
A in mm²	1200	1200	1200	1200	1200
Z	1	2	2	2	2
η in %	63	65	70	59	59

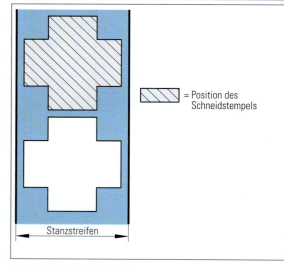

2 Variante 1 des Streifenbildes

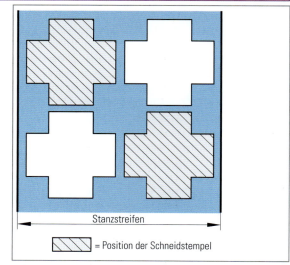

3 Variante 2 des Streifenbildes

1.11 Arten und Funktionen von Umformmaschinen

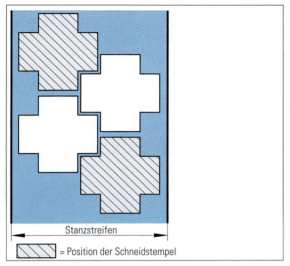

1 Variante 3 des Streifenbildes

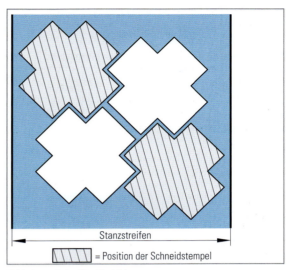

2 Variante 4 des Streifenbildes

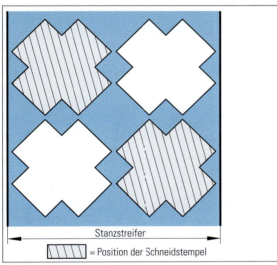

3 Variante 5 des Streifenbildes

Nach dieser Berechnung wäre die Variante 3 aufgrund des Ausnutzungsgrads die günstigste. Es sollte aber beachtet werden, dass die Wahl der Variante 3 im Vergleich zu Variante 1 ein komplizierteres und größeres Werkzeug zur Folge hätte. Es wären zwei Schneidstempel zur Fertigung notwendig und das Werkzeug würde länger werden. Dafür aber würden bei jedem Hub zwei Werkstücke gefertigt. Dies muss bei der Planung bedacht werden. Deshalb sollte ein Werkzeug nicht alleine auf der Basis einer optimalen Streifenausnutzung ausgelegt werden.

1.10.4 Auslegung des Werkzeugs

Wenn all die oben genannten Punkte bedacht worden sind, können die Abmessung und der geraue Aufbau des Werkzeuges festgelegt werden. Dies geschieht häufig mit der Unterstützung von CAD-Systemen. Um Kosten und Fertigungszeit zu sparen, sollte soweit wie möglich auf Normalien zurückgegriffen werden.

1.11 Arten und Funktionen von Umformmaschinen

Im Bereich der Stanz- und Umformtechnik werden mechanische oder hydraulische Pressen verwendet. Die Einteilung der Pressen kann nach verschiedenen Kriterien geschehen:

Einteilung nach dem Funktionsprinzip:

- **Energiegebundene Pressen**
  Die zum Umformen des Bauteils notwendige Verformungsenergie wird aus dem Abbremsen z. B. einer fallenden Masse (**Bär** *(ram)* bei Schmiedepressen) umgewandelt. Der Bär ist ein Teil der Werkzeugmaschine, der auf eine bestimmte Höhe gehoben und dann fallen gelassen wird. Ein ähnliches Prinzip wird bei der **Spindelpresse** *(screw press)* angewendet. Hier wird ein Schwungrad angetrieben. Die Rotationsenergie wird dann über eine Spindel auf das Werkzeug übertragen. Der Vorteil dieses Prinzips liegt in den hohen Umformgeschwindigkeiten, die aber häufig schlecht regelbar sind. Weitere Vorteile sind die hohe Umformenergie und die geringen Anschaffungskosten.

- **Weggebundene Pressen:**
  Zu weggebunden Pressen gehören die **Exzenterpresse** *(eccentric press)*, die **Kurbelpresse** *(crank press)* und die **Kniehebelpresse** *(knuckle joint press)*. Bei diesem Funktionsprinzip wird die notwendige Verformungsenergie durch einen Elektromotor zur Verfügung gestellt. Eine Mechanik wandelt die Drehbewegung in eine lineare Bewegung um. Die Pressen verfügen über eine hohe Produktivität, durch Servoantriebe über eine gute Regelbarkeit und teilweise über einstellbare Hubwege.

- **Kraftgebundene Pressen:**
  Unter kraftgebundenen Pressen versteht man alle Arten von hydraulischen Pressen. Durch den hydraulischen Antrieb steht an jedem Punkt des Hubweges die gleiche Kraft zur

Verfügung. Außerdem ist diese Art der Presse durch Proportionalventile sehr gut regelbar.

Einteilung nach der Bauart des Pressengestells:

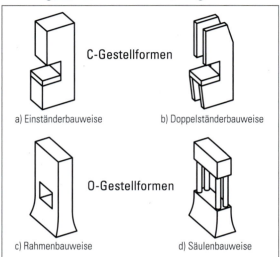

1 Bauarten der Pressengestelle

Die Gestelle (Bild 1) der Pressen müssen verschiedene Anforderungen erfüllen. Sie müssen möglichst **steif** sein, um die notwendigen Kräfte aufnehmen zu können. Auf der anderen Seite müssen sie einen **guten Zugang** zum Arbeitsraum gewährleisten und möglichst **kostengünstig** herstellbar sein. C-Gestelle werden häufig bei kleineren Pressen eingesetzt, die oft von Hand beschickt werden. O-Gestelle findet man eher bei großen Pressen, die automatisch be- und entladen werden.

Einteilung nach den Bewegungsmöglichkeiten:

- **Einfach wirkende Pressen**

    Bei einfach wirkenden Pressen wird nur der **Pressenstößel** *(plunger)*, hier der **Ziehstößel** (Bild 2), angetrieben. Die zum Tiefziehen notwendige Klemmkraft wird zwischen dem Ziehstößel und der Zieheinrichtung, auch **Ziehkissen** *(die cushions)* genannt, aufgebaut. Die Zieheinrichtung funktioniert wie eine Gasdruckfeder. Als Medium kann ein Gas oder eine Hydraulikflüssigkeit zum Einsatz kommen. Zieheinrichtungen ersetzen häufig die wesentlich teureren doppelt oder mehrfach wirkenden Pressen.

- **Doppelt wirkende Pressen**

    Bei dieser Art der Presse kann neben dem **Haupstößel** *(main plunger)*, hier der **Ziehstößel** *(draw slide)*, auch noch ein weiterer Stößel angetrieben werden. Das ist in diesem Fall der **Blechhaltestößel**.

- **Mehrfach wirkende Pressen**

    Mehrfachwirkende Pressen besitzen mehrere voneinander unabhängig angetriebene Stempel. Damit können komplexe Fertigungsprozesse umgesetzt werden.

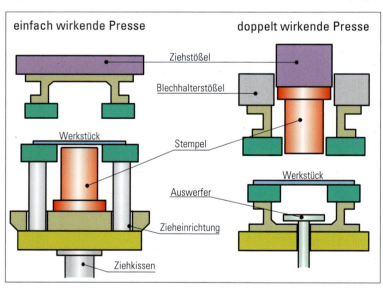

2 Unterschied zwischen einer einfach wirkenden und einer doppelt wirkenden Presse

ÜBUNGEN

1. Warum werden häufig pneumatische Spannsysteme, hydraulische Spannsysteme, elektromechanische Spannsysteme oder magnetische Spannsysteme zum Spannen von Stanzwerkzeugen verwendet?

2. Die dargestellte Platte aus S185 wird im Folgeschnitt gefertigt. In der ersten Folge werden die beiden Bohrungen $\varnothing 4{,}5$ mm geschnitten, im zweiten Schnitt die Bohrung $\varnothing 16$ mm und im dritten Schnitt erfolgt das Ausschneiden.

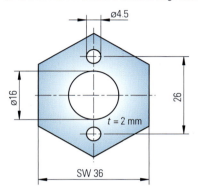

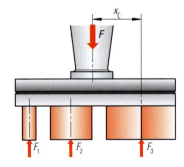

a) Berechnen Sie die Gesamtschneidkraft F_{ges} bei minimalem Verschleiß.
b) Wie groß ist der Streifenvorschub f?
c) Bestimmen Sie die Lage des Einspannzapfens, um ein Kippen auszuschließen.
Geben Sie dazu den Abstand x_0 laut Skizze an.

3. Aus welchen Werkstoffen werden Spannplatten/-leisten oder Kopfplatte/Grundplatte gefertigt?

4. Erklären Sie den Begriff der Flächenpressung.

5. Warum sind bei Stanzwerkzeugen Abstreifer notwendig?

6. Nennen Sie drei Gründe für die Verwendung von Werkzeugen mit Säulenführungen.

7. Skizzieren Sie eine Rolle, die bei Wälzführungen von Stanzwerkzeugen als Wälzkörper eingesetzt wird.

8. In welchen Fällen werden Führungssäulen durchgehärtet?

9. Wann werden Gestelle mit zwei hinten stehenden Säulen eingesetzt?

10. Wie kann man das Abreißen des Schmierfilmes zwischen Stempel und Führungsplatte verhindern?

11. Wann sollten federnde Streifenführungen eingesetzt werden?

12. Um wie viele Millimeter sollte der Stiftdurchmesser eines Suchstifts kleiner sein als der Lochdurchmesser, wenn eine sehr genaue Positionierung gefordert wird?

13. Wozu dient der Schritt des Lüftens bei Vorschubapparaten?

14. Welche Aufgaben müssen Federn in der Stanz- und Umformtechnik erfüllen?

15. Was ist zu tun, um die Lebensdauer von Federn zu verlängern?

16. Warum sind Gas- und Elastomerfedern nicht für Werkzeuge mit hohen Hubfrequenzen geeignet?

17. Was versteht man unter einem Stanzbutzen?

18. Ordnen sie den Fertigungsverfahren die entsprechenden Teilsysteme zu

Fertigungsverfahren	Teilsystem
Trennen	
Tiefziehen/Kragenziehen	
Prägen	
Feinschneiden	
Fügen	
Biegen	

19. Welcher Zusammenhang besteht zwischen den Schneidkräften und der Dimension der Schneidplatte?

20. Wie können Sie am einfachsten die Schneidkraft reduzieren, ohne die Qualität des Produkts zu verschlechtern? Welche Möglichkeit würden Sie auswählen? Begründen Sie Ihre Entscheidung.

21. Benennen Sie die wichtigsten Unterschiede zwischen den Verfahren des Stanzens und dem Feinschneiden.

22. Begründen Sie, warum das maßhaltige Biegen in der Serienproduktion ein so schwierig zu kontrollierendes Verfahren ist.

23. Nennen Sie verschiedene Möglichkeiten, das Fließverhalten beim Tiefziehen nicht rotationssymmetrischer Bauteile zu beeinflussen.

24. Welche Vorteile haben Niet- oder Clinchverbindungen gegenüber Verbindungen durch Schweißen oder Löten?

25. Welche Vorteile haben Auswerfer mit DLC-Beschichtung?

26. Das nebenstehende Bauteil soll in einer Stückzahl von 15000 pro Jahr gefertigt werden.
Wählen Sie ein Werkzeug aus und begründen Sie Ihre Entscheidung.
Legen Sie das Streifenbild fest.
Skizzieren Sie das Werkzeug.

Projektaufgabe:
Auslegung des Stanzwerkzeugs für den Blechkanal

1. Legen Sie die Lage des Bauteils im Streifen fest. Berechnen Sie für die möglichen Varianten die Streifenbreite und den Vorschub.
2. Wählen Sie, basierend auf der Ausnutzung des Streifens aus DC01, die günstigere Variante aus.
3. Legen Sie das Streifenbild des Stanzstreifens fest.
4. Legen Sie die Stempelpositionen und -geometrien fest. Skizzieren Sie hierzu die Schneidplatte.
5. Berechnen Sie die Schneid- bzw. Biegekraft für jeden Stempel.
6. Berechnen Sie die maximal und minimal notwendige Pressenkraft.
7. Wählen Sie ein geeignetes System zum Biegen des Blechkanales aus.
8. Wählen Sie für die gefederte Führungsplatte geeignete Federn aus.

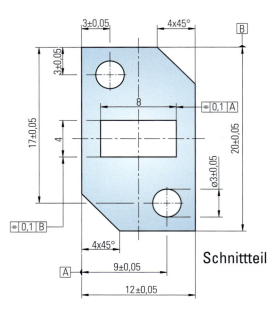

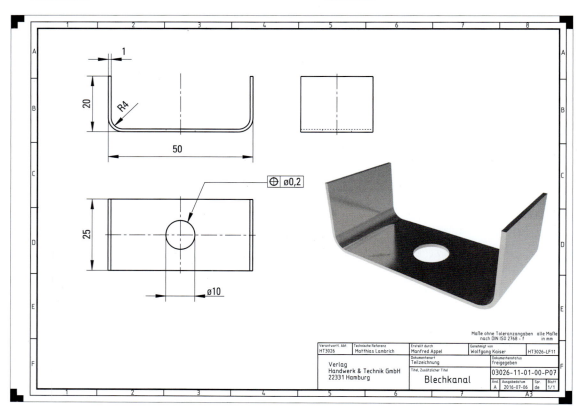

2 Formentechnik
2.1 Spritzgießwerkzeuge

Im Lernfeld 6 wurden die Grundlagen der Formentechnik am Beispiel eines Spritzgießwerkzeugs *(injection mould)* dargestellt[1]. Dort wurden – ausgehend vom Prozess des Spritzgießens – prinzipielle Überlegungen zu Funktion und Aufbau der Spritzgießform dargestellt. Im Folgenden werden die Systeme des Spritzgießwerkzeugs näher analysiert und Lösungen für unterschiedliche Problemstellungen aufgezeigt. Bild 1 zeigt den Schnitt durch ein Normalwerkzeug für einen Gerätefuß und hebt exemplarisch die einzelnen Systeme des Spritzgießwerkzeugs hervor:

- Formgebungssystem *(forming system)*
- Führungs- und Zentriersystem *(guidance and centering system)*
- Angusssystem *(sprue/gating system)*
- Temperiersystem *(tempering system)*
- Entformungssystem *(demoulding system)*

2.1.1 Formgebungssysteme

Bei der Gestaltung des Formgebungssystems *(forming system)* sind folgende Arbeitsschritte durchzuführen:
- Formteilung *(mould parting line)* festlegen,
- Formschrägen *(mould draughts)* anbringen,
- Schwindung *(shrinkage)* berücksichtigen.

Diese Schritte sind schon im Lernfeld 6 aufgezeigt worden. Im Folgenden wird auf unterschiedliche Werkzeugtypen und -bezeichnungen eingegangen.

2.1.1.1 Werkzeugarten und -bezeichnungen
(types of tools and identifications)

Das Formgebungssystem ist das Herzstück des Spritzgießwerkzeugs. Bei seiner Gestaltung sind folgende Fragestellungen zu beantworten, die Auswirkungen auf das Bezeichnen der Werkzeuge haben:

- Wie sind die Abmessungen und gewünschten Stückzahlen für das Spritzgussteil?
  Danach richtet sich die Anzahl der Kavitäten *(cavities)* in einer Form und deren Bezeichnung (Bild 2).

2 Einteilung der Spritzgießwerkzeuge nach Anzahl der Kavitäten bzw. Formnester

- Ist eine Trennebene *(mould parting line)* ausreichend oder sind mehrere erforderlich?
  Aufgrund der benötigten Trennebenen und der benötigten Formplatten *(plates)* lässt sich das Werkzeug auch bezeichnen (Bild 3).

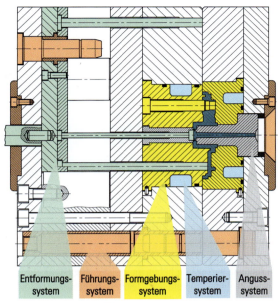

1 Systeme einer Spritzgießform am Beispiel des dargestellten Gerätefußes

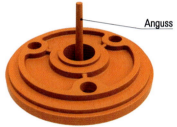

3 Einteilung der Spritzgießwerkzeuge nach Anzahl der Trennebenen bzw. Formplatten

- Welches Angusssystem *(sprue/gating system)* ist möglich und wirtschaftlich?
  Auch nach dem Angusssystem ist eine Bezeichnung des Werkzeugs möglich (Bild 4).

4 Einteilung der Spritzgießwerkzeuge nach Art des Angusssystems

[1] siehe Lernfeld 6 Kap. 2

- Wie wird der Artikel entformt?
  Eine Bezeichnung der Werkzeuge nach der Entformungsart *(type of demoulding system)* zeigt Bild 1.

```
                    Spritzgießwerkzeug
   ┌──────────┬──────────┬──────────┬──────────┬──────────┐
Normal-   Abstreifer- Schieber-  Backen-   Schraub-  Klinken-
werk-     werk-       werk-      werk-     werk-     zug-
zeug      zeug        zeug       zeug      zeug      werkzeug
(z. B. Bild (z. B. Bild (z. B. Bild (z. B. Bild (z. B. Bild (z. B. Bild
1 Seite   1 Seite    2 Seite    1 Seite   1 Seite   1 Seite
471)      495)       491)       494)      495)      499)
```

1 Einteilung der Spritzgießwerkzeuge nach Art der Entformung

2.1.1.2 Gestaltung der Spritzgussteile und des Formgebungssystems

Damit der Spritzling in dem Formgebungssystem die Eigenschaften erhält, die er später haben muss, ist er **funktionsgerecht** *(made functional)* zu gestalten. Gleichzeitig muss er **spritzgießgerecht** konstruiert werden, d. h. er soll sich z. B. möglichst einfach spritzen und entformen lassen. Denn von der Konstruktion des Formteils werden direkt die formgebenden Werkzeugoberflächen, d. h., das Formgebungssystem abgeleitet[1]. Daher sind folgende Regeln anzuwenden:

> **MERKE**
> - Die Wanddicken *(wall thicknesses)* sind so dünn wie möglich und so dick wie nötig zu gestalten, um die Werkstoffkosten gering zu halten.
> - Materialanhäufungen *(material accumulations)* sind zu vermeiden, weil neben dem erhöhten Materialbedarf Lunker *(blowholes)*, Einfallstellen *(shrink marks)* und Verzug *(warpage)* entstehen können. Gleichzeitig bedingen sie längere Erstarrungs- und damit auch Zykluszeiten *(solidification and cycle times)*.
> - Ecken und Kanten sind abzurunden, weil scharfe Kanten das Fließen des Kunststoffes in der Form ungünstig beeinflussen. Es entstehen Kerbwirkungen im Formteil, die zu Rissbildungen führen können.
> - Hinterschneidungen *(undercuts)* sind – sofern möglich – zu vermeiden, um den Aufbau der Form einfach zu halten.

Bild 2 zeigt einige Gestaltungsbeispiele, bei denen in der Gegenüberstellung die aufgeführten Regeln umgesetzt wurden.

2.1.1.3 Bauteile des Formgebungssystems

Ist das Bauteil spritzgerecht gestaltet, die Teilungsfläche definiert, Formschrägen und Schwindung berücksichtigt[2], kann entschieden werden, mit welchen Bauteilen die formgebende Kontur gebildet wird.

Bei den einfachsten Spritzgießformen (Seite 475 Bild 1) bilden die beiden **Formplatten** *(plates)* die formgebenden Konturen für den Artikel. Sobald das Formteil Durchbrüche besitzt, werden diese oft mit **feststehenden Kernen** *(fixed cores)* versehen,

schlecht	besser	Kommentar
		Möglichst gleiche Wandstärken wählen, um Lunker zu vermeiden.
		Wenn möglich, bei aufeinander treffenden Rippen gleiche Wandstärken beibehalten.
		Verrundungen an Augen und Rippen anbringen, um besseren Schmelzfluss zu erzielen.
		Hinterschneidungen, die nur mit Schieber geformt werden können, möglichst vermeiden.
		Einfallstellen, die bei Materialanhäufungen entstehen, kaschieren.
		Knotenpunkte mit starken Materialanhäufungen sind zu vermeiden.
		Ebene, größere Flächen sind mit Rippen oder Wölbungen zu versehen, weil sonst die Gefahr besteht, dass sie von selbst einfallen.
		Große Bodenflächen werden versteift, wobei mit der Versteifung auch ein sicherer Stand erreicht wird.
		Innere und äußere Hinterschneidungen möglichst vermeiden, um die Werkzeugkosten zu reduzieren.
		Aus entformungstechnischen Gründen Längsriffelungen oder abgeflachte Griffformen bevorzugen.

2 Gestaltungsbeispiele für Formteile

die in den Formplatten gegen Verschieben und bei Bedarf auch gegen Verdrehen gesichert sind. Die Kerne lassen sich bei Verschleiß austauschen. Sie müssen eine hohe Warmfestigkeit besitzen, damit sie dem Spritzdruck standhalten und sich nicht unzulässig verbiegen, was zu einem Kernversatz *(core displace-*

---
[1] siehe Lernfeld 10 Kap. 2.4
[2] siehe Lernfeld 6 Kap. 1.2.5.3

2.1 Spritzgießwerkzeuge

ment) führen würde. Lange, schlanke Kerne werden in der zweiten Formhälfte zentriert, um die Kernverformung gering zu halten.

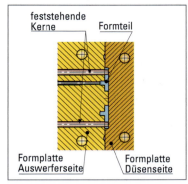

1 Formplatten und feststehende Kerne bilden die formgebende Kontur

2 Formeinsätze und feststehende Kerne bilden die formgebende Kontur

Überlegen Sie!

1. Wodurch ist im Bild 2 der Kern gegen axiales Verschieben gesichert?
2. Wie wird bei der Fertigung und Montage des Kerns gewährleistet, dass er sich nicht in axialer Richtung verschiebt?
3. Skizzieren Sie einen Durchbruch an einem Formteil, bei dem der feststehende Kern gegen Verdrehen zu sichern ist.
4. Skizzieren Sie zwei Beispiele, wie Sie den Kern gegen Verdrehen sichern könnten.

Die Montage von Formeinsätzen *(mould inserts)*(Bild 2) in Formplatten ist vorteilhaft, weil

- die Bearbeitung und die Reparatur der kleineren Formeinsätze oft einfacher ist und auf kleineren Werkzeugmaschinen erfolgen kann,
- nur der Formeinsatz aus dem hochwertigen teuren Warmarbeitsstahl *(hot-working steel)* (z. B. 1.2311: 40CrMnNiMo8-6-4) gefertigt werden muss, weil dieser mit der Schmelze in Berührung kommt. Für die Formplatte reicht der preiswertere Vergütungsstahl *(quenched and tempered steel)* (z. B. 1.1730: C45),
- nur der Formeinsatz wärmebehandelt werden muss, was einerseits preiswerter ist und andererseits zu geringerem Verzug führt,
- bei Verschleiß der formgebenden Konturen nur die Formeinsätze getauscht werden müssen,
- sich Artikel mit ähnlichen Abmessungen mit unterschiedlichen Formeinsätzen einer Wechselform (Bild 3) herstellen lassen, bei der lediglich Formeinsätze und Auswerfersystem zu wechseln sind.
- günstige Kühlungsverhältnisse zu realisieren sind (z. B. kreisringförmige Kühlkanäle im auswerferseitigen Formeinsatz im Bild 2).

Mithilfe von **Schiebern** *(slides)*[1] werden Hinterschneidungen *(undercuts)* geformt (Seite 492 Bild 1). Bevor sich das Formteil entformen lässt, muss der Schieber zurück bewegt werden, damit er die Hinterschneidung frei gibt. Die Schieberbewegung erfolgt meist mechanisch oder hydraulisch[2].

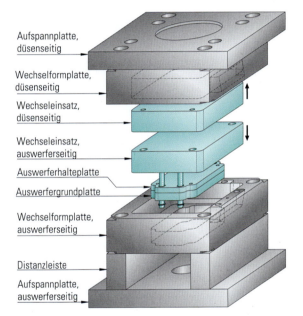

3 Wechselform mit auswechselbaren Formeinsätzen, Auswerfersystem

2.1.1.4 Entlüftung *(venting)*

Wie die Luft beim Einspritzen der Kunststoffschmelze *(polymer melt)* aus dem Formgebungssystem verdrängt wird, ist im Lernfeld 6 beschrieben[3].

Überlegen Sie!

Zeigen Sie Möglichkeiten zur Formentlüftung auf.

2.1.1.5 Werkstoffe

An die im Formenbau eingesetzten Bauteile werden unterschiedliche Anforderungen gestellt. Die mit der heißen Kunststoffschmelze in Berührung kommenden Bauteile des Formgebungssystems wie z. B. Formplatten *(plates)*, Formeinsätze *(mould inserts)*, Kerne *(cores)*, Angussbuchsen *(ejector sleeves)* und Auswerferstifte *(ejector pins)* werden durch Temperatur und

---

[1] siehe auch Lernfeld 9 Kap. 4.1.1
[2] siehe Kap. 2.1.5.3
[3] siehe Lernfeld 6 Kap. 1.2.3.3

Werkstoff-Nr.	Bezeichnung	Eigenschaften	Verwendung
1.1730	C45U	Kaltarbeitsstahl, vergütet auf ca. R_m = 640 N/mm², keine zusätzliche Wärmebehandlung vorgesehen, gute Zerspanbarkeit	Formrahmen, Zentrierflansche, Auswerferplatten
1.2312	40CrMnMoS8-6	Kaltarbeitsstahl, vergütet auf ca. R_m = 950…1100 N/mm², keine Wärmebehandlung vorgesehen, 30…55 HRC Arbeitshärte, gute Zerspanbarkeit	Formplatten, Formeinsätze, Schieber, Kerne
1.2085	X33CrS16	Ähnlich wie 1.2312, jedoch korrosionsbeständig	Formplatten, Formeinsätze, Schieber, Kerne
1.2162	21MnCr5	Kaltarbeitsstahl, hohe Oberflächenhärte durch Wärmebehandlung bei zähem Kern (R_m = 1000 … 1200 N/mm², gute Zerspanbarkeit)	Formplatten, Formeinsätze, Schieber, Kerne
1.2767	X45NiCrMo16	Kaltarbeitsstahl, durchhärtend, auf Hochglanz polierbar, 50…55 HRC Arbeitshärte	Formplatten, Einsätze, Schieber und Kerne für höhere Anforderungen
1.2343	X37CrMoV5-1	Warmarbeitsstahl, durchhärtend, temperaturwechselbeständig, nitrierfähig	Formplatten, Einsätze, Schieber und Kerne für höhere Anforderungen

1 Typische Werkstoffe für das Formgebungssystem

Reibung am stärksten beansprucht. Daraus ergeben sich aus Sicht des Werkzeugherstellers folgende Anforderungen:
- Hohe Verschleißfestigkeit, damit die Form lange zu nutzen ist.
- Gute Maßbeständigkeit der Bauteile unter dem Einfluss der Wärme während des Betriebs ist die Voraussetzung für Maß- und Formgenauigkeit des Spritzlings.
- Gute Wärmeleitfähigkeit ermöglicht eine optimale Temperierung des Werkzeugs.
- Hohe Korrosionsbeständigkeit *(corrosion resistance)* sorgt für eine lange Nutzungsdauer der Form.
- Gute Zerspanbarkeit.
- Sicherheit bei der Wärmebehandlung, d. h., möglichst geringer Verzug *(warpage)* und keine Rissbildung.
- Die erforderliche Oberflächenbeschaffenheit soll möglichst schnell und leicht erreicht werden. Die formgebenden Konturen müssen sich so glätten, ätzen oder polieren lassen, damit die gewünschte Oberfläche am Artikel erreicht wird.

Bild 1 zeigt eine Auswahl von typischen, für das Formgebungssystem eingesetzten Werkstoffen.

2.1.1.6 Normalien

Die meisten Spritzgießwerkzeuge sind ähnlich aufgebaut. Daher ist es vorteilhaft, für die einzelnen Werkzeugkomponenten vorgefertigte Rohlinge *(blanks)*, Halbzeuge *(semi-finished products)* oder Normteile *(standard elements)* zu verwenden. Diese aufeinander abgestimmten Komponenten heißen **Normalien** *(standard elements)* (Bild 2). Es gibt mehrere große Normalienanbieter, die komplette Formaufbauten zu festen Preisen liefern. Die meisten Werkzeuge – auch Schneidwerkzeuge – werden heute mit Normalien hergestellt.

Normalien bieten folgende Vorteile:
- Die Herstellungszeit für das Werkzeug verkürzt sich.
- Der Werkzeugbauer kann sich auf die Herstellung z. B. der formgebenden Konturen konzentrieren.
- Die Werkzeugkosten sind überschaubar.
- Die Ersatzbeschaffung *(replacement purchase)* von Werkzeugkomponenten vereinfacht sich.
- Ausgemusterte Werkzeuge lassen sich teilweise wiederverwenden.

2 Normalien für den Formenbau

2.1 Spritzgießwerkzeuge

Mithilfe der von den Normalienherstellern zur Verfügung gestellten **Software** geschieht der Formaufbau im Dialog. Sind alle Platten definiert, schlägt die Software die passenden Führungs- und Zentrierelemente sowie die Wärmeisolierplatten *(thermal insulation boards)* vor. Diese können einfach übernommen oder angepasst werden, sodass der grundsätzliche Formaufbau abgeschlossen ist. Die Software bereitet die gewählten Komponenten als 3D-CAD-Daten auf. Die CAD-Daten und die Stückliste für das Werkzeug mit allen ausgewählten Komponenten stehen dem Konstrukteur direkt als Baugruppe zur Verfügung. Lediglich die formgebenden Konturen, das Anguss-, Temperier- und Entformungssystem müssen noch hinzugefügt bzw. ergänzt werden.

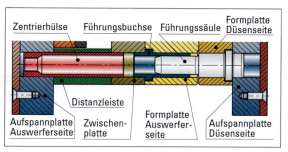

1 *Führungs- und Zentrierelemente*

2.1.2 Führungs- und Zentriersysteme

2.1.2.1 Führungssysteme *(guidance systems)*
Die typischen Führungselemente sind Führungssäulen und -bolzen[1] (Bild 1). Im Lernfeld 6 wurde schon detailliert auf Rundführungen für Formen und Schneidwerkzeuge eingegangen[2]. Deshalb sind im Folgenden nur **Flachführungen** *(flat guides)* und ihre Elemente dargestellt.

Flachführungen
Bei den Rundführungen *(round guides)* entsteht bei z. B. ⌀40 H7/g6 ein Höchstspiel von 0,050 mm. Dieses Spiel ist nötig, weil die Führung über einen längeren Weg geschieht. Flachführungen (Bild 2) sind enger toleriert, weil die Führung nur über einen kurzen Weg beim Schließen der Form erfolgt. Die Flachführung für die gleiche Breite $b = 40$ mm hat ein Höchstspiel von 0,036 mm, wodurch sich das Höchstspiel um 28 % verringert. Die Flachführungen, die vierfach am Werkzeug angeordnet sind (Bild 2 unten), übertragen die Kräfte nicht linienförmig wie die Rundführungen, sondern flächenförmig. Dadurch können sie größere Kräfte übertragen. Die auswechselbaren Gleitbacken sind mit Wolframkarbid beschichtet, um den Verschleiß gering zu halten. **Schieberführungen** *(rail guides)* werden auch meist als Flachführungen ausgeführt[3].

2.1.2.2 Zentriersysteme *(centering systems)*
Zentrierhülsen *(centering sleeves)*
Bei den von den Normalienherstellern gelieferten Werkzeugaufbauten fluchten *(aligned)* die Führungen und Zentrierungen. Die dafür vorgesehenen Bohrungen haben die gleichen Abstände (Stichmaße) und Toleranzen (H7). Die vier Zentrierhülsen (Bild 1) positionieren die auswerferseitige Aufspannplatte, die Distanzleisten *(spacing strips)* und die Zwischenplatte zueinander.

Führungsbuchse und Führungssäule *(guide sleeves and guide columns)* **als Zentrierelement**
Die Zentrierung (Bild 1) der auswerferseitigen Formplatte zur Zwischenplatte geschieht über die beiden kleinen Außenzylinder der Führungsbuchse. Oft werden auf der Auswerferseite

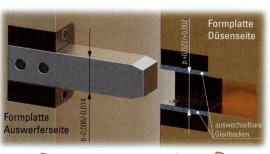

2 *Flachführung*

Aufspannplatte, Distanzleisten, Zwischen- und Formplatte mit entsprechend langen Zylinderschrauben verbunden. Auf der Düsenseite positionieren die mittleren Außenzylinder der Führungssäulen Formplatte und Aufspannplatte zueinander.

Zentrierring *(centering ring)*
Der Zentrierring (Bild 3) positioniert das Werkzeug in der Spritzgießmaschine. Damit ist gleichzeitig die Düsenposition der Spritzgießmaschine zum Werkzeug bestimmt.

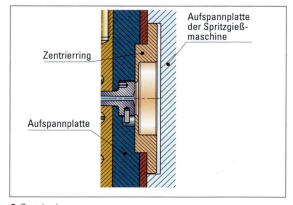

3 *Zentrierring*

---

[1] siehe Lernfeld 6 Kap. 1.2.5.1
[2] siehe Lernfeld 6 Kap. 2.1
[3] siehe Lernfeld 9 Kap. 4.4.1

Lagezentrierung bei geschlossener Form

Bei Formteilen mit geringen Toleranzen darf beim Füllen der Form kein Versatz der beiden Formhälften vorliegen. Das benötigte Spiel zwischen den Führungssäulen und -buchsen ist in diesen Fällen zu groß. Wird das Spiel weiter reduziert, kann es trotz Schmierung der Führungen – bedingt durch elastische Verformungen – zum Klemmen und „Fressen" der Führungselemente kommen, sodass deren Funktion nicht mehr gewährleistet ist. Bei unsymmetrischen Kavitäten kann es durch Verspannungen zum Versatz der Formhälften kommen.

Mithilfe von zwei **Konusbolzen-Zentrierungen** *(conical-bolt centerings)* (Bild 1), deren Elemente in die Teilungsflächen der beiden Formplatten montiert sind, wird ein Versatz der Formplatten verhindert. Ein genaues Einpassen der Konuszapfen *(tapered cones)* geschieht über das Anpassen der Distanzscheibe.

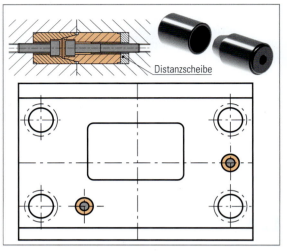

1 Konusbolzen-Zentrierung

Überlegen Sie!

Welche Folgen hat es, wenn im Schnitt im Bild 1 der rechte Konuszapfen a) zu weit oder b) zu wenig aus der Teilungsfläche ragt?

Nach den Regeln zur Lagepositionierung[1] *(positioning)* handelt es sich bei der Verwendung von zwei Konusbolzen-Zentrierungen um eine Überpositionierung *(overpositioning)*. Deshalb werden diese einfachen Zentrierungen vorrangig bei nicht so hoch temperierten Werkzeugen eingesetzt, wobei nur geringe Längenänderungen aufgrund der Wärmeausdehnung der Formhälften entstehen.

Konusleisten-Zentrierungen *(cone-strip centerings)* (Bild 2) zentrieren erst endgültig, wenn beide Formhälften zusammengefahren sind. Jedoch zentriert ein Element nicht wie bei der Konusbolzen-Zentrierung in zwei Achsen, sondern nur in einer. Deshalb werden für eine Form vier Führungen benötigt, die jeweils gegenüberliegend auf den Formmitten angeordnet werden (Bild 2, unten). Weitere Zentrierungen werden von den Normalienherstellern angeboten.

Mit **Zentrierungen über Teilungsflächen** (Seite 508 Bilder 2 und 3) geschieht die Positionierung innerhalb der Form. Dabei werden die Anlageflächen oft tuschiert, um eine hohe Passgenauigkeit zu erzielen. Oft erhalten größere Schieber auch eine solche Zentrierung[2].

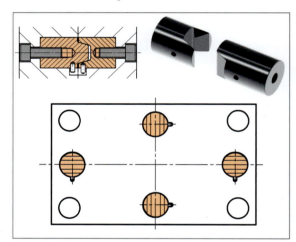

2 Konusleisten-Zentrierung

> **MERKE**
> Lagezentrierungen positionieren beim Schließen der Form die beiden Formhälften genau zueinander, damit kein Versatz auftritt.

2.1.3 Angusssysteme

Im Bild 3 sind die Spritzlinge und das Angusssystem *(sprue and gating system)* für eine Mehrfachform dargestellt. Der **Angusskegel** *(sprue)* leitet die heiße, plastische Kunststoffmasse über den **Verteilerkanal** *(runner)* zu den **Anschnitten** *(gates)*, die sie den Kavitäten zuführen.

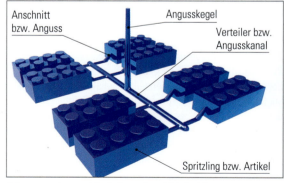

3 Angusssystem und Spritzlinge einer Mehrfachform

> **MERKE**
> Das Angusssystem soll die Formmasse auf möglichst kurzem Weg bei geringstem Wärme- und Druckverlust in die Kavität leiten. Dabei soll sein Volumen so klein wie möglich sein[3].

---
[1] siehe Lernfeld 6 Kap. 1.3.1.1.4
[2] siehe Lernfeld 9 Kap. 4.1.1
[3] siehe Lernfeld 6 Kap. 1.2.3.2

2.1 Spritzgießwerkzeuge

Die Art und die Position des Angusses bzw. des Anschnitts beeinflussen das Füllen der Kavität und damit auch die Qualität des Artikels. Beim Füllen der Form kann es zu einer Aufteilung des Schmelzstromes kommen. Beim Zusammenfließen der schon etwas abgekühlten Einzelströme kommt es zu **Bindenähten** *(joint lines)* (Bild 1). An diesen sind die mechanischen Eigenschaften des Spritzlings stark herabgesetzt. Je nach Kunststoffart und Formteiloberfläche sind sie störend sichtbar. Um Bindenähte zu vermeiden, sind

- die Angüsse so zu legen, dass sich der Schmelzstrom beim Füllen der Form möglichst nicht in Einzelströme verteilt[1],
- die Anzahl der Angüsse möglichst gering zu halten,
- die Bindenähte, die sich nicht vermeiden lassen, möglichst in den unbelasteten oder nicht sichtbaren Bereich des Formteils zu verlagern,
- die Angusspositionen immer in die Bereiche mit der größten Wanddicke zu legen,
- die Bindenähte an belasteten Stellen zu verstärken (Bild 2).

2.1.3.1 Stangen- oder Kegelanguss *(direct and conus gate)*

Die einfachste Angussart ist der Stangen- oder Kegelanguss (Bild 3). Die Angussbohrung *(gate bore)* erweitert sich zum Werkzeug hin. Der Anguss wird mit dem Formteil entformt und muss nachträglich entfernt werden, wodurch zusätzliche Kosten entstehen. Der Kegelanguss wird oft bei dickwandigen Formteilen eingesetzt und an der dicksten Stelle des Formteils angebracht. Der Durchmesser des Stangenangusses soll an seiner dicksten Stelle d_1 1 … 2 mm größer als die maximale Wanddicke d_2 des Artikels sein.

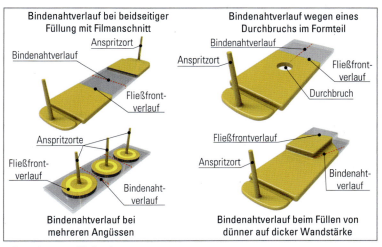

1 Entstehung von Bindenähten

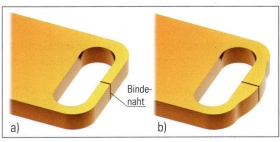

2 Verstärkung des Formteils im Bereich der Bindenaht

2.1.3.2 Punktanguss *(pin point gate)*

Im Gegensatz zum Stangenanguss reißt der Punktanguss (Bild 4) automatisch beim Öffnen der Form ab. Wenn am Formteil sogar kleine Angussreste stören, werden sie oft in eine linsenförmige Vertiefung gelegt, damit sie nicht aus der ebenen Fläche heraus ragen. Damit der Punktanguss abreißen kann, muss sich der Angusskanal zur Düse hin erweitern. Er wird zur **Vorkammer** *(antechamber)*. Diese muss so groß sein, dass der darin befind-

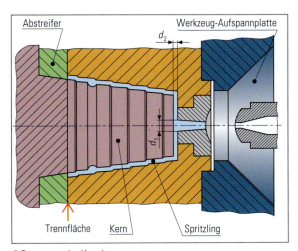

3 Stangen- oder Kegelanguss

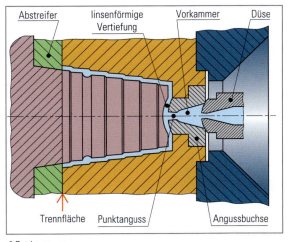

4 Punktanguss

[1] siehe Kap. 2.1.3.3

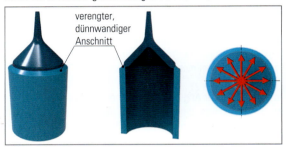

*1 links: Vorkammer mit heißer, plastischer Seele
rechts: Vorkammer mit beheizter Kupferspitze*

liche Kunststoff während des Spritzzyklus nicht erstarrt. Es muss eine heiße, plastische Kunststoffseele (Bild 1 links) bleiben, die beim nächsten Zyklus in die Form gespritzt wird. Der an der Vorkammer erkaltete Kunststoff wirkt als **Isolierschicht**. Luftspalte zwischen der Angussbuchse und der gekühlten Form vermindern die Wärmeleitung *(heat conduction)*. Um die Funktion der Vorkammer zu gewährleisten, darf die Zykluszeit nicht zu lang sein. Sie sollte 20 Sekunden nicht überschreiten. Bei längeren Zykluszeiten wird an der Düse eine Kupferspitze angebracht (Bild 1 rechts). Durch die gute Wärmeleitfähigkeit *(thermal conductivity)* des Kupfers wird die Wärme von der heißen Düse auf die Kupferspitze übertragen, sodass diese heiß bleibt und den in der Vorkammer befindlichen Kunststoff plastisch hält.

2.1.3.3 Scheiben- bzw. Telleranguss *(diaphragm gate)*
Die Form für den Gerätefuß besitzt einen Scheibenanguss (Bild 2). Der Telleranguss sitzt in der Durchgangsbohrung. Der enge, ringförmige Anschnitt ermöglicht das gleichmäßige Füllen des Werkzeugs, ohne dass große Schmelzströme aufeinander treffen. Lediglich die drei kleinen Bohrungskerne führen am Ende

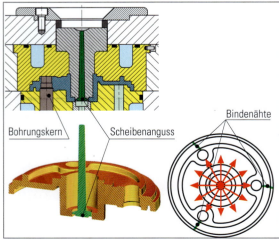

2 Scheiben- bzw. Telleranguss für Gerätefuß

des Füllvorgangs zu Teilungen des Schmelzstromes. Dadurch entstehen nur kurze Bindenähte *(joint lines)*.

2.1.3.4 Schirm- bzw. Trichter- und Ringanguss *(fan, funnel, ring gate)*
Der Schirm- bzw. Trichteranguss (Bild 3) bietet die gleichen Vorteile wie der Telleranguss. Er lässt sich jedoch meist leichter vom Formteil trennen, ist aber in der Herstellung aufwendiger. Der verengte Anschnitt verhindert, dass die Kunststoffschmelze in die Kavität dringt, bevor der dickwandige Schirm gefüllt und darin ein gleichmäßiger Druck aufgebaut ist. Anschließend fließt die Schmelze gleichmäßig in den Formhohlraum.

3 Schirm- bzw. Trichteranguss

4 Ringanguss

Muss beim Formteil eine genaue Koaxialität *(coaxiality)* von Innen- und Außenzylinder erreicht werden, darf sich der Bohrungskern beim Spritzen durch den Spritzdruck nicht in seiner Lage verändern. Der **Ringanguss** (Bild 4) erlaubt eine zweiseitige Lagerung des Kerns, was die Form- und Lagegenauigkeit des Artikels erhöht. Allerdings wird das Werkzeug durch die Form des Ringanschnittes komplizierter.

2.1.3.5 Band- bzw. Filmanguss *(film gate)*
Große, dünnwandige Artikel werden oft über einen Band- oder Filmanguss angeschnitten (Seite 479 Bild 1). Die Kunststoffmasse gelangt über einen Angusskegel *(sprue)* in einen Verteilerkanal *(runner)*. Ein dünner, breiter Filmanschnitt stellt die Verbindung zwischen Verteilerkanal und Kavität her. Erst wenn der gesamte Verteilerkanal gefüllt und der entsprechende Druck darin aufgebaut ist, tritt die Kunststoffmasse auf der ganzen Breite in die Kavität ein. Dadurch entstehen günstige Fließverhältnisse *(flow conditions)* für die Kunststoffschmelze und gleichzeitig verzugs- und spannungsarme flächige Formteile.
Es besteht die Gefahr, dass die Schmelze auf dem kürzesten Weg vom Angusskegel durch den Verteilerkanal über den Anschnitt in das Formnest *(cavity)* voreilt, weil dort der geringste

2.1 Spritzgießwerkzeuge

1 Band- bzw. Filmanguss mit kreisförmigem Verteilerkanal

2 Angepasster Querschnitt des Filmangusses

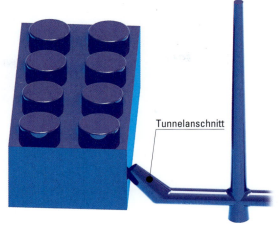

3 Angusssystem mit Tunnelanschnitt und Artikel

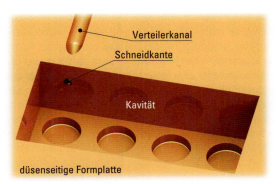

4 Angusssystem mit Tunnelanschnitt und Artikel

Fließwiderstand vorliegt. Das lässt sich durch Anpassen der Anschnittdicke verhindern. Dazu muss seine Dicke vom Stangenanguss zum Verteilerkanalende zunehmen, damit die Fließfront möglichst parallel zum Anschnitt verläuft (Bild 2). Im Verhältnis zum Verteilerkanal ist der Filmanschnitt sehr dünn. Manchmal ist er nur einige Zehntelmillimeter dick, sodass er als Scharnier *(hinge)* am Formteil genutzt werden kann.

2.1.3.6 Tunnelanguss *(tunnel gate)*

Außer beim Punktanguss müssen alle anderen Angüsse nachträglich vom Spritzling entfernt werden. Das ist besonders unangenehm bei Mehrfachformen mit vielen Formteilen. Günstiger ist es, wenn der Artikel getrennt vom Angusssystem aus der Spritzgießform fällt oder mit Handhabungsgeräten entnommen werden kann. Beim Tunnelanguss für den Baustein (Bild 3) liegt der Anschnitt nicht in der Teilungsebene *(parting line)*, sondern der Verteilerkanal endet kurz vor der Kavität (Bild 4). Die Ver-

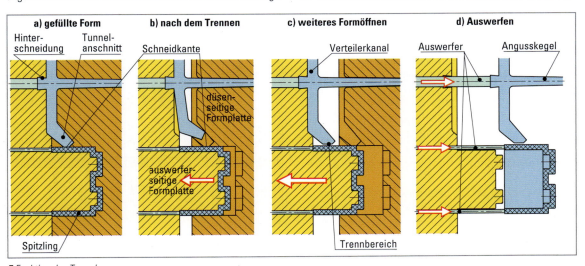

5 Funktion des Tunnelangusses

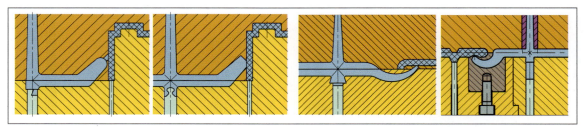

1 links: Varianten von Tunnelangüssen
mitte: Bananenanguss mit verschiedenen Angussrückzugszapfen
rechts: Formeinsatz mit Bananenanguss

bindung von Verteilerkanal zum Formnest *(cavity)* bildet der konische Tunnelanschnitt, durch den das Formteil angespritzt wird (Seite 479 Bild 5a).
Beim Öffnen der Form (Seite 479 Bild 5b) bleibt der Artikel durch das Aufschrumpfen auf der Auswerfer- bzw. Kernseite hängen. Der Tunnelanschnitt stellt für das Entformen des Angusssystems eine **Hinterschneidung** *(undercut)* dar. Das Angusssystem würde von der Düsenseite mitgenommen und nicht entformt. Um sicherzustellen, dass das gesamte Angusssystem in der auswerferseitigen Formplatte verbleibt, erhält es über dem Angussauswerfer eine Hinterschneidung – **Auszieher** oder **Angussrückzugszapfen** *(sprue retreat pin)* genannt. Sie zieht das Angusssystem aus der Düsenseite und hält es fest in der Auswerferseite *(ejection side)*. Beim Öffnen trennt die **scharfe Schneidkante** (Seite 479 Bild 5b) das Angusssystem vom Artikel. Da der Angussquerschnitt meist kleiner als ein Quadratmillimeter ist, sind nur geringe Scherkräfte zum Abtrennen erforderlich. Die Scherstelle ist am Formteil kaum sichtbar.
Beim Entformen (Seite 479 Bild 5c) verbiegt sich der noch warme, elastische Anschnitt im Tunnel. Der Angussauswerfer quetscht den Kunststoff aus der Hinterschneidung. Es ist darauf zu achten, dass die Hinterschneidung nicht zu groß ist, damit der Auswerfer nicht zu sehr auf Druck und Knickung beansprucht wird und sich nicht verbiegt.
Bild 1 zeigt Varianten von Tunnelangüssen und einen Bananenanguss. Der **Bananenanguss** schneidet den Artikel von dessen Rückseite an, die im späteren Gebrauch nicht sichtbar ist. Die Angüsse werden entweder in die Formplatten gefräst oder erodiert[1]. Formeinsätze, die diese Angüsse enthalten, können auch von Normalienherstellern bezogen werden.

Überlegen Sie!

Im Lernfeld 6 haben Sie die Spritzgießform für den Halter kennengelernt. Auf der Seite 132 ist ihr Angusssystem dargestellt.
1. Um welche Anschnitt- bzw. Angussart handelt es sich dabei?
2. Beschreiben Sie, wie dabei der Anguss vom Artikel getrennt wird.
3. Stellen Sie in einer Tabelle die Unterschiede bei den Angüssen für Halter und Baustein vergleichend gegenüber.

MERKE
Mithilfe des Tunnelangusses werden Formteil und Angusssystem beim Entformen getrennt.

2.1.3.7 Angussverteiler *(runners)*
Bei Mehrfachwerkzeugen *(multicavity mould)* sollen die Verteilerkanäle zu den einzelnen Kavitäten möglichst gleich lang sein. Dadurch wird ein gleichzeitiges Füllen aller Formhöhlungen erreicht. Für jedes Formteil sind dadurch Temperatur und Druck der Schmelze sowie die Füll-, Nachdruck- *(filling and holding pressure)* und Abkühlzeiten *(solidificaton times)* gleich. Sind diese Bedingungen erfüllt, handelt es sich um ein **ausbalanciertes Angusssystem** *(balanced gating system)*, das zu gleicher Maß- und Formqualität aller Spritzlinge und ihrer Massen führt. Der **Reihenverteiler** mit **gleich langen** Fließwegen (Bild 2a) erfüllt diese Anforderungen. Der Schmelzfluss wird in zwei gleichgroße Masseströme geteilt. Die nachfolgenden Verteilerquerschnitte werden reduziert, um den Materialverbrauch zu reduzieren und die Fließverhältnisse im Kanal möglichst gleich zu halten. Auf diese Weise lassen sich hochwertige Formteile herstellen.
Reihenverteiler mit **ungleich langen** Fließwegen (Bild 2b) sind einfach herzustellen und die Kunststoffmasse des An-

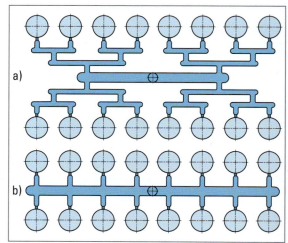

2 Reihenverteiler mit
a) gleich langen und
b) ungleich langen Fließwegen zu den Kavitäten

---
[1] siehe Lernfeld 9 Kap. 3

2.1 Spritzgießwerkzeuge

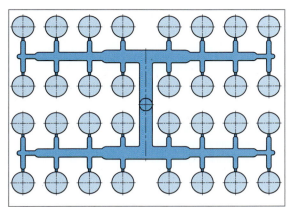

1 Reihenverteiler mit unterschiedlichen Querschnitten

gusssystems ist wesentlich geringer. Allerdings besteht die Gefahr, dass die Kavitäten, die näher am Angusskegel liegen, überspritzt[1] und die weiter entfernten nicht vollständig gefüllt werden. Diese Reihenverteiler werden meist für Formteile mit geringeren Qualitätsansprüchen eingesetzt. Ein Reihenverteiler mit **unterschiedlichen Querschnitten** (Bild 1) ermöglicht trotz unterschiedlicher Fließlängen das annähernd gleichzeitige Füllen der Kavitäten.

Stern- und Ringverteiler *(stelliform and ring runners)* (Bild 2) besitzen gleich lange bzw. fast gleich lange Fließwege und sorgen für gleichmäßiges Füllen und gleich lange Erstarrungszeiten der Artikel. Bei der Alternative d) ist das Prinzip der Aufteilung des Massestroms in jeweils zwei gleiche Teilströme eingehalten.

> **MERKE**
> Bei Mehrfachwerkzeugen sollen die Angussverteiler möglichst folgende Anforderungen erfüllen:
> - gleiche Fließwege zu allen Kavitäten (ausbalanciertes Angusssystem),
> - kurze Fließlängen zu den Formnestern,
> - angepasste Angussquerschnitte mit geringen Material- und Druckverlusten.

2.1.3.8 Heißkanalsysteme *(hot runner systems)*

Beim Heißkanalsystem (Bild 3) fließt die heiße Kunststoffschmelze durch Angussbuchse, Verteilerkanal und Heißkanal-

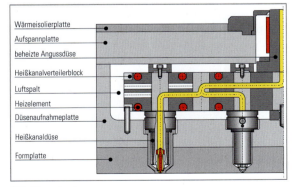

3 Heißkanalsystem

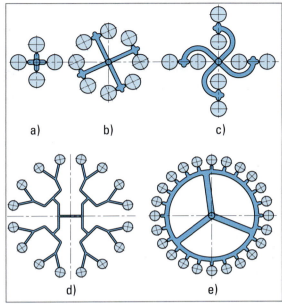

2 Sternverteiler
a) ohne Unterverteilung
b) und c) mit Unterverteilung
d) mit gleichmäßiger (1 : 2) Unterverteilung
e) Ringverteiler

düse *(hot runner nozzle)* direkt zur Kavität. Alle Elemente des Heizkanalsystems werden beheizt. **Sensoren** *(sensors)* (Seite 482 Bild 1) erfassen die vorhandenen Temperaturen und ein **Regelungssystem** *(control system)* sorgt dafür, dass die gewünschten Temperaturen am Heißkanal vorliegen. Die Temperaturen des Heißkanals sind wesentlich höher als die der Formnestwandung. Sie sind etwa so hoch wie an der Extruderdüse *(extruder)*. Die Fließwege sind gleich lang, wodurch das Angusssystem ausbalanciert ist. Radienförmige Richtungsänderungen begünstigen das Strömungsverhalten der Schmelze und reduzieren Druckverluste im Angusssystem.

Im Heißkanal bleiben die Kunststoffmassen plastifiziert. Der Kanalinhalt braucht deshalb auch nicht entformt zu werden. Er steht für den nächsten Spritzzyklus zur Verfügung. Das Kanalvolumen sollte nicht größer als das Artikelvolumen sein, sodass der Kunststoff nicht unnötig lange den hohen Temperaturen ausgesetzt ist.

Mithilfe von Heißkanälen lässt sich der Anspritzpunkt *(gating point)* so wählen, dass ein **gleichmäßiges Füllen** des Formhohlraums – möglichst ohne Bindenähte *(joint lines)* – erfolgt. So werden keglige oder zylindrische Teile wie Becher oder Drehverschlüsse von der Mitte des Bodens angespritzt. Da weniger Material wegen des fehlenden Angusssystems erstarren muss und dieser meist die dicksten Wandstärken besitzt, lassen sich mit dem Heißkanal kürzere Zykluszeiten *(cycle times)* realisieren.

Damit der Heißkanal das Werkzeug nicht unnötig aufheizt, sollte er es möglichst wenig berühren. Zwischen ihm und der

[1] siehe Lernfeld 6 „Schwimmhäute" Kap. 1.2.2

Düsenaufnahmeplatte (Bild 3) liegt ein isolierender Luftspalt, der lediglich durch Stützelemente unterbochen ist.

Die **Heißkanaldüse** (Bild 1) bildet den Anschnitt zur Kavität. Für die unterschiedlichen Anforderungen stehen verschiedene Düsenformen (Bild 2) zur Verfügung. Die offene Düse ist einfach aufgebaut und eignet sich wegen ihrer Unempfindlichkeit besonders für z. B. mit Glasfasern gefüllte, verschleißende Formmassen. Beim Entformen verbleibt durch das Abreißen des Punktangusses ein kleiner Angusskegel am Formteil. Düsen mit Spitzen ergeben einen kleinen Ringanguss. Die Spitzen aus Kupferlegierungen haben eine sehr gute Wärmeleitfähigkeit und sorgen dafür, dass die Kunststoffschmelze in dem gefährdeten, engen Angussquerschnitt nicht erstarrt. Der verbleibende Angussbutzen ist meist kleiner als bei der offenen Düse. Heißkanaldüsen eignen sich besonders zum seitlichen Anspritzen von Formteilen (Bild 3).

Nadelverschlussdüsen *(needle shut-off nozzles)* (Bild 4) besitzen in ihrem Inneren eine lange, schlanke Nadel, die pneumatisch, hydraulisch oder elektrisch angesteuert wird. Vor dem Einspritzen befindet sich die Nadel in ihrer oberen Endlage. Nach dem Ende der Nachdruckzeit *(holding pressure time)* fährt die Nadel in ihre untere Endlage. Ihre Vorderseite drückt den verbleibenden Kunststoff in die Kavität und schließt mit der Formteiloberfläche ab. Dadurch verbleibt kein Angussbutzen mehr am Spritzling. Wird ein größeres Formteil mit mehreren Düsen angespritzt, geschieht das meist nicht gleichzeitig, sondern eine weitere Düse wird hinzugeschaltet, wenn die Fließfront diese erreicht hat (**Kaskadenangusssystem** *(cascade gating system)*). Während die vorhergehende Nadelverschlussdüse schließt, sorgt der neue Anguss mit heißer Schmelze dafür, dass die Form weiter gefüllt wird und keine Bindenähte entstehen. Die Fließwege pro Nadelverschlussdüse verkürzen

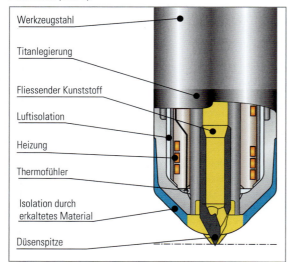

1 Aufbau einer Heißkanaldüse mit Heizung und Thermofühler

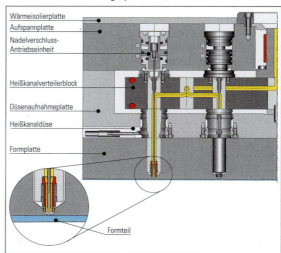

4 Heißkanalsystem mit Nadelverschlussdüsen

sich, wodurch nur kleinere Spritzdrücke erforderlich sind. Dadurch nehmen die notwendigen Schließkräfte für die Spritzgießmaschine ab.

MERKE

Mit Heißkanalsystemen ist es im Vergleich zu erstarrenden Angusssystemen möglich
- Kunststoffteile „angusslos" *(without sprue)* zu spritzen
- kürzere Zykluszeiten zu erreichen,
- kleinere Spritzgießmaschinen einzusetzen,
- Anschnitte optimal zu platzieren,
- den Füllprozess der Kavität gezielt zu beeinflussen.

Nachteilig ist demgegenüber, dass
- die Werkzeuge komplizierter und teurer werden,
- das Einfahren länger dauern kann,
- höhere Wartungsarbeiten z. B. beim Farbwechsel des Kunststoffes entstehen können.

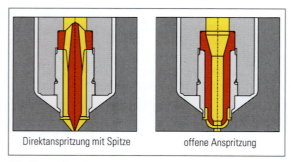

2 Heißkanaldüsenformen

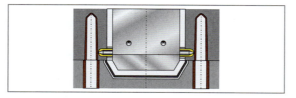

3 Seitliches Anspritzen der Artikel mit Heißkanaldüsen

2.1 Spritzgießwerkzeuge

2.1.3.9 Kaltkanalsysteme *(cold runner systems)*

Bislang wurden Werkzeuge für **Thermoplaste** *(thermoplastics)* dargestellt, bei denen die Form gekühlt und das Angusssystem (z. B. Isolier- und Heißkanal) heiß gehalten wurden. **Duroplaste** *(thermosetting plastics)* und **Elastomere** *(elastomeres)* vernetzen bei Temperaturen zwischen ca. 160 bis 180 °C. Auf diese Temperaturen muss das Werkzeug erwärmt werden. Damit die Vernetzung nicht schon im Angusssystem erfolgt, wird dieses im **Kaltkanal gekühlt**. Der Kaltkanal funktioniert ähnlich wie der Heißkanal, wobei er jedoch auf Temperaturen unter 120 °C gehalten wird. Durch das „angusslose" Spritzen mit dem Kaltkanal, entstehen keine Verteilerspinnen oder Angussverteiler aus Duroplast, die sich nicht wieder zu Granulat verarbeiten und wiederverwenden lassen.

2.1.3.10 Füllsimulationen *(filling simulation)*

Füllsimulationen berechnen aufgrund des Fließverhaltens des jeweiligen Kunststoffes, wie der Füllvorgang der Kavität erfolgt. Um das Fließverhalten[1] beim Spritzgießen zu simulieren, sind mindestens der gewählte Kunststoff, dessen Einspritztemperatur *(injection temperature)*, der maximale Einspritzdruck *(injection pressure)* sowie die Werkzeugtemperatur vorher zu definieren. Nach dem Festlegen der Angussposition wird der Füllprozess grafisch-dynamisch dargestellt (Bild 1). Das Anspritzen des Verschlussstopfens mit zwei Clips geschieht von der Bundunterseite im hinteren Bereich (Bananenanguss). Im dritten und vierten Bild ist deutlich das Entstehen einer Bindenaht zu erkennen. Nach Abschluss der Simulation ist farblich dargestellt, welche Bereiche zu welcher Zeit gefüllt wurden. Um die Bindenaht zu vermeiden, wird der Anguss auf die Bodenmitte des Verschlussstopfens gelegt. Bild 2 zeigt das Füllen der Kavität mit der geänderten Angussposition. Dabei entstehen eine einheitliche Fließfront, keine Bindenähte und kürzere Füllzeiten *(fill times)*.

Mit der computergestützten Füllsimulation besteht die Möglichkeit, bei vorhandenen CAD-Produktdaten auf einfache Weise verschiedene Varianten von Anzahl, Position und Art der Anschnitte mit unterschiedlichen Prozessparametern zu testen. Dadurch lassen sich unerwünschte Effekte wie z. B. Bindenähte, Lufteinschlüsse *(air pockets)*, zu hohe Drücke oder zu niedrige Fließgeschwindigkeiten im herzustellenden Werkzeug vermeiden.

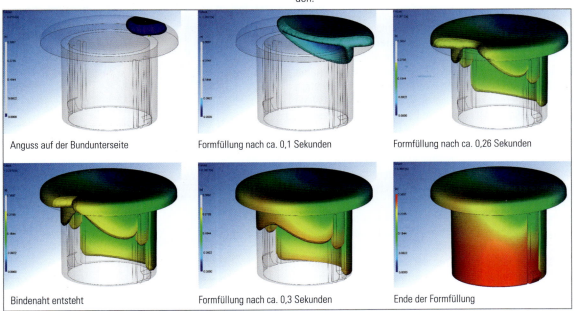

1 *Füllsimulation für Verschlussstopfen mit Anguss von Bundunterseite*

2 *Füllsimulation für Verschlussstopfen mit Anguss von der Deckelmitte* [2]

---

[1] Auch rheologisches Verhalten genannt, (Rheologie: Fließkunde, die sich mit dem Fließverhalten von Materie beschäftigt)
[2] Mit Unterstützung von: /www.optimized-plastics.de

MERKE
Mithilfe von Füllsimulationen lassen sich Angusssysteme optimieren, bevor die Werkzeuge gebaut sind.

2.1.4 Temperiersysteme

2.1.4.1 Wärmebilanz beim Spritzgießwerkzeug
Ein optimales Spritzgießwerkzeug liefert bei möglichst kurzer Zykluszeit *(cycle time)* einen oder mehrere Spritzlinge in der gewünschten Qualität. Beim Füllen der Kavität wird dem Spritzgießwerkzeug mit dem Thermoplast die Wärme Q_{zu} zugeführt (Bild 1).

Die zugeführte Wärmeenergie Q_{zu} hängt ab von
- der spezifischen Wärmeenergie *(specific thermal capacity)* des jeweiligen Kunststoffs,
- der Schmelztemperatur *(melting temperature)*,
- der Entformungstemperatur *(demoulding temperature)* und
- der Masse *(mass)* des Artikels.

Die Werkzeugtemperatur soll an der formgebenden Kontur möglichst gleich und konstant sein, damit der Artikel gleichmäßig erstarrt und hohen Qualitätsansprüchen gerecht wird. Sie ist vom jeweiligen Kunststoff abhängig[1]. Das Temperiersystem sorgt für die gleichbleibende Werkzeugtemperatur. Dazu transportiert es Wasser oder Öl als **Temperiermedium** *(heating fluid)* durch Kanäle, die sich in den Formplatten befinden[2]. Beim Anfahren des Werkzeugs kann damit die Form erwärmt und im Dauerbetrieb gekühlt werden. Beim Kühlen befördert das Temperiermedium die meiste Wärme Q_T aus dem Werkzeug. Die Kühlzeit ist die längste Phase des Spritzgießzyklus. In dieser Phase muss dem Artikel so viel Wärme entzogen werden, dass er formstabil entformt werden kann. Je intensiver der Wärmeaustauch zwischen Kunststoff und Temperiersystem ist, desto mehr verkürzt sich die Kühl- und damit auch die Zykluszeit bzw. erhöht sich die Wirtschaftlichkeit *(cost effectiveness)* des Spritzgießwerkzeugs.

Durch die Temperaturdifferenz vom Werkzeug zur Umgebung gibt das Werkzeug die Wärme Q_U an die Umgebung ab. Die Entformungstemperatur *(demoulding temperature)* hängt von der Kunststoffart, der Form und der Genauigkeit des Formteils ab. Beim Entformen des warmen Artikels wird die Wärme Q_A aus dem Werkzeug transportiert.

MERKE
Das Temperiersystem sorgt für eine möglichst gleichmäßige, konstante Werkzeugtemperatur und nimmt einen intensiven Wärmeaustausch mit der Kunststoffschmelze vor.

Bei Spritzgießwerkzeugen für **Duroplaste** oder **Elastomere** benötigen die Artikel zum Aushärten Wärmeenergie. Bei diesen Werkzeugen führt das Temperiersystem der Form Wärme zu. Dazu wird das Temperiermedium außerhalb der Form erwärmt.

2.1.4.2 Wärmeübertragung und Formteilverzug
(heat transfer and part warpage)
Nach dem Füllen der Form beginnt die Erstarrung der Kunststoffschmelze an den Formwandungen, weil Wärmeübergang

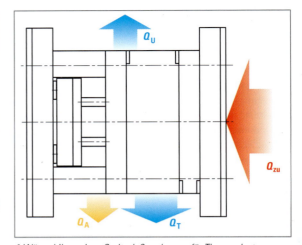

1 Wärmebilanz eines Spritzgießwerkzeugs für Thermoplaste

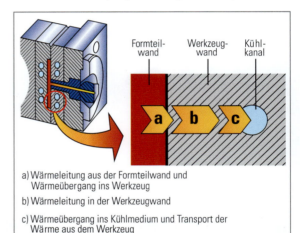

a) Wärmeleitung aus der Formteilwand und Wärmeübergang ins Werkzeug
b) Wärmeleitung in der Werkzeugwand
c) Wärmeübergang ins Kühlmedium und Transport der Wärme aus dem Werkzeug

2 Wärmeübertragung von der Kunststoffschmelze zum Temperiermedium

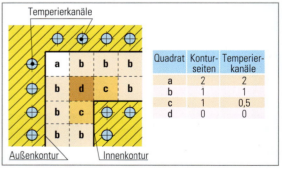

Quadrat	Kontur-seiten	Temperier-kanäle
a	2	2
b	1	1
c	1	0,5
d	0	0

3 Wärmeübergang an der Innen- und Außenseite des Artikels

von der Schmelze an die kühlere Formwandung erfolgt. Die Wärmeübertragung *(heat transfer)* von der Kunststoffschmelze zum Temperiermedium *(heating fluid)* verdeutlicht Bild 2. Die Abkühlungsgeschwindigkeit des Formteils steigt mit der Temperaturdifferenz zwischen Schmelze und formgebender Werkzeugkontur. Im Bild 3 ist ein Teilschnitt durch ein Werkzeug dar-

[1] siehe Lernfeld 6 Kap. 3.3.2
[2] siehe Lernfeld 6 Kap. 1.2.4.1

gestellt, mit dessen Hilfe beispielhaft die Wärmeübertragung erklärt wird.

Zu Beginn erstarrt die Schmelze an den Werkzeugwandungen und die maximale Kunststofftemperatur liegt in der Mitte der Artikelwand. Zur Erklärung der Wärmeübertragung und der damit entstehenden Probleme ist der Querschnitt des Formteils in gleichgroße Flächen (Quadrate) unterteilt. Die Temperierkanäle *(tempering channels)* sind in gleichen Abständen an der Innen- und Außenseite angebracht. Die Tabelle in Bild 3 auf Seite 484 gibt an, wie viele Seiten der Quadrate die Werkzeugwand berühren und wie viele Temperierkanäle sie kühlen. Somit ist die Wärmeübertragung bei a am besten und bei d am schlechtesten.

Unter den dargestellten Bedingungen ist der Wärmeaustausch an der Außenseite des Artikels intensiver als an der Innenseite. Dadurch erstarrt die Außenseite schneller als die Innenseite, sodass die Restschmelze nicht mehr in der Wandmitte liegt, sondern zur Innenseite wandert (Bild 1a). Durch die Volumenabnahme während des Erstarrens der Restschmelze entstehen Kräfte im Artikel, die zu Spannungen führen (Bild 1b). Beim Entformen gleichen sich die Spannungen im Spritzling aus, indem ein Formteilverzug stattfindet. Für das Beispiel bedeutet das, dass der Innenwinkel des Formteils kleiner als die gewünschten 90° wird. Zusätzlich können neben **Lunkern** *(blowholes)* und **Einfallstellen** *(shrinkage marks)* auch Risse am Spritzling entstehen.

Der Verzug wird vermieden, wenn die Restschmelze in der Wandungsmitte erstarrt. Dazu muss entweder die Wärmeübertragung an der Außenseite verringert oder an der Innenseite vergrößert werden. Das geschieht durch Anpassung der Temperierung. Zusätzliche, innen angebrachte Kühlkanäle vergrößern die Wärmeübertragung.

Eine optimierte Temperierung vermindert bzw. verhindert den Formteilverzug *(part warpage)*.

Die Kühlzeit ist maßgeblich von der **Wandstärke des Artikels** abhängig. Sie steigt etwa **quadratisch** mit der Wandstärke, d. h., bei Verdopplung der Wandstärke vervierfacht sich die Kühlzeit.

2.1.4.3 Temperiermedien *(heating fluids)*

Wasser aber auch Öl dienen als Temperiermedien. Da die Wärmeleitfähigkeit des Wassers etwa viermal höher ist als die des Öls, kann das Wasser die Wärmeenergie wesentlich besser als Öl aufnehmen. Die Wasserkühlung *(water cooling system)* führt somit zu einem intensiveren Wärmeaustauch im Werkzeug. Allerdings können – bedingt durch das Wasser – die Kühlkanäle rosten oder sich durch Kalkablagerungen *(limescales)* zusetzen. Große Abkühlungsgeschwindigkeiten verkürzen zwar die Zykluszeit, können jedoch zu Artikelverzug führen. Deshalb werden Spritzgießformen für Artikel mit hohen Maß- und Formgenauigkeiten oft mit Öl temperiert. Dadurch verringern sich Abkühlungsgeschwindigkeiten und Formteilverzug.

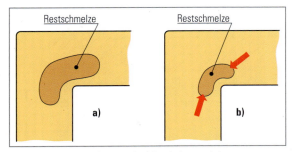

1 Restschmelze wandert aus der Wandmitte nach Innen

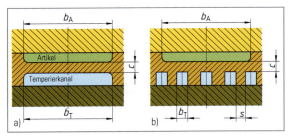

2 a) Theoretisch idealer Temperierkanal
b) durch Stege getrennte Temperierkanäle

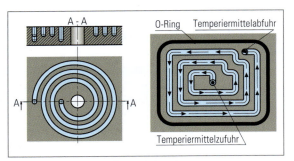

3 Durch Stege getrennte Temperierkanäle

2.1.4.4 Temperierkanäle *(tempering channels)*

Ein idealer Wärmeaustausch wäre mit einem Temperierkanal möglich, dessen Breite b_T der Artikelbreite b_A entspricht (Bild 2a). Allerding würde sich durch den Werkzeuginnendruck die Formwandung verformen, sodass diese Lösung nicht in Frage kommt.

Bleiben Stege *(webs)* mit der Breite b_T stehen (Bild 2b), erhält die Form die erforderliche Steifigkeit, allerdings wird dadurch die Wärmeübertragung an das Temperiermedium gemindert. Zur Herstellung dieser Kanäle ist eine **zusätzliche Teilung** der Formplatten nötig. Sie werden bei ebenen Artikelflächen oft spiralenförmig *(helical)* ausgeführt (Bild 3).

Durch Bohren sind Temperierkanäle mit kreisförmigem Querschnitt (Bohrungsdurchmesser d_T) einfacher herzustellen (Seite 486 Bild 1). Zusätzliche Plattenteilungen sind nicht nötig, was die Steifigkeit des Werkzeugs erhöht. Allerdings ist die Oberfläche des Kühlkanals, über die die Wärmeübertragung stattfindet, bei den Kühlbohrungen *(coolant holes)* kleiner als bei den rechteckigen Kanälen, wenn $d_T = b_T$.

2.1 Spritzgießwerkzeuge

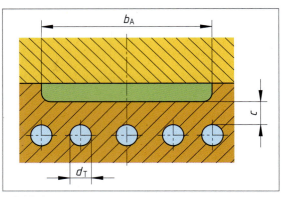

1 Kühlbohrungen

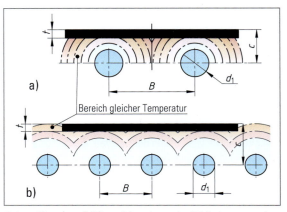

2 Auswirkung von Größe und Anordnung der Kühlbohrungen auf die Temperaturverteilung der formgebenden Kontur

Bei der Wärmeübertragung von der formgebenden Kontur zu den Kühlkanälen nimmt die Temperatur in der Formplatte ab. Dabei besitzen konzentrische Bereiche um die Kanäle die gleiche Temperatur (Bild 2). In Bild 2a sind wenige große Kanäle in kleinem Abstand zur Kavität angeordnet. Dabei treffen auf die Formwandung viele konzentrische Bereiche mit unterschiedlichen Temperaturen. Dadurch entsteht eine sehr unterschiedliche Temperaturverteilung an der Formwandung, die einen ungleichen Wärmeübergang vom Spritzling auf die Formwandung zur Folge hat. Im Bild 2b sind die Verhältnisse für mehrere kleine Kanäle dargestellt, die im größeren Abstand zur Kontur angeordnet sind.

Überlegen Sie!

1. Welche Auswirkungen hat die im Bild 2b dargestellte Anordnung auf die Temperatur der Formwandung und den Wärmeübergang?
2. Stellen Sie die Auswirkungen der beiden in Bild 2 dargestellten Alternativen auf die Fertigung der Kühlbohrungen gegenüber.

MERKE

Eine möglichst gleichmäßige Temperaturverteilung an der formgebenden Werkzeugkontur
- verbessert das Aussehen des Formteils,
- reduziert seine Schwindung *(shrinkage)*,
- verringert die Eigenspannungen *(internal stresses)* des Spritzlings,
- sorgt für einen gleichmäßigen Gefügeaufbau *(strucutre)* und
- verbessert die Form- und Maßgenauigkeit *(dimension accuracy)* des Artikels.

In Bild 3 sind Erfahrungswerte für die Größe und Anordnung von Kühlkanälen zusammengestellt.
Im Bild 4 ist beispielhaft die Anordnung von Kühlbohrungen für einen und zwei Kühlkreisläufe *(cooling circuits)* dargestellt. Bei Formen mit mehreren Kühlkreisläufen lassen sich diese unterschiedlich regeln, sodass sich die Temperierung für die verschiedenen Bereiche optimieren lässt. So können die Bereiche, aus denen besonders viel Wärme abzuführen ist, intensiver gekühlt werden. Dadurch erhält die Form in allen Bereichen etwa die gleiche Temperatur. Die Montage der Verschlussstopfen ist im Lernfeld 6 beschrieben. Es gibt eine Vielzahl von Normalien für die Temperierung.

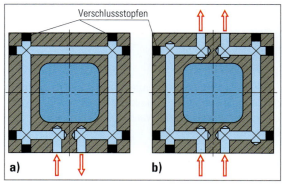

4 Anordnung der Kühlbohrungen bei
a) einem und
b) zwei Kreisläufen

Wanddicke des Spritzgießteils in mm	Abstand Bohrungsmitte zum Spritzgießteil in mm	Bohrungsmittenabstand in mm	Bohrungsdurchmesser in mm
0,0 ... 1,0	11,3 ... 15,0	10,0 ... 13,0	4,5 ... 6,0
1,0 ... 2,0	15,0 ... 21,0	13,0 ... 19,0	6,0 ... 8,5
2,0 ... 4,0	21,0 ... 27,0	19,0 ... 23,0	8,5 ... 11,0
4,0 ... 6,0	27,0 ... 35,0	23,0 ... 30,5	11,0 ... 14,0
6,0 ... 8,0	35,0 ... 50,0	30,5 ... 40,0	14,0 ... 18,0

3 Erfahrungswerte zu Größe und Anordnung der Kühlbohrungen

2.1.4.5 Kerntemperierung *(core tempering)*

Beim Erstarren schrumpft der Kunststoff auf den Kern (Bild 1.), während sich zwischen Artikel und Kavität ein Luftspalt bildet. Dadurch wird der Wärmeübergang auf den Kern verbessert, während er sich zur Kavität hin verschlechtert. Aus diesem Grunde müssen die Kerne besonders gut temperiert werden.

Das **Trennblech** *(partition plate)* (Bild 1) soll das Temperiermedium bis auf den Grund der Kernbohrung und anschließend wieder zurück leiten. Da es nur an einer Seite fixiert ist, kann es sich durch den Strömungsdruck *(flow pressure)* verbiegen und es kommt zu einer ungleichmäßigen Temperaturverteilung im Kern. Ein **wendelförmiger Umlenksteg** zentriert sich selbst und leitet das Temperiermedium bis auf den Grund der Kernbohrung und zurück.

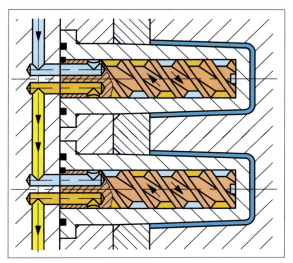

3 Reihentemperierung mit zweigängigem Spiral- bzw. Wendelkern

Hohe Kerne mit kleinen Durchmessern lassen sich mit **Verteilerrohren** (Bild 4), Kupfereinsätzen (Bild 5) oder Wärmeleitpatronen (Seite 488 Bild 1) temperieren. Das Temperiermedium strömt innen durch das Verteilerrohr, kehrt seine Richtung auf dem Bohrungsgrund um und fließt zwischen Verteilerrohr und Kernbohrungswand zurück.

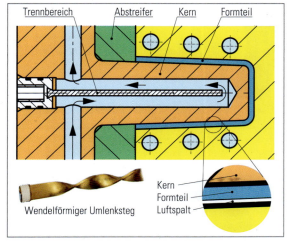

1 Kerntemperierung mit Trennsteg oder wendelförmigem Umlenksteg

Eine Weiterentwicklung der wendelförmigen Umlenkstege sind ein- oder zweigängige **Spiral- oder Wendelkerne** *(coil cores)* (Bilder 2 und 3). Mit diesen erfolgt eine Zwangsführung des Temperiermediums in der Kernbohrung, sodass ein gleichmäßiger Wärmeübergang erfolgen kann. **O-Ringe** dichten die Temperierkanäle ab.

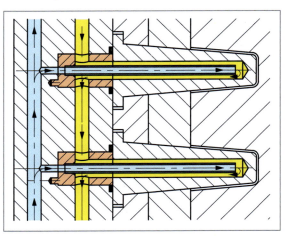

4 Paralleltemperierung mit Verteilerrohren

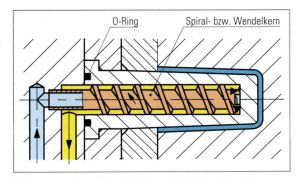

2 Kerntemperierung mit eingängigem Spiral- bzw. Wendelkern

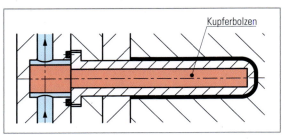

5 Kerntemperierung mit Kupferbolzen

Der **Kupfereinsatz** wird in die Kernbohrung eingepresst, um den Wärmeübergang von Stahl auf Kupfer günstig zu gestalten. Das Kupfer leitet die Wärme wesentlich besser als Stahl von dem Kernbereich mit hoher Temperatur zu dem Temperiermittel. Die hohlen **Wärmeleitpatronen** enthalten eine Flüssigkeit, die in der heißen Kernzone verdampft. Die zum Verdampfen benötigte Wärmeenergie wird dem Kern entzogen. Der Dampf kondensiert in dem kälteren Bereich der Wärmeleitpatrone, der vom Temperiermittel umspült wird. Dabei wird die Wärmeenergie an das Temperiermedium abgegeben.

Wenn in einer Form mehrere Kerne zu temperieren sind, kann das mithilfe von Reihen- oder Paralleltemperierung erfolgen. Die **Reihentemperierung** (Seite 487 Bild 3) ist einfacher auszuführen. Sie hat jedoch den Nachteil, dass sich das Temperiermedium mit zunehmendem Strömungsweg erwärmt und die Kerne unterschiedliche Temperaturen annehmen. Bei Mehrfachwerkzeugen entsteht dadurch eine unterschiedliche Qualität der Spritzlinge. Daher wird nach Möglichkeit die **Paralleltemperierung** (Seite 487 Bild 4) bevorzugt. Bei ihr wird den einzelnen Kernen über einen Sammelkanal das Temperiermedium zugeführt. Dadurch fließt in allen Kerne das Temperiermedium mit gleicher Temperatur. Nach dem Durchströmen der Kerne wird das Medium von einem weiteren Sammelkanal aus dem Werkzeug geführt.

2.1.4.6 Konturnahe Temperierungen
(close to edge tempering)

Durch **Selektives Laserschmelzen**[1] *(selective laser melting)* lassen sich Formeinsätze und Kerne herstellen, bei denen eine sehr gleichmäßige Temperierung der formgebenden Werkzeugoberfläche möglich ist. Dadurch wird sowohl die Zykluszeit reduziert als auch die Qualität des Formteils verbessert.

Mit **flexiblen Temperierkanälen** (Bild 2) lassen sich Form- oder Zwischenplatten konturnah temperieren. Bestehende Werkzeuge mit unzureichender Kühlung lassen sich nachträglich optimieren. In die Platte wird konturnah eine Nut gefräst, in die der Kanal einzupressen ist[2]. Um einen möglichst intensiven Wärmeaustausch zu erreichen, wird der Kanal mit Wärmeleitpaste in die Nut montiert.

2.1.4.7 Temperierung mit Kältemittel *(refrigerant)*

In dünnwandigen Kern- oder Schieberkonturen (Bild 3) lassen sich nur sehr kleine Kühlbohrungen anbringen, die sich bei einer Temperierung mit Wasser leicht zusetzen können. Gleichzeitig ist die Mantelfläche der Bohrungen, an denen die Wärmeübertragung stattfindet, sehr klein und das pro Minute durchfließende Volumen ebenfalls. Aus diesem Grunde würde sich die Schieberkontur mehr aufheizen als die restliche Form. Um die Temperierung des Schiebers zu verbessern, wurde Kältemittel als Temperiermedium gewählt. Die Kühlung mit einem Kältemittel[3] ergänzt die Wasser- oder Öl-Temperierung. Das Kältemittel wird im flüssigen Zustand, unter Druck (12 bar) stehend, durch Kapillarröhrchen (z. B. ⌀0,5 mm) zum Temperierbereich geleitet. In der Verdampferbohrung (z. B. ⌀1 mm) expandiert und verdampft das Kältemittel. Dabei entstehen Temperaturen zwischen 5 bis -20 °C. Für die Verdampfung benötigt das Kältemittel Energie, die es in Form

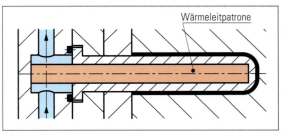

1 Kerntemperierung mit Wärmeleitpatrone

2 Flexibler Temperierkanal mit quadratischem Querschnitt

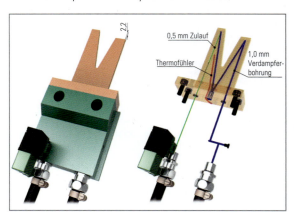

3 Dünnwandige, mit Kältemittel gekühlte Schiebekontur

von Wärme aufnimmt. Dadurch wird der formgebende Bereich im Werkzeug auf die notwendige Entformungstemperatur gekühlt. Der Thermofühler gibt die Isttemperatur *(actual temperature)* an die Steuerungs- und Regeleinheit zurück, die für die pulsierende Zufuhr des Kältemittels sorgt. Das gasförmige Kältemittel fließt zurück in die Anlage, in der es wieder verflüssigt wird (geschlossener Kreislauf ohne Medienverlust). Die CO_2-Temperierung erfolgt auf ähnliche Weise, wobei das CO_2 unter wesentlich höherem Druck im Zulauf (ca. 50-60 bar) und der Verdampfungstemperatur (ca. -50 °C) als gasförmiges CO_2 an die Umgebung abgegeben wird. Durch die Kältemittel- oder CO_2-Temperierung ergeben sich folgende Vorteile:

- Engste Bereiche im Werkzeug können temperiert werden (Hot-Spots werden vermieden).
- Separate Temperierung von dickwandigen *(thick-walled)* Artikelbereichen ist möglich.
- Kürzere Zykluszeiten erhöhen die Produktivität.

---
[1] siehe Lernfeld 10 Kapitel 5.2.5
[2] siehe Lernfeld 8 Kap. 1.6.2, Seite 297 Bild 1
[3] Stemke-Kühlung: R448a

2.1 Spritzgießwerkzeuge

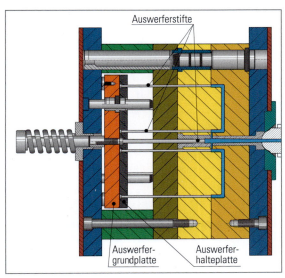

1 Entformung mit Auswerfern

Nachteilig sind die höheren Investitionskosten für das Werkzeug und die Anlage sowie die Kosten während der Fertigung.

2.1.5 Entformungssysteme

Nachdem das Formteil erstarrt ist, muss es entformt werden. Durch die Schwindung schrumpft der Artikel auf den Kernen auf, die üblicherweise auf der beweglichen Werkzeughälfte liegen. Beim Öffnen der Form wird der Spritzling mithilfe des Entformungssystems *(demoulding system)* von den Kernen aus der Form gedrückt.

2.1.5.1 Auswerfer *(ejectors)*

Auswerfer entformen die meisten Formteile (z. B. Bild 1 und Seite 471 Bild 1). Die Funktion des Auswerfersystems *(ejector system)* wurde im Lernfeld 6 ausführlich beschrieben[1]. Auswerfer gibt es in den unterschiedlichsten Formen (Bild 2). Sie werden von Normalienherstellern in vielen Varianten angeboten. Meist kommen zylindrische Auswerfer mit der Toleranz g6 zum Einsatz (Bild 2a, b, c), weil sie sich in mit H7 tolerierten Bohrungen leicht verschieben lassen. Ansonsten muss ihr Querschnitt der Formteilgeometrie angepasst werden (Bild 2d). In diesen Fällen ist der Auswerfer in der Auswerferhalteplatte (Bild 1) gegen Verdrehen zu sichern. Abgesetzte Auswerfer (Bild 2c) werden genutzt, wenn die Angriffsfläche am Spritzling klein ist (∅0,5 mm ... ∅2,5 mm) und kleine Kräfte zu übertragen sind. Der abgesetzte Schaft erhöht die Knickfestigkeit *(buckling resistance)* des Auswerfers.

Die Auswerferquerschnitte müssen so groß sein, dass die Flächenpressung zwischen Auswerfer und Formteil nicht zur Deformation des Spritzlings führt. Sie sind dort anzuordnen, wo große Entformungswiderstände vorliegen. Auswerfer sind meist aus legiertem Werkzeugstahl (z. B. 1.2210) und durchgehärtet, damit ihr Verschleiß gering ist. Nitrierte Auswerfer *(nitrided ejectors)* haben eine harte Randschicht und einen zäheren Kern. Mit DLC-Beschichtung[2] versehene Auswerfer

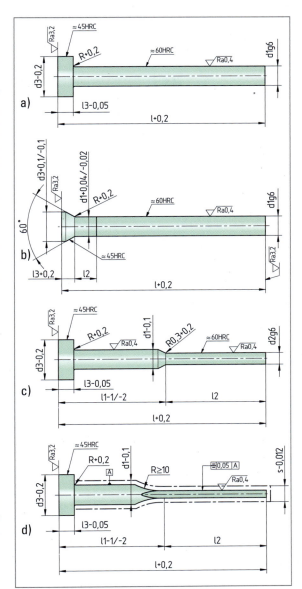

2 Auswahl von Auswerfertypen

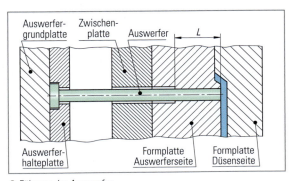

3 Führung der Auswerfer

[1] siehe Lernfeld 6, Kapitel 1.2.6.2 [2] siehe Lernfeld 9 Kap. 5

verfügen über eine sehr glatte, harte (z. B. 3000 HV) und verschleißarme Oberfläche.

Die Führung der Auswerfer erfolgt meist in der Formplatte (Seite 489 Bild 3) nur über einen begrenzten Bereich L. Dadurch wird die Gefahr des Fressens und Verklemmens vermindert und gleichzeitig die Formentlüftung gefördert. Gehärtete, nitrierte oder DLC-beschichtete Auswerferhülsen (Bild 1) sind in der Formplatte montiert. Sie besitzen außen (g6) und innen (H5) enge Maß- und Zylinderformtoleranzen[1]. Dadurch ist eine sehr genaue Führung der Auswerfer möglich. Wenn der Verschleiß der Berührungsflächen von Auswerfer und Hülse das zulässige Maß überschritten hat, kann ein Austausch erfolgen, ohne dass an den Formplatten Reparaturen nötig sind.

Überlegen Sie!

1. Welche Funktion übernimmt die Auswerferhülse in Bild 2?
2. Beschreiben Sie das Entformen des Spritzlings.

2.1.5.2 Zwangsentformung, Abstreifer, Abdrückteller und Luftentformung

Die Verschlusskappe (2) in Bild 3 ist ein typisches Beispiel für eine **Zwangsentformung** *(forced demoulding)*. Die Verschluss-

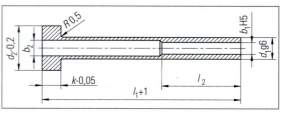

1 Auswerferhülse

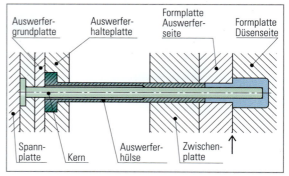

2 Auswerferhülse als Auswerfer

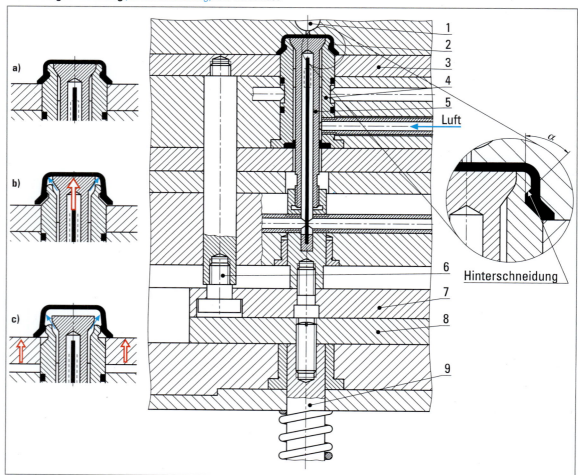

3 Ausschnitt: Mehrfachwerkzeug mit Abstreifer, Abdrückteller, Luftunterstützung beim Entformen und Zwangsentformung

[1] siehe Lernfeld 5 Kap. 2.2.1

2.1 Spritzgießwerkzeuge

klappe besitzt eine Hinterschneidung, die zwangsentformt wird. Der Winkel α an der Hinterschneidung sollte dabei nicht größer als 45° sein. Der heiße Artikel dehnt sich elastisch beim Entformen und federt nach dem Überwinden der Hinterschneidung wieder in die ursprüngliche Form zurück. Die zulässige Dehnung bei der Zwangsentformung ist vom verwendeten Thermoplast abhängig.

Der Entformungsprozess geschieht in mehreren Phasen. Wenn a) die Form geöffnet ist, fährt der Anschlagbolzen *(stop pin)* (9) die Auswerfergundplatte (8) und die Auswerferhalteplatte (7) vor. Da der Fuß der Auswerferstange *(ejector rod)* (6) ein axiales Spiel in der Auswerferhalteplatte hat, fährt zunächst der Abdrückteller (5) vor. Dadurch öffnet sich einerseits b) der kreisringförmige Kanal zwischen Abdrückteller und Kern (4). Durch den Kanal strömt **Druckluft**, die verhindert, dass sich ein Vakuum unterhalb der Verschlussklappe bildet. Gleichzeitig fördert die Druckluft das Lösen des Spritzlings aus der Hinterschneidung. Das Vorfahren des Abdrücktellers bewirkt andererseits Zugspannungen im Formteil, die das Lösen der Hinterschneidung fördern. Sind die Auswerferplatten soweit vorgefahren, dass das Spiel am Fuß der Auswerferstange überwunden ist, fährt c) die **Abstreiferplatte** (3) *(wiper/stripper plate)* mit vor und drückt die dünnwandige Verschlusskappe vom Kern. Die Druckluft dient nicht nur zur Unterstützung beim Entformen, sondern auch zur Kühlung von Abdruckteller und Kern.

> **MERKE**
> Abstreiferplatten und -buchsen entformen dünnwandige, becherförmige Formteile[1]. Sie ermöglichen Zwangsentformungen. Die Enformungskräfte *(demoulding forces)* wirken auf den gesamten kreisringförmigen Querschnitt, sodass keine Markierungen durch Auswerferstifte entstehen.

Überlegen Sie!
1. Benennen Sie das Element, das das Temperiermittel durch den Abdrückteller leitet.
2. Beschreiben Sie die Temperierung des Kerns.
3. Begründen Sie, ob es sich bei der Temperierung des Abdrücktellers um eine Reihen- oder Paralleltemperierung handelt.
4. Durch welche Elemente erfolgt die Abdichtung des Temperiermediums von Kern zur Formplatte?

2.1.5.3 Schieber *(slide feeds)*
Schrägbolzenschieber

Abfalleimer sollen zwei Griffe (Bild 1) aus PP (Polypropylen) erhalten, die in einem Zweifachwerkzeug gespritzt werden. Ohne die Durchbrüche am Griff, die zur Befestigung am Abfalleimer dienen, wäre der Werkzeugaufbau relativ einfach.

Überlegen Sie!
Legen Sie die Konturen fest, die von der auswerferseitigen bzw. düsenseitigen Formplatte abgebildet werden und begründen Sie Ihre Entscheidung.

1 Griffe für Abfalleimer mit Hinterschneidung

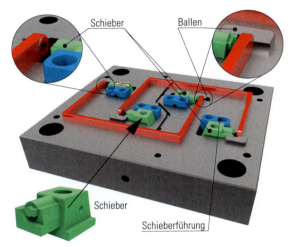

2 Auswerferseitige bzw. bewegliche Formplatte

Im Bild 2 sind die wesentlichen Elemente der auswerferseitigen Formplatte dargestellt. Die vier Durchbrüche lassen sich nur mit Schiebern entformen, die sich quer zur Entformungsrichtung der Griffe bewegen müssen. Die Schieber werden in eng tolerierten T-Nuten *(T-slots)* geführt. Bei geschlossener Form (Seite 492 Bild 1 unten) befinden sich die Schieber in der vorderen Endlage, in der sie durch die Verriegelungen mit den gehärteten Druckplatten gehalten werden.

> **MERKE**
> Schieber entformen Hinterschneidungen, die meist quer zur Hauptentformungsrichtung des Werkzeugs liegen.

Überlegen Sie!
1. Durch welche Maßnahmen wird bei der Fertigung erreicht, dass die beweglichen Schieber in der Formplatte zum Artikel hin abdichten und gleichzeitig die Werkzeugtrennebene dicht ist[2]?
2. Aus welchem Grund sind die Ballen im Bild 2 nötig?

In den Schiebern befinden sich schräge Bohrungen, in die **Schrägbolzen** eintauchen. Mit dem Öffnen der Form (Seite 492

---
[1] siehe auch Seite 477, Bilder 3 und 4
[2] siehe Lernfeld 9, Kapitel 4.1.3

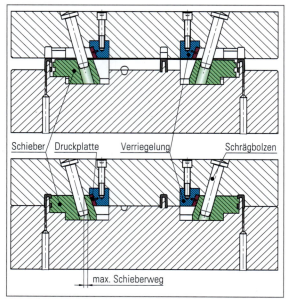

1 Funktionsweise von Schiebern, die über Schrägbolzen gezogen werden. (Es fehlen die Verschraubungen und Auswerfer)

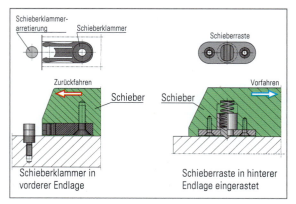

2 Schiebersicherungen

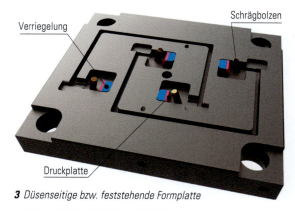

3 Düsenseitige bzw. feststehende Formplatte

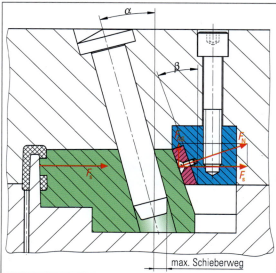

4 Kraftaufnahme durch die Verriegelung

Bild 1 oben) ziehen die Schrägbolzen die Schieber zurück und legen die Hinterschneidung frei. Nachdem der Bolzen komplett aus dem Schieber zurückgezogen ist und sich der Schieber in der hinteren Endlage befindet, wird er in dieser Position durch eine **Schiebersicherung** (Schieberraste oder -klammer) fixiert (Bild 2). Dadurch ist gewährleistet, dass die Schrägbolzen beim Zusammenfahren der Form die schrägen Bohrungen im Schieber sicher treffen. Die Neigung der Schrägbolzens beträgt meist 15° ... 20°. Weiterhin liegt meist ein Spiel von etwa 1 mm zwischen Schrägbolzen und Schieberbohrung vor. Die Normalienhersteller bieten Schiebereinheiten in unterschiedlichen Größen und Funktionen an, deren formgebende Konturen den jeweiligen Artikeln anzupassen sind.

Bild 3 zeigt die wesentlichen Elemente der düsenseitigen Formplatte. Der Forminnendruck erzeugt auf den Schieber eine Kraft F_S (Bild 4), die von der Verriegelung als Normalkraft F_N aufgenommen wird. Die Normalkraft F_N lässt sich in die Komponenten F_S und F_{AS} zerlegen. Während F_S direkt von der Formplatte aufgenommen wird, muss F_{AS} zu der Werkzeugauftreibkraft F_A[1] addiert werden.

Überlegen Sie!

1. Welchen Einfluss hat die die Neigung α des Schrägbolzens auf den möglichen Schieberweg?
2. Wie wirkt sich der Winkel β an der Verriegelung auf die Werkzeugauftreibkraft aus?

MERKE

Das Entformen der Hinterschneidungen beginnt bei Schrägbolzenschiebern mit dem Öffnen der Form.

Hydraulisch betätigter Schieber

Die Innenkonturen des Wandarms für eine Leuchte (Seite 493 Bild 1) lassen sich nur mithilfe von **Schiebern** bzw. **beweglichen Kernen** entformen. Da die Schieberwege sehr lang sind, ist deren Entformung über Schrägbolzen nicht möglich. **Hydraulikzylinder** bewegen die beiden beweglichen Kerne. Sie ermöglichen lange Schieberwege und bringen die Kräfte auf, die erforderlich sind, die kegligen, langen Schieber von dem aufgeschrumpften Artikel zu trennen.

[1] siehe Lernfeld 6 Kap. 1.2.2

2.1 Spritzgießwerkzeuge

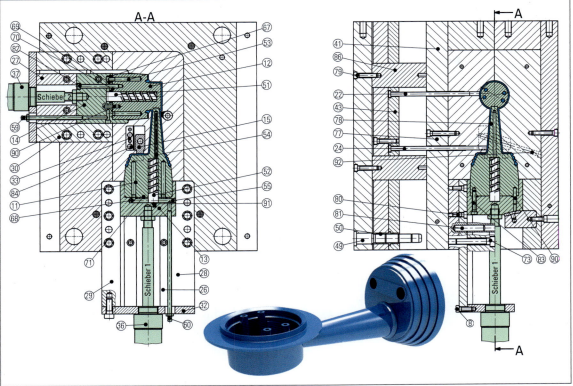

1 Werkzeug mit hydraulisch betätigten Schiebern für den Wandarm einer Leuchte

Der Zyklus zum Spritzgießen des Wandarms (Bild 2) läuft unter Entformungsaspekten folgendermaßen ab:
- Spritzen des Wandarms bei vorgefahrenen Schiebern. Dabei ist der lange, schlanke Schieber 1 an seinem vorderen Ende im Schieber 2 zentriert und gelagert, damit er sich möglichst wenig unter dem auftretenden Spritzdruck verbiegt und der Kernversatz klein bleibt.
- Öffnen der Form bei vorgefahrenen Hydraulikschiebern
- Zurückfahren („Ziehen") des Schiebers 1
- Ziehen des Schiebers 2
- Entformen des Wandarms durch die Auswerferstifte.
- Zurückfahren der Auswerfestifte
- Vorfahren von Schieber 2
- Vorfahren von Schieber 1
- Schließen der Form

Das Ein- und Ausfahren der Hydraulikzylinder wird durch die Programmeingabe für den Spritzzyklus an der Spritzgießmaschine bestimmt und beim Programmablauf aktiviert.

Durch die hohen Werkzeuginnendrücke *(cavity pressures)* besteht die Gefahr, dass die Schieber bzw. beweglichen Kerne gegen die Hydraulikzylinderkräfte nach außen aus der Form gedrückt werden. Damit dies nicht geschieht, sind sie auch formschlüssig in der vorderen Endlage bei geschlossener Form verriegelt. Die Verriegelung (Pos. 13) ist im Bild 1 rechts für den Schieber 1 zu erkennen, für den Schieber 2 erfolgt sie in gleicher Weise.

Überlegen Sie!

1. Mit welcher Kraft wird der Schieber 1 bei einem Werkzeuginnendruck von 380 bar aus der Form gedrückt?
2. Wie werden die Senkbohrungen am Wandarm entformt, in denen die Befestigungsschrauben sitzen und wann geschieht das?
3. Benennen Sie das Bauteil mit der Position 92.
4. Benennen Sie die Bauteile 51, 52 und 54 und geben Sie deren Funktionen an.

MERKE

Hydraulisch betätigte Schieber bzw. Kerne werden eingesetzt, wenn lange Schieberwege oder große Entformungskräfte auf den Schieber wirken[1].

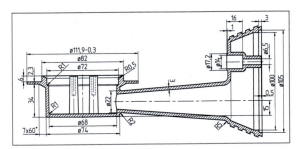

2 Schnitt durch Wandarm

[1] siehe Lernfeld 7 Kap. 3, Seite 228 Bild 1

2.1.5.4 Backen

Das Weißbierglas (Bild 1) wird mit einem Backenwerkzeug *(split mould)* hergestellt. Das Bild 2 zeigt die beiden Formhälften. Durch die Hinterschneidungen, die sich durch den Fuß des „Glases" ergeben, wird eine Backenform benötigt. Schrägbolzen sorgen bei den meisten Backenformen für das Bewegen der Backen. Alternativ sind auch Hydraulikzylinder dafür zuständig. Backenformen werden als Normalien von verschiedenen Herstellern angeboten.

> **MERKE**
> Die Backen formen die gesamte äußere Kavität, während die Schieber immer nur deren Teile abbilden.

Überlegen Sie!
1. Bezeichnen Sie die in den Bildern 1 und 2 gekennzeichneten Werkzeugelemente.
2. Beschreiben Sie das Entformen des Weißbierglases.

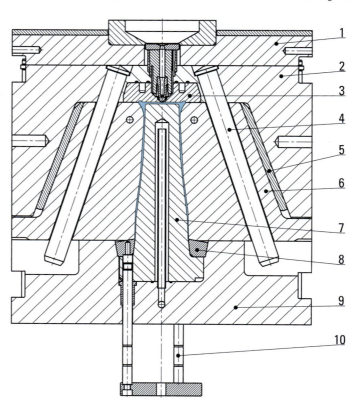

1 Weißbierglas und Backenform

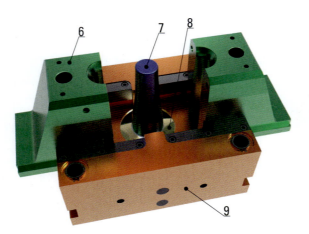

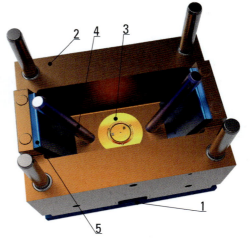

2 Wesentliche Bauteile der Backenform

2.1.5.5 Schraubelemente und Getriebe
(threaded elements and gearing mechanisms)

Das 6-fach-Schraubwerkzeug (Bild 1) dient zum Spritzgießen von Gewindekappen. Die äußere Kontur der Kappe lässt sich problemlos entformen, während im Inneren der Kappe ein durchgehender **Gewindegang** eine Hinterschneidung darstellt. Das Gewinde wird dadurch entformt, dass sich während des Öffnens der Form ein **Gewindekern** *(thread core)* aus dem Artikel herausdreht.

Zum Antrieb des Gewindekerns muss zunächst die geradlinige Öffnungsbewegung der Form in eine Drehbewegung umgewandelt werden. Diese Funktion übernimmt die mehrgängige **Steilgewindespindel** mit der dazugehörenden **Steilgewindemutter**. Die Steilgewindespindel ist fest mit der düsenseitigen Formplatte verbunden. Beim Öffnen der Trennebene 1 wird die Steilgewindemutter von der Steilgewindespindel angetrieben. Nadel- und Axialzylinderrollenlager nehmen die Steilgewindemutter in den Zwischenplatten auf und ermöglichen deren Drehbewegung. Die Steilgewindemutter überträgt das Drehmoment und die Drehbewegung über die **Passfeder** *(key)* auf das zentrale **Stirnrad** *(spur gear)*. Dieses treibt die sechs **Gewindekerne** an, die jeweils über eine Stirnverzahnung verfügen[1].

Damit sich die Gewindekerne aus den Artikeln drehen, müssen sie neben der Drehbewegung eine axiale Bewegung durchführen. Dabei muss der pro Umdrehung zurückgelegte axiale Weg der Gewindesteigung im Artikel entsprechen. Die Gewin-

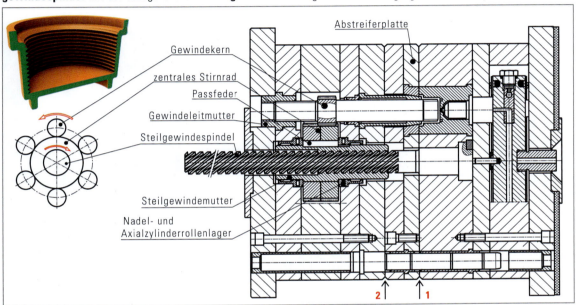

1 Schraubwerkzeug für Gewindekappe

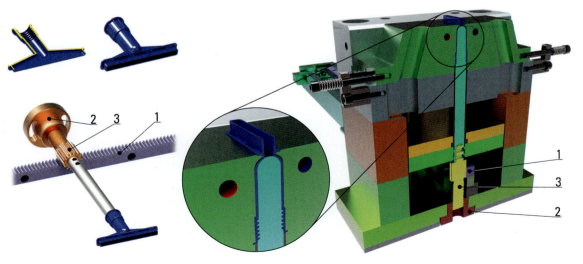

2 Auswerferseitige Formhälfte des Schraub- und Backenwerkzeugs für Flächendüsen

---
[1] Normalienhersteller bieten Berechnungsprogramme für die Übersetzungen der Schraubwerkzeuge an.

deleitmutter übernimmt diese Aufgabe. Sie besitzt das gleiche Gewinde wie der Artikel. Der Gewindekern ist zum Beginn der Entformung schon teilweise in die Gewindeleitmutter eingeschraubt. Durch die Drehung des Gewindekerns dreht er sich zwangsläufig in die Leitmutter, wodurch er sich an der anderen Seite aus dem Artikelgewinde ausschraubt.

Ist das Innengewinde entformt und die Form weit genug geöffnet, werden die Abstreiferplatten über den zentralen Auswerfer nach vorn gedrückt, dabei öffnet sich die Trennebene 2 und die Gewindekappen fallen aus der Form.

Mit dem Spritzgießwerkzeug in Bild 2 auf Seite 495 werden zwei Flächendüsen in unterschiedlichen Größen hergestellt. Dabei geschieht die Entformung der Gewinde nicht zwangsläufig beim Öffnen der Form, sondern wird durch einen Hydromotor eingeleitet, der die Zahnstange (1) antreibt.

Überlegen Sie!

1. Benennen Sie die in Bild 2 auf Seite 495 gekennzeichneten Bauteile und geben Sie deren Funktion an.
2. Sollte das Stirnrad auf Teil 3 eine möglichst große oder kleine Zähnezahl erhalten, damit die Zeit zum Gewindeentformen möglichst kurz wird?
3. Das Rundgewinde im Artikel hat eine Steigung von 3,5 mm und eine Gewindlänge von 14 mm. Das Stirnrad auf Teil 3 hat 16 Zähne bei einem Modul von 1,5 mm. Welchen Weg muss die Zahnstange mindestens zurücklegen, um das Gewinde zu entformen?
4. Wie werden die Außenkonturen der Flächendüsen entformt?

> **MERKE**
> Mit Gewindekernen, die über Getriebeelemente angetrieben werden, lassen sich beliebige Innengewinde an Spritzgussteilen entformen.

2.1.5.6 Einfall- bzw. Faltkerne und Zweistufenauswerfer

Die Verschlusskappen mit Innengewinden werden in einem 8-fach-Werkzeug (Bild 2) geformt. Einfall- bzw **Faltkerne** (Bild 1) entformen die Innengewinde bzw. die Hinterschneidungen in zwei Schritten. Der **Einfallkern** *(collapsing core)* besteht aus mehreren äußeren Segmenten und einem Innenkegel mit

1 Ausschnitt eines Einfall- bzw. Faltkerns

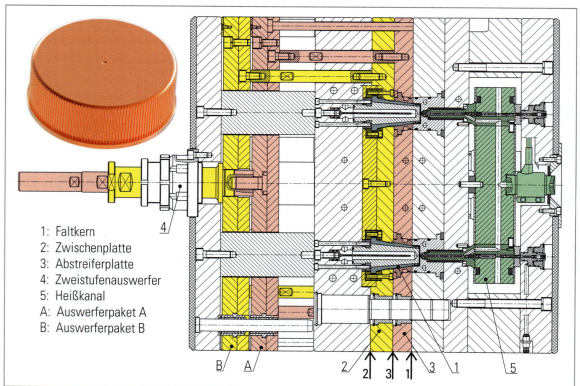

1: Faltkern
2: Zwischenplatte
3: Abstreiferplatte
4: Zweistufenauswerfer
5: Heißkanal
A: Auswerferpaket A
B: Auswerferpaket B

2 8-fach-Werkzeug für Verschlusskappe mit Einfall- bzw. Faltkernen und Zweistufenauswerfer

2.1 Spritzgießwerkzeuge

Schwalbenschwanzführungen. Nach dem Öffnen der Form in der Trennebene 1 befindet sich die auswerferseitige Formhälfte in der Ausgangstellung zum Entformen des Innengewindes (Bild 1a) und die beiden Auswerferpakete A und B liegen aufeinander.

Da das Entformen in zwei Schritten erfolgt, ist ein **Zweistufenauswerfer** nötig. Im ersten Schritt (Bild 1b) verfahren vom Zweistufenauswerfer der Ausstoßerbolzen Pos. 1 und die Schiebehülse Pos. 2 gemeinsam die beiden Kernpakete A und B um den Hub H_1. Dabei verhindern die Begrenzungssegmente Pos. 5, dass sich der Ausstoßerbolzen gegenüber der Schiebehülse bewegen kann. Dadurch verschieben sich Zwischenplatte Pos. 2 und die Abstreiferplatte Pos. 3. Während der Innenkonus des Faltkerns seine Position beibehält, verschieben sich seine äußere Segmente mit der Zwischenplatte. Gleichzeitig bewegen sich damit diese Segmente radial nach innen und legen die Hinterschneidung frei. Die Hublänge H_1 hängt von der Größe der Hinterschneidung und dem dazugehörenden Innendurchmesser des Artikels ab. Sie lässt sich am Zweistufenauswerfer über die Spannbuchse Pos. 3 einstellen.

Ist der Hub H_1 zurückgelegt, wird der zweite Schritt dadurch eingeleitet, dass im Zweistufenauswerfer die Begrenzungssegmente Pos. 5 in die Nut der Spannbuchse Pos. 3 gleiten. Dadurch lässt sich der Ausstoßerbolzens gegenüber der Schiebehülse bewegen. Während das Auswerferpaket B in der erreichten Position stehen bleibt, wird das Auswerferpaket A um den Hub H_2 weiter verfahren. Das Auswerferpaket A bewegt die Abstreiferplatte (3) und entformt die Verschlusskappen (Bild 1c).

> **MERKE**
> Einfall- bzw. Faltkerne dienen vorzugsweise zum Entformen von Gewinden und innenliegenden Hinterschneidungen, bei denen der Hinterschnitt im Verhältnis zum Durchmesser relativ gering ist. Relativ kleine Formöffnungswege ermöglichen kürzere Entformungszeiten gegenüber Schraubwerkzeugen.

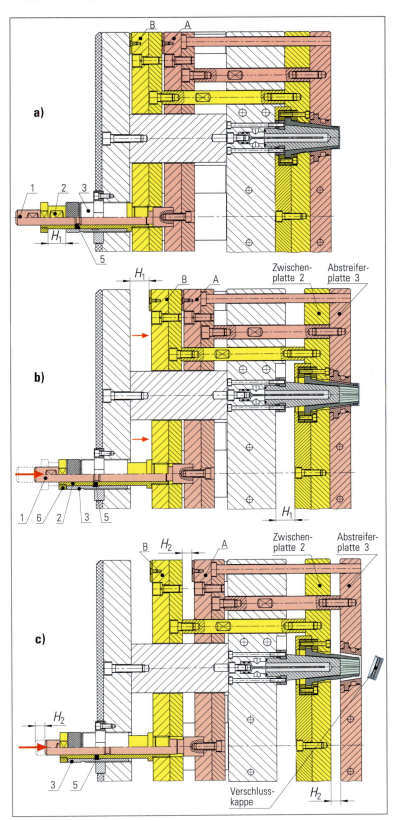

1 Funktionsweise von Zweistufenauswerfer und Einfallkern

Es müssen aber nicht immer zylindrische Innenkonturen sein, die der Einfallkern entformt (Bild 1).

2.1.5.7 Spreizkern *(expandable insert)*
Das Entformen der Hinterschneidung für eine Clip-Verbindung (Bild 2) übernimmt ein Spreizkern. Dieser ist in den Auswerferplatten montiert. Im dargestellten Fall ist für den Spreizkern auch noch ein feststehender Kern erforderlich, der den Hohlraum im Clip formt und in der Aufspannplatte befestigt ist. Beim Auswerfen bewegt sich der Spreizkern mit dem Artikel aus der Formplatte. Dabei gleitet er in einer Hülse und seine Segmente klappen nach außen und geben die Hinterschneidung frei. Beim Zurückfahren des Auswerfersystems formt die Hülse den Spreizkern in die Ausgangsform zurück.

> **MERKE**
> Spreizkerne entformen runde Artikelbereiche mit kleinen Hinterschneidungen. Sie werden als Normalien angeboten.

2.1.5.8 Schrägauswerfer und die Auswerfschiebereinheit
Während Falt- und Spreizkerne komplette Konturen mit Hinterschneidungen entformen, legen spezielle Auswerferausführungen nur Teilbereiche mit Hinterschnitten frei. Beispielhaft werden im Folgenden der Schrägauswerfer und die Auswerfschiebereinheit dargestellt.

Der **Schrägauswerfer** *(slant ejector)* (Bild 3) darf bis zu 10° geneigt in die Formplatte eingebaut werden. Die Auswerferplatten betätigen den Schrägauswerfer, der dabei zwei Funktionen erfüllt:
- Auswerfen des Artikels und
- gleichzeitiges Freilegen der Hinterschneidung

Um die Bewegung in der Schrägen *(slants)* durchführen zu können, muss sich die Lagerung des Schrägauswerfers in der Auswerferhalteplatte verschieben können. Das geschieht meist über eine T-Führung.

Der Weg s, der zum Freilegen des Hinterschnitts erforderlich ist, hängt vom Schrägungswinkel α und dem Auswerferhub H *(ejector stroke)* ab:

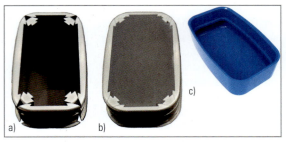

1 Einfallkern für nicht runden Deckel: a) Entformungssituation; b) Füllsituation; c) Artikel

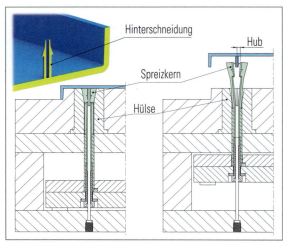

2 Funktion eines Spreizkerns

Die **Auswerfschiebereinheit** (Bild 4) wird von den Auswerferplatten betätigt. Beim Auswerfen verschiebt sich der bewegliche Auswerfer in der Schieberführung, die fest in der Formplatte

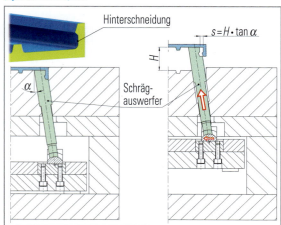

3 Funktion eines Schrägauswerfers

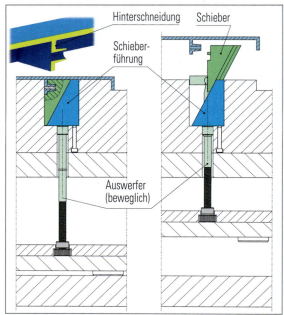

4 Funktion einer Auswerferschiebeeinheit

2.1 Spritzgießwerkzeuge

sitzt. Dabei gleitet der Schieber in der schrägen Schieberführung, wirft den Artikel aus und legt den Hinterschnitt frei. Beim Zurückfahren des Auswerfersystems fährt der Schieber in die Ausgangsposition.

$$s = H \cdot \tan \alpha$$

2.1.5.9 Zweistufiges Entformen (Klinkenzug)
(two-stage demoulding)

Klinkenzüge *(latch locking units)* steuern das Öffnen der Trennebenen. Es gibt sie in verschiedenen Ausführungen. Beispielhaft wird an dem dargestellten Werkzeug (Bild 1) die Funktion des Klinkenzugs dargestellt:
- Im geschlossenen Zustand a) des Spritzgießwerkzeugs sind die Rasten Pos. 6 formschlüssig mit dem Klinkengehäuse Pos. 1 und der Zugleiste Pos. 3 verbunden.
- Beim Öffnen des Spritzgießwerkzeugs b) in der Trennebene 1 wird die Formplatte Pos. 2 (FP2) um den festgelegten Hub s_1 bis zum Anschlag des Klinkengehäuses Pos. 1 an die Steuerplatte Pos. 2 in Pfeilrichtung mitgezogen. In dieser Position entriegeln die Rasten Pos. 6, greifen in die Aussparungen der Steuerplatte Pos. 2 ein und geben damit die Zugleiste Pos. 3 frei. Gleichzeitig wird die Formplatte Pos. 2 (FP2) über das Klinkengehäuse Pos. 1, die Rasten Pos. 6 und die Steuerplatte Pos. 2 durch die Sperre Pos. 5 verriegelt.
- Die Trennebene 2 wird durch weiteres Zurückfahren der Schließ- bzw. Auswerferseite um den Hub s_2 in Pfeilrichtung geöffnet.
- Der Schließvorgang erfolgt in umgekehrter Reihenfolge.

> **MERKE**
> Klinkenzüge steuern an einem Werkzeug mit mehreren Trennebenen deren Öffnen.

2.1.6 Sonderwerkzeuge

Aus der Fülle der Sonderwerkzeuge und -verfahren werden im Folgenden einige dargestellt.

2.1.6.1 Insert- und Outsert-Werkzeuge
Der Winkelstecker (Bild 2) besitzt ein metallisches Einlegeteil (**Insert**). Handhabungsgeräte oder Maschinenbediener positionieren die Metallteile in der geöffneten Spritzgießform. Beim Spritzgießen umfließt die Kunststoffschmelze die Metallteile. Die Verwendung von Einlegeteilen ist nur dann sinnvoll, wenn es die Funktion des Artikels erfordert und dessen verbesserte Eigenschaften die zusätzlichen Kosten rechtfertigen. Die wesentlichen Gründe für die Verwendung von Inserts sind:
- Gewinde zu erhalten, die dynamisch belastet werden können oder eine häufige Demontage ermöglichen
- enge Toleranzen bei Innengewinden zu erzielen
- höhere Beanspruchen an bestimmten Bereichen des Bauteils zu ermöglichen und
- elektrisch leitende bzw. auch isolierende Teile herzustellen

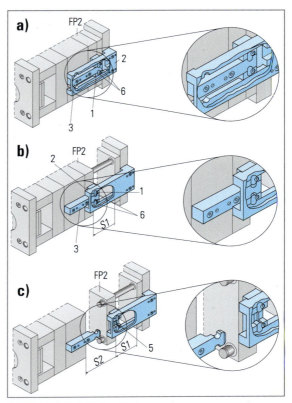

1 Klinkenzug für 3-Platten-Werkzeug

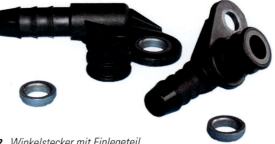

2 Winkelstecker mit Einlegeteil

> **Überlegen Sie!**
> *Nennen Sie aus Ihrem Umfeld weitere Spritzgussteile mit Einlegeteilen (inserts) und geben Sie die Gründe für die Einlegeteile an.*

Die Einlegeteile sollen sich unlösbar mit dem Kunststoff verbinden. Deshalb müssen sie **öl- und fettfrei** sein. Zusätzlich werden sie oft aufgeraut (z. B. gerändelt) oder mit Abflachungen versehen, sodass eine **formschlüssige Verbindung** *(positive locking)* entsteht.

Beim Abkühlen des Kunststoffs schrumpft dieser auf das Einlegeteil. Dabei besteht die Gefahr, dass die entstehenden Spannungen zu Rissen im umgebenden Kunststoff des Einlegeteils führen. Durch **Vorwärmen** *(preheating)* der Einlegeteile lassen sich die Spannungen vermindern, weil beim Abkühlen nicht nur der Kunststoff, sondern auch das Einlegeteil schwindet. Bei schlagzähen Kunststoffsorten ist die Gefahr der Rissbildung geringer als bei spröden. Damit keine zusätzlichen Spannungsspitzen durch Kerbwirkung auftreten, sollen die Einlegeteile möglichst keine scharfen Ecken und Kanten besitzen.

MERKE

Die Spritzgießwerkzeuge, bei denen Einlegeteile im Artikel ganz oder zum größten Teil umspritzt werden, heißen **Insert-Werkzeuge**.

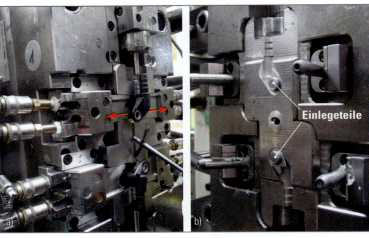

1 Insert-Werkzeug für Winkelstecker a) Auswerferseite, b) Düsenseite

Die Insert-Werkzeuge müssen das Einlegeteil sicher und möglichst genau aufnehmen. Bild 1 zeigt das Insert-Werkzeug für den Winkelstecker aus Bild 2 von Seite 499. Die **Outsert-Technologie** (Bild 2) vereint in einem Folge-

Überlegen Sie!

1. Wie viele Schieber sind für ein Formteil des Winkelsteckers nötig?
2. Beschreiben Sie die Aufgabe für jeden Schieber.
3. Wie wird das Einlegeteil in der Form fixiert?
4. Wodurch wird erreicht, dass die Innenkontur des Einlegeteils nicht mit Kunststoff gefüllt wird (siehe Bild 1)?

prozess das Stanzen und Biegen von Metallplatinen mit dem Aufspritzen von verschiedenen Funktionselementen aus technischen Kunststoffen. Das Outsert-Werkzeug nimmt die vorgefertigten Blechteile positionsgenau auf und umspritzt *(overmoulding)* diese nach dem Schließen der Form. Selbst bewegliche Teile (Hebel, Zahnräder o. ä.) können in einem Schuss auf die Platinen gebracht werden. Dadurch entfallen Montagetätigkeiten und -kosten.

MERKE

Werden in einem Spritzgießwerkzeug Kunststoffeinzelteile auf einer Metallplatine hergestellt, ist es ein **Outsert-Werkzeug** *(outsert tool)*.

2.1.6.2 Gasinnendruck-Spritzgießen
(internal gas pressure injection moulding)

Mit Gasinnendruck-Spritzgießen werden Kunststoffteile mit Hohlräumen (Bild 3) hergestellt. Es ist prinzipiell ein normales Spritzgießen, wobei zusätzlich Gas – meist Stickstoff – unter hohem Druck in die Schmelze gepresst wird. Die beiden wesentlichen Anwendungen des Gasinnendruck-Spritzgießens sind
- Teilfüllungs-Verfahren und
- Nebenkavitäten-Verfahren.

2 Outsert-Bauteil

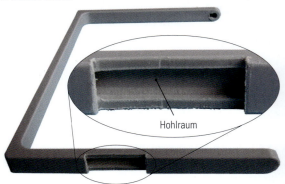

3 Durch Gasinjektionsverfahren hergestellter Bügel

Das **Teilfüllungs-Verfahren** *(partial filling process)* (Bild 4) läuft in folgenden Phasen ab:
1. Die Kavität wird mit Schmelze vorgefüllt.
2. Anschließend wird Gas injiziert, das die Schmelze verdrängt und die vollständige Füllung der Kavität bewirkt.

4 Prinzip des Teilfüllungs-Verfahrens

2.1 Spritzgießwerkzeuge

3. Der Gasdruck wird als Nachdruck aufrechterhalten.
4. Vor Öffnung des Werkzeugs wird der Gasdruck wieder abgebaut.

Das **Nebenkavitäts-Verfahren** *(overflow cavity process)* (Bild 1) läuft in folgenden Phasen ab:
1. Die Kavität wird zunächst vollständig mit Schmelze gefüllt. Die Verbindung zur Nebenkavität ist verschlossen.
2. Der Anguss ist geschlossen. Das Gas wird injiziert und verdrängt Schmelze aus der Kavität in die geöffnete Nebenkavität.
3. Der Gasdruck wird während der gesamten Kühlzeit als Nachdruck aufrechterhalten und wirkt dabei der Schwindung entgegen.
4. Vor der Öffnung des Werkzeugs wird der Gasdruck abgebaut.

Das Gasinjektions-Spritzgießen bringt folgende Vorteile:
- Bei Formteilen mit Hohlräumen lässt sich Material sparen, ohne merkliche Steifigkeitsverluste in Kauf nehmen zu müssen.
- Die Abkühlzeiten und damit die Zykluszeiten verkürzen sich wegen der geringeren Artikelmasse.
- Der Gasinnendruck verbessert die Oberflächenqualität des Artikels und vermeidet bei großen Wandstärken Einfallstellen.

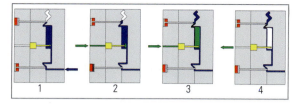

1 Prinzip des Nebenkavitäts-Verfahrens

2 Mehrkomponenten-Kunststoffteile

2.1.6.3 Mehrkomponentenwerkzeuge

Kunststoffteile (Bild 2), die aus verschiedenen Komponenten bestehen, werden auf Spritzgießmaschinen mit zwei oder mehreren Spritzeinheiten hergestellt. Die Komponenten können durch eine Spezialdüse oder an verschiedenen Stellen ins Werkzeug eingespritzt werden. Die Mehrkomponentenwerkzeuge ermöglichen eine Reduzierung der Fertigungsschritte. Dadurch werden erforderliche Montagevorgänge bereits in das Werkzeug verlegt. Mit den Werkzeugen lassen sich besondere Design- und Haptikanforderungen umsetzen.

Es gibt Kunststoffkombinationen, die gut aneinander haften wie z. B. PP/PE, PMMA/ABS, CA/ABS und PC/ABS und solche, die nicht aneinander haften wie z. B. ABS/PP, PA66/PS und PC/PP. Bei letzteren Kombinationen können die Komponenten zueinander beweglich sein.

Sandwich-Werkzeug

Mithilfe des Sandwich-Verfahrens (Bild 3) entstehen Teile, bei denen die innere Komponente nicht sichtbar ist, weil sie von der äußeren vollständig umhüllt ist. Oft wird bei diesem Verfahren Recyclingmaterial als innere Komponente eingesetzt. Schaumfähiges Material eignet sich auch für die innere Komponente. Als Außenhaut wird meist das hochwertigere Material gewählt. Die zuerst einströmende Formmasse legt sich kontinuierlich an die Wand, wohin sie zuletzt von der im Innern strömenden zweiten Komponente geschoben wird. Zwei Spritzeinheiten arbeiten auf einem Spritzkopf zusammen. Der Anguss kann durch die erste Komponente versiegelt werden.

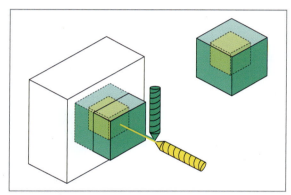

3 Prinzip des Sandwich-Verfahrens

Vorteile:
- stabile Bauteile mit glatter oder weicher Außenhaut
- Materialeinsparung durch Verwendung von Recyclingmaterial
- einfache, kostengünstige Werkzeuge

Schieberwerkzeug *(slide tool)*

Beim Schieber-Verfahren (Seite 502 Bild 1) verschließt ein Schieber den Teil der Kavität, der durch die zweite Komponente zu füllen ist. Noch bevor die erste Komponente vollständig erstarrt ist, fährt der Schieber zurück und die zweite Komponente wird über eine zweite Düse eingespritzt. Das Werkzeug muss zum Einspritzen der zweiten Komponente weder bewegt noch geöffnet werden. Da die Komponenten nacheinander eingespritzt werden, verlängert sich die Zykluszeit.

Vorteile:
- einfache, kostengünstige Werkzeuge
- kein Weitertransport des Vorspritzlings *(substrate)*, Bewegungen erfolgen innerhalb des Werkzeugs (Schieber)

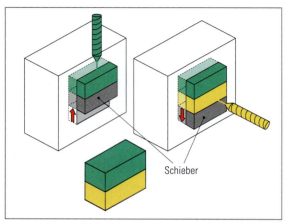

1 Prinzip des Schieber-Verfahrens

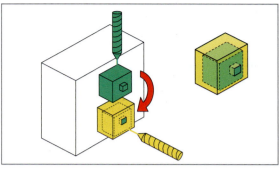

2 Prinzip des Drehteller-Verfahrens

*3 Zweikomponenten-Stehleiterfuß
links: Vorspritzling, rechts: Fertigspritzling*

Drehteller-Werkzeug *(rotary table mould)*
Nach dem Spritzen des Vorspritzlings wird die bewegliche Werkzeughälfte um 180° gedreht (Bild 2). Der Vorspritzling verbleibt auf der drehenden Werkzeughälfte und wird nun mit der zweiten Kavität der düsenseitigen Formplatte gepaart. Nach dem Schließen der Form, wird die zweite Komponente eingespritzt. Bild 3 zeigt den Vorspritzling und den Fertigspritzling des Stehleiterfußes. Die bewegliche Seite des Werkzeugs ist mit seinen acht gleichen Formnestern auf dem Drehteller der Spritzgießmaschine montiert (Bild 4). In den unteren vier Kavitäten werden die Vorspritzlinge geformt. Nach der 180°-Drehung der beweglichen Seite wird die zweite Komponente in die oberen Kavitäten gespritzt. Dazu bilden auf der Düsenseite die oberen vier Kavitäten den Fertigspritzling ab, während die unteren vier den Vorspritzling formen. Je ein Heißkanal versorgt die unteren bzw. die oberen Kavitäten.

Vorteile
- gleichzeitiges Spritzen der ersten und zweiten Komponente bzw. des Vor- und Fertigspritzlings und damit kurze Zykluszeiten.
- genaue Bauteilfixierung, da der Vorspritzling auf dem Kern aufschrumpft
- vier Positionen bzw. Komponenten auf einem Drehteller möglich

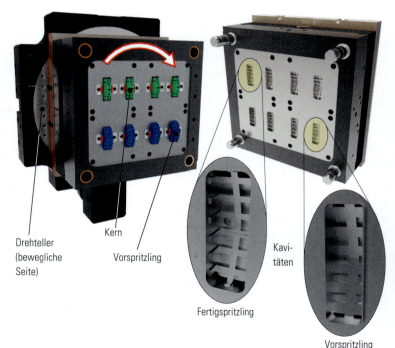

4 Drehwerkzeug für Stehleiterfuß

2.1 Spritzgießwerkzeuge

Transfer-Werkzeug

Bei der Transfertechnik (Bild 1) erfolgt der Transport des Vorspritzlings in die Fertigspritzstation durch ein Handhabungsgerät. Hierbei kann auch mit zwei herkömmlichen Spritzgießmaschinen gearbeitet werden.

Die Kernkonturen können für Vor- und Fertigspritzling unterschiedliche sein. Der Vorspritzling wird vollständig entformt und muss von der nächsten Kavität sicher und genau aufgenommen werden.

Vorteile
- einfache, kostengünstige Werkzeuge.
- Das Handhabungssystem ist für weitere vor- und nachgelagerte Arbeitsgänge nutzbar.
- Der Vorspritzling kann bearbeitet werden.
- Einlegeteile lassen sich integrieren.

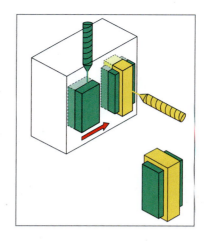

1 Prinzip des Transfer-Verfahrens

ÜBUNGEN

1. Stellen Sie zwei Kriterien dar, nach denen Spritzgießwerkzeuge bezeichnet werden und geben Sie entsprechende Bezeichnungen an.
2. Skizzieren Sie drei Beispiele, an denen Sie Gestaltungsregeln für Spritzgussteile darstellen.
3. Begründen Sie vier Werkstoffeigenschaften für Bauteile der Spritzgießform, die mit der Kunststoffschmelze in Kontakt kommen.
4. Beschreiben Sie die Vorteile, die mit dem Einsatz von Normalien genutzt werden.
5. Stellen Sie mithilfe einer Normalien-Software aus dem Internet den Grundaufbau für eine Spritzgießform zusammen.
6. Welchen Vorteil haben Flachführungen gegenüber Rundführungen im Formenbau?
7. Nennen Sie zwei Möglichkeiten der Lagezentrierung bei geschlossener Form und stellen Sie deren Vor- und Nachteile gegenüber.
8. Beschreiben Sie zwei Kriterien, wie und wo Angüsse anzuordnen sind.
9. Aus welchem Grund werden Punktangüsse im Allgemeinen gegenüber Stangenangüssen bevorzugt?
10. Skizzieren Sie ein Beispiel, bei dem Sie einen Band- oder Filmanguss wählen würden.
11. Nennen Sie den grundlegenden Vorteil eines Tunnelangusses.
12. Beschreiben Sie die Funktionalität des Tunnelangusses.
13. Wann ist ein Angussverteiler ausbalanciert?
14. Nennen Sie einen Vor- und Nachteil für einen Heißkanal und beschreiben Sie dessen Funktion.
15. Wie funktioniert eine Nadelverschlussdüse und was wird mit ihr erreicht?
16. Begründen Sie, für welche Kunststoffe Kaltkanäle beim Spritzgießen zum Einsatz kommen.
17. Wie funktioniert eine Füllsimulation und warum wird sie eingesetzt?
18. Beschreiben Sie die Hauptfunktion des Temperiersystems.
19. Skizzieren Sie ein Beispiel, bei dem durch unsachgemäße Temperierung des Werkzeugs Verzug am Spritzling entsteht.
20. Legen Sie für einen Spritzgussteil mit 3 mm Wanddicke für die Kühlbohrungen deren Durchmesser, Mittenabstand und deren Abstand zur Kavität fest.
21. Beschreiben Sie die Funktion von Trennblech und Wendelkern und stellen Sie deren Vor- und Nachteile gegenüber.
22. Vergleichen Sie Reihen- und Paralleltemperierung.
23. Welche Vorteile hat eine konturnahe Temperierung für den Spritzgießprozess und wie wird sie realisiert?
24. Beschreiben Sie die Funktionsweise einer Temperierung mit Kältemittel und geben Sie dazu zwei Vorteile und einen Nachteil an.
25. Welche Vorteile haben Auswerfer mit DLC-Beschichtung?
26. Wie wird der Spritzling bei einer Zwangsentformung beansprucht?
27. Skizzieren Sie ein Spritzgussteil, das Sie mit einer Abstreiferplatte entformen würden.

2.2 Druckgießwerkzeuge

Die in Bild 1 dargestellte Laufschaufel eines Ventilators für eine Rauchgasanlage wird aus EN AC-AlSi10Mg hergestellt. Die Laufschaufel soll glatte, saubere Flächen und Kanten bei Toleranzen zwischen ±0,05 ... ±0,15 mm erhalten. Da sehr große Stückzahlen des Bauteils gefordert sind, erfolgt dessen Herstellung durch Druckgießen *(pressure die casting)*.

> **MERKE**
> Dünnwandige *(thin walled)* Bauteile aus Leichtmetallen (vor allem Aluminium und Magnesiumlegierungen) sowie Schwermetallen (vorrangig Zink-, Zinn- und Kupfer-Zink-Legierungen) werden in Druckgießwerkzeugen unter hohem Druck mit hohen Fließgeschwindigkeiten gegossen.

2.2.1 Druckgießprozess

Im Prinzip läuft das Druckgießen ähnlich ab wie das Spritzgießen. Das Druckgießwerkzeug ist in einer Druckgießmaschine *(die casting machine)* (Bild 2) eingespannt. Nachdem die Kavität mit Trennmittel *(seperating agent)* besprüht ist, wird das flüssige Metall unter hohem Druck mit hoher Strömungsgeschwindigkeit in die temperierte Form gepresst, in der es erstarrt. Diese Art der Formfüllung *(mould filling)* wird auch als **Schuss** *(shot)* bezeichnet. Nach dem Erstarren öffnet die Form und das Druckgussteil wird entformt.

1 Laufschaufel für Ventilator einer Rauchgasanlage

2 Druckgießmaschine

2.2 Druckgießwerkzeuge

Gießmetall	Gießtemperatur ca. in °C
Aluminiumlegierungen	640 ... 770
Magnesiumlegierungen	620 ... 670
Zinklegierungen	410 ... 430
Zinnlegierungen	320 ... 360
Kupfer-Zink-Legierungen	950 ...1100

1 Gießtemperaturen beim Druckgießen

Im Gegensatz zum Spritzgießen wird mit flüssigem Metall statt mit plastifizierter Kunststoffschmelze gearbeitet. Wegen des flüssigen Gießmetalls liegen die **Gießdrücke** *(casting pressures)* etwas **niedriger** und die **Gießtemperaturen** *(casting temperatures)* wesentlich **höher** als beim Spritzgießen (Bild 1). Die flüssige Metallschmelze gelangt beim Druckgießen durch den dünnen Anschnittkanal in die Kavität und trifft auf die gegenüberliegende Forminnenwand (Bild 2). Der Formhohlraum wird von außen nach innen gefüllt.

Der Gießdruck bewirkt hohe **Strömungsgeschwindigkeiten** in der Form (ca. 30 m/s ... 100 m/s). Sie sind die Voraussetzung, dass die Kavität in sehr kurzer Zeit (0,02 s ... 0,2 s) gefüllt werden kann. Dies ist erforderlich, damit dünne Formhohlräume ganz gefüllt sind, bevor die Schmelze erstarrt. Gleichzeitig nimmt die Schmelze Luft auf, die sich im Werkzeug befindet, sodass das erstarrte Gussteil feine Porositäten *(porosities)* aufweisen kann. Die Mindestwanddicken *(minimum wall thicknesses)* und die **mittleren Wanddicken** der Druckgussteile sind von der Größe des Gussteils (Fließlänge) und vom Gießmetall abhängig (Bild 3). Das Metallvolumen nimmt beim Abkühlen von der Gießtemperatur bis zur Raumtemperatur ab. Die Volumenabnahme erfolgt in drei Phasen (Bild 4). In der **ersten Phase** nimmt die Temperatur des flüssigen Metalls von der Gießtemperatur bis zum Beginn der Erstarrung ab, dabei verkleinert sich sein Volumen. In der **zweiten Phase**, d. h., während der Erstarrung, erfolgt der Übergang vom flüssigen in den festen Aggregatzustand *(state of aggregation)*. Das Volumen nimmt weiter ab. Die Erstarrung beginnt an der Oberfläche des Gussteils, weil dort der Wärmeentzug am größten ist. Die Volumenabnahme in den ersten beiden Phasen, d. h., bis zum Ende der Erstarrung, darf nicht dazu führen, dass am Gussteil **Innen-** oder **Außenlunker** (Bild 5) entstehen. Aus diesem Grunde wird in diesen beiden Phasen nach dem eigentlichen Füllen der Form bis zur vollständigen Erstarrung des Gussteils ständig flüssiges Metall mit erhöhtem Druck (**Nachdruck** *(dwell pressure)*) in die Form gepresst (Bild 6).

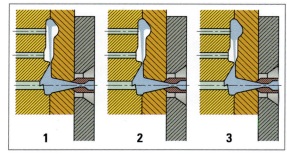

2 Füllen der Form beim Druckgießen

Gießmetall	Mindestwanddicke ca. in mm	Mittlere Wanddicke ca. in mm
Aluminiumlegierungen	0,8	2,0
Magnesiumlegierungen	0,8	2,0
Zinklegierungen	0,5	1,5
Zinnlegierungen	0,8	1,0
Kupfer-Zink-Legierungen	1,0	3,0

3 Mindest- und mittlere Wanddicken von Druckgussteilen

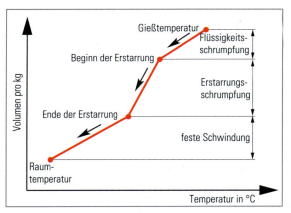

4 Volumenabnahme von der Gieß- bis zur Raumtemperatur

Wenn im Inneren von Materialanhäufungen *(material accumulations)* das Metall noch flüssig ist, die Randschichten schon erstarrt sind und dadurch verhindern, dass der Nachdruck das Innere mit flüssigem Metall versorgen kann, entsteht durch die Volumenabnahme während der beiden ersten Phasen ein Vaku-

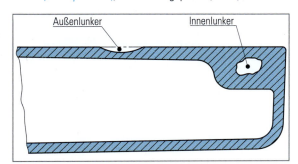

5 Innen- und Außenlunker am Druckgussteil

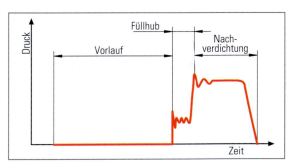

6 Druckverlauf beim Druckgießen

Gießmetall	Schwindung in %
Al-Si-Legierungen	0,5 ... 0,7
Al-Mg-Legierungen	0,6 ... 1,0
Magnesiumlegierungen	0,6 ... 1,0
Zinklegierungen	0,4 ... 0,5
Zinnlegierungen	0,2 ... 0,4
Kupfer-Zink-Legierungen	0,8 ... 1,2

1 Schwindmaße für typische Druckgusswerkstoffe

um, ein **Lunker** *(blowhole)* im Gussteil. Deshalb sind Materialanhäufungen möglichst zu vermeiden.

In der **dritten Phase** kühlt das Gussteil nach der Erstarrung bis zur Raumtemperatur ab. Die dabei entstehende Abnahme des Volumens wird als „feste Schwindung" bezeichnet. Um den Betrag der **Schwindung** *(shrinkage)* (Bild 1) muss der Formhohlraum gegenüber dem auf Raumtemperatur abgekühlten Gussteil größer sein. Das Werkzeug für die Laufschaufel aus EN AC-AlSi10Mg besitzt ein Schwindmaß von 0,65 %.

2.2.2 Druckgießverfahren

LF11_07

2.2.2.1 Warmkammerverfahren

Beim Warmkammerverfahren *(hot-chamber die casting)* (Bild 2) befindet sich die Druckkammer im Metallbad *(molten metal bath)* und nimmt dessen Temperatur an. Dieses Verfahren hat den Vorteil, dass das Metall aus dem Inneren des Bades entnommen wird und keine Metalloxide *(metal oxides)* von der Oberfläche der Schmelze entnommen werden. Das setzt jedoch voraus, dass die Druckkammer den Temperaturen der Metallschmelze problemlos standhält. Aus diesem Grunde eignet sich das Verfahren vorrangig für **niedrig schmelzende Schwermetalle** wie Zinn- und Zinklegierungen. Ein weiterer Vorteil des Verfahrens besteht darin, dass die Druckkammer das für den nächsten Schuss erforderliche Gießmetall selbstständig ansaugt. Dadurch ist eine **schnelle Schussfolge** *(quick shot sequence)* möglich.

2.2.2.2 Kaltkammerverfahren

Beim Kaltkammerverfahren *(cold-chamber die casting)* (Bild 3) liegt die Druckkammer außerhalb des Metallbades und wird dadurch weniger durch Wärme beansprucht. Dadurch können alle druckgießfähigen und somit auch die **höher schmelzenden Metalllegierungen** vergossen werden. Die Metallschmelze wird der Druckkammer meist durch Handhabungsgeräte *(handling devices)* in der erforderlichen Menge zugeführt, bevor der Druckkolben *(pressure piston)* das Metall in das Druckgießwerkzeug presst. Das Werkzeug für die Laufschaufel wird auf einer Kaltkammer-Druckgießmaschine eingesetzt.

2.2.2.3 Vakuumunterstütztes Druckgießen
(vaccum-supported pressure die casting)

Beim Gießen im Vakuum (Bild 4) verringern sich die Porositäten im Druckgussteil, die durch Lufteinschlüsse *(air pockets)* entstehen können. Gleichzeitig nimmt die Formfüllungszeit *(mould-*

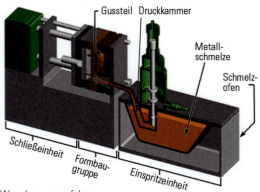

2 Warmkammerverfahren

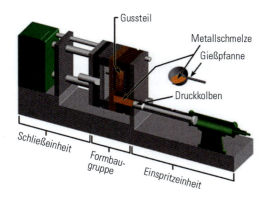

3 Kaltkammerverfahren

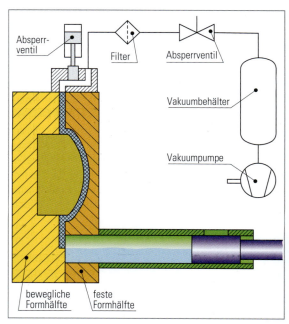

4 Vakuumverfahren

filling time) ab, da sich kein Luftpolster *(air cushion)* in der Kavität bildet. Wenn der Druckkolben die Einfüllöffnung passiert hat, öffnet das Vakuumabsperrventil, wodurch die Kavität und

2.2 Druckgießwerkzeuge

die Druckkammer evakuiert werden. Damit ein wirksames Vakuum entsteht, muss die Form z. B. an den Teilungsflächen, den Schiebern und den Auswerfern abgedichtet sein. Kurz vor dem Ende der Formfüllung schließt das Metallabsperrventil. Dadurch wird verhindert, dass das flüssige Metall in das Vakuumsystem eindringt.

Das vakuumunterstützte Druckgießen hat folgende Vorteile:
- Vermeidung von Lufteinschlüssen und Porositäten,
- Minderung von Außenlunkern,
- Reduzierung der Wandstärken,
- Steigerung der Oberflächenqualität,
- Druckgussteile lassen sich wärmebehandeln *(heat-treat)* und schweißen, weil keine Porositäten vorliegen.

2.2.3 Werkzeugaufbau

Das Werkzeug für die Laufschaufel ähnelt einem Spritzgießwerkzeug. Allerdings gibt es Besonderheiten aufgrund von
- Gießwerkstoffen,
- Gießtemperaturen,
- Druckgießverfahren,
- Gussteiloberflächenqualitäten,
- Angusssystemen und
- Überläufen.

2.2.3.1 Formgebungssystem

Die metallischen Gießwerkstoffe und die damit verbundenen hohen Gießtemperaturen beanspruchen die mit dem Gießmetall in Berührung kommenden Werkzeugkonturen besonders stark. Warmarbeitsstähle eignen sich für diese hoch beanspruchten Konturen. Die Temperaturunterschiede und -wechsel sind beim Druckgießen sehr hoch und bei den verschiedenen Metallen unterschiedlich. Daher müssen die mit der Schmelze in Berührung kommenden **Warmarbeitsstähle**[1] (Bild 1) folgende Eigenschaften besitzen:
- hohe Temperaturwechselbeständigkeit *(thermal endurance)*,
- hohe Warmfestigkeit *(heat resistance)*,
- hohe Warmzähigkeit *(temperature toughness)*,

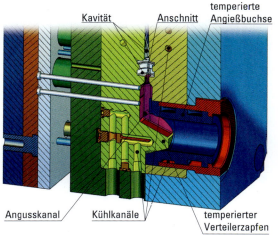

2 Schnitt durch den Angussbereich des Werkzeugs für die Laufschaufel

- hohe Wärmeleitfähigkeit *(thermal conductivity)*,
- hoher Warmverschleißwiderstand *(temperature wear resistance)*,
- hohe Druckfestigkeit.

Bei der Form für die Laufschaufel bestehen z. B. die Formeinsätze und die Angießbuchse aus 1.2343 bzw. X37CrMoV5-1 (Bild 2). Sie halten den thermischen und verschleißenden Beanspruchungen stand, die durch das Strömen und Aufprallen der heißen Schmelze entstehen. Die weniger beanspruchten Formplatten sind aus den preisgünstigeren 1.2312 bzw. 40CrMnNiMo8-6-4. Damit sich die gewundene Laufschaufel entformen lässt, müssen die Trennflächen der Form der äußeren Kontur der Laufschaufel angepasst werden. Dazu besteht ein Teil der **Trennfläche** (Seite 508 Bild 1) aus Freiformflächen, die den Übergang von der Schaufelteilung zur äußeren, ebenen Trennfläche bilden. Da der Laufschaufelfuß zylindrische Konturen hat und die Laufschaufel seitlich mit radienförmigen Übergängen versehen ist, sind nur an wenigen Flächen der Kavität **Formschrägen** *(mould draughts)* anzubringen.

Werkstoff	Guss-legierung	Verschleiß-widerstand	Zähigkeit	Warmriss-beständigkeit	Wärmeleit-fähigkeit	Werkzeugbauteile
1.2343	Al, Zn/Sn, Pb	+	++	+	+	Formeinsatz, Schieber, Kern, Angießbuchse, Gießkammer
1.2344	Al, Zn/Sn, Pb, Cu	++	+	+	+	Formeinsatz, Schieber, Kern, Auswerfer, Angießbuchse, Gießkammer
1.2365	Cu	++	+	++	+++	Formeinsatz, Schieber, Kern, Angießbuchse, Gießkammer
1.2367	Al, Zn/Sn, Pb, Cu	++	++	++	++	Formeinsatz, Schieber, Kern, Angießbuchse, Gießkammer
1.2885	Cu	++	+	++	+++	Formeinsatz, Schieber, Kern, Angießbuchse, Gießkammer
1.2999	Cu	++++	+	+++	+++	Formeinsatz, Schieber, Kern, Angießbuchse, Gießkammer

1 Auswahl von Warmarbeitsstählen für Druckgusswerkzeuge für unterschiedliche Gusslegierungen

[1] siehe Lernfeld 6 Seite 195

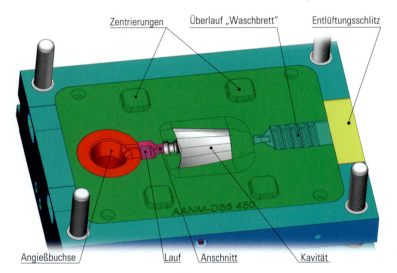

1 Trennflächen und Formschrägen am Werkzeug für die Laufschaufel

2.2.3.2 Führungs- und Zentriersystem

Neben den bekannten Führungs- und Zentriersystemen[1] wurden bei dem Werkzeug für die Laufschaufel vier Zentrierungen in die beiden Formeinsätze gefräst (Bilder 2 und 3). Damit eine exakte Positionierung der beiden Formhälften zueinander gewährleistet ist, müssen die Zentrierungen tuschiert[2] werden.

2.2.3.3 Angusssystem *(runner system)*

Wesentlichen Einfluss auf die Gussstückqualität hat die Gestaltung von Angusskanal bzw. Gießlauf und Anschnitt. Dabei soll die Schmelze möglichst **turbulenzfrei** *(turbulance-free)* von der Angießbuchse über den **Angusskanal** und den Anschnitt bzw. die Anschnitte der Kavität zugeführt werden (Seite 507 Bild 2), damit sich Druck- und Temperaturverluste sowie Vermischungen mit der Luft auf ein Minimum reduzieren.

Der **Verteilerzapfen** lenkt die Schmelze möglichst wirbelfrei um 90° weiter. Das gilt sowohl für das Kaltkammer- (Seite 507 Bild 2) als auch für das Warmkammerverfahren (Bild 4). Der Querschnitt des Gießlaufs nimmt mit zunehmender Länge ab, wodurch die Strömungsgeschwindigkeit im Lauf zunimmt. Damit keine unnötigen Verwirbelungen *(turbulences)* im Angusssystem entstehen, sind seine Übergänge möglichst strömungsgünstig, d. h. mit Übergangsradien zu gestalten. Der Anschnitt stellt die Verbindung vom Lauf zur Kavität dar. Er hat einen relativ kleinen Querschnitt und wird nach Möglichkeit an der dicksten Stelle des Gussteils – am Laufschaufelfuß – angeordnet (Seite 509 Bild 1). Dadurch strömt die Schmelze mit hoher Geschwindigkeit in die Kavität und über den Nachdruck kann die dickste Stelle beim Erstarren mit flüssigem Material gespeist werden. Der eindringende Gießstrahl soll möglichst weit und unbehindert als Freistrahl in die Form eindringen, ohne direkt auf Formwände oder Kerne zu treffen.

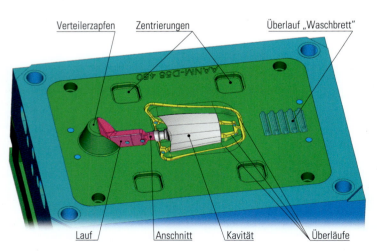

2 Druckgussform für Laufschaufel; feste Seite

3 Druckgussform für Laufschaufel; bewegliche Seite

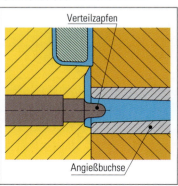

4 Angusssystem für Warmkammerverfahren

---

[1] siehe Kapitel 2.1.2
[2] siehe Lernfeld 9 Kap. 4.1

2.2 Druckgießwerkzeuge

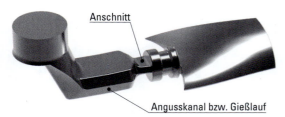

1 Laufschaufel mit Angusssystem

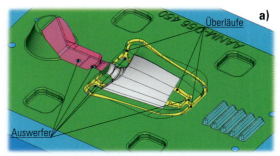

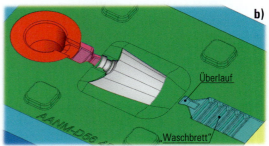

3 Überläufe für Formentlüftung und Trennmittelabtransport

Füllsimulationen *(filling simulations)* stellen aufgrund der CAD-Daten dar, wie die Kavität mit dem gewählten Angusssystem gefüllt wird (Bild 2). Für die Laufschaufel tritt die Schmelze im freien Strahl beim Laufschaufelfuß in die Kavität (Bild 2a) und prallt an der gegenüberliegenden Seite an die Formwand (Bilder 1b und c). Sie strömt an beiden Seiten entgegengesetzt zum Hauptstrahl wieder in Richtung Laufschaufelfuß, der erst zum Schluss (Bild 1e) vollständig gefüllt ist.

> **MERKE**
> Der Querschnitt des Angusssystems nimmt von der Angießbuchse *(sprue bushing)* bis zum Anschnitt ab. Der Anschnitt erfolgt meist an der dicksten Stelle des Druckgussteils.

2.2.3.4 Entlüftungs- und Überlaufsystem
(spillway and venting system)

Die in der Form befindliche Luft muss abgeführt werden, um ein vollständiges Füllen der Kavität zu ermöglichen. Die Füllsimulation verdeutlicht, dass die Luft dort abzuführen ist, wo der freie Strahl auftrifft, die Rückflüsse auf die Formwand treffen sowie am Schaufelfuß, der zuletzt gefüllt wird. An diesen Stellen sind in der beweglichen Formplatte Kanäle angebracht (Bild 3a), die über einen Überlauf und ein „Waschbrett" (Bild 3b) aus der Form führen. Neben der Luftabfuhr übernehmen die Kanäle flüssiges Gießmaterial und von der Schmelzfront weggespültes Trennmittel auf, das nicht im Gussteil eingeschlossen sein darf. Denn vor dem Füllen der Form wird diese mit Trennmittel bzw. Schlichte *(black wash)* besprüht. Dadurch sollen

- die thermische Belastung der formgebenden Werkzeugflächen gemindert,
- das Trennen des Gussteils von der Formwandung erleichtert,
- der Strömungswiderstand verringert und
- die Gussteiloberfläche verbessert werden.

Überläufe (Bild 4) nehmen sowohl Luft als auch durch Trennmittel verunreinigte Schmelze außerhalb des Gussteils auf. Sie sind in die auswerferseitige Trennebene nahe der Kontur gefräst und über einen dünnen Anschnitt mit der Kavität verbunden.

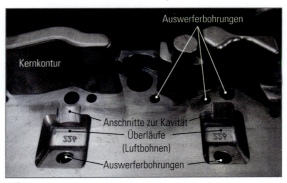

4 Überläufe (Luftbohnen) mit Anschnitten zur Kavität

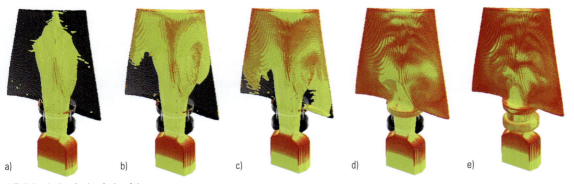

2 Füllsimulation für Laufschaufel

Oft werden sie auch als **Luftbohnen** bezeichnet. Bild 1 zeigt einen Teil eines Druckgussteils mit dem Überlaufsystem, das dem Anguss gegenüber liegt.

> **MERKE**
> Das Überlaufsystem führt die Luft aus der Kavität ab und nimmt oxid- oder trennmittelhaltige Schmelze auf.

Die Laufschaufel darf aus strömungstechnischen Gründen keine Auswerferabdrücke besitzen. Daher sind die Auswerfer im Anguss- und Überlaufsystem angeordnet (Bild 2a). Die Überläufe münden in das „**Waschbrett**". Das „Waschbrett" ermöglicht einerseits die Entlüftung der Form. Anderseits soll die Schmelze beim Durchströmen des „Waschbretts" erstarren, ohne dass sie aus der Form dringt. Dazu nimmt der Spalt zwischen den beiden Formplatten in Strömungsrichtung ab. Bild 2 zeigt die Laufschaufel mit Anguss- und Überlaufsystem als CAD-Darstellung und als realen Abguss.

Bei **Vakuum-Druckgussformen** wird das Waschbrett oft mit Formeinsätzen aus Kupfer-Beryllium- oder Kupfer-Wolfram-Legierungen realisiert, die gekühlt werden. Durch die sehr gute Wärmeleitfähigkeit dieser Legierungen ist sichergestellt, dass die Schmelze in diesem Bereich „einfriert". Da die Schmelze so nicht aus dem Werkzeug austritt, ist kein Vakuumventil nötig.

2.2.3.5 Temperiersystem *(tempering system)*

Das Temperiersystem für das Heizen und Kühlen der Druckgießform besteht aus dem Temperierkanalsystem *(tempering channel system)* der Dauerform[1], dem Temperiermedium *(heating fluid)* und dem Temperiergerät mit dessen Regelung. Da die Formtemperaturen höher als beim Spritzgießen sind, wird vorrangig Öl als Temperiermedium eingesetzt, das diesen Tempe-

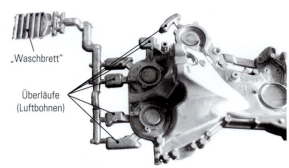

1 Druckgussteil mit Überlaufsystem

2 Druckgussteil, Angusssystem und Überläufen
oben: CAD-Darstellung
unten: Foto

raturen standhält. Um Druckgussteile von gleicher Qualität zu erhalten, muss das Werkzeug eine möglichst konstante Temperatur besitzen. Deshalb wird meist die Form vor dem ersten Schuss aufgeheizt und während des Betriebs gekühlt.

ÜBUNGEN

1. Vergleichen Sie Gießdrücke und -temperaturen beim Spritz- und Druckgießen.
2. Erläutern Sie die drei Phasen der Volumenminderung beim Druckgießen vom flüssigen bis zum festen Zustand des Metalls.
3. Stellen Sie die Unterschiede zwischen Kalt- und Warmkammerverfahren beim Druckgießen heraus.
4. Welche Ziele werden mit dem Vakuum-Druckgießen angestrebt?
5. Unterscheiden Sie prinzipiell das Angusssystem für Warm- und Kaltkammerverfahren.
6. Wie sollte der Angusskanal bzw. der Lauf beim Druckgießen gestaltet sein?
7. Skizzieren Sie ein Druckgussteil und begründen Sie, an welcher Stelle dessen Anschnitt erfolgen sollte.
8. Erklären Sie die Funktion des Verteilerzapfens.
9. Wozu dienen Füllsimulationen und was benötigen Sie zu deren Anwendung?
10. Aus welchen Gründen werden die Druckgussformen mit Schlichte bzw. Trennmittel besprüht?
11. Zeigen Sie Möglichkeiten auf, wie die Luft während des Schusses aus der Druckgießform abgeführt werden kann.
12. Aus welchen Gründen werden beim Druckgießen Überläufe vorgesehen?
13. Beschreiben Sie die Funktion des „Waschbretts" in einer Druckgießform.
14. Warum sollten Temperiergeräte für das Druckgießen nicht nur kühlen, sondern auch erwärmen können?

[1] Siehe Kapitel 2.1.4

2.3 Kokillengießwerkzeuge

Die Schmelze füllt beim Kokillengießen *(gravity die casting)* lediglich unter dem Einfluss der Schwerkraft oder bei niedrigem Überdruck eine metallische Dauerform (Kokille).

2.3.1 Handkokille für Schwerkraftgießen

Das Gehäuse für den Einhandhebelmischer (Bild 1) besteht aus CuZn38Al und wird mithilfe einer Handkokille (Bild 2) aus einer Kupfer-Berylium-Legierung gegossen. Die sehr gute Wärmeleitfähigkeit des Kokillenwerkstoffes entzieht der Schmelze sehr schnell die Wärme, wodurch ein dichtes und feinkörniges Gussgefüge entsteht.

Die innere Kontur des Gehäuses ist im Vergleich zu der äußeren recht kompliziert (Bild 3). Sie lässt sich nicht mit Schiebern herstellen, sondern wird mithilfe eines festen **Sandkernes** (Bild 4) geformt, der aus einem Quarzsand-Kunstharz-Härter-Gemisch besteht und in einem besonderen Werkzeug (Kernkasten) hergestellt wird. In der Kokille sind Kernlagerungen vorhanden, die den Kern sicher und genau positionieren. Nach dem Einlegen des Kerns ist die Kokille zu schließen. Von Hand wird die Schmelze mit einem Schöpflöffel in den Einguss gegossen. Da die Schmelze nur aufgrund ihrer Schwerkraft die Kokille füllt, entstehen in der Kokille keine hohen Strömungsgeschwindigkeiten und Drücke. Den auftretenden Strömungsgeschwindigkeiten und Drücken hält der Sandkern *(sand core)* stand, ohne dass er beim Füllen beschädigt wird.

Nach dem Erstarren der Schmelze wird die Kokille geöffnet und das Gussteil (Bild 5) entformt. Der Sandkern, der sich noch im Gehäuseinneren befindet, kann durch Rütteln zerstört oder mit einem Wasserstrahl aus dem Abguss gespült werden. Das Eingusssystem wird vom Gussteil entfernt, bevor das Gehäuse weiter bearbeitet wird. Bevor der nächste Kokillenguss erfolgen kann, muss die durch das Gießen aufgeheizte Kokille abgekühlt werden. Das geschieht bei Handkokillen oft in einem Wasserbad.

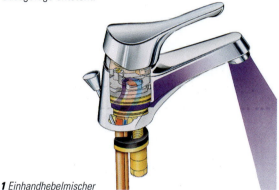

1 Einhandhebelmischer

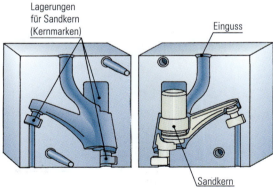

2 Kokille mit eingelegtem Sandkern

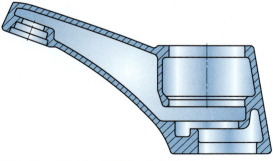

3 Schnitt durch Gehäuse für Einhandhebelmischer

4 Sandkern für Einhandhebelmischer

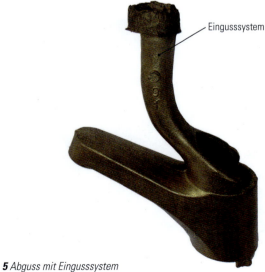

5 Abguss mit Eingusssystem

2.3.2 Maschinenkokille für Schwerkraftgießen

Dynamisch hochbeanspruchte Aluminium-Gussteile wie z. B. der Zylinderkopf aus AlSi9Mg (Bild 1)
- besitzen oft komplizierte Innen- und Außenkonturen,
- müssen ein feines Gefüge besitzen, um den hohen dynamischen Belastungen standzuhalten,
- sollen wärmebehandelbar[1] sein, um hohe Festigkeiten zu erzielen,
- dürfen möglichst keine Porositäten besitzen, um auch bei höheren Drücken dicht zu sein und
- müssen oft auch hohen Temperaturen standhalten.

Durch Kokillengießen der entsprechenden Aluminiumlegierungen lassen sich diese Forderungen umsetzen. Dabei nimmt eine Kokillengießmaschine die Kokille auf, betätigt deren Schieber- und Auswerfersystem *(ejection system)* und steuert den Gieß- und Erstarrungsprozess, sodass der gesamte Prozess automatisiert ablaufen kann. Die Außenkonturen des Zylinderkopfes erhalten ihre Form durch den Kokillenboden und die drei Schieber (Bild 2). Die gewünschte **Feinkörnigkeit** des Aluminiumgefüges wird beim Erstarren durch rasche Wärmeabfuhr erzielt. Dies geschieht durch die intensive Wärmeübertragung von der Schmelze auf die konturbildenden, temperierten Bauteile, die meist aus **Warmarbeitsstahl** (z. B. 1.2343) bestehen. Die besonders **dichten Gefüge** *(compact microstructure)* im Bereich der Brennräume (Bild 3) werden durch Kokilleneinsätze erreicht, die aus sehr warmfesten und wärmeleitfähigen Werkstoffen (z. B. Wolframlegierungen) bestehen und die mit speziellen Temperiermedien[2] gekühlt werden.

Ein **Kernpaket** *(core package)* (Bild 4), d. h., mehrere ineinandergreifende Sandkerne, bilden die **komplizierten Innenkonturen** des Zylinderkopfes ab. Die eindeutige Positionierung der Kerne erfolgt in besonderen Kernlagerungen bei geöffneter Kokille durch Handhabungssysteme. Der oberste Kern des Paketes deckt einerseits den Zylinderkopf ab und bildet andererseits die Form für die **Speiser** *(feeder)*, die dazu dienen, die Flüssigkeitsschwindung während des Abkühlens und Erstarrens der Schmel-

1 *Zylinderkopf von zwei Seiten betrachtet*

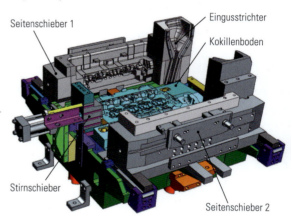

2 *Geöffnete Kokille für Zylinderkopf*

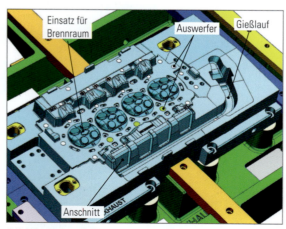

3 *Kokillenboden mit Einsätzen für Brennräume*

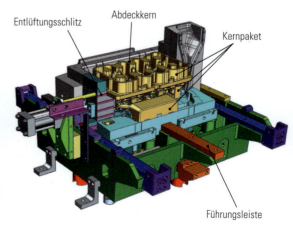

4 *Kokille mit Kernpaket (ohne Seitenschieber 2)*

---
[1] siehe Lernfeld 6 Kap. 3.2.1.1
[2] siehe Kapitel 2.1.4.6

2.3 Kokillengießwerkzeuge

ze am Gussteil auszugleichen. Dadurch wird die Bildung von **Lunkern** verhindert. Die formbildenden Konturen der Kokille und des Kernpakets erhalten vor dem Gießen einen Überzug aus **Schlichte**, der einerseits die Formoberfläche schützen und andererseits das Eindringen des Sandes in die Gussteiloberfläche verhindern soll. Die Kokille wird wegen der Wärmedehnung vor dem ersten Abguss auf Betriebstemperatur erwärmt, damit das Kernpaket genau zu lagern ist, das Gussteil maßhaltig wird und der Produktionsprozess stabil verläuft.

Damit **keine Porositäten** im Gussteil entstehen, muss die Schmelze möglichst **wirbelfrei**, d. h., mit relativ geringer Strömungsgeschwindigkeit, dem Formhohlraum zugeführt werden. Deshalb ist der Querschnitt des Angusskanals unterhalb des Gießtrichters (Bild 1a) kleiner als der von Gießlauf und Anschnitten (Seite 512 Bild 3), sodass sich die Strömungsgeschwindigkeit reduziert. Der Formhohlraum wird solange von unten beruhigt und steigend mit Schmelze gefüllt, bis die Speiser im Deckkern gefüllt sind. Nach dem Erstarren des Zylinderkopfs fahren die Schieber der Kokillen zurück und das Auswerfersystem entformt das Gussteil mit Kernpaket aus der Kokille (Bild 1b). Vom Gussteil (Bild 1a) werden das Anguss- und Speisersystem getrennt, bevor dessen weitere Bearbeitung erfolgt. Anguss- und Speisersystem werden wieder eingeschmolzen.

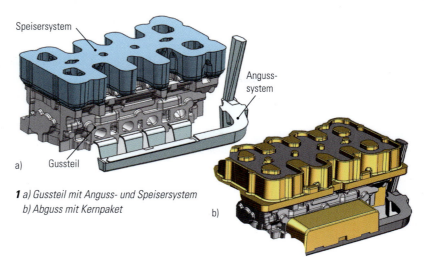

1 a) Gussteil mit Anguss- und Speisersystem
b) Abguss mit Kernpaket

2.3.3 Kippkokillen- und Niederdruck-Kokillengießen

Beim **Kippkokillengießen** (Bild 2) bilden Gießwanne und Kokille eine Einheit. Durch das Kippen von Gießwanne und Kokille füllt sich die Form turbulenzarm, wodurch sich Lufteinschlüsse in der Gießströmung und damit auch im Gussteil vermeiden lassen. Das zugeführte Gießmetall schichtet sich in der Kokille von unten nach oben, sodass die Speiser gegen Ende der Formfüllung mit heißer Schmelze gefüllt werden, wodurch eine gute Nachspeisung möglich ist.

Das **Niederdruck-Kokillengießen** *(low-pressure gravity die casting)* eignet sich für hoch beanspruchte Aluminium- und Magnesiumgussteile. Das Füllen der Form geschieht mit einem geringen Überdruck von etwa 0,3 bis 0,7 bar (Bild 3). In einem abgedichteten Gießofen ist ein Schmelztiegel über ein Steigrohr mit der darüber montierten Kokille verbunden. Durch den Druckaufbau im Gießofen steigt der Metallspiegel durch das Steig-

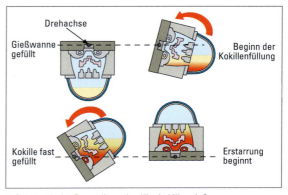

2 Schematische Darstellung des Kippkokillengießens

rohr von unten in den Formhohlraum. Die Formfüllung erfolgt sehr turbulenzarm und ist über beliebige Druckkurven steuerbar. Da die Schmelze aus dem unteren Bereich des Tiegels entnom-

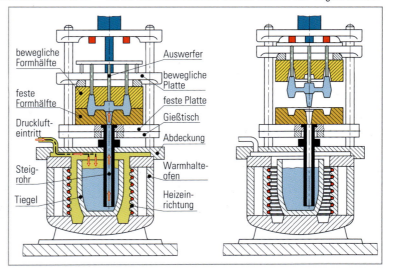

3 Schematische Darstellung des Niederdruck-Kokillengießens

men wird, enthält sie keine Oxide und Verunreinigungen. Nach dem Erstarren der Außenhaut des Gussteils wird der Gasdruck erhöht, wodurch das Teil dicht und lunkerfrei wird. Das Verfahren eignet sich wegen des zentralen Angusses besonders für rotationssymmetrische Teile wie z. B. Aluminium-Felgen.

2.3.4 Schleudergießen

Beim Schleudergießen (Bild 1) wird in rotierende Kokillen *(rotating gravity die)* gegossen. Das Gießmetall presst sich durch den Einfluss der Zentrifugalkraft *(centrifugal force)* an die Formwandungen. Dadurch entsteht ein erhöhter Forminnendruck *(cavity pressure)*, der dichtes Gefüge und hohe Festigkeit des Gussstücks bewirkt. Das Verfahren eignet sich besonders für symmetrische Teile. Auf diese Weise können Rohre und Buchsen ohne Innenkerne gegossen werden.

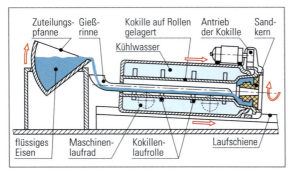

1 Prinzip des Schleudergießens

MERKE
Kokillengießwerkzeuge sind metallische Dauerformen *(lasting moulds)*. Durch die niedrigen Drücke in der Kokille können Sandkerne komplizierte Innenkonturen der Gussteile formen.

ÜBUNGEN

1. Welche Aufgabe haben die Speiser in einer Kokille?
2. Begründen Sie, warum die Sandkerne in der Kokille nicht durch Stahlkerne ersetzt werden können.
3. Zeigen Sie zwei konstruktive Möglichkeiten bei der Kokillenherstellung auf, wie beim Schwerkraftgießen ein besonders dichtes Gefüge erreicht wird.
4. Welche Vorteile hat das Niederdruck-Kokillengießen gegenüber dem Kokillengießen mit Schwerkraft?
5. Was ist die Ursache für die dichten Gefüge beim Schleudergießen?

2.4 Extrusionswerkzeuge

2.4.1 Extrusionsprozess

Beim Extrudieren *(extruding)* werden thermoplastische Kunststoffstränge wie z. B. Profile, Rohre usw. gefertigt (Bild 2). Der Extruder plastifiziert und verdichtet das Kunststoffgranulat zu homogener Kunststoffschmelze. Im Gegensatz zum Spritzgießen arbeitet der Extruder kontinuierlich, d. h., er presst ständig Kunststoffmasse durch das Werkzeug, das auf seiner Vorderseite angeflanscht ist. Der Querschnitt der Werkzeugdüse entspricht dem Profilquerschnitt des Kunststoffstranges. Nach dem Verlassen der Düse wird das noch weiche Profil vom **Abzug** durch die **Kalibrierung** und das Wasserbad gezogen. Die Kalibrierung *(callibration)* bringt das Profil (**Extrudat**) auf die gewünschte Form und die geforderten Maße.

2 Durch Extrudieren hergestellte Bauteile

2.4.2 Voll- und Profilstäbe

2.4.2.1 Extrusionswerkzeuge für Voll- und Profilstäbe
(extruding tools for solid and profile rods)

Zwischen dem Extruder und dem Werkzeug für z. B. runde oder quadratische Vollstäbe ist eine Lochscheibe *(perforated disk)* eingebaut (Seite 515 Bild 1). Oft sind vor der Lochscheibe noch Siebe angeordnet. Siebe, Lochscheibe und Werkzeug erzeugen den Strömungswiderstand, der es der Extruderschnecke ermöglicht, den erforderlichen Druck zum Plastifizieren der Kunststoffmasse aufzubauen. Der Übergang von der Lochscheibe zum Werkzeug muss allmählich erfolgen, damit die Kunststoffschmelze möglichst gleichmäßig weiterfließt. Ansonsten würde sie in „toten Ecken" verweilen, wodurch sie zu lange den hohen Temperaturen ausgesetzt wäre und thermisch geschädigt würde. Bei Profilen wie z. B. einem U-Profil (Seite 515 Bild 2) muss ebenfalls ein möglichst harmonischer Übergang vom kreisförmigen Extruderquerschnitt zum U-Profil erfolgen. Mehrere Scheiben bilden aus fertigungstechnischen Gründen diesen Übergang.

Damit die einzelnen Stränge, die die Lochscheibe verlassen, wieder zu einem homogenen Strang verschweißen, ist im

2.4 Extrusionswerkzeuge

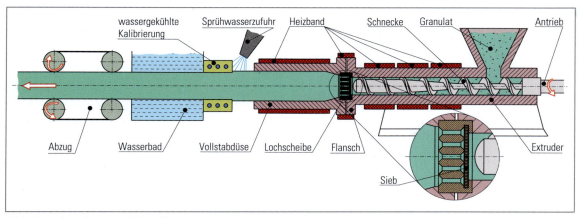

1 Prinzip des Extrudierens von Vollprofilen

Werkzeug ein entsprechender Druck erforderlich. Dieser Druck wird im Werkzeug durch den entstehenden Strömungswiderstand aufgebaut. Der Strömungswiderstand entsteht durch die Reibung zwischen Werkzeugwand und der Kunststoffschmelze sowie innerhalb des Kunststoffes. Er wird umso größer, je länger das Werkzeug ist. Deshalb darf das Werkzeug bzw. die Düse eine Mindestlänge *(minimum length)* nicht unterschreiten. Um einen möglichst gleichmäßig aufgebauten Stab zu erzielen, wird das Werkzeug über Heizbänder auf der erforderlichen Temperatur gehalten. Die Werkzeugtemperatur soll so geregelt sein, dass die Kunststoffmasse weder Wärme aufnimmt noch abgibt. Die Extrusionswerkzeuge bestehen oft aus korrosionsbeständigen Stählen, die den agressiven Stoffen standhalten, die beim Extrudieren entstehen können. Die Stähle müssen gleichzeitig gut zu polieren sein, um hohe Oberflächenqualitäten am Extrudat *(extrudate)* zu erzielen. Dafür eignen sich z. B. 1.2316 (X38CrMo16) und 1.2083 (X42Cr13).

2.4.2.2 Kalibrierungen für Voll- und Profilstäbe

Nach dem Verlassen des Werkzeugs durchläuft der Kunststoffstab eine gekühlte **Kalibrierung** *(calibration)* (Bild 3), in der seine Außenhaut abkühlt und das Profil seine endgültige Form und die tolerierten Maße erhält. Der Querschnitt der Kalibrierung ist etwas kleiner als das aus der Düse kommende Profil. Damit das Profil gut in die Kalibrierung gleitet, besitzt diese **Einlaufradien**. Zusätzlich wird das eingleitende Profil mit Wasser besprüht, was die Reibung zwischen Profil und Kalibrierung verringert. Die Kalibrierung besteht meist aus mehreren Einzelteilen und besitzt an deren formbildenden Konturen Schlitze *(slots)*, an denen ein Vakuum wirkt. Durch das Vakuum drückt sich das Profil an die Wandungen der Kalibrierung. Beim Durchgleiten der Kalibrierung bildet die Außenhaut des Profils eine feste Schicht, während das Stabinnere noch plastisch ist. Diese plastische Seele steht etwa unter dem gleichen Druck, der im Werkzeug herrscht. Dieser Druck verhindert, dass im Stabinneren Lunker entstehen. Das Profil wird in einem Wasserbad weiterhin gekühlt. Der **Abzug** (Bild 1) hat die Aufgabe, den Stab durch die Kalibrierung zu ziehen. Danach kann er abgelängt oder auf Rollen gewickelt werden.

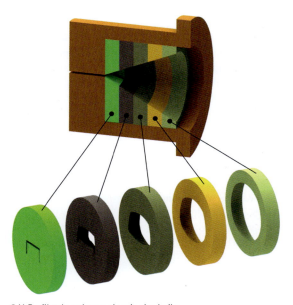

2 U-Profilstabwerkzeug ohne Lochscheibe

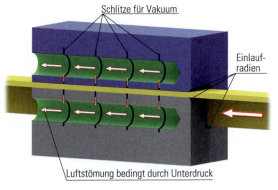

3 Schnitt durch Kalibrierung für U-Profil (Prinzipdarstellung)

Um eine gute Wärmeübertragung zu erzielen, bestehen die wassergekühlten Kalibrierungen oft aus Cu-Zn-Legierungen. Damit der durch die Reibung entstehende Abrieb an der Kalibrierung möglichst gering bleibt, muss die konturgebende Oberfläche einerseits poliert und gleichzeitig hart sein. Aus diesem Grund wird sie oft beschichtet[1]. Alternativ kommen auch nicht rostende, martensitische Werkzeugstähle wie z. B. 1.2316 (X38CrMo16) zum Einsatz, die sich gut polieren lassen.

> **MERKE**
>
> Beim Extrudieren fördert der Extruder *(extruder)* kontinuierlich plastifiziertes Thermoplast durch das Extrusionswerkzeug. Die anschließende Kalibrierung sorgt für die Maß- und Formgenauigkeit des Extrudats.

2.4.3 Rohre und Hohlprofile

2.4.3.1 Extrusionswerkzeuge für Rohre *(pipes)* und Hohlprofile *(hollow profiles)*

Für Rohre und Hohlprofile müssen die Extrusionswerkzeuge die Außen- **und** die Innenkontur des Profils formen. Bei Hohlprofilen ist zum Formen der Innenkontur ein **Verdrängungskörper** *(displacer)* erforderlich, der beim Rohr einen kreisförmigen Querschnitt besitzt (Bilder 1 und 2). Der Verdrängungskörper bzw. **Dorn** *(madrel)* ist über Stege am Umfang mit dem Dornhalter verbunden. Der plastifizierte Kunststoffstrom umfließt den Verdrängungskörper und wird durch die Stege des Dornhalters in mehrere Teilströme *(partial currents)* zerteilt. Anschließend verschweißen die Teilströme wieder, wodurch Bindenähte entstehen. Bei Materialien, bei denen Bindenähte die Druckfestigkeit der Rohre besonders schwächen, werden besondere Rohrwerkzeuge, wie z. B. **Wendelverteiler** *(spiral mandrel distributor)* (Seite 517 Bild 1) eingesetzt, die es ermöglichen, die Bindenähte schichtweise im Rohr zu versetzen. Der **Bügelzone** *(die land)* (Bereich am Düsenaustritt) wird der plastische Kunststoff unter

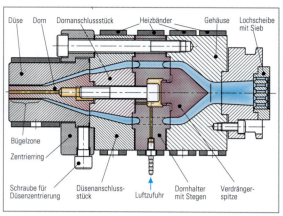

1 Rohrwerkzeug im Schnitt

dem erforderlichen Druck zugeführt, damit das Extrudat eine möglichst glatte und gleichmäßige Oberfläche erhält. Die Düse kann über Schrauben zum Dorn so zentriert werden, dass das Rohr überall die gleiche Wandstärke erhält.

Zur Herstellung des in Bild 2 auf Seite 517 dargestellten Hohlprofils ist ein entsprechendes Extrusionswerkzeug, das **Hohlprofilwerkzeug**, erforderlich. Es ist im Prinzip ähnlich wie die Rohrwerkzeuge aufgebaut. Auch hier ist ein Verdrängungskörper erforderlich, der jedoch meist komplizierter als beim Rohrwerkzeug aufgebaut ist (Seite 517 Bild 1). Über Stege ist der Verdrängungskörper (Dorn) mit der Dornhalterplatte fest verbunden. Durch die Stege und die Verdrängungskörper kann Umgebungsluft in das Innere des Hohlprofils dringen. Das ist erforderlich, damit sich nicht durch Unterdruck im Inneren das noch weiche Hohlprofil zusammenzieht.

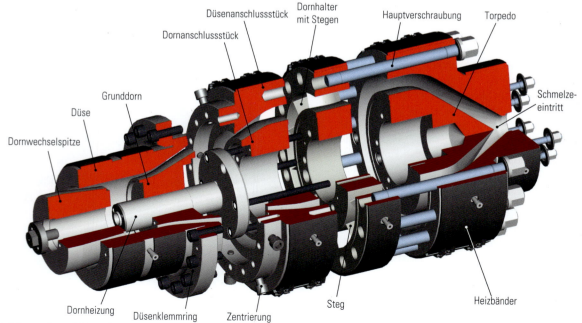

2 Demontiertes Rohrwerkzeug

[1] siehe Lernfeld 9 Kap. 5

2.4 Extrusionswerkzeuge

> **MERKE**
> Das Hohlprofilwerkzeug besitzt einen Verdrängungskörper, der den Schmelzfluss in mehrere Teilströme aufteilt, die anschließend in der Bügelzone wieder verschweißen.

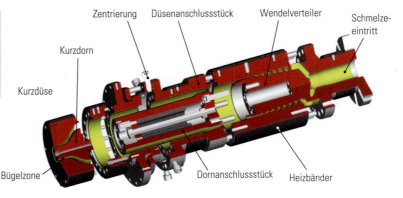

1 Demontierter Wendelverteiler

2.4.3.2 Kalibrierungen für Rohr- und Hohlprofile

Bei den Kunststoffrohren und -profilen sind normalerweise die äußeren Abmessungen toleriert. Damit die Außenmaße innerhalb der geforderten Toleranz liegen, muss das Rohr bzw. Hohlprofil kalibriert werden. Dazu gibt es verschiedene konstruktive Ausführungen, von denen hier die **Vakuumtankkalibrierung** *(vacuum tank sizing unit)* vorgestellt wird.

Das aus dem Extrusionswerkzeug austretende weiche Rohr bzw. Hohlprofil wird z. B. durch ein Rohr aus scheibenförmigen Lamellen (Bild 2) geführt, das sich in einem Wasserbad (Bild 3) befindet. Oberhalb des Wasserspiegels erzeugt eine Vakuumpumpe *(vaccum pump)* einen Unterdruck im Kalibrierbehälter. Da im Rohr der normale Luftdruck und an den Lamellen ein Unterdruck herrscht, drückt der Luftdruck das Rohr von innen gegen die Lamellen. Dabei erhält das Rohr seinen endgültigen Außendurchmesser, es wird kalibriert. Beim Durchlauf durch die Lamellen bleibt ein dünner Wasserfilm am Rohr haften, der wie ein Schmierfilm *(lubrication film)* wirkt und dadurch hohe Abzugsgeschwindigkeiten ermöglicht.

ÜBUNGEN

1. Welche Aufgaben haben Lochscheibe und Sieb zwischen Extruder und Werkzeug?
2. Durch welche Maßnahme wird beim Vollprofil die Volumenschwindung größtenteils ausgeglichen?
3. Beschreiben Sie das Fließen der Kunststoffschmelze im Rohrwerkzeug und vergleichen Sie die Geschwindigkeiten vor dem Verdrängungskörper mit denen beim Dornhalter und an der Düse.
4. Durch welche Maßnahme kann beim Einstellen des Rohrwerkzeugs eine konstante Wandstärke am Rohrumfang erreicht werden?
5. Skizzieren Sie für das Profil den Verdrängungskörper und die Düse.

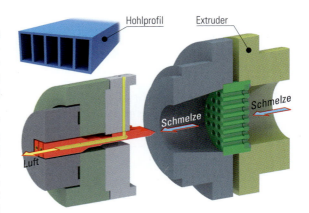

2 Hohlprofilwerkzeug

3 Lamellenrohr zur Kalibrierung

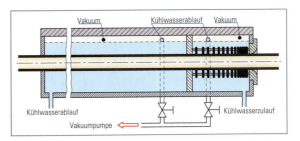

4 Prinzip der Vakuumkalibrierung

2.5 Blasformwerkzeuge

Blasformwerkzeuge *(blow moulding tools)* dienen zur Fertigung von Hohlkörpern *(hollow parts)* aus thermoplastischen Kunststoffen. Mit ihnen lassen sich Flaschen, Kanister, Behälter oder Fässer herstellen. Mit Blasformen *(blow moulding)* werden auch technische Teile wie Lüftungskanäle, Kraftstofftanks oder Kofferhalbschalen usw. produziert.

2.5.1 Blasformprozesse

2.5.1.1 Konventionelles Blasformen

Das Blasformwerkzeug wird von der Blasformanlage *(blow moulding line)* aufgenommen (Bild 1). Der Blasformprozess läuft in folgenden Schritten ab:
1. Extrudieren eines Vorformlings *(preform)* (Bild 2a).
2. Schließen der Schlauchzangen und des Blasformwerkzeuges und Einquetschen des Vorformlings (Bild 2b).
3. Aufblasen des Vorformlings – meist mit Luft – im Blaswerkzeug (Bild 2c).
4. Erstarren des Blasformteils (Bild 2c).
5. Öffnen des Blasformwerkzeuges mit anschließendem Entformen und Entfernen der Butzen *(slug)* (Bild d).

2.5.1.2 3D-Blasformen

Beim konventionellen Blasformen von langen, schmalen, gekrümmten Bauteilen wie Luftschläuchen, -kanälen oder Wasserrohren entstehen übermäßige Abfälle und sehr lange, unerwünschte Butzen an den Trennebenen. Mit dem 3D-Blasformverfahren (Bild 3) entfallen diese Nachteile. Dabei legt ein Roboter den Vorformling in die Formhöhlung *(mould cavity)* einer Werkzeughälfte. Während des Ablegens ist der Schlauch teilweise mit Stützluft aufgeblasen, um sein Einfallen zu verhindern, bis die gesamte Formhöhlung ausgefüllt ist. Danach schließt die obere Werkzeughälfte das Blasformwerkzeugs. Abschließend wird der Vorformling durch einen eingeführten Blasdorn *(blow mandrel)* bzw. eine Blasnadel völlig aufgeblasen. Es entstehen nahezu abfallfreie Blasformteile, an deren Ende lediglich noch die Butzen abzutrennen sind.

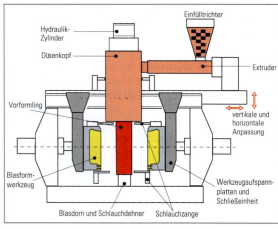

1 Konventionelle Blasformanlage

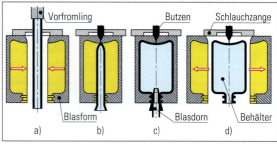

2 Prinzip des konventionellen Blasformens

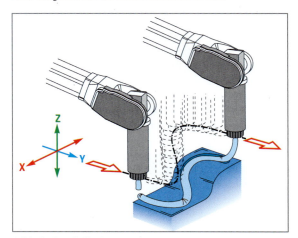

3 Prinzip des 3D-Blasformprozesses

2.5.1.3 Spritzblasformen

Die Kugel der Wandleuchte (Bild 4) wird mithilfe des Spritzblasformens *(injection blow moulding)* hergestellt. Auf einer Spritzblasmaschine *(injection blow moulding machine)* sind Spritzgießwerkzeug und Blasformwerkzeug montiert (Seite 519 Bild 1). Zwei gleiche Stahlkerne befinden sich auf einer drehbaren Kernträgerplatte. Bei geschlossenen Werkzeugen ragt einer der Kerne in die Spritzgießformhälfte, während sich der andere im Blaswerkzeug befindet.

4 Kugel für Wandleuchte

2.5 Blasformwerkzeuge

Auf der **Spritzgießseite** schrumpft die eingespritzte Kunststoffschmelze auf den Kern. Beim Öffnen der Spritzgießform verhindern die Hinterschneidungen des Gewindes zusätzlich, dass der Spritzling in der Werkzeughälfte hängen bleibt.
Die drehbare Kernträgerplatte wird um 180° gedreht. Die beiden Werkzeuge fahren wieder zusammen. Der noch warme Spritzling wird durch den Kern mit Druckluft beaufschlagt. Dazu fährt ein Schieber, der über einen Exzenter gesteuert wird, zurück und gibt den Weg für die Luft frei, der den plastischen Spritzling an die Innenwände des **Blasformwerkzeugs** presst. Beim Öffnen der Blasform geben die Schieber das Außengewinde der Leuchtenkugeln frei.

2.5.2 Werkzeugaufbau

Der Wasserspeicher aus Polyethylen-RT (PE-RT) (Bild 2) hat ein Fassungsvermögen von 500 l und soll eine Wandstärke von 4 mm erhalten. Von dem erforderlichen Blasformwerkzeug ist im Bild 3 eine Hälfte dargestellt.

2.5.2.1 Formgebungssystem
Schwindung *(shrinkage)*
Die formgebende Kontur des Werkzeuges entspricht im Wesentlichen der äußeren Behälterform. Sie ist um den Betrag der Schwindung zu vergrößern. Die Formteilschwindung (ca. 1,5 % ... 3,0 %) ist beim Blasformen etwa zwei bis viermal so hoch wie beim Spritzgießen. Sie hängt von der Kunststoffart und der Erstarrungszeit ab und steigt mit:
- zunehmender Wandstärke
- höherer Temperatur des Vorformlings
- steigender Werkzeugtemperatur

Von den aufgeführten Faktoren ist die Wandstärke am wichtigsten. Für den Wasserspeicher beträgt die Schwindung 2,5 %.

Werkstoffe
Die Blasformen bestehen oft aus Aluminium oder Stahl. Die Werkstoffauswahl richtet sich vorrangig nach der Stückzahl der herzustellenden Blasteile, der Zykluszeit und den Werkstoffkosten. Stahl ist verschleißfester als Aluminium, jedoch ist seine Wärmeleitfähigkeit geringer. Aus Gründen der Verschleißfestigkeit kommt der unlegierte Werkzeugstahl 1.1730 (C45U) oft bei Großserien zum Einsatz. Die Blasform für den Tank ist aus kaltverfestigtem AlMg4,5Mn mit Stahleinsätzen für die besonders beanspruchten Quetsch- bzw. Trennkanten. Neben dem geringeren Gewicht und der schnelleren Bearbeitung der Form waren die hohe Wärmeleitfähigkeit und die Korrosionsbeständigkeit der Aluminiumlegierung die Gründe für die Werkstoffwahl. Einsätze, die aufgrund ihrer Größe nicht in den Kühlkreislauf einzubinden sind, bestehen oft aus Kupfer-Zirkonium-Legierungen, die eine ausgezeichnete Wärmeleitfähigkeit besitzen.

Oberflächen
Die formgebenden Werkzeugflächen – insbesondere von Aluminiumformen – sind oft sandgestrahlt. Das fördert die Entlüftung der Form, verringert optische Oberflächendefekte und erleichtert das Entformen des Blasformteils.

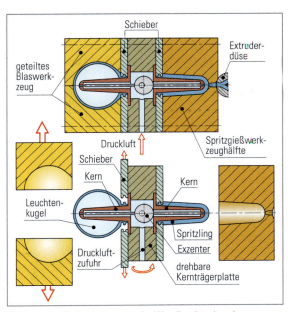

1 Prinzip des Spritzblasformens der Wandleuchtenkugel

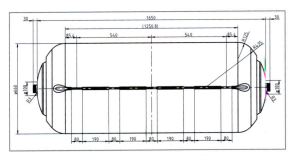

2 Durch Blasformen herzustellender Wasserspeicher

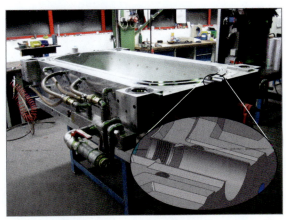

3 Hälfte des Blasformwerkzeugs für Wasserspeicher mit vergrößerten Quetsch- bzw. Trennkanten

2.5.2.2 Quetsch- bzw. Trennsystem
Das Quetsch- bzw. Trennsystem *(crimp and seperate system)* (Bild 3, Ausschnitt) hat beim Schließen der Form die Aufgabe, den Vorformling zu verschweißen und dafür zu sorgen, dass

sich die Butzen leicht von dem Blasformteil trennen lassen. Um eine optimale Schweißnaht zu erhalten, die die erforderliche Festigkeit besitzt, erhält die Quetschzone ein besonderes Profil (Bild 1). Es erzeugt den benötigten Quetschdruck und drückt den aufgeschmolzenen Kunststoff in den Schweißnahtbereich. Im Inneren des Blasformteils entsteht ein Wulst, der den Schweißnahtquerschnitt vergrößert, sodass die Schweißnaht den Beanspruchungen standhält. Zwischen den Quetsch- und Trennleisten des geschlossenen Werkzeugs verbleibt lediglich ein dünner Kunststoffsteg, der das Blasformteil mit den Butzen verbindet und zum Entformen benötigt wird.

2.5.2.3 Entlüftungssystem

Da das Verformen des Vorformlings an die konturgebenden Werkzeugwandungen mithilfe des Blasdorns möglichst schnell erfolgen soll, muss die Luft zwischen Vorformling und Werkzeugkontur ebenso schnell abgeführt werden. Verweilt die Luft zu lange im Werkzeug, können sich am Blasformteil Schlieren *(cords)* und Oberflächendefekte ergeben. Aus diesem Grunde sind in regelmäßigen Abständen **Luftschlitzdüsen** (Bild 2) – meist aus einer CuZn-Legierung – in der formgebenden Kontur montiert. Die Düsen sitzen in Senkbohrungen, die die Luft nach außen aus der Form leiten. Die gleiche Funktion können sehr poröse gesinterte[1] Metalleinsätze übernehmen.
Ausfräsungen auf der Trennebene (z. B. 20 mm breit, 0,4 mm tief) unterstützen die Entlüftung der Form in den Bereichen, wo keine Quetsch- und Trennleisten sind. Sie sind in regelmäßigen Abständen (z. B. 150 mm) angebracht.

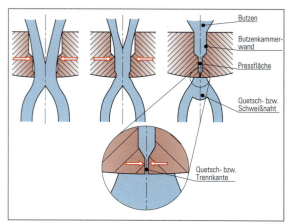

1 *Ausführung der Quetsch- und Trennkante und deren Funktion*

2 *Luftschlitzdüsen*

2.5.2.4 Temperiersystem

Da das Abkühlen des Blasformteils etwa 70 % bis 80 % der Zykluszeit erfordert, ist die Wärmeübertragung vom Formteil zum Werkzeug besonders wichtig. Die gute Wärmeleitfähigkeit von Aluminium sorgt nicht nur für eine gute Wärmeübertragung von der Werkzeugkontur zu den Kühlkanälen, sondern auch für eine möglichst gleichmäßige Temperaturverteilung an der Werkzeugkontur. Die Kühlkanäle sind so dicht an der Werkzeugkontur anzubringen, wie es die Festigkeit des Werkstoffs erlaubt. Die Werkzeuge werden normalerweise auf Temperaturen zwischen 8 °C und 15 °C und in Extremfällen auch bis zu -10 °C gekühlt.

3 *Geöffnete Blasform mit Tank*

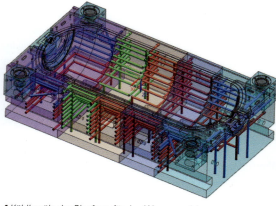

4 *Kühlkanäle der Blasform für den Wasserspeicher*

[1] siehe Kap. 2.6

2.6 Presswerkzeuge für Metall- und Keramikpulver

Im Bild 4 auf Seite 520 sind die Kühlkanäle für die Blasform des Tanks zu erkennen.

2.5.2.5 Entformungs- und Entgratsystem *(deburring system)*
Nach der Erstarrung des Blasformteils öffnet die Form (Seite 520 Bild 3). Sollte die Form größere Hinterschneidungen *(undercuts)* besitzen, sind diese vorher durch zurückfahrende Schieber[1] freizulegen. Während des Öffnens der Form halten die **Schlauchzangen** das Formteil in der mittigen Position, sodass es entformt wird. In besonderen Fällen, wenn z. B. das Blasformteil durch kleinere Hinterschneidungen in der Form haftet, werden auch Auswerfer zur Entformung des noch warmen, elastisch verformbaren Teils eingesetzt. Handhabungsgeräte oder Mitarbeiter entnehmen das Blasformteil aus der Form, bevor die Butzen abgetrennt werden (Bild 1).

1 Entfernen der Butzen am Tank

ÜBUNGEN

1. Beschreiben Sie die Faktoren, die die Schwindung für das Blasformteil beeinflussen.
2. Nennen Sie Gründe dafür, weshalb Blasformen aus Stahl bzw. Aluminium gefertigt werden.
3. Zeigen Sie zwei Möglichkeiten auf, wie die Luft aus der Blasform abgeführt wird.
4. Wie wird erreicht, dass das Blasformteil eine hochwertige Schweißnaht erhält?

2.6 Presswerkzeuge für Metall- und Keramikpulver

Die unterschiedlichen Produkte (Bild 2) wie Gleitlager, Formteile, Filter und Wendeschneidplatten *(indexable inserts)* aus Hartmetall oder Keramik haben eins gemeinsam: Sie sind **nicht** aus einer gemeinsamen Schmelze entstanden, sondern Ausgangsprodukte waren **Pulver** *(powders)*. Durch Mahlen *(grinding)*, Zertrümmern *(crashing)* und Zerstäuben *(pulverizing)* von flüssigem Metall in Wasser oder Luft entstehen Pulverteilchen mit einer Korngröße *(particle size)* von 0,01 mm und 0,4 mm für Formteile und bis zu 2 mm für Filter. Abgestimmt auf den jeweiligen Anwendungsfall werden die Pulver gemischt. Die Korngrößen und das Mischungsverhältnis *(mix ratio)* der verschiedenen Pulversorten bestimmen die Eigenschaften des späteren Sinterteils.

2.6.1 Fertigungsstufen für Sinterteile

2.6.1.1 Pressen der Grünlinge *(green bodies)*
Unter hohem Druck (bis 6000 bar) werden die Pulver auf mechanischen oder hydraulischen Pressen in Presswerkzeugen (Bild 2) zu festen Körpern, den **Grünlingen** gepresst. Durch den hohen Druck werden die Pulverteilchen elastisch und plastisch so verformt, dass sich im Gegensatz zu dem geschütteten Pulver

2 Durch Pressen von Pulvern und Sintern hergestellte Bauteile

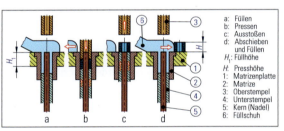

a: Füllen
b: Pressen
c: Ausstoßen
d: Abschieben und Füllen
H_1: Füllhöhe
H: Presshöhe
1: Matrizenplatte
2: Matrize
3: Oberstempel
4: Unterstempel
5: Kern (Nadel)
6: Füllschuh

3 Herstellen von Bauteilen durch Pressen und Sintern

Klasse	Raumerfüllung Rx in %	Porosität in %	Anwendung
AF	< 73	> 27	Filter
A	75 ± 2,5	25 ± 2,5	Gleitlager
B	80 ± 2,5	20 ± 2,5	Gleitlager und Formteile mit Gleiteigenschaften
C	85 ± 2,5	15 ± 2,5	Gleitlager und Formteile
D	90 ± 2,5	10 ± 2,5	Formteile
E	94 ± 1,5	6 ± 2,5	Formteile
F	> 95,5	< 4,5	Sintergeschmiedete Formteile

4 Einteilung der Sinterwerkstoffe nach Raumerfüllung

große Berührungsflächen ergeben. Die an diesen Flächen wirkenden **Adhäsionskräfte** *(adhesive forces)* bewirken, dass der Pressling auch dann noch seine Form beibehält, wenn er entformt ist. Die Dosierung des Pulvers geschieht durch die Positi-

---
[1] siehe Spritzgießen, Kapitel 2.1.5.3

onierung des Unterstempels beim Füllvorgang. Die Füllhöhe H_1 des eingefüllten Pulvers beträgt je nach Korngröße, Pulversorte, Mischung und Verdichtungsgrad zwischen dem 2,2- bis 5-fachen der Fertigteilhöhe H. Durch das Pressen wird die **Raumerfüllung** *(density ratio)* auf 70 % bis nahezu 100 % gesteigert. Die Werkstoffbezeichnung (z. B. SINT-C40) der Sinterwerkstoffe beginnt mit dem Kürzel SINT. Es folgt ein Kennbuchstabe für die Raumerfüllung bzw. Porosität (Seite 521 Bild 4). Anschließend folgt eine zweistellige Zahl, die Auskunft über die chemische Zusammensetzung gibt.

Überlegen Sie!

1. Ermitteln Sie mithilfe Ihres Tabellenbuches, um welches Sintermetall es sich bei SINT-C40 handelt.
2. Schlüsseln Sie die folgenden Sinterwerkstoffe auf: SINT-A51, SINT-D30 und SINT-F31 auf.

2.6.1.2 Sintern *(sintering)*

Die Grünlinge werden nach dem Pressen dem **Sinterofen** *(sintering furnace)* zugeführt. Presslinge aus Eisenwerkstoffen werden zwischen 1100 °C ... 1200 °C gesintert, während die Sintertemperaturen *(sintering temperatures)* bei CuZn- und CuSn-Pulvern bei etwa 800 °C liegen. Das Sintern geschieht unter **Schutzgasatmosphäre** (meist ca. 75 % Stickstoff und 25 % Wasserstoff), damit keine Oxidation der Werkstücke erfolgt. Das Sintern **ohne flüssige Phase** geschieht bei Temperaturen, die unterhalb der Schmelztemperatur des zuerst schmelzenden Stoffes liegen. Dabei verbacken bzw. verschweißen die Pulverteilchen an den Berührungsflächen. An den Grenzflächen bilden sich im festen Zustand durch „Platzwechsel" der Ionen Legierungskristalle, die den festen Zusammenhalt schaffen. Beim Sintern **mit flüssiger Phase** wird die Schmelztemperatur des zuerst schmelzenden Stoffes überschritten. Dadurch wird der Sintervorgang wesentlich beschleunigt.

2.6.1.3 Kalibrieren

Werden höhere Maßgenauigkeiten als der ISO-Toleranzgrad 9 oder hohe Form- und Lagetoleranzen von den Sinterteilen gefordert, müssen sie meist nachgepresst (**kalibriert**) werden (Bild 1).

2.6.1.4 Nachbehandlung *(finishing treatment)*

Bei Sinterlagern wird das **Tränken** *(saturating)* als letzter Arbeitsgang durchgeführt. Dabei wird zunächst die Luft aus den Poren *(pores)* des Lagers evakuiert, bevor dann das unter Druck stehende Öl den Porenraum (15 % ... 30 %) füllt.
Eine Nachbehandlung durch **spanende Verfahren** ist immer dann nötig, wenn aus presstechnischen Gründen (z. B. Durchbrüche quer zur Pressrichtung) die Form des Fertigteils nicht erreicht werden kann.
Eine **Wärmebehandlung** oder ein **Oberflächenschutz** *(surface protection)* des Sinterteils erfolgt, wenn es sein Einsatzbereich erfordert.

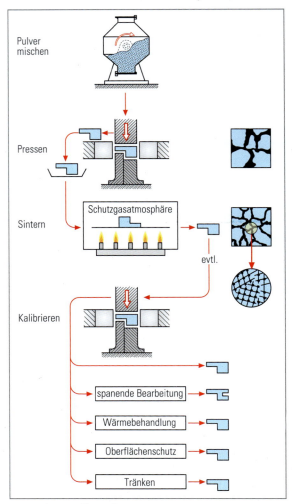

1 Herstellen von Sinterteilen

MERKE

Sinterteile können je nach Pulverzusammensetzung und Pressverfahren unterschiedliche Werkstoffeigenschaften erhalten. Dabei entsteht kein Werkstoffverlust. Es lassen sich auch Werkstoffzusammensetzungen erreichen, die durch Legieren im Schmelzzustand nicht möglich wären, weil z. B. schon die Siedetemperatur des einen Stoffes erreicht ist, bevor der andere flüssig wird.

2.6.2 Werkzeugaufbau

Das Presswerkzeug (Seite 523 Bild 1) besteht meist aus Matrize *(template)*, Dorn, Unter- und Oberstempel, die gemeinsam dem Pressling seine Form geben.

2.6.2.1 Formgebungssystem

Beim **einseitigen Pressen** *(one-sided pressing)* mit **feststehender Matrize** (Bild 1) steht der Unterstempel fest. Lediglich der Oberstempel führt die Pressbewegung durch. Die Reibung des Pulvers an der Matrizenwand verhindert eine gleichmäßige Druckausbreitung. Der Grünling wird an der Oberseite dichter als an der Unterseite.

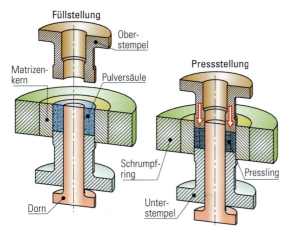

1 *Presswerkzeug: Matrize, Ober- und Unterstempel (einseitiges Pressen mit feststehender Matrize)*

Das **doppelseitige Pressen** *(two-sided pressing)* (Bild 2) mit **feststehender Matrize** erzielt eine gleichmäßigere Dichte des Presslings. Lediglich in der Mitte bleibt eine relativ schwach verdichtete „neutrale Zone".

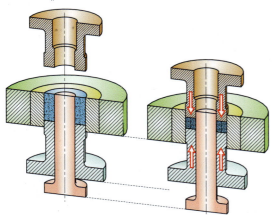

2 *Doppelseitiges Pressen mit feststehender Matrize*

Das **Pressen mit zwangsgesteuerter Matrize** *(positively controlled template)* (Bild 3) geschieht ebenfalls mit **feststehendem Unterstempel**. Der Oberstempel bewegt sich in eine nach unten bewegte Matrize. Die Matrize wird von der Presse gesteuert. Dadurch wird eine gleichmäßige Verdichtung aller Grünlinge einer Serie erreicht.

Stempel und Matrizen sind meist in bzw. an Werkzeugträgern (**Adaptern**) befestigt (Bild 4). Dadurch ist ein schnelles Umrüsten der Presse möglich, weil die Werkzeugteile außerhalb der Maschine montiert und justiert werden können. Adapter können als **Normalien** gekauft werden.

Sowohl die Matrize als auch die Stempel müssen sehr verschleißfest und hart sein. Damit die Reibung zwischen den formgebenden Werkzeugkonturen und dem Pulver und damit auch der Verschleiß möglichst gering ist, werden Matrize, Ober- und Unterstempel **poliert** oder **geläppt**. Die Matrizen bestehen meistens aus Hartmetallen der Gruppen P30 bis P50, die sich durch eine relativ hohe Zähigkeit auszeichnen. Damit können die schwellenden Belastungen beim Pressen aufgefangen werden. Auf die Matrizen werden Ringe – oft aus Kaltarbeitsstahl wie z. B. 1.2842 – aufgeschrumpft, die die Matrize vorspannen. Bei

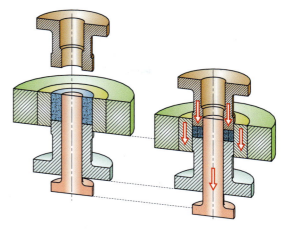

3 *Pressen mit zwangsgesteuerter Matrize*

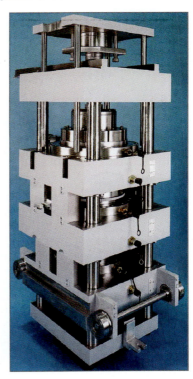

4 *Adapter zur Aufnahme des Presswerkzeugs in hydraulischer Presse*

den schlanken Stempeln ist die Bruchgefahr größer als bei den Matrizen. Sie werden oft aus **Warmarbeits-** und **Schnellarbeitsstählen** gefertigt, die merklich zäher als Hartmetalle sind. Zunehmend werden die Stempel beschichtet[1]. Gedrungene Stempel können auch aus Hartmetall sein.

2.6.2.2 Füllsystem

Der Füllschuh (Seite 521 Bild 3) befördert das Pulver in das Presswerkzeug. Wird das Pulver dann auf die Hälfte oder ein Drittel der Füllraumhöhe zusammengepresst (Bild 1), besitzt der Pressling die doppelte bzw. dreifache Dichte der ursprünglichen Schüttdichte.

$$\frac{Enddichte}{Schüttdichte} = \frac{Füllraumhöhe}{Sinterteilhöhe}$$

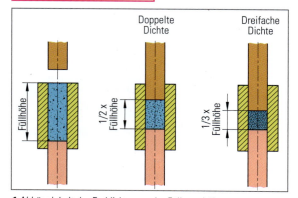

1 Abhängigkeit der Enddichte von der Füllraumhöhe

Wenn bei Teilen mit Absätzen oder Flanschen für die einzelnen Bereiche die Füllhöhen nicht auf die Endhöhen abgestimmt sind, führt das zu unterschiedlichen Raumerfüllungen bzw. Porositäten in den Teilbereichen (Bild 2a). Gleiche Enddichten bedingen daher ein gleiches Verhältnis von den Teilfüllhöhen zu den Fertigteilhöhen. Die kann z. B. durch den Rückzug des inneren Teils des Unterstempels (Bild 2b) erfolgen.

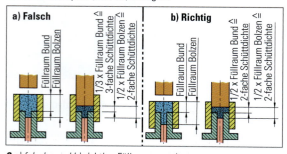

2 a) falsche und b) richtige Füllraumgestaltung

2.6.2.3 Entformungssystem

Nach dem Pressen muss der Grünling aus der Matrize entformt werden. Prinzipiell stehen dazu zwei Varianten zur Verfügung: Beim **Ausstoßverfahren** fährt der Unterstempel nach dem Pressen nach oben und entformt den Pressling (Bild 3). Der Oberstempel fährt beim zweiseitigen Pressen mit feststehen- der Matrize zurück. Anschließend fährt der Unterstempel nach oben und entformt den Grünling aus der Matrize. Beim Pressen mit zwangsgesteuerter Matrize kommt das **Abziehverfahren** zum Einsatz (Bild 4).

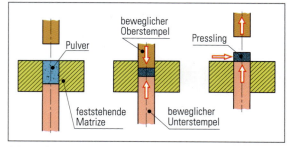

3 Ausstoßverfahren

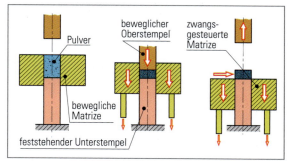

4 Abziehverfahren

2.6.2.4 Fertigungsbeispiel

Das Zahnrad (Bild 5) wird auf einer CNC-gesteuerten hydraulischen Presse hergestellt. Dazu wird der montierte Adapter (Seite 523 Bild 4) in die Presse eingebaut und eingerichtet. Um bei den unterschiedlichen Sinterteilhöhen die entsprechenden Füllhöhen zu erreichen, sind verschiedene Unterstempel nötig (Seite 525 Bild 1). Ebenso sind beim Pressen mehrere Oberstempel ansteuerbar.

5 Zahnrad als Sinterteil

[1] siehe Lernfeld 9, Kapitel 5.2

2.6 Presswerkzeuge für Metall- und Keramikpulver

Bild 2 zeigt den Pressvorgang für das Zahnrad:

Füllen (1): Bei der Pulverbefüllung sind die unteren Stempel bereits zueinander vorpositioniert.

Unterfüllen (2): Um Pulververluste beim Auftreffen der oberen Stempel zu vermeiden, wird die Matrize angehoben.

Pulvertransfer (3.1 – 3.3): Durch individuelle Stempelbewegungen wird das Pulver ohne Vorverdichtung verschoben. Die Pulvertransferposition ist erreicht, wenn das Pulver im nicht gepressten Zustand den Hohlraum füllt.

Pressen (4): Das Pulver wird kontrolliert gepresst, sodass alle Pressstempel die Pressposition zeitgleich erreichen.

Presskraftabbau (5): Um die Stempelauffederung zu kompensieren und um den Grünling zu entspannen, fahren Ober- und Unterstempel etwas zurück.

Abziehen (6): Das Pressteil wird schonend freigelegt und dabei von den Stempeln gehalten, um Brüche zu vermeiden.

Entformen (7): Zuletzt fahren die Stempel in die Grundstellung zurück. Das fertig gepresste Teil ist freigelegt und kann entnommen werden.

2.6.2.5 Toleranzen und Formgestaltung von Sinterteilen

Die Kosten des Sinterteils werden wesentlich durch seine **Maß-, Form- und Lagetoleranzen** bestimmt. Bei Toleranzen oberhalb und bis ISO-Toleranzgrad 9 wird „auf Endmaß gepresst" und gesintert. Unterhalb des Toleranzgrads 9 müssen sie meist „auf Endmaß kalibriert" werden. Dazu sind zusätzlich Kalibrierwerkzeuge und ein weiterer Arbeitsgang erforderlich, was sich auf die Kosten des Sinterteils auswirkt.

Aus dem Pressprozess ergeben sich Forderungen an die **Form des Sinterteils**:

- Außenkonturen (Seite 526 Bild 1) sollten nicht spitz zulaufen. Ansonsten wird durch die entstehende Kerbwirkung die Matrize zu sehr beansprucht.
- Die Übergänge an Außenkonturen (Seite 526 Bild 2) sollten möglichst nicht tangential ausgeführt werden, da sonst die Stempel scharfkantig und sehr spitz zulaufend sein müssen. Dadurch erhöht sich deren Bruchgefahr.

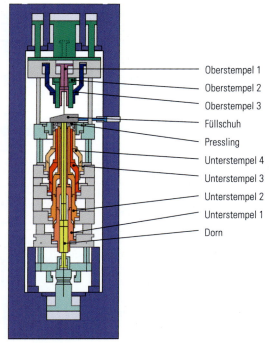

1 Schema einer CNC-gesteuerten hydraulischen Presse mit mehreren Ober- und Unterstempeln

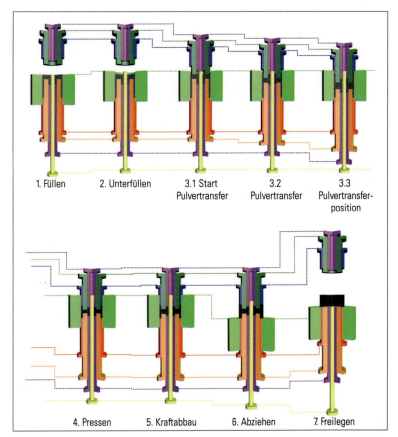

2 Stempel- und Matrizenhübe für die Herstellung des Zahnrad-Grünlings

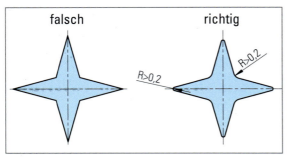

1 Außenkontur von Sinterteilen

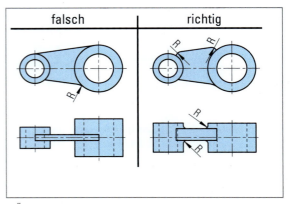

2 Übergänge an Außenkonturen von Sinterteilen

- Zylindrische Bohrungen sollten in ihrer Höhe möglichst nicht größer als das Dreifache des Durchmessers sein. Sonst besteht die Gefahr, dass die Pressdorne beim Zurückfahren abreißen.

Die **Kanten** *(edges)* des Sinterteils sind dort gratig, wo sie durch zwei unterschiedliche Werkzeugteile erzeugt wurden. Für runde Kanten und steile Winkel wären dünne und scharfkantige Stempel notwendig. Diese würden sich beim Pressen gegen die Matrize verbiegen und verklemmen bzw. extrem verschleißen. Eine kleine, flache Fläche an den Kanten (Bild 3) erhöht die Standzeit des Werkzeugs.

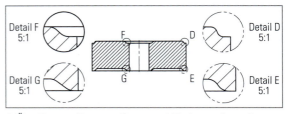

3 Übergänge an Konturen, die von zwei Werkzeugteilen geformt werden

ÜBUNGEN

1. Welche Fertigungsstufen durchläuft ein Sinterlager mit dem Außendurchmesser 14r6 und dem Innendurchmesser 10G7?

2. Durch welche Angaben werden die Porosität und der Werkstoff eines Sinterlagers definiert?

3. Warum zerfallen die Grünlinge nach dem Entformen nicht?

4. Beschreiben Sie stichpunktartig die Herstellung von Sinterteilen.

5. Nennen Sie drei Vorteile und einen Nachteil des Urformverfahrens Sintern.

6. Skizzieren Sie für das Sinterteil das Werkzeug beim Füllen, wenn ein Pressen auf ein Drittel der Füllhöhe erfolgt.

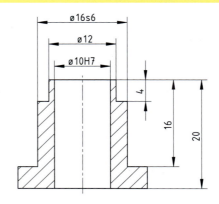

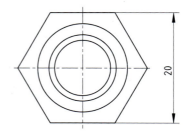

Projektaufgaben zur Formentechnik

Spritzgießform für Abfalleimer

Für den Abfalleimer aus PA66 ist eine Spritzgießform herzustellen.

1. Skizzieren Sie die Seitenansicht im Schnitt und geben Sie die Trennebene der Form an.
2. Legen Sie Auswerferseite und Düsenseite fest.
3. Wie lassen sich die beiden Haken entformen, die im Detail der Perspektive dargestellt sind?
4. Legen Sie fest, wie Sie den gesamten Abfalleimer entformen.
5. Da die Wandstärke des Abfalleimers im Verhältnis zu seiner Größe sehr gering ist, entstehen schon bei geringem Formversatz zu kleine Wandstärken. Deshalb muss neben den Führungssäulen und -buchsen der Form noch eine Zentrierung über die Teilungsfläche erfolgen. Skizzieren Sie eine Lösungsmöglichkeit.
6. Skizzieren Sie in den Schnitt die Formplatten für die Auswerfer- und Düsenseite.
7. Legen Sie das Schwindmaß für die Form fest und berechnen Sie die drei in der Zeichnung gegebenen Maße für das Werkzeug.

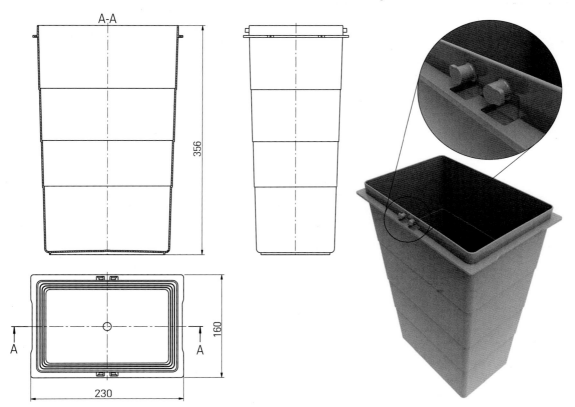

Druckgießform für zwei Klampen

Klampen sind an Booten montiert und dienen zum Befestigen von Seilen, damit das Boot sicher fixiert ist. Es ist eine Druckgießform zu planen, in der pro Schuss zwei Klampen aus EN AC-Al Si9 entstehen. Die Druckgießform arbeitet auf einer Kaltkammer-Druckgießmaschine. Von den Abgüssen wird lediglich das Angusssystem und der eventuell vorhandene Grat entfernt, bevor die gesamte Oberfläche ohne die Senkbohrungen und die Standfläche zu polieren ist. Die Senkbohrungen werden mitgegossen.

1. Skizzieren Sie eine Ansicht der Klampe und tragen Sie die Trennebene ein.
2. Legen Sie die Bereiche fest, an denen die Anschnitte anzubringen sind.
3. Bestimmen Sie das Schwindmaß.
4. Berechnen Sie für die Maße 24 mm, 62 mm, 90 mm und 300 mm der Klampe die Werkzeugmaße.
5. Die Oberseite der Klampe hat eine Freiformfläche, in der nach dem Entformen kein Grat liegen soll. Was wird unter dem Begriff „Freiformfläche" verstanden?
6. Begründen Sie, warum eine Schieberform nötig ist.
7. Wie erreichen Sie, dass kein Grat innerhalb der Freiformfläche entsteht?
8. Skizzieren Sie auf der Trennfläche der Form die Lage der Kavitäten und das Angusssystem.
9. Bestimmen Sie die Lage der Schieber und zeichnen Sie diese in die vorherige Skizze ein.
10. Skizzieren Sie einen Längsschnitt durch den Schieber und tragen Sie erforderliche Formschrägen ein.
11. Bestimmen Sie die notwendigen Schieberwege.
12. Legen Sie fest, wie die Schieber betätigt werden und skizzieren Sie das.
13. Begründen Sie, warum Schieberverriegelungen nötig sind und tragen Sie diese für die geplante Druckgießform in die vorhergehende Skizze ein.
14. Die Druckgießform erhält zwei Einsätze, legen Sie deren Größe und die Größe der Formplatten fest.
15. Legen Sie für die Formeinsätze und die Formplatten die Werkstoffe fest.
16. Beschreiben Sie, wie Sie die Klampen entformen.
17. Skizzieren Sie das Entformungssystem.

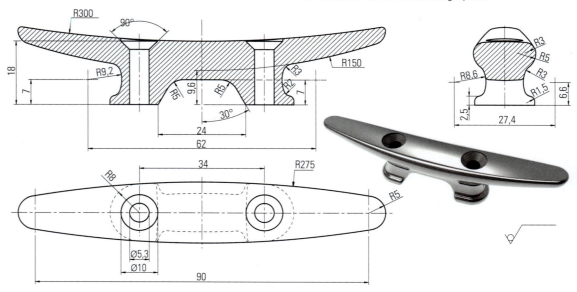

2.7 Werkzeuge für die Massivumformung

1 Durch Massivumformen hergestellte Bauteile

Bei der Massivumformung *(massive forming)* werden abgelängte Stangenmaterialien *(bars)* oder Drähte *(wires)* in komplizierte dreidimensionale Körper (Bild 1) **umgeformt**.

> **MERKE**
> Umformen ist das Fertigen durch plastisches Ändern der Form eines festen Körpers; dabei werden sowohl die Masse als auch der Zusammenhalt beibehalten[1].

Das Gegenstück zur Massivumformung ist die Blechumformung *(sheet forming)* bei der vorrangig zweidimensionale Halbzeuge verformt werden.

Merkmal der Massivumformung ist das Ändern von Querschnitten. Da das Volumen beim Umformen konstant bleibt, sind mit Querschnittsänderungen auch Längenänderungen *(changes in length)* verbunden. Die Querschnittsänderungen erfolgen durch **Druckumformung** *(forming under pressure)*[2].

Werkzeuge für die Massivumformung werden z. B. beim
- Gesenkformen *(die shaping)*,
- Strangpressen *(extrusion moulding)* und
- Fließpressen *(impact extruding)* benötigt.

2.7.1 Werkzeuge zum Gesenkformen

2.7.1.1 Gesenkformprozesse

Beim **Gesenkformen** *(die shaping)* oder **Gesenkschmieden** *(die forging)* entsteht das Werkstück durch Druckumformung. Das Werkzeug besteht aus **Ober- und Untergesenk** *(upper and lower die)* bzw. Ober- und Unterwerkzeug. Beim Gesenkformen bewegt sich meist das Obergesenk in Richtung Untergesenk (Bild 2), wobei die Umformung des eingelegten Rohlings geschieht. In die Werkzeughälften sind **Gravuren** *(engravings)* eingearbeitet, die die **Negativform** *(cast)* des Werkstücks bilden. Die Gravuren bestimmen somit die Form des fertigen Schmiedestücks. Oft sind die Gesenkhälften in einem **Schmie-**

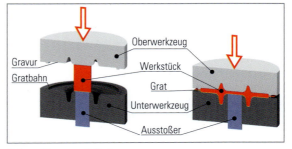

2 Gesenkformen mit Grat

---
[1] DIN 8580
[2] DIN 8583

dehammer *(drop hammer)* montiert (Bild 1), der die notwendige Energie zum Umformen der Werkstücke zur Verfügung stellt. Der Schmiedehammer führt bis zur Fertigstellung des Schmiedestücks meist mehrere Schläge durch. Dadurch entstehen einerseits nur **kurze Druckberührzeiten** von Gesenk und Werkstück, andererseits aber **große mechanische Beanspruchungen** des Gesenks und **hohe Schallemissionen** *(sound emissions)*, die durch entsprechende Schutzmaßnahmen gedämpft werden müssen.

LF11_14

Werkstoffverhalten beim Gesenkformen

Durch das Schließen des Gesenks wird der Werkstoff unter Druck in die Gravur gepresst. Ausgangsprodukt für das Gesenkschmieden ist oft quader- oder zylinderförmiges Ausgangsmaterial. Durch Gesenkformen werden in wenigen Sekunden komplizierte Teile hergestellt. Zum vollständigen Ausfüllen des Gesenks muss der Werkstoff **in Richtung** der Werkzeugbewegung, **quer dazu** und **entgegen** der Bewegung des Werkzeugs fließen. Aus den verschiedenen Richtungen des Werkstoffflusses wurden Grundvorgänge beim Massivumformen definiert (Bild 2):

- **Stauchen** *(heading)*: Die Höhe des Werkstücks wird fast ohne Gleitbewegung an den Gesenkwänden verringert.
- **Breiten** *(spreading)*: Der Werkstoff fließt quer zur Bewegungsrichtung des Werkzeugs. Die Gleitwege des Werkstoffs an den Gesenkwänden sind relativ lang, wodurch viel Reibung entsteht und große Umformkräfte benötigt werden.
- **Steigen** *(climbing)*: In der letzten Umformphase ist der Werkstofffluss der Werkzeugbewegung oft entgegengesetzt. Dabei behindern die meist geneigten Flächen und die Reibung an ihnen den Werkstoff beim Steigen. Deshalb sind sehr große Umformkräfte erforderlich.

Beim Herstellen massivumgeformter Werkstücke treten diese Grundvorgänge oft auch gleichzeitig auf.

Das **Gesenkformen mit Grat** *(burr)* (Seite 529 Bild 2) ist das **vorherrschende** Formgebungsverfahren. Dabei erzwingt das Werkzeug den Werkstofffluss in Bewegungsrichtung der Werkzeuge und quer dazu. Das Werkstück wird hierbei fast vollständig vom Werkzeug umschlossen. Überschüssiger Werkstoff fließt durch den Gratspalt ab. Der Grat wird nach der Gesenkformung in einem weiteren Werkzeug vom Werkstück abgeschert *(shear)* (Seite 531 Bild 1).

Das **Gesenkformen ohne Grat** (Seite 531 Bild 2) geschieht mit geschlossenen Gesenken. Bei geringem Materialüberschuss *(material spillover)* werden die Werkzeuge aufgrund des hohen Werkzeuginnendrucks sehr stark belastet, sofern nicht Materialspeicher als Ausgleichsvolumen vorhanden sind.

Die **Vorteile** des Gesenkformens sind:
- **kurze Fertigungszeiten** *(processing times)* vom Rohling bis zum Schmiedeteil
- **geringerer Werkstoffverbrauch** *(material consumption)* gegenüber spanenden Fertigungsverfahren
- **bessere Festigkeitseigenschaften** *(mechanical properties)* ergeben sich bei der Druckumformung durch das fein-

1 Schmiedehammer

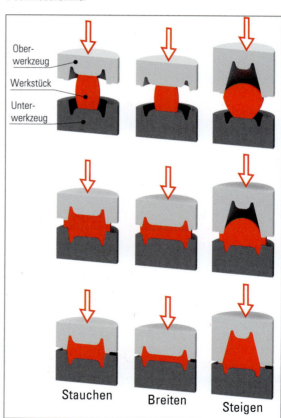

2 Stauchen, Breiten und Steigen beim Gesenkformen

körnigere und verdichtete Gefüge und dem sich der Werkstückkontur anpassenden Faserverlauf (Seite 531 Bild 3)

2.7 Werkzeuge für die Massivumformung

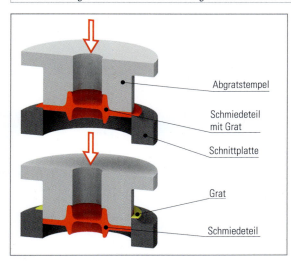

1 Abscheren des überschüssigen Grats (Abgraten)

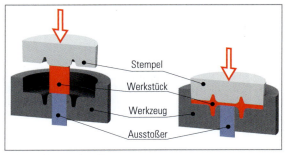

2 Gesenkformen ohne Grat

- **zahlreiche Oberflächenbehandlungen** *(surface treatments)* wie z. B. Polieren, Vernickeln *(nickel)*, Versilbern *(silver)* oder Eloxieren sind möglich, da die geformten Oberflächen frei von Porositäten sind.

Nachteilig ist, dass für das Gesenkformen
- **hohe Investitionen** und **geringere Flexibilität** gegenüber der Zerspanung
- **längere Vorbereitungszeiten** *(set-up times)* für die Planung und Herstellung der Gesenke erforderlich sind, sodass das Verfahren nur bei entsprechend großen Serien wirtschaftlich ist.

2.7.1.2 Einfluss der Werkstücktemperatur auf das Umformen

Beim Gesenkformen hat die Werkstücktemperatur wesentlichen Einfluss auf das Umformverhalten des Werkstoffes. Bild 4 stellt für Stähle verallgemeinert ihr Umformverhalten in Abhängigkeit von der Temperatur dar. Es ist dem Diagramm zu entnehmen, dass mit zunehmender Temperatur
- die **Fließspannung** *(yield stress)* aufgrund der abnehmenden Werkstofffestigkeit sinkt und
- das **Formänderungsvermögen** *(deformability)* steigt.

Die Einordnung der Verfahren in Warm-, Kalt-, Halbwarmumformung geschieht nach der Werkstücktemperatur:

Warmumformung

Die Warmumformung *(hot shaping)* von Stahlwerkstoffen erfolgt bei circa 1100 °C bis 1300 °C. Aluminiumlegierungen werden bei 320 °C bis 480 °C warmumgeformt.
Wesentliche Kennzeichen der Warmumformung sind:
- Es ist für fast alle metallischen Werkstoffe geeignet.
- Das Umformvermögen der Werkstoffe ist am größten.
- Für die Umformung ist ein geringer Kraft- und Energiebedarf nötig.

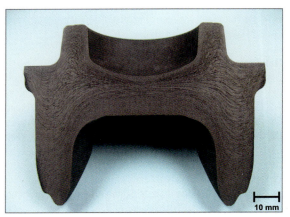

3 Faserverlauf in gesenkgeformtem Werkstück

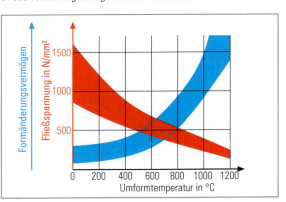

4 Umformverhalten von Stählen in Abhängigkeit von der Temperatur

- Für die Erwärmung wird viel Energie benötigt, die gegebenenfalls für eine anschließende Wärmebehandlung nutzbar ist.
- Die geformten Oberflächen sind relativ rau.
- Bei Stählen bildet sich durch Oxidation eine deutliche Zunderschicht *(layer of scale)*.
- Das Schmiedeteil schwindet *(shrink)* beim Abkühlen.

Kaltumformung

Die Kaltumformung *(cold forming)* erfolgt bei Raumtemperatur. Wesentliche Kennzeichen der Kaltumformung sind:
- Stähle mit mehr als 0,5 % C und mehr als 5 % Legierungsbestandteilen eignen sich nicht.
- Das Umformvermögen der Werkstoffe ist am geringsten, wodurch die Gestaltungsfreiheit eingeschränkt ist.
- Für die Umformung ist ein großer Kraft- und Energiebedarf nötig.
- Kein Energiebedarf für die Erwärmung erforderlich.
- Die geformten Oberflächen besitzen eine geringe Rauheit.
- Es bildet sich keine Zunderschicht.
- Hohe Form- und Maßgenauigkeiten *(accuracy of shape and size)* lassen sich realisieren.

Halbwarmumformung

Die Halbwarmumformung *(hot forming)* von Stählen kombiniert die Vorteile der Kalt- und Warmumformung. Sie findet bei einer werkstoffspezifischen Umformtemperatur zwischen 600 °C und 950 °C statt, bei der die Fließspannung merklich reduziert wurde, das Formänderungsvermögen entsprechend zugenommen hat, aber die Zunderbildung noch nicht wesentlich eingesetzt hat.

Wesentliche Kennzeichen der Halbwarmumformung sind:
- Es ist auch für höherlegierte Stähle als bei der Kaltumformung geeignet.
- Das Umformvermögen der Werkstoffe und die Gestaltungsfreiheit der Werkstücke sind größer als bei der Kaltumformung.
- Für das Umformen ist ein mittlerer Kraft- und Energiebedarf nötig.
- Für die Erwärmung ist ein mittlerer Energiebedarf erforderlich.
- Die Oberflächenqualität der geformten Konturen ist besser als bei der Warmumformung.
- Die Zunderbildung ist gering.
- Die Form- und Maßgenauigkeit ist besser als bei der Warmumformung.

> **MERKE**
> Die Entscheidung für Warm-, Kalt- oder Halbwarmumformung ist abhängig vom umzuformenden Werkstoff, der Gestalt, der Oberflächenqualität und der Form- sowie Maßgenauigkeit des Werkstücks.

2.7.1.3 Umformvermögen von Werkstoffgruppen

Für die Massivumformung eignen sich bis auf wenige Ausnahmen – wie z. B. Gusseisen – alle Metalle und Metall-Legierungen. Allerdings lassen sie sich unterschiedlich gut umformen. Für das **Umformvermögen** *(forming acquierment)* ist neben der **Umformtemperatur** *(forming temperature)* die **Werkstoffgruppe** ausschlaggebend. Bild 1 zeigt z. B., dass die Baustähle über ein sehr hohes Umformvermögen bei geringem Kraft- und Arbeitsbedarf für die Umformung verfügen, während sich die Nickel- und Cobalt-Legierungen *(nickel and cobalt alloys)* genau umgekehrt verhalten.

1 Umformverhalten von Stählen in Abhängigkeit von der Temperatur

2.7.1.4 Werkstückgestaltung und Gestaltung des Formgebungssystems

Das Flanschlager (Bilder 2 und 3) aus S355J2 (1.0577) soll im Gesenk geschmiedet und anschließend spanend bearbeitet werden. Die Bearbeitungsflächen sind im Bild 1 rot dargestellt.

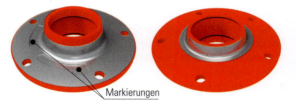

2 Flanschlager mit rot markierten Bearbeitungsflächen

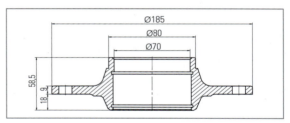

3 Schnitt durch das bearbeitete Flanschlager

Gesenkteilung und Gratnaht

Für die Gestaltung des Schmiedeteils und des Gesenks ist zunächst die **Werkzeugtrennebene**[1] bzw. **Gesenkteilung** *(die parting line)* festzulegen. Am Schmiedeteil bildet sich die Gesenkteilung als **Gratnaht** *(die joint)* ab, die nach dem Abgraten entsteht. Beim Festlegen der Gesenkteilung sind die in Bild 1 auf Seite 533 dargestellten Gestaltungsregeln zu beachten. Bild 4 zeigt die Gesenkteilung für das Flanschlager.

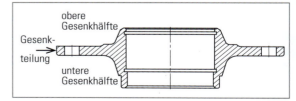

4 Gesenkteilung für das Flanschlager

---
[1] Siehe Lernfeld 6, Kapitel 1.2.5.2

2.7 Werkzeuge für die Massivumformung

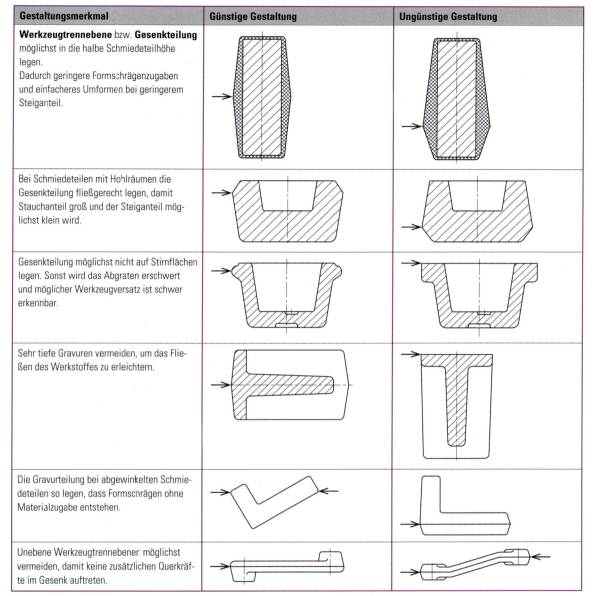

Gestaltungsmerkmal	Günstige Gestaltung	Ungünstige Gestaltung
Werkzeugtrennebene bzw. **Gesenkteilung** möglichst in die halbe Schmiedeteilhöhe legen. Dadurch geringere Formschrägenzugaben und einfacheres Umformen bei geringerem Steiganteil.		
Bei Schmiedeteilen mit Hohlräumen die Gesenkteilung fließgerecht legen, damit Stauchanteil groß und der Steiganteil möglichst klein wird.		
Gesenkteilung möglichst nicht auf Stirnflächen legen. Sonst wird das Abgraten erschwert und möglicher Werkzeugversatz ist schwer erkennbar.		
Sehr tiefe Gravuren vermeiden, um das Fließen des Werkstoffes zu erleichtern.		
Die Gravurteilung bei abgewinkelten Schmiedeteilen so legen, dass Formschrägen ohne Materialzugabe entstehen.		
Unebene Werkzeugtrennebenen möglichst vermeiden, damit keine zusätzlichen Querkräfte im Gesenk auftreten.		

1 Gestaltungsregeln zum Festlegen der Gesenkteilung bzw. Gratnaht

Überlegen Sie!

Welche Gestaltungsregeln aus Bild 1 wurden bei der Festlegung der Gesenkteilung für das Flanschlager berücksichtigt?

Bearbeitungszugaben

Schmiedeteile werden meist spanend bearbeitet. Damit dies möglich wird, muss das Schmiedeteil um den Betrag der **Bearbeitungszugaben** *(machining allowances)* vergrößert werden. Die Größe der Bearbeitungszugabe steigt mit
- zunehmender Größe der Bearbeitungsfläche und
- steigender Komplexität der Schmiedeteilgeometrie.

Die Bearbeitungszugaben liegen meist zwischen 1,5 mm bis 5 mm. Im Bild 2 sind die Bearbeitungszugaben am Flanschlager eingetragen und kreuzschraffiert.

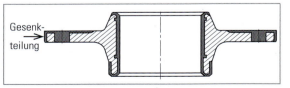

2 Bearbeitungszugaben am Flanschlager

Form- bzw. Seitenschrägen

Damit Schmiedeteile sich leicht aus dem Gesenk entnehmen lassen, sind die Gesenkwandungen in Entformungsrichtung mit Form- bzw. Seitenschrägen[1] *(mould and side draughts)* zu versehen. Durch die Schrumpfung bzw. Schwindung des warmumgeformten Schmiedeteils lösen sich dessen Flächen leicht von den Außenwänden des Gesenks. Die Innenflächen des Schmiede-

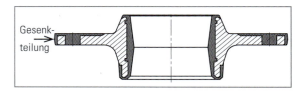

1 Seitenschrägen am Flanschlager

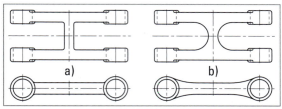

2 a) Ausgangskonstruktion und
b) schmiedegerechte Konstruktion mit Radien und weichen Übergängen

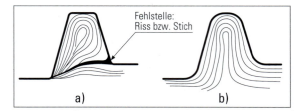

3 a) zu kleine Übergangsradien können zu Rissen bzw. Stichen führen
b) große Übergangsradien begünstigen den Faserverlauf

teils werden durch die Schwindung auf die Gesenkwandungen gepresst. Um das Entformen des Werkstücks von den Innenwänden zu erleichtern, werden dort die Schrägen größer als an den Außenwänden ausgeführt. Wenn die Gesenke auf Schmiedehämmern eingesetzt werden, erhalten die **Innenwände** meist eine Schräge von 9°, während die **Außenflächen** mit 6° geschrägt werden. Bei Gesenken für Schmiedepressen können die Seitenschrägen kleiner festgelegt werden. Das gilt auch, wenn die Gesenke über spezielle Auswerfer verfügen.

Bild 1 stellt die Formschrägen am Flanschlager dar, wobei die Höhen der Innenwände gleich groß gewählt wurden.

Übergangsradien

Um eine fließgerechte Gestaltung des Schmiedestücks zu erzielen, soll es möglichst große Übergangsradien *(transition radii)* besitzen. Bild 2a zeigt die ursprüngliche Konstruktion der Bauteile, die dann in eine schmiedegerechte (Bild 2b) geändert wurde. Scharfe Kanten in den Gravuren steigern beim Fließen des Werkstoffs den Widerstand, erschweren das Füllen der Gravur und senken die Standzeit des Gesenks.

Bei **zu kleinen** Übergangsradien entstehen am Schmiedeteil oft **Fehlstellen** *(defects)*, die sich als Risse bzw. Stiche abbilden (Bild 3a). Eine **fließgerechte Werkstückform** (Bild 3b) mit **großen** Übergangsradien erzielt einen günstigen Faserverlauf *(fibre flow)* und erhöht dadurch die Dauerfestigkeit des Bauteils. **Rippen** *(ribs)* und **Stege** *(webs)* sind möglichst mit umlaufenden Radien zu versehen. Durch die großen Radien verringern sich Kerbspannungen in den Gravuren, wodurch sich die Lebensdauer der Gesenke erhöht. Durch die kleinen Radien (Bild 4a) entstehen im Gesenk Risse, die sich mit der Ausführung im Bild 4b vermeiden lassen.

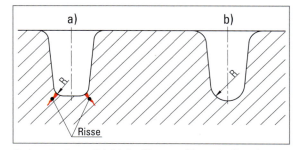

4 a) ungünstige und b) richtige Rippenausführung im Gesenk

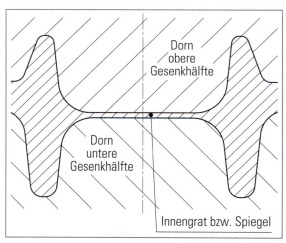

5 Verbleibender Innengrat bzw. Spiegel zwischen den beiden Dornen

Bohrungen *(bores)* und Durchbrüche *(openings)*

Durch Gesenkschmieden lassen sich **keine durchgehenden Bohrungen** wie z. B. die Bohrung mit ⌀72 mm beim Flanschlager herstellen. Der Werkstoff muss in diesem Bereich durch zwei Dorne verdrängt werden, die sich in der unteren und oberen Gesenkhälfte befinden (Bild 5). Das ist nur möglich, wenn zwischen den konischen Dornen ein **Innengrat** bzw. **Spiegel** verbleibt. Zur Verbesserung des Werkstoffflusses erhalten die beiden Dorne große Übergangsradien. Bild 1 auf Seite 535 zeigt den Schnitt durch das Schmiedeteil ohne den Außengrat. Der

[1] Siehe Lernfeld 6, Kapitel 1.2.6.1

2.7 Werkzeuge für die Massivumformung

verbleibende Spiegel wird nach dem Schmieden mit dem Abgratwerkzeug entfernt.

Schwindung *(shrinkage)*

Beim Abkühlen des Werkstückes von Schmiede- auf Raumtemperatur schwindet es bedingt durch die vorausgegangene Ausdehnung beim Erwärmen. Die **Schwindmaße**[1] *(degrees of shrinkage)* werden in Prozent angegeben. Das Schwindmaß ist abhängig von

- dem Werkstoff und
- der Entformungstemperatur *(deforming temperature)* des Schmiedeteils.

In Bild 2 sind die Schwindmaße für verschiedene Stähle in Abhängigkeit von der Entformungstemperatur aufgeführt. Das Flanschlager aus S235 hat ein Schwindmaß von 1,5 %. Um diesen Betrag sind alle Maße am Gesenk gegenüber dem kalten Schmiedeteil zu vergrößern[2].

Schmiedeteiltoleranzen *(forging tolerances)*

Die zulässigen Maßtoleranzen von Stahlschmiedeteilen[3] steigen mit

- zunehmendem Nennmaß
- zunehmendem Gewicht des Rohlings,
- zunehmender Unsymmetrie *(unbalance)* der Gratbahn,
- zunehmender Feingliedrigkeit *(fineness)* des Schmiedeteils und
- zunehmendem Kohlenstoffgehalt *(carbon content)* des Stahls.

Die normal erreichbaren Maßtoleranzen liegen zwischen IT 12 und IT 16. In Ausnahmefällen, z. B. beim Kalibrieren durch Kaltpressen sind auch Toleranzen bis IT 8 zu erreichen.

> **MERKE**
> Bei der Gestaltung des Schmiedeteils sind die Lage der Gratnaht, die Bearbeitungszugaben, die Seitenschrägen, die Übergangsradien und die Schwindung zu berücksichtigen.

Gratbahn und Gratrille

Damit es im Gesenk zum Steigen des Werkstoffes kommt, muss der Fließwiderstand in der Gratbahn (Bild 3) höher sein als der zum Steigen erforderliche. Erst wenn das Gesenk völlig gefüllt ist, darf der Werkstoff über die Gratbahn in die Gratrille fließen. Der Fließwiderstand in der Gratbahn ist abhängig vom **Verhältnis der Gratbahnbreite zur Gratbahndicke** b/s.

Aufgrund von Erfahrungswerten lässt sich die **Gratbahndicke** s in Abhängigkeit von der projizierten Fläche des Schmiedeteils bestimmen:

$$s = 0{,}015 \cdot \sqrt{A_S}$$

s: Gratbahndicke in mm
A_S: in Schmiederichtung projizierte Fläche des Schmiedeteils ohne Grat

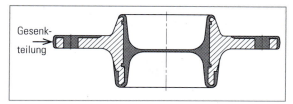

1 Übergangsradien und Spiegel am Flanschlager

Werkstoff	Schwindmaße bei Entformungstemperatur		
	800 °C	950 °C	1100 °C
C35	0,84 %	1,16 %	1,48 %
C45	0,88 %	1,22 %	1,60 %
C90	1,24 %	1,62 %	2,03 %
X12CrNi8	1,50 %	1,85 %	2,20 %

2 Ausgewählte Schwindmaße in Abhängigkeit von der Entformungstemperatur

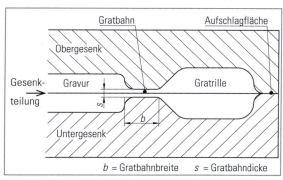

3 Gratbahn und Gratrille im Flanschlagergesenk

Für das Flanschlager gilt somit:

$$A_S = \frac{d^2 \cdot \pi}{4}$$

$$A_S = \frac{190^2 \text{ mm}^2 \cdot \pi}{4}$$

$$A_S = 28\,352 \text{ mm}^2$$

$$s = 0{,}015 \cdot \sqrt{A_S}$$

$$s = 0{,}015 \cdot \sqrt{28\,352 \text{ mm}^2}$$

$$s = 2{,}5 \text{ mm}$$

Schmiedeteile, bei denen der Werkstoff stark steigen muss, erfordern einen hohen Gesenkinnendruck, der bei festgelegter Gratbahndicke durch Vergrößern der Gratbahnbreite zu erreichen ist. Die Tabelle (Bild 1 auf Seite 536) gibt Richtwerte für das Gratbahnverhältnis in Abhängigkeit von der projizierten Schmiedestückfläche und dem überwiegend vorliegenden Werkstofffluss an.

Für das Flanschlager, bei dem der Werkstofffluss vorrangig Breiten und Steigen ist, wird ein Gratbahnverhältnis b/s von 4,5 gewählt, sodass sich rechnerisch eine Gratbahnbreite b von

---

[1] siehe Lernfeld 6, Kapitel 1.2.5.3   [2] Schwindmaßberechnung siehe Lernfeld 6, Seite 138
[3] Siehe DIN EN 10243-1

11,25 mm ergibt. Bei der Gesenkkonstruktion wird die Breite b mit 12 mm realisiert. Bild 2 zeigt die beiden Gesenkhälften für das Flanschlager.

> **MERKE**
> Die **Gratbahndicke** ist abhängig von der projizierten Fläche des Schmiedeteils.
> Die **Gratbahnbreite** richtet sich nach der projizierten Fläche und dem vorrangigen Werkstofffluss im Gesenk.

Projizierte Fläche A_S in mm²	Gratbahnverhältnis b/s für überwiegend vorliegendes		
	Stauchen	Breiten	Steigen
× 2000	8	10	13
>2000 bis 5000	7	8	10
>5000 bis 10000	5	6	7
>10000 bis 25000	4	5	6
>25000 bis 70000	3	4	5
>70000 bis 150000	2	3	4

1 Anhaltswerte für Gratbahnverhältnis b/s

Freiformen, Vorformen und Fertigformen

Der Rohling für das Flanschlager hat einen Durchmesser von 60 mm und eine Länge von 170 mm. Auf dem Schmiedehammer wird der Rohling zunächst zwischen den ebenen und parallelen Auflageflächen des Gesenkes frei geformt (Bild 3). Bei diesem Breiten wird der Werkstofffluss durch das Werkzeug nicht behindert. Es handelt sich deshalb um **Freiformen** *(free forming)*. Aufgrund der Reibungsverhältnisse ergibt sich ein nahezu kreisrunder Querschnitt des Schmiedeteils. In dieser Fertigungsstufe wird auch die durch das Erwärmen entstandene **Zunderschicht** *(layer of scale)* entfernt.

Um das Gesenk nicht zu sehr zu beanspruchen, wird das gestauchte Schmiedeteil nicht in einer Gravur fertiggeschmiedet, sondern es erhält in einer **Vorform** *(pre-*

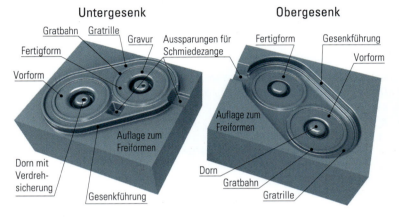

2 Unter- und Obergesenk für Flanschlager

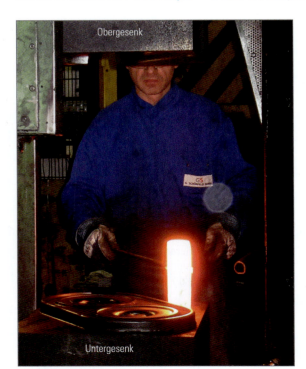

3 Freiformschmieden des Rohlings

form) annähernd seine Endform. Die Vorform ist so festzulegen, dass sie sich mit möglichst geringem Kraftaufwand vollständig füllen lässt. Dazu erhält die Vorform größere Radien (Bild 4, oben), um einen besseren Werkstofffluss zu ermöglichen. Der in der Vorform geschmiedete Flansch und der Innengrat sind höher als in der Fertigform. Die Gesamthöhe der Vorform ist kleiner als bei der Fertigform.

In der **Fertigform** *(finishing form)* werden die Höhen von Flansch und Innengrat sowie die Radien verringert. Das dabei verdrängte Volumen dient zum Steigen und vollständigen Ausfüllen der Fertigform. Sowohl in der Vorform als auch in der Fertigform

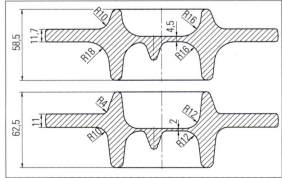

4 oben: Schmiedeteil aus der Vorform ohne Außengrat
unten: Schmiedeteil aus der Fertigform ohne Außengrat

2.7 Werkzeuge für die Massivumformung

hat der Dorn im Untergesenk eine kegelige Vertiefung. Sie dient als **Verdrehsicherung** *(anti-turn device)*. Diese ist erforderlich, weil in der Fertigform das Schmiedeteil eine Markierung am Flansch (Seite 532 Bild 2, links) erhält. Da das Schmiedeteil in der Fertigform mit mehreren Schlägen seine endgültige Form erhält, darf es sich dabei nicht verdrehen. Der Konus am Innengrat zentriert sich in der Vertiefung im Dorn und kann sich somit nicht verdrehen.

> **MERKE**
> Das Gesenkformen erfolgt meist in mehreren Stufen: Freiformen, Vorformen und Fertigformen.

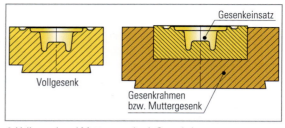

1 Vollgesenk und Muttergesenk mit Gesenkeinsatz

Gesenkwerkstoffe *(die materials)*
Schmiedegesenke werden extrem beansprucht durch
- die hohen Temperaturen der Schmiedeteile,
- die schlagartigen *(abrupt)* Belastungen beim Schließen der Gesenke und,
- das Gleiten des heißen Werkstoffes über die Gravurwandungen.

Um diesen Beanspruchungen standzuhalten, werden Warmarbeitsstähle für die Schmiedegesenke gewählt. Sie verfügen über die notwendige Warmfestigkeit, Zähigkeit und Verschleißfestigkeit. **Vollgesenke** und **Gesenkeinsätze** *(die inserts)* (Bild 1.) bestehen meist aus **hochlegierten Warmarbeitsstählen** wie z. B. 1.2343 (X37CrMoV5-1) und 1.2344 (X40CrMoV5-1). Aber auch niedriglegierte Warmarbeitsstähle wie z. B. 1.2714 (55NiCrMoV7) oder 1.2713 (55NiCrMoV6) kommen zum Einsatz. **Gesenkhalter** bzw. **Muttergesenke**, die den Gesenkeinsatz aufnehmen und nicht so stark belastet sind, bestehen meist aus den genannten niedriglegierten Warmarbeitsstählen.

2 Schwenkbare Anhängerkupplung mit rot markierten Bearbeitungsflächen

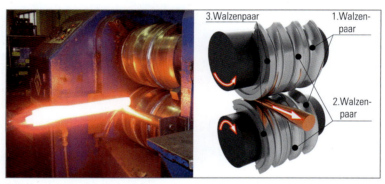

3 Reckwalzen des Schmiedestücks

2.7.1.5 Rohlingsvorbereitung *(preparation of slug)* und Simulationen

Bei komplizierten Schmiedeteilen wie z. B. der schwenkbaren Anhängerkupplung (Bild 2) aus 30MnVS6 (1.1302) muss der Rohling entsprechend vorbereitet werden, bevor er dem Schmiedegesenk zugeführt wird. Im ersten Schritt wird der induktiv auf Schmiedetemperatur erwärmte Rundstahl (⌀80 × 264) durch **Reckwalzen** *(forging rolls)* (Bild 3) in einem Teilbereich auf 50 mm Durchmesser verformt. Das Profil der Walzsegmente ändert sich in Umfangsrichtung. Das Schmiedestück für die Anhängerkupplung durchläuft nacheinander drei Walzenpaare, wobei es von einer zur anderen Stufe 90° um seine Längsachse gedreht wird. Am Ende des Reckwalzens besitzt

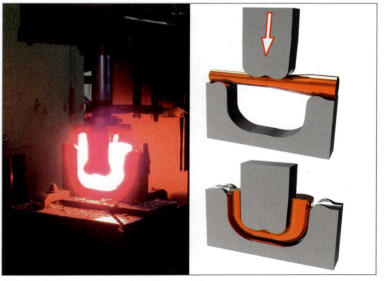

4 Biegen des Schmiedeknüppels im Biegegesenk

LF11_16

der **Schmiedknüppel** *(forging billet)* die Durchmesser 80 mm und 50 mm mit einem kegeligen Übergang (Seite 537 Bild 3). Bei komplizierten Schmiedeteilen werden die Umformprozesse während der Werkzeugkonstruktion simuliert, um vorab den Werkstofffluss zu bestimmen und das Werkzeug anzupassen.

Da die Anhängerkupplung in ihrer Grundform zweifach abgewinkelt ist, muss der Schmiedeknüppel noch gebogen werden, bevor er dem Schmiedegesenk zugeführt werden kann. Dazu steht ein **Biegegesenk** *(bending die)* (Seite 537 Bild 4) zur Verfügung, in dem der Schmiedeknüppel positioniert und anschließend gebogen wird.

LF11_17

Das Gesenk hat eine Vor- und eine Fertigform (Bild 1). Sie wurden mithilfe einer **Werkstoffflusssimulation** optimiert. Nach dem Biegen legt der Maschinenbediener mithilfe einer Schmiedezange das glühende Stahlstück in die **Vorform** des Schmiedegesenks (Bild 2a). Nach dem Schmieden in der Vorform (Bild 2b) legt der Bediener das Werkstück in die **Fertigform** (Bild 2c), wo es mit wenigen Schlägen fertig geschmiedet wird (Bild 2d).

2.7.1.6 Entformungssystem

Bei vielen Gesenken werden die Schmiedestücke von Hand oder einem Roboter entnommen. In den Gesenken sind dann dafür meist Aussparungen für Schmiede- oder Roboterzangen vorhanden (Seite 537 Bild 2 und Bild 1). Bei diesen Gesenken sind keine besonderen Entformungssysteme *(ejection systems)* vorhanden.

Auswerfer

Bei Gesenken mit tieferen Gravuren oder solchen, die in Schmiedepressen arbeiten, dienen **Auswerfer** *(ejectors)* (Bild 3) zum Entformen des Schmiedeteils. Sie sind an die formgebende Kontur des Gesenks angepasst. Nach Beendigung des Schmiedeprozesses betätigt der Auswerferstößel der Schmiedepresse die Auswerfereinrichtung des Gesenks. Diese hebt das Schmiedeteil in eine definierte Position, sodass es von einem Roboter oder Maschinenbediener entnommen werden kann. Bei automatisierten Fertigungen sorgen Auswerfersysteme für eine definierte Position nach dem Entformen des Schmiedeteils.

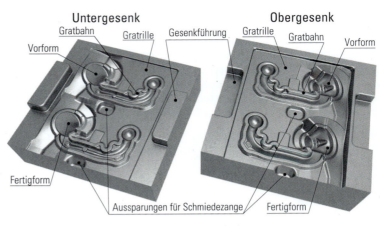

1 links: Untergesenk, rechts: Obergesenk für Knüppelanhänger

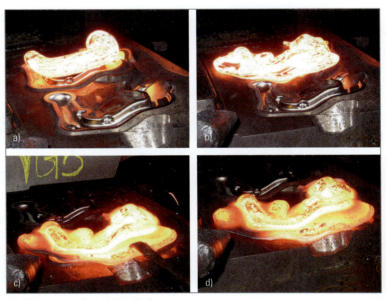

2 a) Eingelegtes Werkstück in Vorform
b) In der Vorform geschmiedetes Werkstück mit Grat
c) Vorformschmiedeteil wird mit Schmiedezange in Fertigform eingelegt
d) In Fertigform geschmiedete Anhängerkupplung mit Grat

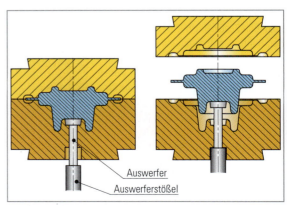

3 Schmiedegesenk mit Auswerfer

2.7 Werkzeuge für die Massivumformung

Hinterschneidungen

Schmiedeteile mit Hinterschneidungen *(undercuts)* lassen sich in **Backengesenken** (Bild 1) formen. Meist sind zwei oder mehrere Baken in einer kegeligen Zentrierung des Untergesenks geführt. Auf diese Weise entstehen eine oder mehrere Teilungsebenen in Schmiederichtung. Beim Entformen des Schmiedeteils hebt ein Auswerfer die Backen mit dem Schmiedestück aus der Zentrierung. Die Backen klappen dabei auseinander und legen die Hinterschneidung frei, sodass das Schmiedestück entnommen werden kann. Danach fährt der Auswerfer zurück und die Backen zentrieren sich wieder im Passkegel. Das Gesenk ist für das nächste Schmieden bereit.

2.7.1.7 Führungssystem

Die Gesenke verfügen meist über eigene Führungssysteme *(guiding systems)*, die dafür sorgen, dass möglichst geringer Versatz von Ober- und Untergesenk vorliegt. Besitzen die Gesenke keine Führungssysteme, dann wird die Positionierung von Ober- zu Untergesenk vom Schmiedehammer oder der Schmiedepresse übernommen. Ungenauigkeiten in der Führungen der Maschinen führen dann direkt zum Versatz am Schmiedeteil.

Bolzenführung

Drei bis vier Bolzen *(bolts)* im Untergesenk zentrieren sich in Bohrungen des Obergesenks (Bild 2). Die Bolzendurchmesser richten sich nach der Größe des Gesenks und den beim Gesenkformen auftretenden Querkräften. Ihre Länge soll so bemessen sein, dass die Bolzen in die Bohrungen gleiten, bevor das Schmiedeteil vom Obergesenk berührt wird. Das Spiel zwischen Bolzen und Bohrung beträgt wenige Zehntelmillimeter.

Konturführung *(contour guide)*

Ein zylindrischer Ansatz im Untergesenk zentriert sich in einer zylindrischen Tasche des Obergesenks (Bild 3). Zwischen Ansatz und Tasche ist umlaufend ein Spiel von 0,2 mm bis 0,4 mm vorhanden. Diese Art der Zentrierung muss nicht kreisförmig sein, sondern kann beliebige Konturen annehmen (Seite 536 Bild 2). Diese Führungen positionieren die Gesenkhälften sicher und genau, können große Querkräfte aufnehmen, sind jedoch aufwändig in der Herstellung und im Werkstoffbedarf.

Flachführungen *(flat guides)*

Flachführungen werden beispielsweise als **Eckführung** (Bild 4 und Seite 610, Bild 3 in Lernfeld 12) oder als **Leistenführung** *(band guide)* (Seite 538 Bild 1) ausgeführt. Die dargestellten Führungen positionieren die beiden Gesenkhälften so zueinander, dass auch größere Querkräfte zu übertragen sind. Zwischen den Führungsflächen ist auch ein Spiel von 0,2 mm bis 0,4 mm vorhanden, um den Verschleiß an den Führungsflächen gering zu halten und um unterschiedliche Wärmeausdehnungen von Ober- und Untergesenk auszugleichen.

> **MERKE**
> Die Gesenkführung kann z. B. durch Bolzen, beliebige Konturen, Ecken oder Leisten erfolgen.

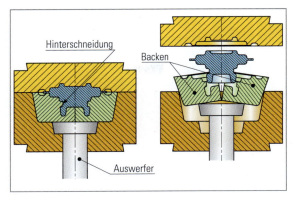

1 Backengesenk für Schmiedeteil mit Hinterschneidungen

2 Bolzenführung

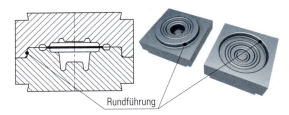

3 Zylindrische Konturführung

4 Eckführung

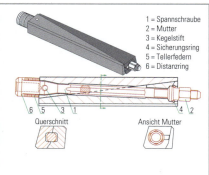

1 Befestigung des Schmiedegesenks mit Spannkeilen

2.7.1.8 Befestigung des Schmiedegesenks

Die obere Gesenkhälfte ist beim Schmiedehammer so an dessen beweglichem Bär *(ram)* zu befestigen, dass die Auflagefläche des Gesenks fest aufliegt. Der Bär, der die Schlagbewegung durchführt, besitzt eine schwalbenschwanzförmige Nut *(swallow tailed groove)* (Bild 1, links). Um eine sichere und formschlüssige Verbindung von oberer Gesenkhälfte und Bär zu erreichen, wird das Gesenk auf der einen Seite durch eine **Beilage** *(shim)* und auf der anderen Seite durch einen **Spannkeil** (Bild 1, rechts) *(tensioning wedge)* in der schwalbenförmigen Nut des Bärs befestigt. Durch das Anziehen der Mutter (2) verschiebt die Spannschraube (1) die beiden konischen Hälften des Spannkeils, sodass sich dessen Breite vergrößert. Dadurch presst der Spannkeil einerseits die obere Gesenkhälfte gegen die Auflagefläche im Bär. Andererseits entsteht dadurch eine sichere, formschlüssige Verbindung von Obergesenk und Bär, die den schlagartigen Belastungen standhält.

Auf der unteren Aufspannplatte, dem **Schabotteneinsatz** *(anvil insert)*, lässt sich seitlicher Versatz der beiden Gesenkhälften durch zwei Spannkeile korrigieren. Dabei werden die Breiten der Spannkeile so angepasst, dass kein Gesenkversatz mehr vorliegt.

2.7.1.9 Abgrat- und Lochwerkzeuge

Nach dem Entformen der Schmiedeteile müssen diese noch vom Grat getrennt werden. Dazu dienen **Abgratwerkzeuge** *(trimming tools)*. Das heiße Schmiedeteil wird in das Abgratwerkzeug (Bild 2) gelegt. Matrize, Schneidstempel, Abstreifer und Auswerfer sind die wesentlichen Bestandteile des Abgratwerkzeuges (Bild 3). In dem beweglichen, federgelagerten Abstreifer befindet sich der feststehende Schneidstempel. In der Matrize kann sich der Auswerfer bewegen.

Nach dem Einlegen des Schmiedeteils auf Schneidstempel und Abstreifer bewegt sich das Werkzeugoberteil mit Matrize und losem Auswerfer nach unten auf das Schmiedeteil. Zwischen Matrize und beweglichem Abstreifer befindet sich der Grat. Bei der weiteren Abwärtsbewegung von Matrize und Abstreifer drückt der feststehende Schneidstempel das Schmiedeteil in die Matrize, wobei gleichzeitig der Grat abgeschert wird. Die Matrizen der Abgratwerkzeuge erhalten meist einen Konus von

2 Abgratwerkzeug für Anhängerkupplung mit Schmiedeteil

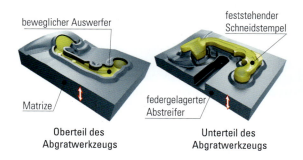

3 Wesentliche Elemente des Abgratwerkzeugs für Anhängerkupplung

etwa 2° bis 3°. Beim Öffnen des Abgratwerkzeuges drücken die Federn den Abstreifer wieder in die Ausgangsposition. Bei der Aufwärtsbewegung von Matrize und Auswerfer, fährt der Auswerfer gegen einen Anschlag und die Matrize bewegt sich weiter nach oben. Dabei drückt der Auswerfer das Schmiedeteil aus der Matrize und es fällt nach unten (Seite 541 Bild 1). Die Anhängerkupplung und der Grat werden dem Abgratwerkzeug entnommen und abgekühlt (Seite 541 Bild 2).

Bei dem geschmiedeten Flanschlager (Seite 532 Bild 2 und Seite 539 Bild 1) ist neben dem Außengrat auch noch der Innengrat zu entfernen. Es wird ein Abgrat- und **Lochwerkzeug** *(punching*

2.7 Werkzeuge für die Massivumformung

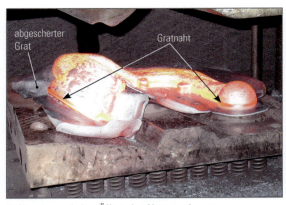

1 Situation nach dem Öffnen des Abgratwerkzeugs

2 Schmiedeteil (Anhängerkupplung) und Grat

tool) benötigt (Bild 3). Die Funktionsweise ist ähnlich wie bei dem Abgratwerkzeug für die Anhängerkupplung. Lediglich im Oberteil ist ein zusätzlicher Lochstempel, der gemeinsam mit der Matrize im unteren Schneidstempel den Innengrat bzw. den Spiegel abschert (Bild 4). Der Innengrat fällt nach unten durch das Werkzeug. Maschinenbediener oder Roboter entnehmen dem Werkzeug Schmiedeteil und Außengrat.

> **MERKE**
> Abgrat- und Lochwerkzeuge entfernen den Außen- und Innengrat bzw. Spiegel vom Schmiedeteil.

2.7.2 Werkzeuge zum Strangpressen

Das Strangpressen ist ein spanloses **Druckumformverfahren**[1] *(pressure forming techniques)* zum Herstellen von Stäben, Drähten, Rohren und unregelmäßig geformten prismatischen Profilen (Bild 5). In diesem Verfahren wird ein auf Umformtemperatur erwärmter **Pressling** *(blank)* bzw. **Block** mit einem Stempel durch das Werkzeug, d. h., die **Matrize** *(die)* gedrückt (Bild 6). Dabei wird der Block durch einen **Rezipienten** – ein sehr dickwandiges Rohr – umschlossen. Die äußere Form des Pressstrangs wird durch die Matrize bestimmt. Das Strangpressen wird vor allem auf Aluminium und Aluminiumlegierungen, Kupfer und Kupferlegierungen sowie in geringerem Umfang auf Stahl, Magnesium- und Titanlegierungen angewendet. Der

3 Abgrat- und Lochwerkzeug für Flanschlager

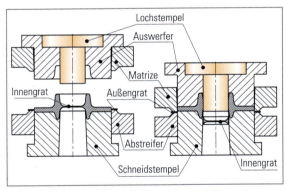

4 Abgrat- und Lochwerkzeug für Flanschlager geöffnet und geschlossen

5 Durch Strangpressen hergestellte Profile

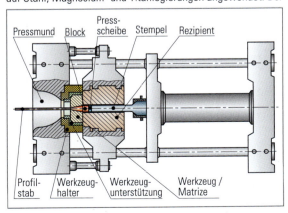

6 Strangpressmaschine

[1] Strangpressen gehört nach DIN 8583-6 zu den Fertigungsverfahren der Untergruppe Durchdrücken

2.7.2.1 Strangpressverfahren
(extrusion moulding techniques)

Beim **direkten Strangpressen** *(direct extrusion moulding)* (Bild 1) wird z. B. ein auf 450 °C bis 500 °C erwärmter Aluminiumblock vom hydraulisch betriebenen Stempel durch die Matrize gedrückt. Dabei entsteht starke Reibung zwischen Block und Rezipienten, sodass die Blocklänge meist auf einen Meter begrenzt wird. Da die Umformung des Materials immer am matrizenseitigen Ende des Rezipienten erfolgt, kommt es dort zu erhöhtem Verschleiß. Das austretende Profil wird abgekühlt bzw. abgeschreckt, um einerseits die Festigkeit zu erhöhen und gleichzeitig eine nachträgliche Verformung durch das Eigengewicht des heißen Stranges zu verhindern. Die meisten Profile werden mit diesem Verfahren hergestellt.

Beim **indirekten Strangpressen** *(indirect extrusion moulding)* (Bild 2) wird der Rezipient mit dem Block gegen die Matrize gedrückt. Dabei entfällt die starke Reibung zwischen Pressling und Rezipient, wodurch ein geringerer Kraftbedarf besteht und sehr lange Blöcke verarbeitet werden können. Das Verfahren hat den Nachteil, dass die mögliche Profilgröße bei gleicher Pressengröße kleiner ist, da sich die Matrize innerhalb des Rezipienten befindet.

2.7.2.2 Werkzeugtypen

Abhängig von der Form des herzustellenden Profils werden für das Strangpressen vorrangig folgende drei Werkzeugtypen genutzt:
- Flachwerkzeuge
- Kammerwerkzeuge und
- Brückenwerkzeuge

Werkzeughalter (Seite 541 Bild 6), die diese Strangpresswerkzeuge aufnehmen, sind zwischen dem Rezipienten und dem Halteplatte mit dem Pressmund eingespannt. Die Werkzeuge bestehen aus einzelnen Scheiben mit entsprechenden Durchbrüchen für die herzustellenden Profile.

Flachwerkzeug

Profile, die nur Außenkonturen besitzen (Bild 3), d. h., nicht hohl sind, werden mit Flachwerkzeugen hergestellt. Sie bestehen aus der formgebenden Matrize und der **Unterstützung** bzw. **Druckplatte** (Bild 4). Das dargestellte Werkzeug stellt vier Profile gleichzeitig her. Die **Druckplatte** *(pressure plate)* kommt mit dem stranggepressten Profil nicht in Berührung. Sie stützt die Matrize ab und vermindert deren Durchbiegung. In der dem Rezipienten zugewandten Seite der **Matrize** *(die)* sind Taschen eingearbeitet. Sie lenken den Werkstofffluss den profilgebenden Konturen der Matrize zu. Je größer die Profildicke in der Schnittebene ist (Seite 541 Bild 1), desto leichter lässt sich das Metall durch die Matrize drücken. Damit in den dickeren Profilbereichen der Werkstoff nicht schneller als in den dünneren fließt, werden dort die **Gleitflächen verlängert**. Dadurch vergrößert sich der Reibungswiderstand und der Werkstofffluss

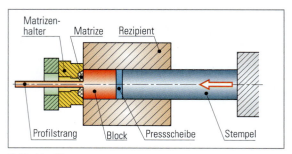

1 Direktes Strangpressen

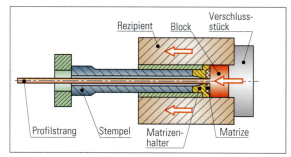

2 Indirektes Strangpressen

3 Strangpressprofil, das nur Außenkonturen besitzt

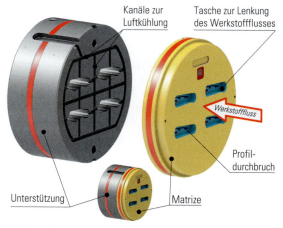

4 Flachwerkzeug

wird verlangsamt. Die unterschiedlichen Längen der Gleitflächen ergeben sich durch die stufenförmigen Aussparungen an der Matrizenaustrittsseite. Da das Strangpressen bei dem jeweiligen Werkstoff angepassten Umformtemperaturen geschieht, sind die Maße für die formgebenden Werkzeugflächen um den Betrag der **Schwindung** *(shrinkage)* zu vergrößern. Die Schwindung beträgt z. B. für die meisten Aluminiumlegierungen 1,2 %.

2.7 Werkzeuge für die Massivumformung

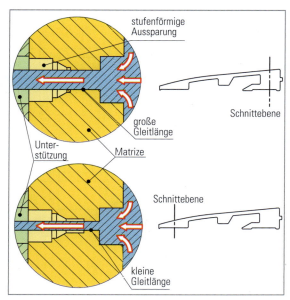

1 Detailschnitte des Flachwerkzeugs

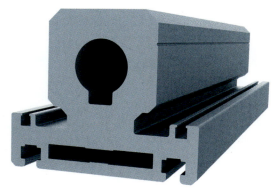

2 Hohlprofil zum Strangpressen

Kammerwerkzeug

Hohlprofile, wie das in Bild 2 dargestellte, entstehen beim Strangpressen vorrangig mit Kammerwerkzeugen (Bild 3). Die **Matrize** hat die formgebenden Werkzeugflächen für die **Außenkontur** *(outline contours)* des Profils. Der Dornhalter besitzt für das dargestellte Profil vier **Materialeinläufe** und zwei **Dorne** *(mandrels)*, die die **Innenkontur** *(inner contours)* des Profils formen. Nachdem der Werkstoff durch die vier Materialeinläufe gepresst wurde, gelangt er in die Kammern der Matrize (Bild 4). Dort verschweißen die vier Werkstoffströme unter dem Einfluss des Pressdruckes wieder zu einem. Bei der Festlegung der Materialeinläufe ist darauf zu achten, dass sie ausreichend groß sind, damit der notwendige Pressdruck in den Kammern erreicht wird. Sie sind so im Dornhalter zu positionieren, dass die entstehenden Längspressnähte nicht in den dekorativen Profilbereichen liegen. Da das Profil unterschiedlich dicke Wandstärken besitzt, die durch die Matrize und die Dorne geformt werden, sind die Gleitflächenlängen sowohl in der Matrize als auch an den Dornen auf die Wandstärken anzupassen.

> **Überlegen Sie!**
> Wo sind im Bild 4 unterschiedliche Gleitlängen?

Brückenwerkzeug

Brückenwerkzeuge dienen ebenfalls zur Herstellung von Hohlprofilen. Das in Bild 1 auf Seite 544 dargestellte Brückenwerkzeug formt ein Rohr, mit geringer Koaxialität *(coaxiality)* von Außen- und Innenzylinder. Wegen den schmalen, fast stromlinienförmigen Brücken besitzen Brückenwerkzeuge **geringere Fließwiderstände** als Kammerwerkzeuge. Der Werkstofffluss erfährt wesentlich geringfügigere Umlenkungen, sodass die benötigten Presskräfte merklich kleiner sind. Allerdings ist die Herstellung des Brückenwerkzeugs aufwändiger als die des Kammerwerkzeugs.

3 Aufbau eines Kammerwerkzeugs

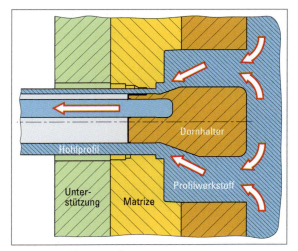

4 Schnitt des Kammerwerkzeugs

2.7 Werkzeuge für die Massivumformung

1 Brückenwerkzeug

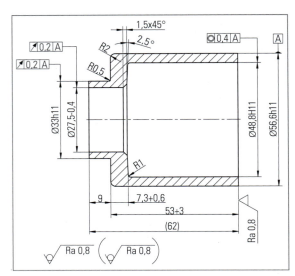

2 Magnetgehäuse aus C10E

7.2.2.3 Werkzeugwerkstoffe und -oberflächen

Die hohen Drücke und Temperaturen beanspruchen die Strangpresswerkzeuge sowohl mechanisch als auch thermisch in starkem Maße. Dabei ist die Maß- und Formbeständigkeit der Matrize entscheidend, um Profile von gleichbleibend hoher Qualität zu erzeugen. Ein **guter Warmverschleißwiderstand** und eine **hohe Warmfestigkeit** sind daher die Hauptanforderungen an den Werkzeugwerkstoff. Deshalb werden vorrangig Warmarbeitsstähle wie z. B. 1.2343 für die Werkzeuge gewählt. Um den Verschleiß zu minimieren und eine hochwertige Profiloberfläche zu erhalten, sind die formgebenden gehärteten oder nitrierten Werkzeugoberflächen poliert. Zusätzlich können sie auch z. B. nach dem CVD-Verfahren[1] beschichtet werden. Dadurch wird nicht nur die Verschleißfestigkeit erhöht, sondern auch die Reibung zwischen Matrize und Profil verringert.

2.7.3 Werkzeuge zum Fließpressen

Das Magnetgehäuse für einen Anlasser aus C10E (Bild 2) ist in großer Stückzahl zu fertigen. Um den Werkstoffverlust gering zu halten und kurze Fertigungszeiten zu erreichen, soll es durch Umformen hergestellt werden. Aufgrund der Geometrie des Gehäuses (dünnwandiger Hohlkörper) wird **Fließpressen** *(impact extruding)* als Fertigungsverfahren gewählt.

	Voll-Fließpressen	Hohl-Fließpressen	Napf-Fließpressen
Vorwärts-Fließpressen a) Stempel b) Matrize c) Pressteil d) Auswerfer e) Gegenstempel f) Dorn	Vor der Umformung / Nach der Umformung	Vor der Umformung / Nach der Umformung	Vor der Umformung / Nach der Umformung
Rückwärts-Fließpressen a) Stempel b) Matrize c) Pressteil d) Auswerfer e) Gegenstempel f) Dorn	Vor der Umformung / Nach der Umformung	Vor der Umformung / Nach der Umformung	Vor der Umformung / Nach der Umformung

3 Ausgewählte Verfahren des Fließpressens

[1] Siehe Lernfeld 10, Kapitel 5.2

2.7 Werkzeuge für die Massivumformung

Beim Fließpressen ist der Werkstoff in einer Matrize eingeschlossen (Seite 544 Bild 3). Der von einer Presse betätigte Stempel wirkt schlagartig auf das Bauteil. Es entstehen hohe Druckspannungen im Werkstoff, die beim Überschreiten der Druckfließgrenze das Material zum Fließen bringen. Nach dem Zurückbewegen des Stempels bleibt nach der elastischen Rückfederung die plastische Verformung des Werkstücks bestehen. Durch **Kaltfließpressen** entsteht eine Oberfläche mit sehr geringer Rauheit und es lassen sich sehr hohe Maß- und Formgenauigkeiten erreichen. Hierfür eignen sich Werkstoffe, die über eine **niedrige Streckgrenze** und **hohe Bruchdehnung** verfügen. **Halbwarm-** und **Warmfließpressen** wird bei den gleichen Werkstoffen und Temperaturen wie beim Gesenkformen durchgeführt. Die Herstellung von Bauteilen durch Fließpressen lohnt sich vor allem ab Stückzahlen von mehreren Zehntausend.

2.7.3.1 Fließpressverfahren

Während beim **Vorwärts-Fließpressen** *(direct impact extrusion)* Werkstoff und Stempelbewegung die gleiche Richtung haben, ist beim **Rückwärts-Fließpressen** *(indirect impact extrusion)* der Werkstofffluss der Stempelbewegung entgegengerichtet. Beim **Voll-Fließpressen** entstehen abgesetzte Vollkörper, beim **Hohl-Fließpressen** sind es abgesetzte Hohlkörper, beim **Napf-Fließpressen** werden Hohlzylinder mit Böden hergestellt.

2.7.3.2 Fließpressstufen

Bei vielen Bauteilen – so auch beim Magnetgehäuse – reicht ein Umformprozess nicht aus, sodass mehrere Stufen (Bild 1) benötigt werden, um die gewünschte Bauteilgeometrie zu erreichen. Das Werkzeug für die letzte Fertigungsstufe des Magnetgehäuses ist in Bild 2 dargestellt. Der Werkstofffluss erfolgt hier in Richtung der Stempelbewegung und entgegengesetzt. Vorwärts-Fließpressen und Rückwärts-Fließpressen finden gleichzeitig statt. Die Gleitflächen an Stempel und Matrizen

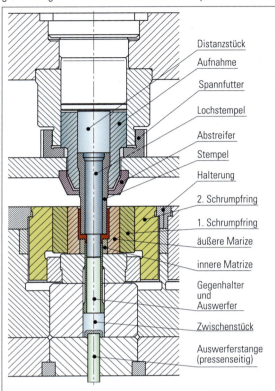

2 Fließpresswerkzeug für die letzte Fertigungsstufe des Magnetgehäuses

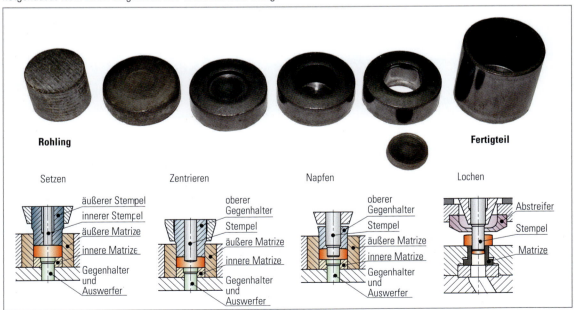

1 Fertigungsstufen zur Herstellung des Magnetgehäuses

sind **poliert**, um die gewünschte Oberflächenqualität am Werkstück zu erreichen und die Reibung beim Werkstofffluss möglichst gering zu halten. Durch ausreichende **Schmierung** z. B. mit Molybdändisulfid wird die Reibung zusätzlich verringert. Die Form und die Maße des Magnetgehäuses legen Form und Maße von Stempel und Matrizen fest. Um die hohen Kräfte bzw. Spannungen aufzunehmen

- ist der Stempel so kurz wie möglich auszuführen, damit er ausreichende Stabilität besitzt,
- die Matrizen werden über einen Schrumpfverband vorgespannt, damit sie den hohen Spannungen standhalten,
- werden Matrizen an den Stellen geteilt, an denen Spannungsspitzen auftreten (innere und äußere Matrize).

Wegen der starken Beanspruchung werden Stempel und Matrizen aus Schnell-, Kalt- und Warmarbeitsstählen sowie Hartmetallen hergestellt. Die Werkstoffauswahl richtet sich nach dem zu verformenden Werkstoff, der Umformtemperatur und den auftretenden Kräften bzw. Spannungen.

Überlegen Sie!
1. Welche zwei Aufgaben hat der Auswerfer im Fließpresswerkzeug für das Magnetgehäuse?
2. Beschreiben Sie, wie der Abstreifer funktioniert.

MERKE
Im Gegensatz zum Strangpressen entstehen beim Fließpressen Werkstücke durch plastische Umformung, die nicht über die gesamte Längsachse den gleichen Querschnitt haben.

ÜBUNGEN

1. Unterscheiden Sie die Grundvorgänge Stauchen, Breiten und Steigen beim Gesenkformen.
2. Wie unterscheiden sich die Werkzeuge für das Gesenkumformen mit und ohne Grat?
3. Nennen Sie drei Vorteile und einen Nachteil des Gesenkformens.
4. Unterscheiden Sie Freiformen, Vorformen und Fertigformen.
5. Nennen und skizzieren Sie drei Führungen von Gesenken.
6. Aus welchen Gründen kommen bei Schmiedegesenken Auswerfersysteme zum Einsatz?
7. Entwickeln und skizzieren Sie für die dargestellte Welle das Schmiedeteil und geben Sie die Lage der Gratnaht an.

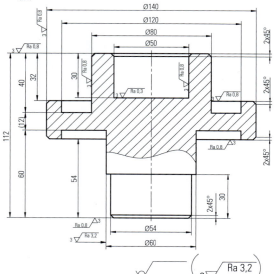

8. Bestimmen Sie für das Werkzeug der Welle aus der vorhergehenden Aufgabe die Gratbahndicke und Gratbahnbreite.

9. Skizzieren Sie einen Schnitt durch die Fertigform des Werkzeugs für die Welle.
10. Skizzieren Sie einen Schnitt durch das Abgratwerkzeug für die Welle und bezeichnen Sie die Einzelteile.
11. Skizzieren Sie für die Rolle einen Schnitt durch das Schmiedegesenk und benennen Sie die Einzelteile.

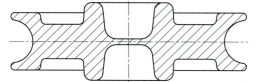

12. Unterscheiden Sie direktes und indirektes Strangpressen.
13. Wozu dient die Unterstützung bei Strangpresswerkzeugen?
14. Bei welchen Strangpressprofilarten werden Kammer- und Brückenwerkzeuge benötigt?
15. Für das dargestellte Profil aus AW-AlMn1Cu ist ein Strangpresswerkzeug herzustellen.

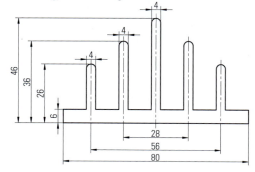

a) Entscheiden Sie sich für eine Werkzeugart und begründen Sie Ihre Entscheidung.
b) Skizzieren Sie einen Schnitt durch das Strangpresswerkzeug.
c) Welche Auswirkungen haben die unterschiedlichen Wandstärken auf die Werkzeuggestaltung?

3 Vorrichtungen und Lehren

Im Lernfeld 6 wurden die Grundlagen des Vorrichtungs- und Lehrenbaus anhand zweier Beispiele exemplarisch dargestellt[1]. Im Folgenden werden die Systeme der Vorrichtungen *(fixtures)* und Lehren *(gauges)* näher analysiert und Lösungen für verschiedene Problemstellungen aufgezeigt.

3.1 Vorrichtungen

Vorrichtungen dienen dazu, Werkstücke sicher zu **positionieren** *(position)*, zu **spannen** *(clamp)*, zu **stützen** *(support)* und gegebenenfalls Werkzeuge zu führen[2]. Das Führen *(guiding)* der Werkzeuge wie z. B. bei Bohrvorrichtungen ist heute im Werkzeugbau unüblich, da die Positionierung des Werkzeuges zum Werkstück von CNC-Maschinen übernommen wird.
Mithilfe der Vorrichtungen werden durch das genaue Positionieren und das sichere Spannen **Werkstücke mit gleichbleibender Qualität** innerhalb der gewünschten Toleranzen gefertigt. Sie verkürzen die Rüst- und Nebenzeiten *(setting-up and non-productive times)* und senken damit die **Fertigungskosten** *(production costs)* des Produkts. Zusätzlich können sie **Arbeitsbedingungen verbessern**, indem sie die Ergonomie *(ergonomics)* verbessern und die Unfallgefahr *(accident risk)* mindern.

Vorrichtungen positionieren und spannen Werkstücke für die weitere Bearbeitung bzw. Montage. Wenn es erforderlich ist, stützen sie die Bauteile zusätzlich ab.

3.1.1 Vorrichtungsarten

Die Vorrichtungen lassen sich unterteilen in
- Sondervorrichtungen *(custom-made fixtures)* und
- Standardvorrichtungen *(standard fixtures)*

3.1.1.1 Sondervorrichtungen
Sondervorrichtungen[3] sind für ein **bestimmtes Werkstück** und für eine ganz **bestimmte Aufgabe** entworfen und hergestellt. Sie werden vor allem in der Serienfertigung *(volume production)* bei den unterschiedlichen Zerspanungs- und Montageverfahren eingesetzt.

3.1.1.2 Standardvorrichtungen
Standardvorrichtungen kommen für verschiedene, jedoch geometrisch ähnliche wie z. B. quader- oder zylinderförmige Werkstücke zum Einsatz. Zu ihnen gehören die **allgemeinen Spannzeuge**[4] wie z. B. Schraubstöcke, Spanndorne, Spannfutter, Nullpunktspannsysteme sowie die **Baukastenvorrichtungen**[5] *(modular fixtures)*.

3.1.1.3 Einfach- und Mehrfachvorrichtungen
Sowohl bei den Sonder- als auch bei den Standardvorrichtungen gibt es Einfachvorrichtungen *(single fixtures)* und Mehrfachvor-

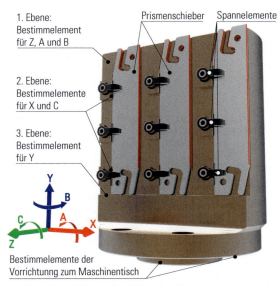

1 6-fach-Fräsvorrichtung (jeweils drei auf Vorder- und Rückseite) zur Herstellung von Prismenschiebern

richtungen *(multiple fixtures)*. Bild 1 zeigt eine Mehrfachvorrichtung zum Fräsen von 6 Werkstücken. Aus quaderförmigen Rohlingen (155 mm × 34,5 mm × 2,25 mm), deren Dicken schon auf Endmaß geschliffen sind, werden Prismenschieber (Bild 2) auf einer 5-Achs-Fräsmaschine hergestellt. Die Bearbeitung geschieht in zwei Aufspannungen, wobei in der ersten Aufspannung die im Bild 2 rot dargestellten Flächen gefräst und gebohrt werden. Nach dem Umspannen werden die restlichen Flächen bearbeitet.

Überlegen Sie!
1. In welchen Bereichen des Werkstücks erfolgt die Fräs- bzw. Bohrbearbeitung bei der ersten und zweiten Aufspannung?
2. Begründen Sie, ob die Werkzeuge in Bezug auf die Vorrichtung bei der ersten und zweiten Aufspannung gleiche oder verschiedene Verfahrwege zurücklegen.

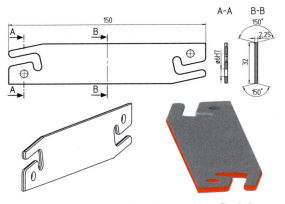

2 Prismenschieber, teilweise bemaßt, rot markierte Bearbeitungsfläche für eine Aufspannung

---
[1] siehe Lernfeld 6 Kap. 3
[2] siehe DIN 6300: Vorrichtungen für die Fixierung der Lage von Werkstücken während formändernder Fertigungsverfahren
[3] siehe Lernfeld 7, Kapitel 4 und Lernfeld 6, Kapitel 1.3.1   [4] Siehe Lernfeld 5, Kapitel 2.5 und Kapitel 3.6.2 und Lernfeld 10, Kapitel 3.2   [5] siehe Kap. 3.1.5

Vom **Positioniersystem** sind in Bild 1 auf Seite 547 die **Bestimmelemente** mit Angabe der entzogenen Freiheitsgrade dargestellt. So entzieht z. B. die erste Ebene dem Werkstück die Freiheitsgrade in der Z-, A- und B-Achse. Das **Spannsystem** *(clamping system)* besteht aus den Spannelementen, die bei der Fräsvorrichtung aus jeweils drei Spannfingern pro Werkstück bestehen.

3.1.2 Positioniersystem

Die Bestimmelemente der Vorrichtung entziehen den Werkstücken ihre 6 Freiheitsgrade und bewirken deren **Vollpositionierung**[1]. Dabei ist die **3:2:1-Regel** anzuwenden (Bild 1). Sie fordert, dass die erste Ebene (**Auflageebene**) des Werkstücks durch drei Bestimmelemente festgelegt wird, die dem Werkstück drei Freiheitsgrade entziehen: z. B. Z-, A- und B-Achse (Seite 547 Bild 1). Die zweite Ebene (**Führungsebene**) wird durch zwei Bestimmelemente definiert, die dem Werkstück zwei Freiheitsgrade entziehen. Die dritte Ebene (**Stützebene**) benötigt ein Bestimmelement, das dem Werkstück den letzten verbleibenden Freiheitsgrad *(degree of freedom)* entzieht.

Überlegen Sie!
1. Welche Freiheitsgrade schränkt die Führungsebene in Bild 1 ein?
2. Welcher Freiheitsgrad wird in Bild 1 durch die Stützebene eingeschränkt?

3.1.2.1 Äußere Bestimmelemente für das Werkstück

Auflageebene

Die Auswahl der Bestimmelemente *(determination elements)* für die **Auflageebene** *(support level)*, d. h., die erste und größte Fläche des Werkstücks (erste Bezugsebene *(reference level)*) richtet sich vorrangig nach
- der Steifigkeit *(rigidity)* und
- dem Bearbeitungszustand *(processing condition)* des Werkstücks.

Steife Werkstücke mit ebener bearbeiteter Auflagefläche (Bild 2), werden über **drei Bestimmelemente mit ebenen Auflagen** positioniert. Dabei sind die Bestimmflächen *(determination surfaces)* so klein wie möglich, aber so groß wie nötig zu wählen, damit keine Spannmarken *(clamping marks)* an der Auflagefläche des Werkstücks entstehen. Um eine stabile Positionierung in der Auflageebene zu erreichen, sind die drei Bestimmelemente möglichst weit auseinander zu legen.

Steife Werkstücke mit unebener *(uneven)* oder **rauer** *(rough)* **Auflagefläche** wie z. B. der unbearbeitete Lagerwinkel aus Gusseisen (Bild 3), werden über **drei Bestimmelemente mit Pendelauflagen** *(toggle locators)* (Bild 4) positioniert. Die kugelgelagerten *(ball bearing mounted)* Bestimmflächen können um etwa ±10° pendeln und sich der Auflagefläche des Werkstücks anpassen. Normalienhersteller bieten die Auflagen für die unterschiedlichen Aufgabenstellungen in verschiedenen Ausführungen an.

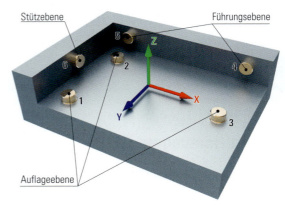

1 Bestimmelemente und Ebenen für 3:2:1-Regel

2 Positionieren stabiler Werkstücke mit ebener bearbeiteter Auflagefläche

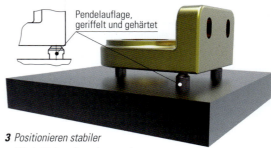

3 Positionieren stabiler Werkstücke mit unebener oder rauer Auflagefläche

4 Pendelauflagen mit unterschiedlichen Ausführungen der Bestimmflächen

---

[1] Siehe Lernfeld 6, Kapitel 1.3.1.1.3

3.1 Vorrichtungen

Weniger steife Werkstücke mit ebener, bearbeiteter Auflagefläche (Bild 1) werden **vollflächig** positioniert, damit sie sich unter dem Einfluss der Zerspan- und Spannkräfte möglichst wenig elastisch verformen. Bei vollflächiger Auflage ist besonders darauf zu achten, dass Werkstück und Vorrichtung schmutz- und gratfrei sind[1].

Weniger steife Werkstücke mit unebener oder rauer Auflagefläche (Bild 2) werden über drei Bestimmelemente mit Pendelauflagen positioniert. Um elastische Verformungen während der Bearbeitung möglichst gering zu halten, sind zusätzliche **Stützen anzuordnen**, die der Auflagefläche anzupassen sind[2].

Überlegen Sie!

1. Beschreiben Sie, wie die Auflagerfläche des Prismenschiebers (Seite 547 Bild 2) positioniert ist.
2. Begründen Sie, ob die Positionierung der Auflagerfläche des Prismenschiebers in der richtigen Weise erfolgt.

Führungsebene

Für die Positionierung des Werkstücks in der **Führungsebene** (zweite Bezugsebene) gelten die gleichen Regeln wie für die Auflageebene, sodass die bearbeitete Führungsfläche des Lagerwinkels (Bild 3) über zwei ebene Auflagen positioniert wird. Bei der Mehrfachvorrichtung für die Prismenschieber wird bei der **ersten Aufspannung** die **Führungsebene** *(guideway level)* durch zwei ebene Anschlagflächen definiert (Bild 4). Auf den Anschlagflächen liegt die ebene Rohlingsfläche. Alternativ könnten statt der Anschlagflächen auch Anschlagstifte genutzt werden, mit denen eine **Linienberührung**[3] *(line contact)* zwischen Werkstück und Bestimmelement entstehen würde. Bei der zweiten Aufspannung liegt die Kante des Prismenschiebers auf den Anschlagflächen, wodurch eine Linienberührung entsteht. Würden in diesem Fall Anschlagstifte benutzt, entstünde lediglich eine **Punktberührung** *(point contact)*. Diese könnte beim Spannen eine sehr hohe Flächenpressung auf das Werkstück ausüben, was zu Verformungen und Ungenauigkeiten am Werkstück führen würde. Da für beide Aufspannungen die gleichen Bestimmelemente in der Führungsebene genutzt werden, scheiden Anschlagstifte zum Positionieren aus.

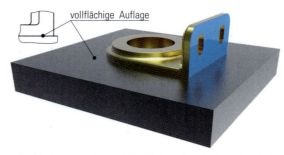

1 Positionieren weniger stabiler Werkstücke mit ebener bearbeiteter Auflagefläche

2 Positionieren weniger stabiler Werkstücke mit unebener oder rauer Auflagefläche

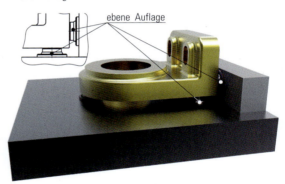

3 Positionieren der bearbeiteten Führungsfläche des Lagerwinkels auf zwei ebenen Auflagen

4 Positionieren in der Führungsebene bei der 1. und 2. Aufspannung des Prismenschiebers

---

[1] Siehe Lernfeld 6, Kapitel 1.3.1.1.5   [2] Siehe Lernfeld 6, Kapitel 1.3.1.3
[3] Siehe Lernfeld 6, Seite 148, Bild 3

Stützebene

Die Stützebene *(support level)* (dritte Bezugsebene) wird bei der Vorrichtung für die Prismenschieber durch eine ebene Anschlagfläche definiert. Damit ist der Prismenschieber in der Vorrichtung **vollpositioniert**.

Die dritte **Bezugsebene** des Lagerwinkels ist im Bild 1 als Mittellinie dargestellt. Das **Prisma** *(prism)* (Bilder 2 und 3) elemente der Führungsebene. Ist der Radius am Lagerwinkel kleiner als 75 mm, fährt das Prisma weiter vor, bei größerem Radius weniger. Trotzdem ist bei veränderlichem Radius R75 sichergestellt, dass die Position der Lagerbohrung immer auf der Mittelebene des Werkstücks liegt und deren Abstand von der Führungsfläche immer 125 mm beträgt.

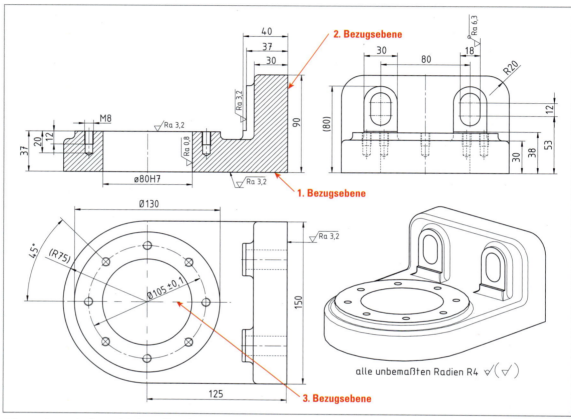

1 Bezugsebenen des Lagerwinkels aus Gusseisen

sorgt dafür, dass die Mittelebenen von Prisma und Lagerwinkel unabhängig von der Radiusgröße R75 fluchten. Das in Leisten geführte Prisma spannt den Lagerwinkel gegen die Bestimm-

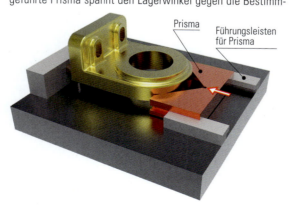

2 Prisma zum Positionieren der Mittelebene des Lagerwinkels

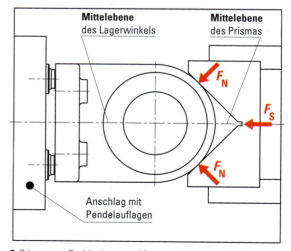

3 Prisma zum Positionieren und Spannen des Lagerwinkels

3.1 Vorrichtungen

Überlegen Sie!

Welche Folgen entstehen bei unterschiedlichen Radien R75, wenn nicht das Prisma, sondern der Anschlag mit den Pendelauflagen, als Spannelement (Seite 550 Bild 2) dient?

MERKE

Die drei funktionalen Bezugsebenen des Werkstücks sind nach Möglichkeit Auflage-, Führungs- und Stützebene der Vorrichtung.

3.1.2.2 Bestimmelemente für Bohrungen des Werkstücks

Am Winkelhebel (Bild 1) sind in der zweiten Aufspannung noch die rot markierten Flächen zu bearbeiten. Die beiden Bohrungen und die Auflageflächen sind schon fertig bearbeitet. Somit muss der Winkelhebel über die beiden Bohrungen und die ebene Fläche am großen, mittleren Auge positioniert werden. Die Achsen

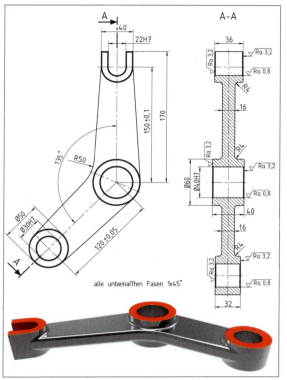

1 Winkelhebel aus Aluminiumgusslegierung mit markierten Bearbeitungsflächen für die 2. Aufspannung

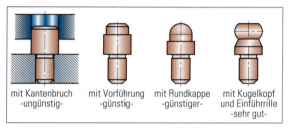

2 Auswahl von Aufnahmebolzen

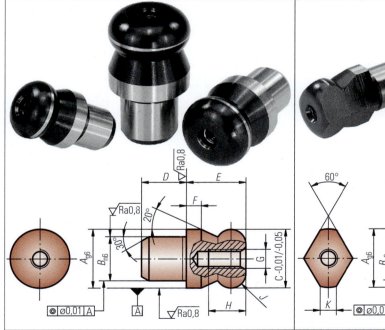

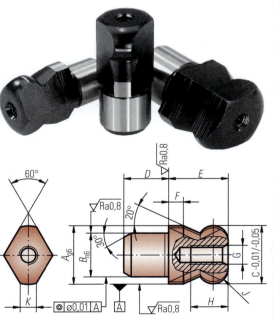

3 Aufnahmebolzen mit Kugelkopf und Einführrille
  links: Vollbolzen, rechts: abgeflachter Bolzen

handwerk-technik.de

der beiden Bohrungsmitten sind die Bezugsachsen, auf die sich die Nut 22H7 in der Gabel bezieht.

Die Abstände zwischen den zwei Bohrungen sind bei verschiedenen Werkstücken aufgrund der Fertigungstoleranzen unterschiedlich. Bei der Vorrichtung bleibt der Abstand der Aufnahmebolzen (Bild 2, Seite 551) für die Bohrungen jedoch gleich. Somit würde bei zwei zylindrischen Aufnahmebolzen eine **Überbestimmung**[1] *(redundant dimensioning)* des Werkstücks, verbunden mit Verspannungen *(restraints)* entstehen. Damit dies nicht geschieht, wird für die große Bohrung mit der Hauptbezugsachse ein **voller Aufnahmebolzen** mit Kugelkopf und Einführrille (Seite 551 Bild 3, links) gewählt. Die zweite Bohrung wird mit einem **abgeflachten Aufnahmebolzen (Schwertbolzen** *(sword pin)*) positioniert (Seite 551 Bild 3, rechts). Beide Bolzen besitzen die Mindestmaße ihrer Aufnahmebohrungen. Damit der Schwertbolzen die unterschiedlichen, innerhalb der Toleranz liegenden Bohrungsabstände ausgleichen kann, muss die Mittellinie seiner verbleibenden zylindrischen Elemente rechtwinklig zur Verbindungslinie der beiden Bohrungen verlaufen (Bild 1, unten).

Die **Aufnahmebolzen mit Kugelkopf** *(locating pin with ball-shaped head)* erleichtern den Fügevorgang (Bild 2), da sie fügegerecht gestaltet sind. Die Klemmneigung *(tendency to jam)*, die, durch schräges Aufsetzen des Werkstücks hervorgerufen, auftreten kann, wird durch den Kugelansatz und die sich anschließende Einführrille *(insertion groove)* minimiert. Beim Schwertbolzen ist die Klemmneigung gering, weil er nur teilweise die Bohrungswandung *(bore wall)* berührt.

> **MERKE**
> Zur Positionierung des Werkstücks über zwei Bohrungen sind ein Voll- und ein Schwertbolzen zu verwenden.

Überlegen Sie!
1. Warum besitzt die Vorrichtung für den Hebel eine Auflage- und zwei Stützflächen?
2. Welche Anforderungen müssen Stützflächen erfüllen?

3.1.2.3 Bestimmelemente für komplexe Geometrien

Um das Gussteil *(cast part)* in Bild 3 schnell, sicher und wiederholgenau zu positionieren, werden Bestimmelemente mit beweglichen Stößeln eingesetzt. Die zunächst federnd gelagerten Stößel *(elastic-mounted tappets)* passen sich der Kontur des Bauteils an und werden anschließend gegeneinander mithilfe einer Fixierschraube verspannt. Dadurch formen sie die Werkstückkontur *(workpiece contour)* ab, sodass sich gleiche Werkstücke formschlüssig positionieren oder spannen lassen (Seite 553 Bild 1). Für eine neue Werkstückauflage ist lediglich die Fixierschraube für die Stößel zu lösen, damit diese in die Ausgangsposition zurückkehren.

Aufgrund der Flexibilität und schnellen Anpassung wird das Positioniersystem *(positioning system)* oft in der Einzel- und Prototypenfertigung eingesetzt. Meist erfolgt die Bearbeitung des Werkstücks auf 5-Achs-Fräsmaschinen. Nach dem Spannen des Werkstücks wird seine Lage mit dem Messtaster[2] *(calliper)*

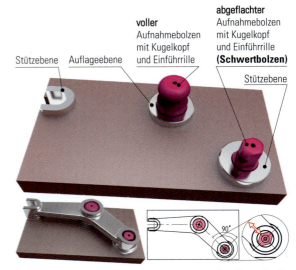

1 Vorrichtung mit Bestimmelementen und deren Anordnung für die 2. Aufspannung des Winkelhebels

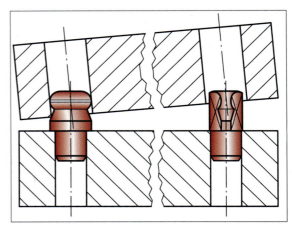

2 Verklemmen des Werkstücks wird beim Fügen mit Schwertbolzen und Aufnahmebolzen mit Kugelkopf und Einführrille verhindert.

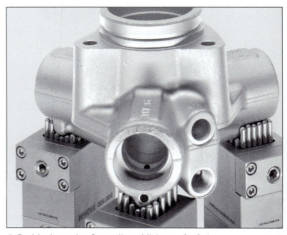

3 Positionieren des Gussteils auf fixierten Stößeln

---
[1] Siehe Lernfeld 6, Kapitel 1.3.1.1.4
[2] Siehe Lernfeld 7 Kap. 4.3.2

3.1 Vorrichtungen

1 Spannen der Laufschaufel mit an die Geometrie angepassten Stößeln

erfasst und das Werkzeugkoordinatensystem festgelegt. Danach kann die Bearbeitung erfolgen.

> **MERKE**
> Module mit Stößeln, die sich der Geometrie des Bauteils anpassen, dienen zum flexiblen und schnellen Positionieren und Spannen von Bauteilen.

3.1.2.4 Positionierung der Vorrichtung im Maschinenkoordinatensystem

Quaderförmige Bestimmelemente

Das Werkstück ist in der Vorrichtung und damit in Bezug auf den Nullpunkt *(zero point)* der Vorrichtung exakt positioniert. Die Werkstückkoordinaten verlaufen parallel zu den Koordinaten der Vorrichtung. Damit die Werkstückkoordinaten auch parallel zu den Maschinenkoordinaten *(machine co-ordinate systems)* verlaufen, ist die Vorrichtung achsparallel auf dem Frästisch zu positionieren (Bild 2). Eine einfache Hilfe zum achsparallelen Ausrichten sind geschliffene, in der Dicke eng tolerierte **Nutenanschlagleisten**, die sich mit sehr geringem Spiel in die Nuten des Maschinentisches fügen lassen. Gegen zwei, möglichst weit auseinander liegende Anschlagleisten wird die Vorrichtung positioniert.

Eine andere Möglichkeit zum achsparallelen Ausrichten der Vorrichtung sind lose **Nutensteine** *(lose t-fixtures)* (Bild 3). Dazu wird die Vorrichtung mit ihrer achsparallelen *(axially parallel)* Nut in ihrer Auflagefläche, die mit H7 toleriert ist, auf dem Maschinentisch grob ausgerichtet. Zwei einsatzgehärtete Nutensteine aus 1.0401 (C15) sind in die Nut des Maschinentisches zu setzen, die ebenfalls mit H7 toleriert ist. Abschließend werden die beiden Nutensteine seitlich in die Nut der Vorrichtung geschoben, sodass sie möglichst weit auseinander entfernt sind. Je weiter die Nutensteine auseinander liegen, desto höher ist die Positioniergenauigkeit.

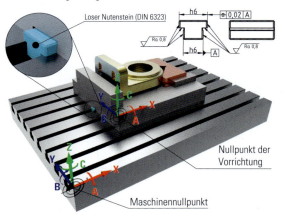

3 Achsparalleles Positionieren der Vorrichtung über Nutensteine

> **Überlegen Sie!**
> 1. Wie viele Freiheitsgrade hat die Vorrichtung noch aufgrund der bisherigen Beschreibungen mit Nutenanschlagleisten und Nutensteinen gegenüber dem Maschinentisch?
> 2. Besteht ein Unterschied zwischen der Positionierung mit Nutenanschlagleisten und Nutensteinen?

Der letzte Freiheitsgrad der Vorrichtung in der X-Achse wird durch das Spannen der Vorrichtung auf den Maschinentisch *(machine table)* entzogen. Danach wird der Nullpunkt der Vorrichtung eingemessen und die Bearbeitung des Werkstücks kann erfolgen.

Zylindrische und keglige Bestimmelemente

In der Vorrichtung (Seite 554 Bild 1) sind die Werkstücknullpunkte[1] durch die Bestimmelemente festgelegt. Die Abstände der Werkstücknullpunkte vom Nullpunkt der Vorrichtung sind bekannt bzw. im CAM-System erfasst. Da zum Fräsen der 150°-Schrägen (Seite 547 Bild 2) die Vorrichtung um die B-Achse zu schwenken ist, muss der Nullpunkt der Vorrichtung auf der Y-Achse im Zentrum des Drehtisches liegen (Seite 554 Bild 2).

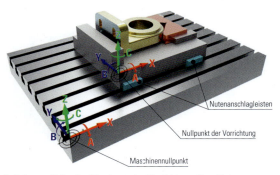

2 Achsparalleles Positionieren der Vorrichtung über Nutenanschlagleisten

[1] siehe Lernfeld 7, Kapitel 1.2

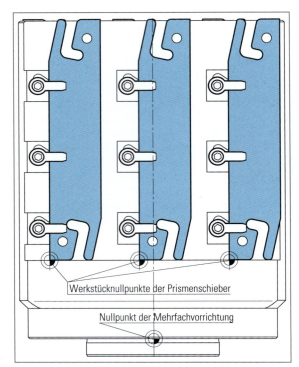

1 Nullpunkte von Werkstücken und Vorrichtungen

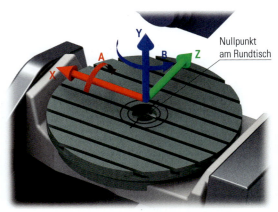

2 Koordinaten an der 5-Achs-Fräsmaschine mit Aufnahmebohrung und Nullpunkt am Rundtisch

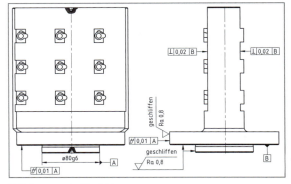

3 Toleranzen der Vorrichtung

Bei der Bearbeitung der Werkstücke mit horizontaler Spindel kann das **zylindrische Bestimmelement** *(cylindrical determination element)* der Vorrichtung nicht direkt von der Bohrung des Rundtisches *(rotary table)* aufgenommen werden, weil der Spindelkopf *(spindle head)* sonst mit dem Rundtisch kollidieren würde. Daher wird die Vorrichtung mit einem Distanzstück unterbaut, wobei auf jeden Fall zu gewährleisten ist, dass der Nullpunkt der Vorrichtung auf der Y-Achse des Maschinenkoordinatensystems liegt. Das Distanzstück dient als Unterbau auch für andere Vorrichtungen. Der zylindrische Zentrierbund, die Auflagefläche und die zylindrische Mantelfläche *(lateral area)* der Vorrichtung, die aus 34CrMo4 besteht, sind zwischen den Spitzen geschliffen (Bild 3). Dadurch entsteht einerseits eine Passung von H7/g6 mit der zentrischen Aufnahmebohrung und andererseits ist die Rechtwinkligkeit *(rectangularity)* der Auflageebenen für die Prismenschieber zur Auflagefläche (B) der Vorrichtung gewährleistet. Beim Einrichten wird die zylindrische Mantelfläche der Vorrichtung mit der Messuhr bzw. dem Feinzeiger abgefahren. Gegebenenfalls erfolgt eine feinfühlige Positionskorrektur, damit die Achse der Vorrichtung mit der Y-Achse der Fräsmaschine übereinstimmt.

Die Vorrichtung wird mithilfe von vier Zylinderschrauben auf dem Distanzstück verschraubt (Bild 4). Da noch ein Freiheitsgrad der Vorrichtung um die Drehachse B vorliegt, muss die B-Achse ausgerichtet werden. Das geschieht durch Antasten der Auflageebene mit anschließendem Schwenken des Rundtisches, sodass die Z-Achse der Vorrichtung parallel zur Arbeitsspindel liegt. Danach ist die Vorrichtung im Maschinenkoordinatensystem vollpositioniert.

4 Positionierung der Vorrichtung auf dem Rundtisch

Überlegen Sie!

1. Hat die Vorrichtung aufgrund der beschriebenen Positionierungen noch Freiheitsgrade gegenüber dem Rundtisch und wenn ja, welche?
2. Wie groß ist das mittlere Spiel zwischen dem Zentrierbund und der Aufnahmebohrung des Distanzstücks?

3.1 Vorrichtungen

Soll zwischen den Bestimmelementen kein Spiel vorliegen und ein einfaches Fügen bei sehr genauer Koaxialität *(coaxiality)* möglich sein, werden **keglige Bestimmelemente**[1] *(tapered determination element)* bevorzugt. Um eine Überbestimmung in axialer Richtung zu verhindern, sind die Zentrierungen entweder anzupassen oder federnd zu lagern (Bild 1). Ist z. B. eine Drehvorrichtung auf der Arbeitsspindel zu montieren, wird der Zentrierkonus der Arbeitsspindel als kegliges Bestimmelement genutzt, um die Vorrichtung koaxial zu der Arbeitsspindel zu positionieren (Bild 2). Zylinderschrauben (Bild 2, oben) oder Stiftschrauben (Bild 2, unten) verbinden Arbeitsspindel und Vorrichtung und fixieren die axiale Position der Vorrichtung.

Nullpunktspannsysteme *(zero point clamping systems)* (Bild 3) sind eine weitere Möglichkeit, um Vorrichtungen mit dem Maschinentisch zu verbinden[2].

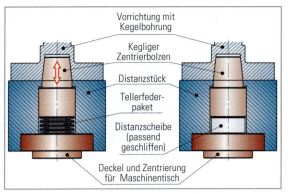

1 Positionierung der Vorrichtung mit kegligen Bestimmelementen

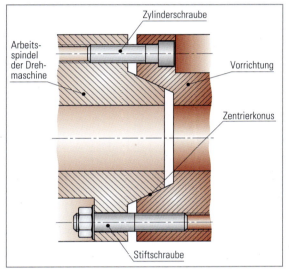

2 Positionierung einer Drehvorrichtung auf der Arbeitsspindel der Drehmaschine – Befestigung mit Zylinderschrauben (oben) oder Stiftschrauben (unten)

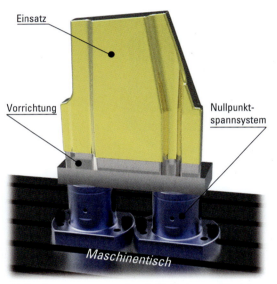

3 Nullpunktspannsysteme stellen die Verbindung von Vorrichtung und Maschinentisch her

3.1.3 Spannsystem

3.1.3.1 Manuelles Spannen

Im Lernfeld 6 wurden schon die Anforderungen an das Spannsystem[3] und einige manuelle Spanner wie **Spannhebel** *(clamping lever)*, **Spannhaken** *(clamping clips)*, **Spannkeile** *(tensioning wedges)* und **Spannexzenter** *(eccentrical clampings)* dargestellt. Die tabellarische Übersicht auf den folgenden beiden Seiten zeigt eine Auswahl von mechanischen Spannelementen. Normalienhersteller bieten diese und weitere an. Exzenterspanner (Bild 4) fixieren den Lagerwinkel, der zuvor durch das Prisma positioniert wurde. Dabei wurde das Prisma von einem Exzenter *(eccentric)* nach vorne bewegt. Nach der Bearbeitung des Lagerwinkels werden die Exzenterspanner gelöst. Ebenso wird der Exzenter zum Bewegen des Prismas gelöst, das von der Zugfeder *(tension spring)* zurückbewegt wird.

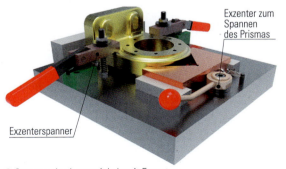

4 Spannen des Lagerwinkels mit Exzentern

Die Normalienhersteller bieten meist Spiralexzenter an, bei denen der Spannweg linear mit dem Drehwinkel zunimmt (Seite 557 Bild 1). Ihre Steigung beträgt oft nur zwischen 3° und 4°, die einerseits eine große Spannkraft ermöglicht und andererseits **Selbsthemmung** *(self locking)* bewirkt. Die Selbsthemmung verhindert das selbstständige Lösen des Exzenters.

---

[1] Siehe Lernfeld 5, Kapitel 3.6   [2] Siehe Lernfeld 10, Kapitel 3.2.3   [3] Siehe Lernfeld 6, Kapitel 1.3.1.2

3.1 Vorrichtungen

Spannelement	Spannprinzip	Erläuterung
Niederzugspanner		Durch die Keilwirkung der Spannbacken wird ein „Niederzugeffekt" erreicht und das Werkstück wird sowohl gegen den Anschlag als auch auf den Maschinentisch fest und sicher gedrückt. Die Spannkraft wird waagrecht und senkrecht übertragen. Durch den seitlichen Angriff ist eine ungehinderte und flächige Bearbeitung von oben auch bei niedrigen Werkstücken problemlos möglich.
Niederzugspanner für Bohrungen		Der Spanner greift in eine vorhandene Bohrung des Werkstücks ein. Die Spannsegmente drücken beim Spannen an die Bohrungswandung und nach unten. Dadurch wird das Bauteil auf die Unterlage gedrückt und in der Ebene positioniert. Somit ist eine sichere 5-Seiten-Bearbeitung problemlos möglich.
Seitenspanner		Der Seitenspanner mit Niederzugeffekt ist als Spannelement und als Festanschlag einsetzbar. Durch Betätigen der Verstellschraube wird das Werkstück mittels Spannhaken gespannt. Gleichzeitig entsteht ein Niederzugeffekt auf die Auflagefläche. Durch seitliches Anbringen eines Anschlages kann das Werkstück wiederholgenau gespannt werden.
Zentrierspanner		Der Zentrierspanner eignet sich für oberflächenschonendes, zentrisches Positionieren und Spannen in Löchern. Durch das Anziehen der Zylinderkopfschraube bewegen sich die Segmente nach außen und pressen diese an die Bohrungswandung. Wiederholgenauigkeit ±0,025 mm Rundlaufgenauigkeit ±0,050 mm

3.1 Vorrichtungen

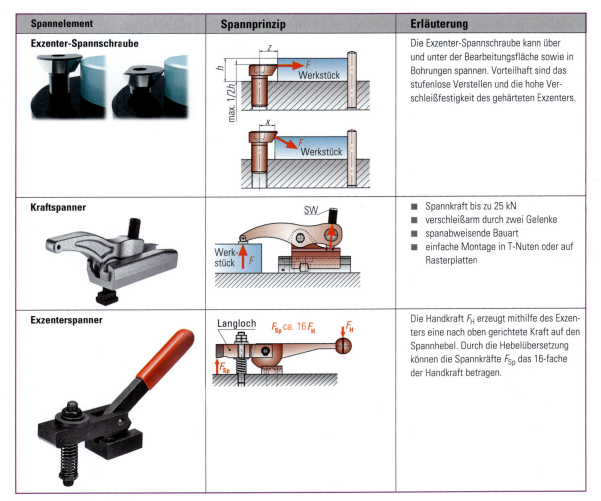

Spannelement	Spannprinzip	Erläuterung
Exzenter-Spannschraube		Die Exzenter-Spannschraube kann über und unter der Bearbeitungsfläche sowie in Bohrungen spannen. Vorteilhaft sind das stufenlose Verstellen und die hohe Verschleißfestigkeit des gehärteten Exzenters.
Kraftspanner		■ Spannkraft bis zu 25 kN ■ verschleißarm durch zwei Gelenke ■ spanabweisende Bauart ■ einfache Montage in T-Nuten oder auf Rasterplatten
Exzenterspanner		Die Handkraft F_H erzeugt mithilfe des Exzenters eine nach oben gerichtete Kraft auf den Spannhebel. Durch die Hebelübersetzung können die Spannkräfte F_{Sp} das 16-fache der Handkraft betragen.

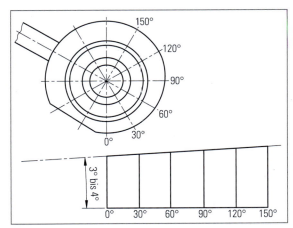

1 Spiralexzenter mit gleichmäßiger Radiuszunahme

3.1.3.2 Pneumatisches Spannen

Bauteile werden pneumatisch[1] gespannt, wenn die erforderlichen Spannkräfte relativ gering sind und das Spannen automatisiert erfolgen soll. Deshalb kommen sie oft bei Montagevorrichtungen wie z. B. bei der Vorrichtung zum Laserstrahlhartlöten von Kfz-Heckdeckeln (Bild 2) zum Einsatz.

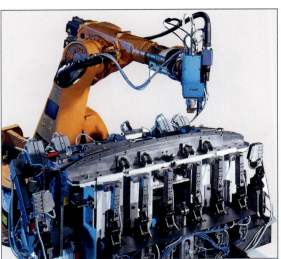

2 Vorrichtung zum Laserstrahlhartlöten von Kfz-Heckdeckeln

[1] Siehe Lernfeld 8, Kapitel 1

3.1.3.3 Hydraulisches Spannen

An dem mit Laserstrahl ausgeschnittenen Griff für Gelenkhakenschlüssel aus Stahl (Bild 1) sollen die rot dargestellten Flächen durch Bohren und Fräsen hergestellt werden.

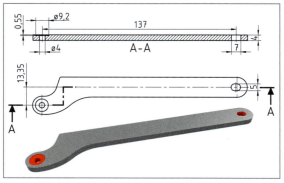

1 Griff für Gelenkhakenschlüssel mit rot markierten Bearbeitungsflächen

Für eine Serie von 10000 Stück wird eine Mehrfachvorrichtung für vier Griffe genutzt (Bild 2). Die Bestimm- und Spannelemente für die Griffe sind auf einer Palette angeordnet, die auf der Unterseite Spannbolzen für **Nullpunktspannsysteme**[1] besitzt. Das pneumatisch betätigte **Spannmodul** (Bild 3), das auf dem Maschinentisch positioniert ist, nimmt Spannbolzen und damit die gesamte Vorrichtung positionsgenau auf. Um keine Überbestimmung mit den vier Spannbolzen in dem Spannmodul zu erreichen, werden unterschiedliche Spannbolzen (Bild 4) eingesetzt. Die unterschiedlichen Spannbolzen gleichen Abstandstoleranzen von Spannbolzen und Spannmodul aus. Durch den **Nullpunkt-Spannbolzen** wird die Bezugsachse fixiert. Der **Schwert-Spannbolzen** verhindert die noch mögliche Drehbewegung. Die **Untermaß-Spannbolzen** haben keine Zentrierfunktion, sondern nur Spannfunktion. Die bestückte Pa-

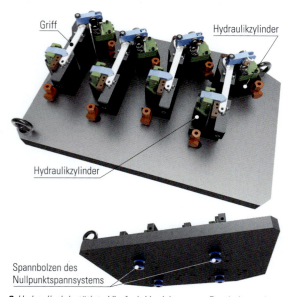

2 Hydraulisch betätigte Vierfach-Vorrichtung zur Bearbeitung der Griffe

3 Pneumatisch betätigtes Spannmodul

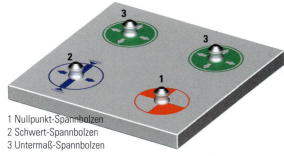

1 Nullpunkt-Spannbolzen
2 Schwert-Spannbolzen
3 Untermaß-Spannbolzen

4 Unterschiedliche Spannbolzen verhindern eine Überbestimmung

Überlegen Sie!

Nennen Sie die Bestimmelemente für die Auflage-, Führungs- und Stützebene in Bild 5.

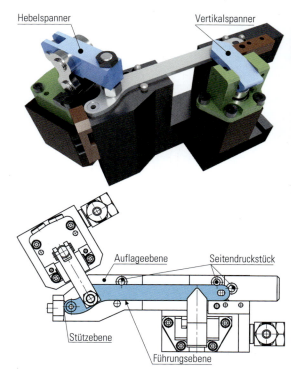

5 Hydraulisch gespannter Griff

---

[1] Siehe Lernfeld 10, Kapitel 3.2.3

3.1 Vorrichtungen

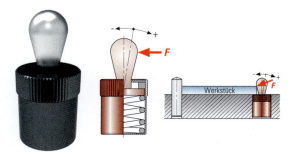

1 Seitendruckstück und dessen Funktion

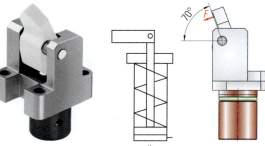

2 Vertikalspanner: Ansicht, Symbol, Öffnungszustand

lette wird von der Rüststation automatisiert in den Arbeitsraum der Fräsmaschine geschwenkt, um die Bearbeitung vornehmen zu können.
Damit beim Einlegen die Griffe an den Bestimmelementen anliegen, werden federnd gelagerte **Seitendruckstücke** *(lateral plungers)* (Bild 1) genutzt. Diese schwenken beim Einlegen des Werkstücks zunächst zurück und drücken anschließend das Werkstück gegen die Bestimmelemente in den drei Ebenen. Jeweils ein hydraulisch betätigter **Vertikalspanner** *(vertical tightening device)* (Bild 2) und ein **Hebelspanner** *(lever clamp)* (Bild 3) halten die Schwenkhebel *(turning lever)* in der Position. Im Vergleich zum Vertikalspanner besitzt der Hebelspanner einen längeren Spannhebel, der aufgrund der Spannsituation erforderlich ist. Eine weitere Möglichkeit zum hydraulischen Spannen ist z. B. der **Schwenkspanner** *(swing clamp)* (Bild 4). Die notwendigen hydraulischen Elemente wie z. B. Ventile, Druckschalter und Druckspeicher können auf der Vorrichtungspalette angeordnet und von einem externen Hydraulikaggregat versorgt werden. Bei der vorliegenden Ausführung werden sie von der Hydraulik der Werkzeugmaschine direkt versorgt (Bild 5). Das Spannen und Ausspannen der Werkstücke wird entweder manuell über Taster oder automatisiert über M-Funktionen[1)] im CNC-Programm eingeleitet.

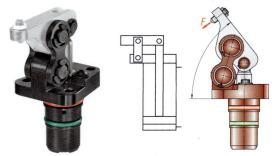

3 Hebelspanner: Ansicht, Symbol, Öffnungszustand

> **MERKE**
> Hydraulikspanner fixieren automatisiert das Werkstück mit großer Spannkraft.

3.1.3.4 Magnetisches Spannen
Ferromagnetische Werkstücke wie z. B. Gusseisen und die meisten Stähle – jedoch keine austenitischen – lassen sich magnetisch spannen *(magnetic clamping)*. Dazu dienen Magnetspannplatten, die aus magnetisierbaren Quadratpolen bestehen (Seite 560 Bild 1). Die magnetische Aufspannung macht eine unbehinderte 5-Seiten-Bearbeitung des Werkstücks möglich. Hierzu werden die Bauteile entweder direkt auf der Magnetspannplatte oder – um kollisionsfreie 5-Achs-Bearbeitung zu gewährleisten – mittels Polverlängerungen (Seite 560 Bild 2) positioniert. Ein kurzer Stromimpuls magnetisiert dann die Platte sowie die Polverlängerungen und spannt das Werkstück dauerhaft – auch, nachdem der Strom wieder abgeschaltet wurde.

4 Schwenkspanner: Ansicht, Symbol, Öffnungszustand

5 Hydraulische Spannvorrichtung auf der Palette der Werkzeugmaschine

1) Siehe Lernfeld 7, Kapitel 2.3

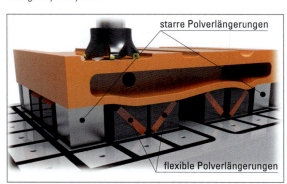

1 Magnetspannsystem

3.1.3.5 Vakuumspannen

Die in Bild 3 dargestellte Vorrichtung spannt das Werkstück mithilfe des Vakuums *(vacuum)*. Die Spannvorrichtung kann im einfachsten Fall eine ebene Platte mit Nuten zum Abpumpen der Luft sein (Bild 4). Eine Vakuumpumpe erzeugt zwischen Werkstück und Spannvorrichtung einen negativen Überdruck (Unterdruck). Eine Dichtschnur begrenzt den Bereich des Vakuums. Der atmosphärische Luftdruck drückt nun das Werkstück auf die Spannvorrichtung. Bei komplizierten Werkstücken (Bild 3) besitzt die Spannvorrichtung die Negativform der Werkstückauflagefläche. Die Spannvorrichtung ist in der Regel aus Aluminium und wird direkt auf dem Maschinentisch der Fräsmaschine positioniert und fixiert.

2 Magnetspannplatte mit Polverlängerung

Das Vakuumspannen eignet sich besonders für flache Werkstücke, die schwer zu spannen sind. Das sind dünnwandige Werkstücke, die beim herkömmlichen Spannen beschädigt oder bei denen Planfläche und Umfang in einer Aufspannung bearbeitet werden. Beim Vakuumspannen lassen sich bis zu 5 Seiten in einer Aufspannung bearbeiten. Verzugsarmes Aufspannen ist durch gleichmäßigen Andruck über die gesamte Werkstückfläche gewährleistet. Schwingungsarmes Zerspanen ist durch das vollflächige *(holohedral)* Anlegen des Werkstücks an die Spannvorrichtung möglich. Nachteilig ist, dass in Werkstücke z. B. keine Durchbrüche bis zur Aufspannfläche gefräst werden können, weil dadurch das Vakuum aufgelöst würde.

3 Vakuumspannvorrichtung

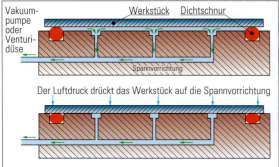

4 Prinzip des Vakuumspannens

3.1.4 Stützelemente

In Lernfeld 6 sind die Grundlagen zum Stützen[1] dargestellt, die an dieser Stelle um zwei Elemente erweitert werden (Seite 561 Bild 1). Je nach Aufgabenstellung können weitere Stützelemente von den Normalienherstellern für Vorrichtungstechnik bezogen werden.

MERKE

Die Abstützelemente werden als zusätzliche Auflagepunkte eingesetzt, um das Durchbiegen und Vibrieren der Werkstücke zu vermeiden. Mit den Abstützelementen können auch große Werkstücktoleranzen (Gussteile) ausgeglichen werden. Direkt unter der Spannstelle angebracht, verhindern sie das Verspannen der Werkstücke.

---

[1] Siehe Lernfeld 6, Kapitel 1.3.1.3

3.1 Vorrichtungen

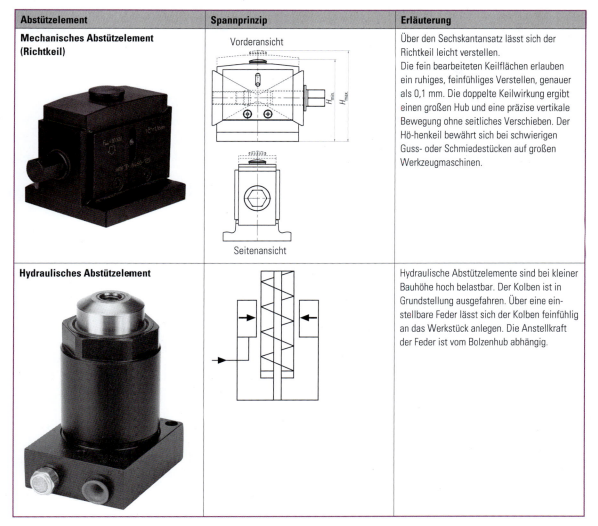

Abstützelement	Spannprinzip	Erläuterung
Mechanisches Abstützelement (Richtkeil)	Vorderansicht / Seitenansicht	Über den Sechskantansatz lässt sich der Richtkeil leicht verstellen. Die fein bearbeiteten Keilflächen erlauben ein ruhiges, feinfühliges Verstellen, genauer als 0,1 mm. Die doppelte Keilwirkung ergibt einen großen Hub und eine präzise vertikale Bewegung ohne seitliches Verschieben. Der Höhenkeil bewährt sich bei schwierigen Guss- oder Schmiedestücken auf großen Werkzeugmaschinen.
Hydraulisches Abstützelement		Hydraulische Abstützelemente sind bei kleiner Bauhöhe hoch belastbar. Der Kolben ist in Grundstellung ausgefahren. Über eine einstellbare Feder lässt sich der Kolben feinfühlig an das Werkstück anlegen. Die Anstellkraft der Feder ist vom Bolzenhub abhängig.

1 Abstützelemente

3.1.5 Vorrichtungsbaukasten

Sind bei Einzel-, Mittel- und Kleinserienfertigung *(small batch production)* sowie bei Prototypen- und Ersatzteilfertigung Vorrichtungen erforderlich, werden diese oft mit Vorrichtungsbaukästen realisiert, um nicht für jedes Bauteil eine spezielle Vorrichtung erstellen, lagern und verwalten zu müssen. Vorrichtungsbaukästen (Bild 2) ermöglichen mithilfe von standardisierten Bauelementen den Aufbau von Vorrichtungen für unterschiedliche Bauteile. Nach Gebrauch werden die Vorrichtungen demontiert, damit die Elemente für neue Aufgaben bereitstehen.

2 Vorrichtungen, die aus Vorrichtungsbaukästen (Bohrungssystem) erstellt wurden

3.1.5.1 Baukastenelemente

Sie bestehen meist aus Grund-, Aufbau-, Positionier- und Spannelementen (Bild 1). Die Auflage- und Anschlagflächen der Elemente sind einsatzgehärtet und geschliffen, ihre Toleranzen liegen bei ±0,01 mm. Bild 1 auf Seite 563 zeigt links den Aufbau der Vorrichtung für ein Gussgehäuse und rechts das in der Vorrichtung positionierte und gespannte Werkstück.

Gegenüber Sondervorrichtungen haben Vorrichtungsbaukästen folgende **Vorteile**:

- Kostenreduzierung bei Vorrichtungsplanung und -konstruktion
- Einsparung der Fertigungskapazitäten für die Vorrichtung
- Reduzierung der Lagerkosten
- schnellere Verfügbarkeit
- schnellere Änderung des Vorrichtungsaufbaus

Nachteilig sind:

- hohe Anschaffungskosten
- hohe Bereitstellungskosten bei Wiederverwendung
- begrenzte Steifigkeit der Vorrichtung

Bei den Vorrichtungsbaukästen kommen zwei unterschiedliche Systeme zur Anwendung:

Nutsystem

Beim Nutsystem *(groove system)* besitzen die Baukastenelemente T-Nuten *(t-slot)* (Bild 2) und werden über Nutensteine miteinander verbunden. Diese formschlüssige Verbindung kann große Kräfte übertragen. Da sich die Nutensteine *(t-fixtures)* in der T-Nut beliebig verschieben lassen, ist eine flexible Anordnung der Vorrichtungselemente möglich. Dadurch eignet es besonders für komplizierte Werkstückgeometrien. Allerdings ist die Herstellung der eng tolerierten T-Nuten aufwändig, was sich auf den Preis des Systems auswirkt.

Bohrungssystem

Das Bohrungssystem (Seite 561 Bild 2) paart die Vorrichtungselemente meist durch Pass- und Gewindebohrungen mit den Grundelementen. Diese Befestigungen sind nur im Rasterabstand der Grundelemente möglich, wodurch es weniger flexibel als das Nutsystem ist. Das Bohrungssystem ermöglicht aber einen schnellen Aufbau der Vorrichtung für einfache Werkstückgeometrien.

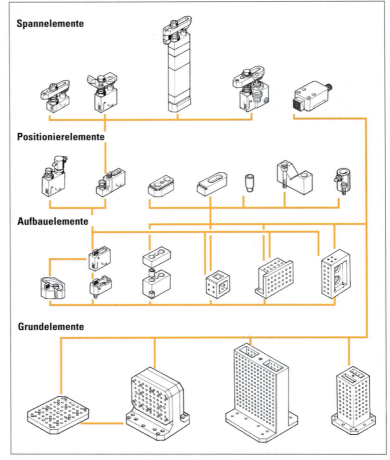

1 Prinzipieller Aufbau einer Vorrichtung mithilfe eines Vorrichtungsbaukastens

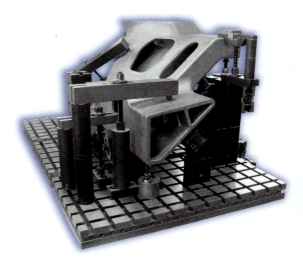

2 Aufbau einer Vorrichtung mit dem Nutsystem

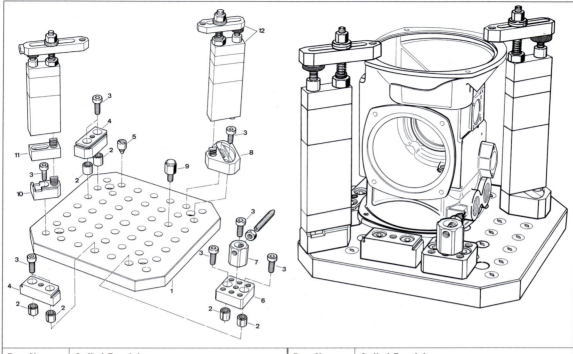

Pos.-Nr.	Artikel-Bezeichnung	Pos.-Nr.	Artikel-Bezeichnung
1	Aufspann-Palette	7	Anschlagelement
2	Zentrierhülse, geschlitzt	8	Fußelement, schwenkbar
3	Zylinderschraube	9	Anschlagstück, flach
4	Auflage-Anschlagleiste	10	Fußelement, einschwenkbar
5	Verschlussschraube	11	Zwischenelement
6	Raster-Halbierelement	12	Spanneisenelement

1 Prinzipieller Aufbau einer Vorrichtung mithilfe eines Vorrichtungsbaukastens

3.1.5.2 Planen und Aufbauen der Vorrichtung

Eine Vorrichtung soll einerseits gewährleisten, dass das Bauteil nach seiner Bearbeitung die geforderte Qualität besitzt. Andererseits soll das Aufbauen der Baukastenvorrichtung möglichst sicher, schnell und wirtschaftlich erfolgen. Um diese beiden Ziele zu erreichen, sollte folgendermaßen vorgegangen werden:

- Zeichnung des Fertigteils und Rohteils unter Berücksichtigung der geforderten Maß-, Form und Lagetoleranzen analysieren und Anforderungen an die Vorrichtung ableiten.
- Werkzeugmaschine für die Bearbeitung des Werkstücks festlegen.
- Falls möglich, Nut- oder Bohrungssystem auswählen.
- Grundelemente wie Grundplatte (Seite 562 Bild 2) oder Aufspannwürfel (Seite 561 Bild 2) festlegen.
- Positionen für Bestimm-, Stütz- und Spannelemente definieren.
- Vorrichtungselemente aufgrund der vorliegenden Gegebenheiten auswählen und deren Anordnung auf den Grundelementen bestimmen.
- Bestimmelemente montieren.
- Werkstück auf Bestimmelementen positionieren.
- Stütz- und Spannelemente montieren und Werkstück spannen.
- Vorrichtung auf Sicherheit und Zugänglichkeit prüfen.
- Prototyp des Werkstücks fertigen und kontrollieren.
- Eventuell Optimierungen der Vorrichtung vornehmen.
- Bilder von Vorrichtung mit und ohne Werkstück anfertigen.
- Dokumentation der Vorrichtung mit Bildern und benötigten Elementen anfertigen und sichern
- Einsatz der Vorrichtung in der Produktion.
- Demontage der Vorrichtung, Säuberung der Elemente und deren Bereitstellung für neu zu erstellende Vorrichtungen.

Überlegen Sie!

Welche der genannten Arbeitsschritte können Sie mit Computerunterstützung durchführen?

ÜBUNGEN

1. Aus welchem Grund sind die Nutensteine aus Einsatzstahl?

2. Bestimmen Sie das Höchst- und Mindestspiel zwischen dem Nutenstein und der 20 mm breiten Vorrichtungsnut.

3. Interpretieren Sie die Oberflächenangabe an den Passflächen der Nutensteine.

4. Warum erhalten die Nutensteine an den Passflächen eine so gute Oberflächenqualität?

5. Benennen Sie die Hauptfunktionen von Vorrichtungen.

6. Aus welchen wirtschaftlichen und ergonomischen Gründen werden Vorrichtungen eingesetzt?

7. Erläutern Sie die Unterschiede zwischen Standard- und Sondervorrichtungen.

8. Nach welchen Kriterien wählen Sie für das Positionieren eines Bauteils seine Auflageebene?

9. Über wie viele Punkte wird die Auflageebene bei gegossenen, unbearbeiteten Werkstücken bestimmt?

10. Begründen Sie, wie Sie dünnwandige Werkstücke mit ebener Auflagefläche positionieren.

11. In eine Welle soll eine Abflachung und eine Tasche gefräst werden. Die Welle wird in einem Prisma gelagert, wobei zwei Alternativen möglich sind. Begründen Sie, für welche Sie sich entscheiden.

14. Nennen Sie einen Vor- und einen Nachteil von kegeligen Bestimmelementen gegenüber zylindrischen.

15. Welche Bedeutung hat der Begriff „Selbsthemmung" bei Exzentern?

16. Beschreiben Sie die Funktionsweise von
    a) einem Niederzugspanner für Bohrungen und
    b) einem Zentrierspanner.

17. Begründen Sie, warum für Nullpunktspannsysteme drei unterschiedliche Spannbolzen angeboten werden.

18. Welche Aufgabe übernehmen Seitendruckstücke?

19. Nennen Sie zwei Vorteile von Hydraulikspannern gegenüber dem manuellen Spannen.

20. Erläutern Sie das Prinzip des Vakuumspannens.

21. Planen Sie die Vorrichtung für die Fräsbearbeitung der Welle (Übung 11), die mechanisch gespannt werden soll. Eine ähnliche Welle, bei der das Maß 35±0,05 in 40±0,05 geändert wurde, soll mit der gleichen Vorrichtung gefräst werden.

22. Planen Sie eine Schweißvorrichtung für das Lichtbogenhandschweißen des Innensechskantschlüssels, mit der auch die Kombination SW10/⌀14 geschweißt werden kann. Berücksichtigen Sie dabei, dass die Schweißstelle entsprechend zugänglich ist.

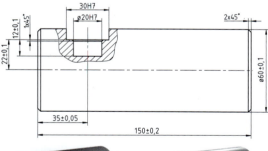

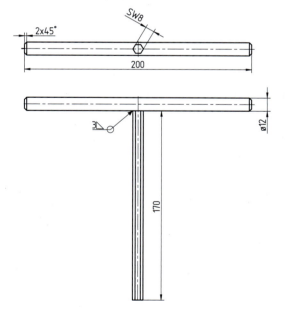

12. Werkstücke sind über Bohrungen zu positionieren. Wie viele Aufnahmebolzen werden bei vier vorliegenden Bohrungen benötigt? Wo setzen Sie volle und abgeflachte Aufnahmebolzen ein?

13. Skizzieren Sie für quaderförmige und zylinderförmige Vorrichtungen jeweils zwei Möglichkeiten zu deren Positionierung im Maschinenraum.

23. Zeigen Sie jeweils zwei Vor- und Nachteile von Baukastenvorrichtungen gegenüber Sondervorrichtungen auf.

3.2 Lehren

Die Automobilhersteller stellen immer höhere Anforderungen an ihre Produkte, wodurch sich auch die Werkstücktoleranzen verkleinern. Während der Fertigung muss gewährleistet sein, dass die Einzelteile innerhalb der vorgeschriebenen Toleranzen liegen. Ansonsten entstehen unvertretbare Nacharbeiten. Besonders bei urgeformten Kunststoff- und umgeformten Blechteilen dienen Lehren *(gauges)* zur deren schnellen und sicheren Überprüfung. Das Trägerteil (Bilder 1 und 2) aus feuerverzinktem Feinblech (DX53D bzw.1.0355) ist ein Beispiel dafür. Es soll mit einer solchen Lehre geprüft werden.

Zum Prüfen der Bauteilgeometrie dienen vorrangig:
- **Prüflehren** *(check gauges)*, mit denen bei der Produktentwicklung Prototypen und in der Serienfertigung in regelmäßigen Abständen die Werkstücke direkt in der Produktion von der Fachkraft geprüft werden.

1 Trägerteil

- **Messaufnahmen** *(measurement devices)*, positionieren und spannen das Werkstück in einer definierten Lage im Arbeitsraum der Messmaschine *(measuring machine)*. Über ein Messprogramm *(measuring programme)* werden die Messpunkte *(checkpoints)* am Werkstück erfasst und mit den Sollwerten *(nominal values)* verglichen.

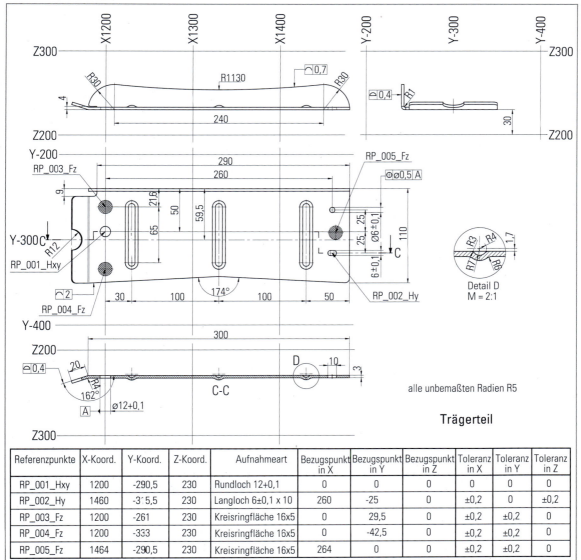

Referenzpunkte	X-Koord.	Y-Koord.	Z-Koord.	Aufnahmeart	Bezugspunkt in X	Bezugspunkt in Y	Bezugspunkt in Z	Toleranz in X	Toleranz in Y	Toleranz in Z
RP_001_Hxy	1200	−290,5	230	Rundloch 12+0,1	0	0	0	0	0	0
RP_002_Hy	1460	−315,5	230	Langloch 6±0,1 x 10	260	−25	0	±0,2	0	±0,2
RP_003_Fz	1200	−261	230	Kreisringfläche 16x5	0	29,5	0	±0,2	±0,2	0
RP_004_Fz	1200	−333	230	Kreisringfläche 16x5	0	−42,5	0	±0,2	±0,2	0
RP_005_Fz	1464	−290,5	230	Kreisringfläche 16x5	264	0	0	±0,2	±0,2	0

2 Zeichnung des Trägerteils mit Toleranzangaben und Referenzpunkten

3.2.1 Prüflehren

Für das Trägerteil (Seite 565 Bild 2) ist eine Prüflehre *(check gauge)* zu entwickeln. Die dafür notwendigen Informationen sind zunächst der Zeichnung zu entnehmen, aufgrund derer die Entscheidungen für den Lehrenaufbau zu treffen sind.

3.2.1.1 Zeichnungsanalyse

Die Lage des Bauteils ist der Zeichnung in Abhängigkeit vom Fahrzeugkoordinatenursprung (Bild 1) zu entnehmen. Dazu ist das Koordinatensystem in der Zeichnung (Seite 565 Bild 2) dargestellt und beschriftet. Bei den meisten Automobilherstellern liegt der Fahrzeugkoordinatenursprung in der Fahrzeugmitte auf der Vorderachse. In der Zeichnung für das Trägerteil sind etliche Maß-, Form- und Lagetoleranzen eingetragen, die mithilfe der Lehre zu überprüfen sind.

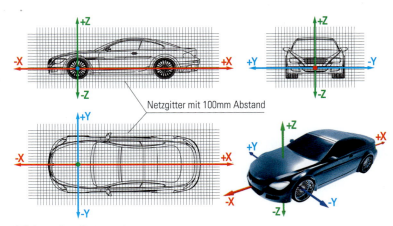

1 Fahrzeugkoordinatensystem

Überlegen Sie!

1. Erläutern Sie mithilfe des Tabellenbuchs den Unterschied zwischen Form- und Lagetoleranzen[1].
2. Interpretieren Sie die drei in der Zeichnung Bild 2 auf Seite 565 angegebenen Formtoleranzen.
3. Erläutern Sie die Angabe ⌖ ⌀0,5 A in der Zeichnung Bild 2 auf Seite 565 des Trägerteils.

Der Auftraggeber für die Prüflehre gibt weiterhin vor, wie das Bauteil in der Lehre zu positionieren ist, d. h., wie ihm die sechs Freiheitsgrade[2] zu entziehen sind. In der Zeichnung sind die Referenzpunkte 1 bis 5 (RP_001 bis RP_005) gekennzeichnet und mit weiteren Angaben versehen. Zusätzlich sind sie in einer Tabelle aufgeführt. Die Tabelle zeigt u. a. die Abstände und Toleranzen der Referenzpunkte 2 bis 5 in Abhängigkeit vom Referenzpunkt 1.

In Bild 2 ist an einem einfachen Beispiel die Systematik der **Referenzpunktbezeichnungen** *(determination of reference point)* dargestellt. Die Nummerierung der Referenzpunkte beginnt mit der Aufnahme, die die meisten Freiheitsgrade bindet, wobei zuerst die **Lochaufnahme H** und dann – sofern vorhanden – die **Flächenaufnahme F** mit den jeweiligen Fixierungsrichtungen aufgeführt sind.

Im Beispiel positioniert der Auflagebolzen an RP_001 das Werkstück durch den Zylinder in X- und Y-Richtung, die kreisringförmige Auflagefläche fixiert in Z-Richtung. Der Positionsstift an RP_002 positioniert das Werkstück über die zylindrische Form im Langloch *(slotted hole)*, sodass eine Verschiebung in Y-Richtung bzw. eine Drehung um die C-Achse verhindert wird. Damit die Auflagefläche in der Z-Achse eindeutig positioniert ist (3:2:1-Regel), sind zwei weitere Auflagen in den Referenzpunkten 3 und 4 nötig. Somit sind die **Hauptaufnahmepunkte** vor-

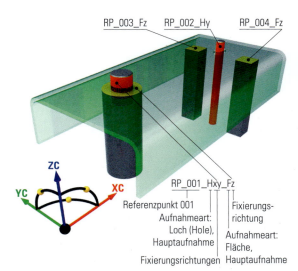

2 Systematik der Referenzpunktbezeichnungen

handen, die mit Großbuchstaben (H bzw. F) bezeichnet werden. Bei nicht biegesteifen oder großen Bauteile sind z. B. zusätzliche Stützstellen zu deren Positionierung bzw. Lagerung erforderlich. Diese **Hilfsaufnahmepunkte** sind dann mit Kleinbuchstaben (h bzw. f) gekennzeichnet.

Überlegen Sie!

Interpretieren Sie die Referenzpunktangaben RP_001 bis RP_005 in der Zeichnung für das Trägerteil (Seite 565 Bild 2).

MERKE

Für die Planung und die Fertigung einer Prüflehre ist eine genaue Zeichnungsanalyse des zu prüfenden Bauteils Voraussetzung.

---

[1] Siehe auch Lernfeld 5, Seite 20f.
[2] Siehe Lernfeld 6, Kap. 1.3.1

3.2.1.2 Lehrenaufbau

Mithilfe der Lehre werden am Trägerteil die Position des Lochs (⌀6±0,1), die Linienformen der beiden Schenkel und die Flächenform des kurzen Schenkels überprüft.

Der **Unterbau der Lehre** *(fundament of gauge)* ist auf einer Aluminiumplatte verschraubt und verstiftet *(dowelled)* (Bild 1). Kleinere Lehren besitzen meist Griffe, größere haben oft Ringschrauben *(eye bolts)* für den Transport. Der Unterbau der Prüflehre besteht aus schlagzähem Kunststoffblockmaterial mit geringer Wärmeausdehnung und guter Kantenstabilität. Bei kleineren Bauteiltoleranzen kann er auch aus Aluminium oder Stahl bestehen. Die formgebende Kontur der Lehre wird so ausgeführt (Bild 2), dass ein konstanter Abstand – im dargestellten Fall eine Lehrenluft von 3 mm – zwischen ihr und den Auflage- bzw. Prüfflächen entsteht.

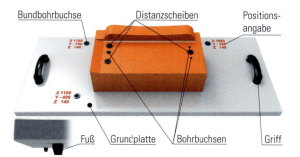

1 Grundaufbau der Prüflehre für Trägerteil

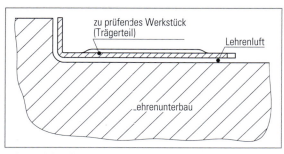

2 Lehrenluft zwischen Unterbau und Bauteil

Positionierung des Bauteils

Die Referenzpunkte RP_003, RP_004 und RP_005 werden durch gehärtete, geschliffene Distanzscheiben von 3 mm Dicke gebildet, die über Senkschrauben mit dem Lehrenunterbau befestigt sind (Bild 3). Dadurch wird eine **Dreipunktauflage** *(three-point mount)* in der **Auflageebene** (Z-Ebene) erzeugt.

Die Positionierung an RP_001 geschieht in X- und Y-Richtung mit einem Positionsstift *(positioning pin)* (Bild 3). Der Positionsstift (⌀10h6) zentriert sich in einer gehärteten, zylindrischen Bohrbuchse[1], deren Innendurchmesser ⌀10F7 beträgt. Da der Durchmesser am Trägerteil mit ⌀12+0,1 toleriert ist, darf der Positionsstift nicht größer als das Mindestmaß *(minimum demension)* der Bohrung sein. Deshalb wird er mit ⌀12h6 ausgeführt, sodass das Mindestspiel *(minimum clearing)* zwischen der Bohrung des Werkstücks und dem Positionsstift 0 μm beträgt. An RP_002 ist lediglich eine Positionierung in der Y-Achse vorzunehmen. Da hier ein Langloch vorliegt, kann ein zylindrischer Positionsstift genutzt werden, ohne dass eine Überbestimmung entsteht. Würde an dieser Stelle eine Bohrung im Bauteil sein, müsste ein z. B. Schwertbolzen[2] zur Positionierung eingesetzt werden, damit keine Überbestimmung entsteht. Der zweite Positionsstift wird in ähnlicher Weise in einer Bohrbuchse zentriert wie der erste. Sein Durchmesser, der das Langloch und damit das Bauteil in der Y-Achse fixiert, ist mit ⌀5,9h6 toleriert. Dadurch überschreitet er nicht den Mindestdurchmesser des Loches (⌀6±0,1). Bild 4 zeigt das positionierte Blechteil in der Lehre. Die beiden Stifte positionieren gemeinsam das Trägerteil in der **Führungsebene** (Y-Ebene). Der erste Positionsstift legt die **Stützebene** (X-Ebene) fest.

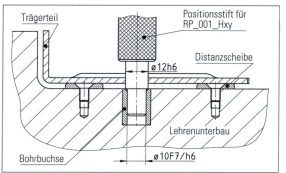

3 Positionierung des Bauteils über Positionsstift und Distanzscheibe

4 Mithilfe von Positionsstiften fixiertes Bauteil in der Prüflehre

Spannen des Bauteils

Das Trägerteil wird nach dem Positionieren mit drei **Schnellspannern** auf der Lehre befestigt (Bild 5). Die Schnellspanner *(quick release)* drücken das Bauteil senkrecht auf die Distanzscheiben. Damit ist das Bauteil fest auf der Lehre befestigt und das eigentliche Überprüfen (Lehren) des Bauteils kann beginnen.

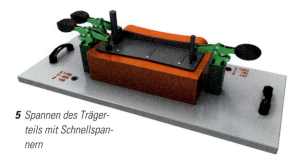

5 Spannen des Trägerteils mit Schnellspannern

---

1) ISO 4248
2) Siehe Kapitel 3.1.2.2

Lehren mit Absteckstift

Die Position der Bohrung ⌀6±0,1 soll mit einem Absteckstift *(rig pin)* (Bild 1) überprüft werden. Zunächst darf der Durchmesser des Absteckstiftes höchstens so groß wie das Mindestmaß der Bohrung (⌀5,9) sein. Gleichzeitig soll der Bohrungsmittelpunkt innerhalb eines Kreises von ⌀0,5 mm liegen. Im Bild 2 sind vier Kreise mit 5,9 mm Durchmesser dargestellt, deren Mittelpunkte auf dem Kreis von 0,5 mm liegen. Somit darf der Absteckstift lediglich den Durchmesser des farblich markierten Kreises haben, damit er unter den ungünstigsten Bedingungen noch in die Bohrung passt und die Positionstoleranz erfüllt wird. Der **maximale Durchmesser des Absteckstiftes** ergibt sich aus der Differenz von Mindestmaß der Bohrung (⌀5,9 mm) und Positionstoleranz (0,5 mm). Der Durchmesser des Absteckstifts wird mit ⌀5,4h6 gefertigt.

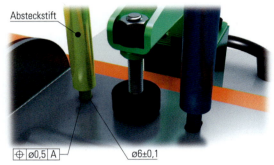

1 Absteckstift zum Überprüfen der Lochposition

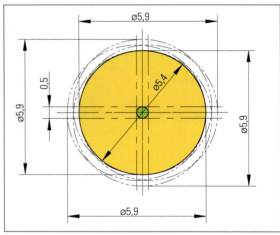

2 Durchmesserbestimmung des Absteckstifts

Überprüfen der Linienform mit einem Prüfwinkel

Die relativ große Toleranz (2 mm) der Linienform an der Auflagefläche lässt sich optisch einfach überprüfen. Dazu wird das Toleranzfeld auf die Lehre gezeichnet (Bild 3) oder in die Lehre gefräst. Mit dem Prüfwinkel *(reference angle meter)* (Bild 4) kann die Fachkraft einfach die Linienform überprüfen und entscheiden, ob die Linie bzw. die Kontur des Trägerteils innerhalb der geforderten Toleranz liegt. Dadurch entstehen keine Prüffehler durch Parallaxe[1] *(parallax)*.

3 Eingezeichnetes oder eingefrästes Toleranzfeld

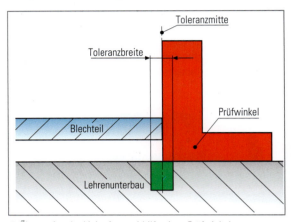

4 Überprüfen der Linienform mithilfe eines Prüfwinkels

Überprüfen der Linienform mit einem Lehrdorn

Die Linientoleranz von 0,7 mm des bogenförmigen Schenkels lässt sich rein optisch nicht überprüfen. Dazu wird ein Stufenlehrdorn *(step mandril gauge)* eingesetzt (Seite 569 Bild 1). Die Differenz der beiden Prüfzylinderradien entspricht der Größe des Toleranzfeldes für die Linienform:

$$\frac{11,4 \text{ mm} - 10 \text{ mm}}{2} = 0,7 \text{ mm}$$

Die Auflagefläche für den Stufenlehrdorn am Lehrenunterbau wurde gegenüber dem Nennmaß des Bauteilschenkels um die Hälfte der Linientoleranz (0,35 mm) zurückgesetzt. Wenn die Fachkraft den Stufenlehrdorn gegen das Trägerteil drückt, muss der kleine Zylinder (Gut-Seite) über dessen Kontur hinausragen. Ist das nicht möglich, dann ist die Linienform außerhalb der Toleranz, das Höchstmaß wurde überschritten. Der große Prüfzylinder (Ausschuss-Seite) darf bei richtig aufliegendem Stufenlehrdorn nicht über die Kontur des Trägerteils hinausragen. Ansonsten ist die Linienform außerhalb der Toleranz, das Mindestmaß wurde unterschritten.

Überprüfen der Flächenform

Die beiden Schenkel des Trägerteils besitzen eine Flächentoleranz von 0,4 mm. Die beiden gekennzeichneten Flächen des Trägerteils (Seite 565 Bild 2) müssen innerhalb von zwei parallelen Ebenen liegen, die einen Abstand von 0,4 mm haben. Die parallelen Flächen des Lehrenunterbaus haben einen Abstand von 3 mm zu den tolerierten Flächen des Bauteils. Mit einem

1) Siehe „Grundkenntnisse Industrielle Metallberufe Lernfelder 1 – 4, Seite 82

3.2 Lehren

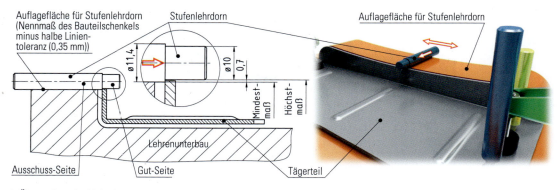

1 Überprüfung der Linienform mithilfe eines Lehrdorns

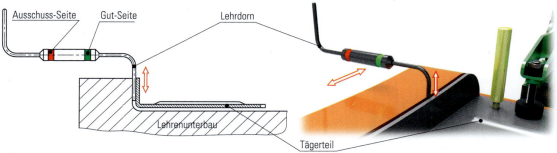

2 Überprüfung der Flächenform mithilfe eines Lehrdorns

gekröpften Lehrdorn (Bild 2) lässt sich die Flächenform überprüfen. Dabei muss die Gut-Seite des Lehrdorns mit 2,8 mm Durchmesser in den Spalt zwischen Lehrenunterbau und tolerierter Fläche passen. Die Ausschuss-Seite *(scrap side of gauge)* des Lehrdorns mit 3,2 mm Durchmesser darf nicht in den Spalt passen, damit die geforderte Flächenform gewährleistet ist.

Damit die Konturen, Referenzpunkte und Aufnahmen der Lehre im Fahrzeugkoordinatensystem zu überprüfen sind, sind in der Grundplatte drei Bundbohrbuchsen montiert. Die **Fahrzeugkoordinaten** für die Mitte jeder Bohrbuchse sowie deren obere Bundfläche sind auf der Grundplatte der Lehre angegeben. Damit ist es mit der Messmaschine durch Antasten der Bohrbuchsen möglich, die Lehre in das **Fahrzeugkoordinatensystem** einzupassen. Die Einzelteile der Lehre wie z. B. der Lehrdorn oder der Absteckstift *(rig pin)* sollen mit der Lehre über Seile oder Ketten fest verbunden sein, damit sie nicht verloren gehen. Die Lehre ist zu **beschriften**, wobei die Bezeichnung des Bauteils, der Kunde, der Lieferant und der aktuelle Datenstand des zu prüfenden Bauteils anzugeben ist.

Überprüfen der Flächenform mit der Messuhr

Beim Blechteil „Radhausverlängerung" (Bild 3) sind Referenzpunkte 1 bis 6 definiert. Die Position des verbleibenden Loches und die rot markierten Flächen sind mithilfe einer **Messvorrichtung** zu überprüfen. Um die Durchmessertoleranzen der beiden Referenzlöcher bei der Positionierung des Blechteils auszuschalten, werden die **Positionsstifte konisch** ausgeführt (Seite 570 Bild 1). Der linke konische Vollbolzen übernimmt die

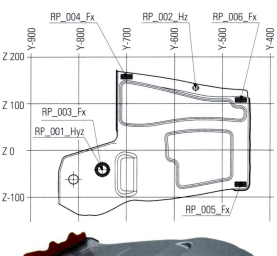

3 Radhausverlängerung

Positionierung in RP_001_Hyz, der mittlere konische Schwertbolzen die in RP_002_Hz. Damit der Schwertbolzen verdrehsicher sitzt, ist sein Führungszylinder abgeflacht, den die entspre-

1 links: konischer Vollbolzen
mitte: konischer Schwertbolzen mit Führungsbuchse
rechts: Absteckstift

3 Justieren der Messuhr am Einstellmeister

2 Prüflehre für Radhausverlängerung

4 Prüfen der Flächenform mit der Messuhr

chende Buchse aufnimmt. Mithilfe des rechten **Absteckstiftes** wird die Position der verbleibenden Bohrung überprüft (Bild 2).

Die **Messuhr** *(dial gauge)*, die mithilfe des **Einstellmeisters** *(setting master)* (Bild 3) justiert wird, dient zum Überprüfen der rot markierten Flächen. Im Bild 3 sind zwar drei Messuhren dargestellt, um die Prüfstellen für die Flächenform zu verdeutlichen. In der Realität geschieht das jedoch mit nur einer Messuhr, die immer gegen den Anschlag der Bohrbuchse gedrückt und abgelesen wird. Damit wird nicht nur festgestellt, ob die Flächenform innerhalb der Toleranz liegt, sondern auch, wo der jeweilige Punkt der Fläche im Toleranzfeld liegt.

Überprüfen mithilfe erweiterter Messflächen

Bei Kunststoffteilen wie z. B. dem Kühlergrill wird überprüft, wie sie mit den angrenzenden Fahrzeugbauteilen zusammenpassen. Dazu wird der Flächenverlauf der zu prüfenden Kunststofffläche verlängert und auf der Lehre als **erweiterte Messfläche** *(extended measuring surface)* abgebildet (Bild 5). Das zu prüfende Bauteil wird in der Lehre nach Möglichkeit auf die gleiche Weise wie im späteren Einbauzustand positioniert. Dazu dienen oft

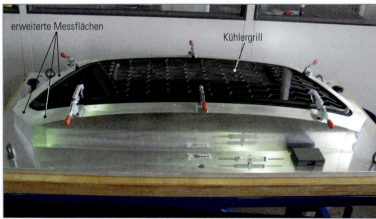

5 Prüflehre mit erweiterten Messflächen

3.2 Lehren

Clip- oder Schraubverbindungen. Mit einem Winkel (Bild 1) oder Haarlineal kann überprüft werden, ob die erweiterte Messfläche der aus Aluminium bestehenden Lehre mit der zu prüfenden Fläche des Kunststoffbauteils fluchtet.

Überprüfen des Spaltmaßes

Das **Spaltmaß** *(clearance)* ist der Abstand zwischen zwei Bauteilen am Fahrzeug. Zwischen dem zu prüfenden und den angrenzenden Bauteilen soll es konstant sein. Deshalb bildet die Lehre (Seite 570 Bild 5) die Kontur der angrenzenden Bauteile ab. Durch Prüfen mit dem **Prüfstift** (Bild 2), der über eine Gut- und Ausschussseite *(OK and scrap side of gauge)* verfügt, wird festgestellt, ob das Spaltmaß innerhalb der Toleranz liegt.

> **Überlegen Sie!**
> Wie groß sind die Durchmesser am Prüfstift für die Gut- und die Ausschussseite, wenn ein Spaltmaß von 4-0,15 einzuhalten ist?

In der Prüfvorrichtung (Bild 3) ist der hintere Stoßfänger auf die gleiche Weise positioniert wie später am Fahrzeug. Dadurch besitzt das Bauteil die gleichen Einbau- und Spannverhältnisse wie am Fahrzeug. Die Prüfvorrichtung erfasst die Daten über mehrere digitale Messuhren, die die Messwerte an einen Datenlogger weiterleiten, der sie dann auch gleichzeitig anzeigt und weiterleiten kann. Die integrierte Messsoftware liefert Messwerte und deren statistische Auswertung. Der wesentliche Vorteil dieser Prüfvorrichtung liegt in der Prozessüberwachung, ohne Messmaschinen zu benötigen.

3.2.2 Messaufnahmen

Die meisten Prüflehren geben lediglich darüber Auskunft, ob die geforderten Toleranzen des geprüften Bauteils eingehalten werden. Oft fordert der Kunde bei der Inbetriebnahme des Werkzeugs bzw. der **Bemusterung**[1] *(sampling)* des Blech- oder Gussteils ein **Messprotokoll**[2] *(measuring report)* vom gefertigten Artikel. Ebenso verlangt die **Qualitätssicherung** *(quality assurance – QA)* während der Serienproduktion gesicherte Messergebnisse, um Einfluss auf den Fertigungsprozess der Bauteile nehmen zu können, bevor deren Toleranzgrenzen überschritten werden.

Kunststoff- oder Blechteile, die sich unter dem Einfluss ihres Eigengewichts elastisch verformen können, werden vor dem Messen in der Messmaschine wiederholgenau an den Referenzpunkten der Messaufnahme positioniert und fixiert. Bild 4 zeigt die Messaufnahme für die Radhausverlängerung. Sie besteht im Wesentlichen aus den Referenzpunktaufnahmen und den Schnellspannern. Dadurch liegen annähernd gleiche Bedingungen wie im späteren Einbau vor. Um die Zugänglichkeit des Messtasters zu gewährleisten, sollte eine entsprechende Distanz zwischen Grundplatte und fixiertem Bauteil (z. B. 150 mm) vorhanden sein. Auf der Grundplatte sind drei Messkugeln mit engen Toleranzen montiert. Für jede Messkugel ist deren Position im Fahrzeugkoordinatensystem auf der Grundplatte beschriftet. Die Kugeln werden von dem Messtaster der Messmaschine

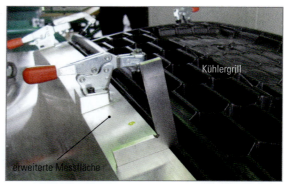

1 Prüfen der Anschlussfläche mithilfe einer erweiterten Messfläche

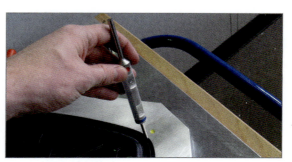

2 Prüfen des Spaltmaßes mit dem Prüfstift

3 Prüflehre mit digitalen Messuhren und Datenlogger

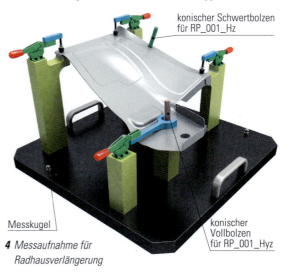

4 Messaufnahme für Radhausverlängerung

---
[1] Siehe Lernfeld 12, Kap. 1.2
[2] Siehe Lernfeld 12, Seite 581

angefahren und ihre Mittelpunkte eingegeben. Danach erfolgt die Erfassung der Messpunkte am Bauteil meist über ein CNC-Programm der Messmaschine (Bild 1). Aufgrund der Messdaten, die z. B. für jedes tausendste Teil erfasst werden, können dann die Prozessparameter bei der Serienfertigung der Bauteile angepasst werden.

MERKE
Sowohl bei Prototypen, aber besonders in der Serienfertigung, ist es sinnvoll zu wissen, wo die Istmaße des gefertigten Bauteils liegen. Diese Aufgabe übernehmen Messmaschinen, wozu meist **Messaufnahmen** erforderlich sind.

1 Messaufnahme für Messmaschine

ÜBUNGEN

1. Unterscheiden Sie Prüflehren und Messaufnahmen.
2. Erläutern Sie die Systematik der Referenzpunktbezeichnungen.
3. Welche Aufgabe hat ein Positionsstift?
4. Welchen Vorteil haben konische Positionsstifte gegenüber zylindrischen?
5. Wozu dient ein Absteckstift?
6. Wie wird der maximale Durchmesser eines Absteckstifts berechnet?
7. Nennen Sie zwei Möglichkeiten, wie die Flächenform eines Bauteils mithilfe einer Lehre überprüft werden kann.
8. Beschreiben Sie zwei Alternativen, um die Linienform mithilfe einer Lehre zu überprüfen.
9. Wozu dient der „Einstellmeister"?
10. Wie werden bei Lehren Bauteilkonturen mit Messuhren überprüft?
11. Was ist eine „erweiterte Messfläche" und wozu dient sie?
12. Was wird im Automobilbau unter „Spaltmaß" verstanden und wie kann es mit einer Lehre überprüft werden?
13. Welche Vorteile haben Messaufnahmen?
14. Zeigen Sie zwei konstruktive Möglichkeiten auf, mit deren Hilfe die Position der Messaufnahme von der Messmaschine erfasst wird.
15. Für die Überprüfung des Stützträgers mit 2 mm Blechdicke soll eine Lehre erstellt werden. Vor der Planung der Lehre ist die Zeichnung (Seite 573 Bild 1) zu analysieren, wobei folgende Fragen zu beantworten sind:
    a) Wo liegt der Stützträger im Pkw?
    b) Interpretieren Sie die Referenzpunkte RP_001 bis RP_006.
    c) Erläutern Sie die in der Zeichnung angegebene Formtoleranz.
    d) Beschreiben Sie die Positionstoleranzen in der Zeichnung.
    e) Welchen maximalen Durchmesser darf der Positionsstift an RP_001 erhalten?
    f) Muss am Referenzpunkt 002 ein Schwert- oder ein Vollpositionsstift eingesetzt werden?
    g) Wie groß ist der maximale Durchmesser für den Positionsstift an RP_002?
    h) Wie groß ist der maximale Durchmesser für die Absteckstifte, mit denen die Bohrungen ⌀6,3+0,1 überprüft werden sollen?
    i) Wie kann die Formtoleranz des Stützträgers geprüft werden?

Übungen

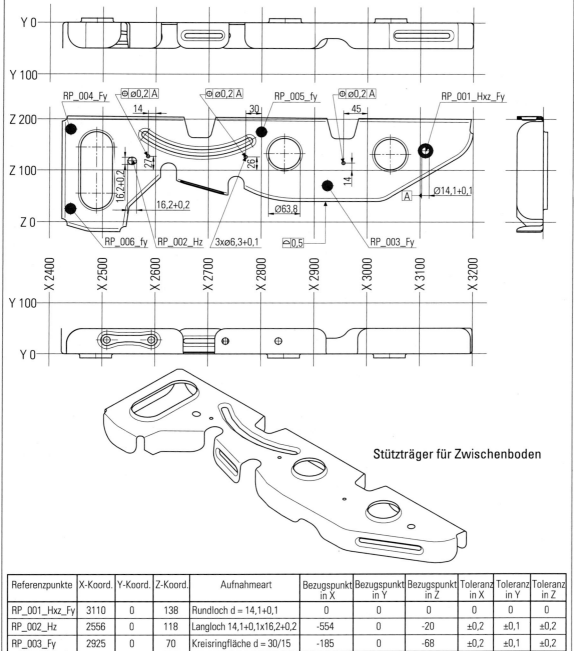

Referenzpunkte	X-Koord.	Y-Koord.	Z-Koord.	Aufnahmeart	Bezugspunkt in X	Bezugspunkt in Y	Bezugspunkt in Z	Toleranz in X	Toleranz in Y	Toleranz in Z
RP_001_Hxz_Fy	3110	0	138	Rundloch d = 14,1+0,1	0	0	0	0	0	0
RP_002_Hz	2556	0	118	Langloch 14,1+0,1x16,2+0,2	-554	0	-20	±0,2	±0,1	±0,2
RP_003_Fy	2925	0	70	Kreisringfläche d = 30/15	-185	0	-68	±0,2	±0,1	±0,2
RP_004_Fy	2440	0	180	Kreisringfläche d = 20	-670	0	42	±0,2	±0,1	±0,2
RP_005_Fy	2800	0	175	Kreisringfläche d = 21	-310	0	37	±0,2	±0,1	±0,2
RP_006_Fy	2440	0	25	Kreisringfläche d = 22	-670	0	-113	±0,2	±0,1	±0,2

1 *Stützträger für Zwischenboden – zu Übung 15*

Fräsvorrichtung für Aluminiumdruckguss-Deckel

Der Deckel aus EN AC-AlSi12 ist Bestandteil eines Laserscanners (Bild 1). Er wurde durch Druckgießen hergestellt. Auf einer CNC-Fräsmaschine mit senkrechter Arbeitsspindel sind die rot dargestellte Nut (siehe Detail F) für eine Dichtung zu fräsen und die M4-Gewindebohrungen zur Befestigung des Deckels herzustellen.

Die Deckel werden in Losgrößen von 50 Stück bearbeitet. Für die Bearbeitung auf der Fräsmaschine ist eine Vorrichtung zu planen und herzustellen. Dabei ist zu beachten, dass sich der U-förmige Deckel nach dem Gießen etwas auf- oder zubiegen kann. Die Vorrichtung muss den Deckel so spannen, dass er bei der spanenden Bearbeitung ein Maß von 120 mm besitzt.

1. Legen Sie die Bestimmelemente für die Positionierung des Deckels fest.
2. Legen Sie die Flächen fest, die abzustützen sind, damit das Maß 120 mm erreicht wird.
3. Wie erreichen Sie eine sichere und schnelle Spannung des Deckels?
4. Skizzieren Sie die Vorrichtung in drei Ansichten

1 Laserscanner

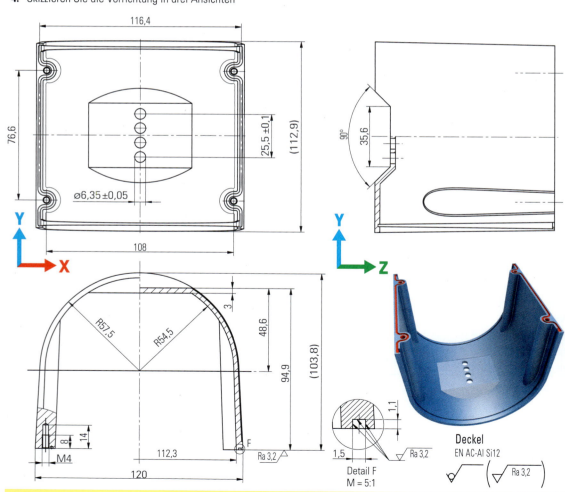

Deckel
EN AC-Al Si12

4.1 Construction plastics

4 Manufacturing of technical systems in tool design and construction

4.1 Construction plastics

Plastic Injection moulding

Generally, thermoplastics, thermosets or elastomers are used as basic materials for injection moulding. Very frequently, construction plastics such as polyamide (PA6, PA66), polyoxymethylene (POM), polyester (PES) and polysulphone (PSU) are used for technical plastic parts manufactured by injection moulding machines.

Assignment:

Read the following text about one of these construction plastics. Try to identify properties and characteristics of both kinds of Polyamides. Draw a table as shown beside and fill in your results.

Properties of PA 66	Properties of PA 6

*Polyamides (PA) – Talking about polyamides, one has to distinguish between two types. Polyamides made of **one** basic material (e.g. PA 6) and polyamides, which are made of **two** basic materials (e. g. PA 66). Both types of polyamides have very good mechanical properties, are particularly tough and have excellent sliding and wear characteristics. Properties vary from the hard and tough PA 66 to the soft and flexible PA 6. Depending on the type, polyamides absorb different amounts of moisture (PA 6 more compared to PA 66). The absorbed amount of water also affects the mechanical characteristics as well as the dimensional accuracy.*

4.2 Design of pressure die cast parts

If the design of pressure die cast components is chosen properly, failures and defects can be avoided.

Assignment:

Decide, which of the given construction solutions is just good or bad, better or worse than another solution. State some reasons for each picture, which helped you to make up your decision and put them down into your files in German, too.

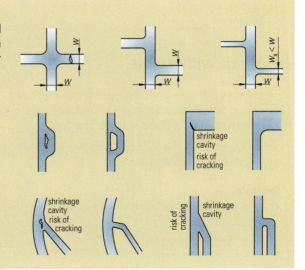

4.3 Hot runner versus cold runner systems

As a toolmaker you should know at least the main characteristics of hot and cold runner systems. The table below shows some characteristic features of hot and cold runner systems.

Assignment:

Sort out advantages and disadvantages for both systems. Present your results in a table.

Comparatively cheaper to produce and maintain	Potential faster cycle times	Eliminates runners and potential waste	Higher maintenance costs and potential downtime
Cycle times are slower than hot runner systems	Plastic waste from runners (particularly if they cannot be reground and recycled)	Colour cannot by easily changes	May not be suited to certain thermally sensitive materials
Colour changes can be made quickly	Can accommodate larger parts	More expensive moulds to produce	Accommodate a wide variety of polymers, both commodity and engineered
Can accommodate larger parts			

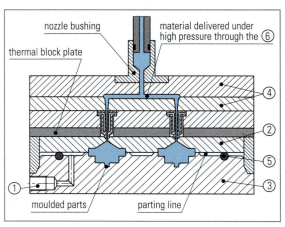

1 Injection mould

4.4 Work with words

1. Try to complete the labelling of an injection mould (picture 1) with the help of your vocabulary list. You might use the following word list, too. Do not write into your book.

   runner system, vacuum seal, lower or moving plate, water cooled runner plate, upper cavity plate

   Example:
   ① → vaccum port of injection moulding machine
   ② → _____
   ③ → _____
   ④ → _____
   ⑤ → _____
   ⑥ → _____

2. In each group there is a word which does not fit into it. Which one is the odd man? Find a general term for this group. Do not write into your book!
   a) *direct gate, conus gate, pin point gate, funnel gate, fan gate, boarding gate* → _____
   b) *centering ring, sprue, cone-strip centerings, guide columns* → _____
   c) *collapsing core, thread core, expandable insert, inlay* → _____

In future it might happen, that you have to talk, listen, read or write technical English. Sometimes it will happen that you either do not understand a word or do not know the correct translation. Therefore, you have to know how you can help yourself. One possibility is, that you use opposites or synonyms. Put the results down in your exercise book, please.

3. Find the opposites for the terms given bellow.
   rigid – _____
   melting – _____
   brittle – _____
   hot runner system – _____
   standard fixture – _____
   single fixture – _____

4. Find the synonyms for the terms given bellow.
   t-fixture – _____
   orthogonal – _____
   mandril gauge – _____

Lernfeld 12:
Inbetriebnehmen und Instandhalten von technischen Systemen des Werkzeugbaus

Sie nehmen Werkzeuge, Vorrichtungen und Lehren in Betrieb – häufig im Beisein des Kunden – und halten diese instand.

Dazu lesen Sie Gesamtzeichnungen, Teilzeichnungen, Stücklisten und technische Unterlagen, auch in englischer Sprache.

Sie nehmen die **Bemusterung** des Werkzeugs vor. Dazu richten Sie es in Maschinen der Fertigung ein, nehmen es in Betrieb, beurteilen dessen Funktion und das damit gefertigte Produkt unter Berücksichtigung der **Qualitätsanforderungen des Kunden.** Bei Bedarf nehmen Sie Änderungen am Werkzeug vor und optimieren den Fertigungsprozess für die Serienfertigung.

Nach der Bemusterung übergeben Sie das Werkzeug mit allen notwendigen Daten an den Kunden.

Entscheidend für die Qualität Ihrer Tätigkeit ist die **Zufriedenheit des Kunden**, d. h., ob Sie die Erwartungen Ihres Kunden erfüllen. Um dies zu gewährleisten, gibt es in vielen Betrieben ein **Qualitätsmanament**. Dieses umfasst u. a. die Qualitätssicherung und die Qualitätslenkung. Deshalb nimmt im folgenden Lernfeld auch die Prozessüberwachung mithilfe von Sensoren einen entsprechenden Raum ein.

Sie **warten und inspizieren** technische Systeme und erkennen, beurteilen und dokumentieren verschiedene Schäden und setzen die technischen Systeme nach Arbeitsplan instand.

Im Lernfeld 4 des 1. Ausbildungsjahres haben Sie einen Überblick über die **Instandhaltungsmaßnahmen** erhalten:

- Wartung
- Inspektion
- Instandsetzung
- Verbesserung

Sie lernen verschiedene **Instandhaltungsstrategien** kennen und sehen die Vorteile der intervall- und zustandsorientierten Instandhaltung gegenüber der störungsbedingten. Bei Ihren Instandhaltungsarbeiten entwickeln Sie Lösungsmöglichkeiten, beurteilen diese und entscheiden sich unter technischen und wirtschaftlichen Aspekten für eine. Anschließend demontieren Sie fachgerecht das technische System und beseitigen die Schäden durch Austausch oder Nacharbeit wie z. B. durch Auftragsschweißen.

Sie wählen entsprechende Fertigungsverfahren, Prüfmittel, Hilfsmittel und Hilfsstoffe aus und montieren nach erfolgter Instandsetzung das technische System.

Nach Abschluss der Instandsetzung übergeben Sie das technische System an den Kunden.

Sie beachten die einschlägigen Normen und die Bestimmungen des Arbeits- und Umweltschutzes.

Sie dokumentieren und präsentieren die Inbetriebnahme und Instandhaltung von technischen Systemen des Werkzeugbaus.

1 Inbetriebnehmen von technischen Systemen des Werkzeugbaus

Werkzeuge der Schneid-, Umform- und Formentechnik haben die Aufgabe, Produkte in großen Serien herzustellen. Bevor die Serienfertigung *(volume production)* starten kann, muss der Werkzeughersteller sicherstellen, dass einerseits das Werkzeug und andererseits die herzustellenden Produkte den Anforderungen entsprechen. Um das zu überprüfen, werden Werkzeuge **in Betrieb genommen** bzw. **abgemustert** *(validate)*.

1.1 Anforderungen an Produkt, Werkzeug und Prozess

Der Kunde – meist der Hersteller des Produkts – stellt sowohl an das Werkzeug als auch an das Produkt
- technische,
- wirtschaftliche,
- ökologische und
- sicherheitstechnische Anforderungen.

1.1.1 Produktanforderungen

Die **technischen Anforderungen** für das Serienprodukt sind meist in dessen Einzelteilzeichnung *(detail drawing)* definiert. Dazu gehören seine geometrische Form, die innerhalb der vorgegebenen Maß-, Form- und Lagetoleranzen liegen soll, sein Werkstoff, seine Oberflächenbeschaffenheit usw.
Als **wirtschaftliche Anforderung** *(economical requirements)* stehen die Herstellungskosten des Produkts im Vordergrund. Sie sollen nicht über den kalkulierten Herstellungskosten liegen.
Als **ökologische Anforderungen** *(ecological requirements)* an das Produkt sind seine Umweltverträglichkeit, seine Recyclingfähigkeit sowie sein Rohstoff- und Energieverbrauch bei der Herstellung zu nennen.
Zu den **sicherheitstechnischen Anforderungen** *(saftey-related requirements)* gehören, dass das Produkt z. B. nicht giftig ist oder gesundheitsschädliche Stoffe freisetzt, also insgesamt für den Anwender sicher ist[1].

1.1.2 Werkzeuganforderungen

Das Werkzeug soll die Anforderungen erfüllen, die der Kunde im Lastenheft[2] definiert hat. Dazu gehört z. B. die **Standzahl**, d. h., die Anzahl der Produkte, die mit dem Werkzeug erstellt werden können, ohne dass Instandsetzungsmaßnahmen *(repair tasks)* zu ergreifen sind. Deshalb muss der Werkzeughersteller die entsprechenden Werkstoffe, Wärmebehandlungen und gegebenenfalls Beschichtungen für die Bauteile wählen.

1.1.3 Prozessanforderungen

Das Zusammenspiel von Werkzeug und Werkzeugmaschine bestimmt im Wesentlichen die Qualität und die pro Stunde produzierbaren Bauteile. Insbesondere die Prozessparameter *(process parameters)*, die an der Werkzeugmaschine festgelegt, d. h. meist programmiert werden, beeinflussen das Produktionsergebnis. Um eine möglichst fehlerfreie Produktion zu gewährleisten, werden die Prozessparameter beim Start der Produktion so lange optimiert, bis ein stabiler Prozess im Hinblick auf die Qualität und Quantität der Produkte vorliegt.

1.2 Bemusterung einer Druckgießform

Die Firma MOHA Druckguss GmbH liefert für die Automobilindustrie Druckgussteile. Aus diesem Grund hat sie für das Strukturbauteil „Querträger" aus EN-AlSi10MnMg (Bild 1) bei der Firma Heck+Becker GmbH & Co. KG eine Druckgießform (Bild 2) bestellt, deren Bemusterung *(sample taking)* durchzuführen ist.

1 „Querträger" als Aluminiumdruckgussteil aus EN-AlSi10MnMg

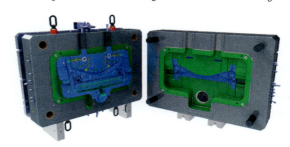

2 Druckgießform für „Querträger"
links: Auswerferseite; rechts: Einschussseite

Aus dem **Lastenheft** *(performance specification sheet)* des Kunden geht u. a. hervor, dass
- das Gussteil nach dem Vakuumdruckgießverfahren hergestellt werden soll,
- das Gussteil lunkerfrei sein soll,
- das Gussteil auf einer horizontalen Kaltkammerdruckgießmaschine *(cold-chamber die casting machine)* mit einer maximalen Schließkraft von 27,5 MN[3] gefertigt werden soll,
- das Werkzeug mindestens 30 Schuss pro Stunde leisten soll,
- die Formeinsätze aus dem Warmarbeitsstahl 1.2343 bestehen sollen.

---

[1] Siehe Produktsicherheitsgesetz (ProdSG)   [2] Siehe Lernfeld 13, Kapitel 1.1
[3] Die Druckgießer geben die Schließkraft in Tonnen an, obwohl die Tonne eine Masseneinheit ist, d. h., sie geben die Masse an, die zu einer Gewichtskraft von z. B. 27500 kN führen würde, das wären dann 2750 Tonnen.

1.2 Bemusterung einer Druckgießform

Überlegen Sie!

1. Ermitteln Sie die Werkzeugauftreibkraft[1] *(tool sreading force)*, um den Querträger mit einer projizierten Fläche von 420100 mm² bei einem Nachdruck von 530 bar gießen zu können.
2. Überprüfen Sie, ob die Schließkraft der Kaltkammerdruckgießmaschine bei einem Sicherheitsfaktor von 1,2 dafür ausreichend ist.
3. Erstellen Sie eine Tabellenkalkulation zur Berechnung der Werkzeugauftreibkraft und der notwendigen Schließkraft *(closing force)*.

1.2.1 Optische Überprüfung

Die erste Bemusterung des Druckgießwerkzeuges geschieht bei der Firma Heck+Becker GmbH & Co. KG, die dafür über eine eigene Druckgießmaschine mit der geforderten Schließkraft von 27,5 MN verfügt. Im Beisein des Kunden erfolgt die optische Überprüfung *(visual examination)* der Form im Hinblick auf deren Vollständigkeit, Werkstoffauswahl, Qualität und Richtigkeit der formgebenden Werkzeugoberflächen und der weiteren Kriterien, die im Lastenheft aufgeführt sind.

1.2.2 Rüsten der Druckgießmaschine und Prozessoptimierung

Nachdem alle optischen Kriterien überprüft und für in Ordnung befunden wurden, ist es die Aufgabe der Fachkräfte, die Druckgießform auf der Druckgießmaschine zu positionieren und zu spannen. Dazu montieren sie zunächst die Füllkammer *(filling chamber)* in die einschussseitige Formhälfte (Bild 1). Anschließend wird diese Formhälfte auf der Aufspannplatte positioniert und gespannt (Bild 2). Die auswerferseitige Formhälfte zentriert sich über die Führungssäulen und -buchsen zu der einschussseitigen (Bild 3). Nachdem die Stangen für die Betätigung der Auswerfer in die Auswerferplatte *(ejector plate)* geschraubt wurden (Bild 4), kann die auswerferseitige Formhälfte auf die Aufspannplatte gespannt werden (Bild 5).
Bevor der erste Schuss erfolgt, wird die Form über das Temperiersystem *(tempering system)* auf 130 °C aufgewärmt und die

1 Montage der Füllkammer in die einschussseitige Formhälfte

2 Festspannen der Formhälfte auf einschussseitiger Aufspannplatte

3 Zentrieren der auswerferseitigen Formhälfte über die Führungssäulen und -buchsen

4 Stangen zur Befestigung des Auswerfersystems werden in Auswerferplatte geschraubt

5 Formhälften sind auf beiden Aufspannplatten befestigt

[1] Siehe Lernfeld 6, Seite 131

mit der Schmelze in Kontakt kommenden Konturen mit einem dickflüssigen Trennmittel *(seperating agent)* von Hand eingestrichen. Die ersten Schüsse erfolgen mit relativ niedrigem Druck von 200 bar und geringer Gießkolbengeschwindigkeit *(casting plunger speed)* von 2 m/s. Dadurch wird einerseits getestet, ob die Form dicht ist und andererseits die Oberfläche der Kavität auf eine Temperatur von etwa 200 °C durch die 690 °C heiße Aluminiumschmelze aufgeheizt.

Spätestens ab dem zehnten Schuss wird ein Gießdruck von 530 bar und eine Gießkolbengeschwindigkeit von 3,5 m/s programmiert. Die **Gießparameter** werden aufgrund der Gussteilbegutachtung weiter **optimiert**. Die in der Serie genutzten Parameter sind u. a. im Bild 1 dargestellt. Dem Diagramm ist zu entnehmen, dass der Gießkolben zunächst langsam mit <0,2 m/s vorfährt. Nach etwa 650 mm zurückgelegtem Weg steigert er seine Geschwindigkeit schlagartig auf 3,3 m/s. Bei diesem **Umschlagpunkt** *(transition point)* ist das Angusssystem in der Form gefüllt, bevor das Gießmetall mit höchsten Strömungsgeschwindigkeiten in die Kavität eintritt. Die Luft wurde vorher weitgehend aus Form und Füllkammer evakuiert, sodass in beiden Bereichen der Druck unter 70 mbar lag.

Der Roboter trägt das **Trennmittel** auf (Bild 2), während die Auswerfer aus der Kontur ragen. Dadurch werden sie einerseits **geschmiert** und andererseits **gekühlt**. Ein zweiter Roboter entnimmt das Gussteil nach dem Schuss aus der Form (Bild 3). Nach der Optimierung des Druckgießprozesses entsteht der in Bild 4 dargestellte Querträger mit Angusssystem. Das Druckgussteil macht optisch einen guten Eindruck und wird anschließend noch zwei Prüfungen unterzogen:

- Geometrische Überprüfung *(geometric examination)*.
- Porositätsprüfung *(porosity examination)*.

1.2.3 Geometrische Überprüfung des Druckgussteils

Die geometrische Überprüfung *(geometric examination)* des Gussteils im Hinblick auf seine Maß-, Form- und Lagetoleranzen erfolgt mithilfe des Streifenprojektionsverfahrens[1] *(fringe projection)*. Ausgehend von den Aufnahmepunkten, d. h. den Referenzpunkten[2], die vom Kunden definiert wurden (Seite 581 Bild 1), werden alle weiteren Istmaße des Bauteils ermittelt und mit dem CAD-Modell (Sollwerte) verglichen. Beispielhaft sind in den Bildern 2 auf Seite 581 und den Bildern 1 und 2 auf Seite 582 die Daten für die Bearbeitungszugaben *(allowance)*, die Flächen und die Wandstärken für das ganze Teil dargestellt. Im Prüfbericht sind alle diese Daten detailliert aufgeführt. Der Kunde entscheidet, ob die Ergebnisse des Prüfberichts seinen Anforderungen genügen. Wird der Prüfbericht akzeptiert, gehört er zu den Dokumenten, die dem Kunden nach der Bemusterung ausgehändigt werden.

1.2.4 Porositätsprüfung des Druckgussteils

Aluminiumdruckgussteile dürfen nicht porös sein, d. h. **keine Lufteinschlüsse** *(entrapped air)* enthalten, damit sie sich schweißen oder wärmebehandeln lassen. Ob dünnwandige

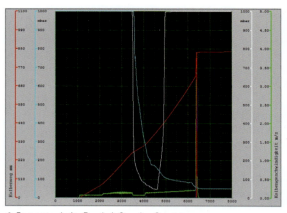

1 Parameter beim Druckgießen des Querträgers

2 Roboter trägt Trennmittel auf

3 Roboter entnimmt der Form den Querträger

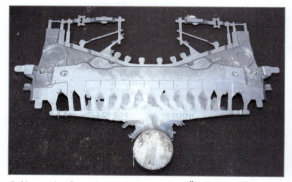

4 Abguss des Querträgers mit Anguss- und Überlaufsystem

---

1) Siehe Lernfeld 10, Kapitel 4.2   2) Siehe Lernfeld 11, Kapitel 3.2.1.1

1.2 Bemusterung einer Druckgießform

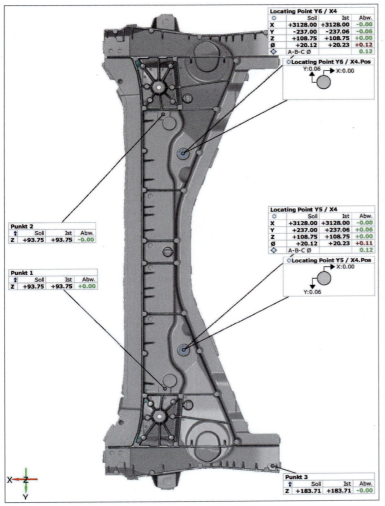

1 Aufnahmepunkte für Querträger

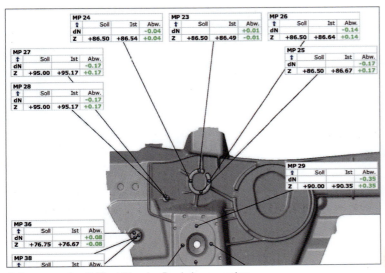

2 Auszug aus dem Prüfbericht zu den Bearbeitungszugaben

Druckgussteile Lufteinschlüsse besitzen, lässt sich relativ einfach mit dem Blasentest feststellen. Dazu wird der Querträger eine Stunde lang im Ofen bei 530 °C geglüht. Aufgrund der Erwärmung würden sich die im Gussstück eingeschlossenen Gase ausdehnen. Sie würden Blasen *(blister)* auf der Gussteiloberfläche bilden. Deshalb wird diese Prüfung als **Blistertest** bezeichnet.

Im Bild 3 ist in der Mitte der nicht geglühte halbe Querträger dargestellt. Oben bzw. unten sind die Bereiche vergrößert dargestellt, die nach dem Blistertest Blasen gebildet haben. Da der Kunde diese Blasenbildung nicht akzeptiert, muss die Form – da sie symmetrisch ist – an vier Stellen geändert werden.

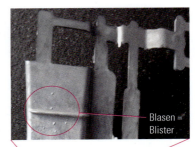

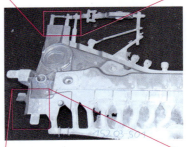

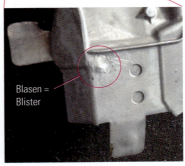

3 Mitte: Querträgerhälfte vor Blistertest oben und unten: Blasenbildung am Querträger nach Blistertest

Überlegen Sie!

Schlagen Sie Änderungen vor, durch die die Blasenbildung verhindert bzw. vermindert wird.

1.2 Bemusterung einer Druckgießform

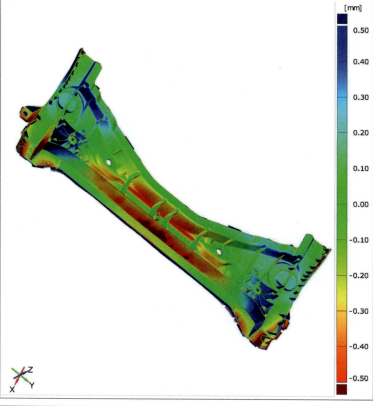

1 Flächenabweichungen zum CAD-Modell

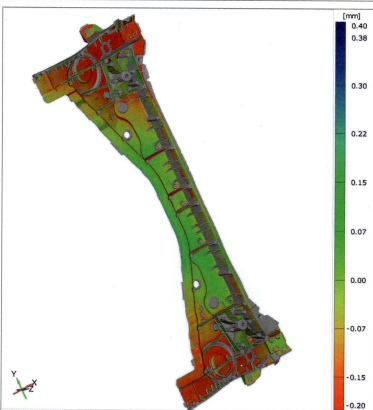

2 Wandstärkenabweichungen zum CAD-Modell

1.3 Inbetriebnahme eines Folgeverbundwerkzeugs

Um die Lufteinschlüsse im Druckgussteil zu verhindern bzw. merklich zu vermindern, muss die Luft besser aus den betroffenen Konturbereichen entweichen können. Dazu werden zwei neue Überläufe bzw. Luftbohnen *(overflows)* in die auswerferseitige Formplatte gefräst (Bild 1 links unten). Zusätzlich werden zwei Luftbohnen vergrößert (Bild 1 links oben). Die Druckgießmaschine wird mit der geänderten Druckgießform gerüstet und die zweite Bemusterung wird in gleicher Weise wie die erste gestartet. Da die Druckgießform bis auf die entstandenen Blister den Kundenanforderungen entspricht, muss lediglich noch getestet werden, ob immer noch Lufteinschlüsse im Druckgussteil vorhanden sind.

Der zwölfte Abguss des Querträgers aus dem geänderten Werkzeug wurde einem Blistertest unterzogen. Dabei zeigten sich in den Problembereichen (Bild 2) keine bzw. nur noch Mirkrobläschen, die vom Kunden akzeptiert wurden. In der Serienfertigung können statt der geforderten 30 Gussstücke pro Stunde sogar 35 gefertigt werden.

1 rechts: Ausschnitt der auswerferseitigen ursprünglichen Formhälfte
links: Ausschnitte des neuen bzw. umgestalteten Überlaufs der geänderten Formhälfte

1.2.5 Abnahmeprotokoll

Mit der erfolgten Bemusterung sind nun alle Anforderungen erfüllt, die der Kunde an Produkt, Werkzeug und Prozess stellt. Damit erfüllt der Lieferant (Heck+Becker GmbH & Co. KG) alle geforderten Qualitätsanforderungen des Kunden (MOHA Druckguss GmbH). Der Kunde unterzeichnet das **Abnahmeprotokoll** *(acceptance protocol)* und ihm werden alle Unterlagen wie z. B. CAD-Daten und Zeichnungen des Werkzeugs, Werkstoffzertifikate, Zertifikate über Wärmebehandlung und Zukaufteile übergeben.

> **MERKE**
>
> Das erstmals unter serienmäßigen Fertigungsbedingungen erzeugte Produkt wird als **Erstmuster** *(first sample)* bezeichnet. Es wird normalerweise einer Vollprüfung unterzogen, um Fehler von Serienbeginn an vorzubeugen und um zu überprüfen, ob Vereinbarungen zwischen Lieferant und Kunden eingehalten wurden.

2 links: Bereich, für den der Überlauf vergrößert wurde
rechts: Bereich, für den ein zusätzlicher Überlauf geschaffen wurde

1.3 Inbetriebnahme eines Folgeverbundwerkzeugs

Die Herstellung des Blechteils (Bild 3) aus S420MC (1.0980) mit einer Wandstärke von 3 mm soll mithilfe eines **Folgeverbund-**

3 Blechteil aus S420MC

1.3 Inbetriebnahme eines Folgeverbundwerkzeugs

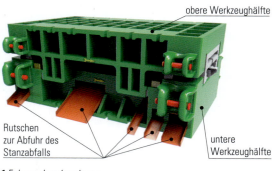

1 Folgeverbundwerkzeug

- obere Werkzeughälfte
- untere Werkzeughälfte
- Rutschen zur Abfuhr des Stanzabfalls

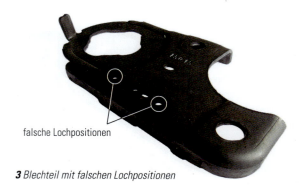

3 Blechteil mit falschen Lochpositionen

- falsche Lochpositionen

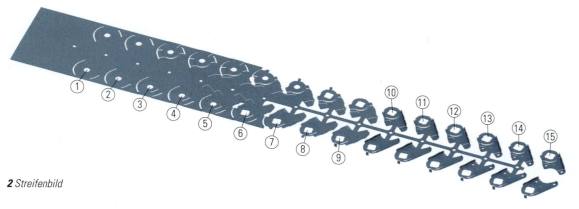

2 Streifenbild

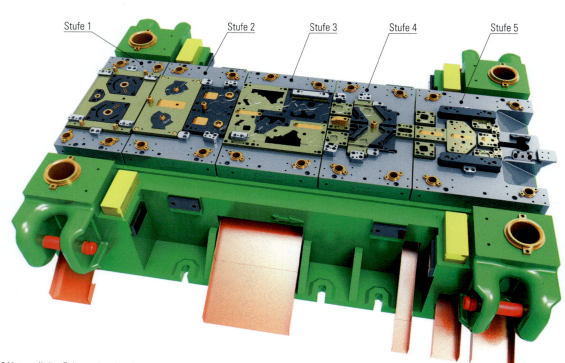

4 Unterteil des Folgeverbundwerkzeugs

Stufe 1 — Stufe 2 — Stufe 3 — Stufe 4 — Stufe 5

1.3 Inbetriebnahme eines Folgeverbundwerkzeugs

werkzeugs *(follow-up compound tool)* (Seite 584 Bild 1) erfolgen. Das Werkzeug soll gleichzeitig ein „linkes" und ein „rechtes" Blechteil fertigen. Das Folgeverbundwerkzeug besteht aus mehreren **Einzelstationen**. Jede Station führt eine oder mehrere Operationen bzw. **Arbeitsstufen** am Bauteil aus. Das Bauteil wird durch den **Trägerstreifen** (Seite 584 Bild 2) von Station zu Station transportiert und bei der letzten Operation vom Streifen getrennt. Das dargestellte Werkzeug hat 15 Stationen, bei denen mit dem Lochen *(punching)* gestartet und mit dem Abtrennen *(cutting off)* des Bauteils vom Streifen geendet wird.

Das Folgeverbundwerkzeug ist in einzelne **Werkzeugmodule** oder **Stufen** unterteilt. Dieser Werkzeugaufbau hat den Vorteil, dass sich die einzelnen Module wegen ihrer Größe leichter bearbeiten lassen als das Gesamtwerkzeug. Änderungen lassen sich ebenfalls leichter durchführen. Das vorliegende Werkzeug hat fünf Teilwerkzeuge, die zusätzliche Säulenführungen besitzen:

- Stufe 1: In der **ersten Schneidstufe** *(cuttuing step)* erfolgt das Lochen und Freischneiden.
- Stufe 2: In der **ersten Umformstufe** *(forming step)* geschieht das Prägen *(embossing)* der ebenen Bereiche.
- Stufe 3: In der **zweiten Schneidstufe** wird freigeschnitten *(cut clear)*.
- Stufe 4: In der **zweiten Umformstufe** werden die Bördel geformt.
- Stufe 5: In der **dritten Schneidstufe** geschieht das Lochen der Bohrungen und das **Trennen** des Blechteils vom Streifen.

Das Folgeverbundwerkzeug wurde der Firma JC geliefert, wo die Inbetriebnahme erfolgt. Nach der Anlieferung wird zunächst kontrolliert, ob das Werkzeug vollständig ist und den Anforderungen aus dem Lastenheft entspricht. Wenn dies der Fall ist, wird das Werkzeug zunächst in die Presse eingespannt. Im **Einzelhub** *(single stroke)* oder bei **geringer Taktzahl** *(number of cycles)* wird das Zusammenspiel der einzelnen Werkzeugkomponenten ohne Blechzufuhr getestet. Wenn das Folgeverbundwerkzeug diesen Test bestanden hat, erfolgt die Zufuhr des Blechstreifens vom Coil und es werden mit geringer Taktzahl die ersten Blechteile hergestellt. Die Blechteile werden im Hinblick auf ihr Aussehen und die Gratbildung vom Abnahmeteam beurteilt und für in Ordnung befunden. Danach werden die Teile in

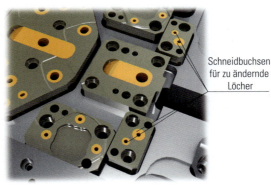

1 Stufe 5 des Folgeverbundwerkzeugs, bei dem die Schneidbuchsenpositionen zu verändern sind

der **Prüflehre** positioniert, gespannt und geprüft. Bei der Überprüfung der Bohrungen mit Absteckstiften wird festgestellt, dass die beiden im Bild 3 auf Seite 584 markierten Löcher zwar mit ihren Durchmessern innerhalb der Toleranz liegen, jedoch ihre **Positionen nicht stimmen**. Diese Löcher werden in der Station 14 gestanzt.

Um die derzeitigen Positionen der beiden Löcher und alle anderen tolerierten Eigenschaften des Bauteils zu erfassen, werden fünf Blechteile auf der Messmaschine *(measuring machine)* geprüft. Dabei wird festgestellt, dass bis auf die beiden Lochpositionen, die jeweils 0,4 mm von der Sollposition entfernt liegen, die Blechteile in Ordnung sind.

Da das Gesamtwerkzeug aus einzelnen Werkzeugstufen (Seite 584 Bild 4) aufgebaut ist und die nicht korrekten Löcher in der Stufe 5 (Bild 1) gestanzt werden, sind in dieser Stufe die Platten für die Schneidbuchsen zu demontieren. Im Oberteil der Werkzeugstufe 5 sind die Stempelhalteplatten ebenso zu demontieren. In den neuen Schneidbuchsen- und Schneidstempelhalteplatten werden die Positionen für die Aufnahmebohrungen der Buchsen und Stempel entsprechend korrigiert. Da die Lochdurchmesser in Ordnung waren, können dieselben Buchsen und Stempel in die neuen Halteplatten montiert werden. Nach der Montage der Halteplatten in Unter- und Oberteil (Bilder 2 und 3), wird das Gesamtwerkzeug wieder zusammengesetzt und auf der Presse montiert.

2 Ausgetauschte Schneidbuchsenhalteplatten der Stufe 5 des Folgeverbundwerkzeugs

3 Ausgetauschte Schneidstempelhalteplatten der Stufe 5 des Folgeverbundwerkzeugs

Der Inbetriebnahmeprozess startet von neuem. Diesmal sind die Bauteile beim Überprüfen mit der Prüflehre in Ordnung. Anschließend wird die Taktzahl der Presse schrittweise erhöht, bis die geforderte Taktzahl von 10 Hüben pro Minute erreicht ist. Die Teile werden erneut auf der Messmaschine überprüft. Da alle geforderten Maß-, Form- und Lagetoleranzen eingehalten werden, erfolgt durch das **Qualitätsmanagement** *(quality managment)* der Firma JC die Freigabe *(clearance)* des Werkzeugs für die Serienfertigung.

Die wesentlichen Schritte für die Inbetriebnahme eines Schneid- und Umformwerkzeuges sind in dem Flussdiagramm *(flow diagram)* (Bild 1) dargestellt.

ÜBUNGEN

1. Nennen Sie für ein Beispiel aus Ihrem betrieblichen Umfeld Anforderungen, die an das Produkt, das dazugehörende Werkzeug und den damit verbundenen Produktionsprozess gestellt werden.

2. Erkundigen Sie sich in Ihrem Ausbildungsbetrieb, welche konkreten Anforderungen der Auftraggeber im Lastenheft für das Werkzeug festgelegt hat.

3. Welche optischen Anforderungen muss ein Werkzeug erfüllen, das in Ihrem Ausbildungsbetrieb hergestellt wird?

4. Warum wird eine Druckgießform bei den ersten Schüssen mit geringem Druck und niedriger Füllgeschwindigkeit angefahren?

5. Was geschieht beim Druckgießen am Umschlagpunkt?

6. Wie erfolgt in Ihrem Ausbildungsbetrieb die Überprüfung des Druck- oder Spritzgussteils?

7. Wozu dient der Blistertest, wie wird er durchgeführt und auf welchen physikalischen Grundsätzen basiert er?

8. Was wird als Erstmuster bezeichnet und wozu dient es?

9. Warum werden größere Folgeverbundwerkzeuge meist in mehrere Werkzeugmodule bzw. Stufen unterteilt?

10. Welche unterschiedliche Aussagen können beim Prüfen eines Blechteils mit einer Prüflehre oder auf der Messmaschine getroffen werden?

1 Flussdiagramm zur Inbetriebnahme von Schneid- und Umformwerkzeugen

2 Qualitätsmanagement

2.1 Qualitätsbegriff

Die im Werkzeugbau hergestellten Produkte sind Investitionsgüter *(capital goods)*, mit denen der Kunde wiederum Produkte fertigt. Ein Werkzeug besitzt dann die geforderte Qualität, wenn damit die Wünsche und Anforderungen des Kunden erfüllt werden. Diese gehen über das eigentliche Werkzeug mit seiner Produktqualität *(product quality)* hinaus und umfassen auch Themen wie die Dienstleistungsqualität *(service quality)* und weitere Faktoren.

> **MERKE**
>
> Je besser ein Produkt oder eine Arbeit die Anforderungen des Kunden erfüllt, desto höher ist die Qualität des Produktes oder der Arbeit.

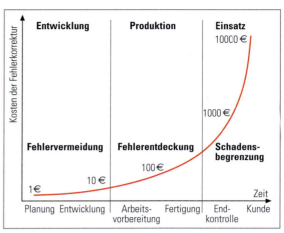

1 Kostenentwicklung eines Fehlers

2.1.1 Produktqualität

Von großer Bedeutung für die Qualität z. B. eines Spritzgießwerkzeugs ist, dass es die vom Kunden gewünschte **Funktion** *(function)* erfüllt. Diese muss über eine vereinbarte **Lebensdauer** *(life expectancy)* (hier Schusszahl) gewährleistet sein. Weitere Kundenwünsche umfassen z. B. die **wartungsfreundliche Konstruktion** *(easy to maintain design)* und den **Preis** *(price)* des Werkzeuges.

Für die Sicherstellung der Produktqualität genügt deshalb eine reine Endkontrolle *(final inspection)* vor der Auslieferung bzw. Inbetriebnahme in keinem Fall. Von großer Bedeutung ist besonders im Werkzeugbau die Phase der Planung und Entwicklung in enger Zusammenarbeit mit dem Kunden.

Jeder Mitarbeiter ist für die von ihm gefertigten Produkte und somit für die Qualitätssicherung verantwortlich. Dadurch ist sichergestellt, dass Fehler am Ort der Entstehung erkannt werden. Die fehlerhaften Teile wandern dadurch nicht weiter durch die Produktion, wo sie ansonsten hohe Folgekosten *(follow-up costs)* verursachen würden. Die Fehlerbeseitigung kostet bei einer Entdeckung in dem folgenden Schritt des Produktlebenswegs etwa das Zehnfache (Bild 1).

Bei einer reinen Endkontrolle können zudem unterschiedlichste Fehler anfallen, deren Erkennung und insbesondere deren Rückverfolgung *(backtracking)* sehr aufwändig sind. Eine heute verlangte „**Null-Fehler-Lieferung**" *(zero-defect lot)* ist deshalb nicht durch reines Prüfen, sondern nur durch ein Qualitätsmanagement *(quality management)* zu erreichen, welches die gesamte Produktentstehung umfasst.

Die Fachkraft für Werkzeugmechanik hat in dieser Produktentstehung eine zentrale Bedeutung für die Fertigung. Kenntnisse über die vorangegangenen und die nachfolgenden Schritte des Produktes sind für die Fachkraft deshalb wichtig. Nur mit diesem Prozesswissen kann sie die Folgen ihres Handelns einschätzen und gegebenenfalls Rückmeldungen z. B. an die Konstruktion oder die Arbeitsvorbereitung *(work preparation department)* geben.

Im Rahmen der Fertigung gibt es Einflussgrößen, die die Qualität des Produkts bestimmen und von denen einige von der Fachkraft für Werkzeugmechanik beeinflusst werden können.
Diese sind:

- Der **Mensch** *(human)* mit seinem Fachwissen und seinen Kompetenzen
- Die **Maschine** *(machine)*, die für alle Fertigungs-, Handhabungs- und Prüfmittel steht
- Das **Material** *(material)*, das alle Werk- und Hilfsstoffe, Vorprodukte und Komponenten umfasst
- Die **Mitwelt** *(contemporary)*, die über den richtig ausgestatteten Arbeitsplatz hinaus auch das Miteinander im Unternehmen und das Qualitätsbewusstsein *(quality awareness)* beinhaltet
- Das **Management** *(management)* z. B. mit seinem Führungsstil und seinen Investitionsentscheidungen *(investment decisions)*
- Die **Messbarkeit** *(measurabiltity)* mit allen zahlenmäßig erfassbaren Produktmerkmalen
- Die **Methoden** *(method)* zur Erzeugung und Sicherung von Qualität

Diese Einflussgrößen werden häufig als die „**7 M-Faktoren**" bezeichnet.

Für eine **systematische Fehlerquellensuche** kann das **Fischgrätendiagramm** *(fishbone diagram)* (**Ishikawa-Diagramm**) verwendet werden.

Für die Fertigung eines Frästeils kann dieses Diagramm wie in Bild 1 auf Seite 588 aussehen.

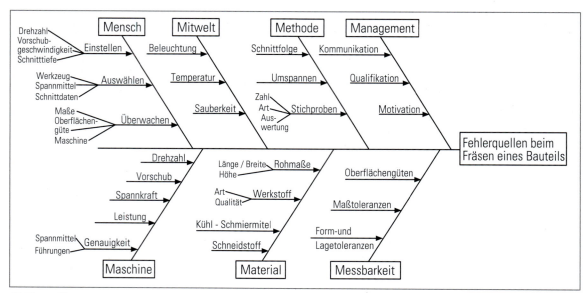

1 Ishikawa-Diagramm

2.1.2 Toleranz und Qualität

Werkzeuge und die Produkte, die mit diesen Werkzeugen hergestellt werden, besitzen Maß-, Form- und Lagetoleranzen, sowie z. B. Toleranzen *(tolerances)* bezüglich ihrer Oberflächengüten *(finish qualities)*. Häufig unterliegen auch weitere Produktmerkmale wie z. B. Werkstoffeigenschaften (Festigkeit, Härte, Umformbarkeit) gewissen Toleranzen. Enger als nötig gewählte Toleranzen bedeuten nicht, dass eine bessere Produktqualität gefertigt wird, sie verursachen aber wesentlich höhere Kosten. Diese werden durch aufwändigere Fertigungs- und Prüfverfahren verursacht. Theoretisch kann die Fachkraft für Werkzeugmechanik bei der Fertigung also das gesamte Toleranzfeld ausschöpfen (Bild 2). Nur Werkstücke, deren Maße den **unteren Grenzwert (UGW)** *(lower limit)* unterschreiten bzw. den **oberen Grenzwert (OGW)** *(superior limit)* überschreiten, würden eine schlechte Qualität besitzen (Ausschussteile *(defective)* oder erforderliche Nacharbeit *(rework)*).

Wichtig für die Produktqualität ist aber die Lage der Produktmerkmale innerhalb der vorgegebenen Toleranz. Das ideale Istmaß *(actual size)* (Zielgröße) liegt deshalb in der Toleranzmitte *(mid-tolerance)*. Je näher das gefertigte Maß an UGW oder OGW liegt, desto größer ist der **Qualitätsverlust** (Bild 3) *(loss of quality)*.

Das Erreichen der Toleranzmitte ist zwar nicht immer möglich, aber die Einstellung, möglichst nahe an das Ideal heranzukommen, steht für das Qualitätsbewusstsein der „Null-Fehler-Produktion".

Beispiel für eine fehlerhafte Ausnutzung der Toleranzen:

Nach Ihrer Berufsausbildung haben Sie das Unternehmen gewechselt. Sie arbeiten seit zwei Jahren in einem neuen Unternehmen. Als Fachkraft im Werkzeugbau sind Sie dort verantwortlich für die Montage und Bemusterung des Stanzwerkzeugs zur Fertigung von Dichtungen[1]. Die Schneidplatten werden in einer anderen Abteilung von einem erfahrenen Mitarbeiter gefertigt, der bereits 15 Jahre im Unternehmen arbeitet. Nach dem anschließenden Schleifen werden die Schneidplatten an ihren Montageplatz gebracht. Die Fertigung der Formstempel aus Vollhartmetall (Seite 589 Bild 1) durch Drahterodieren und Schleifen ist Ihre Aufgabe.

Die zu fertigenden Dichtungen haben eine Breite von 124±0,2 mm. Bevor Sie den Formstempel fertigen, überprüfen Sie den entsprechenden Durchbruch an der Schneidplatte. Die-

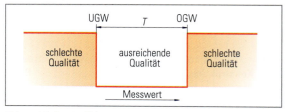

2 Ausschöpfen der Toleranz

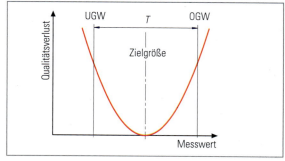

3 Qualitätsverlust und Istmaß

[1] Siehe Lernfeld 6 Kap. 1.1.1

2.1 Qualitätsbegriff

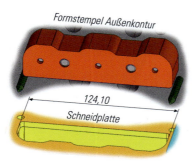

1 Formstempel

ser besitzt eine Breite von 124,10 mm. Die Toleranzmitte der Dichtung liegt bei 124,0 mm. Der Durchbruch in der Schneidplatte bestimmt beim Ausschneiden der Dichtungen deren Maße. Trotz der Maßabweichung ist eine Fertigung der Dichtungen innerhalb der geforderten Toleranz möglich. Während des Stanzvorganges tritt an der Schneidplatte und an dem Formstempel aber Verschleiß auf. Der Stempel wird dadurch kleiner und der Schneidplattendurchbruch größer. Damit das Werkzeug möglichst lange eingesetzt werden kann, soll der Durchbruch deshalb nach Zeichnung mit einer verschobenen Toleranzmittenlage und somit auf das Maß von 123,90 mm gefertigt werden.

Nach der Ihnen vorliegenden Zeichnung des Formstempels muss die Stempelbreite 123,86 mm betragen. Dadurch würde sich aber bei einem Schneidplattenmaß von 124,10 mm ein Schneidspalt von 0,12 mm gegenüber der geforderten 0,02 mm ergeben. Eine neue Fertigung der Schneidplatte würde die Lieferung des Werkzeugs an den Kunden erheblich verzögern und zusätzliche Kosten verursachen. Aufgrund der hohen Maschinenauslastung würden auch andere Aufträge gefährdet. Da der Schneidspalt einen entscheidenden Einfluss auf die Qualität (Gratbildung *(burr formation)*, Oberflächengüten der Schnittflächen *(cut surface)* etc.) hat, entscheiden Sie sich für die Einhaltung des Schneidspalts *(cutting clearance)*. Deshalb weichen Sie bei der Fertigung des Stempels von den Zeichnungsmaßen ab. Statt einer Stempelbreite von 123,86 mm fertigen Sie ihn auf eine Breite von 124,06 mm.

Nach der Montage des Werkzeugs und einem Probeschnitt prüfen Sie die ausgeschnittene Dichtung. Diese liegt innerhalb der geforderten Toleranzen. Die Schnittfläche und die Gratbildung entsprechen den Kundenwünschen.

Das Abweichen vom vorgegebenen Zeichnungsmaß hat aber eine gravierende Folge. Mit dem Werkzeug kann nur eine deutlich geringere Werkstückzahl hergestellt werden, als vom Kunden gewünscht.

MERKE
Von vorgegebenen Zeichnungsangaben darf grundsätzlich nur nach Absprache mit dem Kunden und der Konstruktionsabteilung *(engineering department)* abgewichen werden. Eigenmächtig vorgenommene Änderungen können zu erheblichen Schäden *(damages)* und Folgekosten *(follow-up costs)* führen.

Das aufgeführte Beispiel zeigt, wie entscheidend die Einstellung der Mitarbeiter die Produktqualität beeinflusst. Viele Unternehmen nutzen deshalb Rückmeldungen der Mitarbeiter und Verbesserungsvorschläge im Rahmen eines **kontinuierlichen Verbesserungsprozesses (KVP)** *(continious improvment process (CIP)*. Ein solcher Prozess kann in vier Phasen unterteilt werden (Bild 2).

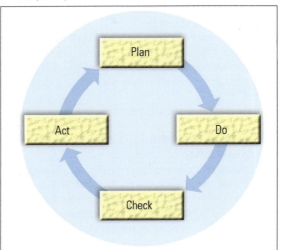

Plan: Eine Fachkraft erkennt z. B. einen betrieblichen Ablauf, der verbesserungsfähig ist. Sie gibt ihre Beobachtung und vielfach auch schon einen Verbesserungsvorschlag *(suggestion for improvement)* weiter.
Daraufhin wird der Istzustand genau analysiert. Anhand dieser Analyse wird versucht, die Auswirkungen des Verbesserungsvorschlags abzuschätzen.

Do: In der zweiten Phase wird die Verbesserung meist unter provisorischen Bedingungen an einem einzelnen Arbeitsplatz getestet. Dabei besteht die Möglichkeit, den Vorschlag zu korrigieren bzw. zu optimieren.

Check: Der Prozessablauf und seine Resultate werden noch einmal sorgfältig überprüft. Wenn das Ergebnis positiv ist, wird die Umsetzung *(implementation)* beschlossen. Damit ist die Einführung (launch) freigegeben.

Act: In der letzten Phase erfolgt die Einführung in den betrieblichen Ablauf. Der Erfolg wird danach regelmäßig überprüft (Audits). Eine Änderung kann mit einem erheblichen organisatorischen Aufwand *(expenditure)* verbunden sein (z. B. Änderung von Arbeitsplänen und CNC-Programmen, Schulungen usw.).

2 Umsetzung eines Verbesserungsvorschlags in vier Schritten

2.1.3 Qualitätsregelkarte

Fertigungsprozesse unterliegen zufälligen und systematischen Einflüssen (Störgrößen). Die zufälligen Einflüsse sind meist nicht vorhersehbar und unregelmäßig.
Durch **zufällige Einflüsse** entstehen **zufällige Fehler**[1] *(random error)*, die berücksichtigt werden müssen, die durch Eingriffe in den Fertigungsprozess alleine aber oft nicht abgestellt werden können. Die **systematischen Fehler** können abge-

stellt werden und dieses ist eine wichtige Aufgabe von Fachkräften.

Die **Qualitätsregelkarte (Bild 2)** *(quality control card)* kann als Hilfsmittel zur **Qualitätskontrolle** z. B. in der **Serienfertigung** *(volume production)* verwendet werden. Dazu werden die Kennwerte bestimmter Produktmerkmale *(functional product characteristics)* während der Fertigung fortlaufend erfasst.

Produktmerkmale können z. B. Längen, Winkel, Durchmesser, aber auch Härtewerte sein.

Das von Ihnen montierte Werkzeug wurde an den Kunden geliefert und wird in der Serienfertigung eingesetzt. In vorgegebenen Abständen werden die gefertigten Dichtungen *(seals, gaskets)* stichprobenartig überprüft und die Messwerte statistisch erfasst.

In der Qualitätsregelkarte sind bestimmte Grenzen eingetragen:

Obere Warngrenze (OWG) *(upper warning limit)* und **untere Warngrenze (UWG)** *(lower warning limit)*.

Bis zu diesen Grenzen weist der Prozess zwar Abweichungen vom Nennwert *(nominal value)* des Merkmals auf, diese sind aber noch im erlaubten Bereich. Um ein schnelles Eingreifen in den Prozess zu ermöglichen, wird beim Erreichen einer Warngrenze die Prüfhäufigkeit durch Stichprobenentnahme *(systematic sampling)* erhöht. Gegebenenfalls können jetzt schon Maßnahmen ergriffen werden, damit die Kennwerte wieder näher am Sollwert liegen.

Obere Eingriffsgrenze (OEG) *(upper action limit)* und **untere Eingriffsgrenze (UEG)** *(lower action limit)*.

Wird eine der **Eingriffsgrenzen** *(action limit)* erreicht, wird der Fertigungsprozess eventuell angehalten, die Ursachen müssen untersucht und Abhilfe *(remedy)* geschaffen werden.

Durch die Verwendung einer Qualitätsregelkarte können viele **Störgrößen** *(disturbance variables)* und **Einflüsse** erkannt und abgestellt werden. So kann z. B. der Verschleiß von Werkzeugen durch einen Trend der Mittelwerte der Stichproben *(random samples)* frühzeitig erkannt und durch einen Eingriff (z. B. Werkzeugwechsel) abgestellt werden.

Der Kunde hat bereits langjährige Erfahrung mit der Fertigung der Dichtungen und bezieht regelmäßig entsprechende Werkzeuge von Ihrem Unternehmen. Dadurch liegen bereits statistische Erhebungen z. B. über die zu erwartenden Standmengen und Trends durch Werkzeugverschleiß vor.

Beim Einsatz des von Ihnen montierten Werkzeugs ergibt sich ein Trend 2, gegenüber dem Trend 1 der bisher gelieferten Werkzeuge.

Überlegen Sie!

1. Woran erkennen Sie in der Qualitätsregelkarte zufällige Fehler?
2. Wodurch genau ist das frühzeitige Erreichen der oberen Warngrenze bei Trend 2 bedingt?
3. Kann der Kunde die Fertigung des Werkzeugs außerhalb der Toleranzmittenlage durch Prüfen des Werkzeugs leicht nachweisen?

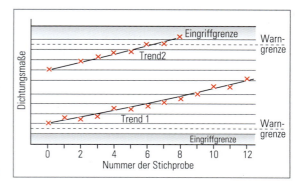

1 Qualitätsregelkarte

2.1.4 Dienstleistungsqualität

Die Fertigung von Werkzeugen innerhalb der geforderten Toleranzen **allein** ist nicht ausreichend, um die geforderte Qualität zu liefern. Die Kunden fordern außer technischen weitere Qualitäten, die ihnen teilweise selbst nicht immer bewusst sind, aber die Wahl des Werkzeuglieferanten und auch den Qualitätsanspruch selbst entscheidend beeinflussen können. Diese Faktoren können unter dem Begriff Dienstleistungsqualität *(service quality)* zusammengefasst werden und umfassen:

- Die Annehmlichkeit des Umfelds inklusive der Räumlichkeiten, der Einrichtung und des äußeren Erscheinungsbildes des Personals.
- Die Verlässlichkeit *(reliability)* bzw. Einhaltung von Leistungsversprechen.
- Die Aufgeschlossenheit *(open-mindedness)*, Einsatzbereitschaft *(readiness for action)* und den Leistungswillen *(determination for performance)* des Anbieters, dem Kunden bei der Lösung eines Problems schnell zu helfen.
- Die Leistungskompetenz mit den Bereichen Wissen, Höflichkeit *(politness)*, Freundlichkeit *(cordialit)*, Respekt *(respect)*, Vertrauenswürdigkeit *(trustability)* und Sicherheit *(certainty)*.
- Das Einfühlungsvermögen *(empathy)* als Bereitschaft, auf jeden Kunden individuell einzugehen.

Die Sicherstellung der Dienstleistungsqualität ist eine Aufgabe des Managements. Sie wird aber auch von der Fachkraft in ihrem Umfeld insbesondere durch ihren Leistungswillen, ihre Leistungskompetenz und ihr Einfühlungsvermögen beeinflusst.

2.1.5 Qualitätsmanagement (QM)

Auf die bisher angeführten Qualitätsgesichtspunkte haben Sie als Fachkraft häufig einen großen Einfluss. Dabei ist Ihre Einstellung gegenüber auftretenden Fehlern entscheidend. Diese Einstellung wird maßgebend durch die **Mitarbeiterführung** beeinflusst.

MERKE
Ziel der Unternehmensleitung muss sein, dass nicht der einzelne Mitarbeiter für Fehler verantwortlich ist, sondern dass sich alle Mitarbeiter verantwortlich fühlen.

2.1 Qualitätsbegriff

1 Ziele und Aufgaben des Qualitätsmanagements

Mitarbeiterführung und Mitarbeiterentwicklung

Eine der Grundvoraussetzungen für das Qualitätsmanagement *(quality management)* ist das Vertrauen in die Mitarbeiter. Dazu gehört z. B., dass die Mitarbeiter in der Produktion als Selbstprüfer *(self-controler)* tätig sind. In einer so organisierten Fertigung ist der Umgang mit auftretenden Fehlern entscheidend. Werden die Mitarbeiter bei auftretenden Fehlern nämlich zurechtgewiesen oder in irgendeiner Form bestraft, kann das in Zukunft dazu führen, dass Fehler z. B. verheimlicht oder anderen Mitarbeitern zugeschoben werden.
Es ist deshalb wichtig, davon auszugehen, dass jeder Mitarbeiter bemüht ist, seine Aufgabe richtig und gut zu erfüllen.
Neben augenfälligen Fehlerursachen *(causes of errors)* sollten deshalb bei auftretenden Fehlern auch folgende mögliche Ursachen in Betracht gezogen werden:

- **Kommunikation** (Informationsmangel *(lack of information)*, fehlendes Verständnis der Information),
- **Prioritäten** (Wahl des Wichtigen bei zeitgleichen Anforderungen),
- **Qualifikation** (Schulungsbedarf, Unter- bzw. Überforderung),
- **Motivation** (betriebsinterne Gründe).

Die Mitarbeiterführung und Mitarbeiterentwicklung ist sicher ein zentraler Baustein des Qualitätsmanagements. Dieses umfasst aber noch viele weitere Bereiche wie z. B. die Qualitätsplanung, Qualitätslenkung, Qualitätssicherung und Qualitätsverbesserung (Bild 1). Deshalb ist das Qualitätsmanagement eine Aufgabe der Unternehmensführung.

Zertifizierung

Hat ein Unternehmen ein Qualitätsmanagementsystem eingeführt, so wird dieses in einem QM-Handbuch dokumentiert. In regelmäßigen Audits *(audits)* wird dann untersucht, ob die im QM-System festgelegten Anforderungen erfüllt werden. Diese Audits finden zunächst im Unternehmen durch die Mitarbeiter statt (**interne Audits** *(internal audits)*). Dabei stehen besonders die im Unternehmen ablaufenden Prozesse und deren Verknüpfungen im Vordergrund. Führt eine unabhängige und dafür autorisierte Stelle ein **externes Audit** *(external audits)* durch, dann ist bei positiver Bewertung eine Zertifizierung *(certification)* des Unternehmens z. B. nach DIN ISO 9001 oder VDA 6.3 etc. möglich (Seite 592 Bild 1). Eine solche Zertifizierung ist für viele Kunden wichtig, weil dadurch die Lieferung von Produkten mit konstant hoher Qualität gewährleistet sein soll.
Im Werkzeugbau besteht häufig eine besonders enge Verzahnung zwischen den Kunden und dem Lieferanten, in die alle Abteilungen eines Unternehmens eingebunden sind. Ein ganzheitlicher Ansatz, der die Unternehmensabteilungen, die Produktentstehung und die Kundenwünsche verknüpft, wird als **Total Quality Management (TQM)** bezeichnet (Seite 592 Bild 2).

2.2 Prozessüberwachung

Qualitätsregelkarten sind ein hilfreiches Mittel um Fertigungsprozesse zu überwachen und einzugreifen, um die Produktqualität zu sichern. In der modernen Fertigung genügen sie als alleiniges Instrument aber nicht. Besonders in der Stanztechnik mit ihren hohen Hubfrequenzen können kleine Fehler wie z. B. mitwandernde Butzen zu einer großen Zahl fehlerhafter Werkstücke führen. Werden diese Fehler nicht frühzeitig erkannt, kann ein hoher wirtschaftlicher Schaden für das Unternehmen entstehen. Da in der Stanztechnik zudem auch mit mannlosen Schichten (Geisterschichten) gearbeitet wird, ist eine **permanente automatisierte Überwachung** der Fertigung eine sinnvolle Investition zur Steigerung der Qualität.

2.2.1 Ziele der Prozessüberwachung

Neben der Sicherung der Produktqualität ermöglicht die Überwachung:
- Den Schutz der Werkzeugmaschine und des Werkzeugs.
- Die Erkennung von Werkzeugschäden *(tool damages)*.
- Das sichere Durchlaufen während der Pausen und in Geisterschichten *(ghost shifts)*.
- Die Optimierung von Zykluszeiten *(cycle times)*.
- Die Reduktion von Ausschuss *(scrap)*.

Eine lückenlose Prozessüberwachung kann zudem die Grundlage für eine Zertifizierung des Unternehmens sein.

2.2.2 Sensortypen

Die Grundlage für die Prozessüberwachung ist, dass eine messbare physikalische Größe vorliegt. Diese liefert dann die Information, ob der Spritzgieß- oder Stanzprozess in Ordnung ist, oder ob Fehler auftreten. Die physikalischen Größen *(physical characteristics)* können durch verschiedene Sensoren erfasst werden (Seite 593 Bilder 1 und 2).
Diese Sensoren messen z. B.:
- auftretende Kräfte
- Schallemissionen *(sound emissons)*
- Leistungsaufnahmen *(power consumptions)* der Elektromotoren
- Drücke
- Abstände
- Blechdicken
- Temperaturen
- Binäre Signale

1 Zertifikat nach DIN EN ISO 9001

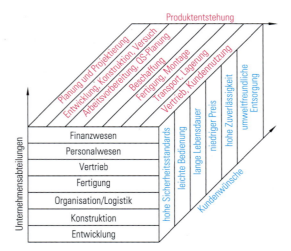

2 Enge Verzahnung zwischen Unternehmensabteilungen, Produktentstehung und Kundenwünschen

2.2 Prozessüberwachung

Bauform	Bauart/Bezeichnung	Einsatz
	Einbausensor/Klebetechnik Piezoelement Keramik	Kraft, Körperschall, Ultra Emission
	Klebesensor Piezoelement Keramik	Kraft
	Körperschall Wechselsensor	Körperschall
	Quermessdübel für Kraftmessungen, Piezoelement Keramik, ⌀ 8 mm	Kraft
	Wechselsensor zur Montage an den Niederhalter, Piezoelement Keramik	Ultra Emission

1 Sensortypen

2.2.3 Erkennbare Fehler/Vorgänge

- Überlast *(overload)* Maschine
- Überlast Werkzeug
- Stempelbruch *(punch break)*
- Matrizenbruch
- Wandernde Butzen *(slag)*
- Butzenstau *(slag jam)*
- Vorschubfehler
- Auswurffehler
- Füllverhalten der Kavitäten

2.2.4 Hüllkurvenprinzip

Sowohl beim Spritzgießen in der Formentechnik als auch in der Stanz- und Umformtechnik werden häufig gleichzeitig mehrere Sensoren eingesetzt (Mehrkanaltechnik). Die Signale dieser Sensoren werden verstärkt und auf einem Display grafisch dargestellt. Mithilfe der Signalbilder kann der Prozess beim Einfahren anhand objektiver Messwerte optimiert werden. Nach der Optimierung hat die Prozessüberwachung die Sollwerte erfasst (Teach-in-Verfahren). Da während des Prozesses gewisse Schwankungen *(variations)* unvermeidlich sind, werden **Hüllkurven** (Bild 3) automatisch oder vom Maschinenbediener definiert. Diese liegen etwas über und etwas unter der Sollkurve. Dadurch ist gewährleistet, dass der Prozess nur bei unzulässigen Abweichungen gestoppt wird. Die Kurven können gespeichert werden und ermöglichen so z. B. bei einem Produkt/Werkzeugwechsel ein schnelles Einfahren. Durch die Prozessüberwachung wird auch eine transparente Darstellung der Produktionsabläufe des Unternehmens möglich. Das gesamte Laufzeitverhalten der Maschinen kann zentral überwacht und so optimiert werden (Bild 4).

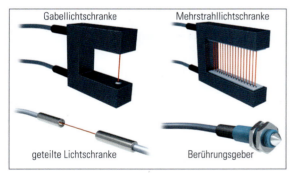

2 Binäre Sensoren

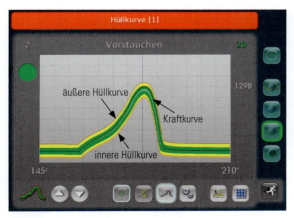

3 Hüllkurvenprinzip

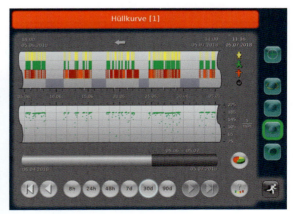

Ständige Dokumentation des Laufzeitverhaltens der Maschine über 24 Stunden und optional bis zu 90 Tagen schafft Transparenz in der Fertigung.
- Maschine läuft
- Maschine steht
- Maschine einrichten/rüsten

4 Laufzeitverhalten

2.2.5 Anwendungsbeispiele

Folgeverbundwerkzeug

Werden die Sensoren in einem Folgeverbundwerkzeug an den Orten eingebaut, an denen die jeweiligen Fertigungsprozesse stattfinden, kann der gesamte Fertigungsablauf dargestellt werden. Bild 1 zeigt den Kraftverlauf in einem Folgeverbundwerkzeug mit sechs Operationen.

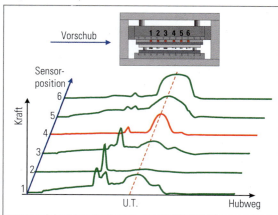

1 Überwachung eines Folgeverbundwerkzeugs

Vorschubüberwachung *(feed monitoring)*

Mithilfe einer Gabellichtschranke, die ein binäres Signal liefert, kann der Vorschub des Stanzstreifens überwacht werden (Bild 2). Mit solchen Sensoren können z. B. auch Auswurffehler oder ein Butzenstau erkannt werden.

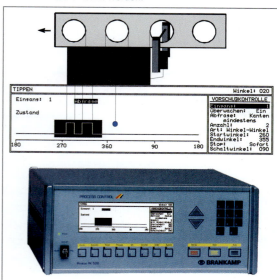

2 Vorschubüberwachung durch Lichtschranke

Akustisch erkennbare Fehler

Während der Fertigung können Fehler auftreten, die sich durch eine Kraftmessung nicht erkennen lassen. Diese Fehler haben aber einen Einfluss auf die **Geräuschentwicklung** *(noise emission)* während der Fertigung und können durch Schallsensoren erkannt werden. (Bilder 3 und Bild 4).

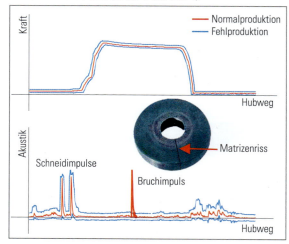

3 Matrizenriss

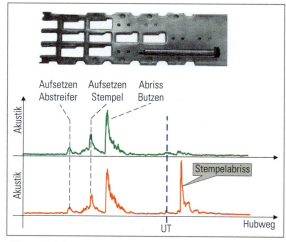

4 Stempelabriss

Mit solchen **Schallsensoren** *(accustic sensors)* können auch mitwandernde Butzen erkannt werden, da sie sich in den Werkstoff einprägen und dadurch die Geräuschentwicklung verändern (Bild 5).

5 Fertigungsfehler durch mitgewanderten Butzen

2.2 Prozessüberwachung

Die Schallmessung *(sound measurement)* ist dabei so feinfühlig, dass selbst kleinste Butzen mit einem Durchmesser von wenigen zehntel Millimetern erkannt werden können.

Sensoren können problemlos in das Werkzeug eingebaut und angeschlossen werden, da sie bereits Aufnahmebohrungen und elektrische Anschlüsse besitzen (Bild 1).

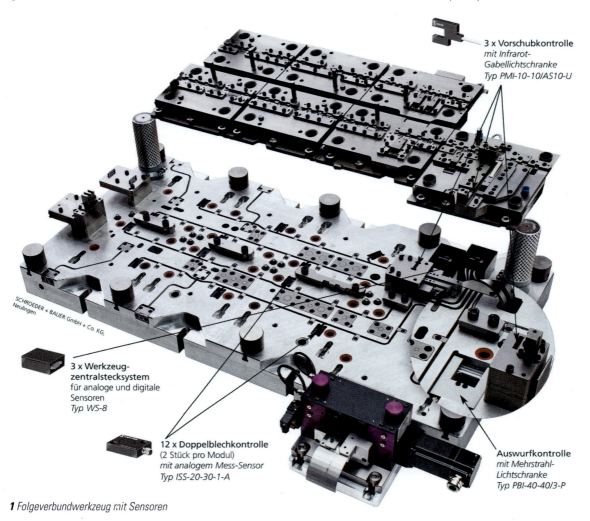

1 Folgeverbundwerkzeug mit Sensoren

ÜBUNGEN

1. Begründen Sie, warum bei der Fertigung von Teilen die Toleranzmitte angestrebt werden soll.
2. Skizzieren Sie eine Qualitätsregelkarte und tragen Sie dort Messwerte ein, die durch systematische und zufällige Fehler beeinflusst werden.
3. Begründen Sie, wodurch ein Trend in einer Qualitätsregelkarte entstehen kann.
4. Wozu dient ein Ishikawa-Diagramm?
5. Was versteht man unter einem kontinuierlichen Verbesserungsprozess?
6. Durch welche Faktoren wird in Ihrem Betrieb die Dienstleistungsqualität positiv beeinflusst?
7. Fehler in der Fertigung können Ursachen haben, die nicht sofort erkennbar sind. Nennen Sie solche Ursachen.
8. Warum ist besonders im Werkzeugbau eine enge Verzahnung von Kunden und Lieferanten erforderlich?
9. Warum ist die Prozessüberwachung bei sogenannten Geisterschichten von besonderer Bedeutung?
10. Begründen Sie, warum bei der Prozessüberwachung das Hüllkurvenprinzip verwendet wird.
11. Erläutern Sie, welche Vorteile eine Prozessüberwachung beim Einfahren eines Fertigungsprozesses besitzt.

3 Instandhalten von technischen Systemen des Werkzeugbaus

Mit den Werkzeugen für die Schneid-, Umform- und Formentechnik als auch mithilfe der Vorrichtungen sollen Produkte in großer Anzahl und gewünschter Qualität hergestellt werden. Damit das dauerhaft gelingt, müssen sie instandgehalten *(maintain)* werden. Ansonsten kann es durch Stillstands- und Ausfallzeiten *(idle and off time)* zu Produktionsausfällen kommen. Bei einer „**Just-in-time-Fertigung**", die nahezu ohne Lagerbestände arbeitet, können Produktionsausfälle bei der Fertigung der Umform- bzw. Urformteile zu erheblichen Problemen für den Abnehmer aber auch für den Zulieferer der Teile führen.

Hauptziele der Instandhaltung sind daher
- die **Funktionalität** *(functionality)* der Werkzeuge und Vorrichtungen zu gewährleisten,
- möglichst wenige bzw. **kurze Stillstands- und Ausfallzeiten** zuzulassen,
- kurze und möglichst **planbare Instandsetzungszeiten** *(maintaining time)* zu ermöglichen,
- die **Standzeit** der Werkzeuge zu erhöhen und
- **geringe Auswirkungen** auf den Produktionsfluss und die Lieferzeiten *(delivery times)* zu erzielen.

Weitere **Unterziele** sind z. B.
- eine Erhöhung der **Arbeitssicherheit** und
- die Reduzierung der **Umweltbelastungen** *(environmental impact)* zu erreichen.

MERKE
Die Instandhaltung sichert die Funktionalität der Werkzeuge und Vorrichtungen sowie die störungsfreie Produktion und Lieferung der gefertigten Bauteile.

Das Instandhaltungswesen unterscheidet vier **Instandhaltungsmaßnahmen**[1] *(maintenance tasks)* (Bild 1). In der Praxis werden die Wartungs- und Inspektionstätigkeiten nicht so strikt wie in der Norm unterschieden, da die Tätigkeiten oft miteinander verknüpft sind.

3.1 Instandhaltungsstrategien

Die Unternehmen wenden meist eine der folgenden Instandhaltungsstrategien *(maintenance strategies)* an:
- Störungsbedingte *(forced outage)* Instandhaltung
- Intervallabhängige *(interval-related)* Instandhaltung
- Zustandsorientierte *(based on actual condition)* Instandhaltung

3.1.1 Störungsbedingte Instandhaltung

Bei der störungsbedingten Instandhaltung (Seite 597 Bild 2 oben) wird ein Werkzeug oder Teilsystem erst dann instandgesetzt, wenn es **ausfällt**. Bis zu diesem Zeitpunkt würden keine Instandhaltungskosten *(maintenance costs)* anfallen. Oft entstehen dabei zunächst Ausschussteile, bis die Störung gemeldet wird. Danach beginnt die Wartezeit auf die Reparatur, die dann je nach Ausmaß der Störung entsprechende Zeit dauert. Während dieser Zeiten kann das Werkzeug keine Bauteile produzieren. Diese Strategie scheidet bei den teuren Werkzeugen aus, da die Ausfallzeiten unerwartet auftreten und nicht einzuplanen sind.

Instandhaltungsmaßnahmen			
Alle Maßnahmen zur Wiederherstellung oder Verbesserung des funktionsfähigen Zustands eines technischen Systems			
Wartung	**Inspektion**	**Instandsetzung**	**Verbesserung**
Alle Maßnahmen, die der routinemäßigen Pflege des technischen Systems dienen.	Alle Maßnahmen, die zur Beurteilung des Zustands eines technischen Systems führen.	Alle Maßnahmen, die die Funktionsfähigkeit des technischen Systems nach einem Defekt wieder herstellen.	Alle Maßnahmen, die ein technisches System verbessern.
Beispiele: - Schmieren - Reinigen - Kontrollieren - Nachstellen - Konservieren	**Beispiele:** - Oberflächen am Werkzeug und am Bauteil prüfen - Maßkontrolle durchführen - Werkzeug demontieren	**Beispiele:** - Bauteil austauschen - Formgebende Kontur ausbessern - Schneidplatte bzw. Schneidstempel nachschleifen	**Beispiele:** - Angusssystem verändern - Oberflächen beschichten - Werkstoff für Schneidstempel ändern

1 Instandhaltungsmaßnahmen

[1] DIN 31051

3.1 Instandhaltungsstrategien

1 Instandhaltungsstrategien

> **MERKE**
> Instandhaltung sollte möglichst nicht ungeplant bei Bedarf bzw. Störung erfolgen, sondern sollte systematisch aufgrund von erfassten Daten geschehen.

3.1.2 Intervallabhänige Instandhaltung

Bei der intervallabhängigen Instandhaltung (Bild 2 unten) entscheidet der Werkzeuganwender vor allem aufgrund von Wartungs- und Inspektionsmaßnahmen[1] über die Instandhaltungsmaßnahme. Der Zeitpunkt der Inspektion ist oft von der Stückzahl der Teile abhängig, die mit dem Werkzeug gefertigt wurden. Die Intervallgröße ergibt sich oft aus den Erfahrungen des Werkzeugherstellers oder -anwenders. Das Werkzeug wird aus der Anlage (z. B. Spritzgießmaschine) entnommen und instandgesetzt, bevor eine unvorhergesehene Störung auftritt. Damit entsteht ein Gewinn an Produktionszeit *(time of production)*, verbunden mit einer Produktivitätssteigerung.

> **MERKE**
> Bei der **intervallabhängigen Instandsetzung** werden Bauteile oder Baugruppen von Werkzeugen meist in Abhängigkeit von der gefertigten Bauteilanzahl inspiziert, instandgesetzt oder ausgetauscht.

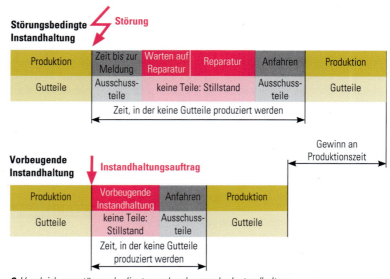

2 Vergleich von störungsbedingter und vorbeugender Instandhaltung

3.1.3 Zustandsorientierte Instandhaltung
(Condition Monitoring)

Um den gestiegenen Anforderungen an Sicherheit, Zuverlässigkeit und Verfügbarkeit der Werkzeuge zu entsprechen, wurden Datenerfassungssysteme *(data acquisition systems)* entwickelt, die Rückschlüsse auf den Istzustand *(actual condition)* des Werkzeugs bzw. seiner Systeme zulassen[2].
So lassen sich z. B. beim Stanzen von Blechteilen mithilfe von Sensoren die Schneidkräfte *(cutting forces)* ermitteln. Übersteigen die gemessenen Werte (Istwerte) die vorgegebenen Sollwerte *(nominal values)*, ist der Schneidprozess nicht mehr optimal und das Werkzeug muss zeitnah *(promptly)* instandgesetzt werden.

---
[1] Siehe Grundkenntnisse Industrielle Metallberufe, Lernfeld 4, Kapitel 1.2   [2] Siehe Kap. 2.2

Beim Spritz- oder Druckgießen erfasst z. B. ein Messblock Durchflussmenge, Druck und Temperatur des Temperiermittels (Diagnosesystem). Ein PC stellt die Werte dar und speichert sie ab. Die Daten dokumentieren indirekt den Zustand des Temperierkreislaufs, sodass sich abzeichnet, wann eine Instandsetzung der Temperierkanäle erforderlich ist.

> **MERKE**
> Die **zustandsorientierte Instandhaltung** *(condition monitoring)* setzt Diagnosesysteme voraus, mit denen sich Zustände von Werkzeugsystemen erfassen lassen, die Rückschlüsse auf deren Funktionsfähigkeit zulassen.

Intervallabhängige und zustandsorientierte Instandhaltung sind **vorbeugende Instandhaltungsstrategien** *(preventive maintenance startegies)*, die aufgrund von Wartungs- und Inspektionsplänen *(maintenance schedules)* durchzuführen sind.

3.2 Wartung und Inspektion

Jedes neue Werkzeug, jede neue Werkzeugkomponente und jede neue Vorrichtung bzw. Lehre hat den vollen **Abnutzungsvorrat** *(wear margin)*. Mit Bemusterung des Werkzeugs bzw. der Inbetriebnahme der Vorrichtung beginnt die Abnutzung *(wear)* und der Abnutzungsvorrat sinkt (Bild 1). Durch vorbeugende Instandhaltungsmaßnahmen verlängert sich die Lebensdauer des Werkzeugs, der Vorrichtung oder Lehre.

Die kontinuierliche Wartung zielt vor allem auf zwei Aspekte ab:
- Verminderung des Verschleißes, der z. B. durch Reibung entsteht und
- Korrosionsschutz *(corrosion protection)*

3.2.1 Schmierung

An Bauteilen, die sich unter Belastung gegeneinander bewegen, entsteht **Reibung**[1] *(friciton)*. Bei den Werkzeugen führt die Reibung zu **Verschleiß** *(wear)* an den Berührungsflächen der bewegten Bauteile bzw. Baugruppen. Unerwünschte Reibung lässt

> **MERKE**
> Verschleiß, der durch Reibung entsteht, ist nicht vermeidbar. Durch angepasste Schmierung wird der Verschleiß reduziert und die Lebensdauer der Bauteile verlängert.

LF12_01

sich durch fachgerechte Schmierung *(lubrication)* reduzieren. Deshalb sind bei Werkzeugen der Formentechnik die Werkzeugführungen, die Auswerfer und die Schieberführungen gemäß den Wartungsplänen zu schmieren. Als Schmiermittel werden z. B. Pasten aus **Molybdändisulfid** *(molybdenum disulphide)* (MoS_2) oder **vollsynthetische Fette** *(fully synthetic grease)* gewählt, die nicht mit Luft oder Wasser reagieren. Beide halten den hohen Temperaturen und Drücken stand, die an den Werkzeugen der Formentechnik auftreten. Bei den Werkzeugen der Schneid- und Umformtechnik, werden für die Führungen die

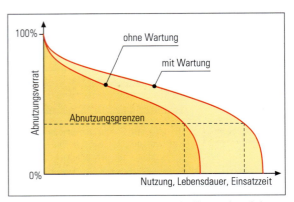

1 Abnutzungsvorrat in Abhängigkeit von der Nutzung bzw. Lebensdauer

gleichen Schmiermitteltypen eingesetzt, die lediglich für niedrigere Temperaturbereiche *(temperature range)* ausgelegt sind. Schmiermittel- und Normalienhersteller können aufgrund ihrer Erfahrungen geeignete Schmiermittel bereitstellen.

3.2.2 Korrosionsschutz

Bei höheren Temperaturen ist die **Korrosionsgefahr** *(risk of corrosion)* größer als bei Raumtemperatur. Deshalb sollten die Platten der Werkzeuge mit **Korrosionsschutzwachs** versiegelt werden. Vor dem Abstellen im Werkzeuglager sind sie von Fetten, Pasten *(pastes)* und Verunreinigungen zu befreien. Anschließend werden die Einzelteile einschließlich der Kavitäten mit Korrosionsschutzwachs *(wax protection)* eingerieben. Um während der Lagerung der Werkzeuge die Korrosionsgefahr gering zu halten, sollten die Lager auf konstanter Temperatur gehalten und entfeuchtet werden.

3.2.3 Inspektionsplan und Werkzeuglebenslauf

Aufgrund der intervallabhängigen oder zustandsorientierten Instandhaltungsstrategie des Werkzeuganwenders erfolgt eine Inspektion des Werkzeugs. Der Anwender des Werkzeugs erhält die **Wartungs- und Inspektionsintervalle** *(inspection intervals)* werkzeugspezifisch vom Werkzeughersteller oder definiert sie aufgrund von Erfahrungen. Dabei ist der Umfang der Inspektion in einem verbindlichen **Inspektionsplan** *(inspection plan)* (Bilder Seite 599 und 600) festgelegt, der von der Fachkraft abzuarbeiten und zu dokumentieren ist.

Zur Instandhaltung ist es wichtig, über die entsprechende Datenbasis für das jeweilige Werkzeug zu verfügen (Betriebsdatenerfassung). Deshalb ist es sinnvoll, für jedes Werkzeug einen **Lebenslauf** *(tool history)* (Seite 601 Bild 1) zu führen, der meist Bestandteil des PPS-Systems[2] ist. In ihn werden alle Fertigungslose *(batches)*, Abmusterungen, Änderungen, Wartungen, Inspektionen und Instandsetzungen aufgenommen. Der Lebenslauf summiert die mit dem Werkzeug gefertigten Bauteilstückzahlen auf und stellt sie der garantierten Ausbringungsmenge gegenüber. Nach jedem Fertigungslos wird die Werkzeugleistung

---

[1] Siehe Grundkenntnisse Industrielle Metallberufe, Lernfeld 4, Kapitel 1.3
[2] Siehe Lernfeld 10, Kapitel 1.3

3.2 Wartung und Inspektion

	Formblatt	FB	Seite 1
KRUG	vorbeugende Werkzeuginspektion - Dokumentation	Änd.Datum / Kurzz. 20.06.2014 / TS	Änd.Stand A

Inspektionsauftrag für Werkzeug: (Zuständigkeit AV)

Kom.	3911 -	Inspektionsintervall	alle 50.000 Schuss
Art.-Bez.		Schußzähler	725.000
Kunde		Datum	30.06.2015
Termin	06.07.2015	Mitarbeiter AV	

Dokumentation Inspektionsumfang: (Zuständigkeit Werkzeuginstandhaltung)	i.O.	n.i.O.	nicht relevant
Trennebene reinigen	✓		
Kavität reinigen	✓		
Kontur auf Beschädigungen überprüfen	✓		
Teilungseinsätze ausbauen, reinigen, prüfen, einbauen	✓		
Entlüftungseinsätze ausbauen, reinigen, prüfen, einbauen	✓		
Auswerfer ausbauen, reinigen, prüfen, einbauen, fetten	✓		
Kernzugfunktion überprüfen	✓		
vorhandene Federn prüfen			X
Schieberfunktion prüfen			X
Datumstempel prüfen	✓		
Kühlkanäle auf Durchfluss prüfen	✓		
Dichtigkeitsüberprüfung (Kühlung, Hydraulik)	✓		
Kühlbohrungen ausblasen	✓		
Werkzeug konservieren	✓		
Sichtkontrolle Endschalter Anschluss	✓		
Sichtkontrolle Auswerferplattensicherung	✓		
Sichtkontrolle Heißkanalanschluss	✓		
Sichtkontrolle auf Materialermüdung an den Tuschierflächen	✓		
Werkzeug einsatzbereit	✓		

Inspektionsdurchführung: (Zuständigkeit Werkzeuginstandhaltung)

Mitarbeiter		Datum	29.6.05
		Unterschrift	

Bemerkungen / Reparaturen / Besonderheiten - bitte eintragen: (ggf. Rückseite benutzten)

Bei einer Eintragung ist der Wartungsbericht der FL bzw. BL vorzulegen. (Zuständigkeit AV)

Dokumentenverarbeitung: (Zuständigkeit AV)

Inspektion in den Werkzeuglebenslauf eingepflegt	Datum	
Dokument eingescannt und abgespeichert	Unterschrift	

1 Inspektionsplan für Spritzgießwerkzeug

Wartungsplan/Inspektionsplan

Wkz.- / Modell-Nr.	
Kostenstelle	676
Richtzeit für Wartung	22,5 Stunden

Beschreibung der Wartung/Kontrollen	i.o.	Beschreibung der Wartung/Kontrollen	i.o.
Letzt-Teil Kontrolle		Stickstofffedern und Pakete auf Druck und Funktion prüfen	
Überprüfung der Kopf und Bodenplatte		Überprüfung aller Spiral- und Gummifedern	
Kontrolle des Gußkörpers auf Beschädigungen		Abdrücker auf Funktion überprüfen	
Werkzeug auseinanderziehen und komplett reinigen		Überprüfung aller Schiebereinheiten	
Auf Abdrücke im Werkzeug durch mitgeführten Abfall achten		Stempel und Schneidplatten überprüfen	
Optische Überprüfung auf Rißbildung und zerbrochene Teile		Überprüfung der Voreinweiser und Sucher	
Beschichtungen auf Verschleiß überprüfen		Überprüfung der Schrottrutschen im Werkzeug	
Formstufen auf Verschleiß und Auswaschungen prüfen		Schmierung aller Gleitflächen	
Teileanheber auf Funktion und Spiel überprüfen		Datumkennzeichnung überprüfen	
Überprüfen der Materialeinführungen		Werkzeugkennzeichen Aluschild/Statusschild vorhanden?	
Platinenschnitt überprüfen		Überprüfung der Werkzeugabfragen	
Aufschlagklötze und Distanzen überprüfen		Kontrolle der Ersatzteile auf Funktion und Zustand	
Führungs-/Gleit-flächen überprüfen		Kontrolle ob alle notwendigen Arbeiten ausgeführt sind	
Überprüfung aller Führungssäulen/buchsen		Produktionsbereitschaft herstellen	

Besondere Kontrollmerkmale bei jeder Wartung/Reparatur	i.o.
Kontrolle der unteren Teilefixierung auf zustand der Abdrücker	

Datum/Name Werkzeugmechaniker

1 Inspektionsplan für ein Folgeverbundwerkzeug der Schneid- und Umformtechnik

3.2 Wartung und Inspektion

Krug GmbH Kunststofftechnik	Formblatt Werkzeuglebenslauf			FB 7.5.3/01 Änd.Datum / Kurzz. 23.04.07 / DR		Seite 1 Änd.Stand "B"	
232-60117			Kunde:	Kom. 3911		Wartung laut Wartungsplan nach	
Datum	Ereignis / Bemerkung	Gutteile	Ausschuß	Stückzahl gesamt	Ausschuß	50.000	erledigt
03.-06.03.2014	Produktion auf der Maschine KM 1000 M 24 mit 4.320 Gutteilen.	4320	112	541.620	2,50%		
13.-20.03.2014	Produktion auf der Maschine KM 1300 M 34 mit 8.960 Gutteilen.	8960	134	550.714	1,50%		
09.-10.04.2014	Produktion auf der Maschine KM 1000 M 23 mit 9.580 Gutteilen.	9580	124	560.418	1,30%		
10.04.2014	Materialbemusterung auf der Maschine KM 1000 M 23 im Material Ultramid A3 WG 7 mit 20 Gutteilen. Durchgef.			560.418			
06.-10.06.2014	Produktion auf der Maschine KM 1000 M 23 mit 1.300 Gutteilen.	1300	72	581.476	5,30%		
12.06.2014	Ausbruch DS			581.476			
16.-23.06.2014	Produktion auf der Maschine KM 1000 M 24 mit 3.860 Gutteilen.	3860	72	585.408	1,00%		
25.-30.06.2014	Produktion auf der Maschine KM 1300 M 34 mit 5.460 Gutteilen.	5460	82	590.950	1,50%		
25.-26.06.2015	Produktion auf der Maschine KM 1000 M 23 mit 6.930 Gutteilen.	6930	66	724.778	0,90%		
29.06.2015	Werkzeugwartung			724.778		x	x

1 Werkzeuglebenslauf

überprüft und automatisiert ein Inspektionsauftrag erteilt, wenn das Wartungsintervall erreicht bzw. überschritten wurde. Dieser Auftrag geht mit dem Werkzeug in die **Instandhaltungsabteilung** *(maintenance department)*, wird dort abgearbeitet und dokumentiert. Das PPS-System sperrt das Werkzeug während der Inspektion oder Instandsetzung, damit in dieser Zeit keine Fertigung mit dem Werkzeug eingeplant werden kann.

> **MERKE**
> Der Inspektions- oder Wartungsplan schreibt die Tätigkeiten vor, die bei einer Inspektion oder Wartung durchzuführen sind.

3.2.4 Inspektions- und Wartungstätigkeiten

3.2.4.1 Wartungsvorrichtungen *(maintenance fixtures)*

In der Instandhaltungsabteilung ist das Werkzeug aufgrund des Inspektions- und Wartungsplans oft zu demontieren. Dabei sind die Einzelteile zu reinigen, zu beurteilen, gegebenenfalls instand zu setzen, zu konservieren und abschließend wieder zu montieren. Bei kleineren Werkzeugen geschieht das Öffnen des Werkzeugs manuell oder mithilfe von Hebezeugen. Dabei ist besonders darauf zu achten, dass beim Öffnen die Führungen nicht verkanten, klemmen oder sogar beschädigt werden. Bei größeren Werkzeugen ist es sinnvoll, **Werkzeugöffner bzw. -teiler** (Bild 2 und Seite 602 Bild 1) zu verwenden. Nach dem Einspannen des Werkzeugs ziehen sie die beiden Seiten der Spritz- und Druckgießwerkzeuge (Bild 2) waagerecht auseinander. Werkzeugöffner bzw. -teiler für Schneid und Umformwerkzeuge (Seite 602 Bild 1) ziehen die Werkzeughälften senkrecht

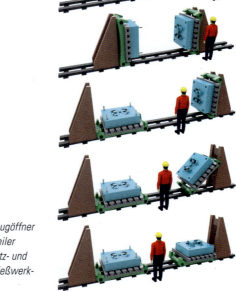

2 Werkzeugöffner bzw. -teiler für Spritz- und Druckgießwerkzeuge

auseinander. Anschließend bewegen die Werkzeugöffner die Werkzeughälften in die von der Fachkraft gewünschte Position, sodass sie die Inspektions- und Wartungsarbeiten unter günstigen ergonomischen Bedingungen durchführen kann.

1 Werkzeugöffner bzw. -teiler für Schneid- und Umformwerkzeuge

3.2.4.2 Werkzeugoberflächen reinigen und konservieren

Spätestens bei der Inspektion – bei Großserien *(large-scale productions)* teilweise auch während der Produktion – sind die formgebenden Werkzeugoberflächen sorgfältig zu reinigen, da deren Beschaffenheit ausschlaggebend für die herzustellenden Produkte ist. Zum Beseitigen der **Oberflächenverschmutzungen** *(surface contaminations)* kommen unterschiedliche Verfahren zum Einsatz:

Wischen und Bürsten *(mopping and brushing)*
Mithilfe von Watte *(cotton wool)* oder Vlies *(carded web)*, die mit Reinigungsmitteln *(cleaning agent)* getränkt sind, wird die Oberfläche **manuell** gereinigt. Da bei strukturierten Flächen die Gefahr besteht, dass das Vlies oder die Watte an ihnen hängenbleibt, sind sie mit Reinigungsmittel und weichen Bürsten zu säubern. Diese manuellen Reinigungen sind sehr zeitaufwändig und führen nicht immer zu den gewünschten Ergebnissen. Deshalb werden verstärkt maschinelle oder automatisierte Reinigungsverfahren eingesetzt.

Trockeneisstrahlen
Trockeneis *(solid carbon dioxide snow)* ist festes CO_2 (Kohlenstoffdioxid). Es ist geruchlos, nicht giftig, hat eine Temperatur von ca. -78° Celsius und wird in Form von Pellets zum Strahlen genutzt. Trockeneis besitzt die Eigenschaft, bei seiner Verwendung zu sublimieren, d. h., es geht vom festen in den gasförmigen Zustand über, ohne zu verflüssigen.

Die Pellets *(pellets)* werden in der Trockeneis-Strahlanlage mit komprimierter Luft auf eine Geschwindigkeit von ca. 300 m/s beschleunigt (Bild 2/1). Die Pellets erzeugen einen punktuellen Thermoschock (Bild 2/2) auf dem zu entfernenden Belag *(coating)*. Dadurch zieht sich dieser zusammen und es entstehen Risse im Belag. Die nachfolgenden Pellets dringen in diese *(cracks)* ein, wobei sie direkt explosionsartig verdampfen und den Belag von der Werkzeugoberfläche lösen (Bild 2/3). Zurück bleibt nur die abgelöste Beschichtung (Bild 2/4). Da die Pellets eine geringe Härte besitzen, findet beim Trockeneisstrahlen keine abrasive[1)] Reinigung statt. Die Qualität der Werkzeugoberfläche bleibt erhalten. Durch die mobilen Strahlgeräte ist es möglich,

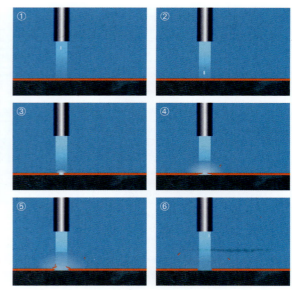

2 Prinzip des Trockeneisstrahlens

die Werkzeugkonturen zu reinigen, ohne dass das Werkzeug der Maschine entnommen werden muss (Bild 3). Dabei ist auf eine gute Belüftung *(venting)* des Arbeitsplatzes zu achten.

3 Trockeneisstrahlen einer Spritzgießform

Laserreinigung
Beim Laserreinigen *(laser cleaning)* entfernt der Laserstrahl die Schmutz- oder Deckschicht durch Verdampfen (Bild 4 links). Leistungsstarke, aber kurze Laserpulse verursachen sehr geringe thermische Einwirkungen auf die formgebende Werkzeugoberfläche. Trifft der Laserstrahl auf das Metall, wird er reflektiert (Bild 4 rechts) und der Abtragprozess stoppt. Dadurch kommt es zu keiner mechanischen, chemischen oder thermischen Beeinträchtigung der Werkzeugoberfläche. Das abge-

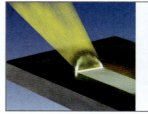 

4 Prinzip der Laserreinigung

[1)] lateinisch: abradere = abkratzen

sprengte Material – in der Regel feiner Staub und Gas – wird lokal abgesaugt (Bild 1), und einem Filter zugeführt. Es kann dann einer ordnungsgemäßen Entsorgung zugeführt werden. Mobile Laseranlagen ermöglichen eine Reinigung der Werkzeuge in den Arbeitsmaschinen.

3 Extrusionsdüse links vor und rechts nach der Ultraschallreinigung

MERKE
Werkzeuge werden mechanisch oder mithilfe von Trockeneis, Laser oder Ultraschall gereinigt.

Als Nachfolgeprozess werden die Formenteile nach der Reinigung mit klarem Wasser abgespült. Um eine Korrosion der gereinigten Werkzeugteile zu vermeiden, werden diese nach dem Spülen in einem weiteren Becken **konserviert** *(preserved)*. Dabei wird das Bauteil komplett in Korrosionsschutz getaucht.

1 Handgeführte Laserreinigung eines Formeinsatzes

Ultraschallreinigung
Bei der Ultraschallreinigung *(ultra sonic cleaning)* werden die demontierten Werkzeugteile meist in Wasserbädern gereinigt, die mit alkalischen Reinigungsmitteln angereichert sind (Bild 2). Der Schallgeber erzeugt hochfrequente Wellen von ca. 25 kHz und überträgt sie auf das Reinigungsbad. Diese führen dann zu abwechselnden Druck- und Unterdruckphasen in der Flüssigkeit. Während der **Unterdruckphase** entstehen Vakuumbläschen in der Reinigungsflüssigkeit. In der **Druckphase** implodieren diese Vakuumbläschen beim Kontakt mit dem zu reinigenden Teil und lösen dabei die Verschmutzungen von den Werkzeugoberflächen. Bild 3 zeigt eine Extrusionsdüse vor und nach der Ultraschallreinigung.

Konservierung
Nach erfolgter Inspektion oder Instandsetzung werden alle Bauteile der Werkzeuge, Vorrichtungen und Lehren **eingeölt bzw. eingefettet** oder mit transparentem **Rostschutzwachs** eingesprüht. Das gilt vor allem für die formgebenden Werkzeugoberflächen sowie die beweglichen Teile des Führungs-, Auswerfer- und Schiebersystems.

3.2.4.3 Temperiersystem warten und instandhalten
Bei Urformwerkzeugen werden die Zykluszeit und die Produktqualität maßgeblich von der Temperierung des Werkzeugs mitbestimmt. Ablagerungen wie Kalkstein, Rost, Schlamm oder Algen verschlechtern einerseits den Wärmeübergang und andererseits den Durchsatz des Temperiermediums. Zur Entfernung der Ablagerungen gibt es prinzipiell zwei Möglichkeiten:
- Aufbohren der Temperierkanäle oder
- Durchspülen der Temperierkanäle mit einem Reinigungsmittel.

2 Ultraschall-Reinigungsanlage

4 Spritzgießwerkzeug mit angeschlossenem Reinigungsgerät für die Temperierkanäle (cleantower.de)

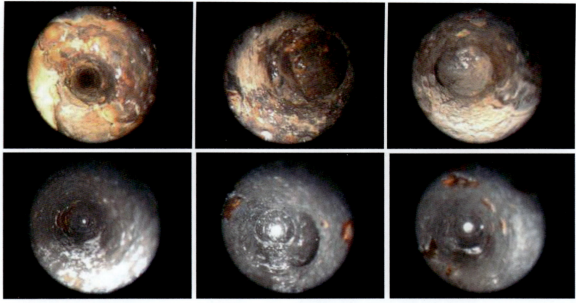

1 Veränderung in den Werkzeugkanälen nach einer Reinigungszeit von fünf Stunden (cleantower.de)

Da das Aufbohren der Kanäle sehr aufwendig ist, weil die Form demontiert und die Anschlüsse und Stopfen erneuert werden müssen, wird vorrangig das Durchspülen der Temperierkanäle angewandt. Die mobilen Geräte werden mit Strom oder Druckluft (Seite 603 Bild 4) angetrieben und an die Temperierkanäle des Werkzeugs angeschlossen. Durch einen Drucktest wird zunächst festgestellt, ob es im Temperiersystem Leckagen gibt. Wenn keine Undichtigkeiten vorhanden sind, transportiert das Reinigungsgerät die Reinigungschemikalie in den Kreislauf. Der Druckluftantrieb erzeugt eine pulsierende Strömung. Diese unterstützt das Lösen der Ablagerungen in den Temperierkanälen. Ebenfalls entfallen beim Druckluftantrieb die wiederkehrenden Prüfungen durch die gesetzliche Unfallversicherung, wie sie bei ortsveränderlichen elektrischen Arbeitsmitteln vorgeschrieben sind. Bild 1 zeigt die Veränderungen in Temperierkanälen, die sich nach einer Reinigungszeit von fünf Stunden ergaben. Moderne Reinigungsgeräte speichern abgelaufene Vorgänge (z. B. Vorspülzeit, Reinigungszeit, PH-Kontrolle bei der Reinigung etc.) auf einem Stick.

3.2.4.4 Lehren überprüfen

Im Rahmen des Qualitätsmanagements sind Prüfmittel in regelmäßigen Abständen zu überprüfen[1]. Das gilt nicht nur für Messwerkzeuge *(measuring tools)* sondern auch für Lehren *(gauges)*. So legt der Lehrenanwender fest, in welchen Abständen und mit welchen Methoden die Lehren und ihre Bauteile zu überwachen sind. Oft finden die Überprüfungen im jährlichen Rhythmus statt. Neben der Sicht- und Funktionsprüfung der Lehre muss eine **Kalibrierung** *(sizing)* der Lehre erfolgen. Die Kalibrierung erfolgt meist durch ein externes, zertifiziertes Kalibrierlabor. Dabei wird die Lehre auf ihre Form- und Maßgenauigkeit und die eventuell vorhandenen Messmittel werden auf ihre Anzeigegenauigkeit überprüft. So werden z. B. alle Absteckstifte gemessen und überprüft, ob sich ihre Istmaße *(actual dimensions)* noch innerhalb der Toleranz befinden. Entspricht die Lehre den gestellten Anforderungen, wird ein **Kalibrierschein** ausgestellt und die Lehre kann weiter genutzt werden. Ansonsten sind die Lehre bzw. einzelne Bauteile wieder instand zu setzen und neu zu kalibrieren. Die Prüfmitteldaten sowie die Prüf- und Kalibrierergebnisse sind zu dokumentieren. Oft erhält die Lehre einen Aufkleber – ähnlich einer TÜV-Plakette beim Auto – die angibt, wann die **nächste Überprüfung** zu erfolgen hat (Bild 2).

2 Überprüfte Lehre mit Angabe des nächsten Überwachungstermins

[1] Siehe DIN 32937 und DIN EN ISO 9000

3.3 Instandsetzung

Im Werkzeugbau sind es vor allem zwei Ursachen, die Instandsetzungsmaßnahmen *(repair tasks)* erfordern:
- Verschleiß von Bauteilen und
- Bruch von Bauteilen.

3.3.1 Führungen

3.3.1.1 Flachführungen

Flachführungen an Ur- und Umformwerkzeugen (Bild 1) sind durch die entstehende Reibung Verschleiß ausgesetzt. Je schlechter die durch den Verschleiß entstehende Oberfläche wird, umso schneller entwickelt sich der Verschleiß weiter, umso ungenauer werden die Führungen und damit auch die gefertigten Produkte. Zur Instandsetzung des Werkzeugs gibt es zwei Möglichkeiten: Entweder wird die Führung **ausgetauscht** oder **repariert**.

Bei der Reparatur demontiert die Fachkraft die Flachführung, säubert sie und schleift sie auf der Flachschleifmaschine soweit ab, dass die Verschleißspuren verschwunden sind. Dabei wird die Dicke der Flachführung um den Betrag (meist wenige Zehntel Millimeter) reduziert, den das Blech hat, mit dem die Flachführung bei der anschließenden Montage unterfüttert wird. Dadurch wird erreicht, dass die Gleitfläche nach der Instandsetzung wieder an der gleichen Position wie vorher sitzt.

3.3.1.2 Rundführungen

Verschlissene Gleit-Rundführungen (Bild 2), die aus Führungssäule und -buchse bestehen, werden nur selten repariert. Normalerweise müssen bei entsprechendem Verschleiß sowohl Säule als auch Buchse ausgetauscht werden, um das Werkzeug wieder instandzusetzen.

3.3.2 Schneid- und Umformwerkzeuge instandsetzen

3.3.2.1 Verschlissene Schneidstempel und -matrizen

Die Vorgehensweise beim Instandsetzen von verschlissenen Schneidstempeln und -matrizen hängt vorrangig von folgenden Faktoren ab:
- Größe der Schneidstempel und -matrizen,
- Ebenheit der Schneidstempel und -matrizen.

Kleine und ebene Schneidstempel und -buchsen

Ist bei kleinen und ebenen Schneidstempeln und -buchsen der Abnutzungsvorrat verbraucht (Bild 3), wird deren ebene Stempelstirnfläche bzw. deren ebene Schneidbuchsenfläche **nachgeschliffen**. Dadurch entstehen an Stempel bzw. Matrize wieder scharfe Schneidkanten. Eine Alternative zum Schleifen ist der **Austausch** der Schneidstempel und -buchsen, die preisgünstig als Normalien zu beziehen sind.

1 Selbstschmierende Flachführungen an Schneid- und Umformwerkzeugen

2 Verschleiß an Führungssäule

3 Verschleiß an ebenen kleinen Schneidstempeln und -buchsen

Größere und unebene Schneidstempel und -matrizen

Verschlissene größere und unebene Schneidstempel, die meist komplexere Konturen besitzen, sind nicht als Normalien zu beziehen, sondern müssen individuell gefertigt werden. Bevor eine meist aufwändige Neufertigung von Stempel oder Matrize erfolgt, werden die verschlissenen Bereiche an Stempel und Matrize durch **Auftragsschweißen**[1] *(built-up welding)* ausgebessert (Bild 4). In Bild 1 auf Seite 606 sind Stempel und Matrize

4 Matrizenteil mit aufgeschweißten Schneidkanten

[1] Siehe Kapitel 3.3.3

nach dem Schweißen und der mechanischen Bearbeitung dargestellt. In diesem Zustand werden sie in das Schneidwerkzeug eingebaut.

> **MERKE**
> Während ebene Schneidstempel und Matrizen meist einfach nachzuschleifen sind, werden die Schneidkanten von unebenen meist durch Auftragsschweißen und anschließende mechanische Bearbeitung instandgesetzt.

3.3.2.2 Verschlissene Tiefziehstempel

Vor dem Tiefziehen werden die Tiefziehbleche von beiden Seiten mit Tiefziehöl *(deep-draw oil)* eingesprüht. Dadurch reduziert sich der Verschleiß an Blech und Werkzeug, lässt sich jedoch nicht gänzlich verhindern. Hinterlässt der Verschleiß an den harten, polierten Oberflächen Riefen *(scores)* (Bild 2), erhöhen sich die Zieh- und Reibungskräfte. Das kann zu unzulässigen Oberflächenqualitäten und letztlich zu Rissen am Ziehteil führen. Sobald am Ziehstempel Beschädigungen oder Riefen entstanden sind, muss ihre Instandsetzung eingeleitet werden. Sind die Toleranzen der Ziehteile groß genug, lassen sich die Riefen durch eine **erneute Politur** beseitigen.

3.3.2.3 Gebrochene Schneidstempel und -matrizen

Durch einen Crash ist am Teilsegment eines Schneidstempels (Bild 3) für einen Platinenschnitt die gesamte Schneidkante weggebrochen. Sie soll durch **Auftragsschweißen**[1] wieder hergestellt werden. Vor dem Schweißen wird die Schweißstelle gesäubert und blank gefräst (Bild 4). Das Teilsegment aus **Kaltarbeitsstahl** *(cold-work steel)* (1.2379) wird im Glühofen auf 300 °C erwärmt, bevor nach dem WIG-Schweißverfahren auftragsgeschweißt wird (Bild 5). Nach dem Schweißen wird das Teil wieder im Glühofen wärmebehandelt, bevor die Schneidkante auf der Flachschleifmaschine *(surface grinding machine)* wieder scharf geschliffen wird (Bilder 6 bis 8).

geschweißte und fertig bearbeitete Schneidkanten

1 Nach dem Schweißen und Schleifen instandgesetzter Schneidstempel (oben) und instandgesetzte Matrize (unten)

2 Verschleiß an Tiefziehwerkzeugbauteil

3 Abgebrochene Schneidkante am Teilsegment eines Schneidstempels

4 Blankfräsen der Schneidkante

5 WIG-Auftragschweißen am Teilsegment des Schneidstempels

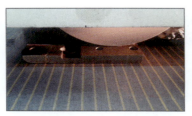

6 Schleifen der ersten Seite des Teilsegments

7 Aufspannen zum Schleifen der zweiten Seite des Teilsegments

8 Nach dem Schleifen der zweiten Seite des Teilsegments

[1] Siehe Kap. 3.3.3.1

3.3 Instandsetzung

Gebrochene Matrizen werden durch **Verbindungsschweißen** *(joint welding)* wieder gefügt (Bild 1). Vor dem Verbindungsschweißen sind die Nähte entsprechend vorzubereiten[1]. Ansonsten sind die gleichen Schritte wie beim Auftragsschweißen zu erledigen.

3.3.3 Urformwerkzeuge instandsetzen

3.3.3.1 Brandrisse an Druckgießformen

Die Druckgießwerkzeuge sind in ihrem täglichen Betrieb großen thermischen und mechanischen Belastungen ausgesetzt. Die Kombination von hohem Druck, stark wechselnden Temperaturen und langen Produktionsphasen kann selbst bei den besten Warmarbeitsstählen zu **Brandrissen** *(fire cracks)* (Bild 2) führen. Diese entstehen oft nach 120000 bis 200000 Schuss aufgrund von **thermischer Ermüdung** *(fatigue)*, **Korrosion** und **Erosion**. Hat das Druckgießwerkzeug seine Standzeit erreicht, gibt es zwei Möglichkeiten, um weitere Gussteile zu produzieren:

- Herstellung eines neuen Druckgießwerkzeugs oder
- Instandsetzung des vorhandenen Druckgießwerkzeugs.

Aus wirtschaftlichen Überlegungen wird das vorhandene Werkzeug (Bild 3) instandgesetzt. Nach der Demontage des Druckgießwerkzeugs werden alle Bauteile gereinigt. Die Formeinsätze und Schieber mit formgebenden Konturen sind auf die Ausprägung ihrer Brandrisse zu analysieren. Die Bereiche mit Brandrissen sollen durch **Auftragsschweißen** wieder instandgesetzt werden. Da die Brandrisse eine gewisse Tiefe besitzen und sich auf den Oberflächen trotz Reinigung immer noch Partikel von Schlichte, Gusswerkstoff, Fett und Feuchtigkeit befinden können, werden sie, meist durch Fräsen, z. B. mindestens 3 mm tief, abgetragen. Die Brand- und Warmrisse *(heat cracks)* sind dabei vollständig zu entfernen. Die Fachkraft kennzeichnet die Bereiche an den Formeinsätzen und Schiebern, die abgefräst werden müssen (Bild 4). Nach dem Fräsen werden die metallisch reinen Flächen (Seite 608 Bild 1) durch **WIG-Schweißen**[2] auftragsgeschweißt. Anschließend werden die formgebenden

1 Durch Verbindungsschweißen instandgesetztes Matrizenteil
links: Vorderseite; rechts: Rückseite

2 Brandrisse auf der auswerferseitigen Formhälfte

Konturen – deren CAD-Daten noch vom ursprünglichen Werkzeug vorliegen – mithilfe von CAD-CAM-Systemen gefräst. Je nach Anforderung sind die gefrästen Flächen zu tuschieren oder zu polieren. Abschließend erfolgt die Montage des Werkzeugs mit den instandgesetzten Bauteilen.

3 Instandzusetzende Druckgießform
oben: Kernseite; unten: Düsenseite

4 Formeinsatz mit markierten Bereichen, die abgefräst werden müssen

[1] Siehe Tabellenbuch   [2] Siehe Kapitel 3.3.5.1

> **MERKE**
> Brand- und Warmrisse müssen bei der Instandsetzung vor dem Auftragsschweißen komplett entfernt werden.

3.3.3.2 Kantenverschleiß an Spritzgieß- und Blasformen

Beim Füllen der Spritzgieß- oder Blasform entweicht die Luft u. a. über die Teilungsflächen. Dadurch besteht die Gefahr, dass die Kanten von der Kontur zur Teilungsfläche durch die Luftreibung verschleißen. Am Formteil entsteht dadurch ein Grat. Damit dieser nicht zu groß wird, werden die Kanten meist mithilfe von Laserschweißen wieder hergestellt (Bilder 2 und 3). Nach dem Laserschweißen wird die Kante durch mechanische Bearbeitung wieder scharfkantig hergestellt. Dabei ist die Kavität *(cavity)* wieder zu polieren.

1 Formeinsatz mit abgefrästen und auftragsgeschweißten Flächen

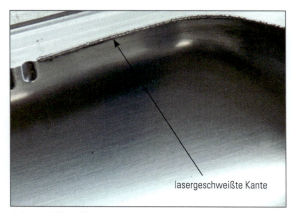

2 Verschleiß an Blasformkante wurde lasergeschweißt

3 link: Verschlissene Kante an Formeinsatz mit polierter Oberfläche. Werkstückgröße ⌀ 40 mm
rechts: Lasergeschweißte Kante

3.3.3.3 Gebrochene Bauteile instandsetzen

An einer Spritzgießform ist eine Rippe abgebrochen (Bild 4). Die Größe der fehlenden Rippe *(rib)* ist im Bild 5 dargestellt. Sie wird durch einen Einsatz aus 1.2343 ersetzt. Der Einsatz setzt sich in eine zu fräsende Nut, in der er mit Stiften fixiert und durch Laserschweißen stoffschlüssig verbunden wird (Seite 609 Bild 1). Nach dem Schweißen wird die Rippe durch spanende Bearbeitung in Form gebracht.

Der Dom (Seite 609 Bild 2) in einer Druckgießform hatte sich verbogen. Bei Planung und Herstellung der Druckgießform wurde aus Fertigungs- und Wartungsgründen der Dom schon als **separates Bauteil** konstruiert und gefertigt. Somit kann der Dom mithilfe der vorhandenen CAD- und CAM-Daten hergestellt und in der Form montiert werden.

4 Bereich der abgebrochenen Rippe

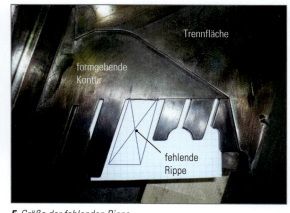

5 Größe der fehlenden Rippe

3.3 Instandsetzung

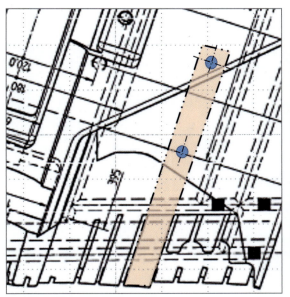

1 Geplanter Einsatz für Rippe

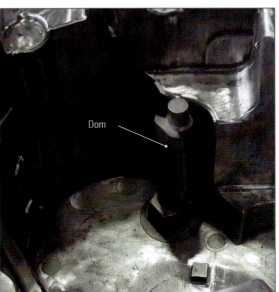

2 Dom als separates Bauteil in der Druckgießform

> **MERKE**
> Bei der Instandsetzung erleichtern separate Bauteile in Werkzeugen deren Herstellung und Austausch und verkürzen die Instandsetzungszeit.

3.3.3.4 Undichtes Heißkanalsystem

Bei undichten Heißkanalsystemen (Bild 3) wird meist der gesamte Heißkanal aus dem Spritzgießwerkzeug demontiert, um dann zu entscheiden, ob er vor Ort repariert oder zum Heißkanal-Lieferanten zur Instandsetzung gesandt wird. Im dargestellten Beispiel wurde der gesamte Heißkanal mitsamt seiner Regelung unter Angabe der Heißkanaldaten dem Hersteller zur Instandsetzung geschickt.

3.3.4 Gesenkformwerkzeuge instandsetzen

Schmiedegesenke werden extrem beansprucht durch
- die hohen Temperaturen der umzuformenden Werkstücke (thermische Beanspruchung),
- schlagartige Belastungen beim Schließen der Gesenke (mechanische Beanspruchung)
- und das Gleiten des heißen Werkstoffes über die Gravurwandungen (tribologische[1]) *(tribological)* Beanspruchung).

Diese Beanspruchungen führen zum Werkzeugverschleiß (Bild 4).

3 Undichtigkeit am Heißkanal

3.3.4.1 Verschleißerscheinungen
Thermische Rissbildung *(thermal cracking)*

Durch die Temperaturwechsel an den Gravurwandungen entstehen Wärmespannungen, die zu feinen Rissbildungen führen können (Seite 610 Bild 1). Diese Risse treten erst nach einer entsprechend hohen Standmenge auf und führen nur selten zum Ausfall des Gesenkes.

4 Verschlissenes Obergesenk

[1] Tribologie: griechisch: Reibungslehre

1 Rissbildung und Verschleiß am Obergesenk

2 Plastische Verformungen am Obergesenk

Mechanische Rissbildung *(mechanical cracking)*
Beim Gesenkschmieden herrscht ein sehr hoher Druck in der Gravur, der zusammen mit der dynamischen Belastung des Gesenks zu **Spannungsspitzen** *(stress peak)* insbesondere an Kanten führt. Im Bild 1 ist der Riss zu sehen, der sich an der Kante durch die Ermüdung des Materials entwickelt hat.

Plastische Verformung *(plastic deformation)*
Das zu formende Werkstück beansprucht aufgrund des hohen Drucks und seiner hohen Temperatur das Gesenk besonders an Ecken und Kanten, wo die Wärme schlecht abgeführt wird. Bild 2 zeigt die plastischen Verformungen an einem besonders beanspruchten Gesenkbereich.

Tribologischer und chemischer Verschleiß
Die über 1000 °C heißen Stähle gleiten beim Gesenkformen über die Gravurwände. Dabei entsteht einerseits durch die Reibung ein **tribologischer Verschleiß** *(tribological wear)*. Andererseits kommt es zu chemischen Reaktionen an den Oberflächen von Gravur und Werkstück. Die Bildung von Oxiden führt zu einem **chemischen Verschleiß** *(chemical wear)*. Beides führt zu einem Verschleiß an Gravur und Gratbahn, sodass sehr raue Oberflächen entstehen können (Bild 1).

3.3.4.2 Nachsetzen der Gesenke *(repositioning of dies)*
Ober- und Untergesenk, die aus Warmarbeitsstahl bestehen, haben nach ihrer Fertigung meist eine größere Höhe als erforderlich. Die Höhen wurden bewusst so gewählt, weil nach ca. 2000 bis 3000 gefertigten Schmiedeteilen der Verschleiß oft so groß wird, dass eine Instandsetzung der Gesenke erforderlich wird. Je nach Ausmaß des vorhandenen Verschleißes bzw. der Tiefe der entstandenen Risse wird das Gesenk nachgesetzt (Bild 3). Der Betrag des Nachsetzens liegt je nach Bedarf zwischen 5 bis 25 mm.

Zum Nachsetzen wird das Gesenk auf die Fräsmaschine gespannt. Der Werkstücknullpunkt wird um den Betrag des Nachsetzens tiefer gelegt, sodass die CNC-Programme genutzt werden können, die bei der ersten Fertigung zum Einsatz kamen.

3 Zur Instandsetzung werden die Gesenkhälften nachgesetzt

3.3.4.3 Panzern der Gesenke
Wird nicht das gesamte Gesenk nachgesetzt und es sind nur einzelne Bereiche des Gesenks so verschlissen, dass eine Instandsetzung erforderlich ist, werden diese Bereiche durch Auftragsschweißen **gepanzert** *(plate)*. Durch das Panzern soll eine **harte, verschleißfeste Gravur** unter Beibehaltung des **zäh-elastischen Warmarbeitsstahls** erreicht werden. Dazu werden, wie bei der Instandhaltung von Druckgießformen, die verschlissenen Bereiche oft etwa 2 mm bis 3 mm tief weggefräst. Anschließend werden mithilfe von WIG-Auftragsschweißen diese Bereiche wieder aufgefüllt. Es wird so viel Material aufgeschweißt, dass eine entsprechende Fräszugabe vorliegt. Das Besondere beim Panzern sind die verwendeten Schweißzusätze. Zur Herstellung von Verschleißschutzschichten kommen Schweißzusatzstoffe aus **Hartlegierungen** *(hard alloys)* auf Eisen-, Nickel- und Kobaltbasis zum Einsatz. Die dann in der Schweißschicht vorliegenden harten Karbide, Nitride oder Boride sind für die **Steigerung der Verschleißfestigkeit** verantwortlich. Nach dem Auftragsschweißen werden die betroffenen Konturen meist durch Fräsen nachgearbeitet.

Die **Betriebsdatenerfassung** dokumentiert alle Instandhaltungsmaßnahmen, um die gewonnenen Erfahrungen auf ähnliche Werkzeuge anwenden zu können.

3.3.5 Schweißen von Werkzeugbauteilen

3.3.5.1 Wolfram-Inert-Gas-Schweißen

Beim Wolfram-Inert-Gas-Schweißen (WIG) *(gas tungsten arc welding (GTAW))* brennt ein Lichtbogen *(electric arc)* zwischen einer Wolframelektrode *(tungsten electrode)* und dem Werkstück (Bild 1). Die Wolframelektrode schmilzt dabei kaum ab, weil ihre Schmelztemperatur (ca. 3380 °C) sehr hoch liegt. Der Lichtbogen schmilzt zum einen das Material des Werkstücks und zum anderen den von Hand zuführten Schweißdraht. Durch eine kontinuierliche Bewegung von Brenner und Schweißdraht *(welding wire)* wird eine **Schweißraupe** erzeugt. Damit der Luftsauerstoff nicht mit der flüssigen Schmelze reagiert, wird die Schweißstelle von einem **Schutzgas** (**Inertgas**[1]) umgeben, meist **Argon** und vereinzelt auch Helium. Da beim WIG-Schweißen nicht mit einer abschmelzenden Elektrode gearbeitet wird, sind Schweißzusatz und Stromstärke *(current)* entkoppelt. Der Schweißer stimmt den Schweißstrom optimal auf die Schweißaufgabe ab und gibt nur so viel Schweißzusatz *(filler metal)* zu, wie erforderlich.

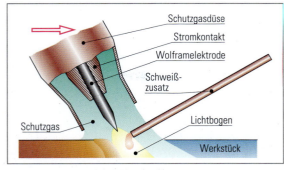

1 Wolfram-Inertgas-Schweißen (WIG)

Beim WIG-Schweißen kann mit Gleich- oder Wechselstrom gearbeitet werden. Beim Schweißen von Stahl wird **Gleichstrom** gewählt, wobei das Werkstück der Minus-Pol ist. Der Schweißbrenner ist mit der Stromquelle durch ein Schlauchpaket verbunden (Bild 2). Im Schlauchpaket befinden sich die Schweißstromleitung, die Schutzgaszuführung und die Steuerleitungen. Beim WIG-Schweißen gibt es normalerweise keine Schweißspritzer und auch keine Schweißhaut. Die **Schweißnaht** *(welding seam)* hat aufgrund der **Schutzgasatmosphäre** *(inert atmosphere)* keine Poren oder offenen Stellen. Der Schweißzusatzwerkstoff ist auf den Werkstoff des zu schweißenden Bauteils abzustimmen.

Die im Werkzeugbau eingesetzten Kalt- und Warmarbeitsstähle können nicht mit WIG geschweißt werden, ohne sie entsprechend vorzuwärmen und kontrolliert abzukühlen[2]. Ansonsten entstehen durch die Wärmezufuhr unerwünschte und unkontrollierte Wärmebehandlungen, die zu Spannungen, Rissen und Gefügeänderungen führen können. Deshalb gibt der Schweißzusatzlieferant z. B. für das Auftragsschweißen eines Druckgießformeinsatzes aus **Warmarbeitsstahls** *(hot-work steel)* (1.2343) an, dass der Einsatz auf 300 ... 400 °C vorzuwärmen ist (Bild 3). Dazu wird der Formeinsatz im Glühofen (Seite 612 Bild 1) langsam über Stunden von Raumtemperatur auf die geforderte Temperatur erwärmt. Die Aufheizgeschwindigkeit soll

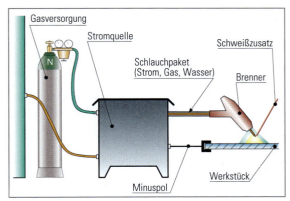

2 WIG-Schweißanlage

Eigenschaften - Basis	**WIG - Rc 44**	Für Werkstoffe
Mittellegierter Cr-Mo-V-Schweißzusatz mit guter Warmhärte. Das Schweißgut ist bis 550 °C umwandlungsträge. Dichtes risssicheres Gefüge, nitrierfähig, lufthärtend. Bedingt verchrombar. Nitrierfähig.		1.2307 – 2313 – 2341 1.2343 – 2344 – 2362 1.2365 – 2606 und ähnliche Stähle

Anwendung		Mechanische Werte	
Auftragungen auf Warmarbeitsstähle. Alu-Druckgussformen, Zylinder und Kolben von Kaltkammermaschinen, Pressdorne, Metallstrangpresswerkzeuge. Öl- oder luftgekühlte Lochdorne. Bei Verbindungen ca. 500-550 °C vorwärmen und diese Schweißtemperatur halten! Bei Auftragungen ca. 300-400 °C vorwärmen.		H = Härte in H = unbehandelt H = n. Anlassen H = n. Weichgl. H = gehärtet Härten in Öl Weichglühen Anlassen	44 - 46 HRC 50 - 55 HRC 235 HB 59 - 61 HRC 1020 - 1050 °C 770 - 790 °C 550 - 650 °C

3 Vorschriften zum Schweißen eines Formeinsatzes aus 1.2343 mit dem Schweißzusatzwerkstoff WIG - Rc 44

---

[1] Inerte Gase sind sehr reaktionsträge, sie beteiligen sich nur selten an chemischen Reaktionen
[2] Siehe VDG-Merkblatt M83: Schweißen von Druckgießformen

1 Glühofen mit Regeleinrichtung

2 WIG-Schweißen eines Druckgießformeinsatzes

maximal 80 K/h betragen. Das warme Bauteil wird mit Wärmeschutzmatten abgedeckt und auftragsgeschweißt (Bild 2). Sollte die Temperatur des Formteils während des Schweißens auf 250 °C sinken, muss im Glühofen nachgewärmt werden. Nach dem Auftragsschweißen wird der Formeinsatz im Glühofen auf ca. 600 °C angelassen, wodurch eine Härte von 50 … 55 HRC entsteht. Abschließend wird der Formeinsatz im Glühofen langsam auf Raumtemperatur abgekühlt, bevor eine mechanische Bearbeitung der geschweißten Flächen erfolgen kann.

MERKE
Durch WIG-Schweißen lassen sich in kurzer Zeit relativ große Flächen ohne Lunker und Einschlüsse auftragsschweißen.

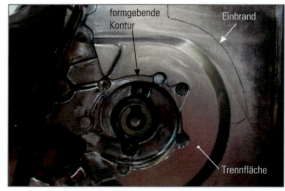

3 Einbrand auf den Trennflächen

Nachteilig beim WIG-Schweißen ist die große Wärmezufuhr in das zu schweißende Bauteil. Dadurch besteht die Gefahr, dass sich das Bauteil verzieht. Ein weiterer Nachteil entsteht durch den Einbrand rund um die Schweißstelle (Bild 3). Weil der Einbrand nicht zu vermeiden ist, wird er nach Möglichkeit von den formgebenden Konturen weg zu den Trennflächen verlagert.

3.3.5.2 Laserschweißen *(laser welding)*
Der Laserstrahl trifft auf die Werkstückoberfläche. Dabei wird je nach Werkstoff und Oberflächenqualität ein Teil des Laserlichts reflektiert. Der andere Teil wird vom Werkstück absorbiert[1]. Dieser Teil der Laserenergie wird in Wärme umgewandelt und schmilzt den Werkstoff auf. Im Werkzeugbau werden vorrangig zwei Laserschweißverfahren eingesetzt:
- Auftragsschweißen von Pulver oder Draht,
- Tiefschweißen *(deep welding)* von Nähten bis zu 30 mm Tiefe.

Laserauftragsschweißen mit Draht *(wire)* oder Pulver *(powder)*
Das Auftragsschweißen findet seinen Einsatz beim Instandsetzen oder Ändern von Werkzeugen, wenn **wenig** Zusatzwerkstoff *(filler metal)* zuzuführen ist bzw. **kleine** Beschädigungen vorliegen. Je nach Arbeitsaufgabe kommt entweder das manuelle oder automatisierte Laserauftragsschweißen zum Einsatz. Da nur geringe Wärmemengen zugeführt werden, entstehen fast keine Wärmespannungen. Daher müssen die zu schweißenden Bauteile auch nicht vorgewärmt werden.

Beim **manuellen** Auftragsschweißen (Bild 4) führt der Schweißer den Zusatzwerkstoff „von Hand" zur Bearbeitungsstelle. Als Zusatzwerkstoff wird bei diesem Verfahren zumeist ein dünner Draht mit Durchmessern zwischen 0,15 und 0,6 mm verwendet. Der Laserstrahl schmilzt den Draht auf. Die Schmelze verbindet sich fest mit dem Grundwerkstoff, der ebenfalls angeschmolzen wird. Der Schweißer *(welder)* trägt Schicht für Schicht auf, bis die gewünschte Form erreicht ist.

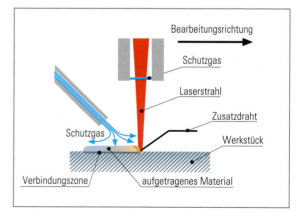

4 Laserauftragsschweißen mit Draht

Am Formeinsatz aus 1.2343 liegt eine kleine Konturbeschädigung vor (Seite 613 Bild 1), die durch manuelles Laserauftrags-

---
[1] absorbieren: aufnehmen, aufsaugen, einsaugen

3.3 Instandsetzung

1 Formeinsatz mit beschädigter Kontur

2 Manuelles Laserauftragsschweißen des Formeinsatzes

schweißen beseitigt werden soll. Dazu wird der Formeinsatz auf dem Schweißtisch so positioniert, dass der Laserstrahl möglichst senkrecht auf die zu schweißende Oberfläche auftrifft. Der Schweißer steuert mit der linken Hand über Tasten den Schweißtisch in den Achsen X, Y und Z (Bild 2), sodass die Schweißstelle im Mikroskop ganz deutlich erscheint. Dadurch ist auch gleichzeitig der Laserstrahl richtig positioniert. Als Schweißdraht wird der für 1.2343 geeignete Werkstoff mit einem Durchmesser von 0,4 mm gewählt. Nachdem der Schweißer die entsprechenden Schweißparameter eingestellt hat, führt er mit der rechten Hand den Schweißdraht zu und betätigt mit dem Fuß das Pedal, das den Laserstahl aktiviert. Mit der linken Hand verfährt er den Schweißtisch und erzeugt durch das Zusammenspiel die Schweißraupe. Mehrere Schweißraupen und -lagen sind nötig, um die Schweißung zu vollenden (Bild 3).

Beim **automatisierten Auftragsschweißen** (Bild 4) wird der Zusatzwerkstoff maschinell zur Bearbeitungsstelle geführt. Dies kann ebenfalls ein Draht sein, doch wird bei dieser Technik vorwiegend Metallpulver als Werkstoff benutzt. Dieses wird schichtweise auf ein Basismaterial aufgetragen und poren- und rissfrei *(crack-free)* mit dem Basismaterial verschmolzen. Dabei geht das Metallpulver eine hochfeste Schweißverbindung mit der Oberfläche ein.

Das Laserauftragsschweißen hat gegenüber dem WIG-Schweißen folgende **Vorteile**:
- geringerer Wärmemengen werden übertragen
- kein Einbrand *(weld penetration)*
- kein bzw. nur sehr geringer Verzug der Bauteile
- Vorwärmen *(pre-heat)* des Bauteils ist nicht erforderlich
- sehr kleine Schweißbereiche sind möglich

Nachteilig sind
- teurere Schweißanlagen
- wesentlich geringeres Schweißvolumen pro Minute

Lasertiefschweißen

Der Laserstrahl schmilzt mit hoher Energiedichte das Metall nicht nur auf, sondern er erzeugt dabei auch einen Metalldampf (Bild 5). Dadurch kann der Laserstrahl den Werkstoff noch tiefer aufschmelzen. Auf diese Weise bildet sich eine schmale, tiefe Schweißnaht mit gleichmäßigem Gefüge. Die Nahttiefe kann zehnmal größer als die Nahtbreite sein und bis zu 30 mm betragen. Dadurch ist die Wärmeeinflusszone klein und der Verzug des Bauteils gering.

3 Instandsetzung des Formeinsatzes durch Laserauftragsschweißen

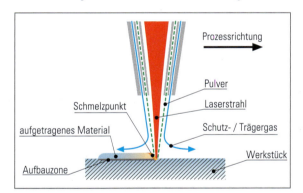

4 Laserauftragsschweißen mit Pulver

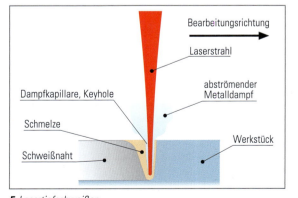

5 Lasertiefschweißen

3.4 Verbesserung

Während des Werkzeugeinsatzes ergeben sich in der Serienfertigung oft Verbesserungsmöglichkeiten, die einerseits das Werkzeug und andererseits den Fertigungsprozess betreffen. Aus der Fülle der Möglichkeiten werden im Folgenden einige exemplarisch aufgeführt.

3.4.1 Werkzeugverbesserungen

Die Verbesserungsmöglichkeiten im Werkzeug können sich einerseits auf die Werkzeuggeometrie bzw. die verwendeten Bauteile und andererseits auf die eingesetzten Werkstoffe beziehen.

3.4.1.1 Schneid- und Umformtechnik
Mögliche **geometrische Verbesserungen** sind z. B.:
- Veränderungen des Schneidspaltes beim Scherschneiden
- Gleitführungen werden durch Wälzführungen beim Scherschneiden ersetzt
- Veränderungen der Sicken *(crimps)* beim Tiefziehen usw.

Mögliche Änderungen bei der **Werkstoffauswahl** sind z. B.:
- Schneideinsatz aus Kaltarbeitsstahl durch Hartmetall ersetzen
- Gleitlager aus Sinterbronze *(sintered bronze)* durch selbstschmierende wartungsfreie ersetzen usw.

3.4.1.2 Formentechnik
Mögliche **geometrische Verbesserungen** sind z. B.:
- Veränderungen an Angusssystem beim Spritz- und Druck- und Kokillengießen
- Anbringen von zusätzlichen Überläufen beim Druckgießen
- stark beanspruchte Bereiche durch Einsatzteile ersetzen
- Oberflächen der formgebenden Konturen verbessern usw.

Mögliche Änderungen bei der **Werkstoffauswahl** sind z. B.:
- Kalibrierung aus verschleißfesterem Metall beim Extrudieren einsetzen
- unbeschichtete Auswerfer durch DLC-beschichtete ersetzen usw.

3.4.2 Prozessverbesserungen

Die Fertigungsprozesse hängen von vielen Faktoren ab, die sich einerseits auf die Produktqualität und andererseits auf die Fertigungszeit auswirken.

3.4.2.1 Schneid- und Umformtechnik
Mögliche Änderungen zur **Verbesserung der Produktqualität** sind z. B.:
- zusätzliche Schmierung beim Tiefziehen
- Optimierung der Schmiedetemperatur beim Gesenkformen

Mögliche Änderungen zur **Reduzierung der Fertigungszeit** sind z. B.:
- Erhöhung der Hubzahl pro Minute beim Scherschneiden

3.4.2.2 Formentechnik
Mögliche Änderungen zur Verbesserung der **Produktqualität** sind z. B.:
- Erhöhung des Gießdruckes beim Druckgießen
- Erhöhung des Nachdruckes *(dwell pressure)* beim Spritzgießen usw.

Mögliche Änderungen zur **Reduzierung der Fertigungszeit** sind z. B.:
- Senkung der Vorlauftemperatur des Temperiermediums beim Spritzgießen
- Erhöhung der Extrusionsgeschwindigkeit *(extrusion speed)* usw.

ÜBUNGEN

1. Nennen Sie fünf Ziele der Instandhaltung.
2. Unterscheiden Sie störungsbedingte, intervallabhängige und zustandsorientierte Instandhaltung.
3. Wie wirkt sich eine vorbeugende Instandhaltung auf den Abnutzungsvorrat aus?
4. Auf welche Aspekte zielt die Wartung der Werkzeuge ab?
5. Nennen Sie Vorteile, die sich durch das Führen eines digitalen Werkzeuglebenslaufs ergeben können.
6. Beschreiben Sie stichpunktartig Laser- und Ultraschallreinigung.
7. Wie werden Prüflehren kalibriert und wer führt die Kalibrierung in Ihrem Ausbildungsbetrieb durch?
8. Zeigen Sie Möglichkeiten auf, wie Schneidwerkzeuge mit verschlissenen Stempeln und Matrizen instandgesetzt werden können.
9. Beschreiben Sie das Instandsetzen von gebrochenen Schneidstempeln und Matrizen.
10. Wodurch entstehen Brandrisse an Druckgießwerkzeugen?
11. Wie lassen sich Druckgießwerkzeuge mit Brandrissen instandsetzen?
12. Stellen Sie dar, wie Sie verschlissene Kanten an Spritzgieß- und Blasformen reparieren würden.
13. Unterscheiden Sie Verschleißerscheinungen an Gesenkformwerkzeugen.
14. Stellen Sie zwei Möglichkeiten dar, wie verschlissene Schmiedegesenke wieder instandgesetzt werden.
15. Stellen Sie das WIG- und Laserauftragsschweißen anhand von sechs selbst gewählten Kriterien gegenüber.
16. Zeigen Sie aus Ihrem Werkzeugbaubereich weitere Verbesserungsmöglichkeiten für die Werkzeuge und die dazugehörenden Fertigungsprozesse auf.

4 Starting-up and maintaining a technical system in tool manufacturing

4.1 Quality assurance

A world market leader for punching and bending tools and machines pays a lot attention to customer relationship. The company thinks that producing high quality tools and machines is not enough to satisfy the customers' and purchaser's needs. The picture below shows in 8 steps how an order of a tool made by a customer is handled by the company.

1. Present: your local partner
If you need a tool then you have come to the right specialists. Whether it is by e-mail, phone, fax or through our E-Shop when it is convenient for you, you can contact us anywhere in the world through our local sales partners.

2. Experienced: technical customer advice
Extraordinary projects require extraordinary tools. Our specialists check the feasibility of your request and work together with you to design sophisticated special tools according to your requirements. Trust in our expertise. We can also visit you for a consultation upon request.

3. Efficient: order processing
Our sales representatives are distinguished by their outstanding expertise and experience. They arrange hassle-free processing of your order and work closely with our tool technicians to ensure this. Our team coordinates orders from all over the world.

4. Creative: design
If you need a special tool, we will design it and determine the machining strategy. Our tool designers know our machines inside out. This knowledge is the perfect basis for designing the ideal interaction between tool, machine, and software.

8. Successful: your tool in action
It goes without saying that we provide outstanding delivery reliability and exceptional quality. As a result, your production processes continue to run smoothly and on schedule. And if you order special tools, you will automatically receive all of the required programming data.

7. Reliable: shipping and storage
All tools are labeled with the TRUMPF marking laser. This allows you to order more single parts for the tool throughout the entire life cycle. We generally dispatch standard tools from our Gerlingen location on the same day.

6. Fault-free: tool testing
Before we dispatch a special tool for forming or embossing we put it through its paces, using TRUMPF machines of course! You can be sure that you will be able to achieve the best results with your new tool.

5. Flexible: production
Regardless of whether it is standard or custom, your tool is produced in our punching tool production facility according to the latest manufacturing methods and the TRUMPF SYNCHRO production principle. Our excellent processes guarantee fast delivery times and the best quality for products and services.

Circle diagram: 1. Your local partner, 2. Technical customer advice, 3. Order processing, 4. Design, 5. Production, 6. Tool testing, 7. Shipping and storage, 8. Your tool in action

---

Assignment:

Answer the following questions. Keep in mind that the numbers given with the question refer to the numbers in the picture. Answer in complete sentences, please.

Example:
a) step 1 – Which possibilities has a customer when he wants to contact the company to order a tool?
Answer: The customer can contact the company by email, phone, fax, E-shop or the local sales part-ners to order a tool or machine.
b) step 2 – One possibility for the customer who wants to order a tool is to contact a local sales partner. If the customer contacts the local sales partner what will the specialist do next?
c) step 3 – What is the job of the company's sales representatives?
d) step 4 – A good design of a tool in tool manufacturing always tries to optimize the interaction between three components. Which are these three components?
e) step 5 – The organization of the flexible production of the tool manufacturer guarantees two aspects. Name these two aspects.
f) step 6 – Find out the meaning of the expression "put something through its paces".
g) step 7 – What is the usual handling time for orders of standard tools?
h) step 8 – What is the effect of the step 1 to step 7 on the production process of the customer?

Technical English

4.2 Overhauling and maintenance

If a thread in a workpiece is destroyed (compare pic. 1) or run away, you might use a thread insert (compare pic. 2) to repair and overhaul the thread in the workpiece. Such a thread insert is a fastener element that is inserted into the destroyed thread. Besides that, a thread insert can be used to provide a durable thread in soft material such as aluminum. Sometimes it is used to changeover from standard metric threads to fine threads or vice versa.

1   2

LF12_06

Assignment:

On the DVD of your technical book you find a video called "Thread repair using a helicoil thread insert".
Alternatively, you can use the internet to watch the video:
https://youtu.be/Z-uxtuE1xKM.
Watch the video. Use loudspeakers. Than try to bring the following sentences into the correct order.

How to repair a destroyed thread?

1. First of all, determine the diameter of the thread being repaired. Use a caliper gauge.

Use the recommended drill to drill out and remove the old thread from the workpiece.

If you want to install a fine pitch thread use a pre-coil housing to install the helicoil insert.

Next step is to remove the tongue of the thread insert using a flat bottom punch and a hammer.

Next, measure the spacing or pitch of the thread using a gauge.

Than knowing the diameter and pitch of the thread select a repair kit that is appropriate.

Use an installation tool or drive to install the threat insert if you repair a coarse thread.

Afterwards use the correct thread tap to cut a new thread into the workpiece.

Finally, you should be able to screw in the bolt into the new threat.

Lernfeld 13:
Planen und Realisieren technischer Systeme des Werkzeugbaus

Betriebe leben von Aufträgen ihrer Kunden und Sie leben von den Aufträgen Ihres Betriebs. Sie und Ihr Betrieb tun also sehr gut daran, mit diesen Aufträgen höchst sorgfältig umzugehen. Aufträge können äußerst unterschiedlich gestaltet sein und können daher im Betrieb des Auftragnehmers sehr unterschiedliche Aktivitäten auslösen. Geht es vorerst nur um eine Preisanfrage? Muss eine sorgfältige Kalkulation erstellt werden? Ist die Konstruktionsabteilung gefordert oder nur die Fertigungsabteilung? Ist der Auftrag klar definiert oder muss er in Gesprächen mit dem Kunden erst präzisiert werden? Ein Auftrag kann darin bestehen, dass Produkte geliefert werden sollen, die der betreffende Betrieb ohnehin in seinem Angebotssortiment führt. In diesem Fall sind die Teile entweder vorrätig und müssen nur noch ausgeliefert oder in der entsprechenden Stückzahl hergestellt werden. Hier dürfte der planerische Aufwand für den Auftragnehmer recht gering sein. Das Produkt, um das es geht, steht fest. Zwischen Auftragnehmer und Auftraggeber sind lediglich das Auftragsvolumen (Liefermenge), Lieferfristen und evtl. Zahlungsmodalitäten wie z. B. Mengenrabatt, Skonto usw. zu klären.

Das obige Bild zeigt die Montage einer Druckgießform in eine Druckgießmaschine. Dabei handelt es sich um ein recht komplexes technisches System. Für die Lieferanten von Spritz- und Druckgießformen, aber auch von komplexen Stanzwerkzeugen, ist der Aufwand für Planung und Realisierung oft erheblich. Man kann dann von einem **umfangreichen Projekt** sprechen.

Allein die Angebotserstellung erfordert intensive Gespräche mit dem Kunden und kann im Betrieb des Auftragnehmers nur durch ein Projektteam geleistet werden.

Das **Lastenheft** des Kunden beschreibt dessen Anforderungen und Wünsche an das Produkt.

Das **Pflichtenheft** des Auftragnehmers beschreibt, wie und mit welchen Mitteln innerhalb welchen Zeitraums und zu welchen Konditionen der Auftragnehmer den Auftrag erfüllen will.

Zu einem Auftrag kommt es also nur dann, wenn sich beide Seiten über das Pflichtenheft einigen können.

Ein erfolgreicher Abschluss des Projekts ist dann gegeben, wenn der Kunde zufrieden ist und die wirtschaftlichen Erwartungen des Auftragnehmers erfüllt wurden.

1 Projektdefinition

Die Firma Krug Kunststofftechnik stellt Spritzgussteile her. Sie hat ein neues Grillbesteck mit dem Namen „ficelle" (Bild 1) designen *(design)* lassen, für das nun eine Spritzgießform *(injection mould)* benötigt wird. Das Werkzeug soll folgenden Anforderungen genügen:

- Grillbestecke aus PC oder ABS produzieren,
- pro Spritzzyklus *(moulding cycle)* ein Set, bestehend aus Messer, Gabel und Löffel, liefern,
- Messer, Gabel und Löffel werden jeweils über Tunnelangüsse *(tunnel gates)* angespritzt, die über Angussbuchse *(feed bush)* und Verteilerkanäle *(distribution ducts)* versorgt werden.

Die Firma Krug Kunststofftechnik wendet sich an verschiedene Werkzeughersteller *(tool maker)* und sendet ihnen ein Lastenheft *(performance specification sheet)* (Bild 2) für das benötigte Spritzgießwerkzeug *(injection moulding tool)* zu.

1.1 Lastenheft

Im Lastenheft *(specification sheet)* beschreibt der **Auftraggeber** *(purchaser)* die Anforderungen *(requirements)*, Erwartungen *(expectations)* und Wünsche *(wishes)* an ein geplantes Produkt. Das Produkt kann zum Beispiel ein Werkzeug, eine Maschine, ein Gerät, eine Software, eine Dienstleistung *(service)* oder eine Kombination der genannten Komponenten sein. Das Lastenheft beschreibt, **was** erreicht werden soll und gibt **nicht** detailliert vor, wie das Ziel zu erreichen ist. Es dient als Grundlage zur Einholung von Angeboten *(offers)*.

>
> Im Lastenheft legt der Auftraggeber alle Forderungen *(demands)* an die Lieferungen und Leistungen des Auftragnehmers *(contractor)* fest. Es beschreibt das **WAS** und **WOFÜR** der Anforderungen[1].

Je nach Einsatzgebiet und Branche unterscheiden sich Lastenhefte in Aufbau und Inhalt stark. Ein Lastenheft lässt sich auf verschiedene Weise gliedern. Folgende Angaben sollten berücksichtigt werden:

- Ausgangssituation *(inital situation)* und Zielformulierung *(target)*
- Beschreibung des zu erstellenden Produkts
- Funktionalität des Produkts
- Leistungsanforderungen *(performance requirements)* wie z. B. Normen, Richtlinien, Materialien usw.
- wichtige technische Daten
- Qualitätsanforderungen wie z. B. Zuverlässigkeit *(reliability)*, Änderbarkeit *(changeability)*
- Lieferumfang und -termin
- Gewährleistungsanforderungen *(warranty requirements)* wie z. B. Garantie, Kundendienst *(after-sales service)*, 24-Stunden-Service usw.
- Abnahmekriterien *(acceptance criteria)*

1 Grillbesteck „ficelle", dargestellt im CAD-System

Lastenheft für Verpackungsmaschine

Aufgabenstellung:
Mit dem Spritzgießwerkzeug soll pro Zyklus ein Grillbesteck hergestellt werden. Das Besteck besteht aus Löffel, Messer und Gabel, für die Datensätze zur Verfügung stehen. Mögliche Kunststoffe für das Grillbesteck sind PC oder ABS.

➤ Das Werkzeug soll auf unseren Spritzgießmaschinen KM50, KM80 oder KM150 eingesetzt werden.

➤ Die Zykluszeit von 20 Sekunden darf nicht überschritten werden.

➤ Die UVV für Spritzgießwerkzeuge sind einzuhalten.

➤ Mit jeweils einem Tunnelanguss sind die Besteckteile anzuspritzen. Angussbuchse und Verteilerkanal führen den Angüssen den Kunststoff zu.

➤ Die Besteckteile müssen transparent und gratfrei sein und den Vorschriften der Lebensmittelindustrie entsprechen.

➤ Das Werkzeug soll bis zum 02. Mai 2016 in unserem Hause abgemustert sein.

➤ Der Kundendienst sollte innerhalb von 2 Tagen vor Ort sein.

2 Lastenheft für Grillbesteck-Spritzgießwerkzeug

Das Lastenheft fasst die technischen, wirtschaftlichen und organisatorischen Erwartungen des **Auftraggebers** an das Produkt zusammen. Es informiert den potenziellen **Auftragnehmer** über den zu erwartenden Auftragsumfang. Es stellt auch oft die Basis einer Anfrage beim möglichen Auftragnehmer dar.

[1] vgl. VDI 2519 Blatt 1 und 2

1.2 Projektstart beim Auftragnehmer

Die Firma rh-tooling GmbH erhält auch eine Anfrage der Firma Krug über ein Spritzgießwerkzeug, dessen Anforderungen im Lastenheft beschrieben sind. Damit wird bei rh-tooling ein mögliches Projekt angestoßen.

Projekte laufen in Phasen ab, die meist nach dem gleichen Muster strukturiert sind (Bild 1). Das Projekt „Spritzgießwerkzeug für Grillbesteck" befindet sich derzeit in der Anfangsphase der **Projektdefinition**.

Da im Lastenheft noch nicht alle Anforderungen und Bedingungen für die weitere Planung erfasst sind, ist es dringend erforderlich, das Projekt genauer zu definieren. Der Bereich der Projektdefinition gliedert sich wiederum in einzelne Phasen (Bild 2). Wenn das Ende der Projektdefinition mit dem Kundenauftrag *(customer order)* abschließt, wird das Projekt durchgeführt, ansonsten wird es jetzt schon beendet.

Nach dem Eingang des Lastenheftes benennt rh-tooling einen **Projektleiter** *(project manager)*, der mit seinem Team die Verantwortung für das Projekt übernimmt. Bei der Projektrealisierung *(realisation of project)* kann auf Erfahrungen zurückgegriffen werden, die bei der Herstellung anderer Spritzgießwerkzeuge gesammelt wurden.

Ein Vorhaben ist dann ein Projekt[1], wenn

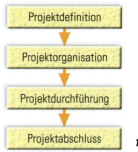

1 Projektphasen

Phasen der Projektdefinition
- Analyse des Problems
- Klärung des Ziels
- Durchführung von Kundengesprächen
- Analyse der eigenen Möglichkeiten
- Prüfung auf Durchführbarkeit
- Betrachten der Wirtschaftlichkeit
- Durchführen der Grobplanung
- Erstellen des Pflichtenhefts
- Projektauftrag

2 Phasen während der Projektfindung

eine klare, ergebnisorientierte und messbare Zielvorgabe *(target)* vorliegt	Herstellung, Lieferung und Bemusterung des Spritzgießwerkzeuges für Grillbestecke (siehe Pflichtenheft *(target specification sheet)* und Vertrag *(contract)*)
es durch definierte Anfangs- und Endtermine *(starting and closing date)* begrenzt ist	Start: Empfang des Lastenheftes; Ende: Bemusterung *(sampling)* beim Kunden
es in genau dieser Konstellation nur einmal auftritt	Anforderungen aus dem Lastenheft (Spritzgießwerkzeug für Grillbesteck)
komplexe Handlungsabläufe vorliegen, die den Einsatz besonderer Methoden und Techniken erfordern	Planung, Fertigung, Montage, Lieferung und Bemusterung führen verschiedene Mitarbeiter von rh-tooling an unterschiedlichen Stellen durch
es fach- und abteilungsübergreifend ist	Viele Abteilungen der Firma rh-tooling sind beteiligt
finanzielle und personelle Begrenzungen *(budget and staff limitations)* vorliegen	Der Kaufpreis *(purchasing price)* für das Spritzgießwerkzeugs ist vertraglich vereinbart. Die Mitarbeiter stehen zeitlich begrenzt zur Verfügung
es gegenüber anderen Vorhaben abgegrenzt ist	Parallel zu diesem Projekt werden in der Firma rh-tooling weitere abgewickelt
eine projektspezifische Organisation *(project-specific organisation)* erfordert	Der Projektleiter mit seinem Team führt das Projekt nach den Strukturen des Projektmanagements *(project management)* durch

1.3 Kundengespräch

Nachdem das Lastenheft bei rh-tooling gesichtet wurde, wird ein Gespräch mit dem potenziellen Kunden *(customer)* vereinbart. In diesem Fall dient das Kundengespräch *(customer pitch)* dazu, die einzelnen Projektziele *(project aims)* genau zu beschreiben.

Ein **Projektziel** ist dann exakt beschrieben, wenn es drei Fragen beantwortet:

Was soll erreicht werden?	z. B. Grillbestecke aus PC oder ABS
In welchem Ausmaß soll es erreicht werden?	180 Bestecke pro Stunde
Bis wann muss das Ziel erreicht sein?	Inbetriebnahme beim Kunden am 31.03.2016

[1] DIN 69901-5

Der mögliche Auftragnehmer möchte im Kundengespräch
- die Wünsche und Vorstellungen des Kunden genauer kennen lernen, um diese umsetzen zu können,
- mögliche Probleme der Aufgabenstellung erkennen und dem Kunden verdeutlichen,
- dem Kunden Lösungsmöglichkeiten vorstellen,
- dem Kunden darstellen, welche wirtschaftlichen Vorteile er durch den Erwerb seines Produkts erhält,
- vom Kunden Entscheidungen für unterbreitete Lösungsvorschläge erhalten,
- möglichst alle bislang nicht geklärten Details gemeinsam mit dem Kunden festlegen.

Beim Kundengespräch steht bei den Unternehmensvertretern die **Kundenorientierung** *(customer focus)* im Vordergrund. Deshalb wollen sie auch nicht die maximal mögliche Leistung erbringen, sondern genau die, die der Kunde verlangt. Damit bestimmt der Kunde die Qualität. Für das Unternehmen ist der Kunde König. Die Erfüllung von Kundenerwartungen *(expectations of customers)* wird als ein entscheidender Wettbewerbsvorteil *(competitive advantage)* angesehen. Unter diesem Aspekt erfolgt auch die Vorbereitung des Kundengesprächs.

Eine wertschätzende und zielorientierte Gesprächsführung erfordert Übung, sie kann trainiert werden. Eine entsprechende Vorbereitung des Kundengesprächs sollte immer erfolgen. Dabei sind folgende Fragen zu beachten:
- Was ist das Gesprächsziel?
- Was ist bislang von der Aufgabenstellung bekannt?
- Welche Probleme sind noch zu lösen?
- Welche Fragestellungen sind noch offen?
- Um welche(n) Gesprächspartner *(dialogue partner)* handelt es sich?
- Welche Erfahrungen und Kenntnisse bringen der/die Gesprächspartner mit?
- Welche Erwartungen haben der/die Gesprächspartner an mich bzw. uns?
- Ist Expertenunterstützung für das Gespräch nötig?
- Wie wird das Gespräch strukturiert?
- An welchem Ort findet das Gespräch statt?
- Welche Unterlagen werden benötigt?
- Welche Medien und Materialen sind erforderlich?
- Welche Möglichkeiten liegen in fachlicher, terminlicher und finanzieller Hinsicht vor?

Während und nach dem Kundengespräch muss der Kunde das Gefühl haben, dass
- auf seine Wünsche, Gedanken und Vorstellungen eingegangen wurde,
- sich genug Zeit für ihn genommen wurde,
- seine Interessen im Vordergrund standen,
- freundlich mit ihm umgegangen wurde,
- ihm fachspezifische Zusammenhänge verständlich vermittelt wurden,
- ihm fachkundige und wirtschaftliche Lösungen vorgeschlagen wurden,
- der Gesprächspartner nicht nur fachlich, sondern auch sozial kompetent ist,
- er dem Gesprächspartner vertrauen und sich eine weitere Zusammenarbeit mit ihm gut vorstellen kann.

Während der verschiedenen Projektphasen *(phases of project)* sind oft weitere Kundengespräche erforderlich, die je nach Anlass vorzubereiten und entsprechend zu strukturieren sind.

1.4 Pflichtenheft

Nachdem die bisherigen Wünsche und Anforderungen des Kunden an die Spritzgießform und den Artikel bekannt sind, verfasst der mögliche Auftragnehmer *(contractor)* ein **Pflichtenheft** *(target specification sheet)*. Da das Lastenheft *(performance specification sheet)* lediglich ein Grobkonzept *(rough concept)* lieferte, umfasst das Pflichtenheft detailliert und vollständig alle Anforderungen an das Produkt. Der Auftragnehmer prüft bei der Erstellung des Pflichtenheftes, ob es im Lastenheft und in den Anforderungen des Kunden Widersprüche gibt.

Im Lastenheft stehen die Wünsche und Erwartungen des Kunden. Das Pflichtenheft führt die Details aus, wie und womit der Auftragnehmer die Vorgaben des Kunden umsetzen will. Das Lastenheft ist somit mit der Nachfrage und das Pflichtenheft mit dem Angebot vergleichbar.

> **MERKE**
> Im Pflichtenheft beschreibt der Auftragnehmer die Realisierung des Produkts aufgrund des vom Auftraggeber vorgegebenen Lastenhefts[1].
> Das Pflichtenheft definiert, **WIE** und **WOMIT** die Anforderungen zu realisieren sind[2].

Je nach Produkt kann das dafür zu erstellende Pflichtenheft unterschiedlich aufgebaut sein. Eine mögliche Gliederung bietet z. B. Bild 1 auf Seite 621.

In Bild 1 auf Seite 622 ist ein Ausschnitt des Pflichtenheftes dargestellt, das die Firma rh-tooling für die Spritzgießform erstellt hat.

Der Auftraggeber muss das Pflichtenheft genehmigen. Nach der Genehmigung wird das Pflichtenheft die verbindliche Vereinbarung für die Realisierung und Abwicklung des Projektes für Auftraggeber und Auftragnehmer und darf nicht ohne die Zustimmung beider verändert werden. Beide Parteien sollten vertraglich eine Vorgehensweise vereinbaren, wie im Fall nachträglicher Änderungswünsche oder Störungen vorgegangen wird.

Das Pflichtenheft (Bild 2 auf Seite 621) ist meist die Grundlage für
- Angebotserstellung, *(proposal preparation)*
- Auftragserteilung, *(placing of order)*
- Produkterstellung und
- Abnahme des Endproduktes.

>
> Mit dem Pflichtenheft sind die Aufgabenstellung und deren Realisierung ausführlich definiert. Alle Punkte des Pflichtenhefts müssen so formuliert sein, dass sie überprüfbar sind.

---
[1] vergl. DIN 69905
[2] vergl. VDI 2519 Blatt 1 und 2

1.4 Pflichtenheft

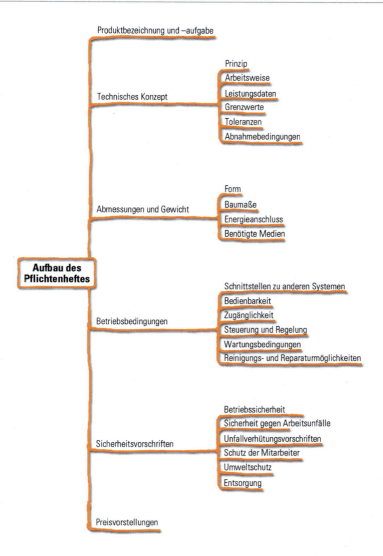

1 Beispielhafter Aufbau eines Pflichtenhefts

2 Stellung des Pflichtenhefts während der Projektdefinition

Pflichtenheft Spritzgießwerkzeug

NEU Werkzeug ☒
FOLGE Werkzeug ☐
NEU Bestückung ☐
Überarbeitung ☐

Kunde: Krug Kunststofftechnik
Projekt: Grillbesteck
Kommission: 04463

Bild: Bauteil(e)

1. Bauteilinformationen:

Artikelmaterial:	ABS
Schwindung nach Kunde:	0,5%
Bauteilgewicht:	33g
Artikelabmessungen:	max. 200 mm x 40 mm
Projizierte Fläche (ca.):	103 cm³

2. Vom Kunden zur Verfügung gestellte Daten

Bauteildaten 3D ☒ eingegangen am: 20.01.2016
Bauteilzeichnung 2D ☐ eingegangen am:

3. Konzept
- 3-fach-Werkzeug
- Trennfläche: uneben
- Vertikal: 596 mm
- Horizontal: 346 mm
- Geschlossen: 298 mm
- Anguss: Tunnel
- Angusszahl: 3
- Temperiermittel: Wasser
- Entformung: Auswerfer

1 Auszug aus dem Pflichtenheft der Firma rh-tooling

2.1 Personal- und Konfliktmanagement

ÜBUNGEN

1. Wozu dient ein Lastenheft?
2. Welche Angaben sollte ein Lastenheft enthalten?
3. Erstellen Sie für ein von Ihnen gewähltes Produkt ein Lastenheft.
4. Erstellen Sie für das von Ihnen gewählte Produkt ein Pflichtenheft.
5. Welche Kennzeichen besitzt ein Projekt?
6. Nennen Sie Gründe für ein Kundengespräch.
7. Welche Überlegungen sind vor einem Kundengespräch anzustellen?
8. Was erwartet der Kunde von seinem Gesprächspartner?
9. Wer erstellt das Pflichtenheft?

2 Projektorganisation und -planung

In der Organisations- oder Planungsphase *(organising and planning a project)* werden sowohl die einzelnen Tätigkeiten als auch der zeitliche Ablauf *(chronological sequence)* definiert. Diese Phase ist die Grundlage für die sich anschließende **Projektdurchführung** *(project implementation)*.

Bei der Planung ist besonders zu beachten, dass das Projektziel nicht nur durch das Sachziel definiert ist, sondern der Projektendtermin und die Projektkosten ebenso so wichtig sind (Bild 1). Es ist die Aufgabe des **Projektmanagements** *(project management)*, diese drei Ziele gleichzeitig zu realisieren.

1 Das magische Dreieck des Projektmanagements

> **MERKE**
> Das Projektmanagement umfasst alle Führungsaufgaben, -organisationen, -techniken und -mittel für die Abwicklung eines Projekts[1].

Dabei werden zwei Bereiche des Managements unterschieden:
- **Personal- und Konfliktmanagement** und *(human resource and conflict management)*
- **Sachmittelmanagement** *(material expenses management)*

Das Personal- und Konfliktmanagement umfasst die Personalführung *(personnel management)* sowie die Erkennung und Auflösung von Konflikten.

Über das Sachmittelmanagement erfolgt die Planung, Organisation, Durchführung, Kontrolle und Bewertung der Projektziele. Das Projektteam und die Projektleitung im Besonderen sind für die Abwicklung des Projekts und somit auch für das Projektmanagement verantwortlich.

2.1 Personal- und Konfliktmanagement

2.1.1 Projektteam

In Projekten sind viele, neue Aufgaben zu erledigen, die am besten von einem Team übernommen werden. Das Team besteht aus mehreren Personen, die ein gemeinsames Ziel verfolgen. Günstig ist es, wenn alle am Projekt beteiligten Abteilungen im Team vertreten sind. Dabei steht jedes Teammitglied *(team member)* mit den anderen in sozialem Kontakt. Die Kommunikation zwischen den Mitgliedern ist direkt und vielfältig. Der Teamleiter *(team leader)* hat dabei die Aufgaben, das Team nach außen zu vertreten und nach innen zu leiten.

Der Erfolg einer funktionierenden Teamarbeit *(teamwork)* gründet sich auf verschiedene Faktoren:

- Teams zeigen hohe Einsatzbereitschaft *(readiness for action)* und hohes Engagement.
- Teams sind flexibel, weil ihre Mitglieder nicht auf eine Rolle festgelegt sind.
- Teams identifizieren sich mit ihrer Aufgabe, weil ihre Mitglieder gemeinsame Werte und eine gemeinsame Teamkultur *(team culture)* haben.
- Teammitglieder kommunizieren miteinander und respektieren sich.
- Teams sind motiviert, weil jedes Mitglied weiß, welchen Sinn seine Arbeit hat.

Bei richtiger Teamzusammensetzung arbeiten die Teammitglieder gerne und erfolgreich, weil sie ihre Arbeitsstrukturen selbst gestalten oder mitgestalten können. Der **Teamgeist** *(team spirit)* ist aber nicht mit der Zusammenstellung eines neuen Teams vorhanden, sondern muss sich entwickeln.

2.1.2 Teamuhr

Im Entwicklungsprozess *(development process)* eines Teams werden auf der einen Ebene Sachfragen geklärt und gleichzeitig auf der emotionalen Ebene Beziehungen geknüpft. Die **Sachebene** *(factual level)* ist durch den Projektauftrag bestimmt. Im Mittelpunkt stehen das Projektziel und dessen Umsetzung.

[1] DIN 69901

Die **Beziehungsebene** *(relationship level)* wird durch die Persönlichkeiten *(character)* der Gruppenmitglieder und deren Lebenserfahrungen *(experiences of life)* bestimmt. Im Mittelpunkt steht hier die Frage, wie die Beziehungen im Team aussehen und welche Bedeutung diese für das Team und seine Arbeit haben.

Ein neu zusammen gestelltes Team durchlebt mehrere Phasen, bevor es seine volle Leistungsfähigkeit erreicht. Die **Teamuhr** (Bild 1) beschreibt die Phasen der Teamentwicklung *(team building)* und den Entwicklungsstand *(stage of development)* des Teams. Bei der Zusammensetzung des Teams spielen die fachlichen Qualifikationen der einzelnen Mitglieder eine entscheidende Rolle. Aber genauso wichtig sind ihre sozialen Fähigkeiten. Die Teammitglieder müssen auch als Menschen zueinander passen, damit das Team möglichst zügig seine volle Leistungsfähigkeit entwickeln kann.

Forming

In der Formierungsphase *(forming)* lernen sich die Teammitglieder kennen und tasten sich gegenseitig ab. Sie ist geprägt durch Höflichkeit, vorsichtiges **Abtasten** und Streben nach Sicherheit. Alle fragen sich wohl, wer unterhalb der Teamleitung das Sagen und den größten Einfluss hat. Jeder möchte als gutes Teammitglied akzeptiert werden, gleichzeitig auch „seinen" Platz innerhalb der Gruppe einnehmen.

Storming

Die Konfliktphase *(storming)* ist durch unterschwellige Konflikte, Selbstdarstellung *(profiling)* der Teammitglieder, den Kampf um Führungsplätze und Cliquenbildung geprägt. Die Teammitglieder finden gegenseitig heraus, wer welchen Platz in der Gruppe hat. Dies ist nur möglich, wenn die Personen die Höflichkeit *(politeness)* ablegen und ausprobieren, wie weit sie im Team gehen können. Diese Phase ist ein wichtiger Schritt in der Teamentwicklung und **keine Störung**. Die Konflikte und Auseinandersetzungen sind ein notwendiger Schritt innerhalb der Teamentwicklung.

Norming

In der Regelphase *(norming)* entwickeln sich neue Gruppenstandards und neue Umgangsformen *(manners)*. Meist steht jetzt nicht die Leistung des Teams im Mittelpunkt, sondern Überlegungen zur gegenwärtigen Situation des Teams. Die Teammitglieder sollten in dieser Phase alle empfundenen Schwierigkeiten mit dem Ziel auflisten, gemeinsame „**Spielregeln**" zu vereinbaren. Diese Regeln *(rules)* sollen als Richtschnur für die zukünftige Arbeit gelten. In dieser Phase muss offen miteinander kommuniziert werden, um die Krise zu überwinden.

Performing

In der Arbeitsphase *(performing)* erreicht das Team seine volle Leistungsfähigkeit. Das gestiegene Selbstvertrauen des Teams führt dazu, dass sich die Mitglieder den auftretenden Schwierigkeiten stellen. Sie versuchen, eine von allen getragene Problemlösung zu finden. Sie spornen sich gegenseitig

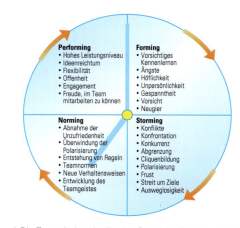

1 Die Teamuhr beschreibt den Stand der Teamentwicklung

an und sind stolz auf erzielte Ergebnisse. Das selbstbewusste *(self-confident)* Handeln fördert die Freude an der Teamarbeit. Alle Mitglieder freuen sich, im Team mitarbeiten zu können. Es ist ein **Teamgeist** („Wir-Gefühl") *(team spirit)* entstanden, der durch Offenheit, Solidarität, Flexibilität und zielgerichtetes Handeln geprägt ist. Die Führungsrolle *(leading role)* ist nicht mehr eindeutig dem Teamleiter zugeordnet. Sie geht an andere Gruppenmitglieder, je nach Diskussionsstand, über. Die Verantwortung für das Ergebnis wird nicht mehr allein beim Teamleiter gesehen, sondern beim gesamten Team. Dieses hat jetzt das Optimum seiner Leistungsfähigkeit erreicht.

> **MERKE**
>
> In einem neu zusammengestellten Team laufen die vier Teamentwicklungsphasen nahezu gesetzmäßig ab. Das Team kann lediglich die Intensität und die Dauer der Phasen durch sein Verhalten beeinflussen.

2.1.3 Konflikte und deren Bewältigung

Ähnlich wie bei einem Eisberg (Bild 2) gibt es auch in der zwischenmenschlichen Kommunikation *(interpersonal communi-*

2 Eisbergmodell

2.1 Personal- und Konfliktmanagement

1 Probleme und Chancen von Konflikten

cation) im Team zwei Ebenen. Eine, die für jeden sichtbar ist und eine andere, die sich unter der Oberfläche im Verborgenen befindet.

Auf der **Sachebene** *(factual level)* geht es um die sachlichen Themen, Fakten, Aufgabenstellungen und Lösungsmöglichkeiten. Das Teammitglied stellt sich hier z. B. folgende Fragen:
- Was ist unser Projektziel?
- Was habe ich zu tun?
- Welche Unterstützung benötige ich?
- Wie weit ist das Projekt fortgeschritten?

Auf der **Beziehungsebene** *(relationship level)* geht es um Gefühle (Emotionen), persönliche Erfahrungen und Erwartungen, Hoffnungen und Ängste. Das Teammitglied hat z. B. folgende Fragen und Einstellungen:
- Was wird von mir erwartet?
- Was darf ich und was darf ich nicht?
- Wie werde ich im Team behandelt?
- Ich mag die Kollegin A nicht.
- Bei der Aufgabe habe ich Angst, dass ich versage.
- Ich freue mich darauf, mit dem Kollegen B zusammenzuarbeiten.

Beide Ebenen stehen in einer engen Wechselbeziehung *(interaction)*. In Teams geschieht es oft, dass auf der Sachebene ein **Konflikt** entsteht, dessen Ursachen eigentlich auf der Beziehungsebene liegen. Konflikte behindern einerseits die Teamarbeit, kosten Zeit und belasten die Arbeitsatmosphäre. Andererseits sind sie jedoch der Motor für Veränderungen (Bild 1).

> **MERKE**
> Der richtige Umgang mit Konflikten ist eine wichtige Voraussetzung für den Projekt- und Teamerfolg *(team success)*. Wo keine Auseinandersetzungen bzw. Konflikte stattfinden, gibt es auch keine Veränderung.

Obwohl Konflikte sehr unterschiedlich verlaufen können, besitzen sie meist ein ähnliches Ablaufschema (Bild 3):

2 Konfliktschema

Konfliktentstehung *(origin of conflict)*

Bei einem Konflikt prallen die Interessen von zwei oder mehreren Parteien aufeinander. Die Parteien verfolgen ihre unterschiedlichen Interessen mit großer innerer Anteilnahme. Wut, Aggression, aber auch Angst und Enttäuschung zeigen, dass eine Lösung auf der Sachebene alleine nicht möglich ist, sondern die Beziehungsebene einzubeziehen ist (Bild 3). Die Gefahr der Konfliktentstehung im Team ist umso größer,
- je unterschiedlicher die Kenntnisse und Erfahrungen sind
- je verschiedener die kulturellen Hintergründe sind
- je unklarer die Rollen, Funktionen und Kompetenzen sind und

3 Konfliktentstehung

- je weniger die Projektziele definiert, bekannt und verstanden wurden

Überlegen Sie!

1. Nennen Sie Teams, in denen Sie tätig waren oder sind, bei denen Konflikte auftraten.
2. Welches sind nach Ihrer Meinung die Konfliktursachen?

Konfliktwahrnehmung (cognition of conflict)

Das frühzeitige Wahrnehmen von Konflikten ist nicht immer einfach. Bevor der Konflikt offen ausbricht, ist häufig folgendes Verhalten zu beobachten:
- **Aggressivität** *(aggressiveness)* und **Feindseligkeit** *(animosity)*: z. B. unfreundlicher Umgang, verbale Attacken, ironische Bemerkungen, böse Blicke usw.
- **Desinteresse**: z. B. Unaufmerksamkeit *(inattentiveness)*, Vermeidung von Augenkontakt *(eye contact)*, Dienst nach Vorschrift *(work-to-rule)* usw.
- **Ablehnung** *(refusal)* und **Widerstand** *(opposition)*: z. B. ständiger Widerspruch, geringe Ansprechbarkeit, Weigerung *(denial)*, Aufgaben zu übernehmen, Blockieren von wichtigen Informationen, Sabotieren von Entscheidungen usw.
- **Uneinsichtigkeit** *(unreasonableness)* und **Sturheit** *(obstinacy)*: z. B. rechthaberisches Verhalten, kaum Änderungsbereitschaft, keine Kompromissbereitschaft *(give-and-take)* usw.
- **Flucht**: z. B. Abwesenheit, Bevorzugung anderer Arbeiten usw.
- **Nichteinhalten von Vereinbarungen**: z. B. Unpünktlichkeit *(tardiness)*, Unzuverlässigkeit *(unreliability)* usw.

Die gesendeten Signale sind umso leichter zu interpretieren, je besser sich die Teammitglieder kennen, weil sie dann als Verhaltensänderungen leichter zu erkennen sind.

Konfliktanalyse (analysis of conflict)

Um Konflikte behandeln und lösen zu können, ist eine Analyse des Konflikts nötig. Dabei sollten folgende Fragestellungen beantwortet werden.
- Welche Personen sind an dem Konflikt beteiligt?
- Wo liegen die Ursachen des Konflikts (Sach- oder Beziehungsebene)?
- Welche Ziele verfolgen die beteiligten Parteien?
- Welche Macht- und Einflussmöglichkeiten haben die Gegner?
- Wie wichtig ist die Streitfrage?
- Wer hat den größten Gewinn, wenn der Konflikt nicht gelöst wird?

> **MERKE**
> Ein Konflikt sollte nicht nur vom eigenen Standpunkt betrachtet werden. Wichtig ist es, sich in die Situationen aller beteiligten Parteien zu versetzen, um deren Motive verstehen zu können.

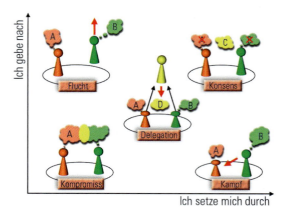

1 Typische Konfliktlösungsmöglichkeiten

Konfliktreaktionen (reaction to conflict)

Bei Konflikten lassen sich fünf Grundmuster der Konfliktbewältigung *(conflict resolution)* beobachten (Bild 1). Immer geht es darum, die eigenen Interessen mehr oder weniger durchzusetzen. Allerdings stellt sich die Frage, welcher Preis dafür zu zahlen ist.

Flucht *(flight)* ist das einfachste und älteste Muster der Konfliktlösung. Der Konflikt wird verdrängt oder geleugnet bzw. „unter den Teppich gekehrt". Damit wird der Konflikt aber nicht gelöst. Die Ursache, die zum Konflikt geführt hat, bleibt erhalten, da eine Partei sich der Auseinandersetzung entzieht. Der Angreifende kann seine Interessen nicht durchsetzen. Der Fliehende räumt das Feld. Da der Konflikt nicht wirklich gelöst wurde, gibt es keinen Verlierer und keinen Gewinner.

Kampf *(fight)* ist das Gegenteil zur Flucht. Jede der Parteien will den Konflikt für sich entscheiden. Der Gegner wird entweder vernichtet oder unterworfen. Der Konfliktgegner wird abgestempelt, zum Sündenbock gemacht, auf ein Abstellgleis gestellt oder aus dem Projekt gedrängt. Die unterlegene Partei muss die Lösung der überlegenen übernehmen.

Bei der **Delegation** *(delegation)* übertragen die Konfliktgegner die Lösung des Konfliktes an eine übergeordnete Instanz (z. B. einen Vorgesetzten). Beide Parteien unterwerfen sich der durch die neutrale Stelle gefundenen Lösung. Es gibt weder Sieger noch Verlierer. So lange die neutrale Instanz anerkannt ist, ist es eine sichere und verbindliche Lösung. Mediationen haben auch das Ziel, dass die Konfliktgegner ihr Gesicht wahren können.

Beim **Kompromiss** *(compromise)* kommen die Konfliktparteien schrittweise durch Verhandlungen zu einer Einigung. Jede Partei rückt allmählich von ihrer ursprünglichen Position ab. Das ist nur möglich, wenn beide Seiten eine Lösung durch Verhandeln anstreben. Durch den Kompromiss wird eine für beide Seiten tragbare Lösung gefunden.

Der **Konsens** *(consensus)* ist die ideale Lösung für Konflikte. Er ist die einzige Möglichkeit, Konflikte wirklich zu lösen, bei denen die Ziele der Parteien genau entgegengesetzt sind. Ein

2.2 Sachmittelmanagement

Beispiel dafür ist, wenn die Kostenstelle des Betriebes die Herstellungskosten des Produkts minimieren und die Konstruktionsabteilung dessen Qualität steigern will. Eine Konfliktlösung ist nur dann möglich, wenn beide Parteien die widersprüchlichen Ziele akzeptieren und bereit sind, sich ernsthaft mit dem anderen Standpunkt auseinanderzusetzen. Die Konfliktlösung ist ein Prozess, der beide Seiten zu einer Lösung zwingt, die sie zum Beginn des Konfliktes nicht sehen. Am Ende entsteht etwas Neues, das die alten widersprüchlichen Teile in sich vereinigt. Bild 1 stellt die Vor- und Nachteile der verschiedenen Konfliktlösungsstrategien *(conflict resolution strategies)* gegenüber.

MERKE

Der Gewinner eines Konflikts, der einen Verlierer zurück lässt, wird meist früher oder später auch zu einem Verlierer. Es ist eine Gewinner-Gewinner-Situation *(win-win situation)* anzustreben.

Lösungs-strategie	Vorteile	Nachteile
Flucht	■ Weg des geringsten Widerstands ■ Sicherheit	■ Scheinlösung ■ Konflikte werden aufgeschoben
Kampf	■ schnelle Konfliktbewältigung ■ Abschreckung	■ Scheinlösung ■ Rachegefühle
Delegation	■ schnelle und sachliche Konfliktlösung	■ Schiedsspruch wird nicht akzeptiert
Kompromiss	■ Verhandlung ■ Interessen aller werden berücksichtigt	■ hoher Zeitaufwand ■ Gefahr der Manipulation
Konsens	■ endgültige Lösung ■ positive Wirkung	■ hohe Anforderungen an die Beteiligten ■ hoher Zeitaufwand

1 Typische Konfliktlösungsmöglichkeiten

2.2 Sachmittelmanagement

In einem Projekt sind sehr viele, voneinander abhängige Aufgaben von verschiedenen Menschen zu unterschiedlichen Zeiten durchzuführen. Je nach Umfang des geplanten Projekts können die Aufgabenstellungen sehr umfangreich und komplex sein. Nachdem der Projektauftrag *(project order)* eindeutig definiert ist, wird bei der weiteren Projektplanung schrittweise vorgegangen (Bild 2). Die Planung ist dabei ein **dynamischer Prozess**, wobei oft einmal festgelegte Plandaten *(planning data)* durch neue Erkenntnisse der nachfolgenden Planungsschritte verändert werden müssen.

2.2.1 Projektstrukturplan

Zum Beginn der Planung wird das Projekt in überschaubare und abgrenzbare Aufgaben zerlegt, um einen Überblick für alle

2 Schritte der Projektplanung

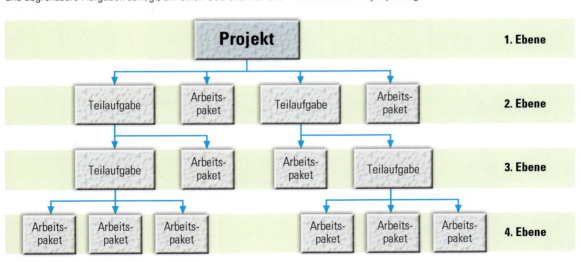

3 Projektstrukturplan

notwendigen Aktivitäten zu erhalten. Anschließend sind die gesamten Aktivitäten zu ordnen. Der **Projektstrukturplan (PSP)** (Seite 627 Bild 3) gliedert die Aktivitäten hierarchisch in
- **Teilaufgaben** *(subtasks)*: Projektteile, die noch weiter aufgegliedert werden können und
- **Arbeitspakete** *(work packages)*: Projektteile, die nicht weiter aufgegliedert sind und die auf beliebigen Gliederungsebenen liegen können[1].

MERKE

Im Projektstrukturplan ist das **WAS** und nicht das **WIE** so genau zu beschreiben, dass die nachfolgenden Planungsschritte durchführbar sind.

Projektstrukturpläne können objekt-, funktionsorientiert *(object-, function-oriented)* oder aus einer Mischung von Objekt- und Funktionsorientierung gegliedert werden.

Die **objektorientierte Gliederung** zerlegt den Projektgegenstand, d. h., die Spritzgießform in einzelne Komponenten, Baugruppen und möglicherweise auch Einzelteile. Bild 1 zeigt einen Ausschnitt für eine objektorientierte Gliederung für das Spritzgießwerkzeug. Dabei sind lediglich die Arbeitspakete für das Formgebungssystem beschrieben.

Mit der objektorientierten Gliederung wird aber nur ein Teilbereich des Gesamtprojekts erfasst. Wichtige Teile wie z. B. die Konstruktion oder die Tests der Maschine sind im Projektstrukturplan nicht enthalten. Bei einer **funktionsorientierten Gliederung** *(function-oriented structure)* (Seite 629 Bild 2) kann auf der zweiten Ebene nach den großen Funktionsbereichen des Betriebs strukturiert werden. So besteht im Projektstrukturplan die Möglichkeit, die Struktur der Ablauforganisation des Betriebes darzustellen.

Es gibt oft auch Projektstrukturpläne, in denen beide Gliederungsprinzipien verwirklicht sind.

Beim Erstellen der Projektstrukturpläne gibt es zwei Möglichkeiten:
- Ausgehend von der zweiten Ebene werden die Teilaufgaben immer mehr nach unten verfeinert, bis nur noch Arbeitspakete vorliegen *(top-down)*
- Ausgehend von der untersten Ebene werden die einzelnen Arbeitpakete bzw. Teilaufgaben nach oben hin zu größeren Teilaufgaben zusammengefasst, bis die zweite Ebene erreicht ist *(bottom-up)*.

2.2.1.1 Arbeitspakete

Die Arbeitspakete müssen so beschrieben werden, dass ihre Erfüllung anhand der Beschreibung überprüfbar ist. Ihre Beschreibung soll Auskunft auf folgende Fragen geben:
- Zu welcher Teilaufgabe gehört das Arbeitspaket?
- Welche Tätigkeiten sind durchzuführen?
- Welche Voraussetzungen müssen vorliegen?
- Wer ist für das Arbeitspaket verantwortlich?
- Zu welcher Zeit ist das Arbeitspaket abzuarbeiten?

Für das Arbeitspaket „Vorschlichten von Trennebene und Kavität" ist die Arbeitspaketbeschreibung auf Seite 629 in Bild 1 dargestellt.

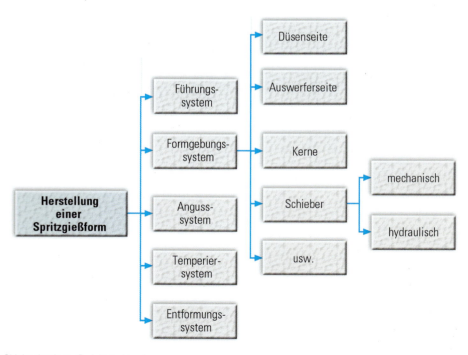

1 Objektorientierter Projektstrukturplan

[1] DIN 69901

2.2 Sachmittelmanagement

Arbeitspaket-Beschreibung

Spritzgießwerkzeug: Grillbesteck
Auftrags-Nr.: 123-12-16
Kunde: Krug

Arbeitspaket:
Vorschlichten von Trennebene und Kavität

Durchzuführende Tätigkeiten:
- Rüsten der Werkzeugmaschine Deckel DMC 105V
- Durchführen der Zerspanung

Voraussetzungen:
Normalien und Werkzeuge sind vorhanden

Arbeitspaketverantwortlicher:
Thomas Werner

Geplante Termine:

Beginn: 16.02.2016
Ende: 18.03.2016

1 Beschreibung für ein Arbeitspaket

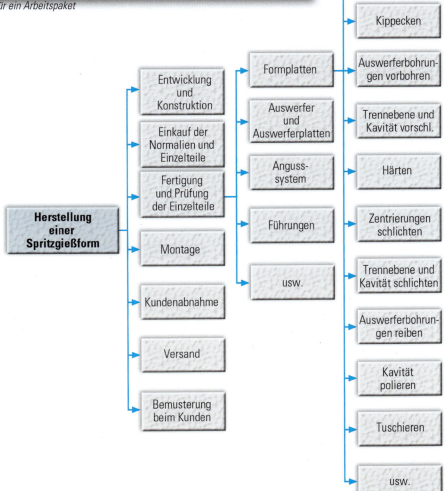

2 Funktionsorientierter Projektstrukturplan

2.2 Sachmittelmanagement

2.2.1.2 Meilensteine

> **MERKE**
> Meilensteine *(milestones)* sind wichtige Ereignisse im Projektverlauf[1] und markieren den Abschluss von wichtigen Projektschritten.

Meilensteine sind meist Zwischenziele im Projekt. Erst nach dem Erreichen des jeweiligen Meilensteins ist ein weiterer Fortschritt im Projekt möglich.
rh-tooling hat für das Projekt „Spritzgießwerkzeug für Grillbesteck" die folgenden Meilensteine festgelegt:
- Auftragseingang
- Ende der Konstruktion
- Ende der Normalienbeschaffung
- Ende der Zerspanung
- Ende der Montage
- Ende der Kundenabnahme im Werk
- Ende Bemusterung beim Kunden

Die Meilensteine werden terminiert. Sie unterstützen die Überwachung des Projektfortschritts. Während der Projektdurchführung ist darauf zu achten, dass die Meilensteine eingehalten werden. Da sie Ereignisse darstellen, kann eindeutig festgestellt werden, ob sie erreicht wurden oder nicht.

2.2.2 Projektablaufplan

Nachdem bestimmt wurde, welche Aufgaben zu erledigen sind, sind nun die Zeiten für die Arbeitspakete und deren Reihenfolge festzulegen. Bei der Erstellung des Projektablaufplans sind folgende Fragestellungen zu beantworten:
- Welche Zeiten sind für die einzelnen Arbeitspakete nötig?
- Welches ist die logische Reihenfolge für das Abarbeiten der Arbeitspakete?
- Welche Arbeitspakete können parallel bearbeitet werden?
- Welche Termine ergeben sich daraus?

Der Projektplaner schätzt die Zeiten für die einzelnen Arbeitspakete. Diese Schätzung ist umso sicherer, je mehr Erfahrungen mit ähnlichen Projekten vorliegen. Für das Projekt „Spritzgießwerkzeug für Grillbesteck" sind die geschätzten Zeiten in Bild 1 dargestellt.
Die logische Reihenfolge der Arbeitspakete und der sich daraus ergebende Terminplan *(appointment schedule)* entstehen aus den Abhängigkeiten und geschätzten Zeiten der Arbeitspakete. So ist es z. B. nicht möglich, Baugruppen zu montieren, bevor die dafür erforderlichen Einzelteile bereitgestellt sind. Mithilfe von spezieller Software[2] lassen sich die Beziehungen der Arbeitspakete leicht herstellen und grafisch darstellen.
Im **Gantt-Diagramm**[3] *(Gantt chart)* (Seite 631 Bild 1) ist die Projektplanung übersichtlich dargestellt, sodass die Beziehungen und Abhängigkeiten der Arbeitspakete zu erkennen sind. Das Härten der Formplatten ist z. B. erst möglich, wenn diese komplett vorgeschlichtet sind. Daher weist im Gantt-Diagramm auf dieses Arbeitspaket ein Pfeil, der das Ende des Vorschlichtens mit dem Beginn des Härtens der Formplatten verbindet.

Entwicklung und Konstruktion	
Konstruktion des Spritzgießwerkzeugs „Grillbesteck"	12 Tage
Stücklisten- und Zeichnungserstellung	2 Tage
Einkauf und Materialwirtschaft	
Bestellung der Normalien	1 Tag
Lieferung der Normalien	5 Tage
Fertigung der Einzelteile	
CAM-Programmierung	1 Tag
Vorschlichten Formgebungssystem	3 Tage
Zentrierungen	1 Tag
Entformungssystem	1 Tag
Angusssystem	1 Tag
Temperiersystem	1 Tag
Härten der Formplatten	7 Tage
Schlichtbearbeitung	4 Tage
Montage und Handarbeit	
Montage der Einzelteile	1 Tag
Tuschieren	2 Tage
Polieren der Kavitäten	4 Tage
Endabnahme intern	1 Tag
Kundenabnahme	
Kundenabnahme mit Kunden	1 Tag
Versand	
Verpackung	1 Tag
Transport zum Kunden	2 Tage
Bemusterung beim Kunden	
Bemusterung beim Kunden	1 Tag

1 Zeiten für die einzelnen Arbeitspakete

> *Überlegen Sie!*
> 1. Welche Arbeitspakete legen den Start für das Vorschlichten des Formgebungssystems fest?
> 2. Wodurch wird der Start der Montage und Handarbeit bestimmt?
> 3. Welche Gründe sprechen für die gewählten Meilensteine?

2.2.3 Ressourcen- und Kostenplanung

Ressourcen sind Personal- und Sachmittel, die zur Durchführung von Vorgängen, Arbeitspaketen oder Projekten benötigt werden[4]. Dazu gehören:
- Personen: Mitarbeiter, Experten, Berater usw.
- Material: Werk-, Hilfs-, Rohstoffe usw.
- Ausstattung: Räume, Maschinen, Computer usw.

Bei der **Ressourcenplanung** des Projekts muss das Projektteam folgende Schritte unternehmen:
- Ermitteln des Bedarfs
- Feststellen der Verfügbarkeit
- Vermeiden von Überlastungen

damit die Arbeitspakete zu den geplanten Terminen abgeschlossen werden können.
Nachdem die Ressourcen dem Projekt zugeteilt wurden, kann die Kostenplanung erfolgen.

---
1) DIN 69900   2) z. B. MS-Project   3) Henry L. Gantt, amerikanischer Ingenieur und Unternehmensberater, 1861–1919   4) DIN 69901-1, -5

2.2 Sachmittelmanagement

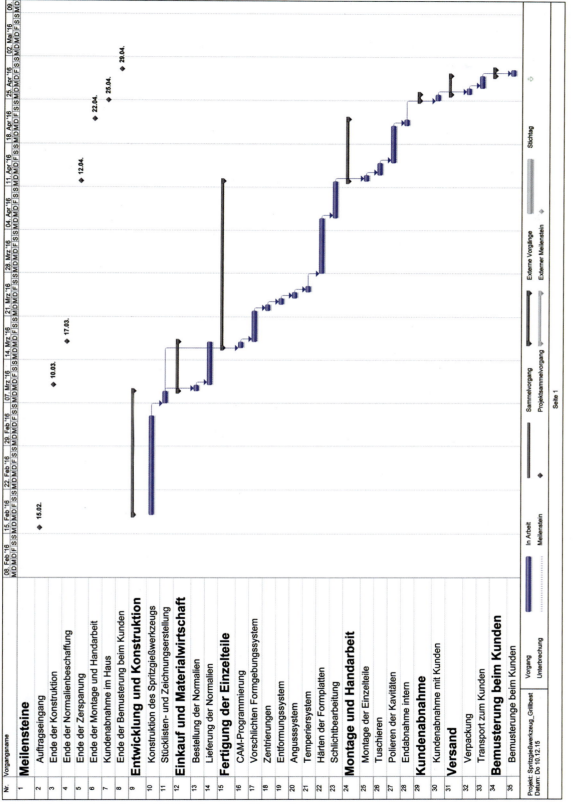

1 Projektablaufplan mit Terminen und Meilensteinen (Gantt-Diagramm)

Dazu werden die Kosten für
- Personal,
- Material und
- Ausstattung

für jede geplante Projektwoche ermittelt. Dadurch ist es möglich, den wöchentlichen Finanzierungsbedarf für das Projekt zu bestimmen. Wird bei der Kostenplanung festgestellt, dass der vorgegebene Kostenrahmen nicht einzuhalten ist, hat das Konsequenzen für das gesamte Sachmittelmanagement. So kann es z. B. erforderlich werden, günstigere Fertigungs- und Montagemethoden zu entwickeln oder kostengünstigere Werkstoffe bzw. Zukaufteile zu verwenden.

ÜBUNGEN

1. Welche Ziele verfolgt das Projektmanagement?
2. Worauf basiert der Erfolg einer funktionierenden Teamarbeit?
3. Unterscheiden Sie bei der Projektarbeit Sach- und Beziehungsebene.
4. Beschreiben Sie die Phasen der Teamentwicklung.
5. Nennen Sie Gründe für das Entstehen eines Konflikts.
6. Woran können Sie erkennen, dass ein Konflikt vorliegt?
7. Beschreiben und bewerten Sie Konfliktreaktionen.
8. Wozu dient der Projektstrukturplan?
9. Nach welchen Kriterien können Projektstrukturpläne gegliedert sein?
10. Erstellen Sie einen Projektstrukturplan für ein selbst gewähltes Projekt.
11. Welche Anforderungen sind an die Beschreibung eines Arbeitspakets zu stellen?
12. Wozu dienen Meilensteine bei der Projektplanung?
13. Legen Sie Meilensteine für Ihr selbst gewähltes Projekt fest.
14. Welche Aufgabe hat ein Projektablaufplan?
15. Erstellen Sie einen Projektablaufplan für Ihr selbst gewähltes Projekt.
16. Erklären Sie die Begriffe „Ressourcenplanung" und „Kostenplanung".

3 Projektdurchführung

3.1 Übernahme und Erledigung der Arbeitspakete

Die Firma rh-tooling besitzt eine **Matrixorganisation** *(matrix organisation)* (Bild 1). Die verschiedenen **Abteilungen** *(departments)* sind für unterschiedliche Aufgaben zuständig. Sie besitzen die Verantwortung für ihren Fachbereich. Die **Projekte** werden von verschiedenen Projektteams organisiert. Die Teams besitzen die Verantwortung für das von ihnen betreute Projekt. Sie verteilen zu den entsprechenden Terminen die Arbeitspakete an die jeweiligen Fachbereiche oder Abteilungen.

Jeder Projektleiter möchte sein Projekt fristgerecht *(in due time)* abschließen und daher von den Fachabteilungen die Arbeitspakete zum vorgesehenen Zeitpunkt erledigt wissen. Oft sind die Projektleiter gegenüber den Fachabteilungen nicht weisungsbefugt. Wenn dann nicht ausreichende Ressourcen in den Fachabteilungen zur Verfügung stehen, kann das zu Konflikten zwischen Projekt- und Abteilungsleitung führen.

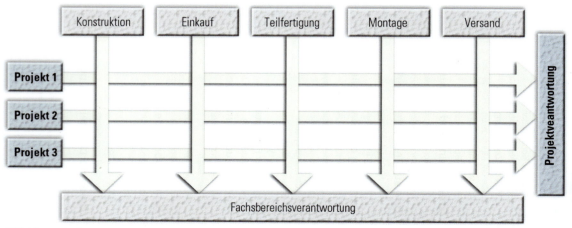

1 Matrixorganisation

3.1 Übernahme und Erledigung der Arbeitspakete

Die Projektdurchführung beginnt in der Konstruktionsabteilung. Nach der Übernahme der Artikeldaten ist zunächst die Formteilung zu definieren. Da alle drei Besteckteile nicht über eine ebene Trennfläche entformen lassen, sind die Trennflächen den Besteckteilen anzupassen (Bild 1).

Überlegen Sie!

1. Warum lässt sich das Messer nicht über eine ebene Trennfläche entformen?
2. Die Trennfläche für Löffel und Gabel sind teilweise gleich und teilweise unterschiedlich. Begründen Sie, welche Bereiche gleich sein können und welche unterschiedlich sein müssen.

Als nächstes legt die Fachkraft die Normalien für die Form fest. Darauf aufbauend sind alle erforderlichen Einzelteile und Baugruppen der Spritzgießform „Grillbesteck" (Bilder 2 und 3) zu konstruieren. Die im Bild 2 mit „A" gekennzeichnete Trennfläche steht gegenüber den angrenzenden Flächen „B" um 0,5 mm vor, damit die Tuschierarbeit reduziert und die Abdichtung verbessert wird. Die konischen Flächen „C" dienen zur zusätzlichen Zentrierung der Form, damit kein Grat an den Besteckteilen entsteht.

Überlegen Sie!

Benennen Sie die mit Ziffern bezeichneten Einzelteile der auswerferseitigen Werkzeughälfte und geben Sie deren Aufgaben an.

Im Bild 3 ist der Angusskanal „A" zu erkennen, der zu den Tunnelanschnitten führt.

Überlegen Sie!

1. Benennen Sie die mit Ziffern bezeichneten Einzelteile der düsenseitigen Werkzeug-hälfte und geben Sie deren Aufgaben an.
2. Wozu dienen die mit „B" gekennzeichneten Nuten in der düsenseitigen Formplatte?

In der Konstruktionsabteilung stehen genügend Ressourcen bereit, um den vom Projektmanagement gesetzten Meilenstein einhalten zu können. Ist das Werkzeug komplett konstruiert und sind die Stückliste und die technischen Unterlagen für die Fertigung und den Kunden erstellt, erhält das Projektteam von der Konstruktionsabteilung die Information, dass das von ihr übernommene Arbeitspaket erledigt ist.

Damit stehen **Einkauf und Materialwirtschaft** *(purchasing and materials administration)* alle erforderlichen Informationen zur Bestellung der speziellen Einzel- und Normteile für das Werkzeug zur Verfügung. Alle benötigten Normalien, Normteile und Halbzeuge werden bestellt bzw. deren Fertigung veranlasst. Gleichzeitig werden die Liefertermine überwacht und wenn nötig angemahnt. Die Firma rh-tooling stellt nicht alle Fertigungsteile im eigenen Haus her. Bauteile werden teilweise von Zulieferern bezogen. Das erfordert wegen der Vereinbarungen, die mit den Lieferanten zu treffen sind, eine entsprechende Vorlaufzeit. Mit den Zulieferern sind dabei zu vereinbaren,

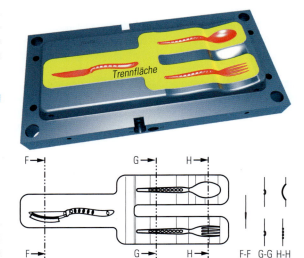

1 Trennflächen für Grillbesteck

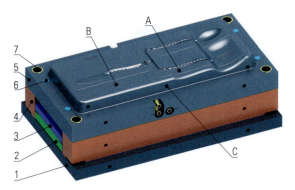

2 Auswerferseite der Spritzgießform für Grillbesteck

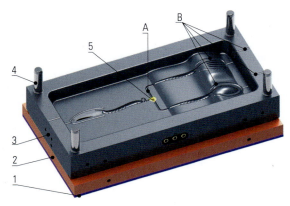

3 Düsenseite der Spritzgießform für Grillbesteck

- wie die technischen Ausführungen erfolgen sollen,
- wodurch die Qualitätssicherung *(quality assurance)* gewährleistet ist,
- welche Menge zu welchen Terminen zu liefern ist,
- welche Preise zu welchen Terminen zu zahlen sind.

Die **Fertigungsabteilung** erhält von der Materialwirtschaft die Aufträge über die Teile, die im eigenen Haus herzustellen sind. Für die Spritzgießform sind vorrangig Fräs- und Drehteile herzustellen. Diese werden als Aufträge den verschiedenen Maschinen terminlich zugeordnet. Dadurch ist es möglich, eine gleichmäßige Auslastung der Maschinen zu planen und umzusetzen. Die erforderlichen Materialien mit den dazu gehörenden Aufträgen werden bereitgestellt. Für die auswerferseitige Formplatte erhält der Maschinenbediener die Rohlinge und die **Auftragsbegleitkarte (Bild 1)**. Bevor er mit dem Rüsten der Fräsmaschine beginnt, scannt er den Barcode auf dem Auftrag ein (Bild 2). Damit wird der Beginn der Auftragsbearbeitung *(purchase order processing)* erfasst. Die nun anfallenden Arbeits- und Maschinenzeiten werden auf den gescannten Auftrag gebucht. Nach Abschluss der Fräsbearbeitung wird der gleiche Barcode erneut gescannt und damit dokumentiert, dass der Auftrag abgeschlossen ist.

Mithilfe des **PPS-Systems**[1)] werden ständig die Fertigungstermine überwacht und die anfallenden Kosten erfasst, die das

2 *Zeiterfassung mit Scanner*

Auftragsbegleitkarte

rh-tooling GmbH

Ausstelldatum:	26.01.2016	Plantermin:	20.04.2016
Auftrag:	**04463-00**	Konstrukteur:	**Hebel, Peter**
Bezeichnung:	**Spritzgießwerkzeug "Grillbesteck"**		
SL-Pos.:	**12**		
Bez.:	**Formplatte (Auswerferseite)**		

Arbeitsfolge / Bemerkung	Sollzeit in h	Planbeginn (FM)	Plantermin (SM)	Datum/ Name geprüft
CAM Fräsen komplett 04463-00-0/12>0010	3	16.03.2016 ‖‖‖‖	16.03.2016	
Deckel DMC 105V Bohren, Schruppen, Vorschlichten 04463-00-0/12>0020	24	17.03.2016 ‖‖‖‖	21.03.2016	
Wärmebehandlung Härten 04463-00-0/12>0030		28.03.2016 ‖‖‖‖	05.04.2016	
Montage/Handarbeit Montieren, Schleifen, Polieren, Tuschieren 04463-00-0/12>0090	28	12.04.2016 ‖‖‖‖	21.04.2016	

1 *Auszug aus der Auftragsbegleitkarte für die auswerferseitige Formplatte*

[1)] Siehe Lernfeld 10, Kap. 1.4

Projektteam mit den geplanten vergleicht. Dieser Soll-Istwert-Vergleich ist nötig, um frühzeitig Fehlentwicklungen zu erkennen und entsprechende Steuerungsmaßnahmen einzuleiten. Ebenso wie die auswerferseitige Formplatte (Bild 1) werden alle anderen Fräs- und Drehteile dem Teilelager zugeführt.

Das **Teilelager** *(parts depot)* befindet sich in der Montagehalle *(assembly hall)*. Die Mitarbeiter stellen zunächst alle Fertigungs- und Normteile zusammen, die für die Montage des Werkzeugs benötigt werden.

Auch in der **Montage- und Handarbeitsabteilung** *(assembly and manual labour department)* erfolgt die projektspezifische Zeiterfassung durch Einscannen des Montageauftrags *(assembly order)*. Neben den Baugruppen-, und Gesamtzeichnungen stehen den Fachkräften kostengünstige **3D-Viewer** zur Verfügung, die es erlauben, das Werkzeug oder Teile des Werkzeugs darzustellen, ohne teurere CAD-System zu nutzen und ohne Änderungen am Datensatz vornehmen zu können. Bild 2 zeigt das Entformungssystem der Spritzgießform für das Grillbesteck, dargestellt mit einem 3D-Viewer.

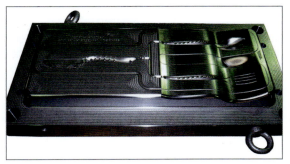

1 Auswerferseitige Formplatte der Spritzgießform für Grillbesteck

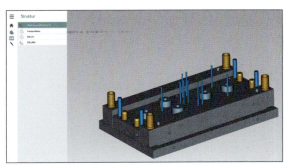

2 Darstellung des Entformungssystems mit einem 3D-Viewer

3.2 Projektüberwachung und -steuerung

Während der Projektdurchführung überwacht das Projektteam vorrangig
- die Entwicklung der Projektkosten *(project costs)*,
- das Einhalten der geplanten Meilensteine.

Es stellt sich dabei immer wieder die gleichen Fragen:
- Sind wir noch termingerecht *(on schedule)*?
- Sind wir noch kostentreu?
- Stimmen die bisherigen Ergebnisse mit den Zielvorgaben überein?
- Müssen Maßnahmen ergriffen werden, um die Zielvorgaben zu erreichen?

Das Projektteam informiert sich ständig über das den Fortschritt der Arbeitspakete und die Kostenentwicklung. Das geschieht durch
- die Rückmeldungen aus den Fachabteilungen,
- die Analyse der Arbeitszeiten, die auf die Arbeitspakete gebucht wurden,
- Kosten für eingegangene Lieferungen und externe Dienstleistungen,
- Besprechungen mit den Abteilungsleitungen,
- Besuche vor Ort und Gespräche mit den Mitarbeitern.

Die Projektüberwachung und -steuerung stützt sich auf definierte Informations- und Kommunikationsprozesse, die von allen Beteiligten eingehalten werden.

Wenn die Arbeitspakete zu dem voraus geplanten Termin abgeschlossen sind, steht einer fristgerechten Lieferung nichts entgegen. Dies ist aber leider nicht immer der Fall. Denn oft stehen die erforderlichen Ressourcen nicht in vollem Ausmaß zur Verfügung, weil sie durch andere Projekte ausgelastet sind. Dann muss vom Projektteam oder von den Leitungen der Fachabteilungen steuernd eingegriffen werden. Um die Ressourcen zu erhöhen, stehen verschiedene Möglichkeiten zur Verfügung.

Aufträge an Zulieferfirmen *(orders for component suppliers)*
Da in der Fräserei ein Engpass aufgetreten ist, werden die für das Projekt benötigten Frästeile bei einem **Lohnfertiger** *(toll manufacturer)* in Auftrag gegeben. Diese Entscheidung trifft die Leitung der jeweiligen Fertigungsabteilung. Bei drei Firmen werden Angebote für die benötigten Frästeile eingeholt. Von den drei Firmen ist es nur zwei möglich, fristgerecht zu liefern. Da beide Firmen aufgrund der bisherigen Erfahrungen die geforderte Qualität liefern können, erhält die preisgünstigere den Zuschlag. Somit wird das Rohmaterial mit den Einzelteilzeichnungen von der Firma rh-tooling zum Lohnfertiger transportiert, der die fertigen Frästeile innerhalb von drei Tagen liefert.

Arbeitszeitkonto *(flextime wage record)*
In vielen Firmen gibt es Arbeitszeitkonten, um die Auftragsschwankungen ausgleichen zu können. Geschäftsleitung und Betriebsrat *(workers' council)* vereinbaren, dass die Mitarbeiter bei sehr guter Auftragslage Mehrarbeit auf ihrem Arbeitszeitkonto ansparen. Verschlechtert sich die Auftragslage, werden die Mehrarbeitsstunden abgebaut. So kann z. B. das persönliche Arbeitszeitkonto ±40 Arbeitsstunden betragen.

Überstunden *(overtime)*

In der Erodierabteilung sind die Ressourcen ausgelastet. Die Arbeitszeitkonten der Mitarbeiter sind gefüllt. Eine externe Erodierbearbeitung ist kurzfristig nicht möglich, sodass für die Mitarbeiter der Erodierabteilung Überstunden angeordnet werden müssen. Dazu ist die **Zustimmung des Betriebsrates** erforderlich. Da die Überstunden mit einem Zuschlag bezahlt werden, verteuern sich nun die zu fertigenden Blechteile. Das wird jedoch in Kauf genommen, weil dadurch der Liefertermin gehalten werden kann.

Zeit- bzw. Leiharbeiter *(temporary and contract worker)*

Wenn alle betrieblichen Mitarbeiter ausgelastet sind, jedoch die anstehenden Arbeiten in der Firma zu erledigen sind, werden oft Zeit- bzw. Leiharbeiter eingesetzt. Sie sind nicht bei der Firma angestellt, bei der sie arbeiten, sondern bei einer Zeit- bzw. Leiharbeitsfirma, die sie gegen Bezahlung ausleiht.

Ressourcen können kurzfristig erhöht werden durch
- Aufträge an Zulieferfirmen
- Arbeitszeitkonten
- Überstunden und
- Zeit- bzw. Leiharbeiter

Wenn Meilensteine nicht zum geplanten Zeitpunkt erreicht werden, die Ergebnisse nicht in der gewünschten Qualität vorliegen oder der Kunde Änderungswünsche hat, sind Eingriffe in den Projektablauf erforderlich. Sowohl die Planung als auch die Durchführung sind davon betroffen. Vereinfacht stellt das einen Regelkreis dar (Bild 1).

3.3 Qualitätsmanagement

Jeder Mitarbeiter ist für die Qualität seiner Arbeit bzw. des von ihm hergestellten Produkts verantwortlich. So bescheinigt die Fachkraft beispielsweise mit ihrer Unterschrift auf der Auftragsbegleitkarte, dass sie die geforderten Tätigkeiten durchgeführt hat (Seite 634 Bild 1). Diese Auftragsbegleitkarte wird wie alle anderen Dokumente im Projektordner abgeheftet, der bei der Firma rh-tooling verbleibt. Auf diese Weise ist auch nach Auslieferung des Spritzgießwerkzeuges nachzuvollziehen, wer welche Arbeiten erledigt hat und auf welche Ursachen eventuelle Störungen zurückzuführen sind.

Für die Qualität der zugelieferten Baugruppen (z. B. Normalien) ist der Zulieferer verantwortlich. Er verpflichtet sich in der **Qualitätssicherungsvereinbarung** *(quality assurance agreement)* mit rh-tooling, dass er alle Vorschriften eingehalten und die entsprechenden Prüfungen an den Normalien durchgeführt hat. Sollte die Lieferung nicht korrekt erfolgen oder die Maßhaltigkeit der Einzelteile nicht gewährleistet, beseitigt der Zulieferer auf seine Kosten den Mangel.

Je früher eine Funktionsstörung erkannt wird, desto geringer sind die Kosten zu deren Beseitigung.

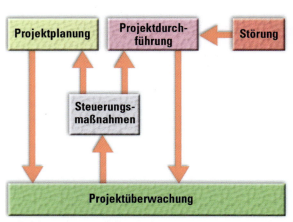

1 Projektmanagement als Regelkreis

ÜBUNGEN

1. Beschreiben Sie die Kennzeichen einer Matrixorganisation.
2. Nennen und beschreiben Sie die Aufgaben der Abteilungen, die in Ihrer Firma bei der Durchführung eines neuen Projekts beteiligt sind.
3. Worauf achtet die Projektüberwachung und -steuerung?
4. Beschreiben Sie Maßnahmen, durch die die Ressourcen erhöht werden können.
5. Warum und wo werden Funktionsprüfungen schon vor der Endmontage durchgeführt?

4 Projektabschluss

Wenn das Werkzeug aus den Einzelteilen zusammengebaut ist und die Trennflächen tuschiert sind, erfolgt die Endabnahme *(final inspection)*.

4.1 Endabnahme

In dieser Phase wird zunächst von dem Montage- und Handarbeitsteam, das Zusammenspiel der einzelnen Komponenten getestet und dokumentiert.

4.1.1 Abnahme durch den Hersteller

Bei der internen Endabnahme *(final acceptance)* führen die Fachkräfte eine Sichtkontrolle durch und prüfen alle Funktionen des Werkzeugs. Die Ergebnisse der Prüfungen werden in der standardisierten Spritzgießwerkzeug-Checkliste (Seite 637 Bild 1) dokumentiert. Damit wird sichergestellt, dass das Werkzeug den Anforderungen des Kunden und des Herstellers entspricht.

4.1 Endabnahme

FB 7.3-3 Seite 1 von 2	Spritzgießwerkzeug-Checkliste					
Kom Nr.:	Bez.:		KD:		Konstrukteur:	
Prüfung von den **Mitarbeitern** auszufüllen		TB	FPS	Bemerkung	Datum / Unterschrift	
ALLGEMEIN						
Kundenpflichtenheft vorhanden	ja ☐ nein ☐					
WZ für Maschine_____						
Zentrierringdurchmesser Ø_____						
alle Bauteile (außer Normt.) beschriftet mit Kom. Nr., Pos. Nr., Mat. Nr.	KD ☐ rh-t ☐					
Werkzeugschild und Temperierschilder angebracht	KD ☐ rh-t ☐					
Transportbrücke mit Kom. beschriftet	ja ☐ nein ☐					
Abstellmöglichkeit vorhanden	ja ☐ nein ☐					
Schwindung _____% nach KD Angabe	ja ☐ nein ☐					
Entlüftungsnut vorhanden (Kundenwunsch)	ja ☐ nein ☐					
Tuschierbild fotografiert	ja ☐ nein ☐					
Beschriftung (Artikelkennz., Index, Logo, Nestkennz. usw.) eingebracht	ja ☐ nein ☐					
Nestkennzeichnung	ja ☐ nein ☐					

1 Auszug aus der Spritzgießwerkzeug-Checkliste

4.1.2 Abnahme durch den Kunden

Ist die Abnahme durch den Hersteller erfolgreich verlaufen, kommt der Kunde zum Werkzeugbauer und überzeugt sich von der Funktionsfähigkeit *(operability)* der Spritzgießform.
Der Kunde ist zufrieden, wenn
- das Werkzeug die im Pflichtenheft vereinbarten Funktionen erfüllen kann und
- eine fristgerechte Lieferung des Werkzeugs gewährleistet ist.

4.1.3 Installation beim Kunden

Der Spediteur *(hauler)* liefert die Spritzgießform beim Kunden an. Meist übernehmen ein bis zwei Monteure die Bemusterung der Form beim Kunden. Sie richten das Werkzeug auf der vorgegebenen Spritzgießmaschine ein (Bild 2). Der Kunde stellt die im Vertrag vereinbarten Anschlüsse für z. B. Formtemperierung und falls erforderlich für die Hydraulik zur Verfügung.

2 In der Spritzgießmaschine aufgespanntes Werkzeug
links: Auswerferseite; rechts: Düsenseite

Die Monteure der Firma rh-tooling bemustern[1] das Werkzeug gemeinsam mit den Vertretern *(representatives)* der Firma Krug Kunststofftechnik. Für das Spritzgießen werden zunächst die vom Kunststoffhersteller empfohlenen Prozessparameter *(process parameters)* eingestellt und anschließend optimiert. Sollten die Füllbedingungen der einzelnen Kavitäten zu unterschiedlich sein, wird das Angusssystem vor Ort optimiert. Wenn die Anforderungen vom Werkzeug erfüllt werden, erfolgt die Einweisung des Bedienungspersonals *(operating staff)*, das weitere Optimieren des Prozesses und der Dauertest.

Wenn der Kunde das Werkzeug abgenommen und das Bemusterungsprotokoll (Bild 1) unterzeichnet hat, ist die Übergabe an den Kunden erfolgt. Ab diesem Zeitpunkt beginnt die Gewährleistung bzw. eine darüber hinausgehende Garantieleistung des Herstellers.

4.1.4 Dokumentationen

Nach Abschluss des Projekts liegen viele Dokumentationen vor, die der Hersteller zum Teil auch dem Kunden aushändigt (Seite 639 Bild 1). Der Anteil der Dokumentationen, die auf Datenträger gespeichert sind, nimmt ständig zu. Der Kunde erhält beispielsweise die Bedienungsanleitung sowohl in Papierform als auch auf CD.

Seite 4 von 5	FB 7.5.2 / 08	Formblatt	rh-tooling GmbH
Änd.Stand A	Änd.Datum / Kurzz. 28.04.2016/	Bemusterungsprotokoll	

Kunde	Krug Kunststofftechnik	Rohstoff	ABS
WKZ- Hersteller	rh-tooling	Kavitäten	3-fach
Artikelname	Grillbesteck	Artikel- Nr./ Index	04463

Abschlussgutachten

	i.O.	n.i.O.	n.vorhanden	Bemerkung
WKZ. Kühlung	☑	☑	☐	Wasseranschluss A2 abgedichtet
Ausstoßer	☑	☐		Nacharbeit bei Löffel erforerlich
Schieber	☐	☐	☑	
Endschalter	☐	☐	☑	
Hydraulik	☐	☐	☑	
Heißkanal	☐	☐	☑	
Kaltkanal (Anschnitt)	☑	☐	☐	
Füllung gleichmäßig	☑	☐	☐	
Gratbildung	☐	☑	☐	Gratbildung am Löffel -> Muster
WKZ. Kennzeichnung	☐	☐	☐	

Checkliste- Gesamtprozess

	ja	nein	Wert/Bemerkung
Füllstudie erstellt	☑		
Siegelzeit ermittelt	☑	☐	
Restfeuchte ermittelt	☐	☑	
WKZ.- Innendruckkurve	☑	☐	
min. Zuhaltekraft ermittelt	☐	☑	wenn Grat abgestellt ist, wird ermittelt
Planzykluszeit möglich	☑	☐	
min. Zykluszeit ermittelt	☑	☐	
Einstellparameter dokumentiert	☑	☐	
EP. unter Kom. Nr. abgespeichert	☑	☐	
Entnahmegreifer vorhanden	☐	☑	
Bild- Dokumentation erstellt	☑	☐	
Kühlanschlussplan	☑	☐	
Allg. Funktion gegeben	☑	☐	
Bemerkung			

1 Auszug aus dem Bemusterungsprotokoll

[1] siehe Lernfeld 12

4.2 Projektbewertung

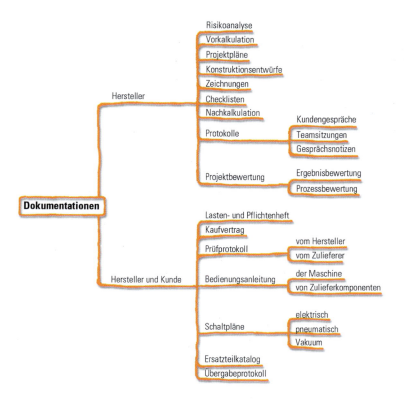

1 Dokumentationen

4.2 Projektbewertung

Nach dem Projektabschluss sollte eine systematische Projektbewertung *(project assessment)* (Projektevaluation) erfolgen, um daraus für die nächsten Projekte die entsprechenden Konsequenzen zu ziehen. In der Praxis gibt es oft Gründe, die das be- oder verhindern. So ist z. B. oft keine oder zu wenig Zeit dafür da, weil die Mitarbeiter schon im nächsten Projekt eingebunden sind. Trotzdem sollte das Projektmanagement sich die Zeit für die Evaluation nehmen. Denn die Fremd- und Eigenbewertung ist die Grundlage für Veränderungen, Verbesserungen und Standardisierung von Prozessen.

Die **Evaluation** *(evaluation)* des Projektverlaufs ist die Basis für Veränderungen und Grundlage eines lernenden Systems.

Bei der Bewertung wird nicht nur das Sachergebnis mit den Zielvorgaben verglichen, sondern auch der Projektprozess analysiert.

4.2.1 Ergebnisbewertung

Spätestens in der Projektabschlusssitzung sind die auf Seite 640 im Bild 1 dargestellten Fragestellungen zu beantworten und in einem Projektabschlussbericht *(projet completion report)* festzuhalten.

Um die Fragestellungen beantworten zu können, ist eine entsprechende Datenbasis erforderlich. Dazu stehen die Daten zur Verfügung, die während der Projektabwicklung *(project handling)* entstanden.

Die **Technologie** (Leistungsfähigkeit des Werkzeugs) wurde während der Bemusterung beim Kunden getestet und ermittelt. Sie wird mit den im Pflichtenheft definierten Werten verglichen, so dass eine eindeutige Bewertung vorgenommen werden kann.

Bei den **Terminen** sind die Soll- und Istwerte ebenfalls leicht gegenüberzustellen und Aussagen über die Termintreue zu treffen.

Die Daten, die nicht während des Projekts dokumentiert wurden, können z. B. mithilfe von Interviews und Fragebögen erfasst werden. Die Befragung soll die Kundenzufriedenheit *(customer satisfaction)* mit dem Projektverlauf und ergebnis ermitteln. Das Profildiagramm (Seite 640 Bild 2) stellt die Ergebnisse übersichtlich dar.

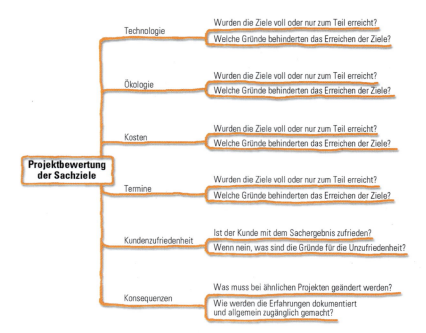

1 Bewertung der Sachziele

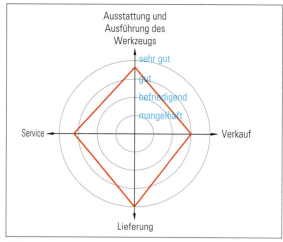

2 Bewertung der Sachziele durch die Firma Krug Kunststofftechnik

4.2.2 Prozessbewertung

Mithilfe von Mitarbeiterbefragungen *(employee survey)* kann ermittelt werden,
- wie die Fachabteilungen die Projektdurchführung unterstützten,
- welche Umstände die Projektdurchführung erschwerten,
- wie das Klima im Projektteam war,
- wo die Organisation verbessert werden könnte.

Die Rückmeldungen zum Prozess und das ständige Bestreben des Herstellers, die Projektabwicklung zu optimieren führten zu standardisieren Projektabläufen.

ÜBUNGEN

1. Wie erfolgt in Ihrem Betrieb die Endabnahme?
2. Welche Protokolle und Dokumentationen entstehen bei der Projektabwicklung?
3. Beschreiben Sie die Bedeutung des Übergabeprotokolls.
4. Aus welchen Gründen werden Projektbewertungen vorgenommen?
5. Unterscheiden Sie Ergebnis- und Prozessbewertung.
6. Entwickeln Sie einen Fragebogen zur Kundenbefragung zu dem von Ihnen selbst gewählten Produkt.

5 Planning and realizing a technical system

5.1 Project management

The success of a project very often depends on a structure which breaks the whole project into little pieces. Any of these pieces represent a little task or job which has to be done. At the end, all these little jobs add up to the completion of the project. One strategy to split the project into smaller components is called **work breakdown structure** (WBS).

> **Assignments:**
>
> Use the internet to get an impression how this concept works. Than try to solve the following exercises.
> a) Try to tick all boxes, which belong to a correct statement about WBS.
> WBS helps ...
> ○ to get a better overview of the whole project.
> ○ to save time while working in a team.
> ○ the management of a company to control the employees.
> ○ to get better contact to the customers.
> ○ to increase the quality of a product.
>
> b) In chapter 14 a die cutting tool has to be changed and improved. The reason is, that the number of parts, which the machine produces, has risen dramatically. So, the machine stops very often, since some parts are worn out.
>
> Take a look at the headings and subheadings of the chapter 14 and try to figure out, which steps are necessary to change and improve a tool. Than complete the table given below. Use the table to draw a function-oriented work breakdown structure.
>
> | How to modify a cutting tool? | | |
> |---|---|---|
> | Planning a modification of a tool | Describing the technical system | – |
> | | Analyzing ... | – |
> | | | – |
> | Realization of ... | Calculation of ... | Identification of web widths |
> | | | ... |
> | | | ... |
> | | | ... |
> | | | ... |
> | | Setting of parameters according to tool functional specification sheet (FSD) | – |
> | | Dimensioning ... | ... |
> | | | ... |
> | | Tool construction | Determination of tool specific parameters |
> | | Producing a modification draft | – |
> | | ... | Creation of parts list |
> | | | Creation single part drawing |
> | | | Creation overall drawing |
> | | Measures for execution | Generate a timeline |
> | | Put up a cost report | ... |
> | | | ... |
> | | | ... |
> | | | Process a preliminary calculation |
> | | | Process a post calculation |

Technical English

A project team often includes people who don't usually work together. Sometimes they are even from different organizations and across multiple geographies. These people make a project team, which is led by the project manager. The project team meets to create a unique product, service or result. Such a project usually has a defined beginning and end in time. Managing such a project makes use of different skills, tools, knowledge and techniques to help the team creating the wanted product or service. The process of project work usually takes place in five steps.

Assignments:

a) The picture below shows a traditional sequence of these five steps and their relation to each other. Try to match the following terms with the placeholders in the picture: *closing, monitoring and controlling, executing,*

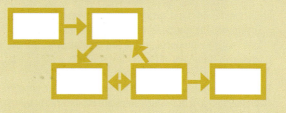

b) Translate the sentences below. Use your English – German vocabulary list if necessary.
A Gantt chart is a horizontal bar chart developed as a production tool in 1917 by HENRY L. GANTT, an American engineer. Frequently used in project management, a Gantt chart provides a graphical illustration of a schedule that helps to plan, coordinate and track specific tasks in a project.

c) Use a computer and spreadsheet software to create a Gantt diagram using the following raw data. If you have problems doing so, use the internet to find instructions.

	A	B	C	D	E
4					
5	**Changing a tool**				
6		start point	duration	end point	
7	calculation of process paramter	1st March	3 days	3rd March	
8	collect information from specification sheets	1st March	5 days	5th March	
9	dimensioning of standard parts	8th March	3 days	10th March	
10	tool construction	9th March	4 days	12th March	
11	producing drafts	15th March	7 days	22nd March	
12	producing single components	23rd March	2 weeks	6 th April	
13	assembly of components	6th April	2 days	8th April	
14	make cost report	6th April	2 days	8th April	
15	closing report of project	10th April	1 day	11th April	
16					

5.2 Work with words

In future it might happen, that you have to talk, listen, read or write technical English. Sometimes it will happen that you either do not understand a word or do not know the correct translation. Therefore, you have to know how you can help yourself. Below you find some possibilities to describe or explain a word you do not know. Another possibility is, that you use opposites or synonyms. Put the results down in your exercise book.

a) Explain the three terms printed in bold letters. Use the words below to form correct sentences.
temporary worker: for only a short time / in a particular situation / that works / It is a person /
project team: whose members / for a certain time/ to different groups or functions / on a common project / usually belong / and concentrate their activities / It is a team /
specification sheet: the requested behavior / a specification sheet / of a technical system / describes / is a document that /

b) Add as many examples as possible to the following terms as you find for different types of managements and teams.
management: project management, staff management ...
team: teamwork, ...

c) Find the opposites for the terms given bellow.
animosity - _____
inattentiveness - _____
tardiness - _____
top-down - _____
contractor - _____

Lernfeld 14: Ändern und Anpassen technischer Systeme des Werkzeugbaus

Der Erfolg eines Unternehmens hängt nicht zuletzt vom Wissen seiner Mitarbeiterinnen und Mitarbeiter ab. Auch wenn die Produkte, Abläufe und die Zusammenarbeit in einem Betrieb von hoher Qualität sind, kann doch immer etwas verbessert werden, um im Marktvergleich „eine Nasenlänge" weiter vorn zu sein.
Die Ideen aller Betriebsangehörigen können und sollen dazu beitragen, Gutes noch besser zu machen.
Das **Wissensmanagement** soll gewährleisten, dass das im Betrieb vorhandene Wissen gesammelt und dokumentiert wird und so z. B. für erforderliche Verbesserungen oder Anpassungen zur Verfügung steht.
In diesem Lernfeld geht es nun darum, dass Sie die Änderung bzw. Anpassung eines vorhandenen technischen Systems des Werkzeugbaus in engem Kontakt mit dem Kunden planen und durchführen.
Um diese Aufgabe zu bewältigen, benötigen Sie Ihr gesamtes Können und Wissen, dass Sie bisher erworben haben. Es ist daher vorteilhaft, wenn es um Ihr eigenes „Wissensmanagement" gut bestellt ist.
Am Beginn Ihrer Aufgabe steht die Analyse des bisherigen Systems. Hierbei geht es nicht nur um den rein technisch-konstruktiven Aspekt sondern auch darum, welche anderen Rahmenbedingungen wie z. B. Losgrößen, Maschinenausstattung, betriebliche Vorgaben usw. zur ursprünglichen Lösung geführt haben.
Oft wird eine Änderung erforderlich, weil sich etwas bei diesen Rahmenbedingungen geändert hat.
Nur wenn das Ziel der geplanten Änderung oder Anpassung klar definiert ist, können die erforderlichen Entscheidungen getroffen werden, die zur neuen verbesserten Lösung führen sollen.
Einen entscheidenden Einfluss haben wirtschaftliche Gesichtspunkt. Die neue Lösung muss „sich rechnen". Dies kann dazu führen, dass eine unter technisch-konstruktivem Aspekt optimale Lösung eben nicht die richtige Lösung ist. Der Kunde – und das kann auch der eigene Betrieb sein – muss zufrieden sein.
Ziel der folgenden Seiten ist es, solche Prozesse der Entscheidungsfindung unter Einbeziehung aller Anforderungen und Rahmenbedingungen transparent zu machen.
Im Folgenden steht ein Beispiel aus der Stanztechnik im Mittelpunkt, die Herangehensweise an die Problemlösung ist jedoch davon unabhängig und gilt in gleicher Weise auch für den Formenbau.

1 Ändern und Anpassen eines technischen Systems

1.1 Änderungen

Die Änderung oder Anpassung eines technischen Systems *(technical system)* des Werkzeugbaus kann beispielsweise nötig werden, wenn
- sich das Produkt ändert, das mit dem technischen System hergestellt wird (z. B. Formänderung am Produkt),
- sich die Anforderungen an das Werkzeug oder die Vorrichtung ändern (z. B. Stückzahl steigt, Wartungs- bzw. Instandsetzungskosten minimieren).

Mit einer Änderung bzw. Anpassung wird meist eine **Verbesserung** *(improvement)* eines Vorgangs, eines Zustands oder die „beste Lösung" unter gegebenen Rahmenbedingungen angestrebt. Die Verbesserung kann sich z. B. auf folgende Aspekte beziehen:

Verbesserung der Wirtschaftlichkeit *(economy)* (Kostenersparnis) durch:
- Produktivitätssteigerung
- Verringerung der Anzahl der Mitarbeiter
- Einsatz neuer Technologien, Werkstoffe und Maschinen
- Senkung der Ausfallzeiten von Mitarbeitern und Maschinen
- Fehlervermeidung *(error prevention)*

Qualitätsverbesserung *(quality improvement)* des Produkts durch:
- den Einsatz neuer Werkstoffe und Hilfsstoffe
- konstruktive Änderungen

Verbesserung der Arbeitsbedingungen *(working conditions)* und -abläufe durch:
- ergonomische Gestaltung *(ergonomic design)*
- umweltspezifische Untersuchungen
- Verwendung von Hilfsmitteln und Vorrichtungen
- Schulung, Fortbildung und Qualifizierung der Mitarbeiter
- übersichtliche, gut lesbare Arbeitsanweisungen

Stärkung der Identifikation *(strengthening of identification)* der Mitarbeiter mit dem Produkt oder mit dem Betrieb, z. B. durch:
- Weiterbildungsangebote
- ein betriebseigenes Vorschlagswesen mit Prämien *(employee suggestion system with awards)*
- flexible Arbeitszeitgestaltung *(flexible organisation of working time)*
- Angebote im sozialen Bereich
- Prämien, Gewinnbeteiligung *(profit sharing)*

Eine Änderung oder Anpassung gilt dann als gelungen, wenn nicht nur ein Aspekt, sondern mehrere Aspekte verbessert werden. Gleichzeitig können durch Änderungen jedoch auch andere Aspekte negativ beeinflusst werden. Beispielsweise kann eine Produktivitätssteigerung *(increase in productivity)* zu zusätzlichen Belastungen der Mitarbeiter führen. Eine Kostenersparnis *(saving of costs)* kann die Entlassung von Mitarbeitern *(suspension of stuff)* zur Folge haben.

> **MERKE**
>
> Die Änderung oder Anpassung eines technischen Systems im Werkzeugbau verfolgt meist eine Verbesserung und wird als die beste Lösung unter den gegebenen Umständen (Rahmenbedingungen) verstanden. Sie gilt als gelungen, wenn mehrere Aspekte verbessert werden.

Wichtig ist, dass alle Überlegungen, die zur endgültigen Entscheidung und damit zur Änderung des Systems führen, dokumentiert werden. Die Aufgabe des **Wissensmangements**[1] *(enterprise knowledge management)* eines Betriebs ist es, solche Dokumentationen *(documentations)* zu verwalten und für den Betrieb nutzbar zu machen.

1.1.1 Wissensmanagement

Die an einem Werkzeug oder einer Vorrichtung gemachten Änderungen müssen neben weiteren Informationen in einer **Datenbank** *(data base)* gespeichert werden. Diese Speicherung gilt allgemein für alle innerbetrieblichen wie außerbetrieblichen Informationen, die für den Betrieb von Bedeutung sein könnten. Dazu gehören z. B.:
- die Bereitstellung von Fachartikeln, Normen und Katalogen
- die Beobachtung des Marktes, der die Produkte einsetzt
- die Aufarbeitung der Kundeninformationen
- die Häufigkeit von Reparaturen
- die im Zuge eines betrieblichen Vorschlagswesens *(employee suggestion system)* gemachten Änderungen etc.

Jede Firma ist bemüht, das für ihre Produkte erforderliche Wissen immer auf dem bestmöglichen Stand zu halten. Auch Wissen kann und muss organisiert und verwaltet werden. Es müssen Informationen aufgearbeitet und den entsprechenden Mitarbeitern zur Verfügung gestellt werden. Dafür werden Zugriffsberechtigungen erteilt. Nicht jeder darf alle Informationen einsehen und verwenden. Es müssen Abläufe und Prozesse organisiert werden. Diese Aufgabe wird vom Wissensmanagement *(enterprise knowledge management)* wahrgenommen. Ziel ist es, die Produktivität der Firma zu erhöhen. Das Wissensmanagement erstellt, strukturiert und pflegt eine Datenbank. In ihr werden neben den schon genannten Inhalten diejenigen Daten gespeichert, die im Betrieb zur Lösung von Aufgaben benötigt werden könnten:
- Daten (z. B. Konstruktionsdaten, Produktionsdaten, Maschinendaten, Arbeitsorganisationen, Zulieferer, Eigenleistungen, …),

---
[1] Siehe Lernfeld 10 Kapitel 1.3

1.2 Planung einer Änderung bzw. Anpassung

- Informationen (Betriebsanleitungen, Instandhaltungsvorschriften, Servicebetreuung, Intranet, Zulieferer, Kataloge, …),
- Ideenmanagement (betriebliches Vorschlagswesen, Ideenmanager, …),
- Kompetenzen und Erfahrungen (Mitarbeiter, Weiterbildung, Qualifizierung, Experten, …),
- Vereinbarte Abläufe bzw. Vorgaben machen die einzelnen Prozesse für alle Beteiligten übersichtlich. Sie legen die notwendigen Dokumentationen und die Kompetenzen fest etc.

Wichtige Veränderungen und Entscheidungen, die über den einzelnen Fall hinausgehen, werden dabei vom Wissensmanagement gesondert dokumentiert und bei Bedarf Abteilungen und Mitarbeitern zugänglich gemacht.

Über das Wissensmanagement werden Weiterbildung, Qualifizierung und im Rahmen der betrieblichen Verbesserungsvorschläge die Bereitschaft der Fachkräfte gefördert, neue Aufgaben zu übernehmen. Zudem können Fachkräfte über ihren Arbeitsauftrag hinaus die Effizienz der Firma mit Ideen und Lösungsvorschlägen erhöhen (Humankapital).

MERKE

Das Wissensmanagement verwaltet und organisiert Wissen und Kompetenzen einer Firma.

1.2 Planung einer Änderung bzw. Anpassung

Zur Veranschaulichung der relevanten Inhalte dieses Lernfelds werden im Folgenden die Änderungen an einem **Einverfahrenschneidwerkzeug**[1)] aufgezeigt. Dabei werden die mit der Änderung am Werkzeug in Verbindung stehenden Überlegungen, Berechnungen und Entscheidungen deutlich und nachvollziehbar gemacht.

Das in Bild 1 abgebildete Werkzeug dient der Firma E-TEC GmbH derzeit zur gleichzeitigen Herstellung zwei verschiedener Bauteile. Das Federblech (Bild 2) aus DC 04 und der Federhalter aus

1 Bisheriges Einverfahrenschneidwerkzeug zur Herstellung des Federblechs und Federhalters

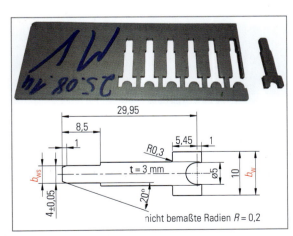

2 Federblech

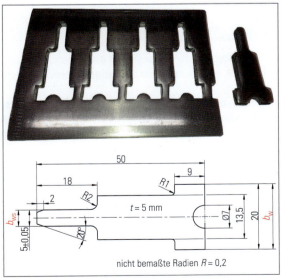

3 Federhalter

[1)] Siehe Lernfeld 6 S.102 - 103

C22E (Seite 645 Bild 3) werden bei der Firma E-TEC GmbH in Schutz- und Leitungsschutzschaltern (Bild 1) eingebaut.
Beide Bauteile wurden bisher in ein Musterwerkzeug integriert. Der Variantenwechsel wurde mithilfe eines Schiebers realisiert (Seite 645 Bild 1). Für die Konstruktion des Musterwerkzeugs wurden aus Kostengründen teilweise bereits vorhandene Teile aus ausgemusterten Werkzeugen verwendet (Bild 2). Dies erklärt beispielsweise den Durchbruch in der Führungsplatte in Bild 2 links, der für den jetzigen Stanzprozess der beiden Bauteile jedoch ohne Bedeutung ist. Auch die relativ große Schneidmatrize (Seite 647 Bild 2) ist so erklärbar. Grund ist, dass auch ein schon bereits vorhandenes Säulengestell für das Musterwerkzeug verwendet wurde.

Die beiden Bauteile haben sich inzwischen in der Serienproduktion der Leitungsschutzschalter bewährt. Aufgrund des Wirtschaftswachstums und der damit in Verbindung stehenden Produktionssteigerung ist der Bedarf an beiden Bauteilen stark gestiegen. Für die aktuellen monatlichen Fertigungsmengen von 12.000 Federhaltern und 9.000 Federblechen ist die jetzige Konstruktion des Werkzeugs nicht ausgelegt. Das Werkzeug weist u. a. starke Verschleißspuren auf, die immer wieder zu seinem Ausfall führen (Bild 3). Dies führt zu Produktionsausfällen und hohen Instandsetzungskosten. Das Werkzeug kann in diesem Zustand nicht mehr wirtschaftlich betrieben werden.

Um wieder einen stabilen Stanzprozess zu gewährleisten, muss das Werkzeug daher an die neuen Rahmenbedingungen angepasst und geändert werden.

1 *Leitungsschutzschalter*

Überlegen Sie!
1. Auf welche Aspekte der Wirtschaftlichkeit (siehe Kap. 1.1 Änderungen) wirken sich die hier beschriebene Situation und der momentane Zustand des Werkzeugs aus?
2. Welche Nebenwirkungen könnte eine Änderung eines solchen Werkzeugs auf diese Aspekte haben?

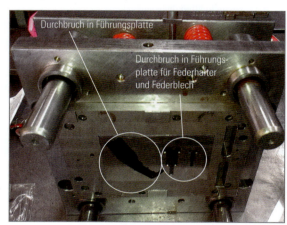

2 *Wiederverwendete Stempelführungsplatte des ausgemusterten Schneidwerkzeugs zur Herstellung des Federblechs und Federhalters*

1.2.1 Beschreibung des Systems

Ist eine Änderung oder Anpassung an einem technischen System geplant, so ist zunächst das **derzeitige System** zu betrachten.

Ein solches technisches System ist nach **außen** durch die **Systemgrenzen** *(system boundaries)* abgegrenzt und erfüllt **im Inneren** zwischen Eingang und Ausgang seine **Hauptfunktion** *(main function)*[1]. Bevor über einen Eingriff in das technische System und dessen Folgen entschieden werden kann, muss dessen **Funktion** und **Struktur** *(structure)* bekannt sein. Je komplizierter ein technisches System ist, desto schwieriger ist dessen Verbesserung durch Änderungen bzw. Anpassungen der technischen Struktur. Vor den entsprechenden Änderungsmaßnahmen ist deren Einfluss auf das Gesamtsystem unbedingt zu untersuchen.

3 *Verschleiß an Führungsbuchse und Führungssäule*

Das in Bild 1 auf Seite 645 gezeigte Schneidwerkzeug ist ein **stoffumsetzendes System**, dessen Hauptfunktion es ist, maßhaltige Blechteile zu schneiden. Das Schneidwerkzeug wird in einer Presse betrieben, welche nach systemtechnischen Betrachtungen die Umgebung darstellt (Seite 647 Bild 1).

[1] Siehe Grundkenntnisse Industrielle Metallberufe Lernfeld 3

1.2 Planung einer Änderung bzw. Anpassung

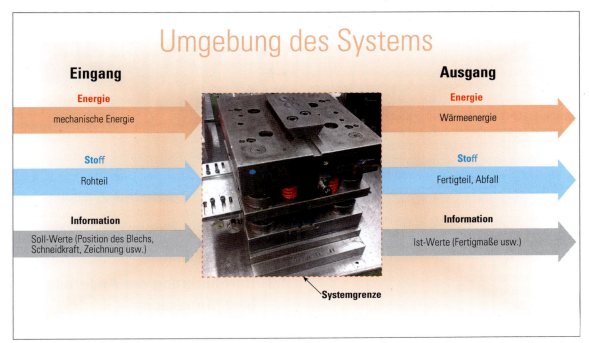

1 Systemdarstellung des Schneidwerkzeugs

1.2.2 Analyse der bisherigen Lösung

Bei der ursprünglichen Konstruktion des Stanzwerkzeugs für das Federblech und den Federhalter wurden beide Bauteile in ein Musterwerkzeug integriert, um die zunächst gewünschten Stückzahlen zu gewährleisten.

Die geforderten Stückzahlen der beiden Bauteile (Seite 645 Bilder 2 und 3) sind inzwischen stark gestiegen. Somit haben sich die Anforderungen an das Werkzeug seit dem Ersteinsatz des Musterwerkzeugs in der Produktion geändert.

Für die größer gewordenen Stückzahlen ist das momentane Werkzeug jedoch nicht dimensioniert. Dies zeigt sich zum Beispiel an den stark verschlissenen Führungssäulen und Führungsbuchsen (Seite 646 Bild 3).

Das Werkzeug kann so seine Hauptfunktion nicht mehr erfüllen. Um wieder einen stabilen Fertigungsprozess zu erreichen, müssen folgende Bauteile ausgetauscht und ersetzt werden:

- die Schneidplatte,
- die Schneidstempel,
- die Stempelführungsplatte,
- die Führungssäulen,
- die Führungen.

Ein bloßes Austauschen der genannten Komponenten würde dazu führen, dass nach relativ kurzer Zeit die gleichen Merkmale wieder zum Ausfall des Werkzeugs führen würden. Die Kosten für die Wartung und Instandsetzung wären somit unverhältnismäßig hoch. Zudem wäre eine nun anstehende Ersatzteilfertigung der verschlissenen Schneidmatrizen und Schneidstempel unwirtschaftlich. Die Einsätze wurden, bedingt durch die Verwendung eines bereits vorhandenen Säulengestells für das Musterwerkzeug, relativ groß dimensioniert. Ihre Anfertigung ist damit unverhältnismäßig teuer (Bild 2).

2 Überdimensionierte Schneidmatrize des Musterwerkzeugs durch Verwendung eines bereits vorhandenen Säulengestells

Die Betrachtung des hier beschriebenen Sachverhalts spricht dafür, das Stanzwerkzeug zur Herstellung des Federblechs und des Federhalters konstruktiv zu ändern bzw. anzupassen und nötige Einzelteile auszutauschen. Erst so kann sichergestellt werden, dass auch bei der gestiegenen Produktstückzahl wieder ein stabiler Stanzprozess gewährleistet ist.

1.2.3 Wirtschaftliche Begründung

Neben den rein konstruktiv bedingten Aspekten sind aber auch die wirtschaftlichen Aspekte *(economical aspects)* einer Änderung bzw. Anpassung eines technischen Systems (hier des Stanzwerkzeugs) für die Firma von entscheidender Bedeutung. Bevor ein technisches System verändert wird, also bevor zusätzliche Kosten anfallen, muss eine **Kosten-Nutzen-Rechnung** *(cost-benefit calculation)* erstellt werden. Nachdem alle Vorschriften und Bestimmungen zur Arbeitssicherheit beachtet sind, ist dabei überwiegend der wirtschaftliche Aspekt bestimmend.

Die wirtschaftliche Begründung für die Änderung des Einverfahrenschneidwerkzeugs ist in diesem Fall gegeben, da:

- der Aufwand und die Kosten für die Instandsetzung der durch die gestiegenen Stückzahlen schnell verschleißenden Führungssäulen und Führungen, Schneidstempel etc. zu hoch sind,
- der Ersatz für die verschlissenen Schneidmatrizen unverhältnismäßig teuer ist,
- jeder Ausfall des Werkzeugs Instandsetzungskosten verursacht und
- Ausfälle des Werkzeugs Verzögerungen verursachen und die Tagesproduktion senken.

Eine Änderung des Stanzwerkzeugs ist also aus konstruktiver und wirtschaftlicher Sicht vertretbar. Hinzu kommt, dass bei einer Anpassung des Werkzeugs weitere Aspekte Berücksichtigung finden können. So kann das Streifenbild (Bild 1) überarbeitet und der **Werkstoffausnutzungsgrad** η *(material occupancy rate)* optimiert werden.

Bild 1 zeigt, dass die **Randbreiten** a (rot) zu groß sind. Das gewählte Halbzeug ist bei beiden Bauteilen zu breit (Federblechstreifenbreite $b = 48$ mm, Federhalterstreifenbreite $b = 80$ mm). Dies führt zu einem ungünstigen Werkstoffausnutzungsgrad[1] η bzw. einem **hohen Verschnitt** *(clippings)*.

Werkstoffausnutzungsgrad η *(degree of utilization)*

Schnittteile, die in großen Stückzahlen aus teuren Werkstoffen hergestellt werden, erfordern äußerst minimale Steg- und Randbreiten. Zusammen mit einer optimalen Streifeneinteilung wird so versucht, möglichst viele Schnitte mit wenig Abfall zu erzielen. Um eine Aussage über diese Forderung machen zu können, vergleicht man die Fläche des Schnittstreifens mit der Fläche aller daraus hergestellten Schnittteile. Der Werkstoffausnutzungsgrad η in % berechnet sich wie folgt:

bei Verwendung von **Bandmaterial**:

$$\eta = \frac{z_2 \cdot A}{f \cdot b} \cdot 100 \, \%$$

- η: Werkstoffausnutzungsgrad
- z_2: Anzahl der Ausschnitte je Vorschub
- A: Fläche des Werkstücks
- f: Streifenvorschub
- b: Streifenbreite

1 Streifenbild mit zu großen Randbreiten a (rot) und richtig dimensionierten Stegbreiten e (grün) zwischen den Stanzausschnitten, Steglängen l_e (orange) und Randlängen l_a (blau)

bei Verwendung von **Streifenmaterial**:

$$\eta = \frac{z_1 \cdot A}{l \cdot b} \cdot 100 \, \%$$

- η: Werkstoffausnutzungsgrad
- z_1: Anzahl der Ausschnitte je Streifen
- A: Fläche des Werkstücks
- l: Streifenlänge
- b: Streifenbreite

1.3 Durchführung der Änderung bzw. Anpassung

Nach der Planungsphase und deren Dokumentation erfolgt die eigentliche Umsetzung der Änderung. Dazu werden unter Verwendung der **gegebenen Werkstückabmessungen** (Seite 645 Bilder 2 und 3) die folgenden **Berechnungen** durchgeführt. Anschließend können die ersten **Änderungsentwürfe**[2] *(modification drafts)* erfolgen. Bei der Erstellung der ersten Entwürfe sind stets auch die Vorgaben eines firmeninternen **Werkzeug-Pflichten-Hefts** (WPH)[3] für die Neu- und Änderungskonstruktion von Werkzeugen und Vorrichtungen zu beachten (Seite 649 Bild 1).

1.3.1 Berechnung der Prozessparameter

Da sich später die Halbzeugkosten *(pre-product costs)* für die Federbleche und Federhalter stärker auf die Produktionskosten *(production costs)* der beiden Bauteile auswirken als die eigentlichen Werkzeugänderungskosten, wird im ersten Schritt der **Streifenaufbau** analysiert, überdacht und optimiert. Ist der Streifenaufbau festgelegt, bildet dieser u. a. die Grundlage für die Berechnung der Schneidkräfte, Abstreifkräfte und Materialkosten etc. und somit für die Änderungskonstruktion des Werkzeugs.

Bestimmung der Stegbreiten e und Randbreiten a
(identification of web widths)

Für die Einteilung des Streifenbilds ist die **Blechdicke** s und die Lage des Ausschnitts des Stanzteils auf dem Stanzstreifen von Bedeutung. Zwischen den einzelnen Ausschnitten zweier Stanzteile bleibt ein schmaler **Steg** *(web)* mit der **Stegbreite** e stehen (Bild 1). Auch zwischen dem Streifenrand und dem Ausschnitt eines Stanzteils bleibt ein solcher Steg mit der **Randbreite** a erhalten. Wird ein Steg bei der Festlegung der Stegbreiten zu schmal bemessen, besteht die Gefahr, dass der Steg

---

[1] Ohne Berücksichtigung von Lochungen
[2] Diese werden in der Realität oft als Handskizzen ausgeführt.
[3] Siehe Lernfeld 13

1.3 Durchführung der Änderung bzw. Anpassung

	Werkzeug-Pflichten-Heft für die Herstellung von Stanzteilen:	
3.0	**Allgemeine Bedingungen:**	ja
3.1	Normteile von Fa. Strack / Fa. Steinel / Fa. Veith verwenden.	X
3.2	Module werden auf der Grundplatte in gehärteten Buchsen positioniert.	X
3.3	Die Platten müssen mit mindestens zwei Positionsbohrungen (min. gerieben) versehen oder geschliffen werden. (Ausrichten bei späterer Bearbeitung)	X
3.4	Die Stempellänge ist in der Regel 71 mm, andere Länge nur nach Absprache.	X
3.5		
3.6	Die Führung der Schneidstempel erfolgt mit den gehärteten Elementen der federnden Führungsplatten.	X
3.7	Abgesetzte Rund- oder Flachstempel werden in der Führungsplatte auf den kleinsten Durchmesser oder Absatz geführt.	X
3.8	Schneideinsätze sind sinnvoll zu segmentieren (Reparatur) oder als Rahmeneinsatz einzusetzen.	X
3.9		
3.10		
3.11		
3.12	Um die Montage des Werkzeugs zu erleichtern, sind alle Verschraubungen und Stifte im Unterteil sowie durch die Kopfplatte freizubohren.	X
3.13	Bandeinlaufhöhe 140mm, von links nach rechts, Abweichungen nur nach Absprache.	X
3.14	Biegestellen im Werkzeug als Einzelsegmente auslegen.	X

			ja
6.10.0	**Werkzeugführung**		
6.10.1	Gleitführung		x
6.10.2	Kugelführung		x
6.10.3	Rollenführung		x
6.10.4	Mittenbundsäulen		x
6.10.5	Stahlbuchsen bronzeplattiert		x
6.10.6	~~MS-Buchsen mit Graphiteinlagerung~~		

1 Auszug aus dem Werkzeug-Pflichtenheft der Firma E-TEC GmbH

beim Schneidvorgang umgekantet und in die Matrizenöffnung hineingezogen wird. Dies führt zu einer übermäßigen Beanspruchung und somit zu frühzeitigem Verschleiß der Schneidkanten des Stempels und der Schneidmatrize. Die Schnitte werden zudem unsauber. Wird ein Steg bei der Festlegung der Stegbreiten zu groß bemessen, sinkt der Werkstoffausnutzungsgrad η. Neben der Blechdicke s sind auch die **Steglänge** l_e und die **Randlänge** l_a (Seite 648 Bild 1) bei der Bestimmung der Mindeststegbreiten zu berücksichtigen.

> **MERKE**
>
> Je länger der Steg und je geringer die Blechdicke s des Stanzteils ist, desto größer muss die Mindeststegbreite sein. Die Bestimmung der Mindeststegbreiten erfolgt mithilfe von Tabellen (Seite 650 Bild 1 bzw. Tabellenbuch).

Werkstoff	Werkstoffdicke s in mm	Mindeststegbreite für Steglänge unter 10 mm	Mindeststegbreite für Steglänge von 10 mm ... 80 mm	Seitenschneider-Beschneidemaß oder Mindeststegbreite für Steglänge über 80 mm
Stahlblech Messingblech Bronzeblech	0,2 ... 0,4 0,4 ... 0,6 0,6 ... 1,0 1,0 ... 1,5 über 1,5	1,0 mm 0,6 mm 0,8 mm 1,0 mm 1 s	1,5 mm 1,0 mm 1,5 mm 2,0 mm 1,2 s	2,5 mm 1,5 mm 2,0 mm 2,5 mm 1,5 s
Kupferblech Zinkblech Aluminiumblech	0,2 ... 0,5 0,5 ... 1,0 1,0 ... 1,5 über 1,5	2,0 mm 1,0 mm 1,5 mm 1,2 s	3,0 mm 2,0 mm 2,5 mm 1,5 s	4,0 mm 3,0 mm 3,5 mm 2,8 s
Hartpapier Fiber Dichtungsmaterial Karton	... 0,4 0,4 ... 1,0 über 1,0	2 mm 1,5 mm 2 s	3 mm 2,5 mm 2,5 s	5 mm 4 mm 3 s
Filz		1,0 s (mindestens 4 mm)	1,5 s (mindestens 6 mm)	

1 Mindeststegbreiten in Abhängigkeit von der Steglänge und der Blechdicke

Für die bisherige Streifenbildvariante 1 des Stanzwerkzeugs (Bild 2) werden die **Mindestrandbreiten** a_1 und a_2 für das Federblech mit einer Blechdicke von $s = 3$ mm (vgl. Seite 645 Bild 2) in Abhängigkeit von den Randlängen l_{a1} und l_{a2} wie folgt bestimmt:

$a_1 = 1,0 \cdot s$ Faktor 1,0 da $l_{a1} = 4$ mm < 10 mm (Bild 1)
$a_1 = 1,0 \cdot 3$ mm
$a_1 = 3$ mm

$a_2 = 1,2 \cdot s$ Faktor 1,2 da $l_{a2} = 10$ mm ≥ 10 mm und
$a_2 = 1,2 \cdot 3$ mm < 80 mm (Bild 1)
$a_2 = 3,6$ mm

Überlegen Sie!

1. Bestimmen Sie für das Federblech und die alternative Streifenbildvariante 2 (Bild 3) die Mindestrandbreiten.
2. Bestimmen Sie für den Federhalter (C22E, Blechstärke $s = 5$ mm, vgl. Seite 645 Bild 3) für die bisherige Streifenbildvariante 1 (Bild 2) und die alternative Streifenbildvariante 2 (Bild 3) die Mindestrandbreiten.

Die Berechnung der **Mindeststegbreiten** e_1 und e_2 erfolgt ähnlich zu den hier aufgezeigten Berechnungen der Randbreiten a mithilfe der Tabelle in Bild 1. Für das Federblech ergibt sich für die Stegbreite der Wert $e_1 = 3$ mm für beide Streifenbildvarianten und $e_2 = 5$ mm bei dem Federhalter.

Bestimmung der Streifenbreite b
(identification of strip width)

Die Streifenbreite b (Bild 2) des Halbzeugs für das Federblech ergibt sich aus der Länge des Federblechs l_w und den beiden Mindeststegbreiten a_1 und a_2 zu:

$b_{\text{Streifenvariante 1}} \geq l_w + a_1 + a_2$
$b_{\text{Streifenvariante 1}} \geq 30,95$ mm $+ 3,0$ mm $+ 3,6$ mm
$b_{\text{Streifenvariante 1}} \geq 37,55$ mm

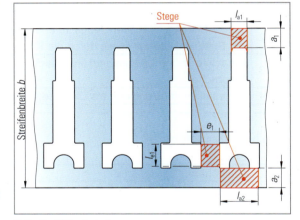

2 Streifenbildvariante 1

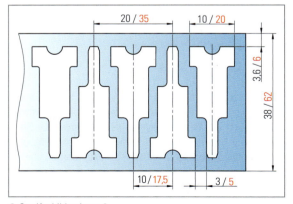

3 Streifenbildvariante 2
(schwarze Maße für Federblech, rote Maße für Federhalter)

1.3 Durchführung der Änderung bzw. Anpassung

Überlegen Sie!
1. Bestimmen Sie für das Federblech und Streifenbildvariante 2 (Seite 650 Bild 3) die Streifenbreite b des Halbzeugs.
2. Bestimmen Sie für den Federhalter die Streifenbreite b des Halbzeugs für beide Streifenbildvarianten.

Aus den Berechnungen der Randbreiten a und den Streifenbreiten b sind nun die grundlegenden Mindestmaße für die Halbzeuge der beiden Bauteile bekannt (Federblech b_{min} = 37,55 mm, Federhalter b_{min} = 61 mm). Aufgrund der auf dem Markt verfügbaren Coils sollen für die Herstellung der beiden Bauteile in Zukunft Halbzeuge mit den Streifenbreiten $b_{Federblech}$ = 38 mm und $b_{Federhalter}$ = 62 mm verwendet werden. Im Vergleich zu den Abmessungen der bisherigen Halbzeuge ($b_{Federblech}$ = 48 mm, $b_{Federhalter}$ = 80 mm) ergeben sich deutliche Einsparpotenziale (Federblech ca. 20 %, Federhalter ca. 23 %).

Bestimmung des Streifenvorschubs f
(identification of strip feed)

Die richtige Wahl des Streifenbilds (Seite 650 Bilder 2 bzw. 3) ist entscheidend für die Optimierung des Werkstoffausnutzungsgrads η. Der grundlegende Unterschied zwischen beiden Streifenbildern liegt darin, dass bei Streifenbildvariante 2 (Seite 650 Bild 3) zwei Schneidstempel je Bauteil benötigt werden. Bei der bisherigen Lösung wurde je Bauteil nur ein Schneidstempel verwendet (Seite 646 Bild 2).

Der **Streifenvorschub** f für z. B. das **Federblech** berechnet sich aus der Breite des Federblechs b_w (Seite 645 Bild 2), der Werkstückstegbreite b_{wS} (Seite 645 Bild 2) und der Mindeststegbreite e zwischen den Ausschnitten zweier Stanzteile (Seite 650 Bild 2).

$f_{Streifenvariante\ 1} \geq b_w + e_1$
$f_{Streifenvariante\ 1} \geq 10\ mm + 3,0\ mm$
$f_{Streifenvariante\ 1} \geq 13,0\ mm$

$f_{Streifenvariante\ 2} \geq b_w + b_{wS} + 2 \cdot e_1$
$f_{Streifenvariante\ 2} \geq 10\ mm + 4\ mm + 2 \cdot 3,0\ mm$
$f_{Streifenvariante\ 2} \geq 20,0\ mm$ für 2 Bauteile je Hub

Überlegen Sie!
Bestimmen Sie für den Federhalter den Streifenvorschub f für beide Streifenvarianten.

Es zeigt sich nach der Berechnung des Streifenvorschubs f, dass für die Streifenbildvariante 2 weniger Materialkosten je Bauteil entstehen, da die Materialausnutzung *(material utilisation)* besser, der Verschnitt hingegen geringer ist. Der Materialausnutzungsgrad η[1] verbessert sich. Erfahrungsgemäß rechnen sich ab ca. 10.000 Bauteilen je Monat die Mehrkosten für die Werkzeugherstellung und Instandsetzung, wenn zwei Schneidstempel je Bauteil und damit Streifenbildvariante 2 zum Einsatz kommen. Dies würde bedeuten, dass **je Hub zwei Bauteile** gleichzeitig ausgeschnitten werden. Dies hat zum einen den Vorteil der Zeitersparnis, zum anderen jedoch den Nachteil, dass das Werkzeug dadurch aufwändiger wird. Da das bisher verwendete Grundgestell des Stanzwerkzeugs ausreichend Platz für die Aufnahme von insgesamt vier Schneidstempeln mit entsprechender zweigeteilter Stempelführungsplatte und Schneidplatte bietet, soll bei der anstehenden Änderung die Streifenbildvariante 2 umgesetzt werden (Bild 1).

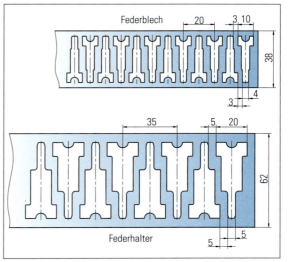

1 Streifenbild Federblech und Federhalter

Die Möglichkeit der Umsetzung dieser Variante hängt jedoch noch von anderen Berechnungen ab, wie z. B. denen der Schneidkräfte und den Systemfedern.

Berechnung der Schneidkräfte F_S
(calculation of cutting forces)

Zur Berechnung der Schneidkraft $F_{S\ Federblech}$ sind die maximale Scherfestigkeit τ_{aB}[2] des Werkstoffs DC04, der Umfang U (Bild 2) des Stanzteils (z. B. Federblech) und die Blechdicke s zu verwenden.

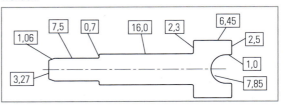

2 Berechnung des Umfangs U für die Bestimmung der Schneidkräfte F_s am Federblech

Für einige Werkstoffe kann $\tau_{aB\ max}$ direkt aus Tabellen entnommen werden. Ist dies nicht möglich, kann der Wert näherungsweise aus der Zugfestigkeit R_m berechnet werden[3]:

$\tau_{aB} = 0,8 \cdot R_m$

$\tau_{aB} = 0,8 \cdot 350\ \dfrac{N}{mm^2}$

$\tau_{aB} = 280\ \dfrac{N}{mm^2}$

---

[1] Zur Berechnung des Werkstoffausnutzungsgrads η siehe Tabellenbuch und Kap. 1.2.3
[2] Da manche Halbzeuglieferanten für ihre Produkte nur Streckgrenzen und Zugfestigkeiten und keine Werte für die maximalen Scherfestigkeiten für die jeweiligen Materialien in den entsprechenden Stahlprüfzeugnissen angeben, wird hier die Scherfestigkeit aus der angegebenen Zugfestigkeit berechnet.
[3] Siehe Lernfeld 6, Kap. 1.1.1.5

$U_{\text{Federblech}}$ = 3,27 mm + 7,85 mm + 2 · (1,06 mm + 7,5 mm + 0,7 mm + 16 mm + 2,3 mm + 6,45 mm + 2,5 mm + 1 mm)

$U_{\text{Federblech}}$ = 86,14 mm

$F_{\text{S Federblech}} = \tau_{aB} \cdot U_{\text{Federblech}} \cdot s$

$F_{\text{S Federblech}} = 280 \dfrac{N}{mm^2} \cdot 86,14 \text{ mm} \cdot 3 \text{ mm}$

$F_{\text{S Federblech}}$ = 72.357 N je Bauteil

Da der bei der Firma E-TEC GmbH zum Einsatz kommende Stanzautomat *(automatic cutting press)* keinen integrierten Streifentrenner hat, wird das Stanzgitter mithilfe eines Zweiwellenzerkleinerers gehäckselt und recycelt.

Überlegen Sie!

Berechnen Sie für den Federhalter (Bilder 1 und Seite 645 Bild 3) aus C22E mit Blechdicke s = 5 mm und R_m = 410 N/mm² die folgenden Größen:
- Schneidkraft $F_{\text{S Federhalter}}$
- Gesamtschneidkraft $F_{\text{S gesamt Federhalter}}$

Aufgrund der erforderlichen maximalen Gesamtschneidkraft von ca. 460 kN für den Schnitt von 2 Federhaltern je Hub (Streifenbildvariante 2) würde der in der Firma E-TEC GmbH vorhandene Stanzautomat mit Zangenvorschub und einer maximalen Presskraft von 630 kN ausreichen. Jedoch ist das Richt- und Vorschubgerät dieser Maschine nicht in der Lage, ein 5 mm starkes Band (Federhalter) abzuwickeln und zu richten. Aus diesem Grund muss für die Fertigung der beiden Bauteile mit dem modifizierten Werkzeug auf eine Maschine mit einer maximalen Kraft von 1250 kN zugegriffen werden.

Der Zangenvorschub dieser Maschine kann laut Maschinenplan eine Banddicke von 5 mm handhaben. Zudem sind beide Vorschübe $f_{\text{Federblech}}$ = 20 mm und $f_{\text{Federhalter}}$ = 35 mm am Vorschubapparat einstellbar.

Berechnungen der Abstreif- und Rückzugskräfte
(calculation of stripping and retraction forces)

Da die Ausschnitte im Stanzstreifen nach dem Ausschneiden der Federbleche und Federhalter elastisch zurückfedern, muss das Blech bei der Aufwärtsbewegung von den Stempeln abgestreift werden. Die dazu nötigen Abstreif- bzw. Rückzugskräfte F_R werden in Abhängigkeit der Blechdicke s mithilfe der Tabelle in Bild 2 bestimmt und anschließend für die Dimensionierung der Systemfedern benötigt.

$F_{\text{R Federblech}} = \dfrac{F_{\text{S Federblech}} \cdot 15\%}{100\%}$

$F_{\text{R Federblech}} = \dfrac{144.714 \text{ N} \cdot 15\%}{100\%}$

$F_{\text{R Federblech}} = 21.707 \text{ N}$

$F_{\text{R Federhalter}} = \dfrac{F_{\text{S Federhalter}} \cdot 15\%}{100\%}$

$F_{\text{R Federhalter}} = \dfrac{459.929 \text{ N} \cdot 15\%}{100\%}$

$F_{\text{R Federhalter}} = 68.988 \text{ N}$

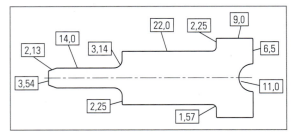

1 Berechnung des Umfangs U für die Bestimmung der Schneidkräfte F_S am Federhalter

Blechdicke in mm	Abstreifkräfte F_R in % der Schneidkraft F_S beim Ausschneiden	beim Lochen
bis 2,0	10 ... 15	12 ... 18
2,0 ... 3,5	12 ... 20	20 ... 25
über 3,5	15 ... 20	25 ... 30

2 Bestimmung der Abstreifkräfte F_R beim Ausschneiden und Lochen

Aufgrund ihrer Funktion werden bei beiden Bauteilen hohe Ansprüche an die Bauteilebenheiten gestellt. Da jedoch die Gefahr besteht, dass die Schneidstempel das Blechband nach dem Stanzen der Bauteile mit nach oben ziehen und so verformen, soll weiterhin eine federnde Stempelführungsplatte verwendet werden. Um den Verschleiß möglichst gering zu halten, ist die Stempelführungsplatte zweigeteilt (Bild 3). Das mit dem Blechstreifen in Kontakt kommende Teil der Stempelführungsplatte ist gehärtet und mit dem nicht gehärteten Teil der Stempelführungsplatte verstiftet und verschraubt.

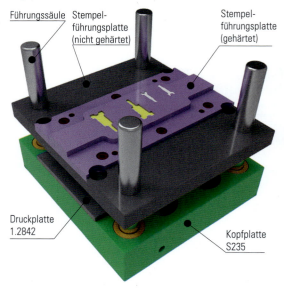

3 Werkzeugoberteil mit Kopfplatte, Druckplatte, Stempelführung (nicht gehärtet), Stempelführungsplatte (gehärtet), Führungssäulen

1.3 Durchführung der Änderung bzw. Anpassung

Berechnung der Flächenpressungen an den Schneidstempeln *(calculation of contact pressure at cutting punches)*
Die **Flächenpressung p** zwischen dem Schneidstempel und der Kopfplatte aus S355 darf während des Schneidprozesses nicht zum Einarbeiten der Stempel in die Kopfplatte führen. Daher muss im Folgenden die **vorhandene Flächenpressung** p_{vor} zwischen dem Schneidstempel und der Kopfplatte berechnet und mit der **zulässigen Flächenpressung p_{zul}** verglichen werden. Durch den Vergleich der beiden Werte kann entschieden werden, ob in dem abzuändernden Werkzeug eine gehärtete Druckplatte verwendet werden muss.

Für die Kontaktfläche zwischen der Kopfplatte und einem Stempel des Federblechs errechnet sich die vorhandene Flächenpressung p_{vor} wie folgt:

$$p_{vor\ Federblech} = \frac{F_{S\ Federblech}}{A_{Federblech}}$$

$$p_{vor\ Federblech} = \frac{72.357\ N}{169{,}71\ mm^2}$$

$$p_{vor\ Federblech} = 426{,}35\ \frac{N}{mm^2}$$

Für die Kopfplatte aus **S355** beträgt $p_{zul} = 250\ N/mm^2$.
Da $p_{vor} > p_{zul}$ ist, muss eine gehärtete Druckplatte verwendet werden. Eine Druckplatte aus 1.2842 (90MnCrV8) hat im gehärteten Zustand (58 HRC) eine zulässige Flächenpressung von ca. 1.900 N/mm² und würde so den Fertigungsbedingungen standhalten[1].

Überlegen Sie!
Berechnen Sie die Flächenpressung p_{vor} zwischen einem Stempel für den Federhalter und der Kopfplatte.

1.3.2 Vorgaben laut Werkzeug-Pflichten-Heft

Wie bereits in Lernfeld 13 beschrieben, dient ein Pflichtenheft u. a. dazu, eindeutig zu definieren, wie und womit bestimmte Anforderungen an ein Produkt realisiert werden müssen. Das **Werkzeug-Pflichten-Heft (WPH)** *(tool functional specification document (FSD))* der Firma E-TEC GmbH beschreibt detailliert alle Anforderungen an die Konstruktion von Werkzeugen zur Herstellung von Stanzteilen (Bild 1).

1.3.3 Auslegung der Normalien

Auslegung der Systemfedern und des Arbeitshubs h
Zur Bestimmung der **erforderlichen Federkraft** der **Systemfedern** *(spring elements)* wird die höchste **Rückzugskraft F_R** *(retraction force)* (vgl. Kap. 1.3.1) zu Grunde gelegt. Aufgrund der Größe des Säulengestells und der geringen Hubfrequenz können vier Gasdruckfedern problemlos eingebaut werden (Seite 654 Bild 1).

3.0 Allgemeine Bedingungen:
3.2.7 Konizität der Schneideinsätze: 3 mm x 0' oder 5' danach übergehend in 30' (siehe auch 5.1.8)
3.6 Die Führung der Schneidstempel erfolgt mit den gehärteten Elementen der federnden Führungsplatten.

5.1.0 Konstruktionsspezifikationen
5.1.15 Poka-Yoke Prinzip einhalten

6.0.0 Technische Ausführungen des Werkzeugs:
6.1.1 Säulenführungsgestell (Normgestell: Fa. Strack / Fa. Steinel)
6.1.4 Hubgröße 60 mm
6.1.7 Bandführung mit Führungsschienen
6.1.8 Bandführung mit Führungsbolzen
6.1.9 Bandführung justierbar
6.2.1 Befestigung Schnittstempel: Verschraubt, Haltekopf
6.2.8 Führungselemente in der Abstreiferplatte gehärtet
6.7.1 Federn: Genormte Schraubenfedern

6.10.0 Werkzeugführung:
6.10.1 Gleitführung
6.10.2 Kugelführung
6.10.3 Rollenführung
6.10.4 Mittenbundsäulen
6.10.5 Stahlbuchsen bronzeplattiert

6.12.0 Hartstoffbeschichtung erfolgt grundsätzlich
6.12.1 Stempel und Matrize: AlCrN (Rauheit max. 2 µm)

6.13.0 Schmierung
6.13.1 Je nach Anzahl der Stempel und deren Position im Werkzeug müssen ausreichend 1/8 Zoll-Anschlüsse zur Zentralschmierung an der Rückseite der Führungsplatte angebracht sein. Die Stempel sind mit einer Ringschmierung zu versehen. Ist eine Ölwanne auf der Führungsplatte eingefräst, muss diese mit einem Blech abgedeckt werden, um die Ölverteilung zu gewährleisten. In der Regel erfolgt die Verteilung zwischen Führungsplatte und gehärteten Führungseinsätzen.

6.14.0 Werkzeug spannen
6.14.9 Werkzeugunterteil spannen mit hydraulischen Spannelementen. Die Werkzeugunterteile erhalten einen Spannrand 30 × 30 mm parallel zum Bandeinlauf. Die Spannrandlänge muss so bemessen sein, dass zwei Spannelemente pro Seite benutzt werden können.

1 Auszug aus dem Werkzeug-Pflichten-Heft der Firma E-TEC GmbH

$$F_{Feder,\ erf} = \frac{F_{R\ Federhalter}}{4}$$

$$F_{Feder,\ erf} = \frac{68.988\ N}{4}$$

$$F_{Feder,\ erf} = 17.247\ N$$

---

[1] Auch zwischen der Schneidplatte und dem Unterteil des Säulengestells soll aufgrund des firmeninternen Werkzeug-Pflichten-Hefts eine Druckplatte aus 1.2842 verwendet werden.

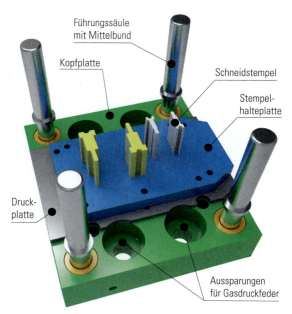

1 Werkzeugoberteil mit Kopfplatte, Schneidstempel, Stempelhalteplatte, Druckplatte, Kopfplatte und Aussparungen für Gasdruckfedern

Der theoretische **Arbeitsweg h** des Schneidstempels ergibt sich, wenn dieser bündig mit der Unterseite der Stempelführungsplatte abschließt. Aus der größten Materialstärke des Halbzeugs und der Sicherheit, um die die Stempel nach dem Stanzvorgang in die Schneidmatrize eintauchen (0,5 mm), ergibt sich für den Stempel des Federhalters ein Arbeitsweg h = 5,5 mm. Ein verschlissener Schneidstempel soll jedoch auch noch nach dem Nachschleifen lang genug sein, um den Schneidvorgang zuverlässig durchzuführen. Zum Nachschleifen wird eine Länge von 1,5 mm vorgesehen. Somit ergibt sich mit der Schleifzugabe, der maximalen Blechdicke s des Bandes und dem Wert der Sicherheit, um den Stempel in die Matrize eintaucht:

h = 1,5 mm + 5 mm + 0,5 mm = 7 mm

Die ausgewählte Gasdruckfeder (SMLX63-15) hat einen maximal zulässigen Hub H = 12 mm, einen Durchmesser D = 63 mm, einen Nenndruck p = 159 bar und erzeugt eine Maximalkraft F_{max} = 4000 daN (Bild 2). Sie ist aufgrund einer Feststoffschmierung selbstschmierend.

Bestell-Nr.: NV 5 SMLX D-Hub
Beispiel: NV 5 SMLX 25-10

GASDRUCKFEDERN

Modell	max. Hub mm	L mm	N mm	D mm	d mm	M	H mm	bar	daN	daN	Unterseite / Befestigung
SMLX63-05▲	5	40	45	63	40	M8	12	159	2000	4000	M10
10▲	10	45	55								
15	15	50	65								
25	25	60	85								
38	38	73	111								
50	50	85	135								
80	80	120	200								
100	100	135	235								

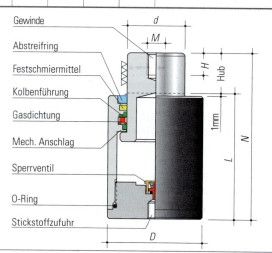

2 Datenblatt System-Druckfeder

1.3 Durchführung der Änderung bzw. Anpassung

Auslegung der Führungselemente
(dimensioning of guide elements)

Ausgehend von dem Werkzeug-Pflichten-Heft der Firma E-TEC GmbH (Seite 653 Bild 1), müssen auch in dem abgeänderten Werkzeug Führungssäulen verwendet werden. Die zur Anwendung kommenden Wechsel-Führungssäulen mit Mittelbund (Bild 1) lassen sich einfach und kostengünstig montieren und demontieren. Diese Art von Führungssäulen ist im Vergleich zu einfachen Führungssäulen teurer. Dafür muss der Einbau der Führungssäulen nicht durch Schrumpfen erfolgen. Die Montage und Demontage erfolgt durch Lösen der jeweiligen stirnseitigen Schraube und ist somit einfach zu realisieren.

1 Wechsel-Führungssäule mit Mittelbund

Da bei dem Schneidvorgang im Werkzeug keine Biegungen auftreten und Seitenschnitte nicht vorhanden sind, entstehen beim Stanzvorgang vernachlässigbare Querkräfte. Dies hat zur Folge, dass aufgrund von Erfahrungen eine Säule mit einem Durchmesser von 25 mm ausreichend ist. Die Länge der Säule ergibt sich zum einen aus der Werkzeughöhe und zum anderen aus der Hubgröße des Stanzautomaten. Die Hubgröße ist der Weg, den der Stanzautomat ausgehend vom UT (unterer Totpunkt) bis zum OT (oberer Totpunkt) zurücklegt. Durch den Maschinenplan der in der Firma verwendeten Presse und dem Werkzeug-Pflichtenheft (Seite 653 Bild 1 Pos. 6.1.4) ist ein maximaler Hub von 60 mm vorgegeben. Unter Berücksichtigung der oben genannten Punkte ergibt sich eine Säulenlänge von mindestens $l_{Säule}$ = 210 mm.

Da die maximale Hubzahl der verwendeten Maschine unter 300 Hüben/min liegt und keine nennenswerten Querkräfte auftreten, sind **Führungsbuchsen** *(bushings)* mit **Kugelkäfigen** *(ball bearing cages)* nicht zwingend vorgeschrieben. Um einen erneut frühzeitigen Verschleiß des Führungssystems zu verhindern, werden Wälzführungen mit Kugeln verwendet.

Die berechneten und dimensionierten Normalien werden auf Grund von Kostenangeboten schließlich ausgewählt und festgelegt.

Spannsystem *(clamping system)*

Das Spannsystem verbindet das Werkzeug mit der Werkzeugmaschine. Der Einspannzapfen nach DIN ISO 10242 ist dabei die klassische Verbindungsart zwischen Werkzeugoberteil und Werkzeugmaschine. Die Lage des Einspannzapfens im Werkzeugoberteil kann bei Werkzeugen der Schneid- und Umformtechnik berechnet werden[1].

Das **Werkzeugunterteil** erhält häufig einen **Spannrand**. Bei dem Werkzeug zur Herstellung der Federhalter und Federbleche ist laut Werkzeug-Pflichten-Heft (Seite 653 Bild 1 Pos. 6.14.9) dazu ein Spannrand von 30 × 30 mm parallel zur Einlaufrichtung des Bandes vorzusehen. Mithilfe dieses Spannrands lässt sich das Werkzeugunterteil mittels hydraulischer Spannelemente mit der Werkzeugmaschine zuverlässig verbinden.

1.3.4 Werkzeugkonstruktion

Für die Änderungskonstruktion hat die Verwendung zwei verschiedener Streifenbreiten (38 mm und 62 mm, siehe Abschnitt Bestimmung der Streifenbreite b) die Folge, dass bei einem Fertigungswechsel von einem zum anderen Bauteil die Streifenführung angepasst werden muss. Dazu wird ein **Ausgleichstück** benutzt, das bei der Fertigung des Federblechs in das Werkzeug eingelegt, verstiftet und verschraubt wird (Bild 2). Bei der Fertigung des Federhalters wird dieses Ausgleichstück entnommen. Das Ausgleichstück gleicht so die Differenz von 24 mm zwischen den beiden Streifenbreiten aus. Zudem wird die Forderung des Werkzeug-Pflichten-Hefts nach justierbaren Bandführungen erfüllt (Seite 653 Bild 1, Pos. 6.1.7 und 6.1.9).

2 Modifiziertes Werkzeug mit abgenommenem Oberteil: links ohne Ausgleichstück (Federhalter), rechts mit Ausgleichstück (Federblech)

Bei einem Variantenwechsel (z. B. Federblech zu Federhalter) werden die entsprechenden Stempel bei dem modifizierten Werkzeug ausgewechselt. Dazu müssen die Schrauben, die die Stempelhalteplatte mit der Druckplatte und Kopfplatte verschrauben, gelöst werden. Anschließend wird das Oberteil, bestehend aus Kopf- und Druckplatte, demontiert (Bild 3).

3 Variantenwechsel: Werkzeug mit demontierter Kopf- und Druckplatte; Stempelhalteplatte sichtbar

[1] Siehe Lernfeld 11 Kap. 1

Nun können die jeweiligen Stempelpaare ausgewechselt werden. Jeder Stempel wird mit zwei parallel zur Einlaufrichtung des Blechstreifens liegenden Zylinderstiften gehalten (Bild 1). Die Stege zwischen den Durchbrüchen in der Schneidplatte für die Federhalter und Federbleche und die Randabstände müssen groß genug sein, um einen Bruch der Schneidplatte zu verhindern[1] (Bild 2). Bei der Festlegung der Stegbreite zwischen den Durchbrüchen müssen das Layout des Stanzstreifens und der daraus resultierende Vorschub f[2] berücksichtigt werden.

Der **Schneidspalt u** *(cutting clearance)* hat entscheidenden Einfluss auf die Rissbildung, die Schneidarbeit und die Standzeit bzw. Standmenge des Werkzeugs. Er wird mit $u = 0{,}06$ mm festgelegt[3]. Um den Verschleiß der Schneidkanten zu verringern und den Forderungen des Werkzeug-Pflichten-Hefts der Firma gerecht zu werden, werden die Schneidelemente mit einer AlCrN-Schicht beschichtet (Seite 653 Bild 1 Pos. 6.12.1).

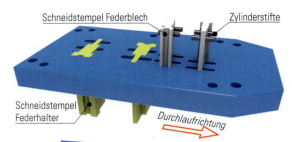

1 Stempelhalteplatte mit je zwei Schneidstempeln für Federblech und Federhalter sowie zugehörigen Zylinderstiften

1.3.5 Änderungsentwurf

Aufgrund der oben gezeigten Ausführungen, Berechnungen und den aus dem Werkzeug-Pflichten-Heft (Seite 653 Bild 1) stammenden Anforderungen kann nun ein Änderungsentwurf des Stanzwerkzeuges erstellt werden. Bild 1 auf Seite 657 zeigt tabellarisch die bisher gewonnenen Daten und Vorgaben, die bei der Änderung des Werkzeugs berücksichtigt werden müssen.

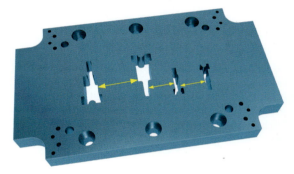

2 Nicht gehärtete Schneidplatte mit ausreichend bemessenen Stegbreiten zwischen den Durchbrüchen

1.3.6 Erstellung des Datensatzes

Die für die Fremdleistungen, die Fertigung der Einzelteile im Werkzeugbau der Firma E-TEC GmbH und zum Zwecke der Dokumentation nötigen Unterlagen umfassen mindestens:
- die Stückliste *(parts list)*,
- die Einzelteilzeichnungen *(single part drawing)* (Seite 658 Bild 1),
- die Gesamtdarstellung *(overall drawing)* (Bild 3).

1.3.7 Kostenaufstellung

Die **Gesamtkosten** *(overall costs)* für die Änderung des Schneidwerkzeugs zur Herstellung der Federhalter und Federbleche setzen sich aus verschiedenen **Einzelkosten** *(direct costs)* zusammen. Zum einen müssen die **Materialkosten** für die abgeänderten Bauteile des Werkzeugs berücksichtigt werden. Dabei sind meist einschlägige Kataloge der Stahllieferanten mit meist bindenden Preisen zu berücksichtigen. Zum anderen tragen die **Fertigungskosten** für die Herstellung der Einzelteile einen erheblichen Teil zu den Gesamtkosten für die Änderung des Schneidwerkzeugs bei. Um einen ersten Überblick über die **Fertigungszeiten** der verschiedenen Einzelteile zu bekommen, erfolgt oftmals eine kurze Abstimmung. Dabei wird jedes benötigte Fertigungsverfahren (Fräsen, Drahterodieren, Senkerodieren, Schleifen und Drehen etc.) mit der jeweils benötigten Fertigungszeit berücksichtigt. Mithilfe des Gesamt-

3 Gesamtdarstellung des geänderten Werkzeugs

---

[1] Siehe Lernfeld 11 Kap. 1.9.1.1 Schneidstempel und Schneidplatte
[2] Siehe Abschnitt Berechnung der Prozessparameter
[3] Siehe Lernfeld 6 Kap. 1

1.3 Durchführung der Änderung bzw. Anpassung

Bisheriges Musterwerkzeug (Federblech/Federhalter)	Vorgaben für geändertes Werkzeug (Federblech/Federhalter)	Begründung
Streifenbreite b = 48 bzw. 80 mm	Streifenbreite b = 38 mm bzw. 62 mm (Ausgleichsstück gleicht Differenz aus)	Materialausnutzungsgrad η optimiert; Berechnung
Streifenbildvariante 1 (Seite 650 Bild 2)	Streifenbildvariante 2 (Seite 650 Bild 3)	Gestiegene Fertigungsmenge
Streifenvorschub f = 13 mm bzw. 25 mm	Streifenvorschub f = 20 mm bzw. 35 mm	Materialausnutzungsgrad η optimiert; Berechnung; 2 Teile je Hub
Schneidkraft F_S = 84.857 N bzw. 243.960 N	Schneidkraft F_S = 144.714 N bzw. 459.920 N	2 Teile je Hub; Berechnung
Abstreifkraft F_R = 10.853 N bzw. 34.494 N	Abstreifkraft F_R = 21.707 N bzw. 68.988 N	2 Teile je Hub; Berechnung
Druckplatte zwischen Oberteil Säulengestell / Kopfplatte	Druckplatte 1 aus 1.2842 (gehärtet) zwischen Oberteil Säulengestell / Kopfplatte; Druckplatte Unterteil Säulengestell / Schneidplatte	Berechnung; WPH
Schneidmatrize ohne Schneideinsätze	Schneideinsätze aus Hartmetall: Poka-Yoke Prinzip einhalten	WPH 5.1.15, Kostenreduktion bei Herstellung und Instandhaltung
	Schneideinsätze: Konizität 3 mm × 0' oder 5' danach übergehend in 30'	WPH 3.2.7
Wälzführungen mit Kugeln (Führungssäulen verschlissen)	Wälzführungen mit Kugeln	WPH 6.10.2, um frühzeitigen Verschleiß zu verhindern
Werkzeugführung: Säulengestell, Hubgröße = 60 mm, Säulen (Ø = 25 mm) mit Mittelbund und Säulenlänge $l_{Säule}$ = 210 mm		WPH 6.1.1, 6.1.4
Federnde Führungsplatte (gehärtet)		WPH 3.6, Ebenheit der Bauteile
Bandführung: Führungsleisten mit Haltenasen und Bolzen (justierbar)		WPH 6.1.7, 6.1.8, 6.1.9, Positioniersystem nicht notwendig, da Einverfahrenschneidwerkzeug
Befestigung Schnittstempel: verschraubt, Haltekopf		WPH 6.2.1
Schneidstempel: hartstoffbeschichtet AlCrN		WPH 6.12.1
Schneidspalt u = 0,06 mm		Erfahrungswert bei Stempeln mit ebenem Anschliff
Systemfedern genormt; 4 Gasdruckfedern		WPH 6.7.1
Schmierung: Anschluss 1/8 Zoll für Zentralschmierung an Führungsplatte (rückseitig); Ölwanne in Führungsplatte (m. Blechdeckel)		WPH 6.13.1
Werkzeug spannen: Spannrand 30 × 30 mm parallel zu Bandeinlauf		WPH 6.14.9

1 Vorgaben für Änderung des Werkzeugs nach Berechnungen, Werkzeug-Pflichtenheft und sonstigen Anforderungen

zeitaufwands und einem durchschnittlichen internen Stundensatz können die Herstellungskosten überschlägig bestimmt werden. Der durchschnittliche **interne Stundensatz** *(hourly rate)* wird meist von folgenden Faktoren bestimmt:
- Lohn des Mitarbeiters,
- Betriebskosten des Werkzeugbaus (z. B. Fräser, Draht für die Erodiermaschine, Fett, Öl, Schrauben, Werkzeug usw.),
- Maschinenkosten.

Zudem müssen die **externen Kosten** *(external costs)* für beispielsweise benötigte Normalien, eine eventuelle Fremdproduktion der Führungsplatte und der Schneidplatte mit in die Kalkulation einfließen.

Eine solche **Vorabkalkulation** *(preliminary calculation)* ist oft nötig, um von entsprechender Stelle eine Investitionsfreigabe zu bekommen.

Während der eigentlichen Änderungsarbeiten am Schneidwerkzeug werden schließlich alle relevanten Kosten festgehalten und nach Projektende für eine **Nachkalkulation** *(post calculation)* herangezogen.

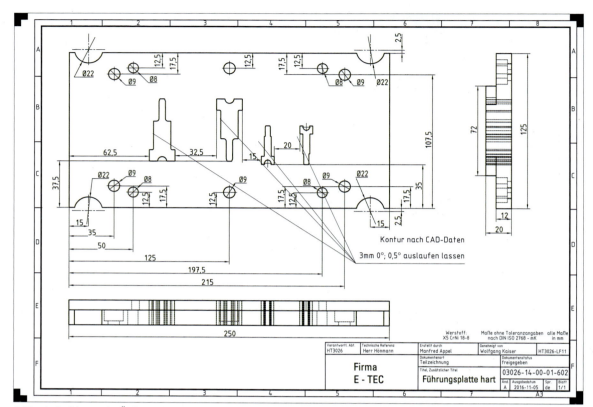

1 Einzelteilzeichnung der Änderungskonstruktion „Stempelführungsplatte (gehärtet)"

ÜBUNGEN

1. Aufgrund welcher Bedingungen kann es sinnvoll sein, ein bestehendes Werkzeug oder eine Vorrichtung zu ändern?

2. Welche Aufgabe hat das Wissensmanagement einer Firma?

3. Warum ist es wichtig, die Hauptfunktion eines technischen Systems vor einer Änderung bzw. Anpassung zu beschreiben und zu analysieren?

4. Warum müssen bei Stanzteilen die Stegbreiten e und die Randbreiten a des Stanzausschnitts berechnet werden?

5. Welche Auswirkung hat die Berechnung der Bandbreite b des Halbzeugs bei Satzteilen auf den Materialausnutzungsgrad η?

6. Berechnen Sie den Werkstoffausnutzungsgrad η bei der Herstellung des Federblechs mit $A = 169{,}71$ mm^2, einer Streifenbreite $b = 38$ mm, einem Streifenvorschub $f = 20$ mm und der Herstellung von zwei Bauteilen je Hub.

7. Welche werkstoffspezifischen Kenngrößen sind bei der Dimensionierung und Konstruktion von Stanzwerkzeugen von Bedeutung?

2 Modifying and adapting of a technical system

2.1 Manual instruction of a punching tool for aluminum fixtures

All companies that produce machines, gadgets or devices have to compile operating instructions and manuals for their customers. These documents give information about the correct application of the product, special descriptions, transport, commissioning, maintenance and safety instructions.
Below you will find a page from original instructions for a manual punching tool. This tool is operated manually. It is used to punch holes into aluminum profiles.

FOR PUNCHING HOLES ON PROFILES, IN THE PRODUCTION OF ALUMINIUM FIXTURES
- 9 punching tools system
- High quality output, long-lasting machine
- Good punching mechanism, powered by gears and gear racks
- Easy to close the press - lever operated punching, spring operated punch returning
- Tool steel punches therm ally treated
- Aluminium-base alloy upper plate and carriage, steel axle

Technical data

Code	EA010.15PSU.01
Processing materials	Aluminium profiles (ALUMINCO system)
Working stroke	23mm
Dimensions (length x height x width)	480x380x180mm
Mass	37kg
ALUMINCO profile types for processing	AL410, AL450, AL510, AL520, AL540

OPERATION INSTRUCTIONS
An operator can transport, carry or mount the punch machine without assistance of another person. For safety reasons, it is recommended that two persons handle the device.
Put the device on a strong and stable workbench size 155 x 400mm and secure it with four screws M10mm (in disposition 130 x 280mm). It is highly recommended that the stand is leveled before placing the device on it. The device is designed for indoor use. It is easy to operate it and operators need no extensive training.

DEVICE COMPONENTS

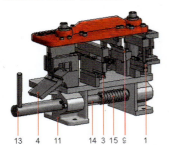

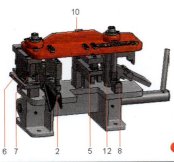

1	Punching tool	EA010-15.01
2	Punching tool	EA010-15.02
3	Punching tool	EA010-15.03
4	Punching tool	EA010-15.04
5	Punching tool	EA010-15.05
6	Punching tool	EA010-15.06
7	Punching tool	EA010-15.07
8	Punching tool	EA010-15.08
9	Punching tool	EA010-15.09
10	Cover plate	EA010-15.10
11	Base plate	EA010-15.11
12	Guide	EA010-15.12 (2τεμ)
13	Coupling	EA010-15.13
14	Orizontal shaft	EA010-15.14
15	Retro spring	EA010-15.15

❗ Tools components available only as a set

Technical English

Assignments:

Read the statements and decide whether it is correct or not.

a) The punching tool system is used to punch holes in steel profiles.
b) The punching system is driven by an electrical motor.
c) After punching the hole, the punch has to be returned into its initial position by hand.
d) The tool is delivered with nine different punches.
e) The working stroke is 23 mm.
f) The operator can carry the gadget without any help.
g) A workbench 200 mm wide and 500 mm in length is big enough to mount the punching device.
h) The tool can be used without any problems outdoors.
i) The person using this device has to be trained before doing so.

2.2 Work with words

In future it might happen, that you have to talk, listen, read or write technical English. Sometimes it will happen that you either do not understand a word or do not know the correct translation. Therefore, you have to know how you can help yourself. Below you find some possibilities to describe or explain a word you do not know. Another possibility is, that you use opposites or synonyms. Put the results down in your exercise book.

a) Explain the two terms printed in bold letters. Use the words below to form correct sentences.
cutting clearance: *punch and the cutting plate / is the amount of space or distance / The cutting clearance / between the /*
cost-benefit analysis: *the costs of a project and / as well as the revenue it generates / its benefits to society, / is an analysis that takes into account / A cost-benefit analysis /*

b) Add as many examples as possible to the following terms as you find for different types of tools and forces.
tool: tool maker, ...
force: cutting force, ...

c) Find the opposites for the terms given bellow.
maximum - _____
economical - _____
strengthening - _____
employee - _____
suspension of stuff - _____

d) Find the synonyms for the terms given bellow.
outer diameter - _____
structure - _____
wide - _____

e) In each group there is a word which is the odd man. Which one is it?
- pre-product costs, production costs, coast line, direct costs, external costs
- cutting force, retraction force, Air Force One, stripping force
- length, width, weight, diameter, height

Englisch-deutsche Vokabelliste

Aussprache der englischen Vokabeln:
- Benutzen Sie die Internetseite der technischen Universität München: http://dict.leo.org
- Klicken Sie auf das Lautsprechersymbol der englischen Vokabel. Sie werden dann durch einen Link mit dem Merriam-Webster Online Dictionary verbunden.
- Klicken Sie dort auf das rote Lautsprechersymbol 🔊 der Vokabel und die Aussprache ertönt.

In dieser Vokabelliste finden Sie fast alle Vokabeln, die im deutschen Text *blau-kursiv* abgedruckt sind. Ferner finden Sie eine Auswahl der wichtigsten englischen Vokabeln aus den englischen Seiten sowie den Seiten Work with Words. Diese Wortliste ersetzt kein Wörterbuch!

3-axis laser scanner	3-Achsen-Laserscanner
3D sensor, probe	3D-Taster
5-axis milling	5- Achs-Fräsen
5-axis clamping fixture	5-Achs-Spanner

A

abrasion	Verschleiß
abrasive cloth	Schmirgelleinen
abrasive grain	Schleifkorn
abrasive slurry	Schleifschlamm
abrasive wheel	Schleifscheibe
absolute dimensioning	absolute Bemaßung
absolute position measuring system	absolute Wegmessung
absolute positioning	absolute Maßangabe
absolute zero offset	absoluten Nullpunktverschiebung
accelerating force	Beschleunigungskraft
acceleration value	Beschleunigungswert
acceptance by manufacturer	Abnahme durch den Hersteller
acceptance criteria	Abnahmekriterium
acceptance protocol	Abnahmeprotokoll
accident risk	Unfallgefahr
accuracy of shape	Formgenauigkeit
accustic sensor	Schallsensor
acid	Säure
acoustic test	Akustikuntersuchung
action	Aktion
action limit	Eingriffsgrenze
active	betätigt
active zone	Wirkzone
actual condition	Istzustand
actual dimension	Istmaß
actual size	Istmaß
actuation type	Betätigungsart
actuator	Aktor
adaptive control	Anpasssteuerung
adaptive feed controller	adaptive Vorschubsteuerung
additional information	Zusatzinformation
additive manufacturing	generative Fertigung
adhesive force	Adhäsionskraft
adhesive tape	Klebeband
adjustable	einstellbar
adress letter	Adressbuchstabe
advanced end position	vordere Endlage
advice	Rat
after-sales service	Kundendienst
after-shrinkage	Nachschwindung
age hardening	Ausscheidungshärten
air cushion	Luftpolster
air pocket	Lufteinschluss
air pressure reservoir	Druckspeicher
aligned	fluchten
allowance	Spiel
alloyed	legiert
alloying element	Legierungselement
alternating voltage	Wechselspannung
aluminium alloy	Aluminiumlegierung
aluminium casting alloy	Aluminium-Gusslegierung
aluminium wrought alloy	Aluminium-Knetlegierung
amaze	verblüffen
amorphous	amorph
analysis of conflict	Konfliktanalyse
ancient	altertümlich
AND operation	UND-Verknüpfung
angle	Winkel
angle of belt contact	Umschlingungswinkel
angle of incidence	Einstellwinkel
angularity	Winkligkeit
antechamber	Vorkammer
anti-turn device	Verdrehsicherung
anvil insert	Schabotteneinsatz
application	Anwenderprogramm
appointment schedule	Terminplan
apprentice	Lehrling
area of fracture	Bruchfläche
armature	Klappanker
armophous thermoplastics	amorphe Thermoplaste
assembling	Montage
assembly	Baugruppe, Montage
assembly group	Baugruppe
assembly hall	Montagehalle
assembly order	Montageauftrag
assured operating distance	gesicherter Schaltabstand
atmospheric pressure	atmosphärischer Luftdruck
atomic bond	Atombindung
audit	Audit
austenite	Austenit
austenitic chrome nickel steel	austenitische Chrom-Nickel-Stahl
austenitic ferritic steel	austenitisch-ferritischer Stahl
austenitization	Austenitiesierung
automatic	selbstständig
automatic cutting press	Stanzautomat
average peak to valley height	gemittelte Rautiefe
axial bearing	Axiallager
axial rolling bearing	Axialwälzlager
axially parallel	Achsparallelen
axis	Achse (im Koordinatensystem)

B

back pressing pin	Rückdruckstift
back pressure	Gegendruck
back rake angle	Neigungswinkel
backing device	Gegenhalter
backing plate	Aufspannplatte
backlash	Umkehrspiel
backtracking	Rückverfolgung
bainite	Bainit
balance	auswuchten
balance point	Schwerpunkt

balanced gating system	ausbalanciertes Angusssystem
ball	Kugel
ball bearing	Kugellager
ball bearing cage	Kugelkäfig
ball bearing mounted	kugelgelagert
ball screw	Kugelgewindetrieb
bar stock	Stangenmaterial
base	Lauge
base body	Grundkörpern
base part	Unterteil
base plate	Grundplatte
based on actual condition	zustandsorientierte
basic circuit	Grundschaltung
basic curve	Leitkurve
basic logic function	logische Grundfunktion
batch	Fertigungslos
beam	Strahl
bearer drum	Tragwalze
bearing	tragfähig
bearing material	Lagerwerkstoff
bearing reaction	Lagerkraft
belt drive	Riementrieb
belt pulley	Spannrolle
bending	Biegen
bending angle	Biegewinkel
bending die	Biegestempel
bending fixture	Biegevorrichtung
bending force	Biegekraft
bending gap	Biegespalt
bending jaw	Biegebacken
bending stage	Biegestufe
bending test	Biegeversuch
bending tool	Biegewerkzeug
between centres	zwischen Spitzen
bevel gear	Kegelrad, Kegelradgetriebe
bevel of mould	Formschräge
binding agent	Bindemittel
bistable	Impulsventil
black wash	Schlichte
blank	Rohling, Rohteil
blank diameter	Rondendurchmesser
blank holder	Niederhalter
blank step	Leerstufe
blemish	verunstalten
blister	Blase
blow mandrel	Blasdorn
blow moulding tool	Blasformwerkzeug
blowhole	Lunker
body-centred cubic (BBC)	kubisch-raumzentriert
bolt	Stift
bonded abrasive grain	gebundenes Schleifkorn
bonding force	Bindungskraft
Boolean	boolesche
bore wall	Bohrungswandung
boron nitride	Bornitrid
bracket	Halteblech
bridge clamp	Spannhebel
brittle	spröde
brittle fracture	Sprödbruch
brittleness	Sprödigkeit
broach	räumen
bronze-plated	bronzeplattiert
bruise	Quetschung
brush	bürsten
bubble	Lunker
buckling	Knickung
budget limitation	finanzielle Begrenzung
budgeting	Kostenplanung
built-up welding	Auftragsschweißen
bulk magazine	Schüttmagazin
burr	Grat
burr formation	Gratbildung
burr-free	gratfrei
bushing, guide sleeve	Führungsbuchse
bushy chip	Wirrspan
butadiene rubber	Butadienkautschuk
C	
cage	Käfig
calibrate	kalibrieren
calibration	Kalibrierung
caliper	Messtaster
cam clamp	Spannexzenter
cam slide	Keilschieber
cant	verkanten
capability planning	Ressourcenplanung
capacitive stylus	kapazitiver Taster
capacity planning	Kapazitätsplanung
capital goods	Investitionsgut
carbide	Carbid
carbide insert	Wendeschneidplatte
carbide metal	Hartmetall
carbide-tipped tool	Hartmetallwerkzeug
carbon	Kohlenstoff
carbon atom	Kohlenstoffatom
carbon cold-working steel	unlegierter Kaltarbeitsstahl
carbon content	Kohlenstoffgehalt
carbon steel	unlegierter Stahl
carded web	Vlies
carrier medium	Trägermedium
cartesian coordinates	kartesische Koordinaten
cascade gating system	Kaskadenangusssystem
case-hardened	einsatzgehärtet
case-hardened steel	Einsatzstahl
cast	Negativform, Schmelze
cast iron (CI)	Gusseisen
cast part	Gussteil
cast resin	Gießharz
casting alloy	Gusslegierung
casting force	Gießkraft
casting plunger speed	Gießkolbengeschwindigkeit
casting pressure	Gießdruck
casting temperature	Gießtemperatur
caststeel	Stahlguss
cause of error	Fehlerursache
cause of malfunction	Störungsursache
cauterise	ätzen
cavity	Formholraum, Kavität
cavity plate	düsenseitige Formplatte
cavity pressure	Forminnendruck, Werkzeuginnendruck
cemented carbide	Vollhartmetall
cementide	Eisencarbid, Zementit
cementite	Zementit
center distance	Achsabstand
center of rotation	Drehpunkt
centering ring	Zentrierring
centering sleeve	Zentrierhülse
centering system	Zentriersystem
centre gear	Hohlrad
centre-line average surface	Mittenrauwert
centrifugal casting	Schleudergießen
centring flange	Zentrierflansch

Englisch-deutsche Vokabelliste

centroid of line	Linienschwerpunkt
ceramic powder	Keramikpulver
certainty	Sicherheit
certification	Zertifizierung
chain block	Kettenzug
chain dimensioning	Kettenbemaßung
change	wandeln
change in length	Längenänderung
change in status	Zustandsänderung
change in thickness	Dickenänderung
change of torque	Drehmomentwandlung
changeability	Änderbarkeit
charge	bestücken
charging unit	Vorhalteeinrichtung
charing	Luftbrenner (Spritzgießen)
check	prüfen
check gauge	Prüflehre
chemical composition	chemische Zusammensetzung
chemical resistance	chemische Beständigkeit
chemical vapour deposition (CVD)	chemische Gasphasen-abscheidung
chip curler	Spanformer
chip formation	Spanbildung
chip space	Spanraum
chip thickness	Spanungsdicke
chronological sequence	zeitliche Ablauf
chuck	Aufnahmefutter
chuck jaws	Spannbacken
chucking	Aufspannung
circle interpolation clockwise	Kreisinterpolation im Uhrzeigersinn
circle interpolation counterclockwise	Kreisinterpolation gegen Uhrzeigersinn
circuit diagram	Stromlaufplan
circular blank	Ronde
circular grinding	Rundschleifen
circular motion	kreisförmige Bewegung
circular pitch	Teilung (Zahnrad)
circular pocket	Kreistasche
circumferential speed	Umfangsgeschwindigkeit
clamp	spannen
clamping	Aufspannung
clamping accessories	Spannmittel
clamping clip	Spannhaken
clamping device	Spannelement, Spannvorrichtung
clamping force	Schließkraft
clamping joint	Spannelementverbindung
clamping lever	Spannhebel
clamping mark	Spannmarke
clamping of work pieces	Spannen des Werkstücks
clamping pivot	Einspannzapfen
clamping plate	Spannplatte
clamping shoe	Spannpratze
clamping situation	Spannsituation
clamping system	Spannsystem
cleaning effort	Reinigungsaufwand
cleaning solution	Reinigungslösung
clearance	Spiel, Spaltmaß
clearance angle	Freiwinkel
clearance distance	Sicherheitsabstand
clearance fit	Spielpassung
cleavage fracture	Trennbruch
climbing	Steigen (schmieden)
clinch	Clinchen
clinch rivet	Clinchniet
clipping	Verschnitt
clockwise circular interpolation	Kreisinterpolation im Uhrzeigersinn
close to edge	konturnah
closed loop	Regelkreis
closing date	Endtermine
closing force	Schließkraft
clutch	Kupplung
CNC form milling	CNC-Formfräsen
CNC lathe	CNC-Drehmaschine
CNC machine tool	CNC-Werkzeugmaschine
CNC manufacturing	CNC-Fertigung
CNC milling machine	CNC-Fräsmaschine
CNC programme	CNC-Programm
coat	beschichten
coated	beschichtet
coating	Belag
coaxiality	Koaxialität
cocking slides	Spannschieber
coefficient of expansion	Ausdehnungskoeffizient
coefficient of friction	Reibzahl
coefficient of linear expansion	Längenausdehungskoeffizient
cog wheel	Zahnrad
cog	kämmen (Zahnräder)
cognition of conflict	Konfliktwahrnehmung
coil	Spule
coil core	Spulenkern
cold forge	festklopfen
cold formability	Kaltverformbarkeit
cold forming	Kaltumformen
cold-chamber die casting machine	Kaltkammerdruckgießmaschine
cold-rolled	kalt gewalzt
cold-runner system	Kaltkanalsystem
cold-work steel	Kaltarbeitsstahl
collar form, plung	Kragenziehen
collecting section	Sammelraum
collision	Kollision
collision	Kollisionen
collision check	Kollisionsprüfung
column mount	Säulengestell
combination cutting tool	Gesamtschneidwerkzeug
combination shearing tool	Gesamtschneidwerkzeug
combinational control	kombinatorische Steuerung
comment	Kommentar
competitive advantage	Wettbewerbsvorteil
competitiveness of a company	Konkurrenzfähigkeit eines Unternehmens
compile	erstellen
complete positioning	Vollpositionierung
completion of project	Projektabschluss
complex transition	komplexe Übergänge
component	Bauteil, Einzelteil
compressed air	Druckluft
compression force	Druckkraft
compression section	Kompressionszone
compression strength	Druckfestigkeit
compressive stress	Druckspannung
compromise	Kompromiss
computer numerically controlled	CNC
computer-based	rechnerunterstützt
computer-based manufacturing	rechnergestützte Fertigung
computer-based manufacturing process planing	rechnergestützte Fertigungsprozess-Planung
concentric run-out error	Rundlauffehler
concentric run-out of spindle	Spindelrundlauf
condensate	Schwitzwasser
condition monitoring	zustandsorientierte Instandhaltung

conductivity	Leitfähigkeit
cone-strip centering	Konusleisten-Zentrierung
confident	zuverssichtlich
conflict management	Konfliktmanagement
conflict resolution	Konfliktbewältigung
conflict resolution strategy	Konfliktlösungsstrategien
conical countersink	konische Senkung
conical-bolt centering	Konusbolzen-Zentrierungen
connecting line	Verbindungslinie
consensus	Konsens
constant cutting speed	konstante Schnittgeschwindigkeit
constant draught	konstante Formschräge
constant material allowance	konstantes Aufmaß
constant spindle speed	konstante Umdrehungsfrequenz
contact area	Berührungsfläche
contact control	Kontaktsteuerung
contact pattern	Tragbild
contact pressure	Flächenpressung
contact table	Schaltgliedertabelle
contactless	kontaktlos
containing heavy metal	schwermetallhaltig
contemporary	Mitwelt
continious improvment process (CIP)	kontinuierlichen Verbesserungsprozesses (KVP)
continuous chip	Fließspan
continuous cycle	Dauerzyklus
continuous dimensioning	steigende Bemaßung
continuous path control	Bahnsteuerung
contour	Kontur
contour description	Konturbeschreibung
contour guide	Konturführung
contour point	Konturpunkt
contour programming	Konturprogrammierung
contour rasp	Konturfeile
contract	Vertrag
contract worker	Leiharbeiter
contractor	Auftragnehmer
control cabinet	Schaltschrank
control current	Steuerstrom
control panel	Schalttafel
control process	Steuerprozess
control section	Steuerteil
control system	Steuerung
control tool	Kontrollinstrument
controllable	regelbar
controlled metal build up	Laserauftragsschweißen
controlled stop	Stillsetzen
controller	Regler
conus gate	Kegelanguss
coolant duct	Kühlkanal
cooling lubricant	Kühlschmierstoff
coordinate axis	Koordinatenachse
coordinate system	Koordinatensystem
copper beryllium alloy	Kupfer-Berylliumlegierung
cord	Schliere
cordiality	Freundlichkeit
core	Kern
core displacement	Kernversatz
core package	Kernpaket
core plate	schließseitige Formplatte
core side of mould	Kernseite
corkscrew rule	Rechte-Hand-Regel
correction coefficient	Korrekturkoeffizient
corrosion protection	Korrosionsschutz
corrosion resistance	Korrosionsbeständigkeit
cost effectiveness	Wirtschaftlichkeit
cost reduction	Kostenreduktion
cost report	Kostenaufstellung
cost-benefit calculation	Kosten-Nutzen-Rechnung
cost-efficient	kostengünstig
cotton wool	Watte
counterclockwise circular interpolation	Kreisinterpolation gegen den Uhrzeigersinn
cover layer	Deckschicht
crack growth	Rissbildung
cracking test	Rissprüfung
crank of lever	Hebelarm
crank press	Kurbelpresse
crater	Krater
crater wear	Kolkverschleiß
crimp	Sicke
crimp and system	Quetschsystem
critical quenching rate	kritische Abkühlgeschwindigkeit
cross section of key	Passfederquerschnitt
cross-sectional area	Ausgangsquerschnitt
cross-sectional variation	Querschnittsübergang
crosswise	kreuzförmig
crystal clear	glasklar
cubic boron nitride	kubisches Bornitrid
cumbersome	sperrig
cup base fracture	Bodenreißer
cupping test	Tiefungsversuch
cupping test to Erichsen	Tiefungsversuch nach Erichsen
curle	rollbiegen
current	Stromstärke
current path	Strompfad
customer care	Kundenpflege
customer focus	Kundenorientierung
customer loyalty	Kundenbindung
customer order	Kundenauftrag
customer orientaion	Kundenorientierung
customer pitch	Kundengespräch
customer relationship	Kundenbeziehung
customer satisfaction	Kundenzufriedenheit
custom-made fixture	Sondervorrichtung
cut	Schnitt
cut lear	freischneiden
cut off	abtrennen
cut out	ausschneiden
cutter compensation	Werkzeugbahnkorrektur
cutting	Spanfläche
cutting bushing	Schneidbuchse
cutting condition	Schnittbedingung
cutting depth ap	Schnitttiefe ap
cutting edge	Schneidkante, Werkzeugschneide
cutting edge geometry	Schneidengeometrie
cutting edge radius	Schneidenradius
cutting edge radius compensation	Schneidenradienkompensation
cutting force	Schneidkraft, Schnittkraft, Zerspankraft
cutting force fluctuation	Schnittkraftschwankung
cutting material	Schneidstoff
cutting motion	Schnittbewegung
cutting plate	Schneidplatte
cutting punch	Schneidstempel
cutting rate	Schneidrate
cutting speed	Schneidgeschwindigkeit, Schnittgeschwindigkeit
cutting step	Schneidstufe
cutting technology	Schneidtechnik
cutting tip	Schneidplatte

cutting tool	Schneidwerkzeug
cutting wedge	Schneidkeil
cycle call	Zyklusaufruf
cycle time	Produktdurchlaufzeit, Zykluszeit
cyclic	zyklische
cylinder	Walze
cylinder segment	Walzensegment
cylinder-strip centering	Zylinderleisten-Zentrierung
cylindrical determination element	zylindrische Bestimmelement
cylindrical dowel	Zylinderstift
cylindrical lapping	Rundläppen
cylindrical pin	Zylinderstift
cylindrical washer element	Rundspannelement

D

damage	Schaden
damage to property	Sachschaden
danger zone	Gefahrenbereich
dangerous substance	Gefahrstoff
data acquisition system	Datenerfassungssystem
data base	Datenbank
data privacy	Datenschutz
data sheet	Datenblatt
datum element	Bezugselement
de-air	entlüften (der Form)
dead voltage	spannungslos
deburring system	Entgratsystem
decarburization	Entkohlung
declaration list	Zuordnungsliste
decomposition temperature	Zersetzungstemperatur
deep draw component	Tiefziehteil
deep drawing	Tiefziehen
deep groove ball bearing	Rillenkugellager
deep welding	Tiefschweißen
deep-draw oil	Tiefziehöl
deep-drawing tool	Tiefziehwerkzeug
defect	Fehlstelle
defective	Ausschussteile
definition of cycle	Zyklusdefinition
definition of project	Projektdefinition
deflection movement	Auslenkbewegung
deflection shoulder	Spanleitstufe
deform	verformen
deformability	Formänderungsvermögen
deformability behaviour	Verformungsverhalten
degrease	entfetten
degree of cross-linking	Vernetzungsgrad
degree of deformation	Umformgrad
degree of freedom	Freiheitsgrad
degree of loading	Beanspruchungsgrad
degree of shrinkage	Schwindmaß
de-ionised water	entionisiertes Wasser
delayed	zeitversetzt
delegation	Delegation
delivery time	Lieferzeit
demand	Forderung
demoldability	Entformbarkeit
demould	entformen
demoulding system	Entformungssystem
demoulding temperature	Entformungstemperatur
density	Dichte
density ratio	Raumerfüllung
department	Abteilung
depreciation	Abschreibung
depth of groove	Rillentiefe
depth of indention	Eindrucktiefe
depth of structure	Strukturtiefe
derive	ableiten
design	designen
design failure mode and effects analysis (DFMEA)	FMEA Fehlermöglichkeits- und -einflussanalyse
designer	Konstrukteur
detail drawing	Einzelteilzeichnung
detended switch	Stellschalter
determination element	Bestimmelement
determination of reference point	Referenzpunktbezeichnung
determination surface	Bestimmfläche
development process	Entwicklungsprozess
device	Bauteil
diagonal of indentation	Eindruckdiagonale
dial gauge	Messuhr
dialogue partner	Gesprächspartner
diameter	Durchmesser
diameter of coil	Spulendurchmesser
diameter of indentation	Eindruckdurchmesser
diamond	Diamant
diamond cone	Diamantkegel
diamond pyramid	Diamantpyramide
diaphragm gate	Scheibenanguss, Telleranguss
die bending	Gesenkbiegen
die casting machine	Druckgießmaschine
die clearance	Schneidspalt
die cushion	Ziehkissen
die forging	Gesenkschmieden
die insert	Gesenkeinsatz
die joint	Gesenknaht
die land	Bügelzone
die parting line	Gesenkteilung
die shaping	Gesenkformen
die spot	tuschieren
die spotting press	Tuschierpresse
die cutting tool	Stanzwerkzeug
dielectric	Dielektrikum
diesel effect	Dieseleffekt (Spritzgießen)
die-sink electrical discharge machining	Senkerodieren
diffusion	Diffusion
digital information	digitale Information
dimension tolerance	Maßtoleranz
dimensional accuracy	Maßhaltigkeit
dimensions of gear wheel	Zahnradmaße
direct costs	Einzelkosten
direct gate	Stangenanguss
direct position measuring system	direkte Wegmessung
direct production costs	Fertigungseinzelkosten
direct voltage	Gleichspannung
direction of grain	Walzrichtung
direction of rotation	Drehrichtung
directional control valve	Wegeventil
disc spring	Tellerfeder
discharge current	Entladestrom
discharge energy	Entladeenergie
discharge time	Entladedauer
discharge voltage	Entladespannung
dispatch	absenden
displacement-step diagram	Weg-Schritt-Diagramm
displacement-time diagram	Weg-Zeit-Diagramm
displacer	Verdrängungskörper
disposal	Entsorgung
disposal costs	Entsorgungskosten
disposal of product	Produktentsorgung
distribution duct	Verteilerkanal
disturbance value	Störgröße

disturbance variable	Störgröße
dome	Dom
double sided	zweiseitig
double solenoid valve	Impulsventil
double wheel lapping machine	Zweischeibenläppmaschine
double-acting	doppeltwirkend
dowel pin	Passhülse
dowelled	verstiftet
down cut machining	Gleichlaufbearbeitung
down-cut milling	Gleichlauffräsen
drag indicator	Schleppzeiger
draw polish	strichpolieren
draw ring radius	Ziehringradius
draw slide	Ziehstößel
drawing	Konstruktionszeichnung
drawing clearance	Ziehspalt
drawing derivation	Zeichnungsableitung
drawing ratio	Ziehverhältnis
dress	abrichten (Schleifscheibe)
drift expanding test	Aufweitversuch
drill	bohren
drilling cycle	Bohrzyklen
drilling electrical discharge machining	Bohrerodieren
drive motor	Antriebsmotor
drop hammer	Schmiedehammer
drop out piece	Ausfallteil
dry friction	Trockenreibung
dry machining	Trockenbearbeitung
ductile	zäh
ductile fracture	Verformungsbruch
ductility, toughness	Zähigkeit
duplex steel	Duplex-Stahl
durable	haltbar
duroplastic	duroplastischer Kunststoff
dwell press	nachdrücken
dwell pressure	Nachdruck
dwell time	Einwirkdauer
dye penetrant examination	Farbeindringverfahren
dye solution	Farblösung

E

easy to maintain	wartungsfreundlich
eccentric	Exzenter
eccentric press	Exzenterpresse
eccentrical clamping	Spannexzenter
eccentricity	Exzentrizität
ecological	ökologisch
economical	wirtschaftlich
economy	Wirtschaftlichkeit
edge	Schneide
edge distance	Randabstand
edge protection	Kantenschutz
edge-holding property	Schneidhaltigkeit
edge-zone hardened	randschichtgehärtet
effective diameter	Wirkdurchmesser
efficiency factor	Wirkungsgrad
eject	entformen
ejection pin	Auswerferbolzen
ejection side	Auswerferseite
ejection system	Auswerfersystem, Entformungssystem
ejector	Auswerfer
ejector die	Auswerferformhälfte
ejector pin	Auswerferstift
ejector plate	Auswerferplatte
ejector sleeve	Auswerferbuchse
elastic limit	Dehngrenze
elastic limit	Streckgrenze
elasticity	Elastizität
elastic-mounted	federnd gelagert
elastomer	Elastomer
elastomer spring	Elastomerfeder
electical cord / wire	elektrischen Leitung
electric arc	Lichtbogen
electric contactor	Schütz
electric motor	Elektromotor
electrical discharge machining (EDM)	Funkenerodieren
electrical insulator	elektrischer Isolator
electro pneumatics	Elektropneumatik
electrochemical	elektrochemisch
electrode material	Elektrodenwerkstoff
electrode mount	Elektrodenhalter
electrode-to-workpiece spacing controller	Spaltweitenregelung
electro-magnetic	elektromagnetisch
electromagnetic relay	elektromagnetisches Relais
electromechanical drive	elektromechanischer Antrieb
elongation	Längenänderung, Längenzunahm
elongation at fracture	Bruchdehnung
elongation	Dehnung
embossing die	Prägestempel
emboss	prägen
emergency operation feature	Notlaufeigenschaft
emergency-stop button	Notausschalter
emergency-stop equipment	Not-Aus-Einrichtung
emery cloth	Schmirgelleinen
E-modulus	E-Modul
employee suggestion system	betriebliches Vorschlagswesens
employee survey	Mitarbeiterbefragung
end mill cutter	Schaftfräser
end milling	Stirnumfangsfräsen
end position cushioning	Endlagendämpfung
energy costs	Energiekosten
energy flow	Energiefluss
engineering department	Konstruktionsabteilung
engraving	Gravur
enlarge punch	Aufweitdorn
enterprise knowledge management	Wissensmangement
entrapped air	Lufteinschluss
entry radius	Einlaufradius
envelope principle	Hüllkurvenprinzip
environmental impact	Umweltbelastungen
epicyclic gear	Planetengetriebe
equidistant finishing	äquidistantes Schlichten
equipment list	Geräteliste
equipment	Teileliste
ergonomic	ergonomisch
ergonomic design	ergonomische Gestaltung
ergonomics	Ergonomie
error	Störung
error prevention	Fehlervermeidung
error-free	fehlerfreie
etching bath	Ätzbad
eutectic	Eutektikum
eutectoid	Eutektoid
excessive	übermäßig
exhaust	entlüften (der Form)
expanding joint	Dehnverbindung

Englisch-deutsche Vokabelliste

expectation of customer	Kundenerwartung
expenditure	Aufwand
experience value	Erfahrungswert
extended measuring surface	erweiterte Messfläche
extension	Dehnung, Verlängerung
external audit	externes Audit
external costs	externen Kosten
external measuring	Externes Messen
external teeth	Außenverzahnung
extra-low voltage (ELV)	Funktions-Kleinspannung
extrudate	Extrudat
extrude	extrudieren
extruder	Extruder, Extruderdüse, Extrudiermaschine
extrusion die	Strangpressmatrize
extrusion moulding	Strangpressen
eye bolt	Ringschraube
eye contact	Augenkontakt

F

face mill	stirnfäsen
face mill cutter	Messerkopf
face milling	Stirnfräsen
face milling cutter	Walzenstirnfräser
face turning	Plandrehen
face-centred cubic (FCC)	kubisch-flächenzentriert
face-peripheral milling	Stirn-Umfangsfräsen
factual level	Sachebene
fan gate	Schirmanguss
fasten	festsetzen
fastener	Verbindungselement
fatigue	Ermüdung
fatigue limit	Dauerfestigkeit
fault-free	fehlerfrei
feasibility study	Machbarkeitsstudie
feed	Vorschub, zuführen
feed bush	Angussbuchse
feed drive	Vorschubantrieb
feed gear	Vorschubgetriebe
feed monitoring	Vorschubüberwachung
feed motion	Vorschubbewegung
feed per revolution	Vorschub pro Umdrehung
feed per tooth	Vorschub je Zahn
feed rate per minute	Vorschubgeschwindigkeit in mm/min
feed rate per revolution	Vorschub in mm/Umdrehung
feed rate, feed speed	Vorschubgeschwindigkeit
feed section	Einzugszone
feeder	Speiser
feeding device	Vorschubeinrichtung, Zufuhreinrichtung
felt ring	Filzring
ferrite	Ferrit
ferritic steel	ferritischer Stahl
ferromagnetic powder	Magnetpulver
ferrous material	Eisenwerkstoff
fibre flow	Faserverlauf
fight	Kampf
file	feilen
fill area	Füllfläche
fill time	Füllzeit
filler material	Füllstoff
filler metal	Schweißzusatz
filling chamber	Füllkammer
filling level	Füllhöhe
filling level	Füllstand
filling pressure	Fülldruck
filling simulation	Füllsimulation
film gate	Bandanguss, Filmanguss
filter system	Filteranlage
final acceptance	Endabnahme
final control element	Stellglied
final inspection	Endkontrolle
fine blank	feinschneiden
fine finishing	Feinbearbeitung
fine grind	feinschleifen
fineness	Feingliedrigkeit
finish	schlichten
finish part, finished part	Fertigteil
finish quality	Oberflächengüte
fire crack	Brandriss
fire monitoring facility	Brandüberwachungseinrichtung
firmly bonded	stoffschlüssig
first draw	Erstzug
first sample	Erstmuster
fishbone diagram	Fischgrätendiagramm
fit	Passung
fixed	feststehend
fixed core	feststehender Kern
fixture	Vorrichtung
fixture construction	Vorrichtungsbau
flange	Bördel, Flansch
flank	Flanke
flank wear	Freiflächenverschleiß
flaring	Wulst
flash	Schwimmhäute (Spritzgießen)
flat belt drive	Flachriementrieb
flat gauge	Flachlehre
flat grinding	Flachschleifen
flat guide	Flachführung
flat lapping	Flachläppen
flexible organisation of working time	flexible Arbeitszeitgestaltung
flextime wage record	Arbeitszeitkonto
floating bearing	Loslager
flow condition	Fließverhältnis
flow diagram	Flussdiagramm
flow path	Fließweg
flow simulation	Strömungssimulation
flow temperature range	Fließtemperaturbereich
fluid friction	Flüssigkeitsreibung
fluorescent	fluoreszierend
flushing	offene Spülung
flushing by electrode movement	Bewegungs- bzw. Intervallspülung
flushing method	Spülmethode
folding test	Faltversuch
follow-on composite tool	Folgeverbundwerkzeug
follow-on shearing tool, progressive shearing tool	Folgeschneidwerkzeug
follow-up compound tool	Folgeverbundwerkzeug
follow-up cost	Folgekosten
force fit, non-positive fit	kraftschlüssig
forced demoulding	Zwangsentformung
forced outage	störungsbedingt
foreman	Meister
forge	schmieden
forging billet	Schmiedknüppel
forging die	Gesenk
forging rolls	Reckwalzen
forgung tolerances	Schmiedeteiltoleranzen
form	umformen
form fit	formschlüssig

form of evolvent	Evolventenform
formability	Formbarkeit, Umformbarkeit
formation of built-up edge	Aufbauschneidenbildung
forming	Formierungsphase
forming acquirement	Umformvermögen
forming force	Umformkraft
forming step	Umformstufe
forming technology	Formtechnik, Umformtechnik
forming temperature	Umformtemperatur
forming tool / die	Umformwerkzeug
forming under pressure	Druckumformung
fracture	Riss
fractured surface	Bruchfläche
fracture of cutting edge	Schneidenbruch
free	freimachen (Statik)
free bending	freies Biegen
free-formed surface	Freiformfläche
frequency	Frequenz
frequency regulated three-phase motor	frequenzgesteuerter Drehstrommotor
fret	fressen
friciton force	Reibungskraft
friction layer	Reibschicht
frictional heat	Reibungswärme
friction-resistant material	Gleitlagerwerkstoff
fringe projection	Streifenprojektionsverfahren
frothing	Schaumbildung
full-cylinder	Vollwalze
fully automated	vollautomatisiert
fully synthetic grease	vollsynthetisches Fett
funcitionality	Funktionalität
function block	Funktionsblock
function chart (FCH)	Funktionsplan
function diagram	Funktionsdiagramm
function line	Funktionslinie
function table	Funktionstabelle
function-oriented	funktionsorientiert
funnel gate	Trichteranguss

G

galvanic	galvanisch
Gannt diagram / chart	Gannt Diagramm
gas assisted	gasunterstützt
gas spring	Gasdruckfeder
gas tungsten arc welding (GTAW)	Wolfram-Inertgas-Schweißen (WIG)
gasket	Dichtung
gate	Anschnitt (Spritzgießen)
gate bore	Angussbohrung
gating point	Anspritzpunkt
gauge	Lehre
gauge block	Endmaß
G-code	G-Funktion
gear	Getriebe, Zahnrad
gear drive	Zahnradgetriebe
gear rack	Zahnstange
gear shaft	Getriebewelle
gear transmission ratio	Übersetzungsverhältnis
gear wheel	Zahnrad
gearing mechanism	Getriebe
gearless drive	Direktantrieb
generation of heat	Wärmentwicklung
geometric contour programming	Konturzugprogrammierung
geometrical examination	geometrische Überprüfung
geometrical information	geometrische Information
geometrically unspecified	geometrisch unbestimmt
ghost line	Schleifriefe
ghost shift	Geisterschicht
give mirror finish	hochglanzpolieren
glass transition temperature	Glasübergangstemperatur
gliding fracture	Gleitbruch
go /no go side of gauge	Gut- und Ausschussseite
grain boundary	Korngrenze
grain size	Korngröße
grained	genarbt
granulate	Granulat
graphite	Graphit
gravity die casting	Kokillengießen
green body	Grünling
grind	schleifen
grinding pencil	Handschleifer
grinding stock allowance	Schleifaufmaß
grinding wheel	Schleifscheibe
gripper device	Greifersystem
gripper feed	Zangenvorschub
groove	Rille
groove system	Nutsystem
guard grid	Schutzgitter
guidance	Führung
guide	führen
guide column	Führungssäule
guide element	Führungselement
guide plate	Führungsplatte
guide rail	Führungsleiste
guide slide bearing	Gleitführung
guideway level	Führungsebene

H

hammer	Hammer
handle	handhaben
handling device	Handhabungsgerät
handling of complaints	Reklamationsbearbeitung
handling time	Bearbeitungszeit
hands-on training	Praktikum
haptic	Habtik
hard alloy	Hardlegierung
hard chrome plating	Hartverchromung
hard coating	Hartstoffbeschichtung
hard metal	Hartmetall
harden	härten
hardened steel ball	Hartmetallkugel
hardening crack	Härteriss
hardening depth	Einhärttiefe
hardening shop	Härterei
hardening temperature	Härtetemperatur
hardness	Härte
hauler	Spediteur
hazard	Gefahr
heading	Stauchen (schmieden)
heat conduction	Wärmeleitung
heat crack	Warmriss
heat resistance	Warmfestigkeit
heat stress	Wärmespannung
heat transfer	Wärmeübertragung
heat treatment	Wärmebehandlung
heating coil	Heizband
heating fluid	Temperiermedium
heating plate	Heizplatte
heat-treat	wärmebehandeln
helical cut	schrägverzahnt
helical gearing	Schrägverzahnung
hexagon socket head cap screw	Zylinderschraube
high pressure spindle	Hochdruckspindel
high temperature stability	Warmfestigkeit

Englisch-deutsche Vokabelliste

high temperature strength	Warmfestigkeit
high-grade steel	Edelstahl
high-performance milling	Hochleistungsfräsen
high-pressure jet	Hochdruckstrahl
high-speed milling	Hochgeschwindigkeitsfräsen
hinge	Scharnier
hobbing	Wälzfräsen
holding down clamp	Niederhalter
holding pressure	Nachdruck
holding pressure time	Nachdruckzeit
hole circle	Lochkreis
hollow part	Hohlkörper
hollow profile extruding	Hohlprofilextrudieren
hollow punch rivet	Halbhohlniet
hollow shank taper	Hohlschaftkegel
holohedral	vollflächig
hone	honen
honing mandrel	Honahle
honing oil	Honöl
honing stone	Honstein
honing tool	Honahle
hook clamp	Spannhaken
Hooke's line	Hooksche Gerade
hot forming	Halbwarmumformung
hot runner nozzle	Heißkanaldüse
hot runner system	Heißkanalsystem
hot shaping	Warmumformen
hot shortness	Warmbrüchigkeit
hot thoughness	Warmzähigkeit
hot-chamber die casting	Warmkammer
hot-rolled	warm gewalzt
hot-working steel	Warmarbeitsstahl
hourly rate	Stundensatz
hub	Hub, Nabe
human resource management	Personalmanagement
human resources planning	Personalplanung
hybrid model	Hybridmodell
hybrid processes	Hybridverfahren
hydraulic chuck	hydraulisches Spannfutter
hydraulic expansion chuck	Hydro-Dehnspannfutter
hydrocarbon	Kohlenwasserstoffverbindung
hydrodynamic lubrication	hydrodynamische Schmierung
hyper-eutectoid	übereutektoid
hypo-eutectoid	untereutektoid
I	
idle time	Pausenzeit, Stillstandszeit
ignition delay time	Zündverzögerungszeit
impact energy	Kerbschlagenergie
impact extruding	Fließpressen
impact testing machine	Pendelschlagwerk
imperfection	Unregelmäßigkeit
implementation	Umsetzung
imprint	Eindruck
improper positioning	Halbpositionierung
improvement	Verbesserung
impulse	Impuls
impulse period	Impulsperiode
impulsive	stoßartig
in due time	fristgerecht
in layers	schichtweise
inbalance	Unwucht
incident	Zwischenfall
inclined-bed machine	Schrägbettmaschinen
increase in productivity	Produktivitätssteigerung
increase in strength	Festigkeitssteigerung
increment	Inkrement
incremental dimensioning	inkrementale Bemaßung
incremental position measuring system	inkrementale Wegmessung
incremental positioning	inkrementale Maßangabe
indent	Kerbe
indentation	Abdruck
indentation depth	Eindringtiefe
indenter	Prüfkörper
index	teilen
indexable insert	Wendeschneidplatte
indexable insert holder	Klemmhalter
indicating calliper	Feinzeiger
indication accuracy	Anzeigegenauigkeit
indirect position measuring system	indirekte Wegmessung
induced voltage	Induktionsspannung
inductive stylus	induktiver Taster
inert atmoshere	Schutzgasatmosphäre
inert gas	Schutzgas
in-feed motion	Zustellbewegung
infeeding rate	Zustellung
information and communication technology (CT)	Informations- und Kommunikationstechnik
inital batch	Nullserie
inital operation	Inbetriebnahme
inital position	Grundstellung
inital situation	Ausgangssituation
inital tension	Vorspannung
initial gauge length	Ausgangslänge
injection blow mould	spritzblasformen
injection blow moulding machine	Spritzblasmaschine
injection cycle	Spritzzyklus
injection mould	spritzgießen, Spritzgießform
injection moulding machine	Spritzgießmaschine
injection moulding tool	Spritzgießwerkzeug
injection pressure	Einspritzdruck
injection temperature	Einspritztemperatur
injection unit	Spritzeinheit
injurious to health	gesundheitsgefährdend
inner ring	Innenring
input number of revolutions	Antriebsdrehzahl
input processing output IPO	EVA-Prinzip
insertion groove	Einführrille
inspect	prüfen
installation instruction	Einbaurichtlinie
instantaneous	verzögerungsfrei
insulation channel runner	Isolierkanalverteiler
insusceptible to shock	stoßunempfindlich
interaction	Wechselbeziehung
interest	Zins
interface	Schnittstelle
interference	Beeinflussung
intermediate anneal	zwischenglühen
internal and external machining	Innen- und Außenbearbeitung
internal audit	internes Audit
internal gas pressure injection molding	Gasinnendruck-Spritzgießen
internal gearing	Innenverzahnung
internal machining	Innenbearbeitung
internal measuring	internes Messen
interpersonal communication	zwischenmenschlichen Kommunikation
interrupted cut	Schnittunterbrechung
interstitial solid solution	Einlagerungsmischkristall
interval-related	intervallabhängige

Englisch-deutsche Vokabelliste

investment and operational costs	Investitions- und Betriebskosten
investment decision	Investitionsentscheidung
involute toothing	Evolventenverzahnung
iron	Eisen
iron carbide	Zementit
iron-carbon phase diagram	Eisen-Kolenstoff-Diagramm (EKD)

J

jet flushing	Druckspülung
jig	Vorrichtung
job number	Auftragsnummer
joint	fügen
joint line	Bindenaht
joint welding	Verbindungsschweißen

K

key	Passfeder
keyboard	Tastatur
keyless chuck	Schnellspannfutter
kind of gears	Getriebeart
knife edge cutting	Messerschneiden
knife-edged ring	Ringzacke
knuckle joint press	Kniehebelpresse
knurl	Rändelung

L

labor costs	Lohnkosten
lack of information	Informationsmangel
lammelar grey cast iron	lamellarer Grauguss
lap	läppen
lapping disc	Läppscheibe
lapping fluid	Läppmittel
large-scale production	Großserie
laser cleaning	Laserreinigen
laser measuring	Lasermessung
laser scanner	Laserscanner
laser sinter	lasersintern
lasting mould	Dauerform, Kokille
lateral area	Mantelfläche
lateral plunger	Seitendruckstücke
lathe chuck	Drehfutter
lattice structure	Gitterstruktur
launch	Einführung
layer of scale	Zunderschicht
layer thickness	Schichtdicke
leading role	Führungsrolle
left-handed thread	Linksgewinde
left-turning	linksdrehend
lever arm	Hebelarm
lever block	Kettenzug mit Hebel
lever clamp	Hebelspanner
lever clamping	Hebelklemmung
life cycle	Lebenszyklus
life expectancy	Lebensdauer
lightweight construction material	Leichtbauwerkstoff
limit value	Grenzwert
line contact	Linienberührung
line feed	Zeilenvorschub
linear	linienförmig
linear interpolation	Geradeninterpolation G01
linear motor	Linearmotor
linear rolling bearing guideway	lineare Wälzlagerführung
liquid	Schmelze
load	Verbraucher, Beanspruchung
loaded side of belt	Zugtrum
locating bearing	Festlager
locating pin with ball-shaped head	Aufnahmebolzen mit Kugelkopf
location tolerance	Lagetoleranz
locator	Anschlag, Anschlagstück
logic symbol	Logiksymbol
logical control system	Verknüpfungssteuerung
longitudinal compression joint	Längspressverbindung
longitudinal grinding	Längsschleifen
longitudinal turning	Längsdrehen
long-stroke hone	langhubhonen
long-stroke honing machine	Langhubhonmaschine
long-term temperature	Dauertemperatur
loop	Schleife
loose side of belt	Leertrum
loose t-fixture	lose Nutensteine
loss of quality	Qualitätsverlust
lower action limit	untere Eingriffsgrenze (UEG)
lower deviation	unteres Abmaß
lower die	Untergesenk
lower limit	unteren Grenzwert (UGW)
lower warning limit	untere Warngrenze (UWG)
low-noise	geräuscharm
low-pressure gravity die casting	Niederdruck-Kokillengießen
lubrication	Schmierung
lubrication film	Schmierfilm
lubrication grease	Schmierfett
lubrication groove	Schmiernut

M

machinability	Zerspanbarkeit
machine bed	Maschinenbett
machine capacity	Maschinenleistung
machine coordinate system	Maschinenkoordinatensystem
machine costs	Maschinenkosten
machine downtime	Maschinenstillstandszeit
machine element	Maschinenelement
machine hourly rate	Maschinenstundensatz
machine kinematics	Maschinenkinematik
machine maintenance	Instandhaltung
machine operator	Maschinenführer
machine rigidity	Maschinensteifigkeit
machine scheduling	Maschinenbelegung
machine set-up time	Rüstzeit
machine table	Maschinentisch
machine tool table	Werkzeugmaschinentisch
machine zero point	Maschinennullpunkt
machined surfaces	Schnittflächen
machining allowance	Bearbeitungszugabe
machining cycles	Bearbeitungszyklen
machining plane	Bearbeitungsebene
machining score	Bearbeitungsriefen
machining strategy	Bearbeitungsstrategie
machining time	Bearbeitungszeit
made functional	funktionsgerecht
madrel	Dorn
magnetic clamping	magnetisches Spannen
magnetic field	Magnetfeld
magnetic leakage flux test	magnetisches Streufluss-verfahren
main cut	Hauptschnitt
main drive	Hauptantrieb
main function	Hauptfunktion
main programme	Hauptprogramm
main spindle	Arbeitsspindel
maintain	instandhalten
maintenace schedule	Wartungsplan
maintenance costs	Instandhaltungskosten
maintenance department	Instandhaltungsabteilung
maintenance fixture	Wartungsvorrichtung

Englisch-deutsche Vokabelliste

maintenance schedule	Inspektionsplan	minimum allowable bending radius	kleinst zulässige Biegeradius
maintenance strategy	Instandhaltungsstrategie	minimum clearance	Mindestspiel
maintenance task	Instandhaltungsmaßnahme	minimum dimension	Mindestmaß
maintenance-free	wartungsfrei	minimum quantity of coolant lubrication	Minimalmengen-Kühlschmierung
major load	Prüfkraft	minimum wall thickness	Mindestwanddicke
malfunction	Störung	minor load	Vorkraft
management overhead	Verwaltungskosten	mirror finish	Hochglanzpolitur
mandrel	Pinole	misalignment	Versatz
mandril gauge	Lehrdorn	mixed friction	Mischeibung
manual	manuell	mobile hardness test	mobile Härteprüfung
manual control element	Bedienelement	model	modellieren
manual programming	manuelles Programmierung	model history	Modellhistorie
manufacturer's data	Herstellerangabe	modification draft	Änderungsentwurf
manufacturing costs	Herstellungskosten	modul of elasticity	Elastizitätsmodul
manufacturing planning	Fertigungsplanung	modular fixture	Baukastenvorrichtung
manufacturing process	Fertigungsverfahren	module	Modul (Zahnrad)
manufacturing time	Fertigungszeit	modulus of elasticity	E-Modul
mark	Markierung	moisture-proof	feuchtigkeitsdicht
martensite	Martensit	molecular chain	Molekülkette
martensitic steel	martensitischer Stahl	molten metal bath	Metallbad
mass	Masse	molybdenum disulphide	Molybdändisulfid
massive forming	Massivumformen	moment	Drehmoment
master switch	Hauptschalter	monitor	Bildschirm
material accumulation	Materialanhäufung	monocrystalline synthetic diamond	monokristalliner Diamant
material costs	Materialkosten	monomer	Monomer
material direct costs	Werkstoffeinzelkosten	mop	wischen
material expenses management	Sachmittelmanagement	motion sequence	Bewegungsablauf
material number	Werkstoffnummer	motor	Motor (elektr.)
material occupancy rate	Werkstoffausnutzungsgrad	motor spindle	Motorspindel
material overhead	Materialgemeinkosten	mould cavity	Formhöhlung, Formnest
material property	Werkstoffeigenschaft, Werkstoffkennwert	mould design and construction	Formenbau
material provision	Materialbereitstellung	mould draught	Formschräge
material removal	Werkstoffabtrag	mould fill time	Formfüllzeit
material removal rate (MRR)	Zeitspanungsvolumen	mould insert	Formeinsatz
material requirement	Materialbedarf	mould making	Formenbau
material testing	Werkstoffprüfung	mould part line	Teilungsebene
material utilisation	Materialausnutzung	mould parting line	Formteilung
materials administration	Materialwirtschaft	mould parting surface	Werkzeugtrennebene
matrix organization	Matrixorganisation	moulded part	Spritzgussteil, Spritzling
maximum clearance	Höchstspiel	mould-filling time	Formfüllzeit
maximum interference	Höchstübermaß	moulding cycle	Spritzzyklus
maximum roughness depth	Rautiefe	moulding shrinkage	Verarbeitungsschwindung
maximum size	Höchstmaß	moulding technique	Formentechnik
measurabiltiy	Messbarkeit	mounted wheel	Schleifstift
measurement device	Messaufnahme	mounting	Befestigung
measuring machine	Messmaschine	mounting plate	Aufspannplatte
measuring programme	Messprogramm	multicavity mould	Mehrfachwerkzeug
measuring report	Messprotokoll	multiple edge	mehrschneidig
measuring sensor	Messtaster	multiple fixture	Mehrfachvorrichtung
mechanical strength property	Festigkeitswert	mushroom-type guidance	Führungspilz
memory address	Speicheradresse	**N**	
memory control	Haltegliedsteuerung	nave	Nabe
mesh	kämmen (Zahnräder)	NC contact	Öffner
metal oxide	Metalloxid	necking	Einschnürung
metal powder	Metallpulver	needle shut-off nozzle	Nadelverschlussdüse
metal spring	Metallfeder	neutral axis	neutrale Faser
metering section	Ausstoßzone	nickel	vernickeln
metering stroke	Dosierweg	nitride	nitrieren
micro-structure	Gefüge	nitride ceramics	Siliziumnitridkeramik
mid-tolerance	Toleranzmitte	nitriding steel	Nitrierstahl
milestone	Meilenstein	NO contact	Schließer
milky	milchig	noise emission	Geräuschentwicklung
milling cutter centre path	Fräsermittelpunktsbahn	nominal size	Nennmaß
milling table	Tisch der Fräsmaschine		

nominal value	Nennwert
nominal value	Sollwert
non precipitation hardening alloy	nicht aushärtbare Legierung
non-corroding steel	korrosionsbeständiger Stahl
non-cutting	spanlos
non-destructive testing	zerstörungsfreies Prüfverfahren
nonferrous metal	Nichteisenmetall
non-productive time	Nebenzeit
non-slip	schlupffrei
normally closed contact	Öffner
normally open contact	Schließer
norming	Regelphase
nose angle	Eckenwinkel
notch-impact bending test	Kerbschlagbiegeversuch
noticeable	bemerkenswert
nozzel-sided	düsenseitig
nozzle die	Düsenformhälfte
nozzle side	Düsenseite
number of cycles	Taktzahl
number of revolutions	Umdrehungsfrequenz
number of teeth	Zähnezahlen

O

object-oriented	objektorientiert
obstinacy	Sturheit
occupancy costs	Raumkosten
odour emission	Geruchsentwicklung
off time	Ausfallzeit
offer	Angebot
OK and scrap side of gauge	Gut- und Ausschussseite
on schedule	termingerecht
one-sided	einseitig
opening	Durchbruch
opening	Durchbruch
open-mindedness	Aufgeschlossenheit
operability	Funktionsfähigkeit
operation cycle	Arbeitszyklus
operation instruction	Betriebsanleitung
operation manual	Betriebsanleitung
operation mode	Betriebsart
operation parameter	Betriebsparameter
operation position	Arbeitsposition
operation reliability	Betriebssicherheit
opposition	Widerstand
optical measurement method	optisches Messverfahren
opto-electronic	foto-elektronisch
OR operation	ODER-Verknüpfung
orientation tolerance	Lagetoleranz
origin of conflict	Konfliktentstehung
orthogonal	rechtwinklig
outer layer, surface layer	Randschicht
outer ring	Außenring
outline contour	Außenkontur
output number of revolutions	Abtriebsdrehzahl
output rate	Baurate
over determination	Überbestimmung
over positioning	Überpositionierung
overall costs	Gesamtkosten
overbend	überbiegen
overflow	Luftbohne
overflow cavity process	Nebenkavitäts-Verfahren
overhead calculation	Zuschlagskalkulation
overheads	Betriebskosten
overlapping signal	Signalüberschneidung
overload	Überlast
overrun	Überlauf
overtime	Überstunde
overturning moment	Kippmoment
oxide ceramics	Oxidkeramik
oxide coating	Oxidschicht

P

packaging machine	Verpackungsmaschine
pair of contacts	Kontaktpaar
pallet	Klappanker
parallel lap	planparallelläppen
parallel piece	Parallelstück
parallelism	Parallelität
parameterized dimensiong	parametrisierte Bemaßung
Paris white	Schlammkreide
part	trennen
part geometry	Werkstückgeometrie
part system	Teilsystem
part warpage	Formeilverzug
partial currents	Teilströme
partial filling process	Teilfüllungs-Verfahren
partial repeat of programme	Programmteilwiederholung
parting line surface	Trennfläche
parting plane	Trennebene
parting surface	Trennebene
parts depct	Teilelager
parts list	Teileliste
passive force	Passivkraft
paste	Paste
path deviation	Bahnabweichung
pattern	Muster
pattern plate	Formplatte
pearlite	Perlit
pellet	Pellet
perforated disk	Lochscheibe
performance requirement	Leistungsanforderung
performance specification sheet	Lastenheft
performing	Arbeitsphase
peripheral milling	Umfangsfräsen
perlite	Perlit
permanent mould	Dauerform
permanent position coding	feste Platzcodierung
permeability	Durchlässigkeit
personnel management	Personalführung
phase of project	Projektphase
photo-chemical	foto-chemisch
photo-hardening	lichtaushärtend
physical	physikalisch
physical vapour deposition (PVD)	physikalische Gasphasenabscheidung
pieces per grind	Standmenge
piercing punch	Lochstempel
pillar guide	Säulenführung
pilot control	Führungssteuerung
pilot pin	Suchstift
pin	Stift
pin point gate	Punktanguss
pinion (gear)	Ritzel
piston rod	Kolbenstange
pitch	Gewindesteigung
pitch diameter	Flankendurchmesser, Teilkreisdurchmesser
pitch error	Steigungsfehler
pitted	narbig
placeholder	Platzhalter
placing of order	Auftragserteilung
plain bearing, slide	Gleitlager
plain milling	Planfräsen
planet carrier	Planetenradträger

Englisch-deutsche Vokabelliste

planet gear	Planetenrad
planetary electrical discharge machine	planetärerodieren
planning data	Plandaten
plasma nitride	plasmanitrieren
plastic deformability	plastische Verformbarkeit
plastic melt	Kunststoffschmelze
plastic powder	Kunststoffpulver
plasticating cylinder	Plastifizierzylinder
plasticiser	Weichmacher
plastics	Kunststoff
plate	Blech (> 5 mm), Formplatte, panzern
plate magazine	Tellermagazin
platen guidance	Plattenführung
pleat	Sicke
plug gauge	Lehrdorn
plung	Kragenziehen
plunger	Pressenstößel, Stößel, Stempel
pneumatic cylinder	Pneumatikzylinder
pneumatic plan	Pneumatikplan
pneumatics	Pneumatik
pocket depth	Taschentiefe
pocket radius	Taschenradius
point cintact	Punktberührung
point-to-point control	Punktsteuerung
polar coordinates	Polarkoordinaten
polish	polieren
polish by laser	laserpolieren
polishability	Polierbarkeit
polished section	Anschliff
polishing felt	Polierfilz
polishing stone	Schmirgelstein
politeness	Höflichkeit
polycrystalline synthetic diamond	polkristalliner Diamant
polyethylene	Polyäthylen
polygonisation	Polygonisierung
polymer	Makromolekül
polymer melt	Kunststoffschmelze
polyurethane foam	Polyurethanschaum
pore	Pore
porosity	Porosität
porosity examination	Porositätsprüfung
position	positionieren
position and speed coontrol circuit	Lage- und Geschwindigkeits-regelkreis
position closed loop	Lageregelkreis
position measuring system	Wegmesssystem
position of bending edge	Lage der Biegekante
positioning	Positionierung
positioning at rapid rate	Punktsteuerverhalten G00
positioning operation	Positionierbetrieb
positioning pin	Positionsstift
positioning plane	Positionierebene
positioning system	Positioniersystem
positive locking	formschlüssig
positively controlled template	zwangsgesteuerte Matrize
post calculation	Nachkalkulation
postprocessor	Postprozessor
power	Hauptschalter, Leistung
power blackout	Stromausfall
power consumption	Leistungsaufnahme
power feed	Vorschubapparat
power section	Leistungsteil
power supply	Netzteil
precipitation hardening alloy	aushärtbare Legierung
precision glass scale	Glasmaßstab
precision hard mill	präzisions-hartfräsen
precision hard turn	präzisions-hartdrehen
pre-finish	vorschlichten
preform	Vorform, Vorformling
preliminary calculation	Vorabkalkulation
preload force	Vorspannkraft
preparation of slug	Rohlingvorbereitung
pre-product costs	Halbzeugkosten
preserve	konservieren
press	pressen
press capacity	Presskraft
press fit	einpressen
press fit jont	Pressverbindung
press line	Pressenstraße
pressure die casting	Druckgießen
pressure die casting die	Druckgießwerkzeug
pressure piston	Druckkolben
pressure plate	Druckplatte
preventive maintenance	vorbeugende Instandhaltung
primary form	urformen
primary forming	Urformverfahren
prime costs	Selbstkosten
principle axis	Hauptachse
prism	Prisma
probe insert	Prüfkopf
process	Ablauf
process capability	Prozessfähigkeit
process chain	Prozesskette
process controlled	prozessgeführt
process data	Prozessdaten
process monitoring	Prozessüberwachung
process parameter	Prozessparameter
process step	Arbeitsstufe, Bearbeitungsschritt
processing condition	Bearbeitungszustand
processing time	Durchlaufzeit
product creation	Produktentstehung
product data management	Produktdatenmanagement
product designing	Produktentwicklung
product life cycle	Produktlebenszyklus
product quality	Produktqualität
product use	Produktnutzer
product utilization	Produktnutzung
production control	Produktionssteuerung
production costs	Fertigungskosten
production costs	Produktionskosten
production data	Fertigungsdaten
production overhead	Fertigungsgemeinkosten
production planning	Fertigungsplanung
production scheduling	Produktionsplanung
production sequence	Fertigungsablauf
production technique	Fertigungsverfahren
productive time	Hauptnutzungszeit
productivity	Produktivität
profil extruding	Profilextrudieren
profile finishing	Profilschlichten
profile of pulley	Riemenscheibenprofil
profiling	Selbstdarstellung
profit	Gewinn
profit sharing	Gewinnbeteiligung
programme block	Programmsatz (NC-Steuerung)
programming with allowance	Aufmaßprogrammierung
progressive cutting tool	Folgeschneidwerkzeug
project aim	Projektziel
project assessment	Projektbewertung

project costs	Projektkosten
project flow plan	Projektablaufplan
project handling	Projektabwicklung
project implementation	Projektdurchführung
project management	Projektmanagement
project manager	Projektleiter
project team	Projektteam
project-specific organization	projektspezifische Organisation
projet completion report	Projektabschlussbericht
promptly	zeitnah
proposal preparation	Angebotserstellung
protective gas	Schutzgas
proximity switch	Näherungsschalter
pulley	Riemenscheibe
pulp	trübe
pulse duration	Impulsdauer
punch	lochen, Stempel
punch break	Stempelbruch
punch diameter	Stempeldurchmesser
punch edge radius	Stempelkantenradius
punch guide plate	Stempelführungsplatte
punch holder	Stempelhalteplatte
punch holding plate	Stempelhalteplatte
punch press	Stanzmaschine
punch radius	Stempelradius
punch technology	Stanztechnik
punching	Stanzen
punching scrap	Stanzgitter
punching technology	Stanztechnik
punching tool	Stanzwerkzeug
purchase order processing	Auftragsbearbeitung
purchaser	Auftraggeber
purchasing administration	Einkaufwirtschaft
purchasing price	Kaufpreis
push button	Taster
put something through its paces	etwas auf Herz und Nieren prüfen

Q

quality assurance (QA)	Qualitätssicherung
quality assurance agreement	Qualitätssicherungs- vereinbarung
quality control card	Qualitätsregelkarte
quality improvement	Qualitätsverbesserung
quality management	Qualitätsmanagement
quench	abschrecken
quenched and tempered steel (Q&T steel)	Vergütungsstahl
quenching and tempering	vergüten
quenching media	Abschreckmittel
quick-change pallet system	Nullpunktspannsystem
quick release	Schnellspanner
quick shot sequence	schnelle Schussfolge
quick-change punch	Schnellwechselstempel
quiet running	Laufruhe

R

rack	Zahnstange
rack and pinion gear, rackgear	Zahnstangengetriebe
radial bearing	Radiallager
radial rolling bearing	Radialwälzlager
radiation	Strahlung
radiographic test	Durchstrahlungsprüfung
radius	Radius
rail guide	Schieberführung
rake angle	Spanwinkel
rake face	Spanfläche
ram	Bär
ram pressure	Staudruck
random error	zufällige Fehler
random sample	Stichprobe
range of spring	Federweg
range of use	Gebrauchsbereich
rapid rate	Eilgang
rate of wear	Verschleißrate
rated operating distance	Bemessungsschaltabstand
ratio of bearing contact area to total area	Traganteil
reaction force	Auflagerkraft
reaction to conflict	Konfliktreaktion
readiness for action	Einsatzbereitschaft
ready-to-operate	betriebsbereit
realisation of project	Projektrealisierung
reaming	Reiben
receiver	Empfänger
recruitment of stuff	Einstellung von Arbeitskraft
recrystallization	Rekristallisation
rectangular	rechtwinklig
rectangular block	Anschlagleiste
rectangularity	Rechtwinkligkeit
recyclability	Recyclingfähigkeit
reduction of expenses	Kostenreduzierung
redundant dimensioning	Überbestimmung
reel	Haspel
reel facility	Haspelanlage
reference angle meter	Prüfwinkel
reference level	Bezugsebene
reference plane	Bezugsebene
reference point	Referenzpunkt
reference variable	Führungsgröße
reflection analysis	Reflexionsanalyse
reflection method	Reflexionsverfahren
refusal	Ablehnung
regrind life	Standzeit
relationship level	Beziehungsebene
relative wear	relativer Verschleiß
relay	Relais
relevant to quality	qualitätsrelevant
reliability	Verlässlichkeit, Zuverlässigkeit
relief groove	Freistich
remedy	Abhilfe
removal rate	Abtragsrate
remove	entnehmen
repair task	Instandsetzungsmaßnahme
repair weldability	Reparaturschweißbarkeit
repeat	wiederholen
repetition	Wiederholung
replacement purchase	Ersatzbeschaffung
reposition	nachsetzen
representative	Vertreter
residual austenite	Restaustenit
resilience	Rückfederung
resistance to wear	Verschleißwiderstand
resistance to wear and tear	Verschleißbeständigkeit
respect	Respekt
response delayed	ansprechverzögert
response time	Ansprechzeit, Schaltzeit
rest	Auflage
restraint	Verspannungen
result evaluation	Ergebnisbewertung
retainer plate	Haltestück
retaining collar	Haltenase
retracted position	hintere Endlage
retraction force	Rückzugskraft

Englisch-deutsche Vokabelliste

return spring	Rückstellfeder	screw demoulding	Schraubentformung
reverse	umkehren	screw press	Spindelpresse
rework	Nacharbeit	seal	Dichtung
rib	Rippe	second draw	Zweitzug
riffler rasp	Riffelfeile	sectional view	Schnittansicht
rig pin	Absteckstift	securing of drop out piece	Sicherung des Ausfallteils
right-hand rule	Rechte-Hand-Regel	selective laser melting	selektives Laserschmelzen
right-hand thread	Rechtsgewinde	selective laser sintering	selektives Lasersintern
right-turning	rechtsdrehend	self locking	Selbsthemmung
rigidity	Steifigkeit	self-confident	selbstbewusst
ring gate	Ringanguss	self-controler	Selbstprüfer
ring gear	Hohlrad	self-latching loop	Selbsthaltung
risk of corrosion	Korrosionsgefahr	self-lubricating	selbstschmierend
rivet	Niete	self-retention	Selbsthemmung
rod	Zahnstange	semi-automatic	halbautomatische
roll	rollieren	semi-crystalline	teilkristallin
roll conveyer	Rollenbahn	semi-crystalline thermoplastics	teilkristalliner Thermoplast
roller	Rolle	semi-finished product	Halbzeug
roller bearing	Rollenlager, Wälzlager	sender	Sender
roller feed	Walzenvorschub	sensing head	Abtastkopf
rolling friction	Rollreibung	sensor	Sensor
rolling guide	Wälzführung	separating cut	Trennschnitt
root diameter	Zahnfußdurchmesser	seperable	teilbar
rotary motion	Drehbewegung	seperate system	Trennsystem
rotary table	Rundtisch	seperating agent	Trennmittel
rotary table mould	Drehteller-Werkzeug	sequence control	Ablaufsteuerung
rotation	Drehung	sequencer	Schrittkette
rotational axis	Drehachse, Rotationsachse	series manufacturing	Serienfertigung
rotational frequency	Umdrehungsfrequenz	service life	Lebensdauer
rotational speed	Umdrehungsfrequenz	service quality	Dienstleistungsqualität
rough	schruppen	servo motor	Servomotor
rough concept	Grobkonzept	set	richten
roughness	Rauigkeit	set up	einrichten, spannen
round guide	Rundführung	setting master	Einstellmeister
roundness	Rundheit	setting up a machine tool	Einrichten der Maschine
run away	ausreißen (Gewinde)	setting-up time	Rüstzeit
run-in	Einlaufphase	shaft	Welle
runner	Angussverteiler	shaft-hub joint	Welle-Nabe-Verbindung
S		shape of tooth profile	Zahnflankenform
safety advice	Sicherheitshinweis	shear	Scherschneiden
safety concept	Sicherheitskonzept	shear chip	Scherspan
safety gloves	Schutzhandschuhe	shear force	Querkraft
saftey-related	sicherheitstechnisch	shear plane	Scherzone
sales, general & administration cost	Verwaltungs- und Vertriebs- gemeinkosten	shearing	Abscherung, Schneiden
		sheave	Riemenscheibe
sales overhead	Vertriebskosten	sheet	Blech (< 5mm)
sales price without VAT	Netto-Barverkaufspreis	sheet forming	Blechumformung
sample taking	Bemusterung	sheet metal blanking	Blechzuschnitt
sampling	Bemusterung	shiftable	schaltbar
sand casting	Sandformgießen	shim	Beilage
sand core	Sandkern	shipping	Versand
saturate	tränken	short circuit	Kurzschluss
scale	Zunder	short run	Kleinserie
scaling factor	Skalierungsfaktor	short-stroke hone	kurzhubhonen
scatter plot	Punktwolke	shot	Schuss
scattered light	Streulicht	shriniking toolholder	Schrumpffutter
scheduling	Terminplanung	shrink joint	Schrumpfverbindung
score	Riefe	shrink mark	Einfallstelle
scrap	Ausschuss	shrinkage	Schwindung
scrap side of gauge	Ausschuss-Seite	side cutter	Seitenschnieder
scrap web	Abfallgitter	side length	Schenkellänge
scraper	Schaber	sigle-step mode	Einzelschrittbetrieb
scratch	ankratzen, Kratzer	signal	Signal
screen	Bildschirm	signal generator	Signalgeber
screw	Schnecke, Schneckenwelle	signal input	Signaleingabe
screw clamping	Schraubenklemmung	signal line	Signallinie

Englisch-deutsche Vokabelliste

signal multiplication	Signalvervielfachung
signal output	Signalausgabe
signal processing	Signalverarbeitung
signal state	Signlzustand
signal switch-off	Signalabschaltung
silicon carbide	Siliziumkarbid
silver	versilbern
simplified	vereinfacht
simulation of chipping process	Simulation des Zerspanungsprozesses
simultaneous operation	Simultanbetrieb
single cycle	Einzelzyklus
single fixture	Einfachvorrichtung
single pole double throw	Wechsler
single stroke	Einzelhub
single wheel lapping machine	Einscheibenläppmaschine
single-start worm	eingängige Schnecke
sinter	sintern
sintered bronze	Sinterbronze
sintered metal	Sintermetal
sintering furnace	Sinterofen
sintering temperature	Sintertemperatur
size accuracy	Maßhaltigkeit
sizing	Kalibrierung
sizing tool	Kalibrierwerkzeug
sketch	Skizze
skin friendliness	Hautverträglichkeit
skin surface	Mantelfläche
slab milling	Umfangsfräsen
slack point	Totpunkt
slag jam	Butzenstau
slidable	verschiebbar
slide feed	Schieber
slide tool	Schieberwerkzeug
slideway	Führungsbahn
sliding friction	Gleitreibung
slip	Schlupf
slip direction	Gleitrichtung
slot nut	Nutenstein
slotted hole	Langloch
slotting	Nutenfräsen
slug	Butzen
small batch production	Kleinserienfertigung
small tube diameter	Röhrchendurchmesser
small tube material	Röhrchenwerkstoff
smoke emission	Rauchentwicklung
snap fit	Schnappverschluss
soft-annealed	weichgeglüht
softening temperature	Erweichungstemperatur
soilid solution	Mischkristall
solenoid coil	Magnetspule
solid	Volumenmodell
solid carbide	Vollhartmetall
solid carbon dioxide snow	Trockeneis
solid cut rivet	Vollstanzniet
solid extrude	vollextrudieren
solid lubricant depot	Festschmierstoffdepot
solidification time	Erstarrungszeit
soot	Ruß
sound emission	Schallemission
sound emisson	Schallemission
sound measurement	Schallmessung
spacer	Distanzstück
spacing strip, distance piece	Distanzleiste
spanner flat	Schlüsselfläche
spark	Funke
spark gap	Funkenspalt
sparking	Funkenbildung
sparking voltage	Zündspannung
special tool	Sonderwerkzeug
specific cutting force	spezifische Schnittkraft
specification sheet	Lastenheft
speed	Geschwindigkeit
speed limit	Drehzahlbegrenzung
speed-closed loop	Geschwindigkeitsregelkreis
spheroidal graphite iron	Kugelgrafitguss
spigot	Zentrierzapfen
spillway system	Überlaufsystem
spindle head	Spindelkopf
spiral mandrel distributor	Wendelverteiler
spline shaft	Keilwelle
spline shaft joint	Keilwellenverbindung
split mould	Backenwerkzeug
spotting blue	Tuschierfarbe
spotting paste	Tuschierpaste
spreading	Breiten (schmieden)
spring	Feder
spring back factor	Rückfederungsfaktor
spring element	Systemfeder
spring force	Federkraft
spring rate	Federrate
spring return	Federrückstellung
springy	federnd
sprue	Angusskegel
sprue retreat pin	Angussrückzugzapfen
sprue, gating system	Angusssystem
spur gear	Stirnrad
staff limitation	personelle Begrenzung
stage of development	Entwicklungsstand
stamp	stanzen, prägen
standard element, standard part	Normalie
standard fixture	Standardvorrichtung
standard specimen	Proportionalstab
standards manufacturer	Nomalienhersteller
start button	Startknopf
start element	Startschritt
starting date	Anfangstermin
start-up	inbetriebnehmen
state of aggregation	Aggregatzustand
statistic process control	statistische Prozesskontrolle
status diagram	Zustandsdiagramm
steel	Stahl
steliform runner	Sternverteiler
step	Schritt
step creterion	Weiterschaltbedingung
step mandril gauge	Stufenlehrdorn
step milling	Eckfräsen
step-by-step	schrittweise
stepped	stufenförmig
stereolithography	Stereolithographie
stiffener	Versteifungselement
stiffening rib	Versteifungsrippe
stock	Lagerbestand
stop button	Stopknopf
stop, stopper	Anschlag
storage	Lagerhaltung
straight cut	geradverzahnt
straight line control	Streckensteuerung
straightening machine	Richtmaschine
strain hardening	Kaltverfestigung
strain	Spannung
strength	Festigkeit

Englisch-deutsche Vokabelliste

stress	Beanspruchung, Spannung	**T**	
stress peak	Spannungsspitze	tactile three-dimensional measuring machine	taktile 3-D Messmaschine
stress relief annealing	Spannungsarmglühen	tagential force	Umfangskraft
stretch-forming capacity	Streckziehfähigkeit	tailstock	Reitstock
striking tool	Schlagwerkzeug	taper	Kegel
strip	Steg, Streifen	taper clamp	Keilspanner
strip feed	Streifenvorschub	tapered cone	Konuszapfen
strip guide	Streifenführung	tapered determination element	keglige Bestimmelemente
strip width	Streifenbreite	tappet	Stößel
stripe projection method	Streifenprojektionsverfahren	tapping cycle	Gewindebohrzyklus
stripper	Abstreifer	tardiness	Unpünktlichkeit
stripper plate	Abstreifer	target	Ziel
stripping force	Abstreifkraft	target specification sheet	Pflichtenheft
stroke motion	Hubbewegung	teamwork	Teamarbeit
structural steel	Baustahl	tear chip	Reißspan
structure	Gefüge, Struktur	technical system	technische System
structuring by laser	laserstrukturieren	technological data	technologische Daten
subroutine	Unterprogramm	technological information	technologische Information
subsequent machining	Nacharbeit	technology pattern	Technologieschema
subsidiary	Niederlassung	temper	anlassen, temperieren
substrate	Vorspritzling	temperature difference	Temperaturdifferenz
subtask	Teilaufgabe	temperature fluctuation	Temperaturschwankung
sudden	schlagartig	temperature range	Temperaturbereich
suggestion for improvement	Verbesserungsvorschlag	temperature toughness	Warmzähigkeit
sun gear	Sonnenrad	temperature wear resistance	Warmverschleißwiderstand
superior limit	oberen Grenzwert (OGW)	tempering	Temperierung
supplier	Zulieferer	tempering channel	Temperierkanal
supply voltage	Versorgungsspannung	tempering system	Temperiersystem
support	Auflager, Stütze, stützen	tempering temperature	Anlasstemperatur
support level	Auflageebene, Stützebene	temporary worker	Zeitarbeiter
support point	Auflagepunkt	tendency to jam	Klemmneigung
support structure	Stützkonstruktion	tensile ccmpression reshaping	Zugdruckumformung
surface	Oberfläche	tensile force	Zugkraft
surface comparison sample	Oberflächenvergleichsmuster	tensile strength	Zugfestigkeit
surface contamination	Oberflächenverschmutzung	tensile stress	Zugspannung
surface grinding machine	Flachschleifmaschine	tensile test	Zugversuch
surface hardness	Randschichthärte	tension	Spannung
surface model	Flächenmodell	tension spring	Zugfeder
surface patterning	Oberflächenstrukturieren	tension-extension diagram	Spannungs-Dehnungs-Diagramm
surface pressure	Flächenpressung	tensioning pulley	Spannrolle
surface protection	Oberflächenschutz	tensioning wedge	Spannkeil
surface quality	Oberflächenqualität	terminal marking	Anschlussbezeichnung
surface tension	Oberflächenspannung	test	prüfen
surface zone	Randzone	test report	Prüfprotokoll
suspension of stuff	Entlassung (von Mitarbeitern)	testing of program	Überprüfung eines Programms
swage	Sicke	texturing property	Narbätzbarkeit
swallow tailed	schwalbenschanzförmig	t-fixture	Nutenstein
swing clamp	Schwenkspanner	thermal conductivity	Wärmeleitfähigkeit
swing fold	schwenkbiegen	thermal endurance	Temperaturwechselbeständigkeit
switch	Tastschalter	thermal expansion	Wärmedehnung
switching characteristic	Schaltverhalten	thermal insulation board	Wärmeisolierplatte
switching frequency	Schaltfrequenz	thermal insulator	thermische Isolator
switching reed	Schaltzunge	thermoplastics	Thermoplast
swivel axis	Schwenkachse	thermosetting plastics	Duroplast
swivel bending machine	Schwenkbiegemaschine	thin walled	dünnwandig
swivel motion	Schwenkbewegung	thread	Gewinde
swivel table	Schwenktisch	thread cutting	Gewindedrehen
sword pin	Schwertbolzen	thread cutting cycle	Gewindedrehzyklen
symmetry plane	Symmetrieebene	thread depth	Gewindetiefe
synchronous belt	Zahnriemen	thread gauge	Gewindelehre
synchronous belt drive	Zahnriementrieb	thread insert	Gewindeeinsatz
synthetic hydrocarbon	synthetischer Kohlenwasserstoff	threaded element	Schraubelemente
system boundary	Systemgrenze	threading tool	Gewindedrehmeißel
system deviation	Regeldifferenz	three jaw chuck	Dreibackenfutter
systematic sampling	Stichprobenentnahme	three-phase asynchronous motor	Drehstrom-Asynchronmotor

three-point mount	Dreipunktauflage
three-section screw	Dreizoneschnecke
through hardening	Durchhärtung
thrust bolts	Auflagebolzen
tie bar	Führungssäule
tilt	kippen
time controlled	zeitgeführt
time relay	Zeitrelais
timeline	Zeitstrahl
time-temperature transformation (TTT) diagram	ZTU-Diagramm
tin alloy	Zinnlegierung
toggle lever system	Kniehebelsysem
toggle locator	Pendelauflage
tolerance	Toleranz
tolerance of form	Formtoleranz
tolerance of position	Lagetoleranz
toll manufacturer	Lohnfertiger
tongue	Zunge
tool	Werkzeug
tool adjusting point	Werkzeugeinstellpunkt
tool chain magazine	Kettenwerkzeugmagazin
tool change position	Werkzeugwechselpunkt
tool compensation memory	Werkzeugkorrekturspeicher
tool cutting edge	Werkzeugschneide
tool cutting life	Standzeit, Werkzeugstandzeit
tool database	Werkzeugdatenbank
tool design and construction	Werkzeugbau
tool distension force	Werkzeugaufreibkraft
tool flank	Freifläche
tool functional specification document (FSD)	Werkzeug-Pflichten-Heft (WPH)
tool identification	Werkzeugbezeichnung
tool issue robot	Werkzeugausgabeautomat
tool life	Standzeit, Werkzeugstandzeit
tool maker	Werkzeughersteller
tool management	Werkzeugverwaltung
tool movement	Werkzeugbewegung
tool number	Werkzeugnummer
tool offset memory	Werkzeugkorrekturspeicher
tool point	Schneidenspitze
tool presetter	Werkzeugvoreinstellgerät
tool reference point	Werkzeugeinstellpunkt
tool spreading force	Werkzeugauftreibkraft
tool steel	Werkzeugstahl
tool wear	Verschleiß, Werkzeugverschleiß
tool wear monitoring	Werkzeugverschleißüberwachung
tooling costs	Werkzeugkosten
tools for extruding	Extrusionswerkzeug
tooth profile	Zahnprofil
top plate	Kopfplatte
topview	Draufsicht
torch cutting	Brennschneiden
torque	Drehmoment
torque transmission	Drehmomentübertragung
total shrinkage	Gesamtschwindung
track	etwas verfolgen
traction layer	Zugschicht
transfer tool	Transferwerkzeug
transition chamfers	Übergangsfase
transition condition	Übergangsbedingung
transition point	Umschlagpunkt
transition radius	Übergangsradius
transmission ratio	Übersetzungsverhältnis
transverse compression joint	Querpressverbindung
transverse groove	Querriefe
trapezoidal screw drive	Trapezgewindetrieb
triangulation	Triangulation
tribological	tribologisch
trim	trimmen
trim cut	Nachschnitt
trimm	beschneiden
trimming tool	Abgratwerkzeug
trouble-free	störungsfrei
true	abrichten (Schleifscheibe)
trustability	Vertrauenswürdigkeit
t-slot	T-Nut
tungsten electrode	Wolframelektrode
tunnel gate	Tunnelanguss
turbulance-free	turbulenzfrei
turbulence	Verwirbelung
turning lever	Schwenkhebel
turret	Werkzeugrevolver
twist	Verdrehen
two-hand safety circuit	Zweihandbedienung
two-stage	zweistufig
type of core tempering	Kerntemperierungsart
type of tool	Werkzeugart
types of control	Steuerungsarten
type-tested	typengepüft

U

ultra sonic cleaning	Ultraschallreinigung
ultrasonic sound	Ultraschall
ultrasonic test	Ultraschallprüfung
ultrasonic wave	Ultraschallwelle
ultraviolet lamp	UV-Lampe
unalloyed	unlegiert
unbalance	Unsymentrie
uncoated eroding wire	unbeschichteter Erodierdraht
undercut	Hinterschneidung
undersize	Untermaß
universal milling machine	Universal-Fräsmaschine
unreasonableness	Uneinsichtigkeit
unreliability	Unzuverlässigkeit
up-cut milling	Gegenlauffräsen
upper action limit	obere Eingriffsgrenze (OEG)
upper component	Oberteil
upper deviation	oberes Abmaß
upper die	Obergesenk
upper warning limit	obere Warngrenze (OWG)
utilisation level	Ausnutzungsgrad

V

vaccum pump	Vakuumpumpe
vaccum-supported pressure die casting	vakuumunterstütztes Druckgießen
vacuum	Vakuum
vacuum flushing	Saugspülung
vacuum tank sizing unit	Vakuumtankkalibrierung
validate	abmustern
variable	Variable
variable position coding	variablen Platzcodierung
variaiton	Schwankung
V-belt drive	Keilriementrieb
vent	entlüften (der Form)
venting	Entlüftung
venting system	Entlüftungssystem
vernier adjustment	Feinjustierung
vertical spindle	Vertikalspindel
vertical tightening device	Vertikalspanner
vibration	Schwingung, Vibration
vibration absorption	Schwingungsdämpfung

Englisch-deutsche Vokabelliste

vibration simulation	Schwingungssimulation
vibration-reducing	schwingungsdämpfend
vice	Schraubstock
view	Ansicht
virtual machine	virtuelle Maschine
viscosity	Viskosität
visual examination	optische Überprüfung
vleanig agent	Reinigungsmittel
voltage	Spannung (elektr.)
volume	Volumen
volume production	Serienfertigung

W

wall thickness	Wandstärke
warpage	Verzug
warranty requirement	Gewährleistungsanforderung
wavelength	Wellenlänge
wax protection	Korrosionsschutzwachs
wear and tear	Verschleiß
wear margin	Abnutzungsvorrat
wear of lateral area	Mantelflächenverschleiß
wear out	abnutzen
wear resistance	Verschleißfestigkeit
web	Rippe
wedge angle	Keilwinkel
wedge clamp	Spannkeil
wedge shaped oil	Schmierkeil
weld metal	Schweißgut
weld penetration	Einbrand
weldable	schweißbar
welder	Schweißer
welding seam	Schweißnaht
welding wire	Schweißdraht
wide-meshed	weitmaschig
win-win-situation	Gewinner-Gewinner-Situation
wipe	wischen
wiper	Abstreifer
wire threading	Drahteinfädeln
wire-cut EDM machine (WEDM)	Drahterodiermaschine
wire-cut electrical discharge machining	Drahterodieren
wiring	Verdrahtung
with switch-off delay	abfallverzögert
with switch-on delay	anzugsverzögert
without sprue	angusslos
wobbler	Kupplungszapfen
work	Arbeit
work breakdown structure (WBS)	Projektstrukturplan
work guide	Führungsleiste
work package	Arbeitspaket
work preparation department	Arbeitsvorbereitung
workers' council	Betriebsrat
work-harden	verfestigen
workholder	Aufnahme
workholding	Vorrichtung
working condition	Arbeitsbedingung
working engagement	Arbeitseingriff
working spindle	Arbeitsspindel
workpiece contour	Werkstückkontur
workpiece coordinate	Werkstückkoordinatensystem
workpiece zero point	Werkstücknullpunkt
workshop	Werkstatt
workshop orientated programming	werkstattorientierten Programmierung (WOP)
work-to-rule	Dienst nach Vorschrift
worm and worm wheel	Schnecke und Schneckenrad
worm gear	Schneckengetriebe
wrinkle	Falte
wrinkle-free	faltenfreie
wrought alloy	Knetlegierung

Y

yield	fließen
yield point	Streckgrenze
yield strength	Streckgrenze
yield stress	Fließspannung

Z

	Zentrierspitze
zero point	Nullpunkt
zero point memory	Nullpunktspeicher
zero-defect lot	Null-Fehler-Lieferung
zero-point clamping system	Nullpunktspannsysteme
zinc alloy	Zinklegierung

Sachwortverzeichnis

A

Abbrand	337
Abdrückstift	447
Abdrückteller	490
abfallverzögertes Zeitrelais	283
Abgratwerkzeug	540f
Abguss	511, 580
Abkühlgeschwindigkeit	190, 484
Ablaufsteuerung	281
-, prozessgeführte	283
-, zeitgeführte	282
Abnahme durch den Hersteller	636
Abnahme durch den Kunden	637
Abnahmeprotokoll	583
Abnutzungsvorrat	598
Abreißgrat	110
Abrichtdiamant	62
Abrichten	62
Absaugen	447
Abschneiden	448
Abschrecken	188
Absolutdruck	302
absolute Bemaßung	225
absolute Maßangabe	224
absolutes Wegmesssystem	219
abstandscodierte Referenzmarke	219
Abstandshülse	456
Absteckstift	568
Absteckstift	570
Abstreifer	108
Abstreifer	490
Abstreifer	540
-, vollflächig	434
Abstreiferplatte	491
Abstreifkante	447
Abstreifkraft	108, 433
Abstreifkraftberechnung	652
Abstützelement	561
Abtastsystem, fotoelektronisches	81
Abteilung	632
Abtrag	337, 346
Abtragsrate	337
Abziehverfahren	524
Abzug	515
Achsenschnittverfahren	83
8-fach-Werkzeug	496
adaptive Vorschubsteuerung	356
Adhäsionskraft	521
Adressbuchstabe	226
Aktion	292
Allgemeintoleranz	21
α-Eisen	186
Aluminium	199
Aluminiumgusslegierung	199
Aluminiumknetlegierung	199
Aluminiumlegierung	197, 505
Aluminiumoxid	9
amorpher Kohlenstoff	377
amorpher Thermoplast	200, 202
Änderung	644
Änderungsentwurf	656
angestauchter Rand	433
Anguss	133
Angusskanal	508
Angusskegel	133, 476, 478
Angussrückzugzapfen	480
Angusssystem	132, 471, 476, 508, 510
- für Warmkammerverfahren	508
-, ausbalanciertes	480
Angussverteiler	480
Ankratzen	265
Anlage, hydraulische	300
Anlagestift	102
Anlassen	189
Anpasssteuerung	220
Anpassung	644
Anschlag	148, 440
Anschlagstift	434
Anschlagstück	443, 456
Anschliff, schräger	452
Anschnitt	133, 476
ansprechverzögertes Zeitrelais	283
Antriebe von Fräsmaschinen	42
Antriebselement	23
Antriebsglied	276
Anzeigegenauigkeit	220
anzugsverzögertes Zeitrelais	283
Äquidistante	235
äquidistantes Schlichten	404
Arbeit	161
Arbeitseingriff	3
Arbeitspaket	628, 629
Arbeitsphase	624
Arbeitsplanung	22, 41
Arbeitssicherheit	596
Arbeitssicherheit (Erodieren)	360
Arbeitsspindel	23
-I, Drehrichtung	231
Arbeitsstufe	462
Arbeitsstufe	585
Arbeitszeitkonto	635
Argon	611
arithmetischer Mittenrauwert	86
Atmosphärendruck	302
atmosphärische Druckdifferenz	302
Ätzen	374
Audit	591
Aufbauelement	562
Aufbauschneide	6, 7
Auflage	147
Auflagebolzen	148
Auflageebene	548, 567
Auflagerkraft	169
Auflichtverfahren	83
Aufmaßprogrammierung	262
Aufnahme, zylindrische	54
Aufnahmebolzen	551, 552
Aufnahmefutter	430
Aufspannplatte	432
Aufspannrahmen	350
Aufsteckfräsdorn	53
Auftraggeber	618
Auftragnehmer	618
Auftragsbegleitkarte	634
Auftragsschweißen	605, 607
-, automatisiertes	613
Auftragszeit	67
Ausfallteil, Sicherung	357
Ausfallzeit	596
Ausführungszeit	68
Ausgabedaten eines CAM-Systems	400
Ausgangslänge	178
Aushärten von Aluminiumlegierungen	199
Aushöhlen	392
Ausklinken	448
Ausschneiden	109, 448
Ausschusslehrring	82
Außendrehen	26
Außenlunker	505
Außenrundschleifen	66
Außenverzahnung	167
Außenzahnradpumpe	307
Ausstoßverfahren	524
Ausstoßzone	129
Austenit	186
Austenitgitter	186
Auswahlreihe	77
Auswerfer	115, 489, 512, 538
-, nitrierter	489
Auswerferbolzen	140
Auswerferformhälfte, Montage	142
Auswerfergrundplatte	127, 140
Auswerferhalteplatte	127, 140
Auswerferhülse	490
Auswerferplatte	579
Auswerferschiebereinheit	498
Auswerferseite	128
Auswerfersystem	140, 489
Auswuchten	62, 63
Auszieher	480
Automatenstahl	196
automatischer Werkzeugwechsel	253
Axiallager	157
Axialwälzlager	158

B

Backe	494
Backenform	494
Backenfutter	30
Backengesenk	539
Backenwerkzeug	494
Bahnsteuerung	212
Ballistikverfahren	420
Bananenanguss	480
Band	198
Bandanguss	478
Bär	467
Barverkaufspreis	67, 72
Baugruppen erstellen	396
Baukastenelement	562
Baukastenvorrichtung	547
Baustahl	196
Bearbeiten gehärteter Werkzeugstähle	329
Bearbeitungsebene	252, 253
Bearbeitungszugabe	533
Bearbeitungszyklus	236, 254
Bemaßung	225, 226
Bemessungsschaltabstand	298
Bemusterung	571, 577, 583
Bemusterungsprotokoll	638
berührungsloses Messen	89
Beschichten	376
beschichteter Schneidstoff	9
Beschneiden	121, 448
Bestimmelement	146, 147, 548
- für Bohrung	551
-, kegeliges	553, 555
-, zylindrisches	553, 554
- für komplexe Geometrien	552

Sachwortverzeichnis

Betriebsarten (Steuerungen)	294
Betriebsdatenerfassung	610
Betriebskosten	67
Betriebsmittelhauptnutzungszeit	67
Betriebsrat	636
Bewegungsdefinition	209
Bewegungsspülung	345, 348
Beziehungsebene	624, 625
Bezugsebene	550
Bezugselement	21, 94
Bezugspunkte im Arbeitsraum der CNC-Maschine	210
Biegebacke	454
Biegegesenk	538
Biegegrat	110
Biegekante	116
Biegekraft	120
Biegen	114, 454
Biegen mit beweglichen Backen	455
Biegen von Blechteilen	115
Biegeprozess	116
Biegeradius	116
Biegeradius	117
Biegespalt	119
Biegeversuch	183
Biegewerkzeug	114
Biegewinkel	116, 118
Bindenaht	477, 481
Bindung	60
Bindungsart	61
Blasform	520
Blasformen	518
Blasformteil	518
Blasformwerkzeug	518
Blech	198
Blechdicke	116, 117
Blechstreifen	106
Blechteile, Biegen	115
Blechzuschnitt	121, 123
Blistertest	581
Block	541
Blockspannsystem	56
Bodenreißer	122
Bohrbilder	254
Bohrerodieren	336
Bohrerodieren	359
Bohrungssystem	562
Bohrzyklus	237
Bohrzyklus	254, 255
Bolzen, abgeflachter	551
Bolzenführung	539
Bördelverschraubung	317
Bornitrid	60
–, kubisches	10
Brandriss	607
Breiten	530
Bremssicke	457
Brinellhärte	177
Bröckelspan	4
Bruchdehnung	176, 178, 180
Brückenwerkzeug	543, 544
Bügelzone	516
Bürsten	602

C

CAD	385
CAD-Daten austauschen	399
CAD-Datensatz erstellen	389
CAD-Modell	390
CAE	386
CAM	387
CAM	399
CAM-Arbeitsplatz	400
CAM-Programmierung für das 3-Achs-Fräsen	408
CAM-Programmierung für das 5-Achs-Fräsen	411
CAM-System	332
CAP	386
CAQ	387
CBN	10
CBN-Schneidplatte, Auswahl	333
Cermet	8
C-Gestell	468
Checkliste	637
chemische Beständigkeit	201
chemische Gasphasenabscheidung	377
chemischer Verschleiß	610
Chromnitrid	377
Clinchen	459
Clinchniet	460
Clinchverbindung	459
CNC-Drehen	228
CNC-Fräsen	249
CNC-Maschine, Aufbau	208
CNC-Maschine, Bezugspunkte	210
CNC-Programm	222
CNC-Programm, Drahterodieren	355
CNC-Werkzeugmaschine	207
CO_2-Temperierung	488
Coil	106, 446
Computer Aided Design	385
Computer Aided Engeneering	386
Computer Aided Manufacturing	387, 399
Computer Aided Process Planning	386
Computer Aided Quality Assurance	387
Condition Monitoring	597
Cr	377
CRM	388
Customer Relationship Management	388
CVD-Verfahren	377

D

Dauerform	126, 130, 510
–, metallische	514
Datenbanken	132, 226
Datenmanagementsystem	385
Dehnung	116, 178
Dehnverbindung	172
Delegation	626
Diagnosesysteme	598
Diamant	10, 60
Diamantpaste	367
Dichte	201
Dielektrikum	337
Dienstleistungsqualität	590
Dieseleffekt	134
Differentialzylinder	309
Diffusionsoffenheit	201
Direct Rapid Tooling	419
Direct Tooling	419
Direktantrieb	213
Direktantrieb	216
direkte Wegmessung	218
direktes Teilen	51
Distanzleiste	140
DLC	377
DLC-Beschichtung	489
Docke	453
Dokumentation	638
Dome konstruieren	393
Dorn	516, 542
Dornhalter	516
Dosierung	129
Dosierweg	130
Drahtauswahl	351
Drahteinfädeln	355
Drahterodieren	336, 349
Drahtführung	350
Drahtschneiden	349
Drahtschnitt, Planung	354
Drehbewegung	208
Drehen	14
Drehmaschine	23
Drehmeißel, elastische Durchbiegung	334
Drehmoment	159, 161
Drehmomentübertragung	159
Drehmomentwandlung	166
Drehrichtung der Arbeitsspindel	231
Drehstrom-Asynchronmotor	215
Drehtellerwerkzeug	502
Drehverfahren	14
Drehwerkzeug	25
Drehzahl	307
Drehzahlbegrenzung	231
Dreibackenfutter	30
Dreidrahtmethode	82
3D-Blasformen	518
3D-Taster	263
Dreipunktauflage	567
Dreizonenschnecke	129
3:2:1-Regel	147, 548
3+2-Achs-Fräsen	402
Drochoidbearbeitung	333
Druck	307
Druckaufbau	129
Druckbegrenzungsventil	312
Druckfestigkeit	197
Druckgießen	504
Druckgießmaschine	504
–, Rüsten	579
Druckgießwerkzeug	504
Druckgussteil	510
Druckkraft	121
Druckluft	491
Druckmesseinrichtung	313
Druckplatte	364
Druckplatte	433, 542
Druckseite	307
Druckspannung	117
Druckspeicher	290
Druckspülung	347
Druckübersetzung	302, 303
Druckumformung	529
Druckumformverfahren	541
Druckventil	311
Druckverlauf beim Druckgießen	505
Duffusionsglühen	193
Durchbruch	534
Durchlichtverfahren	83

Durchstrahlungsprüfung	183	
Duroplast	200, 201, 203, 483, 484	
Düse	516	
Düsenformhälfte, Montage	143	
Düsenseite	128	
dynamisches Auswuchten	63	

E

Ebenenschlichten	404
Eckenwinkel	25
Eckführung	539
Edelkorund	60
Edelstahl	193
Eilgang	232
Eilgang-Vorschub-Steuerung	315
Einbrand	612
Eindringtiefe	175
Eindrücken	458
einfache Übersetzung	164
Einfallkern	496
Einfallstelle	136, 485
Einfetten	603
Eingabedaten eines CAM-Systems	400
Eingriffsgrenze	590
Eingusssystem	511
Einhängestift	440
Einhärtetiefe	189
Einheitsbohrung	76
Einheitswelle	76
Einkauf	633
Einlaufradius	119, 515
Einlegeteil	499
Einölen	603
Einrichten der CNC-Maschine	243
Einrichten der Maschine	263
Einrichten der Spannmittel	245
Einrichten der Werkzeuge	243
Einsatzhärten	191
Einsatzstahl	195
Einscheibenläppmaschine	372
Einschneiden	448
Einspannzapfen	429
Einspritzdruck	132, 483
Einspritztemperatur	483
Einstellmeister	570
Einstellwinkel	25
Einstellwinkel	33, 47
Einverfahrenschneidwerkzeug	103
Einverfahrenwerkzeug	114, 462
Einzelfertigung	78
Einzelhub	585
Einzelschrittbetrieb	285
Einzelstation	585
Einzugszone	129
Eisbergmodell	624
Eisenkarbid	188
Eisen-Kohlenstoff-Diagramm	186, 187
elastische Durchbiegung am Drehmeißel	334
Elastizitätsmodul	178
Elastomer	203, 483, 484
Elastomere	200
Elastomerfedern	444
elektrische Leitfähigkeit	201
elektrischer Antrieb	215
Elektrodenhalter	341, 342
Elektrodenherstellung	340, 341
Elektrodenkonstruktion	340
Elektrodenmagazin	343
Elektrodenplanung	340
Elektrodenverschleiß	346
Elektrodenwerkstoff	340
Elektrodenwerkstoff	341
Elektrolytkupfer	341
elektromechanischer Antrieb	213
elektromechanisches Spannsystem	431
elektronische Längenmessung	81
Elektropneumatik	275
E-Modul	117
emulgierbarer Kühlschmierstoff	12
Endabnahme	636
Endkontrolle	78
Endlagenschalter	284
Endmontage, Spritzgießform	144
Energiefluss, hydraulischer	310
eng geteilter Fräser	46
Entformen des Produkts	139
Entformungssystem	471, 489, 521, 524, 538
Entformungstemperatur	484, 535
Entgratsystem	521
entionisiertes Wasser	349
Entladedauer	337
Entladeenergie	337
Entladespannung	336
Entladestrom	336
Entlüften der Form	134
Entlüftung	473
Entlüftungssystem	509
Entlüftungssystem	520
E-Pack	344
E-Pack	353
Ergebnisbewertung	639
Erholzeit	68
Ermüdung, thermische	607
Erosion	607
Erstarren	134
Erstmuster	583
Erstzug	121
Evaluation	639
EVA-Prinzip	275
externe Kosten	657
externes Messen	244, 264
extra eng geteilter Fräser	47
Extruder	515
Extrudierdüse	481
Extrudieren	391
Extrusionsverfahren	419
Extrusionswerkzeug	514, 516
Exzenter	555
Exzenterpresse	467
Exzenterspanner	151
Exzenterspanner	557
Exzenter-Spannschraube	557

F

Fahrzeugkoordinate	569
Fahrzeugkoordinatenursprung	566
Fahzeugkoordinatensystem	569
Faltenbildung	122
Faltkern	496
Farbeindringverfahren	184
Fase	262
Federboden	115
Feder	443
Federrate	443
Fehler, akustisch erkennbarer	594
-, erkennbarer	593
-, systematischer	589
-, zufälliger	589
Fehlerentdeckung	587
Fehlermöglichkeits- und -einflussanalyse	462
Fehlerquellensuche	587
Fehlervermeidung	587
Feinbearbeitung	362
Feinschleifen	373
Feinschneiden	453
Ferrit	188
Ferritgitter	186
Fertigform	538
Fertigformen	536
Fertigung, generative	418
-, rechnergestützte	384
Fertigungsabteilung	634
Fertigungsbuchse	102
Fertigungseinzelkosten	67
Fertigungsgemeinkosten	71
Fertigungskosten	67
Fertigungslohnkosten	71
Fertigungsunterlagen	410
Festigkeit	117
Festigkeitskennwert	178
Festklopfen	368
Festschmierstoffdepot	155
Festsetzen	295
Fett, vollsynthetisches	598
Filmanguss	478
Filter	312
Filteranlage	345
Filzring, ölgetränkt	437
Fischgrätendiagramm	587
Flächen extrudieren	393
Flächen von Körpern ableiten	395
Flächenaufnahme	566
Flächenberührung	148
Flächenform, Überprüfung	568, 569
Flächenmodell	390
Flächenpressung	124, 171, 432, 653
Flacherzeugnis	198
Flachführung	475, 539, 605
Flachriementrieb	160
Flachwerkzeug	542
Flammhärten	190
Flankenzustellung	34
Flansch	63
flexibles Vorrichtungssystem	56, 152
fließgerechte Werkstückform	534
Fließpressen	544
Fließpressstufen	545
Fließpresswerkzeug	545
Fließspan	4
Fließspannung	531
Fließtemperaturbereich	202
Fließverhältnis	478
Fließwiderstand	543
FLM	419
Flucht	626
Flügelzellenpumpe	306
Flüssigkeitsreibung	157
FMEA	462
Folgeschneidwerkzeug	103, 464

Folgeverbundwerkzeug	114, 464, 583, 584, 595
Form- und Längenprüfung, optische	83
Formänderungsverhalten	202
Formänderungsvermögen	531
Formdrehen	14
Formeinsatz	473
Formelement, genormtes	16
Formentechnik	126, 471
Formentlüftung	509
Formfüllung	504
Formfüllung beim Spritzgießen	133
Formgebungssystem	471
Formgebungssystem	507, 519, 523
Formgestaltung von Sinterteiler	525
Formhohlraum	132
Formierungsphase	624
Forming	624
Forminnendruck	514
Formnest	478
Formplatte	473
Formschräge	139, 471, 507, 534
-, konstante	359
Formschrägen anbringen	393
Formseitenschneider	441
Formteil	472
Formteilung	471
Formteilverzug	484
Formtoleranz	20
Formtoleranz	93
fotoelektronisches Abtastsystem	81
Fräsen	39
Fräser, eng geteilter	46
Fräser, extra eng geteilter	47
-, Positionierung	48
-, weit geteilter	46
Fräserauswahl	45
Fräsermittelpunktprogrammierung	254
Fräsermittelpunktsbahn	254
Fräserteilung	46
Fräskopf	45
Fräskopfdurchmesser	46
Fräsmaschine	42
Fräsverfahren	39
Fräszyklus	257
Freeformer	420
Freiflächenverschleiß	6
Freiformen	536
Freiformfläche	397
Freiformflächen prüfen	398
Freimachen des Systems	169
Freimachung	450
Freistich	16
Freiwinkel	3
Fügen	459
Führung	136, 605
Führung an Werkzeug	155
Führungsbuchse	136, 155
Führungsbuchse	475
Führungsebene	548, 549
Führungsebene	567
Führungselement	475
Führungsleiste	102, 104, 155, 434
Führungspilz	439
Führungsplatte	434, 437
Führungssäule	136, 475
Führungssteuerung	276
Führungssystem	471, 475, 508, 539
Füllen des Formhohlraums	132
Füllkammer	579
Füllschieber	455
Füllsimulation	483, 509
Füllstoff	201
Füllsystem	524
5-Achs-Fräsen im Simultanbetrieb	402, 404
5-Achs-Fräsen mit angestellten Werkzeugen im Positionierbetrieb	402, 412
5-Achs-Fräsmaschine	400
5-Achs-Spanner	405
Funke	336
Funkenerodieren	336
Funkenspalt	352
Funktionsbeschreibung	276
Funktionsdiagramm	288
Funktions-Kleinspannung	280
Fused Layer Modelling	419

G

γ-Eisen	186
Gantt-Diagramm	630
Gasdruckfeder	445
Gasinnendruckspritzgießen	500
Gasphasenabscheidung	377
Gefahrstoff	338
Gefüge	61
Gegenhalter	115, 453
Gegenlauffräsen	43
Gegenstempel	453
gemittelte Glättungstiefe	86
gemittelte Rautiefe	18, 86
generative Fertigung	418, 419
Generator	344
Generatordaten	353
genormtes Formelement	16
geometische Überprüfung	580
geometrische Information	222
geometrische Information	223
Geradeninterpolation	232
geradlinige Werkzeugbewegung	114
Geradschleifer, handgeführt	66
Geradverzahnung	166
Gesamtkosten	656
Gesamtschneidwerkzeug	103, 462, 463
Gesamtschwindung	138
Geschwindigkeitsregelkreis	216, 217, 344
Geschwindigkeitssteuerung	315
Gesenkbiegen	114
Gesenkeinsatz	537
Gesenkformen	529, 530
Gesenkformwerkzeug, Instandsetzung	609
Gesenkführung	536
Gesenkschmieden	529
Gesenkteilung	532
Gesenkwerkstoff	537
Gestaltabweichung	85
Getriebe	495
Getriebearten	167
Gewindedrehen	34
Gewindedrehmeißel	34
Gewindefreistich	16
Gewindefreistichzyklus	237
Gewindegrenzrachenlehre	82
Gewindekamm	81
Gewindekern	495
Gewindekern	495
Gewindelehrdorn	82
Gewindelehrring	82
Gewindemessschraube	82
Gewindeprüfung	81
Gewindeschablone	81
Gewindeschneidzyklus	237, 238
G-Funktion	223, 224
Gießdruck	505
Gießharz	433, 438
Gießkolbengeschwindigkeit	580
Gießlauf	512
Gießparameter	580
Gießtemperatur beim Druckgießen	505
Glasübergangstemperatur	202
Glättungstiefe	86
Gleichlauffräsen	43
Gleichlaufzylinder	309
Gleitführung	155, 434, 435
Gleitlager	157
Gleitrichtung	122
Gleitstufentastsystem	90
Glühofen	612
Glühverfahren	192
GRAFCET	292
Grafit	341
Granulat	515
Grat	110
Gratbahn	535, 536
Gratbahnverhältnis	536
Gratbildung	110
Gratnaht	532
Gratrille	535
Gravur	529
Greifersystem	446
Grenzrachenlehre	78
Grenzwert	588
Grobkornglühen	193
Grundelement	562
Grundplatte	432
Grundsteuerung, hydraulische	310
Grundzeit	68
Grünling	521
Gummi	61
Gusseisen	196
Gutlehrring	82
G-Wort	224

H

Halbbestimmung	147
Halbhohlstanzniet	461
Halbpositionierung	146
Halbwarmfließpressen	545
Halbwarmumformung	532
Haltearm	357
Halteblech	433
Haltegliedsteuerung	276
Haltertyp	27
Haltestück	433
handgeführte Geradschleifer	66
Handkokille	511
Härte	61
Härtefehler	190
Härtegrad	61
Härten durch Martensitbildung	186
Härteprüfung nach Brinell	176

- nach Rockwell	175
- nach Vickers	176
-, mobile	177
-, zerstörungsfreie	177
Härteprüfverfahren	175
Härteverfahren	186
Hartlegierung	610
Hartmetall	8, 196
Hartstoffbeschichtung	377
Hartverchromen	376
Haspel	106
Haspelanlage	446
Hauptantrieb	213
Hauptaufnahmepunkt	566
Hauptgetriebe	23
Hauptgüteklassen	193
Hauptnutzungszeit	50
Hauptprogramm	344
Hauptschneide	25
Hauptschnitt, Offset	354
Hebelklemmung	27
Hebelspanner	558
Hebelspanner	559
Heißkanaldüse	482
Heißkanalsystem	481
Heizband	129, 515, 516
Herstellungskosten	67
Hilfsaufnahmepunkt	566
Hilfsparameter	233
Hinterschneidung	137, 472, 473, 480, 491, 521, 539
Hochgeschwindigkeitsfräsen	53, 324, 327, 328
Hochglanzpolieren	366
Hochglanzpolitur	365
Hochleistungsfräsen	324
Hohlfließpressen	544, 545
Hohlprofil	516, 542
Hohlprofilwerkzeug	516
Hohlrad	167, 168
Hohlschaftkegel	53
Honahle	369
Honen	369
Honmaschine	370
Honstein	370
HPC	324
HSC	327
HSS	8
Hüllkurvenprinzip	593
Hundert-Prozent-Prüfung	78
Hybridmodell	390
Hybridverfahren	424
Hydraulik	300
Hydrauliköl	300
Hydraulikpumpe	306
Hydraulikschlauch	316, 318
Hydraulikschlauchleitung	318
Hydraulikzylinder	309, 492
hydraulische Grundsteuerung	310
hydraulische Leistung	307
hydraulische Leitung	316
hydraulische Verbindung	316
hydraulischer Energiefluss	310
hydraulisches Spannen	558
hydraulisches Spannsystem	431
Hydro-Dehnspannfutter	54
hydrodynamische Schmierung	157
Hydrospeicher	313
I	
IGES	399
Impulsdauer	336
Impulsperiode	337
Impulsventil	290
Inbetriebnahme	583
indirekte inkrementale Wegmessung	219
indirekte Wegmessung	218
indirektes Messen	244
indirektes Teilen	51
Induktionshärten	190
induktiver Sensor	297
Industrieroboter	446
Inertgas	611
Inkrement	218
inkrementale Bemaßung	226
inkrementale Maßangabe	224, 225
inkrementale Wegmessung	218
Innendrehen	26
Innengrat	534
Innenlunker	505
Innenrundschleifen	66
Innenverzahnung	167
Insert-Werkzeug	499, 500
Inspektion	596, 598
Inspektionsintervall	598
Inspektionsplan	598
Inspektionstätigkeit	601
Installation beim Kunden	637
Instandhaltung	596
Instandhaltungsabteilung	601
Instandhaltungsmaßnahme	577, 596
Instandhaltungsstrategie	577, 596, 597
Instandsetzen gebrochener Bauteile	608
Instandsetzung	596, 605
- von Umformwerkzeugen	607
Instandsetzungszeit	596
internes Messen	264
intervallabhängige Instandhaltung	597
Intervallspülung	345, 348
Ishikawa-Diagramm	587, 588
Isolierschicht	478
IT-Sicherheit	388
J	
Justieren des Messtasters	92
Just-In-Time-Fertigung	596
K	
Käfig	435
Kalibrieren	522
Kalibrierschein	604
Kalibrierstation	465
kalibrierter Messtaster	92
Kalibrierung	515, 517, 604
Kaltarbeitsstahl	175
Kaltauslagern	199
Kältemittel	488
Kaltfließpressen	545
kaltgewalzter Stahl	198
Kaltkammerverfahren	506
Kaltkanalsystem	483
Kaltschmieden	368
Kaltumformung	198, 532
Kaltverfestigung	123, 369
Kaltverformbarkeit	116
Kammerwerkzeug	542
Kampf	626
Kantenverschleiß	608
kapazitiver Sensor	297
Karbonitrieren	192
kartesische Koordinaten	225
Kegelanguss	477
Kegelkopf	433
Kegelrad	167
Kegelradgetriebe	168
Kegelverjüngung	33
Kegelwinkel	33
Keilriementrieb	162
Keilschieber	450, 456
Keilschiebersystem	454
Keilspanner	150
Keilstangenfutter	30
Keiltreiber	456
Keilwellenverbindung	171
Keilwinkel	3
Keramik	61
Keramikpulver	521
Kerbschlagbiegeversuch	180
Kerbschlagenergie	181
Kerbwirkung	16
Kern	127, 139
-, feststehender	473
Kernpaket	512
Kerntemperierung	487
Kiemen	448
kinematische Ausführung bei 5-Achs-Fräsmaschinen	401
kinematische Viskosität	305
Kippkokillengießen	513
Klangprobe	63
Klebstoff	357
kleinster zulässiger Biegeradius	116
Klemmsicke	457
Klemmsystem	27
Klinkenzug	499
Knickfestigkeit	489
Knickung	453
Kniehebelpresse	467
Kniehebelspanner	56
Koaxialität	21
Koaxialität	94
Kohlenstoff	186
Kokillengießen	511
Kokillengießwerkzeug	511
Kolbenfläche	303
Kolbengeschwindigkeit	309
Kolbenpumpe	306
Kolkverschleiß	6
Kollisionsprüfung	415
kombinatorische Steuerung	278
Kommunikation	591
komplexer Übergang	359
Kompressionszone	129
Kompromiss	626
Konflikt	624, 625
Konfliktanalyse	626
Konfliktentstehung	625
Konfliktmanagement	623
Konfliktphase	624
Konfliktreaktion	626
Konfliktwahrnehmung	626

konischer Durchbruch	450	Kühlschmierung	64
konisches Bauteil schneiden	359	Kühlung	11
Konsens	626	- mit Druckluft	330
Konservieren	602, 603	Kühlwirkung	11
konstante Formschräge	359	Kundengespräch	619
Konstantpumpe	306	Kundenorientierung	620
Kontaktabbrand	280	Kunstharz	61
Kontaktpaar	276, 277	Kunststoff	199
Kontaktsteuerung, elektrische	276	-, thermoplastischer	135
kontinuierlicher Verbesserungsprozess	589	Kunststoffpulver	423
Konturbeschreibung	356	Kupferlegierung	197
Konturfehler	358	Kupfer-Zink-Legierung	505
Konturfeile	365	Kupplungszapfen	430
Konturführung	539	Kurbelpresse	467
konturnahe Temperierung	488	Kurvennetz	398
konturnaher Kühlkanal	423	Kurzhubhonen	371
Konturprogrammierung	260	KVP	589
Konturpunkte an Werkstücken	211	**L**	
Konturschruppzyklus	236	Lager	157
Konturzugprogrammierung	239	Lageregelkreis	216, 217, 344
Konusbolzenzentrierung	476	Lagerwerkstoff	157
Konusleistenzentrierung	476	Lagetoleranz	20, 93
Koordinatenachse	208	Lagezentrierung	476
Koordinatenmessmaschine	92	Lamellengrafit	196
Koordinatensystem	208	laminare Strömung	304
- an Werkzeugmaschine	209	Längenänderung	178
Kopfplatte	432	Längenmessung, elektronische	81
Körnerspitze	32	-, pneumatische	80
Korngröße	60	-, optische	83
Körnung	60	Langhubhonen	369
Körper aus Flächen ableiten	398	Längspressverbindung	172
- mit Freiformflächen modellierer	397	Längsschruppzyklus	236
- skalieren	395	Läppen	372, 373
- trimmen	393	Läppflüssigkeit	372
Korrekturkoeffizient	299	Laserauftragsschweißen	424, 612, 613
Korrosion	607	Lasermessung	265
korrosionsbeständiger Stahl	195, 196, 198	Laserpolieren	367
Korrosionsbeständigkeit	474	Laserreinigung	602, 603
Korrosionsschutz	598	Laserscannen	416
Korrosionsschutzwachs	598	Laserschmelzen, selektives	423, 488
Kosten im Betrieb	67	Laserschweißen	459, 608, 612
Kostenarten	67	Lasersintern	422
Kostenaufstellung	656	Laserstrahlhärten	191
Kostenberechnung	71	Laserstrukturieren	375
Kosten-Nutzen-Rechnung	648	Lasertiefschweißen	613
Kostenplanung	630	Lastenheft	578, 617, 618
Kraft	303	Lauftoleranz	21
Kräfte am Werkzeug	28	Laufzeitverhalten	593
Kraftspanner	557	Lebensdauer	587
Kraftübersetzung	303	Lebenslauf	598
Kragenziehen	458	Lebenszyklus	384
Kreisinterpolation im Gegenuhrzeigersinn	233	Leckageverlust	307
- im Uhrzeigersinn	233	Leerhub	105
Kristallitschmelztemperaturbereich	202	Leertrum	160
kubisches Bornitrid	10	legierter Kaltarbeitsstahl	194
kubisch-flächenzentriert	186	Lehrdorn	568, 569
kubisch-raumzentriert	186	Lehre	78, 152, 153, 547, 565
Kugeleindruckfläche	177	-, Überprüfung	604
Kugelgewindetrieb	216	Lehrenaufbau	567
Kugelgrafit	196	Leiharbeiter	636
Kugellager	158	Leistenführung	539
Kühlkanal	135, 423, 520	Leistung	29, 161
Kühlkreislauf	486	-, hydraulische	307
Kühlschmierstoff	11	Leistungsbedarf	29
Kühlschmierstoffarten	12	Leistungsteil	276
		Leitfähigkeit, elektrische	201

-, thermische	201		
Leitkurve	398		
Leitspindel	24, 35		
Lichtschnittverfahren	89		
Linearmotor	216		
Linienberührung	148, 549		
Linienform, Überprüfung	568		
Linienschwerpunkt	430		
Linksgewinde	239		
Lochaufnahme	566		
Lochen	109, 448		
Lochscheibe	514, 515		
Lochwerkzeug	540, 541		
Lohnfertiger	635		
Löten	459		
Luftbohne	509, 510, 583		
Luftbrenner	134		
Lufteinschluss	483, 506, 580		
Lüften	443		
Luftentformung	490		
Luftschlitzdüse	520		
Lünette	33		
Lunker	136, 485, 506, 513		
M			
Machbarkeitsstudie	462		
magisches Dreieck des Projektmanagements	623		
Magnesiumlegierung	505		
Magnet	357		
magnetischer Sensor	297		
magnetisches Spannen	559		
magnetisches Spannsystem	56, 431		
magnetisches Streuflussverfahren	185		
Magnetspannsystem	560		
Management	587		
Mantelflächenverschleiß	465		
manuelle Programmierung	252		
manuelles Läppen	373		
manuelles Programmieren	230		
manuelles Schleifen	66		
manuelles Spannen	149		
manuelles Spannen	555		
Martensitgefüge	188, 189		
Maschine	587		
-, virtuelle	415		
maschinelles Zerspanen	2		
Maschinenbett	23		
Maschinenelement	155		
Maschinenkokille	512		
Maschinenkoordinaten	553		
Maschinenkosten	67		
Maschinennullpunkt	210		
Maschinensteifigkeit	332		
Maschinenstundensatz	73		
Maßbeständigkeit	474		
Massivumformung	529		
Maßtoleranz	91		
Material	587		
Materialabtrag	347		
Materialabzug	139		
Materialanhäufung	472		
Materialeinzelkosten	71		
Materialgemeinkosten	71		
Materialkosten	67, 71		
Materialwirtschaft	633		
Materialzugabe	139		

Matrixorganisation	632	
Matrizenbruch	606	
Matrizenverschleiß	605	
maximale Rautiefe	85	
MD	10	
mechanische Beanspruchung	609	
mechanische Rissbildung	610	
mechanisches Mehrfachspannsystem	56	
mechanisches Messgerät	78	
mechanisches Spannsystem	431	
mehrfache Übersetzung	164	
Mehrfachspannsystem, mechanisches	56	
Mehrkomponentenwerkzeug	501	
Mehrverfahrenschneidwerkzeug	103	
Meilenstein	630	
Mensch	587	
Messaufnahme	565, 571	
Messbarkeit	587	
Messdorn	80	
Messen	78	
- der Werkzeuge	264	
- im Arbeitsraum	244	
- mit dem Werkzeugvoreinstellgerät	244	
- von Form- und Lagetoleranzen	93	
-, berührungsloses	89	
Messerschneiden	447, 448	
Messfehler	79	
Messfläche	570	
Messgerät, mechanisches	78	
Messmikroskop	83	
Messprogramm	90	
Messprojektor	84	
Messprotokoll	571	
Messring	80	
Messschraube	78	
Messtaster	92, 265, 266	
Messuhr	154, 569, 570	
Messvorrichtung	569	
Messwertaufnehmer	80, 81	
Messzyklus	350	
Metall	61	
metallische Dauerform	514	
Metallpulver	423, 521	
Methode	587	
Mindeststegbreite	650	
Minimalmengen-Kühlschmierung	13	
Mischreibung	157	
Mitarbeiterentwicklung	591	
Mitarbeiterführung	590	
Mittenbundbefestigung	437	
Mittenrauwert	18	
-, arithmetischer	86	
Mitwelt	587	
MKD	10	
mobile Härteprüfung	177	
Modul	164, 449	
Molibdändisulfid	598	
Momentanleistung	161	
monokristalliner Diamant	10	
Montageauftrag	635	
Motivation	591	
M-Wort	227	

N

Nachdruck	505	
Nachdrücken	136	
Nachkalkulation	657	
Nachschnitt, Offset	354	
Nachschwindung	138	
Nachsetzen	610	
Näherungsschalter	295	
Napffließpressen	544, 545	
Nebenkavitätsverfahren	501	
Nebenschneide	25	
negativ schaltender Sensor	296	
Negativform	529	
Negativplatte	11	
Neigungswinkel	25	
Nichteisenmetall	197	
nichtwassermischbarer Kühlschmierstoff	12	
Niederdruckkokillengießen	513	
Niederhalter	121, 453, 457	
- mit Ringzacke	453	
Niederhalterkraft	457	
Niederzugspanner	556	
Nietverbindung	459	
Nitrieren	191	
Nitrierstahl	195	
Normalglühen	193	
Normalien	474	
Normbezeichnung von Stahl	193	
Norming	624	
Not-Aus-Einrichtung	295	
Notlaufeigenschaft	155, 158	
NPN-Sensor	296	
Null-Fehler-Lieferung	587	
Nullpunktspannbolzen	558	
Nullpunktspannsystem	406, 555, 558	
Nullpunktverschiebung	230	
Nutenanschlagleiste	553	
Nutenfräser	50	
Nutenstein	553	
Nutsystem	562	

O

oberer Grenzwert	588	
Oberfläche	84	
-, genarbte	374	
Oberflächenbeschaffenheit	18, 84, 91, 474	
Oberflächenmessgerät	89	
Oberflächenmesssystem	90	
Oberflächenprüfung	84	
Oberflächenprüfung	89	
Oberflächenqualität	84, 87	
Oberflächenstrukturieren	374	
Oberflächensymbol	18	
Oberflächenvergleichsmuster	89	
Oberflächenverschmutzung	602	
Obergesenk	529, 536	
Oberschlitten	24	
objektives Prüfen	89	
offene Spülung	347	
Öffnen der Form	136	
Offset	353, 354, 393	
O-Gestell	468	
ökologische Anforderung	578	
Öl	485	
Ölwanne	438	
Optimieren des CNC-Programms	246, 266	
optische 3D-Messtechnik	416	
optische Form- und Längenprüfung	83	
optische Überprüfung	579	
optischer Sensor	298	
O-Ring	487	
Outsert-Technologie	500	
Outsert-Werkzeug	499	
Oxidkeramik	9	

P

Panzern	610	
Paralleltemperierung	487, 488	
Passfeder	495	
Passfederverbindung	170	
Passivkraft	29	
Passtoleranz	75	
Passung	75	
Passungsarten	75	
Passungssystem	75, 76	
Pausenzeit	337	
PD	10	
PDM	385, 388	
Pendelauflage	548	
Performing	624	
Perlit	186, 188	
Personalmanagement	623	
Personalzusatzkosten	71	
Pflichtenheft	617, 620, 621, 622	
physikalische Gasphasenabscheidung	377	
Pilzheber	104	
Pinole	24	
PKD	10	
Plandrehen	14	
Planerodieren	336	
Planetärerodieren	338	
- in beliebige Richtung	345	
Planetengetriebe	168	
Planetenrad	168	
Planetenträger	168	
Planfräsen	39, 42, 45, 48	
Planläppen	372	
Planparallelläppen	372	
Planscheibe	30	
Planschleifen	64	
Planschleifmaschine	65	
Planschlitten	24	
Planschruppzyklus	236	
Planspiralfutter	30	
Plastifizieren	129	
plastische Verformung	610	
Plattenform	27	
Plattenführung	434	
Plattengröße	47	
Platzcodierung	265	
PLM	388	
Pneumatikplan	275	
pneumatische Längenmessung	80	
pneumatisches Spannen	557	
PNP-Sensor	296	
Polarkoordinaten	225	
Polieren	365	
Polierfilz	366	
Polierpastenriegel	367	
Polverlängerung	560	
Polygonisierung	417	
Polygonspannfutter	54	
polykristalliner Diamant	10	
Porositätsprüfung	580	
Positionierbetrieb	402	
Positionierelement	562	
Positionieren	146, 152, 547	
Positionierstift	569	

Positioniersystem	548	Prozessbewertung	639	Referenzpunktbezeichnung	566
Positionierung	147	prozessgeführte Ablaufsteuerung	283	Reflexionsverfahren	183
- des Fräsers	48	Prozesskette	418	Regeldifferenz	216
positiv schaltender Sensor	296	Prozessparameter	578	Regelfläche	397
Postprozessor	410	Prozessüberwachung	441, 592	Regelkreis	217
PPS	388	Prozessverbesserung	614	Regelphase	624
PPS-System	634	Prüfen des CNC-Programms	266	Regelungssystem	481
Prägen	121, 458	Prüfen von Gewinden	81	Regler	216
Prägestempel	459	Prüfen von Oberflächen	84, 89	Reibung	598
Präzision der Werkzeugmaschine	332	Prüfen, objektives	89	Reibung beim Tiefziehen	122
Präzisionshartdrehen	333	Prüfkörper	175	Reibungswärme	129
Präzisions-Hartfräsen	329	Prüfkraft	175, 176	Reihentemperierung	487, 488
Presse	467, 468	Prüflehre	565	Reihenverteiler	480, 481
Pressen	521, 523	Prüflehre	566	reines Eisen	188
Pressengestell	468	Prüflehre	585	Reinigen	602
Pressenhub	104	Prüfprotokoll	78	Reißspan	4
Pressling	541	Prüfstift	571	Reitstock	24
Pressscheibe	541	Prüftechnik	75	Rekristallisation	123
Pressverbindung	172	Prüfung, stichprobenhaft	78	Rekristallisationsglühen	193
Presswerkzeug	521	Prüfverfahren, zerstörungsfreie	183	Relais	276
Prisma	148, 550	Prüfvorgang	77	Ressourcenplanung	630
prismatischer Durchbruch	450	Prüfwinkel	568	Restaustenit	190
Probelauf	64	Pumpenkennlinie	307	Restbearbeitung	332
Probeschnitt	245, 265	Punktanguss	477	Restmaterialbearbeitung	414
Produkt Lifecycle Management	388	Punktberührung	549	Rezipient	541
Produktanforderung	578	Punktewolke	416, 417	Richtkeil	561
Produktdatenmanagement	385, 388	Punktsteuerung	212	Richtmaschine	446
Produktlebenszyklus	384	PVD-Verfahren	377	Richtungssteuerung	314
Produktplanungs- und		**Q**		Riementrieb	159, 160
-steuerungssystem	388	QM	590	Ringanguss	478
Produktqualität	587	Qualifikation	591	Ringverteiler	481
Produktwerkstoff	198	Qualität	588	Ringzacke	453
Profildiagramm	90	Qualitätskontrolle	590	Rippe	534
Profildrehen	14	Qualitätsmanagement	586, 587, 590, 636	Rippen ergänzen	392
Profilfräsen	39	Qualitätsregelkarte	589, 590	Rissbildung	116
Profilprojektor	84	Qualitätssicherung	571, 633	-, mechanische	610
Profilschlichten	404	Qualitätssicherungsvereinbarung	636	-, thermische	609
Profilstab	514	Qualitätsstahl	193	Rissprüfung	184
Programmieren, manuelles	230	Qualitätsverlust	588	Rockwellhärte	175
Programmierung, manuelle	252	Querkurve	398	Rohlingsvorbereitung	537
Programmierung, werkstattorientierte	241	Querpressverbindung	172	Rohr	516
Programmsatz	222	Querschleifen	64	Rohrleitung	316
programmtechnische Information	222	Quetschsystem	519	Rohrmontage	317
Programmteilwiederholung	258	**R**		Rohrverbindung	317
Programmüberprüfung	242	Radiallager	157	Rohrwerkzeug	516
Projekt	632	Radialwälzlager	158	Rollbiegen	114
Projektablaufplan	630	Radialzustellung	34	Rollieren	121
Projektablaufplan	631	Rand, angestauchter	433	Ronde	121
Projektabschluss	636	Randbreite	465, 648	rotierende Kokille	514
Projektbewertung	639	Randlänge	649	Rp0,2-Dehngrenze	179
Projektdefinition	618	Randschichtbeeinflussung	348	Rückdruckstift	140
Projektdefinition	619	Randschichthärte	190	Rückfederung	117, 118
Projektdurchführung	623, 632	Rapid Manufacturing	419	Rückschlagventil	312
Projektleiter	619, 632	Rapid Prototyping	419	Rückwärtsfließpressen	544, 545
Projektmanagement	623	Rapid Tooling	419	Rückzugskraft	433
Projektorganisation	623	Rauheit	85	Rückzugskraftberechnung	652
Projektplanung	623	Raumerfüllung	522	Runddrehen	14
Projektstart	619	Rautiefe	6	Rundfräsen	39
Projektsteuerung	635	-, gemittelte	18, 86	Rundführung	475, 605
Projektstrukturplan	627, 628	-, maximale	85	Rundläppen	372
Projektteam	623	rechnergestützte Fertigung	384	Rundlauf des Werkzeugs	330
Projektüberwachung	635	Rechtecktaschenzyklus	258	Rundlauffehler	330
Projektziel	619	Rechtsgewinde	238, 239	Rundschleifmaschine	64
projizierte Fläche	131	Reckwalzen	537	Rundspannelement	150
Prototypenwerkzeug	464	Recyclingfähigkeit	201	Rundtisch	554
Prozessanforderung	578	Referenzpunkt	210, 565	Rüsterholzeit	68

Rüstgrundzeit	68	
Rüstverweilzeit	68	
Rüstzeit	68	

S

Sachebene	623, 624, 625
Sachmittelmanagement	623
Sachmittelmanagement	627
Sandkern	511
Sandwichwerkzeug	501
Satz	222
Saugseite	307
Saugspülung	348
Säulenführung	434
Säulengestell	436
Schabotteneinsatz	540
Schälen	448
Schallsensor	594
Schaltabstand	299
Schaltgliedertabelle	277
Scharnier	479
Schattenbild	83
Scheibenanguss	478
Scheren	107
Scherfestigkeit	108, 180
Scherschneiden	447
Scherspan	4
Schieber	450, 455, 473, 491, 492
Schieberad	168
Schieberführung	475
Schieberkammer	492
Schieberraste	492
Schiebersicherung	492
Schieberverriegelung	364
Schieberweg	492
Schieberwerkzeug	501
Schlaucharmatur	318
Schlauchzange	521
Schleifen	58
Schleifkörper	59
Schleifkörperauswahl	59
Schleifkörperbezeichnung	62
Schleifkörperform	65
Schleifmaschine	64
Schleifmittel	59
Schleifpellet	373
Schleifscheibe	59
Schleifsegment	373
Schleifstift	66
Schleifverfahren	64
Schleudergießen	514
Schlichte	509, 513
Schlichtelektrode	340, 345
Schlichten	5, 331, 347, 413
-, äquidistantes	404
Schlichtfräser	45, 49
Schließeinheit	130
Schließen der Dauerform	130
Schließkraft	130
Schlosskastengetriebe	24
Schlupf	160
Schmelztemperatur	484
Schmiedehammer	530
Schmiedeteiltoleranz	535
Schmiedknüppel	538
Schmierung	11, 598
-, automatische	437
-, hydrodynamische	157
-, manuelle	437
Schmierverhalten	12
Schmierwirkung	11
Schmirgelstein	365
Schnecke	167, 515
Schneckengetriebe	168
Schneckenrad	167
Schneid- und Umformtechnik	102
Schneidbuchse	449
Schneidengeometrie	330
Schneidenplattengeometrie	333
Schneidenradiuskompensation	235
Schneidenradius	6
Schneidgeschwindigkeit	453
Schneidkante	480
Schneidkeramik	9
Schneidkraft	110, 452
Schneidkraftberechnung	651
Schneidplatte	112, 448
Schneidrate	351
Schneidringverbindung	316
Schneidspalt	106, 109, 352
Schneidstempel	112, 448, 540
Schneidstempelbruch	606
Schneidstempelverschleiß	605
Schneidstoff	7, 45, 330, 333
-, beschichteter	9
Schneidstufe	585
Schneidvorgang	107
Schneidwerkzeug	102
Schnellarbeitsstahl	8
Schnellspanner	567
Schnellspannfutter	342
Schnellverschlusskupplung	318
Schnellwechselsystem	433
Schnitt	452
Schnittanzahl	353
Schnittbewegung	2
Schnittgeschwindigkeit	2, 47
Schnittgeschwindigkeit (Hochgeschwindigkeitsfräsen)	328
Schnittkraft	28
Schnittleistung	29, 327
Schnitttiefe	3
Schrägauswerfer	498
Schrägbolzen	491
Schrägbolzenschieber	491
Schrägverzahnung	166
Schraubdrehen	14
Schraubelement	495
Schraubendruckfeder	444
Schraubenklemmung	27
Schraubenspindelpumpe	306
Schraubfräsen	39
Schraubstock	405
Schraubstütze	152
Schraubverschlusskupplung	318
Schritt	292
Schrumpffutter	54
Schrumpfverbindung	172
Schruppen	5, 6, 331, 346, 409
Schruppfräser	45, 49
Schrupp-Schlichtfräser	49
Schuss	504
Schutzbrille	64
Schutzgas	611
Schutzgasatmosphäre	423, 522, 611
Schweißnaht	611
Schweißraupe	611
Schweißzusatz	611
Schwenkspanner	559
Schwerkraftgießen	511
Schwertbolzen	552, 570, 571
Schwert-Spannbolzen	558
Schwimmhaut	131
Schwindmaß	506, 535
Schwindung	138, 471, 506, 519, 535, 542
SCM	388
Seitendruckstück	558, 559
Seitenschleifen	64, 65
Seitenschneider	440
Seitenschräge	534
Seitenspanner	556
Selbsthaltung	279
Selbsthemmung	150, 555
Selbstkosten	67
selektives Laserschmelzen	423
selektives Lasersintern	422
selektives Prüfen	89
Senkerodieren	336
Senkerodieren	338
Senkerodiermaschine	342, 343
Sensor	81, 295, 441, 481, 592
- mit Dreidrahttechnik	296
- mit Zweidrahttechnik	296
-, Anschluss	296
-, Inbetriebnahme	298, 299
-, induktiv	297
-, kapazitiv	297
-, Kenngrößen	298
-, magnetisch	297
-, negativ schaltend	296
-, optischer	298
-, positiv schaltend	296
-, Schaltverhalten	296
Sensortypen	593
Serienfertigung	77, 246, 590
Serienwerkzeug	464
Servomotor	215, 442
Servovorschub	442
Setzstock	33
Shore	444
Sicherheit beim Schleifen	63
sicherheitstechnische Anforderung	578
Sichtprüfung	89
Sicke	456
7-M-Faktoren	587
Signal	275
Signalabschaltung	289
Signalglied	276
Signalüberschneidung	289
Signalvervielfachung	277
Siliziumcarbid	60
Siliziumnitridkeramik	10
Simulation	415
- der Verfahrwege	243
- des Zerspanungsprozesses	266
Simultanbetrieb	402
Sintern	521, 522
Sinterteile, Toleranzen und Formgestaltung	525

Sinterwerkstoff	521	Spritzeinheit	129	Störgröße	590
Skizze erstellen	391	Spritzgießen	126	Storming	624
Slicen	418	Spritzgießform	127, 141	störungsbedingte Instandhaltung	596
Soll-Istwert-Vergleich von CAD- und Messdaten	418	Spritzgießmaschine	126, 128	störungsbedingte Instandhaltungsstrategie	597
Sondervorrichtung	547	Spritzgießprozess	127	Strangpressen	541, 542
Sonderwerkzeug	499	Spritzgießwerkzeug	471	Streckensteuerung	212
Sonnenrad	168	-, Montage	142	Streckgrenze	178
Spaltmaß	571	-, Wärmebilanz	484	Streckziehfähigkeit	182
Spaltweitenregelung	344	Spritzgießzyklus	141	Streifenaufbau	648
Span	4	Sprödbruch	180	Streifenbild	584
Spanbildung	325	SPS	274	Streifenbreite	650
Spanbruchdiagramm	5	Spülen	356	Streifenführung	438
Spanleitstufe	5	Spülmethode	347	Streifenprojektionsverfahren	416
Spannbolzen	558	Stabilität der Spannmittel	335	Streifenvorschub	651
Spanndorn	32	Stabilität der Werkzeugmaschine	332	Stribeck-Kurve	157
Spannelement	562	Stabilität des Werkstücks	335	Strichpolieren	365
Spannelementverbindung	172	Stabilität des Werkzeugs	334	Strichpolitur	365
Spannen	148, 152, 547	Stahl	186	Stromlaufplan	275
- der Werkstücke	55, 263	Stahlband	198	Strömung	304
- der Werkzeuge	53	Stahlblech	198	Strömungsgeschwindigkeit	304, 505
- zwischen den Spitzen	31	Stahlguss	196	Strömungsverhalten	304
-, hydraulisches	558	Standardvorrichtung	547	Stromventil	311
-, magnetisches	559	Standzahl	578	Struktur	61
-, manuelles	555	Standzeit	6, 108, 596	Stufenlehrdorn	569
-, pneumatisches	557	Stangenanguss	477	Stundenlohn	71
Spannexzenter	150, 555	Stanz- und Umformtechnik	429	Stütz- und Trageinheit	23
Spannhaken	149, 555	Stanzbutzen	446, 447	Stütze	152, 549
Spannhebel	149, 357, 555	Startschritt	292	Stützebene	548, 550, 567
Spannkeil	150, 540, 555	statisches Auswuchten	63	Stützelement	152
Spannleiste	432	Stauchen	107, 530	Stützelement	560
Spannmittel	28	Stauchung	116	Stützen	547
Spannmodul	558	Staudruck	129	Stützkonstruktion	419
Spannplatte	432	Steg	534	Suchstift	440
Spannrand	655	Stegbreite	465, 648	Superfinish	371
Spannsystem	429, 431, 548, 555	Steglänge	649	Supply Chain Management	388
- für das 5-Achs-Fräsen	405	Steigen	530	S-Wort	226
-, magnetisches	56	steigende Bemaßung	225	systematischer Fehler	589
Spannung	178	Steigungsfehler	219	Systemgrenze	646
Spannungsarmglühen	192	Steilgewindemutter	495	**T**	
Spannungs-Dehnungs-Diagramm	178	Steilgewindespindel	495	Taktzahl	585
Spannungsspitze	610	Steilkegel	53	tangentiales Abfahren	261
Spannzange	32, 53	Stellglied	276	tangentiales Anfahren	261
Spantransport	11	Stempel, abgesetzter	452	Tastschnittverfahren	89
Spanungsbreite	25	Stempel, dachförmiger	447	Tastspitze	90
Spanungsdicke	25, 324	Stempelführungsplatte, federnde	434	Teamarbeit	623
Spanwinkel	3, 45	Stempelhalteplatte	433	Teamgeist	623
Speichern von Signalen	279	Stempelkantenradius	456	Teamuhr	623
Speiser	512	Stempelradius	119	Teamuhr	624
Sperrventil	311	STEP	399	technische Anforderung	578
spezifische Schnittkraft	28	Stereolithographie	421	Technologieschema	275
Spiegel	534	Sternverteiler	481	technologische Information	222, 226
Spielpassung	75	Steuerglied	276	Teilapparat	51
Spindelpresse	467	Steuerteil	276	Teilaufgabe	628
Spindelrundlauf	335	Steuerungsarten von CNC-Maschinen	212	Teilen	51
Spindelstock	23	stichprobenhafte Prüfung	78	Teilfüllverfahren	500
Spiralexzenter	557	Stift	148	Teilkreis	164
Spiralkern	487	Stillsetzen	295	Teilkreisdurchmesser	163
Spiralspan	4	Stillstandszeit	596	teilkristalliner Thermoplast	200, 202
spitzenloses Außenrundschleifen	66	Stirnen	405	Telleranguss	478
spitzenloses Kurzhubhonen	371	Stirnfläche, verkleinert	447	Tellerfeder	444
Spline	397	Stirnfräsen	42, 43	Temperaturmesseinrichtung	313
Splines konstruieren	397	Stirnrad	167, 495	Temperatursensor	297
Spreizkern	498	Stirnradgetriebe	167	Temperaturwechselbeständigkeit	7
Spritzblasformen	518, 519	Stirnseitenmitnehmer	31	Temperieren	134
Spritzblasmaschine	518	Stirnumfangsfräsen	43, 49	Temperierkanal	485
		STL	399		

-, flexibler	488	
Temperierkanalsystem	510	
Temperiermedium	484, 485, 510	
Temperiersystem	471, 484, 510, 520, 579, 603	
Temperierung	135	
- mit Kältemittel	488	
-, konturnahe	488	
Temperturverteilung	486	
thermische Beanspruchung	609	
thermische Leitfähigkeit	201	
thermische Rissbildung	609	
Thermoforming	458	
Thermoplast	200, 483	
-, amorpher	202	
- teilkristalliner	202	
thermoplastischer Kunststoff	135	
TiBN	377	
TiCrN	377	
Tiefungsversuch nach Erichsen	122, 182	
Tiefziehen	121, 456	
Tiefziehen von Kunststoffteilen	458	
Tiefziehstempelverschleiß	606	
Tiefziehverhältnis	122, 124	
Tiefziehwerkzeug	121	
TiN	377	
Titanbornitrid	377	
Titanchromnitrid	377	
Titannitrid	9, 377	
Toleranz	588	
Toleranzen von Sinterteilen	525	
Toleranzfeld	76	
Tool Managementsystem	407	
Total Quality Management	591	
TQM	591	
Traganteil	364	
Trageinheit	23	
Trägerstreifen	585	
Tränken	522	
Transferwerkzeug	462, 464, 503	
Transition	292	
Transitionsbedingungen	293	
Transportvorbereitungen (Spritzgießform)	144	
Treibkeil	450	
Trennblech	487	
Trennebene	520	
Trennen	102, 107	
Trennmittel	504, 509, 580	
Trennmittelabtransport	509	
Trennschnitt	357	
Trennsystem	519	
Trennverfahren	448	
Triangulation	417	
tribologische Beanspruchung	609	
tribologischer Verschleiß	610	
Trimmen	393	
Trockenbearbeitung	13	
Trockeneisstrahlen	602	
Trockenreibung	157	
Tunnelanguss	479, 480	
Tunnelanschnitt	479	
turbulente Strömung	304	
Tuschieren	144, 362	
Tuschierpaste	363	
Tuschierpresse	144, 363	
T-Wort	226	
U		
Überbestimmung	147, 552	
Überbiegen	118	
Überdruck	302	
Übergang, komplexer	359	
Übergangsbedingung	292	
Übergangspassung	75	
Übergangsradien gestalten	394	
Übergangsradius	262, 534	
Überhitzen	190	
Überlauf	509, 510	
Überlaufsystem	509	
Übermaßpassung	75	
Überpositionierung	147	
Übersetzung	164	
Übersetzungsverhältnis	160, 164	
Überstunde	636	
Überwachungstermin	604	
Überzeiten	190	
Ultraschallprüfung	183	
Ultraschallreinigung	603	
Umdrehungsfrequenz	2, 226	
Umfang des Prüfens	78	
Umfangsfräsen	42, 43	
Umfangsschleifen	64, 65	
Umformstufe	585	
Umformtechnik	102	
Umformtemperatur	532	
Umformvermögen	532	
Umlenksteg, wendelförmiger	487	
Umschlagpunkt	580	
Umschlingungswinkel	160	
Umweltbelastung	596	
Umweltschutz (Erodieren)	360	
Unfallverhütung beim Schleifen	63	
Universalprüfgerät	175	
unlegierter Kaltarbeitsstahl	194	
unlegierter Stahl	186	
unterer Grenzwert	588	
Untergesenk	529, 536	
Untermaß-Spannbolzen	558	
Unterprogramm	344	
Unterprogrammtechnik	240	
V		
Vakuumdruckgussformen	510	
Vakuumspannen	560	
Vakuumspannsystem	56	
Vakuumspannvorrichtung	560	
Vakuumtankkalibrierung	517	
vakuumunterstütztes Druckgießen	506	
VDAFS	399	
Verarbeitungsschwindung	138	
Verarbeitungstemperatur	201	
Verbesserung	596, 614	
Verbesserungsvorschlag	589	
Verbindungsschweißen	607	
Verdrängungskörper	516	
Verdrängungsprinzip	306	
Verdrängungsvolumen	307	
Verdrehsicherung	450, 537	
Verformung, plastische	610	
Vergüten	189	
Vergütungsstahl	196	
Verknüpfungssteuerung	278	
Verlinken von Konstruktionselementen	396	
Vermessen der Werkzeuge	243	
Verschleiß	6, 598, 605	
-, chemischer	610	
-, tribologischer	610	
Verschleißfestigkeit	7	
Verschleißfestigkeit	610	
Verschleißrate	337	
Verschlussstopfen	136, 486	
Versorgungsglied	276	
Verstellpumpe	306	
Verteilerkanal	133, 476, 478	
Verteilerrohr	487	
Verteilerzapfen	507, 508	
Verteilzeit	68	
Vertikalspanner	558, 559	
Vertriebsgemeinkosten	72	
Verwaltungskosten	67, 72	
Verzögerungszeit	283	
Vibration	325	
Vickershärte	176	
Vierbackenfutter	30	
virtuelle Maschine	415	
Viskosität	305	
Vollbolzen	551	
Vollbolzen	570, 571	
Vollfließpressen	544, 545	
Vollgesenk	537	
Vollhartmetallfräser	330	
Vollniet	460	
Vollpositionierung	147, 548, 550	
Vollstab	514	
Vollstabdüse	515	
Vollstanzniet	460	
vollsynthetisches Fett	598	
Volumenabnahme	505	
Volumenmodell	390	
Volumenstrom	304, 307	
Volumenstrommesseinrichtung	313	
Vorabkalkulation	657	
vorbeugende Instandhaltungsstrategie	597	
Vorform	538	
Vorformen	536	
Vorkammer	477, 478	
Vorrichtung	146, 547	
-, Planung	563	
Vorrichtungsbaukasten	561	
Vorrichtungssystem, flexibles	56	
Vorschlichten	331, 411, 412	
Vorschub	2, 47	
- je Umdrehung	2	
- je Zahn	2	
Vorschubantrieb	215	
Vorschubapparat	441	
Vorschubbewegung	2	
- auf einer Geraden	232	
- auf Kreisbogen	233	
Vorschubeinrichtung	106	
Vorschubgeschwindigkeit	2, 3, 226	
Vorschubgetriebe	24	
Vorschubkraft	29	
Vorschubsteuerung, adaptive	356	
Vorschubüberwachung	594	
Vorwärtsfließpressen	544	
Vorwärtsfließpressen	545	
W		
Walzenstirnfräser	45	

Sachwortverzeichnis

Walzenvorschub	442
Wälzfräsen	39, 405
Wälzführung	434, 435
Wälzlager	158
Wälzlagerführung	156
-, lineare	215
Wanddicke	472
Warmarbeitsstahl	136, 195, 507
Warmauslagern	199
Warmbrüchigkeit	196
Wärmebehandlung	186, 474
Wärmebilanz beim Spritzgießwerkzeug	484
Wärmedehnung	173
Wärmeenergie	484
Wärmeisolierplatte	127, 475
Wärmeleitfähigkeit	474
Wärmeleitpatrone	488
Wärmeübertragung	484
Wärmeübertragung	515
Warmfließpressen	545
warmgewalzter Stahl	198
Warmhärte	7, 8
Warmkammerverfahren	506
Warmumformung	531
Warngrenze	590
Wartung	596, 598
Wartungsintervall	598
Wartungstätigkeit	601
Wartungsvorrichtung	601
Warze, vorgeprägt	447
Waschbrett	508, 510
Wasser	485
wasserlöslicher Kühlschmierstoff	12
wassermischbarer Kühlschmierstoff	12
Wechselführungssäule	437
Wechsler	277
Wegbedingung	223
Wegeventil	311
Wegmesssystem	216, 218
Wegmessung	218
Weg-Schritt-Diagramm	288
Weg-Zeit-Diagramm	288
Weichbearbeitung	335
Weichglühen	193
weit geteilter Fräser	46
Weiterschaltbedingung	284
Welle-Nabe-Verbindung	170
Welligkeit	85
Wendelkern	487
Wendelspan	4
Wendelverteiler	516
Wendelverteiler	517
Wendeschneidplatte	7, 10
-, Auswahl	47
Wendeschneidplattenaufnahme	334
Wendeschneidplattengeometrie	27
Wendeschneiplattengröße	27
werkstattorientierte Programmierung	241
Werkstoffausnutzungsgrad	648
Werkstoffbeiwert	125
Werkstoffflusssimulation	538
Werkstoffprüfung	175
Werkstofftechnik	175
Werkstück	28
Werkstückeinstellpunkt	210
Werkstückkante	18
Werkstücknullpunkt	210, 252
-, festlegen	263
Werkstücknullpunktspeicher	264
Werkzeug ohne Führung	434
Werkzeuganforderung	578
Werkzeugauftreibkraft	131
Werkzeugausgabeautomat	407
Werkzeugbahnkorrektur	236
Werkzeugbewegung, geradlinig	114
Werkzeugdatenbank	407
Werkzeugeinstellpunkt	243
Werkzeuginnendruck	130, 132, 493
Werkzeugkorrekturspeicher	243
Werkzeuglebenslauf	601
Werkzeugmagazin	265
Werkzeugmodul	585
Werkzeugoberfläche, genarbte	375
Werkzeugöffner	601
Werkzeugschlitten	24
Werkzeugstahl, gehärteter	329
Werkzeugteiler	601
Werkzeugtrennebene	137
Werkzeugtrennebene	532
Werkzeugverbesserung	614
Werkzeugverwaltung	407
Werkzeugvoreinstellgerät	244
Werkzeugwechsel	230
Werkzeugwechsel, automatischer	253
Werkzeugwerkstoff	186
Widerstandspressschweißen	459
Wiederholgenauigkeit	220
WIG-Schweißen	607
WIG-Schweißen	611, 612
Wiper-Geometrie	334
Wirkabstand	299
Wirkgeschwindigkeit	3
Wirkungsgrad	30
Wirkzone	299
wirtschaftliche Anforderung	578
Wischen	602
Wissensmanagement	644
Wolfram-Inert-Gas-Schweißen	611
Wolfram-Kupfer-Legierung	341
WOP	241
Wort	222

Z

Zähigkeit	116, 305
Zahnrad	167
Zahnradform	166
Zahnradgetriebe	159
Zahnradgetriebe	163
Zahnradmaße	163
Zahnradpumpe	306, 307
Zahnriementrieb	162
Zahnstange	167, 496
Zahnstangengetriebe	168
Zangenvorschub	442
Zargenfläche	123
Zeichnung ableiten	394
Zeitarbeiter	636
Zeiterfassung	634
zeitgeführte Ablaufsteuerung	282
Zeitrelais	283
Zeitspanungsvolumen	324
Zementit	186, 188
Zentrierbohrung	17, 31
Zentrierelement	475
Zentrierhülse	475
Zentrierring	127, 475
Zentrierspanner	556
Zentriersystem	471, 475, 508
Zentrierung	508
Zentrierung über Teilungsflächen	476
Zentrifugalkraft	514
Zerschneiden	448
Zerspanbarkeit	474
Zerspanen, maschinelles	2
Zerspankraft	3
Zerspankraft	28
Zerspanungsprozess	1
zerstörungsfreie Härteprüfung	177
zerstörungsfreie Prüfverfahren	183
Zertifizierung	591
Ziehgrat	110
Ziehkissen	468
Ziehring	121, 456
Ziehringradius	456
Ziehspalt	125
Ziehstempel	456
Ziehstößel	468
Zinklegierung	197, 505
Zinnlegierung	197, 505
zufälliger Einfluss	589
zufälliger Fehler	589
Zugdruckumformung	122
Zugfestigkeit	178
Zugkraft	121, 178
Zugspannung	118
Zugspindel	24
Zugtrum	160
Zugversuch	178
Zuhalten der Dauerform	130
Zulieferfirma	635
Zunderschicht	531, 536
Zündspannung	336
Zündverzögerungszeit	336
Zuordnungsliste	275
Zusatzinformation	222, 227
Zuschlagskalkulation	72
zustandsbedingte Instandhaltungsstrategie	597
Zustandsdiagramm	288
zustandsorientierte Instandhaltung	597
Zustellbewegung	2, 3
Zwangsentformung	490
zweifaches Entformen	499
Zweihandbedienung	286
Zweischeibenläppmaschine	372
Zweistufenauswerfer	496, 497
Zwischenglühen	123
Zwischenlage	438
Zwischenlage mit Haltenasen	439
Zwischenlager aus Filz	438
Zwischenmessung	78
Zyklusaufruf	255
Zyklusdefinition	255
Zykluszeit	134, 481, 484
Zylinderform	93
Zylinderkopf	433
zylindrische Aufnahme	54
zylindrischer Durchbruch	450

Inhalt der digitalen Zusatzmaterialien

Lernfeld 7:

LF7_01.txt	CNC-Hauptprogramm „Drehen des Kupplungszapfens"
LF7_02.txt	CNC-Unterprogramm zur Kontur des Kupplungszapfens
LF7_03.wmv	Simulation des CNC-Programms „Drehen des Kupplungszapfens"
LF7_04.txt	CNC-Hauptprogramm „Fräsen der Vorrichtung", 1. Aufspannung
LF7_05.txt	CNC-Hauptprogramm „Fräsen der Vorrichtung", 2. Aufspannung
LF7_06.txt	CNC-Unterprogramm „Fräsen der Vorrichtung", Vorschruppkontur
LF7_07.txt	CNC-Unterprogramm „Fräsen der Vorrichtung", Fertigkontur
LF7_08.wmv	Simulation des CNC-Programms „Fräsen der Vorrichtung", 1. Aufspannung
LF7_09.wmv	Simulation des CNC-Programms „Fräsen der Vorrichtung", 2. Aufspannung
LF7_10.webm	Englischsprachiges Video zur CNC-Technik

Lernfeld 8:

LF8_01.pdf	Ergänzung zu Seite 281 „Schutzbeschaltung eines Relais"
LF8_02.pdf	Ergänzung zu Seite 290 „Schrittweise Entwicklung eines Stromlaufplans zur Vermeidung von Signalüberschneidung"

Lernfeld 9:

LF9_01.txt	CNC-Programm „Drahterodieren Rahmenteil"

Lernfeld 10:

LF10_01.avi	CAD-Modellierung des Spritzgussteils „Sockel"
LF10_02.mp4	Video „5-Achs-Fräsen im Positionierbetrieb"
LF10_03.mp4	Video „5-Achs-Fräsen im Simultanbetrieb"
LF10_04.mp4	Video „5-Achs-Fräsen im Simultanbetrieb"
LF10_05.mp4	Video „Aufspannsystem für das 5-Achs-Fräsen"
LF10_06.mp4	Video „Nullpunktspannsystem"
LF10_07.mp4	Video „Werkzeugverwaltunt"
LF10_08.mp4	Video „Laserscannen"
LF10_09.wmv	Video „Streifenprojektionsverfahren"
LF10_10.mp4	Video „Fused Layer Modeling"
LF10_11.mp4	Video „Freeformer"
LF10_12.mp4	Video "Stereolithographie"
LF10_13.mp4	Video "Selektives Lasersintern von Handyschalen"-1
LF10_14.mp4	Video "Selektives Lasersintern von Handyschalen"-2
LF10_15.mp4	Video „Lasersintern"
LF10_16.mp4	Video "Hybridverfahren"

Lernfeld 11:

LF11_01.pdf	Ergänzung zu Seite 475 „Formaufbau im Dialogverfahren mithilfe der Software von Normalienherstellern"
LF11_02.pdf	Ergänzung zu Seite 476 „weitere Beispiele von Zentrierungen von Formhälften"
LF11_03.mp4	Video „Heißkanaldüse"
LF11_04a.avi	Simulation „Verschlussstopfen mit Anguss von Bumdseite"
LF11_04b.avi	Simulation „Verschlussstopfen mit Anguss von der Deckelmitte"
LF11_04c.mp4	VideoVideo "Einfallkern" „Backenform"
LF11_05.flv	Video "Einfallkern"
LF11_06.flv	Video "Zweistufenauswerfer"
LF11_07.mp4	Video „Druckgießmaschine"
LF11_08.mp4	Video „Gießen in metallische Dauerformen"
LF11_09.mp4	Video „Druckgießen"
LF11_10.mp4	Video „Kokillenguss"
LF11_11.mp4	Video „Schwerkraftgießen"
LF11_12.mp4	Video „Extrudieren"
LF11_13.mp4	Video „Massivumformung"
LF11_14.mp4	Video „Gesenkschmieden"
LF11_15.avi	Video „Reckwalzen"
LF11_16.avi	Video „Gesenkbiegen"
LF11_17a.avi	Video „Werkstoffflusssimulation gut"
LF11_17b.avi	Video „Werkstoffflusssimulation fehlerhaft"
LF11_18a.flv	Video "Strangpressanlage"
LF11_18b.swf	Simulation „Strangpressen"
LF11_18c.mp4	Video "Strangpressen"
LF11_19.mp4	Video "Bestimmelemente mit beweglichen Stößeln"
LF11_20.mp4	Video „Hydraulisches Spannen"
LF11_21.mp4	Video „Hydraulisches Mehrfachspannsystem"
LF11_22.mp4	Video „Mehrfachspannvorrichtung"
LF11_23.mp4	Video „Magnetisches Spannen"
LF11_24.mp4	Vakuumspannen"

Lernfeld 12:

LF12_01.pdf	Poster „Betriebsstoffe Schmieren – Reinigen – Schützen – Trennen"
LF12_02.mp4	Video „Reinigen eines Spritzgusswerkzeugs mit Trockeneisverfahren"
LF12_03.mp4	Video „Laserreinigen"
LF12_04.mp4	Video „WIG-Schweißverfahren"
LF12_05.mp4	Video „Laserauftragsschweißen"
LF12_06.mp4	Video in englischer Sprache „Thread Repair"

Zusatzmaterialien sind erhältlich unter dem Link: handwerk-technik.de/links/3026